北京學易齋影印刊行

鄭同校

華齡出版社

子平遺書

（第四輯）

庚寅至庚子

㊤

中央民族大學道教與術數學研究中心文獻整理成果

责任编辑：薛　治
责任印制：李未圻

图书在版编目（CIP）数据

子平遗书. 第四辑，庚寅至庚子 / 郑同校. —— 北京：华龄出版社，2019.12

ISBN 978－7－5169－1564－6

Ⅰ. ①子… Ⅱ. ①郑… Ⅲ. ①命书－中国－明代 Ⅳ. ①B992.3

中国版本图书馆 CIP 数据核字(2020)第 005894 号

书　　名：子平遗书（第四辑）：庚寅至庚子
作　　者：郑同　校

出 版 人：胡福君
出版发行：华龄出版社
地　　址：北京市东城区安定门外大街甲 57 号　**邮　　编：**100011
电　　话：（010）58122246　**传　　真：**（010）84049572
网　　址：http://www.hualingpress.com

印　　刷：廊坊市长岭印务有限公司
版　　次：2020 年 8 月第 1 版　2020 年 8 月第 1 次印刷
开　　本：787×1092　1/16　**印　　张：**86.5
字　　数：1108 千字　**印　　数：**1～600
定　　价：980.00 元(全三册)

出版説明

夫命之理，微矣。《易》曰：『窮理盡性，以至於命』，《論語》有『死生有命』，『道之行廢爲命』，與『不知命爲非君子』之言。

人之出生，概有年、月、日、時，故稱四柱。四柱各有天干地支，共八個字，故稱八字。世有依四柱八字干支之五行生克制化、節氣旺相，斷人一生命運、吉凶禍福之法，名曰八字推命術，又稱四柱推命術。

推命之法，古今不同。《詩·小弁》云：『我辰安在？』箋云：『生所值之辰，謂六物之吉凶。』《左傳·昭七年》，伯瑕云：『六物，歲、時、日、月、星、辰。』按：歲，即太歲；時，即四時；日，即日主；月，即十二月；星，即木火土金水之五星；辰，即十二時。此古法也。

漢魏晋人推命之法，只重生日胎元，所值星宿。唐人又有佛法、回回法，論北斗九星及十二宫、二十八宿者。至李虛中，始以人所生年月日，所值日辰，支干五行，勝衰死生，互相斟酌，推人貴賤壽殀、利與不利。五代徐居易子平，乃用年月日時胎，定人吉凶。宋時通用徐子平術，而减去胎元。至明代《三命通會》，闡發子平之遺法，於官印財禄食傷之名義，用神之輕重，諸神煞所係之吉凶，皆能採蒐群言，得其精要，故爲術家所恒用，標誌子平術已臻大成。

存世命理典籍雖夥，然所收命例實爲有限，蓋因古人刻書所費甚巨，不得不爾。《子平遺書》一書之發現，可補此憾。是書又名《沙滌命經》，明稿本，實有四百二十一卷，計四百一十九册，現藏國家圖書館善本室。

《子平遺書》按六十甲子之序，詳列所存八字四柱的所有組合，采録命造一萬五千有餘。其取格一遵《三命通會》之通例，以月支取格，只批大運，不論流年。其體例，一命式，二論斷。其斷語多屬駢文，詳究四柱五行，品評富貴貧賤，集古法子平術之大成，文辭優雅，斐然成章。

《子平遺書》所收命例，汪洋淵博，最珍貴者，莫過於書中引用的古早命學文獻及已經佚傳的命理歌訣，可補存世文獻之不足。斷語所記，涵蓋家世、婚姻、相貌、子女、仕進、商業、田產、疾病、生死等諸方面，民俗學者，不可不讀。詳研斷語所記，品評各命造之窮通壽夭，揣摩古法應用，更可神通天人之際，得古聖之秘法心傳。

古書流傳，多經劫難；善本秘書，每不多見。本次出版之緣起，實因寧波星易、臺灣天機及滬上客舟諸兄爲代表的海内外學者對此書甚爲推重，並得華齡出版社大力幫助，得以面世，在此謹申謝忱。唯此書之編纂，工程浩繁，有所不足，自所難免，尚祈諸位先進不吝指正爲盼。

《子平遺書》影印整理凡例

一、全書主要內容，包含國家圖書館藏《子平遺書（沙滌命經）》明稿本四百一十三册及另藏鈔本四册、稿本二册，共計四百一十九册。

二、本次影印，一依古籍整理之通例，重新拼版并排序。原書按年柱之序，各月柱自集成一册。現以六十花甲子之序，將全書排列順序，標明於目録之上。

三、第二百五十一册，丙申年，包含己亥月、辛丑月、庚子月三個部分，當是三册合訂，爲讀者方便計，目錄仍記爲一册，另加一、二、三序號以別之。

四、同一册命例之順序，亦按日柱與時柱之順序影印排版。

五、全書按年柱順序，爲讀者閱讀及檢索方便，共分六輯，甲子至戊辰第一輯，庚午到甲戌第二輯，乙亥至戊子第三輯，庚寅至庚子第四輯，辛丑至癸丑第五輯，甲寅至辛酉第六輯。原稿並無癸亥年之命例，俟他日另尋訪之，以期全璧。

六、國圖藏縮微膠片第三百五十七册，缺少十頁，計二十面，今依原本補足。

七、六輯共計收命例一萬五千餘條。每一輯前，各有分輯之目録，以爲索引。少量殘缺不全之處，仍保留原貌。凡年月日時原稿有所缺少者，目録上録以空格。

八、六十甲子之序爲：一甲子，二乙丑，三丙寅，四丁卯，五戊辰，六己巳，七庚午，八辛未，九壬申，十癸酉，一一甲戌，一二乙亥，一三丙子，一四丁丑，一五戊寅，一六己卯，一七庚辰，一八辛巳，一九壬午，二十癸未，二一甲申，二二乙酉，二三丙戌，二四丁亥，二五戊子，二六己丑，二七庚寅，二八辛卯，二九壬辰，三十癸巳，三一甲午，三二乙未，三三丙申，三四丁酉，三五戊戌，三六己亥，三七庚子，三八辛丑，三九壬寅，四十癸卯，四一甲辰，四二乙巳，四三丙午，四四丁未，四五戊申，四六己酉，四七庚戌，四八辛亥，四九壬子，五十癸丑，五一甲寅，五二乙卯，五三丙辰，五四丁巳，五五戊午，五六己未，五七庚申，五八辛酉，五九壬戌，六十癸亥。特此錄出，以備學者檢索之用。

子平遗书　第四辑（庚寅至庚子）

第212

第219

壬辰	壬辰	壬辰	壬辰	壬辰	壬辰	壬辰	壬辰	壬辰	壬辰	壬辰	壬辰	壬辰	壬辰	壬辰	壬辰	壬辰	壬辰	壬辰	壬辰	壬辰	壬辰
壬子	壬子	壬子	壬子	壬子	壬子	壬子	壬子	壬子	壬子	壬子	壬子	壬子	壬子	壬子	壬子	壬子	壬子	壬子	壬子	壬子	丁丑
庚子	甲午	庚戌	丙申	甲寅	庚午	戊子	壬子	辛亥	甲午	戊午	癸丑	丙午	己丑	甲寅	庚戌	壬辰	甲寅	己酉	甲辰	戊辰	庚戌
辛巳	癸酉	甲申	丙申	丙寅	己卯	戊申	己亥	戊辰	癸亥	乙卯	己丑	癸酉	壬寅	戊辰	壬午	戊辰	甲戌	壬戌	甲寅	戊戌	庚戌
0363	0363	0362	0362	0361	0361	0360	0360	0359	0359	0358	0358	0357	0357	0356	0356	0355	0355	0354	0354	0353	0353

第223

壬辰	壬辰	壬辰	壬辰	壬辰	壬辰	壬辰	壬辰	壬辰	壬辰	壬辰	壬辰	壬辰	壬辰	壬辰	壬辰	壬辰	壬辰	壬辰	壬辰	壬辰	壬辰
癸丑	癸丑	癸丑	癸丑	癸丑	癸丑	壬子	壬子	壬子	壬子	壬子	壬子	壬子	壬子	壬子	壬子	壬子	壬子	壬子	壬子	壬子	壬子
甲子	戊辰	庚午	丙子	辛酉	癸亥	甲子	己巳	癸巳	壬辰	戊申	辛卯	戊戌	己未	癸巳	丁卯	庚子	辛巳	辛亥	戊申	己亥	己未	庚子	癸未
戊辰	癸亥	丙戌	丙寅	乙丑	癸亥	乙丑	乙丑	丁巳	甲辰	戊午	己丑	癸亥	丁卯	丙子	辛酉	丁丑	丁酉	庚申	壬申	己巳			
0374	0374	0373	0373	0372	0372	0371	0371	0370	0370	0369	0369	0368	0368	0367	0367	0366	0366	0365	0365	0364	0364

甲午 己巳 辛卯 戊子 0508
甲午 己巳 戊戌 癸丑 0508
甲午 己巳 辛巳 己丑 0509
甲午 己巳 辛巳 戊子 0509
甲午 己巳 壬午 甲辰 0510
甲午 己巳 己丑 甲子 0510
甲午 己巳 丙子 癸巳 0511
甲午 己巳 丙子 癸巳 0511
甲午 己巳 辛未 丁酉 0512
甲午 己巳 乙卯 戊寅 0512
甲午 己巳 壬戌 乙巳 0513
甲午 己巳 壬申 丁未 0513
甲午 己巳 癸酉 癸丑 0514
甲午 己巳 庚戌 丙戌 0514
甲午 己巳 丙辰 戊戌 0515
甲午 己巳 乙未 壬午 0515

第232

甲午 庚午 丙午 庚寅 0516
甲午 庚午 壬子 庚子 0516
甲午 庚午 庚子 庚辰 0517
甲午 庚午 壬寅 辛亥 0517
甲午 庚午 辛巳 庚寅 0518
甲午 庚午 辛酉 戊戌 0518

甲午 庚午 庚申 戊寅 0519
甲午 庚午 己酉 戊辰 0519
甲午 庚午 甲申 乙丑 0520
甲午 庚午 戊辰 乙卯 0520
甲午 庚午 癸卯 丁巳 0521
甲午 庚午 乙卯 壬午 0521
甲午 庚午 辛亥 戊戌 0522
甲午 庚午 乙丑 丙子 0522
甲午 庚午 乙巳 甲申 0523
甲午 庚午 乙卯 壬午 0523
甲午 庚午 辛丑 己亥 0524
甲午 庚午 乙卯 丙子 0524
甲午 庚午 丙寅 壬辰 0525
甲午 庚午 甲子 庚辰 0525
甲午 庚午 甲午 乙亥 0526
甲午 庚午 乙卯 辛巳 0526
甲午 庚午 癸亥 乙卯 0527
甲午 庚午 丁亥 丁未 0527
甲午 庚午 戊午 己未 0528
甲午 庚午 丁亥 甲辰 0528
甲午 庚午 癸亥 甲寅 0529
甲午 庚午 甲寅 乙丑 0529

第240

第245

第246

第249

丙申 庚子 戊申 丁巳 0909
丙申 庚子 甲辰 癸酉 0910
丙申 庚子 己酉 辛未 0910
丙申 庚子 癸丑 癸丑 0911
丙申 庚子 丁未 丁未 0911
第252 丙申 庚子 丙寅 丁酉 0912
丙申 庚子 壬戌 庚戌 0912
丙申 庚子 丙申 戊戌 0913
丙申 庚子 壬申 戊申 0913
丙申 庚子 丙寅 癸巳 0914
丙申 庚子 戊午 癸丑 0914
丙申 庚子 癸亥 戊午 0915
丙申 庚子 乙丑 丁亥 0915
丙申 庚子 丁酉 壬寅 0916
丙申 庚子 戊寅 壬子 0916
丙申 庚子 甲寅 癸酉 0917
丙申 庚子 庚辰 庚辰 0917
丙申 庚子 戊午 壬戌 0918
丙申 庚子 己未 癸酉 0918
丙申 庚子 己巳 丙寅 0919
丙申 庚子 丙午 乙未 0919
丙申 庚子 辛丑 丁酉 0920

丙申 庚子 己亥 甲戌 0920
丙申 庚子 丙寅 壬辰 0921
丙申 庚子 庚申 辛巳 0921
丙申 庚子 壬子 庚戌 0922
丙申 庚子 庚申 丙戌 0922
丙申 庚子 己巳 己巳 0923
丙申 庚子 庚申 壬午 0923
丙申 庚子 癸亥 壬戌 0924
丙申 庚子 癸丑 癸丑 0924
丙申 庚子 乙亥 己卯 0925
丙申 庚子 丙子 丁酉 0925
丙申 庚子 戊申 丁巳 0926
丙申 庚子 辛酉 己亥 0926
丙申 庚子 己巳 乙亥 0927
丙申 庚子 己未 乙丑 0927
丙申 庚子 癸卯 癸丑 0928
丙申 庚子 甲戌 庚午 0928
丙申 庚子 甲子 乙丑 0929
丙申 庚子 癸亥 丁巳 0929
丙申 庚子 己卯 己巳 0930
丙申 庚子 辛酉 壬辰 0930
丙申 庚子 甲子 戊辰 0931

戊戌 丙辰 庚辰 庚辰 0977
戊戌 丙辰 庚辰 戊寅 0977
戊戌 丙辰 甲戌 甲戌 0978
戊戌 丙辰 戊辰 丁巳 0978
戊戌 丙辰 戊辰 丙辰 0979
戊戌 丙辰 癸亥 己卯 0979
戊戌 丙辰 甲辰 甲子 0980
戊戌 丙辰 庚午 庚辰 0980
戊戌 丙辰 丙寅 己亥 0981
戊戌 丙辰 己巳 甲戌 0981
戊戌 丙辰 己卯 乙亥 0982
戊戌 丙辰 戊午 壬戌 0982
戊戌 丙辰 乙亥 丁酉 0983
戊戌 丙辰 己巳 戊辰 0983
戊戌 丙辰 乙巳 壬午 0984
戊戌 丙辰 丙子 辛卯 0984
戊戌 丙辰 甲午 丁亥 0985
戊戌 丙辰 庚戌 乙酉 0985
戊戌 丙辰 甲辰 甲子 0986
戊戌 丙辰 丁丑 壬寅 0986
第256
戊戌 丙辰 丙戌 戊戌 0987
戊戌 丙辰 戊辰 壬戌 0987

戊戌 丙辰 己巳 丁卯 0988
戊戌 丙辰 己巳 乙亥 0988
戊戌 丙辰 丁丑 壬寅 0989
戊戌 丙辰 己未 乙亥 0989
戊戌 丙辰 丙寅 丙申 0990
戊戌 丙辰 丙子 甲午 0990
戊戌 丙辰 辛巳 壬辰 0991
戊戌 丙辰 辛未 壬辰 0991
戊戌 丙辰 己巳 丙寅 0992
戊戌 丙辰 乙丑 丁亥 0992
戊戌 丙辰 癸酉 丁巳 0993
戊戌 丙辰 丁亥 癸卯 0993
戊戌 丙辰 甲辰 丙寅 0994
戊戌 丙辰 庚午 辛巳 0994
戊戌 丙辰 壬子 甲辰 0995
戊戌 丙辰 戊辰 辛酉 0995
戊戌 丙辰 丁巳 壬寅 0996
戊戌 丙辰 己未 丙寅 0996
戊戌 丙辰 壬午 甲辰 0997
戊戌 丙辰 丁亥 己巳 0997
戊戌 丙辰 癸卯 癸亥 0998
戊戌 丙辰 庚申 癸未 0998

戊戌 辛酉 丙子 壬辰 1043
戊戌 辛酉 壬寅 丙午 1044
戊戌 辛酉 丁丑 癸卯 1044

第260

戊戌 辛酉 壬午 戊申 1045
戊戌 辛酉 丁巳 辛丑 1045
戊戌 辛酉 辛酉 己丑 1046
戊戌 辛酉 甲申 丁卯 1046
戊戌 辛酉 乙酉 癸未 1047
戊戌 辛酉 丁未 癸卯 1047
戊戌 辛酉 壬戌 庚子 1048
戊戌 辛酉 辛未 戊子 1048
戊戌 辛酉 丙午 戊子 1049
戊戌 辛酉 丁丑 庚戌 1049
戊戌 辛酉 己丑 己巳 1050
戊戌 辛酉 丁巳 辛丑 1050
戊戌 辛酉 乙巳 丁亥 1051
戊戌 辛酉 壬申 戊申 1051
戊戌 辛酉 壬午 癸卯 1052
戊戌 辛酉 庚申 丙戌 1052
戊戌 辛酉 丁卯 癸卯 1053
戊戌 辛酉 庚戌 癸未 1053
戊戌 辛酉 癸酉 壬子 1054

戊戌 辛酉 甲申 壬申 1054
戊戌 辛酉 丙寅 丙申 1055
戊戌 辛酉 丙戌 壬辰 1055
戊戌 辛酉 丁亥 戊申 1056
戊戌 辛酉 己丑 甲子 1056
戊戌 辛酉 辛酉 戊子 1057
戊戌 辛酉 丁丑 癸卯 1057
戊戌 辛酉 丁丑 庚戌 1058
戊戌 辛酉 丁巳 辛丑 1058
戊戌 辛酉 丙午 辛卯 1059
戊戌 辛酉 庚申 戊寅 1059
戊戌 辛酉 丁亥 丁未 1060
戊戌 辛酉 庚申 丙戌 1060
戊戌 辛酉 乙巳 癸未 1061
戊戌 辛酉 庚申 庚辰 1061
戊戌 辛酉 丙寅 癸巳 1062
戊戌 辛酉 戊辰 壬戌 1062
戊戌 辛酉 庚辰 甲申 1063
戊戌 辛酉 乙亥 丙戌 1063
戊戌 辛酉 癸酉 壬子 1064
戊戌 辛酉 辛亥 庚寅 1064

第261

戊戌 壬戌 癸亥 己未 1065

戊戌 癸亥 甲寅 辛未 1087
戊戌 癸亥 戊寅 甲寅 1088
戊戌 癸亥 丁巳 甲辰 1088
戊戌 癸亥 甲午 乙亥 1089
戊戌 癸亥 丁酉 辛丑 1089
戊戌 癸亥 壬寅 庚子 1090
戊戌 癸亥 庚子 乙酉 1090
戊戌 癸亥 甲午 壬申 1091
戊戌 癸亥 辛卯 丁酉 1091
戊戌 癸亥 乙卯 辛巳 1092
戊戌 癸亥 丁酉 辛丑 1092
戊戌 癸亥 乙未 戊寅 1093
戊戌 癸亥 辛丑 庚寅 1093
戊戌 癸亥 癸巳 辛酉 1094
戊戌 癸亥 丁巳 庚戌 1094
戊戌 癸亥 己丑 庚午 1095
戊戌 癸亥 甲辰 己巳 1095
第263
戊戌 癸亥 乙酉 壬午 1096
戊戌 癸亥 乙未 辛巳 1096
戊戌 癸亥 乙亥 丁亥 1097
戊戌 癸亥 庚寅 壬午 1097
戊戌 癸亥 庚子 丙戌 1098

戊戌 癸亥 辛丑 辛卯 1098
戊戌 癸亥 辛丑 甲辰 1099
戊戌 癸亥 乙酉 丁亥 1099
戊戌 癸亥 甲申 乙亥 1100
戊戌 癸亥 壬寅 甲辰 1100
戊戌 癸亥 己丑 辛未 1101
戊戌 癸亥 癸巳 壬子 1101
戊戌 癸亥 辛巳 庚寅 1102
戊戌 癸亥 壬午 癸卯 1102
戊戌 癸亥 己丑 辛未 1103
戊戌 癸亥 己卯 乙亥 1103
戊戌 癸亥 辛卯 壬辰 1104
戊戌 癸亥 辛卯 丙申 1104
戊戌 癸亥 丙子 庚寅 1105
戊戌 癸亥 丁丑 甲辰 1105
戊戌 癸亥 己丑 己巳 1106
戊戌 癸亥 己丑 癸酉 1106
戊戌 癸亥 丁酉 辛丑 1107
戊戌 癸亥 丁丑 己酉 1107
戊戌 癸亥 癸丑 壬子 1108
戊戌 癸亥 戊寅 甲寅 1108
戊戌 癸亥 庚子 辛巳 1109

戊戌 癸亥 壬子 庚子 1109
戊戌 癸亥 乙酉 癸未 1110
戊戌 癸亥 壬子 庚戌 1110
戊戌 癸亥 己亥 乙丑 1111
戊戌 癸亥 戊申 戊午 1111
戊戌 癸亥 丁酉 辛亥 1112
戊戌 癸亥 丙午 癸巳 1112

第264
己亥 乙亥 癸未 癸亥 1113
己亥 乙亥 癸巳 庚申 1113
己亥 乙亥 丁未 壬寅 1114
己亥 乙亥 壬辰 壬寅 1114
己亥 乙亥 壬辰 壬寅 1115
己亥 乙亥 乙巳 丁亥 1115
己亥 乙亥 辛酉 己丑 1116
己亥 乙亥 癸未 丙辰 1116
己亥 乙亥 甲辰 癸酉 1117
己亥 乙亥 丁亥 乙巳 1117
己亥 乙亥 己丑 乙亥 1118
己亥 乙亥 己未 甲子 1118
己亥 乙亥 己酉 丙寅 1119
己亥 乙亥 己未 乙亥 1119
己亥 乙亥 己巳 辛巳 1120

己亥 乙亥 丙戌 丙申 1120
己亥 乙亥 甲辰 癸酉 1121
己亥 乙亥 丙戌 辛卯 1121
己亥 乙亥 丁未 戊申 1122
己亥 乙亥 壬辰 辛亥 1122
己亥 乙亥 丁酉 辛亥 1123
己亥 乙亥 己酉 甲子 1123
己亥 乙亥 丙辰 癸巳 1124
己亥 乙亥 丁酉 己酉 1124
己亥 乙亥 癸丑 癸丑 1125
己亥 乙亥 辛丑 己亥 1125
己亥 乙亥 甲辰 甲子 1126
己亥 乙亥 壬午 丁未 1126
己亥 乙亥 甲辰 癸酉 1127
己亥 乙亥 丁亥 壬寅 1127
己亥 乙亥 癸未 壬戌 1128
己亥 乙亥 丁未 壬寅 1128
己亥 乙亥 癸未 癸亥 1129
己亥 乙亥 癸亥 丙辰 1129
己亥 乙亥 丙寅 辛卯 1130
己亥 乙亥 丙午 乙未 1130
己亥 乙亥 丙辰 戊戌 1131

庚子 戊寅 戊戌 癸亥 1209
庚子 戊寅 庚子 庚辰 1209
庚子 戊寅 甲寅 乙丑 1209
庚子 戊寅 辛未 辛卯 1210
庚子 戊寅 戊寅 甲寅 1210
庚子 戊寅 丙申 庚寅 1211
庚子 戊寅 壬寅 辛亥 1211
庚子 戊寅 癸亥 丁巳 1211
庚子 戊寅 丙戌 己亥 1212
庚子 戊寅 丁亥 癸卯 1212
庚子 戊寅 甲子 己卯 1212
庚子 戊寅 癸亥 癸亥 1212
庚子 戊寅 壬申 乙巳 1213
庚子 戊寅 癸酉 丙辰 1213
庚子 戊寅 戊辰 丁丑 1213
庚子 戊寅 乙丑 辛巳 1213
庚子 戊寅 庚子 己卯 1214
庚子 戊寅 甲子 戊辰 1214
庚子 戊寅 戊午 丙辰 1214
庚子 戊寅 丁卯 戊申 1215
庚子 戊寅 戊寅 癸丑 1215
庚子 戊寅 癸未 癸丑 1216

庚子 戊寅 庚戌 甲申 1216
庚子 戊寅 壬申 丁未 1216
庚子 戊寅 甲戌 庚午 1217
庚子 戊寅 甲申 庚申 1217
庚子 戊寅 乙亥 丁亥 1217
庚子 戊寅 丁亥 庚子 1218
庚子 戊寅 癸巳 癸亥 1218
庚子 戊寅 辛亥 戊戌 1219
庚子 戊寅 丙午 戊戌 1219
庚子 戊寅 丙午 癸巳 1219
庚子 戊寅 乙未 癸未 1220
庚子 戊寅 辛丑 辛卯 1220
庚子 戊寅 丙申 庚寅癸巳 1220
庚子 戊寅 丁丑 辛亥壬寅 1220
庚子 戊寅 丙辰 庚寅己亥 1221
庚子 戊寅 丁巳 辛丑 1221
庚子 戊寅 甲寅 癸酉 1221
庚子 戊寅 乙卯 壬午 1221
庚子 戊寅 戊申 庚申 1222
庚子 戊寅 壬寅 辛丑壬寅 1222
庚子 戊寅 癸卯 丁巳 1222
庚子 戊寅 癸丑 癸丑 1223

庚子 戊寅 壬子 戊申 1223
庚子 戊寅 乙酉 丙戌 1223
庚子 戊寅 甲午 戊辰 1223
庚子 戊寅 戊戌 癸亥 1224
庚子 戊寅 己亥 甲戌 1224
庚子 戊寅 辛未 丁酉 1224

第266

庚子 戊寅 己巳 壬申 1225
庚子 戊寅 壬辰 庚戌 1225
庚子 戊寅 辛亥 壬辰 1226
庚子 戊寅 庚申 戊寅 1226
庚子 戊寅 丙申 戊子 1227
庚子 戊寅 庚午 丁丑 1227
庚子 戊寅 乙丑 己卯 1228
庚子 戊寅 戊子 壬子 1228
庚子 戊寅 乙丑 戊寅 1229
庚子 戊寅 庚申 甲申 1229
庚子 戊寅 戊午 丁巳 1230
庚子 戊寅 癸未 壬子 1230
庚子 戊寅 甲午 乙丑 1231
庚子 戊寅 戊午 丁巳 1231
庚子 戊寅 丙辰 乙未 1232
庚子 戊寅 丁卯 甲辰 1232

庚子 戊寅 辛未 己亥 1233
庚子 戊寅 丁卯 甲辰 1233
庚子 戊寅 甲寅 己巳 1234
庚子 戊寅 丁酉 乙巳 1234
庚子 戊寅 乙丑 甲寅 1235
庚子 戊寅 戊辰 丁巳 1235
庚子 戊寅 壬午 辛亥 1236
庚子 戊寅 庚辰 丙子 1236
庚子 戊寅 壬申 壬寅 1237
庚子 戊寅 乙卯 丁亥 1237
庚子 戊寅 癸酉 己未 1238
庚子 戊寅 庚申 丙子 1238

第267

庚子 庚辰 庚寅 甲申 1239
庚子 庚辰 戊子 庚申 1239
庚子 庚辰 戊寅 癸丑 1240
庚子 庚辰 己丑 戊辰 1240
庚子 庚辰 丙辰 己丑 1241
庚子 庚辰 甲子 乙亥 1241
庚子 庚辰 癸亥 壬戌 1242
庚子 庚辰 壬午 壬寅 1242
庚子 庚辰 乙亥 甲申 1243
庚子 庚辰 癸巳 庚申 1243

庚子 癸未 己丑 己巳 1266

庚子 癸未 庚寅 庚辰 1266

第269

庚子 乙酉 甲寅 1267

庚子 乙酉 己未 己 1267

庚子 乙酉 己丑 1268

庚子 乙酉 癸丑 丁巳 1268

庚子 乙酉 庚午 癸未 1269

庚子 乙酉 辛丑 辛卯 1269

庚子 乙酉 壬子 甲辰 1270

庚子 乙酉 庚戌 丁亥 1270

庚子 乙酉 戊戌 乙卯 1271

庚子 乙酉 丙午 己丑 1271

庚子 乙酉 甲辰 甲戌 1272

庚子 乙酉 丙午 戊戌 1272

庚子 乙酉 己丑 戊辰 1273

庚子 乙酉 戊申 丁巳 1273

庚子 乙酉 乙巳 丁丑 1274

庚子 乙酉 乙巳 丙子 1274

庚子 乙酉 庚寅 壬午 1275

庚子 乙酉 庚戌 戊寅 1275

庚子 乙酉 己未 乙亥 1276

庚子 乙酉 甲辰 乙亥 1276

庚子 乙酉 丁巳 庚子 1277

庚子 乙酉 丁巳 辛丑 1277

庚子 乙酉 壬戌 辛丑 1278

庚子 乙酉 辛卯 乙未 1278

庚子 乙酉 壬寅 壬寅 1279

庚子 乙酉 壬寅 丙午 1279

庚子 乙酉 丙辰 戊子 1280

庚子 乙酉 甲寅 己巳 1280

庚子 乙酉 乙巳 乙酉 1281

庚子 乙酉 庚戌 戊寅 1281

第270

庚子 丙戌 辛未 壬辰 1282

庚子 丙戌 丙戌 乙未 1282

庚子 丙戌 庚子 丙戌 1283

庚子 丙戌 壬午 甲辰 1283

庚子 丙戌 丙寅 戊子 1284

庚子 丙戌 己丑 甲子 1284

庚子 丙戌 壬申 庚戌 1285

庚子 丙戌 己丑 丁卯 1285

庚子 丙戌 癸未 壬戌 1286

庚子 丙戌 乙丑 壬午 1286

庚子 丙戌 己丑 甲子 1287

庚子 丙戌 庚午 庚辰 1287

庚寅年　戊寅月　戊寅日　壬戌時

此八字戊寅專權之日相配柱中水[illegible]殺[illegible][illegible][illegible]之格殺印相生功明顯達主人生於右族長於名門椿萱晚荣贈鴻鴈各行明其為人也丰姿清秀天性聡明千古文章逞荣耀一天星斗煥心胸驪珠照魏光难掩雷劍生風氣自充終是功名之客豈為避世之君鵬路高搏知健翼龍門深躍見脩鱗一胎騰踏飛黄去凛凛威風似海清此則荣肅之命鴛幃連珠須配小子嗣秋來[illegible][illegible]聲運行初巳卯春風駘蕩夏日炎蒸庚辰運中焚香辰卷秉烛覩文辛巳運中霹靂一声雲霧合禹門躍過浪三層壬午運中千里霜威金斧重三秋風色綉衣軽癸未運中戝迁金紫名声显風雪飛來喜不驚甲申運中侢看官封三級酌然禄享千鍾乙酉運中晚年閑快樂樽酒樂怡情丙戌運中春光去也花落月沉

庚寅年　戊寅月　巳丑日　甲戌時

此八字巳丑日元相配柱中木火官印之格有官有印無破作廊庙之材人生得此生於右族長於名門萱毋先歸萱重有維天邉鴻鴈各行鳴其為人也丰姿清秀天性聡明胸藏星斗李貫古今袖裡紅霓冲霄色無端風雨駕雲程終是功名客豈為田舍翁三級浪中龍变化九霄雲外鳳飛騰姓字傳揚後衣冠拜紫宸此則荣貴之命鴛幃烛夜添新慶子嗣金風有頸荣運行初巳卯上人夜下風雪初晴庚辰運中十年窓下業黄卷與青灯辛巳運中莫愁雪阻藍関道時未傾刻便昇騰壬午運中到此始知文李好長安道上馬啼輕癸未運中即署官亟故里羨大夫金紫又加荣梨花帶雪雨過山青甲申運中自嘆晚年帰故里何愁未遂函路心乙酉運中荣回故里一通卧音

庚寅年　戊寅月　癸卯日　癸亥時
此八字癸卯日貴之辰相配柱中木火傷官制才之格人
生得此生於右族長於名門椿萱双晩茂鴻鴈各凌雲
其為人也丰姿清秀天性聰明窮書覧史李足三冬麗
句妙為天下白高材仍似海東青終是文場折桂客豈
為田舎鑿耕人萬里扶揺龜騰雲一声霹靂蹲長安人
満路争看錦衣人此則栄貴之命鴛幃春藹藹子嗣
晩叢叢運行初己卯上人庇下花放風生庚辰運中讀
殘茅店月囊聚案頭螢辛巳運中一舉有冲天之勢
片言有折獄之能壬午運中自宴瓊林後威飛郡邑驚

癸未運中錦衣肥馬重重貴天上恩波浩浩新當此之
際風雲満庭甲申運中天上手曽扶日月人間位正星
乙酉運中辭組歸田里籬邊樂性情丙戌運中春光
去也一道訃音

庚寅年　戊寅月　庚午日　丙戌時
此八字庚午貴人之日相配柱中木火才煞之格
女人得此生於右族長於名門椿萱棠棣霜𣉻日
妯娌翁姑分尚輕其為人也姿容清秀髮貌超群
勝丈夫之氣蓋有男子之才能一花杏燕歸歸綉
満山松栢瞇幃屏深門閨窒理洞識古今情楊柳
無風枝婀娜梅花有月影精神雖勤而苑陰易喜
而易嗔雖不鳳冠帔服自然才禄餘盈此則才學
之命良人有兆雖偕老子嗣森抜孝義深運行初
丁丑上人庇下渼淩青雲丙子運中路入𦶜深花

爛熳橋横銀漢水澄清乙亥運中雖則夫剛財業
旺旺中尚有事虧孟甲戌運中幾度閑中有悶數
番静裏憂生癸酉運中一奉愁心對蒼雪何愁猶
解叛外平壬申運中停針默默忍無語此際鴛鴦
綉不成辛未運中平坡防有崒峻嶺豈無驚庚午
運中歸去也

庚寅年　戊寅月　壬戌日　庚戌時

此八字壬戌日德之辰相配柱中木土食神制煞之格女人得此生於右俗長於名門椿萱難並睨鴻鴈各行飛其為人也丰姿清秀髮睨精神勝丈夫之氣槩有男子之才能家收華岳三山秀水到湘江一様清每懷懸賠意恃把撑憐恐萬里無雲天一色三秋好景月長明憂福自能辞固味愛琴長雖斷絃聲難觸難祀易喜易嗔雖不鳳冠帔服自然福祿無窮此則旺益之命良人連珠須招硬子嗣枝頭孝且忠乙丑運中上人簷下未斷平生丙子運中路入桃源花熳爛橋横銀漢水澄清乙亥運中雖不夫門多快樂幾多人事尚虧盈甲戌運中幾度閑中有鬧數番靜裏憂生癸酉運中正是陽春月日遂愁風雨相侵壬申運中夫賢子貴樂意忘情申字之中一番風雨辛未運中悦年多快樂庚午運中一枕了平生

庚寅年　戊寅月　甲申日　甲子時

此八字甲申專權之日相配柱中金火傷官制殺之格人生得此生於右族長於高門土木椿萱双睨茂天邊鴻鴈各行鳴其為人也丰姿清秀天性聰明孝悌有成筆底詞源三峽遠英材敏絕胸中瑩潔一天星禮樂縱横字詩書典雅文馬蹄塵土三千里鵬翼風雲萬里程七朝壓隱成文露千里思乘破浪風此則榮貴之命鴛幃金玉潤子嗣睨先榮運行初巳卯上人庇下未断平生庚辰運中踏破泮橋讀殘茅店月辛巳運中時來風送滕王閣刻頃高搏萬里程壬午運中已把嚴威權酷吏更將仁政錫黎民癸未運中腰横金作帶符剖玉為麟當此之際風雪滿庭甲申運中正欲忠君輔國未應解組恩薄乙酉運中一宵春夢斷萬事總成空

庚寅年 戊寅月 戊寅日 癸亥特

此八字戊寅專權之日相配柱中木火杀印之
格女人得此生於右族長於名門鳴雁成行各
座椿萱一别佳期其為人也姿容清秀体態豊
腴一苑杏桃鋪錦綉满山松柏映帏屏步步有
如快樂淌滔無阻易嗔易喜难纪难欺挑李紛
紛佳媚嬌才源滚滚来姿素女山晴常蒼茂福
禄渊明不凋枝此則穩厚之命良人同配連珠
子女生成貴显運行初丁丑上人庇下未断高低
丙子運中山海固永天地樂亲乙亥運中萬里

好山雲不巧一輪明月正光輝丙戌運中小池
雨過添新緑深谷春来發旧枝癸酉運中天上
三陽泰人間五福增壬申運中夫貿子貴慶樂
自如辛未運中春光去也花落月沉

庚寅年 戊寅月 己卯日 丙寅特

此八字己卯專權之日相配柱中木火殺生印綬
之格人生得此生於右族長於名門椿萱有倚先
廚父天边鴻雁各行鳴其為人也丰姿清秀天性
聰明般般稍覽件件不精行藏果斷作事老誠機
謀敏伏舉用人欽爭長名圈過旧竹花關上苑勝
光春自有順天之慶豈無福地之深遊山玩水携
詩卷對月觀花把酒斟但願一生財祿旺何須跨
馬入青雲此則穩厚之命鴛幃得配名門女子嗣
生成貴显人運行初己卯上人庇下風雪初晴庚

辰運中寒向梅中尽春從柳上生辛巳運中萬疊
好山雲乍歛一輪明月雨初晴壬午運中富之以
潤其屋德之以潤其身癸未運中滾滾才源旺滔
滔福祿增甲申運中如松含晚翠似菊吐金英乙
酉運中春光去也花落月沉

庚寅年　戊寅月　甲申日　庚午時

此八字甲申專權之日相配柱中旺火傷官制杀之格刑冲太重減我功名主人生於右族長於仁門士木椿萱双悦茂天边鴻鴈各行群其為人也手姿清秀天性聰明知高下識重輕遇火黃金重長價離雲皎月倍清明万里韶華福布江山生秀氣一聯美景才源自向遠方生祖業有依須再整才源學積悦豐盈但頻稟陳貫朽何用深沐皇恩此則穩學之命鴛幃水命須年少子嗣生成出白人運行初己卯上人庇下未斷平生驚濤乱小脉驟雨暗峯仗庚辰運中万里烟雲收歛一輪秋月光明辛己運中春風雖媚夾幾度尚陰晴壬午運中庭前竹爆平安日攔外花開富貴春癸未運中人生正在光華處只恐天边雪滿庭甲申運中延賓玩物會友開樽乙酉運中無思無慮丙戌運中一枕巫峯

庚寅年　戊寅月　乙巳日　丁亥時

此八字乙巳日元相配柱中火土傷官助才之格金水傷官喜見官人生得此生於西室長於宦門椿親貴榮量萱帰剅到頭終是母先行天邊鴻鴈有各巢生其為人也羊姿清秀天性聰明源流三峽誰能及筆掃千軍孰與論終是儒芳之客宜為田舍之翁北海蛟横頭角聳南山豹变爪牙新一從姓字傳揚後九天雨露沐皇恩此則榮貴之命鴛幃烛夜添新蚤子嗣秋來朶朶榮運行初己卯上人庇下風雪初晴庚辰運中十年窗下業時至便外騰辛己運中躍過禹門三級浪秉筍趣朝拜九重壬午運中腰横金作帶符刻玉為鱗當此之際風雪还生癸未運中停看官封三級酌然禄享千鍾甲申運中有村扈大用何事便韓棄乙酉運中春光去也花落月沉

庚寅年　戊寅月　戊戌日　甲寅時

此八字戊戌魁罡日元相配柱中木火殺印之格殺重身柔火焚燥土藏我功名主人生於右族長於名門金木椿萱雙晚戊天邊鴻鴈各行鳴其爲人也丰姿清秀頭面疾縈煩知禮義稍識古今有近貴親賢之德應上和下之能祖業添新慶根源勝舊風門外田疇千古計庭前花木四時春有心於貨利無意慕功名水光浮座盃盤瑩花氣侵人笑語馨花無桃李非春色人有笙歌是太平祿元成嶽瀆威勢壓鄉民此則穩厚之命鴛幃有犯須年長子嗣秋來自顯榮運行初己卯上人庇下未斷平生庚辰運中世事短如春夢人情薄似秋雲辛巳運中雖則行藏有慶幾多人事虧盈壬午運中財源雖旺足素耗尚愁人癸未運中不獨財源富足尚析聲勢豪横未字之年如履薄氷甲申運中天上三陽泰人間五福增乙酉運中晚年多快樂會友以開樽丙戌運中春光去也

庚寅年　戊寅月　庚子日　丙子時

此八字庚子日元配乎柱中木火才殺之格傷官制殺有功人生得此生於右族長於華宗椿萱一享期頤壽鴻鴈風高各影踪其爲人也丰資清秀天性聰明斷高理直知高識輕遇火黄金顯十分之貴色離雲皎月布萬里之清明祖基祖業添新慶財帛資囊厚積存消閑棊一局遣興酒三盃無憲畫傳詩禮樂有朋来自遠方親福成岳瀆威勢壓鄉此則特達之命鴛幃連珠須配小子嗣榮門孝且忠運行初己卯上人庇下安晦未伸庚辰運中隱隱輕雷抽碧笋微微細雨潤紅英辛巳運中爆竹聲催殘臘去折梅香引早春回壬午運中梅須遜雪三分白雪亦輸梅一段馨癸未運中富之以潤其屋德之以顯其身當此之際風雪滿庭甲申運中晚年快樂會友開樽乙酉運中春光去也一枕清風

庚寅　戊寅　丙寅　庚寅

此八字丙寅長生日相配柱中枉木印綬之格印綬者上格也主人生於右族長於名門椿父先歸萱後別天邊鴻鴈各行鳴其為人也丰姿清秀天性聰明高謀遠見終難別懷慨春風一妙人般般稍覧件件不精謀為君子威伏小人祖業添新慶根源勝舊風遊山翫水攜詩卷對月觀花把酒斟不以功名為念豈將冠冕磨礱花無和日非春色人有笙歌是太平拙於自己巧與他人身將隱矣文何用人不知之味更真但願一生才祿旺何必天邊沐寵榮晚年子貴顯福祿享無窮此則穩厚之命鶺鴒有把須重續子嗣森枝有顯榮上人庇下風雪椿庭庚辰運中未觀桃李紅紅色且喜湖光淡淡清辛巳運中雖則人識有慶也愁人事虧盈壬午運中正是梅清月白還愁絃斷重聲癸未運中旺中尚有家頭雪際才源倍有增甲申運中平坡防有崇峻嶺豈無驚乙酉運中子貴孫賢家業旺胡為一枕夢巫峯

庚寅年　戊寅月　癸未日　庚申時

此八字癸未日元相配柱中木火傷官助才之格運行南方才旺為奇主人生於右族長於名門堂上椿萱萱歲長天邊鴻鴈有隨鳴其為人也丰姿清秀天性聰明源流三峽誰能及筆掃千軍孰與倫衣冠濟濟人中傑和氣怡怡座上珍終是功名之客豈為田舍之翁鰲逐玉蟾攀桂去馬隨青帝踏花行一從楊姓字東坊拜金門此則榮貴之命鶺鴒春色馨子嗣有光榮運行初己卯上人庇下災晦之中庚辰運中欲向雲中舉足須從灯下留心辛巳運中時來風送滕王閣頃刻高搏萬里程壬午運中驛中曉日催行站江上春風促去程癸未運中三度君恩喜兩番風不驚甲申運中正欲忠君輔國何期解組思蓴乙酉運中鵬鳥賦成人已去嘉魚詩在浪傳名

庚寅年　戊寅月　庚辰日　乙酉時

此八字庚辰日德之辰相配柱中木火才殺之格人生得此生於右族長於名門椿萱連珠晚荣贈天边鴻鴈各搏風其為人也丰姿清秀天性聪明胸次峥嵘書萬卷英材敏絶屬群倫衣冠濟濟人中傑和氣怡怡席上珍終是功名客豈為田舍翁奮身釋白屋平步入青雲鵬路高騰知健翼龍門深躍見脩鱗一從姓字傳揚後直上金鑾拜聖明此則荣貴之命鸞幃重合老子嗣彩衣新運行初己卯災悔已過詩礼趋庭庚辰運中十年窓下留心志時来頃刻入雲津辛巳運中躍過禹門三級浪秉笏趋朝拜聖明壬午運中寒拂紫衣催驛騎光生玉節下雲層癸未運中西風吹過天边雪從此滔滔雨露墜甲申運中攙高損福解組荣帰乙酉運中春光去也花落月沉

庚寅年　戊寅月　丁亥日　辛亥時

此八字丁亥日貴之辰相配柱中水木官印之格女人得此生於豐壽之族配於深造之門椿萱先歸萱後天邊鴻鴈各行鳴其為人也姿容閑治德行真勝丈夫之氣槩有男子之材能日日荣自有順天之慶常安常樂豈無福地之深過火黃金重是價離雲皓月倍精明羅綺飄香風蕩盡鵰列犀草凄凄此則延壽之命良人並朱紫子嗣森枝晚節乗運行初丁丑上人庇下來斷乎生丙子運中雖則丈門才業旺西中終有四德盈乙亥運中登臨雨齊賞翫春帰甲戌運中才源滾滾家居好片時風雨不為驚癸酉運中鳶及鳳隻多惆悵子秀家宅是精神壬申運中沖擊如丈履幽過此辛未運中一枕入佳城

庚寅年　戊寅月　庚辰日　丙戌時

此八字庚辰日德之辰相配柱中木火才殺之格女人得此生於富族配於名門椿萱榮倚鴻鴈群鳴其爲人也姿顔清秀髮貌精神有肝食胥衣之懊惱治家立業之材能雖是女流之輩過如男子之材能治家有理勵事克勤雲妝華岳千山秀水到湘江一樣新有遺訓斷機之志助勤九膽之能難觸難犯易喜易嗔夫榮何足羨子貴也光榮此則榮穩之命良人得配乘龍客子嗣枝枝綻錦英運行初丁丑上人庇下露月光風丙子運中路入

桃源花爛熳橋横銀漢水澄清乙亥運中濟濟裙釵絢日輝輝羅綺臨風甲戌運中軒開化日千祥集簾捲香風百福增癸酉運中一輪明月當秋夜無限奇花正遇春壬申運中夫榮子貴樂意忙情辛未運中花落水流春已失蘭摧玉折恨何明

庚寅年　戊寅月　壬辰日　甲辰時

此八字壬戌魁罡之日相配柱中木土食神制殺之格亦有壬騎龍背之意主人生於右族長於名門堂上椿萱双晚茂天邊鴻鴈各行鳴其爲人也丰姿清秀天性聰明般般稍覽件件不精謀動君子戚伏小人行蔵竟消洒咲傲任拈荣自有順天之慶豈無福地之深笋長名園過旧竹花開上苑勝先春不向仕途求問達却来湖海覓黄金田園有意公卿小廊庙無心宇宙輕鄉民仰德閭里推尊此則發福之命鴛幃連珠須配硬子嗣生成貴

显人運行初辛卯上人庇下花放風生壬辰運中隱隱輕雷抽碧笋微微細雨潤紅英癸巳運中漸漸精神英看看氣象新甲午運中才源富足家居好風雲飛来尚恼人乙未運中庭前竹報平安日檻外花開富貴昏丙申運中心事數莖白髮何愁一片閑情丁酉運中晚年閑快樂戊戌運中一枕了平生

庚寅年　戊寅月　癸巳日　壬子時

此八字癸巳日貴良相配柱中木火傷官助才之格人生得此生於右族長於名門椿萱有倚鴻鴈分群其為人也丰姿清秀天性聰明千古文章遅榮耀一天星斗煜心胷衣冠濟濟人中傑和氣怡怡席工珎終是功名之客豈為田舍之翁鵬路高搏知倫翼禹門深躍見脩鱗瑤池鞭静朝南極五夜鍾停拱北辰此則榮貴之命鴛幃春色麗子嗣晚光榮運行初己卯工人庇下未斷平生庚辰運中欲向雲中舉足須從灯下留心辛巳運中莫愁雪阻藍関道時来頃刻躍潜鱗壬寅運中躍過三層浪朝班立縉紳癸未運中職遷金紫字內澄清黎花舞雪雨過山青甲申運中佇看官封三級酌然禄享千鍾乙酉運中解組歸田里東籬菊酒馨丙戌運中春光去也啼鳥無聲

庚寅年　戊寅月　丙申日　己丑時

此八字丙申之日相配柱中旺木印綬之格印綬者上格也主人生於右族長於名門椿萱聯珠晚榮贈天遂鴻鴈有行鳴其為人也丰姿清秀天性聰明五車書富三冬足兩石彩當萬騏冲衣冠濟濟人中傑和氣怡怡席上珎終是功名客豈為田舍翁鵬路高搏知健翼龍門深躍見脩鱗瑤池鞭静朝南極五夜鐘停拱北宸此則榮貴之命鴛幃春麗須竿敵子嗣秋来朵朵榮運行初己卯上人庇下未斷平生庚辰運中欲向雲中舉足須從灯下留心辛巳運中莫言此運非騰踏時来頃刻便升騰壬午運中躍過禹門三汲浪秉笏連朝拜家龍癸未運中寒拂紫衣催驛騎先生玉節下雲層職遷金紫風雪還生甲申運中佇看官超二品酌然禄享千鍾甲字之中倍添福禄乙酉運中白頭未許還家樂紫誥頻留（慰）老臣丙戌運中歸去也

庚寅年　戊寅月　丙子日　戊子時

此八字丙子日元相配柱中水木官印之格人生得此生於右族長於名門椿宜双晚茂鴻鵠各搏風其為人也丰姿清秀天性剛忠頗知禮義稍識古今有近貴親賢之德應上和下之能重成新事業重整舊門庭福布江山外名聞湖海中西都秋色皆喬木舊風流有幾人不以功名為念豈將冠冕磨礱消閑棊一局遣興酒三鍾瀟世功名身外事五湖風月樂怡情此則穩厚之命鸞幃重合螽子嗣晚光榮運行初巳卯上人庇下未斷平生

庚辰運中娟娟雲裏月灼灼葉中英辛巳運中隱隱輕雷抽碧筍微微細雨潤紅英壬午運中天上三陽泰人間五福增癸未運中福若泉淵湧財如春氣生當此之際風雪滿庭甲申運中晚年閑快樂會友以閑搏乙酉運中無思無慮丙戌運中春夢無憑

庚寅年　戊寅月　庚子日　丁丑時

此八字庚子之日相配柱中木火才官之格木盛生官終身有慶遇斯命者生於喬木長於名門椿親中祖宗華客鴻鵬天邊各奮騰其為人也姿容清秀天性聰明高謀遠見機關別嫌慨春風一妙人過火黃金重長價離雲皎月倍清明庭前竹報平安日檻外花開富貴家田園桑柘茂畝畝稻粱馨季倫錦繡何為貴秦帝珂房未足誇非吏非儒非跨馬也應頭角衛崢嶸此則因富至貴之命鸞幃東西錦繡子嗣周鳳曾麟運行初巳卯上人庇下花放風生庚辰運中漸漸精神爽看看氣象新辛巳運中近水樓臺先得月向陽花木早逢春壬午運中紫陌驅肥金勒馬錦階爭看玉樓人癸未運中富貴光華閑快樂只恐天邊雪滿庭甲申運中延賓玩物會友閑搏乙酉運中安閒晚景丙戌運中春夢無憑

子平遺書

庚寅年　戊寅月　庚辰日　丙戌時

此八字庚辰日德之辰相配柱中丙火偏官之格喜逢印綬生身人生得此生於名望之族長於閥閱之門椿親榮且壽鴻雁各行鳴其為人也丰姿磊落天性老成筆落驚風雨詩成泣鬼神礼樂從横字詩書異稚文不特魏殊能照盡还應趋壁拂連城七朝壓隱成文囂千里恩秉破浪風衣冠崇今望雨露沐恩深明時柱石盛世股肱此則榮貴之命鶯幃牡丹芳葉子嗣鳳凰麒麟運行初己卯上人庇下究晦未伸庚辰運中維畧終無間何愁不显名辛巳運中秋闈搏生鳳春榜列英雄壬午運中綉衣耀日鉄面生風當此之際風雪無驚癸未運中腰横金作帶符剖玉為麟甲申運中正宜東笏朝廷顕未許懸年故里中乙酉運中酒解平生恨衣沾上国塵丙戌運中楚臺雲散空留臺漢苑香消不返魂

子平遺書

庚寅年　戊寅月　丁亥日　戊申時

此八字丁亥日貴之辰相配柱中水木官印之格人生得此生於右族長於名門金玉椿萱榮晚節天邊鴻雁各行鳴其為人也丰姿浩秀天性聰明知高下識重輕有近貴親賢之德應上和下之能重成新事業再整舊門庭有心於貨利無意暮功名田園桑柘茂畝畝稲粱肥無處尽傳詩禮樂有鵬來自遠方親但願一生富足任他身外無名此則穩厚之命鴛幃金玉潤子嗣晚光榮運行初己卯上人庇下花放風生庚辰運中小池雨過添新綠深谷春来發舊枝癸巳運中淡烟楊柳岸薄霧杏花村甲午運中天上三陽泰人間五福增乙未運中董信竹陛何為貴秦帝阿房未足称當此之際風雪滿庭丙申運中晚年關快樂一枕入巫峯

庚寅年　戊寅月　壬辰日　己酉時

此八字壬辰魁罡之日相配柱中土木食神制煞之格人生得此生于良族長于名門金木椿萱双晚茂天邊鴻鴈有聯鳴其為人也丰姿清秀天性聰明逆之則怒順之則忻覽遍人間事行窮天下程萬里春風行樂頌四時佳趣瑞祥生遊山翫水留詩句對月觀花把酒斟不必覓珠來水府何須求劍到豐城錢過碧斗貫朽粟陳福元成岳瀆威勢壓鄉民此則富享之命鴛幃全正副子嗣有光榮運行初己卯上人之下未斷平生庚辰運中小池雨過添新綠深谷春來發舊馨辛巳運中財源有若泉源湧和氣還同春氣生壬午運中庭前竹報平安日檻外花開富貴春癸未運中正是太平光景六出花飛不穩身甲申運中軒開化日千祥集簾捲香風百福增乙酉運中訃音一縷酹酒三鍾

庚寅年　戊寅月　己卯日　己巳時

此八字己卯日之相配柱中木火殺生印綬之格殺印相生功名顯達生於名族長於名門椿萱双美意鴻鴈各行鳴其為人也丰姿清秀天性聰明源流三學誰能及筆掃千軍熟與論太山北斗千年在和氣春風四座欣終是功名之客豈為田舍之翁蛟騰北海風雲會豹變南山勢要新但看揚姓字職為事佳徵此則榮貴之命鴛幃運理合子嗣晚光榮己卯運中上人庇下未斷平生庚辰運中欲向雲中舉足須從灯下留心辛巳運中孑有寸陰之惜豈無題柱之功壬午運中到此始知文學好長安道上馬蹄輕癸未運中威飛乱浪怒令重晚風生當此之際風雪滿空甲申運中施仁布德掛紫腰金乙酉運中解組回田里丙戌運中無常又促程

庚寅年　戊寅月　丁丑日　辛亥時

此八字丁丑日元相配柱中水木官印之格喜逢時值貴人遇斯命者生於右族長於名門椿萱榮晚茂棠棣各敷榮丰姿清秀天性聰明理究古事及今事書對賢經与聖經終是功名客豈為田舍翁鵬路高摶知健翼龍門深躍見修鱗一從姓字傳揚後直上金鑾助聖明此則榮貴之命鴛幃金玉潤子嗣桂蘭榮運行初已卯上人庇下天朗氣清庚辰運中十年窓下業一舉可成名辛巳運中宴罷瓊林後天府沐深恩壬午運中獄折片言民訟息九重雨露再加陞癸未運中金紫權衡裘飄雪滿門庭甲申運中山河開十郡郡縣仰威雄乙酉運中榮回故里丙戌運中膏夢無憑

庚寅年　戊寅月　庚寅日　丁亥時

此八字庚金相配柱中木火財官之格終身有慶女人得此福足以庇夫子才足以廣田園主人生於茂族配於衣纓姿容清秀天性聰明勝丈夫之氣槩有男子之才能相夫應有道訓子揔成群錦綉花開春富貴瑯玕竹報日昇平守看夫榮子秀釵冠絢日鮮明此則榮夫之命良人年長鬢纓客子嗣秋來孝義敦運行初丁丑上人庇下天朗氣清丙子運中匹配名門友花從錦上添乙亥運中光華疊、布澤綿、甲戌運中旺中增駁褀依舊旺夫門癸酉運中食則珍羞百味衣則羅綺千層當此之際微雨弄晴壬申運中冲擊之所如月入雲辛未運中楚臺雲散空留夢漢苑香銷不返魂

庚寅年　戊寅月　戊戌日　癸亥時

此八字戊戌魁罡之日相配柱中木火煞印之格人生得此生於右族長於名門椿萱双晚茂棠棣發青秦其為人也丰姿清秀天性聰明高謀遠見機関別慷慨春風一妙人過火黄金重長價離雲皎月倍清明祖業添新慶根源勝舊風笋長名園過舊竹花開上苑勝先春雖不成名利生平近貴人但願粟塵并貫朽何必天邊沐寵榮此則發福之命鴛幃金玉潤子嗣彩衣新運行初巳卯上人庇下化日陽春庚辰運中如花向日似月離雲辛巳運中雨過園桃簇錦風和堤柳拖金壬午運中富潤屋德潤身癸未運中財源富足家業盈豐當此之際風雪重重甲申運中威權有布人欽伏財帛盈囊福禄增乙酉運中晚年閒樂丙戌運中春夢無憑

庚寅年　戊寅月　庚辰日　壬午時

此八字庚辰日德之辰才官之格才盛生官終身有慶人生得此生於右族長於高門大土椿萱双皓首聯枝棠棣發春秦其為人也丰姿清楚礼貌温恭英材而出欲李問以渊深驪珠照魏光雅揜雷劍藏豐氣自光不特魏珠明照乘还應趙璧攙迁城一朝但得風雲便秉笏金鸞拜聖明此則榮貴之命允幃得合同宮同庚子嗣有成枝枝挺秀運行初己卯上人庇下实騐未伸庚辰運中欲躋騰雲騤恩囊煦露營辛巳運中雲程坦坦登天去夆旦憊憊名利成壬午運中同沐天边寵朝班生縉紳癸未運中捧詔暫辞三島去承恩避布一方春當此之際風木之驚甲申運中正宜秉笏達朝影未許懸車故里中乙酉運中解組同田園丙戌運中春帰夢不㙁

庚寅年　戊寅月　癸未日　壬子時

此八字傷官之格日祿歸時之助值斯象者椿萱中道別鴻鴈各飛騰其為人也精神炯炯智慧明明生於師因長於柳營田頗穷黄石畧稍識聖賢文風生紫塞秋橫劍月落黄河夜渡兵不為金章容也降千百軍此則武官之命鴛幃合硬方偕老子嗣秋來始有成運行己卯未分寒暑昌斷夥盈庚辰運中金距鬪鷄三市北王鞭跨馬陵東辛巳運中讀黄登上國從此有聲名壬午運中氣𢟍摩牛斗威權伏萬人當此之際頃刻逡巡癸未運中不入天边路焉能沐寵栄當是時也花放風生甲申運中片雲蔽日雨過山青乙酉運中花将好艷傳與子竹有清陰付與孫丙戌運中英雄都盡也仙魄赴幽冥

庚寅年　戊寅月　甲辰日　己巳時

此八字金水日元相配柱中傷官制殺之格人生得此生於右族長於名門木火椿萱茂晚天边鴻鴈各行鳴其為人也手資清秀天性老誠般般稍覽件件不精祖業添新慶根原勝田風月掛碧天多皎皓合揚湖海有光榮朝中無姓字囊底旦称珠時果才祿旺何必慕天恩此則榮貴之命飛時春色晚子嗣晚还榮運行初丁亥上人在下天朗風清戊子運中隱隱輕雷抽碧笋微微細雨閏花英乙丑運中金勒馬歸芳草地玉樓人醉杏花村庚寅運中着意種花花不發無心插柳柳成林辛卯運中庭前綠柳平安日檻外花開富貴春當此之際風雪盈庭壬辰運中晚年多快樂癸巳運中一抛了平生

庚寅年　戊寅月　丙申日　戊戌時

此八字丙申之日相配柱中旺木印綬之格印綬格也主人生於威族長於高門水火椿萱雙晚聯行鴻鴈有同群其為人也丰姿清秀天性聪明有博古通今之志應上和下之能萬里諂華名利必從天上降一聯美景才源自向遠方生雖不逑侯封爵自也得利得名一朝但得風雲便九天雲露沐恩深此則穩棠之命鴛幃水火須偏正手嗣技技有挺棠運行初己卯花放風生日雲籠月來明庚辰運中不負寸陰之惜豈宴趣柱之功辛巳運中志欲登天步月身还胃雪冲風壬午運中雲程坦坦登天書足舉悠悠名利成癸未運中耿耿聲名重滔滔雨露增甲申運中一番風雪過五品大夫棠乙酉運中棠回故里尊鱸美丙戌運中一枕黃梁永不醒

庚寅年　戊寅月　丙午日　乙未時

此八字丙午之日相配柱中旺水印綬之格人生得此生於良族長於仁門椿萱双脱殘鴻鴈各分群其為人也丰姿清秀天性聪明有振霜欺霜之志截長補短之能過火黃金重長價離雲皎月倍清明楼臺疊疊生涯好才帛豐餘福禄增春入园林香遍塵寰之謡月離海嶠光揚宇宙之明福布江山生秀馥名聞湖海有光榮但願有材棲閣大何必天邊沐寵榮花無桃李非春色人有笙歌是太平此則旺足之命鴛幃連珠須帶硬子嗣榮門晚節馨運行初己卯上人庇下花放風生庚申運中隱隱輕雷抽碧笋微微細雨潤英辛巳運中提柳己敷新幹綠园桃还敃旧時馨壬午運中夜雨自添池水滿春風吹綻海棠紅癸未運中才旺福興家業廣也愁飛絮惹衣襟甲申運中有杀留客有酒盈樽乙酉運中翩翩名旌𦔻𦔻往城

庚寅年　戊寅月　丙申日　庚寅時

此八字丙申日元相配柱中旺木印綬之格印綬者上格也主人生於右族長於名門萱母續絃椿壽考天邊鴻鳫各行鳴其為人也丰姿清秀天性老誠機謀轍服擧用人欽過丈黄金重長價離雲皎月倍清明筍長名園過舊竹花開上苑勝先春雖不成名利生平近貴人遊山翫水携詩卷對月觀花把酒斟樓臺疊疊生涯好身外無名了此生鄉民仰德閭里推尊此則饒裕之命鸞幃金水双變老子嗣秋来朶朶成運行初己卯破祿之下災晦未伸庚辰運中花明柳暗雲淡風輕辛巳運中雨過園桃簇錦風和堤柳拖金壬午運中萬疊好山雲乍斂一輪明月雨初晴癸未運中生涯稱意財祿恕心當此之際風雪滿庭甲申運中不獨財源富足尚祈聲势豪洪乙酉運中享子孫之福慶丙戌運中梦杳杳之佳城

庚寅年　戊寅月　丙戌日　丙寅時

此八字丙戌日元相配柱中旺木印綬之格人生得此生於右族長於名門堂上椿萱耐晚天边鴻鴈聯鳴其為人也丰姿清秀天性聰明有博古通今之智裁長補短之能行藏果斷作事老成門外田疇千古計苑中花木四時新琴樽風月閑生計金玉生筠晚歲春施恩慈悲布德成嗔雖不建侯封爵貴囊中積寶富豪翁時至加全好献果可榮身此則因富豊貴之命鸞幃連珠配硬子嗣秋来朶朶成己卯初年之下未斷平生庚辰運中隱逸輕雷抛碧笋微微細雨潤紅英辛巳運中水向西边流出嶺花從風送過来者壬午運中豊年才盈田舍譽騰日山家酒滿斟癸未運中納衆泰名揚四海還愁風雪滿門庭甲申運中庭前竹報平安日籬外花開富貴春乙酉運中引鵠貞竹三徑晚約梅同醉一壺春丙戌運中歸去也

庚寅年　戊寅月　辛卯日

此八字辛卯日元相配柱中木火
得此生於右族長於名門堂上椿萱數晚翠天邊
鴻鴈各行鳴其為人也丰姿清秀天性聰明胸藏
今古事學識聖賢心太山北斗千年在秋氣春風
白璧傾衣冠濟濟人中傑和氣怡怡席上珍終是
功名之客豈為田舍之翁鳳凰池上客龍虎榜中
人一從攜姓字身到玉堦行此則崇貴之命篤幃
有衎須招副子嗣崇門晚節香運行初巳卯上人
庭下未斷平生庚辰運中不負寸陰之惜萱韋提
柱之功辛巳運中躍過三層浪朝班立縉紳壬午
運中郎署官函何足羨大夫職位貴重封癸未運
中職迁金歩声名重風雪飛來尚惱人甲申運中
有材應大用未許乞閑身乙酉運中晚年閑快樂
丙戌運中一枕了平生

庚寅年　己丑月　辛未日　戊戌時

此八字辛未日元相配柱中火土稟氣官印之格有
官有印無破作廊廟之材主人生於右族長於高門椿
萱椿有壽鴻鴈有猶鳴其為人也精神炯炯智慧明明
異常學問敏捷材能辞鋒穎利鋒無敵筆力縱橫若
有神終是功名之客豈為隱跡之人豹变南霧鵰摶
北海風萬里扶搖驚睡蟄一聲霹靂躍潛鱗佇看官
封三級酌然祿享千鍾此則榮貴之命篤幃有杞須
拾碍子嗣秋來朵朵榮運行初庚寅春風駘蕩夏日
奏薇辛卯運中簡篇程氏詩礼伯魚壬辰運中執卷
幾回空探月時來攀桂步蟾宮癸巳運中躍過禹門
三級浪東芻趨朝拜聖明甲午運中職迁金紫宇
內澄清當此之際風雪滿庭乙未運中股盛肱世尊
名德輔翼明時显世美丙申運中百年富貴成何
用一日無常萬事空

庚寅年　己丑月　癸丑日　庚申時

此八字癸丑日元相配柱中金土雜氣殺印之格女人得此生於右族長配名門椿萱棠棣霜睇日妯娌翁姑尚寡情其為人也姿顏清秀德茂行真勝丈夫之氣縣有男子之材能衣冠濟濟三從備家業昂昂四德新萬里無雲天一色三秋好景月長明憂禍自能辟肉味棗琴應解辨絃声難觸難化易喜易嗔雖不鳳冠帔服自然福祿無窮此則旺益之命良人有冠雖同老子嗣生成孝感人運行初戊子上入庇下毓秀閨門丁亥運中路入桃源花爛熳橋橫銀漢水澄清丙戌運中雖則夫門多快樂須臾風雨幸何驚乙酉運中雨過萬重山有色雲開千里月光明甲申運中正是太平光霽景還愁人事尚虧盈癸未運中幾度樂中有悶數番靜裏憂生壬午運中晚年多享兒孫福片時風雨阻行程過此辛巳運中安閒晚景鏡掩晨明

庚寅年　戊寅月　己丑日　乙亥時

此八字己土相配柱中木火官印之格傷官合殺五良主人生於右族長於高門椿萱中道先亡父萱母期頤始送程其為人也丰姿穩厚天性老誠言不忘發事不胡行謀動君子威服小人祖基祖業重新立財帛声名自琢成施恩惹怨布德成嗔田園桑柘茂生計四時新逢兇有救遇難無凶春入園林香遍塵寰之霧月雖海嬌光揚宇宙之明雖不青雲得路也應福祿駢臻鄉民仰德閭里推尊此則穩厚之命妃帷疊損重偏正子嗣秋來始有成運行初己卯上人庇下襁褓平生庚辰運中如日初出侶月始生辛巳運中椿樹有彫生進退依然財旺福興隆壬午運中財源滾滾家居好須臾風雨尚陰晴癸未運中雨過萬重山有色雲開萬里月光明片時風雨雨過山青甲申運中人生正在風光處又有閑非素耗生乙酉運中桑榆暮景福享無窮兩字之中一番風雨丙戌運中歸去也

庚寅年　戊寅月　癸未日　丙辰時

此八字癸未日元相配柱中才官印三奇之格傷官助才之論人生得此生於右族長於西房椿萱列副鴻鴈各翱翔其爲人也丰姿清秀天性果剛口吐珠璣言語胸藏錦綉文章驪珠照耀光雎棬雪翻生豊氣莫藏終是功名客豈爲田舍郎咲顏登試院壁手赴科場一朝騰踏飛黄去此是男兒當自強此則榮貴之命鴛帏有犯須招副子嗣秋来孫〻香運行初巳卯上人庇下未斷炎涼庚午運中欽恩登仕路仕路須用習文章辛巳運中報道是龍還不信果然奪得錦標還壬午運中獄折片言民訟息九天雨露又加昌當此際風雪滿墻癸未運中皇恩有感重加禄金鱗光照紫薇堂甲申運中正宜秉笏臣朝政何事辞榮返故鄉乙酉運中夕陽春去也一枕黄粮

庚寅年　戊寅月　丁卯日　庚子時

此八字丁卯之日相配柱中水木㐬生印綬之格人生得此生於右族長於宦門椿萱昌遇双双雀鴻鴈美能隊隊群其爲人也丰姿清秀性格聰明謀動君子威伏小人行藏竟消洒咲傲任枯榮祖業添新慶根基勝舊風萬里無雲天一色三〻秋好景月長明福布江山外名聞湖海中才源旺足福禄駢臻田園有意公卿小廊庙無心宇宙輕須開基一局遣典酒三鍾好意番成恶真心換得嗔無憲尽傳詩礼樂有朋来自遠方親雖不建侯封爵自然潤屋潤身此則特達之命鴛帏有碍須招副子嗣秋来孫〻馨運行初己卯上人庇下露月光風庚辰運中未誇桃李紅紅色且喜湖光淡淡晴辛巳運中片雲能蔽千山雨雨過千山依旧青壬午運中雖則家園富足也應人事因循癸未運中不意之中曾得意用心之処不如心甲申運中英雄惟贈劍三尺豪傑相逢酒一鍾當此之際人事亏盈乙酉運中晩年多快樂風雨不爲驚丙戌運中春光去也一枕巫峯

庚寅年　戊寅月　甲申日　[illegible]時

此八字甲申專權之日相配柱[illegible]金火傷官制殺之格喜逢時值金神主人生於右族長於西房椿萱有倚萱歸別天邊鴻雁各分翔其為人也丰姿清秀天性聰明口吐珠璣言語胸藏錦繡文章東海驪珠能成足豈成雷劍不終藏終是功名之客豈為田舍之郎紙牽試場驚試院莫引翰苑沐深先青映梅蕊有雪寒此折府凉秋霜此則榮貴之命倚幃有犯頂抬配子嗣生成貴顯郎運行初己卯上人庇下未斷平生庚辰運中潛心千古披文萬行辛巳運中到此始知牽悶好佇看頭角便崢嶸壬午運中振作斥言民訟息九天雨露又加恩癸未運中戰迁金紫貴風雪又飄揚甲申運未許邀車騎还留作棟梁乙酉運中榮回故里羨酒盈樽丙戌運中歸去也

庚寅年　戊寅月　乙未日　丙子時

此八字乙未日元相配柱中火土傷官制殺之格人生得此生於右族長於名門椿萱双晚茂棠棣各敷榮其為人也丰姿清秀天性聰明高謀遠見機關別懷慨情懷學識深不是功名之客又非田舍之人樓臺疊疊生涯好財帛興隆福祿增福布江山外名聞湖海中花無桃李非春色人有笙歌是太平滿世功名身外事五湖風月樂怡情此則穩厚之命鴛幃春色麗生嗣襁衣新運行初己卯上人庇下花放風生庚辰運中登臨雨濘賞玩春陰辛巳運中近水樓臺先得月向陽花木早逢春壬午運中財源旺足第宅增新癸未運中一番風雪初晴後從此滔滔福祿增甲申運中晚年快樂乙酉運中一枕清風

庚寅年　戊寅月　壬申日　甲辰時

此八字壬申長生之日相配配中木土食神制殺之格人生得此生於右族長於名門椿親先別萱耐後天邊鴻鴈各行鳴其為人也手姿清爽天性謀動君子威伏小人般般稍覽件件重新重成新事業再整旧門庭門前田疇千古計庭邊花木四時春不以功名為念豈將冠冕磨磐遊山翫水携詩卷對月臨風把酒斟好意番成悪真心換得嗔雖不遇侯封爵自然鄉黨推尊此則福旺之命鴛幃有犯須招副子嗣枝枝孝義深運行初已卯上人庇下雲月朦朧庚辰運中登臨还值雨賞翫尚天陰辛巳運中着意種花花不發無心栽柳却成林壬午運中財源旺足人交敬尚有閑非素耗生癸未運中威權有布人欽服財帛興隆福祿增須吏風雨雨過山青甲申運中冲擊之所如月入雲乙酉運中平坡防有峩峻嶺豈無驚過此丙戌運中歸去也

庚寅年　戊寅月　戊辰日　壬戌時

此八字戊辰之日德辰月上偏官之格人生得此生於右族長於武門萱母先歸椿後别天邊鴻鴈不同群其為人也手姿清秀天性聰明善决善斷多見多聞般般稍覽件件不精謀智宏深尤近貴行藏瀟洒壓群論行藏見瀟咲傲任枯榮祖業增新慶根原勝旧風帘將好意番悪每把真心換得嗔雖不建侯封爵自然潤屋潤身晚年光實景福祿家無窮此則穩富之命鴛幃命合須手小子嗣秋成貴显人運行初已卯上人庇下天朗氣清庚辰運中未觀桃李紅紅色且喜湖光淡淡晴辛巳運中幾欲思髙慕遠番成剪雪栽氷壬午運中才源滾滾家居好須吏風雨尚愁人癸未運中莫言此運多光显得一程失一程甲申運中冲擊之所憂喜並行乙酉運中雖享堂前兒女福前程風浪影重重君若有陰隲丙戌運中方終

庚寅年　戊寅月　辛丑日　丙申時

此八字辛丑之日相配柱中木火才官之格財盛生官終身有慶遇斯命者生於右族長於西房椿親磊落萱帰副天边鴻鴈有緣行共為人也丰姿清秀性格異常窮今古習文章東海驪珠能幾見豐城雷劍不終藏一朝揚姓字秉笏拜明王此則榮貴之命鴛幃水命須年少子嗣生成貴顯郎運行初己卯上人庇下花放風狂庚辰運中攜灯展卷秉烛尋章辛巳運中報道是龍尤不信果然奪得錦標还壬午運中獄折片言民訟息九重雨露拜加昌癸未運中職位高延金紫貴堂應常列大夫行當是時也雪擁門牆甲申運中器重成瑚璉權高仕棟梁乙酉運中西風起處蓴鱸美晚節閑時菊酒香丙戌運中正享兒孫福瀟風引夢長

庚寅年　戊寅月　己丑日　甲戌時

此八字己丑日元相配柱中木火官印之格有官有印無破作廊廟之材主人生於右族長於高門椿親磊萱帰副天邊鴻鴈有行鳴其為人也丰姿清秀天性聰明源流三峽誰能及筆掃千軍孰與論衣冠濟濟人中傑和氣怡怡席上珎終是功名之客豈為田舍之翁龍門變化三春浪鵬路逍遥萬里程一從姓字傳揚後九五天門面聖容此則榮貴之命鴛帏得配名門女子嗣生成貴顯人運行初己卯運上人庇下未斷平生庚辰運中欲向雲中攀足須從燈下留心辛巳運中莫愁雪阻藍關道特來頃刻便升騰壬午運中自沭天邊寵錫班立縉紳癸未運中職近金紫貴風木尚愁人甲申運中官情起似秋光薄山色不如帰與濃乙酉運中榮帰故里美酒盈樽丙戌運中夕陽有限春夢無憑

庚寅年　戊寅月　甲午日　甲子時

此八字甲木日元相配金火傷官制殺之格喜逢運助身強遇斯命者生於右族長於高堂椿萱双晚茂鳴鴈各翱翔其為人也丰姿清秀天性果剛聰明書藝廣倜儻世情長重戚新事業弄懸旧門墙五湖生計好四海祿元昌春草春江相姤綠新鶯新柳競爭黃學問不登顏孟學生平常履貴人鄉樓臺疊疊生涯好才帛盈囊又積倉但頷粟陳并貫朽何必思登天子堂此則旺足之命鴛幃金玉瀾子嗣綵衣香運行初己卯上人庇下花放風狂庚辰運中如花向日枝枝艷似筝穿雜節節長辛巳運中水向石邊流出冷風從花裏過來香壬午運中財源富足第宅軒昂癸未運中門迎珠履三千客屏列金釵十二行甲申運中松尚茂菊尤香乙酉運中播音一播酬酒三觴

庚寅年　戊寅月　丙戌日　戊子時

此八字丙戌日元相配柱中水木官印之格人生得此生於右族長於名門木命椿萱双脫茂天邊鴻鴈後隨鳴其為人也丰姿清秀天性聰明斷高理直秉事公平謀動君子威伏小人遇火黃金重長價離雲皎月倍清明祖業添新慶根源勝旧風有心於貧利無意暮功名門外田疇千古計進前花木四時新得意江山詩句健忘情日月酒盃深雖不建侯封爵自然才祿豐盈此則發祿起家之命鴛幃得配名門女子嗣生成貴显人運行初己卯上人庇下花風生庚辰運中始知春晝永方覓瑞祥生辛巳運中爆竹声催殘臘尽折梅香引早春逢壬午運中不独才源富足尚祈樓閣凌雲癸未運中才帛盈囊人事廣也愁風絮襲衣襟甲申運中進前竹根平安日檻外花開富貴春乙酉運中晚年開快樂丙戌運中一道訃音

庚寅年　戊寅月　丁亥日　辛亥時

此八字丁亥日貫之辰相配柱中水木官印之格人生得此生於右族長於名門萱母先歸椿後别天邊鴻鴈各行鳴其為人也丰姿清秀天性聰明胸羅今古事學識聖賢心衣冠濟濟人中傑和氣怡怡席上珍終是功名之客豈為田舍之翁嘉谷不早實名利當晚成文章别有凌雲志德業豈無觀國賓晚年頭角聳光耀旧門庭此則榮暮之命鴛幃有犯須重繼子嗣生平二果成運行初己卯上人庇下未斷平生庚辰運中欲遂平生志須加董子功辛巳運中欲速不達揚帆待風壬午運中裝欲思高慕遠番成剪雪裁冰癸未運中時来機會好騎馬入神京甲申運中寄跡援門十載寒毡早夜辛勤乙酉運中皇恩有感声名顯佐政琴堂德望新酉字之中帰効淵明花放風生丙戌運中春光去也一枕難醒

庚寅年　戊寅月　丁丑日　癸卯時

此八字丁丑日元相配柱中水木煞生印綬之格煞印相生功名顯達主人生於望族長於高堂椿萱晚榮贈鴻鴈廣聯行其為人也丰姿清秀天性明良口吐珠璣言語胸蔵錦繡文章東海驪珠能幾見豊城雷劍不終蔵不向杏林傳祕訣奮身天府沐恩光笑顏登鳳閣噬手入黄堂一朝馬上答題後信是男兒當自強此則榮貴之命鴛幃燭夜添新丧子嗣金風孝義昌運行初己卯上人庇下入室升堂庚辰運中十年窓下留心志時来頃刻便飛揚辛巳運中到此始知文學好果然秉笏拜君王壬午運中處事但憑三尺法理刑渾似九秋霜當此之際風雪一塲癸未運中雪晴雲散天如洗金鱗光照紫微堂甲申運中令重奸邪伏威嚴畏膽寒乙酉運中春光去也一夢黄粱

庚寅年　戊寅月　甲申日　甲戌時

此八字甲申專權之日相配柱中金火傷官制殺之格喜逢春生處世安然必壽遇斷命者生於仁門長於右族椿萱一享期頤壽鴻鴈天边不共群其為人也丰姿清秀天性聰明斷高理直處事公平萬里春風行樂頌四時佳趣瑞祥生窮書覽史斈足三冬驪珠終照魏雷劍豈藏豐一朝但得風雲便九天雨露沐皇恩此則榮貴之命鸞幃宜有贈子嗣桂蘭榮運行初乙卯上人庇下詩礼趨庭庚辰運中十年窓下業時至便騰身辛巳運中到此始知文斈好長安道上馬蹄輕壬午運中令至奸邪伏威高鬼聽驚癸未運中戢任兩迁金紫貴愁看門外雪盈庭甲申運中已道退藏宜謹守免得藍關遇雪鶖乙酉運中榮回故里美酒盈樽丙戌運中夕陽有限春夢無憑

庚寅年　戊寅月　乙巳日　壬午時

此八字乙巳日之相配柱中金火傷官印財之格木在春生處事安然必壽遇斷命者生於右族長於高門椿萱雙晚茂棠棣發青葉其為人也丰姿清秀智遠理明衣冠濟楚禮文惟新高談遠見機關別慷慨情懷學試深必是功名客豈為田舍翁一朝雲露合獻策覲明君此則榮顯之命鸞幃王潤子嗣冰清運行初已卯上人庇下莫負寸陰庚辰運中爾篤曾氏火詩禮伯魚亭辛已運中時來自有良機會一旦高超入帝京壬午運中面帶霜威辞北闕口傳天詔到南門當此之際風雪滿空癸未運中皇恩重有威金紫大夫榮甲申運中榮歸故里美酒盈樽乙酉運中一宵春夢斷萬事拋戌空

庚寅年　戊寅月　乙未日　壬午時

此八字乙未相配柱中金火傷官助財之格財在春生處安然必壽遇斯命者生於右族長於高門金火椿萱双晚茂天遣鴻鴈有行群其為人也丰姿清秀李問有成衫鋒頴利誰能及筆掃千軍熟与諭奮身錦白屋平步入青雲一朝但得風雲便九重雨露沐深恩此則榮耀之命鴛幃水合須年少子嗣生成貴顯人運行初己卯上人庇下花放風生庚辰運中散遂班超投筆志須棲董子下帷功辛巳運中鵬路高搏知健翼龍門深躍見修鱗

壬午運中緋衣日煖趋金闕宝殿雲開識聖明癸未運中一番金紫貴兩度雪盈庭甲申運中有才宜大用未許保簪纓乙酉運中英雄都尽也高塚卧麒麟

庚寅年　戊寅月　丁丑日　丙午時

此八字丁丑相配柱中旺木傷官帶印之格日祿得時之助人生得此生於右族長於富門祖父祖婆土水屬金水年庚是二親其為人也丰姿清秀天性聰明不懸不勇知重識輕順則春和日麗逆之雹掣雷轟享見成之事業承遺舊之門庭滾滾財源旺滔滔福祿增春風桃李韶華景夏日荷蓮滿沼馨江湖有名闊富貴平生無事樂從容此則潤屋潤身之命鴛幃水命須借老子嗣徐鄉一挺棠運行初己卯上人庇下災滯未伸庚辰運中騰

去春回生萬物佇看和氣滿堂中辛巳運中財如春水滔滔長福似秋蟾皎皎明壬午運中簾捲香風生百福軒開化日祿元增癸未運中小池雨過添新綠深谷春來發舊馨重重風雪過依舊瑞祥生甲申運中座上客滿席樽中酒不空乙酉運中百年繾綣成何用一日無常萬事空

庚寅年　戊寅月　乙巳日　丙戌時

此八字乙巳日元相配柱中金火杀官助才之格木在春生處世安然必壽遇斯命者生於右族長於宦門椿親榮倚萱先别天邊鴻雁不同群其為人也丰姿清秀天性聰明胸羅今古事孝識聖賢心太山北斗千年在和氣春風四座傾終是文場折桂客豈為田舍鑿耕人一朝騰踏飛黃去九天雨露沐皇恩此則榮貴之命鴛幃燭夜添新丕子嗣金風有挺榮運行初已夘上人庇下風雪初晴庚辰運中十年窓下留心志時来一旦便升騰辛巳運中躍過禹門三級浪秉笏趨朝侍聖明壬午運中嶽折片言民訟息九天雨露再加陞梨花舞雪雨過山青癸未運中重紫重金當是景山河十郡仰威椎甲申運中正宜加爵禄何事便辞榮乙酉運中春光去也一枕清風

庚寅年　戊寅月　己亥日　丙寅時

此八字己亥日相配柱中木火官印之格正謂己臨木局時見丙寅為顯簪遇斯命者生於右族長於名門金命椿萱双晚茂到頭終是母先行天邊鴻雁有不同群其為人也丰姿清秀天性聰明胸羅今古事孝識聖賢心終是功名客豈為田舍翁衣冠濟濟人中傑和氣怡怡席上珎足步黃金群身帰白玉棠一朝和風雲霧斂九重雨露沐深恩此則榮貴之命鴛幃連珠須配小子嗣榮門孝且忠運行初己卯上人庇下花放風生庚辰運中焚膏看卷秉燭觀文辛巳運中到此始知文章好長長近上馬蹄輕壬午運中千里霜威金斧重三秋風過錦衣新癸未運中一番雨雪初晴後金紫煌煌雨露陞甲申運中有才應大用未許便辞榮乙酉運中安閑晚景丙戌運中一枕清風

庚寅年　戊寅月　壬寅日　甲辰時

此八字壬寅趨艮之日相配柱中木土食神制殺之格人生得此生於右族長於名門水木椿萱双晚茂天边鴻鴈各行鳴其為人也丰姿清秀天性聪明錦綉胸藏賢圣李珠機口吐武文風衣冠济济人中傑和氣怡怡席上珎終是功名客豈為田舍人此則荣貴之命鴛幃水命須年少子嗣金風孝且忠運行初己卯上人庇下究晦之中庚辰運中欲遂平生志須加董子功辛巳運中花放風生壬午運中始知時運好頭角也崢嶸癸未運中皇恩有感禄位加陞甲申運中有才應大用未許便辞萊乙酉運中晚年開故里會友以閑樽丙戌運中春光去也花落月沉

子平遺書　十七

庚寅年　戊寅月　壬寅日　丁未時

此八字壬寅之日相配柱中土木食神制救之格人生得此生於右族長於名門雨季椿親磊磊豈仍副天边鴻鴈各翱翔其為人也丰姿清秀天性果刚學問不親賞顏孟生平當履貴人鄉祖業添新慶才際季根歲萬里無雲天一色三秋好景月長明五湖生計好四海祿光昌桂臺疊疊生涯好才帛盈囊又積倉但願才源生富足何須恩登天子堂此則積厚之命鴛幃春色麗子嗣緞衣新運行己卯上人庇下花放風生過此庚辰如花映日枝枝艷似笋穿節節長辛巳運中水向石邊流出冷風從苑底過來香壬辰運中才源富足行樂勝常癸未運中有草青江相映綠新當新柳語罣黃當此之際風雪海庭甲申運中不猶財源富足尚新樓閣軒昂乙酉運中延賓玩物會友閑樽丙戌運中春光去也一枕黃粱

子平遺書　十八

庚寅年　戊寅月　庚寅日　甲申時

此八字庚寅日元相配柱中木火才殺之格喜值寅而遇庚主旺無差主人生於右族長於名門椿萱双晚茂棠棣芫邊生其為人也丰姿清秀天性聰明胸羅今古事孝識聖賢心驪珠照魏光难掩雪劍生豐氣自充終是功名之客豈為田舍之翁奮身辟白屋平步入青雲一朝騰踏飛黃去金紫榮看次第陞此則榮貴之命鴛幃水命須年敵子嗣生成貴显人運行初己卯上人在下未斷平生庚辰運中十年窗下業黄卷與青灯辛巳運中騰身辟泮水攀桂步蟾宮壬午運中躍過三層浪朝班立縉紳癸未運中職迁金紫声名显風雪飛来尚恼人甲申運中赤心扶日月素志展經綸乙酉運中歸去也花落月沉

庚寅年　戊寅月　辛卯日　辛卯時

此八字辛卯之日相配柱中木火財官之格財盛生官終身有慶遇斯命者生於右族長於西秀椿親磊落萱歸副天邊鴻鴈各翱翔其為人也丰姿清秀天性果剛聰明書藝遠倜倘世情長過火黃金重長價離雲破月倍清光樓臺疊疊生涯好財帛盈囊又積倉市經生計廣湖海祿元昌消閑基一局遣興酒三觴學問不親顏孟學生平常展貴人鄉但額粟陳并貫朽何必思登天子堂此則穩厚之命鴛幃東西錦帳子嗣晚鄭光榮運行初己卯上人庇下花被風狂庚辰運中如花向日枝枝艷似笋穿籬鄧鄧長辛巳運中水向石邊流出冷風從花裏過来香壬午運中春草春江相妬綠新鶯新柳競争黃癸未運中于囊于笥乃積乃倉當此際風雪一場甲申運中晚年多快樂行樂勝於常乙酉運中青春去也一枕黃粱

庚寅年　戊寅月　戊戌日　己未時

此八字戊戌魁罡之日相配柱中木火殺生印綬之格女人得此生於右族長於名門椿萱双晄茂鳴鴈各飛鳴其爲人也姿容清秀德茂行真治家有道處事克勤一苑杏桃鋪錦繡滿山松栢映幃屏青入水光戍嫩綠日勺花蕚發新紅相夫應有道訓子掄戍群雄觸難犯易喜易嗔不随夫家產業只守自已門庭雖不鳳冠帔服自愁金谷豐此則旺夫之命良人贅得年低友子嗣秋来貴顯人運行初丁丑上人庇下未斷平生丙子運中契合翠鸞成好夢黄緣紅葉是良姻乙亥運中一抹淡烟迷芍藥半泓秋水浸芙蓉甲戌運中福若泉源湧才如春氣生癸酉運中一輪秋夜月萬里倍清明壬申運中夫榮子貴樂矣忘情乙未運中請閑快樂庚午運中一枕入巫峯

庚寅年　戊寅月　癸卯日　癸亥時

此八字癸卯日貴之辰相配柱中木火傷官助財之格女人得此生於右族長配仁門椿萱有倚雖双鶱天邊鴻鴈各飛鳴其為人也姿容清秀髮貌精神勝丈夫之氣槩有男子之材能雲收華嶽千山秀水到湘江一樣清助勤每效和熊膽剪髮能傳似母心風送芰荷香滿院日勻花蕚發新紅心靜似月明雲漢性急如風捲殘雲雖不鳳冠皮服自然福祿無窮此則穩厚之命良人連珠須配長子嗣秋来孝且忠運行初丁丑上人庇下未斷平生丙子運中契合翠鸞同好夢黃緣紅葉是良姻乙亥運中須臾雲掩月頃刻月離雲甲戌運中到此始知時運好萬物光華百事通癸酉運中羅綺千般色珍羞百味新壬申運中子貴夫賢家產旺何愁第宅不光榮辛未運中粧樓人去也臺鏡掩晨明

庚寅年　戊寅月　癸未日　己未時

此八字癸未之日相配柱中木火傷官制杀之格官杀温襟藏吾功名主人生於右族長於高居捧萱建晚茂鴻鴈各行飛其為人也丰姿清秀天性能為頗知礼義稍識詩書見善則持於已當仁不讓於師重成新事業再整旧根基萬里無雲天一色三秋好景月長明羅綺飄香風蕩蕩壺觴列座草萋萋滿世功名身外事五湖風月樂盈餘此則芯標之命鴛幃金玉潤子嗣桂蘭馨運行初己卯鷸濤乱水脉未是賞花時過此庚辰運中不為惜花春起早多應愛月夜眠遲辛已運中爆竹声催殘臘盡折梅香引早春逢壬午運中天上三陽泰人間五福齊癸未運中才帛盈囊人事廣也愁飛絮襲羅衣甲申運中延賓玩物會友圍棊乙酉運中晚年閑快樂丙戌運中一枕入巫峯

庚寅年　戊寅月　乙未日　壬午時

此八字乙未日元相配柱中火土傷官助才之格人生得此生於右族長於高門大金椿萱雙晚茂天邊鴻鴈各行鳴其為人也精神烱烱智慧明明錦綉胸藏賢聖李珠璣口吐武文風太山北斗千年在和氣春風四座傾終是功名之客豈為田舍之翁萬里扶搖鷲騰聲一声霹靂躍潜鱗風傳五漏金闈晚花映千旌玉殿春此則榮貴之命鴛幃連理合子嗣晚光榮運行初已卯幼年之下灾悔未伸庚辰運中讀殘茅店月囊聚案頭螢辛巳運中報道是龍還不信果然奪得錦標新壬午運中寒拂紫衣催驛騶光生玉鄣下雲層癸未運中職近金紫陛右重風雲飛未尚怡人甲申運中權高損福慎則無驚乙酉運中晚年閑故里樽酒樂怡情丙戌運中春風去也一枕清風

庚寅年　戊寅月　戊子日　甲寅時

此八字戊子日元相配柱中木火煞生印授之格印煞相生功名顯達主人生於武瑞文祥之族長於顯宦之門椿萱榮晚贈棠棣各摶風其為人也丰姿清秀禮樂縱橫千古文章逞榮耀一天星斗熳心胸灑珠照耀光難掩雲劍生豐氣自充終是功名之客豈為田舍之翁北海蛟騰頭角聳南山豹變爪牙新一從姓字傳揚後九五天門面聖容此則榮肅之命鸞幃金玉潤子嗣祿衣新運行初己卯上人庇下春風駘蕩夏日炎蒸庚辰運中踏破泮橋霜幾板讀殘茅店月三更辛巳運中起鳳騰蛟從此始果然秉笏覲明君壬午運中獄折片言民訟息九天雨露再加陞癸未運中腰橫金作帶符剖玉為麟梨花舞雪雨過山青甲申運中未許懸車駕還留輔聖明乙酉運中春光去也一道訃音

庚寅年　戊寅月　壬午日　辛亥時

此八字六壬生於午位號曰祿馬同鄉相配柱中土木食神制殺之格其為人也生於右族長於名門椿萱有倚難双耄天邊鴻鴈各行鳴主人丰姿清秀天性聰明胸羅今古事學識聖賢心筆落驚風雨詩成泣鬼神驪珠照魏光难掩雷鑑生豐氣自充終是功名客豈為田舍翁三級浪中龍变化九霄雲内鳳飛騰一從姓字傳揚後稟笏金門拜聖明此則榮貴之命鸞幃連理合子嗣祿衣青運行初己卯上人庇下花放風生欲向雲中舉足須從燈下留心辛巳運中騰身離泮水舉足上神京壬午運中禹浪三層都躍過風生鉄面鬼神驚癸未運中三度君恩喜一番風木驚甲申運中正欲忠君輔國未應解組思尊乙酉運中晚年籬下樂會友以閒樽丙戌運中春光去也一挽入亚峯

庚寅年　戊寅月　甲午日　己巳時

此八字甲午專權之日相配柱中金火傷官制杀之格喜逢建禄身強女人得此生於右族長於名門椿萱有倚难雙耄天邊鴻鴈各行鳴其為人也姿容清秀德茂行貞勝丈夫之氣槩有男子之材能一苑杏桃鋪錦綉滿山松栢映幃屏滔滔無阻滞步步助夫門春入水光成嫩緑日匀花蕚發新紅相夫應有道訓子揔成难难觸难犯易喜易嗔佇看夫榮子貴也應福禄無窮此則榮貴之命良人運珠榮貴須年少子嗣生成貴量人運行初丁丑上人庇下毓秀閨門丙子運中契合翠鸞成好夢蜜緣紅葉是良姻乙亥運中雨過萬重山有色雲開千里月光明甲戌運中梅須遜雪三分白雪宴輸梅一段馨癸酉運中光華疊豐沛澤紛紛壬申運中濟濟裙釵絢日輝輝羅綺臨風辛未運中晚年閑快樂庚午運中一枕入巫峯

庚寅年　戊寅月　甲戌日　戊辰時

此八字甲木相配柱中金火食神制杀之格木在春生處世安然必壽值斯命者生於藝業之居長於平淡之族椿父先归萱耐晚天邊鴻鴈少交飛其為人也丰姿穩厚天性操持立仁立義多見多知恒招君子敬時有貴人携才帛自磨自琢根原弃整弃齊但頼貴人相處樂筆耕為業福元齊此則閑處生才之命先幃配合須爭敵桂子枝頭兩果奇運行初己卯上人庇下何是何非庚辰運中如花向日似笋穿籬辛巳運中貴人相指引揮筆助曹司壬午運中雖則行蔵有慶还愁人事趑趄癸未運中一番風雪過依旧樂怡怡甲申運中冲擊之所狂處生非乙酉運中安閑晚景丙戌運中花落月西

庚寅年　戊寅月　辛亥日　庚戌時

此八字辛亥日貴之辰相配柱中水木官印之格有官有印無破作廊廟之材遇斯命者生於右族長於高堂椿萱榮既茂棠棣各芬芳其為人也丰姿清秀天性果剛口吐珠璣言語胸藏錦繡文章驪珠照魏光难掩雷劍生豐氣莫藏豹変南山還沐九重雨露蛟横北海元成一代珪璋此則榮貴之命鴛幃得合須年小子嗣生成貴顯即運行初己卯上人庇下花發風狂庚辰運中味道心千古批文目五行辛巳運中紀學科場鶖試院英材翰院沐恩光壬午運中清映梅窓蕭玉雪寒生相府凛秋霜癸未運中職位兩廷金紫貴遷愁風雪滿門墻甲申運中皇恩有感重加禄崀應當列大夫行乙酉運中筵賓玩物會友流觴丙戌運中黄粱未熟清夢生忙

庚寅年　戊寅月　己未日　己巳時

此八字己未陰刃之日相配柱中月与偏官之格女人得此生於右族配於高堂椿萱双晚茂棠棣各分芳其為人也姿容閏朗髮皃異常有針綴之巧立業之良風送浮雲歸故里雨從花蕚發新粧深明閨壺理洞識古今章心靜似月行雲漢性急如風捲滄浪珠幃出擁熏蘭爵絮絟惶紅翻拂錦裳佇看夫榮子貴也應同沐恩光此則榮益之命良人得配名門有子嗣生成奪錦即運行初丁丑上人庇下尚有灾殃丙子運中竹恋花蝴蝶花貪竹鳳凰乙亥運中春草春江相姤綠新榮新舌競曾榮甲戌運中羅綺千般色綵羞百味香癸酉運中一番風雪過行樂倍光揚壬申運中晚年快樂行樂榮榮辛未運中花已春歸去殘雲掩夕陽

庚寅年　己卯月　丙寅日

此八字丙寅長生之日相配柱中[illegible]
印綬者上格也主人生於右族長於西房椿親磊
落宣歸副天邊鴻鴈各分行其為人也手姿清秀
礼樂經綸心胸藏錦繡筆底好文章東海驪珠離
幾見豐城雷劍不終藏終是功名客宜為田舍郎
三登科甲沾天墀九天雨露沐恩光此則榮貴之
命猶惜宜有贈子嗣晚光揚運行初庚辰上人庇
下其樂何當辛巳運中欲遂平生志須登孔孟堂
壬午運中執卷幾回空探月依然困守在寒窗癸
未運中到此始知文學好果然秉笏拜明王甲申
運中令重好邪伏威嚴思贈寒梨花舞雪金紫加
昌乙酉運中重紫重金當是景未應解組便還鄉
丙戌運中脫手閑披里會友以流觴丁亥運中歸
去也

庚寅年　己卯月　丁未日　戊申時

此八字丁未偃刃之日相配柱旺木印綬之格人
生得此生於右族長於名門金水椿萱双晚茂天
邊鴻鴈各行鳴其為人也手姿清秀天性聰明世
事頗能將就般般學又精神遇火黄金童長
價離雲皎月倍清明水光浮座血盤堂和氣春
風咲語馨祖業添新慶才源享積存萬里
光華沾沛澤四時佳趣瑞祥生田園桑柘茂畝畝
稻梁馨英雄惟贈劍三尺豪傑相逢酒一鍾才
源富足平生好何必天邊沐寵榮福元成岳瀆
威勢壓鄉民此則擔富之命猶惜連理子嗣晚
光榮運行初庚辰上人庇下花放風生辛巳運中
雨過山方秀雲開月始明壬午運中漸漸精神
爽看看氣象新癸未運中近水樓臺先得月
向陽花木早春逢甲申運中才源富足家業餘
盈當此之際風雪満庭乙酉運中樽壘有酒筵
佳客蘭室存書教子孫丙戌運中晚年閑快樂
丁亥運中一枕清風

庚寅年　己卯月　乙丑日　辛巳時

此八字乙丑日元相配柱中金土才殺之格木在春生處事安然必壽主人生於右族長於名門木命椿萱雙晚茂天邊鴻鴈有飛鳴其為人也丰姿清秀天性聰明胷羅今古事學識聖賢心驪珠照耀光難掩雷劍生豐氣目完終是功名客豈為田舍翁舊身辭白屋平步入青雲三級浪中龍變化九霄雲外鳳飛騰一從姓字傳揚後九天雨露沐皇恩此則榮貴之命鴛幃連珠須配小子嗣森枝有繼榮運行初庚辰上人庇下究晦之中辛巳運中繼畧終無間何愁不顯名壬午運中騰身離泮水舉足入神京癸未運中威飛虯浪恕令重虎風生甲申運中金鱉迁榮權位重十河十郎仰威雄當此之際風雪滿庭乙酉運中正欲忠君輔國未應解組思尋丙戌運中歸去也

庚寅年　己卯月　戊辰日　己未時

此八字戊辰日德之辰相配柱中木火官印之格有官有印無破作廊廟之才主人生於右族長於名門鴻鴈各搏風其為人也丰姿清秀天性聰明行藏果斷作事老誠五車書富三冬足兩石弓富萬籤書終是功名客豈為田舍翁三級浪中龍變化九霄雲外鳳飛騰一朝騰踏飛黃去濟濟衣冠拜九重此則榮貴之命鴛幃春色麗子嗣桂蘭榮運行庚辰運中上人庇下春風駘蕩夏日炎蒸辛巳運中焚高展卷秉燭觀文壬辰運中騰身離泮水舉足入清雲癸未運中禹浪三層都躍過垂笏金鑾拜聖明甲申運中三度君恩寵一番風木驚乙酉運中冲擊之所歸功淵明丙戌運中悅年享樂乙亥運中一枕歪年

庚寅年　己卯月　庚寅日　乙酉時

此八字庚寅專祿之日相配柱中木火財煞之格喜逢陽刃在時人生得此生於右族長於名門椿萱椿晚贈鳴鴈各行鳴其為人也丰姿清秀天性聰明胸羅今古事學識聖賢心驪珠照耀光難掩雷劍生豐氣自充終是功名客豈為田舍翁北海蛟橫頭角聳南山豹变爪牙新一從姓字傳揚後九天雨露沐皇恩此則榮貴之命駕幃燭夜添新景子嗣森枝朵朵榮運行初庚辰上人庇下未斷平生辛巳運中欲向雲中舉足須從灯下留心壬午運中莫愁雪阻藍関道時来頃刻便升騰癸未運中粉署聯班才獨称皇恩有感大夫榮甲申運中腰橫金作帶符剖玉為鱗梨花帶雪幾載諒陰乙酉運中正欲忠君輔國未應解組思尊丙戌運中榮帰故里丁亥運中春夢無憑

庚寅年　己卯月　辛未日　甲午時

此八字辛未之日相配柱中木火才希之格人生得此生於右族長於名門椿萱双晚茂棠理發春蓁其為人也丰姿清秀天性聰名知高下識重輕遇火黃金显十分之貴色離雲皓月布萬里之青云祖業添新慶根原勝旧風萬里無云天一色三秋好景月長名閭里声名播江湖性字馨雖不輕裘肥馬自然才祿余盈此則發福之命外幃得配名門女子嗣生成貴显人運行初庚辰上人庇下花放風生辛巳運中世事宛如春梦人情薄似秋雲壬午運中近水樓臺先得月向陽花木早逢春癸未運中才源滚、家居好須臾風雨幸何驚甲申運中蘆捲香風生百福軒儲化日祿元增當此之際風雪滿定乙酉運中山前山後皆明月江北江南揔是春丙戌運中晚年快樂丁亥運中春夢無憑

庚寅年　己卯月　甲子日　己巳時

此八字甲子之日相配柱中金火傷官制殺之格喜逢時值金神人得生此生於右族長於良門金玉椿萱双晚茂天邊鴻雁少聯群其為人也丰姿清秀天性聰明知高下識重輕過火黃金重長價離雲皎月倍清明笋長名園過旧竹花開上苑勝先春得意江山詩句捷忘情日月酒盃深兩都秋色皆喬木耆旧風流有幾人才源富足第宅增新但願栗陳并貫朽何必天边沐寵榮此則發福之命鴛幃春色麗子嗣襁衣新運行庚辰上人在下花放風生辛巳運中春園雖雨過桃李未生英壬午運中近水樓臺先得月向陽花木早逢春癸未運中人生正在風光處只恐閑非索耗生甲申運中英雄惟贈劍三尺豪傑相逢酒一鍾乙酉運中庭前竹報平安日檻外花開富貴春酉字之中花被風生丙戌運中花落水流春已失蘭摧玉折恨何明

庚寅年　己卯月　辛酉日　己亥時

此八字辛酉專祿之日才旺生官之格才盛生官終身有慶遇斯命者生於右族長於仁門土命椿萱雙晚茂庭前棠棣發春蓁其為人也丰姿清秀天性聰明高謀遠見機関別慷慨情懷學識深祖業添新慶根源勝舊風終是榮華之客豈為田舍之翁一朝但得風雲便頭角崢嶸顯利名此則榮貴之命鴛幃連珠低一載桂蘭晚節有光榮運行初庚辰春風駘蕩夏日炎蒸辛巳運中未觀桃李紅紅色且喜湖光淡淡晴壬午運中雲程坦坦登天去舉足悠悠名利成癸未運百中百里絃鳴民樂業九天雨露再加陞甲申運中一番風雪過疊疊祿元豐乙酉運中冲擊之所如月入雲丙戌運中觧組歸田里籬邊樂性情丁亥運中花已落月尤沉

庚寅年　己卯月　癸亥日　壬子時

此八字癸亥之日相配柱中木土傷官制殺之格人生得此生於右族長於名門椿萱亡晚節鴻鳫各行鳴其爲人也丰姿清秀天性聰明窮書覽史學足三冬太山北斗千年在和氣春風四座傾定擬當朝顯朱紫豈教南畝務躬耕三級浪中龍變化九霄雲外鳳飛騰濟濟人中傑怡怡席上珎一從揚姓字戝位秉權衡此則榮貴之命鸞幃連理合子嗣襁衣新運行初庚辰上人庇下天朗風清辛巳運中焚膏展卷秉燭觀文壬午運中騰身離

泮水舉足上神京癸未運中獄折片言民訟息九天雨露再加陞甲申運中三度君恩喜一番風木驚乙酉運中重紫重金當是景須史風雨幸無凶丙戌運中榮帰故里樂享籬東丁亥運中春光去也一枕清風

庚寅年　己卯月　丙子日　癸巳時

此八字丙子之日相配柱中水木印綬之格有官有印無破作廊庙之材遂斯命者生於右族長於名門金火椿萱雙晚茂天邊鴻鳫各行鳴其爲人也丰姿清秀天性聰明源流三峽誰能及筆掃千軍孰與論終是文場榮貴客豈爲田舍鑿耕人萬里扶摇鷲鯉鼇一聲霹靂躍滄鱗長安人滿路爭看緑衣人瑶池鞭靜朝南極五夜鍾停拱北宸此則榮貴之命鸞幃全正副子嗣襁衣新運行初庚辰上人庇下天朗風清辛巳運中明窓淨几暮史

朝經壬午運中遥望天恩雲外降恩攀桂子手中馨癸未運中躍過三層浪威飛郡縣驚甲申運中三度錦衣歸故里兩扶日月上天庭當此之際風生滿庭乙酉運中權高積福何不恩尊丙戌運中晚年籬下樂丁亥運中一枕了平生

庚寅年　己卯月　戊辰日　乙卯時

此八字戊辰日德之辰相配柱中偏官之格殺印相生功名顯達主人生於右族長於名門椿萱有倚難雙耄天邊鴻鴈各行鳴其為人也丰姿清秀天性聰明源流三峽誰能及筆掃千軍孰與倫定向月中攀桂子便從天上領陽春一從姓字傳揚後金紫榮華次第陞此則榮貴之命鴛幃春色飄子嗣桂蘭馨運行初庚辰上人庇下安臨未伸奉巳運中欲遂平生志須加董子功壬午運中遠望天恩雲外降思攀桂子手中馨癸未運中禹浪三層都躍過秉笏金鑾拜聖明甲申運中職遷金紫貴權任棟梁洪當此之際疊疊謀陰乙酉運中赤心扶日月素志展經綸酉字之中權重生驚丙戌運中晚年閑故里丁亥運中一枕入巫峰

庚寅年　己卯月　壬戌日　辛亥時

此八字壬戌日德之辰相配柱中木火傷官助才之格人生得此生於右族長於名門椿萱榮晚茂棠棣各敷榮其為人也丰姿清秀天性聰明高謀遠見機關别慷慨情懷李識深五車書字三冬足兩石弓當萬騎冲終是功名之客豈為田舍之翁龍飛九五青霄近鵬騎三千翰海中一日風雲相際會九天雨露沐皇恩此則榮貴之命鴛幃金玉潤子嗣綵衣新運行初庚辰春風融蕩夏日炎蒸辛巳運中聞詩李禮負笈趨庭壬午運中騰身離洋水峯足上神京癸未運中躍過三層浪衣冠拜紫宸甲申運中腰横金作帶符剖玉為鱗當此之際風雪滿庭乙酉運中冲擊之所權重生凶丙戌運中晚年蘿下棲丁亥運中一枕入巫峯

庚寅年　己卯月　辛亥日　壬辰時

此八字辛亥日元相配柱中水木傷官助才之格才旺同生官旺女人得此生於右族長于名門椿萱榮貴一期別天邊鴻雁各行鳴其為人也姿容清秀髮觀精神勝丈夫之氣概有男子之才能一死杏桃鋪錦綉滿山松栢映幃屏相夫應有道訓子揔成群每懷九騰意時抱擇隣心玉產麒麟識韞色蘭生楚澤散清馨雖觸雖紀易喜易嗔佇看夫榮子貴也應同沐皇恩此則榮盛之命良人年長榮華客子嗣生成貴顯人運行初戊寅上人庇下毓秀閨門丁丑運中契合翠鸞成好夢黄緣紅葉是良姻丙子運中雖則夫門多快樂還愁人事有虧盈乙亥運中光華疊疊沛澤紛紛甲戌運中彩中加彩色紅上贈紅英癸酉運中子貴重榮贈湑湑福祿增壬申運中晚年咸快樂愈老愈精神辛未運中無恩無慮庚午運中鏡掩晨明

庚寅年　己卯月　壬戌日　庚戌時

此八字壬戌日狂之辰相配柱中金土雜氣官印之格主人生於右族長於名門萱母續絃椿磊落天邊鴻雁各行鳴其為人也丰姿清秀天性老誠輕知禮義稍識古今過火黄金顯十分之貴色離雲皎月布萬里之清明樓臺疊疊生涯好財帛豊盈福祿增不須問名利何用對青灯十年道路霜蓬鬢萬里乾坤一草亭江湖有意公卿小廊廟無心宇宙輕佇看潤屋潤身才源弟宅光榮此則饒裕之命鶯啼春蕩蕩子嗣晚叢叢運行初庚辰春風融蕩夏日炎蒸辛卯運中如花向日似月離雲壬辰運中漸漸精神爽看看氣象增癸未運中近水楼臺先得月向陽花木早逢春甲申運中才權雖妥美風雪不為驕乙酉運中桃李千谿錦江山一畫屏丙申運中才源富足家業餘盈丁酉運中一枕餘香隔年夢斜風吹落楚山雲

庚寅年　己卯月　庚戌日　乙酉時

此八字庚戌魁罡之日才旺生官之格人生得此生於豐阜之族長於穩厚之門椿萱有倚先丐母天邊鴻雁不聯群丰姿清秀天性聰明謀動君子處伏小人祖業添新慶才囊厚積存常將好意畨成惡每把真心換得嗔雖不建侯封爵自然潤屋潤身此則富足之命鴛幃有碍須添寵子嗣秋來二果馨運行初庚辰上人底下未斷平生辛巳運中如花散彩似月離雲壬午運中雖則行藏有慶还愁人事丐盈癸未運中才帛盈囊人事廣也愁飛絮襲衣襟甲申運中富連阡陌行樂如心當此之際微雨弄晴乙酉運中人生正在風光處只恐閑飛素耗生當是時也雨阻行程丙戌運卜享子孫之福慶丁亥運中梦杳杳之佳城

庚寅年　己卯月　丙午日　戊子時

此八字丙午日刃之辰相配柱中水木官印之格刑冲太重藏吾貴氣主人生於右族長於高門萱親早别還招継椿父蒼年從去程天邊鴻雁有各行鳴其爲人也丰姿清秀天性聰明高謀遠見機関别懷慨春風一好人爭長名園過舊竹花開上苑勝先春田園桑柘茂畝畝稻粱馨水光浮座盃盤瑩花氣侵人咲語馨特来自有淵、福運至還数路、通但願一生財禄富何須躍馬入青雲此則因富致貴之命鴛幃東西錦幛子嗣周鳳曾麟運行初庚辰雪晴天未煖行樂未如心辛巳運中隱、輕雷抽碧筍微、細雨潤紅英壬午運中才源富足家居好須史風雨尚愁人癸未運中不獨財源富足尚祈樓閣凌雲甲申運中堤柳已敷新幹綠園梅不改旧時馨乙酉運中軒開化日千祥集簾捲香風百福臻丙戌運中人生從此別無復見儀形

庚寅年　己卯月　乙卯日　己卯時

此八字乙卯專祿之日相配柱中金土才官之格木在春生處世安然必壽遇斯命者生於石族長於高門同壽椿萱不同壽夭邊鴻鴈各行鳴其為人也丰姿敦篤天性聰明胸藏古今事學識聖賢心襲句好為天下白髙才俊似海東青豈是池中物尤秉席上珍鵬路高搏知健翼龍門深耀見修鱗一從姓字傳揚後九五天門拜聖崇此則崇貴之命鴛幃燭夜添新歷子嗣金風孝且忠運行初庚辰幼年之下災晦未伸辛巳運中欲向雲中牽足須從蹬下留心壬午運中報道是龍還不信果然奪得錦標新當此之際風雪蒲庭癸未運中戢位兩任金紫貴須臾風雨不為驚甲申運中重金重紫布德施仁乙酉運中赤心扶日月素志展經綸丙戌晚年故里會友開樽丁亥運中夕陽有限春夢無憑

庚寅年　己卯月　癸酉日　壬戌時

此八字癸酉之日相配柱中土木傷官制殺之格刑冲太重賦我功名主人生於平淡之族長於清白之門椿覲偏出萱賢淋天邊鴻鴈各聯鳴其為人也丰姿清秀天性聰明有近貴親賢之德應下和下之能祖業添新慶根源勝舊風黃金過火重增價白壁離塵色更明時通方壯觀運至祿元增玉產崑崗藏韞色蘭生楚澤散清馨此則發福之命鴛幃金玉潤子嗣桂蘭榮運行初庚辰上人庇下災晦未伸辛巳運中始覺春風爽還愁微雨生壬午運中萬疊好山雲下歛一樓明月雨初晴癸未運中天上三陽泰人間五福均甲申運中才源滾滾家居好風雪飛來倍憐情乙酉運中無慮盡傳詩禮樂有朋來自遠方覲丙戌運中約梅同醉引鶴徐行丁亥運中春光如撚指一枕入巫峯

子平遺書 十九

庚寅年　己卯月　庚申日　庚辰時

此八字庚申專祿之日相配柱中木火才官之格比肩太重滅我功名主人生於深遠之宅長於穩厚之門金水椿萱遠理僑天邊鴻鴈各行鳴其為人也丰姿清秀天性聰明有理句分清之智截長補短之能雖不成名利生來近貴人重成新事業再整旧門庭福布江山外名聞湖海中庁段留禽还野綠週迴宅茅簷雖完無傳詩礼樂有朋來自遠方親但顧才原富足任他身外無名晚年光霽景子貴沐皇恩此則穩厚之命鴛幃金命須筆少子嗣業桑桑馨運行初庚辰上人庇下花放風生辛巳運中天邊初出月苑上始開英壬午運中近水樓臺先得月向陽花木早逢春癸未運中才如春水滔滔長福似秋蟾皎皎明甲申運中人生正在風光處只恐花飛素耗生乙酉運中延賓玩物會交開樽丙戌運中桃源歸去也蓬島信难通

子平遺書 二十

庚寅年　己卯月　戊午日　丁巳時

此八字戊午日月之辰相配柱中木火煞生印綬之格杀印相生功名顯達主人生於右族長於宦椿萱棠晚贈鴻鴈各行鳴其為人也丰姿清秀天性聰明五車書富三冬足兩石弓高萬驥衝筆落驚風雨詩成泣鬼神終是傳芳之客豈為田舍之翁鳳皇池上客龍虎榜中人一從姓字傳揚後金紫榮看次第陞此則榮貴之命鴛幃金玉閨子嗣彩衣新運行初庚辰上人庇下未斷平生辛巳運中篤志十年窗下未應一舉成名壬午運中躍過禹門三級浪秉笏趣朝拜聖明癸未運中腰橫金作帶符割玉為鱗甲辰運中西風吹過天边雪金紫重加祿位尊乙酉運中自嘆引年歸故里朝庭未許兩蹤心丙戌運中榮歸故里安樂籬東丁亥運中一夕不來都是梦落花流水各西東

庚寅年　己卯月　癸亥日　壬戌時

此八字癸亥日相配柱中土木傷官制杀之格人生得此生於右族長於名門土水椿萱双曉茂天边鴻雁各行鳴其為人也手姿清秀天性聰明胸次峥嵘書蜀卷英材敏捷壓群倫驪珠照艷光难掩雷劍生豐氣目充終是文嫣榮貴宜為田舍耕人萬里扶摇騰乱鳳一声霹靂躍潜鱗風傳玉漏金閨魏花駛千鍾五彩春一從揚姓字便許謌金門此則榮貴之命鴛幃春已尽子嗣繼衣新運行初庚辰上人庇下天朗氣清月明雲翳花放風生辛巳運中不遇寸陰之便宜壽柱題之功壬午運中路過生死还不信果然奪得錦袍新癸未運中千里威霜威金斧重三秋風色綉衣輕甲申運中戰位兩過金紫貴十郡山河化日明當此之際風木之驚乙酉運中權高禄位慎則無凶丙戌運中晚年籬下米丁亥運中一枕永难醒

庚寅年　己卯月　壬午日　庚子時

此八字壬午日相配柱中之木傷官之格人生得此多機多智不柔不剛椿萱堂上雙年耄鴻雁天邊有列行學識粗知禮義智謀能邁賢良祖業重新慶財囊自積藏但願門迎車馬客何須天府沐恩光此則富實之命鴛幃配合須年長桂子秋来吐異香運行初庚辰上人福庇冬暖夏凉辛巳運中財源来旺盛何必習文章壬午運中自有英雄来敌朝朝樂飲壺觴癸未運中一番風雪過財帛異於常甲申運中成四時之佳趣立千古之門墻乙酉運中桂蘭挺秀晚節軒昂丙戌運中爹别家何處猿啼人断腸

庚寅年　己卯月　戊辰日　己卯時

此八字戊辰日德之辰相配柱中旺木偏之格官多從殺之論主人生於右族長於高堂椿萱双晚剛鵰鴈不行雖其為人也丰姿清秀天性機閑英敏而敏捷孝問以消源揚清激濁祛惡除邪清名已在雲霄上逸氣還庭宇宙間鰲逐玉蟾攀桂去馬隨青帝獵花還緋衣日煖趨金闕宝殿雲開識聖顏此則崇貴之命鴛幃得配名門女子嗣秋来顯桂蘭運行初庚辰上人庇下綠水青山辛巳運中書窓勤十載雪案覧千篇壬午運中执卷幾回

空探月時来跨馬上長安癸未運中到此始知文學好果然秉笏拜金鑾甲申運中名聞萬里獄折斤言重重風雪過金鑾戝高迁乙酉運中日造金門下行聯鵷鷺班丙戌運中晚年閑故里一旅入黄泉

庚寅年　己卯月　庚戌　庚辰

此八字庚戌魁罡之日相配柱中木火才殺之格人生得此生於右族長於名門堂上椿萱嵗長天邊鴻鴈有飛鳴其為人也丰姿清秀天性聪明胸藏萬古英雄事志於三場錦綉文驪珠照魏光难掩雷劍生豐氣自充終是聯崇客豈為隠跡人折桂場中跨妙手携名鴈塔振悲聲一從揚姓字秉笏拜明君此則崇貴之命鴛幃得配名門女子嗣生成貴顯人運行庚辰上人庇下未斷平生辛巳運中雪宜須留若志六階未許崇登壬午運中報道是龍还不信果

然奪得錦標新癸未運中驛中曉日催行站江上春風促去程須臾風雪頃刻逡巡甲申運中重金重紫當是景山河十郡虎威雄乙酉運中自嘆引歸去故里朝班未遂兩疏心丙戌運中花落水流春已失蘭催玉折恨何明

庚寅年　己卯月　庚午日　戊寅時

此八字庚午貴人之日相配桂中木大才官之格才盛生官終身有慶遇斯命者生於文望之族長於詩礼之堂椿萱未倚椿存晚天邊鴻鴈各翱翔其為人也丰姿清秀天性果剛聰明書思達倜儻世情長口吐珠璣言語青歲錦繡文章東海驪珠能幾足豐城雷劍不終藏終是功名客豈為田舍郎一朝但得風雲便跨馬天門沐寵光此則榮貴之命鴛幃燭夜添新丕子嗣秋來桑梓香運行初庚辰幼年之下紹襲迎祥辛巳運中味道心千古

搜文目五行壬午運中時來風送滕王閣一朝騰達便飛黃癸未運中百里鳴絃民樂業九天雨露再加昌甲申運中一天膏雨隨車至千里仁風逐翊京當此之際風雪滿階乙酉運中權高損福填則無妨丙戌運中訃音一播酹酒三斟

庚寅年　己卯月　己酉日　戊辰時

此八字己酉之日相配柱中旺木偏官助印之格人生得此生於右族長於仁門椿親晚蒼翠鴻鴈各行鳴其為人也丰姿清秀天性聰明知高下識重輕過黃金重長價離雲映月倍清明行藏果斷作事老誠謀動君子感伏小人不以功名為念豈將冠冕磨礱得意江山詩句絕妄情日月酒盃深雖不達侯封爵自然才祿餘盈此則發福之命鴛幃得配名門女子嗣生成貴顯人運行初庚辰上人庇下未斷平生辛巳運中天

邊初出月花上始開英壬午運中爆竹聲中殘臘盡折梅香引早春逢癸未運中天上三陽泰人間五福增甲申運中人生正在風光處只恐天邊雪滿庭乙酉運中松尚茂栢猶青丙戌運中無慮盡傳詩礼樂有朋來自遠方親丁亥運中人生從此別無復見儀形

庚寅年　己卯月　壬辰日　庚戌時

此八字壬辰魁罡之日相配柱中木土傷官助才
之格人生得此生於右族長於名門椿萱有倚难
双耄天边鸿雁各行鸣其為人也丰姿清秀天性
聰明謀動君子威伏小人行藏竟潇洒笑傲任枯
榮水光浮座盃盤瑩花氣侵人笑語馨田疇千古
計花木四時春月掛碧天青皎潔名揚閭里有光
榮祖業添新慶根源勝舊風好意番成悪真心換
得嗔鄉氏仰得閭里推尊晚年有子登榮貴白髮
為欽受贈封此則晚榮之命鴛幃有犯須重結子

嗣森枝一果榮運行初庚寅上人庇下未斷平生
辛巳運中雖則行藏有慶幾番人事虧盈當此之
際家出公卿壬午運中着意種花花不發無心插
柳柳成陰癸未運中遊山翫水携詩卷對月觀花
把酒斟須史風雨雨過山青甲申運中子貴榮家
世承恩顯一身乙酉運中雖則榮華富貴还愁人
事虧盈丙戌運中晚年重添贈風雨沮行程君若
有陰騭丁亥運中方終

庚寅年　己卯月　辛卯日　癸巳時

此八字辛亥日主相配柱中木火才官之格才盛
生官格也雖云身弱有比肩幇助為良主人生於
右族長於名門椿萱多晚翠棠棣少數榮其為人
也丰姿清秀天性奇能詩書博攬學足三冬袖裏
虹霓冲際色必端風雨鴐雲程終是功名之客豈
為田舍之翁一朝但得風雲便天府榮沾聖主恩
此則榮貴之命鴛幃連理高一載子嗣森然有挺
榮運行庚辰上人庇下終思始勤辛巳運中聞詩
聞礼員級趍庭壬午運中時來風送滕黃閣秉笏

衣冠拜聖明癸未運中黎民尊父母仁政洽西東
當此之際風雪満空甲申運中一天膏雨隨車
至萬里仁風逐扇生乙酉運中此運見進还見退
且宜籬下樂高情丙戌運中英雄都盡也高塚卧
麒麟

庚寅年　己卯月　丁卯日　壬寅時

此八字丁卯日元相配柱中水木官印之格有官有印無破作廊廟之材主人生於右族長於名門木土椿萱又歲長天邊鴻鴈各行鳴其為人也丰姿清秀天性聰明筆底詞源三峽遠胸中瑩潔一天星綸是功名之客豈為田舍之翁奮身離白屋平步入青雲一日風雲相際會九五天門沐寵榮此則榮貴之命鴛幃有犯須年小子嗣生成貴顯人運行初庚辰上入庇下灾晦未伸辛巳運中書窓勤篤志雪案可加功壬午運中秋闈搏去鳳春榜列英雄癸未運中威飛虬浪怒令重虎風生甲申運中金紫迁榮權任重何愁門外雪盈庭乙酉運中權高損福解組思蓴丙戌運中夕陽有限一枕無憑

庚寅年　己卯月　癸酉日　壬戌時

此八字癸丑日元相配柱中木土傷官制殺之格人生得此生於右族長於名門椿萱有倚難為耄天邊鴻鴈各行鳴其為人也丰姿清秀禮樂縱横千古文章蓬榮耀一天星斗煥心胸衣冠濟濟人中傑和氣怡怡席上珍終是功名之客豈為田舍之翁北海蛟龍頭角聳南山豹變爪牙新瑤池鞭靜朝南極五夜鍾停拱北宸此則榮貴之命鴛幃連理合子嗣擢衣新運行初庚辰上入庇下未斷平生辛巳運中欲向雲中舉足須從燈下留心壬午運中遠望天恩雲外降恩攀桂子手中馨癸未運中自沐天邊寵朝班立搢紳甲申運中腰横金作帶符剖玉為麟當是時也風雲滿空乙酉運中雖則金甌拜命還愁權重生凶丙戌運中自嘆引年歸故里朝廷未遂雨露心丁亥運中訃音莫遣人行說三嘆英雄馬鬣封

庚寅年　辛巳月　辛丑日　壬辰時

此八字辛金相配柱中金木盛生官之格木盛生
官終身有慶人生得此注人丰姿老成天性剛明
言不忘發事不胡行值斯象者豈得不豪為得不
榮高謀遠見機關慷慨襟懷志氣深其為人也
於有名之宅長於豐盛之庭一對嚴慈前後殉
行出我壽弥深祖業宜[illegible]整才帛虧復盈學問頗
知今古事生平四遠有威名花無桃李非春色人有
笙歌樂太平非獨家居而有慶尚祈鄉黨立名聞性
不受觴心不藏機[illegible]蕆龍蛇生變化腹中狂直理分
明幾次梧桐遭夜雨數番桃李艷陽春初運中年
生剥雜晚年享福不非輕此則壽高享樂之命舊
幃有剋宜當敵桂子金風有孝心運行初壬午上人
之下學禮趨庭癸未運中意欲要拿天上月何期運
滞又因循甲申運中雖則声名揚閭里其中進退不
為驚乙酉運中才如春水滔、漲晦耗憂欵不損身
丙戌運中雖則家門而顕耀風雨瀟、辛侵不丁亥
運中正好安閑多快樂誰知灾缺破官迎宜當保佑
兩過山青戊子運中万頃良田將不去無常催促緊
行程

庚寅年　辛巳月　辛丑日　癸巳時

此八字辛金酛合巳火正官之格仗此根源焉得
不美椿親先別萱逢殉鴻鴈分群少共群其為人
也手姿穩秀性格英能常將好意嵩成悪每把真
心換得嗔根源再整事業重新月掛碧天多皎潔
名揚閭里有光荣不是綺羅叢裏客自然福壽足
平生此則中和之命觽幃火命須年少桂子森枝
一果榮運行初壬午襁褓之際世態中平癸未運
中青帰拁棄情初变紅入桃花熳始句甲申運中
閑中曾駁雜依旧致康寧乙酉運中不意之中戍
事業苦勞之處只虛名丙戌運中守旧自然臻福
祉何須役役苦奔程丁亥運中天降閑非增懊恨
須史雲散月華明戊子運中翠栢寒中秀黃花晚
後馨己丑運中春光短也一夢難醒

庚寅年　辛巳月　戊申日　丙辰時

此八字戊土長生之日相配柱中金火傷官用印之格經云傷官若用印官殺不為刑值斯象者注人丰姿秀麗天性乖能自是人中傑天生席上珍其為人也生於喬木之宅長於官貴之門一對椿萱齊有慶天邊飛雁下聯鳴弟問有成馬前喝唱狀元来英材敏捷堦下卒呼公伯至筆底詞源三峽水胸中皆記五車經重重恩波聲名顯朝朝染翰拜明君佇看輔佐山河日黼黻之中独讓尊此則權貴之命兆帶重疊老桂子有英英運行初壬

午双親蔭下讀史觀經究險之碍祐保無迍癸未運中三躍龍門登首選玉堂金馬快榮身甲申運中班連玉笋身近明君乙酉運中玉堂進能事翰苑羨高才丙戌運中光揚姓字大展經綸丁亥運中朱欄玉闕無人到詔許英材盡日倍其運無阻恩謝帰程戊子運中上五年双手旧曾扶帝座后言端可定乾坤下五年青史有名標萬載誰知一夢入蓬瀛

庚寅年　辛巳月　壬辰日　辛丑時

此八字非獨水三犯庚寅之貴壬騎龍背之奇未為高客之造化只嫌一路運神皆背祖基祖業雖靠幼年散誕他方萱堂早失椿府後亡鴈字無倚之悽惶鴛侶斷絃而再續此是平常先苦後甜之命運行初景宜為僧為道運行甲申乙酉印綬之鄉春心已退九分九天氣又新三月三丙戌運中霜鋪布冷雪洒凝寒丁亥戊子運中老當益壯正在東郊行樂處忽然有夢落西廂

庚寅年 辛巳月 乙丑日 壬午時

此八字乙丑日元相配柱中金火傷官制杀之格人生得此生於温潤之族長於清白之門金木嚴慈晚方别天邊鴻鴈有聯鳴其為人也丰姿清雅智遠理明有徽徽之計較淡淡之材能豈無高士敬特有貴人欽筝長名園過舊竹花開上苑勝先春五湖生計好四海福元增萬里無雲天一色三秋好景月長明花無飛李非春色人有笙歌是太平满世功名身外事五湖風月樂怡情此則豊厚之命鴛幃有剋須弃小子嗣雙縣舞成運行初壬午上人庇下未必詳論癸未運中青帰柳葉曙初变紅入飛花暖未匀甲申運中三陽回宇宙一氣轉鴻鈞須更風雨雨過山青乙酉運中貿戴不辭千里遠貨財惟喜四方通梨花舞雪雪霽晴明丙戌運中威權有布人欽服財帛興隆福禄增丁亥運中片[illegible]留會連野緑週迴草莽耸雕甍戊子運中無思無慮己丑運中春夢無憑

庚寅年 辛巳月 丁未日 丙午時

此八字丁未日相配柱中之火日禄帰時之格人生得此丰姿磊落天性聰明椿萱土木双荣壽鴻鴈天邊後有鳴學問有成終擬仕途奮志英才卓冠豈教華野躬耕應聘定須須紫誥[illegible]趨朝[illegible]佩青蓮此則薦荣之命鴛幃連珠低一歲桂蘭還擬發秋英運行初壬午上人庇下黄卷青燈癸未運詩書雖薦志执卷未揚名甲申運中特来機會好遇貴沐恩荣乙酉運中絃鳴民樂葉一番風後位加陞丙戌運中旺中生阻節事委贓加陞丁亥運中訃音莫遣行人説泪洒西風萬里程

庚寅年　辛巳月　癸酉日　甲寅時

此八字癸酉日相配柱中之火才旺生官之格正謂才盛生官終身有慶值斯象者丰姿英傑天性明良椿萱雙耐晚鴻鴈有隨行稍有賢良之志粗知礼義之方祖業增新慶財源厚積倉但願金珠滿目何須榮沐恩光此則富足之命鴛幃全正副桂子兩三行運行初壬午幼年之景花放風狂癸未運中詩書雖篤志焉得到文塲甲申運中財源來滾滾人事挺昂昂乙酉運中雲晴春信醒紅紫麗門墻丙戌運中滔滔旺家業日日會賢良丁亥運中冲激之所縈觽生殃戊子運中悠悠處樂己丑運中夢入仙廊

庚寅年　辛巳月　癸亥日　癸亥時

此八字癸亥日配手柱中木火才旺生官之格人生得此仕路声揚椿萱双耐晚鴻鴈又隨翔丰姿洒落天性果剛理貫古今之學心明賢聖之章一日風雲際會果然姓顯名揚此則榮貴之命鴛幃全正副桂子有永芳運行初壬午上人庇下何論失凉癸未運中尋章摘句入室升堂甲申運中禹浪三層卻躍過威揚百里勢軒昂乙酉運中一番風雪過取列大夫行丙戌運中權衡膺千里金紫勢軒昂丁亥運中重特重柄未擬還御甲戌運中黄花綠酒乙酉運中夢入黄粱

庚寅年　辛巳月　丁未日　甲辰時

此八字丁未陰刃之日配合柱中金土傷官生才之格人生值此丰姿清楚作事堅誠生於盛族長於高門堂親難皓首鷹字我飛騰學問聰明終是利名之顯客英才出類定應晚景得榮身一朝馬上衣冠別職居離地有聲名此則榮耀之命鴛幃火命同諧老子嗣應招奪鷄人運行初壬午恩親蔭下未論升沉癸未運中讀殘店茅月踏破洋橋氷甲申運中總有凌雲之秀氣未能折桂去攀英乙酉運中執卷幾回空自嘆時来騰達上神京當是時也一度風波丙戌運中喬門奇跡進退不如心丁亥運中皇恩有感身榮貴沛澤多沾雨露恩當是時也枝葉欠寧戊子運中重加衣紫貴德播一方春己丑運中落花流水春夢無憑

庚寅年　辛巳月　戊申日　甲寅時

此八字戊申之日身坐長生配合柱中時干甲木偏官之格人生值此丰姿清秀作事老誠生於舊富之宅長於名望之門堂上椿萱難並耄天邊鴻鴈我弥齡祖基祖業應更置財帛資囊蓄積成有分清理白之志欺強扶弱之心遇高賢多施礼貌逢貴客談講詩文雖不在朝衣紫貴也是鄉邦出類人欝欝青松含晚翠依依綠柳發春晴但願身安家富足何須齊位極卿尊此則变立之命鴛幃年小當格硬子嗣難為晚有馨運行初壬午淡烟籠芳蘂秋雨滴人參癸未運中既濟防未濟得程虛失程甲申運中雖有貴人相指引其中官事破灾驚乙酉運中正在成家立業地須防枝葉花非侵丙戌運中春至自沾新雨露家人壯觀亦相迎丁亥運中往雪松柏雖然秀此景还加室子停當此之際風雨还淋伏得陰功方許康寧越此戊子運中坦途防有穽無常又促程

庚寅　辛巳　己巳　丁卯

此八字己巳日相配柱中之火印綬之格喜逢時上立偏官人生得此顯姓揚名椿萱堂上双年耄鴻鴈天邊有共鳴丰姿磊落天性剛明理貫古今之學心明賢聖之經黃道三秋騰驤足青霄千里奮鵬程一從揚姓字氣畯便奔騰此則顯耀之命鴛幃全正副桂子秀英英運行初壬午幼承上庇花放風生癸未運中洞房生喜氣芹泮有書聲甲申運中禹浪連三躍衣冠拜聖明乙酉運中一番風雪過祿位又加陞丙戌運中權衡千万里風浪又翻生丁亥運中大才大用戊子運中夢入蓬瀛

庚寅　辛巳　戊午　癸丑

此八字戊午日〻外之辰相配柱中之火印綬之格女人得此儀容朗〻智惠明〻椿萱崇棣齊耄妯娌翁姑愈有情掌家全理道立業羨良能雲開華嶽千峯秀水到瀟湘一樣清佇看來晚節畯脈映霞明此則榮淋女命良人同貌青雲客桂子森〻繇彝成運行初辛巳不榮不辱庇下昇平庚辰運中堯嬌杏嫩鳳彝鸞鳴己丑運中裙釵加濟〻羅綺積層〻戊子運中精神多壯固風雲暫加客丁亥運中老當享用子秀孫榮丙戌運中悠〻康樂乙酉運中機材無事

庚寅年　辛巳月　辛未日　乙未時

此八字辛金相配柱中火土官印之格女人得此翁姑有慶棠棣聯英其為人也姿容清楚髮貌光明萬里韶華一苑杏桃當檻外一聯美景滿山松栢映圍屏安靜自生安靜福太平人樂太平春此則掌家女命良人火命宜分定子嗣生來有德人運行初庚辰蔭庇之福一度風侵已卯運中花正開春料峭月幾明雨朦朧戊寅運中紅葉溝中傳密意赤繩月下結良姻丁丑運中雖則夫門財祿旺幾番微雨濕紅裙丙子運中軒開化日增光價簾捲香風稱意新乙亥運中片雲蔽日何損其明甲戌運中儀容去也花落月沉

庚寅年　辛巳月　壬戌日　辛丑時

此八字壬戌日子之辰相配柱中之火財旺生官之格人生得此本显功名只嫌才印相混滅其福力椿萱皓首難全奉鴻雁天邊有各飛般、歷學件、操持祖業難相倚才囊自積肥但願生涯旺湖海何須身到鳳凰池此則穩富之命篤愇諧老先帰去桂子庭前秀幾枝運行初壬午庇佑之下有何是非癸未運中行藏才利旺無志向書惟甲申運中雨過山方秀雲開月始輝乙酉運中世事儼如新折柳人情渾似半開毒丙戌運中家業多饒裕門闌異昔時丁亥運中晚年旺盛快樂怡、戊子運中孫賢子秀己丑運中帰去来兮

庚寅　辛巳　己巳　甲子

此八字己巳日相配柱中之火印綬之格喜逢時上透官星人生得此仕路馳聲播萱名晚聲鴻鴈有飛鳴手姿慷慨天性剛明理貫古今之學心鳴賢聖之經聲闡水府珠生彩掘出豐城劍有聲禹浪三層都躍過榮沾寵渥甬威声此則顯耀之命鴛幃全正副桂子有承榮運行初壬午幼承上庇花放風生癸未運中讀殘茅店月囊映草頭螢甲申運中到此風雲際會果然浪躍三層乙酉運中榮膺寵命爭攝兵刑丙戌運中一番梨雨過祿位又階陞丁亥運中金紫權衡振作心灰便解簪纓戊子運中黃花綠酒己丑運中一夢難醒

庚寅　辛巳　己酉　乙亥

此八字己酉日相配柱中木火雜印之格人生得此丰姿俊秀天性剛明椿萱榮且壽鴻鴈有飛騰學問有成終是求名之客英才特達豈為避世之英一朝貴客吹嘘趁足馬登天沭寵榮此則榮顯之命鴛幃金玉貨子嗣桂蘭英運行初壬午上人庇下何論生平癸未運中詩書雖勉力未擬便揚名甲申運中到此特來機會（好）貴人薦引上天廷乙酉運中榮沾新寵屋光耀旧家聲丙戌運中仁風揚百里雪霽既加榮丁亥運中再遷再擢戊子運中夢入蓬瀛

庚寅　辛巳　辛亥　乙未

此八字辛亥日相配柱中之火正官之格正官者貴氣之宿也女人得此儀容温嚴天性聰明椿萱榮耐晩鴻雁有隨鳴妯娌翁姑得倚裙釵福氣崢嶸掌家全礼道針綴愈勤精佇看晩年家業旺輝輝羅綺積千層此則穩榮女命良人配合英華客桂子生成俊秀英運行初庚辰上人底下快樂昇平己卯運中花開錦綉鳳舞鸞鳴戊寅運中裙釵加壯嚴人事有悲驚丁丑運中一番風雪過羅綺絢霞明丙子運中滔滔旺家業快樂福昌榮乙亥運中冲撃之鄉月入雲屏甲戌運中華堂安享癸酉運中機杼無聲

庚寅年　辛巳月　甲子日　己巳時

此八字甲子日相配柱中之土傷官助才之格人生得此半姿英雅天性能爲椿親耐壽萱歸早鴻鴈天邊有各翔學識鮮知禮義生涯多藉人携鷄穿平地生荷葉筍過東家作竹籬此則顯祖成家之命鸞幃成配須年少桂子秋來舞綵衣運行初壬午幼年之景雲逐風飛癸未運中行藏逢貴助才帛自生肥甲申運中成四時之佳趣整一簇之門閭乙酉運中才帛多來旺風霜不致悲丙戌運中滔滔發旺步步光輝丁亥運中依然享用戊子運中歸去來兮

庚寅年　辛巳月　壬申日　辛亥時

此八字壬申日相配柱中金火秉印就才之格五行俱喜得長生人生得此丰姿俊彥性理剖明堂上椿萱双壽庭前棠棣聯榮學問淵源三峽水留襟瑩潔一天星黃道三秋騰驤足赤霄千里奮鵬程禹浪三層都躍過榮沾寵渥帝風清此則聯芳之命鴛幃金玉質子嗣桂蘭英運行初壬午幼承上庇詩禮趨庭癸未運中讀殘茅店月行落津林星甲申運中一聲春霹靂黃甲擬高登乙酉運中敢列大夫權任重陳踈風雪一番生丙戌運中權

衡千萬里金紫势英英丁亥運中大才大用來鮮簪纓戊子運中樂田園樂己丑運中一夢難醒

庚寅年　辛巳月　甲寅日　己巳時

此八字甲寅日配乎柱中金火食神制杀之格亦有金神之意人生得此仕路馳聲椿樹呈榮萱共老鴈行天際有飛騰丰姿磊落天性聰明學問胷中廣詞源筆下精黃道三秋騰驤足赤霄千里奮鵬程長安人似蟻争看錦衣榮此則顯耀之命鴛幃金玉質子嗣桂蘭英運行初壬午上人福庇天朗氣清癸未運中詩書窮萬卷探月便光榮甲申運中宴罷沾恩寵威飛郡縣驚乙酉運中一番風雪過祿位兩加陞丙戌運中山河開十郡鳳詔又榮

徵丁亥運中秉持重柄贊輔皇明戊子運中人生從此別無復見儀形

庚寅年　辛巳月　庚申日　丙子時

此八字庚申日配于柱中之火偏官之格羊刃合殺鎮掌威權椿文高榮萱授贈鴈行天際有隨鳴半登英傑天性聰明理貫古今之學心明賢聖之經擊開水府珠生彩極出豐城劍有聲姓字登黃甲衣冠拜聖明此則榮耀之命鸞幃配合須同屬桂子生成奪錦英運行初壬午上人福庇花放鳳生癸未運中詩書穷萬卷探月便先榮甲申運中鴈塔題名飡秖宴玉堂金馬便榮登乙酉運中一番梨雨過祿位又階陞丙戌運中金紫大夫權萬里主尊藩臬又榮徵丁亥運中秉持重柄威根還城戊子運中葉回籬下乙丑運中夢入蓬瀛

庚寅年　辛巳月　丁巳日　丙午時

此八字丁巳日相配柱中之大倒衝之格人生得此行藏倜儻擧用人欽椿樹先凋萱後損庭前棠棣秀森森頗知事畧淺識古今基業重增覆才囊自積深何須誇馬登雲路但願生涯自称心此則富貴之命鸞幃全正副桂子秀森森運行初壬午庇祐之下舒豁胷襟癸未運中行藏多順利囊裹積黃金甲申運中雪晴春信轉錦綉滿園林乙酉運中英雄文敬人欽(服)日日瓊酥酒謾斟丙戌運中雲收山聳(秀)雨過竹成陰丁亥運中老當益壯雅称登臨戊子運中孫賢子秀己丑運中人去難尋

庚寅年　辛巳月　癸丑日　庚申時

此八字癸丑日相配柱中之木財旺生官之格人生得此本顯功名只嫌刑沖太重不貴而富椿親顯貴萱填室鴻鴈天边後有鳴手姿清秀性格聰明學識通今博古智謀理白分清不向綺羅衣錦綉也酒名勢歷鄉城此則富足之命鸞幃全正副桂子有高崇運行初壬午風和日暖庇下昇平癸未運中志登天步月心講道窮經甲申倦讀來湖海財源處處生乙酉運中梨雨初晴天氣爽財源滾滾旺門庭丙戌運中萬象回春紅紫叢一番行樂有患驚丁亥運中沖擊之所財源福興戊子運中歸去也

庚寅年　辛巳月　甲子日　庚午時

此八字甲子日相配柱中金火傷官帶殺之格人生得此仕路榮盈椿親徽貴萱同老鴻鴈天遷後有鳴手姿洒落天性聰明窮今博古覽史觀經霹靂一聲雲霧合果然變化沐恩榮此則星榮之命鸞幃同偕尤招副桂子庭前三四英運行初壬午上入庇下詩礼趨庭癸未運中讀殘官舍月行落泮林星甲申運中躍過三層浪沾恩氣談騰乙酉運中一番風雪過祿位大夫榮丙戌運中權衡千里振祿位又加陞丁亥運中榮田園樂戊子運中一夢難醒

庚寅年　辛巳月　甲寅日　壬申時

此八字甲寅專禄之日相配柱中金火傷官助殺之格女人得此生於右族長於名門椿萱有倚難双耄天邊鴻鴈陣行分姿容清秀髮貌超群勝丈夫之氣槩有男子之才能一苑杏桃鋪錦綉滿山松栢映幃屏相夫應有道訓子捴成群玉産崑岡藏韞色蘭生楚澤散清馨難觸難犯易喜易嗔雖不鳳冠帔服自然福禄無窮此則旺益之命良人配合榮華友子嗣生成是顕人運行初庚辰上人庇下未斷平生己卯運中契合翠鸞成好夢禽緣紅葉是良姻戊寅運中正是太平光霽景還愁花放又風生丁丑運中萬疊好山雲乍歛一輪明月兩初晴丙子運中裙釵濟濟家居好須叓風雨尚愁人乙亥運中夫賢子貴甲戌運中鏡掩長明

庚寅年　辛巳月　丁巳日　戊申時

此八字丁火日元相配柱中金土傷官助才之格人生得此生於茂族長於高門木命椿萱宜脫壽天邊鴻鴈各飛鳴其為人也丰姿清秀天性聰明學問有成篤志十年留苦李英材敏捷芳名一旦顕朝廷北海蛟横出頭角南山豹変爪牙新一朝騰達飛黄去金紫榮看次第塈此則榮貴之命篤怫水命須年少子嗣榮門有晚榮運行初壬午春風駘蕩夏日炎蒸癸未運中不負寸陰之情豈毫題柱之功甲申運中一声春霹靂躍過浪三層乙酉運中威飛乱浪怒令重虎風生丙戌運中江山𠎝五馬花柳拂双旌當此之際三度君恩喜一番風木驚丁亥運中山河帰舊國管鑰换離宮戊子運中榮帰故里安享餘閑無慮尽傳詩礼樂有朋来自遠方親己丑運中花落水流春已失一朝無復見儀形

庚寅年　辛巳月　辛亥日　己丑時

此八字辛亥日相配柱中木火才官之格己丑作合不冲主人生於右族長於名門堂上椿萱歲長天邊鴻鴈各搏風其為人也手姿清秀天性聰明高謀遠見機関别慷慨情懷學識深筆落驚風雨詩成泣鬼神終是功名之客豈為田舍之翁北海蛟騰頭角見南山豹变爪牙新一日風雲相際會九天雨露沐皇恩此則榮貴之命死幃金玉潤子嗣襁衣新運行初壬午上人庇下未斷平生癸未運中敨遂平生志須加董子功甲申運中時来風送滕王閣頃刻高搏萬里程乙酉運中三度君恩重一番風木驚丙戌運中戰位兩迁當此際還愁門外雪盈庭丁亥運中權高損福歸效淵明戊子運中黄果未熟清夢先行

庚寅年　辛巳月　辛酉日　庚卯時

此八字辛酉專禄之日相配柱中火土才官之格人生得此生於右族長於名門椿萱双覩茂鴻鴈各行飛其為人也手姿清秀氣象高奇妍窮今古演熟詩書見善則持於己當仁不讓於師終是功名之客豈敎田里耕鋤北海蛟横頭角偉南山豹变爪牙新一朝騰踏飛黄去濟濟衣冠拜鳳池此則榮貴之命鴛幃有犯須招副子嗣生成貴顯人運行而壬午幼年之下如玉在石人不易知癸未運中欲遂平生志潛心下董帷甲申運中騰身離泮水夆足入雲衢乙酉運中仁風揚遠近政化洽西東丙戌運中皇恩有感重加擢凛凛清風蕩綉衣當此之際風雪成堆丁亥運中戰迁金紫貴何事便懸車戊子運中榮回故里美酒盈巵己丑運中歸去也

庚寅年　辛巳月　辛酉日　癸巳時

此八字辛酉專祿之日相配柱中木火才官之格只嫌刑破娀我功名主人生於右族長於高門氷木椿萱雙晚别天邊鴻鴈各行鳴其爲人也丰姿清秀天性聰明斷高理直處事公平行藏果斷作事老成過火黄金重長價離雲皎月倍清明有心於貨利無意纂功名兩都秋色皆喬木耆舊風流有幾人時至財源富足運來福祿無窮黎民仰德閭里推尊此則豐厚之命鴛幃有犯須年小子嗣森枝有挺榮運行初壬午上人庇下月入雲屏癸未運中寒向梅中盡春從柳上生甲申運中漸覺夜涼池雨過信知花放晚風輕乙酉運中梅須遜雪三分白雪亦輸梅一段馨丙戌運中蕉捲香風生百福軒開化日集千祥當此之際風雪還生丁亥運中晚來閑快樂會友以開樽戊子運中春光歸去也花落鳥無聲

庚寅年　辛巳月　己未日　癸酉時

此八字己未陰刃之日相配柱中木大傷官帶印人生得此生於右族長於名門椿萱及晚茂棠棣各敷榮其爲人也精神炯炯智慧明明筆鋒雄健千人敵談笑風流四座傾定擬當朝顯跡紫豈爲南畝務躬耕清明已在雲霄上逸氣还冲宇宙中一日声名遍天下滿城桃李嘆陽春此則榮貴之命鴛幃得配良能女子嗣生成貴顯人運行初壬午幼年之下灾悔相侵癸未運中欲遂班超投筆志須攀董子下帷功甲申運中騰身翻泮水舉足上神京乙酉運中寒掃紫衣催驥光生玉部下雲層丙戌運中三度君恩喜一番風木驚丁亥運中股肱賦世黼黻明君戊子運中晚年籬下樂己丑運中一枕入蓬瀛

庚寅年　辛巳月　戊午日　辛酉時

此八字戊午日刃之辰傷官帶印之格值斯象者生於茂蔵之族長於深邃之居丰姿磊落氣岸清奇行藏果斷作事三思見善則持於己當仁不讓於師自有順天之慶豈無福地之時羅綺飄香風淡蕩壺觴列座草萋萋佇看晚年沾沛澤烏紗白髮秀羅衣此則發達之命兆帰有碍両强匹配始齊眉子嗣有成晚景荣門果有慶運行初壬午上人庇下未斷高低癸未運中惜花春起早憂月夜眠遲甲申運中漸漸精神爽看看第宅輝乙酉運中滚滚才源来正旺旺中尚有事憂疑丙戌運中嚴霜積雪都經過次第春風到故廬丁亥運中片時風雨頃刻趍趄戊子運中子曇孫荣家業旺喧喧車馬樂門閭己丑運中帰去也

庚寅年　辛巳月　辛未日　丙申時

此八字辛未日元相配柱中木火才官之格人生得此生於右族長於名門椿萱荣倚一期壽夭边鴻鴈各行鳴其為人也丰姿清秀天性果剛立仁立義多見多聞謀動君子威伏小人衣冠濟濟人中傑和氣怡怡席上珎須是功名之客豈為田舎之翁際會風雲應有日豈無雨露沐恩荣此則荣貴之命兆帰燭夜添新丞子嗣生成孫又新運行初壬午上人庇下未断平生癸未運中顯恩登仕路須用下心情甲申運中雖則行蔵有勿時来撥會成名乙酉運中始知門外雪報道座間風丙戌運中當此之際風雪满庭丁亥運中江山重往戊子運中荣回故里酌酒盈樽己丑運中帰去来兮

庚寅年　辛巳月　戊午日　庚申時

此八字戊午日依相配柱中金木傷官制煞之格人生得此生於右族文望之族長於詩礼之庭椿親耐晚榮重贈天邊鴻雁各行鳴其為人也丰姿清秀天性聰明源流三峽詞能及筆掃千軍馳与倫驪珠終照魏雷劍豈藏豐終是功名之客豈為田舍之翁蟾遊玉蟾攀桂去馬隨青帝躍龍門一從揚姓字戰位寄拳衡此則榮貴之命鸞幃春色叢子嗣晚光榮運行初壬午上人庇下未斷平生癸未運中踏破津橋雲戟処歸殘茅店月三更甲申運中霹靂一声雲霧合禹門躍過浪三層乙酉運中已振嚴威摧酷吏更将仁政釋黎民丙戌運中戰走金鞍声名重馬風雪尚恼人丁亥運中有時應有用未許解簪纓戊子運中春光去也一枕清風

子平遺書　三三

庚寅年　辛巳月　丙申日　丙申時

此八字丙火相配柱中金土食神助才之格喜逢建祿身強遇斯命者生於右族長於名門萱毋先帰椿後別天邉鴻雁不同鳴其為人也丰姿清秀天性聰明謀動君子威伏小人世事頗能將就般般學欠精通祖業添新慶根源勝旧風月掛碧天多皎潔名揚湖海豈無榮遊山翫水携詩卷對月觀花把酒斟好意番成惡真心換得嗔水光浮座杯盤瑩和氣侵人咲語馨終是功名之客豈為田舍之翁晚年有子登榮頭白髮烏紗受贈封此則晚榮之命鸞幃大命須年小子嗣枝枝奪錦人運行初壬午上人庇下未斷廾沉癸未運中春帰擲華晴初变紅入桃花煖未匀甲申運中雖則家居有慶也應人事虧盈乙酉運中有子登高第往来無白丁須史風雨雨過山青丙戌運中叨拜恩光富此際片時晦耗不為驚丁亥運中光華疊疊沛澤紛紛戊子運中重榮富貴多光顯己丑運中一枕黄粱永不醒

子平遺書　三四

庚寅年　辛巳月　丙子日　乙未時

此八字丙子日元相配柱中金土傷官助才之格人生得此生於右族長於高堂椿萱雙晚茂鴻鴈有翱翔其爲人也丰姿清秀礼樂鏗鏘聰明書藝遠倜儻世情長口吐珠璣言語胸藏錦綉文章東海驪珠的發見豐城雷劍不終藏終是功名客豈爲田舍郎咲談登試院唾手赴科場一朝馬上衣冠別方顯男兒當自強此則榮貴之命鴛幃金玉闕子嗣晚光揚運行初壬午上人庇下其樂何當癸未運中味道心千古披文目五行甲申運中時來風送滕王閣何必區區日夜忙乙酉運中躍過三層浪朝班識聖王丙戌運中兩番風雪擁三度聖恩昌丁亥運中有材應大用未許便還鄉戊子運中天邊無沛澤籬下樂壺觴己丑運中春光如過隙一枕入黃粱

庚寅　辛巳月　庚子日　戊寅時

此八字庚子之日相配柱中火土偏官助印之格陽刃合殺有功主人生於右族長配名門椿父先歸萱耐晚天邊鴻鴈各行鳴其爲人也姿容閨朗髮貌精神勝丈夫之氣槩有男子之材能一筇杏桃鋪錦繡滿山松栢映幃屏雪爲輕粉憑風傳霞作胭脂仗日匀深明閨壼理洞識古今懷克勤而克儉易喜而易嗔雖不鳳冠帔服晚年子貴榮封此則穩厚之命良人士命須年長子嗣双双有顯榮運行初庚辰上人庇下毓秀閨門己卯運中路入桃源花爛熳橋横銀漢水澄清戊寅運中正是梅青月白還愁人事虧盈丁丑運中雖則夫門財業旺須史風雨尚虧盈丙子運中雨過園桃簇錦風和堤柳拖金乙亥運中子貴晚年多快樂皇恩有感受榮封當此之際風雨還生甲戌運中月明雲鬆花放風生癸酉運中歸去也

庚寅年　辛巳月　辛亥日　甲午時

此八字辛亥日元相柱丶丁火旺官殺[illegible]之格[illegible]太重減殺功名。之人生於右族長於仁門椿萱双悦茂棠棣各鮮榮其爲人也丰姿清秀天性聰明般般稍覽件件不精有近貴親賢之德應上和下之能重成新事業再整舊門庭耿能視南北跋能履東西門外田疇千古計庭前花木四時新黃金過火重增價白璧離塵色更新雖不綺羅衣錦也應才祿豐盈此則穩亨之命篤慵金玉潤子嗣衣新運行初壬午上人庇下災悔未伸癸未運中登臨值雨賞翫春陰甲辰運中爆竹声催殘臘尽折梅風引早春逢乙酉運中天上三陽泰人間五福臻丙戌運中才源滾滾家居好風雪飄飄尚惱人丁亥運中樽壘有酒延佳客蘭室有書教子孫戊子運中花落水流春已去蘭摧玉折恨何明

庚寅年　辛巳月　丁未日　庚戌時

此八字丁未食刃之之相配柱中金土傷官助才之格人生得此生於右族長於名門金木椿萱萱茂長天邊鴻鴈各飛騰其爲人也丰姿清秀天性聰明胸藏今古事學識聖賢心麗句妙爲天下白高材俊似海東青終是功名之客豈爲田舍之翁北海蛟横頭角聳南山豹變爪牙新一從姓字傳臚後九五天門面聖容此則榮貴之命篤慵須有贈子嗣晚登榮運行初壬午上人庇下未斷平生癸未運中十年窓下業時至便扶騰甲申運中禹浪三層都躍過秉笏天門拜九重乙酉運中聖署聯班才獨稍須吏風雨尚何驚丙戌運中職廷金紫宇内澄清丁亥運中佇看官封二品酌然祿享千鍾戊子運中天邊無沛澤離下有高情己丑運中一枕難醒

庚寅年　辛巳月　癸酉日　壬子時

此八字癸酉日元於四柱中火土才官之格水入已而且奇名着不紀主人生於右族長於高門椿萱連珠萱歲長天邊鴻鴈各行鳴其為人也丰姿清雅性格昏沉頗知禮義稍識古今有近貴親賢之德應上和下之能祖基宜再整事業必重增門外遠觀千畝地庭前闊賓四時春不以功名為念豈將甲祿為心時來財源富足運至福祿駢臻鄉民仰德閭里推尊此則豐厚之命鴛幃有犯須年小子嗣金風有聲英運行壬午工人庇下來斷平生癸未運中雲推皓月水泛浮萍甲申運中隱隱輕雷抽碧笋微微細雨潤紅英乙酉運中天上三陽泰人間五福臻當是時也素抶還生丙戌運中財源旺足家居好纖度超越未順情丁亥運中簾捲香風生百福軒開化日祿元增戊子運中披霜松柏倚然秀冒雨芝蘭分外青己巳運中歸去

庚寅年　辛巳日　丁卯日　丙子時

此八字丁卯〻主於四柱中金土傷官助才之格人生得此生於古族長於名門金水椿萱榮晚贈天邊鴻鴈搏風別其為人也丰姿清秀天性聰明胷羅千古事學識聖賢心驪句奴為天下白文材俊似海東青終是功名之客豈為田舍之翁踞履三千皆後學搏風九萬即鵬程瑤池鞭淨朝南極午夜鐘傳拱北辰此則榮貴之命鴛幃有犯須年小子嗣秋來朶朶榮運行初壬午上人庇下未斷平生癸未運中聞詩學禮終息始勤甲申運中薄梅幾個雲掩月時來攀桂步蟾宮乙酉運中一從叅讃秉笏金門丙戌運中腰橫金作帶騎水玉為鱗當是時也風雪滿庭丁亥運中自嘆引身歸故里朝庭未遂兩疏心戊子運中晚遂閑時酙菊酒西風發露偶還鷲己丑運中三盃酹酒一枕清風

庚寅年　辛巳月　癸丑日　己未時
此八字癸丑之日木亂柱中金土殺生印綬之格
人生得此生木不族長於高門金命椿親榮倚森喧
鳴鷹飛騰其爲人也丰姿清秀天性聰明胸羅今
古事李識聖賢心詞鋒穎利高無敵筆力縱橫若
有神三世姓名登桂籍百年喬木播楓宸衣冠濟
濟人中傑和氣怡怡席上珎篤志十年勤泮水芳
名一旦顯朝廷股肱盛世尊名德輔翼明時顯勢
英此則榮耀宰輔之命鴛幃東西錦帳子嗣朶朶
光榮運行初壬午光庇之下灾晦未伸癸未運中
遠望天恩雲外降恩攀桂子手中香甲申運中自」
飲瓊林後朝班立搢紳繡衣耀日鍍面生風乙酉
運中錦衣肥馬重重貴天上恩波浩浩新丙戌運
中佇看官超二品酌然祿享千鍾當此之際風雪
重重丁亥運中宰政百官才獨稱儀容四海望尤
尊戊子運中天邊無沛澤籬下樂高情已丑運中
英雄都盡也高塚卧麒麟

庚寅年　辛巳月　乙卯日　庚辰時
此八字乙卯專祿之[illegible]桐配柱中金火傷官制殺
之格人生得此生於右族長於名門木水椿萱
歲長天邊鴻鴈各行鳴其爲人也丰姿清秀天性
聰明斷高理直處事公平謀動君子威服小人過
火黃金重長價離雲皎月倍清明重成新事業再
整舊門庭無處盡傳詩礼樂有朋来自遠方親才
源富足福祿駢臻雖不建侯封爵自然潤屋潤身
此則穩厚之命鴛幃全正副子嗣祿元新運行初
壬午上人庇下花放風生癸未運中雨過山才秀
雲開月始明甲申運中爆竹声催残臘盡折梅香
引早春逢乙酉運中才源滾滾家居好須史風雨
不爲鷄丙戌運中成四時佳趣立萬古門庭當此
之際風雪满庭丁亥運中庭前竹報平安日檻外
花開富貴春戊子運中廷賓玩物會友開樽已丑
運中春光如過隙一枕了平生

庚寅年　辛巳月　乙未日　乙酉時

此八字乙木相配柱中金火傷官制殺之格此格者主人生於戈矛之族長於劍戟之門椿萱不逮祿養鴻鴈有叓聯群其為人也丰姿清楚天性乖飴有徽徽之計較淡淡之聰明頗知黃石畧稍識聖賢文高人起敬貴客相欽且喜平場容健馬豈容迸落過他門欲令四海氛煙淨著地纖塵不敢生名利必從天上降壯年多在戲場什不持戈戟豈習書文親掃毬場如平砥騌龍馬驟曉光晴嘉谷不早實名利當晚成也非祖蔭也不從征蕩然機會至也降千百兵此則晚貴之命鴛幃正副方偕老子嗣秋來虧有盈運行初壬午上人庇下未斷平生癸未運中不窮書史多劾踏青甲申運中入門百拜瞻雄勢動把三軍唱好聲乙酉運中紫陌競馳金勒馬銘階爭看玉樓人丙戌運中乘輿宜調馬援開好習弓下五年跨騎登上國頭角聳崢嶸丁亥運中未應解組戊子運中一枕清風

庚寅年　辛巳月　辛亥日　己丑時

此八字辛亥日元相配柱中木火才官之格己丑作合不沖主人生於右族長於名門堂上椿萱歲長天邊鴻鴈各行鳴其為人也丰姿清秀天性聰明高謀遠見機關別懷慨情懷孝問深筆落驚風雨詩成泣鬼神終是功名之客豈為田舍之翁北海蛟騰頭角顯南山豹變介牙新一日風雲相際會九天雨露沐皇恩此則榮貴之命兆幃金玉潤子嗣複衣新運行初壬午上人庇下未斷平生癸未運中致遂平生志須加董子功甲申運中時來風送滕王閣頃刻高搏萬里程乙酉運中三度君恩重一番風水驚丙戌運中戰位兩迁當此際還愁門外雪盈庭丁亥運中權高損福歸故淵明戊子運中黃粱未熟清夢先行

庚寅年　辛巳月　癸亥日　壬子時

此八字癸亥日元相配柱中火土財官之格水入巳而見辛名為不絕只嫌刑沖太重挫我功名全人生於右族長於名門萱親先别还招継天邉鴻雁各行鳴其為人也丰姿清秀天性樸閑知高識下近貴親賢行藏果斷作事方貞聞是声播名江湖姓字香萬里無雲天一色三秋好景月嬋娟旭日桒麻茂盛禾黍連阡飛諂任他来北闕草玄應不出南山但願一生財祿旺何須跨馬去朝天此則穩享之命纨帾連珠須配小子嗣秋来數桂蘭

運行初壬午上人庇下風雪一場癸未運中柳色傳經細雨濕花枝欲動春風寒甲申運中嚴霜積雪都經過頃刻財源福祿添乙酉運中門楣壯觀福祿駢臻丙戌運中美景韶華無恨春風柳又飄綿丁亥運中晚年閑佚欒車馬閙喧喧戊子運中得過且過得閑且閑己丑運中春光去也一枕難還

庚寅年　辛巳月　庚申日　甲申時

此八字庚申專祿之日相配柱中木火財殺之格人生得此生於巨室長於高門椿親磊落萱帰副天邉鴻鴈各行鳴其為人也丰姿清雅天性高明有理白分清之智截長補短之能重成新事業弄整舊門庭自有順天之慶豈無福地之深遊山玩水携詩卷對酒翫花把酒尊五湖生計好四海福元增是非莫管門前客得失須憑塞上翁但願才源富足任他身外無名此則富足之命鴛幃金玉潤子嗣桂蘭榮運行初壬午上人庇下春風淡蕩

夏日炎蒸癸未運中春囿雖雨過桃李未生英甲申運中爆竹声傳殘臘盡折梅香引早春逢乙酉運中梅須遜雪三分白雪亦輸梅一段馨丙戌運中漸閙化日千祥集薰攓香風百福增當此之際風木傷情丁亥運中富足以潤其屋德足是其身戊子運中春光歸去也一枕入巫峯

庚寅年　辛巳月　丁未日　壬寅時

此八字丁未陰刃之日相配柱中金水傷官助才之格才旺轉生官旺女人得此生於良族長配高門椿萱双脫茂鳴雁後隨鳴其為人也姿容清秀髮兒精神有針綴之巧立業之勤一死杏桃鋪錦繡湍山松栢映幃屏相夫應有道訓子總成群玉産崑崗蔵韞色蘭生楚漢散清馨滔滔無阻滯步步助夫門雖觸雖卮易喜易須雖不鳳冠帔服自然金谷豊盈此則旺盈之命良人火命須年長子嗣生成孝感人運行初庚辰上人庇下未斷平生

己卯運中契合拏鸞成好夢廣緣紅葉是良媒戊寅運中片雲能發千山而而過千山依舊晴丁丑運中不用高燒銀燭月明添倍精神丙子運中天上三陽泰入閭五福增乙亥運中夭賢子秀樂意忘情甲戌運中晚年閑快樂癸酉運中一枕了平生

庚寅年　辛巳月　癸亥日　己未時

此八字癸亥日元相配柱中火土才官之格去官留杀印綬生身遇斯命者生於溫潤之族長於深邃之門木命椿萱榮晚贈天邊鴻雁各摶風其為人也丰姿清秀天性聰明胞羅星斗學貫古今太山北斗千年在和氣春風四座傾終是功名容豈為田舍翁鵬路高摶知健翼龍門深躍見脩鱗風傳五漏金閨曉花映千騎玉殿春瑤池鞭靜朝南極五夜鐘停拱北辰此則榮貴之命鴛幃連珠招正副子嗣森枝晚節馨運行初壬午春風駘蕩夏

日炎蒸癸未運中十年窗下業一舉便成名甲申運中禹浪三層都躍過秉笏趨朝拜聖明乙酉運中寒拂紫衣催驛騎光生玉節下雲層戢廷金紫宇内澄清丙戌運中三度君恩喜兩番風雪驚丁亥運中權則損福慎則無驚戊子運中春光去也一枕清風

庚寅年　辛巳月　壬子日　戊申時

此八字壬子日丑之辰相配柱中金土來生印綬之格正謂水入巳而見喜名為不犯遇斯命者生於右族長於名門椿萱雙晚茂棠棣各數榮其為人也丰姿清秀天性聰明袖裡虹霓冲霄色筆端風雨駕雲軿衣冠濟濟人中傑和氣怡怡席上珎豈是池中物尤來席上珎足履三千皆後學摶風九萬即前程一從姓名傳揚後金紫榮看次第陞此則榮貴之命鴛幃魚水合子嗣貴蘭馨運行初壬午上人庇下花放鳳生癸未運中何事不諧今日若特來頃刻便飛騰甲申運中報道是龍還不信果然奪得錦標新乙酉運中千里霜威金斧重三秋風色綉衣輕丙戌運中三度錦衣歸故里兩扶日月上天庭丁亥運中自嘆引年歸故里朝廷未遂兩蹤心戊子運中花已落月无光

庚寅年　辛巳月　戊辰日　壬子時

此八字戊辰日德之辰相配柱中金木傷官制殺之格身旺喜見食神主人生於右族長於仁門椿親耐晚萱先別天邊鴻鴈各摶風其為人也丰資清天性聰明千古文章逞榮耀一天星斗煥心胸麗句好為天下白高材俊似海東青終是功名之客豈為田舍之翁龍門变化三春浪鵬路逍遥萬里程瑶池鞭靜朝南極五夜鐘停拱北宸此則榮貴之命鴛幃有祀須招硬子嗣森然有挺榮運行初壬午椿親庇下鳳雪滿空癸未運中欲達平生志須加董子功甲申運中莫愁風雪擁時至便升騰乙酉運中躍過禹門三級浪秉笏趨朝拜聖明丙戌運中三度君恩金紫貴一番風木使人驚丁亥運中有材應大用未許便閑身戊子運中榮歸故里子貴重封己丑運中歸去也

庚寅年　辛巳月　乙卯日　丁丑時

此八字乙卯專祿之日相配柱中金火傷官助才之格女人得此生於右族長配名門椿萱双脫茂鴻鴈幾行鳴其為人也丰姿清秀天性聰明勝丈夫氣槩有男子才能風送芰荷香滿院日勻花蕚發新紅相夫應有道訓子揔成群深名帰臺理洞識古今情心静侶月明雲漢性急如風捲殘雲雖不鳳冠帔服自然福祿無窮此則豊潤之命良人得配名門客子嗣生成貴显人運行初庚辰上人庇下蔭綉閨門已卯運中路入桃源花爛熳樵樓銀漢水澄清戊寅運中正是梅青月白還愁人事虧盈丁丑運中一輪愁夜月萬里倍清明丙子運中雖則夫門多快樂還愁風雨斥時侵乙亥運中羅綺千般色珎羞百味馨甲戌運中子貴夫賢家業旺癸酉運中春帰花落鳥無声

庚寅年　辛巳月　丙子日　戊戌時

此八字丙子日元相配柱中金土傷官助才之格人生得此生於武族長於高門椿萱榮倚鴻鴈隨兒其為人也丰姿清秀氣岸高奇詩禮古今輸習玩鎗刀弓馬慣操持智號人中傑麾分閫外司禮鞱每助經綸業韜畧還施肅勇威佇看腰金紫旺節職加光此則将相之命鴛幃得配名門女子嗣生成貴顯兒運行初壬午上人庇下未断高底癸未運中不為惜花春起早也應愛月夜眠遲甲申運中不勞窓下攻書史幸喜天邊雨露濡乙酉運中金紫煌煌權位重須臾風雨不為愁丙戌運中倘逢機會相提携官趨二品鎮邊鞭丁亥運中天邊少沛澤有子顕光輝戊子運中安閑晚節詩酒琴棊己丑運中花落月沉

庚寅年　辛巳月　丁卯日　庚戌時

此八字丁丑之日相配柱中金土傷官助才之格人生得此生於右族長於仁門椿萱双晚茂棠棣有數榮其為人也半恣清秀性格聡明高謀遠機闕別慷慨春風一好人祖業添新慶根原勝舊風月挂碧天多皎潔揚名湖海豈無榮終是功名之客豈為田舍之人不入文場非黌牘有金有粟也榮身此則富貴之命鴛幃猨、子嗣英、運行初壬午上人庇下縱祿平生癸未運中春歸柳葉晴初変紅入桃花綾未旬甲申運中始知春盡永方竟瑞祥生乙酉運中桂蕊奏名折得後果然富貴勝長春丙戌運中衣冠正在風光處只恐天邊雪満庭丁亥運中延賓玩物會友開樽戊子運中春光去也一枕入巫峯

庚寅年　辛巳月　庚戌日　丙戌時

此八字庚戌之日相配柱中火土杀生印綬之格人生得此生於右族長於高門椿萱雙晚茂鴻雁各搏風其為人也丰姿清秀天性聰明世事頗能將就般般學久精通行藏覺瀟洒咲傲任枯榮祖業添新慶根源勝舊風福布江山外名聞湖海中得意江山詩句捷忘情日月酒盃深過火黃金重長價離雲皎月倍清明但願財源富足任他身外無名此則發福之命鴛幃得配名門女子嗣生成貴顯人運行初壬午月明雲驕花放風生癸未運中登臨雨濟賞翫春陰甲申運中春園柳綠花紅乙酉運中爆竹聲催殘臘盡折梅香引早春逢丙戌運中財源富足家業愈盈丁亥運中雪晴雲散天如洗從此滔滔福祿增戊子運中無慮盡傳詩禮樂有朋来自遠方親巳丑運中歸去也

子平遺書

庚寅年　辛巳月　庚戌日　壬午時

此八字庚戌魁罡之日相配柱中火土夾生印綬之格人生得此生於右族長於名門椿萱雙晚茂鴻鴈各行鳴其為人也丰姿清秀天性聰明行藏果斷作事每能知高下識重輕遇火黃金重長價離雲皎月倍清明祖業添新慶根源勝舊風門外田疇千古計庭前花木四時新豈無高仕敬時有貴人欽財源有分生涯好官貴無緣不用心此則發福之命鴛幃運理合子嗣彩衣新運行初壬午上人庇下花放風生癸未運中春園雖雨過桃李未生英甲申運中爆竹聲催殘臘尽折梅香引早春逢乙酉運中財源富足樓閣凌雲丙戌運中成四時佳趣立萬古門庭當此之際風雪滿庭丁亥運中松尚茂柏尤馨富連阡陌行樂如心戊子運中晚年快樂己丑運中一枕入巫峯

子平遺書

庚寅年　辛巳月　己酉日　己巳時

此八字己土日元相配柱中金土傷官劫印之格女人得此生於右族配於高門姿容清雅髮白超群有勝丈夫之氣槩男子之才能深知閨壼理洞識古今情翁姑有倚翁先別妯娌天邊不共群一苑杏花鋪錦綉滿山松柏映幃屏心性急而易過待人有玉石之分錦繡花開家富貴玕琅竹根日外平何須披服沾榮贈且喜夫門福祿增此則福旺之命良人水命須蛇屬子嗣枝頭二显成運行初庚辰上人庇下毓秀閨門己卯運中匹配名門友花從錦上增戊寅運中片雲掩日雨過山青丁丑運中雖則夫門才業旺旺中尚有事虧盈丙子運中古木含風常帶雨寒岩四月始知春乙亥運中旺中曾悔耗依舊福元增甲戌運中子秀夫貴樂家快樂還愁風雨傾花容癸酉運中春歸去也花落無聲

庚寅年　辛巳月　庚申日　丙戌時

此八字庚申專禄之日相配柱中旺火偏官之格陽刃合殺有功遇斯命者生於右族長於高門椿萱先别毋鳴鴈各行鳴其為人也丰姿清爽天性聦明高謀遠見機関别慷慨春風一妙人門外田疇千古計庭前花木四時新謀動君子威伏小人遊山玩水携詩卷對月觀花把酒斟威權有布人欽服財帛興隆福禄増好意番成悪真心换得嗔雖不建侯封爵貴也應収掌管人民此則穩富之命鴛幃土命須年長子嗣秋来一果馨運行初壬午上人庇下未断升沉癸未運中春園雖雨過桃李未生英甲申運中盡水無聲空有浪綉花雖艶不聞馨乙酉運中雖則行藏有慶幾多人事虧盈丙戌運中正是太平光露景須臾風雨又来驚丁亥運中有名閙富貴尚忌事睒循戊子運中軒閙化日千祥集康播香風百福増子字之中如履薄氷己丑運中正享兒孫福胡為夢不醒

庚寅年　辛巳月　庚申日　戊寅時

此八字庚申專禄日相配柱中火木才殺之格刑冲太重減我功名主人生於西室長於名門椿親磊落萱從别天邊鴻鴈各行鳴其為人也丰姿清雅天性老成世事頗能将就般般學尺精通豈無高士敬時有貴人欽終是功名之客豈為田舍之翁三級浪中難變化九年塲上好馳名嘉谷不早熟大器當晚成佇看頭角聳光耀旧門庭此則榮貴之命鴛幃鼓盆三嘆子嗣晚節榮門運行初乙巳上人庇下未断平生甲辰運中我欲思慕遠避番成捉月捕風癸卯運中貴人能指引揮筆入公門壬寅運中騎馬起程登上國始知冠冕可榮身辛丑運中雖則崢嶸頭角我多人事虧盈庚子運中駁襍閙非都歷過皇恩有感再光榮己巳運中天邊少恩澤林下樂高情戊戌運中昏光一夢雖醒

庚寅年　辛巳月　丁卯日　庚戌時

此八字丁卯日元相配柱中金土傷官助財之格人生得此生於百年喬木長於累世衣纓椿萱晚茱贈棠棣有數茱其為人也丰姿清秀天性聰明學問有成筆底詞源三峽遠英材敏捷脳中錦潔一天星驪珠照魏光難掩雷劔生風氣自充終是錦衣肥馬客豈為田舍鑿耕人一從姓字傳揚後直上金鑾輔聖明此則榮貴之命鴛幃正副方諧老子嗣秋来朶朶榮運行初壬午上人庇下災晦未伸癸未運中讀書映雪觀史引燈甲申運中穀道是龍還不信果然奪得錦標新乙酉運中寒拂紫衣催驛騎光生玉部下雲層丙戌運中金紫廷茱權位重愁看門外雪盈庭丁亥運中宰政百官材秩称儀容如海望尤尊戊子運中西風起處尊鱸羨晚節閑時菊酒馨己丑運中春光去也一枕清風

庚寅年　辛巳月　乙亥日　丙子時

此八字乙亥日元相配柱中金火傷官制煞之格刑冲太重賊我功名主人生於右族長於名門火土椿萱双晚茂天邊鴻鴈各行鳴其為人也丰姿清爽天性老誠斷髙理直處事公平撫諶輙服舉用人欽過火黄金重長價離雲破月倍清明英長名園過舊竹花開上苑勝先春不以功名為念豈將冠冕磨礱樓臺疊疊生涯好何須騎馬入神京此則穩富之命鴛幃蓮珠須配小子嗣榮門孝義深運行初壬午上人庇下災晦未伸癸未運中未欲桃李紅紅色且喜朝光湊湊晴甲申運中近水樓臺先得月向陽花木早逢春乙酉運中正是梅青月白幾番微雨弄晴丙戌運中庭前竹報平安日檻外花開富貴春當此之際風雪滿庭丁亥運中引鶴徐行三徑晩約梅同醉一壺春戊子運中無思無慮己丑運中一道訃音

庚寅年　辛巳月　己酉日　乙亥時

此八字己土天元配手柱中木火殺印之格遇斯命者生於大廈長於高門擡萱分半道亭棣不聯英精神炯炯智慧明明五仁立義多見多聞恒把君子敬特有貴人欲遊山就水攜詩軸對月臨風把酒斟錦秀花開春富貴瓊玕竹報日升平行看晚年光霽景白髮烏紗受贈封此則榮之命鴛幃有礙須添寵柱子土咸齊錦人運行初壬午只宜經綸未論彭蠡癸未運中如花散彩似月離雲甲申運中薄烟楊柳花微雨杏花村乙酉運中雖則家居有憂還愁人事逡巡丙戌運中有子登黃甲往來無白丁丁亥運中萬象光華沾沛澤四時佳趣樂昇平戊子運中暮年安享己丑運中春夢無憑

庚寅年　辛巳月　壬子日　辛丑時

此八字壬子日刃之辰配手柱中火土才殺之格幸逢印綬生身正謂水入巳而見辛名爲不絕主人生於右族長於高門椿萱有倚難双耄天邊鴻雁各行鳴其爲人也丰姿清秀天性聰明五車書富三冬足兩名天當驤驛冲衣冠濟濟人中傑和氣怡怡席上珍終是功名之客豈爲田舍之翁一朝騰踏飛黃去此際不着蛇化龍此則榮貴之命鴛幃有犯須招副子嗣金風有挺榮運行初壬午上人庇下未斷平生癸未運中不負寸陰之惜豈忘題柱之功甲申運中報道是龍還不信果然奪得錦標新乙酉運中慶事但憑三尺法理刑渾似一團春丙戌運中雪晴雲散天如洗金紫煌煌雨露臨丁亥運中摧高損福然則加陞戊子運中夕陽有限春夢無憑

庚寅年　辛巳月　戊申日　辛酉時

此八字戊辰長生之日相配柱中金木傷官助才之格人生得此生於右族長於名門椿萱双晚茂鴻鴈各行鳴其爲人也丰姿清秀天性乖能断髙理直處事公平風月處交消洒客情過火黃金顆十分之貴色離雲皓月布萬里之清明祖業添新慶財源厚積花身将隐矣文何用人不知之味更真時至自然才祿旺運來福祿享無窮此則豊潤之命鴛幃得配名門女子嗣生成貴顯人運行初壬午幼年之下霽月光風癸未運中隐隐輕雷柚

碧笋微微細雨潤紅英甲申運中梅須遜雪三分白雪亦輸梅一段馨乙酉運中西風吹過天邊雪從此才源福祿增丙戌運中堤柳已較新幹綠園梅不改舊時馨丁亥運中經霜松柏儼然秀冒雨芝蘭分外青戊子運中一枕春夢断萬事揔成空

庚寅年　辛巳月　戊辰日　癸丑時

此八字戊辰日德之辰相配柱中金火傷官用印之格正謂傷官若用印官殺不爲刑主人生於右族長於名門椿親榮傑萱賢淋天邊鴻鴈各行鳴其爲人也丰姿清秀天性乖能學問有成筆底詞源三峡水美材敏捷胸中瑩潔一天星衣冠濟濟人中表和氣怡怡席上珎終是登庸之客豈爲田舍之翁三級浪中須變化九霄雲外任飛騰一朝騰踏飛黃去金鑾榮歸次第隆此則榮貴之命鴛幃金命合子嗣桂蘭榮運行初壬午上人庇下化日陽春癸未運中禁膏展

卷秉燭觀文甲申運中鵬程髙搏知健翼龍門深躍見佫鱗乙酉運中寒拂紫衣催驛騎光生玉鄀下雲層丙戌運中職位廷金紫權衡出衆倫丁亥運中錦衣肥馬重重貴天上恩波浩浩新戊子運手榮回故里美酒盈樽己丑運中春光去也一枕清風

庚寅年　辛巳月　辛未日　丙申時

此八字辛未日元相配柱中木火才官之格丙辛作合為良主人生於右族長於名門椿萱棠晚贈鴻雁各翱翔其為人也丰姿清秀天性果明脑中藏錦綉筆底好文章東海驪珠能幾見豐城雷劍不終藏終是功名客豈為田舍郎純學科場驚試沉英材翰苑沐恩光此則榮貴之命鴛幃宜有贈子嗣晚光揚運行初壬午幼年之下紹襲近祥癸未運中味道心千古披文日五行甲申運中時來風送滕王閣頃刻高搏入帝鄉乙酉運中躍過三層浪朝朝識聖王丙戌運中戰廷金紫貴風雲幸不防丁亥運中重紫重金富是景未應解組返家鄉戊子運中榮歸故里美酒盈樽己丑運中春光去也一枕黃粱

庚寅年　辛巳月　戊戌日　乙卯時

此八字戊戌魁罡之日相配柱中木火杀生印綬之格人生得此生於右族長於高門椿萱分别先丐毋天边鴻雁各行鳴其為人也丰姿清秀天性老成言不妄發事不胡行般般稍覧件件不精風月處友消洒客情有抵雪欺霜之志截長補短之能祖業須重立根原再整新田園桑柘茂畝畝稻梁馨花無恙李非春色人有笙歌是太平施恩惹怨布德成突雖不建侯封爵自然鄉黨推尊此則豐潤之命死幃連珠尤剋副子嗣双双孝且忠運行初壬午上人庇下未斷平生癸未運中世事宛如春夢人情薄似秋雲甲申運中漸漸精神爽看看氣象新乙酉運中才源旺足家居好素耗閑非尚惱人丙戌運中祿元昌熾行藏好一夜風波喜不驚丁亥運中冲擊之所雖發福片特風雨尚惱人戊子運中心事數莖白髮生涯一片芳情子字之中如履薄冰己丑運中兒孫滿目花開茂片特風雨阻行程君若有陰騭庚寅運方終

庚寅年　辛巳月　壬子日　辛丑時

此八字壬子日刃之辰相配柱中火土才殺之格喜逢卯綬生身水入巳宮見辛名為不絕主人生於西室長於高門椿親磊落萱歸晚天邊鴻雁各行鳴其為人也丰姿清秀天性聰明五車書富三冬足兩石弓當萬騎冲衣冠濟濟人中傑和氣怡怡席上珍終是功名客豈為田舍人一朝騰躍飛黃去此際不着蛇化龍此則崇貴之命鴛幃燭夜添新丕子嗣金風有挻榮運行初壬午上人庇下覽古窮今癸未運中不負寸陰之惜豈羞題柱之功甲申運中報道是龍還不信果然奪得錦標回乙酉運中處事但憑三尺法理刑渾似九秋冰丙戌運中雪晴雲散天如洗金紫煌煌雨露濃丁亥運中權高損福慎則無驚戊子運中夕陽有限春夢無憑

庚寅年　辛巳月　庚申日　甲申時

此八字庚申專祿之日羊刃合殺之格喜逢日祿歸時椿父早歸萱耐晚天边鴻雁有聯飛其為人也知輕重識高低萬里無雲天一色三秋好景月明時祖基重整頗事業必迁移恒招君子敬時有貴人携常將好意番成惡每把真心換得非不須登仕路何必習詩書但願有醪終日醉何須跨馬上邦畿此則穩足之命鴛幃有犯須年舩桂子庭前挂二枝運行初壬午只宜襁褓昌斷盈虧癸未運中尋芳未得意拾翠豈如機甲申運中雖則行藏有變幾番人事趑趄乙酉運中退不後步進不前馳丙戌運中幾度樂中有悶數番靜裏憂疑丁亥運中嚴霜積雪都經過次第春風到故廬戊子運中英雄惟贈劍三尺豪傑相逢酒一色己丑運中歸去也

庚寅年 辛巳月 丁巳日 丙午時

此八字丁巳日主相配柱中金火傷官助財之格人生得此生於名族長於宦門椿萱双晚贈鴻鴈各群飛其為人也丰姿純粹天性聰明千古文章運業術人英才出類學問淵源閭閻開黃道衣冠拜榮之譫日月賜子出金銀長安人滿道爭看錦衣新万里扶搖鸞棲鳌一声霹靂躍潛鱗搖池鰲深朝南極玉府鍾停拱北辰此則榮貴之命鸞幃永綰鸞幃業鴛帳初開孔雀屏壬午運中工人庇下未斷前程癸未運中登臨值雨步開卻云甲申運中跳過禹門三級浪氣勢金章拜聖人丁酉運中佇看官封三級錦衣肥馬酌然祿享千鍾丙戌運中小園楊柳沾恩澤風雲飛來又恼人丁亥運中榮中故有阻旺中剎棘生戊子運中一象責風

庚寅年 辛巳月 丁丑日 癸卯時

此八字丁丑日元相配柱中水土傷官助殺之格人生得此生於右族長於名門椿萱先別母鴻鴈各行鳴其為人也丰姿清秀天性聰明胸羅古今事本識聖賢心麗的奴為天下白高才俊似海東青衣冠濟濟人中傑和氣怡怡席上珍終是功名之客豈為田舍之翁奮身離白屋奔步入青雲珪璋自是清朝器律呂偏諧治世音一日風雲相際會九五門天面聖容此則榮貴之命鸞幃重合孟子嗣晚光華運行初壬午上人庇下未斷平生癸未運中欲遂平生志須加董子功甲申運中騰身離泮水攀桂步蟾宮乙酉運中躍過三層浪黎民頌太平丙戌運中綉衣躍日鐵面生風當此之際風雪滿庭丁亥運中戢遷金紫聲名顯階陛藩臬戢居尊戊子運中鮮組田田里籬邊樂性情己丑運中春光去也一枕清風

庚寅年　辛巳月　庚戌日　丁亥時

此八字庚戌魁罡之日相配柱中金土傷官助印
陽刃合宗有功遇斯命者生於右族長於名門金
火椿萱双晚茂大邁鴻雁有飛鳴其為人也丰姿
清秀天性聰明理窮古事無今事書對賢經與聖
經衣冠濟濟人中傑和氣怡怡席上珍終是文場
折桂客豈為田里鑿耕人鶯遷玉縷攀桂去馬随
青帘踏花行一徒姓字傳揚後直上金鑾輔聖
明此則榮貴之命鴛幃金玉潤子嗣悅光榮運
行初壬午上人庇下未斷平生癸未運中十年宏
下業一舉成名甲申運中禹浪三層都躍過風生
鉄面鬼神驚乙酉運中戟迁金紫宇內澄清丙
戌運中重紫重金當峽際山河十郡仰威權丁亥
運中正樂忠君輔国未應辭組恩尊戊子運中悅
年閑快樂己丑運中一枕入佳城

庚寅年　辛巳月　癸酉日　癸亥時

此八字癸日元相配柱中火土才官之格喜逢其
印綬生身人生得此生於右族長高門椿萱堂上
萱年長天邊鴻雁有行鳴其為人也手姿清秀天
性聰明錦繡胸藏顏孟學珠璣口吐武文風泰山
北斗千年在和氣青風四座傾終是功名客豈為
田舍翁一朝騰踏飛黃去九重雨露沐皇恩此則
榮貴之命鴛幃有祀須招副子嗣生成貴顯人運
行初壬午上人庇下雲月朦朧癸未運中欲向雲
中舉足須從澄上留心甲申運中莫愁雪阻藍關
道時來有日自声騰乙酉運中到此始知文學好
長安道上馬嘶風丙戌運中今重奸妖伏藏嚴鬼
膽驚當此之際風雲之精後金紫戟迩榮丁亥
佇看官封三級果然祿享千鍾戊子運中崇歸故
里己丑運中一枕青風

庚寅年　辛巳月　甲戌日　壬申時

此八字甲戌日元相配，柱中金火傷官帶印之格。正論傷官若帶印官殺不為刑遇斯命者生於右族，長於高堂，土命嚴慈双，晚茂天邊鴻鴈各翱翔。其為人也，丰姿清秀，天性果剛，聰明書藝遠倜儻，世情長口吐珠璣，言語胸藏錦綉文章，驪珠照魏光，难掩雷劍生豐氣，自藏終是功名之客，豈為田舍之郎。㗇顏登試，院唾手赴科場，一朝馬上衣冠別，此是男兒當自強。此則榮貴之命，鴛幃火命須年長子嗣生，成貴昷郎。運行壬午上人花下花放

風狂，癸未運中味道心千古，披日文五行，甲申運中報道是龍还，不信果然秉笏拜明王。乙酉運中獄折片言民訟息，九天雨露再加昌。丙戌運中金紫迁，榮權都重还，愁風雪滿門墻。丁亥運中正宜食爵，禄未許便还。明戊子運中晚年閑故里，會友以流觴。己丑運中春光去也，一枕黄粱。

庚寅年　辛巳月　丁巳日　庚戌時

此八字丁火日元相配，柱中金土傷官助財之格。人生得此生於右族，長於名門，水土椿萱雙晚茂，天邊鴻鴈各行鳴。其為人也，手姿清秀，天性聰明，理窮古事，熟今事，書對賢經與聖經，珪璋自是清朝器，律呂徧諧治世音。黃道三秋騰騎足，青霄萬里奮鵬程，折桂場中跨妙手，標名鴈塔沐恩榮。緋衣日暌趨金闕，寶殿雲開識聖明，更有文章兼議論，定居臺閣展經綸。此則榮貴之命，鴛幃連珠合子嗣，桂蘭芳。運行初壬午上人庭下花放風生。癸

未運中十年窗下，業黄卷與青燈。甲申運中三場筆落文如掃，萬里鵬程路正通。乙酉運中綉衣耀日，鉄面生風。丙戌運中職遷金紫，聲名重，風雪飛來幸不驚。丁亥運中身膺瑚璉器，權任棟梁。洪戊子運中晚節閑，特重酌酒西風起處憶尊蘆。己丑運中歸去也

庚寅年　壬午月　癸未日　[illegible]時

此八字癸未日相配柱中大局財人得此福足以榮堂上椿萱榮耐晚閨中妹姐尚無情儀容秀麗天性聰明有允膳助勤之道斷機教子之能一聯美景無瑕玉万里長空月目明佇看未晚節霞披色鮮明此則榮淑女命良人豪貴客子嗣显榮英運行初辛巳椿萱福庇花放風生庚辰運中帳綰鴛鴦帯花開孔雀屏己卯運中裙釵雖壯麗風雪尚嚴慈戊寅運中珎羞香百味羅綺色千層丁丑運中寸雲玷月何損光明庚子運中重重沾沛澤日日享安榮己亥運中粧樓人去也臺鏡掩晨明

庚寅年　壬午月　甲申日　甲戌時

此八字甲申日相配柱中之火傷官之格人生得此本顯科名只嫌傷官見官臧我福力椿萱分別後鴻鴈不同盟丰姿慷慨天性公平有濟人之心德無殺害之私情十斷九連成大業三番四覆整門庭佇看未晚節家旺福崢嶸此則富旺之命驚幃有碍須相𥺸桂子秋來有顯英運行初癸未上人庇下快樂昇平甲申運中恰似洛陽三月景楊花飛處牡丹馨乙酉運中幾度樂中生出悶依然快樂旺門庭丙戌運中滔滔旺家業日日樂昇平丁亥運中人事光華行樂順依然風浪不為驚戊子運中冲擊之所樂邨实生己丑運中悠悠康樂庚寅運中一夢難醒

庚寅年　壬午月　乙卯日　辛巳時

此八字乙卯日相配柱中金火食神制杀之格人生得此丰姿洒落處用多機生於仁義之族長於遷貿之居椿萱皓首分中道鴻雁天邊各奮飛學識初知理義才源遇貴來綏佇看晚年特運達暄暄車馬集門閭此則穩旺之命鴛幃春色麗桂子發秋香運行初癸未上人庇下安樂何如甲申運中春園雨過花柳芳菲乙酉運中貴人挈帶才源旺處須防一度悲丙戌運中朔杀棲雲各直遍野桑榆丁亥運中財名人旺榮欽伏不慮揚花作雪飛戊子運中冲擊之所跋踄無危己丑運中人生從此別無福見儀刑

庚寅年　壬午月　甲辰日　丙寅時

此八字甲辰日相配柱中火局傷官之格喜逢日祿以歸時人生得此丰姿俊秀天性剛强椿萱榮耐晚棠棣有呈芳李識聰明不向仕途求聞達智謀宏卸來湖海歷風霜佇看晚年光霽景喧喧車馬集門墻此則富足之命鴛幃全正副桂子發天香運行初癸未上人崇庇花放風狂甲申運中有心生貨利無志讀文章乙酉運中踈踈風雪過日日旺財囊丙戌運中交四方之豪傑整一族之門墻丁亥運中粟陳貫朽金玉滿堂戊子運中孫賢子秀己丑運中夢入仙鄉

子平遺書　五

庚寅年　壬午月　辛巳日　壬辰時

此八字辛巳之日相配柱中火土杂生印綬之格人生得此生於右族長於名門金土椿萱双晚茂天邊鴻鴈各行鳴其爲人也丰姿清秀天性聡明高謀遠見機関别慷慨情懷學識深黃金遇火重增價白壁離塵色更明祖業添新慶根源勝旧風田園桑柘茂畝畝稻粱馨花無桃李非春色人有筆歌是太平得意江山詩句健忘情日月酒杯深財源添進福祿駢臻雖不綺羅衣錦綉也應才祿足豐盈此則穩學之命篤幃連珠須配晚子嗣崇門孝義人運行初癸未上人庇下月白風清甲申運中娟娟雲裏月灼灼景中英乙酉運中漸漸精神爽看看氣象新丙戌運中簾捲香風生百福軒開化日祿元增丁亥運中桃李千般錦江山一畫屏當此之際風雪初晴戊子運中引鶴徐行三徑晚約梅同醉一壺春己丑運中安閑晚景一旁無憑

子平遺書　六

庚寅年　壬午月　丁丑日　乙巳時

此八字丁丑之日相配柱中金土傷官助財之格人生得此生於右族長於名門椿萱同屬壽鴻鴈各行鳴其爲人也丰姿清秀天性聰明袖裏虹蜺冲霄色筆端風雨當雲程麗句妙爲天下白高材俊似海東青萬里扶搖鷲騙蟄一聲霹靂耀潛鱗鵬路高搏知健翼龍門深躍見脩鱗闔闢開黃道崇恩降紫宸此則榮貴之命鴛幃春色麗子嗣桂蘭榮運行初癸未上人庇下災福未伸甲申運中踏破泮橋霜雙板讀殘茅店月三更乙酉運中秋闈搏去鳳金榜列英雄丙戌運中已把寒威摧酷吏更將仁政釋黎民丁亥運中江山近五馬花柳拂双旌戊子運中有材應大用未可便辭榮己丑運中晚年快樂庚寅運中一枕清風

庚寅年　壬午月　丙午日　壬辰時

此八字丙午日刃之辰相配柱中水土傷官制殺之格人生得此生於右族長於名門椿萱雙晚茂棠棣各數榮其為人也丰姿清秀天性聰明理窮古事兼今事書對賢經與聖經太山北斗千年在和氣春風四座傾終是文場折桂客豈為田舍鑿耕人鵬路高摶知健翼龍門深躍見脩鱗一從姓字傳揚後九五天門面聖容此則榮貴之命鴛幃金玉瀾子嗣雖衣新運行初癸未上人庇下花放風生甲申運中十年窓下業黃卷與青燈乙酉運中有路必達有志必伸丙戌運中到此始知文學好長安道上馬蹄輕丁亥運中千里霜威金斧重三秋風色綉衣輕職遷金紫聲名重風雪飛來尚不驚戊子運中有材應大用未許便辭榮己丑運中晚年閑快樂樽酒樂怡情庚寅運中春光去也一枕清風

庚寅年　壬午月　甲申日　丙寅時

此八字甲申專權之日相配柱中金火傷官劫杀之格人生得此生於右族長於高門土木椿萱雙晚茂天邊鴻雁各行鳴其為人也丰姿清秀天性聰明錦綉胸藏賢聖李珠璣口吐武文風衣冠濟濟人中傑和氣怡怡席上珍終是功名客豈為田舍翁北海蛟橫頭角聳南山豹變爪牙齊一日聲名遍天下滿城桃李笑陽春此則榮貴之命鴛幃燭夜添新喜子嗣秋來桑梓盛運行初癸未上人庇下天朗氣清甲申運中十年窓下業黃卷與青燈乙酉運中三場筆落文如掃萬里鵬程路正通丙戌運中禹浪三層都躍過鳳生鐵面鬼神驚丁亥運中腰橫金作帶符剖玉為鱗當此之際風雪滿庭戊子運中正欲忠君輔国豈教辭組思尊己丑運中無慮尽傳詩礼樂有朋來自遠方[illegible]庚寅運中歸去也

庚寅年　壬午月　丁亥日　庚戌時

此八字丁亥日貴之辰相配柱中水土傷官助才之格人生得此生於良族長於宦門祿萱榮且壽鴻雁各翱翔其為人也丰姿清秀天性果剛聰明書藝遠倘倘世情長驪珠照魏光難掩雷劍生豐氣莫藏樓臺疊疊生涯好才帛盈囊又積倉五湖生計好四海祿元昌豐年田舍禾盈嚳臘日山家酒滿斟但願才源富足何須朝拜君王此則穗題之命鶯憚金玉潤子嗣長珠孫運行初癸未上人庇下紹襲迎祥甲申運中如花向日枝枝艷似笋

穿籬節節長乙酉運中水向石邊流出冷風從花庇過來香丙戌運中富貴榮華當此際綺羅叢裏奏笙簧丁亥運中人生正在風光處只恐西風雪滿牆戊子運中千簇千笥乃積乃倉己丑運中但使才源富足何愁人事悠賜庚寅運中春光去也一枕黃梁

庚寅年　壬午月　辛巳日　丁酉時

此八字辛巳日元相配柱中火土殺生印綬之格殺印相生功名显達丁壬作合為奇主人生於右族長於高門椿萱晚茂先帰母天邊鴻雁各行鳴其為人也丰姿清秀天性聰明理窮古事兼今事書對覽經典聖經農句好為天下白高材俊俏海東青終是功名之客豈為田舍之翁鵬路高搏知健翼龍門深躍見精鱗佇看官封三級酌然祿享千鍾此則榮貴之命兆帰運珠低一載子嗣秋來朵朵崇運行初癸未上人庇下花放風生甲申運

中十年灯下業一舉便成名乙酉運中寒拂紫衣催騎驅光生玉節下雲層丙戌運中耽近金紫宇內澄清當此之際風雪滿庭丁亥運中玄心扶日月素志展經綸戊子運中權高積福帰勅淵明已丑運中桃符春已過送客信難通

庚寅年　壬午月　辛卯日　丁酉時

此八字辛卯日元柱中木火財殺之格人生得此生於右族長於名門水火椿萱双晚別天邊鴻雁各行鳴其為人也丰姿清秀天性聪明胸羅今古事學識聖賢心泰山北斗千年在和氣春風四座傾衣冠濟濟人中傑和氣怡怡席上珍終是功名之客豈為田舍之翁萬里扶搖驚騅鷙一聲霹靂躍潛鱗風傳玉漏金閨曉花映千旗玉殿春此則榮貴之命鴛幃全正副子嗣從來新運行初甲申上人庇下未斷平生甲申運中欲向雲中舉足須

從燈下留心乙酉運中時来風送滕王閣頃刻名揚萬里程丙戌運中寒拂紫衣催驛驥光生玉節下雲層丁亥運中三度君恩寵两番風木驚戊子運中山河歸舊國管鑰换離宮己丑運中安車故里美酒盈樽庚寅運中春光有限午夢無憑

庚寅年　壬午月　丙戌日　壬辰時

此八字丙戌日元相配柱中水土傷官助煞之格女人得此生於右族長配名門椿萱可並耄鴻雁各行鳴其為人也姿容清爽髮見精神勝文夫之志氣有男子之材能衣冠濟濟三從備家業昂昂四德新箕箒頻繁存礼節相夫教子踏賢明心靜佀月明雲漢性急如風捲殘雲雖不鳳冠帔服自然福禄無穷此則益旺之命良人两敵方偕老子嗣秋来始有成運行初辛巳上人庇下毓秀閨門庚辰運中紅

葉溝中傳密意赤繩月下結良姻己卯運中雨過園桃簇錦風和堤柳拖金戊寅運中一度愁心對蒼雪何鶯尤鮮報升平丁丑運中羅綺千般色珍羞百味新丙子運中沖擊之所如履薄冰乙亥運中人生從此别無復見儀形

庚寅年　壬午月　庚午日　丁亥時

此八字庚午貴人之日官印之格傷官在柱減我金紫之榮主人椿萱先別又鴻鴈各飛鳴丰姿磊落天性聰明般般好事件件不精高人敬貴客欽終是功名客豈爲用舍人變林雖不忝高宴自有仁風四遠聞此則貴人之命鴛幃疊損桂子森森運行初癸未上人花下未斷升沉甲申運中幾欲思高暮遠番成剪雲裁冰乙酉運中貴人相指引揮筆助公所丙戌運中一番風雨過跨馬上神京丁亥運中衣冠雖在權衡斥時風浪不爲驚戊子運中重重祿位取敢声名當此之際澂雨弄情己丑運中優悠離下庚寅運中一枕清風

庚寅年　壬午月　己丑日　戊辰時

此八字己丑日元相配柱中木火官印之格人生得此生於西室長於名門金水椿萱列副天遣鴻鴈有行鳴其爲人也丰姿清秀天性聰明理兼古事兼今事書對賢經與聖經麗句妙爲天下白高材俊似海東青玉產崑崗藏韞色玉生楚澤散清馨終是功名之客豈爲田舍之翁鵬路高搏知健翼龍門深躍見修鱗一從姓字傳臚後直上金鑾拜聖明此則榮貴之命鴛幃連理須帶硬子嗣秋來朵朵榮運行初癸未上人庇下花放風生甲申運中欲遂平生志須加董子功乙酉運中騰身離泮水筆足上神京丙戌運中粉署聯班材独称皇恩有感職加陞丁亥運中職廷金紫声名重風雲飛來喜不驚戊子運中有材應大用未許便辞榮己丑運中晚年離下樂庚寅運中一枕了平生

庚寅年 壬午月 庚辰日 丁亥時

此八字庚辰魁罡之日生於午月正官之格正官肴貴氣之物也人生值此豈不起然其為人也天資嚴毅師律貞堅斷高理直近貴親賢捨萱不守祖業無緣廣修佛事普種福田絜閑金鎖推倒玄関此則高傑之命運行初癸未好閑師業作出故園甲申運中棲那有分生涯好官貴無緣誓不貪乙酉運中林泉雖樂靜幾度事相纏丙戌運中高人提挈主席名山丁亥運中清風南北播道譽遐邇傳戊子運中世利浮生皆若此不如高卧且加飡己丑運中過戶春清風春駘蕩可庭明月夜嬋娟庚寅運中春光苦短夢入涅槃

庚寅年 壬午月 庚辰日 己卯時

此八字庚辰之日德之辰相配柱中木火財官之格財盛生官終身有慶遇斯命者生於右族長於名門金水椿萱榮晚發天遷鳴鴈各行鳴丰姿清秀天性聰明理窮古事熟與平經衣冠濟濟人中傑和氣怡怡席上琢終是文場榮貴客豈為田舍鑿耕人鵬路高攜知建翼洞門深耀見修麟一從姓字傳揚後九重天府為名陞此則榮貴之命鴛鴦水命須年小子嗣秋成貴顯人運行初癸未上人庇下未断平生甲申運中十年窗下業無養與青灯丁酉運中禹浪三層都躍過衣冠濟濟拜明君丙戌運中驛中曉日停行站江上春風但去程丁亥運中腰横金作帶符刻玉為麟當此之際風雲滿庭戊子運中見陞还見退悠悠籬下barely高情己丑運中夕楊有限春夢無憑

庚寅年　壬午月　乙亥日　甲申時

此八字乙木相配柱中金火傷官助才之格傷官者剛毅之物也主人生於邃室長於名門椿萱有倚唯雙耄天邉鴻雁各飛鳴其為人也丰姿清秀天性老成謀動君子威伏小人般般好李件件不精行藏竟消洒嘆傲任西東祖業添新慶根源勝舊風高人起敬貴客相欽門外田疇千古計湖海活計四時春欲為商賈思慕功名得意江山詩礼句妄情日月酒盃深雖不建候封爵自然鄉黨推尊晚年有子登黃甲白髮烏紗受贈封此則榮慕之命鶯幃有碍須招贈子嗣生成奪歸人運行初癸未上人庇下化日陽春甲申運中未欲桃李紅紅色且喜湖光淡淡明乙酉運中正是梅青并月白也愁人事有虧盈丙戌運中有布人欽伏才帛興隆福祿增當此際耗还生丁亥運中搏壟有酒延佳客蘭室存書教子孫戊子運中有子登黃甲往来無白丁須吏風雨吉不成凶當此際恩贈加封己丑運中有名聞富貴無事樂從容丑字之中一番阻滯君若有陰騭庚寅運方終

庚寅年　壬午月　乙巳日　甲申時

此八字乙巳日相配柱中旺金正官之格乙庚作合得化得從貴顯芳名之仕主人生於右族長於高堂椿萱雙晚茂鴻鴈有行鳴其為人也丰姿清秀天性機關英材而出類學問以淵源魚佩玉鱗光照地雀啣瑞帶勢冲天宗擬得名得祿豈教豹隱龍憐名登虎榜身薦鶚班排衣日煖趨金闕寶殿雲開識聖顏此則榮貴之命鴛幃重合丞子嗣晚班欄運行初乙酉幼年之下未斷暑寒丙戌運中窮今古之事理瀆聖人之簡編丁亥運中報道是龍還不信果然奮得錦標還戊子運中名聞萬里獄折片言己丑運中一番風雪過金紫職高廷庚寅運中正欲忠君輔國何期解組思閑辛卯運中佳城欝欝名旌翩翩

庚寅年　壬午月　乙巳日　甲申時

此八字乙巳日相配柱中金火傷身制殺之格傷官者印綬之論也主人生於右族長於名門水火椿萱椿耐晚天邊鴻鴈有凌雲其為人也丰姿清秀天性聰明精神烱烱智惠明明窮書覽史講古通今衣冠濟濟人中傑和氣怡怡席上珍終是功名客豈為田舍翁比海蛟横頭角聳南山豹变爪牙新一旦声名遍天下滿城桃李笑陽春此則聯茱顯貴之命鴛幃簇簇子嗣英英運行初癸未運中

上人庇下災晦平平甲申運中款向雲中學足須從燈下留心乙酉運中遠望天恩雲外降恩攀桂子半平登丙戌運中風雨相濟會秉笏拜明君丁亥運中即署官亟何足羡大夫風起處雖尊戊子運中春光去也一枕清風

庚寅年　壬午月　丙申日　己亥時

此八字丙辰之日相配柱中水土傷官制殺之格傷身合殺有功人生得此生於右族長於名門椿萱有倚鴻鴈行鳴其為人也丰姿磊落性格剛忠世事頗能將就般般學欠精通笋長名園過舊竹花開上苑勝先春祖業添新慶根源勝舊風月離海嶠山山秀春入園林處處英不向仕途求問達却來湖海覓黃金但願一生才祿旺任他白髮鬢邊生此則發福之命鴛幃有犯須招副予嗣生成出類人運行初癸未春風駘蕩夏日炎蒸甲申運

中天邊初出月苑上始開英乙酉運中兩過園桃簇錦風和堤柳拖金丙戌運中才源富足家業豐盈丁亥運中晚年尚有盈頭雪從此才源倍有增戊子運中延賓玩物會友開樽己丑運中子貴沾恩澤庚寅運中一枕黃梁永不醒

庚寅年　壬午月　丙申日　庚寅時

此八字丙申之日相配柱中水土傷官助殺之格人生得此生於右族長於仁門木大椿萱萱茂長天邊鴻鴈各行鳴其為人也丰姿清秀天性聰明知高下識重輕過大黃金重長價離雲皎月倍青明福布江山外名聞湖海中自有順天之慶豈無福地之深重成新事業再整旧門庭花無桃李非春色人有笙歌是太平不向仕途求問達却来湖海覓黃金江湖有貴公欽小廟廟無情宇宙頃此則穩厚之命篤體運理合子嗣桂蘭馨運行初癸未上人庇下花放風生甲申運中登臨雨淨賞翫春陰乙酉運中漸漸精神爽看看氣象新丙戌運中一枝梅破臘萬象漸回春乙亥運中才如春水滔滔長福自秋蟾般皎明當此之際風雪滿庭戊子運中樽罍有酒延賓客蘭室存書教子孫己丑運中晚年快樂庚寅運中一道訃音

子平遺書　二

庚寅年　壬午月　戊寅日　甲寅時

此八字戊寅專權之日相配柱中木火殺生印綬之格人生得此生於右族長於仁門椿父早歸萱後別天邊鴻鴈各行鳴其為人也丰姿清秀天性聰明般般稍覽件件不精重成新事業難守旧門庭自有順天之慶豈無福地之深梅開白雪飄東閣竹出新稍過北庭是非莫肯門前客得失須憑塞上翁時来才祿旺何必暮功名此則穩厚之命篤體運珠須配小子嗣秋來有挺榮運行癸未土人庇下風雪初晴甲申運中世事宛如春夢人情薄似秋雲乙酉運中近水樓臺先得月向陽花木早逢春丙戌運中一枝梅破臘萬象漸回春丁亥運中不獨才源富足尚祈聲勢豪洪戊子運中延賓翫物會友開樽己丑運中人生從此別無復見儀形

子平遺書　三

庚寅年　壬午月　庚寅日　壬午時

此八字庚寅之日相配柱中木火才旺生官之格两午不祺秀氣挺然人生得此生於右族長於仁門火土椿萱萱歲長天邊鴻鴈後隨鳴其為人也丰姿清爽天性聰明能鋒頰利疑無敵筆力縱橫若有神衣冠濟濟人中表和氣怡怡席上珎珪瑋自是清朝器律呂偕偏治世音足履三千皆後李搏風九萬即前程一朝騰踏飛黃去九天雨露沐恩深此則貴榮之命鴦幃水命連珠配子嗣森枝有繼榮運行初癸未上人庇下災晦未伸甲申運中歘遂平生志須加董子功乙酉運中声名從此顯佰後一朝伸丙戌運中百里位鳴民樂業九天雨露再加陞丁亥運中江山迎五馬花柳拂双旌當此之際風雪重重戊子運中三度錦衣歸故里两扶日月上天庭己丑運中天邊無沛澤雝下樂高情庚寅運中歸去也

庚寅年　壬午月　戊子日　壬子時

此八字戊子日元相配柱中木火殺生印綬之格水火既濟為奇主其人生於右族長於高門火命椿萱同睨贈天邊鴻鴈各飛騰其為人也丰姿清秀天性聰明千古文章逞榮躍一天星斗煥心胸衣冠濟濟人中傑和氣怡怡席上珎足履三千皆後學搏風九萬即前程一朝姓字傳揚後直上金鑾輔聖明此則榮貴之命鴛幃得合錦上聯紋子嗣有成水中取鯉運行初癸未上人庇下未斷平生甲申運中篤奎十年窓下時來一舉成名乙酉運中禹浪三層都躍過聯班粉署職權衡丙戌運中職迁金紫字内澄清丁亥運中承恩帰羨榮三世再整衣冠拜九重戊子運中冲擊之所權重生驚己丑運中心事数莖知白髮生涯一片是閑情庚寅運中春光去也花落月況

庚寅年　壬午月　辛巳日　庚寅時

此八字辛巳之日相配柱中土火殺印之格正謂殺印相生功名顯達主人生於右族長於高門生我出来萱後別椿親耐晚繼慈親天邊鴻鴈有各營生其爲人也丰姿清秀天性聰明筆底詞源三峽水胸中學業五車深衣冠濟濟人中傑和氣怡怡席上珍折謗場中詩妙手標名鴈塔振蜚聲姓字傳臚後朝班立縉紳佇看官陞三級酌然祿享千鍾此則榮貴之命鴛幃水命須年少子嗣生成貴顯人運行初癸未上人庇下詩禮趨庭甲申運中起鳳騰蛟從此始玉堂金馬豈難登乙酉運中衣惹玉爐香瑞錦筆宣皇澤洒春霖丙戌運中承恩歸冀榮三世再整衣冠拜九重丁亥運中重沐恩波鳳池裏朝朝染翰侍明君戊子運中有材膺大用未許便辭榮己丑運中莫道只隨金馬貴也愁蝴蝶夢佳城

庚寅年　壬午月　乙巳日　壬午時

此八字乙木日元相配柱中火土傷官助才之格人生得此生於平淡之族長於清白之家椿萱雙晚茂鴻鴈各行鳴其爲人也丰姿清秀天性聰明知高下識重輕學問有成袖裡虹霓沖霄也英材敏捷筆端風雨駕雲程北海蛟橫出頭角南山豹變霧文英終是功名之客豈爲田舍之翁一朝但得風雲便九天雨露沐深恩此則榮貴之命鴛幃春麗須招副子嗣榮門奇且榮運行初癸未上人庇下究晦未明甲申運中讀殘茅店月囊聚螢頭螢乙酉運中奮身辭白屋平步入青雲丙戌運中仁風揚百里雨露再加休丁亥運中一天豪雨隨車至千里仁風過肩生戊子運中山河歸舊圃管鑰動離雲己丑運中悠悠晚景庚寅運中一道訃音

庚寅年　壬午月　辛丑日　己丑時

此八字辛金日元相配柱中金土偏官助印之格人生得此生於右族長於名門萱親為甚歸何速我生他死實堪憐椿親耐晚重招繼天邊鴻鴈各棄生其為人也丰姿清秀天性聰明學問三冬足群書萬卷通筆底驚風雨詩成泣鬼神萬里扶摇騰彩鳳一聲霹靂躍潛鱗閶闔開黃道天恩降紫宸腰横金作帶符玉為鱗此則榮貴之命鴛幃酒硬配子嗣晚光榮運行初癸未椿親庇下身衣着花絮寒來只自禁甲申運中讀書映雪觀史引燈

乙酉運中三登黃甲當斯際萬里鵬程路正通丙戌運中玉御遠傳天上信綉衣耀日虎風生丁亥運中重金重紫布德施仁當此際雪滿庭戊子運中正宜侍明主未許觧簪纓己丑運中春光去也一枕巫峯

庚寅年　壬午月　甲午日　己巳時

此八字甲午日元相配柱中金火傷官制殺之格喜逢時值金神若人遇斯命者生於右族長於名門椿萱一字期願壽鴻鳫天边各發翔其為人也丰姿清秀天性果剛聰明書籍覽倜儻世能長東海驪珠难得見豐城雪劍不終藏終是功名之客豈為田舍之郎涯水生騏驎冊山出鳳凰一朝馬上衣冠别此則男児當自强此則榮貴之命鴛幃金正副子嗣晚光揚運行初癸未上人庇下未斷棠枯甲申運中十年窓下業指日不尋常乙酉運

中根道皇都还不信自然秉笏謁明王丙戌運中清映梅窓薰玉雪寒生柏府凜秋霜丁亥運中戢延全紫声名重風雪飛來尚感傷戊子運中未許離君殿还留作棟梁己丑運中榮帰故里庚寅運中梦入黃梁

庚寅年　壬午月　丙寅日　己亥時

此八字丙寅長生之日陽刃合殺之格傷官制伏得其所宜主人生於遼室長於高門椿萱双晚茂棠棣秀枝枝其為人也丰姿清秀氣岸高奇妍窮今古涉獵詩書袖裡虹霓冲霄色筆端風雨駕雲程衛定擬翱翔朱紫豈教尚躬耕鋤准向月宮攀桂子便從天上領香歸一從揚姓字日日近皇威此則榮貴之命鴛幃春謟々子嗣晚枝枝運行初癸未上人庇下還有安危甲申運中李業必須窮六籍光陰何曾惜三餘乙酉運中一声春霹靂變化在斯時丙戌運中獄折片言民訟息九天雨露再加奇丁亥運中一番風雪初晴後三度君恩墜紫泥戊子運中名聞八表威服四夷子字之中一番風雨己丑運中榮回故里美酒盈卮庚寅運中春光去也花落月西

庚寅年　壬午月　己卯日　戊辰時

此八字己卯專權之日相配柱中木火財殺之格人生得此生於右族長於名門椿萱雙晚茂鴻鴈各飛騰其為人也丰姿清秀天性聰明窮書覽史李足三冬源流三峽誰能及筆掃千軍熟與論終是皇朝之客豈為田舍之翁筍長名園過旧竹花開上苑勝先春北海蛟横頭角聳南山豹变爪牙新風傳風傳五涌金門晚花映千旌玉殿春一日聲名遍天下滿城桃李笑陽春此則榮貴之命鴛幃金玉潤子嗣桂蘭榮運行初癸未上人庇下未斷平生甲申運中欲向雲中李足須從灯下留心乙酉運中雲程坦坦登天去李足悠悠名利成丙戌運中耿耿声名重滔滔禄位陞當此之際風雪盈庭丁亥運中錦衣肥馬重重貴天上恩波浩浩新戊子運中未與懸車轍還留禄位陞己丑運中晚年雖下樂庚寅運中一枕入巫峯

庚寅年　癸未月　辛亥日　己亥特

此八字辛亥日元相配柱中火[illegible]雜氣[illegible]之格才印混雜減我功名主人生於[illegible]族[illegible]於[illegible]門椿親豪傑萱寵妥天边鴻鴈各行鳴其為人也手姿清秀天性聰明世事頗能將就般般學久精通過火黃金重長價雖皎月陪清明田園桑柘茂猷畝稻粱肥英雄惟贈劍三尺豪傑相逢酒一鍾才源有慶家居好官貴無緣不用心鄉民仰德閭里欽恩此則旺足之命鴛幃連理合子嗣晚光榮運行初甲申上人庇下未斷平生乙酉運中娟娟雲裏月灼灼葉中英丙戌運中萬里烟雲收臉一輪秋月光明丁亥運中正是梅青月白還愁風雪紛紛戊子運中運中簾捲香風生百福天開化日瑞祥生己丑運中三盃遣興五斗解醒庚寅運中晚年閑快樂會友以開樽辛卯運中春光去也花落月沉

庚寅年　癸未月　壬申日　壬寅時

此八字壬申之日身生長生雜氣雜官之格趨良之助堂上椿萱耐晚天邊鴻鴈無行其為人也慶人無怠塵事有方聯明書藝遠倜儻世情長活計不畜於故苑生涯盡屬於他方但有頹有醪招客飲何須跨馬到朝堂此則豐富之命鴛幃得合須年少子嗣金風蘭桂香運行初甲申只宜樞楸未称尋芳乙酉運中陽回橋木氣轉華堂丙戌運中正好尋芳拾翟何妨履虛經霜丁亥運中財源滾滾氣宇昂昂戊子運中但覓行莊有慶不愁風雪飄揚己丑運中黃花晚節庚寅運中夢入

庚寅年　癸未月　乙卯日　壬午時

此八字乙卯專禄之日相配柱中金火傷官財才之格人生得此生於右族長於西房金命椿萱萱列副天邊鴻雁各翱翔其為人也丰姿清秀性格異常腹内包藏千古事胸中李就錦雲章驪珠煕彩光難掩霜劍生豈氣藥藏終是功名之客豈為田舍之翁挺挺百年喬木昂昂一代珪璋一舉高登龍虎榜十年身到鳳凰清映梅稍蕙玉雪寒生柏府凜秋霜此則榮肅之命鴛幃全正副子嗣長殊光運行甲申上人庇下未斷炎涼乙酉運中聞詩李礼負笈外堂丙戌運中禹浪三層都躍過衣冠猶帶御爐香丁亥運中千里霜威金斧重三秋風色綉衣涼戊子運中一翻風雪過金紫戢加昌己丑運中未詳懸車轉还晋作棟樑庚寅運中天邊小沛澤籬下有壺觴辛卯運中春光一去無消息訃音一道莫禁

庚寅年　癸未月　丙子日　丙申時

此八字丙子日元相配柱中金水襍氣財官之格人生得此生於右族長於名門水火椿萱雙晚茂天邊鴻雁各凌雲其為人也丰姿清秀天性老成截長補短理白分清機謀韜伏舉用人欽行藏覺瀟洒咲傲任枯榮祖業添新慶根源勝舊風門外田疇千古計庭前花木四時新不以功名為念豈将冠冕磨礱兩都秋色皆喬木耆舊風流有幾人才源富足家居好何必天邊沐寵榮此則發福之命鴛幃全玉閨子嗣桂蘭榮運行初甲申幼年之下花放風生乙酉運中春歸柳葉晴初變紅入桃花燦未匀丙戌運中近水樓臺先得月向陽花木早逢春丁亥運中不但才源富足尚期聲勢豪洪戊子運中富之以潤其屋德之以顯其身當此之際風雪滿庭己丑運中天上三陽泰人間五福增庚寅運中晚年快樂會友開樽辛卯運中楚臺雲散空留粵漢旋沓消不返蒐

庚寅年　癸未月　庚申日　丙子時

此八字庚申專祿之日偏官之格判殺有功值斯象者椿萱不逮祿養鴻鴈有不聯飛其為人也惡不遜善不欺不胸羅今古腹隱詩書終是功名之客豈教田里耕鋤橋門跳出仁風播只恐花開風又欺此則紫中之命鴛幃勉後重招土命相宜子嗣無成晚景秋来可許運行初甲申只宜繼祿何論高低乙酉運中趨庭負級學礼聞詩丙戌運中欲跨騰雲驥潛心下董帷丁亥運中寄陟橋門十載寒毡陰硯孤栖戊子運中百里弦鳴民訟息一番風雨未為悲己丑運中數年馭雜一步崎嶇蹁此庚寅運中重添新氣象再整舊威儀辛卯運歸去也

庚寅年　癸未月　甲戌日　丁卯時

此八字甲戌日元相配柱中火土傷官印殺之格喜逢羊刃存時遇斷命者生於右族長於名門堂上椿萱榮晚壽天邊鴻鴈各行為其為人也丰姿清秀聰明錦綉胸藏賢聖孝珠璣口吐武文風終是傳芳之客豈為田舍之翁三尺浪中龍變化九霄雲外鳳飛騰柱看官封三給酌煞祿享千鍾此則榮貴之命鴛幃金命須年小子嗣秋来長嫩英運行初甲辰清風融蕩夏日炎蒸乙酉運中登高展卷廉燭觀文丙戌運中起鳳騰蛟從此始果然策筋拜明君丁亥運中威飛虬浪怒令重虎風生戊子運中金子迁榮權位重愁看門外雪盈庭己丑運中赤心扶日月素志展絲綸庚寅運中西風起處茅芦脫節開時菊酒馨辛卯運中夕陽有限春夢無憑

庚寅年　癸未月　丁卯日　庚子時

此八字丁卯之日相配柱中水土食神制殺之格喜逢印綬生身正謂殺印相生功名顯達主人生於右族長於名門火命椿萱雙晩茂天邊鴻鴈後隨爲其為人也丰姿清秀性格聰明截長補短理白分清學問三冬足群書萬卷通辞鋒穎利疑無敵筆力縱横若有神終是功名之客豈為田舍之翁三汲浪中龍变化九霄雲外鳳飛騰足步黄金殿身朝白玉京一從姓字登黄甲金紫榮看次第陞此則榮貴之命鴛帏水命須年小子嗣森枝朶朶榮運行初甲申上人庇下未断升沉乙酉運中明窓浄几暮史朝經丙戌運中鵬路高搏知健翼龍門深躍見修鱗丁亥運中寒拂紫衣催驛騎光生玉鄮下雲層戊子運中金紫榮遷權位重風雲飛来幸不驚己丑運中正宜輔国未許辞榮庚寅運中榮回故里辛卯運中一枕巫峯

庚寅年　癸未月　己巳日　壬申時

此八字己巳日相配柱中水木雜氣才官之格人生得此丰姿英傑天性聰明椿萱榮耐晩鴻鴈各飛鳴學問淵源三峽水胷襟瑩絜一天星擊開水府珠生彩摇出豊城匆有声姓字登黄甲衣冠拜鳳廷此則榮耀之命鴛帏金玉嚴子嗣桂蘭榮運行初甲申庇佑之下花放風生乙酉運中歆遂平生志潛心對短檠丙戌運中禹浪連三躍威飛郡縣驚丁亥運中梨雨初晴天似洗禄元階進大夫升戊子運中来尊藩臬氣歘奔騰己丑運中鳳詔榮徵當大用戢居廊廟掌兵刑庚寅運中黄花緑酒辛卯運中夢入蓮峯

庚寅年　癸未月　丁巳日　庚戌時

此八字丁巳日元相配柱中水土傷官助殺之格人生得此生於右族長於名門堂上椿萱一晚茂天邊鴻鴈各行飛其為人也丰姿清秀天性聰明頗知禮義稍識詩書有近貴親賢之德應上和下之機祖業添新慶財源厚積餘門楣生計好湖海姓名馳萬里無雲天一色三秋好景月增輝遊山玩水携詩卷對月觀花把酒卮雖不建侯封爵自然福祿崔嵬此則興旺之命鴛幃有犯重嚐合卺之盃子嗣有成晚節班衣孝感運行初甲申上人庇下裏旺難論乙酉運中不為惜花春起早多應愛月夜眠遲丙戌運中財源富足家庭好須史風雨尚憂疑丁亥運中梅稍或報春消息始覺陽和滿太虛當此之際風雪成堆戊子運中不獨財源富足尚祈家業盈餘己丑運中延賓玩物會友園棋庚寅運中清風明月不用一錢買玉山自倒非人推

庚寅年　癸未月　丙辰日　己丑時

此八字丙辰日德之辰相配柱中金水襍亂財官之格女人得此生於右族長於名門椿萱有倚難双鶱天邊鴻鴈各飛鳴其為人也丰姿清秀髮兒精神有針綫之巧立業之勤一苑杏花鋪錦繡滿山松栢映幃屏萬里無雲天一色三秋好景月長明滔滔無阻滯步步助夫門克勤而克儉易喜而易嗔雖不鳳冠帔服自然福祿駢臻此則旺益之命良人同屬如魚水子嗣生成貴显人運行初壬午上人庇下毓秀閨門辛巳運中契合翠鸞戌好夢寅緣紅葉是良姻庚辰運中萬疊好山雲乍歛一樓明月雨初晴己卯運中天上三陽泰人間五福增戊寅運中羅綺千般色裙釵耀日明丁丑運中夫賢子貴樂意忘情丙子運中晚年快樂乙亥運中一枕巫峯

庚寅年　癸未月　壬申日　戊申時

此八字壬申長生之日陽刃合殺之格爲人得此生於西窐長於名門椿親榮後萱歸副天邊鴻鴈各飛鳴其爲人也姿容清敏髮貌超群治家全道理剌繡更良能風送落花香滿院雨滋花蕚色盈庭佇看時來夫貴顯恩沾雨露福峥嵘此則榮福之命良人金命榮華客子嗣生成奪錦人運行初壬午月明雲翳花發風生辛巳運中錦綉花開日鶯歌鳳亦鳴庚辰運中幾度旺中生懊悔依然花柳間丹青己卯運中夫門財業旺沛澤潤紛紛戊寅運中不獨裙釵濟濟尚衎羅綺層層丁丑運中滔滔事福疊疊光榮丙子運中落日西風急哀猿三兩聲

庚寅年　癸未月　乙卯日　壬午時

此八字乙卯專祿之日相配柱中金土雜氣財官之格傷官在柱賊我功主人生於右族長於仁門木命椿萱連理屬天邊鴻鴈後隨鳴其爲人也丰姿清秀天性聰明行奩消洒咲傲任枯榮出土黄金重長價離雲皎月倍清明兩都秋色皆喬木耆旧風流有幾人自有順天之慶豈無福地之深祖業有依还自整財源厚積晚豐盈無慮心常足何須慕利名此則穩厚之命駕幃全正副子嗣福元增運行初甲申上人庇下化日陽春乙酉運中淡淡梨花月翩翩柳絮風丙戌運中近水樓臺先得月向陽花木正逢春丁亥運中氣宇昂昂如光風霽月財源浩浩若逝水流東戊子運中門楣壯觀機閑别一番風雨景还清己丑運中琴書消樂事詩酒以忘情庚寅運中子榮孫貴梅白風清辛卯運中春夢無憑

庚寅年　癸未月　庚申日　庚辰時

此八字庚申專祿之日相配柱中火土祿氣官印之格女人
得此生於右族配於名門椿萱棠棣霜歸日妯娌翁姑
不共群其爲人也姿容閨朗髮兒精神勝丈夫之氣
槩有男子之材克勤克儉易喜易嗔佇看子榮夫
顯也應帔服榮封此則榮秀之命良人連珠須配長
子嗣榮門朵朵馨運行初壬子五人庇下顯秀閨家
辛巳運中翠鸞成好夢紅葉是良姻庚辰運中淡
烟楊柳岸薄霧杏花村己丑運中雖則夫門才業旺
旺中尚有事多盈戊寅運中子貴夫榮丁丑運中
使婢臨廚烹異品抱琴堂上樂升平當此之際花
放風生丙子運中晚年中快樂乙亥運中花落月沉

庚寅年　癸未月　丁巳日　庚子時

此八字丁巳日相配柱中水土傷官制殺之格人生得
此生於右族長於名門椿萱有倚雁双老天邊鴻鴈
各行鳴其爲人也半姿清秀天性聰明謀動君子
感伏小人般般精覽件件不精高謀遠見機關别
慷慨春風一妙人重成新事業再整旧門庭雖然
不是青雲客自然福祿享無窮此則穩厚之命死
帰有犯須年敵子嗣榮門朵朵馨運行初甲申上
人庇下未斷平生乙酉運中世事究如春折柳人情
濃似半開英丙戌運中雨過山房秀雲開月始明丁
亥運中雖然人事樂閑非素耗生庚寅運中子
貴孫賢當此之際花放風生辛卯運夢入巫峰

庚寅年　癸未月　己未日　丁卯時

此八字己未陰刃之日相配柱中木火𥚃氣殺印之格人生得此生於右族長於高居椿萱榮晚贈鴻鴈有聯飛其為人也丰姿清秀性格能為有方員之策怜變之機妍窮今古漁獵詩書見善則持於己當仁不讓於師日進翰苑時覲皇威佇看揚姓字金紫職加寵此則榮貴之命鴛幃春色麗子嗣晚光輝運行初甲申幼年之下陰雲黯黯寒雨淒淒乙酉運中未逢好景常嗟嘆且向書窓默待時丙戌運中雨露有恩天上降便將仁政釋寃危

丁亥運中職任金紫貴風雪不成危戊子運中帝王恩澤廣名德四方馳己丑運中有才應大用何事便懸車庚寅運中克昌晚節辛卯運中且賦歸歟

庚寅年　癸未月　丙寅日　壬辰時

此八字丙寅長生之日相配柱中水土傷官制殺之格人生得此生於右族長於高門水土嚴慈逡晚茂天邊鴻鴈各行鳴其為人也丰姿清秀天性聰明世事將就曉般般學久精高人起敬貴客相欽祖業添新慶根源勝舊風不向仕途承聞達却來湖海覓黃金片段畲連野綠週廻甲第聳雕甍滿世功名身外事五湖風月樂平生此則穩厚之命鴛幃春色麗子嗣桂蘭馨運行初甲申月明雲霽花放風生乙酉運中堤柳已敷新榦綠園梅不改舊時馨丙戌運中小池雨過添新綠深谷春來發舊馨丁亥運中簾捲香風生百福軒開化日瑞祥生戊子運中夜雨自添池水長春風吹綻海棠紅當此之際風木之驚己丑運中高用滿座美酒盈樽庚寅運中享子孫之福辛卯運中麥香入佳城

庚寅年　癸未月　戊午日　癸亥時

此八字戊午日刃之辰相配柱中水火祿氣殺印之格人生得此生於右族長於高門手姿清雅天性年能行藏果斷作事老誠筆底源流三峽逐胸中丹渠一天星衣冠濟濟人中像和氣怡怡席上珠定向月中攀桂去便從天上錫陽春一日風雲相際會九天雲外沐皇恩功高格国澤潤黎民此則榮貴之命鸞幃錦帳重重子嗣技技挺秀運行初丙申上人庇下孫縱平生乙酉運中继晷終無悶何愁不顯名丙戌運中騰身離泮水攀足上神

京丁亥運中今出奸邪伏威飛鬼膽驚戊子運中南陽部杜若高香西溪蘖黃今大行當此之際風雪滿庭己丑運中正歌思君輔国未應解組思尊庚寅運中晚年雖下樂辛卯運中一枕入巫峯

庚寅年　癸未月　壬戌日　甲辰時

此八字壬戌日德之辰相配柱中火土雜氣殺印之格女人得此生於右族長於高門椿萱双晚茂鴻鴈各行鳴其為人也丰姿清秀貌髮精神有針綴之巧立業之勤一苑杏桃鋪錦繡滿山松柏映幃屏春入水光成嫩綠日勻花萼發新紅滔滔無阻滯步步助夫門玉產崑崗藏韞色蘭生楚澤散清馨相夫多有道訓子搖成群難觸難犯易喜易嗔此則旺益之命良人土命豪華客子嗣生成貴顕人運行初壬午上人庇下毓秀閨門辛巳運中

雨過山方秀雲開月始明庚辰運中契合鸞鳳成好配寅將紅葉是良姻己卯運中雖則夫門多快樂幾番微雨幾番晴戊寅運中羅綺千般色裙釵化日明丁丑運中子貴夫榮家業旺何愁第宅不光榮丙子運中享子孫之福慶乙亥運中梦杳杳之佳城

庚寅年　癸未月　庚戌日　甲申時

此八字庚戌魁罡之日相配柱中木火雜氣才官
之格人生得此生於右族長於名門捧萱雙晚茂
棠棣花邊青其為人也丰姿清秀天性聰明理窮
古事兼今事書對賢經興聖經驪珠照魏光難掩
雷劍生豐氣自冲終是功名之客豈為田舍之翁
北海蛟撗頭角聳南山豹变爪牙新一日風雲相
際會九天雨露沐呈恩瑶池鞭静剌南極五夜鍾
停拱北宸此則荣貴之命鴛幃有犯須招硬子嗣
秋来旺宅門運行初甲申幼年之下来断平生乙
酉運中欲向雲中舉足須從灯下留心丙戌運中
莫愁雪阻藍関道將来有日入青雲丁亥運中禹
浪三層都躍過衣冠濟濟拜明君戊子運中戢位
兩迁金紫貴愁看門外雪盈庭已丑運中自嘆引
年歸故里朝廷未遍兩踈心庚寅運中春光去也
一枕清風

庚寅年　癸未月　乙卯日　庚戌時

此八字乙卯専禄之日相配柱中旺金正官
之格人生得此生於右族長名門椿萱倚難
双老天邊鴻鴈各摶風其為人也丰姿清秀天
性聰明知高識下理白分清有近清親之志應
上和下之能重成新事業再整旧門庭福布
江山外名門湖海中兩都秋色皆為木香旧
風流有幾人是非莫管門前客得失須塞上
翁但愿寸禄足何須天府求榮此則登榮之
命鴛幃有犯須筭小子嗣秋有挺棠運行
初乙未上人庇下天郎氣清甲午運中世事究
如春夢人情薄似秋雲癸巳運中乍雨乍晴
皆寒暑或寒或煖因人天壬辰運中天上三陽
泰人門五福臻丁卯運中雪晴夫未煖行未恕
丙寅運中春光帰去也蓬島信难通

庚寅年　癸未月　甲寅日　丙寅時

此八字甲寅專祿之日相配柱中金土襍氣才殺之格人生得此生於西室長於名門擂親磊樂萱帰副天邊鴻鴈各行群其為人也精神烟烟智慧明明衣冠雅嚴儀表精神學問有成筆底詞源三峽水英材敏捷胸中瑩潔一天星鵬鷺高摶知鍵翼龍門深躍是脩鱗一從天官奏帝滔滔祿位加陞瑶池鞭韶朝南極五夜鐘声拱北宸此則榮肅之命鴛幃連珠須配少子嗣森枝一挺榮運行初甲申上人庇下花放風生乙酉運中聞詩學礼員笈趣庭丙戌運中報道是龍還不信果然奪得錦標新丁亥運中衣惹御爐拖錦綉筆沾皇澤洒春霖戊子運中雖則金甌拜命還愁風雪盈庭己丑運中正欵忠君輔国未應解綬思尋庚寅運中酒解平生恨衣沾上国塵辛卯運中夕陽有恨春梦無憑

庚寅年　癸未月　己未日　庚午時

此八字己未陰刃之日相配柱中木火襍氣殺印之格人生得此生於良族長於仁門椿父先歸萱後别西風鴻鴈陣行分其為人也半姿清秀性格聰明世事頗能將就般般學只精通豈無高仕敬時有貴人欽消閑棊一局遺興酒三鍾田園桑柘茂畝畆稻粱馨滿世功名身外事五湖風月樂怡情此則榮潤之命鴛幃全正副子嗣産金英運行初甲申幼年之下何慮弁況乙酉運中来觀桃李紅紅色且喜湖光淡淡清丙戌運中紫陌競金勒馬錦階争看玉樓人當此之際風雪满空乙亥運中堤柳已教新輸柳園桃花放四時馨戊子運中豊年田舍禾盈礐瞷日山家酒满斟己丑運中如松含晚翠似菊吐金英庚寅運中子貴加榮贈辛卯運中黄粱夢不醒

庚寅年　癸未月　甲寅日　壬午時

此八字甲寅專祿之日相配柱中金水雜氣印之格運行皆地域我光榮主人椿萱双皓首鴻鴈各西東其為人也丰姿清秀天性乖能知道理識世情般般稍覺件件不精性格君子敬時有貴人欽遊山翫水携詩卷對月觀花把酒斟閙處憂走冷處不行祖業添新慶根源勝旧鳳福布江山外名聞湖海中常将好意畜成惡每把真心換得嗔滿世功名成蚤餅五湖風月樂怡情雖不徤侯封爵自然潤屋潤身此則

特達之命鴛幃連珠須配小桂枝先損鶺鴒蕚

運行初甲申上人庇下霄月光風乙酉運中

庚寅年　癸未月　己未日　丙寅時

此八字己未陰刃之日雜氣財官之格人生得此生於溫潤之族長於清白之門椿萱分别後鴻鴈不同群其為人也丰姿穩厚天性老誠有近貴親賢之德應上和下睦之能祖業增新慶財囊日漸成月掛碧天多皓潔名揚湖海有光榮處世素無榮辱生平喜不當貧但願有瞟招過客何須騎馬到都門此則穩實之命鴛幃兩硬方偕老子嗣秋枝

用假真運行初甲申上人庇下無慮平生乙酉運中天邊初出月苑上始開英丙戌運中財源得中

有失世情虧處還盈丁亥運中不意之中曾得意

用心之處不如心戊子運中財源雖穩旺人事尚

虧盈己丑運中莫言此事多光彩尚有閑非素耗

生庚寅運中老當益壯日福日榮片時風雨花旺

風生辛卯運中花落人何在褒猿三兩声

庚寅年　癸未月　癸丑日　戊午時

此八字癸丑日元相配柱中火土襍氣才杀之格四柱帶冲烖吉貴氣主人生於右族長於名門水木榛萱椿耐晚天边鴻鴈各行鳴其為人也丰姿清秀天性聰明有理白分清之智截長補短之能祖業有倚須再整財源學積晚豐盈水光浮座盈盤瑩花氣侵人笑語馨不以功名為念豈將冠冕磨礱福元成岳遺廕勢壓鄉民但願四方商賈聚何必天边沐寵榮此則發福起家之命鴛幃得配名門女子嗣生成跨灶人運行初甲申上人庇下花放風生乙酉運中如花向日似月离雲丙戌運中近水樓臺先得月向陽花木早逢春丁亥運中福若泉涼湧財如春氣生戊子運中雖則財源富足还愁柳絮輕盈己丑運中高朋滿座美酒盈樽庚寅運中樽罍有酒延佳客蘭室存書教子孫辛卯運中春光去也花落月沉

庚寅年　癸未月　庚申日　癸未時

此八字庚寅日元相配柱中火土雜氣殺印之格兩干不雜秀氣捷然主人生於右族長於高門水木椿萱双晚茂天邊鴻鴈有搏風其為人也丰姿清秀天性聰明胸羅今古事學識聖賢心衣冠濟濟人中傑和氣怡怡席上珎終是功名之客豈為田舍之翁鵬路高搏知健翼龍門深躍見修鱗瑤池鞭靜朝南極五夜鍾停拱北宸此則榮貴之命鴛幃連珠須配硬子嗣金風有捷榮運行初甲申上人庇下未斷平生乙酉運中欲跨騰雲驥思囊照霧螢丙戌運中莫愁阻藍關道時來頃刻便外騰丁亥運中自沐天邊寵仁風四境清戊子運中粉署聯班才獨称大夫職位貴重封當此之際風雪滿空己丑運中錦衣肥馬重重貴天上恩波浩浩新庚寅運中榮回故里辛卯運中一枕清風

庚寅年　癸未月　己未日　丙寅時

此八字己未陰刃之辰相配柱中木火殺印之格生得此生於右族長於仁門椿萱双晚茂棠棣各敷榮其為人也丰姿清爽天性聰明有理窮古事兼今事書對賢經與聖經衣冠雅衆齊用人欽終是錦衣肥馬客豈為田舍鑿耕人一朝騰達飛鳳去祿位榮華次第墜此則榮貴之命兆幃得配木命女子嗣生成貴顯人運行初甲申上人庇下未斷升沉乙酉運中十年窗下苦一舉便成名丙戌運中禹浪三層都鶴過重金重拜明君丁亥運中職位再加陞戊子運中三變居恩喜一番風木騰己丑運中正欲忠君輔国未許解組思尊庚寅運中晚年雖下樂樽酒餅怡情辛卯運中春光歸去也一枕了平生

庚寅年　癸未月　甲寅日　戊辰時

此八字甲寅專祿之日相配柱中金土雜氣殺印之格人生得此金水嚴慈雙晚茂天邊鴻雁有行聯其為人也丰姿清秀天性機關不慈不勇可方可員知高識下近貴親賢琴樽風月閑生計金玉松筠舊歲寒重成新事業再整舊根源烟樹依依遮北斗雲梯疊疊隱南山財源有分生涯好官貴無緣誓不貪但碩良田千百畝果然富足勝為官此則富穩之命鸞幃水命須年少子嗣金風發桂蘭運行初甲申災閑之際或燠或寒乙酉運中正直尋芳景輕燠艷陽天丙戌運中五湖四海生涯好萬水千山活計便丁亥運中韶華萬里美景一聯戊子運中天上三陽泰人間五福臻當此之際風雲盈嶺己丑運中有名閑富貴無事即神仙庚寅運中安閑晚景辛卯運中一枕難還

庚寅年　癸未月　癸酉日　辛酉時

此八字癸未日元相配柱中旺土雜氣財殺之格喜逢印綬生身主人生於右族長於名門萱母續絃椿晚鄧天邊鴻鴈各飛騰其為人也丰姿清秀天性聰明英材而出類拳問以淵深詞鋒穎利疑無敵筆力縱横若有神衣冠濟濟人中傑和氣怡怡席上珎折桂揚中跨妙手標名鴈塔振蜚声一從姓字登黄甲凛凛威風四海清佇看官封三級酌然祿享千鍾此則荣旺之命鴛幃連珠須帶硬子嗣荣門孝且忠運行初甲申上人庇下灾悔未伸乙酉運中十年窓下業黄卷與青灯丙戌運中鵬路高摶翼健龍躍見脩鱗丁亥運中綉衣耀日鉄面生風戊子三度君恩喜一番風木驚己丑運中錦衣肥馬重重貴天上恩波様様新庚寅運中鮮組回田里籬邊樂性情辛卯運中英雄都尽也高塚卧麒麟

庚寅年　癸未月　己巳日　戊辰時

此八字己巳之日相配柱中水木雜氣才官之格人生得此生於良族長於高居椿萱雙晚茂棠棣占先枝其為人也丰姿清爽天性能為斷高理直為事多機果决果斷不旁不慾萬里無雲天一色三秋好景月揚輝祖業添新慶根源再整齊清閑碁一局遣興酒三巵田園桑柘茂畝畝稻粱肥莫思仕路登雲險但願家園樂有餘此則穩厚之命鴛幃得合舉案齊眉子嗣有成班衣孝義運行初甲申上人庇下花放風歎乙酉運中如花向日似笋穿籬丙戌運中小池雨過添新緑深谷春來發舊枝丁亥運中不獨才源旺足尚存樓閣崔嵬戊子運中粟陳貫朽行厭好花似桃紅柳緑時當此之際風雨成堆己丑運中歲寒松尚茂秋老菊尤奇庚寅運中樂於暮景會友圍碁辛卯運中清風明月不用一錢買玉山自倒非人推

庚寅年　癸未月　庚申日　戊寅時

此八字庚申專祿日相配柱中木火襍氣財官之格人生得此生於名望之族長於詩禮之庭椿萱榮晚茂鴻鴈有飛騰其為人也丰姿清雅天性聰明筆鋒雄健千人敵談笑風流四座傾衣冠濟濟人中傑和氣怡怡席上珎珪璋自是清朝器律呂偕偕治世音不特䰕珠能照乘還應趙璧擬連城七朝壓隱成文露千里思乘破浪風瑤池鞭靜朝南極五夜鍾傳拱北宸此則榮貴之命鴛幃連珠須配少子嗣森枝有挺榮運行初甲申上人庇下灾悔之中丁酉運中焚膏晷卷秉燭觀文丙戌運中三登科甲當斯際萬里鵬程路正通己丑運中一粉署聯斑才獨稱皇恩有感職加榮戊子運中一番風雪初晴後三度榮遷近聖明己丑運中股肱盛世黼黻朝廷庚寅運中榮歸故里美酒盈樽辛卯運中春光去也一枕入巫峯

庚寅年　癸未月　丙子日　乙未時

此八字丙子日元相配柱中金水襍氣才官之格三奇遶露為奇主人生於西室長於高門椿親磊落萱帰副天邊鴻鴈各行鳴其為人也丰姿清秀天性聰明胸羅星斗李貫古今辭鋒穎利疑無敵筆力縱橫若有神終是文鳴折桂客豈為田舍鑒耕人三汲浪中龍變化九霄雲外鳳飛騰一日風雲相際會九五天門面聖容此則榮貴之命鴛幃金玉潤子嗣晚光榮運行初甲申上人庇下災晦之中乙酉運中讀殘茅店月囊聚案頭螢丙戌運中莫愁雪阻藍關道時來頃刻便升騰丁亥運中自沐天邊寵朝班立縉紳戊子運中西風吹過天邊雪從此滔滔祿位陞己丑運中重金重紫布德施仁庚寅運中解組回田里蘿邊樂性情辛卯運中春光去也花落月沉

庚寅年　癸未月　辛酉日　辛卯時

此八字辛酉專祿之日相配柱中木火祿氣才官
之格人生得此生於宦族長於名門水火椿萱攀
桂客天邊鴻鴈後行縣其為人也手姿清秀天性
聰明胸羅今古事學識聖賢心麗句妙為天下白
高材俊似海東青太山北斗十年在和氣春風四
座傾終是傳旁之客豈為避世之叟三級浪中龍
变化九宵雲外鳳飛騰一朝騰踏飛黃去金紫崇
看次第陞此則崇貴之命鴛幃金玉閨子嗣繼衣
新運行初甲申上人庇下花放風生乙酉運中十年
窓下業黃卷与青灯丙戌運中報道是龍還不信
果然奪得錦標新丁亥運中威飛亂浪怒令重虎
風生戊子運中一番風雪初晴後金紫煌煌雨露
陞己丑運中時明柱石盛世股肱庚寅運中晚
年籬下樂辛卯運中一枕入巫峯

庚寅年　癸未月　甲寅日　丁卯時

此八字甲寅專祿之日相配柱中金土祿氣才
殺之格傷官制殺為奇椿萱不遠双榮贈天
邊鴻鴈有行飛其為人也能攏布會施為見
善則迁於己當仁不讓於師學問聰明自有風
雲相際日英材敏捷豈無雨露沐恩時北海蛟
攅頭角聳南山豹变爪牙齊一朝騰踏飛黃去
濟濟衣冠拜鳳池此則崇貴之命鴛幃配虎
相吟咲桂子金風無彩衣運行初甲申上人庇
下安樂如何乙酉運中汗簡留神文青藜照
論初丙戌運中報道是非还不信崢嶸頭角
姓名馳丁亥運中正理權衡位还愁風雪飛戊子
運中赫赫威權報輝輝名譽蜚己丑運中皇恩清
沛岱膏雨潤黔黎辛亥運中春光留不信花落
鳥空鳴

庚寅年　癸未月　甲寅日　辛未時

此八字甲寅專祿日相配柱中金土襍氣才來之格人生得此生於右族長於名門火土椿萱双晚茂天边鴻鴈各行鳴其為人也丰姿清秀天性聰明知高識下理白分清謀動君子威伏小人自有順天之慶豈無福地之源祖業基重整新事再重增遊山翫水詩句絕對月觀花把酒斟時至才源當足家園福祿駢臻花無桃李非春色人有笙歌樂太平但恐粟陳貫朽何必天邊沭寵榮此則量享之命鴛幃有犯須招富子嗣秋來晚節榮運行甲申安腴未伸乙酉運中世事宛如春夢人生薄似秋雲丙戌運中隱隱輕雷抽碧筍微微細雨潤紅英丁亥運中雨過園桃簇錦風和堤柳拖金戊子運中才源滾滾家居好風雪飛來尚惱人己丑運中天上三陽泰人間五福臻庚寅運中晚年快樂會交關樗辛卯運中少陽有限春夢無憑

庚寅年　癸未月　庚申日　己卯時

此八字庚申專祿之日相配柱中木火雜氣才官之格殺生印綬之論主人生於望族長於名門椿父先帰萱耐晚天邊鴻鴈有行鳴其為人也丰姿清秀天性聰明源流三峽誰能及筆掃千軍孰與倫衣冠濟濟人中傑和氣怡怡座上珎終是功名之客豈為田舍之翁北海蛟龍頭角聳南山豹変爪牙新一從姓字傳揚後九天雨露沐皇恩此則榮貴之命鴛幃有犯須招副子嗣秋來朶朶榮運行初甲申上人庇下風雪滿空乙酉運中欲遂班超投筆志須加董子下帷功丙戌運中鵬路高搏知健翼龍門深躍見脩鱗丁亥運中西風吹過天邊雪金紫煌煌雨露深戊子運中皇恩有感重加祿金鱗光照紫微宮己丑運中正宜輔国何事辞榮庚寅運中一番春夢斷萬事總成空

庚寅年　癸未月　丙子日　己亥時

此八字丙子日元相配柱中水木傷官制殺之格喜逢印綬生身人生得此生於右族長於高堂堂上椿萱聯珠屬天邊鴻鷹各翱翔其爲人也丰姿清秀禮樂鏗鏘口吐珠璣言語膏藏錦綉文章東海驪珠能幾見豐城雷劍不終藏終是功名客豈爲田舍郎紙學科場驚試院英材翰苑沐恩光清映梅窓蕙玉雪寒生栢府凜秋霜此則榮貴之命鴛幃有配須格副子嗣生成貴顯即運行初甲申幼年之下紹襲迎祥乙酉運中讀殘茅店月踏破泮橋霜丙戌運中遠望天恩雲外降思攀桂子手中香丁亥運中起風騰蛟從此始果然秉笏拜君王戊子運中處事但憑三尺法理刑渾似九秋霜蹴還金紫貴風雪滿門墻己丑運中未許田田里還留作棟梁庚寅運中春光去也一枕黃粱

庚寅年　癸未月　甲寅日　戊辰時

此八字甲寅專祿之日相配柱中火土傷官助才之格喜殺之論傷官者剛毅之物也主人生於丘室長於高門龍鳳椿萱萱列副天邊鴻鴈不行群其爲人也丰姿清秀天性聰穎知禮義猜識古今行藏竟瀟灑笑傲任枯榮過火黃金重長價離靈睃月倍清明高人起敬貴客相欽田園桑柘茂畝畝稻梁馨花無桃李非春色人有筌瓢是太平才源富足第宅增新雖然不是金鱗客也應鄉當衆推尊此則發福之命鴛幃配合須招土子嗣森枝一果馨運行初甲申上人庇下安晦未伸乙酉運中登臨兩淨賞說春陰丙戌運中漸漸精神爽看看氣象增丁亥運中庭前竹報平安日檻外花開富貴春戊子運中富貴崇華當此際何愁風雪滿門庭己丑運中有名聞富貴無事樂平生庚寅運中春光如過隙一枕入巫峯

庚寅年　癸未月　癸卯日　癸丑時

此八字癸卯日貴之辰傷官制殺之格人生得此生於茂族長於名門椿親先别萱歸晚天邉鴻鴈不聊群半姿磊落天性乖能立仁立義識見高明雖不成名利平生近貴人遊山翫水携詩軸對月觀花把酒斟常情好意番成悪每把真心換得嗔雖不逹侯封爵自然潤屋潤身此則特達之命鴛幃有碍須偏正子嗣秋来孝義深運行初甲申上人庇下化日陽春乙酉運中輕雷抽碧笋微雨潤紅英丙戌運中雖則行藏

有慶不妨霧鎖烟凝丁亥運中萬水千山路孤舟幾月程戊子運中財源生進退人事尚虧盈已丑運中斥時風雨過老景陪精神庚寅運中青春皆我堂堂去白髮催人故故生辛卯運中両身頓記三生夢一念難銷萬劫心

庚寅年　癸未月　癸丑日　辛酉時

此八字雜氣殺印之格值斯象者生於茂族長於名門椿萱難並蓋鴻鴈各飛鳴其為人也知高下識重輕君子敬貴人欽祖業增華麗財囊厚積存般般歷覽件件不精遊山翫水携詩卷對月觀花把酒鍾錦綉花開家富貴琅玕竹報日昇平不入文場非案牘何如頭角也峥嵘此則因富致貴之命鴛幃火命須年長桂子秋來旺宅門運行初甲申上人庇下天朗氣清乙酉運中金距鬥鷄三市北玉鞭跨馬五陵東丙戌運中行藏

雖有慶人事尚逡巡丁亥運中萬象光華沾沛澤四時佳趣樂昇平當此之際一度憂驚戊子運中富潤屋德潤身己丑運中頭角峥嵘多壯觀還愁風雨湿衣襟庚寅運中三盃遺與五斗觧酲辛卯運中歸去也

庚寅年　癸未月　庚戌日　庚辰時

此八字庚戌魁罡之日相配柱中木火祺氣才官之格人生得此生於右族長於高堂椿萱先别父鴻雁各行鳴其為人也丰姿清秀天性機關知高識下近貴親賢重成新事業再整舊根源萬里無雲天一色三秋好景月長明福祿江山外名聞湖海有才源有分生涯好官貴無緣甚不全此則穩厚之命鴛幃火命須年小子嗣枝頭發桂蘭運行初中中上人底下未斷平生乙酉運中微風微雨淒露淡烟丙戌運中砍動青風客細雨濕花枝丁亥運中雖則才源旺足錢畨人事虧盈戊子運中須更風雨過依舊福源增己丑運中世利浮生皆急此不如高臥且加飡當此之際風雪一番庚寅運中正享好福花放風蘋辛卯運中春光去也一夢難示

庚寅年　癸未月　丁丑日　壬寅時

此八字丁丑之日相配柱中水土傷官制殺之格人生得此生於右族長於名門金火椿萱双晚茂天邊鴻雁各行鳴其為人也丰姿清秀天性聰明碧底詞源三峽水胷中學業五車書驪珠照耀（光）難掩雷劍生豐氣自充終是文場折桂客豈教南畝去鋤耕三級浪中龍變化九霄雲外鳳飛騰一從姓字傳揚後金紫榮看次第陞此則榮耪之命鴛幃宜有贈子嗣晚光榮運行初甲申幼年之下未斷升沉乙酉運中欲遂平生志須加董子功丙戌運中望遠天恩雲外路恩攀桂子手中馨丁亥運中凛凛威風重紛紛德澤蓄戊子運中三度君恩盡兩番風木驚己丑運中有財應大用未許便辭榮庚寅運中無憲盡傳詩禮樂有朋来自遠方親辛卯運中歸去也

庚寅年　癸未月　癸丑日　乙卯時

此八字癸水相配柱中水木傷官制殺之格人
生得此椿親先別萱歸晚棠棣達前各挺棠
其為人也丰姿清爽天性剛忠世事頗能將
就般般學又精通學問不負翰苑利名九載
成功佳看聳頭角光耀旧門風此則貴人之
命鶯儔有碍須重續桂子秋来孝且忠運行
初甲申上人庇下樂亨無窮乙酉運中淡淡
蔡花月翩翩柳絮風丙戌運中藏器待時
時必達何須心下太匆匆丁亥運中貴人相
指引禄馬旺前程戊子運中荣沾新雨露光耀
門風己丑運中仁風楊遠近政化洽西東當
此之際花放生風陰此庚寅運中一楊一柳歸隱
蘿東辛卯運中翩翩名旋藹藹佳城

庚寅年　癸未月　癸丑日　丁巳時

此八字癸丑日元相配柱中火土雜氣財殺之格
主人生於右族長於名門萱毋續絃椿磊落天邊
鴻鴈有行鳩其為人也丰姿清秀天性聰明胞羅
今古事李識聖賢心驪珠照衛光难掩雷劍生豊
氣自充終是功名客宜為田舍翁三級浪中亂变
化九重雲内鳳飛騰一日風雲相濟會九五天門
面聖容此則荣貴之命鴛幃金玉阎子嗣彩衣新
運行初甲申上人庇下淡淡春雲乙酉運中欲
跨騰雲驥恩囊照露螢丙戌運中騰身離泮水
肇足上神京丁亥運中自沭天邊寵朝班立縉紳
戊子運中職列粉班才獨称皇恩有感大夫荣當
此之際風雪滿庭己丑運中江山迎五馬花柳拂
双旌庚寅運中天邊無沛澤雖下樂高情辛卯運
中春光去也一枕清風

庚寅年　癸未月　甲寅日　乙丑時

此八字甲寅專祿之日相配柱中金木傷官助才之格陽刃合殺有功時值金神之助主人生於西室長於高門椿親義貴萱歸副天邊鴻鴈各搏風其為人也丰姿清秀礼樂縱橫胸藏星斗李貫古今袖裡虹霓沖霄色筆端風雨駕雲程豈是池中物右來席上亦能門變化三春浪鵬路逍遥萬里程綵衣日煖趨金闕寶殿雲開識聖明此則榮貴之命鴛帳連珠須招小子嗣爲来朵朵榮運行初甲申上人庇下未斷平生

乙酉運中十年窗下業黄巻興青灯丙戌運中莫愁雪阻藍關道時来頃刻便升騰丁亥運中躍過三層浪朝班立縉紳戊子運中職任金紫貴風雲尚慈人己丑運中明時柱石盛世股肱庚寅運中解組回田里雍邊樂性情辛卯運中春光去也一枕清風

庚寅年　癸未月　丙子日　己亥時

此八字丙子日元相配柱中水土猍氣才煞之格人生得此生於右族長於名門椿萱雙晚贈鴻鴈有行鳴其為人也丰姿清秀天性聰明五車書富三冬足兩不弓當萬騏沖筆底詞源三峽遠肖中榮潔一天星終是功名之客豈為田舍之翁三級浪中龍變化九霄雲外鳳飛騰一從揚姓字職位秉椎衡此則榮貴之命鴛幃燭夜添新丟子嗣榮門晚節蓄運行初甲申上人庇下花披風生乙酉運中欲向雲中舉足須

從灯下留心丙戌運中莫愁雪阻藍關道時来頃刻步蟾宮丁亥運中自沐天邊寵威飛郡縣驚戊子運中承恩歸美榮三世再整衣冠拜九重己丑運中重金重紫布德施仁庚寅運中天邊少沛澤籬下樂怡情辛卯運中夕陽有限春夢無憑

庚寅年　癸未月　丙辰日　丁酉時

此八字丙辰日德之辰相配柱中水土傷官助才之格雜氣才官之論主人生於右族長於名門木火椿萱双晚別天邊鴻鴈有行鳴其爲人也丰姿清秀天性聰明知高下識重輕過火黄金重長價離雲皓月倍清明笋長名園過舊竹花開上苑勝先春高謀遠見機閑別錦綉情懷學識深終是功名之客豈爲田舍之翁一朝但得風雲便九天雨露沐

皇恩此則榮貴之命鶯幃有 犯須年敵子嗣秋來有

顯榮運行初甲申上人庇下花放風生過此乙酉運中欲思登仕路須用對青灯丙戌運中雲程坦坦登天去應是悠悠名利成丁亥運中一天膏雨隨車至千里仁風逐扇生戊子運中三度

君恩喜一番風木驚己丑運中正欲忠君輔国未宜解組思簿庚寅運中春光去也花落月沉

庚寅年　癸未月　丁丑日　癸卯時

此八字丁丑日元相配柱中水土傷官印殺之格人生得此生於右族長於名門椿萱双晚別天邊鴻鴈各行鳴其爲人也丰姿清秀天性聰明高謀遠見機閑別慷慨春風一妙人過火黄金重長價離雲皎月倍清明笋長名園過舊竹花開上苑勝春風不必覓珠來水府何須求劍到豐城才源富足平生好身外無名了此生福元成岳瀆威勢壓御民此則穩厚之命鶯幃水命須年小子嗣秋來連宅門運行初甲申上人庇下災晦未伸乙酉運

中春風播爽微雨弄晴丙戌運中陽回喬木氣轉鴻鈞丁亥運中桃李千谿錦江山一畫屏戊子運中風雲淵天輕拂掃依然財祿足豐盈己丑運中晚年快樂會文開樽庚寅運中春光去也一枕难醒

庚寅年　癸未月　庚申日　庚辰時

此八字庚辰專祿之日相配柱中火土雜氣官印之格人生得此生於右族長於仁門最慈有倚鴈（俱鴻）各分行其爲人也丰姿清秀天性剛忠知礼義識書文行藏竟瀟洒咲傲任枯榮萬里春風行樂頌四時佳趣瑞祥生有心於貧利無意慕功名雨過萬重山有色雲開千里月光明田園千古計花木四時春樽（中）有酒閑日月善無心緒慕功名季倫錦帳何爲貴秦帝阿房未是稱時未也許成名利獻金納粟置門庭此則穩富之命鴛幃多簇、子嗣英英運行初甲申春風驟落夏日炎蒸乙酉運中未覩桃李紅紅色且喜湖光淡淡晴丙戌運中寒向梅中尽春從柳上逢丁亥運中萬疊好山雲乍領一輪明月雨初晴戊子運中氣数昂昂然如光風霽月才源浩浩充若逝水流東己丑運中雪晴雲散天如洗風光隐隐福緣增庚寅運中心事散盡白髮生涯一片閑情辛卯運中歸去也

庚寅年　癸未月　庚申日　甲申時

此八字庚申專祿之日相配柱中木土雜氣才官之格人生得此生於右族長於名門土命椿親耐晚天邊鴻鴈行分其為人也丰姿清秀天性剛忠知高下識重輕萬里春風行樂頌四時佳趣瑞祥生祖業添新慶根源勝旧風月掛碧天光皎潔名揚湖海有光榮莫思仕路登雲際但願才源日進增無憂盡傳詩禮樂有朋来向遠方親此則穩厚之命鴛幃連珠合子嗣桂蘭榮運行初甲申上人庇下化日陽春乙酉運中青歸柳葉晴初變紅入桃花燦未勻丙戌運中雨過園桃簇錦風和楊柳拖金丁亥運中一天似洗雲無翳萬里長江遇順風戊子運中才源富足家業餘盈當此之際風雪滿庭己丑運中富貴榮華當此際何愁茅宅不光榮庚寅運中花已落鳥無声

庚寅年　癸未月　丙辰日　乙未時

此八字丙辰日德之辰雜氣才官之格三奇之論五行無破四柱得樞主人生於蓬室長於名門嚴慈晚蒼翠满鴈各行鳴其為人也多聞多見自是自非李問有成錦繡胷藏賢圣李英材卓魁珠璣口吐武文風辞鋒颖利疑無敵筆力縱横若有神終是登庸之客豈為避世之靈龍門变化三層浪鵬路逍遥萬里程一朝騰蹈飛黄去此際不羞蛇化龍瑶池晚鞭静秉笏近明君此則榮显之命鴛幃春色麗子嗣襁衣新運行初甲申勇淘乱水脉

驟雨晚峯紋乙酉運中明窓净几看史鋭經丙戌運中一声春霹靂躍過浪三層丁亥運中折獄片言民訟息九天雨露再加陞戊子運中三度君恩喜一番風木驚己丑運中山河帰舊国管鑰揔離空庚寅運中晚節閑時重隱酒西風起處憶鱸蓴辛卯運中歸去也

庚寅年　癸未月　甲寅日　己巳時

此八字甲寅日祿相配柱中金土雜氣煞印之格喜逢時值金神傷官助用為奇主人生於右族長於名門木命椿萱難並壽天邊鴻鴈各行鳴其為人也丰姿清雅天性剛忠立仁立義多見多聞經書子史學足三冬定擬當朝朱紫貴豈教田畝務躬耕一朝忽得風雲便九天雨露沐皇恩此則榮貴之命鴛幃有矻須招副子嗣生成奪錦人運行初甲申上人庇下雲月朦朧乙酉運中欲跨騰雲驥思覓照囊螢丙戌運中時来風送滕王閣頃刻

高搏萬里程丁亥運中寒捲綉衣催驛騎光生玉節下雲層當此之際風雪满空戊子運中承恩始得榮三世再整衣冠拜九重己丑運中有材當大用何事便辞榮庚寅運中夢遊蓬島魂返巫峯

庚寅年　癸未月　辛酉日　甲午時

此八字辛酉專祿之日相配柱中祿氣殺印之格人生得此生於良族長於名門椿萱双晚民鴻雁獨飛鳴其為人也丰姿清秀天性聰明高謀遠見機関別慷慨春風一妙人豈無高士欽賴有貴人欽萬里春風行樂訟四時佳趣福祥生水光浮座盃盤瑩花氣侵人笑語薰終是功名之客豈為田舍之翁時來借得吹嘘力天府榮沾聖主恩此則榮貴之命允憚連珠須配敵子嗣秋來有挺榮運行初甲申上人庇下未嶄平生乙酉運中歎向雲中峯足須從窓下留心戊戌運中幾欸思高慕遠番成提月捕風己亥運中時來機會好騰踏入神京庚子運中皇恩有感声名重紛絲德澤惠黎民當此之際風雪滿空辛丑運中有才容大用未許便辭榮壬辰運中一枕清風

庚寅年　癸未月　戊申日　辛酉時

此八字戊申長生之日相配柱中木火雜氣殺印之格殺印相生功名顯達人生得此椿萱喪晚贈掌棣花邊春其為人也丰姿清秀天性聰明智羅星斗李賀古今驪珠照魏光難掩當劍生豐氣自光終是功名客豈為田舍翁步履三千皆從學博風九万即前程此則榮貴之命鴛幃春色麗子嗣繼名新運行[初]甲申初年之下天朗氣清乙酉運中十年窓下業時至便外騰丙戌運中自沐天恩寵黎民頌太平丁亥運中獄折斤言民訟息九天雨露再加陞戊子運中山河歸舊國雪鎬換離宮己丑運中正宜加爵何事辭榮庚寅運中春光如過障一枕了平生

庚寅年　癸未月　壬子日　庚子時

此八字壬子日刄之辰相配柱中火土禄氣才官之格人生得此生於右族長於名門金木椿萱双晚茂天邉鴻鴈各行鳴其為人也丰姿清秀天性孝忠高謀遠見識閲别慷慨情懷學識深終是登榮之客豈為避世之翁一朝馬上衣冠别耿耿声名播九重佇看官封三級酌然禄享千鍾此則榮蓋之命鴛幃正副桂子春英運行初甲申上入庇下未斷平生乙酉運中未奮志於雲霄之外且讀書於芸几之中丙戌運中須史雲霧合頃刻化成龍丁亥運中仁風施遠近政化㨗西東戊子運中江山迊五馬花柳拂双旌己丑運中佐政省堂民仰德何期解組向籬東庚寅運中晚年開故里會友以開樽辛卯運中花已落月尤況

庚寅年　癸未月　乙丑日　庚辰時

此八字乙丑日元相配柱中金土禄氣才官之格人生得此生於右族長於仁門椿萱椿有疾鴻鴈各行鳴其為人也丰姿清秀天性老成般般稍覽件件不精有近貴親賢之德應上和下之能笋長名园過舊竹花開上苑勝先春祖業添新慶根源勝舊風有心於貨利無意慕功名田园桑拓茂畝畝稻粱馨身將隱矣文何用人不知之味更真福元成岳瀆威勢壓鄉民此則穩旺之命鴛幃重合蚤子嗣晚光榮運行初甲申上人庇下天朗氣清乙酉運中天冷雲还凍江寬風尚生丙戌運中不是一番寒徹骨焉得梅花噴鼻馨丁亥運中風帶雪来應覓冷鳥啼花落始知春戊子運中成四時佳趣立萬古門庭己丑運中如松含晓翠似菊吐金英庚寅運中春光去也一枕清風

庚寅年癸未月乙丑日辛巳時

此八字乙丑日元相配柱中金水襍氣來印之格

來印相生功名顯達主人生於右族長於名門椿

萱榮茂唯双耄天邊鴻鴈各行鳴其為人也丰姿

清楚天性聰明千古文章運榮錦一天星斗煥心

胷躍過禹門三級浪方知勤苦十年功終是功名

之客豈為田舍之人鵬展八千知健翼魚翻深浪

見脩鱗一朝揚姓字重慜拜明君此則榮貴之命

鴛幃有犯須招硬子嗣秋來朵朵榮運行初戊申

上人庇下未斷平生己酉運中欲通千古史須用

十年功丙戌運中莫愁雪阻藍關道時來頃刻便

飛騰丁亥運中躍過三層浪衣冠覲聖明戊子運

中正是錦衣歸故里手扶日月上天庭己丑運中

萬里山河同一色庚寅運中榮歸故里子爵重封

辛卯運中星沉月落梦入蓬瀛

庚寅年　癸未月　丙午日　乙未特

此八字丙午日丹之辰襍氣才官之格主人生於

盛族長於仁門堂毋先帰椿後别西風鴻鴈失行

群其為人也行蔵果決作事乖能筆下有赦人之

德言中有毒害之声根源再立事業重成每向忙

中得空好来閙処安身貴人相指引福禄自天生

此則豪傑之命鴛幃非尅須重立子嗣森枝一菓

宋運行初甲申婠婠雲外月灼灼叢中英乙酉運

中漸看坐昼夜始覔月光明丙戌運中不意之中

生秀氣用心之処是虚名丁亥運中片雲能發千

山雨雨過千山依旧青戊子運中幾度鬧中生駭

襍依然東醉享精神己丑運中滔滔才禄旺輝輝

第宅新庚寅運中晚年多享福辛卯運中一夢返

佳城

庚寅年　癸未月　壬午日　癸卯時

此八字壬午日刃之辰襍氣財官之格傷官在柱事不十全主人生於温潤之族長於清白之門萱毋先歸椿後別天邊鴻鴈稍同群其為人也多智慧稍聰明雖不成名利生平近貴人祖業重新慶根源再整新門外田疇千古計江湖活計四時新雖不建侯封爵自然旺足平生此則穩秀之命鴛幃有碍須年啟子嗣虧中又有盈運行初四中上人屁下未斷平生乙酉運中青歸柳葉晴初變紅入尭花燦未匀丙戌運中世情濃又淡淡處又還濃丁亥運中世事有增有减財源或廢或興戊子運中正是梅青月白還愁人事虧盈己丑運中冲撃之所如履薄氷庚寅運中重添新氣象亦整舊威稜辛卯運中歸去也

庚寅年　癸未月　己未日　甲戌時

此八字己未陰刃之日相配柱中木火雜氣財殺之格人生得此生於良族長於名門椿親茱旺萱先別天邊鴻鴈各行鳴其為人也丰姿清淡天性乖能知高識下理白分清過火黄金須長價雖雲皎月倍清明祖基重再整事業必添新花無桃李非春色人有笙歌是太平時至財源富足進來第宅增新無辱心常足何須業利名此則饒裕之命鴛幃得配賢能女子嗣生成奪錦人運行初甲申幼年之下雲月朦朧乙酉運中春園雖雨過桃李未生英丙戌運中近水楼臺先得月向陽花木早逢春丁亥運中雨過園桃簇錦風和堤柳拖金戊子運中福若泉源湧財如春氣生當此之際柳絮輕盈己丑運中子貴孫茱家業旺何愁第二不光茱庚寅運中晚年沾寵渥辛卯運中一枕入佳城

庚寅年　癸未月　乙丑日　丁丑時
此八字乙木日元相配柱中金土雜氣財官之格
人生得此生於右族長於仁門木水椿萱雙脫殘
天邊鳴鴈各有隨鳴其為人也丰姿清秀天性聰
明機謀輒伏拿用人欽過火黃金重長價離雲
皎月倍清明雖不成名利生平近貴人樓臺壘壘
生涯好財帛豐饒福祿增豐年田舍禾盈 月日
山家酒滿斟有心於貨利無意身功名 須有錢
樓閣大何必騎鯨入五雲此則穩富之命鴛幃燭
夜添新蚕子嗣荣門朶朶馨運行初甲申上人症
下灾晦未伸乙酉運中堤柳已數新幹祿園梅不
改旧時馨丙戌運中着意種花花不活無心插柳
柳成陰丁亥運中財源旺足第宅增新　之中
不獨財源富足尚祈声勢豪横當此之際　之滿
庭己丑運中威權有布人欽服財帛興隆第宅增
庚寅運中富之以潤其屋德之以顯其身辛卯
運中花落水流春已失蘭摧玉折恨何能

庚寅年　癸未月　己未日　甲子時
此八字己未陰分之日相配柱中水木雜氣財官
之格人生得此生於右族長於名門椿萱榮晚別
鴻鴈各飛鳴其為人也行藏機變作事能雖無
深計較稍有淡聰明君子敬貴人欽朝中無姓字
閭里有光荣化日融融紛紛桃李千谿錦和風習
習疊疊江山列畫屏若告 心於名利天 會
顯豪英此則荣祿之命鴛幃春麗須招 森
森孝且忠運行初甲申只宜蔭庇未斷平生乙酉
運中雲開山聳翠雨過竹重青丙戌運中一枝梅
破臘萬象漸回春丁亥運中報道春光明媚果然
柳綠花紅戊子運中名佐衣冠而壯麗且於鄉里
也推尊己丑運中簾捲香風生百福軒門 看
元增庚寅運中鳥啼花落 不再逢

庚寅年　癸未月　己未日　乙丑時

此八字己未陰刃之曰相配柱中木火雜氣殺印之格殺印相生功名顯達焉得不榮豈得不貴主人生於文望之族長於詩禮之門椿親榮晚贈棠棣各敷榮其為人也丰姿清秀天性老誠辭鋒穎利疑無影筆力縱橫若有神定擬當朝顯朱紫豈教南畝務躬耕一日風雲来濟會九五天門[illegible]龍榮此則榮蘭之命鴛幃年長尤宜硬子嗣[illegible]且忠運行初甲申上人在下天朗氣清乙酉運中欲遂班超投筆志須嘉董子下帷功丙戌運中觀向月中攀桂子便從天上領陽春丁亥運中威飛乱浪怒令雲虎風生戊子運中腰横金作帯符剖玉為鱗梨花舞雪雨過山青己丑運中白[illegible]禽歸故里朝廷未遂兩疏心[illegible]火運中翩翩[illegible]爵讙佳城

庚寅年　癸未月　己未日　己巳時

此八字己未陽刃之曰相配柱中木火雜氣殺印之格人生得此生於右族長於高居鴻鴈幾行各奮椿萱一字期頤般般稍覽件件頗知性不受觸心不藏機羅綺飄香風蕩蕩壺觴列座草萋萋花盈上苑果盈園稻蒲平疇水滿池終是功名之客豈為田里耕鋤晚年子貴[illegible]光顯嶄然頭角[illegible]人殊此則恩榮之命鴛幃得配良能女子嗣[illegible]錦見運行初甲申幼年之下有何是非乙酉運中爆竹声催殘臘盡折梅香引早春歸丙戌運中始竟行藏有變還愁人事趦趄丁亥運中財源滾滾家居好風雪飛来襲齊衣戊子運中小池雨過添新綠深谷春来發舊枝己丑運中乃積[illegible]簏于笥庚寅運中夕陽有限[illegible]水無迴

庚寅年　癸未月　戊申日　壬子時

此八字戊申長生之日相配柱中水木雜氣才官之格寅申沖殺為良主人生於右族長於高堂椿萱雙晚茂棠棣各芬芳其為人也丰姿清貴天性果剛機謀韜伏禮樂鏗鏘口吐珠璣言語胸藏錦綉文章驪珠照魏光難掩雷劒生豐氣莫藏終是功名之客豈為田舍之郎〻〻頗登鳳閣嗟乎〻〻科塲一朝馬上衣冠別此是男兒當自強〻〻之命鴛幃有犯須招副子嗣生成貴顯郎從行初甲申上人庇下秉燭尋章丁酉運中十年窓下無人問一舉成名天下揚丙戌運中處事但憑三尺法理刑津似九秋霜丁亥運中金紫遷榮花位重天邊洒雪滿門墻戊子運中三度錦衣〻〻輪日月上天堂己丑運中〻〻材應大用去〻〻還鄉庚寅運中晚年籬下悠悠樂辛卯運中訃音一播冀椒漿

庚寅年　癸未月　戊辰日　甲寅時

此八字戊辰日德之辰相配柱中木火雜氣殺印之格殺生相生功名顯達主人生於良族長於名門金水椿萱連珠層天邊鴻鴈各搏風其為人也丰姿清秀天性聰明錦綉胸藏賢聖章珠璣口吐武我風太山北斗千年在和氣春風四座傾終是功名之客豈為田舍之翁鵬路高搏知律〻〻門深躍見滑鱗一從揚姓字金紫職階降〻〻之命鴛幃連珠須配小子嗣秋來有挺柴匽行初甲申上人庇下稚祿平生丁酉運中欲向雲中奪足須從灯下留心丙戌運中報道是龍還不信果然奪得錦標新丁亥運中寒拂紫衣催驛〻光生玉鄭下雲層戊子運中職近金紫升名〻〻未尚仙人己丑運中明時柱石臧世腴胠〻運中春光如過隙一枕了平生

庚寅年　癸未月　丙子日　辛卯時

此八字丙子之日相配柱中金水𢈔氣才官之格喜逢印綬生身女人得此生於右族匹於高堂椿萱双茂晚鴻鴈各翱翔其為人也丰姿清秀天性果剛勝丈夫之氣蓋有男子之才能行藏有道作事頗剛筭第蘋蘩存礼御相夫教子總贍良風送芰荷香滿院日勻花萼發新粧心精如月漢性急似風捲滄浪佇看夫榮子貴也此則益旺之命良人得配名門女子嗣生成貴顕郎運行府壬午上人庇下花放風輕辛巳運中竹戀花蝴蝶花貪竹鳳凰庚辰運中水向石边流出冷風從花裏過囊香己卯運中天上三陽泰之間福禄新戊寅運中珠幃翠擁薰蘭麝綉幃排錦裳丁丑運中羅綺臨風多壯觀珎羞百於常丙子運中春花已落啼鳥無声

庚寅　癸未　庚子　巳卯

此八字庚金相配柱中火木𢈔雜氣才官之格人生得此生於翰苑之族長於清净之居椿萱不相守棠棣各分離其為人也丰姿磊落氣宇高奇有理白分清之智親賢近貴之機遊山玩水携詩卷對月臨風把酒危一日風雲相際會霹靂雷神聽断指揮此則清高之命運行初甲申上人庇高低乙酉運中如冷水寒魚不食滿般歸丙戌運中幾度樂中有悶数番静裏憂愁丁亥運中自有順天之慶豈無福地之時戊子運中淡烟楊柳岸薄霧杏花堤己丑運中雖則人歎八𢿙还然世事留虧庚寅運中過户清風為益大丁庭明月足相知辛卯運中孫徒滿目壬辰去来兮

庚寅年　癸未月　甲寅日　壬申時

此八字甲寅專權之日祿氣殺印之格殺印相生
功名顯達遇斯命者生於西室長於高門椿親双
晚茂棠棣有數榮其為人也丰姿清秀天性聰明
筆底詞源三峽水胸中學業五車深禮樂縱橫詩
書貫串馬蹄塵土三千里鵬翼風雲九萬程一從
姓字登金榜凜凜威風四海清佇肴官封二〻酌
然祿享千鍾晚年光審景隶旨近明君
之命鴛幃春色麗子嗣桂蘭馨運行初甲申上人
庇下安晦未伸乙酉運中刺股勤書卷埋頭謝史
文丙戌運中起風騰蛟從此始果然平地有雷聲
丁亥運中威飛虬浪怒令重虎風生戊子運中重
紫重金當是貴須曳風雪尚愁人己丑運　本
應大用未許便絲榮庚寅運中榮歸故里人〻千
生辛卯運中九地可憐埋片玉春雲無復見儀形

庚寅年　癸未月　甲寅日　辛未時

此八字甲寅專權之日相配柱中金土祿氣才官
之格官殺混雜喜比肩助力有功遇斯命者生於
右族長於名門椿萱双晚茂鴻鴈各飛騰其為人
也丰姿清秀天性聰明高謀遠見機關別懷慨情
懷學識深雖不成名利終身作貴人樓臺疊疊生
涯好才帛風盈福祿增有慮盡傳詩禮樂　采
自遠方親湖海有名閑富貴琴樽風月
則旺長之命鴛幃連珠低一載桂蘭晚節方森英
運行初甲申上人庇下花放風生乙酉運中漸漸
精神發奕肴肴氣象增丙戌運中寒向梅中吉
從柳上生丁亥運中富貴榮華當此際何愁人事
有虧盈戊子運中一番風雪初情後從　偪
祿增己丑運中威權有布人欽服才帛豐　宅
新庚寅運中無思無慮辛卯運中春夢無憑

子平遺書　三五

庚寅年　癸未月　癸丑日　癸亥時

此八字癸丑日元相配柱中火土雜氣才殺之格亦有拱祿之意同主人生於右族長於名門木火椿萱雙晚茂天邊有飛騰其為人也丰姿清秀天性聰明善决善斷多見多聞行藏多瀟洒作事識重輕有理白分清之德應上和下之能重成新事業再整舊門庭福布江山外名聞湖海中得意江山詩句健忘情日月酒盃深田園有意公卿[illegible]無心宇宙輕此則穩厚之命鶯幃有犯須年小子嗣秋來朶朶成運行初甲申上人庇下春風駘蕩憂日炎薰乙酉如花向日似月離雲丙戌運中漸漸精神爽有有氣象新丁亥運中近水樓臺先得月向陽花木早逢春戊子運中雪晴雲散[illegible]說從此滔滔福祿增己丑運中延賓玩物會人[illegible]搏庚寅運中人生從此別無復儀形

子平遺書　三六

庚寅年　癸未月　庚午日　乙卯時

此八字庚午貴人之日相配柱中木火雜氣財官之格喜逢印綬生身遇斯命者生於名門長於右族椿親微貴尤存晚天邊鴻鴈各博風其為人也丰姿清秀天性能為多智慧少操持妍窮今古漢獵詩書袖裡紅霓冲霄色筆端風雨駕雲衢終是功名之客豈教田里去耕鋤北海蛟横頭角南山豹变爪牙齊一朝騰踏飛黃去濟濟[illegible]鳳池此則榮貴之命鶯鴈正副方偕老子嗣榮門孝義齊運行初甲申雖居庇下未必為奇乙酉運中讀殘茅殿月待價而沽諸丙戌運中秋幃捲去風青榜姓名題丁亥運中驛中曉日催行站江上春風捲彩衣戊子運中一番風雪初晴後三度君恩墜紫泥己丑運中正欵忠君輔國未應解組懸車庚寅運中西風起處尊鱸美脫啣閑時菊酒宜辛卯運中春光一去無消息江水東流何日西

庚寅年　甲申月　丁丑日　甲辰時

此八字丁丑日元配合柱中財官財旺生官之格人生得此生於良族長於仁門椿萱双晚別鴻雁各搏風其為人也丰資清秀足上疾紫行蔵果斷作事老誠世事頗能將就般般學久精通過火黄金重長價離雲皎月倍清明重成新事業再整舊門庭花無桃李非春色人有笙歌是太平門外生涯千古計爐邊活計四時新雖不健健候封爵自然福禄駢臻此則穩厚之命鴛幃重合巹子嗣晚光榮運行初乙酉上人庇下花落風生丙戌運中穩地栽花多艷麗移桃插柳色鮮明丁亥運中漸漸精神豁爽看看氣象增新戊子運中一拔梅破臘萬象漸回春己丑運中成四時佳趣立萬古門庭庚寅運中進寶玩物會交關樽辛卯運中引鶴酒行三徑晚節梅同醉一壺春壬辰運中夕陽有限春夢無憑

庚寅年　甲申月　辛巳日　壬午時

此八字辛巳之日相配柱中木火才鼓之格人生得此生於右族長於名門椿萱雙晚茂鴻雁後隨鳴其為人也丰姿清秀天性機關英材而出類學問以淵源學問有成應必著衣冠殊別性萌堅魚佩玉鱗光照地雀躍瑞帶勢沖天清明已去雲霄上逸氣還充宇宙間揚清激濁祛悪除奸緋衣日煖趨金闕宝殿雲開識聖顏此則榮貴之命鴛幃宜有贈子嗣晚真蘭運行初乙酉上人庇下花放風生丙戌運中窮古今之事理讀聖賢之簡篇丁亥運中鰲逐玉蟾攀桂去馬隨青帝踏花還戊子運中威飛扎浪怒令重虎風驚己丑運中一番風雪過金紫職高遷庚寅運中日造金門下行聯鴛鷺班辛卯運中晚年四里樂樽酒鮮怡顏壬辰運中蟠桃已熟三千載王母相邀入綺筵

庚寅年　甲申月　辛丑日　壬辰時

此八字辛丑日元相配柱中木火才官之格傷官助才之論主人生於右族長於名門椿親崇且壽鴻鴈各行鳴其為人也丰姿清秀天性聰明五車書富三冬足兩石弓富萬鍾冲霄句好為天下白文詞俊似海東青終是功名客豈為田舍翁龍飛九五青雲近鵬擊三千翰海中一朝騰踏飛黄去必將德澤惠三軍瑤池鞭靜朝南極五夜鐘停拱北宸此則榮貴之命鶯啼春色聚子嗣晚光榮運行初乙酉上人庇下未斷平生丙戌運中欲向雲中舉足須從灯下留心丁亥運中報道是龍還不信果然奪得錦標新戊子運中自沐天邊寵朝朝識聖明己丑運中三度受

君恩喜兩番風木驚庚寅運中有材應大用未許便辞榮辛卯運中春光已去花落月沉

庚寅年　甲申月　庚辰日　戊寅時

此八字庚辰日德之辰身旺生才之格冲刑太重孤寡相隨女人得此生於茂族配於高門姿容閑朗覽貌精神勝丈夫之氣槩有男子之材能春入水光成嫩緑日勻花蕚發新紅難觸難犯易喜易嗔才源旺足喜慶維新四柱帶刑孤寡重却教半世守孤灯此則賢良之命良人有剋难偕老子嗣秋来假當真運行初癸未上人庇下雲月朦朧壬午運中青帰柳葉晴初变紅入桃花煖未勻辛巳運中春風播奕微雨美晴庚辰運中一度愁心對蒼雪何禽尤解報昇平己卯運中悶中生駁雜靜[illegible]宥憂心戊寅運中冲擊之所須刻風雲丁丑運中無思無慮丙子運中一枕难醒

庚寅年　甲申月　庚寅日　丙子時

此八字庚寅日元相配柱中水火傷官制杀之格喜遇建禄身強值斯命者生於右族長於西房椿親磊落萱歸副天邊雲鴈不同行其爲人也丰姿清秀天性果剛胸中藏錦綉筆底妙文章東海驪珠能幾見豐城雷劍不終藏終是功名之客豈爲田舍之郎純學科場驚試院英材翰苑沐恩光清映梅花煎玉雪寒生栢府凛秋霜此則榮貴之命鴛幃重合錦子嗣晚光揚運行初乙酉上人庇下災晦一場丙戌運中味適心千古觀文目兩行丁亥運中報道是龍還不信果然奪得錦標還戊子運中鴈塔題名後威飛郡縣忙己丑運中聖世開閶闔紫綬列佳昌庚寅運中未許懸車去還留作棟梁辛卯運中承恩歸故里會友以流觴壬辰運中春光去也一枕黄粱

庚寅年　甲申月　己丑日　壬申時

此八字己丑日元相配柱中金木傷官助才之格人生得此生於右族長於名門椿萱双晚茂棠棣苑邊春其爲人也丰姿清秀天性聰明袖裡虹霓沖霄色筆端風雨駕雲程衣冠濟濟人中傑和氣怡怡席上珍終是登庸之客豈爲避世之靈豹变南山霧鵬搏北海風一日聲名遍天下滿城桃李尽陽春佇看官封三級酌然禄享千鍾此則榮貴之命鴛幃金玉潤子嗣桂蘭榮運行初乙酉春風駘蕩夏日炎蒸丙戌運中讀殘茅店月囊聚集頭螢丁亥運中騰身離泮水舉足入神京戊子運中禹浪三層都躍過風生鉄面鬼神驚己丑運中南陽邵杜名高善西漢蕭曹令大行當此之際風雪滿庭庚寅運中有材應大用未許便辭榮辛卯運中晚年籬下樂會友以論文壬辰運中夕陽有限一道訃音

庚寅年　甲申月　乙酉日　辛巳時

此八字乙酉專權之日相配柱中旺金偏官之格人生得此生於良族長於仁門椿萱双晚茂棠棣花邊青其為人也丰姿清爽天性聰明知高下識重輕過火黃金重長價離雲皎月倍清明樓臺疊疊生涯好才帛興隆福祿增門外田疇千古計庭前花木四時新水光浮座盃盤瑩花氣侵人咲語馨身將隱矣文何用人不知知味更真但顯才源旺足何須身入青雲此則穩旺之命鸞幃春色饗子嗣秀还馨運行初乙酉月明雲醫花放風生丙戌運中堤柳已數新幹綠園桃不改舊時馨丁亥運中近水樓臺先得月向陽花木早逢春戊子運中到此始知時運好萬物光華百事通己丑運中才源雖富足風雪又盈庭庚寅運中威權有布人欽伏才帛興隆第宅新辛卯運中背祿之地一道訃音

庚寅年　甲申月　乙巳日　甲申時

此八字乙丑日元相配柱中旺金正官之格正官者貴氣之物也主人生於右族長於仁門㞢木椿萱双晚茂天邊鴻雁各行鳴其為人也丰姿清秀天性剛中錦繡胷藏賢聖學珠璣口吐武文風過火黃金顯十分之貴色離雲皎月布萬里之清明終是功名之客豈為田舍之翁比海蛟龍頭角聳南山變豹爪牙新一從傳姓字職位秉權衡此則榮貴之命鸞幃重有贈子嗣晚光榮運行初乙酉上人庇下未斷平生丙戌運中獨殘茅店月囊聚岸頭榮丁亥運中報道是龍还不信果然奪得錦標新戊子運中驛中晚日催行站江上春風促去程己丑運中三度君恩喜兩番風木驚庚辰運中正宜重加職未許便辭榮辛巳運中双青松筠之好景倘來輕見一凡輕壬午運中花已落月尤沉

庚寅年　甲申月　乙酉日　庚辰時

此八字乙酉專權之日正官之格官殺混雜混殺得宜主人生於良族長於仁門上命椿萱連珠屬天邊鴻鴈有行鳴其為人也丰姿清秀天性聰明知高下識重輕過火黃金重長傾離雲皎月倍清明高士敬貴人欽門楣壯觀樓閣淩雲萬象光華沾沛澤四時佳趣瑞祥生有心於湖海無意於功名第長名園過舊竹花開上苑盛先春但欽秉陳貫朽何須衣紫腰金此則勝祖強宗之命鶺鴒連珠低一截子嗣金風有挺榮運行初乙酉上人庇

下花放風生丙戌運中寒向梅中畫春從柳上生丁亥運中江湖足才利閭里播芳名戊子運中軒闢化日千祥集譽捲香風百福臻一番風雪過從此旺才名己丑運中須史雨過過後山青庚寅運中有客留茶有酒盈樽辛卯運中春光去也一夢難醒

庚寅年　甲申月　庚辰日　辛巳時

此八字庚辰日德之辰相配柱中旺火時上偏官之格喜逢建祿身強遇斯命者生於右族長於仁門萱母續絃椿老落木火相生是納音天邊鴻鴈有各飛鳴其為人也丰姿清秀天性聰明英材出類孝問淵源五車書富三冬足兩石弓當萬騎衝終是功名之客豈為田舍之翁一日風雲相際會九天雨露沐深恩已把嚴威權酷吏更將德澤惠軍民此則榮貴之命鶺鴒全正副子嗣桂蘭榮運行初乙酉月明雲散花放風生丙戌運中讀書映

雪觀史引灯丁亥運中騰身離洋水舉足上神京戊子運中千里霜威金斧重三秋風色綉衣輕己丑運中一番風雪初晴後金紫煌煌雨露隆當此之際權重生驚庚寅運中錦衣肥馬重重貴天上恩波浩浩新辛卯運中歸去松筠三徑足倘來軒冕一毫輕壬辰運中春光歸去盡空悠子規聲

庚寅年　甲申月　癸未日　丁巳時

此八字癸未日元相配柱中金火奈生印綬之格人生得此生於右族長於名門木火椿萱萱歲長天邊鴻鴈各行鳴其為人也丰姿清秀天性聰明斷高理直處事公平胸羅星斗學貫古今袖裡虹霓冲霄色筆端風雨駕雲程終是功名之客豈為田舍之翁雲程坦坦登天去擧足悠悠名利成一朝但得風雲便九天雨露沐皇恩此則榮貴之命篤幃有犯須年敵子嗣生成貴顯人運行初乙酉聞詩學禮終怠始勤丙戌運中一旦畧通諸事覽雲霄趂尺可飛騰丁亥運中到此始知文學好長安道上馬蹄輕戊子運中一天膏雨隨車至千里仁風逐扇生梨花雖舞雪祿位再加陞己丑運中戢廷金紫貴風雪又還生庚寅運中冲擊之所戢効淵明辛卯運中春光如過隙一枕入巫峯

庚寅年　甲申月　乙未日　壬午時

此八字乙未之日相配柱中旺金正官之格正官者貴氣之物也惜乎冲破滅我功名主人生於右族長於名門金火椿萱双睌茂天邊鴻鴈有行鳴其為人也丰姿清秀天性聰明有理白分清之智截長補短之能過火黄金重長價離雲皎月倍清明祖業添新慶根源勝旧風月掛碧天多皎潔名揚湖海有光榮無慮盡傳詩礼樂有朋来自遠方觀雖不建侯封爵自然財禄餘盈此則發祿之命篤幃得配名門女子嗣生成貴顯人運行初乙酉上人庇下花放風生丙戌運中小池雨過新添綠深谷春来發旧馨丁亥運中漸漸精神爽看看氣象新戊子運中才如春水滔滔長福似秋蟾皎皎明己丑運中一番風雪初晴後大地春回萬物生庚寅運中延賔玩物會友開樽辛卯運中晚年快樂壬辰運中花落月沉

庚寅年　甲申月　乙卯日　甲子時

此八字乙卯專祿之日相配柱中金水官印之格有官有印無破作廊廟之材只嫌沖破事不十全主人生於右族長於名門萱毋先歸椿耐晚天邊鴻鴈各行鳴其為人也丰姿清秀天性聰明頗知禮義稍識古今行藏覺瀟洒笑傲任枯榮遇火黃金重長價離雲皎月倍清明不必覓珠来水府何須求劍到豐城但顧財源旺足任他身外無名此則穩厚之命鴛幃金命須年小子嗣生成跨灶人運行初乙酉上人庇下風雪初晴丙戌運中寒向梅中盡春從柳上生丁亥運中隱隱輕雷抽碧笋微微細雨潤紅英戊子運中簾捲香風生百福軒闢化日福元增己丑運中不獨財源富足尚期聲勢豪洪當此之際風雪滿庭庚寅運中引鶴徐行三徑曉約梅同醉一壺春辛卯運中春光去也一夢巫峰

庚寅年　甲申月　丁亥日　己酉時

此八字丁亥日貴之辰相配柱中金水才官之格才盛生官終身有慶遇斯命者生於右族長於仁門木命椿萱不同屬天邊鴻鴈各飛騰其為人也丰姿清秀天性聰明有微微之計較淡淡之材能曰福曰榮自有順天之慶常安常樂豈無福地之深祖業添新慶根源勝舊風月掛蒼天多皎潔名揚湖海有光榮財源富足平生好何必天邊沐寵榮此則穩福之命鴛幃重合晚子嗣晚光榮運行初乙酉春風駘蕩夏日炎蒸丙戌運中寒向梅中尽春從柳上生丁亥運中雖則行藏有慶幾多人事虧盈戊子運中梅須遜雪三分白雪亦輸梅一断馨己丑運中財源富足家居好還愁風雪滿門庭庚寅運中軒闢化日千祥集簾捲香風百福臻辛卯運中夕陽有限春夢無憑

庚寅年　甲申月　戊子日　戊午時

此八字戊子日元相配柱中金水食神制殺之格四柱兩沖獄各貴氣主人生於右族長於高居椿萱同爲方諧老鴻鴈天邊尚各飛其爲人也丰姿清秀天性能爲頗知禮義稍識詩書見善則持於己富仁不讓於師遊山翫水携詩卷對月觀花把酒斟祖業添新慶根源異昔時滿世功名身外事五湖風月樂盈餘此則旺足之命鴛幃得合舉案齊眉子嗣有成班衣孝感運行初乙酉上人庇下未斷高低丙戌運中世事短如春夢人情薄似秋

枝丁亥運中梅梢或掂春消息始覺陽和滿太虛戊子運中天上三陽泰人間五福齊己丑運兼正是梅青月白還愁飛絮浸衣庚寅運中才源富足家業盈餘辛卯運中花落水流春已去蘭稹玉折恨何知

庚寅年　甲申月　己丑日　丁卯時

此八字己丑日元相配柱中金木傷官制殺之格人生得此生於邃室長於名門水火椿萱嵗長天邊鴻鴈有隨鳴其爲人也丰姿清秀天性聰明知高下識重輕過火黃金重長價雖雲蔽月倍清明不向杜路走閒逢却来湖海覔黃金笋長名園過檣竹花開上苑勝先春花無桃李非春色人有笙歌是太平財源富足第宅增新但願一生湖海樂何必天邊沐寵榮此則穩厚之命鴛幃連珠須配小子嗣秋来旺宅門運

行初乙酉上人庇下定晦未伸丙戌運中春歸柳葉晴初變紅入桃花燰未勻丁亥運中隱隱輕雷抽壁笋微微細雨潤紅英戊子運中天上三陽泰人間伍福增己丑運中雪晴雲散天如洗從此財源倍有增庚寅運中軒闊化日千祥集薰捲香風百福增辛卯運中春光去也一枕清風

庚寅年　甲申月　辛卯日　甲午時

此八字才杀之格值斯象者椿萱难並奉鴻鴈不聯群其為人也高謀遠見機關別慷慨情懷學識深法相久誇勞榮牘功名還藉筆刀成行看晚年光霽景紛紛黎庶仰威雄此則吏官之命鴛幃同庚須納寵桂蘭還蘭長秋叢運行初乙酉上人庇下樂意從容丙戌運中娟、雲裹月灼、葉中英丁亥運中貴人相接引從此旺身名戊子運中勞雖則行藏有慶幾多人事忽、己丑運中皇恩有感政化西東庚寅運中職位榮加權勢重一番跋踄一番凶辛卯運中佐政黄堂民悦服聖恩深處可思尊壬辰運中榮歸故里一夢巫峯

庚寅年　甲申月　壬午日　癸卯時

此八字太壬生臨午位號曰禄馬同鄉傷官用印之格女人得此生於右族長配名門椿萱雙晚茂鴻鴈各摶風其為人也丰姿清秀天性聰明雖是女流之輩過如男子材能雪為輕粉隨風飾霞作臙脂仗日匀風送芰荷香滿院日匀花蕚發新紅滔滔無阻滯步步助夫門心静似月明雲漢性急如風捲殘雲錦繡花開家富貴瑯玕竹報日昇平此則榮益之命良人配得名門友子嗣秋來貴顯人運行初癸未上人庇下毓秀閨門壬午運中紅葉溝中傳密意赤繩月下結良姻辛巳運中須臾雲掩月頃刻月離雲庚辰運中爆竹声摧殘臘尽折梅香引早春逢己卯運中天上三陽泰人間五福增戊寅運中羅綺千般足珎新百味新丁丑運中晚年快樂子貴夫榮丙子運中花已落月尤沉

庚寅年　甲申月　丙戌日　戊戌時

此八字丙戌日元相配柱中金水財殺之格刑冲
太過滅我功名主人生於右族長於名門水木椿
萱萱歲長天邊鴻鴈有飛騰其為人也丰姿清秀
天性聰明知高識下理白分清高謀遠見機関别
慷慨春風一好人萬里無雲天一色三秋好景月
長明不必覓珠来水府何須求劍到豐城英雄惟
贈劍三尺豪傑相逢酒一鍾非吏非儒非汗馬有
金有粟也光荣此則固守致貴之命篤怖春騾須
年長子嗣生成奪鄉人運行初乙酉上人庇下未

必謀論丙戌運中世事短如春夢人情薄似秋雲
丁亥運中金距閙難三市北玉鞭跨馬五陵東戊
子運中納粟奏名揚四海果然福禄倍添增己丑
運中富貴榮華當此際西風洒雪滿門庭庚寅運
中蕉捲香風生百福軒開化日禄元增辛卯運中
子貴孫榮家業旺壬辰運中春帰花落鳥無聲

庚寅年　甲申月　庚辰日　辛巳時

此八字庚辰日德之辰相配柱中木火才杀之格
人生得此生於右族長於名門木火椿萱双脱茂
天邊鴻鴈各飛騰其為人也丰姿清秀天性聰明
世事頗能將就般學久精通曰福曰榮自有順
天之慶常安常樂豈無福地之深重成新事業再
整舊門風豐年田舍禾盈礬臘日山家酒滿斟朝
中無姓字囊裏足黄金但頗富足何須天禄才名
此則穩富之命死怖水命須年少子嗣榮門孝義
深運行初乙酉上人庇下未断昇沉丙戌運中未

歡桃李紅紅色且喜湖光淡淡晴丁亥運中一枝
梅破臘萬象漸為春戊子運中金勒馬嘶芳草地
玉楼人醉杏花天己丑運中才帛盈囊人事廣也
愁飛絮襲衣襟庚寅運中天上三陽泰人間五福
增辛卯運中延賓翫物會友開樽壬辰運中落花
寂寂啼山鳥杳夢悠悠入九重

庚寅年　甲申月　丁未日　戊申時

此八字丁未陰日之日相配柱中旺金才旺生官之格才盛生官終身有慶遇斯命者生於良族長於高堂椿萱高迈双双耄鴻鳳莫能隊隊行其為人也丰姿清秀天性柔剛聰明書藝遠倜儻世情是驪珠照耀光雅掩雷劍生豐氣莫蔵終是功名之客豈為田舍之翁一朝馬上衣冠別此是男兒當自強此則榮貴之命駑怫宜有贈子嗣晚名揚運行初乙酉上人庇下花放風狂丙戌運中味道心千古披文目幾行丁亥運中振道是能还不信

果然奪得錦標还戊子運中自沐天边寵翱朝識聖王己丑運中重重風雪过時後金紫階陞到雀堂庚寅運中冲擊之所權重生殃辛卯運中辞名帰故里會友以開樽壬辰運中春光去也啼鳥無声

庚寅年　甲申月　己丑日　壬申時

此八字己丑日元相配柱中金木傷官助才之格人生得此生於右族長於仁門火命椿萱一期壽天邊鴻鴈各遣鴻其為人也丰姿清秀天性聰明般般精覧件件不精風月交遊瀟洒客情過火貴金重長價離雲散月倍光明不向仕途求闡達却來湖海覓黃金水光浮座盘盞臺花氣侵人咲語聲才源富足第宅增新但顧一生才祿旺何須誇爲入青雲此則穩旺之命駑怫配合須年小子嗣森枝旺宅門運行初乙酉上人庇下安晦未伸丙

戌運中娟娟雲裏月灼灼葉中蕤丁亥運中近水樓臺先得月向陽花木早逢春須臾風雨過山青戊子運中才如春水滔滔長福似秋蟾皎皎明己丑運中正是光風霽月還然人事虧盈梨花難雪進退因循庚寅運中延寅觀物會友開樽辛卯運中春光去也一道訃音

庚寅年　甲申月　己巳日　丙寅時

此八字己巳匀陳得位之白傷官之格刑沖太重事不十全主人萱毋先婦椿後别天边鴻雁不聯群手姿磊落志氣豪洪機謀輙伏牽用人致祖基袓業添新慶才帛資囊自葺成進山翫水携詩卷對月觀花把酒斟。君子敬貴人欽命時好意審成恐每把真心換得嗔雖不封爵自然潤屋潤身信看晚年光霽景宣宣車馬集門庭此則傑人之命鶯幃全正剋子有光崇運行初乙酉雪消雲始散芦絮白寒禁丙戌運行青園雨過花木增新丁亥運中雖則行藏有慶幾多人事迍迍戊子運中世事濃又淡淡處又还濃己丑運中片雲能發千山雨雨過千山依旧青庚寅運中英雄惟贈劍豪傑相逢酒一鍾當此之際一番風雨辛卯運中万象光華沾沛澤四時佳趣沐皇恩　壬辰運中安樂晚景癸巳運中一枕清風

庚寅年　甲申月　乙巳日　丙戌時

此八字乙巳日元相配柱中旺金正官之格只嫌沖破年干透出為奇主人生於右族長於高堂椿萱榮倚雅双巻天邊鴻雁各行鳴其為人也丰姿清秀天性聰明五車書富三冬足兩石弓當萬騎沖衣冠濟濟人中傑和氣怡怡席上珍終是功名客豈為田舍翁龍門変化三春浪鵬路遣還萬里程一從姓字傳揚後九五天門面聖容此則榮繼之命鴛幃春藹藹子嗣曉叢叢運行初乙酉上人庇下渼渼春雲兩戌運中十年窓下業時黃卷與青灯丁亥運中蔵器待時時必達時來頃刻便升騰戊子運中自沐天恩寵黎民頌太平己丑運中一天膏雨随車至千里仁風逐扇生庚寅運中正欲榮加金紫貴何期觧組向雒東辛卯運中春光去也花落月沉

庚寅年 甲申月 戊申日 丁巳時

此八字戊申長生之日相配柱中金木傷官制殺之格人生得此生於逝室之族長於名望之門木火椿萱萱歲長天邊鴻雁各飛騰其為人也丰姿清雅天性聰明立仁立義多見多聞錦綉胸臓賢聖學珠璣口吐武文風太山北斗千年在和氣春風四座傾終是功名之客豈為田舍之翁折桂場中誇妙手標名雁塔振蜚聲一從宴錫瓊林後凜凜威風四海清此則榮貴之命鴛幃春暖須年歆子嗣榮門孝且忠運行初乙酉上人庇下花放風生丙戌運中斑膏展卷熏爛觀文丁亥運中起鳳騰蛟從此始玉堂金馬豈难登戊子運中重沐恩波鳳池裏朝朝染翰侍明君己丑運中衣惹御爐拖錦綉筆宣皇澤洒春霖庚寅運中解組回田里辛卯運中晚年安樂壬辰運中一枕清風

庚寅年 甲申月 庚辰日 戊寅時

此八字庚辰日德相配柱中水木傷官刼才之格人生得此生於右族長於名門堂上椿萱双晚翠天边鴻雁各行鳴其為人也丰姿清秀天性機関美材而出類孝問以渊深揚清激濁誅悪除奸清名已在雲霄上英氣还帰宇宙間意遂玉蟾攀桂去馬随青帝踏花还一日風雲相際會直向金鑾拜聖顔此則榮華之命鴛幃須配小子嗣晩茶蘭運行初乙酉上人庇下春草春山丙戌運中十年窓下客臥寒毡丁亥運中騰蛟起鳳攀桂步蟾戊子運中重重風雪过金紫贬遷己丑運中名聞萬里威布江山庚寅運中正顕忠君輔何期解印帰閑辛卯運中春光去也一枕清風

庚寅年　甲申月　丁亥日　庚戌時

此八字丁亥日貴之戌相配柱中金水才官之格才盛生官終身有慶喜逢印綬生身值斯象者生於盛族長於高門金命椿萱双脫茂天邊鴻鴈各飛鳴其為人也丰姿清秀天性聰明胸羅今古事李識聖賢心麗句妙為天下白高才俊似海東青終是功名之客豈為田舍之翁比海蛟龍頭角聳南山豹变爪牙新一朝騰踏飛黃去九天雨露沐皇恩此則榮貴之命篤慱有配須年小子嗣枝枝有挺榮運行初乙酉上人庇下未斷升沉丙戌運中欲向雲中奎延須從圖下留心丁亥運中時來風送滕王閣頃刻高博萬里程戊子運中自沐天邊寵朝朝識聖明己丑運中郎署官卑何足羨大夫金紫貴重增梨花舞雪雨過山青庚寅運中重紫重金官爵貴还愁素耗尚生驚辛卯運中榮帰故里一道訃音

庚寅年　甲申月　己丑日　丙寅時

此八字己丑日相配柱中金木傷官用印之格傷官若用印官殺不為刑人生得此生於右族長於甚門椿親耐晚鴻鴈各分其為人也丰姿清秀天性聰明理窮古事兼今事書對賢經與聖經麗句妙為天下白高材俊似海東青不向高門傳藝業却來翰苑侍文英奮身辭白屋率步入青雲一日風雲相際會九天雨露沐皇恩瑤池鞭靜朝南極五夜鐘停拱北宸此則榮貴之命篤慱達理合子嗣桂蘭榮運行初乙酉上人庇下花放風生丙戌運中焚音屋巻秉燭觀文丁亥運中騰身辭泮水應廷上神京戊子運中威風揚遠近澤塵起疲癃己丑運中三度君恩不帰故里兩扶日月上天庭庚寅運中佇看官封三級自然祿享千鍾辛卯運中晚年離下樂壬辰運中一枕入巫峯

庚寅年　甲申月　庚辰日　戊寅時

此八字庚辰日德之辰相配柱中水火傷官助財之格人生得此生於右族長於名門萱母先帰椿耐晚天邊鴻鴈各行鳴其為人也丰姿清秀天性聰明千古文章逞榮耀一天星斗煥心胸驪珠照耀光难掩雷劔生豊氣自充終是功名客豈為田舍翁雲程坦坦登天去擧足悠悠名利成一朝騰踏飛黄去九天雨露沐皇恩此則榮貴之命鴛幃重合翟子嗣晚光榮運行初乙酉上人庇下風雪論空丙戌運中歎逐平生志潜心對一經丁亥運中時来風送滕王閣頃刻高搏萬里程戊子運中自沐天邊寵朝班立縉紳己丑運中三度君恩金紫貴两番風木使人驚庚寅運中赤心扶日月素志展經綸辛卯運中解組回田里東籬菊酒香壬辰運中帰去也

庚寅年　甲申月　乙巳日　癸亥時

此八字乙巳日元相配柱中旺金正官之格正官首旺氣也只嫌相冲事不十全主人生於右族長於名門椿萱有倚難双耄鴻鴈天邊不共鳴其為人也丰姿清秀天性聰明般般消覧件件不精風月為念瀟洒忘情行藏果断處事公平遊山玩水携詩卷對月觀花把酒斟終是功名客豈為田舍翁作士作儒非汗馬也知閭里顕勲功此則困富致貴之命鴛幃有礙須年幼子嗣生来有変通運行初乙酉上人庇下未断平生丙戌運中世事短如春夢人情薄似秋雲丁亥運中殘臈嚴寒池雨過依然花放晚風輕戊子運中財源雖富足人事尚囙循己丑運中前運微疵今正好名成利就克如心庚寅運中庭前竹報平安日檻外花開富貴春辛卯運中優游多快樂壬辰運中一枕夢難成

庚寅年　甲申月　辛未日　庚寅時

此八字辛金相配柱中木火財官之格定顯金紫之榮此肩太重減我光榮終為財福之本主人生於右族長於高門椿親萱別萱先殞天邊鴻鴈陣行分其為人也丰姿清秀天性聰明善決善斷多見多聞高人起敬貴客相欽祖業須重立財源厚積存湖海生涯好江湖道路與遇巧番成掘真心換得真薄有酒館閑日月苦無心緒慕功名雖不建侯封爵自然潤屋潤身此則穩厚之命鴛幃有礙重年少子嗣森枝有挺崇運行初乙酉上人庇下未斷平生丙戌運中雖則行藏有慶也愁人事虧盈丁亥運中財源滚滚家居好一度風波也愁人當此之際絃斷重新戊子運中世情濃又淡淡慶又還濃己丑運中莫言此運多才祿得一程而失一程庚寅運中財源雖旺足人事尚遙巡辛卯運中享子孫之福慶壬辰運中夢杳杳之佳城

庚寅年　甲申月　癸未日　壬子時

此八字癸未日元相配柱中旺金印綬之格印綬者上格也女人得此生於良族長配名門椿萱雙晚茂鴻鴈各行鳴其為人也姿容清秀天性溫存有肝食宵衣之懊惱治家立業之材能一苑杏桃鋪錦綉半溪秋水綠羅新相夫應有道訓子總成群楊柳無風枝嬝娜梅花有月萼精神心靜似懸崖飛瀑心安似山月秋清錦綉花開春富貴琅玕竹報日昇平此則助旺之命良人配合年低友子嗣生成貴顯人運行初癸未上人庇下毓秀閨門壬午運中紅葉溝中傳客意赤繩月下結良姻辛巳運中淡煙楊柳岸薄霧杏花村庚辰運中萬疊好山雲乍斂一樓明月雨初晴己卯運中羅綺千般色珍羞百味新戊寅運中福若泉源湧才如春氣生丁丑運中機絲閒晝景明月照黃昏

庚寅年　甲申月　甲申日　甲戌時

此八字甲申專祿之日相配柱中旺金偏官之格人生得此生於右族長於名門蓋毋先歸重有繼天邊鴻鴈各行鳴其為人也丰姿清秀天性聡明高謀達見幾関別慷慨春風一妙人世事每從忙裏就財源自向遠方生祖業添新慶根源勝舊風月離海嶠山山秀春入園林處處英不必覓珠來水府何須求劍到豐城福元成岳瀆威勢壓鄉民此則穩厚之命鴛幃重合疊子嗣旺門庭運行初乙酉上人庇下花放風生丙戌運中寒向梅中盡春從柳上青丁亥運中爆竹声傳殘臘盡折梅香引早春逢戊子運中財如春水滔滔長福若秋蟾皎皎明己丑運中庭前竹報平安日檻外花開富貴春當此之際風雪滿庭庚寅運中愈老黃花香馥郁歲寒松栢耐長青辛卯運中桃源春已去蓬島信難通

庚寅年　甲申月　庚辰日　戊寅時

此八字庚辰日德之辰相配柱中水木傷官助才之格人生得此生於右族長於名門椿萱双晚贈鴻鴈各行鳴其為人也丰姿清秀天性聡明理窮今古事學識聖賢心麗句妙為天下白高材俊似海東青終是功名之客豈為田舍之翁三級浪中龍變化九霄雲外鳳飛騰一朝騰踏飛黃去金紫榮華次第陞此則榮貴之命鴛幃重有贈子嗣晚光榮運行初乙酉上人庇下花放風生丙戌運中欲向雲中舉足須從灯下留心丁亥運中騰身離泮水攀桂步蟾宫戊子運中耀過三層浪朝班立縉紳己丑運中職迁金紫聲名重風雪飛来尚惱人庚寅運中皇恩有感聲名顯十郡山河化日明辛卯運中榮歸故里壬辰運中一枕難醒

庚寅年　甲申月　戊戌日　丁巳時

此八字戊戌魁罡之日相配柱中金木食神制殺之格刑冲太重藏我功名主人生於右族長於仁門椿萱双晚茂棠棣不聯叢其爲人也丰姿清秀天性聰明斷高理直處事公平萬里韶華世事每從忙裏就一聯美景財源自向遠方生雖成新事業難守舊門庭花無桃李非春色人有笙歌是太平時來財祿旺還至福元隆無辱心常足何須慕帝京此則發福之命鴛幃春暖須相熊子嗣崇門孝且忠運行初乙酉上人庇下花放風生丙戌運

中天邊初出月苑上始開英丁亥運中漸漸精神爽看看氣象新戊子運中成四時佳趣立萬古門庭己丑運中春圃雨過萬物增新庚寅運中延賓玩物會友開樽辛卯運中晚年快樂壬辰運中春夢無憑

庚寅年　乙酉月　庚申日　庚辰時

此八字庚申專祿之兼傷官之格女人得此生於茂族長於高堂裙釵濟楚家業軒昂心靜似月離雲漢心安似風捲滄浪翁姑雖有分妯娌若參商處世無榮辱平生福祿昌此則饒足之命良人賢傑俱成夢子嗣庭前發秀香運行初甲申蘭生元澧玉韞崑岡癸未運中非結絲羅山海頗豈諧琴瑟地天長壬午運中家門壯觀行樂勝常辛巳運中洛陽三月花如錦尚被顛風攪一場庚辰運中正好尋芳拾翠何期烟霧茫茫已卯運中晚年標致老景安祥戊寅運中安享昇平福丁丑運中清風引夢長

庚寅年　乙酉月　庚戌日　丁亥時

此八字庚戌魁罡之日配合柱中火木財盛生官之格財盛生官終身有顯值斯象者丰姿俊秀標格清奇自是人中傑天生席上珍其為人也生於富豈長於豪居堂上嚴慈齊有慶鴈行出我錦標英學問有成萬里彩旗迎過客英材敏捷一聲霹靂躍潛鱗奕世衣冠從今望九天雨露沐深恩佇看重金重紫日都憲馳名福不輕此則宰輔之命鴛幃牡丹添芍藥桂子招來又顯榮運行初丙戌跳得運前運內過中年享福治軍民丁亥運中青雲有路終須到黃榜題名必有程戊子運中皇恩陞祿位狼虎盡潛形己丑運中腰横金帶雪雨淋身庚寅運中重金重紫臺憲馳名辛卯運中上五年辭官解印下五年子顯朝廷壬辰運中留名萬載一夢西沉

庚寅　乙酉　壬子　庚戌

此八字壬子日丑之辰印綬之格印綬者上格也人生得此豈不成名椿父先别萱後别西風鴻鴈失行群其為人也行藏倜儻氣槩縱横筆刀雄健李問聪明心下有濟人之德胞中無毒害之声件件須磨琢般般做不成時運到時機會好定登天府沐洪恩此則貴显之命妣幃宜長宜招副子嗣無多也發崇運行初丙戌無恩無慮不雨不晴丁亥運中漸看春永昼始覔瑞祥生戊子運中但得高人提挈去果然禄馬旺前程己丑運中声名遠

此顯風波不為驚庚寅運中禄位當華光此際崇中心事未遑寧辛外運中老年精壮人民伏進退之中爵禄陞壬辰運中田園多快樂癸巳運中一夢返佳成

庚寅年　乙酉月　癸丑日　丙辰時

此八字癸丑之月相配柱中金土官印之格正謂有官有印無破作廊庙之材人生得此生於族長於名門椿萱双晚茂棠棣苑邊生其為人也丰姿清秀天性聪明源流三峡誰及筆掃千軍詩與論北海蛟横巍然而出頭角南山豹变粲然而官文英折桂塲中跨好手摽名鳫塔振蜚声鳳傳玉漏金闈暁花秧千旗玉殿春一日声名遍天下满城桃李咲陽春此則荣貴之命鴛幃東西錦帳子嗣朵朵光荣運行初丙戌上人庇下天朗氣清丁亥運中敨向雲中奉廷

須從灯下留心戊子運中騰身辞泮水攀桂步蟾宫己丑運中自沐天边宂朝班立縉神庚寅運中片言折獄捲衡重二蕃陞擢紫腰金當此之際三載詠陰辛卯運中赤心扶日月素志層經綸壬辰運中晚年離下落癸巳運中一枕巫峯

庚寅年　乙酉月　乙亥日　庚辰時

此八字乙亥之日相配柱中金土殺生印綬之格人生得此生於右族長於名門土木椿萱雙晚茂天邉鴻鴈各行鳴其爲人也丰姿清秀天性聰明頗知禮義稍識古今有近貴親賢之德應上和下之能祖業添新慶根原勝舊風月掛碧天光皎潔名傳湖海有光榮水光浮座盃盤瑩和氣侵人咲語馨消閑棋一局纏輿酒三盃錦繡花開春富貴琅玕竹報日平安但願一生湖海樂何必天邉沐寵榮此則積厚之命鸞幃有克須夭長子嗣森枝晚節戌運行丙戌上人庇下未斷平生丁亥運中世事宛如新折柳人情薄似半開英戊子運中隱隱輕雷抽碧笋微微細雨潤紅英己丑運中不是一翻寒徹骨焉得梅花噴鼻香庚寅運中才源旺足家居仔風雪飛來尚灺人辛卯運中天上三陽泰人間伍福臻壬辰運中晚年快樂癸巳運中春夢無憑

庚寅年　乙酉月　乙卯日　丁丑時

此八字乙卯専祿之日相配柱中旺金偏官之格人生得此生於右族長於名門椿萱晚榮贈鴻鴈有飛騰其為人也丰姿清秀天性聰明筆底詞源三峽水胸中學業五車深衣冠濟濟人中傑和氣怡怡席上珍終是功名之客豈為避世之靈萬里扶搖騰彩鳳一聲霹靂躍潛鱗瑶池瀲靜剩南極五夜鐘停拱北宸此則榮貴之命鸞帏春色凝子嗣晚榮門運行初丙戌上人庇下天朗氣清丁亥運中讀殘茅店月囊聚案頭螢戊子運中足展三千皆後學搏風九萬即前程己丑運中綉衣耀日鐵面生風庚寅運中戢廷金紫声名顯風雪飛來倍慘情辛卯運中明時柱石盛世股肱壬辰運中人生從此別無復見儀刑

庚寅年　乙酉月　壬子日　甲辰時

此八字壬子日刃之辰相配柱中金土殺生印綬之格人生得此生於右族長於名門椿父先歸萱後別天邊鴻雁各行鳴其為人也丰姿清秀天性聰明胸藏星斗李貫古今袖裡虹霓沖霄足平頭風雨駕雲程驪珠照耀光难掩雲劍生風氣自生終是功名客豈為田舍翁際會風雲管攝住看頭角嶸昰達有加陞此則榮貴之命鴛幃有犯須年敵子嗣秋來有挺棠運行初丙戌上人花下未斷平生丁亥運中欲遂平生志須加董子功戊子運中時來風送騰王閣頃刻高搏萬里程已丑運中自沐天边寵初識聖門中庚寅運中德戰廷金紫布德施人辛卯運中有才堪大用擢重尚生鴛壬辰運中一挑黃泉路千年夢不醒

庚寅年　乙酉月　癸酉日　己未時

此八字癸酉日元相配柱中金土殺生印綬之格女人得此生於右族配於名門椿萱双晚茂棠棣苑邊春其為人也姿容清爽髮兒精神有針黹之巧立業之勤萬里無雲天一色三秋好景月長明深明閨壼理德識古今情一苑杏桃鋪錦半溪山水綺羅新心靜月明雲漢性急如風捲殘雲時逢運至多如意從此夫門福祿增此則穩旺之命良人連珠須配長子嗣榮門孝義深運行初甲申上人花下花放風生癸未運中紅葉溝中傳密意赤楓月下結良姻壬午運中財旺生官家業長福星臨照喜非輕辛巳運中食則珍羞百味衣則羅綺千層庚辰運中但願江山生秀氣恩沾喬木動陽春己卯運中門楣壯觀子貴光榮戊寅運中桑榆暮景丁丑運中一道訃音

庚寅年　乙酉月　庚申日　丁亥時

此八字庚申專祿之日相配柱中木火才官之格本顯功名只嫌陽刃持命事不十全主人生於右族長於名門椿萱有倚堆双老天邊鳴鴈各行鳴其為人也丰姿清雅天性聰明知高識下趁吉避凶過火煮金更長價雌雲皎月倍清明英雄准贈劍三尺豪傑相逢酒一鍾不須登仕路何用對青燈兩鄉秋色皆喬木眷屬風流有幾人才源富足平生好如何天府沐皇恩此則穩厚之命鴛幃連珠滇配小子嗣森枝晚節崇運行初丙戌春風貽

蕩夏日炎蒸丁亥運中娟娟梅月白淡淡柳風清戊子運中近水樓臺先得月向陽花木早逢春己丑運中才源滾滾家居好只恐花開風又生梨花帶雨過山前庚寅運中威權有布人欽服才帛興隆福祿增辛卯運中松尚茂柏尤青壬辰運中無復見儀形

庚寅年　乙酉月　丙子日　甲午時

此八字丙火相配柱中金水財官之格財盛生官終身有慶遇斯命者生於右族長於名門水命椿萱榮晚茂天邊鴻鴈有行群其為人也丰姿青秀天性聰明高謀遠計機關別慷慨春風一妙人萬象光華沾沛澤四時佳趣瑞祥生樓臺疊疊生涯好財帛豐饒福祿增福布江山外名聞湖海中花無桃李非春色人有生歌是太平雖不建侯封爵也應富貴平生此則發福之命鴛幃正副須年小子嗣秋來朶朶榮運行初丙戌上人庇下花放風

生丁亥運中登臨值雨賞諸春陰戊子運中寒向梅中盡春從柳上生己丑運中梅梢忽報春消息從此陽回萬物生庚子運中紫柏競馳金勒馬鎦階爭看玉樓人當此之際風木之驚辛卯運中財源富足第宅增新壬辰運中有田皆種玉無樹不生英壬寅運中花落人何在哀猿三兩聲

庚寅年　乙酉月　乙未日　戊寅時

此八字乙未日元相配柱中旺金傷官之格女人得此生於右族配於名門椿萱棠棣露皓白妯娌翁姑分尚輕有針線之巧立業之勤勝丈夫之氣有男材能雲收華岳千山秀水到湘江一樣清每懷九騰意特把澤隣心滔滔無阻滯步步助夫門克勤而克儉而喜而易嗔但看夫榮子貴也應福祿無窮此則豊足之命良人蓮珠榮貴害子嗣生成貴是人運行初甲申幼年之下脈秀閨門癸未運中淡烟楊柳岸薄霧杏花村壬午運中雖則夫門行樂飲幾多人事尚于盈辛巳運中一樹曉烟迷為藥半江秋水浸芙蓉庚辰運中萬疊好山雲乍飲一輪明月雨初晴己卯運中夫榮子貴樂須臾風雨生戊寅運中晚年快樂一梳难还

庚寅年　乙酉月　丙寅日　丁酉時

此八字丙寅長生日相配柱中旺金財旺生官之格時盛生官終身有慶遇斯命者生於右族長於西房椿親貴客萱居副天邊鴻雁各成行其為人也年姿清奐天性果飼心胸藏錦綉筆底好文章終是功名之客豈為田舍之郎純學科傷鷺試院英林翰苑沐恩光一從姓字傳揚後直上金臺輔聖玉此則榮貴之命鴛幃得配連珠女子嗣生成貴顯郎運行初丙戌上人庇下未斷平生丁亥運中味道攀古披文得意行戊子運中時來風送滕王閣頃刻高超入帝鄉己丑運中重沐恩波當此際朝朝染翰侍君王庚寅運中雪晴雲散天如洗金麟光照紫微堂辛卯運中未許懸車轉還留作棟梁壬辰運中美酒盈觴癸卯運中春光去也一梦黃梁

庚寅年　乙酉月　辛酉日　戊子時

此八字辛酉專祿之日相配柱中木火財官之格
亦有朝陽之意人生得此生於右族長於名門木
命椿萱双晚茂天邊鴻鴈各行鳴其爲人也丰姿
清秀天性聡明行藏果斷作事老成萬里無雲天
一色三秋好景月常明不向仕途求聞達郤来湖
海覔黄金田園桑柘茂畝畝稻粱馨自将隱矣文
何用人不知之味更真此則穩拿之命鴛幃得配
名門女子嗣榮門朶朶馨此運初丙戌上人庇下
未斷平生丁亥運中青歸柳葉晴初変紅入桃花
煖未匀戊子運中門楣壯麗樓閣凌雲己丑運中
簾捲香風生百福軒開化日祿元增當此之際風
雪満庭庚寅運財源富足第宅增新辛卯運中松
尚茂栢猶馨壬辰運中一枕清風

庚寅年　乙酉月　癸酉日　戊午時

此八字日元相配柱中金土官印之格人生得此生於右族
長於名門椿萱双悅茂棠棣各敷榮其爲人也丰姿磊
落天性聰明筆底詞源三峽遠胸中李業五車深離
珠照巍先唯掩雷劫生風氣自充定擬當朝顯朱紫
宣教南畝務躬耕鵬路高搏知捷翼龍門深若見
修鱗一朝騰踏飛黄去濟濟衣冠拜聖明此則榮貴
之命鴛幃連理合子嗣桂蘭榮運行初丙戌上人庇
下花放風生丁亥運中明窓静己養史朝經戊子運中
霹靂一声雲露合禹門躍過浪三層己丑運中獄析斤
雲名訟息九天雨露再加陞庚午運中三度君恩喜
一番風木驚辛未運中錦衣肥馬重重貴天上恩波
浩浩新壬辰運中明時柱石盛世股肱癸巳運中春光
去也一枕准醒

子平遺書

庚寅年　乙酉月　庚申日　丁亥時

此八字庚申專祿之日相配柱中木火才官之格主人生於右族長於名門金火椿萱足眼疾天邊鴻雁有隨鳴其為人也丰姿清秀天性聰明斷曲理直處事公平機謀輒伏衆周人欽高謀遠見機関別慷慨風流一妙人第長名園過旧竹花開上苑勝先春琴樽風月為生計金谷松筠旧歲春雖然不是金鞍客自然一世福駢臻此則豊饒之命鴛幃有犯頂拈副子嗣森枝孝義人運行初丙戌上人庇下来斷平生丁亥運中隱隱輕雷抽碧笋微微細雨潤紅英戊子運中一枝梅破臘萬象漸回春己丑運中才源富足家居好風雪閑非尚惱人庚寅運中月離海嶠山山秀春入園林處處英辛卯運中經霜松栢儼然秀冐雨芝蘭分外青壬辰運中約梅同醉引鶴徐行癸巳運中落花寂寐啼山鳥一夢悠悠入九泉

子平遺書

庚寅年　乙酉月　庚戌日　甲申時

此八字庚戌魁罡之日相配柱中木火才官之格陰刃持令減我功名主人生於右族長於名門萱毋續絃椿是旧天边鴻雁各飛鳴其為人也丰姿清秀天性聰明頗知礼義稍識古今有近貴親賢之德應上和下之能祖業添新慶根原勝旧風月掛碧天多眩槩名揚湖海有光榮水光浮座盃盤瑩花氣侵人笑語馨不以功名為念豈惜冠冕麿磐但頗才源富足何須天府求榮此則穩享之命鴛幃重合疊子嗣晚光榮運行初丙戌灾関已過如月離雲丁亥運中寒向梅中尽春從柳上生戊子運中近水樓臺先得月向陽花木早逢春己丑運中正是有年光需景还愁人事有虧盈庚寅運中雪晴雲散天如洗從此滔滔福祿增辛卯運中庭賓玩物會友閑樽壬辰運中夕陽有限春暮免憑

庚寅年　乙酉月　辛未日　壬辰時

此八字辛未日元相配柱中木火財官之格喜逢建祿身强入生得此生於右族長於高門椿親爲甚歸何速我生他死實傷心椿親寧招繼天邊鴻鴈有行鳴其爲人也丰姿清秀天性頗能斷高理直處事公平謀動君子威伏小人祖業添新慶根源勝舊風田園桑柘茂畝畝稻梁馨五湖風月閑生計金玉松筠舊令名終是功名容豈爲田舍翁非吏非儒非汗馬献金納粟也光榮此則因富顯貴之命鴛幃東西錦帳子嗣同鳳曹麟運行初丙戊椿親庇下風雪初晴丁亥運中雨過山方秀雲開月炤娟戊子運中隱隱輕雷抽筶笋微微細雨潤紅英己丑運中財源旺足家居好風雪飛來尚恤人庚寅運中財旺自然家業旺果然發福也非輕辛卯運中富之以潤其屋德之以顯其身壬辰運中安閑快樂癸巳運中春夢無憑

庚寅年　乙酉月　戊寅日　甲寅時

此八字戊寅專祿之日相配柱中金木傷官制殺之格女人得此生於右族長配名門萱母先歸椿耐晚天邊鴻鴈各行鳴其爲人也姿容清爽体態和溫有針綫之巧立産之勤春入水光成嫩綠日勻花蕚發新紅相夫𦒿有道訓子總成群衣冠濟濟三從備家業昂昂四德新玉産倪崗藏韞色蘭生楚澤散清馨难觸难犯易喜易嗔佇看夫榮子貴也應福祿無窮此則榮益之命良人年長榮華客子嗣金鳳孝且忠運行初甲申椿親庛下風雪初晴癸未運中雖則夫門多快樂幾多人事尚田循壬午運中不是一番寒徹骨焉得梅花噴鼻香辛巳運中裙釵濟濟家居好片時風雪不爲驚庚辰運中光華疊疊沛澤紛紛己卯運中子貴夫榮重沐寵何愁白髮鬓边生戊寅運中晚年閑快樂丁丑運中一枕入巫峰

庚寅年　乙酉月　辛未日　丙申時

此八字辛未日元相配柱中木火財殺之格女人得此生於右族配於高居翁姑姑長倚妯娌義尤隸其為人也儀容清朗髮皃不低琴罇軒會拖為過如男子勝如丈夫怒則氣冲牛斗喜則化日熙熙楊柳無風枝婀娜梅花有月倍光輝家門而饒益福祿而豐餘何必鳳冠帔服貴子榮晚節福無虧此則旺福之命良人配合須年長子嗣秋來有貴兒運行初甲申姆訓組織多奇癸未運中共諧鸞鳳侶夫唱而婦隨壬午運中雨過園桃灼灼風和堤柳依依辛巳運中須史其險阻須刻事無危庚辰運中輝輝羅綺臨風舞濟濟裙釵向日輝己卯運中夫賢子秀多快意春歸花落鳥空啼

庚寅年　乙酉月　丁卯日　乙巳時

此八字丁卯日元相配柱中[illegible]金才旺生官之格人生得此生於右族長於名門金玉椿萱双晚茂天邊鴻鴈各行鳴其為人也丰姿清秀天性聰明胸羅今古事李識聖賢心錦鋒穎利疑無敵筆力總横若有神終是功名之客豈為田舍之翁鰲遂玉蟾攀桂去馬隨青帝踏花門一日奮身辞白屋雨露傾沾疊疊陞此則榮貴之命鸞帏宜有贈子嗣彩衣新運行初丙戌上人庇下天鵬氣清丁亥運中十年窓下業黃卷與青灯戊子運中報道是龍还不信果然奪得錦標新己丑運中驛中晓日催行站江上春風促去程庚寅運中戰迁金紫宇宙澄清當此之際柳絮輕陰辛卯運中佇看官封三級酌然祿享千鍾壬辰運中籬下黃花酒丘中白雪携癸巳運中夕陽有限春夢無憑

庚寅年　乙酉月　乙亥日　丙戌時

此八字乙亥之日相配柱中水火殺印之格只嫌身弱減我功名主人生於右族長於名門土木椿萱宜歲長天邊鴻雁有飛騰其為人也丰姿清秀天性車能知高識下理白分清謀動君子威伏小人水光浮座杯盤瑩和氣侵人咲語馨祖業添新慶根原勝舊風田園桑柘茂畝畝稻粱馨不尚仕途求聞達却來湖海覓黃金雖不建侯封爵貴囊中積寶富豪翁此則豐饒之命鴛幃連理須配硬手嗣秋來有顯榮丙戌運中上人庇下未斷平生丁酉運中世事短如春夢人情薄似秋雲戊子運中雖則家門有慶幾多人事虧盈己丑運中才源旺足家居好尚有災非素耗生庚寅運中祿似泉源湧才如春氣生蔡花帶雪雨過山青辛卯運中蕉開化日千祥集薰捲香風百福臻壬辰運中子孫之福癸巳運中杳杳佳城

庚寅年　乙酉月　癸丑日　癸亥時

此八字癸丑元日相配柱中旺金剋生印綬之格亦有謀祿之意主人生於族長於高門椿萱有倚成無倚鴻雁成群又斷群其為人也丰姿清秀天性聰明理窮古事堅今事書誦賢經與聖經自有順天之命豈無復地之深祖基不守事業昇新有近貴親賢之德敬上和下之能畫戟門前難着脚英才境內好安身金繩三秀詩擅瑞宝樹千花佛界春此則清穩之命運行初丙戌上人庇下離祖更家丁亥運中夭桃艷杏無心戀明月清風足稱戊子運中人道清閑多暢樂心猿意馬上匆匆己丑運中擅那有倚生岩好普度齋粮福慶龍丑字之中一番風雨庚寅運中座別諸生上臘居主席之尊辛卯運中濟濟生徒淵目壬辰運中黃粱一枕難醒

庚寅年　乙酉月　壬戌日　丁未時

此八字壬戌日德之辰相配柱中金土剋生十之格才神在在柱减我功名主人生於右族長於高門金水椿萱榮貺贈天邊鴻鴈各行鳴其為人也丰姿清秀天性聰明千古文章逞榮耀一天星斗煥心騎驪珠照魏光難掩雷劍生豐氣充終是功名之客豈為田舍之翁蛟横北海風雲會豹变南山霧要生一從揚姓字秉芻引金門此則榮貴之命鴛有犯須招硬子嗣秋來有継榮運行初丙戌上人庇淡淡春雲丁亥運中歆向雲中舉足須從

燈下留心戊子運中雪宴雖留苦志天階未許登榮己丑運中到此始知文學好長安道上馬蹄輕庚寅運中郎署官勳何足羨大夫職位重重顯黎花舞雪雨過山青辛卯運中有才應大用何事便辭榮壬辰運中夕陽有限春夢無憑

庚寅年　乙酉月　甲寅日　癸酉時

此八字甲寅專禄之日相配柱中金木合殺留官之格官壽作殺之論主人生於右族長於高門椿萱双晚茂棠棣茺邉春其為人也丰姿清秀天性聰明李問有成筆底詞源三峽水英材敏捷胸中瑩潔一天星衣冠濟濟人中傑和氣怡怡席上珎定擬攀龍附鳳豈教南畝躬耕萬里扶瑶驚騰蛰一声霹靂躍潜鱗長安人滿路皆看錦衣新威嚴少好樊深麼赳疲癃此則榮貴之命鴛幃金玉潤子嗣錦衣新運行初丙戌上人庇下花放風生丁

亥運中十年窓下業黄巻與青灯戊子運中鵬路高搏知健翼龍門深躍見潜鱗已丑運中千里霜威金谷重三秋風色錦衣輕庚寅運中戕迁金紫声名顯風雪飛来喜不驚辛卯運中錦衣肥馬重重貴天上恩波浩浩新壬辰運中酒解平生恨衣沾上国塵癸巳運中帰去也

庚寅年　乙酉月　甲戌日　甲子時

此八字甲木之日陽刃合殺留官之格人生得此生於右族長於高門壹毋續絃椿蕣天邊鴻雁各翱翔其為人也手姿清秀天性果剛高明書藝遠倜儻世情長筆底詞源三峽遠胸中學就錦雲章驪珠照魏光難捲雷劍生風氣羨巍笑顏登試院唾手赴科場一朝馬上衣冠別此則男兒當自強清映梅窓兼玉雪寒生柏府凛秋霜此則崇貴之命鴛幃金玉潤子嗣長珠光運行初丙戌上人莊下其樂何當丁亥運中味道心千古披文目五行

戊子運中三級浪中龍变化九霄雲外鳳飛騰己丑運中雨帶霜威朝北闕口傳天詔鎮南山庚寅運中職任金紫声名重風雪飄飄滿墻辛卯運中權高有福慎則無妨壬辰運中西風南畝收香稻恍擲東籬菊酒香癸巳運中春光一去無消息年年流水過夕陽

庚寅年　乙酉月　壬戌日　庚戌時

此八字壬戌日德之辰相配桂中金土官印之格人生得此生於右族長於名門椿萱雙晚翠棠棣有聯英其為人也手姿清秀性格剛明有理白分清之智裁長補短之能門楣壯樓閣凌雲萬象光華沾沛澤四時佳趣瑞祥生豊年田舍禾盈豐騰日山家酒滿斟江湖有意公卿少廊庙無心宇宙輕晚年財祿旺春日色融融此則發旺之命鴛幃得配如魚水子嗣生成貴顯人運行初丙戌春風駘蕩夏日炎蒸丁亥運中始知春晝永方覺瑞祥生戊子運中綉花看有艷畫水聽無聲己丑運中梅須遜雪三分白雪却輸梅一段馨庚寅運中才帛盈囊人事廣也愁飛絮白沾巾辛卯運中滚滚才源旺滔滔福祿臻壬辰運中子貴孫賢家業旺何愁白髮鬢邊生癸巳運中花已落月尤沉

子平遺書

庚寅年　乙酉月　乙亥日　丙戌時

此八字乙亥日主相配柱中旺金合官制殺之格傷官用印之論人生得此生於右族長於名門椿萱雙晚茂棠棣苑邊春其為人也丰姿清秀天性聰明世事頗能將就般般學又精通遇火黄金顯十分之黄色離雲明月布萬里之清明重成新事業再整舊門庭遊山翫水携詩卷對月觀花把酒斟身將隱矣文何用人不知之味更真雖不建侯封爵自然潤屋潤身此則穩厚之命鴛幃連珠須招小子嗣秋来朶朶榮運行初丙戌春風駘蕩夏日炎蒸過此丁亥運中雨過園桃簇錦風和堤柳拖金戊子運中寒向梅中畫春從柳上生己丑運中財源滾滾家居好還愁花發尚風生庚寅運中桃李千谿錦江山一畫屏辛卯運中富之以潤其屋德之以顯其身壬辰運中無思無慮癸巳運中花落月沉

子平遺書

庚寅年　乙酉月　丁丑日　壬寅時

此八字丁丑日元相配柱中金水才官之格才盛官生終身有慶遇斯命者生於右族長於名門水土椿萱榮晚贈鴻鳫天邊不共鳴其為人也精神烱烱智慧明明胸羅星斗季貫古今袖裡虹霓冲霄色筆端風雨駕雲程終是功名客豈為田舍翁純字文章驚試院英才翰苑沐深恩瑶池鞭静朝南極五夜鍾停拱北辰此則榮貴之命鴛幃有把須招副子嗣森枝有挺榮運行初丙戌上人庇下霄月光風丁亥運中挑灯展卷秉烛觀文戊子運中莫愁雪阻藍關道時来頃刻便飛騰己丑運中重沐恩波鳳池裏朝朝染翰侍明君庚寅運中黎花舞雪雨過山青辛卯運中重紫重金當是景未應解組向蘺東壬辰運中解組帰田里癸巳運中春帰鳥不吟

庚寅年　乙酉月　丁丑日　丙午特

此八字丁丑日之相配柱中旺金才旺去官終身有慶女人得此生於右族長於名門椿萱有倚推双秀天边鴻雁各行鳴其為人也丰姿清秀天性聰明紫且超群有針功立業之巧青入水光成嫩綠日閒花蕚發新粧紅折夫榮有過訓子抱成群衣冠洛濟三徑經字業向然福祿無窮此則穩享之命良人金命添年少子女生成貴顯門運行甲申上人庇下来斷平生癸未運中紅入売源花欄熳雨光搖銀海水澄清壬午運中正是太平光霽須史風雨尚愁人辛巳運中利中加利紅上曾紅己卯運中夫賢子貴戊寅運中正是兒孫福功名再不醒

庚寅年　乙酉月　丁丑日　辛丑時

此八字丁丑日元相配柱中旺金才旺生官之格入生得此生於右族長於名門椿萱有倚鴻雁聯鳴其為人也丰姿清秀天性聰明錦綉胞藏賢聖奪珠璣口吐武文風筆落驚風雨詩成泣鬼神早登蟾窟攀丹桂快向龍門奪錦英一從姓字傳揚後人侶神仙馬侶龍施政安請夏材高杜稷臣此則榮貴之命篤幃得配名門女子釣秋來朵朵榮運行初丙戌上人庇下花放風生丁亥運中歎遂平生志潛心對短檠戊子運中騰身辞泮水攀桂步蟾宮己丑運中有材應大用未許便歸榮壬辰運中籬下黃花酒冬令白雪詩癸巳運中春宵清梦断萬事揔成空

庚寅年　乙酉月　甲子日　辛未時
此八字甲子日元相配柱中金水殺生印綬之格
人生得此生於右族長於名門椿萱雙晩茂棠棣
各敷榮其為人也丰姿清秀天性聰明錦繡胸藏
賢聖學珠璣口吐武文風太山北斗千年在和氣
春風四座傾終是功名之客豈為田舍之翁龍門
变化三春暖鵬路逍遥萬里程一從姓字儔揚後
直上金鑾輔
聖明此則榮貴之命鴛幃美麗須招副子嗣秋来朶
朶榮運行丙戌幼年之下未断升沉丁亥運中欽

向雲中舉足須從燈下留心戊子運中藏器待時
時必達時来頃刻便飛騰己丑運中到此始知文
學好長安道上馬蹄輕庚寅運中三度
君恩金紫貴两番風令使人驚辛卯運中赤心扶
日月素志展經綸卯字運中花放風生壬辰運中脱
年閑快樂癸巳運中一枕入巫峯

庚寅年　乙酉月　乙卯日
此八字乙卯日相配柱中之金偏官之格人生得
此金紫榮華椿萱含脱翠棠棣有同英丰姿洒落
天性聰明理窮今古事學貫聖賢經終擬仕塗騰
踏豈教莘野躬耕瓊林宴罷沾恩寵肅氣奔飛郡
縣鶩此則榮肅之命鴛幃全正副桂子有承榮運
行初丙戌幼年之景花放風生丁亥運中残讀窓
下月囊死業頭螢戊子運中禹浪連三躍衣冠拜
鳳池己丑運中一番風雪過戢列大夫榮庚寅運
中十群山河開戢掌九重恩命又榮徽辛卯運中

大才大用壬辰運中一夢难醒

庚寅　乙酉　辛亥　乙未

此八字辛亥日相配柱中木傷官助才之格人生得此半姿洒洛天性良質捨萱众耐晚鴻鴈有行聯理明今古事學貫聖賢篇終擬揚名顯姓豈教鑿井耕田一日風雲相際會果然騰踏去朝天此則顯耀之命鴛幃配合雙諧老桂子金風朶朶妍運行初丙戌上人众庇花放風顛丁亥運中似匡衡之鑿壁初高鳳之特竿戊子運中禹浪連三躍衣冠拜九天己丑運中一番飞雪過祿位又高遷庚寅運中權衡奮千里人有事復奮辛卯運中秉持重柄未許回轅壬辰到癸巳運中歸去也

庚寅年　乙酉月　乙亥日　辛巳時

此八字乙木相配柱中旺金去官留殺之格經云去官留殺方論福去殺留官不為卑喜運行印旺之鄉偵斯象者注人丰姿清朗体皃精神幼年篤志歸顏巷長歲功名達鳳池其為人也生於顯耀之室長於詩禮之庭堂上嚴慈雙雙秀鴻鴈天邊陣陣鳴學問有成縈紆春蚓行行縺英才曠達屈曲銀鈎字字新蛟龍豈是池中物一旦昇騰化作鱗抱濟世安邦之策懷經天緯地之心千里踏開雲水國九天飛入帝王城佇看輔佐山河日權壓文臣與武此則棟梁之命鴛幃招正副桂子躍龍門運行初丙戌淡雲籠弱柳微雨暗中庭丁亥運中欲遂平生男子志宜加董子下功深戊子運中報道是龍還不信果然奪得錦標名己丑運中行李蕭蕭離帝闕滾衣金笭鬼神驚號令一出狼虎潛形庚寅運中衣紫肅榮權印重職居風憲淡淋身辛卯運中朗朗高懷登帝闕昂昂志氣鎮軍民兩朝無事安磐石萬国歸心托老臣職兼文武祿享千鍾癸巳運中変烟閣上標名字大廟東廟塑渾身

庚寅年　乙酉月　癸未日　丙辰時

此八字癸水配合柱中金水官印之格官印者上格也值斯象者上格也丰姿倜儻天性剛能遇豪強全然不懼逢喜友相敬相親其為人也生於仁族長於良廷嚴慈有慶中一别鳳行書我會操持學問鮮知夫子語平生自有貴人欽祖基總有宜有宜添整財帛人情自立成般般磨過件件勞心但顧有酵終日飲貴人提挈子孫榮此則成家立業之命鴛幃有犯焉同老子嗣先難晚有麟運行初丙戌雨餘山路泥石滑未許登山賞菊秋丁亥運中學問勤中得憂危未稱情戊子運中自有貴人來指引家門安險破非臨己丑運中財如春水滔滔漲福似秋蟾皎皎明祿享千鍾客壽算百年椿庚寅運中風吹天上雲興家福祿增辛卯運中初樓臺增産業往來盡是達豪朋時時飲羊羔日日烹雀舌壬寅運中見子聲名振閣王綮促城

庚寅　乙酉　丁巳　庚子

此八字丁巳日相配柱中金水時上偏官之格人生得此宜乎仕路榮居椿萱堂上雙龍虎棠棣庭前有共榮丰姿磊落天性聰明學問淵源三峽水育襟瑩潔一天星北海致横頭角聳南山豹变爪牙馨一從躍過三層浪榮沐恩波肅氣清此則榮耀之命鴛幃金玉聚子嗣桂蘭馨運行初丙戌幼承上庇黄卷青燈丁亥運中欲遂平生志思囊照露螢戊子運中快居蟾窟攀丹桂綬步天門沐寵榮己丑運中一番風雪過祿位又加陞庚寅運中權衡千萬風浪兩三層辛卯運中秉持重柄未擬辭榮壬辰運中錦衣故里癸巳運中香夢蓬瀛

庚寅年　乙酉月　庚申日　丁亥時

此八字庚申日相配柱中之金木才官之格女人得此儀容英雅天性良能椿萱棠棣齊眉壽妯娌翁姑分上臻有應上和下之計掌家立業之機一菀杏苑鋪錦綉滿山松栢映屏幃佇看夫榮子秀霞衣帔服輝輝此則榮淋女命良人配合豪榮客桂子森森舞綵衣運行初甲申幼年之景樂守香閨癸未運中合艷苑還婿鸞歌鳳亦儀壬午運中萬象光華春信轉紛紛紅紫映羅衣辛巳運中一番風雲過羅綺色輝輝庚辰運中樂中歪出悶悶過福元綏己卯運中老當享用蘭桂芳林戊寅到丁丑運中歸去也

庚寅年　乙酉月　己未日　戊辰時

此八字己未日相配柱中金木傷官制殺之格人生得此儀容秀麗性善溫和椿萱柰晛棠棣發春溫翁姑得倚妯娌聯群夏日炎々盈沼芰荷馥郁春風習々滿園桃李清新時來臻福慶沛澤潤裙釵此則榮安女命良人配豪傑貴子發芳春運行初甲申庇佑之下快樂精神壬午運中紅葉溝中傳寄意赤繩月下結婚姻丙子運中辣々風雪遍福慶愈臻々辛巳運中積千般之錦綉制百樣之奇珎庚子運中身榮蘭桂子名振壯精神己卯運中春光已老此恨難伸

庚寅　乙酉　乙亥　辛丑

此八字乙亥日相配柱中之金殺印之格入生得此宜乎得祿得名椿萱堂上雙年耄鴻雁天邊有共鳴學問三冬足詩書萬卷藏北海蛟横頭角聳南山豹變爪牙驚一從沾寵渥祿位愈高崇此則顯貴之命鴛幃全正副桂子有金英運行初丙戌幼承尊庇快樂昇平丁亥運中讀殘窓下月囊死案頭螢戊子運中一自九霄際會果然变化升騰己丑運中　天重顯擢化日自昭明庚寅運中一番風雪過黎庶頌昇平辛亥運中威揚千里未鮮勢抱千官正行壬午運中錦衣故里癸巳運中香噴蓮花

庚寅　乙酉　癸亥　己未

此八字癸亥日相配柱中金土敍印之格人生得此仕路馳聲椿萱雙耐晚鴻雁有隨鳴丰姿洒落天性聰明理明今古事學貫聖賢經可向仕途求聞達豈教湖海作經營佇看來晚節名勢自英英此則豪榮之命鴛幃全正副桂子挺高榮運行初丙戌上人庇下快樂昇平丁亥運中詩書有志財多旺人事趑趄名未成戊子運中行藏多順利聲譽尚飛騰己丑運中萬象光華沾沛澤四時佳趣樂昇平庚寅運中財源滚名勢英英辛卯運中孫賢子秀沛澤加榮壬辰到癸巳運中歸去也

庚寅　乙酉　甲寅　甲子

此八字甲寅日相配柱中酉金正官之格正官者貴氣之宿也人生得此丰姿莊重天性公平椿父先歸萱後别厲行天際不同盟粗識聖賢之學深明時務之情祖業重新慶才囊自積成但願生涯旺湖海何須天府沭恩榮此則富厚之命篤怫配合須年少桂子秋来吐俊英運行初丙戌庇佑之下不雨不晴丁亥運中便有才名旺湖海何愁風絮洒門庭戊子運中行蔵多順利樂處暗悲生己丑運中不獨才潙来旺尚祈人事相榮庚寅運中成四時之佳趣立千古之門庭辛卯運中老當發旺家豊足風浪微々不致驚壬辰運中悠々享用癸巳運中一夢难醒

庚寅　乙酉　癸卯　癸丑

此八字癸卯日相配柱中金局印綬之格女人得此内莊外肅性善德温生於茂族長配高門捲萱棠棣分中道妯娌翁姑隔断雲立業掌家節儉相夫教子精勤一苑杏挑傾麗日満山松柏挺長春晚年更有安康日羅綺輝輝色最新此則旺夫榮子之命良人同屬雙年耄桂子生成錦繡纂運行初甲申閨門之内化日榮陽春癸未運中紅業潽中傳容意赤繩月下結良姻壬午運中精神加壮固柳絮點羅裙辛巳運中家業有成行樂順旺中尚有事逡巡庚辰運中不獨金珠満尚防風雪纒身己卯運中冲擊之鄉羅綺飄娟娟皓入蹂雲戊午運中晚年昌樂福顕兒孫丁巳運中粧楼人去也鸾鏡掩清塵

庚寅年　乙酉月　壬申日　辛丑時

此八字壬申日相配柱中之金印綬之格人生得此仕路聲揚椿萱堂上雙榮耄鴻鴈天邊有共翔丰姿慷慨天性果剛理窮今古事學貫聖賢章終是功名之客豈為田舍之郎一朝騰踏飛黃去此是男兒當自強此則榮貴之命鴛幃金玉貿子嗣桂蘭香運行初丙戌上人庇下快樂何當丁亥運中尋章摘句入室升堂戊子運中禹浪三層都躍過榮沾寵渥振權衡己丑運中一番風雪過職到大夫行庚寅運中仁風千里振化日照黃堂辛卯運中大才大用未擬還鄉壬辰到癸巳運中歸去也

庚寅年　乙酉月　丁卯日　丙午時

此八字丁卯日相配柱中之金財旺生官之格喜逢日祿以歸時人生得此得祿得名椿萱水木雙榮壽鴻鴈天邊有共鳴丰姿洒落天性聰明學貫聖賢經綸擬仕途騰踏豈教莘野躬耕此則榮顯之命鴛幃全正副桂子有秋英運行初丙戌上人庇下快樂昇平辛亥運中讀書漂麥觀史引燈戊子運中騰身離雪案舉足上天庭己丑運中一番風雪過黎庶听絃鳴庚寅運中祿元陞進千里馳聲辛卯運中榮回故里壬辰運中一夢難醒

庚寅　乙酉　丙辰　甲午

此八字丙辰日德之辰相配柱中之金財旺生官格入生得此多機變善操持般般好學件件粗知椿萱堂上雙年耄鴻鴈天邊有共飛祖業添新慶才囊自積肥但顉財名旺湖海何須身到鳳凰池此則富厚之命鴛幃配合名門女桂子生成俊秀見運行初丙戌上人庇下花放風欺丁亥運中有心生貨利無志讀詩書戊子運中財財来滚滚風雪又輕飛己丑運中萬象光華生意好一番人事又趨趄庚戌運中翱凌處之楼閣植偏野之桑榆

辛卯運中粟陳貫朽第宅光輝壬辰運中老當益壯癸巳運中歸去来兮

庚寅年　乙酉月　己未日　丙寅時

此八字己未陰刃之日相配柱中金火傷官用印之格人生得此本顯功名只嫌運入才鄉減虧福力人生得此行藏洒落天性公平指下有救人之德口中無殺害之聲祖業重新慶財囊自積成交貴親賢生貨利遊山翫水著芳名佇看来晚節財旺福安寧此則豪傑之命鴛幃有碍須相骶桂子須看有挺英運行初丙戌庇佑之下榮享昇平丁亥運中詩書雖有志貨利又相蒙戊子運中貴人處樂生涯旺財藝天生福慶成己丑運中趋超都

歷過財業又重興庚寅運中但覺英雄敬仰不妨風雨稍生辛卯運中冲擊之所月冷閨庭壬辰運中依然康樂癸巳運中夢入蓬瀛

庚寅　乙酉　丁巳　壬寅

此八字丁巳日相配柱中金局財旺生官之格人生得此貴蓋公卿椿萱有倚相分早鴻雁西風不共鳴半姿奇古天性公平有救人之德無殺害之聲不顯文場之譽不勞汗馬之名惟聽上天生出福禁宮内苑夜經行佇看來晚節權福愈加增此則顯貴之命運行初丙戌庇佑之下花放風生丁亥運中風雲初變處行樂高生驚戊子運中雨過山方秀雲開天始明己丑運中到此威權有布樂中人事相榮庚寅運中閶闔開黃道珠履分外馨辛卯運中老當益壯威振神京壬辰運中依然光霽癸巳運中夢入蓬瀛

庚寅年　乙酉月　丙辰日　戊子時

此八字丙辰日德之辰相配柱中金水財盛生官之格財盛生官終身有顯女人值此姿顏俊麗体貌真清生于喬木長配豪門堂上翁姑翁顯壽妯娌聯行菌菌馨萬里碧天雲似洗一輪明月倍嬋娟羅綺隨風家富貴金玉盈盈四德真堆配推貴客珍羞百味新霞帔鳳冠當有贈良人爵重共封舉此則賢良女命夫宮且長配子嗣出金鱗運行初甲申安閑常有險扶保佑而行癸未運中青鸞已傳音喜信鸞帳新開孔雀屏壬午運中良人當顯[illegible]朝班輔聖明辛巳運中蘂砧重重喜皇恩節節陞庚辰運中出入高擡銀頂轎奈何風雪洒衣襟己卯運中皇恩有感封榮重夫拜明君子顯身戊寅運中王享華堂福無常之促程

庚寅年　乙酉月　庚申日　戊寅時

此八字庚申專祿之日相配柱中木火才發之格值斯象者年姿秀麗天性清奇初年篤志居顏巷長蔵功名達鳳池其為人也生於仁族長于豐居椿萱雖倚老鴻雁各飛鳴學問有成蛟龍豈是池中物英材出類一旦升騰化作鱗衣冠濟濟趨金闕鍾鼓齊齊振玉京佇看一日威名顯軍民樂業享豐登此則貴顯之命鴛幃正副子有良人運行初丙戌運前運內突缺險扶過中年福不輕丁亥運中一声春霹靂驚起困人行戊子運中錦衣肥馬客四遠有声名己丑運中重重祿而梨雨淋淋庚寅運中腰橫金帶身近明君辛卯運中有才大用解印歸程壬辰運中三盃別酒一夢西沉

庚寅年　乙酉月　壬子日　丁未時

此八字壬子日刃之辰相配柱中金火土才官印綬之格人生得此年姿秀麗志氣騰騰自是人中傑天生席上珍其為人也生于喬木長於豐庭水土榮親萱偏正鴻雁天邊下香鳴學問有成龍鰲動處千山秀英材青俊丹桂開時萬里馨奕世衣冠從令運九天雨露沐深恩佇看輔佐朝綱日黼黻之中獨讓尊此則權貴之命鴛幃正副子有奇英運行初丙戌運前運內突闖險扶過窗前習史經丁亥運中禹浪三層俱躍過朝班來扮拜明君戊子運中皇恩陞高壽郡縣令馳名己丑運中腰橫金作帶雪雨又淋淋庚寅運中重金重紫鎮壓邊庭辛卯運中官居極品上聖垂恩壬辰運中解印歸來春夢重芳名留與萬人聞

庚寅年　乙酉月　甲戌日　乙亥時

此八字甲戌日相配柱中之金正官之格人生得此嚴毅資稟慷慨行藏堂上椿萱早虎屬天還鳴鴈有成行學識聰明空向仕途跋涉智謀宏遠可從湖海經霜晚年更有風光日子秀孫榮沐寵光此則富貴之命鴛幃配合連珠女桂子生成奪錦郎運行初丙戌幼承上苑冬暖夏涼丁亥運中詩書雖有志貨利便亨張戊子運中一番烟浪息才旺福軒昂己丑運中交四方之豪傑鼇一簇之門墻庚寅運中梨花雨過天明朗從此金球積滿囊

辛卯運中晚年發旺壬辰運中夢入仙鄉

庚寅年　乙酉月　丁未日　壬寅時

此八字丁未陰刃之日相配柱中之金財旺生官之格值此象者生於旺族長於良門椿萱中道別鴻鴈各分群其為人也多智慧蕙豐厚學問鮮精今古平生亦顯賢英祖業添新慶財名勝昔榮晚年更有光華景子貴孫賢沐寵恩此則傑者之命鴛幃有剋須重續桂子斑衣名德馨運行初丙戌只宜襁褓未論枯榮丁亥運中漸看春晝來始覺瑞祥生戊子運中湖海恣遊曾倦讀旺中人事未分明己丑運中綉花有艶畫水無聲庚寅運中家

門壯觀人情廣心事區區未致寧辛卯運中滔滔增福祿漸漸長精神壬辰運中榮華懽晚節癸巳運中一夢入蓬瀛

庚寅年　乙酉月　壬申日　乙巳時

此八字壬申日相配柱中之金印綬之格人生得此宜乎金紫之榮椿萱木水双榮壽棠棣先雕後有英丰姿英傑天性剛明理窮今古事學貫聖賢經黃道三秋騰驥足赤霄千里奪鵬程長安春似海花映彩旗明此則榮顯之命運行初丙戌幼年之景庇下昇平丁亥運中讀残茅店月行落泮林星戊子運中禹浪連三躍衣冠拜鳳廷己丑運中禄元重顯擢職列大夫榮庚寅運中權衡千萬里風雪又嚴凝辛卯運中秉持重柄未解簪纓壬辰運中悠悠處樂甲辰運中一夢難醒

庚寅年　乙酉月　丙寅日　癸巳時

此八字丙寅之日柱中配合巳寅太刑顏回夭壽年十八我比顏回又不如椿壽萱别兄弟伶仃此則夭壽之命

子平遺書

庚寅年　乙酉月　辛酉日　壬辰時

此八字辛酉專祿之日相配柱中水木傷官佈之格重重建祿減我功名主人生於右族長於西房椿親磊落萱寵安天邊鴻雁各行翔其爲人也丰姿清秀天性果剛學問不親顏孟業生平常履貴人鄉重成新事業再整舊門墻生涯湖海上道路四方揚消開恭一局遣興酒三觴但願粟陳貫朽何必思登天子堂此則豐饒之命鴛幃宜有贈子嗣彩衣郎運行初丙戌幼年之下天朗氣清丁亥運中雲開山聳翠雨過竹重青戊子運中始覺陽和滿目還愁微雨弄晴己丑運中才源旺足家居好幾度開非素耗生過此庚寅運中福若泉源湧財如春水生辛卯運中富之以潤其屋德之以潤其身壬辰運中晚年開快樂一枕了平生

子平遺書

庚寅年　乙酉月　己酉日　戊辰時

此八字己酉日元相配柱中金木傷官制殺之格主人生於右族長於名門木火璠萱晚榮贈天邊鴻雁有行鳴其爲人也丰姿清秀天性聰明胸羅今古事多識聖心賢籌的妙爲天下白高材俊仕海東青終是功名客堂爲田舍翁北海蛟橫頭角聳南山豹變爪牙奇一朝騰踏飛黃去金紫榮看次第陞此則榮貴之命鴛幃連理合子嗣桂蘭榮運行初丙戌上人庇下花放風生丁亥運中十年窓下業一舉便升騰戊子運中禹浪三層御躍過風生鱗面鬼神驚己丑運中腰橫金作帶侍刲玉爲鱗丑字之中花放風生庚寅運中佇看官超二品翩然祿享千鍾富貴之際風雪滿庭辛卯運中正欲忠君輔國不想解組思尊壬辰運中歸去松筠泉倘未軒冕一毫輕癸巳運中歸去也

庚寅年　乙酉月　戊辰日　辛酉時

此八字戊辰日德之辰相配柱中金木傷官制杀之格人生得此主人生於右族長於名門木火椿萱萱茂長天邊鴻鴈各行鳴其為人也丰姿清秀天性聰明頗知礼義稍識古今有抵雪欺霜之志裁長補短之能筭長名園過旧竹花開上菀勝先春不向仕途求顯達却來湖海覓黃金才源富貴家業增新花無桃李非春色人有笙歌是太平鄉民仰德閭里推尊此則穩厚之命外幃運珠合子嗣晚光榮運行初丙戌春風不寒夏日炎炎丁亥運中隱隱輕雷抽碧筭微微細雨潤紅英戊子運中天上三陽泰人間五福增己丑運中桃李千歸綉江山一叚屏雪晴雲散天如洗從此才源福有增庚寅運中富之以潤其屋德之以潤其身辛卯運中晚年閑快樂壬辰運中一枕了平生

庚寅年　乙酉月　庚申日　癸未時

此八字庚申日相配柱中水木傷官助才之格人生得此丰姿穩秀性格公平椿親早别萱帰晚鴻鴈天邊不共鳴祖業重新重整才囊旋積旋盈湖海生涯頗利市屢才帛生成晚年加益旺貴客滿門庭此則富守之命鴛幃剋後重年少桂子先凋後發馨運行初丙戌萱親庇下椿樹凋零丁亥運中雜則春園雨過未應桃李生英戊子運中到此精神漸旺趑趄歷過財生己丑運中家門人事方能順絃斷丞斂愁悶生庚寅運中一番風雪蘭桂始生英辛卯運中老當益壯財旺福興壬辰運中有子承家業身閑心未容癸巳運中一夢歸何処哀猿三兩声

庚寅年　乙酉月　庚申日　庚辰時

此八字庚申專祿之辰配合申辰之水傷官之格仗此格局主人志氣清高存心忠恕當仁不讓於師見善則持于乙笋長名園過舊竹花開上苑勝先春祖業須換舊名利必重新豈是池中物由来席上珍娃字不登黃甲衣冠曾拜紫宸此則貴達之命鴛幃偕老頭生雪桂子生成衣錦人運行初丙戊上人庇下美景良人丁亥運中欲達平生志宜將燈火親戊子運中短簡殘篇從此脫峥嶸頭角撫黎民庚寅運中舒長化日桑麻茂融蕩仁風雨露辛卯運中麥秀兩岐民快樂菊開三徑我安寧壬辰運中晚景東籬下偏閒菊酒馨癸巳運中寬逸九原歸不得訃音一道衆傷神

庚寅年　乙酉月　甲辰日　己巳時

此八字甲辰日配合金局正官之格正官者貴氣之物也人生得此本係成名只嫌年上透煞混雜減虧福力注人幸婆數厚性行謙恭生於大族長於華宗椿萱先一别風急斷征鴻錙基鼎新華故財囊漸積豐隆湖海多饒裕田蚕陪納豐何必來醞登上國一樽春酒會隣翁此則穩旺之命鴛幃宜建配桂子沐恩榮運行初丙戌詩書破習樂意無窮丁亥運中風舞鶯歌權意足不妨人事繞身自戊子運中踏翻荷葉露慈出柳花風己丑運中眼前春色門前柳耳畔寒聲嶺畔松庚寅運中累陳而貴朽行樂少從容辛卯運中風波多歷尽始覺景和融壬辰運中子榮身自樂財旺福尤隆癸巳運中好將平日英雄事一齊分付與東風

庚寅年　乙酉月　辛酉日　戊子時

此八字朝陽之格喜逢坎運最清榮人生得此仕路自騰椿萱火命雙同壽鴻鴈天邊有共鳴半姿奇特天性聰明學識聰明不習神機脉法英才卓冠卻通賢傳聖經黃道三秋騰驥足赤霄千里奮鵬程一從叅戎宣令布虎風生此則榮甫之命鴛幃有犯須偏正桂子前瑞後有榮運行初丙戌幼年之景雨濕花英丁亥運中明窗淨几黃卷青燈戊子運子一聲春霹靂躍過浪三層己丑運中祿元重顯擢戰列大夫榮庚寅運中一番風雪過金紫耀崢嶸辛卯運中秉持重柄戰掌兵刑壬辰運中榮回慶樂癸巳運中一夢難醒

庚寅年　乙酉月　辛酉日　己亥時

此八字辛酉日相配柱中之金傷官之格人生得此半姿洒落天性剛忠椿萱榮耐晚鴻鴈有凌風學問三冬足詩書萬卷通定是功名之客豈為田舍翁一朝騰踏飛黃去榮沐恩波侍袞龍此則近侍之命鴛幃全正副桂子發秋叢運行初丙戌幼年之景詩禮從容丁亥運中欲遂平生志須加董子功戊子運中禹浪三層都躍過榮沾寵渥立剛忠己丑運中忠諫不阿於主當仁豈下威風庚寅運中一番風雪過金紫大夫封辛卯運中佇看官封三級灼然祿享千鍾壬辰運中榮回故里癸巳運中夢入五峯

庚寅年　乙酉月　乙卯日　丁亥時

此八字乙卯專祿之辰金尅木偏官之格植斯命者本係成名只嫌卯酉冲破事非全美其為人也多機變假志識百般好學諸事不精椿萱中道方分手鴻鴈聯行各奮鳴月掛碧天多皎潔花開上苑自芳馨不向倚羅衣錦繡也應閭里振威稜此則傑人之命驚惕得合宜相能桂子秋風綻錦英運行初丙戌軽寒軽暖無辱無榮丁亥運中聞詩學札稍伴清灯戊子運中幾度歆思名與利可知蚤虎不能成己丑運中門楣雖壯覩靜裏有憂生庚寅運中片雲能發千山雲雨過千山依旧青辛卯運中匆匆人命繞迍竟是昇平壬辰運中孫賢子秀樂意忘情癸巳運中春殘花落一夢難醒

庚寅年　乙酉月　丙子日　己亥時

此八字丙子日配乎柱中金水殺重身柔之客值斯象者丰姿英厚天性聰明椿萱榮且耄棠棣有聯榮學識窮通書史筆鋒能理究情終是功名之客豈為避世之異禹浪三層連躍過禁沾寵渥庙風生此則顯耀之命驚惕全正副桂子錦聯英運行初丙戌幼承上庭詩禮趨庭丁亥運中欲遂平生志滄心對短檠戊子運中一聲春霹靂躍過浪三層己丑運中風雪初消開閭閻祿元階進職澄清庚寅運中權衡馳萬里雪浪駕三層辛卯運中秉持重柄事職兵刑壬辰運中黃花綠酒癸巳運中一夢難醒

子平遺書　一

庚寅年　戊子月　癸酉日　甲寅時

此八字癸酉日相配柱中金木傷官財印之格女人得此儀容穩麗內肅外莊生於文望之族配於豐富之堂椿萱棠棣相分去妯娌翁姑各一方立業起家多計巧相夫訓子總成行財旺福興來晚節九天恩澤溢蘭房此則富安女命良人配舊須年長子嗣繁華孝義昌運行初丁亥滔滔居庇下福氣自洋洋丙戌運中陽回喬木花呈艷鳳舞鸞歌喜勝常乙酉運中雖剋家更財足也防風雪飄揚甲申運中雨花生錦繡風竹動笙簧癸未運中日日弥蓋百味揮揮羅綺千廂壬午運中老年福氣如春氣何慮寒烟鎖綠楊辛巳運中棄榆晚勁庚辰運中鏡掩塵粧

子平遺書　二

庚寅年　戊子月　戊寅日　癸亥時

此八字戊寅之日配合柱中水木才殺之格人生值此本身得祿得名只嫌坐殺用才減乎福力其為人也多聞多見有德有為椿萱分手難相倚鴻鴈天邊少共飛才源宜自家基業再翻齊但願一樽延貴客何須跨馬上玉堂蹤江湖生意廣田野稻粱肥此則穩旺之命篤歸命敵方諸老子嗣秋風發桂枝運行初己丑春風播燕桃李成蹊庚寅運中詩書從此倦壓滿谿山溪辛卯運中烟含晚樹人家遠雨溼春泥燕子低壬辰運中竹深留客處荷淨納涼時癸巳運中才源雖益旺行樂也躊躇甲午運中才印相混樂處生悲乙未運中人生從此去無復見形儀

庚寅年　戊子月　癸未日　壬戌時

此八字癸水相配柱中水土財殺之格女人值此姿容清穩性格勤能生於茂盛之族長於良右之庭堂上恩親雅並翠庭前妯娌少緣暢性若寒潭月心如古井水初年好侶雲遮月中景風光夫又傾治家克儉作事曉能欝欝青松傲晚翠依依緑柳發春晴良人先别歸泉去子嗣無成有送人此則起家女命運行初丁亥不寒還不煖廕下過青春丙戌運中菡萏花深鴛並立梧桐枝穩喜雙鳴乙酉運中萬紫千紅花砌錦勳夫立業有笑迎甲申運中正與藥砧積蓄處何當鶯影有分衾癸未運中良人别我吾畱淚幸得陰功不致侵壬午運中纏泉松柏依然秀冒雨梅蘭分外馨雖無坑與缺小滞又相臨辛巳運中上五年華堂納福下五年歸夢蓬瀛

庚寅年　戊子月　丙申日　己丑時

此八字丙申日相配柱中之水正官之格正官者貴氣之宿也人生得此丰姿洒落天性聰明椿親老壽萱儷室鴻鴈天邊後有鳴學識粗知書史智謀能動贊英祖業多華驟財囊自積成但顧生涯旺湖海自然市井貨財生此則富貴之命鴛鴦配合須年少桂子秋來三四英運行初己丑上人庇下花放風生庚寅運中詩書雖有志貨利亦関情辛卯運中一番風雪過家業挺崢嶸壬辰運中雨過山方秀雲開天始青癸巳運中英雄文敢厚日日醉還醒甲午運中老當茂旺乙未運中花落月沉

庚寅年　戊子月　甲午日　戊辰時

此八字甲午傷官之日配合柱中金水杀印兼全之格人生得此注人丰姿秀氣天性乖伶錦綉肯藏賢聖學珠璣口吐武文風其爲人也生於有名之族長於榮達之庭一對椿萱齊榮耄鴻鴈遥天我奮騰學問有成不負寸陰之惜英才敏捷定爲衣紫之臣緋衣日暖趋金闕寶殿雲開拜帝君一朝輔佐山河日職居尊位不非輕此則大貴之命鴛幃

有剋重還續桂子遅来出錦榮運行初己丑韶光庇下数度災迍庚寅運中能通萬卷登科顕瓊林御宴飲金樽辛卯運中威儀暗使奸心破法度潜令神鬼驚壬辰運中腰横金作帶千里盡聞名癸巳運中重金重紫雪雨淋身甲午運中奉命復宣金殿下職居臺憲一廉清乙未運中威權常赫赫早晩聖相親丙申運中正作皇門之砥柱誰知一夢入蓬瀛

庚寅年　戊子月　辛亥日　丁酉時

此八字辛金相配柱中水火偏官制殺之格本顕功名只嫌偏官時遇制伏太過福力有虧主人生於茂族長於高居椿萱先别去鴻鴈不聯飛丰姿清秀氣岸高奇學問粗知禮義筆鋒稍有威儀恒将好意番成悪每把真心换作非消閑棋一局遣興酒三卮莫思登仕路湖海也光輝此則穩足之命鴛幃水命須年少桂子秋来有出奇運行初己丑上

人庇下風雨霏霏庚寅運中雲情天未暖未是可人特辛卯運中才源穩壯人欽伏一度風霜幸不危壬辰運中始知光景好方見日揚輝癸巳運中有杀留客有酒盈卮甲午運中冲撃之所樂處生非乙未運中花残月落杜宇空啼

庚寅年　戊子月　甲辰日　乙丑時

此八字甲木相配柱中金水殺印之格殺印相生功名顯達值斯衆者丰姿俊秀標格清奇自是人中傑天生席上珎其為人也生於顯室長於仁庭椿萱榮耀終一別鴈行推我跳龍門學問有成龍虎榜中先取首英材出類鳳凰池上錫標名九天閶闔開黄道萬國衣冠拜冕旒佇看輔佐山河日腰間犀帶有名臣此則貴显之命鴛幃正副子有奇英運

行初巳丑此運必然冝險鉠保過中年福不輕庚寅運中讀書映雪窓下觀經辛卯運中一聲春霹靂朝班立縉紳壬辰運中皇恩有感狼席潛形癸巳運中腰横金帶雪洒衣襟甲午運中重金重紫臺憲施名乙未運中有財大用解印歸程丙申運中红羅書娃字黄土盖儀灵

庚寅年　戊子月　丁亥日　癸卯時

此八字丁亥日貴之辰相配柱中水木殺生印綬之格殺印相生功名顯達主人生於右族長於名門萱母先歸椿倜儻天邊鴻鴈各飛鳴其為人也丰姿清秀天性聰明源流三峽誰能及筆掃千軍孰與論衣冠濟濟人中傑和氣怡怡席上珎終是功名之客豈為田舍之翁北海蛟横頭角聳南山豹变爪牙新一朝騰踏飛黄去九天雨露沐皇恩此則榮貴之命鴛幃有犯須年敵子嗣秋来有繼榮運行初巳丑上人庇下雲月朦朧庚寅運中十

年窓下業黄卷與青燈辛卯運中鵬路高搏知徙翼龍門深躍見脩鱗壬辰運中寒拂紫衣催驛騎光生玉節下雲層當此之際風雪還生癸巳運中三度君恩喜還愁風木驚甲午運中有材庾大用何事便辭榮乙未運中晚年多快樂會友以閑尊丙申運中花落月沉

庚寅年　戊子月　戊戌日　乙卯時

此八字戊戌魁罡之日相配柱中水木才殺之格合官留殺喜印（綬）扶身主人生於良族長於高門椿萱雙晚茂鴻鴈各行鳴其為人也丰資清楚性格豪洪知高識下理自分清高謀遠見機閑別慷慨春風一妙人自有順天之慶豈無福地之深祖業添新慶根源勝舊風月掛碧天光皎潔夕陽湖海有光榮酒觧平生恨衣沾湖海塵雖不健倸封爵自然潤屋潤身此則穩實之命鴛幃連理合子嗣桂蘭榮運行初己丑春風駘蕩夏日炎蒸庚寅運中世事宛如春夢人情薄似秋雲辛卯運中才源雖旺足人事尚虧盈壬辰運中雲開山聳翠雨過竹重青癸巳運中嚴霜積雪都經過從此才源倍有增甲午運中天上三陽泰人間五福臻乙未運中無慮盡傳詩禮樂有朋来自遠方親丙申運中夕陽有[illegible]春夢無憑

庚寅年　戊子月　己丑日　壬申時

此八字己土相配柱中金水傷官助才之格傷官者歷事風雲之象行藏伶變之能值斯象者注人丰姿美秀天性平伶自是人中傑天生席上珍其為人也生於高堂大厦長於有名之庭一對椿萱榮耐晚天邊鴻鴈有聯鳴學問有成龍虎榜中先取首英才出類鳳凰池上錦標名見天閶闔開黄道萬國衣冠拜冕旒栢府地嚴声價重憲臺霜冷有威風佇看天下馳名日玉帯威權独讓尊此則忠臣宰相之命鴛幃宜正副桂子出金麟運行初己丑跳得関尖鈥處過螢窗時習聖賢經庚寅運中鄉榜題名瓊宴罷朝班拜笏隶明君辛卯運中務冠鉄印奸邪伏綉衣烏府鬼神驚壬辰運中腰撗金作帯肅憲剖冤情癸巳運中一運二陞重作貴黎雨飄飄不損身甲午運中奉命復宣都臺位後陞極品棟梁臣才膺大用上垩承恩乙未運中觧印歸来春夢重芳名留與後人聞

庚寅年　戊子月　己酉日　乙巳時

此八字己酉日元相配柱中水木財官之格才盛
生官終身有慶遇斯命者生於右族長於名門
萱親先別不招繼椿父順手顙青福天邊鴻鴈
各窠生其爲人也精神烱烱智慧清明千古文章
運榮耀一天星斗煥心胸驪照魏光難掩雷劍
生豐氣自充豈是池中物尤來席上珎鵬路高搏
知建翼龍門深躍見脩鱗一從姓字傳揚後煌
煌金紫期陞墜此則榮貴之命鴛幃金玉潤
子嗣晚光榮運行初己丑椿親庇下萱草凋
零庚寅運中款遂平生志潛心對聖經辛卯運
中騰身離泮水攀桂到蟾宮壬辰運中禹浪
三層都躍直上天門拜冕旒癸巳運中職遷
金紫聲名重風雪飛來尚惱人甲午運中自
嘆引年歸故里朝廷未遂兩疏心

庚寅年　戊子月　乙未日　戊寅時

此八字乙未日元相配柱中金水官印之格女人得
此生於右族長配高門椿萱有寄難雙老天
邊鴻鴈各飛鳴其爲人也姿容闓朗德茂行真
有針綴之巧立業之勤雲收華岳千山秀水到湘
江一樣請箕箒蘋蘩存礼節相夫教子總賢
明相夫應有道訓子總成群風送芰荷香滿
院日匀花蕚發新紅心靜如月明雲漢性
急似風捲殘雲雖不鳳冠帔服自然祿享無
窮此則穩益之命良人土命須年長子嗣森
杖孝又深運行初丁亥上人庇下毓秀閨門丙
戌運中孔雀屏開花爛熳橋橫雲漢水澄清
乙酉運中濟濟裙釵映日輝輝羅綺臨風癸
未運中梅須遜雪三分白雪亦輸梅一段香壬
午運中沖繫之所如月入雲辛巳運中夕陽
有限春夢無憑

庚寅年　戊子月　壬辰日　丙午時

此八字壬辰魁罡日相配火土才恭之格陽刃合柔有功遇斯命者生於溫潤長於高堂椿親倜儻萱母纘秀其為人也丰姿清秀天性果剛口吐珠璣言語胸藏錦綉文章鄙珠照魏光難掩雷劍生豐氣象藏終是功名客豈為田舍郎純學科場鶯試院英材翰苑沐恩光此則榮貴之命允幃得合名門女子嗣生成貴显郎運行初己丑上人庇下紹龍迎祥庚寅運中味道心千古博文目去行辛卯運中騰身離雲霧牽足上朝堂壬辰運中禹浪三層都躍過霜威千里綉衣凉癸巳運中戰迁金紫声名显風雲飛來喜莫驚甲午運中十郡山河吾戰掌九重天府雨露强乙未運中春光歸去也一桃入黄粱

庚寅年　戊子月　甲申日　甲子時

此八字甲申專權之日相配桂中金水殺生印綬之格水泛木浮減吾金紫之榮主人生於巨族長於名門椿親磊落萱賢淑天邊鴻雁各飛騰其為人也丰姿清秀天性聰明知高下識重輕有抵雪欺霜之智截長補短之能過火黄金重長價離雲皎月倍清明楼臺疊疊生涯好財帛興隆福祿增金勒馬嘶芳草地玉楼人醉杏花村但願財源富足何須干祿求名此則穩厚之命鴛幃正副子嗣榮門運行初己丑上人庇下花放風生庚寅運中登臨雨阻賞翫春陰辛卯運中近水楼臺先得月向陽花木早逢春壬辰運中紫陌競馳金勒馬錦街爭看玉楼人癸巳運中英雄惟贈劍三尺豪傑相逢酒一鍾當此之際柳絮輕盈甲午運中富之以潤其屋德之以顯其身乙未運中晚年安樂會友開樽丙申運中落花片片流水茫茫

庚寅年　戊子月　庚辰日　丁丑時

此八字庚辰日德之辰相配杜中水火傷官助才之格人生得此生於右族長於仁門水命嚴慈脫双茂天邉鴻雁各飛騰其為人也精神烱烱智慧明明高謀遠見機関別慷慨情懷福祿深福布江山外名聞湖海中水光浮座盃盤瑩花氣侵人唉語馨雖不建侯封爵自然金谷豊盈此則鍾福之命鴛幃水命須年少子嗣葉門孝且忠運行初己丑上人庇下交晦未伸庚寅運中漸漸精神爽看看氣象新辛卯運中三陽回宇宙一氣轉鴻鈞壬辰運中雨過園桃簇錦風和堤柳拖金癸巳運中風雲初晴天似洗果然才祿足豊盈甲午運中旺中尚有趨趨事幸然五福又駢臻乙未運中訃音一播醉酒三鍾

庚寅年　戊子月　丁未日　庚子時

此八字丁未陰刃之日配合柱中水木殺生印綬之格人生得此生於右族長於名門椿萱耐悅茂鴻雁各行鳴其為人也丰姿清秀天性聰明般般稍覽件件不精水光浮座盃盤瑩花氣侵人唉語馨自有順天之慶宣無福地之深祖業添新慶根源勝舊風五湖生計好四海祿元增花無桃李非春色人有莹歌是太平才源富足家居好伊須天府去求荣此則旺才之命鴛幃有忆須年小子嗣秋未朶朶榮運行初己丑上人庇下未斷非沉庚寅運中世事短如春梦人情薄似秋雲辛卯運中隱隱輕雷抽碧笋微微細雨潤紅英壬子運中近水樓臺先得月向陽花木早逢春癸巳運中才旺福多家業長須吏素耗尚愁人甲午運中不倘才源富足尚教声勢張洪乙未運中無意之中多有樂有朋来自遠方覩丙申運中一枕清風

庚寅年　戊子月　癸酉日　戊午時

此八字癸水日元相配柱中火土才官之格喜逢建禄身強人生得此生於右族長於名門椿萱相配中途别鴻鴈各分群其爲人也丰姿清秀天性志誠行藏果断作事公平高仕敬貴人欽田園桑柘茂畝畆倘梁馨芦長名園過旧竹花開上苑勝先春遊山翫水携詩卷對月觀花把酒斟雖不達侯封爵自然鄉黨推尊此則發福之命鴛幃有碍終年别子嗣徐鄉孝且忠運行初巳丑上人庇下目白風清庚寅運中娱花

向日似月離雲辛卯運中着意種花花不發無心插柳柳成陰壬辰運中才帛盈囊人事廣也愁煩耗嘆特生癸巳運中雨過園桃簇錦風和提柳拖金甲午運中莫言此運多光彩得一程而失一程當此之際絃断無声乙未運中享子孫之福憂丙申運中夢杳杳之佳誠

庚寅年　戊子月　甲午日　癸酉時

此八字甲木相配柱中金水杀生印綬之格食神之助人生得此生於右族長於高門椿萱皓首先亡父天邊鴻鴈有森森其爲人也丰姿清秀天性乎能謀動君子咸伏小人行藏果断處事公平祖業添新慶根原勝旧鳳門外田疇潤曠江湖活計維新遊山翫水携詩卷對月觀花把酒斟雖不離騎肥馬也應鄉黨推尊晚年正享兒孫福股肱損折耳中龍此則穩厚之命鴛幃金命蒼年别子嗣双双花一紅運行初巳丑上人庇下未断平生庚

寅運中瀼瀼梨花月翩翩柳絮風辛卯運中漸漸精神豁爽看看氣象增新壬辰運中爆竹声催殘臘畫折梅香引早春風癸巳運中才源旺足家居好第宅豊饒福禄增添更風雨柳絮飛盈甲午運中一番風雪過才禄有亏盈治家宜子代免致月沉空乙未運中晚年安享會友延賓未字之中一番阻節丙午運中帰去也

子平遺書

庚寅年　戊子月　辛卯日　庚寅時

此八字辛卯日元相配桂中木火食神助才之格人生得此生於右族長於名門土命薇葱崇晚節天邊鴻鴈各行鳴其為人也丰姿磊落天性聰明袖裏虹霓冲霄色筆端風雨駕雲程麗句好為天下白文章俊似海東青玉產崑崗藏韞色蘭生楚澤散清馨終是功名客豈為田舍翁北海蛟橫頭角聳南山豹變爪牙新此則榮貴之命篤情得配名門女子嗣生成貴是人運行初己丑上人庇下未斷平生庚寅運中楚膏展卷秉燭觀文辛卯運中遠望天恩雲外阻思攀桂子手中攀壬辰運中躍過三層浪威飛郡縣驚癸巳運中深沐皇恩重还愁閑耗新甲午運中冲擊之地宜効淵明乙未運中晚年蘺下樂會友以開樽丙申運中生從此別花落月沉

十九

子平遺書

庚寅年　戊子月　乙未日　戊寅時

此八字乙未日元相配柱中金水官印之格運行發地藏我功名主人生於右族長於名門水土椿萱双晚茂天邊鴻鴈有飛騰其為人也丰姿清雅天性聰明高識遠見機閑别[illegible]書風一好人過大黃金重長價雛雲皓月倍精明祖業添新慶根泉騰旧風門外田疇千古計庭前花木四時新不以功名為念豈將冠免磨蕙花無桃李非春色人有笙歌是太平此則發福之命鴛帏水命須年少子嗣榮門晚節榮運行初己丑上人庇下花放風生庚寅運中娟娟雲裹月灼灼葉中英辛未運中金重重紫布德施仁壬辰運中近水樓臺先得月向陽花木早逢春癸巳運中才旺福具家業廣何愁飛粲滿門庭甲午運中富潤屋德潤身乙未運中晚年快樂丙申運中一枕清風

二十

庚寅年　戊子月　癸巳日　壬戌時
此八字癸巳貴人之日相配柱中火土才官之格
女人得此生於右族長於名門椿萱有倚难双毫
鴻鴈天邊各奮騰其為人也姿容清雅髮貌精
神勝丈夫之氣槩有男子之材能雲收華岳千
山秀水到湘江一様清每懷九臯意特抱攀隣心
風送芰何香満龍日匀花萼發新紅淌淌無
阻滞步步励夫門克勤而克儉易喜而易嗔
雖不鳳冠帔服自然才禄豐盈此則發福之命
良人連珠高一載子嗣枝頭有紀綮蓮竹初丁

亥上人庇下化日陽春丙戌運中紅葉溝中傳
寄意赤繩月下結良姻乙酉運中淡烟楊柳
岸薄露杏花村甲申運中幾度樂中有悶
数番静裏憂生癸未運中片雲能發千山雨
雨過千山依旧青壬午運中沖擊之所如履薄
氷辛巳運中晚年快樂庚辰運中一枕清風

庚寅年　戊子月　辛卯日　壬辰時
此八字辛卯日元相配柱中水木傷官助才之格人
生得此生於西室長於高門椿萱有倚一期壽夭邊
鴻鴈各搏風其為人也丰姿清秀天性聰明源流
三峽誰能及筆掃千軍孰與論衣冠濟濟人中
傑和氣怡怡席上珎終是鷁名客豈為田舍翁躡
履三千皆後李搏風九萬即前程一朝騰達飛黃
去濟濟衣冠拜九重此則榮貴之命鴛幃重合
丞子嗣晚光榮運行初己丑幼年之下未斷平生
庚寅運中欲向雲中牽足須從灯下留心辛卯

運中莫愁雲阻藍關道時來頃刻便昇騰壬辰運
中躍過禹門三級東勞趣朝拜聖明癸巳運中三
度君恩喜雨番風木鶩甲午運中重紫重金當
是景若何鮮組向籬東乙未運中晚年帰故里
會交以論文子貴重榮贈何愁白髮生丙申運
中春光如過隙一枕了平生

庚寅年　戊子月　丁亥日　庚戌時

此八字丁亥日貴之辰相配柱中水土傷官制殺之格喜逢印綬生身人生得此生於右族長於高門同屬椿萱不同壽天邊鴻鴈各行鳴其爲人也丰姿清秀天性剛忠斷高理直慶事公平高謀遠見機閑別慷慨春風一妙人水光浮座杯盤瑩花氣侵人笑語馨不必還珠來水府何須求劍到豐城順之則喜逆之則嗔月掛碧天光皎潔名揚湖海有光榮但願一生才絲狂何必天邊沐寵榮此則豐潤之命鴛幃春麗須年歒子嗣森枝晚節馨

運行初己丑幼年之下春風淡蕩夏日炎蒸庚寅運中隱隱輕雷抽碧筍微微細雨潤紅英辛卯運中近水樓臺先得月向陽花木早逢春壬辰運中財源富足家居好風雪飛來尚惱人癸巳運中不獨財源富足尚祈声勢豪横甲午運中引鶴同行三逕脫酌樽同醉一壺春乙未運中春光去也一枕清風

庚寅年　戊子月　壬辰日　庚戌時

此八字壬辰魁罡之日相配柱中火土才殺之格陽刃合殺有功值斯命者生於右族長於高門木命萱椿壽鴻鴈有隨鳴其爲人也丰姿清雅天性聰明高謀遠見機閑別慷慨春風一妙人豈無高士教時有貴人欽驪珠照耀光難掩雷劍生豐氣自充豈是池中物尤來席上珍一朝但得風雲便也應天府沐皇恩此則機會成名之命鴛幃水命須年小子嗣秋來朶朶榮運行初己丑春風麗蕩夏日炎蒸庚寅運中春園雖雨過桃李未生英辛卯

運中一朝借得吹噓力也應祿馬旺前程壬辰運中齒名耿耿氣宇英英癸卯運中雨晴雲散天如洗從此才源倍有增甲午運中富貴榮華當此際還愁人事尚虧盈乙未運中晚年閑快樂子貴也光榮丙申運中春光去也花落月沉

庚寅年　戊子月　庚寅日　乙酉時

此八字庚寅之日相配柱中水木傷官助財之格人生得此生於西寶長於官門椿親榮貴萱招副天遊鴻鴈各飛鳴其為人也丰姿清秀天性聰明千古文章逞榮耀一天星斗煥心胸驪珠照耀光難掩雷劍生豊氣自亢終是文場折桂客豈為田舍鑿耕人鵬路高摶知健翼龍門深躍見脩鱗一從姓字傳揚後九天雨露沐皇恩此則榮貴之命鴛幃連珠須配硬子副森枝孝且忠運行初已丑上人庇下未斷平生庚寅運中欲遂平生志須加董子功辛卯運中霹靂一聲雲霧合禹門躍過浪三層壬辰運中雪晴雲散後粉署姓名馨癸巳運中腰横金作帶符剖玉為鱗甲午運中佇看官封三級酌然禄享千鍾乙未運中晚節閑時宜菊酒西風起屢憶鱸蓴丙申運中歸去也

庚寅年　戊子月　丁酉日　辛亥時

此八字丁酉日貴之辰相配柱中金水偏官之格人生得此生於右族長於名門木火椿萱萱歲長天邊鴻鴈各行鳴其為人也丰姿清秀天性聰明源流三峽誰能及筆掃千軍就與論驪珠照艷光難掩雷劍生豊氣自充豈是池中之物尤来席上之珎奮身辭白屋平步入青雲龍門変化三千浪鵬路逍遥萬里程一朝姓字傳揚後秉笏金鑾拜聖明此則榮貴之命鴛幃燭夜添新鳳子嗣森枝有挺榮運行初已丑上人庇下未斷平生庚寅運中欲遂平生志須加董子功辛卯運中莫愁雪阻藍関道時来頃刻便飛騰壬辰運中躍過三層浪威飛郡縣驚癸巳運中三度君恩喜两番風木驚甲午運中有才應大用未許向籬東乙未運中歸去松筠三径足倘来軒冕一毫輕丙申運中百年繾綣成何用一日無常萬事空

庚寅年　戊子月　癸巳日　壬子時

此八字癸巳日貴人之日相配柱中火土才官之格水居冬旺生平樂自無憂人生得此生於右族長於名門椿萱有倚先鹊母天邊鴻鴈各西東其為人也精神烱烱智慧明明五車書富三冬足兩石弓當萬騎冲珪璋自是清朝器律吕偏諧治世音終是功名之客豈為田舍之翁鰲遊玉蟾攀桂去馬隨青帝踏花行一朝姓字傳揚後濟濟衣冠拜聖明此則榮貴之命鴛幃合正副子嗣雖光榮運行

初巳丑上人庇下風雪滿空庚寅運中欲遂平生志須加董子功辛卯運中報道世龍還不信果然奮得錦搓新壬辰運中粉署聯班才獨称皇恩有感又加陞癸巳運中戢迁金紫威名顯風雪飛来尚惱人甲午運中有財應大用未許便辭榮乙未運中榮歸故里美酒盈樽丙申運中眷歸去也

庚寅年　戊子月　戊申日　甲寅時

此八字戊申長生之日相配柱中金木傷官制殺之格人生得此生於右族長於名門丰資清秀天性聰明學問有成袖裡虹霓冲霄色英材敏截筆端風雨駕雲麟麟珠最輝光雅搶雷針生豐氣自充終是皇朝客豈為田舍翁靈鰲玩處千山執冊柱開時簪足步黄金殿身朝白玉京一日風雲相際會九重天府沐深恩此則榮貴之命鴛幃春麗須招副子嗣榮門晚節馨運行初巳丑上人庇下未断平生庚寅運中德向陽和地書窗可用攻辛卯

運新霹靂一声雲霧合禹門躍過浪三層壬辰運中雪晴雲散天如洗金子煌煌雨露陞癸巳運中驛中曉月攙静洗江上清風催路甲午運中正定輔国未許辭榮乙未運中子榮孫貴歸故里倘来輕疋一毫輕丙申運中一枕巫峯

庚寅年 戊子月 戊戌日 丙辰時

此八字戊戌魁罡之日相配柱中水木才殺之格人生得此生於右族長於名門椿萱双晚茂天邊鴻鴈各行鳴其為人也丰資清秀天性聰明行藏覺消洒笑傲任枯榮黃金過火重僧濵白璧離塵色更明樓臺疊疊生楊好財自生福祿增不向仕途求聞達却来湖海覓黃金消閑棊一局遣杏酒三鍾門外田疇千古計庭前花木四時新身將隱以文何用人不知之味至真無辱心常足何須蓄帝京此則發祿之命 鸞飛春霄霄子嗣晚忽忽運行初己丑春風大蕩夏日炎蒸庚寅運中天边初出月苑上始開英辛卯運中近水樓臺先得月向陽花木早逢春壬辰運中才旺生官家業長福星臨照喜桃軽癸巳運中金勒馬蹄芳草地玉樓人醉杏花村甲午運中當此之際風雪滿庭乙未運中冲擊之所如月入雲丙申運中延廣玩物會友閒樽丁酉運中帰去也

庚寅年 戊子月 癸未日 丁巳時

此八字癸未日元相配柱中才官印三奇之格水居冬旺生平樂自無憂人生得此生於右族長於高門萱毋續紘椿磊落天邊鴻鴈有行群其為人也丰姿清秀天性聰明胸羅今古事孛識聖賢心太山北斗千年在和氣春風四座傾終是功名之客宜為田舍之翁雲程坦坦登天去峯足悠悠名利成一從姓字傳揚後九天雨露沐皇恩此則栄貴之命鸞幃連珠須配硬子嗣秋来有挺帯運行初己丑上人庇下未斷平生庚寅運中十年窓下蓁黃卷有青燈辛卯運中時来風送滕王閣頃刻高搏萬里程壬辰運中寒拂紫衣催駿驥光生玉節下雲唇梨花舞雪雨過山青癸巳運中耽廷金鬃宇宙登清甲午運中赤心扶日月素志展経綸乙未運中夕陽有限春晝無憑

庚寅　戊子　庚寅　丁亥

此八字庚寅日相配柱中之火傷官之格女人得此性觧心不藏機椿萱棠棣荣還耋妯娌翁姑分尚踈九膽助勤有道相夫教子能為麗日園飛蔟錦和風堤柳拖絲停看子荣臻福壽九天雨露潤霞衣此則秀英女命[illegible]

[illegible]卯交運行[illegible]丁交

運中花落春歸

庚寅　戊子　丙申　癸巳

此八字丙申日相配柱中水局正官之格人生得此宜爭金紫之荣椿萱荣耐晚棠棣有聯英手姿慷慨天性聰明理究今古事學貫聖賢經一舉首登龍虎榜十年身到鳳凰城此則高荣之命篤幡全正副桂子有生成運行初己丑上人庇下皆攸風生庚寅運中讀書源海觀史引灯辛卯運中[illegible]声春霹靂躍過浪三層壬辰運中一番風雪過金紫大夫荣癸巳運中山河開十郎鳳詔又荣徵甲午運中戢兼文武威振邊城乙未運中荣回故

丙申運中一夢難醒

庚寅　戊子　丙申　戊子

此八字丙申日相配柱中之水正官之格正官者貴氣之宿也人生得此勝祖強宗火命播親資毋壽鵰行天際有從相丰姿英俊天性剛忠學問三冬足詩書萬卷通禹浪三層都躍過果然身跨五花驄此則顯榮之命鸞幃金玉重重騰桂子庭前朶朶紅運行初巳丑尊人庇下花放生風庚寅運中欲遂凌雲志須加映雪功辛卯運中禹浪連三躍衣冠侍袞龍壬辰運中一番梨雨初晴後祿位榮着金紫封癸巳運中旺中生阻鄧依舊立剛忠甲午運中佇看官封三級灼然祿享千鍾乙未運中歸去也

庚寅年　戊子月　戊申日　庚申時

此八字庚申日相配柱中之水財旺生官之格亦有合祿之意人生得此姓顯名揚椿萱堂上双年耄鴻鴈天邊有奮翔丰姿洒落天性果剛理窮今古事學貫聖賢章終擬飛黃騰踏豈教困守鄉邦此則榮貴之命鸞幃獲配名門女桂子生成俊秀郎運行初巳丑上人庇下未必為祥庚寅運中詩書窮萬卷揮月便光揚辛卯運中宴罷沾恩罷寵威風肅憲綱壬辰運中祿元重顯權職列大夫行癸巳運中千里權衡振作一番風雪飛揚甲午運中大才大用乙未運中夢入仙鄉

庚寅　戊子　甲戌　甲戌

此八字甲日子月印綬之格年干透露殺神相生為妙女人得此翁姑不父倚妯娌久和同其為人也操持頗了得識見不愚蒙書猶香升暘谷怒若雷聲振碧空磨穿鉄硯非吾事綉折金針却有功家庭春藹藹慶世福重重此則當家之命良人有碍年高匹配鬢皤擊子嗣有成投筆封候而可羨運行初丁亥春花灼灼曉日融融丙戌運中柳綠桃紅春色媚鸞歌鳳舞樂情濃乙酉運中幾回心事多番覆依舊身安不致凶甲申運中雖則行藏而有慶也曾進退悶心胸癸未運中信覺楨祥畢集始知福慶昌隆壬午運中正欵平坡而穩步誰知精穽在其中葉落根枯豈重茂夕陽流水各西東

庚寅年　戊子月　丙辰日　癸巳時

此八字丙辰日德之辰相配柱中之水正官之格正官者貴氣之宿也人生得此嚴毅之志慷慨之資擒雪双耐晚鴻鴈有分飛穿通今古事博覧聖賢書擊開水府珠生彩掘出豐城劍有声一從揚姓字肅氣便奔飛此則显揚之命鴛幃全正副挂子秀枝枝運行初己丑上人庇下學札聞詩庚寅運中欵遂平生志且功賢聖書辛卯運中禹浪連三躍威風播四夷壬辰運中梨花雨過祿位加魁癸巳運中仁風揚万里風雪一番欺甲午運中崇回處樂乙未運中帰去来兮

庚寅　戊子　丙戌　己亥

此八字丙戌日相配柱中旺水偏官之格人生得此金紫榮封椿萱雙耐壽榮祿有聯叢羊姿慷慨天性剛忠筆底詞源三峽遠胸中學業五車通姓字傳臚沾寵渥仁風稟稟播鴻濛此則顯榮之命鴛幃簇錦桂子聯叢運行初己丑詩書多勉力映雪夜加功庚寅運中風雲相際會三跳化成龍辛卯運中仁風揚四海祿位又加封壬辰運中一番風雪過萬里[illegible]風癸巳運中佇看官封三級灼然祿享千鍾甲午運中秉持重柄卓立邊功乙未運中人生從此別無復見儀容

庚寅　戊子　辛酉　己亥

此八字辛酉日相配柱中水土傷官用印之格人生得此科甲成名椿萱堂上雙榮贈鴻鵬飛邊有共騰羊姿英俊天性剛明學問胸中廣詞源筆下精北海蛟橫頭角震南山豹變爪牙馨姓字登黃甲衣冠拜聖明此則顯貴之命鴛幃金玉貿子嗣桂蘭英運行初己丑上人庇下何論生平戊子運中洞房生喜氣芹泮有芳聲丁亥運中一聲春霹靂躍過浪三層丙戌運中仁風揚四海風雪一番生乙酉運中祿元重顯擢化雨潤雙旌甲申運中山河開十郡金紫勢英英癸未運中大上上大用威振邊城壬午運中儀刑四海辛巳運中夢入蓬瀛

庚寅年　戊子月　戊寅日　癸亥時

此八字戊寅日相配柱中木水才殺之格人生得此年姿穩重天性仁慈堂上椿萱先別父天邊鴻雁不交飛知輕識重將高就低十斷九連成事業三番四覆旺家資但顧晚年才祿旺何須天府掛朱衣此則富貴之命鶯啼鳧後連年少桂子金風舞彩衣運行初已丑幼年之景未論興衰庚寅運中却似洛陽三月景牡丹開處都花飛辛卯運中家業有成人敬仰覆絃彈斷理新絃壬辰運中才源來旺處人事有趨趨癸巳運中成四時之佳邊生一度之驚疑甲午運中冲擊之所月迷雲迷乙未運中老當發旺丙申運中歸去来兮

子平遺書　九

庚寅　戊子　壬辰　乙巳

此八字壬辰日德之辰相配柱中水土未及之格人生得此姓显名揚堂上椿萱双耐曉天邊鴻雁有同翔年姿慷慨天性果剛李問源淵終是功名之客英才特達豈為田舍之郎一朝騰達飛黃去此是男兒當自強此則显貴之命鶯啼龍屬須年少桂子庭前有繼芳運行初已丑上人庇下花放風狂庚寅運中詩書窮万卷探月便光揚辛卯運中錫宴沾恩寵衣冠拜袞章壬辰運中一番耕雨過化日照黃堂癸巳運中旺中生阻即依旧戚惟衢甲午運中大才大用乙未運中夢入仙鄉

子平遺書　十

庚寅年　戊子月　丙戌日　庚寅時

此八字丙戌日相配柱中之水正官之格正官者貴氣之宿也人生得此宜乎任路榮登椿萱雙壽猪牛屬崇棣庭前有共榮丰姿磊落天性剛明理貫古今之學心明賢聖之經一舉可冲天之勢片言有折獄之能長安人似蟻爭看錦衣榮此則聯芳之命鴛幃全正副柱子秀金英運行初已丑上人庇下快樂昇平庚寅運中讀書漂麥觀史引灯辛卯運中霹靂一聲雲霧合果然躍過浪三層壬辰運中梨雨初消後輝輝位再陞癸巳運中仁風

隨五馬化雨潤雙旌甲午運中藩臬一方天下心灰便簪纓乙未運中黃花綠酒丙申運中一夢難醒

庚寅　戊子　甲戌　戊寅

此八字甲木配庚金為歲殺喜戊土之才透露洒作偏官用才之論然子水来侵有戊中之土制之無咎得斯象者無不富貴其為人也丰姿俊麗性格温和行藏老實立性聰明雙親無尅鴈字聯行此則平穩之命鴛幃無尅能言能語聰明子嗣無傷先女後男吉慶運行巳丑庚寅祖業英豪成中見毀行辛卯壬辰運中營謀遂意家豐〻活計闐闠刑祿增癸巳運中春蘭茂盛坦腹風騷安享晚年甲午運中酹酒三行

庚寅年　戊子月　丙午日　壬辰時

此八字丙午日殄之辰相配柱中之土水去煞留官之格入生得此仕路聲揚椿萱堂上雙榮壽鴻鴈天邊各奮翱丰姿慷慨天性果剛理貫古今之學心明賢聖之章一舉有冲天之勢片言多折獄之方姓字登黃甲衣冠拜聖王此則顯耀之命鴛幃全正副桂子發天香運行初己丑幼承尊庇何論炎涼庚寅運中尋章摘句入室升堂辛卯運中風雲相際會三跳泳恩光壬辰運中一番風雲過祿位丙加昌癸巳運中權衡千萬里金紫大夫行甲午運中大才大用未擬還鄉乙未到丙申運中歸去也

庚寅年　戊子月　壬辰日　庚戌時

此八字壬辰日配乎柱中之土偏官之格入生得此行藏倜儻舉用人欽椿萱半道相齡奉鴻鴈天邊不合心自有貴人交敬何須苦向書林祖業三番四覆財囊十虛九盈佇看來晚節財旺勢英英此則富守之命鴛幃老赴重年少桂子庭前損嫩英運行己丑幼年之景月白風清庚寅運中財源來便旺無志守書灯辛卯運中飄殘楊柳絮紅紫麗門庭壬辰運中雨過山方秀雲開月始明癸巳運中世事儼如新折柳人情恰似半開英甲午運中沖擊之所風浪微生乙未運中晚年康泰昇平丙申運中春殘花落杜宇空鳴

庚寅　戊子　戊子　丁巳

此八字戊土相配本財殺之格喜逢日祿歸時沒
別椿先殞鴻鴈聯飛又斷群異爲人也平姿磊落
天性疏爲知進退識盈虛學問鮮知義理終身親
近高人重成事業再整家門時於閒處多惟慶每
向忙中長福崇晚年更有安閑日不枉初年費盡
心此則特達之命鴛幃金火相婚配桂子森枝吐
異馨運行初巳丑雖居庇下未於登臨庚寅運中
世事恰如新折柳人情還似半開英辛卯運中
中家務此業多康泰得一程而失一程壬辰運中

中復樂居處逍遙癸巳運中崎嶇都歷盡從此[illegible]
平甲午運中任他世態多般變依舊安心來應驚
乙未運中桑榆暮景松柏寒心丙申運中龍[illegible]落
月尤況

庚寅年　戊子月　庚寅日　丁亥時

此八字庚金配合柱中水木傷官帶財之格人生
得此平姿慷慨稟賦賢良生於豐潤之族長於仁
德之堂椿萱有倚難崇晚鴻鴈天邊不共行識見
高明知禮義筆鋒雄健近賢良祖業重磨資財厚
積但願有情交貴客何須躍馬上朝堂此則豪傑
之命鴛幃有犯宜年少桂子難為一果香運行初
己丑上人庇下樂享安康庚寅運中[illegible]高慕
遠依然履雪經霜辛卯運中漸覺陽[illegible]宇宙端知
[illegible]堂當[illegible]之際一番風雪壬辰運[illegible]

[illegible]財祿旺門墻癸巳運中但覺行扉
人事乖張甲午運中桑榆暮景樂飲壺觴一番跋
涉事不成傷乙未運中英雄盡也夢[illegible]代鄉[illegible]

庚寅年　戊子月　庚子日　戊寅時

此八字金生水傷官之格傷官者剛毅之物也主人傲物氣高自能自是順之則喜逆之則怒剖決衆人之是非不狥一毫之私曲祖基有倚而重成財帛自磨而自琢平生難享優游福竟日區區為執忙守得晚年光景好東籬果有菊花香此則平順之命鴛幃有剋須年少子嗣秋風孝義長運行初己丑庚寅運中輕寒輕暖氣數洋洋辛卯運中匆匆人事擾早早歷風霜壬辰運中財源虛耗失准窄何事花開風又狂癸巳運中臨慶□語陰無心插柳□成行甲午運中威權漸覺行藏倍勝常乙未運中子秀妻賢多快籬終日飲壺觴丙申運中光陰□過隙一夢鄉

庚寅年　戊子月　壬辰日　乙巳時

此八字殺刃之格人生得此金紫鷹揚椿樹高榮萱共老鴻鴈天際有隨翔丰姿清俊天性果剛筆底詞源三峽遠胸中學業五車藏終是功名之客豈為田舍之郎一朝騰達飛黄去此男兒當自強此則繼榮之鴛幃年少雙偕老桂子森森吐異香運行初己丑庇佑之下摘句尋章庚寅運中時來雲霧合便擬顯科場辛卯運中宴錫瓊林後衣冠侍聖王壬辰運中霜消天路達職列　癸巳運中儀刑四海乙未運中夢入黄

庚寅年　戊子月　戊申日　壬戌時

此八字戊申日相配柱中之水財旺生官之格人
生得此本顕功名只嫌運入殺鄉不貴而富椿萱
榮耐晚棠棣有高榮丰姿俊秀天性剔明般般都
好學件件不全精祖業添新慶財囊自積成但須
門迎車馬容何須身到鳳凰城此則富厚之命篤
幃配合須年少桂子生成俊秀英運行初己丑上
人庇下未必為寧庚寅運中詩書雖有志貨利亦
閑情辛卯運中樂中生出悶悶過貨壬　辰運
中僕馮從行樂風霜不致驚癸巳運　一
豪傑聚一簇衣門庭甲午運中蘭敎
中養入蓬瀛

庚寅年　戊子月　庚寅日　壬午時

此八字庚金配合柱中水木傷官助才之格正合
金水傷官喜見官也值斯命者丰姿美麗天性聰
明蛟龍豈是池中物一旦升騰化作鱗其為人也
生於名族長於詩庭嚴慈雖並翠棠棣有香馨學
問有成乾鷲㐫動千山振英材擴濶丹桂開時万
里香衣冠送今望雨露沐深恩一朝輔佐山河日
擢歷文臣與武臣此則宰輔之命篤幃正正副副
子有嫡嫡庶庶運行初己丑兩餘山　遍賞
通經𠀤運中金榜題黃甲突危於　人
卯奸邪不和金斧児驚壬辰運中　登边
人悶悶依然覲帝京癸巳運中耽居
庭甲午運中兩朝無事安磐石万国帰心托老臣
乙未運中留名萬載一旁佳城

庚寅年 戊子月 丙戌日 辛卯時

此八字丙戌日相配柱中之水正官之格人生得此丰姿洒落天性仁慈椿萱堂上双蛇屬棠棣庭前後有梅般般好夲件件营為祖業添新慶才囊自積脊但顧江湖生計廣何須身到鳳凰池此則富實之命鴛幃配合須年少桂子庭前三两枝運行初己丑上人庇下有何是非庚寅運中財源之便旺喜氣又怡怡辛卯運中才利交也生在一時壬辰運中一番風雪過家己運中不独金珠滿目尚祈名勢旦晚年癸巳乙未運中歸去来兮

庚寅年 戊子月 丙戌日 壬辰時

此八字丙戌日相配柱中水土去殺留官之格人生得此宜乎仕路榮登堂上椿萱榮晚節天邊鴻鴈有同鳴丰姿英俊天性聰明理貫古今之學心明賢聖之經一日風雲相際會果然騰踏上天庭此則於簋之命鴛幃連珠低一歲桂蘭提許幼二初己丑幼年之景花放風生庚寅運中思量教篤志青灯辛卯運中經書俻光榮壬辰運中榮沾新寵渥黎庶一番止又加陞甲午運運之皆

庚寅年　戊子月　辛卯日　戊戌時

此八字辛金相配柱中木火才感生官之格才感生官終身有慶人生得此注人丰姿美秀天性奇能自是人中傑天生席上珎其為人也生於名宦之族長於富室之庭椿萱含晚翠棠棣有聯棠李問有成馬前喝唱狀元來英材特達墀下卒呼公伯至奕世衣冠從今望九天雨露沐深恩嗡乎心扶日月職居尊位股肱臣此則權耀之命
牡丹芳藥桂子生來之人

人
壬　如中丹心扶日日
霜稜雪都經過詔許英材晝召悟甲午運中
玉關無人剉烛剪金蓮夜詠詩乙未運中天上
曾扶帝座人間位正遍台星玉堂遜能事早晚聖相親丙申運中正作皇門之孫柱誰知鬼散入蓬瀛

庚寅年　戊子月　戊申日　丁巳時

此八字戊申日相配柱中水局財旺生官之格正謂才盛生官終身有慶值斯象者丰姿英厚天性剛忠椿親榮傑萱同耄棠棣庭前我挺榮學問胄中廣詞源筆下通一朝騰路飛黃去濟濟衣冠拜袞龍此則榮顯之命鴛幃配合頂年小桂子庭前發錦叢運行初己丑如承上苑花放風生庚寅運中歎遊妻志一世加祿爭
詩書窮萬卷採月便
壬

庚寅年　戊子月　庚子日　丙子時
此八字庚子日相配柱中水火傷官制殺之格人
生得此年姿俊秀天性維新椿萱含曉翠棠棣有
聯蓁學問有成万里扶搖騰彩鳳英才卓冠一声
霹靂躍潜鱗閶闔開黃道衣冠拜紫宸此則榮耀
之命鴛幃春色麗桂子錦成茵運行初己丑上
庇佑化日陽春庚寅運中詩書窮万卷未必更
與　卯運中騰身離雪案攀上天
万　權　振一番
威

乙

庚寅年　戊子月　己亥日　癸酉時
此八字己亥日相配柱中之水財旺生官之格人
生得此纔顕簪纓椿萱榮耐晚棠棣有聯榮年姿
慷慨天性聰明理貫古今之學心明賢聖之經擊
開水府珠生彩掘出豐城劍有聲一從姓字登黃
甲日日趋朝謁聖明此則英貴之命鴛幃金玉麗
子弱桂蘭榮運行初己丑上人榮庇決樂昇平自
寅　讀　星辛
連
大

雄

庚寅年　戊子月　丙戌日　壬辰時

此八字丙火相配柱中土水去杀留官官印之格經云官印者上格也人生得此注人丰姿美秀天性乖能自是人中傑天生席上珎其爲人也生於高堂大厦長於名望之庭、對椿萱水土命鴻鴈上下有飛騰學[illegible]首成龍虎榜中[illegible]取首[illegible]二錦票

庚寅年　甲申月　乙丑日　[illegible]

此八字乙丑日相配柱中金木傷[illegible]得此本顯功名只嫌傷官見官減爵福刀椿萱宗耐棠棣有聯英丰姿清秀天性聰明粗通韜畧法頗識聖賢經遊山翫水生才利文貴親賢樂酒情佇看来晚節金馬擁門庭此則穏富之命篤幃全正副桂子秀英英運行乙酉上人庇下月白風清丙午運中詩書心力倦貨利便生成丁亥運中雪情春信轉紅紫[illegible]門庭戊子運中滔滔旺家業日日會賢英己丑運中老當益壯車馬喧争庚寅[illegible]憂別家何[illegible]哀猿三兩聲

庚寅　甲申　甲辰　甲戌

此八字甲辰日相配桂中之金偏官之格人生得此半姿洒落性格聰堂上椿萱榮耐脫天邊鴻鴈有飛騰學問有成終是功名之客筆鋒雄健豈為避世之英應腰定頃須紫詔節趁不待試文英等閒借得吹盧力足馬登天沐寵榮此則舊榮之命鴛帳連珠尤列副桂枝逐擬挺高榮[illegible]行初乙酉運中初承上底快樂安[illegible]丙戌運中詩書窗下留[illegible]剎棘塲中未可行丁亥運中幾回[illegible]枕卷遇貴便[illegible]榮戊戌運中榮沾寵渥司蓮幕千里權衡雪滿榮已丑運中旺中生阻滞事安戕加陞庚寅運中冲擊之所宜道生剎辛卯運中黄花脱節香夢入王峯

子平遺書　二

庚寅　甲申　甲午　壬申

此八字甲午日相配柱中之金偏官之格人生得此宜乎仕路崇堂上椿萱龍虎壽天邊鴻鴈有隨飛手姿英俊天性剛明理貫古今之李心明賢聖之經北海蛟横頭角僅南山豹变爪牙聲姓字登黄甲衣冠拜聖明此則崇顯之命此鴛幃同屬酒招副桂子庭前有継榮運行初乙酉上人庇下風浪微生丙戌運中詩書窮萬卷摺月未題名丁亥運中禹浪連三躍恩沾雨露榮戊子運中祿元加進千里威名已丑運中一番風雪露祿位又加陞

庚寅運中金魚綰帶辛卯運中一夢難醒

子平遺書　三

庚寅年　甲申月　壬辰日　己酉時

此八字壬辰日相配柱中金土官印之格人生得此仕路馳聲椿親高貴重婚母鴻鳫天邊有共鳴丰姿清致天性剛明理貫古今之學心明賢聖之經黄道三秋騰驥足赤霄千里奮鵬程長安花夾道相夜彩旗明此則聯芳之命鴛帳招賢須刎頸桂蘭還擬簇秋英運行初乙酉幼年之景花放鳳生丙戌運中欲遂平生志潛心對短檠丁亥運中禹浪三層都躍過聲華燁燁播神京戊子運中雪睛天伏驟金紫職遷榮己丑運中一方天下皆吾屬風浪生顛事不驚庚寅運中權高換福辛卯運中夢了浮生

庚寅　甲申　庚辰　丁丑

此八字庚辰魁罡之日相配柱中木火才官之格人生得此本顯功名只嫌身旺官衰不貴可富椿萱双耐晚鴻鳫有隨飛丰姿洒落操幹能為理穷今古事學貫聖賢書不向仕途求聞達却從湖海旺家資佇看來晚鄭茅宅挺光輝此則富旺之命鴛幃連珠低一載桂蘭庭外兩三枝運行初乙酉上人庇下有何是非丙戌運中有心生貨物利無志讀詩書丁亥運中但覔才源来旺不妨人事趨趄戊子運中樂中生悶〻過旺家資己丑運中粟陳貫朽箏宅豐肥庚寅運中金木交戰歸去来兮

庚寅年　甲申月　辛未日　己亥時

此八字辛未日相配柱中水木傷官用財之格人生得此半姿魁偉天性聰明生于茂盛之族長於詩礼之庭椿萱半道相分手鴻鴈天邉少奮騰學識頗知千古事心曾羅列一天星機會來時逢貴助快登天府沐恩榮此則榮碍之命化偉有碍須掐富桂子先凋晚發榮運行初辛酉無恩無憲快樂和平丙戌運中志欲遨遊泮水依然困守家庭丁亥運中氣轉陽和生秀麗一番行樂尚悲生戊子運中欲速則未達揚帆潮未平己丑運中遇此天然機會到緩騎足馬上神京庚寅運中皇恩應有感禄位再加陞辛卯運中衣冠正在權衡處未許騈榮樂酒情壬辰運中落日青山外哀猿三兩声

庚寅年　甲申月　辛卯日　丁酉時

此八字辛卯日相配柱至中之火時上偏官之格人生得此不貴而富當世早歸梓後則雁行天際不同飛手姿英厚天性仁慈心下存濟人之德曾中無殺官之私十断九連成大業三番四度旺家資湖海英雄敬仰帰邦才禄豊盈此則成立之命鴛幃甜後重耳少桂子庭前三両英運行初乙酉萱花零落後尹紫竟寒生丙戌運中才源未穩旺無志守書灯丁亥運中行藏人敬仰牌雨吾陰晴戊子運中江湖尊德望弾出断絃声己丑運中萬象回春生意遍財源來旺慈門庭庚寅運中家當發旺財厚福興辛卯運中重々旺家業湖海再馳声壬辰運中依然享用癸巳運中夢入蓬瀛

庚寅　甲申　乙酉　己卯

此八字露官藏殺之格喜逢日祿歸時女人得此治家勤儉歷事操持性不受觸心不藏機翁姑分淺妯娌緣疎磨礱新事業番覆整根基霞帔鳳冠身外事衣粮充足自光輝此則當家之命良人有剋須年長子嗣虛花果不齊運行初癸未疎雲掩月未足為奇壬午運中報道上林春已至果然花柳競芳菲辛巳運中鸞歌而鳳吹夫唱而婦庚辰運中關山千里念風雨一番悲己卯運中駁雜都經過依然福慶齊戊寅運中事〻頗如意還花勝舊時丁丑運中寂寂香閨人去後空留明月照機絲

庚寅　甲申　癸巳　壬子

此八字癸巳日相配柱中之金印綬之格喜逢日祿以歸時女人得此姿容朗〻智惠明〻椿萱棠棣榮尤耋妯娌翁姑有共盟箕箒蘋蘩可托相夫教子多能一苑杏花鋪錦繡滿山松柏映幃屏裙釵光艷〻羅綺色盈〻此則榮贈女夫之命良人同屬榮華客桂子生成奪錦英運行初癸未幼承上庇花放風生壬午運中杏艷桃還媚鸞歌鳳亦鳴辛巳運中裙釵雖壯麗風雪尚嚴凝庚辰運中夫榮恩澤廣錦繡絢霞明己卯運中滔〻臻福慶風急浪層〻戊寅運中粧樓人去也臺鏡曉空明

庚寅年　甲申月　壬辰日　戊申時

此八字壬辰魁罡之日相配柱中之土時上偏官之格喜逢印綬守提綱人生得此科甲榮身椿萱榮耐晚棠棣有聯蓁丰姿英傑天性精神理明今古事學貫聖賢文快登蟾窟攀丹桂後步天門沐聖恩此則榮顯之命鴛幃全正副桂子蘭秋蓁運行初乙酉幼承尊庇化日陽春丙戌運中欲遂凌雲志窓前歷苦辛丁亥運中月殿榮登飛驥足陽關三疊探陽春戊子運中榮沾寵渥威千里風雪生寒困一身戊子運中雪晴天伏麗北日照生民己丑運中祿位重加威令重風波乍起事逡巡庚寅運中秉持重柄辛卯運中夢入風塵

庚寅　甲申　戊寅　甲寅

此八字戊寅日相配柱中金木食神制殺之格人生得此丰姿英傑天性明良椿萱双耐晚鴻鴈有聯翩學問三足詩書万卷藏一舉可冲天之勢片言有折獄之良一從姓字登黃甲榮沐恩波拜衮章此則顯榮之命鴛幃全玉麒子嗣桂蘭香運行初乙酉上入庇下摘句尋章丙戌運中芸窓窮万萬卷探月便光揚丁亥運中宴罷沾恩寵威風散四方戊子運中一番風雪過祿位兩加昌己丑運中千里權衡振一番風浪驚狂庚申運中大才大大用辛酉運中入夢仙鄉

庚寅年　甲申月　癸巳日　壬戌時

此八字癸巳日相配柱中金木傷官用印之格人生得此年姿洒落天性維新椿樹呈榮萱共耋庭前棠棣有聯業學識有成擊開水府珠生彩英才卓冠擢出豐城劍有聲一從揚姓字氣猷布神京此則顯榮之命鴛帳招賢須列副桂蘭還擬發秋英運行初乙酉上人庇下詩禮趨庭丙戌運中詩書窮萬卷探月便光榮丁亥運中宴罷沾恩渥聯班彩署榮戊子運中雪晴加祿位千里擬專城己丑運中位當高擢萬里威稜庚寅運中黃花綠酒辛卯運中香夢蓬瀛

庚寅年　甲申月　丙午日　甲午時

此八字丙午日及之辰相配柱中之金財旺生官之格人生得此年姿俊秀天性聰明椿萱雙耐晚鴻鴈有同鳴般般歷學件件頗精祖業添新慶財囊自積成但願門迎車馬客自然晚節福昌榮此則富厚之命篤棣連珠低一載桂蘭还擬兩三英運行初乙酉上人庇下快樂昇平丙戌運中春園風雪過財帛自生成丁亥運中雨過山光麗雲開月色明戊子運中人事光華行樂順一番風雪又飄零己丑運中財源滚滚名勢英英庚寅運中老當昌樂辛卯運中一夢難醒

庚寅　甲申　庚寅　丁丑

此八字庚寅日相配柱中金木火才官之格也謂財臧生官終身有慶值斯象者主人丰姿英顯性格明良椿萱棠棣難相守妯娌翁姑侍不常有立業掌家之道相夫教子之方佇看來晚節沛澤沭榮昌此則榮秀女命良人豪貴客子嗣顯榮郎運行初癸未上人庇下毓秀蘭房壬午運中匹配成佳偶鸞歌鳳亦翔辛巳運中雖則夫門財業旺旺中當有事爭張庚辰運中囊空休嘆息風雪不為傷己卯運中一日味珍羞臧千般錦綉芳戊寅運晚節光華沾沛澤一番風雪洒門墻丁丑運中桑榆暮景丙子運中夢入仙鄉

庚寅年　甲申月　辛巳日　乙未時

此八字辛巳日相配柱中木火財官之格女人得此福足以榮椿萱棠棣難依養妯娌翁姑老滿堂儀容秀爽天性明良有丸膽助勤之道相夫立業之方花映玉簾春昼永月穿閨閤夜光涼佇看來晚節沛澤再加昌此則榮夫顯子之命良人顯耀分中道桂子承榮拜袞章運行初癸未初年之景毓秀蘭房壬子運中誦関雎之樂歌窈窕之章辛巳運中夫門生顯耀光響更何當庚辰運中沛澤榮沾後霞衣絢日光己卯運中百味珍羞列席一番妻憐何當戊寅運中斷漏添新水何如夜更長丁丑運中再加光響丙子運中鏡掩晨光

庚寅年　甲申月　甲申日　庚午時

此八字甲木相配柱中金火食神制殺之格女人得此容顏俊麗標格清奇其為人也生於富室長配豊門奉翁姑而行孝道待妯娌以盡其情羅綺層層家富貴金玉盈盈衣錦豊萬里無雲天一色三秋好景月長明三從有倫閨門玉四德無偏女内琢待夫盡禮訓子有成初運中年交產過暮年顯子助夫榮此則宗夫顯子女命良人年長方諧老子女招來必有疾運行初癸未運前運内交服險扶保閨門學綉針壬午運中萬紫千紅景尋芳二月春辛巳運中一對鴛鴦齊並立穿綾着錦不非輕庚辰運中業砧衆顯耀奴婢亂紛紛己卯運中夫宮權勢重梨雨洒衣襟戊寅運中出入高檯跟頂轎僕僮簇擁兩邊跟丁丑運中蟠桃已熟王母來迎

庚寅年、　甲申月　辛卯日　己亥時

此八字辛卯日相配柱中水木傷官助才之格人生得此冠平得祿得名椿萱堂上鷄猴屬鴻雁天邊後有鴻丰姿英傑天性剛明窮今博古覽史觀經黃道三秋騰驤並青霄千里奮鵬程御溝三跳過肅氣便奔騰此則武肅之命鴛幃全正副柱子有高業運行初乙酉上人庇佑快樂安寧丙戌運中明窓絳几黃卷青灯丁亥運中姓字傳揚後衣冠拜聖明戊子運中天山勞汗馬祿位兩加陞己丑運中輝輝金紫威振邊城庚寅運中老當大用辛卯運中夢入仙鄉

庚寅年　甲申月　丙子日　己丑時

此八字丙火配合申丑之金為財官之格其為人也賞遍繁華地帰来意氣殊利名成復破鴛鴦驟還踈節操非凡猥行歲運自濡安然臨老景頼有一枝珠此則平常之命也妻有合子無傷運行初繁華春日麗荷芰夏天長運行中萬疊好山雲乍歛一樓皓月雨初晴運行暮偷閑未得尋芳運林下逢僧半日閑辛夘運中月冷烟空流水岸人帰鴈惨夕陽村

庚寅年　甲申月　癸夘日　壬戌時

此八字癸夘日相配柱中金木傷官帯印之格人生得此丰姿英傑天性剛忠椿萱榮贈晚鴻鴈有凌風學問三冬足詩書萬卷通萬里樹搖騰彩鳳一聲霹靂躍潛龍閶闔開黄道衣冠拜九重此則顕貴之命鴛幃正副方偕老桂子秋来吐嫩叢運行初乙酉上人庇下快樂從容丙戌運中欲遂平生志須加董子功丁亥運中一朝騰踏去身跨五花驄戊子運中雪晴天仗覃禄位大夫封己丑運中儀刑尊德望禄秩享千鍾庚寅運中老當持重柄辛夘運中垂淚洒西風

庚寅年　甲申月　癸巳日　庚申時

此八字癸巳日相配柱中之金印綬之格印多喜見刑沖人生得此維顯簪纓椿親棠酎晚鴻雁有聯騰手姿慷慨性理剛明學問曾中黄詞源筆下椿黄道三秋騰驥足赤霄千里奮鵬搏長安人似蟻相看錦衣榮此則顯耀之命鴛幃金玉質子嗣桂蘭英運行初乙酉尊人福庇暮史朝經丙戌運中詩書窮萬卷探月夜長明丁亥運中宴罷詁息龍班聯粉署棠戊子運中一番梨雨過禄位又陪雖己丑運中藩臬一方天下踈踈烟浪生鶩庚寅運中秉持重柄威振邊城辛卯運中訃音莫遣行人説旧酒西風萬里槎

庚寅年　甲申月　癸未日　丙辰時

此八字癸水相合柱中金木傷官用印之格傷官若用印羅殺不爲刑値斯象者手姿美麗標格清奇自是人中傑天生席上珎其爲人也生於高堂大厦長於豪富之庭堂上双親齊有慶鴻天邊鴻雁一聯鳴學問有成龍虎榜中先取首英豪曠野鳳凰池上錦標名栢府地叢聲價重雲臺霜冷有威叢佇看輔佐山河日腰横玉帶輔朝廷此則權貴之命鴛幃正副子有奇英運行乙酉運前運内災閻險扶追螢窓習貫經丙戌運中天門待放黄金榜仙仗催開紫玉宸丁亥運中威儀牾使妍心破法度潛令鬼膽驚戊子運中重金重紫淚洒衣襟己丑運中奉命復陞都臺戢一廉清政鎮邊廷庚寅運中官居極品解印回程辛卯運中晋名萬載一夢蓬瀛

庚寅年　甲申月　辛丑日　癸巳時

此八字辛丑日相配柱中木火才官之格人生得此羊姿磊落天性剛明堂上椿萱牛羣屬庭前棠棣有聯榮學問有成聲聞水府珠生彩英材卓冠掘出豐成劍有聲姓字傳揚沾寵渥輝煇化日照神京此則聯芳之命駕幃牛屬須年長桂子花開果後成運行初乙酉不榮不辱庇下昇平丙戌運中洞房生喜氣泮水有書聲丁亥運中世業際遇風霜日三跳龍門沐寵榮戊子運中威聲揚上國雯霄位階陞巳丑運中金紫重重歸要地一書行樂險尤生庚寅運中天邊無沛澤籬下有親朋辛卯運中榮別家何處空閨杜宇聲

庚寅年　甲申月　癸未日　戊午時

此八字癸水日元相配柱中金火官印之格正謂有官有印無破作廊廟之材惜乎沖破減我光榮主人生於西室長於高門椿觀磊落萱歸副天边鴻鴈各行群其為人也半姿清秀天性聰明有剛果明敏之材理白分清之智高人起敬貴客相欽祖業增新立根宗勝舊風片蔭晉連野綠迴迴甲第聳雕甍才源富足福祿駢臻雖不建侯封爵自然富足天生此則穩富之命駕幃連續合子嗣桂蘭馨運行初乙酉雖居庇下未必為亨丙戌運中天边初出月苑上始聞吳丁亥運中漸漸精神爽看看氣象增戊子運中桃李千般錦江山一畫屏巳丑運中才源富足家居好風雪飛來倍添情庚寅運中軒闊化日千祥集簷捲香風百福增寅字之中一番但節辛卯運中樽罍有酒庭佳客蘭室存書教子孫壬辰運中春光如撚脂一枕了平生

庚寅年　甲申月　戊寅日　壬子時

此八字戊土相配柱中金木食神制殺之格人生得此手姿高古天性和溫生於茂族長於高門萱花別後椿尤去鴻鴈風高有斷群祖業有依重整頓資囊還宜自撙存不須跨馬長安道且向花前樂酒樽此則穩富之命鴛幃得配連珠女子嗣秋枝拂彩雲運行初乙酉上人成下樂享和溫丙戌運中倦讀遊湖海財源日日新丁亥運中一番風雪過尚不損精神戊子運中才若水源來滾滾不妨風雪洒紛紛己丑運中才源生進退行樂尚逸通庚寅運中氣轉華堂生計廣無端烟雨暗乾坤己卯運中桑榆暮景多先彩一夢胡為隔斷雲

庚寅年　甲申月　壬寅日　丁未時

此八字壬寅日相配柱中之金印綬之格人生得此手姿洒落操幹能為椿萱存晚節棠棣發芳菲獻獻都好學件件只粗知祖業添新慶才囊自積成湖海市廛才兩旺喧〻車馬集門閭此則富旺之命鴛幃配合配年敵桂子庭前三四枝運行初己酉上人在下有何是非丙戌運中志思登仕路也讀聖賢書丁亥運中財源來滾〻人事擬輝〻戊子運中僕馬從行樂笙歌擁醉時己丑運中孫賢子秀快樂怡〻辛卯到壬辰運中歸去也

庚寅年　甲申月　己巳日　丙寅時

此八字巳土配合辛巳之金爲傷官之格其爲人也群陰去後復回陽貴客相携過玉臺先見佳名播閭里要榮生計謝梯媒此則沓靈之命運行初梴柳争妍運行中閑中生離剥靜裡有憂煎運行暮愁從竹葉杯中去老向菱花鏡裡生癸巳運燕臺雪歛巫山夢漢苑香消不返魂

庚寅年　甲申月　丁酉日　壬寅時

此八字丁酉日配辛柱中之金財旺生官之格人生得此武顯文榮播親勇鋭蓋填塞鴻鴈天邊各奮騰手姿英俊天性聰明心竅韜畧法學貫聖賢經不向天山榮汗馬却來翰苑試文英一從姓字傳臚後榮沐恩波肅氣清此則榮肅之命鷩帷全正副桂子武文榮運行初乙酉幼年之景詩礼趨庭丙戌運中欲遂平生志潛心對短檠丁亥運中禹浪運三躍衣冠拜聖明戊子運中踈踈風雪過禄位又加陞己丑運中權衡千万里風浪不爲驚庚寅運中大才大用威振邊城辛卯運中柴圍処樂壬辰運中一夢難醒

庚寅年　甲申月　戊申日　庚申時

此八字戊午羊刃之日配合柱中合木傷官制殺之格人生得此十盜平穩立志高明生於仁右之族長於名望之門堂上嚴花有大命雁行雁上獨穿雲梅開彩萼飄南院竹長新稍过北逢學問聪明知禮義行藏機变貴人欽皷樞清韻動石擊紫煙生名利場中應有一分春風得地馬蹄輕此則壽夭之命不批

庚寅年　甲申月　壬寅日　丙午時

此八字壬寅趍艮之日相配柱中火土才官之格人生得此生於文皇之族長於顯宦之門椿覲榮脫鴻鴈各行鳴其為人也丰姿清秀天性聰明筆底詞源三峡水脑中瑩潔一天星袖裏虹霓冲霄色筆端風雨賀雲程終是功名之客豈為舍之翁北海蛟横頭角聳南山貌瓜牙新一從姓楊名字從此滔滔禄位增此則穩厚之命鴛幃連珠底一載子嗣金風舞彩裳運行癸未上人庇下花放風生甲申運中欲逢平生志須加董子功乙酉運中一輪秋夜月萬里見揚輝丙戌運中禹門三級浪平地一聲雷丁亥運中腰横金作帶符剖玉為鱗梨花舞雪雨过山青戊子運中有材應大用未許便辞榮己巳運中春光帰去也逢島信难通

庚寅年　甲申月　甲辰日　甲戌時

此八字甲辰日元相配柱中金水殺生印綬之格殺印相生功名顯達主人生於右族長於宦家椿萱榮旺棠棣有奇葩其爲人也丰姿清秀天性奢華有凌雲之筆秉之斗之才豐城有雲劍其氣莫能遮一朝变化嶄頭角赫奕声名遍迩遐此則傳芳榮貴之命篤情德懿子嗣名佳運行初乙酉幼年之樂志氣堪誇丙戌運中忠勤事業時時習繼習工夫日日加丁亥運中忽然雷動地奮躍到天涯戊子運中袪惡除奸權萬里感尊於我豈尊他己丑運中榮看祿位遷金紫豈慮西風舞雪花庚寅運中早歸故里無俞事鋤钁園中李種瓜辛卯運中堪嘆韶光人老香然一夢登雲

庚寅年　甲申月　戊戌日　壬戌時

此八字戊戌魁罡日元相配柱中金木傷官助煞之格人生得此生於右族長於西宮椿親耐晚萱歸嗣天邊鴻鴈各行騰其爲人也丰姿清秀天性雍容胸藏萬古英雄事懷抱三場錦繡文不特魏珠能照乘還應趙璧擬連城終是功名之客豈爲田舍之翁折桂場中誇妙手標名鴈塔振蜚声一從恭㳘宴秉笏拜金門此則榮貴之命篤情連理合子嗣晚光榮運行初乙酉上人庇下未断平生丙戌運中十年窓下棄黄卷與青燈丁亥運中双鳳騰蛟從此始果然秉笏拜明君戊子運中寒拂紫衣催駿騎老生玉節下雲階黎花舞雪雨過山青己丑運中職遷金紫貴風雨尚愁人庚寅運中自嘆引年歸故里朝廷未遂兩蘇心辛卯運中榮回故里美酒盈樽壬辰運中歸去也

庚寅年　甲申月　己丑日　己巳時

此八字己丑日元相配柱中金木傷官之格女人得此生於右族長於名門椿萱難並老鴻雁各行鳴其為人也丰姿清秀髮鬒精神有針黹之功立業之勤一苑杏花舖錦繡滿山松栢映幃屏春入水光成嫩祿日旬花蕚發新紅相夫應有道訓子總成群明月當天青氣爽光華萬象色尤新難觸難犯易喜易嗔雖不鳳冠霞帔也應金谷豐盈此則穩旺之命良人得配名門文子嗣秋来有粟英運行初癸未上人庇下毓秀閨門壬午運中契合琴鸞成好夢赤繩月下結良姻辛巳運中雖則夫門多快樂也應人事尚虧盈庚辰運中一抹晚烟迷芳蘂半泓秋水侵芙蓉己卯運中到此始知時運好萬物光華百事通戊寅運中夫賢子秀落意亡情丁丑運中晚年閑快樂丙子運中花落鳥無聲

庚寅年　甲申月　辛丑日　戊戌時

此八字辛丑日元相配柱中木火才官之格女人得此生於右族長於名門椿萱双晚茂棠棣死邊生其為人也姿顏清秀髮皃精神勝丈夫之氣槩有男子之材能萬里無雲天一色三秋好景月長明箕箒頻繁存礼節相夫教子蹈賢良深明閨壼里洞識古今情心静似月明雲漢性急如風捲殘雲佇看夫榮子貴也序同沐皇恩此則榮貴之命良人得配榮身客子嗣秋来有捷榮運行初癸未上人庇下毓秀閨門壬午運中孔雀屏開花爛熳芙蓉帳煖氣氤氳辛巳運中不用夜燒銀燭月明添倍精神庚辰運中榮華疊疊沛湃紛紛己卯運中彩中加綵色紅上贈紅美戊寅運中子貴重榮贈何愁自髮生丁丑運中粧樓人去也臺鏡掩神明

庚寅年　甲申月　丁酉日　戊申時

此八字丁酉日貴之辰相配柱中金水才官之格才盛生官終身有慶遇斯命者生於右族長於高門椿萱雖耄耋鴻鴈各棲風其為人也手姿清秀天性聰明錦繡胸藏聖賢學珠璣口吐武文風驪珠照魏光雖掩雷劍生豐氣自充終是功名之客豈為田舍之翁奮身離白屋平步入青雲一朝騰達飛黃去金紫榮看次第陞此則榮貴之命鴛幃重合配子嗣晚光榮運行初乙酉幼年之下容膝未暉丙戌運中讀殘茅店月囊聚螢頭螢丁亥運中莫愁雪阻藍關道時來天路馬蹄輕戊子運中自沐天邊寵翊翊識聖明己丑運中三度君恩喜兩番風雨驚庚寅運中錦衣肥馬重重貴天上恩波浩浩新年卯運中晚年開快樂會友以開樽壬辰運中歸去也

庚寅年　甲申月　癸未日　癸亥時

此八字癸水天元相配柱中金木傷官帶印之格人生得此生於望族長於名門椿親先別萱歸晚天邊鴻鴈不聯群手姿清秀天性聰明筆底詞源三峽水胸中李業五車文終是功名客豈為田舍人璵林雖不系高宴自有仁風四境聞此則榮貴之命鴛幃配合須年長桂子森枝有挺榮運行初乙酉上人庇下未斷平生丙戌運中踏破泮橋霜幾板讀殘茅店月三更丁亥運中文章別有凌雲志德業豈無觀国賓戊子運中機會來時傾紫韶管教寄跡虎闈中己丑運中佐政黃堂名望重片時風雨阻權衡庚寅運中一番生進退慎則已無驚辛卯運中悠悠籬下壬辰運中青憂無憑

庚寅年　己丑月　辛[illegible]　[illegible]時

此八字辛酉專禄之日相[illegible]氣殺印之格人生得此生於右族長於仁門椿父早歸萱貌别天邊鴻鴈憤行分其為人也丰姿清秀天性老成般般稍覧件件不精謀動君子威伏小人行藏竟消酒㗧傲任枯榮祖業添新慶根源勝舊風遊山翫水携詩巻對月觀花把酒斟好意番成悪真心换得嗔鄉民仰德閭里推尊此則穏厚之命鴛幃士命須年長子嗣雙花五果成運行初庚寅幼年之下未断升沉辛卯運中春園雖雨過桃李未生英壬辰運中晝水無声空有浪綉花雖艶不聞馨癸巳運中雖則行藏有瘦幾多人事虧盈甲午運中財源雖旺足風雨不為驚乙未運中世情濃又淡淡處又還濃丙申運中彩衣膝下兒孫樂尚恐花開風又生丁酉運中平坡防有㟁峻嶺豈無驚君着有陰隲戊戌運方終

庚寅年　己丑月　己巳日　戊辰時

此八字己巳日元相配柱中金木傷官之格人生得此生於右族長於名門堂上椿萱萱歲長天邊鴻鴈有随鳴其為人也丰姿清秀天性老誠般般稍覧件件不精親君子近高人過火黄金重長價雄雲皎月倍清明祖業添新慶根原勝旧風田園桑柘茂畎畝稲粮馨英雄惟贈劍三尺豪傑相逢酒一鍾時至才原富足運来福禄無穷此則豊足之命鴛幃連珠須配硬子嗣全風李旦忠運行初庚寅上人疪下未断平生辛卯運中娟娟雲裏月灼灼葉中英壬辰運中雨過萬重山有色雲開千里月光明癸巳運中雖則行藏有慶幾多人事虧盈甲午運中才源旺足家居好風雪飛来尚惱人丁未運中門楣壯觀禄福駢臻丙申運中夕陽有限春梦無憑

庚寅　己丑　辛亥　戊戌

此八字辛亥之日相配柱中火土祺氣官印之格人生得此生於右族長於高門丰姿消洒天性老誠椿萱蒼晚翠鴻鴈各凌雲季問資先覔群書貫一經英材而出類夺問以淵明當仁不讓見善則歛終是功名客岦為田舍翁驥足千程騰蝶蠖躞蹊雲萬里㬎飛騰一從姓字傳揚後直上金鑾輔圣明此則崇貴之命兆幃金玉潤子嗣桂蘭崇運行初庚寅初年之下花放鳳生辛卯運中朝覲孔孟日近顏曾壬辰運中龍鳳騰蛟從此始果然策笏拜明君癸巳運中合重奸邪伏威嚴鬼膽驚甲午運中三度錦衣帰故里两扶日月上天庭當此之際梨花舞雪乙未運中雖則金甌和合还愁指东生西丙申運中酒觧平生恨衣沾上　丁酉運中訃音一播美酒三鍾

庚寅年　己丑月　甲寅日　丙寅時

此八字甲寅專祿之日相配柱中金土祺氣才煞之格傷官制煞生才遇斯命者生於威族長於名門丈土椿萱双晲茂天邊鴻鴈各行鳴其為人也丰姿清秀天性聰明知礼義識古今行藏果断作事老成過火黄金顯十分之貴色離雲皎月布萬里之清明福布江山外名聞湖海中得意江山詩句健忘情日月酒盃深才源富足家業余盈但願一生才祿旺何必天邊沐寵榮此則穏厚之命鴛幃連珠須配小子嗣秋來桑榮運行初庚寅上人庇下尖睇來仲辛卯運中春風播奥徽雨弄晴壬辰運中漸覔夜涼池雨過信知花放曉風輕癸巳運中桃李千溪錦江山一畫屏甲午運中才源雖富足風雪又盈庭乙未運中門楣壯觀第宅增新丙申運中花落水流春已失蘭摧玉折恨何明

子平遺書

庚寅年　己丑月　乙卯日　丁亥時

此八字乙卯專祿之日相配柱中金土雜氣才官之格才城生官終身有慶遇斷命者生於右族長於名門椿萱榮贈難還鸞天邊鴻鴈陣行分其為人年姿磊落天性聰理窮古事兼今事書對賢經與聖經太山北斗千年在和氣春風四座傾定擬當朝顯來紫宸為南畝務耕躬足履三千皆後學搏風九萬即前程一日風雲相際會九天雨露沐皇恩此則榮貴之命鸞幃春色驟子嗣秀秋萌運行初庚寅上人庇下花放風生過此辛卯運中讀殘茅店月囊聚粲顯螢壬辰運中遠望天恩雲外降恩攀桂子手中馨癸巳運中禹浪三層都躍過秉笏金臺拜聖明甲午運中三度君恩喜兩番風木驚乙未運中好看官趨二品酌然祿享千鍾丙申運中歸去松筠三逕足尚來軒冕一毫輕丁酉運中花落水流春已失蘭摧玉折恨何明

五

子平遺書

庚寅年　己丑月　庚午日　丁亥時

此八字庚午貴人之日相配柱中火土雜氣財官印之格人生得此生於右族長於高門水火椿萱萱草長天邊鴻鴈有行鳴其為人也天性聰明知高下識重輕過火黃金顯十分之貴色離雲皎月布萬里之清明祖業添新慶根原勝舊風筆長名園過舊竹花開上苑勝先春福布江山外名聞湖海中兩都秋色皆喬木耆舊風清有幾人不以功名為念豈得冠冕磨礱但願一生財祿足何須跨馬入青雲此則穩富之命鸞幃出命須難長入嗣生成跨操人運行初庚寅返吟之地未斷升沉辛卯運中始知春晝永方覺瑞祥生壬辰運中近水樓臺先得月向陽花木早逢春癸巳運中財源富足樓閣凌雲甲午運中一番風雪弄晴後從此財源倍有增乙未運中富之以潤其屋德之以潤其身丙申運中春光去也一枕清風

六

庚寅年　己丑月　甲戌日　癸酉時

此八字甲戌日元相配柱中金土雜氣財殺之格
喜逢時值金神主人生於右族長於仁門水火椿
萱雙晚茂天邊鴻雁各行鳴其為人也丰姿清秀
天性聰明源流三峽誰能及筆掃千軍孰與倫衣
冠濟濟人中傑和氣怡怡席上珍終是功名客豈
為田舍翁三級浪中龍變化九霄雲外鳳飛騰一
從姓字傳揚後金紫榮看次第陞此則榮貴之命
鴛幃帳裏添新寵子嗣金風有捷榮運行初庚寅
上人底下究晦未伸辛卯運中欲遂平生志須加

董子功壬辰運中莫愁雪阻藍關道時來頃刻便
飛騰癸巳運中宴錫瓊林後威風四海清甲午運
中職位兩邊金紫貴執花門外雪盈庭乙未運中
佇看官封三級酌然祿享千鍾丙申運中天邊無
沛澤林下有高情丁酉運中花落水流春已去蘭
摧玉折恨何明

庚寅年　己丑月　癸亥日　丁巳時

此八字癸亥之日相配柱中旺土襍氣杂印之格
沖官留杀得其所宜主人生於盛族長於名門萱
母續絃椿蕊落水木相生是納音天邊鴻雁不各
飛騰其為人也丰姿清秀天性聰明胸羅今古事
參識聖賢心豹變南山霧鵬摶北海風終是功名
之客豈為田舍之翁一從揚姓字秉笏拜金門中
運抑揚雖見依然祿位光榮此則榮貴之命鴛幃
水命須年小子嗣森枝一果榮運行初庚寅返吟
之地花放風生辛卯運中讀書映雪觀史引灯壬

辰運中鵬路高摶知健翼龍門深躍見脩鱗癸巳
運中已把嚴威摧酷吏更將仁政釋黎民一番風
雪不損精神榮中生阻節跋踄始加陞甲午運中
錦衣肥馬重重貴天上恩波浩浩新當此之際風
雪滿庭乙未運中正宜食祿未許辭榮丙申運中
晚年安逸丁酉運中春夢無憑

庚寅年　己丑　丁巳　乙巳

此八字丁巳日元相配柱中金土傷官助才之格女人得此生於右族長於名門椿萱雙毓茂鴻鴈各搏風其為人也姿容閒朗鬒貌超群有針線之巧立業之勤萬里無雲添一色三秋好景月長明紅日點穿湘水碧白雲堆破楚山青錦綉花開春富貴琅玕竹根日升平難觸難犯易喜易嗔夫榮何足羨子貴又榮封此則榮益之命良人年長榮華容子嗣秋來有挺榮運行初戊子上人庇下毋訓輙邁契合翠篤成好夢黃緣紅葉是良姻丙戌

運中片雲能發千山雨雨過千山依舊晴乙酉運中一輪秋夜月萬里倍清明甲申運中恩沾榮贈享福享榮癸未運中家門子貴重榮贈何愁白髮鬢先生壬午運中官閑脫樂辛巳運中鏡掩晨明

庚寅年　己丑月　丁巳日　丁未時

此八字丁巳日主相配金土傷官助才之格又有拱祿之意主人生於名門長於宦户椿萱榮耐晚鴻鴈各飛騰其為人也丰姿清秀大性老誠世事頗能將就般般事久精通曰福曰榮自有順天之慶喜安喜樂豈無祿地之榮祖業添新慶根源勝祖風不必麗珠來水府何須求趐到豐城施恩惹怨為好成嗔雖不建侯封爵自然財谷豐盈此則穩享之命兆帏連珠須配硬子嗣生成貴显人運行初庚寅幼年不斷平生事辛卯運中藏器待特

時未動風入桃花煖未旬壬辰運中水向右邊流出冷風從花底過來馨癸巳運中財源旺足第宅新增甲午運中粟陳貫朽樓閣崖巍乙未運中庭前竹报平安日檻外花開竹貴春丙戌運中子貴晚年貽襲瑞丁酉運中花落月尤沉。

庚寅年　己丑月　癸丑日　乙卯時

此八字癸丑日元相配柱中金土雜氣杀印之格杀印相生功名显達主人生於良族長於高門土命椿萱連珠屬天邊鴻雁各行鳴其為人也丰姿清秀天性聰明高謀遠見機關別慷慨春風一妙人笋長名園過舊竹花開上苑勝先春田園桑柘茂畝畝稲梁馨花無桃李非春色人有笙歌是太平但顧一生財禄旺何必天邊沐寵榮此則穏富之命鴛幃連珠須配小子嗣森枝有挺荣運行初庚寅上人庇下淡淡春雲辛卯運中隱隱輕雷抽碧笋微微細雨潤紅英壬辰運中萬疊好山雲乍斂一楼明月雨初晴癸巳運中威權有布人欽服才帛興隆福禄增甲午運中重重風雪過禄位愈崢嶸乙未運中延賓玩物會友開樽丙申運中夕陽有限春夢無憑

庚寅年　己丑月　丁巳日　戊申時

此八字丁巳日元相配柱中金土傷官助才之格傷官者剛物也主人生於右族長於高居鴻雁成行各分一享期願其為人也丰姿清秀氣峇高奇頗知礼義稍識詩書見善則持於已富仁不尚於斯重成新事業再整旧根基遊山觀水携詩卷對月觀花把酒斟滿世功名身外事五湖風月樂怡情此則穏享之命鴛幃春色麗子嗣桂蘭馨運行初庚寅上人庇下有何是非辛卯運中如花向日似笋穿離壬辰運中梅梢或報春消息始覓陽春滿太虛癸巳運中才源富足家業愈盈甲午運中才帛盈囊人事盡也愁飛絮襲羅衣乙未運中歲寒松柏茂秋老菊尤香丙申運中人從此別無復見儀形

庚寅年　己丑月　庚戌日　癸未時

此八字庚戌魁罡之日相配柱中火土雜氣官印之格人生得此生於右族長於名門椿萱高期願之壽天邊鴻鴈各奮騁其為人也丰姿清秀天性聰明世事頗能將就般般學夂精通過火黄金重長價雖雲皎月倍清明重成新事業再整旧門庭福布江山外名聞湖海中花無桃李非春色人有笙歌是太平雖不徤侯封爵自然潤屋潤身此則穩厚之命篤幃須合蚤子嗣桂蘭茱運行初庚寅八上人庇下花放風生

辛卯運中雨過山方秀雲開月始明壬辰運中漸漸精神爽看看氣象新癸巳運中一枝梅破臘萬象漸回春甲午運中雨晴雲散天如洗從此才源倍有增乙未運中樽罍有酒延賓客存書教子孫丙申運中松尚茂栢尤青乙酉運中春去也花落月沉

庚寅年　己丑月　戊辰日　癸亥時

此八字戊辰日德之辰相配柱中金水傷官助才之格陽刃格合事不十全主人生於右族長於名門椿萱双晚茂棠棣苑边春其為人也丰姿清秀天性乖能雖無深計較稍有淡聰明過火黄金重長價離雲皎月倍清明不以功名為念豈將冠冕磨荤才源有分生涯好何必天边沐寵榮此則穩厚之命允幃連珠須配小子嗣榮門孝義深運行初庚寅上人庇下花放風生辛卯運中娟娟雲裏月灼灼葉中英壬辰運中爆竹声催残臘尽折梅香引草春还

癸亥運中才源富足家業餘盈富此之際風雪滿庭甲午運中一枝梅破臘萬象漸回春乙未運中三杯解興五斗解醒丙申運中晚年快樂丁酉運中春梦無憑

庚寅年　己丑月　丙寅日　己亥時

此八字丙寅長生之日相配柱中水土傷官制木之格人生得此生於右族長於名門水木椿萱双晚茂天邊鴻鴈各行鳴其為人也丰姿清秀天性聰明胸次崢嶸書萬卷英材敏捷壓群倫衣冠濟濟人中傑和氣怡怡席上珍終是功名之客豈為田舍之翁北海蛟横頭角崢南山豹變爪牙新一從姓字傳揚後九天雨露沐皇恩此則榮貴之命鴛幃燭夜添新喜子嗣秋來朵朵榮運行初庚寅上人庇下花放風生過此辛卯運中十年窓下業黃卷與青灯壬辰運中冥宜此運准騰踏時來頃刻便飛騰癸巳運中寒拂紫衣催驛騏光生玉節下雲層甲午運中三度君恩喜兩番風木驚乙未運中重重金紫貴來許便辭榮丙申運中春光去也一枕清風

庚寅年　己丑月　庚午日　丁亥時

此八字庚午貴人之日相配柱中火土傑氣官印之格有官有印作廊廟之材主人生於右族長於名門水火椿萱双晚茂天边鴻鴈各行鳴其為人也丰姿清秀天性聰明錦綉胸藏賢聖李珠璣口吐武文風太山北斗千年在和氣春風四座傾鵬路高搏知捷翼龍門深躍見脩鱗一朝姓字傳揚後九天雨露沐皇恩此則榮貴之命鴛幃金玉潤子嗣貴蘭馨運行庚寅上人庇下辛卯運中十年窓下業一举便陞騰壬辰運中藏氣待時時必達特來頃刻便風騰癸巳運中雨浪三層都躍過凜凜威風四海青甲午運中職任金紫宇宙寬洪富此之際風雪蒲庭乙未運中佇看官封三級灼然祿享千鍾丙申運中榮回故里丁酉運中一枕清風

庚寅年　己丑月　丁酉日　丁未時

此八字丁酉日貴之辰傷官生才之格人生得此雖不成名安能致富椿父先帰萱晚西風鴻鴈不成聯其為人也行藏慷慨心事機閑善決善斷能語能言當仁不譲見善則廷琴樽風月閑生計全玉松筠舊歲寒自然才禄廣何必步金鑾此則福壽兩全之命鴛幃全正副桂子鮮秋姊運行初庚寅無榮無辱不煖不寒辛卯運中雨精山欝欝雲散月娟娟壬辰運中但逢機會至頓覓旺才權癸巳運中何必區區貴神思自能守舊樂怡然甲午運中家門納餘慶風雪不為寒乙未運中浮生只如此何不且加飡丙申運中綠酒黄花開晚節丁酉運中清風引夢阻重泉

庚寅年　己丑月　庚申日　癸未時

此八字庚申相配之日雜氣印授之格人生得此智患操持搭萱双晚茂搪棣花遵春其為人也平資清秀天性聰明有近貴親賢之德應上禮下之誠相業添新慶才源累昔特田園桑柘茂畝畝稻肥飛史飛於飛汗馬晚年子貴也生輝吠則旺壽之命鴛鴦出合影子嗣晚標奇運行初庚寅上人庇下不益不虧辛卯運中爆竹声催殘臘盡拆梅花影早逢春壬辰運中天上三陽泰人間五福齊癸巳運中成事時家娶萬古立根基甲午運中一番風雨過依田禄多余乙未運中延客玩物詩酒琴棊丙申運中子榮孫秀占天寵丁酉運中一帆黄良永不新

庚寅年　己丑月　甲寅日　甲子時

此八字甲寅專祿之日相配柱中金土雜氣才殺之格人生得此生於右族長於名門木火椿萱萱歲長天邊鳴雁各行鳴其為人也丰姿磊落天性聰明善決善斷多見多聞有近貴親賢之德應上和下之能過火黃金顯十分之貴色離雲岐月布萬里之清明重成新事業再整舊門庭不以功名為念豈將冠冕磨礪得意江山詩句絕忘情日月酒盃深才源富足何必功名此則發福之命篤幃有把須年小子嗣枝枝有且忠運行初庚寅春風融蕩夏日炎蒸辛卯運中雨過山方秀雲開月始明壬辰運中爆竹聲催殘臘盡折梅香引早春逢癸巳運中天上三陽泰人間五福增甲午運中正在風光處还愁風木驚乙未運中廷賓玩物會友閑樽丙申運中落花蔣蔣啼山鳥香勇攸攸入九重

庚寅年　己丑月　辛亥日　己亥時

此八字辛亥日元相配柱中火土雜氣官印之格女人得此生於右族長於高堂椿萱双脫茂鴻雁有群行其為人也姿容開爽髮貌異常有封緻之巧立業之勤風送浮雲歸古洞雨滋花蕚發新粧萬里無雲天一色三秋好景月長光心靜似月明雲漢性急似風捲滄浪錦綉花開家富貴琅玕竹報日安康佇看夫榮子貴也應恩賜霞裳此則榮旺之命良人得配榮華客子嗣生成貴显即運行初戊子上人庇下龥秀閨房丁亥運中竹戀花蝴蝶花貪竹鳳凰丙戌運中洞房生喜氣人事尚悠揚乙酉運中羅綺臨風多快樂片時風不為傷甲申運中夫榮子貴當斯際何慮西風雪滿墻癸未運中到此始知時運好羨珎盛饌勝如常壬午運中子貴重榮贈辛巳運中春歸啼鳥忙

庚寅年　己丑月　乙丑日　丁亥時

此八字乙丑日元相配柱中金土雜氣才官之格人生得此生於右族長於名門椿親應磊落萱母必慎房其為人也丰姿清秀禮樂鏗鏘心胸藏錦綉筆底好文章東海驪珠能幾得豊城雷劍不終藏終是功名之客豈為田舍之郎豹變南山已沐九重雨露蛟横北海允成一代珪璋此則榮貴之命鴛幃有犯須招硬子嗣秋來有顯揚運行初庚寅上人庇下其樂何當辛卯運中讀殘芽店月踏破泮橋霜壬辰運中遠望天恩雲外降恩攀桂子手中香癸巳運中躍過禹門三級浪濟濟衣冠拜衮章甲午運中重重風雪初晴後金紫煌煌坐省堂乙未運中重沾寵渥當是樂未許辭朝返故鄉丙申運中故園風景好丁酉運中一枕入黃粱

庚寅年　己丑月　壬子日　戊申時

此八字壬子日刃之辰相配柱中金火雜氣殺印之格人生得此生於西室長於名門椿親崇倚萱歸別天邊鴻鴈有行鳴其為人也丰姿清秀天性聰明知高下識重輕學問有成知禮義筆鋒雄健壓群倫終是功名之客豈為避世之人黃道三秋騰驤足赤霄萬里奮鵬程一朝騰踏飛黃去此際不羞蛇化龍衣冠濟濟人中傑和氣怡怡席上珍瑶池晚鞭静秉笏拜明君此則榮貴之命鴛幃得配名門女子嗣榮門晚節成運行初庚寅上人庇下花放風生辛卯運中欲遂平生志潛心對短檠壬辰運中到此始知文學好長安道上馬蹄輕癸巳運中千里霜威金斧重三秋花色綉衣輕甲午運中一番風雪過金紫戩加陞乙未運中自膺瑚璉器權任棟樑洪丙申運中晚節閑時宜菊酒西風玩處憶鱸蓴丁酉運中歸去

庚寅年　己丑月　庚戌日　庚辰時

此八字庚戌魁罡之日相配柱中火木雜氣才官之格喜逢印綬生身遇斯命者生於文望之族長於詩禮之庭土命嚴慈晚光顯天邊鴻鴈各行鳴其為人也丰姿清秀天性聰明世事頗能將就般般學欠精通過火黄金重長價萬雲皓月倍清明無憲畫傳詩禮樂有朋来向遠方親田園有意功名小廊廟無心宇宙軽雖不建侯封爵自然金谷豐盈此則稳富之命鴛幃水命方偕老子嗣森枝有挺茱運行初庚寅春風駘蕩夏日炎蒸辛卯運中雨過山方秀雲開月始明壬辰運中漸漸精神爽看看氣象新癸巳運中紫陌縱馳金勒馬錦階争看玉楼人甲午運中富足以潤其屋德足以潤其身當此之際風雪满庭丁未運中引鶴徐行三徑晚約梅同醉一壺春丙申運中晚年快樂子貴沾恩丁酉運中花落水流春已去蘭摧玉折恨何明

庚寅年　己丑月　丙辰日　丁酉時

此八字丙辰日德之辰相配柱中金土傷官生財之格人生得此生於右族長於名門椿萱双晚別鴻鴈各行分其為人也丰姿清楚天性聰明般般曉得件件不精謀動君子志伏小人自有順天之慶宣無福地之深遇火黄金重長價萬雲皓月倍分明祖業添新慶声名勝旧風有心於貨利無意綦功名初年無姓字晚景有声名才源富足家門好鄉里推尊禄自享此則穩盛之命処幃難到老子嗣旺門庭運行初庚寅上人庇下月白風清辛卯運中青窺柳眼晴初変紅入桃花暖未匂壬辰運中雨過萬重山有色雲開千里月光明癸巳運中富貴崇華於此際何愁風雪滿門庭甲午運中鞋巔紅日花千集羅綺光榮五福增乙未運中無憲尽傳詩酒樂有朋来自遠方親丙申運中晚年羅綺富倉廩更盈盈丁酉運中亭入巫峯

壬辰年　癸卯月　戊寅日　[illegible]

此八字戊寅專祿之日相配柱中水火[illegible]之格人生得此生於右族長於名門椿萱荣且壽鴻鴈各行鳴其為人也丰姿清秀天性機関行藏果斷作事古員知高識下近貴親賢琴樽風月閑生計金玉松筠舊歲寒重成新事業再整舊根源門外田疇千古計庭前花木四時鮮才源有分生涯好官杜無緣誓不貪但頗才源旺足果然富足勝為官此則早之命鴛幃得配名門女子嗣秋未登ミ　甲辰上八旺下花放風顛乙巳運中得令　滕ㇷ折梅香引早春还丙午運中韶華萬里美景一聯丁未運中富貴荣華當此際綠楊庭院看鞦韆戊申運中雖則才源富足还愁柳絮飄綿己酉運中屏列金釵行十二門迎珠履客三千庚戌運中晚年快樂辛亥運中一枕難還

壬辰年　癸卯月　乙丑日　乙酉時

此八字乙丑日元相配柱中金水参生印綬之格遇斯命者主人生於石族長於名門椿萱荣晚茂鴻鴈各行鳴其為人也丰姿清秀天性聪明其理穷世事兼今事書有賢經與聖經衣冠濟濟人中傑和氣怡怡席上珍終是功名客豈為田舍翁莫道三秋騰驥足青雲萬里奪鵬程一從揚姓字秉笏拜明君此則崇貴之命鴛幃有贈子嗣光崇運行甲辰上人旺下花放風生乙巳運中十年窗下業黃卷與青灯丙午運中一[illegible]ミミ早揚後凜ミ威風四海清丁未運中席風鶩郡県化雨潤民輕戊申運中一番風雪過金紫再加陞己酉運中有材應大用未許便辞荣庚戌運中晚年離下樂辛亥運中一枕了平生

壬辰年　癸卯月　甲申日　丙寅時

此八字甲申專權之日相配柱中金水參生印綬之格女人得此生於右族長於名門椿萱榮晚茂鴻鴈各行鳴其為人也丰姿清秀髮皃精神有肝食宵衣之懊惱治家立業之材能雲收華岳千山秀水到湘江一樣清箕箒頻繁存礼節相夫教子之材能克勤而克儉易喜而易嗔錦綉花開春富貴琅玕[illegible]報日平安此則穩厚之命良人運珠須配長子嗣榮門孝深運行壬寅春風駘蕩夏日炎燕辛丑運中[illegible]藩中傳密意赤城月下結良姻庚子運中[illegible]好山雲乍歛一輪明月兩分明已亥運中滔滔無阻滯步步助夫門戊戌運中才涼狂足家業餘盈丁酉運中冲擊之所如月入雲丙申運中晚年快樂乙未運中花落月沉

壬辰年　癸卯月　辛巳日　己丑

此八字辛巳日元相配柱中木火才官之格人生得此生於右族長於名門金火椿萱有疾壽天邊鴻鴈有行鳴其為人也丰姿清秀天性聰明五車書富三冬足兩不丐當萬驥冲鹿句好為天下白高材俊似海東青終是功名之客豈為田舍之翁北海蛟横頭角聳南山豹变爪牙新萬里扶搖鷲腰蟄一声霹靂躍潜鱗瑶池鞭靜朝南極五夜鍾停拱北宸此則榮貴之命外帰運珠須配小子嗣榮門孝丑[illegible]初甲辰初年之下花放風生乙巳運中雖[illegible]　中牽意須從灯下留心丙午運中莫愁前路風霜擁時來鵬路便升騰丁未運中躍過禹門三級浪秉笏趨朝拜聖明戊申運中既位兩廷金紫貴山河十群仰威雄己酉運中山河帰旧国骨鎗捉新宮酉字之中解組思筹庚戌運中脱年閑故里子貴又沾恩辛亥運中去也不回

壬辰年　癸卯月　壬戌日　壬寅時

此八字壬戌日德日主相配柱中木火傷官助才
之格人生得此主人生於右族長於名家椿萱双
娧茂鴻鴈各天涯其為人也丰姿清秀性格奢華
李問三冬足詩書覽五車應聘定須頒紫誥茀趋
不信賜黃麻五廡衣冠昌奕葉百年喬木挺楥枰
此則榮貴之命鴛幃春色麗桂子長奇葩運行初
甲辰上人庇下未斷榮華乙巳運中夜靜挑灯明
翠幕犊窓淸露点硃砂丙午運中時来名始就蹬
馬入皇家丁未[illegible]一從沐得天边寵紛紛化日
照桑麻戊申運中初位重加權位任重还毯柳絮
作飛己酉運中青青易我驚時序黃卷留心惜歲
華庚戌運中雞下多黃花酒辛亥運中一枕揜黃
沙

壬辰年　癸卯月　壬午日　乙巳時

此八字六壬生臨午位號曰祿馬同鄉傷官制殺
之格人生得此生於右族長於名門金火椿萱萱
歲長天邊鴻鴈各行鳴其為人也丰姿清秀天性
聰明窮書覽史學足三冬辭鋒頴利毫無敵筆力
縱橫若有神衣冠濟濟人中傑和氣怡怡席上珎
終是功名之客豈為避世之人鵬路高搏知翼健
龍門漾躍見脩鱗一日風雲相際會九天雨露沐
皇恩此則榮貴之命鴛幃連珠須酝小子嗣秋来
朶朶荣運行初甲辰上人庇下花放風生過此乙
巳讀殘茅店月[illegible]叚案頭螢丙午運中騰身嘉泮
水舉足上神京丁未運中寒拂紫衣催驊騎光生
玉節下雲層戊申運中戰廷金紫声名重風雪飛
来尚惱人己酉運中權高掯福歸効淵明庚戌運
中無憂尽傳詩禮樂有朋来向遠方親辛亥運中
九地可教埋片玉五雲無復見儀刑

壬辰年　癸卯月　戊午日　癸亥時

此八字戊午日丑之辰相配柱中水木官財之格人生得此生於右族長名門堂上椿萱連珠屬天邊鴻雁各行鳴其為人也丰姿清秀天性聰明頗知禮義稍識古今有抵雪欺霜之志絕長補短之能過火黃金重長價離雲皎月倍清明不向仕途求聞達卻來湖海覓黃金月掛碧天光皎潔名揚閭里有光榮消閑碁一局遣興酒三鍾粟陳貫朽行藏好何必天邊沐寵榮此則旺足之命鴛幃連珠須配小子詞秋來孝義深運行初甲辰上人庇下尖晦未伸乙巳運中春園雖雨過桃李未生英丙午運中近水樓臺先得月向陽花木早逢春丁未運中不獨財源富足尚祈聲勢豪橫梨花舞雪雨過山青戊申運中福若泉源湧財如春氣生己酉運中沖擊之所如月入雲庚戌運中人生從此別無復見儀形

壬辰年　癸卯月　辛酉日　癸巳時

此八字辛酉專祿之日相配柱中木火才官之格才盛生官終身有慶遇斯命者生於文望之族長於詩禮之堂椿萱榮晚贈鴻雁有聯行其為人也丰姿清秀禮樂鏗鏘口吐珠璣言語胸藏錦繡文章東海驪珠能幾見豐城雷劍不終藏終是傳芳之客豈為田舍之郎純孝科場鶯試院英材翰苑沐恩光此則榮貴之命鴛幃連理合子嗣晚數榮運行初甲辰上人庇下襲慶迎祥乙巳運中讀殘茅舍月踏破津橋霜丙午運中報道是龍還不信果然奪得錦標還丁未運中威飛虹浪怒令布虎風寒戊申運中金紫戩還榮位重何期風雲墜門墻己酉運中有才膺大用未許便還鄉庚戌運中黃粱未熟一夢難醒

壬辰年　癸卯月　丙寅日　辛卯時

此八字丙寅長生之日相配柱中水木杂生印綬之格人生得此生於右族長於高門金命嚴慈連珠配天邊鴻鴈有行群其為人也丰姿清秀性格聰明頗知礼義稍識古今知高下識重輕有近貴親賢之德應上和下之能過火黄金量十分之貴色離雲皓月布萬里之清明祖業添新慶根原勝旧風雖不成名利生平近貴人五湖四海生涯好萬水千山道路通花無挑李非春色人有笙歌是太平但願身體康富是何須天府求栄此則福厚之

命鴛幃得配同庚女子嗣生成貴显人運行初甲辰上人在下花放風生乙巳運中春園雖雨過抑緑又花紅丙午運中近水樓臺先得月向陽花木早逢春丁未運中朔中無姓字囊底足珠珎戊申運中才源滚滚家居好風雪飛来幸不驚己酉運中庭前竹報平安日檻外花開富貴春庚戌運中享子孫之福慶辛亥運中梦杳杳之佳城

壬辰年　癸卯月　壬午日　乙巳時

此八字六壬生於午位號曰禄馬同鄉相助柱中火土傷官制殺之格人生得此生於右族長於高門金火椿萱双晚瞻天邊鴻鴈各飛鳴其為人也丰姿清秀天性多能錦繡胸藏賢聖學珠璣口吐武文風藻句好為天下白威儀勝似海東青終是功名客豈為田舍翁三級浪中龍变化九霄雲外鳳飛騰一從姓字傳揚後會看榮階次第陞此則榮貴之命鴛幃連珠須配少子嗣秋来對對成運行初甲辰上人在下未斷平生乙巳運中欲遂平

生志潜心對聖經丙午運中脱身辞泮水攀桂步蟾宮丁未運中躍過禹門三級浪濟濟衣冠拜九重戊申運中職近金紫貴貴風雪不為驚己酉運中佇看官封三級職高禄享千鍾酉字之中如履薄冰庚戌運中正宜加爵禄辛亥運中何事解簪纓壬子運中平生已過一枕清風

壬辰年　癸卯月　己巳日　丙寅時

此八字己巳日元相配柱中木火柒生印綬之格巳從木局時直丙寅乃顯簪纓主人生於良族長於高堂萱親先別還相繼天邊鴛鴈各翱翔其為人也丰姿清秀天性果剛口吐珠璣言語胞藏錦綉文章東海驪珠能發見豊城雷劍豈終藏終是功名容豈為田舍郎笑談登試阮嘯手入科場一朝馬上衣冠別此是男兒當自強此則榮貴之命鴛幃有犯須年長子嗣生成貴顯郎幼年之下花枝風狂過此甲辰運中讀殘芊窗月踏破泮橋霜

乙巳運中時乖名利就騎馬入朝堂丙午運中布德施恩民樂業九天雨露再加昌丁未運中南陽郎杜名高著西漢龔黃令大行戊申運中重重風雪天晴後三度榮陞到省堂己酉運中正宜食神未許還鄉庚戌運中春光去也流水茫茫

壬辰年　癸卯月　己巳日　乙丑時

此八字己巳日元相配柱中木火柒生印綬之格人生得此生於右族長於名門火命椿萱耐晚天邊鴛鴈聯群其為人也丰姿清秀天性聰明錦綉胞藏賢聖李珠璣口吐武文風麗句妙為天下白高材俊倡海東青終是功名容豈為田舍翁鵬路高搏知健翼龍門深躍見脩鱗瑤池鞭靜朝南極五夜鍾停拱北辰此則榮貴之命鴛幃連珠須配小子嗣生成貴顯人運行初甲辰上人庇下天朗氣清乙巳運中中年窓下業黃卷與青灯丙午運

中騰身離泮水攀桂步蟾宮丁未運中禹浪三層都躍過風生鉄面見神驚戊申運中腰横金作帶符剖玉為麟當此之際風雪滿庭己酉運中重金重紫當斯顯耒膺鮮組向雒東庚戌運中悠悠離下美酒盈樽辛亥運中一道訃音

壬辰年　癸卯月　乙酉日　戊寅時

此八字乙酉專權之日相配柱中金土財殺之格木在春生處事安然必壽遇斯命者生於右族長於名門木火椿萱双晚茂天邊鴻鴈有聯群其為人也丰姿清秀天性聰明行藏果斷作事志誠過火黃金顯十分之貴色離雲皎月布萬里之清明梅開白雪飄東閣笋出新梢過北庭遊山玩水携詩卷對月臨風把酒斟朝中無姓字囊底有珎珠滿世功名身外事五湖風月奢財名此則離雲皎月之命鶺[illegible]偕老子嗣秋來朵朵崇運行初甲辰馬得亂山脈驟雨曠峯紋乙巳運中隱隱輕雷抽碧笋微微細雨潤紅英丙午運中近水樓臺先得月向陽花木早逢春丁未運中天上三陽泰人間五福增戊申運中正是太平光霽景西風洒雪滿門庭己酉運中冲擊之所月入雲屏庚戌運中人生從此別無復見儀形

壬辰年　癸卯月　戊戌日　辛酉時

此八字戊戌魁罡之日相配柱中水木才官之格傷官有損減我功名主入相於右族長於良門椿萱親早別萱夢晚天邊鴻鴈各行鳴其為人也天性聰明丰姿清秀天性聰明世事頗能將號般般學足精通祖業添新慶根源勝舊風万里春風行樂頌回將佳瑞祥生才源富足家業愈豐但願粟陳貫朽何必天邊沐寵榮此則穩厚之命鴛幃有犯須年敵子嗣秋來朵朵榮運行初甲辰萱親庇下風雪初晴乙巳運中悄悄雲裏月灼灼葉中英丙午運中雖財行藏有慶我多人事虧盈丁未運中才旺福興家業廣也恭素耗尚愁人戊申運中運中庭前行報平安日檻外花開富貴春須史風雨過雨過又山青己酉運中正宜延賓玩物會反開樽庚戌運中無憂無慮辛亥運中一枕清風

壬辰年　癸卯月　癸亥日　己未時

此八字癸水日元相配柱中木土食神制殺之格官星暗伏為年支女人得此生於右族配於殘婚椿萱棠棣霜晞日妯娌翁姑不共群其為人也姿容闓朗德茂行真有針綴之巧立業之勤一苑杏桃鋪錦綉蒲山松栢映為屏有斷機之智丸膽之能春入水光成嫩綠日勻花蕚發新紅性急如風翻浪心安似月離雲才源旺足何須羨晚年子貴也光榮此則益旺女命良人木命須年長子嗣森枝一果榮運行初壬寅上人庇下毓秀蘭門辛丑運中未觀桃李紅紅色

且喜湖光淡淡清庚子運中春圃雖雨過桃李未生英己亥運中幾度樂中有悶數番靜裏憂生戊戌運中雖則夫門才業旺旺中尚有事虧盈丁酉運中冲擊之所如履簿水過此丙申運中子貴家宅多享福何愁弟宅不增新乙未運中楚臺雲散空留夢漢苑香消不返寃

壬辰年　癸卯月　庚午日　戊寅時

此八字庚午貴人之日相配柱中木火才殺之命傷官制殺有助人生得此生於良族長於仁門椿萱双晚茂棠棣苑邊春其為人也丰姿清秀天性聰明源流三峽誰能及筆掃千軍情與論衣冠濟濟人中傑和氣怡怡席上珍終是功名客豈為田舍翁雲移峻嶺登天去應覺悠悠名利成一從姓字傳揚後九天雨露沐皇恩此則榮貴之命鴛幃當有贈子嗣後光榮運行初甲辰上人庇下未斷平生乙巳運中未遇心千古潛心對聖經丙午運

中英愁雪阻藍關近時來有日始升騰丁未運中躍過三層浪朝班五綉紳戊申運中三度君恩喜兩番風木驚己酉運中有財應大用未許便許榮庚戌等閑歸故里辛亥運中花落月沉

子平遺書

壬辰年　癸卯月　戊辰日　丁巳時

此八字戊辰日元相配柱中水木官印之格才盛
生宦於身有慶遇斯命者生於右族長於西房椿
親衛國萱晚別天邊鴻鴈有分行其為人也丰姿
清秀天性挑闖英材而出類學問以淵源當仁不
讓見善則遷於是功名之客豈數豹隱虹蟠蟄遯
玉墀攀桂去馬隨青地踏花還根道時來名譽好
昂昂頭角要全鷹此則榮貴之命鴛幃有化連珠
配子嗣秋來顯貴蘭運行初甲辰上人底下春若
青山乙巳運中十年窗下畫心志他日天邊遠奮
騰丙午運中遠望天恩雲外險思攀桂子手中香
丁未運中躍過禹門三級浪濟濟衣冠拜九重戊
申運中郎署官承何足羨大夫金紫又重陞當是
時也風雪滿空己酉運中須防過失慎則無憂庚
戌運中籬下黃花酒正中白雪琴辛亥運中訃音
莫遣人行說三嘆英雄馬鬣

十七

子平遺書

壬辰年　癸卯月　丁丑日　辛亥時

此八字丁丑日元相配柱中水木殺生印綬之格
喜逢時值貴人遇斯命者生於名望之族長於詩
禮之庭椿親土命光榮晚天邊鴻鴈各搏風其為
人也丰姿清秀天性聰明錦綉胸藏賢聖學珠璣
口吐武文風衣冠濟濟人中傑和氣怡怡席上珍
終是功名之客豈為田舍之翁鵬路高搏知健翼
龍門深躍見脩鱗一從姓字傳揚後九五天門面
聖容此則榮貴之命鴛幃連珠須配小子嗣秋來
有挺榮運行初甲辰上人庇下花放風生乙巳運
中欲向雲中舉足須從燈下留心丙午運中遠望
天恩雲外路思攀桂子手中香丁未運中禹浪三
層都躍過風生鐵面兇神寒戊申運中職遷金紫
字內澄清當此之際風雪滿庭己酉運中權高損
福慎則無驚庚戌運中無慮盡傳詩禮業有朋來
自遠方親辛亥運中春光去也一枕清風

十八

壬辰年　癸卯月　甲辰日　戊辰時

此八字甲木日元相配柱中之土偏財之格陽刃持令事不十全女人得此生於右族配於名門椿萱棠棣霜歸日妯娌翁姑分尚輕其為人也姿顏閨朗髮貌精神勝丈夫之氣槩有男子之材能一苑夭桃紅錦艷半溪山水綠羅新難觸難犯易喜易嗔錦綉花開春富貴琅玕竹報日昇平此則旺益之命良人命健方偕老子嗣秋來旺宅門運行初壬寅上人庇下未斷平生辛丑運中路入桃源花爛熳橋樓鐘漏涤清庚子運中淡烟楊柳景薄霧杏花時己亥運中乍雨乍晴留客景或寒或煖困人天戊戌運中雖則夫家財業旺還愁綉閣起悲風丁酉運中一度愁心對蒼雪沙禽解得報昇平丙申運中平坡防有岕峻嶺豈無驚過此乙未運中歸去也

壬辰年　癸卯月　戊寅日　癸亥時

此八字戊寅專權之日相配柱中水木才杀之格杀生印綬之論主人生於右族長於名門椿萱雙晚別棠棣各敷榮其為人也丰姿清秀天性聰明源流三峽孰能及筆掃千軍誰比論衣冠濟濟人中傑和氣怡怡席上珍終是功名之客豈為田舍之翁雲程坦坦登天去峯足悠悠名利成一朝騰踏飛黃去金紫榮看次第陞此則榮貴之命鴛幃有犯須招副子嗣秋來有挺榮運行初甲辰上人庇下天朗氣清癸巳運中欲向雲中峯足須從灯下留心丙午運中莫愁雪阻藍關道時來頃刻躍潜鱗丁未運中躍過禹門三級浪東芴金鳶面聖人戊申運中戢廷金紫名聲重風雪飛來尚惱人己酉運中有材膺大用何事便辭榮庚戌運中晚年閑快樂會友以開樽辛亥運中春光如過隙一枕了平生

壬辰年　癸卯月　乙巳日　甲申時

此八字乙木相配柱中庚金時上正官之格本是功名只嫌傷官在柱滅我充家主人生於平淡之族長於迁变之庭椿萱难並奉鴻鴈不聯鳴祖基有倚成無倚才帛資囊自逐齊初運平常守到中年頻順頻順頻順不如晚景光輝此則晚富之命鴛幃有則生離別柱子难成一果奇運行初甲辰上人庇下風雪霏霏乙巳運中臨苑賞花春已失不寒不煖困人時丙午運中才源雖穩旺旺處有憂疑丁未運中萬疊好山雲作欲一樓明月正光輝戊申運中才源滚滚福祿盈餘己酉運中沖擊之所樂處生非庚戌運中春光歸去也夢遊杜鵑啼

壬辰年　癸卯月　乙丑日　癸未時

此八字乙丑日元相配柱中火土傷官財才之格木在春生處世安然必壽遇斯命者生於右族長於高門椿萱運珠萱歲長天邊鴻鴈各行鳴其為人也丰姿清秀天性乖能知高識下理白分清謀動君子威伏小人祖業添新慶根源勝舊風門外遠觀千畝地庭前事業四時春得意江山詩句健忘情日月酒盃深時至財源富足運來福祿駢臻福允成岳瀆威勢壓鄉民此則豐潤之命鴛幃有犯須年小子嗣森枝孝且忠運行初甲辰上人庇下未斷平生乙巳運中世事宛如春夢人情薄似秋雲丙午運中漸覺夜涼池雨過信知花放曉風輕須臾素耗頃刻逡巡丁未運中才源旺足家居好風雪飛來事未亨戊申運中到此始知時運好萬物光華百事通己酉運中庭前竹報平安日檻外花開富貴春庚戌運中無慮尽傳詩禮樂有朋來自遠方親辛亥運中翩翩名[illegible]佳城

壬辰年　癸卯月　癸未日　癸亥時

此八字癸未之日相配桂中木火食神助才之格人生得此生於右族長於名門金火椿萱双既茂天边鴻鴈各行群其為人也手姿清秀天性聰明知高識下趨吉避凶高人相敬貴相欽笋長名園過旧竹花開上苑勝先春田園桑柘茂畝畆稲梁馨水光浮座盃盤瑩花氣侵人咲語馨鄉民仰德閣里推尊此則穏厚之命兆幃金合須年小子嗣榮門晚節奇運行初甲辰上人庇下花放風生乙已運中青帰柳叢晴初変紅入桃花媛未旬丙午運中近水楼臺先得月向陽花木早知春丁未運中才源多旺足風雪幸無驚戊申運中才帛興隆權勢人欽己酉運中冲撃之所如月入雲庚戌運中晚年快樂子貴孫榮辛亥運中花已落月尤沉

壬辰年　癸卯月　庚戌日　辛巳時

此八字庚戌魁罡之日相配桂中木火才杀之格陽刃合杀為奇主人生於温潤之族長於深邃之門椿萱有倚先虧父天邊鴻鴈連行分其為人也精神炯炯智慧明明謀動君子咸伏小人行藏竟瀟洒笑傲任枯榮遊山玩水携詩卷對月臨風把酒斟朝中無姓字囊底有珎珠身将隱已文何用人不知之味更真拙於用已巧於為人雖不建侯封爵自然潤屋潤身此則穏厚之命鴛幃連珠低一載子嗣秋來有晚榮運行初甲辰上人庇下天朗氣清乙巳運中世事宛如春夢人情薄似秋雲丙午運中古樹含風常帶雨寒巖四月始知春丁未運中雖則行藏有慶幾多人事虧盈戊申運中軒闊化日千祥集簾捲香風百福增須叓風雨而過山青已酉運中冲撃之所如履薄氷過此庚戌運中子貴晚年閑快樂還愁花放又風生君若有陰隲辛亥壽方終

壬辰年　癸卯月　辛酉日　丙申時

此八字辛酉專祿日相配柱中水木傷官助才之格才旺生官終身有度人生得此生於右族長於名門萱母早歸椿耐晚天邊鴻鴈不同群其為人也丰姿清秀天性聰明筆底詞流三峽遠胸中學業五車深珊璉自是清朝器律呂偏諧治世音終是功名客豈為田舍翁一朝騰踏飛黃去濟濟衣冠拜九重此則榮貴之命篤幃有犯須招副子嗣生成貴顯人運行初甲辰椿親底下風雪初晴乙巳運中十年窗下業黃卷與青燈丙午運中起鳳騰蛟當此際自然秉笏拜明君丁未運中郎署封官[illegible]是羨大夫金紫貴身榮當是時也風雪滿空戊申運中重金重紫布德施仁己酉運中正宜輔明主何事辭簪纓庚戌運中春光已去夜臺無憑

壬辰年　癸卯月　乙丑日　甲申時

此八字乙丑之日相配柱中金水官印之格木土相生處世安然壽遐斯命者生於仁門配於良族椿萱令曉筆鴻鴈各擇風其為人也淡額窈窕德茂行真女工織巧惟令曉婦道蘋蘩盡顯能雖不鳳冠帔服自然福祿無窮此則豐饒之命良人運珠高一載子嗣森枝其始運行初壬寅幼年之下寅晦未伸辛丑運中紅葉溝中傳密意赤城月下結良姻庚子運中萬里無雲天一色三秋好景月常明己亥運中錦囊玉[illegible]多金積翠袖金釵日日春戊戌運中食則珍羞百味衣則羅衣千層丁酉運中晚年多享福子貴福聯臻丙申運中歸玄也

壬辰年　癸卯月　庚午日　己卯時

此八字庚午貴人之日相配柱中木火才官之格人生得此生於右族長於名門椿萱雙脫茂鴻鳫各行鳴其為人也丰姿清秀天性聰明胸羅今古事業識聖賢心袖裡虹霓冲霄色筆端風雨駕雲程終是功名之客豈為田舍之翁萬里扶搖驚睡蟄一聲霹靂躍潛鱗長安人滿路爭看綠衣人風傳五漏金闈曉花映千旌玉殿春此則榮顯之命鴛幃得配名門女子嗣生成貴顯人運行初甲辰運中上人庇下春風融落夏日炎蒸乙巳運中焚膏展卷秉燭觀文丙午運中騰身離泮水攀桂步蟾宮丁未運中禹浪三層都躍過風生鐵面兕神驚戊申運中一番風雪初晴後金紫煌煌雨露陞己酉運中有材膺大用未許便辭榮庚戌運中春光如過隙一枕平生

壬辰年　癸卯月　壬寅日　庚戌時

此八字壬寅起良之日相配柱中木火傷官助才之格人生得此生於戈矛之族長於名望之門椿萱有倚堆双耄天邊鴻鳫各行鳴丰姿清秀天性聰明知高下識重輕澤被君子威伏小人有抵雪欺霜之智裁長補短之能祖業添新慶根源勝舊風遊山翫水携詩卷對月觀花把酒斟好意畨成悪真心換得嗔無慮尽傳施禮樂有朋来自遠方親財源富足家業餘盈晚年有子登科甲白髮烏紗受贈封此則晚榮之命鴛幃連珠低一載子嗣生成貴顯人運行初甲辰上人庇下未斷平生乙巳運中未覌桃李紅紅色且喜湖光淡〻晴丙午運中梅須遜雪三分白雪却輸梅一段馨丁未運中得中有失暗後還明戊申運中正是太平光霽景須叟雲月尚朦朧己酉運中有子高科多壯觀喧喧車馬集門庭酉字中恩沾榮旺花放風生庚戌運中春光歸去一枕清風

壬辰年　癸卯月　庚午日　壬午時

此八字庚干貴人之日相配柱中木火才官之格傷官助才為奇主人生於右族長於名門椿萱榮脫別鴻鴈各行飛其為人也手姿清秀性格聰明錦綉胷中賢聖學珠璣口吐武文風驪珠昭魏光雁掩雷電生風氣自充終是功名之容豈為田舍之翁北海蛟橫頭角聳南山豹變爪牙新一從揚姓字職位秉權衡此則榮耀之命驚憚春色麗子事脫光榮運行初甲辰幼年之下災悔未申乙亥運中讀殘茅店月囊聚萬頭螢丙寅運中抱卷巳回空探月時來頃刻俊昇勝丁未運中自沭天邊寵朝班立縉紳戊申運中職遷金紫貴風聲不為驚已酉運中有財因大用何事便辭榮庚戌運中晚年閑故里會友以開樽辛亥運中訃音一樸酹酒三鍾

壬辰年　癸卯月　丁卯日　乙巳時

此八字丁卯之日相配柱中水木殺生印綬之格殺印相生功名顯達主人生於右族長於名門椿萱双晚茂鴻鴈各行鳴其為人也丰姿清秀天性聰明胸羅今古事李識聖賢心聯句好為天下白高才俊似海東青終是功名客豈為田舍翁三級浪中龍變化九霄雲外鳳飛騰一從姓字傳臚後人似神仙馬似龍佇看官封三級酌然祿享千鍾此則榮貴之命鸞幃得配名門女子嗣生成貴顯人運行初甲辰上人庇下花放風生乙巳運中讀殘茅店月囊聚案頭螢丙午運中遠望天恩雲外降思攀桂子手中金丁未運中禹浪三層都躍過風生鐵面鬼神驚戊申運中腰金作帶待剖為麟當此之際風雪滿庭乙酉運中錦衣日煥邊金闕實殿雲開識聖容庚戌運中悠悠籬下樂一枕了平生

壬辰年　癸卯月　甲子日　丙寅時

此八字甲子日元相配柱中火土食神助才之格木在春生處事安然必壽遇斷命者生於右族長於名門椿父先歸萱後別天邊鴻鴈尚分群其為人也丰姿清秀天性聰明高謀遠見機關別慷愷春風一妙人豈無為仕敬特有貴人欽兩都秋色皆喬木耆舊風流有幾人自有順天之慶豈無福地之深重成新事業再整舊門庭遊山翫水携詩卷對月觀花把酒斟好意番成惡真心換得嗔雖不達使封爵自然鄉黨推尊此則穩厚之命鶯幃疊疊損子嗣晚光榮運行初甲辰上人庇下未斷平生乙巳運中寒向梅中盡春從柳上生當此之際弦斷無聲丙午運中不意之中曾得意用心心處不如心丁未運中財源滾滾家居好尚有閑非素耗生戊申運中得中有失晦後還明己酉運中冲擊之所多進退定非弦斷又盈虧庚戌運中正是梅青月白還愁花放風生過此辛亥運中一枕了平生

子平遺書　三一

壬辰年　癸卯月　壬午日　辛丑時

此八字六壬生臨午位號曰祿馬同鄉傷官助才之格人生得此生於右族長於名門水命椿萱連珠屬天邊鴻鴈各行鳴其為人也丰姿清秀天性聰明源流三峽誰能及筆掃千軍誰與論衣冠濟濟人中傑和氣怡怡席上珎終是文場折桂客豈為田舍鑿耕人萬里扶搖驚睡蟄一聲霹靂躍潛鱗風傳五漏金闕曉花映千旌玉殿春此則榮貴之命鴛幃燭夜添新疊子嗣森成貴顯人運行初甲辰上人庇下花放風生乙巳運中欲遂平生志潛心對一經丙午運中莫言此運難騰路時來頃刻步蟾宮丁未運中躍過三層浪朝班立縉紳戊申運中三度君恩寵兩番風木驚己酉運中重棠重金當此際須臾風雨尚愁人庚戌運中離下黃花酒愁中白雪琴辛亥運中花落月沉

子平遺書　三二

壬辰年　癸卯月　庚申日　丁丑時

此八字庚申專祿日相配柱中水木傷官助才之格人生得此生於右族長於高門棠上椿萱一歲長天邊鴻鴈有各飛其為人也丰姿清秀氣岸高奇頗知礼義稍識詩書自有順天之樂豈無福地之時盈治芰荷香馥郁滿園花木色芳菲豈無高士敬時有貴人欽花盈上苑果盈園稻滿平疇水滿池消閑碁一局遣興酒三卮滿世功名聲外事平生富足樂多餘雖然不是金鞍客也應鄉黨晉黔黎此則富足之命鴛幃重合丕子嗣晚光輝運行初甲辰上人庭下花放風欺乙巳運中世事宛如春夢人情薄似秋雲丙午運中雨過園桃簇錦風和堤柳出絲丁未運中寸源富足樓閣崔嵬戊申運中祿元昌熾行藏好風雪飛來幸不危己酉運中但使家園富足何愁白髮龐眉酉字之中花放風欺庚戌運中人生從此別無復見儀形

壬辰年　癸卯月　甲申日　甲寅時

此八字甲申專權之日相配柱中金水殺生印綬之格陽刃合殺有功遇斯命者生於武官長於將門火土椿萱榮晚茂天邊鴻後隨鳴其為人也丰姿清秀天性聰明頗窮孫吳畧熟讀聖賢書衣冠濟濟人平傑和氣怡怡席上珍終是功名客豈為田舍翁三䟫御溝沾寵腰金衣紫顯振名晚年光霽景群玉戢加陞此則榮継之命鴛幃金玉潤子嗣桂蘭榮運行初甲辰上人庭下花放風生乙巳運中隱隱輕雷抽碧筍微微細雨潤紅蕖丙辰運中令距聞鷄三三市北玉踶跨馬五陵東丁未運中継榮登上国相継祖先功戊申運中万馬不斷听號令誇藩無事樂耕耘己酉運中一番風雨過重紫與重金庚戌運中晚年籬下樂會友以開樽辛亥運中春光去也一枕清風

壬辰年　癸卯月　乙丑日　丙子時

此八字乙丑日元相配柱中金土才殺之格木在春生処事安然必壽高斯造者生於右族長於名門椿父先歸萱耐悦天边鴻雁各行鳴其為人也丰姿清秀天性聰明頗知礼義稍識古今有近貴親賢之得應上和下之能祖業添新慶根原勝舊風過火黄金重長價雛雲皎月倍清明有心於貨利無意慕功名田園多招萬畝畝稻良馨但愿人生財源旺何必天边沢寵是此則豊饒之命鴛鴦運実貞配硬多嗣枝頭晩節馨運行初上人底下風雪滿寒乙巳運中寒向梅中尽春從梅柳生丁未運中前山後山皆明月江北江南總是春戊申運中財源滾滾家居好風雪飛來尚濟人己酉運中人生從此別一枕黄粱落日休休

壬辰年　己酉月　辛未日

此八字辛未日元相配柱中水木[illegible]之格傷官者剛殺之物也主人生於武族長於将門椿親榮顯宜非正天邊鴻鴈摶高風其為人也丰姿磊落天性聡明稍識聖賢李顛暁呂公文終是功名之客豈為避世之翁功名不顯文場内姓字傳營苑上中一朝騰踏飛黄去三跳瀟源沐寵榮風生紫塞秋横劍月落黄河夜渡兵佇看晚年重再擢金玉腰懸肅氣清此則良臣武顯之命鴛幃連珠須列副桂子森枝有継榮運行初庚戌幼年之下未必評論辛亥運中金距閘鷄三市北玉鞭跨馬五陵東壬子運中續黄登上國相継祖先功癸丑運中金帯生花何足羨皇恩有感重陞甲寅運中都閫声名揚北闕一方彊独吾尊乙夘運中心源落落為将膽氣堂堂合用兵丙辰運中英椎傳令器籬下楽高情丁巳運中九地可憐埋片玉五雲無復見儀形

壬辰年　己酉月　甲申日　丙寅時

此八字甲申專權之日相配柱中金水煞生印綬之格人生得此生於右族長於堂高萱母續絃椿特達天邊鴻鴈各翱翔其為人也丰姿清秀禮李鑑鏘心胸藏錦綉筆底妙文章驪珠照耀光难掩雷劍生豐氣美藏終是功名客豈為田舍翁一朝馬上衣冠别此是男兒當自強此則榮貴之命鴛幃宜有贈子嗣晩光揚運行初庚戌上人庇下安樂何當辛亥運中味道心千古披文目五行壬子運中時来風送騰王閣運至声騰入帝鄉癸丑運中處事但憑三尺法理刑從似九秋霜當此之際風雪滿甲寅運中皇恩有感聲名顕金紫煌煌照省堂乙夘運中有材應大用未許便回鄉丙辰運中榮帰故里美酒盈觴丁巳運中春光去也一枕黄粱

壬辰年　己酉月　丙辰日　戊子時

壬辰年　己酉月　辛未日　戊子時

此八字辛未日元相配柱中之水傷官之格亦有朝陽之意主人生於右族長於名門椿萱難並耄鴻鴈各行鳴其為人也丰姿磊落天性聰明敝敝稍覽件件不精謀動君子威伏小人出土黃金曾十分之貴色離雲皎月添萬里之清明遊山玩水携詩卷對月觀花把酒斟祖業添新慶根源旺積存兩都秋色皆喬木耄舊風流有幾人田疇千古計花木四時春拙於自己巧與他人福元成岳瀆威勢壓鄉民此則穩旺之命鴛幃同庚歲方諧老子嗣秋來孝義深運行初庚戌

壬辰年　己酉月　庚午日　戊寅時

此八字庚午貴人之日相配柱中水火才煞之格陽刃合煞為奇主人生於右族長於名門椿父先歸萱後別天邊鴻鴈各行鳴其為人也丰姿磊落生性聰明多聞多是自足自能風月處文消洒客情豈無高仕敬時有貴人歆酒解平生恨詩傳湖海聲消閑棊一局遣興酒三鍾是非問向門前客得失須憑塞上人好意翻成惡真心換得嗔但願粟陳并貫朽何必天邊沐寵榮此則准旺之命鴛幃有犯須重續子嗣枝枝有顯榮運行初庚戌上人庇下淡淡春風辛亥運中雪晴天未曉行樂未如心壬子運中乍雨乍晴留客景或寒或煖困人天癸丑運中雨過園桃簇錦風和堤柳擺金甲寅運中才旺福興家長斷絃聲裏苦傷情丁卯運中才有明消暗耗須臾風雨無虧戊辰運中有名聞富貴無事散神仙辰字之中兩退行程己巳運中正享子孫福門前杜宇聲

壬辰年　己酉月　甲戌日　癸酉時

此八字甲木日元相配柱中金水官印之格人生得此生於西垣長於名門椿親崇貴萱歸副天邊鳩鳰各行鳴其爲人也丰姿清秀性格聰明有近貴親賢之德應上和下之能祖業添新慶才源厚積存福布江山生秀氣名聞湖海有光崇豐年田舍禾盈謍臘日山家酒淌斟金勒馬嘶芳草地玉樓人醉杏花村一生多富足何必沐功名此則穩厚之命鴛幃連珠合子嗣綵衣新運行初庚戌上人庇下災晦未伸辛亥運中雨過山方秀雲開月皓明壬子運中始知春晝永方覓瑞祥生癸丑運中金距聞鷄三市地玉蹄跨馬五陵東甲寅運中桃李千溪錦江山一番屏當此之際風雪淌庭乙卯運中有田皆種玉無樹不生英丙辰運中子榮孫秀梅白松青丁巳運中楚臺雲散空留夢漢苑香消不返魂

壬辰年　己酉月　乙丑日　癸未時

此八字乙丑日元相配柱中旺金偏官助印之格殺印相生主人生於右族長於高居椿萱双勝茂鴻雁各行飛其為人也丰姿清秀天性能為怡窮今古漢儀詩書袖裡虹霓冲霄色筆端風雨駕雲衢終是功名之客豈為田里耕鋤北海蛟横頭角聳南山豹变瓜牙新一朝騰踏飛黄去金紫榮看次第陞此則榮貴之命鴛幃得配名門女子嗣生成貴顯兒運行初庚戌上人庇下如玉在石人不易知辛亥運中翰簡曾揮久青藜照誦初壬子運中勝身雖泮水舉足上雲衢癸丑運中已把嚴威催酷吏更將仁政釋冤危甲寅運中一番風雪初晴後三寵君恩墜紫泥乙卯運中有才應大用未許便懸車丙辰運中春光去也花落月西

壬辰年　己酉月　庚午日　壬午時
此八字庚午貴人之日相配柱中水火傷官之格
人生得此生於右族長於高居鴻鴈幾行各奮椿
萱一壽期頤其為人也丰資清秀天性操持才全
文武口吐虹霓筆長名園過舊竹花開上苑勝春
枝自是國家臣子豈辭淳跡去羅蘩遂王蟾攀桂
去馬隨青帝踏花歸一從揚姓字秉笏拜天墀此
則榮貴之命鴛幃金玉潤子嗣晚招奇運行初庚
戌抑玉在石人不易知辛亥運中欲遂平生志潛
心下董帷壬子運中報道是龍還不信果然奪得
錦標歸癸丑運中三年不改來時政百姓感懷去
後思甲寅運中仁風千里感金鑾愈光輝當此之
際雪滿襟裾乙卯運中輕拋軒冕且賦歸歟丙辰
運中春光去也花落月西

壬辰年　己酉月　己巳日　丁卯時
此八字己巳之日相配柱中金木食神制殺之格
人生得此生於右族長於名門大木椿萱雙晚茂
天邊鴻鴈各行鳴其為人也丰姿清秀天性聰明
胸羅今古事學識聖賢經嚴句妙為天下白高材
俊似海東青辞鋒穎利疑無敵筆力縱横若有神
終是功名之客豈為田舍之翁蟄遂玉蝉攀桂去
馬隨青帝蹈花行一從姓字傳揚後秉笏金鑾拜
聖明佇看官封三級酌然福享千鍾此則榮貴之
命鴛幃得合名門女子嗣生成貴顯人運行初庚
戌上人庇下花枝風生過此辛亥運中十年窓下
業黃卷與青燈壬子運中到此始知文學好長安
道上馬蹄輕癸丑運中寒拂紫衣催驛騎先生玉
節下雲層甲寅運中職位迁金紫權衡出等倫當
此之際風雪滿庭乙卯運中正欲忠君輔國未應
解組思尊丙辰運中晚年離下槩丁巳運中一枕
入巫峯

子平遺書

壬辰年　己酉月　壬申日　甲辰時

此八字壬申長生之日相配柱中金土杀印之格甲己作合有功遇斯命者生於右族長於高門椿萱堂上雙晚茂天邊鴻各行鳴其為人也丰姿清秀天性聰明知高下識重輕萬里春風行樂頌四時佳趣瑞祥生祖業添新慶才源厚積存兩都秋色皆喬木蒼旧風流有幾人門外田疇千古計庭前花木四時新季倫何為貴秦帝阿房福元成岳瀆威勢壓鄉民此則發祿之命鴛幃烛夜添新卺子嗣秋來朵朵馨運行初庚戌驚濤乱水脉驟雨暗岩紋辛亥運中未歡蕐李紅紅色且喜湖光淡淡晴當此之際風雪滿庭甲寅運中不獨才源富足尚祈声势豪洪乙卯運中樽罍有酒延佳客蘭室存書教子孫丙辰運中晚丰快桊丁巳運中一枕佳城

九

子平遺書

壬辰年　己酉月　丁亥日　甲辰時

此八字丁亥日貴之辰相配柱中金水才官之格人生得此生於右族長於名門椿萱雙晚茂鴻鳫陣行分其為人也丰姿清秀天性聰明胸羅今古事學識聖賢心嚴句妙為天下白高材俊似海東青衣冠濟濟人中傑和氣怡怡席上珍終是功名之客豈為田舍之翁奮身辭白屋平步入青雲萬里扶搖驚蟄一聲霹靂躍潛鱗瑶池鞭静朝南極五夜鍾停拱北宸此則榮貴之命鴛幃有犯須招副子嗣生成貴顯人運行初庚戌上人庇下未斷平生辛亥運中十年窓下業黄卷與青燈壬子運中禹浪三層都躍過東芻趨朝拜衮龍癸丑運中寒拂紫衣催驛騎光生玉節下雲層甲寅運中職遷金紫声名显还忌天邉雪滿庭乙卯運中有材膺大用未許便辭榮丙辰運中晚年閑故里一枕入巫峯

十

壬辰年　己酉月　壬申日　辛丑時

此八字壬申長生之日相配柱中金土才官印綬之格殺印相生功名顯達女人得此生於宦族長配高堂椿萱雙晚別鴻鴈有分行其為人也姿容閨朗髮貌異常風送芰荷香滿院日引花鶯發新粧萬里無雲天一色三秋好景月長明心靜似月明雲漢性急如風捲殘雲錦綉花開金富貴琅玕竹報日安康夫榮何足羨子貴也光揚此則榮益之命良人年長榮華客子嗣生成奪錦郎運行初戊申上人庇下未斷灾祥丁未運中配戀花蝴蝶花貪竹鳳凰須史風雨雲掩月光丙午運中雖則夫門多快樂還慈人事尚悠腸乙巳運中到此始知時運好夫榮從此樂何當甲辰運中羅綺千般色珠着百味香癸卯運中使婢臨廚烹蔓莒抱孫堂上樂猶祥壬寅運中明月當天生氣爽光華萬象色九昌辛丑運中畫閣消條人不見粧楼冷落鏡無光

壬辰年　己酉月　丙子日　丙申時

此八字丙子日元相配柱中金水才殺之格制殺之論主人生右族長於名門金火椿萱雙晚戊天疊鳴鴈各西東其為人也丰姿清秀天性聰明胸羅今古事字識聖賢心甕句妙為天下白高材俊似海東青終是功名之客豈為田舍之翁三級浪中龍變化九宵雲外鳳飛騰一從姓字傳揚後八天雨露沐皇恩此則榮貴之命篤幃獨夜添新燈子嗣生成顯貴人運行初庚戌上人庇下詩礼趨庭辛亥運中十年窓下業黄卷與青灯壬子運中躍過三層浪朝班立縉紳癸丑運中寒拂紫衣催鞾驥光生玉鄕下雲層甲寅運中施仁布德掛紫拴金當此之際風雪滿空乙卯運中有材應大用未許乞閑身丙辰運中晚年辭組閑田里丁巳運中一枕黄梁永不醒

壬辰年　己酉月　癸亥日　丁巳時

此八字癸亥日元相配柱中金土夾生印綬之格人生得此生於右族長於名門椿父先歸萱後別天边鴻雁各西東其為人也丰姿清秀天性聰明高謀遠見機關別錦綉春風一妙人般般稍覧件件不精自有順天之慶豈無福地之深重成新事業再整旧家庭門外生涯廣潤庭前活計維新田園桑柘茂畝畝稻梁登消閑棋一局遣興酒三鍾雖不建侯封爵自然鄉黨推尊此則穩厚之命也怫有碍重偏正子嗣秋来一果成運行初庚戌上人庇下来斷平生

子平遺書　十三

辛亥運中世事短如春夢人情薄似秋雲壬子運中雖則行藏有慶还愁續斷傷情癸丑運中幾度樂中有悶數番歡裏憂生甲寅運中正是太平光霽景須史風雨尚愁人乙卯運中冲擊之中如日入雲丙子運中平坡防有穿峻嶺豈無驚丁丑運中晚年閑快樂戊寅運中一枕入巫峰

壬辰年　己酉月　戊子日　癸丑時

此八字戊子日元相配柱中金水傷官助才之格人生得此生於右族長於名門椿萱双晚茂鴻雁陣行分其為人也丰姿清秀天性聰明錦綉胸藏賢聖孝珠璣口吐武文風驟珠雖照魏雷劍豈藏豊終是切名之客豈為田舍之翁鰲魚遇玉蟾攀桂去馬随青帝踏花行一從播姓字戢位受權衡此則榮貴之命也焉怫有祀須年敵子嗣生成貴顯人運行運行初庚戌上人庇下来斷平生辛亥運中欲向雲中奔足須從灯下留心壬子運中霹靂一声雲霧合禹躍過三層

子平遺書　十四

癸丑運中令重奸邪伏威嚴鬼服驚甲寅運中戰廷金紫声名顯風雪飛来尚惱人丁卯運中自嘆引車歸故里朝廷未遂而流心運行丙辰花已落月在沉

壬辰年　己酉月　乙丑日　甲申時

此八字乙丑日相配柱中金水偏官助印之格人生得此生於右族長於名門椿萱双晚茂鴻雁各行鳴其為人也丰姿清秀天性聪明學問有成袖裹虹霓冲霄也英才敏捷筆端風雨駕雲程驪珠照耀光稚擒雷劍生豐氣旬充終是錦衣肥馬客豈為田舍鑿耕人三級浪中龍变化九霄雲外鳳飛騰一從揚姓字金紫戢階陛此則榮貴之命鶯帏得配名門女子嗣生成貴顯人運行初庚戌上人扆下花放風生辛亥運中欲遂平生志須加継晷功壬子運中到此始知文學好長安道工馬蹄輕癸丑運中獄折片言民訟息九重雨露再加陛甲寅運中金紫迁荣權任重一番風雪使人驚乙卯運中明時柱石盛世股肱丙辰運中晚節閑時宜酌酒西風起更憶鱸蓴丁巳運中桃源春去也逢馬信难通

壬辰年　己酉月　庚午日　丁亥時

此八字庚午貴人之日相配柱中水火傷官之格陽刃持令減我功名主人生於右族長於高門萱母續絃椿磊落天邊鴻雁各行鳴其為人也丰姿清秀天性昏沉頗知礼義稍識古今有近貴親賢之德應上和下之能祖業添新慶根源勝旧風福布江山外名聞湖海中雨都春色皆喬木喜得風流有幾人花無桃李非春色人有笙歌是太平雖不建侯封爵自然潤屋潤身此則豊潤之命死怫連珠須配小子嗣金風有梃荣運行庚戌初年之下灾晦之中辛亥運中世事宛如春梦人情簿似秋雲壬子運中漸覔夜凉池雨過佇知花放晚凨生癸丑運中才源富足家居好还愁花放尚凨生甲寅運中不獨才源富足尚期声勢豪横當此際風雪满空乙卯運中富之以潤其屋德之以顯其身卯字中一番風雨丙辰運中樽罍有酒延佳客蘭室存書教子孫丁巳運中夕陽有限春梦無憑

壬辰年　己酉月　己巳日　乙丑時

此八字己巳日元相配柱中金木傷官印綬之格人生得此生於右族長於高門堂上椿萱萱歲長天邊鴻鴈各行鳴其為人也丰資清秀天性聰明胷罡今古事學識聖賢心衣冠濟濟人中傑和氣怡怡席上珍終是功名之客豈為田舍之翁奮身離白屋舉足入青雲三級浪中龍变化九霄雲外鳳飛騰一朝騰踏飛黄去金紫榮看次第陞此則榮貴之命鸞幃得配名門女子嗣生成貴顯人運行初庚戌上人庇下安晦未伸辛亥運中十年窗

下業黄卷與青灯壬子運中遠望天恩雲外降恩攀桂子手中馨癸丑運中躍過三層浪朝班立縉紳甲寅運中戟廷金紫守内澄清當此之際風雪滿庭乙卯運中住看官封三級酌然祿享千鍾丙辰運中春光去也一枕清風

壬辰年　己酉月　庚辰日　庚辰時

此八字庚辰之日旺之神相配柱中金水傷官之格陽刃持命減我功名主人生於右族長於名門椿萱双脫茂鴻鴈各飛騰其為人也丰姿清秀天性聰明般般俏覧件件不精有理白分清之智裁長補短之能祖業添新廢根源勝旧風月掛碧天多皎潔名揚湖海有光榮不必覓珠來水府何須求釣到豐城身将錦綉文何用人不知知味衆真但須才源富足任他身懷無名此則穩厚之命鴛幃燭夜添新番子嗣生成貴顯人庚戌運中上人庇下未斷平生辛亥運

中世事宛如春夢人情為事秋雲壬子運中隱隱輕雷相碧爭微徽細雨潤紅英癸丑運中正是太平光霽景还愁花放尚風生甲寅運中才源旺足家業長福星臨照喜非輕當此之際風雪滿庭乙卯運中富貴榮華多快樂須臾風雨殘行程丙辰運中春光去也一夢堆憑

壬辰年　己酉月　戊辰日　甲寅時

此八字戊辰日德之辰傷官合煞之格人生得此生於西室長於名門椿親柴倚萱歸副天邊鳴鴈各行鳴其爲人也丰姿清秀天性聰明胸羅今古事季識聖賢心太山北斗千年在和氣春風四座傾豈是池中物尤來席上珎鰲遂玉蟾攀桂去馬隨青帝踏花行一朝騰蹓飛黃去此際不羞蛇化龍瑤池鞭靜朝南極五夜鐘停拱北宸此則榮貴之命鴛幃金玉潤子嗣繼衣新運行初庚戌上人庇下花放風生過此辛亥運中欲遂平生志須留灯火心壬子運中莫愁雪阻藍關道時來風送馬蹄輕癸丑運中禹浪三層都躍過風生鉄面鬼神驚甲寅運中正是權衡光霽景西風洒雪滿門庭乙卯運中重金重紫布德施仁丙辰運中春光去也一枕清風

壬辰年　己酉月　丁丑日　庚戌時

此八字丁丑日元柱中金水才旺生官之格才盛生官終身有慶女人得此生於右族長配名門椿萱雙既茂棠棣花邊春姿容清秀髮貌超群有好食肯衣之輿惧治家立業之材能春入水光成嫩緑日旬花蕚發新紅衣冠濟濟三從備家業昂昂四德新有遺訓斷機之智相夫教子之勤情急如風翻浪心安似月離雲佇看夫榮子貴也應祿福無窮此則穩榮之命良人連珠須配長子嗣生成貴星人運行初戊申幼年之下淡淡青雲丁未運中脉挑夭之化洽魚水之情丙午運中片時雲掩月依舊月離雲乙巳運中一輪明月連宵皎萬里秋波徹底清甲辰運中濟濟裙釵徇日輝輝羅綺臨風癸卯運中子貴夫榮閑快樂須史風雨不爲驚壬寅運中無思無慮一道訃音

壬辰年　己酉月　戊子日　癸丑時

此八字戊子日辰相配柱中金水傷官取才之格人生得此生於右族長於名門椿親耐晚豈先别天邊鴻鴈有行鳴其爲人也丰姿清秀天性聰明頗知禮義稍識詩書當仁不讓見善不欺自有順天之慶豈無福地之時祖業添新整才源厚積俞遊山翫水携詩卷對月觀花把酒色春風桃李韶華景夏日荷蓮蕩樣時才源富足家居好何須跨馬入雲衢此則穩厚之命处幃連珠須配小子嗣秋来有出奇運行初庚戌上人庇下風雪成堆辛亥運中雨過萬重山有色雲開千里月光輝壬子運中爆竹声依殘臘盡折梅香引早春帰癸丑運中小池雨過添新緑深谷春来發旧枝當是時也風雪還欺甲寅運中才源旺足福壽崔嵬乙卯運中豊年田舍禾盈壟臘日山家酒滿巵丙辰運中歲寒松栢暮景桑榆丁巳運中春光去也

壬辰年　己酉月　庚午日　戊寅時

此八字庚午貴人日相配柱中木火才官之格人生得此生於右族長於名門火土双親榮晚歲天邊鴻鴈各行鳴其為人也丰姿清秀天性聪明断髙理直作事公平謀勤君子威伏小人過火黄金重長價離雲皓月倍清明福布江山外名聞湖海中重成新事業再整旧門庭花無桃李非春色人有盈虧足太平才源富足家業餘盈消世功名身外事五湖風月樂維新此則發福之命鴛幃有碍須相破子嗣榮門孝義深運行初庚戌上人庇下花落風生辛亥運中爆竹声催殘臘去踈梅香引早春来壬子運中天上三陽泰人間五福臻癸丑運中萬里光華治沛澤四時佳趣瑞祥生甲寅運中延賓玩物會友閑攜乙卯運中安閑晚景丙辰一道訃音

壬辰年　巳酉月　丁丑日　辛亥時

此八字丁丑日元相配柱中金水才官傷才盛終身有慶遇斯命者生於右族長於名門土木椿萱双貺茂天边鴻鴈聯鳴其為人也丰姿清秀天性聰明道明參古事孝識聖賢心袖裡虹霓冲霄色筆端風雨駕雲程衣冠濟々人中灤和氣怡々席上珎終是功名之客豈為舍田之翁鵬路高搏知健翼龍門深躍見脩鱗一從姓字傳揚後九重雨露沐恩榮此則榮貴之命鴛幃連珠合子嗣膮光榮運行初庚戌春風騾落夏日炎熱辛亥運中十年囱下業黃卷吊青灯

壬子運中契丞玉蟾攀桂去馬隨春色踏花行癸丑運中寒拂紫衣催駿騎沉生玉節下層雲甲寅運中當此之際風雲滿庭乙卯運中有材應大用未許便辭榮丙辰運中晚年多快樂丁巳運中一夢入巫峯

壬辰年　巳酉月　甲寅日　戊辰時

此八字甲寅專祿之日相配柱中金土才官之格財盛生官終身有慶遇斯命者生於右族長於高門椿萱有倚先髭安天邉鴻鴈各行鳴其為人也丰姿清秀天性聰明般般稍覔件件不精有近貴親賢之德應上和下之能祖業添新慶根源勝舊風曰福曰榮自有順天之慶常安常樂豈無福地之身遊山翫水携詩卷對月觀花把酒斟朝中無姓字囊底足珠珎好意番成惡意真心換得嗔雖不見侯封爵自然鄉黨推尊此穩享之命鸞幃有犯須招硬子嗣秋來有顯榮運行初庚戌上人庇下未斷升沉

辛亥運中未觀桃李紅色且喜湖光淡淡晴壬子運中盡水無声空有浪綉花雖艷不聞馨癸丑運中雖則行藏有慶還愁弦斷無声甲寅運中得中有失晦後還明乙卯運中千里関山千里念一番風雨一番驚丙辰運中子貴晚年閑快樂丁巳運中臥音一播衆傷情

壬辰年　己酉月　戊辰日　庚申時

此八字戊辰日德之辰相配柱中金水傷官之格亦有合格之意主人生於右族長於名門金火椿萱雙晚茂天邊鴻鴈各行鳴其為人也丰姿清秀天性聰明斷高理直處事公平謀為君子威伏小人過火黃金重長價雛雲破月倍春風笋長名園過舊竹花開上苑勝先春不向仕途求聞達卻來湖海覓黃金身將隱矣文何用人不知之未更真但願一生才

壬辰年　己酉月　辛巳日　甲午時

此八字辛巳日元相配柱中木火才殺之格人生得此生於右族長於名門木火椿萱棠晚茂天邊鴻鴈各行鳴其為人也手姿清秀天性聰明源流三峽誰能及筆掃千軍孰與倫衣社濟濟人中傑和氣怡怡席上珍終是功名之客豈為田舍之翁躍頭三千皆後學搏風九萬即前程瑶池鞭靜朝南極五夜鍾傳拱北辰此則榮人之命篤幃春縣須招副子嗣秋來孝且忠運行初庚戌幼年之下化日陽春辛亥運中欲向青雲舉足須從窓下留心壬子運中遠望天恩雲外降恩攀桂子手中馨癸丑運中躍過禹門三級浪粉署聯班既位陞當此之際風木慘情甲寅運中既遂金紫聲名重還愁素耗序時生乙卯運中千郡山河吾戟掌九天恩詔再加陞丙辰運中榮歸故里美酒盈樽丁巳運中春光去也一枕清風

子平遺書

壬辰年　辛亥月　庚寅日　丁丑時

此八字庚寅之日相配柱中木水傷官助扶三格金水傷官印綬之格人生得此生於名族[illegible]名門同屬椿萱不同壽天邊鴻鴈各行鳴其為人也丰姿清秀天性聰明五車書記三冬足兩石弓當萬騎冲過火黃金重長價離雲皎月倍清明終是功名之客豈為田舍之翁一朝騰達飛黃去九天雨露沐皇恩此則榮貴之命觜觿連珠須配小子嗣生成貴顯人運行初壬子上人庇下雲月朦朧癸丑運中欲遂平生志須加董子功甲寅運中莫愁風雪多淹滯時來頃刻便升騰乙卯運中權重奸邪伏威嚴鬼膽驚梨花舞雪雨過山青丙辰運中一褒一貶名揚後能盡忠誠反有隙丁巳運中佇看官封三級酌然祿享千鍾戊午運中正欲成蝴蝶胡為夢不醒

一

子平遺書

壬辰年　辛亥月　己卯日　甲子時

此八字己卯專權之日相配柱中水木才殺之格從殺之論主人生於名族長於名門椿親晚榮贈鴻鴈各行鳴其為人也丰姿清秀天性聰明源流三峽誰能及筆掃千章孰與論太山北斗千年在和氣春風滿座傾終是功名之客豈為田舍之翁一從揚姓字秉笏拜明君此則榮貴之命觜觿有紀須招副子嗣金風帶且光運行初壬子上人庇下未必詳論癸丑運中欲向雲中舉足須從灯下畫心甲寅運中時來風送騰黃閣頃刻名揚萬里程乙卯運中終沐天邊寵方沾雨露恩丙辰運中腰橫金作帶符節玉為麟當此之際風雪滿目空丁巳運中佇看官封三爵級方知祿重千鍾戊午運中天邊無沛澤籬下有閑情己未運中音訃莫遣閑人說三嘆英雄馬鬣封

二

壬辰年　辛亥月　辛酉日　丙申時
此八字辛酉專祿之日相配柱中水火傷官之格
人生得此生於右族長於名門木火播萱萱歲長
天邊鴻鴈各行鳴其爲人也手姿清秀天性聰明
五車書富三冬足兩字名當萬飍冲衣冠濟濟人
中儕和氣怡怡席上珎終是功名客豈爲田舍翁
龍門变化三春浪鵬鷟逍遥萬里程瑶池鞭靜朝
南極五夜鍾声拱北辰此則榮貴之命鴛幃春色醲
子嗣晚光榮運行初壬子上人庇下詩礼趨庭當此
之際花放風生癸丑運中雪案須留苦志天皆未
許榮登甲寅運中特来風送滕王閣融融春浪躍
三層乙卯運中獄折片言民訟息九天金紫又加
陞丙辰運中西風吹過天邊雪蕃景階陞戢位尊
丁巳運中有材應大用未許便辭榮戊午運中子
貴加榮贈己未運中無常又促程

壬辰年　辛亥月　己巳日　丙寅時
此八字己巳日元相配柱中才官印三奇之格喜
巳亥冲却不刑正謂官星正貴忌見冲刑遇斯命者
生於温潤之族長於深邃之門金火椿萱雙晚茂
天邊鴻鴈有行鳴其為人也丰安清秀天性聰明
理窮古事兼今事書對賢經與聖經飛句妙為天
下白高才役仕海東青定向月中攀桂子便從天
上領陽春萬里扶搖獵螢睡一声霹靂躍潛鱗長
安人海路争看綉衣新此則榮傑之命鴛帷金命
須年小子嗣生成显貴人運行初壬子上人庇下
花放風生癸丑運中十年窓下業黄卷與青灯甲
寅運中鵬路高傳知健翼龍門深躍見脩鱗乙卯
運中處事但憑三尺法理刑澤以一團春丙辰運
中戢迁金紫宇内澄清當此之際風木憐情丁巳
運中權高慎福慎則無獵戊午運中天邊少恩澤
籬下樂高情己未運中一枕清風

壬辰年　辛亥月　壬申日　丁未時

此八字壬申長生之日相配拄中火土才殺之格傷官制殺生才水居冬旺平生樂自無憂主人生於右族長於高門搢萱双晚贈鳴鳫各搏風其為人也丰姿清秀天性聡明皥鋒穎利真無敵筆力縱横若有神珪璋自是清朝器律呂偏諧治世音終是功名之客豈為田舍之翁鵬鷺高搏知健翼龍門深躍見脩鱗一從姓字傳揚後九天雨露沐皇恩此則榮貴之命鴛幃連珠須配小子嗣秋来朶朶榮運行初壬子上人庇下未斷平生癸丑運中說向雲中奉足須從灯下當心甲寅運中不負寸陰之惜豈辜題柱之功乙卯運中躍過三層浪朝班立搢紳丙辰運中驛中晚日催行站江上春風促去程戟位丙廷金紫貴迁愁風雪点衣襟丁巳運中正宜加爵禄未許便辤榮戊午運中太抵功名只如此不如觧組向籬東已未運中落日青山外猿啼人惨情

壬辰年　辛亥月　壬戌日　甲辰時

此八字壬戌日德之辰偏官之格水居冬旺生平樂自無憂人生得此生於茂族長於高堂丰姿磊落天性忠良善機变能果断精神炯炯氣勢昂昂學問頗知今古事生平常履貴人鄉遊山翫水携詩巻對月觀花把酒觴田園遍野桑麻茂才帛盈囊又積倉雖不青雲得路自然金玉滿堂此則富貴之命鴛幃正副須添寵子嗣秋来始發傍運行初壬子上人庇下不煖不涼癸丑運中如花向日枝枝艷似笋穿泥節節長甲寅運中滚滚才源来正旺旺中尚有事悠楊乙卯運中雨晴山有色雲散月華光丙辰運中片時風雨幸不成傷丁巳運中雖陽三月花如錦又被顛風擾一場戊午運中桑榆暮景已未運中一夢黄梁

壬辰年　辛亥月　丙寅日　己丑時

此八字丙寅長生[之]日相配柱中水木熱生印綬之格人生得此生於右族長於名堂同屬椿萱一期別天邊鴻雁各分行其為人也丰姿清秀禮樂鏗鏘口吐珠璣言語牖蔵錦繡文章東海驪珠能幾顯豐城雷劍不終蔵終是功名客豈為田舍郎純學科場驚鶯試院英才翰苑沐恩光一從揚姓字秉笏拜君王此則榮肅之命鶯幃燭夜添新慶子嗣生成貴显郎運行壬[初]子上人庇下蜜峻之鄉癸丑運中味道心千古披文目五行甲寅運中躍過禹門三級浪濟濟衣冠拜袞章乙卯運中處事但憑三尺法理刑凜似九秋霜丙辰運中戕廷金紫風雪滿門丁巳運中皇恩有感声名重金鱗光照紫微宮戊辰運中鮮組歸田里東籬菊酒香己亥運中春光去也一枕黃粱

壬辰年　辛亥月　辛亥日　庚寅時

此八字辛金相配柱中水火傷官助財之格亦有飛天祿馬之意人生得此生於武族長於仁門椿萱難並奉鴻雁各搏風丰姿清秀天性忠誠學問三冬足詩書萬卷通北海蛟横頭角聳南山豹变霧文矣一朝騰踏飛黃去金紫榮看次第登此則肅憲之命鶯幃兩敵方偕老桂子秋來發馨運行初壬子上人庇下化日陽春癸丑運中蔵器待時時必至時來方許奮鵬程甲寅運中威飛亂浪怒令重虎風生當此之際微雨弄晴乙卯運中雪消雲散天如洗金紫煌煌雨露深丙辰運中犗使奸心破潜令鬼膽驚當此之際權重生凶丁巳運中重添新氣象再整舊威稜戊午運中正宜秉笏未許辭尊己未運中英雄都盡也高塚卧麒麟

壬辰年　辛亥月　甲申日　壬申時

此八字甲申專權之日相配柱中金水殺生印綬之格人生得此生於右族長於仁門水土椿萱双晩戊天邊鳴鴈有行鳴其為人也丰姿清秀天性聰明機謀輙伏筆用人欽行藏兗消洒咲傲任枯荣過火黄金重長價離雲皎月倍清明祖業須新釁根源勝旧風不必覔珠来水府何須求劍到豈城福元成岳瀆威勢壓鄉民此則穩厚之命鴛幃有碍須招副子嗣金風荣錦人運行初壬子上人庇下花放風清癸丑運中雨過山青秀雲開月始明甲辰運中近水樓臺先得月向陽花木早逢春乙未運中雖則財源旺足幾多人事虧盈丙辰運中山前山後皆明月江北江南總是春丁巳運中當此之際風雪滿庭門招壯觀福祿駢臻戊午運中延賓玩物會友開樽巳未運中一枕黄粱夢千年永不醒

壬辰年　辛亥月　甲戌日　癸酉時

此八字甲戌日元相配柱中金水官印之格有官有印無破作廊廟之材食神帶印宜向東南主人生於右族長於名門椿萱荣晩贈鴻鴈各摶風其為人也丰姿清秀天性聰明胸羅星斗斈貫古今辞鋒頴利疑無敵筆力縦横若有神驪照魏光難掩雷劍生豊氣自充終是錦衣肥馬客豈為田舍鑿耕人北海蛟横出頭角南山豹変爪牙新一日風雲相際會九天雨露沐皇恩此則荣貴之命鴛幃宜有贈子嗣晩光荣壬子上人庇下花放風生癸丑運中欲向雲中牽足須從灯下留心甲寅運中報道是龍还不信果然奪得錦標新乙卯運中威飛乱浪怒令重虎風生丙辰運中戚迁金紫声名重風雪飛来尚恼人丁巳運中皇恩有感重加禄十郡山河化日明戊午運中莫道只依金馬貴也隨蝴蝶夢佳城

壬辰年　辛亥月　甲寅日　丁卯時

此八字甲寅日元相配柱中金水殺生印綬之格殺印相生功名顯達主人生於右族長於高門椿萱有倚先歸父天邊鴻雁各行鳴其為人也丰姿清秀天性聰明源流三峽誰能及筆掃千軍孰與倫衣冠濟濟人中傑和氣怡怡席上珍終是文場折桂客豈為田舍鑿耕人琪林雖不參高宴自有聲名達帝京瑶池鞭靜朝南極五夜鐘停拱北宸此則榮貴之命鴛幃有犯須招副子嗣秋来有旺榮運行初壬子上人庇下未斷平生癸丑運中欲遂青雲志須加董子功甲寅運中時來機會好跨馬入神京乙卯運中寄迹橋門十載寒氈隱硯辛勤丙辰運中皇恩有感聲名顯家國光榮一幕聽丁巳運中正宜秉笏達朝紀何事辭榮故里中戊午運晚年多快樂會友以開罇已未運中子貴沾恩贈南柯夢不醒

壬辰年　辛亥月　壬午日　乙巳時

此八字壬午日六壬生於午位號曰禄馬同鄉才杀之格水居名旺生平樂自無憂主人生於右族長於高門椿萱有倚一期别天邊鴻雁各飛騰其為人也丰姿清秀天性豪洪五車書富三冬足兩石弓當萬騠太山北斗千年在和氣春風四座傾終是功名之客豈為田舍之翁龍飛九五青霄近鵬擊三千翰海深一從姓字傳揚後金紫若看次第陞此則清貴之命鴛幃燭夜添新蚕子嗣秋来朵朵榮運行初壬子上人庇下災晦未伸癸丑運中欲遂班超投筆志須加董子下帷功甲寅運中遠望天恩雲外降思攀桂子手中馨乙卯運中躍過禹門三汲浪秉笏金鑾拜聖明丙辰運中三度居恩喜雨番風木鵝丁巳運中赤心扶日月素志展經綸戊午運中春光去也一枕清風

壬辰年　辛亥月　辛未日　丁酉時

此八字辛未之日相配柱中水火傷官合殺之格人生得此生於右族長於名門火水椿萱椿後毋天邊鴻雁各行鳴其為人也丰姿清秀天性聰明淵源學問敏捷材能源流三峽誰能及筆掃千軍孰與論豈是池中物乜来席上珎鵬路高摶知鍵翼龍門深耀見修鱗足履三千皆自學揮風九萬即鵬程瑶池鞭快朝南極五夜鍾鳴拱北宸此則榮貴之命鴛幃重合耆巴子嗣桂蘭榮運行初壬子上人庇下花放風生癸丑運中款跨騰雲驥思囊照露瑩甲寅運中到此始知文章好融融春浪躍三層乙卯錦衣肥馬重重貴天上恩波浩浩新丙辰運中三度君恩重一番風木驚丁巳運中自嘆引鬢歸故里朝廷未遂兩疏心戊午運中棠回離下己未運中巻落月沉

壬辰年　辛亥月　癸酉日　己未時

此八字癸酉之日相配旺土時上偏官之格人生得此生於右族長於名門椿萱双晲茂棠棣各敷榮其為人也姿丰清秀天性聰明學問有成錦綉胸蔵賢聖學英材敏絶珠機口吐武文風太山北斗千年在和氣春風四座傾終是功名之客豈為田舍之翁豹変南山霧鵬摶北海風一日風雲相際會九天雨露沐皇恩此則榮貴之命鴛幃有犯須招小子嗣榮門朶朶馨運行初壬子上人庇下巻放風生癸丑運中篤學十年窓下時来一舉成名甲寅運中禹浪三層都躍過衣冠濟濟拜明君乙卯運中三度恩恩喜一番風木驚丙辰運中重榮重金權位重六出花飛不損身丁巳運中有材應大用未許便辞榮戊午運中籬下黄巻酒盃中白雪琴己未運中春光如過隙一枕了平生

壬辰年　辛亥月　丁卯日　辛亥時

此八字丁卯日元相配柱中水木官印之格有官有印無破作廊廟之材遇斯命者生於右族長於名門椿萱榮晚翠鴻鴈各飛騰其為人也丰姿清秀天性寬洪千古文章逞榮耀一天星斗煥心胸麗句妙為天下白高材俊侶海東青定向月中攀桂子便從天上領陽春北海蛟橫頭角貸南山豹变爪牙新一日聲名遍天下滿城桃李笑陽春卻狄安諸夏才高社稷臣此則榮貴之命鴛幃連珠須配小子嗣金風有晚榮運行初壬子上人庇下花放風生癸丑運中不負寸陰之惜豈辜題柱之功甲寅運中躍過三層浪朝班立縉紳乙卯運中驛中曉日催行騎江山風生捉去程丙辰運中金紫職榮權位重六出花飛不損身丁巳運中正欲忠君輔國豈宜鮮組思蓴戊午運中鵬鳥賦成人已去嘉魚詩在浪傳名

壬辰年　辛亥月　己卯日　庚午時

此八字己卯專權之日相配柱中水木才殺之格喜逢日祿以歸時遇斯命者生於右族長於名門椿萱共倚難双贈天邊鴻鴈各博風其為人也手姿濟楚礼貌縱橫千古文章逞榮耀一天星斗換心胸麗句妙為天下白高材勝似海東青終是功名客豈為田舍翁躡履三千皆後學清風九萬卻前程一從姓字傳爐後九五天門面聖容此則榮繼之命鴛幃重合登子嗣晚當榮運行初壬子上人庇下天冷雲還凍江寒風自生癸丑運中讀殘茅店月囊聚案頭螢甲寅運中起鳳騰蛟從此始玉堂金馬豈難登乙卯運中寒拂紫衣催驛騎光生玉節下雲層丙辰運中戢還金紫聲名顯六出花飛不損身丁巳運中佇看官封三給酌然祿享萬鍾戊午運中鮮組田園里東籬消洒居己未運中人生從此別無復見儀形

壬辰年　辛亥月　甲寅日　丁卯時

此八字甲寅專祿之日相配柱中金水官印之格人生得此生於右族長於名門椿萱有倚先嚴父天邊鴻鴈各行鳴其為人也丰姿清秀天性聰明源流三峽誰能及筆掃千軍孰與倫衣冠濟濟人中傑和氣怡怡席上珍終是文場榮貴客豈為田里鑿耕人瑣林雖不參高宴自有聲名達帝京瑤池鞭靜朝南極五夜鍾停拱北宸此則榮貴之命鸞幃有犯須招副子嗣秋來有旺榮運行初壬子上人庇下未斷平生癸丑運中遂遂平生志須加董子功甲寅運中幾欲思慕（嘉）遠番成剪雪裁冰乙卯運中時來機會好須刺入神京丙辰運中寄迹橋門十載寒氈硯筆辛勤丁巳運中皇恩有感聲名顯金紫光榮職再陞戊午運中正宜秉笏造朝紀何事辭榮故里中己未運中晚年多快樂會友以闡譚庚申運中子貴沾恩澤南柯夢不醒

壬辰年　辛亥月　庚戌日　丁丑時

此八字庚戌魁罡之日相配柱中水火傷官之格女人得此生於右族配於名門萱母先歸椿後別天邊鴻鴈不同群其為人也丰姿清秀駿貌精神勝丈夫之志氣有秀才之材能一苑杏桃鋪錦繡滿山松柏映幃屏每懷大膽志時抱憐卹心磨穿鐵硯非吾事繡折金針却有功雞觸難犯易喜易嗔雖不鳳冠帔服自然福祿無窮此則掌家之命良人半道先分別子嗣秋來旺宅門運行初庚戌幼年之下毓秀閨門己酉運中紅葉溝中傳密意赤城月下結良姻戊申運中淡烟楊柳岸薄霧杏花村丁未運雖則夫門才業旺旺中尚有事戲盈丙午運中正是太平光霽景何期鸞鳳文分群乙巳運中沖擊之所如月入雲甲辰運中正享兒孫之福還愁花放風生癸卯運中晚年閒快樂一枕入華峰

壬辰年　辛亥月　戊寅日　壬子時

此八字戊寅專權之日相配柱中水木財殺之格
人生得此生於右族長於名門木土椿萱双晚茂
天邊鴻鴈有行鳴其為人也丰姿清秀天性聰明
知高識下理白分青機謀輒伏牽動人欽日祿曰
榮自有順天之慶常安常樂豈無祿地之深過火
黃金顯十分之貴色離雲皓月布万里之清明花
無桃李非春色人有筀歎是太平豐年田舍禾盈
營膳日山家酒滿斟福源戊岳瀆威勢壓鄉民此
穩厚之命鴛幃連珠須配小子嗣秋來有顯榮運
行初壬子上人庇下寒煖之中癸丑運中宛如雲
裡月渾似葉中英雨過園桃簇錦風來堤柳搓金
甲寅運中梅須凝雪三分白雪亦輸梅一段馨乙
卯運中桃李千般錦江山一畫屏當此之際風雪
滿庭丙辰運中威權有布人欽伏財帛豊盈福祿
增丁巳運中江山不盡登臨晚夢斷南柯了此生

壬辰年　辛亥月　壬戌日　庚子時

此八字壬戌日德之辰相配柱中火土才殺之格
水居冬旺生平樂自無慮主人生於西室長於仁
門椿親蟲落萱歸副天邊鴻鴈各行鳴其為人
也精神烱烱智慧明明頗知礼義稍識古今有近
貴親賢之德應上和下之能過火黃金重長價離
雲皎月倍清明祖業添新慶根源勝旧風月離海
嶠山山秀春入园林處處英鄭中無此字囊底是
珠琢滿世功名身外事五湖風月樂怡情此則穩
厚之命鴛幃得配名門女子嗣生成發灶人運行
初壬子上人庇下花放風生癸丑運中春歸柳葉
嫱初变紅入桃花煖来自甲寅運中寒向梅中尽
春從柳上生乙卯運中近水樓臺先得月向陽花
木早逢春丙辰運中人生正在風光處只恐開非
素耗生丁巳運中庭前竹報平安日檻外花開富
貴春戊午運中晚年快樂已来運中一道訴音

壬辰年　辛亥月　壬子日　辛亥時
此八字壬子日刃之辰傷官之格亦有飛天禄馬之意人生得此本平早歲成名運行背地禄發晚年主人生於茂族長於華庭椿萱還逮禄養鴻鴈有不聯群手姿清秀天性志誠學問有成終是功名之客英材持遠豈為田舍之人橋門自有榮身路禄位榮看次第陞此則榮達之命鴛帏命敵頭生雪桂子秋來有俊英運行初壬子只宜繼禄何論昇沉癸丑運中踏破津橋霜幾板讀殘茅店月三更甲寅運中幾欲登天

歩月番成剪雪裁氷乙卯運中挑卷幾回空採月時來跨馬到神京丙辰運中皇恩應有感政化[洽]西東丁已運中一天膏雨随車至千里仁風逐扇生戊午運中解組歸來春夢重訃音一播衆傷情

壬辰年　辛亥月　戊子日　乙卯時
此八字戊子日元相配柱中水木才官之格才多身弱減我功名主人生於右族長於高堂椿親磊落萱母填旁天边鴻鴈有各翱翔其為人也丰姿清秀天性果剛斈問不親顏孟業生平左喜足衣粮万里春風行樂頌四時佳趣瑞祥光重成新事業弄整旧門墻福布江山外名聞湖海間消閑棋一局遣興酒三觴財源富足家居好何須跨馬入朝堂此則穩旺之命鴛幃金玉潤子嗣長珠光運行初壬子上人庇下災晦一場癸丑運中如花向

日枝枝艷笋出穿泥節節長甲寅運中雖則行藏有慶还愁人事悠揚乙卯運中財源旺足行藏好須叓風雨暗滄浪丙辰運中雪晴開壯麗万物被青陽丁已運中水向石边流出冷風從花裏過來香戊午運中晚年閑快樂已未運中一枕入黄梁

壬辰年　辛亥月　庚戌日　庚辰時

此八字庚戌魁罡之日相配柱中水火傷官帶印之格女人得此生於右族配於名門姿容閨訓德茂行真有治家立業之道針黹紡績之勤雪為輕粉憑風傳霞作胭脂仗日勻每懷丸膽意時抱擇鄰心玉産崑崗藏韞色蘭生楚澤散清馨性急如懸源飛瀑心安似山月秋清錦綉花開春富貴琅玕竹報日昇平此則榮貴之命良人年長豪華容子嗣秋來朵朵榮運行初庚戌上人庇下號秀閨門己酉運中紅葉溝中傳寄意赤繩月下結良姻戊申運中淡烟揚柳岸薄霧杏花村丁未運中萬里無雲天一色三秋好景月長明丙午運中天上三陽泰人間五福增乙巳運中簾捲香風生百福軒開化日祿元增甲辰運中人生從此別無復見儀形

壬辰年　辛亥月　癸亥日　甲寅時

此八字癸亥日元相配柱中甲木刑合之格傷官助才之論主人生於右族長於名門椿親重倜儻鴻雁各行鳴其為人也丰姿清爽天性聰明般般稍覽件件不精有近貴親賢之德應上和下之能重成新事業再整舊門庭過火黃金重長價離雲皎月倍清明水光浮座盈豔瑩花氣侵人咲語馨不以功名為念豈將冠冕磨礱但願才源多旺足何須天府沐皇恩此則穩厚之命鸞幃金玉潤子嗣紱衣新運行初壬子春風融蕩夏日炎蒸癸丑運中雲籠皓月水浮泛萍甲寅運中爆竹聲催殘尽折梅香引早春逢乙卯運中才源富足家業餘盈丙辰運中人生正在風光處只恐天遣雪淌庭丁巳晚年閑快樂戊午運中一枕入玉峯

壬辰年　辛亥月　甲申日　戊辰時

此八字甲申專祿之日相配柱中金水偏官助印之格人生得此生於右族長於名門水命椿萱雙晚茂天邊鴻雁各揚風其為人也丰姿清秀天性聰明有理白分清之智截長補短之能祖業添新慶根源勝舊風月掛碧天多皎潔名揚湖海有光榮兩鄰秋色皆喬木香譽風流有幾人莫惟惟贈劍豪傑歛金樽但籍才源富足何須天府求榮此則穩厚之命鴛幃連珠須配小子嗣秋來朶朶馨運行初壬子上人庇下花放風生癸丑運中娟娟梅月白淡淡撐風清甲寅運中漸漸精神莫看看氣象新乙卯運中梅須遜雪三分白雪亦輸梅一段馨丙辰運中才源富足家居好風雪飛來喜不驚丁巳運中福元成岳瀆威揚壓鄉民戊午運中晚年快樂會友開樽己未運中一枕余香隔年夢斜風吹散楚臺雲

壬辰年　辛亥月　戊子日　丙辰時

此八字戊子日元相配柱中旺水才旺生官之格人生得此生於右族長於名門木命椿親榮晚贈天邊鴻鴈各西東其為人也丰姿清秀天性聰明源流三峽誰能及筆掃千軍孰與倫禮樂縱橫字詩書典雅文不特魏珠能照乘還應趙璧擬連城七朝厚隱成文霧千里思乘破浪風佇看官封三級酌然祿享千鍾此則榮繼之命鴛幃得合昏燈火話平生子嗣有成綵綵班衣供晚節運行初壬子上人庇下未斷平生癸丑運中十年窗下留心志他日天邊遠奮騰甲寅運中到此始知文學好長安道上馬蹄輕乙卯運中驛中晚日催行路江上清風促去程丙辰運中戩位內遷金紫貴愁看門外雪盈庭丁巳運中山河歸舊國管籥換離宮戊午運中晚年快樂己未運中花落月沉

壬辰年　辛亥月　庚申日　丁亥時

此八字庚申專祿之日相配柱中水火傷官助才之格金水傷官喜見官星人生於右族長於高門木命椿萱双晚茂天边鴻雁各行鳴其為人也丰姿清秀天性聰明源流三峽誰能及筆掃千軍孰與論終是功名之客豈為田舍之翁定向月中攀桂便從天上領陽春一朝騰躍飛黃去金紫榮看次第陞此則榮貴之命鶯啼春藹藹子嗣晚叢叢運行初壬子上人庇下詩礼趨庭癸丑運中十年窓下無人問一舉成名天下聞甲寅運中躍過三層浪朝班立縉紳乙卯運中職位兩史金紫貴愁看門外雪盈庭丙辰運中佇看階陞二品酌然祿享千鍾丁巳運中天邊少恩澤羅下樂高情戊午運中九地可憐埋片玉五雲無復見儀形

壬辰年　辛亥月　乙丑日　乙酉時

此八字乙丑日元之日相配柱中金水杀生印綬之格杀印相生功名显達主人生於右族長於名門椿親耐晚萱先別天边鴻雁者行鳴其為人也丰姿清秀天性聰明胸羅今古事李識聖賢心麗句妙為天下白高才俊似海東青豈是池中物老來席上珍萬里扶搖鵬騁一声霹靂躍潛麟瑶池鞭靜朝南極五夜鍾停拱北宸此則榮貴之命鴛幃全正副子嗣晚光榮壬子運中上人庇下安晦未伸癸丑運中書窓勤篤志窮寃可加功甲寅運中騰身離雪宴牽足入雲津乙卯運中虬浪怒虎風生丙辰運中戝迁金紫声名显風雪飛來尚悩人丁巳運中有才應大用未許便韓荣戊午運中英雄都尽也高塚卧麒麟

壬辰年　辛亥月　癸酉日　癸亥時

此八字癸酉日元相配柱中飛天祿馬之格亦有傷官之意主人生於右族長於名門土木椿萱雙挽茂天邊鴻鴈各行鳴其為人也丰姿清秀天性聰明胸次峥嵘書萬卷足擅敏捷有經綸終是功名之客豈為田舍之翁雲程坦坦登天路拿步悠悠名利成一日風雲相際會九天雨露沐皇恩此則榮貴之命鴛帏春靄靄子嗣晚叢叢遲行初壬子上人麼下只悔無足癸丑運中不負寸陰之惜堂臺腿柱之功甲寅運中遠望天邊雲外降恩攀桂手手中雲乙卯運中八洽沐得天邊寵五馬將駒列太平丙辰運中江山迎五馬花柳度双旌當此風雪滿充丁巳運中此近不墜還足過且定戟分會高情戊午運中春光盡也花落月沉

壬辰年　辛亥月　癸未日　辛酉時

此八字癸未日元相配柱中土木傷官助才之格人生得此生於右族長於名門椿萱榮晚贈鴻鴈各摶風其為人也丰姿清秀天性聰明知高識下理白分清謀動君子威伏小人過火黃金量十分之貴價離雲皓月有萬里之清明祖業添新慶根源勝旧風不以功名為念豈將冠冕磨甃得意江山詩句絕忘情日月酒盃深雖不建候封爵自然潤屋潤身此則豐阜之命鴛幃宜配年低女子嗣生成貴顯人運行初壬子上人庇下淡淡春雲癸丑運中世事短如春夢人情薄似秋雲甲寅運中憶憶輕雷抽碧笋微微細雨潤紅英乙卯運中尋常一樣窗前月纔有楊花便不同丙辰運中才源富足家居好須臾風雲尚愁人丁巳運中庭前竹報平安日檻外花開富貴春戊午運中晚年閑快樂己未運中一枕了平生

壬辰年　辛亥月　庚午日　己卯時

此八字庚午貴人之日相配柱中水土傷官助才之格人生得此生於西室長於名門椿親倜儻尤感天邊鴻鴈有道鳴其為人也丰姿清秀天性聰明般般精覽件件不精謀動君子感伏小人過火黃金重長價離雲皎月倍光明不必覓珠來水府何須求劍到豐城財源旺足生涯好湖海遨遊福祿臻此則穩感之命鴛幃春藹藹子嗣晚叢叢運行初壬子上人庇下災晦未伸癸丑運中世事究如春夢人情薄似秋雲甲寅運中隱隱輕雷抽碧笋微微細雨潤紅英乙卯運中才旺生官家業旺福星臨照喜非輕丙辰運中雖則行藏有慶還愁素耗相侵丁巳運中堤柳已數新嫩綠園梅不改舊時春戊午運中春光去也啼鳥無聲

壬辰年　辛亥月　庚午日　庚辰時

此八字庚午貴人之日相配柱中水火傷官助財之格女人得此生於右族配於名門姿容清稚髮貌精神有針綫之巧立業之勤深明閨壼理動識古今情萬里無雲天一色三秋好景月長明翁姑翁先別妯娌尚情輕春入水光成嫩綠日勻花蕚發新紅滔滔無阻滯出步旺夫門玉產崑崙藏韞色蘭生楚澤散清馨性急如風捲浪心閑似月離雲佇看夫榮子貴也應祿享無窮此則榮貴之命鴛幃半百先分別子嗣芬芳五葉馨運行初庚戌上人庇下未斷升沉己酉運中詠桃夭之化洽魚水之情戊申運中雖則夫門榮快樂也愁人事有虧盈丁未運中光華疊疊沛澤紛紛須史風雨雨過山青丙午運中藁砧棄戒歸天去幸然子貴樂心情乙巳運中沖急之所如履履薄冰甲辰運中春光去也一枕清風

壬辰年　辛亥月　甲戌日　乙亥時

此八字甲戌日元相配柱中金水官印之格喜逢
六甲趨乾過斯命者生於右族長於名門椿萱榮
各贈鴻鷟逐西風其為人也行藏慷慨天性豪雄
源流三峽詞能及筆掃千軍孰與論萬里扶搖驚
惺蟄一声霹靂躍潛鱗閶闔開黄道衣冠拜衮龍
望尊四海禄伺千鍾此則榮貴之命鴛幃得合鄰
帳重重子嗣有成金風之慄運行初壬子鶯濟龍
水綠雛雨暗峯紋癸丑運中欲伺雲中奮足須從
灯下留心甲寅運中飛黄騰踏去变化五雲中乙
卯運中已把嚴威權酷吏更將仁政恤黎民丙辰
運中室重禄位金紫加封當此之際三載諒陰丁
巳運中統百官而名揚四海輔一国而位至三公
戊午運中嗟吁春光短也嗏然長遊歸空

壬辰年　辛亥月　庚申日　丙戌時

此八字庚申專禄之日相配柱中水火傷官助殺
之格湯丑合殺有功人生得此生於右族長於名
門水火椿萱奴晚茂天边鴻鴈各行為其為人也
丰姿清秀天性聰明斷高理直処事公平風月処
文消洒客情過火黄金重長價離雲皎倍清明樓
臺疊疊生涯富才帛豊隆福禄增餘是功名之客
豈為田舍之翁非吏非儒非汙馬也應畝粟有功
名此則因富之命鴛幃有配須偏正子嗣秋來朵
朵馨運行初壬子上人庇下灾晦未紳癸丑運中
世事疣如春夢人情薄似秋雲甲寅運中憑憑輕
雷抽碧芦微微細雨潤紅英乙卯運中才源富足
家居好須史素耗喜不驚丙辰運中富貴榮華當
此際丕慈花放尚風生丁巳運中簾捲香風生百
福軒閒化日禄元增戊午運中晚年閒快樂己未
運中花落鳥無声

壬辰年　辛亥月　癸未日　壬戌時

此八字癸未日元相配柱中木火財殺之格傷官助財之用主人生於右族長於名門椿萱雙晚茂棠棣各敷榮其為人也丰姿清秀天性聰明五車書富三冬足兩石弓當萬騤冲珪璋自是清朝器律呂偏諧治世音終是文場折桂客豈為田舍鑿耕人一朝騰達飛黃去九天雨露沐皇恩此則榮貴之命鴛幃春蕩蕩子嗣晚光榮運行初壬子上人庇下未斷平生癸丑運中升堂入室秉燭觀文甲寅運中莫愁雪阻藍關道時來終必顯揚名乙卯運中威風凜凜奸頑服全重昭昭德澤新丙辰運中君恩三度重風木兩番驚丁巳運中赤心扶日月素志展經綸戊午運中榮歸故里己未運中一枕清風

壬辰年　辛亥月　丁卯日　甲辰時

此八字丁卯日元相配柱中水木[illegible]之[illegible]生得此生於右族長於名門火土椿萱雙晚茂天邊鴻鴈各行鳴其為人也丰姿清秀天性聰明善決書斷多見多聞過火黃金重長價離雲皎月倍清重成新業再整舊門庭福布江山外名聞湖海中水光浮座盃盤瑩花氣侵人笑語馨花與桃李非春色人有笙歌是太平但願才源旺足何須天府沾恩此則穩厚之命鴛幃連珠須配小子嗣榮門晚節馨運行初壬子上人庇下花放風生癸丑運中雨過山青秀雲開月始明甲寅運中近水樓臺先得月向陽花木早逢春乙卯運中天上三陽泰人間五福增丙辰運中一枝梅破臘萬象漸回春丁巳運中富之以潤其屋德之以顯其身戊午運中晚年快樂己未運中一枕清風

壬辰年　辛亥月　壬子日　辛亥時

此八字壬子日刃之辰傷官之格亦有飛天祿馬之意人生得此本乎早歲成名只嫌運行背地祿發晚年主人生於茂族長於華庭椿萱不逮祿養鴻鴈有不聯群丰姿清秀性格忠誠李問有成終是功名之客英才特達豈爲田舍之人橋門自有榮身路祿位榮看次第陞此則榮達之命鴛幃命頭生雙桂子秋來發俊英運行初壬子只宜襁褓何論升沉癸丑踏破泮橋霜絕板讀殘茅店月三更甲寅

絕登天步月番成剪雪栽冰乙卯執巷絕回空嘆月時來跨馬到神京丙辰皇恩應有感政化洽西東丁巳一天高雨隨車至千里仁風逐扇生戊午鮮相歸來春梦重訃音播中傷清

壬辰年　辛亥月　戊辰日　癸亥時

此八字戊辰日德辰相酏柱中旺水才旺生官之格爲人得此生于右族長于名門椿萱双晚茂鴻鴈各行鳴其爲人也丰姿清致体態和溫雖是女流之輩過如男子材能一苑杏花鋪錦綉滿山松栢映幃屏滔滔無阻滯步步旺夫門春入水光成嫩綠日勻花萼發新紅相夫應有道教子總成群雖不鳳冠帔服自然金谷豐盈此則穩益之命良人連珠須酏長子嗣生成貴顯人運行初庚戌上人庇下毓秀閨門巳酉運中契合翠鸞成好梦鸞緣紅葉是良姻戊申運

申運中淡烟柳楊岸薄霧杏花村丁未運中萬疊好山雲下斂一番風月雨初晴丙午運中雖則夫家多快樂还愁人事有虧盈乙巳運中福元昌熾梅白風清甲辰運中子貴夫賢家業旺癸卯運中春歸花落鳥無声

壬辰年　辛亥月　癸未日　乙卯時

此八字癸未日元相配柱中水土傷官印殺之格水居冬旺生平樂自無憂主人生於右族長於名門椿萱雙挽茂棠棣有行鳴其為人也丰姿清秀天性聰明世事都好覽般般學不精過火黃金顯十分之貴色雖雲旋月布萬里之光輝祖業添新慶根基勝舊風福布江山外名聞閭里中時至財源滾滾運來福禄無窮鄉民仰德閭里推尊此則穩厚之命鴛幃運理須招副子嗣生成貴顯人運行初壬子上人庇下未断平生癸丑運中雨過山

方秀雲開月始明甲寅運中隱隱雷聲抽碧筍微微細雨潤紅英乙卯運中財如春水滔滔漲福似秋蟾皎皎明丙辰運中正是重金重紫須叓風雪愁人丁巳運中簷前竹報平安日檻外花開富貴春戊午運中安閑晚景梦入巫峯

壬辰年　辛亥月　癸未日　癸亥時

此八字癸未日相配柱中木局傷官用印之格人生得此本显功名只嫌比肩太旺減亏福力椿萱早歲相亏奉鴻鴈天邊不共飛般般好李件件粗知祖業三番四覆才囊十盈九亏湖海市壓才两旺果然晚節旺家資此則自成之命鴛幃年少双偕老桂子金風聳彩衣運行初壬子上人庇下風雪相欺癸丑運中根允迁又变才帛尚盈亏甲寅運中家業豊饒人事廣踈踈風浪又驚疑乙卯運中世事巖如新折柳人情渾似半開花梅丙辰運

中成四時之佳趣整一簇之門閭丁巳運中老當益壯戊午運中帰去来兮

壬辰年　辛亥月　壬午日　丙午時

此八字六壬生於午位號日祿馬同鄉官煞化格之輪主人生於右族長於高門椿萱雙脫茂棠棣谷枯榮其為人也丰姿清秀天性聰明千古文章足榮耀一天星斗換心函驪珠照魏光難捺雷劍生風氣自充終是功名客豈為田舍翁鰲遂玉蟾攀桂去馬道青帝踏花行一從姓字傳揚後九五天門面聖榮此則榮貴之命鴛幃重合卺子嗣晚光榮運行初上人庇下天朗氣清癸丑運中款向雲中牽之須從燈下留心甲寅運中遠望天恩雲外路思攀桂子手中馨乙卯運中躍過三層浪朝班立縉紳丙辰運中職位兩廷金紫貴愁看門外雪盈庭丁巳運中正欲忠君輔國豈應解組思蓴戊午運中榮歸故里會友門搏巳未運中春光去也一道訃音

壬辰年　辛亥月　庚午日　丙子時

此八字庚午日貴之良相配柱中水火傷官制煞之格陽刃合煞有功人生得此生於右族長於名門椿萱榮晚茂鴻鴈有飛騰其為人也丰姿清秀天性聰明筆底詞源三峽逮胸中瑩潔一天星衣冠雅麗標格精神終是功名客豈為田舍翁北海蛟横頭角豫南山豹变爪牙新一從姓字傳揚後九天雨露沐皇恩此則榮貴之命鴛幃有犯須招副子嗣秋来朶朶榮運行初壬子上人庇下未斷平生癸丑運中十年窗下業黄卷與青灯甲寅運中幾欲思高慕遠番成剪雪裁冰乙卯運中時来風送滕王閣頃刻高搏萬里程丙辰運中威風凛凛奸頑惧金紫煌煌雨露陞當此之際風雪滿庭丁巳運中正宜侍明主何事便辞榮戊午運中夕陽有限春夢無憑

壬辰年　辛亥月　庚午日　辛巳時
此八字庚午日貴之辰相配柱中水火去殺留官
之格女人得此儀容玉麗性格金剛椿萱榮弱分
中道妯娌翁姑侍不常深明閨壼理洞識古今章
鍾乾坤之秀氣助開閱之祥光羅綺臨風麗裙釵
詢曰光子顯夫榮恩渥重女流之輩尚無雙此則
誥封女命良人顯武先帰世桂子榮香沐寵光運
行初庚戌庇佑之下快樂安詳己酉運中驪珠終
照魏良玉出崑崗戊申運中世事光華沾沛澤环
瑳刑席百般香丁未運中重重加沛澤疊疊享
榮昌丙午運中精神壯固祥光麗月冷香閨情惨
傷乙巳運中福如秋月光華足睞雨寒烟湿淡粧
甲辰運中悠悠享用癸卯運中鏡掩晨光

壬辰年　辛亥月　乙丑日　丙戌時
此八字乙丑日元相配柱中金水殺生印綬之格
女人得此生於西室長配名門萱非正聘椿荣貴
天邊鴻鴈有行飛其為人也姿容清秀体態豐腴
有針綫之巧立業之能過如男子勝如丈夫鮮同
心於妯娌能奉侍於翁姑歩々有助夫之門滔々
無阻滞之庭易嗔易喜难伲难欺佇看夫荣子貴
也應福禄多餘此則荣益之命良人連珠荣貴客
子嗣生成奪錦見運行初庚戌幼年之下毓秀深
閨己酉運中共結綺罗山海盟永諧琴瑟地天齊
戊申運中雨晴山聳翠雲散月光輝丁未運中罗
綺千般色珎羞百味齊丙午運中夫荣此際多歡
樂片時風雨片時陰乙巳運中子貴重々沾寵渥
何愁白髮鬢邊催甲辰運中安閑晚景癸卯運中
帰欤帰欤

、壬辰年　辛亥月　己卯日　甲戌時

此八字己卯專權之日相配柱中水木才官之格亥卯未合火來印相生功名显達主人生於名門長於望族椿萱逢硬晚景贈天边鴻雁廣飛騰其為人也丰姿磊落天性聰明錦繡胸藏賢聖夅珠璣口吐武文風不特歸珠光照秉还應趙璧價連城礼樂名家子詩書與古文馬蹄塵土三千里鵬路風雲九萬程七朝崖隱成文霧千里声鷲破風浪此則榮貴之命鴦幃得合錦上聯紋子嗣有成水中取鯉運行初壬子上人庇下花放風生癸丑運中讀殘芋店月囊聚槩頭螢甲寅運中霹靂一声雲霧合禹門躍过浪三層乙卯運中令重奸邪伏威嚴鬼魅驚丙辰運中雖則戢迁金紫还愁飛絮滿庭丁巳運中天边雨恩澤籬下菊多情戊午運中辞榮帰故里己未運中一夢入青雲

壬辰年　辛亥月　丙寅日　甲午時

此八字丙寅長生之日偏官之格人生得此生於右族長於高門椿萱先别父鴻雁各飛鳴其為人也丰姿清雅天性聰明善決善斷多見多聞雖成新事業难守旧門庭高人起敬貴客相欽世事每從恒裏就才源自向遠方生常將好意番成惡每把真心換得嗔雖不建候封爵自然旺足平生此則發福之命鴛幃有碍須格贈子嗣生成孝感人運行初壬子上人庇下未断平生癸丑運中雨過山方秀雲開月始明甲寅運中正是梅青月白還愁人事虧盈乙卯運中須史風雨過從此瑞祥生丙辰運中才旺福與家業廣断弦声裏倍傷情丁巳運中得中有失晦後還明戊午運中子秀孫賢家業旺時風雨尚陰情己未運中鳥不聞声春已去訃音一播系傷

壬辰年　辛亥月　庚午日　癸未時

此八字庚午貴人之日相配柱中水火傷官印才之格人生得此生於右族長於名門椿親棠晚贈鴻鴈各行鳴其為人也丰姿清秀言語輕清機謀輙服𢃄用人欽𢃄問三冬足群書萬巻通驪珠照魏光难掩雪引生豊氣自充終是功名之客豈為田舍之翁龍門变化三層浪鵬路逍遥萬里程一從姓字傳楊後九五天門面聖君此則榮貴之命鴛幃春藹藹子嗣晚叢叢運行初壬子上人庇下灾晦未伸癸丑運中十年窓下業一𢃄偶成名甲寅運中禹浪三層都躍過秉笏趍朝拜聖明乙夘運中獄折片言民認見九天雨露再加陞丙辰運中戢位兩迁金紫貴愁看門外雪風庭丁巳運中權高損福慎則無驚戊午運中春光去也一枕清風

壬辰年　辛亥月　癸未日　癸丑時

此八字癸未日元相配柱中旺土身旺制殺之格正謂身強杀淺假杀為權主人生於右族長於西房椿萱磊落萱居副天边鴻鴈各行鳴其為人也丰姿清秀天性果剛聰明書藝遠倜儻世情長口吐珠璣言語胷藏錦綉文章驪珠照魏光难掩雷劍生豊氣莫藏終是功名客豈為田舍郎一朝馬上衣冠别此是男兒當自強此則榮貴之命鴛幃金玉潤子嗣穖衣香運行初壬子上人庇下花放風狂癸丑運中味道心千古披文自五行甲寅運中報道是龍还不信果然奪得錦標新乙夘運中處事但憑三尺法理刑渾似九秋霜丙辰運中雪晴雲散如洗金鱗光照紫薇堂丁巳運中正欲忠君輔国未應解組还鄉戊午運中春光去也一枕黃梁

壬辰年　辛亥月　壬午日　丙午時

此八字六壬生臨午位號曰祿馬同鄉官多化杀之論主人生於右族長於高門椿萱双晚茂棠棣各數榮其為人也丰姿清秀天性聰明千古文章逞榮耀一天星斗煥心胷驪珠照魏光难掩雷剱生豐氣自充終是功名之客豈為田舍之翁鰲遊玉蟾攀桂去馬隨青帝躍龍門一從姓字傳揚後九五天門面聖明此則榮貴之命鴛幃重合丞子嗣晚光榮運行初壬子上人庭下天琅氣清癸丑運中欲向雲中舉足須從燈下留心甲寅運中遠望天恩雲外路思攀桂子手中馨乙卯運中躍過三層浪朝班立縉紳丙辰運中戢位兩迁金紫貴愁看門外雪盈庭丁巳運中正欲忠君輔国豈應解組思春戊午運中衆回故里會友論文己未運中春光去也一道訃音

壬辰年　辛亥月　丁未日　乙巳時

此八字丁未陰刃之日相配桂中金水才官之格主人生於右族長於名門椿父先歸萱毋後天遐鴻鳳陣行分其為人也丰姿清秀天性聰明謀勳君子威伏小人行藏果斷作事老成筆力親君子權謀壓俊英終是功名客豈為田舍翁不費十年苦學定應九載成名一朝借得吹噓力頭角崢嶸顯利名此則榮貴之命兜幃火命須年小子嗣生成俊俏人運行初壬子上人底下未斷平生癸丑運中藏器待時時必逢時來遇貴入公門甲寅運中勞形案牘多光霽尚有趨超未順情乙卯運中皇恩有感光耀門庭丙辰運中紅蓮幕下清如水須史風雪幸何驚丁巳運中天邊步恩澤離下樂高情戊午運中享子孫之福慶己未運中步杳杳之佳城

壬辰年　辛亥月　丁丑日　庚戌時
此八字丁丑之日相配柱中金水才官之格人生得此生
於右族長於名門堂上椿萱双既茂天边鴻雁各行
鳴其爲人也丰姿清秀天性聰明頗知理義稍識
古今世事頗能將就般般李欠精通萬里無云天
一色三秋好景月長明祖業添新慶根源勝旧風雨
都春色皆喬木人有笙歌見太平田園桑暮茂畝
畝稻梁馨花無桃李非春色人有才源喜氣新莫
思仕路登雲際但願平生福禄增此則穩旺之命鴛
幃春色子嗣秋奇運行壬子上人花下花放風生癸
丑運中春帰柳葉情初变紅入桃花煖未匀甲寅
運中爆竹声催残臘去折梅香引早春还乙卯運
中桃李千條錦江山一叠屏丙辰運中雪消雲消
天如洗從此才源倍有增丁丑運中富之以闰其屋德
之以顯其身戊午運中樽前有酒延佳客蘭室有
書教子孫己未運中花落水流春已失蘭杆玉折
恨难明

十六

壬辰年　辛亥月　癸丑日　壬戌時
此八字土尅水時墓之格女人得此多機变善操
持生於清雅之室長配歌舞之右椿萱棠棣霜[illegible]
日妯娌翁姑分上稀翻翻舞袖臨風軟濟濟花粧
絢日嬋箏箏声囊懽悞足世事渾如兩奕棋此則
俊麗之命鴛鴦聚散难同老蘭桂凋零茂一枝運
行初庚戌上人花下高論高低己酉運中蝶恋花
心動梅斜月影移戊申運中燕舞鶯吟蝴蝶柏猿
哀鶴怨鷓鴣啼丁未運中惜花春起早愛月夜眠
遲丙午運中人事盈虧家業变鴛衾半冷少人知
乙巳運中晚節韶華同大地眼前紅紫鬪芳菲甲
辰運中樂中有悶癸卯運中一夢西帰

十七

壬辰年　辛亥月　己巳日　乙丑時

此八字己巳日元相配柱中水木才殺之格人生得此生於右族長於高門堂上椿萱萱歲長天邊鴻鴈有行鳴其爲人也丰姿清秀天性聰明知高識下理白分清過火黃金顯十分之貴色離雲皎月布萬里之清明祖業添新慶根源勝舊風福布江山外名聞湖海中不必覔珠來水府何須求劍到豐城身將隱矣文何用人不知之味更真但顧才源富足何須天府求榮此則穩厚之命鴛幃春麗須招副子嗣秋來朶朶成運行初壬子春風駘蕩夏日炎炁癸丑運中寒從梅上盡春向柳邊生甲寅運中着意種花花不發無心揷柳柳成陰乙卯運中才源富足家居好風雪紛紛舞滿空丙辰運中堤柳已敷新幹綠園梅不改舊時馨丁巳運中約梅同醉引鶴徐行戊午運中春光如過隙一枕了平生

壬辰年　辛亥月　辛未日　戊子時

此八字辛未日相配柱中之水傷官之格人生得此仕路聲揚椿萱堂上双彌壽鴻鴈天邊後有翔丰姿奇古氣重性剛理貫古今之學心明賢聖之章擊開水府珠生粉掘出豐城劍有光姓字登金榜衣冠步玉堂此則顯榮之命鴛幃全正副桂子發天香運行初壬子幼承尊庇摘句尋章癸丑運中詩書窮萬卷探月便名揚甲寅運中宴罷沾恩寵朝朝侍聖王乙卯運中清映梅窗堅玉雪寒生栢府凜風霜丙辰運中一番風雨過萬里振權衡丁巳運中重金重紫未擬還鄉戊午到己未運中歸去也

壬辰年　辛亥月　巳巳日　甲子時

此八字巳巳日元相配柱中水木才官之格才盛生官終身有慶遇斯命者生於右族配於名門椿萱双晚茂棠棣花邊春其為人也姿容闓朗髮貌精神雖是女流之輩過如男子功名女工機巧皆會曉婦道蘋蘩盡傾能每懷𢘆膽意時抱擇鄰心衣冠濟濟三從備家業昂昂四德新難觸難犯易喜易嗔佇看夫榮子貴也應福祿無窮此則穩榮之命良人連珠須招長子嗣金風有挺榮運行初庚戌春風駘蕩夏日炎蒸巳酉運中匹配名門友花從錦上添戊申運中萬疊好山雲乍斂一輪明月雨初晴丁未運中滔滔無阻滯步步助夫門丙午運中羅綺千般秀珍羞百味新乙巳運中晚年快樂子貴夫榮甲辰運中春光去也花落月沉

壬申年　辛亥月　巳巳日　戊辰時

此八字巳巳之日相配柱中旺水財官之格惜乎冲破減我功名主人生於右族長於仁門水命椿萱双晚茂天邊鴻雁各行鳴其為人也丰姿清秀性格聰明知道理識世情豈無高士欽時有貴欽筭長名園過旧竹花開上苑騰先春祖業有依須再整財源厚積晚豐盈鉢不得名得祿尤來貫朽粟陳片段畜連野好週迴甲第備雕甍祿元成岳瀆威勢壓公卿此則發福之命鴛幃重錦陣子嗣孫衣新運行初壬子上人庇下化日陽春癸丑運中青歸柳葉晴初变紅入桃花暖未匀甲寅運中近水樓臺先得月向陽花木早逢春乙卯運中財源富足第宅增新卯字之中花放鳳生丙辰運中富之以潤其屋德之以潤其身當此之際風雪重重丁巳運中松尚茂柏尤青戊午運中引鶴徐行三徑曉酌樽同醉一壺春己未運中歸也

壬辰年　辛亥月　辛巳日　丁酉時

此八字辛巳日元相配拄中水火傷官助財之格金水傷官喜見官遇斯命者生於右族長於名門萱母續絃椿磊落天邊鴻鴈各飛鳴其為人也丰姿清秀天性聰明胸羅今古事學識聖賢心應句妙為天下白高材俊似海東青終是功名之容豈為田舍之翁北海蛟龍頭角聳南山豹變爪牙新一朝騰達飛黃去金紫榮看次第陞此則榮貴之命篤幃連珠須配小子嗣秋來有挺榮運行初壬午上人庇下花放風生癸丑運中欲向雲中舉足須從燈下留心甲寅運中鵬翼高搏知健翼龍門深躍見脩鱗乙卯運中威飛亂浪惣令重庆風生丙辰運中職近金紫聲名重風雪飛來尚忆人丁巳運中有才應大用未許便辞榮戊午運中田里悠悠樂己未運中春歸鳥不吟

壬辰年　辛亥月　丙子日　癸巳時

此八字丙子日元相配柱中旺水偏官之格人生得此生於右族長於高門土命椿萱双晚茂天邊鴻鴈各飛鳴其為人也丰姿清秀聰明知高識下理白分清自有順天之慶豈無福地之深過火黄金重長價雖雲皓月倍清明祖業添新慶根原勝旧風水光浮座盃盤榮花氣侵人咲語聲美椎惟贈劍三尺豪傑相逢酒一鍾田園有意心鄉小廊廟無心宇宙輕鄉民仰德閭里推尊此則穩富之命篤幃烛夜添新丞子嗣秋來旺宅門運行初壬子運中春風飄落夏日炎蒸過此癸丑運中漸覓夜涼池雨過數枝花施曉風輕甲寅運中爆竹声催殘臘去折梅香引早春逢乙卯運中天上三陽泰人間五福增丙辰運中富之以潤其君德之以顕其身梨花舞雪雨過山青丁巳運中延賓玩物會友開樽戊午運中一宵春夢斷萬古不相逢

壬辰年　辛亥月　丙午日　甲午時

此八字丙午日刃之辰相配柱中金水才殺之格
喜逢陽刃以相扶主人生於望族長於高門椿萱
先別先虧父天邊鴻鴈各行鳴其為人也丰姿磊
落天性聪明知礼義稍書文謀動君子威伏小
人遊山翫水携詩卷對月觀花把酒斟高人起敬貴
客相欽嘆為商賈思慕功名祖業添新慶根原
勝旧風得意江山詩句健忘情日月酒盃深無處
尽傳詩礼樂有朋来自遠方親身將隱美文何用
人不知之味更真好意番成愚真心換得嗔鄉民
仰德閭里推尊晚年子貴滔滔樂晚子秉龍姑贈
崇此則穩厚之命鶯啼木命須年長子嗣技技
沭寵崇運行初壬子運中上人庇下来斷弁沉癸
丑運中幾訣思高慕遠番成剪雪捕風甲寅運
中雖則行藏有慶也應人事點盈乙卯運中精神
又樵悴樵悴又精神有子攀丹桂往来無白丁
丙辰運中威權有布人欽伏才帛與隆福祿增須
建風雨頃刻因循丁巳運中子貴依然沾沛澤片
時風雨阻行程過此戊午運中晚年安享已未運中
一枕來峯

壬辰年　辛亥月　癸酉日　癸亥時

此八字水居冬旺生平樂月無優官之格女人
得此生於茂族適於高門椿親耐晚萱先別妯
娌翁姑稍共群姿容闡朗髮皃精神勝丈夫之
氣槩有男子之材能雲妆華岳千山秀水到湘江
一樣清有肝食宵衣之懊恨治家立業之辛勤
處世無榮辱生涯不富貧此則榮秀之命良人年
長相須觸子嗣枝頭丹桂馨運行初庚戌上人
在下樂享昇平已酉運中共結絲羅山海固永諧
琴瑟地天監戊申運中片雲蔽月雨過山青丁未
運中楊柳無風枝婀娜梅花有月萼精神丙午運
中乍暖柳條無氣半開花蕊不分明乙巳運中不
用高燒銀燭月明添倍精神甲辰運中人生從
此別花落水流東

壬辰年　辛亥月　乙酉日　庚辰時

此八字乙酉專權之日相配柱中金水殺生印綬之格官殺混雜感我功名主人火土椿萱双曉茂天邊鴻鴈各行鳴其為人也丰姿清秀天性聰明慚高理直處事公平過火黃金重長價離雲皎月倍清明世事無從忙裏沈財源自向遠方來不向仕途求聞達卻來湖海覓黃金身將隱裏文何用人不知之味更真才源富足平生好何須天府沐恩榮此則發福之命鴛幃金命須年小子嗣生成踁灶人運行初壬子春風貂蕩夏日蒸炎癸丑運中漸覓夜凉池水過信知花放曉風輕甲寅運中漸漸精神爽看看氣象新乙卯運中春色滿園關不住一枝紅杏出墻東丙辰運中雪晴雲散天如洗從此滔滔福祿增丁巳運中約梅同醉引鶴徐行戊午運中春光去也一枕清風

壬辰年　辛亥月　丁丑日　癸卯時

此八字丁丑日元相配柱中金水才杀之格喜逢印綬生身過斯命者生於右族長於名門椿父先歸萱後別天边鴻鴈各分翔丰姿清秀天性堅剛重成新事業弃整旧門闌李問不登顏孟業生涯嘗履貴人鄉但顧才源而富足何必暮登天子堂此則發福之命鴛幃連珠合子嗣桂蘭香運行初壬子上人庇下花落風旺癸丑運中新篁將鮮籜漸漸接雲長甲寅運中才源富足楼閣軒昂乙卯運中春草春江相妬綠新鶯新柳色争黃丙辰運中滾滾才源旺滔滔福祿昌丁巳運中消閑碁一局遣興酒三鍾戊午運中晚年快樂己未運中一枕黃粱

壬辰年　辛亥月　甲寅日　乙亥時

此八字甲寅專祿之衣官印之格女人得此豈不光榮翁姑難托妯娌少相同其為人也掌家有道針線多功性急如江濤春壯心安似山月秋清風送爽荷香滿院雨滋花蕚色盈庭重重羅綺富陪浩聖恩榮此則榮夫榮子之命良人年長英雄客子嗣無多男顯人運行初庚戌只宜庇下何慮卒生己酉運中契合翠鸞成好寅緣業叙佳盈戊甲運中滔滔福祿長徽徽瑞祥生丁未運中雖則榮華滿目幾多無事因循丙午運中不必高燒銀燭月明添倍精神乙巳運中雖然鼓襟月入雲屏甲辰運中悠悠享用癸卯運中夢入佳城

壬辰年　辛亥月　戊寅日　丙辰時

此八字戊寅專權日相配柱中水木才煞之格人生得此生於右族長於高門萱毋先歸椿磊落天邊鴻鴈各飛騰其為人也丰姿清秀天性聰明源流三峽誰能及筆力縱橫若有神麗句好如天下白高材俊似海東青終是功名之客豈為田舍之翁蟾月雖白屋躋步入青雲北海蛟龍頭角聳南山豹变爪牙新一從姓字傳揚後金紫榮看次第陞此則榮貴之命鸞幃合正副子嗣須不新運行初壬子上人庇下安悔未伸癸丑運中潛心窓下業特至便飛騰甲寅運中躍過禹門三汲浪東筍衣冠拜九重乙卯運中黎花帶雪依旧光榮寒拂紫衣催駿騎光生玉節下雲層丙辰運中取位兩迁金紫貴巷着門外雪塵庭丁巳運中有財塵大用何事便辭榮戊午運中秋光不似官情薄山色不如歸香濃己未運中歸去也

壬辰年　辛亥月　戊寅日　甲寅時

此八字戊寅專權日相配柱中水木才殺之格殺生
印綬運行在南官宇得祿得名主人生於右族長子
名門椿萱双晚茂鴻鴈各摶風其為人也丰姿清秀
天性聰明胸羅今古事孝識聖賢心麗句好為天下
白高材俊似海東青終是功名之客豈為田舍之翁
萬里扶搖鵬腄擧一声霹靂躍潜龍長安人滿路爭
看錦衣新此則榮貴之命鴛幃連珠須配小子嗣金
風有茂榮運行初壬子上人庇下花放風生癸丑運
中欲向雲中牽足須從匈下留心甲寅運中莫愁雪
阻藍關道時来頃刻便飛騰乙卯運中寒拂紫衣催
駿騎光生玉節下雲層須臾風雨頃刻遶巡丙辰運
中職廷金紫声名重風雪还生一座驚丁巳運中山
河歸旧國管鑰換離宮戊午運中有材應大用何事
便辞榮巳未運中馬啼花落春不再逢

壬辰　辛亥　壬子　壬寅

此八字壬子日月之辰相配柱中木土食神制殺之格水居冬旺坐平樂
自無憂主人生於右族長於仁門椿萱有倚先子父天迎鴻鴈各行
偈其為人也丰姿清秀天性聰明有近貴親賢之德交上和下斯
之能礼於君子咸伏小人世事幾多得曉散、孝欠精通不以功
名為念但將花酒為酬雨新淡色青喬木故旧風流有幾人
好意番成惡真心換得嗔祖業添新慶才源自豫成無
厚心常净何須慕帝京此則穩享之命允幃魁得重招小子嗣
生成貴显人出行壬子運中上人庇下未斷平生癸丑運中世事寂
如春夢人情薄似秋雲甲寅運中下雨下精留客景或寒或
煖因人矣乙卯運中梨花院落溶溶月柳絮池塘淡淡風丙辰
運中須則才源滿足也是人事子盈丁巳運中冲擊之所風雪
滿庭戊午運中訓孫教子己未運中一枕清風

壬辰年　辛亥月　甲申日　甲子時

此八字甲申專祿之日相配柱中金水殺生印綬之格殺印相生功名顯達主人生於右族長於名門椿萱襯磊落火土生來賜福昌天邊鴻鴈有名翺翔其為人也丰姿清秀天性果剛聰明書藝遠倜儻世情常口吐珠璣言語書藏錦綉文章終是功名之客豈為田舍之郎咲言登試院唾手赴科場一從姓字登黄甲金紫榮看次第昌此則榮貴之命鴛幃空有增子嗣彩衣新運行初壬子上人庇下未斷高低癸丑運中樊高展卷摘句尋章甲寅運中騰身離泮月峯足上朝堂乙卯運中千里霜威金斧重三秋風色綠衣香丙辰運中一番風雪初晴後金紫煌煌照省堂丁巳運中重子重金權任重朱應離下樂壺觴戊午運中晚年快樂己未運中一夢黄粱

壬辰年　辛亥月　甲子日　己巳時

此八字甲子日元相配柱中金水傷官印之格刑冲太重減我功名主人生於右族長於名門椿萱雙晚茂鴻鴈有行鳴其為人也丰姿清秀天性聰明善決善斷多見多聞行藏竟瀟洒笑傲任枯榮過史黄金重長價離雲皎月倍清明祖業添新慶根源勝舊風月掛碧天清皎潔名揚湖海有光榮田園桑柘荗畝畝稻粱馨雖不綺羅衣錦綉也應才祿足豐盈此則發福之命鴛幃連珠須配小子嗣秋來桑桑馨運行初壬子上人庇下花放風生癸丑運中青歸柳葉晴初變紅入桃花暖未白甲寅運中隱隱輕雷抽碧筍微微細雨潤紅英乙卯運中雖則行藏有慶还愁人事盈虧丙辰運中不獨才源富足尚祈声势豪洪丁巳運中雪晴雲散天如洗自然才祿旺尤增戊午運中晚年閑快樂己未運中春夢杳無憑

壬辰年　壬子月　乙未日　庚辰時

此八字乙未日相配柱中旺水印綬之格喜逢時上透官星人生得此名顯果遂主人丰姿磊落性格賢明椿親先別萱尤去鴻鴈行中獨出鳴深造玄微與頗知賢聖經筆力縱橫詩句健丹心雄壯妙通靈佇看來晚節咫尺沐恩榮此則清貴之命運行初癸丑雖居庇下風雪嚴凝甲寅運中俗塵全不染跨鶴誦仙經乙卯運中喜從天上至人事又相縈丙辰運中遊山玩水携詩卷對月臨風樂酒情丁巳運中玄門尊德望未擬志升騰戊午運中到此祿元生顯煥鶴聲飛處便知名己未運中洞門生瑞靄庚申運中丹竈冷如冰

壬辰年　壬子月　乙未日　乙酉時

此八字乙未相配格中金水煞印綬之格女人之命一貴可良人姿容清雅髮兒超群治家有道処事先勤般々称意件々當心难觸难犯易革易嗔雪為輕粉憑風傳霞胭脂伏日匀如何命犯孤星照半世服過一生此則掌家之命良人有碍匹配名門友花從錦上增己酉運中一番風雪銑破釵分戊午運中得失相半憂異並行丁未運中一株晚烟迷弱柳半泓秋水浸英雄丙午運中冲擊之助如履氷薄乙巳運中桑榆暮景甲辰運中欝々佳城

壬辰　壬子　庚子　丁亥

此八字庚子日相配柱中水局傷官之格亦有飛天祿馬之意人生得此能擺布有操持丰姿清致天性仁慈椿萱堂上分年耄鴻鴈天邊晚各飛祖業添新慶財囊自積齊但願財名旺湖海何須身到鳳凰池此則穩旺之命鴛幃有碍須年敵桂子多凋後一技運行初癸丑無榮無辱景不雨不晴時甲寅運中但喜花紅柳綠不妨風雨淒淒乙卯運中世事光華人敬仰旺中尚有事生悲丙辰運中雖則財源來旺也防蘭桂凋衰丁巳運中一番風雪過漸漸旺家資戊午運中晚年財帛旺湖海浪相欺己未到庚申運中歸去也

壬辰年　壬子月　戊申日　乙卯時

此八字戊申日配乎柱中之水財旺生官之格人生得此仕路聲揚椿萱雙贈晚鴻鴈有聯翔丰姿英秀性理明良筆底詞源三峽遠胷中學業五車藏早登蟾宮攀丹桂緩步瓊林沐寵光此則榮顯之命鴛幃配合連珠女桂子生成奪錦郎運行卯癸丑上八庇下何論矣涼甲寅運中讀書漂麥觀史偷光乙卯運中執卷登場探月果然折得桂香丙辰運中錫宴沾恩寵班聯粉署郎丁巳運中一番風雪過職列大夫行戊子運中權衡千萬里此際便還鄉己丑運中悠悠籬下夢熟黃粱

壬辰　壬子　乙未　丁亥

此八字乙未日相配柱中旺水印綬之格人生得此本顯功名只嫌水泛木浮減虧福力半姿英雅天性剛忠椿萱分別去鴻鳫各西東般般歷覧件件粗通祖業重新麗才囊自積豐湖海有名揚富貴紛紛貨利自交通英俊交敬門闌壯何必登天拜六龍此則貴實之命鴛幃疊損重偏正桂子難爲假發紅運行初癸丑幼年之景一陣霜風甲寅運中雪晴春信轉氣象自融融乙夘運中花落花開春恨重才來才去勢尤洪丙辰運中經聲彈落梅花月從此滔滔府庫充丁巳運中一悲一喜行藏利只慮堦蘭木長叢戊午運中晚年增喜慶毬杖引兒童己未悠悠處樂庚申一夢黄粱

壬辰　壬子　壬子　壬寅

此八字水居冬旺平生樂自無憂飛天禄馬之格天元一氣看崇人生得此金紫崇椿靚顯貴萱墳室鴻鳫天邊後有從半姿慷慨天性剛忠錦綉胷藏賢聖學珠璣口吐武文風黄甲尊魁選冊墀羨亦裒此則高崇之命鴛幃端貴戚桂子錦聯芳運行初癸丑運中園上庇花放生風甲寅運中欲遂平生志潛加董子功乙夘運中禹浪連三躍恩光拜九重丙辰運中一番風雪過金紫職聯封丁巳運中佇看官封三級灼然禄事千鍾戊午運中身膺瑚璉貴權任棟梁洪己未運中忽兎歸閻苑清書達五峯

甲午　丙寅　庚午　丙戌

此八字金逢火煉夭折之命也

壬辰年　壬子　己未日　壬申時

此八字己未日相配柱中之水財旺生官之格正謂才盛生官終身有慶人生得此金紫光榮椿萱雙耐晚景棣有聯芳丰姿洒落天性剛明理貫古今之學心明賢聖之經定擬仕途騰路豈教莘野躬耕一從宴錫瓊林後日後趋朝侍聖明此則高崇之命鴛幃全正副桂子有承榮運行初癸丑上人庇下花放風生甲寅運中詩書窮萬卷探月便獨名乙卯運中錫宴沾恩寵金門日日行丙辰運中一番風雪過金紫職加陞丁巳運中旺中生阻御鳳詔又榮徵戊午運中大才大用攝理兵刑己未運中黃花綠酒庚申運中一夢難醒

壬辰年　壬子　壬辰日　庚子時

此八字水居冬旺平生樂以無憂女人得此心慈性急德茂行貞椿萱難倚翁姑易失同盟有立業掌家之道相夫教子之能雲開華岳千峯秀水到瀟湘一樣清晚年夫子旺快樂旺門庭此則助夫旺子之命良人半少雙偕老桂子庭前五六英運行初辛亥上人庇下月白風清庚戌運中匹配成佳偶花從錦上生己酉運中裙釵雖壯麗風雪又飄零戊戌運中家業多翻覆依然福有增丁未運中雨花生錦繡風竹帶蕭聲丙午運中晚年康泰子秀孫榮乙巳到甲辰運中歸去也

壬辰年 壬子月 甲辰日 乙亥時

此八字甲辰日元相配柱中旺水印綬之格人生得此生於右族長在名門火木嚴慈兩相别天邊鴻鴈各行鳴其為人也丰姿清雅天性剛忠立人立義多見多聞緑柳清楊現十分之春色離雲畋月布萬里之清風祖業祖基添新慶財庫資囊自卓成水光浮做盃盤潤花氣侵人咲語馨不必探珠来水府何須求𨑰到豐城但願鄉閭仰德何須天府求名此則富貴之命鶯幃連珠鍾皷樂子嗣金風福禄成運行初癸丑上人膝下災晦未伸甲寅運中正是晚年光霽景還悉微雨半晴陰乙卯運中春歸楊柳烟初静紅日桃花暖未匀丙辰運中精神又憔悴憔悴又精神丁巳運中天上三陽泰人間五福駢戊午運中逢朋酰月會有開樽乙未運中一枕清風

壬辰年 壬子月 辛丑日 癸巳時

此八字辛丑日相配柱中乃作傷官之格人生得生於右族長於名門春萱同熟双双旺天邊鴻鴈各行鳴其為人也丰姿清秀文性聰明胷羅千古事學習聖賢心麗句始為天下白高才盡是海東青定是功名客豈為田舍翁聲名耿耿人多散學問源源屬老成一朝但得風雲便九重天上沐皇恩此則貴顯之命死幃連珠須在小子嗣秋来杀杀荣運行初癸上人膝下災悔未申甲寅運中焚高展卷刻燭脩文乙卯運中時来風送滕王閣雲外飛騰萬里程丙辰運中一泓風雲丹詔下九重雨露沐皇恩丁巳運中戚迋金紫聲名顯風雪汾汾見恼人戊午運中有才應大用未許便蔵荣丙戌運中荣歸故里美酒盈樽巳亥運中春光去也一枕清風

壬辰年　壬子　甲寅日　戊辰時

此八字甲寅專祿之日相配柱中卯綬之格印綬者上格也主人生於右族長於名門備嘗榮且壽鴻雁各行鳴其為人也丰姿清秀性格剛忠雖無深計較稍有淡聰明過火黃金重長價雖雲散月倍清明但業添新慶根源勝舊風萬里無雲天一色三秋好月長空花無桃李非春色人有望歎是太平得意江山詩句忘情日月酒盃深但願有財樓閣大此則穩享之命驚憐春色晚子嗣祿衣新癸丑運初上人庇下花放風生甲寅運中逢美仍出月花上始開英乙卯運中雨過園桃核鄉風和堤柳拖金丙辰運中近水樓臺先得月向陽花木早逢春丁巳運中旺中尚有盈額雪雪響才源倍有增戊午運中經霜松柏儼然秀月雨梅蘭分外馨己未運中晚年快樂會交開搏庚申運中春光去也一枕清風

壬辰年　壬子　午日　戊戌時

此八字丙午日刃之辰相配柱中旺水偏官之格食神制殺為良主人生於右族長於名門備嘗木火嘗歲長天資鳴雁有行分其為人也丰姿清秀天性聰明胸羅今古事事識聖賢心太山北斗千年在和氣春風四座傾終是功名客豈為田舍翁鵬路高搏知徙翼龍門深躍見俯鱗一從娃字傳揚後直上金鑾補聖明此則榮貴之命驚憐運理合子嗣祿衣新運行初癸丑上人庇下花放風生過此甲寅運中讀殘螢店月囊聚案頭螢乙卯運中霹靂一声雲霧合禹門躍過浪三層丙辰運中千里霜威金斧重三秋風色綉衣輕丁巳運中戟近金紫當此之際風雪滿庭戊午運中樂中有悶幸不為鴆己未運中晚年雖下樂庚申運中一枕入巫峯

壬辰年　壬　甲午日　乙亥時

此八字甲木相配柱中旺水印綬之格遇斯命者主人生右族長於仁門堂上椿萱先別父天邊鴻雁各飛鳴其為人也丰姿清秀天性聰明胸羅今古事學識聖賢經綸是功名之客豈為田舍之英嘉穀不早實大器當晚成此則榮貴之命鴛幃有紀重交壐子嗣先難後有成運行初癸丑上人庇下行樂如心甲寅運中朝親孔子日觀顏曾乙卯運中執卷幾回空探月依然困守讀書燈丙辰運中寄跡橋門數載寒種陰視辛勤風狂椿樹折絲斷又傷情丁巳運中萱草凋零後滔滔志已伸百味珍羞吾戰掌官居清任顯威聲戊午運中皇恩有感重加戩銀帶生花撫庶民已未運中解組歸鄉里蓼蘋秋色新庚申運中春光歸去也一枕了平生

壬辰年　辛卯日　壬辰時

此八字辛卯日相配柱中之水傷官之格人生得此金紫榮封椿萱双耐晚棠棣錦聯叢丰姿英俊天性剛忠理貫古今之學道尊賢聖之風万里扶搖騰彩鳳一声霹靂躍潛龍一從錫宴瓊林後鉄面生風氣勢洪此則榮肅之命鴛幃金正副柱子發秋叢運行初癸丑幼年之景霽月光風甲寅運中欲遂平生志須加董子功乙卯運中禹浪連三躍衣冠拜九重丙辰運中万象回春風雪過戩邊金子大夫封丁巳運中山河開十郡天命又微栄戊午運中秉持重柄已未運中夢入五峯

壬辰年　戊戌日　乙卯時

此八字戊戌日配乎桂中水木財旺生官之格人生得此仕路騰身椿親微貴萱毫同鴻鴈天邊有共群手姿英雅天性維新理明今古事學貫聖賢文定擬功名之客豈爲田野耕人雖不登瓊林之宴也須沐天府之恩此則英貴之命鴛幃諧正副桂子兩三人運行初癸丑不榮不辱化日陽春甲寅運中螢案勞神乙卯運中桃卷亂書嘆息依然困守鷄晨丙辰運中到此始新文學好長安道上看陽春丁巳運中榮沾新寵遲化日照黎民戊午運中重加祿位紫綬腰銀己未運中黄花綠花庚午運中夢入風塵

壬辰年　戊申日　乙卯時

此八字戊申日柘配杜中之水才旺生官之格人生德此儀容英麗天性聰明椿萱双耐晚姑舅半無情有立業掌家之道斷機丸膽之能錦綉花開富貴卿玕竹根安寧佇看晚節夫子兩光榮此則榮福女命良人配合須年長桂子秋來有顯英運行初辛亥閨門之内花放風生庚戌運中杏艷飛還媚鶯歌鳳亦鳴己酉運中裙釵雖壯觀風雪嚴威戊申運中不獨金珠滿目尚祈蘭桂生馨丁未運中滔滔旺家業日日榮昂平丙子運中志當益壯人事昌榮乙巳運中見孫子秀甲辰運中機杼無声

壬辰年 癸卯日 戊午時

此八字水居冬旺平生榮自無憂配予柱中火土才官之格人生得此仕路声揚椿萱堂上双榮壽鴻鴈天邊有各翔丰姿洒落天性果剛理貫古今之學心明賢聖之章一朝騰達飛黃去此是男兒當自強此則昰榮之命篤幃全正副桂子有分芳運行初癸丑上人庇下何論炎涼甲寅運中尋章摘句入室升堂乙卯運中禹浪連三躍沾恩拜袞章丙辰運中一番風雪過祿位兩加昌丁巳運中權衡千萬里風浪兩驚張戊午運中大才大用己未運中夢入仙鄉

壬辰年 庚辰日 戊寅時

此八字庚辰丁木亂柱中之水傷官之格女人得此儀容秀異天性良能椿萱棠棣難依耄妯娌翁姑半道傷立業當家有道相夫教子多能性急如江濤春壯心安似山月秋高佇看未晚節子顯述恩榮此則福榮女命良人多長須羊屬桂子秋來秀鞠英運行初辛亥上人庇下快樂昇平庚戌運中匹配成佳偶鳶歌鳳亦鳴己酉運中裙釵雖壯麗風雪又嚴凝戊申運中飄殘楊柳絮紅紫映門庭丁未運中家業多光彩裙釵絢日明丙午運中滔滔享用何慮悲生乙巳運中水火交互月入雲屏甲辰運中間空入去也機杼寂無聲

壬辰年　辛卯日　庚寅時

此八字金生火傷官帶財之格值此象者生於棘門長於相府其爲人也手姿俊偉性格異常有剛斷明敏之才出類超群之志祖基有倚添新慶聲譽威光勝祖芳心源落落膽氣堂堂衣冠不在三場奪豹略名彰重四方此則威武之命金馬椿親尤豈姓天邊鴈字不成行鴛幃對對相和順桂子枝枝李義昌運行初癸丑上人庇下未斷災祥甲寅運中威權有布氣象軒昂乙卯運中美景良辰華麗驊騮嘶過康莊丙辰運中分符歸將閫仗鉞鎮邊疆轅門領袖威布一方丁巳運中重重沛澤聲重疆場戊午運中重重金上重重紫龍璽天書忽墜揚己未運中有子有孫傳大用從今解印樂平康庚申英雄盡也夢入仙鄉

壬辰年　乙未日　壬申時

此八字已來辰相配柱中金水傷官助才之格傷官昔歷爭風雲之象行藏恰變之能人生得此手姿俊偉標格清奇自是人中傑天生席上珍其爲人也生於豪宅長於豐門金土双親椿佣倘天邊鴻鴈下飛鳴學問有成龍虎榜中先取首英才出類鳳凰池上早標名衣冠濟濟趋金闕鍾鼓齊齊振玉京行看天下揚名日腰橫犀帶輔明君此則權貴之命鴛幃正副桂子金英運行初癸丑此運必然災關險扶過中年福不輕甲寅運中螢窗勤讀誦雪案皆留心乙卯運中躍過三層浪朝班立縉紳丙辰運中皇恩陞高爵狼虎盡潛形丁巳運中腰橫金帶三載憂親戊午運中重金重紫鎮歷遷己未運中官居極品每日朝君庚申運中皇門之砥柱一夢入蓬瀛

壬辰年　丙子日　戊子時

此八字丙火配合子中癸水為正官之格壬辰水為煞乃曰煞官混雜又曰官多作煞殺多生淫太過不及皆是禍根此則顏子之命若為僧道之人遠鄉土離宗親貧得徹骨運到丙辰若此八字何如論之若甲寅乙卯戊午己未之特亦作中平溫飽之命斷之

壬辰年　乙酉日　丁亥時

此八字乙木配合桂中金水殺生印綬之格值斯象者生於名望之家長於賢良之族堂上椿萱終半道天邊鴻雁奮清風其為人也半姿穩厚氣宇從容享安靜和平之福承椿萱翊立之功百般將就曉深處未精通不向仕路求問達也教湖海財貨豐此則潤屋潤身之命兆幃得配賢能女兩硬終須免再重子嗣有成桂蘭發秀運行初癸丑風和日暖柳綠花紅甲寅運中幾度欲思登仕路依然隱遁里閭中乙卯運中行藏有慶動止從容丙辰運中雖則門闌而壯觀也曾微雨暗亞峯丁巳運中何慮世情攙攙不妨人事匆匆戊午運中一番風雨過第宅倍盈隆己未運中華堂安享庚申運中竟返亞峯

壬辰年　壬午日　庚子時

此八字□□生臨午位號曰祿馬同鄉配合柱中戊土偏官之格人生值此丰姿平穩性格異常生於衍門之族長於良右之庭堂上椿恩難並萱天邊鴈有幾分鳴祖基祖業重更變財帛資囊再祿成生涯宛似逢春柳樂事田園賀太平學問稍知今古事行藏特達上人欽此則結秀之命鸞幃先贊宜當晚衍婚年小子枝馨運行初癸丑春風布奏夏日炎蒸甲寅運中雨過山方秀雲開月始明乙卯運中此景雖然財祿阜堤防吉耗有因循至丙辰運中仕他風浪湧依舊日東升丁巳運中然則起家添置業其中也有淡雲凝戊午運中潤屋潤身家有慶曰康曰壽子名軒己未運中英雄一去無消息落花流水各西東

壬辰年　丁丑日　甲辰時

此八字辰之土為傷官帶煞之格其為人也立性縱橫丰姿往蕩出言無定歷事平常根基難倚祖業悠揚東嶺栽松西嶺秀南灣種竹北灣陰此則先凶後正之命晨鸞幃合娶秋圍女羅帳諧和雪滿頭運行癸丑甲寅乙卯印綬之鄉貴人攜手居生庚行運行丙辰丁巳花柳春妍生涯得意陽和合活計如心雨霽天戊午運中有酒從吾酌無詩不寄贊己未運中夢返蒼天

壬辰年　癸未日　丁巳時
此八字　中火土才官之格水居冬旺生
平樂自無憂遇斯命者椿親先別萱歸晚棠棣
庭前各挺丰姿清秀天性聰明立仁立義多見
多聞世[illegible]新慶根源勝舊風幾年業牘空
猶意依舊歸家作白民信看晚年光霽景東
萬[illegible]菊散清馨此則穩足之命鴛幃重合丞
子嗣長秋英運行初癸丑上入庇下未斷平生甲寅
運中娟娟雲裏月灼灼葉中英乙卯運中貴人指
引登公府旺豪還愁世事棠丙辰運中片時風雨

雨過山青丁巳運中雖則家居有慶還愁人事迍
巡戊午運中冲擊之所樂處防驚己未運中暮
年安享庚申運中一道訃音

壬辰年　癸卯日　壬戌時
此八字　辰相配柱中火土財官之格時
墓喜見冲開主人生於右族長於名門金土椿萱榮晚
贈天邊鴻鴈各摶風其為人也精神烱烱智慧明明
千古文章還榮耀一天星斗煥心胸驪珠照耀光難
掩雷劒生豐氣自充終是功名之客豈為田舍之翁
奮身辭白屋平步入青雲北海蛟橫頭角聳南山豹變
爪牙新一從姓字傳揚後祿位榮看次第增此則榮
華之命鴛幃金水方偕老子嗣秋來朶朶榮運行初
癸丑幼年之下災晦未伸甲寅運中十年窗下業黃卷

與青燈乙卯運中起鳳騰蛟從此治果然秉笏拜明
君丙辰運中驛中曉日催行站江山春風促去程丁巳
運中戰迁金紫貴風雪不為驚戊午運中赤心扶日
月素志展經綸己未運中解祖回田里庚申運中春
歸鶴倦明

壬辰年　丁巳日　辛丑時

此八字[illegible]乩柱中旺水偏官之格從杀之

論主人生於西室長於名門椿親磊落萱帰副

天邉鴻鴈各飛鳴其爲人也丰姿清秀天性聰明

胸羅星斗李貫古今辞鋒潁利疑無敵筆力縱横

若有神終是功名之客豈爲田舍之翁豹变南山

霧鵬摶北海風奮身辞白屋平步入青雲一朝騰

踏飛黄去禄位榮看次第陞此則荣貴之命鴛幃

金命須年小子嗣生成貴顕人運行初癸丑上人庇下

花放風生甲寅運中十年窓下業黄卷与青灯乙

卯運中贅逐玉蟾攀桂去馬隨青帝踏花飛

丙辰運中寒拂紫衣催驛騏光生玉節下雲雷于

巳運中三度君恩喜両番風木驚戊午運中權高

損福慎則無驚己未運中春光去也一枕清風

[illegible]　戊戌日　癸亥時

此八字[illegible]一日相配柱中之水財旺生官

之格人生得此本顯功名只嫌運入背鄉不貴而

富椿萱雙耐晚鴻鴈有分翔丰姿洒落天性果剛

不向仕途求聞達却來湖海歷風霜伃眘來晚節

[illegible]福崇昌此則富貴之命鴛幃配合須年乂桂

子秋來吐異香運行初辛亥上人庇下何論炎涼

庚戌運中有心生貨利無志讀文章己酉運中財

源來便旺人事有悲傷戊申運中一番風雪過金

玉積盈囊丁未運中但願英雄敬仰不妨烟浪驚

狂丙午運中老當益壯乙巳運中跂入仙鄉

子平遺書 二九

壬辰年 庚子日 戊寅時

此八字[illegible] 相配柱中水木傷官財才之
格逢之生[illegible] 生於右族長於仁門椿父先歸堂
後別雁行天際萱長空其為人也丰姿清秀天
性老成般般稍覽件件不精謀動君子威伏小
人重成新事業再整舊門庭門外田疇千古計
庭前花木四時新雖不成名利生平近貴人好
意嗇成惡真心換得真英雄繳贈劍三尺豪傑
相逢酒壺鍾但願一生多旺足鄉民仰德衆推尊
此則特達之命篤幃有化須重續子嗣枝頭孝
義深運行癸丑上人庇下未断平生甲寅運中是
事短如春夢人情薄似秋雲乙卯運中畫水無
聲空有浪繡花雖艷不聞香丙寅運中得中
有失晦後還明丁巳運中幾歆思高暮遠
嗇成剪雪栽氷戊午運中冲繫之所如月
又雲已未運中正是太平光際景還愁花
[illegible]尚風坐庚申運中晚年快樂辛酉運中
[illegible]落月[illegible]

子平遺書 三十

壬辰 甲申時

此八字[illegible]相配柱中水木傷官財才之格
[illegible]祿以歸時遇斯命者生於右族長於高門
[illegible]君遲鴻雁各行鳴其為人也丰
姿清秀美性聰明知高下識重輕有近貴親賢之
德應上和下之能重成新事業再整舊門庭生涯
湖海上道路或西東萬里春風行樂好四時佳趣
福元生門外田疇千古計庭前花木四時新滿世
功名身外事五湖風月樂怡情此則發福之命篤
幃金玉潤子嗣錦衣新運行初癸丑上人庇下花
放風生過此甲寅運中世事宛如新折柳人情渾
似半開萸乙卯運中才旺生官家業長福星臨照
喜非輕丙辰運中雖則行藏有慶還愁人事虧盈
丁巳運中簾捲香風生福祿軒開化日祿元增當
此之際風雪滿庭戊午運中延賓玩物會文開樽
己未運中春光如過隙一枕入巫峯

壬辰年　乙未月　辛巳時

此八字[illegible]木　[illegible]木[illegible]柱中金水來生印綬之格
[illegible]相生[illegible]名顯達水泛木浮妨吾貴氣注人生
[illegible]族[illegible]門接父先歸萱後殁天邊鴻雁各
行鳴其爲人也平姿清秀性格聰明斷高理直處
事公平當仁不讓見善則欽曰祿曰榮則有順天
之道常安常樂豈無從地之深祖基祖業重新慶
財帛資囊日聚匀門外田疇千畝計庭前花木四
時春高人欽敬小輩無情恩中惹怨布德成嗔雖
不青驄肥馬自然鄉鄰推尊此則穩亭之命篤[illegible]

火命須年小子嗣森森有顯名運行初癸丑上入
庇下何慮平生甲寅運中綉花空有艷承水所無
聲乙卯運中雖則行藏有礙止應人事虧盈丙辰
運中精神又憔悴憔悴又精神丁巳運中莫言火
多逝光影得一程而失一程戊午運中沖擊之所
如月入雲己未運中心事數茎茎白髮生涯一斤
[illegible]閑情庚申運中計音莫遣行人說三嘆英雄滿
[illegible]

壬辰年　壬子日　辛亥時

此八　辰飛壬祿馬之格壬騎龍背
旗用　[illegible]族長於詩禮之庭椿親榮
傑容萱母不須論天邊鴻雁有各能騰其爲人也
平姿清秀天性聰明理窮古事兼今事書對賢經
學聖經定向月中攀桂子便從天上領陽春一從
姓字傳揚後金紫榮看次第陞此則榮繼之命蟾
幃春靄鸞子嗣晚叢叢運行初癸丑春風融湯夏
日炎蒸甲寅運中十年窗下無人問一舉成名天
下聞乙卯運中重沐恩波鳳池裏朝朝賢諭侍明

君丙辰運中三度君恩一番風木驚丁巳運中衣
惹御爐抱瑞錦筆壓帛滯洒春霖戊午運中正欲
榮登榮省何期鮮組思尊己未運中春光去也一
枕清風

壬辰年　午日　甲戌時
此八字　亂柱中旺水印綬之格四柱
丙申　刃浮甚行才地為祥主人生於右
族長於名門椿萱雙脫茂鴻鴈幾行分其為人也
丰姿清秀天性聰明袖裡虹霓沖霄色筆端風雨
駕雲裡驪珠終照魏雷劍豈藏豐豈是池中物尤
來薦上琼奮身辭白屋平步入青雲一日声名遍
天下滿城桃李咲陽春此則榮貴之命鴛幃連
珠須配小子嗣生成継显人運行初癸丑上人庇
下未斷升沉甲寅運中欲遂平生志須加董子功
乙卯運中遠望天恩雲外降思班桂子手中馨
丙辰運中自沐天邊寵朝班立縉紳丁巳運中承
恩帰美榮三世再整衣冠拜九重戊午運中正宜
加爵祿未許便辭榮己未運中夕陽有限春夢無
憑

壬辰年　丁亥日　辛丑時
此八字　亂柱中旺水偏官之格人生
得此　長於良族萱母先歸椿後別天邊
鴻鴈各行飛其為人也丰姿清秀氣禀高奇頗知
礼義稍識詩書當仁不讓見善不欺自有順天之
慶豈無福地之時重成新事業再整舊根基行藏
果斷作事三思般般稍覧件件粗知豈無高仕敬
時有貴人隻時至才源旺足運來第宅增輝好意
番成惡意真心換得是非但願一生交貴客何必
天門沐寵榮此則穩盛之命鴛幃火命須年小子
嗣森賅孝義人運行初癸丑上人庇下未斷高底
甲寅運中春寒風料悄心急馬行遲乙卯運中始
覺陽和滿目還愁風雨飛飛丙辰運中莫作千年
調還去一度愁丁巳運中雖則行藏有慶幾番人
事勢趙代午運中冲撃之鄉雖發福也應花放尚
風欺過此己未運中晚年闲快樂峻嶺尚防危君
若有陰騭庚申運方終

壬辰年　丁酉月　癸卯時

此八字辰相配性中旺水偏官之格

人生侯長於西房椿親倜儻萱帰別

天邊鴻雁各翱翔其為人也丰姿清秀天性聡明

聰明書藝遠倜儻世情長過火黄金重長價離雲

皎月倍清明重成新事業再整旧門庭孝問不親

顏孟業生平常履貴人鄉才源富足第宅崇昌但

願汞陳并貫杇何必思登天子堂此則穩厚之命

鴛幃金玉潤子嗣晚珠光運行初癸丑上人花下

安臨一場甲寅運中如花向日枝枝艷似笋穿泥

鄭郭三辰乙卯運中雨過萬重山有色雲開千里月

光揚丙辰運中才源滾滾家居好还愁風雨晦滄

浪丁巳運中門迎珠履三千客屏列金釵十二行

富此之際風雪滿墻戊午運中延賓翫物會友流

觴己未運中花已落菊花残

壬辰年　官多後楽

此八字生

傷官飛於名門水火椿

萱双挽茂天邊鴻鵬飛其為人也丰姿清秀

天性聡明胸羅星斗孝貫古今筆落驚風雨詩成

泣鬼神定擬富射顯朱紫豈教南畝務躬耕鵬路

高搏知健翼龍門深躍見脩鱗一從姓字傳揚後

直上金鑾輔聖明此則崇貴之命鴛幃連珠須配

小子嗣崇門晚節馨運行初癸丑上人庇下安晦

未伸過此甲寅運中十年窓下業黄巻與青燈乙

卯運中起鳳騰蛟從此始果然東翁拜明君丙辰

運中皇恩重有感金紫職加陞丁巳運中雪晴雲

散天知光金麟光照紫薇宮戊午運中身膺瑚璉

器識任棟梁洪己未運中晚年開故里樽酒樂怡

情庚申運中春光去也一枕清風

子平遺書

壬辰年　壬子月　丙辰日　己丑時

此八字丙辰日德之辰相配柱中離水偏官之格人生得出於右族長於名門椿萱双晚茂棠棣死邊春其為人也丰姿清秀天性聰明錦綉胸藏賢聖参珠璣口吐武文風衣冠濟濟人中傑和氣怡怡席上訴終是功名客豈為田舍之翁豹變南山霧鵬搏北海風迟步黃金殿身朝白玉京一日風雲相際會九天雨露沐皇恩此則榮貴之命鸞幃得配名門女子嗣生成貴顯人運行初癸丑上人庇下花放風生甲寅運中開詩条礼負笈趨庭乙卯運中藏器待時時必達時來頃刻便升騰丙辰運中冥拂紫衣催驛騎先生玉節下雲霄丁巳運中腰橫金作帶待剖玉為鮮當此之際風雪滿庭戊午運中有材應大用未許便辭恩己未運中莫道只傳金馬貴也愁蝴蝶夢佳城

子平遺書

壬辰年　壬子月　乙巳日　辛巳時

此八字乙巳日亢相配柱中金水殺生印綬之格殺印相生功名顯達主人生於文望之族長於詩礼之庭椿萱雖並鶺鴒各行鳴其為人也丰姿清秀天性聰明胸羅今古事學識聖賢心太山北斗千年在和氣春風四座傾終是功名客豈為田舍翁雖不三登科甲自然福祿光華此則榮貴之命鸞幃有紀須重續子嗣生成孝義人運行初癸丑上人庇下未斷平生甲寅運中欲遂平生志須加董子功乙卯運中燕欲思高暮遠書成剪雪裁冰丙辰運中執卷幾回空探月時來機會入神京丁巳運中容跡橋門十載寒氈德硯辛勤戊午運中室恩有感聲名顯百里經綸樂太平當此之際解組思蓴己未運中無憲畫傳詩禮樂有朋來自遠方親未字之中花放風生庚申運中春光去也一道訃音

壬辰年　壬子月　辛亥日　壬辰時

此八字辛亥日元相配柱中水木傷官助才之格人生得此生於右族長於名門木火椿萱榮悅茂天邊鴻鴈各搏風其爲人也丰姿清秀天性聰明源流三峽誰能及筆掃千軍就與論珪璋自有清朝器律呂偏諧治世音終是功名之客豈爲田舍之翁鵬路高搏分縺翼龍門擢躍見脩鱗瑶池鞭静朝南極五夜鐘停拱北辰此則榮貴之命鴛幃燭夜添新鼍子嗣秋来有挺榮運行初癸丑上人

庇下灾悔之中甲寅運中十年窓下留心志特来何患少功名乙卯運中道此始知文學好長安道上馬蹄輕丙辰運中自沐天邊寵朝班立縉紳丁巳運中三度君恩喜両耆風木驚戊午運中有財應大用未許向籬東已未運中子貴重榮贈何愁白髪生庚申運中春帰去也

壬辰年　壬子月　戊戌日　甲寅時

此八字戊戌魁罡之日相配柱中水木財殺之格人生得此生於溫潤之族長於豊厚之門金命椿萱萱歲長天邊鴻鴈各飛騰其爲人也丰姿清秀天性聡明胸次峥嵘書萬卷英材敏捷脩門深豈是池中物尤來席上珎鵬路高搏知健翼龍門深躍見脩鱗一日風雲相際會九天雨露沐皇恩此則榮貴之命鴛幃金玉潤子嗣晚光榮運行初癸丑春風駘蕩夏日炎丞過此甲寅運中欲向雲中

峯足須沱灯下留心乙卯運中雖有凌雲志还愁路未通丙辰運中不道是龍还不信果然奪得錦標新丁巳運中虎風驚郎縣化雨潤双旗當此之際風雪滿庭戊午運中正宜侍明主未便辭榮已未運中春光去也一枕巫峯

壬辰年　壬子月　丁丑日　庚戌時

此八字丁丑日元相配柱中旺水偏官之格喜逢丑戌之土以制為奇値斯命者椿萱不相守棠棣各分枝其為人也丰姿魁偉天性操持有方員之業動靜之機生逢離亂世長値太平時科名弓馬非吝事朝夕尤能躡鳳池日遊内苑時近

皇威玉帶懸腰貴無限公卿見讓盡威儀晩年總鎮江南地一者居尊更有誰此則近臣之命妻生前難見面家假者継宗枝運行初癸丑陰雲黯黯寒雨凄凄甲寅運中未逢好景恒嗟嘆且向寒窗黙

侍時乙卯運中雨露有恩天上降也知富貴漸來催丙辰運中榮華當此際駁雜不成危丁巳運中

帝王恩澤廣名德四方馳戊午運中山河座鎮三千里承恩拜命出天池須臾風雨己未運中晩年持重行樂瓊巵庚申運中兇昌晩節辛酉運中夢入仙衢

壬辰年　壬子月　甲寅日　甲戌時

此八字甲寅專禄之日相配柱中旺水印綬之格人生得此生於右族長於名門木火椿萱棠晩茂天邊鳴雁各行鳴其為人也丰姿清秀天性聰明錦綉胸藏賢聖李珠璣口吐武文風農句好為天下白髙材俊似海東青終是登庸客豈為耕鑿人北海蛟攅頭角聳南山豹変爪牙新一日風雲相際會九五天門拜聖容此則崇貴之命鴛幃重合卷子嗣桂蘭崇運行初癸丑上人庇下花放風生甲寅運中十年窓下業黄巻与青灯

乙卯運中遠望天恩雲外降恩攀桂子手中馨丙辰運中禹浪三層都躍過秉笏金鑾拜聖明丁巳運中腰攅金作帶符剖玉為鱗當此之際風雪滿庭戊午運中正宜秉笏匡朝野未許懸車故里中己未運中九地可怜埋片玉五雲無復見脩刑

壬辰年　壬子月　丙申日　丁酉時

此八字丙申之日相配柱中旺水傷官之格丁壬作合有功遇斯命者生於右族長於高門金木椿萱双挠茂天邊鴻鴈各行鳴其為人也丰姿清秀天性聰明有微微之計較淡淡之才能豈無高仕敬時有貴人欽萬里春風行樂訟四時佳趣福祥生不須登仕路何用對青灯門迎珠履三千客户納金釵十二層無奈心常足何須上帝京此則宴樂之命鴛幃有犯須年敵子嗣秋來朶朶成運行初癸丑上人庇下安臨之中甲寅運中當此之際天氣清明乙卯運三陽四宇宙一氣轉鴻鈞丙辰運中正好倚蘭皓月無端又被黑雲生丁巳運中福元成岳瀆威勢壓公卿當此之際風雪滿庭戊午運中沖擊之時才源旺怡然箏宅愈峥嵘己未運中人生從此別無復見儀形

壬辰年　壬子月　癸丑日　壬戌時

此八字癸丑日元相配柱中火土才官之格水居冬旺生平樂自無憂主人生於右族長於名門木火椿萱榮晚贈天邊鴻鴈各飛騰其為人也丰姿清秀天性聰明源流三峽誰能及筆掃千軍孰與論衣冠濟濟人中傑和氣怡怡席上珍終是文場折桂客豈為田舍鑿耕人龍門变化三春浪鵬路道遥萬里程一從姓字傳揚後金紫榮看次第陞此則榮貴之命鴛幃金命須年小子嗣秋来朶朶榮運行初癸丑上人庇下未斷平生甲寅運中十年窓下業螢火集頭丁卯運中騰身離泮水奎足躍潛鱗丙辰運中囊挾生衣催驛驥光生晚節下雲層丁巳運中耽近金紫声名顯風雪飛来尚惱人戊午運中住看官陞二品酌然禄字千鍾己未運中觧組同歸里子貴又沾恩庚申運中春光歸去花落月沉

壬辰年　壬子月　戊戌月　癸亥時

此八字戊戌魁罡之日相配柱中水火才旺生官之格才盛生官終身有慶遇斯命者生於西室長於於宦門椿親顯貴萱歸副天邊鴻鴈各窠生其為人也精神烱烱知慧明明五車書富三冬足兩石弓當萬騎沖驪珠光照魏雷劒氣藏疊三汲浪中龍變化九天雨露鳳凰飛騰一從姓字傳揚後金紫榮看次第陞此則榮貴之命鸞幃重合亞子嗣晚先榮運行初辛亥癸丑上人庇下未斷平生甲寅運中欲遂平生志須加繼晷功乙卯運中霹

靂一聲雲露合禹門躍過浪三層梨花舞雪雨過山青丙辰運中粉署聯珠才獨称皇恩有感又加陞當此之際風雪還侵丁巳運中職遷金紫貴祿位享千鍾戊午運中雖則金跪拜命何期鮮組恩尊己未運中晚年歸故里一枕入巫峯

壬辰年　壬子月　乙巳日　丁亥時

此八字乙巳日元相配柱中旺水印綬之格印綬者上格也只嫌水泛才浮滅吾貴氣主人生於右族長於仁門堂上椿萱茂長天边鴻鴈有行鴻其為人也丰姿清秀天性剛忠機謀郁腹率用人欽行藏竟消洒嘆傲任秋棠過火黃金重長價離云皎月倍清明不向仕途求闇達却來湖海覓黃金但願一生財祿旺何必天边求寵榮此則福旺之命允怖有配須年小子嗣金鳳呆呆成運行癸丑上人庇下災晦未伸甲寅運中春風播奏微爾弄

晴乙卯運中隱隱輕雷抽碧笋微微細雨潤紅英丙辰運中正是太平光霽景还悉素耗庁時生丁巳運中福若泉源湧財如春氣生戊午運中軒開化日千祥景藨捲香風百福增己未運中搏盤有酒延佳客蘭室存書教子孫庚申運中歸去也

壬辰年　壬子月　丁未日　癸卯時

此八字丁未陰刃之日偏官之格丁遇壬而太過喜逢印綬生身女人得此生於右族配於仁門椿萱棠棣霜晞日妯娌翁姑不共群勝丈夫之氣槩有男子之材能風送芰荷香滿院日匀花蕚發新紅難觸難犯易喜易嗔竹影掃階塵不涉月穿潭水無痕鸞鳳不棲而獨守甘心情愿對清灯截璽不涉萬法成空此則清穩之命良人半世情無合子嗣如同水上氷運行初辛亥上人庇下毓秀閨門庚戌運中春歸柳葉睛初変紅入桃花煥未匀己酉運中夫唱婦随多快樂落花流水各西東戊申運中棄却浮塵事甘心静室中丁未運中處世素無榮辱生平喜不富貧丙午運中冲擊之所如履薄氷乙巳運中享清閑之福履甲辰運中梦杳杳之佳誠

壬辰年　壬子月　庚寅日　辛巳時

此八字庚金相配拉中水火傷官制殺之格羊刃合殺有功本顯功名制伏大過爭不十全主人生於蓬室長於高居椿萱有倚难双耄鴻鴈天邊不共飛其為人也丰姿清秀天性操特立仁立義多見多知田園桑柘茂畝畝稻粱把萬里春風行樂頌四時佳趣勝常特數載泮林空養志多年困苦想成虛晚年光景多饒裕也教光耀舊門閭此則晚旺之命鴛幃雨散方伴老子嗣秋來孝義齊運行初癸丑上人庇下不益不虧甲寅運中趨庭負笈李礼聞詩乙卯運中幾欲思高慕依然困守門閭丙辰運中盃虎不成休嘆息鄉題姓名配丁巳運中雖則行藏有慶还愁人事趁起戊午運中黃花晚節暮景桑榆己未運中悠、快樂庚申運中歸去來辭

壬辰年　壬子月　丙申日　戊戌時

此八字丙申之日相配柱中旺水傷官之格食神剛柔有功人生得此生於西室長於名門楷親真倜儻豈毋不須論天边鴻雁有各行鳴其為人也手姿清秀天性聰明般般捎覽件件不精謀動君子感伏小人過火黃金重長價離雲皎月倍清明五湖生計好四海祿元增萬里無雲天一色三秋好景月長明雖然不是金安客囊中積宝富豪翁此則稳厚之命所怖速殊須配小子嗣秋未有挺崇運行癸丑上人庇下未斷平生甲午運中青歸鄉条晴初発紅日入桃花腰未匀乙未運中得意夜深池雨過信知花放晚風軽丙辰運中雖則行蔵而有度及愁花放尚風生過此丁巳運中才源旺足家若好風闌非一変驚戊午運中扁捲香風生百福軒開化日祿元增己未運中晚年閒快樂子貴显門庭庚申運中春光去也一枕难醒

壬辰年　壬子月　甲辰日　壬申

此八字甲辰日元相配柱中金水殺生印綬之格殺印相生功名顯達主人生於邃室長於名門椿萱栄晚贈堂棣各軻栄其為人也精神烱烱智慧明明五車書三冬足兩石弓當萬騏冲珪璋自是清朝器律呂偏諧治世音豈是池中物尤来席上珍騏是千程随蹀躞雲宵萬里任飛騰瑤池雖靜朝南根五夜鐘停拱北宸此則榮貴之命篤幃燭夜添新蛋子嗣栄門孝義深運行初癸丑上人庇下春風融蕩夏日炎蒸甲寅運中欲跨騰雲驥思囊照露螢乙卯運中雪案須留苦志天階未許栄登丙辰運中到此始知文章好長安道上馬蹄軽丁巳運中粉署聯班多獨称雪贈金紫人加陞戊午運中奸邪併息狼虎潛形己未運中晚年閒快樂一枕了平生

壬辰年　壬子月　丙午日　丁酉時

此八字丙午日刃之辰相配柱中旺水傷官之格人生得此生於右族長於名門堂上椿萱双晚茂天邊鴻鵰各飛騰其為人也手姿清秀天性聰明錦綉胸藏賢聖學珠璣口吐武文風麗句妙為天下白高材俊似海東青終是文場折桂客豈為田舍鑿耕人豹变南山霧鵬博北海風一朝騰踏飛黃去東坊金鑾拜聖明此則榮貴之命鴛幃春色麗子嗣桂蘭馨運行初癸丑驚濤派乱水脉雨暗峯紋甲寅運中讀書映雪觀史引灯乙卯運中報道是龍還不信果然奪得錦標新丙辰運中凜凜威風寒兒膽紛紛化日潤黎民辰字之中花放風生丁己運中職倍迁金紫權衡出寺倫當此之際風雪滿庭戊午運中有材應大用未許便辞荣己未運中翩翩名旐欝欝佳城

壬辰年　壬子月　丙申日　庚寅時

此八字丙申日元相配柱中旺水偏官之格喜逢時值長生主人生於右族長於名門金木椿萱雙晚茂天邊鴻鵰各行鳴其為人也丰姿清秀天性聰明胸羅今古事學識聖賢心麗句妙為天下白高材俊似海東青終是功名客豈為田舍翁奮身辞白屋平步入青雲一朝騰踏飛黃去此際不羞蛟化龍此則榮貴之命鴛幃金命須年小子嗣生成貴顯入運行初癸丑春風駘蕩夏日炎蒸甲寅運中欲遂平生志思加董子功乙卯運中何事不辞今日若時來頃刻便升騰丙辰運中一從沐得天邊寵濟濟衣冠拜九重丁巳運中令重奸邪伏威嚴兒膽驚一番風雪過金紫職階墜戊午運中自嘆引年帰故里朝庭未遂两疏心己未運中春光去也一枕清風

壬辰年、 壬子月 辛亥日 壬辰時
此八字日元相配在中旺水傷官之格人生得此生
於茂族長於高門椿萱金玉双栄贈天边鴻鴈各
翱翔其為人也丰姿清秀天性聪明脳藏書籍
好倜儻世情長驪珠照魏光難掩雷劍步豈氣首
究終是功名之客豈為田舍之郎吹頭登試院嚅手
赴科場一朝馬上衣冠别此是男兒當自強此則栄
貴之命鸞幃聯珠須配少子嗣生成栄貴即運
行初癸丑運中上人庇下灾悔一場甲寅運中學
道心千古披文得五行乙卯運中奮身離泮水
舉足上朝堂丙辰運中慶事但憑三尺法理
刑嚴似九霜秋丁巳運中聀迁金紫聲名显
風雪飄来又惨傷戊午運中正宜加爵禄来
許便辭官已未運中晚年歸故里會友以流
觴庚申運中春光去矣一枕黃粱

壬辰年 壬子月 己酉日 戊辰時
此八字己酉日元相配在中金水食神助才之格
人生得此生於石族長於高門金命椿萱同栄壽
天边鴻鴈占先鳴其為人也丰姿清秀天性聪明
善决善断多見多聞行藏果断作事老誠過火黄
金重長價離雲皎月倍清明福布江山外名闇湖
海中两都春色皆喬木耆舊風流有幾人不以功
名為念豈将冠冕磨磐但頼一生才禄旺何必天
边沐寵栄此則發福之命鸞幃連珠須配小子嗣
栄門悦蔔馨運行癸丑春風駘蕩夏日炎蒸甲寅
運中雨過園林簇錦風和堤柳拖金乙卯運中寒
從梅尚蓋春向柳边生丙辰運中梅須透雪三分
白雪亦輸梅一段馨丁巳運中才源旺足家業餘
盈當此之際風雪满庭戊午運中延賓戲物會友
閑搏已未運中無思無慮庚申運中花落月沉

壬辰年　壬子月　戊戌日　壬戌時

此八字戊戌魁罡之日相配柱中旺水才旺生官之格才盛生官終身有慶遇斯命者生於右族長於高門萱毋續絃椿磊落天邊鴻鴈有行群其為人也丰姿曠遠禮樂維新有徽徽之計較淡淡之才能豈無高仕敬時有貴人欽祖業須磨琢根源整舊新萬里光華沾沛澤四時佳趣瑞祥生無處心常足何須慕利名此則發福之命鴛幃連珠配子嗣秀还馨運行初癸丑上人庇下灾晦未寧甲寅運中淡淡雲閒月紅紅花底英乙卯運中樂中知進退新苦有灾迯丙辰運中雨過山方秀風停水自平丁巳運中豐年田舍禾盈罍臘日山家酒滿斟當此之際風雪滿庭戊午運中一輪明月當秋夜無限奇花正過春己未運中春歸花落逝水無聲

壬辰年　壬子月　戊戌日　壬子時

此八字戊戌魁罡之日相配柱中旺水才旺生官之格才盛生官終身有慶遇斯命者生於右族長於名門土火椿萱萱歲長天邊鴻鴈各行鳴其為人也丰姿清秀天性聰明般般稍覺件件欠精行藏果斷作事老誠過火黄金重長價離雲皓月倍清明笋長名園過旧竹花開上苑勝先春五湖生計好四海福光增才源富足家業豐盈但願才源富足何須天府求名此則穩厚之命鴛幃連珠低一載子嗣秋來朵朵成運行初癸丑上人庇下花放風生甲寅運中雨過山方秀雲開月始明乙卯運中爆竹声中催臘去梅花香送早春来丙辰運中天上三陽泰人間五福增丁巳運中不獨才源富足尚祈声勢興隆當此之際風雪滿庭戊辰運中軒開化日千祥集簾捲香風百福臻己未運中晚年快樂庚申運中一枕難醒

壬辰年　壬子月　己未日　戊辰時

此八字己未陰刃之日相配柱中水木才旺生官
之格有慶遇斯命者生於右族長於貴門椿萱双
晚茂鴻鴈各翱翔其為人也丰姿清秀禮樂鏗鏘
口吐珠璣言語胸藏錦綉文章驪珠光魏明難掩
雷劍生豐氣莫藏終是功名容豈為田舍郎一朝
騰達飛黃去濟濟衣冠拜聖王此則榮貴之命鴛
幃春色環子嗣晚來香運行初癸丑上人庇下花
發風狂甲寅運中味道心千古披文目五行乙卯
運中騰身離泮水舉足上朝堂丙辰運中禹浪三
層都躍過片言折獄職權衡丁巳運中職遷金紫
聲名重風雨飛来幸不妨戊午運中正欲忠君輔
國未應解組田鄉己未運中晚年離下樂飲壺觴
庚申運中春歸去也一夢黃粱

壬辰年　壬子月　己未日　壬申時

此八字己未陰刃之日相配柱中金水傷官助才
之格只嫌才多身弱福發晚年主人生於西室長
於名門椿親磊落萱晚別天邊鴻鴈各行鳴其為
人也丰姿清秀性格深沉般般稍覽件件不精風
月處交瀟洒客情祖業添新慶根源勝舊風不必
尋珠來水府何須求劍到豐城門外遠觀千畝地
庭前常賞四時春但願財源富足何須天府求榮
此則豐潤之命鴛幃連珠須配小子嗣秋來有挺
榮運行初癸丑上人庇下雪月朦朧甲寅運中世
事短如春夢人情薄似秋雲乙卯運中隱隱輕雷
抽碧笋微微細雨潤紅英丙辰運中近水樓臺先
得月向陽花木易逢春丁巳運中成四時佳趣立
萬古門庭戊午運中庭前竹報平安日檻外花開
富貴春己未運中莫言荒圃姿容淡還有梅花傲
雪馨庚申運中歸去

壬辰年　壬子月　癸丑日　丁未時

此八字丁未陰刃之日相配柱中水火傷官助殺之格章喜運轉南方人生得此生於石族長於高門椿萱有倚雖雙贈天邊鴻鴈有行鳴其爲人也手姿清爽天性聰明胸羅星斗學貫古今泰山北斗千年在和氣春風四座傾終是功名客豈爲田舍翁三級浪中龍變化九霄雲外鳳飛騰一朝姓字傳揚後金紫榮膺次第陞此則榮貴之命鶯幃有犯須招副子嗣秋來朵朵榮運行初甲寅上人庇下未斷升沉乙卯運中十年窗下業黃卷與青燈丙辰運中雖則蟾宮折桂依然寄跡檣門丁巳運中鴈塔題名後仁風百里清須吏素耗雨過山青戊午運中綉衣耀日鐵面生風當此之際祿位重陞梨花舞雪雪霽重榮己未運中藩臬階陞超二品九天恩詔入神京庚申運中天邊以恩澤有子又承榮辛酉運中春光去也一枕清風

壬辰年　壬子月　己酉日　壬申時

此八字己酉日元相配柱中金水傷官剝才之格才旺生官終身有威權斯格者主人生於石族長於仁門水木椿萱同晚日天边鴻鴈各行鳴其為人也丰姿磊落天性能為禮樂早施崇事業燈窗書案志三冬書奇留意日必聪衡麗珠照鏡光難掩雷劍生豐劍日輝終是功名之客豈為田舍之郎足用三千將後學搏風九萬即前程一從揚姓字重北拜君恩此則榮貴之命鶯幃正副方諧老子嗣森枝晚節榮運行初癸丑上人蔭下安豫未伸甲寅運中讀殘等夜月素志足三冬乙卯運中駕一川鶴馭奮鳥早鵬程丙辰運中獄折片言民訟息九天雨露祿加陞丁巳運中西風吹過天邊雪壹金重紫沐威勞戊午運中有材施大用未許便回常己未運中故里声名重懸車棄職還庚申運中一入巫峯歸去晚海延蓬島信難通

壬辰年　壬子月　己亥日　壬申時

此八字己亥之日相配柱中金水傷官用才之格主人生於右族長於名門木火椿萱萱茂長天边鴻雁各行鳴其為人也丰姿清秀天性聰明斷高理直処事公平謀動君子威伏小人行藏果斷作事老誠出土黃金重長價離雲皎月倍清不向仕途求聞達却來湖海覓黃金財源富足平生樂何必天边沐寵栄此則發福之命鴛幃正配方偕老子嗣秋來朵朵馨運行初癸丑上人庇下未斷平生甲寅運中如日升揚谷似月皎中庭乙卯運中雖則行藏有慶也愁花放風生丙辰運中到此始知特運好萬物光華百事通丁巳運中不独才源富足尚祈声势豪洪戊午運中有用皆殊玉無緣不生英己未運中夕陽有限春夢無憑

壬辰年　壬子月　丁巳日　甲辰時

此八字丁未日元相配柱中旺水偏官之格傷官制殺印綬生身值斯命者生於文望之族長於名显之門椿萱栄晚茂棠棣發青蔡其為人也丰姿烱烱智慧明明孝問三冬足詩書萬卷通定向月中攀桂子便從天上錫陽春一朝勝路飛黃去此限不居忙化龍此則榮貴之命鴛幃春色麗子嗣香又香運行初癸丑上人庇下花放風生甲辰運中焚香慕史秉燭觀文乙卯運中遥望皇恩雲外際思攀桂子手中馨丙辰運中重沐恩波風池急朗朗朝倫傳听君丁巳運中承恩莫得栄三世再整衣冠拜九重戊午運中當此之際風雪滿庭己未運中天边沐寵難下心情庚申運中夕陽有限春夢無憑

壬辰年　壬子月　甲寅日　戊辰時

此八字甲寅專祿日相配柱中旺水印綬之格印綬者上格也水泛木浮喜得才旺為奇主人生於右族長於高門水木椿萱一期壽天邊鴻鴈各行鳴其為人也手姿清秀天性聰明斷高理直処事公平胸羅今古事學識聖賢心麗句好事為天下白高材俊似海東青終是功名之客豈為田舍之翁雲程坦坦登天去學足悠悠名利成一日風雲相際會九重雨露沐君恩此則榮貴之命鴛幃金玉潤子嗣孝而榮運行初癸丑上人庇下灾晦未伸甲寅運中款向雲中舉足須從燈下留心乙卯運中雪案雖留苦志天階未許榮登丙辰運中到此始知時運好長安道上馬蹄輕丁巳運中一天霄雨隨平至千里仁風逐扇生當此之際風雪滿空戊午運中江山迎五馬花柳拂双旌已未運中晚年閑快樂一枕入巫峯

壬辰年　壬子月　戊戌日　丁巳時

此八字戊戌魁罡之日相配柱中旺水才旺生官之格才盛生官終身有慶遇斯命者生於右族長於高門金土椿萱雙晚贈天邊鳴鴈有各鳴其為人也丰姿清秀天性聰明胸蔵今古事李識聖賢心麗句妙為天下白高材俊似海東青終是功名之客豈為田舍之翁龍門変化三春浪鵬路逍遥萬里程一從姓字傳揚後直上金鑾輔聖明此則榮貴之命鴛幃金玉潤子嗣晚光榮運行初癸丑上人庇下灾晦未伸甲寅運中十年窓下業黃卷與青燈乙卯運中鵬路高搏知健翼龍門深躍見脩鱗丙辰運中獄折片言民訟息九天雨露再加陞丁巳運中職遷金紫宇内澄清當此之際風雪滿庭戊午運中權高損福慎則無驚已未運中英雄都尽也高塚臥麒麟

壬辰年　壬子月　丙申日　戊戌時

此八字丙申之日相配柱中水土食神制殺之格人生得此生於右族長於高門椿親長倜儻母不須論天邊鴻雁有不同群其為人也丰姿清秀天性聰明源流三峽誰能及筆掃千軍孰與論衣冠濟濟人中傑和氣怡怡席上珍終是功名之客豈為田舍之翁鵬路高搏知健翼龍門深躍見脩鱗一從宴飲瓊林後金紫榮循次第陞此則榮貴之命鴛幃燭夜添新色子嗣金風孝且忠運行初癸丑上人庇下灾晦之中甲寅運中欲向雲中舉足須從灯下留心乙卯運中特来風送滕王閣須刻高搏萬里程丙辰運中塵拂紫衣催驛騎光生玉節下雲層丁巳運中職廷金紫貴風雪不為驚戊午運中有材膺大用未許便辭榮巳未運中春光去也花落月沉

壬辰年　壬子月　戊午日　壬子時

此八字戊午日司辰相配柱中旺水財旺之生官之格財盛生官助身有慶遇斯命者生於遊宦之族長於名望之門水火椿萱榮貴晚天邊鴻雁自隨鳴其為人也丰姿清秀天性聰明袖裡虹霓冲霄色筆端風雨駕雲程衣冠濟濟人中傑和氣怡怡席上珍終是功名客豈為田舍翁萬里扶搖驚睡蟄一声霹靂躍潛鱗姓字傳臚後滔滔祿位新此則榮祿之命鴛幃金玉潤子嗣祿尤新運行初癸丑春風駘落夏日炎蒸甲寅運中十年窗下業黃卷與青灯乙卯運中雲開華岳千山秀水入湘江一樣清丙辰運中驛中晴日催行路江上春風促去程丁巳運中三度君恩金紫貴一番風木使人驚戊午運中自嘆引年歸故里朝廷未遂兩歸心巳未運中榮田故里樂事匆匆庚申運中鵬鳥賦成人巳去黃金雖在浪傳名

壬辰年　壬子月　甲寅日　乙丑時

此八字甲寅專祿之日食神帶印之格人生得此生於右族長於名門椿萱晚榮贈鴻鴈各搏風其為人也丰姿清秀天性聰明胞羅今古事夲識聖贒心麗句妙為天下白高才俊似海東青終是功名之客豈為田舍之翁鵬路高搏知健翼龍門深躍見脩鱗一從姓字傳臚後直上金鑾輔聖明此則榮貴之命鶺鴒春藹藹子嗣晚叢叢運行初癸丑上人庇下花放風生甲寅運中讀殘茅店月囊螢案頭螢乙卯運中报道是龍还不信果然奪得錦鱗新丙辰運中驛中曉日催行跡江上春風從去程丁巳運中三度錦衣歸故里兩扶日月長天庭戊午運中自嘆引年歸故里朝廷未遂兩疏心己未運中榮歸田里庚申運中一枕難醒

壬辰年　壬子月　甲寅日　丙寅時

此八字甲寅專祿之日相配柱中水火傷官帶印之格運行背地滅我功名主人生於右族長於高門椿萱中道別鴻鴈各西東其為人也丰姿清秀天性聰明高謀遠見機關別懷慨情懷夲識深五湖四海生涯好萬水千山道路通英雄惟贈劍三尺豪傑相逢酒一鍾才源有分生涯好身外無名了此生此則饒裕之命鶺鴒春色麗子嗣秀还榮運行初癸丑春風駘蕩夏日炎蒸甲寅運中娟娟梅月白淡淡柳風清乙卯運中近水樓臺先得月向陽花木早逢春丙辰運中雖則行藏有慶幾多人事虧盈丁巳運中重重風雪過萬物被陽春戊午運中心事數莖白髮生涯一片閑情己未運中正享兒孫福門前杜宇声

壬辰年　壬子月　丙辰日　戊子時

此八字丙辰日德之辰相配柱中旺水偏官之格傷官制殺有功主人生於右族長於高門土木椿萱萱蔵長天邊鴻鴈各行鳴其為人也丰姿清秀天性聰明五車書富三冬足兩石弓當萬驥冲太山北斗千年在和氣春風四座傾終是功名之客豈為田舍之翁羈履三千皆後學摶風九萬即前程一從姓字傳揚後九天雨露沐皇恩此則榮貴之命篤帰年小須年敵子嗣秋来有顯榮運行初癸丑上人庇下未斷平生甲寅運中欲向雲中舉足須從灯下留心乙卯運中時来風送滕王閣噴刻高摶萬里程丙辰運中獄折片言民訟息九天金紫耳加陞辰字之中如履薄冰丁巳運中雪晴雲散天如洗金鱗光照紫微堂戊午運中赤心扶日月素志展經綸己未運中榮回故里庚申運中一枕清風

壬辰年　壬子月　戊申日　乙卯時

此八字戊申長生之日相配柱中水木才官之格才盛生官終身有慶遇斯命者生於邃室長於名門椿礎遠双棠贈天邊鴻鴈各行鳴其為人也精神炯炯智慧明明五車書富三冬足两石弓當萬騎冲衣冠濟濟人中傑和氣怡怡席上珍終是功名之客豈為田舍之翁豹変南山露鵬摶北海風一朝蹈飛黄去此際不羞蛇化龍此則榮貴之命鸞帰正副方偕老子嗣秋来朶朶成運行初癸丑上人庇下未斷平生甲寅運中不負寸陰之刻豈書題柱之功乙卯運中雪案須留篤志天階未許榮登丙辰運中到此始知文學好長安路上馬蹄輕丁巳運中郎署官極何足羨大夫金紫之重墜樂花舞雪雨過山青戊申運中自唉引年帰故里朝廷未遂隱居心己酉運中正宜加爵禄何事便辭榮庚申運中夢遊閬苑魄返巫峯

壬辰年　壬子月　庚寅日　乙酉時

此八字庚寅日相配柱中水木傷官取才喜逢陽刃之格已相幇主人生於右族長於名門椿萱無恙茂棠棣並邊春其為人也丰姿清秀性格老成石剛斷明敏之材李白分清之智當仁不讓思見善則欽重成新事業再整旧門逢過火黃金色離雲皎月為萬里之清此則發福之命能鶯憐春色羅子嗣穠衣新運行癸丑上人在下花放風生甲寅運中雨過山青色雲開月明乙卯運中近水樓臺先得月向陽花木早逢生丙辰運中才源滾滾家居好須更風雨向愁人丁已運中軒閑化日千祥集薰捲香風百福增戊午運中雪情雲散添洗從此滔滔福祿均己未運中夕陽有限庚申運中一枕黃梁

壬辰年　壬子月　辛卯日　壬辰時

此八字辛卯日元相配柱中水木傷官印才之格人生得此生於右族長於名門椿父先歸萱後別天边鴻雁各分飛其為人也丰姿清秀氣質清奇般、梢覧件、粗知豈無高士敬時有貴人携万里春風佳氣頌四時佳趣勝榮時重成新事業再整旧根基見賢則帰於己當仁不讓於斯消閑棋一局遣與酒三卮好意翻成惡真心換得痴但顧一生財旺益何須携卷上邦畿此則穗厚之命死怖有碍須同儒子嗣枝頭有出奇運行初癸丑上人庇下有碍有虧甲寅運中世事短如春夢人情薄似秋枝乙卯運中淡烟揚柳岸薄霧杏花堤丙辰運中雖則行藏有慶然回人事趦趄丁已運中梅梢已報春消息始覔陽和滿太輝戊午運中延賓玩物會友鬪棋午字之中花放風欺已未運中但使家居富足何愁白髮厖眉庚申運中歲寒松柏暮景桑榆辛酉運中一番旌節一夢方帰

壬辰年　壬子月　庚戌日　丙子時

此八字庚戌魁罡之日相配柱中水火傷官制殺之格人生得此生於右族長於名門椿萱榮耀难双叠子嗣鴻鳫天边各奮騰其為人也丰姿清秀天性聪明理穷古事兼今事書對賢經與聖經驪珠照魏光難掩雷劍生豐氣自充終是功名之客豈為田舍之翁三級浪中龍变化九霄雲外鳳飛騰瑶池靜朝南極五夜鐘停拱北辰此則榮貴之命鴛幃金玉潤子嗣有光榮運行初癸丑上人庇下安晦之中甲寅運中十年窓下苗心志時來一舉便飛騰乙卯運中躍過三層浪搏過萬里雲丙辰運中折獄片言民訟息須臾風雨尚鴛人丁巳運中眠還金紫貫權位棟梁洪當此際風雪瀾庭戊辰運中有材當大用來許便辞榮己未運中籬下黄花酒窓边白雪琴庚申運中一枕了平生

壬辰年　壬子月　庚戌日　乙酉時

此八字庚戌日元相配柱中旺水傷官助才之格人生得此生於右族長於名門椿萱双晚茂鴻鳫各行鳴其為人也丰姿清秀天性聡明世事頗能將就般般學欠精通過火黄金重長價離雲明月倍清明重成新事業再整舊門庭萬里春風行樂頌四時佳趣瑞祥生豐年田舍禾盈罋臘日山家酒滿斟江湖有意公卿小廊庙無心宇宙輕但願一生湖海樂何須天府覔功名此則穩足之命鴛幃宜有副子嗣長初蔚運行初癸丑春風滔滿夏日炎蒸甲寅運中娟娟雲裹月灼灼葉中英乙卯運中寒向梅中盡春從柳上生丙辰運中雨過園桃簇錦風和岸柳拖金丁巳運中雲收雪夜天如洗從此財源倍有增戊午運中延賓玩物會友開樽己未運中晩年閑快樂庚申運中一枕入巫峯

壬辰年　壬子月　甲寅日　戊辰時

此八字甲寅專祿之日相配柱中旺水印綬之格女人得此生於右族長於名門椿萱榮晚茂棠棣各敷榮其為人也丰姿清秀天性聰明勝丈夫氣概有男子才能雪為輕紗憑風傳霞作胭脂依日匀箕帚頻驚存礼節相夫教子端賢能性急便如風捲浪片時言起片時停錦綉花開家富貴琅玕竹報日升平得看夫榮子貴也應同沐皇恩此則益旺之命良人得配年能容子嗣秋來朵朵榮運行初辛亥上人庇下花放風生庚戌運中孔雀屏開花欄慢橋橫銀漢水澄清己酉運中天上三陽泰人間五福增戊申運中濟濟裙釵絢日輝輝羅綺臨風丁未運中一輪明月當秋夜無限奇花正遇春丙午運中沖擊之所如月入雲乙巳運中晚年快樂子貴孫榮甲辰運中春光去也一枕清風

壬辰年　壬子月　丁巳日　辛亥時

此八字丁火相配柱中旺水官杀相連偏官之格人生得此生於右族長於高門椿萱先別鴻雁不同群其為人也有賢良之志君子之風行藏竟瀟洒咲飲任枯榮高人起敬貴客相欽遊山翫水携詩卷對月觀花把酒酣水光浮座盃盤瑩花氣侵人咲語聲門外田疇千古計江湖活計四時新雖不建侯封爵自然潤屋潤身此則厚實之命鴛幃金命須年少子嗣秋來一果成運行初癸丑上人庇下何論平生甲寅運中世事宛如新折柳人情渾似半開葵乙卯運中雖則財源旺足還愁人事虧盈丙辰運中正是梅青目白不妨霧鎖烟凝丁巳運中人生正在風光處素耗相侵不是驚戊午運中沖繫之所還發福財源旺足樂無窮當此之際微雨弄情己未運中安閑脫景未字之中一番阻節君若有陰騭庚申運方終

壬辰年　壬子月　乙巳日　甲申時

此八字乙木相配拄中金水官印之格人生得此生於名望之族長於清淨之門椿萱棠棣吾分別屋宇由我不承其為人也丰姿磊落天性聰明頗識聖經賢傳深知道法黃庭難入青閨折柳好來寶殿誦經三洞玉音幽鬼泣九天仙話紫皇封雖行清淨地終身作貴人一日風雲際會果然

恩浴洪深此則清貴之命運行初癸丑上人庇下淡淡青雲甲寅運中夜登竹屋棋敲月秋坐松壇笛咽風乙卯運中麒麟尾爐香火冷夜深壇上看星辰丙辰運中沛澤廣沾尊道教聲名耿耿達天庭丁巳運中光華疊疊當斯際尚有趨趨未順情戊午運中沖擊之際得失相停己未運中安享無窮之福慶庚申運中一朝飛留夜寅

壬辰年　壬子月　甲辰日　癸酉時

此八字甲辰日元相配拄中金水傷官之格有官有印無破作廊廟之才人生得此生於右族長於名門椿萱雙雙茂鴻雁不聯鳴其為人也丰姿清秀天性聰明胸藏今古事參識聖賢心麗句好為天下白萬才俊似海棠青終是功名客豈為田舍翁北海蛟龍頭角聳南山豹變爪牙新一朝騰踏飛黃去金紫榮肴次第陞此則榮貴之命鴛憚達理合子嗣裼衣新運行初癸丑春風駘蕩夏日炎蒸甲寅運中讀殘茅店月囊聚案頭螢乙卯運中夢逐玉蟾攀桂去馬隨春市踏花行丙辰運中寒拂紫衣催驛騎光生玉節下雲層丁巳運中戢戉金紫声名重風雪飛來尚惱人戊午運中沖擊之所歸效淵明己未運中晚年閒故里會友以閒攜庚申運中夕陽有限春夢無憑

壬辰年　壬子月　丁丑日　庚戌時

此八字丁丑日元相配柱中旺水偏官之格喜逢丑戌之土制殺為奇值斯命者椿萱不相守棠棣各分枝其為人也丰姿魁偉天性操持有方員之策動靜之機生逢離亂世長值太平特科名弓馬非吾事朝夕尤能躡鳳池日遊內苑特近皇威玉帶懸腰貴無限公卿見訪樂何如晚年總鎮江南地一省居尊更有誰此則近臣之命妻生難見面子假繼宗枝運行初癸丑陰雲黯黯寒雨淒淒甲寅運中未逢好景恒嗟嘆且向寒窗默待時乙卯運中雨露有恩天上降已知富貴漸來催丙辰運中榮華當此際騶擊喜無色丁巳運中帝王恩澤廣名德四方馳戊午運中山河座鎮三千里承恩拜舞出天池須臾風雨已未運中晚年持重柄有酒樂瑤卮庚申運中堯昌晚節辛酉運中奏入仙衢

壬辰年　壬子月　甲辰日　戊辰時

此八字甲辰日元相配柱中旺水旺綬之格印綬者上格也女人得此生於右族長配名門椿萱雙晚茂鴻雁各行鳴其為人也姿容清秀髮貌精神有肝食宵衣之懊惱治家立業之材能春入水光成嫩綠日勾花蕚發新紅相夫應有道訓子總成群喜則雲收華宗怒則風捲殘雲晚年夫子顯也應受榮封此則益旺之命良人得配名門客子嗣生成貴顯運行初辛亥上人庇下毋訓轍遵庚戌運中紅葉溝中傳寄意赤繩月下結良姻已酉運中一輪明月當秋夜無限奇花正遇生戊申運中羅綺千般色裙釵化日紅丁未運中夫唱婦隨多雅意鸞歌鳳舞足歡情丙午運中沖擊之所如履薄冰乙巳運中晚年多快樂甲辰運中一枕入蓬瀛

壬辰年　壬子月　甲辰日　甲戌時

此八字甲辰日元相配旺水印綬之格印綬者上格也女人得此生於良族長配高堂椿萱双晚茂鳴雁各行鳴其為人也姿容清秀髮兒異常有針綫之巧立業之能風送芰荷香滿院日烘花蕚色盈窓深明閨壼理洞識古今章心静似月明霄漢性急如風捲滄浪佇看夫子貴也應沐光榮此則益旺之命良人得配榮華容子嗣生成貴顯即運行初辛亥上人庇下紹襲迎祥庚戌運中泥融飛燕子沙煖浴鴛鴦己酉運中正是太平光霽景何愁人事尚悠揚戊申運中羅綺千般色珎羞百味香丁未運中錦綉花開家業貴琅玕竹報日安康丙午運中沖擊之所如月入雲囊乙巳運中春光去也一枕黄梁

壬辰年　壬子月　己酉日　甲戌時

此八字己酉日主相配桂中水火才官之格才感生官終身有慶只嫌身弱減我功名主人生於右族長於名門堂上椿萱連理翠天边鳴雁各行鳴其為人也丰姿清秀天性聰明知高識下理白分清機謀較繁人有人欽曰福曰榮自有順天之慶常安常樂豈無福地之深祖基祖業添新慶才帛資豐厚積存不必蜜珠来水府那須求劍到豐城財源富足家居好何用天邊沐寵榮此則穩厚之命鴛幃重配合子嗣晚光榮運行癸丑上人庇下天朗氣清甲寅運中娟娟雲裏月灼灼葉中英乙卯運中既濟尤防未濟得經尤慮失經丙辰運中才源滚滚家居好尚慮閑非素耗生丁巳運中兆李千株錦江山一畫屏戊午運中延賓快樂會友閑樽己未運中無思無慮庚申運中一道付陰

壬辰年　壬子月　壬辰日　壬寅時

此八字壬辰魁罡之日壬騎龍背之格人生得此生於右族長於西房椿親徽貴萱居副天邊鴻鴈各飛騰其為人也丰姿清秀天性聰明源流三峽水筆陣掃千軍衣冠濟濟人中傑和氣雍雍座环終是功名之客豈為田舍之翁龍門変化三春浪鵬路逍遥萬里程一從姓字傳揚後直上金鑾輔聖明此則崇貴之命鶺鴒春色麗子嗣有光崇幼年之下災晦未伸癸丑運中逍遥貧笈秉燭觀文甲寅運中十年窓下業時至便升騰乙卯運中粉署聯班才獨称皇恩有感大尊崇當此之際風雪満空丙辰運中戰廷金紫布德施仁丁巳運中藩臬陞陞超二品山河十郡仰威稚戊午運中權高損福歸效淵明己未運中春光去也花落月沉

壬辰年　壬子月　甲寅日　戊辰時

此八字甲寅專祿之日相配柱中旺水印綬之格印綬者宜乎仕路榮登主人生於右族長於名門萱母先歸重有継天邊鴻鴈各行鳴其為人也姿容清秀天性聰明胸羅今古事學識聖賢心太山北斗千年在和氣春風四座傾終是功名之客豈為田舍之翁龍門変化三春浪鵬路逍遥萬里程一從姓字傳揚後金紫榮看次第陞此則榮貴之命鶺鴒春色麗子嗣錦衣新運行初癸丑上人庇下風雪滿空甲寅運中欲向雲中牽足須從灯下留心乙卯運中莫愁雪阻藍關道特未頃刻便升騰丙辰運中驛中此日依行路江上春風促去程丁巳運中戰廷金紫貴風雪尚愁人戊午運中黎民仰德帝陛聞名己未運中解組田田里庚申運中春帰鳥不鳴

壬辰年　壬子月　庚戌日　壬午時

此八字庚戌魁罡之日相配柱中水火傷官助才之格人生得此生於右族長於名門木土椿萱双晚茂天边鴻鴈有群鳴其為人也丰姿清秀天性聰明胸羅今古事幸識聖賢心雁翔好為天下白高才俊似海東青衣冠濟濟人中傑和氣怡怡座上珎終是功名之客豈為田舍之翁鵬路風搏知健翼禹門躍浪見脩鱗一從姓字轉揚後金紫榮恩寵渥深此則榮貴之命鴛幃全正副子嗣有承榮運行初癸丑上人庇下天朗風清甲寅運中欲向雲中舉足須從窓下留心乙卯運中遠望天恩雲外降思攀桂子手中拏丙辰運中躍過禹門三級浪整肅衣冠拜紫宸丁巳運中戝廷金紫貴風雪不為驚戊午運中佇看官封三級須知祿貴千鍾已未運中天边世治歸老身榮庚申運中春光已去一夢佳城

壬辰年　壬子月　甲寅日　丙寅時

此八字丙寅專祿之日相配柱中旺水印綬之格人生得此生於右族長於名門椿萱榮晚茂鴻鴈奮長空其為人也精神炯炯知慧明明千古文章遇榮耀一天星斗貫心胸驪珠照魏光難掩當創生風氣自究終是功名之客豈為田舍之翁豹變南山霧鵬搏北海風一日風雲相際會九天雨霸沐恩深此則榮貴之命鴛幃金玉潤子嗣襁衣新運行初癸丑春風驟落夏日炎蒸甲寅運中不負寸陰之惜豈無題柱之功乙卯運中鵬路高搏知健翼龍門深躍見脩鱗丙辰運中重沐恩波鳳池裹朝朝柒證侍明君丁巳運中衣惹御爐抛瑞錦筆宣恩澤洒春霖當此之際風雲滿庭戊午運中冲擊之所歸効渊明已未運中春光去也啼鳥無聲

壬辰年　壬子月　己亥日　癸酉時

此八字己亥日元相配柱中金水傷官印才之格才多身弱女人得此生於右族長於名門椿萱双榮茂棠棣各敷榮其為人也姿顏清致德茂行真有針緻之巧相夫教子之能風逐芙花多滿日匀花蕚斧新紅滔滔無沮滯步步助夫門玉產崑崗蔵艷色蘭生楚澤薇清香克勤而克儉易喜而易嗔夫榮子榮享福無窮此則榮益之命鴛幃良人得配榮華客子嗣生成貴顯人運行初辛亥上人庇下安臨未伸庚戌運中而過洞房生氣鸞凰共和鳴己酉運中萬里烟雲收路一樓皓月光明戊申運中錦綉滿身扶不起金運無力戴娉婷丁未運中夫榮子秀享福享榮丙午運中思沾榮贈光耀家門丁巳運中春光去也花落月沉

壬辰年　壬子月　丙午日　己丑時

此八字丙午日月之辰相配柱中旺水偏官之格子辰會局為奇主人生於右族長於名門水火椿萱榮貺贈天邊鴻鴈各飛騰其為人也丰姿清秀天性聰明五車書富三冬足兩石弓當万騎冲衣冠濟濟人中傑和氣怡怡席上珍終是功名客豈為田舍翁龍門变化三尺浪鵬路逍遥万里程一從揚姓字金紫職階陞此則榮貴之命鴛幃燭夜添新喜子嗣森枝孝且忠運行初癸丑上人庇下未斷平生甲寅運中十年窓下業黄卷與青燈乙卯運中報道是龍還不信果然奪得錦標新丙辰運中寒拂紫衣催驛騎光生玉節下雲霄當此之際風雪還生過此丁巳運中職遷金紫貴擢任大夫榮戊午運中冲擊之所華不生亦己未運中榮田故里美酒盈樽庚申運中歸去也

壬辰年　壬子月　癸丑日　乙卯時

此八字癸丑日元相配柱中戊己之土身旺逢杀之格喜逢時值食神水居冬旺生平樂自無憂主人生於右族長於高門金水椿萱双脱茂天边鴻雁有飛騰其為人也丰姿清秀天性聪明般般稍覽件件不精行藏果断作事老誠有心於貨利無意恭刀邑兩部春色皆喬木昔日風流有幾人時至才源旺足運未福禄無窮此則穩享之命篤懦有犯須年敵子嗣秋来朵朵成運行初癸丑上人庇下安梅来伸甲寅運中寒向梅中盡春從柳上生乙卯運中隱隱輕雷抽碧笋微微細雨潤紅英丙辰運雨過萬重山有色雲開千里月光明丁巳運中尋常一樣窗前月總有梅花便不同戊午運中庭前竹報平安日檻外花開春貴富己未運中安閑晚景會友閑樽庚申運中夕陽有限春夢無憑

壬辰年　壬子月　戊午日　癸亥時

此八字戊午日丑之辰相配柱中旺水才印之格人生得此生於右族長於名門木火椿萱双脱茂天邊鴻雁有隨鳴其為人也姿容請秀髮貌精神有旰食宵衣之煩惱治家立業之材能冀第蘋蘩存禮節相夫教子踏賢明萬里無雲天一色三秋好景月長明克寬而克儉易喜而易嗔錦綉花開春富貴琅玕竹報日升平此則榮貴之命良人連珠榮貴客子嗣森枝朵朵榮運行初辛亥上人庇下毓秀閨門庚戌運中紅葉溝中傳密意赤繩月下結良姻己酉運中萬疊好山雲乍歛一樓明月雨初晴戊申運中德感江山生瑞氣恩沾草木動陽春丁未運中光華疊疊憔悴紛紛丙午運中彩中加彩色紅上綉紅英乙巳運中昏光杳也花落月沉

壬辰年　壬子月　甲午日　戊辰時

此八字甲午日元相配桂旺水印綬之格人生得此生於右族長於名門椿萱双晚茂鴻鴈各行嗚其為人也丰姿清秀天性聪能有理白分清之智截長補短之能福布江山外名聞湖海中花無桃李非春色人有笙歌是太平祿元成安讀威勝壓鄉民此則穩厚之命鴛幃連珠低一載子嗣森枝有挺崇運行初癸丑春風麗蕩夏日炎蒸甲寅運中寒向梅中盡春從柳上生乙卯運中隱隱輕雷抽碧筍微微烟雨潤紅英丙辰運中才如春水滔滔長祿若秋蟾漸漸明丁巳運中富之以潤其屋德之以顯其身當此之際風雪滿庭戊辰運中軒闊化日千祥集籬捲香風百福增己未運中晚年快樂一道訃音

壬辰年　壬子月　辛亥日　己亥時

此八字辛亥日元相配桂中旺水傷官劫才之格亦有飛天六馬之意主人生於右族長於名門火命椿萱榮晚贈天邊鴻鴈各捲風其為人也丰姿清秀天性聰明源流三峽誰能及筆掃千軍孰與論衣冠濟濟人中傑和氣怡怡席上珍終是功名之客豈為田舍翁折桂蟾中誇妙手標名鴈塔振蜚声瑤池鞭靜朝南檻五夜鐘停拱北人宸此則榮貴之命鴛幃燭夜添新喜子嗣秋來有継榮運行初癸丑上人庇下未斷平生甲寅運中十年窓下業黃卷與青燈乙卯運中時來風送騰黃閣須刻高搏萬里程丙辰運中自沐天邊寵朝班立縉紳丁巳運中三度君恩喜兩番風木驚戊午運中冲繫之所權重生凶己未運中晚年閑快樂一枕了平生

壬辰年　壬子月　壬子日　戊申時

此八字壬子日刃之辰相配柱中戊土偏官之格陽刃合殺為奇主人生於右族長於高居萱毋填房椿瀟洒天邊鴻鴈各行飛其為人也丰姿清秀氣象高明行藏果斷作事三思心不受觸性不藏機見善則持於己當仁不讓於斯祖業添新慶根源厚積餘萬業光華沾沛澤四時佳趣福緣增生涯湖海上道路或東西羅綺飄香風蕩蕩畫艫列座草萋萋但願財源富足何須天府榮帰此則饒裕之命鴛幃重合叠巳子嗣有縹奇運行初癸丑上

人庇下巻放風生甲寅運中雨過園苑簇錦風和堤柳垂絲乙夘運中漸漸精神爽晋晋福禄齊丙辰運中梅稍或報春消息始覺陽和滿二瀘丁巳運中巻盈上苑果盈圃稻滿平疇水滿池當此之際風雪成堆戊午運中歲寒松栢暮景桑榆巳未運中清風明月不用一錢買玉山自倒非人推

壬辰年　壬子月　戊午日　壬戌時

此八字戊午日刃之辰相配柱中水旺才旺生官之格人生得此生於右族長於名門椿萱雙晚茂鴻鴈各行鳴其為人也丰姿清秀天性聰明有抵雪欺霜之智應上和下之能過火黃金顯十分之貴色離雲皎月布萬里之清明祖業添新慶財源厚積存花無桃李非春色人有笙歌是太平雖不建侯封爵自然財祿餘盈此則發福之命鴛幃春色麗子嗣孝還榮運行初癸丑上人庇下花放風生甲寅運中娟娟雲裏月灼灼葉中英乙夘運中

寒向梅中盡春從柳上生丙辰運中近水樓臺先得月向陽花木早逢春丁巳運中財源富足家業餘盈當此之際風雪滿庭戊午運中延賓玩物會友開樽己未運中晚年快樂庚申運中一枕清風

壬辰年　壬子月　庚辰日　己卯時

此八字庚辰之日相配柱中水木傷官助印之格人生得此生於右族長於高門椿父先歸萱後別天边鴻鴈各行鴻其為人也丰姿清秀天性聰明謀動君子威伏小人行藏多消洒笑傲任椿棠萬里無雲天一色三秋好景月長明雖不成名利生来近貴人祖業添新慶才源自有成遊山翫水携詩卷對月觀花把酒斟杯於自已巧於他人無慮盡傳詩礼樂有朋来自遠尋一生快樂何須慮晚年子貴樂無窮此則特達之命鴛幃有犯須重結子嗣榮門孝且忠運行

癸丑上人底下未断平生甲寅運中青場柳葉睛初变紅入堯花燰来乌乙卯運中着意種花花不発無心挿柳柳成陰丙辰運中雖則才源旺足幾多人事虧盈丁巳運中威權自有人欽伏才帛盈隆福禄興須史風雨過雨過山青戊辰運中子貴孫榮家業旺何愁容皃尚未侵己未運中享子孫之福慶庚申運中一夢杳杳入佳城

壬辰年　壬子月　甲寅日　丙寅時

此八字甲寅之日之日相配柱中旺水即綬之格人生得此生於右族長於名門椿萱榮餞贈鴻鴈各行鴻其為人也丰姿清秀天性聰明源流三峽誰能及筆掃千軍誰與論驪珠照魏光难掩雷勁生風氣自充終是錦衣肥馬客豈為田遊世閑人足履三千皆後李博風九萬即前程一日声名遍天下満城葩李咲陽春此則榮貴之命处幃春麗霞裳贈子嗣榮門孝且忠運行初癸丑春風駘蕩夏日炎蒸甲寅運中讀殘茅店月囊螢案頭螢

乙卯運中騰身離泮水攀桂步蟾宮丙辰運中雨浪三層都躍過衣冠濟濟拜玄龍丁巳運中三度君恩喜一番風木驚戊午運中有才無大用未許便辞榮午字之中歸効淵明己未運中夕陽有限春夢無憑

壬辰年　壬子月　丙申日　丙申時

此八字丙申之日相配柱中旺水傷官之格只嫌殺重身輕幼年容滯主人生於右族長於名門木火椿萱双晚別天邊鴻鴈各行鳴其為人也丰姿清秀天性聰明下高謀遠見機關別纏紅天風已去過此黃金也長價離雲明月倚晴風笋長名園過舊竹花開上苑勝春風門外田疇千里計庭前花落菓四時新雖不綺羅衣祿格也須才祿足豐盈此則發積之命北幃連珠低二載子女森、有晚榮運行癸丑青風驟雨夏日瑩星甲寅運中寒日陰中盡春風柳上青生乙卯運中近水扶瑩先月日四邊花木自逢春丙辰運中才滾滾、家居好須史風雨尚存驚丁巳運中風雪滿庭戊辰運中松柏茂青己未運中晚年快樂庚午運中一枕

壬辰年　壬子月　庚戌日　甲申時

此八字庚戌魁罡之日相配柱中水木傷官耶才之格人生得此生於右族長於名門椿萱双晚茂鴻鴈各行鳴其為人也丰姿清秀天性聰明胸羅今古事學識聖賢心太山北斗千年在和氣春風四座傾終是功名客豈為田舍翁豹變南路鵬搏北海風一朝但得風雲便九五天門面聖容此則榮貴之命鴛幃宜有贈子嗣貴蘭馨運行癸丑上人庇下花放風生甲寅運中欲遂班超投筆志須嘉董子下帷功乙卯運中騰身離泮水舉足入雲津丙辰運中離民皈父母政化洽西東丁巳運中一天高雨隨車至千里仁風逐扇生當此之際柳絮輕盈戊午運中身榮封爵當此之際皇恩有感再加陞己未運中解組回田里離邊樂性情庚申運中夕陽有限春夢無憑

壬辰年　壬子月　甲午日　癸酉時

此八字甲午日元相配柱中旺水金神帶殺之格人生得此生於右於長於名門萱母續絃椿榮貴天邊鳴鴈各行鳴其為人也丰姿清秀天性聰明千古文章逞榮耀一天星斗煥心胞衣冠濟濟入中傑和氣怡怡席上琀終是功名之容豈為田舍之翁鵬路高搏知健翼龍門深躍見脩鱗一從姓字傳揚後直上金鑾輔聖明此則榮貴之命鴛幃燭夜添新慶子嗣秋來有挺榮運行初癸丑上人庇下詩礼趨庭甲寅運中十年窓下業時至便升騰乙卯運中躍過禹門三級浪秉笏金鑾拜聖明丙辰運中西風吹過天邊雪金紫煌煌雨露墜丁巳運中藩臬階墜起三品山河十郡仰威權戊午運中赤心扶日月素志展經綸己未運中春光歸去花落月沉

壬辰年　壬子月　庚子日　辛巳時

此八字庚子之日相配柱中水土傷官助殺之格人生得此生於右族長於仁門椿萱有倚鴻鴈行聯其為人也丰姿清秀天性聰明知高識下近貴親賢不戀不畏可方可圓萬象光華沾沛澤四時佳趣福闌闌財源旺足祖業增添琴樽風月平生計金玉松筠舊歲寒五湖生計好四海福綿綿但順財源多富足果然富足勝為官此則穩厚之命鴛幃春色麗子嗣晚班蘭運行初癸丑上人庇下花放風顛過此甲寅運中世事宛如春夢人情薄似秋雲乙卯運中爆竹聲中催臘盡梅花香裏送春還丙辰運中韶華萬里美景一聯丁巳運中千江有水千江月萬里無雲萬里天當此之際風雪瀰庭戊午運中潤屋潤身當此之際果然晚景福無邊己未運中春光去也花落春殘

壬辰年　壬子月　庚子日　癸未時

此八字庚子日元相配柱中旺水傷官之格人生得此生於右族長於高門萱毋續弦擠磊落天邊鴻鴈各行鳴其為人也丰姿清秀天性聰明胸羅今古事夢識聖賢心太山北斗千年在和氣春風四座傾終是功名之客豈為田舍之翁鵬路高搏知從翼龍門深躍見修鱗一從姓字傳揚後九天雨露沐皇恩此則榮貴之命鸞幃金石潤子嗣穠衣新運行初癸丑上人底下未斷平生甲寅運中欲向雲中舉足須從燈下留心乙卯運中時來風送滕王閣傾刻高搏萬里程丙辰運中郎署官幽財独称皇恩大夫榮富此之癸風雲蒲庭丁巳運中施恩布德掛紫拴金戊午運中正宜加爵祿何事便辞榮己未運中春光去也一枕青風

子平遺書　二六

壬辰年　壬子月　己未日　己巳時

此八字己未陽刃之日相配柱中旺水才旺生官之格才盛生官終身有慶遇斯命者生於右族長於西房椿覲榮晚萱帰副天邊鴻鵰各翱翔其為人也丰姿清秀天性果斷口吐珠璣言語胸藏錦繡文章東海驪珠能幾見豊城雲劍不終藏終是功名客豈為田舍郎純學科場驚試院英材翰苑沐恩光此則榮貴之命鸞幃重合醬子嗣脫珠光運行癸丑上人底下灾晦之鄉甲寅運中味道心千古披文目五行乙卯運中一声春霹靂從此姓名揚丙辰運中清映梅窓蕉玉雪寒生柏府稟秋霜丁巳運中一番風雪初晴後金鱗光照紫微堂戊午運中重紫重金當是景明時柱石佐明王己未運中天邊少恩澤籬下有壺觴庚申運中春光去也流水滔滔

子平遺書　二七

子平遺書　二八

壬辰年　壬子月　己亥日　壬申時

此八字己亥之日相配柱中旺水才旺生官之格人生得此生於旺族長於高門金命椿萱榮貺旺天邊鴻鴈陣行分其爲人也丰姿清秀天性聰明胸羅今古事學識聖賢心衣冠済済人中傑和氣怡怡席上珍豈是池中物尤来席上珍第長名園過舊竹花開上苑勝先春龍非九五青霄近鵬翼三千嶠海中一日風雲相際會直上金鑾輔聖明此則榮貴之命鴛幃重合螽子嗣脫光榮運行初癸丑上人庇下花放風生甲寅運中欲向雲中舉足須從灯下畄心乙卯運中莫愁雪阻籃關道時来風送馬蹄輕丙辰運中自沐天邊寵声名蕩九重丁巳運中腰横金作帶符剖玉爲鱗當此之際風雪滿庭戊午運中正宜秉笏筐朝野未許懸車故里中己未運中此地可憐埋片玉五雲無福見儀形

子平遺書　二九

壬辰年　壬子月　戊申日　庚申時

此八字戊申長生之日相配柱中水土才旺生官之格亦有合祿之意主人生於石族長於西苫椿新磊落萱光別天邊鴻鴈各飛行其爲人也丰姿清秀天性果斷聰明書藝遠偶倘世情長學問不新頹孟業生平常履貴人鄉重成新事業再整舊門墻遊山翫水携詩卷對月覩花把酒斟才源富足樓閣軒昂但願一生多富足何必思登天子堂此則穩富之命鴛帏全正副子嗣晚光揚運行初丑上人庇下安魔之鄉甲寅運中如花向日枝枝旺似筍穿泥節節長乙卯運中水向石邊流出冷風從花底過来香丙辰運中欲視一箭紅心内恨不當中反感傷丁巳運中才源雖旺足風雪又飄揚戊午運中于箧于筍乃積乃倉己未運中春光去也一枕黄梁

壬辰年　壬子月　辛亥日　丁酉時

此八字辛亥之日相配柱中水火傷官制殺之格
人生得此生於右族長於仁門土命椿萱同屬壽
天邊鴻雁各行鳴其為人也丰姿清秀天性聰明
世事頗能將就徽般學久通精萬里無雲天一色
三秋好景月長明樓臺疊疊生涯好財帛興隆福
祿增得意江山詩句絕忘情日月酒盃深江湖有
意公卿小廊廟無心宇宙輕此則發福之命鴛帏
水命非同屬子嗣枝頭有继宗運行初癸丑上人
庇下春風駘蕩夏日炎蒸甲寅運中寒向梅中畫

春從柳上生乙卯運中近水樓臺先得月向陽花
木早逢春丙辰運中須臾雲捲月頃刻月離雲丁
巳運中富之以潤其屋德之以潤其身當此之際
風雪滿庭戊午運中財源富足家業餘盈己未運
中梅尚茂柳亦青庚申運中一夕不來惟是夢落
花流水各西東

壬辰年　壬子月　辛丑日　己丑時

此八字辛丑日元相配柱中旺水傷官之格人生
得此生於右族長於名門椿萱雙晚茂鴻雁各
行鳴其為人也丰姿清秀天性聰明頗知礼義稍識
古今見善則持於己當仁不讓於帥羅綺播風香蕩
蕩壺觴列位草萋萋重成新事業再整舊門庭五湖
生意好湖海姓名馳消閒恭一局遺興酒三杯滿
世功身外事任他五湖風景怡情此則穩厚旺之命鴛
帏連理合子嗣桂蘭馨運行癸丑上人庇未斷平
生甲寅運中不為惜花春起早也應愛月夜眠

遲乙卯運中梅稍式報春息始覺陽和滿太空丙
辰運中小池雨過添新綠深谷春來發舊枝丁巳
運中簾捲香風生百福軒開化日祿元增戊午運
中門搁多壯觀己未運中春光去也一枕清風

壬辰年　壬子月　癸巳日　辛酉時

此八字癸巳貴人之日相配火土才官之格人生得此生於右族長於名門金水椿萱双晚茂鴻鴈各飛鳴其為人也丰姿清秀天性聰明高謀遠見機関別像慨情懷斈識深笋長名園過旧竹花開上苑勝先春田園桑柘茂畝畝稻粱馨花無桃李非春色人有坐歌是太平雖不徤侯封爵自然閨屋閏身此則穩厚之命驚慄然夜添星慶子嗣秋來孝且忠運行初癸丑上人庇下花放風生甲寅運中雨過山方秀雲開月始明乙卯運中近水樓臺先得月向陽花木早春逢丙辰運中財如春水滔滔長福似秋蟾皎皎明丁巳運中不獨才源足富尚祈声勢毫紅當此之際風雲濟運戊午運中才旺生官家業長福星臨照春氣輕己未運中晚年快樂庚午運中花落月沉

壬辰年　壬子月　庚子日　丙子時

此八字庚子日元相配柱中水火傷官制殺之格人生得此生於右族長於仁門萱母先歸還有継椿萱耐晚始歸程其為人也丰姿清秀天性聰明胷羅今古事學識聖賢心腸句妙為天下白高材俊似海東青終是功名之客豈為田舍之翁雲程坦坦登天去舉足悠悠名利成一日風雲相際會九天雨露沐皇恩此則榮貴之命驚慄宜有賢子嗣晚光榮運行初癸丑椿親庇下風雲初晴甲寅運中欲遂平生志須加萱子功乙卯運中時来風送滕王閣頃刻高摶萬里程丙辰運中獄折片言民訟息九天雨露再加陞丁巳運中金紫還榮權任重愁看門外雪盈庭戊午運中權高損福慎則無驚己未運中春光去也花落月沉

壬辰年　壬子月　己未日　丁卯時

此八字己未陰刃之辰相配柱中水木才殺之格人生得此生於大厦長於高堂萱母續弦椿義顯一雙水土晚年行天邊鴻鴈後隨鳴其爲人也丰姿清秀天性聰明胸羅今古事學識聖賢心騷句妙爲天下白高材俊似海東青終是文場榮貴客豈爲田舍鑿耕人鵬路高搏知健翼龍門深躍見脩鱗一朝騰踏飛黃去金紫榮看次第陞此則榮貴之命鴛幃全正副子嗣晚光榮運行初癸丑上人庇下未斷平生甲寅運中欲遂平生志須加董

子功乙卯運中騰身離泮水攀桂步蟾宮丙辰運中自沐天邊寵感飛郡縣驚丁巳運中腰横金作帶符剖玉爲鱗當此之際風雪紛紛戊午運中亦心扶日月素志展經綸己未運中晚年閑故里樽酒樂怡情庚申運中春光去也一枕清風

壬辰年　壬子月　戊戌日　癸亥時

此八字戊戌魁罡之日相配柱中旺水財旺生官之格人生得此生於西室長於宦門椿親衛國萱拍副天邊鴻鴈各行鳴其爲人也丰姿清秀天性聰明立仁立義多見多聞五車書富三冬足兩石弓當萬騎沖終是傳芳之客豈爲田舍之翁龍飛九五青霄近鵬擊三千瀚海深一朝騰達飛黃去九五天門面聖容此則繼顯之命鴛幃全正副子嗣晚光榮運行初癸丑上人庇下齊月光風甲寅運中焚膏展卷詩禮趨庭乙卯運中霹靂一聲雲

露合禹門躍過浪三層丙辰運中粉署聯班才獨稱六出花飛不損身丁巳運中郎署官銜何足羨大夫職位又加陞戊午運中重遷金紫職攝兵刑己未運中大抵功名只如此不如解組向離東庚申運中春光去也一枕巫峯

壬辰年　壬子月　辛卯日　己丑時

此八字辛卯日元相配柱中旺水傷官帶印之格人生得此生於西室長於高門椿親不耄萱帰晚天邊鴻鴈各飛騰其為人也丰姿清秀天性聰明神裏虹霓冲霄色筆端風雨駕雲程衣冠濟濟人中傑和氣怡怡席上珎終是錦衣肥馬客豈為田舍鑾耕人鰲逐玉蟾攀桂去馬随青帝踏花行一日聲名遍天下滿城桃李笑陽春瑶池鞭靜朝南極五夜鍾停拱北宸此則榮貴之命鴛幃連珠須配小子嗣秋来朶朶榮運行初癸丑上人庭下花

放風生甲寅運中篤學十年窓下時来一舉成名乙卯運中自然財祿動朝班立縉紳丙辰運中雪晴閶闔闢金紫職加陞丁巳運中南陽郡杜名高著西漢龔黃令大行戊午運中十郡山河吾職掌九天恩詔入神京己未運中夕陽有限春夢無憑

壬辰年　壬子月　戊申日　戊午

此八字戊申長生之日相配柱中旺水才旺生官之格才盛生官終身有慶遇斯命者生於右族長於名門椿萱有倚難雙耄天邊鴻鴈有行鳴其為人也丰姿清秀天性聰明機謀穀伏舉用人欽遇火黄金逞赤色離雲皎月倍清明門外田疇千古計庭前花木四時新不以功名為念豈将冠冕磨礱英雄惟贈劍三尺豪傑相逢酒一鍾雖不建侯封爵自然潤屋潤身此則饒裕之命鴛幃連珠須配小子嗣秋来朶朶榮運行初癸丑幼年之下实

悔未伸甲寅運中寒向梅中盡春從柳上生乙卯運中小池雨過添新綠深谷春来發舊馨丙辰運中福布江山外名聞湖海中丁巳運中軒闊紅日千祥集藾捲香百福增當此之際風雪滿庭戊午運中冲擊之所如月入雲己未運中桃源春去也蓬島信難通

壬辰年　壬子月　壬子日　甲辰時

此八字壬子日刃之辰陽刃合杀之格人生得此生於右族長於名門金土椿萱双晚茂天边鴻雁各行鳴其為人也手姿清秀天性聪明千古文章逞崇耀一天星斗煥心胸驪珠熊魏光难掩雷劍生風氣自充終是功名之客豈為田舍之翁三級浪中龍变化九霄雲外鳳飛騰一日声名遍天下滿城桃李咲陽春瑶池鞭静朝南極五夜鍾声拱北宸此則崇貴之命也帏金玉潤子嗣継衣新運行初癸丑上人庇下未断平生甲寅運中樊黌展卷秉烛觀文乙夘運中蔵器待時時必達時未攀桂步蟾宫丙辰運中躍過禹門三級浪東旁金鑾拜聖明丁巳運中戦近金紫貴風雲不為驚戊午運中藩景偕陞超二品山河十郡仰威権己未運中大抵功名只如此不如觧組向離東庚辰運中夕陽有限春夢無憑

壬辰年　壬子月　癸巳日　丁巳時

此八字癸巳貴人之日相配柱中火土才官之格水居冬旺生平樂自無憂主人生於右族長於名門金木椿萱双晚贈天邊鴻雁有行鳴其為人也丰姿人秀天性聰明胸羅星斗學識古今筆落驚風雨詩成泣鬼神定擬當朝顕珠紫豈效南畝務躬耕鰲遂玉蟾攀桂去馬隨青帝踏花行一從抱好子金紫戦階陞此則榮貴之命鴛幃有犯須相敵子嗣秋来孫孫榮運行初癸丑上人庇下花放風生甲寅運中焚香履冕秉燭觀文乙夘運中起鳳騰蛟從此姶果然秉笏拜明君丙辰運中已把嚴威推酷吏更将仁政釋黎民丁巳運中雪晴開闔金紫戦加陞戊午運中正宜加爵禄未許解簪纓己未運中春光去也一枕清風

壬辰年　癸丑月　乙巳日　乙亥時

此八字乙巳日元相配柱中水木楳氣才數之格人生得此生於文望之族長於詩禮之庭椿萱崇晚贈鴻鴈各摶風其為人也丰姿清秀天性聪明英才而出類學問以淵深袖裏虹霓吔霄色筆端風雨駕雲程終是功名之客豈為田舍之翁三汲浪亂变化九霄雲外鳳飛騰佇看官封三級酌然祿享千鍾此則榮貴之命鸞幃春色麗子嗣晚光榮運行初甲寅春風駘蕩夏日炎蒸乙卯運中十年窓下業時至便飛騰丙辰運中躍過三層浪朝班立縉紳丁巳運中亂浪怒虎風生戊午運中戝廷金紫宇内澄清梨花帶雪雨過山青己未運中重金重紫布德施庚申運中晚年囬故里會友以閑樽辛酉運中春光去也一枕清風

壬辰年　癸丑月　甲子日　乙丑時

此八字甲子之日相配柱中金土祺氣才官之格喜逢印綬主月遇斯命者生於右族長於名門椿萱双挽茂鴻鴈各行鴻其為人也丰姿清秀天性聪明知高下識重輕過火黃金显十分之貴色離雲皎月布萬里之清明祖業添新麗根源勝舊風萬里春風行樂頌四時佳趣瑞祥生花無桃李非春色人有笙歌是太平福元成岳瀆威勢壓鄉民此則穩享之命鸞幃連理合子嗣桂蘭榮運行初甲寅春風駘蕩夏日炎蒸乙卯運中雨過園花簇錦風和堤柳拖金丙辰運中隱隱輕雷抽碧笋微微細雨潤紅英丁巳運中天上三陽開泰運人間一氣轉鴻鈞戊午運中才源雖富乏風雪又盈庭己未運中福若泉源湧才如春氣生庚申運中心事数莖白髮生涯一片閑情辛酉運中夕陽有限春夢無憑

壬辰年　癸丑月　癸亥日　癸亥時

此八字癸亥日元相配柱中金土雜氣殺印之格時基喜見冲開逢斯命者生於右族長於仁門椿萱双脱別棠棣各數崇其為人也丰姿清秀天性聰明胸羅今古事學識聖賢心太山北斗千年在和氣春風四座傾終是功名客豈為田舍翁雲程坦坦登天去辛苦悠悠名利成一朝偶得風雲會九天雨露沐皇恩此則利榮之命鴛幃連理須配小子嗣黎花朵朵馨運行初甲寅安閑喜過詩礼趨庭乙卯運中十年窓下苗心志他日天邊達奮

騰丙辰運中一天膏雨隨車至千里仁風逐扇生丁巳運中江山迎五馬花柳拂双旌戊午運中雲晴閑閭闔雨露再加陞己未運中正宜輔国未許帰榮庚申運中無思無慮會友開樽辛酉運中春光去也花落月沉

壬辰年　癸丑月　辛酉日　乙丑時

此八字辛酉日配于柱中之土雜氣才官之格傷官劫印之権人生得此仕路聲馳椿萱榮耐脱鴻鴈有同飛丰姿洒落操幹能為窮通今古事博攬聖賢書北海蛟横頭角潜南山豹變爪牙新姓字登黄甲文冠拜鳳池此則榮耀之命鴛幃正副方諧老桂子金風三丙枝運行初甲寅幼承榮庭學聞詩乙卯運中欲遂平生志潜心下董帷丙辰運中禹浪連三躍沾恩膏氣飛丁巳運中一番黎雨過禄兩加光戊午運中金紫権衡千万里風霜阻

雪不為悲己未運中大才大用未擬榮帰庚申運中黄花緑酒辛酉運中帰去来兮

子平遺書　五

壬辰年　癸丑月　丙子日　庚寅時

此八字丙子日元相配柱中水土傷官制殺之格人生得此生旋右旋長於高門金水椿萱双晚茂天边鳴鴈各行鳴其為人也丰姿清秀天性聰明錦綉胸藏賢聖奉珠璣口吐武文風过火黄金逞十分之貴色離雲皎月有万里之清明衣冠濟濟人中傑和氣怡怡席上珎終是文場折桂客豈為田舍鑿耕人三汲浪中龍變化九霄雲外鳳飛騰一朝騰踏飛黄去九五天門向聖容此則榮貴之命鴛幃合正副子嗣晚光榮運行初甲寅春風駘蕩夏日炎蒸乙卯運中欲遂平生志須加董子攻丙辰運中騰身離泮水奉足拜飛龍丁巳運中凛凛威風寒見骨紛紛德譯惠軍民戊午運中戢迁金紫青名显風雪飛来倍惱情己未運中停看官超二品酌然鍾享千鍾庚申運中英雄都尽也高塚卧麒麟

子平遺書　六

壬辰年　癸丑月　庚午日　丙戌時

此八字庚午貴人之日相配柱中火土褋氣殺印之格傷官着用印官殺不為刑主人生於邃室長於名門椿親耐晚萱先别天邊鴻鴈有窠生其為人也丰姿清秀天性聰明孝問資先覓郡書貫一經豈是池中物九未席上珠早登蟾窟攀丹桂快向龍門奪錦英一從姓字登金榜濟濟衣冠拜聖明此則榮貴之命鴛幃東西錦帳子嗣周鳳鲁麟運行初甲寅上人庇下風雪满空乙卯運中欲遂平生男子志且留窓下十年心丙辰運中三月一聲雷動地崢嶸頭角現明君丁巳運中法嚴威權催酷吏更將仁政撫黎民戊午運中職迁金紫聲名重風雪飛来尚惱人己未運中蕩梟階陞遊二品山河十郡仰威雄庚申運中大抵功名只如此不知鮮組向籬東丁酉運中英雄都尽也高枕卧麒麟

壬辰年　癸丑月　戊辰日　癸亥時

此八字戊辰日得之辰相配柱中金水傷官助才之格人生得此生於右族長於名門椿萱榮晚贈鴻鴈有飛騰其為人也丰姿清秀天性聰明胸羅今古事學識聖賢心麗句好為天下顯英材後似海東青終是功名之客豈為田舍之翁三汲浪中龍變化九霄雲外鳳飛騰瑶池鞭靜朝南極五夜鍾傳拱北宸此則榮貴之命鴛幃宜有贈子嗣晚光榮運行初甲寅上人庇下安晦未伸乙卯運中不負寸陰之惜豈榮題柱之功丙辰運中禹浪三層都躍過東第金鑾拜聖明丁巳運中戰廷金紫聲名重風雪飛花尚惱人戊午運中三度錦衣歸故里兩番寵渥入神京己未運中赤心扶日月素志展經綸庚申運中莫道只依金馬貴也隨蝴蝶夢佳城

壬辰年　癸丑月　甲子日　戊辰時

此八字甲子日元相配柱中金土雜氣財官之格喜逢印綬生身只嫌身弱減民先榮主人生於盛族長於高門堂上椿萱双晚茂天邊鴻鴈各行鳴其為人也丰姿清楚性格剛忠有徽徽之計較淡淡之聰明萬里韶光世事每從忙中就一腦美景財源自向遠方生福布江山外名聞湖海中兩都春色皆喬木看舊風流有幾人財源有分生涯好官貴無緣不用心此則饒裕之命鴛幃春覆須指長子嗣榮門孝義深運行初甲寅驚濤亂水脈驟雨暗花紋乙卯運中春風播煖微雨弄晴丙辰運中萬里烟雲收斂一輪秋月光明丁巳運中財旺生官家業長福星臨慶喜非輕戊午運中西風吹過天邊雪從此財源倍有增己未運中樽罍有酒延佳客蘭室存書教子孫庚申運中歲寒松尚茂秋老菊尤香辛酉運中人生從此別無復見儀刑

壬辰年　癸丑月　丁丑日　乙巳時

此八字丁丑日主相配柱中水土傷官制殺之格人生得此生於石族長於名門金土椿萱雙晚贈天邊鴻鴈不同群其為人也精神烱烱智慧明明千古文章運榮耀一天星斗煥心胸珪璋自是清朝器律呂便偕治世音終是錦衣肥馬客豈為田舍作耕人北海蛟龍頭角聳南山豹變爪牙新一從姓自傳揚後直上金鑾輔聖恩此則榮貴之命鴛幃得合魚水情深子嗣有成班衣孝感運行初乙亥運中灾晦未申乙卯運中簡扁歸代虎詩禮伯魚庭丙辰運中十年窓下留心志一旦天邊遠奮騰丁巳運中躍過禹門三汲浪秉笏朝朝拜聖明戊寅運中腰紅金作帶符剖玉為鱗當此之際風雪滿庭己未運中自嘆引年歸故里朝庭未遂兩跡心庚辰運中籬下黃花酒丘中白雪琴辛酉運中九地可憐埋片玉五峯無覆見儀形

壬辰年　癸丑月　己卯日　乙丑時

此八字己卯專權之日相配柱中水水襍氣才杀之格人生得此長於名門堂上椿萱晚茂天边鴻鴈各行鳴其為人也丰姿清爽礼樂縱横千古文章運榮輝一天星斗換心胸驪珠照魏光惟掩雷劍生豐氣自元終是功名之客豈為避世之人珪璋自是清朝器律呂偏諧治世音北海蛟横頭角聳南山豹变爪牙新一從姓字傳揚後金紫榮育次弟陞此則榮貴之命鴛幃春苑須招副子嗣金風有挺榮運行初甲寅上人庇下災悔未伸乙卯運中欲向雲中夆足須從灯下留心丙辰運中霹靂一声雲霧合禹門躍過浪三層丁巳運中拗署聯班才独称皇恩有感毋加陞當此之際柳絮輕盈戊午運中佇看官封三級酌然禄享千鍾己未運中正宜秉笏匡朝野何事辞榮故里中庚申運中落花片片流水汪汪

壬辰年　癸丑月　壬申日　戊申時

此八字壬申長生之日相配柱中金土雜氣殺印之格殺印相生功名顯達主人生於右族長於高門水土椿萱歲長天邊鴻鴈有行鳴其為人也丰姿清秀天性聰明千古文章逞榮耀一天星斗煥心胸麗句好為天下白高才俊似海東青終是功名之客豈為田舍之翁北海蛟橫頭角聳南山豹变爪牙新一從楊姓字秉笏拜金門此則榮貴之命鴛幃金玉潤子嗣繼衣新運行初甲寅上人庇下未斷平生乙卯運中欲跨騰雲驥思囊照雪螢丙辰運中時来風送滕王閣頃刻高搏萬里程丁巳運中獄折片言民訟息九天雨露再加陞戊午運中職近金紫貴風雪尚愁人己未運中佇看官封三級酌然祿享千鍾庚申運中解組田田里難邊樂性情辛酉運中夕陽有限春夢無憑

壬辰年　癸丑月　癸丑日　丁巳時

此八字癸丑日相配柱中金土雜氣才殺之格殺印相生功名顯達主人生於右族長於名門土木椿萱雙晚茂天邊鴻鴈各行鳴其為人也精神烱烱智惠明明千古文章逞榮耀一天星斗煥心胸衣冠濟濟人中傑和氣怡怡席上珍終是功名客豈為田舍翁鵬路高搏知健翼龍門深躍見脩鱗一從姓字傳揚後九天雨露沐皇恩此則榮貴之命鴛幃有犯須招副子嗣秋来有提榮運行初甲寅上人庇下未斷平生乙卯運中欲向雲中攀足須從燈下留心丙辰運中時来風送滕王閣頃刻高搏萬里程丁巳運中寒拂紫衣催驛騎光生玉節下雲層戊午運中重紫重金當是景山河十郡有威權己未運中有材應大用未許便還家庚申運中子貴重榮贈辛酉運中春歸鳥不吟

壬辰年　癸丑月　乙亥日　癸未時

此八字乙亥日元相配柱中金水襍氣杀印之格杀印相生功名顯達主人生於右族長於名門椿萱榮倚难變贈天邊鴻鴈有行鳴其為人也丰姿清秀天性聰明源流三峽誰能及筆揮千軍詩與論珪璋自是清朝罷律呂偏諧治世音終是功名客豈為田舍翁鰲遊玉蟾攀桂去馬随青帝蹈花行一從姓字傳揚後九五天門面聖容此則榮貴之命鴛幃重合爸子嗣晄光榮運行初甲寅春風融蕩夏日炎蒸乙卯運中欻蹻騰雲驥思囊照露螢丙辰運中霹靂一声雲露合禹門躍過浪三層丁巳運中搴拂紫衣催騂驥光生玉節下雲層戊午運中腰横金作帯符剖玉為鱗當此之際風雪滿庭己未運中赤心扶日月素志展經綸庚申運中晚年閑放里會友以開樽辛酉運中夕陽有限逝水無声

壬辰年　癸丑月　辛酉日　戊戌時

此八字辛酉專祿日相配柱中大土雜氣殺印之格人生得此生於右族長於仁門堂上椿萱茂長天邊鴻鴈行鳴其為人也丰姿清秀天性聰明知高識下理白分清高謀遠見機関剔慷慨春風一妙人過火黃金顯十分之秀色離雲皎月有萬里之清明祖業添新慶根源勝旧風福布江山外名聞湖海中才源旺之生涯好身外無名樂自生鄉民仰德閭里推尊此則豐厚之命鴛幃有𢓜須年小子嗣秋来有粟崇運行初甲寅幼年之下淡淡平生乙卯運中寒向梅中盡春從柳上生丙寅運中已覺夜凉池雨至佇看花落曉風軽丁巳運中才源富足家居好風雪閑非尚恼人戊午運中成四時佳趣立萬古門庭己未運中庭前竹報平安日檻外花開富貴春庚申運中心事數並之白雪生涯一度之閑情辛酉運中歸去也

壬辰年　癸丑月　庚戌日　壬午時

此八字庚戌魁罡之日雜氣官印之格傷官在格為良主人生於右族長於名門椿親耄壽萱母先行其為人也丰資清秀天性志誠能言能語動用聰明學問粗知礼義行藏能近高人祖業添新慶根原再整新遊山翫水携詩卷對月觀花把酒斟遇險終無險逢凶幸不凶拙於自成巧於他人水光浮座盃盤瑩花氣侵人笑語馨滿世功名身外事五湖風月樂怡情雖不建侯封爵自然鄉黨推尊此則穩達之命鸞幃配頂招剮子嗣秋末尚

度生運行初甲寅上入庇下未断乎安乙卯運中世事短如春夢人情薄似秋雲丙辰運中風帶雪來應覺冷鳥啼花落始知春丁巳運中世事有增有減才源或廢或興戊午運中千里關山千里念一番風雪一番驚己未運中才源滾滾家居好雪擁庭前倍憐情庚申運中子秀孫賢多快樂辛酉運中訃音一播衆傷情

壬辰年　癸丑月　乙亥日　丁亥時

此八字乙亥日元相配柱中金火雜氣之殺之格喜逢印綬生身人生得此生於右族長於高居椿萱有倚惟双羞天邊鴻鴈各行飛其為人也多聞多見孝礼孝詩有輔世長家之德高謀遠見之胸李問有成碧落九重掉彩鳳英材特達青雲萬里驪霜歸崇沐恩波馳美拿四方民物樂熙熙此則脫白掛綠之命鸞幃得配名門女子嗣崇門秀幾枝運行初甲寅上入庇下如玉在石人不易知乙卯運中澂遂平生男子志且觀灯下十年書

丙辰運中功名終有日何必嘆趑趄丁巳運中赫赫底擁布紛紛雨露濡戊午運中萬里人民悦服一番風木憂悲己未運中皇恩德澤岱膏雨潤黔黎庚申運中遠歸千里騎鬪釣五溪魚辛酉運中歸去也

壬辰年　癸丑月　甲申日　戊辰時

此八字甲申專煞之日相配柱中金水雜氣官印之格本乎功名早達只嫌財神在柱事不十全主人生於右族長於名門萱母壽榮椿早別天边鴈字各行鳴其為人也丰姿清秀五性聰明頗知礼義稍識古今知高識下理白分清出火黄金重長價離雲皓月倍光明祖業添新慶声名勝旧風福布江山外名聞湖海中時至財源富足何須天府求名此則穩享之命允幃燭夜添新丕子嗣秋來朵朵成運行初甲寅上人蔭下未斷平生乙卯運中風帶雪来猶覓谷烏啼花落始知春丙辰運中淡湘籬柳色薄露瑣睛空丁巳運中爆竹声催殘臘去折梅香引早春來戊午運中天上三陽泰人間五福增月明雲斂雨過山青已未運中如松含晚翠似菊吐金英庚申運中光陰如過鳥一枕

丁平生

壬辰年　癸丑月　戊子日　甲寅時

此字戊子日元相配柱中水木雜氣才殺之格人生得此生於右族長於名門椿萱有倚難及耄鴻鴈天邊不共鄧其為人也丰姿清秀天性聰明高謀遠見機閑別慷慨春風一妙祖業添新慶根源勝旧風萬里無雲天一色三秋好景月長明水光浮座盃盤堂花氣侵人咲語馨但願一生財祿旺何不騎鯨入帝京此則穩厚之命鴛幃連理合子嗣晚森森運行初甲寅上人庇下花放風生乙卯運中隱隱輕雷抽碧笋纖纖細雨潤紅英丙辰運中雨過園桃簇錦風和摇柳拖金丁巳運中田園桑柘茂畝畝稻粱馨戊午運中人生正在光處只恐天邊雪满庭已未運中晚年快樂有酒開樽庚申運中無思無慮辛酉運中一枕难醒

壬辰年　癸丑月　丙戌日　庚寅時

此八字丙戌日元相配柱中水土傷官助才制杀之格人生得此生於右族長於高門椿萱不逮祿養奴荣贈天边鴻雁各行鳴其為人也丰姿清秀天性聪明涼流三峽誰能及筆掃千軍孰與論驪珠光耀光惟掩雷劍生豐氣自充終是功名之客豈為田舍之翁三汲浪中龍变化九天雲外凰番身一朝騰踏飛黄去濟〻衣冠拜丞明此則荣貴之命鸞幃有犯須招副子嗣森枝有継荣運行初甲寅上人庇下花放風生乙卯運中讀残茅店月囊棗柴頭螢丙辰運中一声春霹靂頃刻便升騰丁巳運中処事但憑三尺法理刑洽作一園春戊午運中西風吹過天边雪金紫荣看次第陞己未運中赤心扶日月素志展經倫庚申運中大抵功名只如此不如鮮組向籬東辛酉運中春梦無憑

壬辰年　癸丑月　壬午日　辛亥時

此八字六壬生旺干位號曰祿馬同鄉相配柱中〻火土謀氣財官之格喜逢日祿以歸時遇斯命者生於右族長於名門金木椿萱雙晚茂天邊鴻鴈各行鳴其為人也丰姿清秀天性聪名胸羅金古事學識聖賢心麗句妙為天下白高財從佀海東青終是功名之客豈為田舍翁鵬路高搏知健翼龍門深躍見脩鱗一從姓字傳揚後九五天門面聖君此則荣貴之命鸞幃金命配子嗣桂蘭業運行甲寅上人庇下花放風生乙卯運中十年窓下業黄卷興青燈丙辰運中蘂逐玉娟攀桂去禹道青帘蹯花行丁巳運中觧中晴日催行站江上春風促去程戊午運中職迁金紫声名重風雪飛来幸不驚己未運中佳看陞聡二品酌然祿享千鍾庚申運中解組回田里羅邉樂性情辛酉運中花落水流春已去蘭催玉折恨何明

壬辰年　癸丑月　甲戌日　戊辰時

此八字甲木日元相配金土褀氣才官之格人生得此生於良族長於高門椿萱金命須同屬天邊鴻鴈陣行飛其爲人也行藏果斷動因乘能知高下識重輕黃金過火重增價白璧離塵色更明萬里諳華世事每懷忙裏就一聯美景才源自向遠方生不向仕途求問造却來湖海覓黃金福元成沛澤威勢壓鄉民此則豐饒之命鴛幃連珠須配小子嗣枝枝有娗崇運行初甲寅上人庇下花放風生乙卯運中天邊初出月光上始開英

丙辰運中隱隱輕雷抽碧微微細雨潤紅英丁巳運中不獨才源富足尚祈声勢豪洪戊午運中旺中尚有盈盈雪雪霽才源倍有增己未運中高朋滿座美酒盈樽庚申運中約梅同醉引鶴僉行辛酉運中歸去也

壬辰年　癸丑月　己丑日　戊辰時

此八字己丑日元相配桂中金水傷官助才之格主人生於右族長於高門椿萱榮晚茂鴻鴈各行鳴其爲人也丰姿清秀天性聰明胸羅星斗學貫古今衣冠濟濟人中傑和氣怡怡席上珍終是功名之客豈爲田舍之翁萬里扶搖鷲騰蟄一聲霹靂躍潛鱗緋衣日暖趨金闕寶殿雲開識聖顏此則英貴之命鴛幃有犯須年敵子嗣生成貴顯人運行初甲寅上人庇下襁褓平生乙卯運中欲遂平生志須加燈火功丙辰運中遠望天恩雲外降恩攀桂子手中英丁巳運中禹浪三層都躍過秉笏趨朝拜聖明戊午運中承恩歸美榮三世再擢金章輔聖明己未運中有材應大用未許乞閒身庚申運中夕陽有限春夢無憑

壬辰年　癸丑月　庚午日　丁亥時

此八字庚午貴人之日相配柱中水土傷官帯印之格雜氣官印之論主人生於右族長於高門金火樓臺双晚茂天邊鴻鴈有行鳴其爲人也丰姿清秀天性聰明知高下識重輕過火黄金重長價離雲皎月倍清明祖業添新慶根原勝舊風田園桑柘茂畝畝稻粱馨朝中無姓字囊底有珠珎但歎才源富足何須天府求榮此則穩享之命鴛幃金命須年小子嗣生成蹺灶人運行初甲寅春風駘蕩夏日炎熱乙卯運中兩過園林簇錦風和堤柳花金丙辰運中近水樓臺先得月向陽花木早逢春丁巳運中才源富足家業餘盈戊午運中黎花院落溶溶月柳絮池塘淡淡春己未運中延賓玩物會友開樽庚申運中春光去也一枕丑峰

壬辰年　癸丑月　辛酉日　己丑時

此八字辛酉專祿之日相配柱中水土雜氣印綬之格人生得此生於良族長於名門火命椿萱連珠屬天邊鴻鴈各行鳴其為人也丰姿清秀天性聰明知高下識重輕過火黄金顯十分之貴色離雲皎月布萬里之光明根基祖業添新慶財帛聲名勝舊風不問仕途求聞達却来湖海覔黄金田園桑柘茂畝畝稻粱馨財源富足第宅增新晚年光睿景献粟也榮身此則穩顯之命鴛幃重合登子嗣晚榮門幼年之下癸晦未伸甲寅運中青帰柳葉晴初変紅入桃花暖未匀乙卯運中近水樓臺先得月向陽花木早逢春丙辰運中富之以潤其屋德之以顯其身丁巳運中富貴榮華當此際還愁風雪滿門庭戊午運中江山風味好閭里始各闡己未運中引鵷讓行三径晚邀賓同酌一壺春庚申運中帰去也

壬辰年　癸丑月　丙辰日　丙午時

此八字丙辰日得之辰傷官制殺之格人生得此生於茂族長於高門其為人也丰姿清秀天性聰明辯鋒穎利疑無敵筆力縱橫若有神終是功名客豈為田舍之人嘉谷不早實名利當晚成瓊林雖不恭高宴祿位榮看次第陞一朝但得風雲便自有仁風遠近清此則榮貴之命鴛幃金玉潤子嗣秀金英運行初甲寅上人在下未斷魁盈乙卯運中携灯展卷秉燭觀文丙辰運中幾欲榮登月殿畬成暮雪裁冰丁巳運中機會來時離泮水時來跨馬上神京戊午運中皇恩應有感百里秉惟衡己未運中猛虎渡河民快樂飛蝗過境歲豐登庚申運中榮同雞下樂辛酉運中一枕入佳城

壬辰年　癸丑月　戊辰日　戊午時

此八字戊辰日德之辰相配柱中金水傷官助財之格女人得此生於右族長於名門椿萱雙晚茂鴻鴈各分鳴其為人也丰姿清秀髮貌精神勝丈夫之氣槩有男子之村能一苑杏桃鋪錦綉滿山松柏映幃屏相夫應有道訓子總成群春入水光成嫩綠日勻花蕚發新紅錦綉花開家富貴琅玕竹報日昇平喜則春陽和照怒則風捲殘雲雖則晚年多快樂也須子貴拜天恩此則穩厚之命良人英傑客子嗣生成貴顯人運行初壬子天冷雲還凍江寬風尚生辛亥運中孔雀屏開花爛熳芙蓉帳暖氣氤氳庚戌運中片雲能發千山雨雨過千山依舊晴己酉運中羅綺千般色裙釵化日明戊申運中彩中加彩色紅上贈紅英丁未運中子貴家業旺何愁白髮生丙午運中春光去也鏡掩難明

壬辰年　癸丑月　癸丑日　乙卯時
此八字癸酉日元相配柱中金土偏官助印之格
人生得此生於右族長於名門當母續絃播磊落
天邊鴻雁陣分行其為人也丰姿清秀礼樂縱橫
學問三冬足詩書萬卷通太山北斗千年在和氣
春風四座傾豈是池中物尤來席上珍萬里扶搖
驚暗發一聲霹靂路潛鱗長安人滿路爭看綉衣
新自錫殘林宴封高社稷臣此則榮貴之命金玉
潤子嗣繼衣新運行初甲寅春風飄蕩夏日炎蒸
乙卯運中焚香展卷秉燭觀文丙辰運中三場筆
若文如掃萬里鵬程路正逢丁巳運中禹浪三層
都離過風生鉄面鬼神驚戊午運中佇看官超三
級酌然祿享千鍾當此之際風雪滿庭己未運中
有材應大用未許便辭榮庚申運中歸去松筠三
倚足消閑軒晃一雲鞋辛酉運中藤花鄉寐嘯山
馬香夢悠悠入九重

壬辰年　癸丑月　丙寅日　戊戌時
此八字丙寅長生之日相配柱中水土傷官制殺
之格人生得此生於右族長於名門播親為甚歸
何處我生我死實傷心天邊鴻雁有不同群其為
人也丰姿清秀天性若誠機謀韜伏舉用人欽梅
開白雪飄東閣笋出新稍過此庭過火黃金重長
價離雪皎月倍清明才源富足平生好何須躍馬
入神京此則發福之命鴛幃連珠須帶小子嗣秋
來朵朵成運行初甲寅豈親庇下風雪初明乙卯
運中寒向梅中畫春從柳上生丙辰運中漸漸精
神爽看看氣象新丁巳運中天上三陽泰人間五
福臻戊午運中才如風捲浪福似月離雲己未運
中延賓玩物會友開樽庚申運中無恩無慮辛酉
運中一枕清風

壬辰年　癸丑月　庚午日　丁亥時
此八字庚午貴人之日相配柱中火土襍氣
官印之格丁壬作合爲良主人生於良族長
於名門水金椿萱雙挽茂天邊鴻雁各分
行其為人也丰姿清秀天性果剛般般聰明
書遠倜儻世情長黄金過火高增價白璧
離蘆色更光廣覽書史今古能通三牽文章
驪珠照艷光難掩雷劍生豐氣羡藏終是
功名之客豈為田舍之郎一朝但得風雲便九
天雨露沐恩光此則榮貴之命鴛幃重合
子嗣有光揚運行初甲寅幼年之下未斷灾
祥乙卯運中欲遂平生志灯窗莫放閑丙辰
運中特来自有良機會駿驄坦道上長安
丁巳運中梨花皎父母禄位再加昌戊午
運中郎署官丞何足羡大夫職位又加昌當
此之際風雪滿墻已未運中正宜加官爵何
似使還鄉庚申運中一枕黄粱

壬辰年　癸丑月　甲寅日　戊辰時
此八字甲寅專禄之日雜氣財官之格女人得此生
於右族配於仁門椿萱先别父棠棣各數榮姿容清
德茂行真有針綴之巧立業之能每懷丸膽意時抱
擇隣心萬象光華沾沛澤四特佳趣瑞祥生難觸难
犯易喜易嗔錦綉花開家富貴琅玕竹報日升平此
則益旺之命良人金命須年少子嗣森枝晚送終運
行初壬子上人庇下毓秀閨門癸亥運中契合琴鴛
成好萼萱緑紅葉是佳姻庚戌運中片雲能發千山
雨雨過千山依舊青己酉運中雖則夫門財業旺旺
中尚有事逡巡戊申運中須史風雨過依瑞祥生丁
未運中月落九霄星斗暗霜殘菊墮紅英丙午運中
子秀家居樂滔滔福禄增乙巳運中楚臺雲散空留
夢漢苑香消不返蒐

壬辰年　癸丑月　丙子日　己亥時

此八字丙子日元相配柱中水土傷官制殺之格女人得此生於右族配於名門椿萱双晚茂鴻鴈各飛鳴其為人也姿容清秀髮皃精神雖是女流之背過如男子之能深明閨壼理洞識古今情衣冠濟濟三從俗家業昂昂四德新玉秀崑崗藏瑞色蘭生楚絕散清馨性急便如風捲浪斥時言起斥時停佇看夫榮子貴也應福祿無窮此則穩足之命良人得配須年小子嗣生成貴顯人運行初壬子上人庇下究晦未伸辛亥運中孔雀屏開苍爛熳芙蓉帳熳氤氳氤庚戌運中萬疊好山雲乍歛一輪明月雨初晴己酉運中雨過园尨簇錦風和堤柳拖金戊申運中精神又憔悴憔悴又精神丁未運中愈老黃苍香馥郁歲寒松栢耐長青丙午運中金烏西墜也明月照黃昏

壬辰年　癸丑月　甲子日　乙亥時

此八字甲子之日相配柱中金火譙氣才官之格喜逢印綬生身值斯命者生於右族長於華宗水命椿萱荣晚贈天邊鴻鴈有飛鳴其為人也丰姿清秀天性孝忠高謀遠見機関别慷慨情懷學識充筆落驚風雨詩成泣鬼神終是瓮膚之容豈為田舍之翁一朝馬上衣冠别耿耿聲名播九重此則繼荣之命鴛幃正副桂子叢叢運行初甲寅幼年之下究晦未伸乙卯運中未奮志於雲霄之外且讀書於光風之中丙辰運中須臾雲霧合頃刻化成龍丁巳運中仁風揚百里政治洽西東戊午運中擢戢烏臺權任重重重風雪尚愁人己未運中佇看官封三級酌然祿享千鍾庚申運中九地可憐埋斥玉五雲無復見儀形

壬辰年　癸丑月　戊寅日　癸亥時

此八字戊寅專祿之日相配柱中水木雜氣才殺之格女人得此生於右族長於名門搢萱雙晚茂索祿各數榮其為人也妖嬈体皃消洒姿容女工機巧維全善婦道蘋蘩盡類能風送芰荷香滿院日匀抱夢發新粧深明閨畫理洞識古今情紅日照穿湘水碧白雲堆破楚山青心靜似月明雲漢性急如風捲殘雲錦綉名園花富貴琅玕幾日竹平安身受胚胎雙並育我生他死實傷心此則榮益之命良人得配名門友子嗣生成貴顯人運行初壬子上人庇下災晦平平辛亥運中詠桃夭之句洽魚水之情庚戌運中雖則夫門多快樂幾多人事尚虧盈己酉運中光風藹藹德澤紛紛戊申運中羅綺千般色裙釵化日明丁未運中子貴夫榮多快樂何愁第宅不光榮丙午運中人生從此別無復見儀刑

壬辰年　癸丑月　乙丑日　戊寅時

此八字乙丑日主相配柱中金土傷氣才殺之格人主得此生於右族長於仁門金木椿萱双脫別天邊鴻雁各行鳴其為人也丰姿清秀天性昏沉頗知禮義稍識古今有經霜抵雪之智截長補短之能祖業添新慶根源勝旧風福布江山外名聞湖海中花無桃李非春色人有笙歌是太平時來才祿旺運至福無窮此則穩厚之命先偉才帛運珠贈子嗣生成蹲灶人運行初甲寅上人庇下災悔未伸乙卯運中雨過山方秀雲開月始明丙辰運中隱隱輕雷抽碧筍微微細雨潤紅英丁巳運中近水樓臺先得月向陽花木早逢春黎花盡雪雨過山青戊午運中成四時佳趣立萬古之門庭己未運中天上三陽泰人間五福增庚申運中春光去也　花落月沉

壬辰年　癸丑月　辛未日　己亥時

此八字辛未日元相配柱中旺土傷官用印之格人生得此生於右族長於名門木火椿萱萱歲長天邊鴻雁後隨鴻其為人也丰姿清淡天性聰明胸羅今古事學識聖賢心麗句妙為天下白高才俊似海東青終是功名之客豈為田舍之翁北沼蛟龍頭角聳南山豹變爪牙新一朝騰踏飛黃去金紫榮看次第陞此則榮貴之命鸞幃重合蚤子嗣晚光榮運行初甲寅上人底下花放風生乙卯運中十年窓下無人問一舉成名天下聞丙辰運中驛中曉日催行語江上春風促去程丁巳運中佇看官封三級酌然祿享千鍾戊午運中雪晴雲散天如洗金紫重重又贈榮己未運中有才應大用未許便辭榮庚子運中九地可擇埋月玉一宵無復見儀形

壬辰年　癸丑月　壬申日　甲辰時

此八字壬申之日身坐長生雜氣殺印之格伏此根基爲得不貴椿父先歸萱晚別聯行鴻雁各分行其為人也丰姿瀟洒志氣果斷口吐珠璣言語胸藏錦綉文章灵鰲動處千山振丹桂開時萬里香重重祿位承恩厚濟濟衣冠拜聖王此則貴甲顯人之命鸞幃得合頭生虎子嗣金風秀色晶運行初甲寅春寒料峭未称尋芳乙卯運中閨詩學礼入室升堂丙辰運中未許升猶雲瀅依然困守書窓丁巳運中蟾宮丹桂新時折雁塔芳名有日揚戊午運中一從鷹宴瓊林後千里人民尽贊襄己未運中荣迁金紫貴未許返家鄉庚申運中有名閨富貴無事樂安詳辛酉運中春光尽也酹酒三鍾

壬辰年　癸丑月　丁丑日　庚子時

此八字丁丑日元相配柱中水土傷官印殺之格人生得此生於右族長於名門堂上椿萱連珠碧天邊鴻鴈各行鳴其為人也精神炯炯智慧明明高謀遠見機關別慷慨春風一妏人黄金過火重争價白雪離雪色更明豈無高仕敬特有貴人欽不文不武偏能貴特来機會顯光榮晚年光霽景富貴樂無窮此則異貴異榮之命鴛幃簇簇子嗣英英運行初幼年之下灾晦未伸乙卯運中隱隱輕雷抽碧笋微微細雨潤紅英丙辰運中欲速不達停帆待人丁巳運中一旦陷然機會好崢嶸頭角顯門庭戊午運中人生正在光華處只恐閑非素耗生己未運中有名聞富貴無事樂閑心庚申運中心事數莖之白髮生涯一片之閑情辛酉運歸去也

壬辰年　癸丑月　辛亥日　庚寅時

此八字辛亥日相配柱中土木雜氣財官之格人生得此半姿莊重操幹多方椿父先歸萱後別鴈行天際各飛翔學識窮通今古事筆鋒能理憲條章雖不名登黄甲也須戢列公堂此則顯榮之命鴛幃有碍須年少桂子秋来有繼芳運行初甲寅庇佑之下快樂何當乙卯運中詩書雖有志仕路未光揚丙辰運中一番風雪過躍馬到朝陽丁巳運中時来名必達何慮有風霜戊寅運中政化東西洽仁風遠近揚己未運中再加祿位便擬還鄉

庚申運中榮回處樂夢入黄粱

壬辰年　癸丑月　甲寅日　辛未時

此八字甲寅日相配柱中金土雜氣才官之格人生得此丰姿英厚天性剛明椿萱不違双宗養鳩鴈天邊有各鳴學識窮通今古筆鋒能掃究情瓊林雖不登高宴次第登天沐寵榮此則榮貴之命鴛幃有犯須偏正桂子庭前有挺崇運行初甲寅上人庇下黄卷青灯乙卯運中志欲登天步月身還蓟雪裁氷丙辰運中到此時来機會好陽関三疊馬歸輕丁巳運中踈踈風浪過從此布聲名戊午運中威揚千百里財旺事相榮己未運中再加禄位未鮮襲簪纓庚申運中榮回處樂辛酉運中夢入蓬瀛

子平遺書　二

壬辰年　癸丑月　庚戌日　己卯時

此八字庚戌魁罡之日相配柱中水木傷官印財之格人生值椿父先歸萱別天邊鴈字各聯飛其為人也丰姿平穩處事能為高人敬仰遠客扶持田園有分生計如機祖業宜重整資囊璇璣齊此則成五之命鴛幃難鶴髮桂子燕兒運行初甲辰雙親之下何是何非乙巳運中春歸柳葉晴初変紅入桃花暖齊丙午運中財帛盈囊人事廣也愁飛雪洒班衣丁未運中彤雲四野布雪鶯萬山輝戊申運中不意之中曾獲福同心之處反成非己酉運中運至門閫壯觀時来福慶崔嵬庚戌運中筵賞設席晚景桑榆辛亥運中春光一去萬事成非

子平遺書　三

壬辰　癸丑　辛酉　丁酉

此八字辛酉專祿之辰時上偏官之格喜得印綬生身五行清正值此象者堂上椿萱中道别天邊鴻雁不成聯其為人也財魁磊落性格機関學問知今古心胸識聖賢必遂成名顯姓豈甚鑒井耕田天府沐恩榮有日瓊林斟酒紿成龍此則貴宦之命処幃有碍兩強既續新絃子嗣無亏晚節斑衣之慶運行初甲寅只宜庇佑事不週全乙卯運中十年窓下詩礼勞煎丙辰運中時來風送騰王閣何必憂愁未進前丁巳運中蓄地威權而揚播

須史雲霧尚漫天戊午運中侍僕沾諸名倍振豈敎田里守清閑己未運中老當益壯声權布晚節輝丶勝早年庚申運中正宜蒞政未遂安眠辛酉運中松枝盛福之堅壬戌運中帰去也

庚子　丙戌　壬辰　丙申

此八字殺重身輕有損夭折之命

丙申　壬辰　壬子　戊戌

此八字本輕用重夭折之命也

壬辰　癸丑　乙酉　丁亥

此八字乙酉日相配柱中金水雜氣殺印之格人生得此姓顯名揚椿萱雙别晚棠棣有同芳丰姿英俊天性果剛筆底詞源三峽遂胥中學業五車蔵一朝但得風雲便禹浪連翻上帝鄉此則榮輝之命鴛幃有犯重偏正桂子先難後發芳運行初甲寅踈踈炯雨行樂無妨乙卯運中尋章摘句入室升堂丙辰運中騰身登月殿錫宴拜天堂丁巳運中一番風雪過禄位兩加昌戊午運中職列大夫金紫風波些少驚張己未運中大才大用未擬

還鄉庚午運中黄花綠酒辛酉運中夢度石梁

壬辰年　癸丑月　乙酉日　丙子時

此八字乙酉日相配柱中金水然印之格人生得此姓揚名揚椿親金屬萱年長棠棣枝多有損傷儀容俊傑天性明良理貫古今之意心明賢聖之章滄海驪珠能幾見豐城雷劍不終藏一朝騰踏飛黃去此是男兒當自強此則榮貴之命鴛幃金玉質子嗣桂蘭香運行初甲寅上人庇下花放風枉乙卯運中詩書雖勉力仕路未聲揚丙辰運中風雲相際會騰踏上天堂丁巳運中權衡奮千里風雪便飄揚戊午運中職列大夫金紫貴山河十郡仰威光己未運中大才大用庚申運中夢入仙鄉

子平遺書　六

壬辰年　癸丑月　癸未日　壬戌時

此八字癸未日相配柱中之土偏官之格七喜四庫俱全兩干不雜人生得此英姿慷慨天性剛明椿萱榮耐晚鳴鳳有聯鳴學問三冬足詩書萬卷精擊開水府珠生彩抵出豐城劍有聲禹浪連三躍衣冠拜聖明此則顯榮之命鴛幃金正副桂子錦聯吳運行初甲寅上下庇下詩禮趨庭乙卯運中詩書窮萬卷探月便光明丙辰運中兩過開天伏瓊林擬便登丁巳運中威風驚郡縣祿位兩加陞戊午運中山河開十郡風雪一番生己未運中大才大用威振邊城庚申到辛酉運中歸去也

子平遺書　七

壬辰年　癸丑月　丁未日　丙午時

此八字丁未陰月之日殺生印綬之格喜逢日祿歸時椿父先行萱去後天邊鴻雁下聯飛其為人也有抑強扶弱氣槩欺風抵雪之能為言不易發事必三思豐年田舍禾盈譽日臘山家酒滿卮功名冠世非吾願但沒榮枯樂自如此則穩實之命鴛幃得配連珠女子嗣金風秀已枝運行初甲辰跡雲淡淡微雨淒淒乙巳運中江南梅展漸覺春歸丙午運中遇貴扶持方是穩妥為反致一場非丁未運中任他世事多番覆亂得憂輕樂有餘戊申運中積雪嚴霜都歷盡縱有和氣滿門閭己酉運中果有太平之日豈無享用之時庚戌運中蒼松秀北嶺黃菊綻東籬辛亥運中榮享兒孫福壬子運中春歸鳥自啼

壬辰年　癸丑月　辛未日　丙申時

此八字辛未日元相配柱中火土雜氣官印之格傷官若用印官殺不為刑主人生於右族長於西房椿親先造萱帰副天邊鴻雁有飛黃其為人也手姿清秀天性機關英材而出類學問以淵源清白已在雲霄上逸氣还充宇宙間緋衣日煖趋金闕宝殿雲開識聖顏此則榮貴之命鴛幃得合魚水同歡子嗣有成班衣顯貴運行初甲寅上人庇下春苑青山乙卯運中書窓經十載雪案廷千篇丙辰運中報道是龍还不信果然奪得錦標还丁巳運中名聞萬里獄折片言戊午運中雪情閑閣園金紫職高廷已未運中重紫重金當是景來應解組隱田園庚申運中春光去也一枕不还

壬辰年　癸丑月　庚戌日　丙子時

此八字庚戌魁罡之日相配柱中丙火時上一位貴格女人得此福厚晚年椿萱棠棣难齊壽妯娌翁姑尚寡緣儀容雅麗天性良賢勝丈夫之謳槩過男子之才權初運平和中發福晚年享用自天然此則福榮女命良人年少重諧老桂子庭前發秀妍運行初壬子閨門之内福享綿綿辛亥運中紅絲牽綉懊良玉種藍田庚戌運中雖則裙釵濟濟旺中人事憂煎己酉運中恰似洛陽三月景牡丹開錦柳飄綿戊申運中財源来旺家居好風雪無端一度寒丁未運中門闌增秀麗福慶樂閒閒丙午運中恩承雨露樂守自然乙巳運中粧樓人去也臺鏡晚空懸

壬辰年　癸丑月　辛酉日　己丑時

此八字辛酉日相配柱中之土雜氣印綬之格人生得此本顯功名只嫌印氣太重減尅福力椿萱雙晚[剋]鴻鴈有隨飛丰姿洒落天性能為般般都好學件件只粗知祖業添新慶才囊自積齊但願市壓生計旺何須身到鳳凰池此則富旺之命鴛幃配合須年少桂子庭前三兩枝運行初甲寅庇佑之下風雪相欺乙卯運中有志生才利無心苦讀書丙辰運中踈踈風浪過日日旺家資丁巳運中交四方之豪傑整一簇之門閭戊午運中滔滔旺家業處處有名馳己未運中桂蘭挺秀庚申運中歸去来兮

壬辰年　癸丑月　甲子日　庚午時

此八字甲子日相配柱中之金時上偏官之格女人得此儀容朗朗智慧明明椿萱敷晚翠棠棣晚生英有相夫之理道立業之勤精雲開華岳千峯秀水到瀟湘一樣清晚年光霽景罗綺色鮮明此則荣洲女命良人配豪傑子嗣錦聯英運行初壬子上人福庇快樂安寧辛亥運中杏艷花还媚鳶歌鳳亦鳴庚戌運中裙釵雖壮麗風雪又嚴凝己酉運中一番風雨過錦綉絢霞明戊申運中家業多豐足風波不到驚丁未運中孫賢子秀丙午運中花落月傾

壬辰年　癸丑月　壬申日　癸卯時

此八字六壬生臨午位號曰禄馬同鄉雜氣財官之格命生得此生於右族長於名門椿萱旺荣晚鴻鴈不同群其為人也丰姿清秀天性聰明千古文章逞荣耀一天星斗煥心胸衣冠濟濟人中傑和氣怡怡座上珍終是文場攀桂客豈為田舍樂耕人龍門变化三春浪鵬路逍遥萬里程一從姓字傳臚後直上金鑾輔聖明佇看官封三級酌然禄享千鍾此則荣肅之命鴛幃美麗須重酌子嗣森然朶朶荣運行初甲寅上人庇下災悔平生乙卯運中十年窓下業黄卷共青灯丙辰運中躍過禹門三級浪秉龍笏金鑾拜衮龍丁巳運中戢任金紫宇内澄清當是時也風雪滿空戊午運中藩臬陛陞超二品九天恩誥又重陞己未運中都憲功名何足羡優遊重看任亞卿庚申運中明時柱石盛世股肱辛酉運中晚年子貴重荣贈壬戌運中一枕黄粱夢不醒

壬辰年　癸丑月　丙子日　辛卯時

此八字丙子日元相配柱中水土傷官制殺之格人生得此生於右族長在名門堂上椿萱連珠合天邊鴻雁各行鳴其為人也丰姿清秀天性聰明錦綉寶藏千古事珠機口吐武文風麗句始高天下白高才盡是海東青終是功名客豈為田舍翁三汲浪中龍變化九天雨露沐深恩瑤池鞭靜朝南極五夜鍾傳拱北辰此則榮顯之命鴛幃宜有贈子嗣秀衣新運行初甲寅上人膝下灾晦未伸乙卯運中欲遂平生志須加董子功丙辰運中時來風送滕王閣頂刻飛騰萬里程雨浪三重龍變化風生鉄面鬼神驚戊午運中始信戒近金子貴愁商門外雪盈庭已未運中錦綉階陛二品衣冠食祿千鍾庚辰運中春光已過一枕了平生

壬辰年　癸丑月　丙子日　己丑時

此八字丙子日元相配柱中水土傷官制殺之格人生得此生於右族長於名門椿萱及晚秀鴻雁各翱翔其為人也丰姿清秀天性温良學向三冬足詩書萬卷藏東復驪珠能自見豐城宝劍不終藏終是功名客豈為田舍翁一朝馬上衣冠鞏此是男兒當自強此則榮貴之命鴛幃有犯須年小子嗣生成貴顯郎運行甲寅上人膝下灾晦一場乙卯運中欲遂平生志須加董子功丙辰運中報道成龍還不信果然奪得錦標歸丁巳運中處事但憑三尺法提刑庫是九秋霜戊午運中雪積雲散天如洗金紫煌煌照省堂已未運中正宜是明主何事便辭榮庚辰運中春光去也一枕黃梁

壬辰年　癸丑月　己丑日　乙亥時

此八字己丑日相配柱中之木時上偏官之格人生得此金紫榮封椿萱堂上双年耄鴻鴈天邊後有從半姿洒落天性剛忠學問三冬足詩書万卷通万里扶摇騰彩鳳一聲霹靂躍潜龍姓字登榮沾寵渥威揚肅烈虎風雄此則顯榮之命鴛幃全正副桂子錦聯叢運行初甲寅庇佑之匡詩礼從容乙卯運中欲遂平生志須加董子功丙辰運中霹靂一聲雲霧合果然躍過浪三重丁巳運中踈踈風雪過禄位又加封戊午運中權衡奮千里威令自豪洪己未運中再加禄位庚申運中夢入丑峯

壬辰年　癸丑月　丁巳日　甲辰時

此則八字丁巳孤鸞之日相配柱中壬癸之水偏官之格偏官制伏為良值斯格者注人丰姿魁岸性格堅剛主於仁德之族長於華麗之堂椿萱不逮祿养鴻鴈有不聯行筆鋒雄健誰能敵氣焰徒增孰可當祖業有依宜自整資囊还擬晚豐歲一日貴人相薦引勞形業債利名揚此則貴显之命鴛幃有耙須招副桂子枝枝發秀香運行初甲寅書窓之下摘句尋章乙卯運中雪消光景審奉足到公堂丙辰運中三疊陽関斟别酒九皐鳴續沐恩光丁巳運中万騎弓刀听號令一方疆界秉權衡戊午運中治政頗聞豁畧事朝天还擬祿元高己未運中処事但憑三尺法理刑渾似九秋霜庚申運中花落春何處猿啼人意傷

壬辰年　癸丑月　乙丑日　甲申時

此八字乙丑日配于柱中金土雜氣才官之格人
生得此仕路騰身椿萱榮耐晚當棣錦聯綦丰姿
清俊天性維新理窮今古事學貫聖賢文萬里扶
搖騰彩鳳一聲霹靂躍潛鱗閶闔開黃道衣冠謁
紫宸此則顯榮之命鴛幃配合名門女桂子生成
錦繡篇運行初甲寅幼年之景化日陽春乙卯運
中螢窓篤志雪案勞神丙辰運中躍過三層浪衣
冠氣象新丁巳運中踈踈梨雨過化日照軍民戊
午運中五馬行春民快樂烟波翻險不傷身己未
運中老當大用日覲紫宸庚申運中香魂歸閬苑
高塚卧麒麟

壬辰年　癸丑月　甲寅日　乙亥時

此八字天元甲木配合丑中辛金財官之格其為
人也生於喬木之家長於詩禮之門丰姿婉麗學
問聰明但嫌甲寅乙亥劫財陽刃萬事皆貪歷事
無頭無尾行藏有始少終此則平穩之命鴛幃配
娶名家女羅帳宜婚兩敵親秋桂二枝天艷還行
甲寅乙卯先見昏沉丙辰丁巳千里好山雲乍斂
一輪明月雨初收戊午運中花木正芳春又去財
源得失兩相平己未庚申運中酒醉愁都散香魂
濃不醒

壬辰年　癸丑月　乙亥月　丁亥時

此八字乙亥日相配柱中之土傑氣財官之格女人得此儀容俊爽天性明良椿萱棠棣難相守妯娌翁姑侍不常治家有道教子多方一苑杏桃鋪錦綉滿山松柏映紅粧佇看來晚節福慶享軒昂此則旺夫榮子之命良人皓首先歸去桂子庭前吐異香運行初壬子幼承上庇樂守香房辛亥運中匹配成佳偶鸞歌鳳亦翔庚戌運中裙釵雖壯麗羅綺色凝霜己酉運中踈踈風雪過日日樂安康戊申運中萬象田春紅紫麗一番烟浪又無妨丁未運中晚年享用財多旺微雨寒烟掩夕陽丙午運中門闌沾沛澤乙巳運中粧鏡掩晨光

壬辰年　癸丑月　甲子日　甲戌時

此八字甲木相配柱中金土雜氣才官之格人生值此平淫清秀天性平能異日強爺勝祖發金銀珠宝滿箱盈其為人也生於燒鑾之宅長於外祖之門猴鼠嚴慈含茂晚鳳行益上出飛騰學問聰明不就又遺生意絡箕材秀氣天生富貴不非輕門迎車馬高賢客濟民助国必譽經自此交門中運發晚年有子顯宗親此則富貴之命篤幃重疊疊子嗣庶英英運行初甲寅運前運內交雖險作福禄祈慣習書乙卯運中漸漸精神爽青青氣象新丙辰運中錦衣肥馬重重貴牖上桃符字字明丁巳運中門楣添壯觀賢貴闈增前戊午運中西風洒雪心何悶悶過依然樂太平己未運中富貴之中加富貴卯時子顯近明君庚申運中一世豪傑歸何處應在巫山夢不回

壬辰年　癸丑月　丁丑日　丁未時

此八字丁丑日柏配桂中水土食神制殺之格人生得此丰姿濟濟和氣怡怡椿萱雙耐晩棠棣有聯枝心下存濟人之德胸中無殺害之機祖業增新換舊財囊自積豐肥但願門閑車馬集何須天府掛衣(屏)此則富足之命鴛幃配合須年少桂子秋来舞採衣運行初甲寅幼年之景月被雲迷乙卯運中便擬生財覓利何須學禮聞詩丙辰運中世事多光霽風霜不致悲丁巳運中萬象回春紅紫麗東風柳絮一番飛戊午運中金珠滿目根基旺

一度江濤勢可疑己未運中老當益壯庚申運中帰去来兮

壬辰年　癸丑月　丙寅日　戊子時

此八字丙寅之日身坐長生傷官帶殺之格人生值此丰姿平穩體貌精神生於高堂大厦長於名目之居堂上二親揚閭里爲行我帶榮身學問有成然是利名之客声名特達何愁我不晩榮三年九載宜當進奏名受贈亦榮華此則榮富之命鸞幃有光重房可許齊眉桂子有成朶朶榮門顯耀運行初甲寅乙卯上人庇下未斷榮枯丙辰丁巳運中到此始知文學將麻衣換得綠衣新名揚千里外德布萬人中戊午己未運中若非仕途之舉

貴定應官祿有升榮在邦必聞在家必達未字之中略見微微細雨庚申運中子登天府孫貴顯我必封爲銀帶香決勝千里之外名揚四境之中辛酉運中莫道只隨金馬貴也隨蝴蝶嫁東風

壬辰年　癸丑月　癸未日　丁巳時

此八字癸未日相配柱中大土雜氣才官之格人生得此仕路聲揚椿萱堂上雙年耄棠棣前凋後有芳丰姿洒落天性果剛理貫古今之學心明賢聖之華擘開水府珠生彩摇出豐城劍有光姓字登黄甲衣冠拜袞章此則顯耀之命鴛幃全正副桂子發天香運行初甲寅幼承上庭摘句尋章乙卯運中詩書窮萬卷探月便光揚丙辰運中宴罷沾恩龍仁風播四方丁巳運中一番梨雨過職列大夫行戊午運中金紫權衡居要地一番風浪又驚狂己未運中大財大用未擬還鄉庚申運中黄花綠酒辛酉運中一度黄粱

壬辰年　癸丑月　辛亥日　己亥時

此八字辛金日主相配柱中水土傷官帶殺之格過期命者雖不成名平生處貴萱母早歸椿後副為行天降有變飛其為人也行藏知進退作事頗能為小人懷不足高士則技機江湖風月田鄉郵姓名馳但願清樽花底醉仕教白髮鬢邊催此則特達之命鴛帳連珠宜有贈桂蘭不秀時途運行初甲寅花紅柳綠垂絲丙辰運中休嘆仕路難趋進自有高人與指迷丁巳運中旺中生阻碍樂處有憂悲戊午運中不意之中臻福慶用心之處又成非己未運中交豎親貴多光彩些少風波來是危庚申運中樂局開碁一局餘潤酒三巵辛酉運中黄花晚御翠栢寒凌壬戌運中歸去來兮

壬辰年 癸丑月 乙亥日 丁亥時

此八字乙亥日相配柱中之木雜氣財官之格人生得此丰姿穩重天性公平椿萱早歲相分奉鴻鴈天邊少共盟心下存濟人之德胷中無杀害之情十斷九連成事業三番四覆旺門庭佇看江湖尊德望晚年福慶自安榮此則穩富之命鴛幃配合須年長桂子庭前秀一英運行初甲寅幼

壬戌年 己酉月 辛丑日 己丑時

此八字土厚金埋貧夭之命何足論也

壬辰年 癸丑月 甲申日 乙亥時

此八字甲申日相配柱中水金雜氣才杀之格人生得此仕路馳聲椿親倜儻萱填室鴻鴈天邊有共鳴丰姿英俊歷事老成孛問胸中廣詞源筆下精黃道三秋騰驥足赤霄千里奮鵬程長安人似蟻爭看錦衣榮此則貴顯之命鴛幃金玉質子嗣桂蘭英運行初甲寅幼年之景花放風生乙卯運中欲遂凌雲志思囊照簡螢丙辰運中禹浪連三躍衣冠拜聖明丁巳運中梨雨初消天仗麗祿元陞進大夫榮戊午運中權衡專千里金紫赫英英

乙未運中訃音莫遣行人說淚洒西風万里程

壬辰年　癸丑月　辛酉日　壬辰時

此八字辛酉專祿之日相配柱中水土傷官用印之格人生得此平得祿得名主人丰姿慷慨志行公嚴生於喬木之家長於詩礼之族椿萱有倚難彌壽鴻鴈風高行斷聯學向淵深不向瓊林錫宴英才特達自然天府恩傳此則晚榮之命鴛幃納副是教再理絲桂子有成擬許一枝發秀運行初甲寅蔭底之下快樂然安乙卯運中效莊衢而鑿壁慕高鳳以持竿丙辰運中幾度経霜履雪豈能步月登天丁巳運中三疊陽関斟别酒十年大

李生寒氊戊午運中天府一朝頒紫誥黎民百里聽鳴絃己未運中猛衆渡河民快樂飛蝗過境歲豐妍庚申運中榮回故里辛酉運中夢入九泉

壬辰年　癸丑月　甲申日　戊辰時

此八字甲申專權之日相配柱中金土祿氣才殺之格人生得此生於右族長於名門土水椿萱一歲長天遣鴻雁各行鳴其為人也丰姿清秀天性聰明源流三峽誰能反筆掃千軍孰與倫太山北斗千年在和氣春風四座傾終是功名之客豈為田舍之翁鵬路高騰知健翼龍門深躍見修鱗一徑姓字傳揚後九五天門面聖容此則榮貴之命鴛幃春色麗子嗣晚光榮運行初甲寅上人庇下未斷平生乙卯運中躍過三層浪朝班立縉紳戊

午運中聯遷金紫貴風霆尚愁人己未運中桂看官封三級酌然祿享千鍾庚申運中正宜侍明主何事便辭榮辛酉運中歸去也

壬辰年　癸丑月　癸丑日　癸亥時

此八字丙戌日相配柱中水土去官留殺之格人生得此姓顕名揚擔萱崇且耊鴻鴈天邊有同翔平姿洒落天性果剛筆底詞源三峽遠胸中學業五車蔵擊閒水府珠生彩掘出豐城劍有光姓字登黄甲衣冠拜袞章此則高崇之命鴛幃全正副桂子有承芳運行初甲寅黄窓之下摘句尋章乙卯運中詩書多勉力風浪不為傷丙辰運中際會風雲騰驥足瓊林宴罷職封疆丁巳運中禄元重顕耀風案又飄揚戊午運中權衡千万里人事有年張己未運中大才大用庚申運中梦入仙鄉

壬辰年　癸丑月　癸酉日　丁巳時

此八字癸酉日元相配柱中金土襍氣殺印之格人生得此生於右族長於西房椿親火命萱歸副天邊鴻鴈不行聯其為人也丰姿清秀天性果剛聰明書義徧備世情長學問不覩顏孟業生平常履貴人鄉重戚新事業尋整舊根園琴樽風月平生計金玉松筠舊藏寒處任能輕世俗大夫好賤官班才源富是家好官貴無緣勢不貪不須跨馬長安道　此則穩富之命鴛金玉潤子嗣脱斑瀾運行初甲寅上人庇下安勝一畨乙卯運中雨過園挑簇錦風和堤柳拖烟丙辰運中退不後步欲進不前丁巳運中韶華萬里美景一聯戊午運中福氣盛盛如春氣才源茂若泉源當此之際柳絮飄綿己未運中屏列金釵十二門迎珠履客三千庚申運中屏列金釵世利浮生皆若不如高卧且加飡辛酉運中春光去也一枕難廷

壬辰年　癸丑月　癸酉日　壬戌時

此八字癸酉日相配柱中火土雜氣才官之格人生得此儀容特達氣槩軒昂椿萱半道相虧奉鴻鴈天邊漸斷行稍有賢良之志粗知礼義之方祖業添新慶才囊自積戍湖海市廛財兩旺果然晚節福安康此則自旺之命鴛鴦帷正副遂諧老桂子庭前吐異香運行初甲寅幼年之景何論炎涼乙卯運中有心生貨利無暇向書堂丙辰運中氣轉陽春紅紫麗東風柳絮又飄揚丁巳運中雨過山方秀雲開月始光戊午運中雨花生錦綉風竹動琳琅己運中老當發旺金玉盈囊庚申到辛酉運中帰去也

壬辰年　癸丑月　丙子日　戊戌時

此八字丙子日元相配柱中水土傷官制殺之格人生得此生於右族長於高門椿萱不逮双栄贈天邊鴻鴈各飛鳴其為人也丰姿清秀天性聰明千古文章逞栄耀一天星斗爆心胸驪珠照魏光難掩雷劍生豊氣自充終是功名之客豈為田舍之翁鰲逐玉蟾攀桂去馬隨青帝踏花門一日風雲相際會九天雨露沐皇恩此則栄貴之命鴛幃金玉潤子嗣有顯栄運行初甲寅春風駘蕩夏日炎蒸乙卯運中欲向雲中牽足須從燈下留心丙辰運中時来風送滕王閣頃刻高搏萬里程丁巳運中獄折片言民訟息九天雨露再加陞戊午運中腰横金作帶符剖玉為鱗當此之際風雪滿庭己未運中有材應大用未許便辭栄庚申運中一枕余香隔年憂斜風吹落楚山雲

壬辰年　癸丑月　甲申日　癸酉時

此八字甲申專權之日相配柱中金土雜氣才殺之格喜逢時值金神遇斯命者生於右族長右名門椿萱榮贈雁雙老天邊鴻雁各搏風其為人也丰姿清秀天性聰明理窮古事兼今事書對賢經與聖經衣冠濟濟人中傑和氣怡怡席上珍終是功名之客豈為田舍之翁鵬路高搏知健翼龍門深躍見脩鱗一從姓字傳揚後九重雨露沐皇恩此則榮貴貴之命鴛幃金玉潤子嗣綠衣新運行初甲寅上人庭下花放風生遇此乙卯運中十年窓下攀黃卷與青灯丙辰運中禹浪三層都躍過風生鉄面鬼神驚丁巳運中威飛虬浪怒令重虎風生戊午運中職近金紫宇兩内澄清當此之際風雪滿庭己未運中柱看官封三品酌然禄享千鍾庚申運中脱年籬下樂辛酉運中春光去也一枕清風

壬辰年　癸丑月　壬申日　癸卯時

此八字壬申長生之日相配柱中金土雜氣殺印之格殺印相生功名顯達主人生於右族長於名門萱椿一享期頤壽鴻雁異能隊隊群其為人也丰姿清秀天性聰明五車書富三冬足兩石弓當萬騎沖過火黃金顯十分之貴色離雲皓月布萬里之清光終是錦衣肥馬客豈為田舍鑿耕人鰲逐玉蟾攀桂去馬隨青帝踏花還一從姓字傳揚後九天雨露沐皇恩此則榮貴之命鴛幃燭夜添新慶子嗣金風孝且忠運行初甲寅幼年之下安晦未伸乙卯運中欲向雲中舉足須從燈下留心丙辰運中報道是龍還不信果然奪得錦標新丁巳運中寒拂紫衣催驛騎光生玉節下雲層當此之時風雪滿空戊午運中職近金紫貴三度聖恩封己未運中正欲忠君輔國未應鮮組思尊庚申運中夕陽有限春夢無憑

甲午年　丙寅月　戊子日　壬戌時

此八字戊子日相配柱中木火殺印之格人註得
此清貴清榮椿萱早歲難依奉鴻鴈天邊各奮鳴
手姿英厚歷事老成祖業終難倚財囊自積肥五
柧堅持尊令望三眛無障普光明寵渥榮沾居法
座紛紛仙子仰威稜此則清貴之命運行初丁卯
便向叢林養性俗塵渾不相凌戊辰運中行藏多
冷淡塵事不勞形己巳運中便有英雄尊敬崎嶇
歷過昇平庚午運中到此才高名勢重何愁風浪
一番驚辛未運中聖恩榮沐居官爵福祿崢嶸氣
歘騰壬申運中容顏奇妙祿位加陞癸酉運中悠
悠享用甲戌運中忉利爭成

甲午年　丙寅月　庚戌日　壬午時

此八字庚戌魁罡之日相配柱中木火財殺之格
人生得此生於右族長於高門土木椿萱雙晩茂
天邊鳴鴈各行鳴其爲人也丰姿清秀天性聰明
高謀遠見機關别慷慨春風一妙人過火黄金重
長價離雲皎月倍清明不必覓珠來水府何須求
劍到豐城笋長名園過舊竹花開上苑勝先春喜
則雲收華岳逆則電掣雷轟但願財源富足任他
身外無名此則穩厚之命鴛幃宜有贈子嗣晩光
榮運行初丁卯上人庇下花放風生戊辰運中隱
隱鞋雷抽碧笋微微細雨潤紅英己巳運中一枝
梅破臈萬象斷回春庚午運中天上三陽泰人間
五福增辛未運中簾捲香風生百福軒開化日祿
元增當此之際風木慘情壬申運中庭前竹報平
安日檻外花開富貴春癸酉運中帰去也

甲午年　丙寅月　癸巳日　庚午時

此八字癸巳日貴之辰相配柱中木火傷官助才之格刑冲太重減我功名主人生於右族長於名門萱母先歸椿後別天邊鴻鴈各行群其為人也手姿清秀天姓剛忠頗知禮義稍識古今有抵雪聯霜之智截長補短之能水光浮座盃盤堂花氣侵人咲語馨不以功名為念豈將匡晁磨礱豐年田舍米盈罌騰日山家酒滿斟施恩惹怨布德成嗔雖不綺羅衣錦綉也應鄉黨深推尊此則旺益之命鴛幃有伦須重續子嗣枝枝孝且忠運行初丁卯上人庇下未斷平生戊辰運中青帰柳葉猜葉情初変紅入桃花燒未勻己巳運中烟淡楊柳岸薄露杏花村庚午運中正是太平光霽景還愁風雨斥詩生辛未運中才源旺處家居好須曳雲月尚朦朧壬申運中冲擊之所如履薄氷過此癸酉運中悅年多快樂花放尚風生甲戌運中帰去也

甲午年　丙寅月　乙未日　丙戌時

此八字乙未日元相配柱中旺火傷官助才之格女人得此生於右族長配良臣椿父先歸萱後別天邊鴻鴈各行嗚其為人也姿容清爽髮貌精神勝丈夫之氣槩有男子材能雲收華岳千山秀水到湘江一様清每懷丸膽意時抱擇憐心衣冠濟濟三從備家業昂昂四德新滔滔無阻㵽步步助夫門克勤而克儉易喜而易嗔佇看夫榮貴重重疊疊榮封此則榮益之命良人同扇社稷良臣子嗣有成榮門有慶運行初乙丑上人庇下毓蔭闔門癸亥運中囊作登甲弟福祿享無窮壬戌運中光華疊疊佈澤紛紛辛酉運中帳服重封當此際果然紅上贈紅爽庚辰運中君王恩重重重贈何期鏡破又傷情己未運中子貴榮門多快樂還愁水大尚無情過此戊午運中晚年多快樂一枕入巫峯

甲午年 丙寅月 乙卯日 辛巳時

此八字乙卯專祿之日相配柱中之金時上一位貴格傷官制杀為奇主人生於右族長於名門椿萱双既茂鴻鴈各行鳴其為人也丰姿清秀天性聰明千古文章運荣耀一天星斗煥心胸終是皇朝之客豈為田舍之翁三級浪中龍變化九霄雲外鳳飛騰一從姓字傳揚启直上金鑾輔聖明此則荣貴之命死幃得合如魚水子嗣生来孝且忠運行初丁卯上人庇下花放風生戊辰運中讀殘茅店月囊聚案頭螢己巳運中禹浪三層都躍過秉笏金鑾拜聖明庚午運中凜凜威風重煌煌金紫陛辛未運中重紫重金當是景西風洒雪滿門庭壬申運中有才應大用未許便辭荣癸酉運中解組回田里籬邉樂性情甲戌運中春光去也一枕清風

甲午年 丙寅月 庚子日 丁亥時

此八字庚子日元相配柱中木火才殺之格人生得此生於右族長於高門椿萱雙既茂鴻鴈幾行分其為人也丰姿清秀天性聰明機謀輪勝舉用人欽高人敬德貴客相欽田園桑柘茂畝畝稻粱馨不必驪珠来水府何須雷劍到豐城過火黃金增價離雲皎月清明朝中無姓字囊底有珠玠祖元成岳瀆威勢壓鄉民此則發福之命鴛幃連珠須配小子嗣生貴顯人幼年之下爲漢乱水朦朧西峰岩没丁卯運中隱隱輕雷抽碧笋微微細雨潤紅英戊辰運中梅須遜雪三分白雪亦輸梅一段馨己巳運中正是梅青月白還愁微雨乖晴庚午運中軒開化日千祥景馨捲香風百福增辛未運中旺中尚盈虧零雲才凍倍有增壬申運中約梅同飲引鶴自行癸酉運中春光去也花落月沉

甲午年　丙寅月　壬戌日　庚子時

此八字壬戌日德之辰相配柱中木火傷官助財之格人生得此生於右族長於名門椿萱雙悦茂棠棣苑邊春其為人也手姿清秀天性聰明雖無深計較稍有淡材能過火黄金顯十分之貴色離雲皓月布萬里之清明行藏果斷作事老誠遊山玩水携詩卷對月觀花把酒斟片段留畲連野綠週迴甲第聳雕甍滿世功名身外事五湖風月樂怡情此則穩足之命鴛幃連珠須配小子嗣生成貴顯人運行初幼年之下災晦未伸戊辰運中天冷雲還凍江寒風自生己巳運中隱隱輕雷抽碧筍微微細雨潤紅英庚午運中到此始知時運好萬物光華百事通辛未運中西風吹過天邊雪從此滔滔福祿增壬申運中歲寒松尚茂秋老菊尤馨癸酉運中安閒悦景其樂無窮甲戌運中一宵春夢斷萬事總成空

甲午年　丙寅月　癸未日　壬戌時

此八字癸未日元相配木火傷官助才之格人生得此生於右族長於名門椿萱有倚先亏毋天邊鴻雁各行鳴其為人也丰姿清秀天性聰明頗知礼義稍識古今有近貴親賢之德應上和下之能遊山翫水携詩卷對月觀花把酒斟不以功名為念豈將冠冕磨聾祖業添新慶根源勝旧風得意江山詩句捷忘情日月酒盃深好意番成悪真心換得嗔花無桃李非春色人有笙歌是太平鄉民仰德閭里推尊此則穩厚之命鴛幃同属須年敵子嗣秋来旺宅門運行初辛卯上人花下雲淡風輕戊辰運中未歡桃李紅紅色且喜湖光淡淡晴己巳運中不意之中曾得意用心之處不如心庚午運中精神又憔悴憔悴又精神辛未運中威權有布人欽服須臾風雨尚愁人壬申運中冲擊之所如履薄氷癸酉運中平坡防有崖峻嶺豈無驚君若有陰隲甲戌運中方終

甲午年　丙寅月　壬子日　己酉

此八字壬酉日刃之神相配柱中木火助才之格人生得此生於右族長於名門堂上椿萱連珠壽天邊鴻雁各行鳴其為人也丰姿清秀天性聰明千古文章運崇耀天星斗燦心胸驪珠照耀光難掩雷劍風生氣自充遇火黃金重長價離雲蛟月倍清明豈是池中物尤東席上跡一日風雲相際合九天雨露沐皇恩此則榮貴之命鴛幃宜有贈子嗣彩衣新運行丁卯上人庇下未斷年生戊辰運中款向雲中舉足須從灯下留心己巳運中莫愁雲阻蘭閨道時來恐

子平遺書　九

剋躍潛鱗庚午運中躍過三層浪朝班立縉紳辛未運中獄折斥言民訟息九天雨露再加陞當此之際風雲滿庭壬申運中權高損福悔劾淵明癸酉運中天邊無沛澤籬下樂高情上宜安享歸去也

甲午年　丙寅月　辛卯日　丙申時

此八字辛金相配柱中木大才官之格人生得此稽親先別萱帰晚鴻雁天边不共鳴其為人也丰姿清秀天性忠誠知高下識重輕萬人起敬貴客相欽常將好義番成悪每把真心換得嗔祖基宜再整事業添新一霄秋風月萬里関山故国情豐年田舍禾盈礐膳日山家酒滿斟停看未晚節子秀與孫賢此則穩足之命鴛幃配合須年長柱子桂頭二果成運行初丁卯上人礼下天朗氣清戊辰運中娟娟云裏月灼灼葉中美己巳運中世事究

子平遺書　十

如春夢人情薄似秋雲庚午運中蝴蝶夢中家万里子規枝上月三更辛未運中一番風雨過方覺旺才名壬申運中離下黃花綻立中白雲琴癸酉運中暮年安享甲戌運中春夢無憑

甲午年　丙寅月　戊午日　丁巳時

此八字戊午日月之辰相配柱中木火桂生印綬之格女人得此生於右族長配名門椿萱榮晚鴻雁各群其為人也姿容稚發髮見精神治家有理處事克勤女工機巧誰全曉婦道頻繁盡頻能楊柳無風枝嬝娜梅花有月暮精神紅日照穿浙水碧白雲堆破楚山青性急窓前月心如古井氷動夫旺子享福享榮此則榮華之命良人連珠榮貴客子嗣今風孫桑成運行初乙丑上人庇下宜晦還侵甲子運中氷人叶喜春鳥傳書癸亥運中始知春氣轉方覓瑞祥生壬戌運中山前山後皆明月江南江北搖是春辛酉運中羅綺千般色珍羞百味新庚申運中彩中加彩色紅上贈紅與中字運中如月入雲巳未運中子貴晚年重又贈戊午運中春歸花落鳥無聲

甲午年　丙寅月　辛酉日　戊子時

此八字辛酉專祿日才官印三奇之格人生得此生於右族長於名門聯珠父母榮遷贈天邊鴻雁有飛騰其為人也丰姿清秀天性剛忠精神炯炯智慧明明千古文章呈榮耀一天心斗烧心胸驪珠照觀光難揍雷劍生豐氣自充終是傳芳之客豈為田舍之翁蛟龍北海風雲會豹變南山福自生一天膏雨人民悅千里光華祿位增此則榮貴之命鴛幃有犯須招副子嗣榮門綢麗成運行初丁卯春風驅蕩夏日炎蒸戊辰運中焚膏覓史秉燭觀文己巳運中時來風送滕王閣頃刻萬里程庚午運中皇恩有感顯運至絃歌樂太平梨花舞雪雨過山青辛未運中仁風播晚班粉署榮壬申運中職遷金紫布德施仁癸酉運中皆散之地一挽清風

甲午年　丙寅月　癸卯日　丁巳時

此八字癸卯日貴之辰相配柱中木火傷官助才之格喜逢重值貴人遇斷命者生於右族長於名門土木椿萱茂長天邊鴻鴈各行鳴其為人也丰姿清秀天性聰明胸羅今古事學識聖賢心過火黃金重長價離雲皎月倍清明衣冠濟濟人中傑和氣怡怡席上珍終是功名之客宜為田舍之翁鰲逐玉蟾攀桂去馬隨青帝踏花行一日風雲相際會九天雨露沐皇恩此則榮貴之命鴛幃連珠係一載子嗣秋來桑桑棠幼年之下花放風生

丁卯運中十年窗下叢黃卷與青燈戊辰運中雪案雖曾篤志天階未許榮登己巳運中到此始知文學好長安道上馬蹄輕庚午運中聲中曉日催行站江上春風促去程辛未運中職廷金紫聲名顯風雪飛來尚惱人壬申運中有才應大用何事便辭榮癸酉運中春光去也一枕清風

甲午年　丙寅月　癸未日　戊午時

此八字癸水日元相配柱中火木傷官助才之格才旺轉生官旺女人得此生於右族長配名門椿父先歸萱後殞天邊鴻鴈陣行分其為人也丰姿清雅性格聰明有遺訓斷機之智相夫教子之能一苑杏桃鋪錦綉滿山松柏映幃屏春入水光成嫩綠日旬花萼發新紅曰福曰榮自有順天之慶常安常樂豈無福地之深性急如風港浪片時言起片時停雖然不作榮封婦晚年子貴也光榮此則穩福之命良人火命須年長子嗣生成奪錦

人運行初乙丑上人庇下母訓輒進甲子運中詠天挑之化滄魚水之情癸亥運中喜慶發生當此際須史雲月尚朦朧壬戌運中不用高燒銀燭月明添倍精神辛酉運中門楣壯觀幾度風雪幸不驚庚申運中冲擊之所迁發福子登天府悅心情己未運中萬象光華沾沛澤須史風雪晦史侵戊午運中黃果未熟清夢先行

甲午年　丙寅月　甲寅日　丙寅時

此八字甲寅專祿之日相配柱中火土傷官助才之格兩干不雜木在春生処世安然必壽遇斯命者生於右族長於西房椿親磊落萱歸副天邊鴻鴈各翱翔其爲人也丰姿清秀天性果剛口吐珠璣言語胸藏錦繡文章東海驪珠能幾覽豐城霄劍自生光終是功名之客豈爲田舍之郎純學科場鶯試院英材翰苑沐恩光此則榮貴之命鴛幃重合垄子嗣錦衣郎運行初丁卯上人庇下花放風狂戊辰運中味道心千古披文目五行巳巳運中莫愁雪阻藍關道時來頃刻便飛黃庚午運中躍過禹門三級浪秉笏金鑾拜聖王辛未運中慶事但憑三尺法理刑渾似九秋霜職遷金紫貴風雪滿門墻壬申運中皇恩有感重加祿金鱗光照紫薇堂甲字運中權重生殃癸酉運中榮歸故里美酒盈觴甲戌運中春光去也一枕黃粱

甲午年　丙寅月　戊申日　戊午時

此八字戊申長生之日相配柱中木火殺生印綬之格殺印相生功名顯達主人生於右族長於名門萱母先歸椿耐晚天邊鴻鴈各行鳴其爲人也丰資清秀天性聰明窮書覽史學足三冬豈是池中之物尤來席上之珍一朝騰踏飛黃去此際不羞蛇化龍此則榮貴之命鴛幃重合垄子嗣晚光榮運行初丁卯椿親庇下風雪初晴戊辰運中繼登終無間何愁不顯名巳巳運中奮身辭泮水舉足躍潛鱗庚午運中埋輪都使奸邪伏攬轡能令宇宙清辛未運中戢位兩廷金紫貴六出花飛不損身壬申運中一褒一貶名揚柳絲畫忠誠反有陞癸酉運中英雄都盡也高塚卧麒麟

甲午年　丙寅月　壬寅日　辛丑時

此八字壬寅之日相配柱中木火傷官助才之格
喜逢印綬生身女人得此生於右族長於仁門椿
父先歸萱後別天邊鴻鴈各行鳴其為人也丰姿
清秀体態和溫有針黹之巧立業之勤一苑杏桃
鋪錦繡滿山松柏映幃屏春入水光成嫩綠日勻
花蕚發新紅深明閨閫裏洞識古今情楊柳無風
枝裊娜梅花有月夢精神難觸難犯易喜易嗔但
願一生才祿旺何必天邊沐寵榮此則旺益之命
良人連珠依一戴子嗣枝頭一果成運行初上人
疵下風雪初晴甲子運中匹配名門交花從錦上
增癸亥運中片雲能發千山雨雨過千山依舊晴
壬戌運中一抹晴烟迷芍藥半泓秋水浸芙蓉辛
酉運中雨過萬重山有色雲開千里月光明庚申
運中夫榮子旺無慮忘情己未運中晚年多快樂
花放又風生戊午運中粧樓人去也臺鏡揔成空

甲午年　丙寅月　丁未日　乙卯時

此八字丁未陽刃之日相配柱中水木然生印綬
之格人生得此生於右族長於高門椿萱有倚先
爵毋天邊鴻鴈各行鳴其為人也手姿清秀天性
聰明高謀遠見機関別慷慨春風一妙人過火黄
金重長價雖雲旋月倍請明祖業添新慶根原勝
舊風月掛碧天多皎潔名揚湖海有光榮朝中無
姓字水底是珍珠福元成岳瀆威勢壓鄉民此則
穩富之命篤懦水命須年長子嗣秋來柔柔榮運
行初丁卯春風駘蕩夏日炎蒸戊辰運中寒向梅
中尽春從柳上生己巳運中梅須遜雪三分白雪
亦輸梅一段馨庚午運中不獨才源富足尚祈聲
勢豪横辛未運中庭前竹報平安日檻外花開
富貴春當此之際風雪淵庭壬申運中延賓歡
物會友開樽癸酉運中春光去也花落月沉

甲午年　丙寅月　庚午日　壬午時

此八字庚午貴人之日相配柱中木火財殺之格人生得此生於右族長於名門水土椿萱萱歲長天邊鴻鴈後隨鳴其為人也丰姿清秀天性無能高謀遠見機別窮究之能一好人行藏應消洒咲傲任枯榮遇火黃金重長價離雲皓月倍清明福布江山外名聞湖海中花無桃李飛春色人有笙歌是太平財源富足第宅重新雖不建侯封爵自然鄉黨称尊此則發福之命鴛幃木土方偕老子嗣枝枝一果榮運行丁卯上人庇下其樂和平戊辰運中雖然灾晦不損其身己巳運中近水樓臺先得月向陽花木早逢春庚午運中簾捲香風生百福軒開化日福元增辛未運中財帛盈門人事廣也應飛絮襲衣襟壬申運中財源富足人交敬賀客填田把酒樽癸酉運中安閑晚景甲戌運中一枕清風

甲午年　丙寅月　甲子日　壬申時

此八字甲子日元相配柱中金水杀生印綬之格身強杀淺假杀為權主人生於右族長於名門椿萱榮晚贈鴻鴈各行鳴其為人也丰姿清秀天性聰明胸藏千古事學識聖賢心過火黃金重長價離雲皎月倍清明終是文場折桂客豈為田舍鑿耕人三級浪中龍變化九霄雲外鳳飛騰一從楊姓字秉笏拜金門此則榮貴之命鴛幃有犯須年小子嗣秋來朵朵榮運行初丁卯上人庇下天冷雲還凍江空風尚生戊辰運中篤李十年窓下未應一舉成名己巳運中起鳳騰蛟從此始玉堂金馬豈難登庚午運中重沐恩波鳳池裏朝朝染翰侍明君辛未運中衣惹御爐拖瑞錦筆宣皇澤洒春霖當此之際風雪滿空壬申運中紫詔頻頒留重用白頭未許返鄉城癸酉運中子貴重榮贈甲戌運中無常又促程

甲午年　丙寅月　乙巳日　丁丑時

此八字乙巳日元相配柱中金火傷官制杀之格傷官者剛毅之物也人生得此生於文望長於名門椿萱榮貴萱年長天邊鴻鴈有行鳴其為人也丰姿清秀天性聰明錦綉胸藏賢聖李珠璣口吐武文風驪珠照魏光雞掩雷劍生豐氣自充終是功名客豈為田舍翁龍門变化三春浪鵬路逍遥萬里程一從揚姓字秉笏拜金門此則榮貴之命鸞幃連珠須配小子嗣生成貴顯人運行初丁卯上人庇下未断平生戊辰運中不負寸陰之惜當慕題柱之功己巳運中霹靂一声雲霧合禹門躍過浪三層庚午運中郎署官函何足羡大夫金紫又重陞辛未運中西風吹過天邊雪十郡山河化日明壬申運中自嘆引年帰故里朝廷未遂雨踈心癸酉運中榮帰籬下美酒盈樽甲戌運中夕陽有限春夢無憑

甲午年　丙寅月　辛丑日　壬辰時

此八字辛丑日元相配柱中木火才官之格只嫌傷官太軠缺我功名主人生於右族長於名門椿萱雙睨茂鴻鴈各搏風其為人也丰姿清秀天性聰明水光浮座盃盤瑩花氣侵人笑語馨得意江山詩句健忘情日月酒盃深祖業添新慶財源厚積存笋長名園過舊竹花開上苑勝先春無慮書傳詩禮樂有朋来自遠方親但願財源富足任他身外無名此則勝祖強宗之命鸞幃連珠低一載子嗣生成貴顯人運行初丁卯上人庇下花放風生戊辰運中春歸柳葉晴初变紅入桃花爛熳匀己巳運中水向石邊流出冷風從花底過来馨庚午運中才如風捲浪福似月離雲辛未運中簾捲香風生百福軒開化日禄元增當此之際風雪滿庭壬申運中晚年多快樂子孝旺門庭癸酉運中一夕不来都是夢落花流水各西東

甲午年　丙寅月　庚子日　丁丑時

此八字庚子日元相配柱中木火才殺之格只嫌身弱減我功名主人生於右族長於名門嚴慈有倚中年別天邊鴻雁各行鳴其為人也丰姿清秀天性老誠斷高理直處事公平謀動君子威伏小人黃金過火重增價白璧離塵色更明不必覓珠来水府何須求劍到豐城遊山翫水携詩卷對月觀花把酒斟但頓才源富足任他身外無名此則旺足之命鴛幃宜有贈子嗣晚光榮幼年之下如履薄氷過此丁卯運中陽回喬木氣轉洪鈞戊辰運中隱隱輕雷抽碧筍微微細雨潤紅英己巳運中萬疊好山雲乍斂一楼明月雨初晴庚午運中雖則財源富足幾多人事虧盈辛未運中雪晴雲散天如洗從此財源倍有增壬申運中延窩玩物會友開樽癸酉運中春光去也一枕清風

甲午年　丙寅月　辛卯日　戊戌時

此八字辛卯日元相配柱中木火才官之格才盛生官終身有慶遇斯命者生於右族長名門椿萱老別生亡父天邊鴻雁各行鳴其為人也丰姿清秀天性聰名般般稍覓件件不精謀動君子威伏小人祖業添新慶才源自緣有成豈無高仕近身有貴人欽遊山翫水帶詩卷對月觀花把酒斟門外田疇千古計達前花木四時新不以功名為念豈將蝸角縻羈得江山詩句健忘懷日月酒盃深舒意番成惡真心換得真心此則穩厚之命鴛幃得厚重於木子嗣森枝朵朵榮運行初寸卯上人在下未斷平生戊辰運中如日初出似月始升己巳運中報道是龍还不性果然奪得錦標新庚辰運中才源滚滚家居好向有開飛素耗辛未運中世情濃又淡淡處有还濃壬申運中冲擊之所如履薄氷癸酉運中子貴孫賢家業旺还愁人事光榮甲戌運中夕陽有限春夢無憑

甲戌年　丙寅月　癸酉日　癸亥時

此八字癸酉之日元相配柱中木火傷官助才之格人生得此生於右族長於相門椿父先帰堂後則天邊鴻雁各行鳴其為人也丰姿清秀天性老誠有微微之計較淡淡之聰名祖業添新慶根原勝旧風笋長名園過旧竹花開上苑勝先春不必覓殊来水府何須求翩到豊城身將隱以文何用人不知之未更真時至才源富足達来福禄騙蹲田園有意公卿小廊廟無心宇宙輕此則旺足之命篤幃有犯須招硬子嗣秋来朵朵馨運行初丁卯運中春風朝蕩夏日炎曾戊辰運中雪晴天未燰行落未如心已已運中精神又樵悴樵悴又精神庚午運中不是一番寒徹骨焉得梅花噴鼻馨辛未運中天上三陽泰人間五福增當此之際風雪还壬申運中門招壮官福禄騙蹲癸酉運中無思無慮甲戌運中一枕清風

甲午年　丙寅月　癸未日　庚申時

此八字癸水相配柱中木火食神助財之格財旺自生官旺主人生於平淡之族長於廷变之居其為人也丰姿魁偉天性操持椿萱堂上先虧父天邊鴻雁不聯飛高人相敬貴客扶持東嶺栽松西嶺秀南園種樹北園齊楼臺疊疊生涯富羅倚層層喜慶餘借問生涯何是業綠綿利賂旺家資此則穩足之命篤幃有碍須偏正桂子秋来發異枝運行初丁卯上人庇下未論高低盈虧戊辰運中未是可人天氣且宜藏器待時己巳運中漸漸精神爽看看第宅輝庚午運中滚滚財源来正旺旺中尚有事趣趣辛未運中雖則行藏有慶還愁人事盈虧壬申運中延賓酌酒會交閫碁癸酉運中桑榆暮景甲戌運中歸去来兮

甲午年　丙寅月　癸亥日　壬子時

此八字癸亥日元相配木火傷官助才之格歲敍宜制宜生主人生於望族長於名門火土擠萱崇晚贈天送馮偶谷摶風其為人也年姿清秀天性聰明理窮古事兼令事書對賢經与聖經筆落驚風雨詩成泣鬼神終是功名客豈為田舍翁龍門变化三春浪鵬路逍遥萬里程佇看官封三級驟然祿享千鍾此則榮貴之命鴛幃春藹藹子嗣晚光榮運行初丁卯幼年之下襁褓平生戊辰運中讀殘芸店月囊聚案頭螢己巳運中鵬路高傳知健翼龍門深躍見修鱗庚寅運中寒拂紫衣催駟騎光生玉節下雲層辛卯運中職位兩迁金紫貴愁看門外雪盈庭壬申運中十都山河吾職掌九天雨露再加陞癸酉運中天边無沛澤蘺下樂高情甲戌運中夕陽有限春夢無憑

甲午年　丙寅月　甲申日　甲子時

此八字傷官制殺之格運行背地福力有虧其為人也衣冠沖淮求業重成荷錢點破萍梗飄零憂心萬種嘆千種行樂三停從二停中年蹭蹬晚節無成此則貧窘之命鴛幃有缺桂子孤成運行初丁卯上人庇下月白風清戊辰運中世事宛如春夢人情薄似秋雲己巳運中財源难聚名利奚成庚午運中昏花料悄夏日炎蒸辛未運中求為進退行樂伶仃壬申運中人生纏綣成何用一夢黄梁永不醒

甲午年　丙寅月　壬寅日　辛丑時

此八字壬寅起艮之日相配柱中木火傷官用印之格只嫌身弱事不十全主人生於右族長仁門椿萱棠晚茂鴻雁各行鳴其為人也丰姿天性聰明世事頗能將就般般學欠精通祖業添新覆根源勝風遇火黃金顯十分之貴色離雲皓月布萬里之清名不向仕途求問達却來湖海覓黃金才源富足樓閣凌雲此則穩厚之命鴛連珠屁一載子嗣生成貴顯人運行初甲辰上人庇下花放風生戊辰運中如月入雲己巳運中近水樓臺先得月向陽花木四時春庚午運中但願有名開富貴辛未運中正是太平光霽景还愁雪滿門庭壬申運中延賓翫物會友開樽癸酉運中春光去也花落月西

甲午年　丙寅月　庚子日　庚辰時

此八字庚子日元相配柱中木火財殺之格傷官制殺有功過斯命者生於右族長於華室金木椿萱双晚茂天邊鴻雁各行鳴其為人也丰姿清雅頗面疾業有微微之計較淡淡之聰明過火黃金重長價雖月皎月倍清明祖業添新變才源厚積存豐年田舍禾盈畚臘日山家酒滿斟不須登仕路何用對青燈但願一生多快樂何必天邊沐寵榮此則穩厚之命鴛帰金命須年小子嗣秋來旺宅門運行初丁卯上人庇下花放風生戊辰運中德精神爽秀氣景新己巳運中近水樓臺光得月向陽花木易逢春庚午運中天上三陽泰人間五福增辛未運中富之以潤其屋德之以潤其身壬申運中雪晴雲散天如洗從此財源倍有增癸酉運中夕陽有限春多無憑

甲午年　丁卯月　甲戌日　壬申時

此八字甲戌日元相配柱中金[illegible]官劫[illegible]格陰刃合殺有功過斯命者生於右族長於仁門萱毋續絃椿倜倘天边鴻雁各行鳴其為人也丰姿清秀天性聰明五車書富三冬足兩石身當万騎冲衣冠濟濟人中傑和氣怡怡席上珍定向月中攀桂子偶從天上領陽春北海蛟橫頭角聳南山豹變爪牙新瑤池鞭靜朝極五夜鐘声拱北宸此則榮貴之命鴛幃火命須年少子嗣秋來有挺榮運行初戌辰鷩情亂水腹脹雨暗生紋巳巳運中焚香暮史秉烛觀文庚午運中起鳳騰蛟從此顯玉堂金馬豈难登辛未運中重沐恩波鳳池裏朝朝染翰侍明君當此之際風雪滿庭壬申運中山河歸旧国管論總成空癸酉運中權高積福慎則無驚甲戌運中春光去也花落月沉

甲午年　丁卯月　丁丑日　庚子時

此八字丁丑日元相配柱中水木衆生印綬之格人生得此生於右族長於名門椿萱有倚成無倚鴻雁各分行其為人也丰姿清秀天性聰明高謀遠見機関別慨憶春風一妙人過失黃金重長價鼎雲皎月倍清明梅開白雪飄東閣筍出新稍過北塵滿世功名身外事五湖風月樂怡情此則發福之命鴛幃同屋方偕老子嗣金風孝且忠運行初戌辰上人庇下離祖契宗己巳運中稅地栽花春色麗桃紅李色更鮮明庚午運中始竟陽和滿目还愁人事多盈辛未運中錢穀思高暮運当成剪雪栽冰壬申運中到此始知時運好萬里光華百事通梨花舞雪雨過山青癸酉運中如松含晚翠似菊吐金英乙酉運中如月入雲甲戌運中無思無慮花落月沉

甲午年　丁卯月　戊子日　辛酉時

此八字戊子日元相配柱中木火余生印綬之格女人得此生於西室長配高門椿親榮顯萱帰別天邊鴻雁各行鳴其為人也姿容清秀髮貌精神女工機巧世事皆能斷機學勤輔親訓剪髮能傳侃母心喜則水天一色怒則電掣雷轟推開綉戶薰風煖揚起珠簾化日明夫榮何足羨子貴又光榮此則榮旺之命良人榮貴英華客子嗣森枝有挺榮運行初丙寅上人庇下花放風生乙丑運中孔雀屏開春色麗鴛鴦枕畔笑盈腮甲子運中雨過萬重山有色雲開千里月重明癸亥運中明月當天春氣英光華疊疊杏鮮明壬戌運中羅綺千層色裙釵耀日明乙酉運中恩沾業贈福祿無窮庚申運中春光去也花落月沉

甲午年　丁卯月　甲寅日　壬申時

此八字甲寅專祿之日相配柱中金卯傷官制殺之格人生得此生於右族長於高門椿萱有倚先亡母鴻雁天邊各奮鳴其為人也手姿清秀性格剛忠立仁立義多見多聞多見謀動君子威伏小人遊山翫水携詩卷對月觀花把酒斟重成新事業再整舊門庭有心於貨利無意慕功名花無桃李非春色人有筆歆是太平門外田疇千古計庭前花木四時馨拙於自己巧與他人雖不遠侯封爵自然鄉黨推尊此則穩厚之命鸞幃有犯須重續子嗣枝枝有挺榮運行初戊辰上人庇下月白風清己巳運中春園雖雨過桃李未生英庚午運中不意之中曾得意同心之處不如心辛未運中人生正是風光處閨閣荒涼華不凶壬申運中斷絃再自續才祿尚虧盈癸酉運中莫言此運多光彩尚有閑非悔耗生丙戌運中安閑晚景子貴光榮乙亥運中歸去也

甲午年　丁卯月　癸酉日　己未時

此八字日元相配柱中木火傷官制殺之格甲己作合有功主人生於閥閱長於高堂椿萱榮脫贈鴻鴈各翱翔其為人也丰姿清秀天性網忠胷藏文錦綉筆底好文章驪珠照耀光南掩雷劍生風氣自中終是功名之客豈為田舍之郎張學科場驚試院爽才漢苑沐恩光情映梅花壁玉屑寒生栢府凛秋霜此則榮貴之命鶯幃宜有贈子嗣脫光揚運行初戊辰上人底下花放風狂己巳運中未遂心千古搜文用五行庚午運中霹靂一聲雲露崢嶸頭角拜天堂辛未運中處事但憑三尺法理刑澤似九秋霜壬申運中職廷金紫貴風雪滿門墙皇恩有感重加祿豈辜常列大夫行甲戌運中天邊沛澤難有壽觴乙亥運中春光去也一夢黄泉

甲午年　丁卯月　甲申日　丁卯時

此八字甲申專祿之日相配柱中金火傷官制殺之格陽刃合殺有功兩干不雜貴氣挺然人生得此生於蓬室長於名門椿萱雙晚茂鴻鴈各行鳴其為人也丰姿清秀天性聰明源流三峽誰能及筆掃千軍孰與倫豈是池中物尤來席上珍鰲逐玉蟾攀桂去馬隨青帝踏花行一日風雲相際會九天雨露沐深恩此則榮貴之命鶯幃有把須招副子嗣森枝有挺榮運行初戊辰春風駘蕩夏日炎蒸己巳運中螢窗宜篤志雪案可加功庚午運中一声春霹靂驚起困中人辛丑運中自沐天邊寵朝朝識聖明壬寅運中錦衣肥馬重重貴金紫煌煌雨露新當此之際風雪滿庭癸卯運中有材龍大用未許便擇榮甲戌運中夕陽有限春夢無憑

甲午年　·　丁卯月　丙申日　壬辰時

此八字丙申日元相配柱中水木奈生印綬之格奈印相生功名顯達喜逢陽刃為奇金水樁萱双挩茂天边鴻鳫各行聯其為人也手姿清雅天性英賢詩讀書篇英材而出類李問以淵源終是功名之客豈為鄙隱覩蟠時至沾恩拜命運來而聖朝天清風諸境仰德澤四方傳報道時來名荅顯昂昂頭角步金鑾此則榮貴之命鴛幃得合須偭正子嗣全風顯桂蘭運行初戊辰上人花下花放風生巳巳運中剝腹服芸窓荅繼夜埋香雪不知寒庚午運中雖有淩雲之志鑑

子平遺書　七

田遇雪宜还辛未運中奪得錦摽漸光彩馬蹄青帝到長安當此之際風雪一番壬辰運中片言能折獄一筆掃花窓癸酉運中皇恩有感金紫高廷圓運中鮮組帰閣甲戌運中一梦帰何処空山叫杜鵑

甲午年　丁卯月　戊寅日　丙辰時

此八字戊寅專權之日相配柱中木火殺生印綬之格人生得此生於右族長於名門木火樁萱榮挩贈天邊鴻鴈有行郘其為人也丰姿青秀天性聰明千古文章逞榮耀一天星斗煥新肖珪章自是情朝器律呂偏諧治世音豈是池中物尤來席上弥龍門变化三春浪鵬路逍遥萬里程瑶池鞭靜朝南極五夜鐘亭拱北宸此則榮貴之命鴛幃連珠須配小子嗣生成貴顯入運行初戊辰天冷雲還凍江闊風自生巳巳運十年窓下螢黄卷與清燈庚午運中報道是龍還不信果然奪得錦摽鮮辛未運中寒拂紫衣听驛騎光生敔節下雲曽壬申運中戝千金紫貴風雪尚愁人癸酉運中赤心扶日月素志展經綸甲戌運中子貴從容贈乙亥運中春歸烏不鳴

子平遺書　八

甲午年　丁卯月　甲子日　丁卯時

此八字甲子日元相配柱中丁火傷官之格木在春生處世安然必壽遇斯命者生於右族長於名門椿萱昌遂双双耋鴻鳳奚聯隊隊群其為人也丰姿清秀天性聰明般般稍覽件件不精謀動君子威伏小人行藏果斷作事老誠祖業添新慶根原勝舊風朝中無班字囊底足珠玩好意畨成悪真心換得嗔雖不達帙封爵自然鄉黨推尊此則穩厚之命篤幃有犯須年敵子嗣生成孝義人運行初戊辰上人庇下未斷平生己巳運中春園雖

兩過桃李未生英庚午運中世情濃又淡淡處又還濃辛未運中着意種花花不發無心插柳柳成陰壬申運中財源雖旺足人事尚齷盈癸酉運中正是太平光霽景還愁花放尚風生甲戌運中晚年享福兒孫貴一枕胡為求不醒

甲午年　丁卯月　己卯日　丁卯時

此八字己卯專權之日相配柱中木火殺生印綬之格殺印相生功名顯達主人生於右族長於名門椿萱双晚别鴻鳳有凌雲其為人也丰姿清秀礼樂惟新筆底詞源三峽水胸中塵潔一天恩驪珠照魏光准掩雲劍生豐氣自亢終是文場折桂客豈為田舍鑿耕人鰲逐玉蟾攀桂去馬隨青帝蹈花行瑶池鞭靜朝南極五夜鍾停拱北宸此則榮貴之命篤幃古色琴子嗣晚光榮運行初戊辰上人庇下花放風生己巳運中讀殘茅店月囊聚案

頭螢庚午運中到此始知文章好長安道上馬蹄輕辛未運中寒拂紫衣催驛騎光生玉節下雲層壬申運中腰横金作帶符部有為贈梨花鋪雪雨過山青癸酉運中有材應大用何事便辭榮甲戌運中春光去也花落月沉

甲午年　丁卯月　癸亥日　癸亥特

此八字癸水日元配合柱中木火傷官助才之格女人得此多機変會操持妯娌难完聚翁姑不共依姿容清雅髮皃不低有針綴之功立業之機荣显無雲天一色三秋好景月增輝平福無亏欠使婢驅奴樂自如此則荣旺之命良人配合須年小桂子生成蹺灶運行初丙寅上入庇下毓秀深閨乙丑運中菡萏花深鴛對立梧桐枝穩鳳双棲甲子運中淡烟楊柳岸薄霧杏花堤癸亥運中雞則夫門才業旺旺中尚有事趑趄壬戌運中雨過園桃簇錦風和堤柳乘陰辛酉運中冲擊之所月入雲衢庚申運中孫賢子显己未運中帰去来兮

甲午年　丁卯月　庚午日　丁丑特

此八字庚午貴人之日才官之格才感生官終身有慶遇斯命者生於茂族長於名門椿父先帰萱別晩天遣鴻鴈不聯群其為人也丰姿清爽天性聰明高謀遠見機関別據慨清學識深君子敬貴人欽才源旺兄弟宅增新遊山翫水携詩卷對月觀花把酒斟富閨屋德閨身晩年光壽景子显耀門庭此則晩荣之命篤帷正副方指老子嗣生成貴显人運行初戊辰上人庇下未斷昇沉巳巳運中小池雨過添新禄深吞青来發旧静庚午運中才源滚滚家居好一度風波辛不驚辛未運中片特風雨過依旧福才興壬申運中正是梅青月白還愁人事髟盈癸酉運中子貴孫賢當此際須史風雨阻行程甲戌運中恩沾荣贈乙亥運中一枕清風

甲午年　丁卯月　己巳日　甲子時

此八字己巳日元相配柱中木火赤生印綬之格赤印相生功名显達主人生於右族長於名門椿萱雙晚贈鴻鴈不同鳴其為人也丰姿清秀天性聰明錦綉胸蔵賢聖李珠璣口吐武文風驪珠朌魏光難掩雷劍生豐氣莫蔵終是功名之客豈為田舍之翁萬里扶揺鷟騑蟄一聲霹靂躍潛鱗瑶池鞭靜朝南極五夜鐘停拱北宸此則榮貴之命鴛幃燭夜添新爸子嗣榮門孝且忠運行初戊辰幼年之下灾晦未伸己巳運中十年窓下業時至便飛騰庚午運中禹浪三層都躍過東笏天門沐寵榮辛未運中重沭恩波鳳池裏朝朝爲誇侍明君壬申運中三度君恩喜兩蕃風木驚癸酉運中赤心扶日月素志展經綸甲戌運中正欲忠君輔國何期一枕難醒

甲午年　丁卯月　庚午日　丁丑時

此八字庚午貴人之日相配柱中水木財官之格本顯功名只嫌財殺親身事不十全主人生於右族長於名門椿萱難並耄鳴鴈各行聮其為人也丰姿清秀天性聰明般般稍覽件件不精謀動君子威伏小人祖業添新慶根源勝舊風月掛碧天光皎潔名揚閭里有声名英雄惟贈劍三尺豪傑相逢酒一鍾拙於自己巧与他人晚年有子登黄甲滔滔車馬樂門庭此則旺豊之命鴛幃連珠髙一載子嗣生成貴顯人運行初戊辰上人庇下未斷平生己巳運中春園雖雨過桃李未生英庚午運中着意種花花不發無心插柳柳成陰辛未運中威權有布人欽服財帛與福禄增壬申運中正是梅青月白還愁微雨弄晴癸酉運中子貴晚年多快樂尚有憂心未順情甲戌運中晚年沾沛澤乙亥運中一枕入巫峯

甲午年　丁卯月　癸未日　癸亥時

此八字癸未日元相配柱中木火傷官助殺之格
人生得此生於右族長於名門椿萱不逮双棠贈
鴻雁排空隊隊群其為人也丰姿清秀天性聰明
胸藏今古事李識聖賢心麗句妙為天下白高材
俊似海東青終是文場折桂豈為田舍鑿耕人試
門變化三春浪鵬路逍遙萬里程一從姓字傳揭
後九五天門面聖容此則榮貴之命鴛幃連理須
指小手嗣森然朶朶榮運行初戊辰上人庇下天
冷雲逐凍江寬風尚生己巳運中十年窓下業黄
卷与青灯庚午運中時来風送滕王閣頃刻高騰
萬里程辛未運中躍過三層浪执法理刑名壬申
運中戦迁金紫貴風雪尚愁人癸酉運中重紫重
金當是顕九天恩詔弃加陞甲戌運中正宜傳德
重何事觧簪纓乙亥運中九地可憐埋片五五雲
無復見儀形

甲午年　丁卯月　壬申日　己酉時

此八字壬申長生之日相配柱中木火傷官助才
之格人生得此生於右族長於高居椿萱金木又
存晚天辺鴻雁自高飛其為人也丰姿清秀天性
能為舣般稍覧件件粗知豈無高仕敬時有貴人
携重成新事業再整旧根基遇大黄金显十分之
貴色雖雲皎月布萬里之光輝田園桑柘茂畎畒
稍梁肥消閑碁一局遣興酒三卮但願一生才祿
旺何須跨馬上邦畿此則穩盛之命鴛幃正副方
偕老子嗣秋来有出奇運行初戊辰上人庇下花
放風欺过此己巳運中淡烟楊柳岸薄霧杏花堤
庚午運中夜冷水寒魚不食空船空載月明帰辛
未運中才源滚滚家居旺須叓素耗幸無危壬申
運中天上三陽泰人間五福齊癸酉運中運濱玩
物會友圍碁甲戌運中但便家斉足何愁白髮飛
肩乙亥運中春帰花落尽空悲子規啼

甲午年　丁卯月　甲辰日　乙丑時

此八字傷官帶刃之格值斯象者主人生於黼署長於華堂丰姿濟濟貌宇昂昂學問三冬足詩書萬卷蔵椿萱顯爵棠棣聯芳將相之華胄威勇兩榮昌此則武貴之命兇悍有餘重羅帳子嗣英雄列兩行運行初辰戌上人庇下乍煖乍涼已已運中正欲掌管鈞衡事何期一夢見無常

甲午年　丁卯月　庚午日　庚辰時

此八字庚午貴人之日相配柱中木火才官之格人生得此生於右族長於名門椿萱雙晚茂鳴鴈各行鳴其爲人也丰姿清秀天性聰明理窮古事兼今事書對賢經與聖經過火黃金重長慣雖雲皎月倍清明衣冠濟濟人中像和氣怡怡席上珍終是功名之客豈爲田舍之翁龍門變化三春浪鵬路逍遥萬里程一從楊姓字職位秉權衡此則榮貴之命篤慵金玉潤子嗣襁衣新運行初戌辰聞詩學禮負笈趨庭已已運中不負寸陰之惜豈無題柱之功庚午運中報道是龍還不信融融春浪躍三層辛未運中處事但憑三尺法理刑渾似一團春壬申運中職千金紫聲名重風雪風來尚惱人癸酉運中有村應大用意縱便辞榮甲戌運中花落水流春已失蘭摧玉折恨何明

甲午年　丁卯月　庚寅日　壬午時

此八字庚寅之日相配柱中木火才官之格才盛生官終身有慶只嫌身弱減我功名主人生於右族長於高門椿萱有倚一朝別天边鴻雁各凌雲其為人也丰姿清秀天性聰明知高識下理白分清宦無高仕数時有貴人欽自有順天慶宜無祿地深祖基宜整頓事業必重新得意江山詩句忘情日月酒盃深祿允岱岳瀆威勢壓鄉民此則穩足之命鶯啼春色麗子嗣秀邁榮運行戊辰初年之下花放風生巳巳運中世事短如春夢人情薄似秋雲庚午運中爆竹声中殘臘尽折梅香引早春迎辛未運中天上三陽春人間五福增壬申運中雪晴雲散天如洗從此謟謟福祿增癸酉運中如松含曉翠似菊吐金英甲戌運中一挑黃梁夢千年不復醒

甲午年　丁卯月　甲戌日　辛未時

此八字甲戌日元相配柱中火土傷官助才之格陽刃特令減我功名主人生於右族長於名門萱母纘春蔭落天边鴻雁各行鳴其為人也丰姿清秀天性聰明斷高理直取事公平過火黄金長價重離雲皎月倍清風祖業添新慶根源勝旧風田園桑柘茂畎畝稻粱馨無虞傳詩禮樂有朋來自遠方尋佟觀人生才祿旺何必天邊沐寵榮此則穩旺之命鶯囀木命須年少子嗣秋來有提榮運行初戊辰上人在下未斷平生巳巳運中火冷雲遮凍江空風自寒庚午運中淅淅精神更堪堪氣象新辛未運中山前山後皆明月江北江南總是春壬申運中未字之中花落風生壬申運中滾滾財源明旺藹藹福祿增當此之際風雪蕭庭癸酉運中冲擊之所如履薄冰甲戌運中春光去也花落月沉

甲午年　丁夘月　戊寅日　壬戌時

此八字戊寅專權之日相配柱中木火夲生印綬之格夲印相生功名显達爲人生於右族長於高居椿萱一享期頤壽天遐鴻鴈各行飛其爲人也丰姿清秀天性操持材全文武氣吐虹霓行藏果斷作事三思性不受觸心不藏機終是功名之客豈爲田里耕鋤北海蛟騰頭角聳南山豹變爪牙聳一從姓字傳揚後濟濟衣冠拜鳳池此則榮貴之命鶺鴒連珠須配小子嗣秋來有出奇運行初戊辰上人庇下花放風吹已已運中聞詩學禮員

笈從師庚午運中莫言难步青雲路時來變化在須臾辛未運中一從揚姓字萬里姓名馳壬申運中皇恩有感重加禄千里風霜謁繡衣當此之際風雪成堆癸酉運中金紫迁榮權任重不如鮮祖向東籬甲戌運中人生從此列無覆見形儀

甲午年　丁卯月　庚申日　甲申時

此八字庚申專祿之日財官之格女人得此生於茂族配於高門椿萱棠棣霜睇日妯娌翁姑不共群姿容清雅髮貌精神治家有道處事克勤雪爲軽粉憑風傳霞作胭脂仗日匀處世無榮辱平生不富貧此則清孤之命良人半道相分别桂子秋来一果成運行初丙寅香閨之内未断平生乙丑運中路入桃源花爛熳橋横銀漢水澄清甲子運中片雲蔽日雨過山青癸亥運中停針默默思無語此際鴦鴦綉不成壬戌運中得失相半憂喜並

行辛酉運中冲擊之所如履薄氷過此庚申運中重添新氣象再整舊儀容己未運中花已落月尤沉

甲午年　丁卯月　庚午日　庚辰時

此八字庚午貴人之日相配柱中木火才官之格才蓋生官終身有慶遇斯命者生於右族長於名門木上椿萱雙晚茂天邊鴻鴈各行鳴其為人也丰姿清秀天性聰明斷為理直豪事公平高謀遠見機関別慷慨春風一好人過火黃金顯十分之貴色離雲皎月有萬里之清明祖業添新慶根源勝舊風月離海嶠山山秀春到園林處處英庭前竹報平安日檻外花開富貴春雖不建侯封爵自然福祿餘盈此則饒愈之命驚幃火命連珠屬子

嗣森枝孝且忠運行初戊辰春風融蕩夏日炎蒸巳巳運中未知桃李紅紅色且喜湖光淡淡晴庚午運中一枝梅破騰萬象漸回春辛未運中才源富足養宅增新壬申運中西風吹過天邊雪從此才源倍有增癸酉運中冲擊之所如月入雲甲戌運中無慮無思乙亥運中春夢無憑

甲午年　丁卯月　丁卯日　辛丑時

此八字丁卯日元相配柱中旺木印綬之格印綬者上格也主人生於巨室長於高門椿親磊落先歸計天邊鴻鴈各行鳴其為人也丰姿清秀天性聰明智羅今古事學識聖賢心過火黃金重長價離雲皎月倍清明終是功名之客豈為田舍之翁三級浪中龍变化九霄雲外鶴飛騰一從姓字傳揚後九五天門沐寵榮此則榮貴之命驚幃火命須年小子嗣生成貴顯人運行初戊辰上人庇下花放風生己巳運中十年窓下業一舉便成名庚

午運中躍過三層浪朝端立縉紳辛未運中威飛虬浪懸令重虎風生壬申運中三度君恩喜兩番風木驚癸酉運中秋光都似官情薄山色不如歸興濃甲戌運中花已落月尤沉

甲午年　丁卯月　辛未日　己亥時

此八字辛未日元相配柱中木火才官之格人生得此生於右族長於名門椿萱雖並耄鴻鴈各行鳴其為人也丰姿清秀髮貌精神雖是女流之背過如君子才能雲妝華岳千山秀水到湘江一樣清每懷壯膽意時抱攀鱗心深明閨閫理動識古今情玉産崑崗藏韞色蘭生楚澤散清馨克勤而克儉易喜而易嗔佇看夫榮子貴也應福禄無窮此則旺益之命良人得配須年小子嗣秋来有挺荣運

行初丙寅上人庇下未斷平生乙卯運中路入桃源花熳爛橋横銀漢水澄清甲子運中溪煙楊柳岸薄暮杏花村癸亥運中幾度樂中有悶數番靜裏憂生壬戌運中雖則夫門財禄旺幾多人事尚虧盈丁丑運中如履薄氷過此庚申運中春光去也花落月沉

甲午年　丁卯月　癸亥日　壬子時

此八字癸亥日元相配柱中木火傷官助財之格傷官者剛毅之物也主人生於右族長於名門椿萱分别先虧父天邊鴻鴈各行鳴其為人也丰姿清秀天性剛忠知高識下理白分清豈無高仕敬時有貴人欽祖業添新慶根源勝舊風門外生涯曠濶庭前活計惟新酒觧平生恨衣沾德沛塵逢危有救遇难無凶豈将好意番成惡每把真心換得嗔雖不建侯封爵自然福禄無窮此則旺益之命鴛幃有配須年長子嗣秋来旺宅門運行初戊

辰上人庇下未必詳論己巳運中世事宛如春夢人情薄似秋雲庚午運中晝永無聲空有浪繡花雖艷不聞馨辛未運中着意種花花不發無心栽柳柳成陰未字之中片時風雨壬申運中財源旺足家居好幾多人事尚虧盈癸酉運中晚年閑快樂子秀福無窮酉字之中花放風生甲戌運中老来尤覺精神健還愁風雨阻行程君有陰隲乙亥方終

甲午年　丁卯月　戊寅日　己未時

此八字戊寅專權之日相配柱中旺木合亦留官之格人生得此生於右族長於名門椿親榮且壽鴻雁各行騰其為人也丰姿清秀天性聰明胸羅今古事季識聖賢心太山北斗千年在和氣春風四座傾終是功名之客豈為田舍之翁三汲浪中龍變化九霄雲外鳳飛騰一從姓字傳揚後直上金鑾輔聖明此則榮貴之命兆幃連理合子嗣貺光榮運行初戊辰春風馹落夏日炎蒸己巳運中讀殘芸店月囊聚茶頭螢燈午運中霹靂一声雲霧合禹門羅过浪三層辛未運中千里霜威金谷重三秋風色編衣輕壬申運中戰迁金紫宇宙澄清當此之際風雪滿庭癸酉運中有材看大用未許便帰榮甲戌運中悦華閑快樂乙亥運中一枕八佳城

甲午年　戊辰月　癸亥日　丙辰時

此八字癸亥日元相配柱中火土雜氣才官之格人生得此生於右族長於名門椿親眞凋倘鴻鴈各行鳴其為人也丰姿清秀天性聰明研窮古事兼令事書對賢經與聖經珪璋自是清朝器律呂偏諧治世音豈是池中物尤來席上珍早登蟾宮攀丹桂決向龍門奪錦英一朝騰踏飛黃去濟濟衣冠拜九重此則青出於藍之命鴛幃春色麗矛嗣繼衣新運行初巳巳上人庇下花放風生庚午運焚膏展卷秉燭觀文辛未運中騰身離泮水攀桂步蟾宮壬申運中躍過禹門三級浪秉笏趨朝近聖明癸酉運中粉署聯班才獨称皇恩有感職加陞當此之際風雲滿庭甲戌運中正欲忠君輔國未暇拜組思籌乙亥運中晚年閑故里閑故里會友以開樽丙子運中夕陽有阻春夢無憑

甲申年　戊辰月　己未日　甲戌時

此八字己未陰男之日相配柱中木火襍氣官印之格人生得此生於右族長於名門椿萱宜有壽鴻鴈各行鳴其為人也丰姿清秀天性能為須知礼義精目詩書見善則推於己當仁不讓於師祖業有依須用整才源學積挽盈餘春風桃李韶華景夏日荷蓮蕩樣時萬里春風行樂頌四時佳趣福元齊施恩惹怨布德成嗔傳世功名身外事江湖風月樂情餘此則閏沙見金之命鴛幃有亿須相敵子嗣秋未貴顯人運行初巳巳上人庇下未斷平生庚午運中正欲尋芳拾翠还愁素耗超遭辛未運中正是太平光景際須更風雨尚憂悲壬申運中豐饒才業壯觀門楣當此之際尚有盈虧癸酉運中乃倉乃積于箧于笥一番風雨还有憂疑甲戌運中子貴恩治紫體邀朋會友圍碁乙亥運中晚年快樂丙子得歸

甲午年　戊辰月　甲寅日　癸酉時

此八字甲寅壽祿之日相配柱中火土傷官助才
之格喜逢特值金神人生得此生於西堂長於名
門椿親特達萱先別天边鴻鴈各行鳴其為人也
丰姿清秀天性乖能知礼義試古今欺霜抵雪自
是自能風月處友瀟洒客情祖基革盡事業鼎新
福布江山生秀麗名揚湖海有光榮花無桃李非
春色人有筆歎是太平園林有意公卿小廊廟與
心宇宙輕卿民仰德閭里推尊此則穩厚之命鴛
幃烛夜添春慶子嗣秋来朵朵荣運行已已上人
庇下有天寒有日雲猶凍江澗無風浪回生庚午
運中爆烛声催殘臘冬梅花香引早春還辛未運
中才源富足家居好風雪官非柔耗生壬申運中
一天似洗無雲翳萬里長空皎月明癸酉運中威
權有布人欽服才帛興隆福致垣甲戌運中三百
園基消永日十千美酒賞芳晨乙亥運中晚年闕
快樂會友以閑樽丙子運中落花寂寂啼山鳥香
梦悠悠入九重

甲午年　戊辰月　丁未日　辛丑時

此八字丁未陰刃之日相配柱中金土傷官助才
之格人生得此生於右族長於名門堂上椿萱
崇長天邊鴻鴈有行鳴其為人也丰姿清秀天性
聰明機謀輒伏牽用人欽行藏果斷作事老誠過
火黃金显十分之貴色離雲皓月布萬里之清光
笋長名園過舊竹花開上苑勝先春不向仕途求
聞達却来湖海覓黃金但願一生財祿旺何必天
邊沐寵榮此則穩厚之命鴛幃連珠須配少子嗣
秋来旺宅門運行初已已上人庇下花放風生庚
午運中雨過山方秀雲開月始明辛未運中近水
樓臺先得月向陽花木早逢春壬申運中不独財
源富足尚祈聲勢豪洪癸酉運中財縣雖旺足何
事雪盈庭甲戌運中庭前竹報平安日檻外花開
富貴春乙亥運中晚年閑快樂丙子運中一枕了
平生

甲午年　戊辰月　丁酉日　辛亥時

此八字丁酉日貴之辰相配柱中水土傷官助才之格人生得此生於右族長於高門金水椿萱萱歲長天邊鴻雁各行聯其爲人也丰姿清秀天性機關英材偏出類學問以淵源英佩還驪光照地雀馭瑞帶勢冲天終是功名客豈爲釣隱翁揚清激濁祛思除奸清名已在雲池上逸氣還生宇宙間緋衣日暖趨金闕寶殿雲開識聖顏此則業貴之命鴛幃火命須年小子嗣金風顯桂蘭運行初己已上人庇下幸過災閑庚午運中陰硯寒毡辛未運中騰身離泮水秉笏拜金鑾壬申運中名聞萬里鐵折片言癸酉運中一天風雪過金紫毦重迁甲戌運中正宜侍明主何事便歸鄉乙亥運中春光去也一枕难還

甲午年　戊辰月　戊午日　戊午時

此八字戊午日元相配柱中木火系印之格比肩太重減我功名主人生於大族長於名門椿萱雙晚茂鴻鴈各摶風其為人也丰姿清秀天性聰明有博古通今之志截長補短之能黄金過火多增價白璧離塵色更明祖業添新慶才源厚積存不必覓來水府何須求劍到豐城但願良田千畝足任他身沒外功名此則旺足之命鴛幃火命配年小子嗣秋來俊栗英運行初己巳春風駘蕩夏日炎蒸庚午運中隱隱春雷抽碧笋微微細雨潤紅英辛未運中始知春晝永方覓瑞祥生壬申運中一枝梅破臘萬象漸田春癸酉運中紫陌驅馳金勒馬錦階爭看玉樓人當此之際風雪滿庭甲戌運中氣數昂昂然如光風霽月才源浩浩兮若逝水流東乙亥運中春光去也啼鳥無聲

甲午年　戊辰月　乙巳日　丁亥時
此八字乙巳日主相配柱中火土傷官助財之格
女人得此生於右族長配名門椿萱棠棣霜稀日
妯娌翁姑尚寡情其為人也姿容開朗髮貌超群
勝丈夫之氣槩有男子之材能每懷九膽意時抱
澤憐心女工機巧雖全晚婦道顯繁盡頻能憂禍
自能辨肉味完琴應解辨絃聲深明閨閫理洞識
古今情錦繡花開家富貴琅玕竹報日平安難觸
難犯易喜易嗔晚年子貴顯福祿享無窮運行初
丁卯上人庇下毓秀閨門丙寅運中孔雀屏開花
爛熳橋横銀海水澄清乙丑運中淡烟楊柳岸薄
霧杏花村甲子運中雨過山方秀雲開月始明癸
亥運中幾度樂中有悶數番靜裏憂生壬戌運中
冲擊之所如履薄氷辛酉運中子貴榮門多快樂
行藏還有一番驚踰此庚申運中逍遙閑畫景風
月照黄昏

甲午年　戊辰月　乙丑日　丙子時
此八字乙丑日元相配柱中旺水雜氣印綬之格
印綬者上格也主人生於右族長於名門椿萱有
倚一期別天邊鴻鴈各行鳴其為人也丰姿清秀
天性聰明鋩鋒穎利疑無敵筆力縱横若有神太
山北斗千年在和氣春風四座傾終是功名容豈
為田舍翁鵬路高摶知健翼龍門深躍見脩鱗一
從姓字傳揚後九五天門面聖恩此則榮貴之命
鴛幃燭夜添新景子嗣榮門孝且忠運行初己巳
上人庇下天冷雲還凍江寬風尚生庚午運中肯
向書窗篤志他時雲路高程辛未運中欲遂平生
男子志且留灯下十年心壬申運中三場筆落丈
如掃萬里鵬程路正通癸酉運中衣惹御爐拖錦
繡筆宣皇澤洒春霖須臾風雪雨過山青甲戌運
中雖則金甌拜命還愁權重生驚乙亥運中正宜
侍明主未許便辭榮丙子運中歸去也

甲午年　戊辰月　庚子日　庚辰時

此八字庚子日元相配柱中水土傷官帶印之格印多喜是才神遇斯命者生於右族長於名門椿萱連珠萱歲長天邊鴻鴈各行鳴其為人也丰姿清秀天性聰明多聞多見自是自能行藏果斷作事老誠過火黃金增長價離雲晈日倍光明不必覓珠來水府何須求劍到豐城水光浮座盈盤瑩花氣侵人咲語馨但顯財源豊富足何須天府沐恩深此則穩享之命鴛幃火土須偏正子嗣金風有貴人運行初巳巳娟娟雲裏月灼灼葉中英庚午運中寒向梅中畫春

從榔上生辛未運中一枝輕帶雨萬象漸回春壬申運中財源富足家業康寧癸酉運中簾捲香風生百福軒開化日福元增當此之際風雪淵庭甲戌運中富連阡陌行樂如心乙亥運中春光去也一枕清風

甲午年　戊辰月　丁酉日　癸卯時

此八字丁酉之日貴辰相配柱中水土傷官金殺之格火生得此生於右族長於仁門椿萱曉分別鴻鴈各行鳴其為人也精神烱烱智慧明明錦綉胸藏貫聖學珠璣口吐武文風過火黃金顯十分之貴色離雲破月布萬里之清明終是功名之客豈為田舍之翁鰲逐玉蟾攀桂去馬值青帝踏花行一從揚姓字職位秉權衡此則榮貴之命鴛幃錦上聯文子嗣氷中取鯉運行巳巳上人庇下

春風駘蕩夏日炎蒸過此庚申運中讀殘茅店月囊聚岸頭螢辛酉運中禹浪三層都躍過秉笏天門近聖明壬申運中綉衣耀鉄面生風當此之際風雪滿庭癸酉運中職迁金紫宇宙澄清甲戌運中晚年閑故里乙亥運中一枕入佳城

甲午年　戊辰月　庚申日　丁丑時

此八字庚申專祿之日相配柱中財官印三奇之格女人得此生於右族配於名門椿萱榮晚茂鴻鴈各翱翔其為人也姿容清雅髮見異常有針綴之巧立業之良風送芰荷香滿院日勻花蕚發新紅心靜似月明雲漢性急如風捲滄浪錦綉花開春富貴琅玕竹報日安康夫榮子貴其樂何當此則福旺之命良人得配榮華客子嗣生成貴顯郎運行初丁卯上人庇下花放風狂丙寅運中竹瘁花蝴蝶花貪竹鳳凰乙丑運中水向石邊流出冷風從花底過來香甲子運中財源富足金谷盈囊癸卯運中萬里光華沾沛澤四時佳趣樂何當壬戌運中到此始知光景好珎羞百味勝如常辛酉運中春光去也流水滔滔

甲午年　戊辰月　戊申日　壬戌時

此八字戊申長生日相配柱中水木雜氣才杀之格喜逢印綬生身人生得此生於西室長於名門椿父先帰萱後別天邊鴻鴈各行鳴其為人也精神烱烱智慧明明胸羅星斗學貫古今萬里青雲終需會無端風雨駕雲程終是功名之客豈為田舍之翁霹靂一声雲霧合禹門躍過浪三層瑤池鞭靜朝南極五夜鍾聲供北辰此則榮貴之命鸞幃春色麗子嗣晚光榮運行初己已上人庇下突臨来伸庚午運中十年窓下業黃卷與青灯辛未運中根道是龍逃不信果然奪得錦標英壬辰運中自沐天邊寵朝朝識聖明癸酉運中雖不片言民訟息雪晴峯岸又精神甲戌運中自嘆時年帰故里須吏風雨驚人乙亥運中夕陽有限春夢無憑

甲午年　戊辰月　癸卯日　癸亥時

此八字癸卯貴人之日禄氣才官之格人生得此椿萱
有倚先兮文鴻鴈天边不共行丰姿瀟洒性格果刚
聪明書藝遠倜儻世情長恒君子敬時履貴人卿
萬里春光行樂頌四時佳趣瑞祥光遊山玩水携書
卷對月觀花把酒觴豐年田舍禾盈譽騰日山家
與趣長雖不建侯封爵自然閭里名揚此則穩傑之
命鴛鴦全正副子嗣晚成芳運行初巳巳上人庇下
其樂何當庚午運中如花彩散似月光揚辛未運
中行藏雖有慶人事尚悠揚壬申旺処幾番生
進退幸然不損釣魚舡癸酉運中一番風雨過佳
氣滿墻甲戌運中英雄惟贈劍三尺豪傑相逢酒一
觴乙亥運中桑榆暮景丙子運中一夢黄粱

甲午年　戊辰月　壬寅日　辛丑時

此八字壬寅日元相配柱中金土雜氣杀印之格
女人得此生於右族長於名門椿萱双晚別鴻鴈
各行鳴其為人也丰姿清秀髮貌精神勝丈夫之
氣象有男子之材能一苑杏花鋪錦綉滿山松栢
映幃屏春入水光成嫩禄日匀花鶯發新紅滔滔
無阻滯步步助夫門克勤而克儉易喜而易嗔停
看夫榮子貴也應同沐恩榮此則旺益之命良人
得配英華客子嗣生成貴顯人運行初丁卯上人
庇下花放風生丙寅運中契合年來成好夢緣紅
葉是良姻乙丑運中雖則夫門快樂幾番人事觔
盈甲子運中幾度樂中有悶數番素耗憂生癸亥
運中濟濟裙釵耀日層層羅綺臨風壬戌運中光
華疊疊辛酉運中子貴重封贈庚申運中春歸花
落鳥無声

甲午年 戊辰月 己酉日 乙丑時

此八字己酉日元相配柱中金土制殺留官之格人生得此生於西室長於高門椿覲磊落萱歸副天邊鴻鴈昔隨鳴其為人也丰姿清秀天性聰明源流三峽誰能及筆掃千軍就與論衣冠濟濟人中傑和氣怡怡席上珎定疑當朝晶朱紫豈教南畝躬耕萬里扶搖鸞騰蟄一声霹靂躍潛鱗瑶池鞭靜朝南極五夜鍾停拱北宸此則榮貴之命鴛幃金玉潤子嗣晚光榮運行初己巳春風馹蕩夏日炎蒸庚午運中十年窓下業黄卷與青灯辛

未運中報道是龍还不信果然奪得錦標新壬申運中威飛亂浪怒令重虎風生癸酉運中雪晴雲散天如洗金紫煌煌雨露陞甲戌運中正宜輔国未許絆榮乙亥運中春光去也一道訃音

甲午年 戊辰月 甲子日 甲子時

此八字甲午日元相配柱中旺土禄氣才官之格亦有遥禄之意主人生於温潤之族長於清白之門金大椿萱双晚茂天邊鴻鴈後隨鳴其為人也丰姿清秀天性聰明行藏果断作事老誠般般積覧件件不精過火黄金重長價離雲皎月倍清明祖業添新慶根源勝旧風有心於貨利無意慕功名兩都秋色皆喬木耆旧風流有幾人雖不建侯封爵自然潤屋潤身此則發福之命鴛幃水命須年長子嗣秋来始有成運行初己巳春風鄗蕩夏

日炎蒸過此庚午運中青帰柳葉晴初变紅入桃花嫚未匀辛未運中隐隐輕雷抽碧笋微微細雨潤紅英壬申運中天上三陽泰人間五福增癸酉運中梅須遜雪三分白雪亦輸梅一段馨當此之際風雪滿庭甲戌運中延宜翫物會友閒樽乙亥運中春光去也一枕难醒

甲午年　戊辰月　丁巳日　庚戌時

此八字丁巳日元相配柱中旺土傷官助財之格人生得此生於右族長於名門金土椿萱萱茂長天边鴻鴈有行鳴其為人也精神炯炯智慧明明斂鋒穎利疑無敵刀筆縱横若有神衣冠濟濟人中傑和氣怡怡席上珍終是功名客豈為田舍翁雲程坦坦登天去夆足悠悠名利成一朝但得風雲便九天雨露沐皇恩此則榮異之命鴛幃金玉潤子嗣强衣新運行初巳巳春風駘落夏日炎蒸庚午運中讀殘第店月囊聚案頭當辛未運中莫愁雪阻藍關進時来風送馬蹄輕壬申運中慶世但憑三尺法理刑渾似一團春癸酉運中戢近金紫宇内澄清當此之際風木憐情甲戌運中自嘆引年帰故里朝廷未遂兩疏心乙亥運中一枕黃粱夢千年不得醒

甲午年　戊辰月　壬戌日　庚戌時

此八字壬戌日德之辰相配柱中金土雜氣殺印之格殺重身輕減吾貴氣主人生於右族長於仁門椿萱堂上聯珠屬天邊鴻鴈有飛騰其為人也手姿清秀天性聰明世事頗能将就般般學足精通過火黃金顯十分之貴色離雲皎月布萬里之清明生涯湖海上道路或西東時至財原富足運来福祿無窮鄉民仰德閭里推尊此則豐盛之命鴛幃年長方偕老子嗣生成貴顯人運行初巳巳天寒有日雲路凍江淵無風浪自生庚午運中隱隱輕雷抽碧笋微微細雨潤紅英辛未運中淡烟楊柳岸薄霧杏花村壬申運中到此始知時運好萬物光華事尚通癸酉運中天上三陽泰人間五福增黎花寒食夜深閉翠薇宫甲戌運中門楣壯觀會友開樽乙亥運中晚年安享無窮祿丙子運中一枕黃粱永不醒

甲午年　戊辰月　癸巳日　辛酉時

此八字癸巳貴人之日橥氣才官之格女人得此姿容闓朗髮皃精神勝丈夫之氣槩有男子之材能心静似月明雲漢性急如風捲残雲紅日点穿湘水碧白雲堆破楚山青深明閨閫理闇識古今情若非二次明花燭定教半世守孤燈此則安和之命良人有碍須年敵子嗣秋来二果成運行初丁夘春風習習化日融融丙寅運中路入桃源花爛熳橋横銀漢水澄清乙丑運中雖則氣求声應還恐微雨弄晴甲子運中春風蕩盡堤邊絮桃令衾寒恨莫伸癸亥運中幾度樂中有悶数番静裏憂生壬戌運中乍寒乍煖或雨或晴辛酉運中桑榆暮景庚申運中一枕難醒

甲午年　戊辰月　甲寅日　乙亥時

此八字甲寅專禄日相配柱中火土傷官用才之格喜逢六甲趨乾主人生於右族長於名門椿萱双晚别鴻鴈各行鳴其為人也丰姿清秀天性聰明胸蔵今古事夲識聖賢心篇句好為天下白髙才俊似海東青終是功名客豈為田舍翁禹門変化三重浪鵬路逍遥萬里程一從揚姓字九五天門面聖容詳此造化此則榮貴之命鴛幃有花須招副子嗣秋来有捷榮運行初己巳上人庇下未断平生庚午運中不負寸陰之惜豈妄題柱之功辛未運中遠望皇恩雲外路思攀桂子手中馨壬申運中根道是能還不信依然奪得錦袍新癸酉運中寒梯紫衣催驛騎光生玉節下雲層當此之際雪晴金紫又加陞甲戌運中有才應大用未許便辭榮乙亥運中一枕清風

甲午年 戊辰月 丁卯日 戊辰時

此八字丁卯日元相配柱中金火傷官助才之格人生得生生於右族長於居門椿萱榮晚贈鴻鴈各飛行其為人也丰姿清秀天性果剛心胸藏錦綉筆底好文章東海驪珠能幾見豐城雷劍不終藏終是功名之客豈為田舍之郎一朝馬上衣冠別此里男兒當自强此則榮貴之命鴛幃金玉潤子嗣彩衣馨幼年之下災晦一塲己巳運中十年寒下業篤志在窗窓庚午運中讀殘箋店三更月踏破芹池幾枝霜辛未運中幾會未時楊姓字也應誇馬上長安壬辰運中躍過三層浪朝朝識聖王癸酉運中處事但愁三尺法理刑渾似九秋霜甲戌運中正宜加爵祿何事返家鄉乙亥運中春光去也一枕入黃梁

甲午年 戊辰月 庚寅日 丙子時

此八字庚寅之日相配柱中火土雜氣印受之格人生得此生於右族長於名門椿父先歸萱後別天邊紅鴈各行鳴其為人也丰姿清秀天性聰明般般稍覽件件不精行藏果斷作事老成君子敬貴人欽遊山翫水携詩琴對月觀花把酒斟祖業添新慶根為勝舊風不以功名為念室將官兒磨醒好意交成終真心換得嗔雖不逮侯封爵自然鄉掌推尊此則穩后之命先幃有犯須年小子嗣秋秋來孝義深運行初上人庇下未斷平生庚寅運中青帰柳葉睛初变紅入桃花嫚未句辛卯運中正是梅青月白还愁人事虧盈壬申運中人生正在風光処只恐閑非素耗生癸酉運中得失何為慮依然祥瑞生甲戌運中

甲午年　戊辰月　癸卯日　壬戌時

此八字癸卯日相配柱中之土樣氣才官之格人生得此仕路声揚椿萱双耐晩鴻雁有回翔手姿磊落天性果剛辛問三冬是詩書万卷藏終是功名客堂為田舍郎一朝騰路飛黄去此是男兒當自強此則星躍之命北幃金正副桂子有承芳運行初己巳上人庇下花放風狂庚午運中尋章摘句入室升堂辛未運中風雲相際會三跳上天堂壬申運中一番風雨过千里大夫行癸酉運中再加祿位金紫光揚甲戌運中大才大用乙亥運中梦入仙鄉

甲午年　戊辰月　癸亥日　乙卯時

此八字癸亥日元相配柱中土木傷官之格官殺太重利是傷官主人生於右族長於名門萱毋續紋椿佪倘天邊鳴雁各行鳴其為人也丰姿清秀天性聰明源流三峽誰能及筆掃千軍熟與論珪璋自是清朝器律吕偕偏治世音終是錦衣肥馬客宜為田舍鑿耕人一日声名遍天下端城桃李咲陽春此則榮貴之命鴛幃宜有贈子嗣晩光榮運行初己巳上人庇下花放風生庚午運中味道心千古潜心對一經辛未運中起風騰蛟從此始果然秉笏拜明君壬申運中威飛乱浪怒令重虎風生癸酉運中職位兩迁金紫貴職毯門外雪盈庭甲戌運中自嘆引年帰故里朝庭未遂兩疏心乙亥運中九地可憐埋片玉五雲無霞見儀形

甲午年　戊辰月　辛亥日　己丑時

此八字辛亥日元相配柱中大土襍氣殺印之格殺印相生功名显達只嫌土重金埋減吾貴氣主人生於右族長於高門萱母續弦椿磊落天邊鴻雁各行鳴其為人也丰姿清秀天性聰明知高下識重輕過大黄金重長價離雲皎月停長明不向仕途求問達却来湖海覓黄金身將隐笑文何用人不知之味更貞財源富足平生好身外無名樂此生此則豐潤之命鴦幃連珠須配小子嗣生成貴星人運行初己巳天冷雲還聿江空風尚生庚午運中爆竹聲催發臘尽折梅香引早春逢辛未運中一枝梅破臘萬象漸回春壬申運中到此始知時旺好萬物光華百事通癸酉運中財源富足家居好風雪飛来尚恼人甲戌運中蕉携香風生百福斬開化日禄元增乙亥運中延賓玩物會友開樽丙子運中春光去也花落月沉

甲午年　戊辰月　癸卯日　丙辰時

此八字癸卯日貴辰相配柱中火土雜氣才官之格戊癸作合有功名主人生於右族長於名門椿親荣愰贈鴒雁各騰空其為人也精神炯炯智慧名名錦繡肚藏賢聖李珠成口吐武文風麗句好為天下白髙才俊士海東青終是傳芳客豈為田舍翁鵬路高搏知健翼龍門深躍見脩鱗一從掛姓字秉笏拜金門此則荣貴之命死幃正副方偕老子嗣枝枝有挺荣運行初己巳災関已過員笠趋庭庚午運中不負寸陰之惜豈喜題柱之功辛未運中起鳳騰蛟從此始衣冠濟濟拜明君壬申運中署郎署官黍何足羡大在金紫貴重封癸酉運中佇看官封三級酌然禄享千鍾當是時也風雪满空甲戌運中重紫重廷金紫顯山何十群仰威椎乙亥運中正宜加爵一枕入佳城

甲午年　戊辰月　甲子日　甲戌時

此八字甲子日元相配柱中火土傷官兩才之格比肩太重減我功名主人生於遠室長於名門堂上椿萱双脫別天遐鴻鴈各飛騰其為人也丰姿清秀天性乖能雖無深計較稍有淡聰明般般稍覧件件不精行藏果斷作事老誠田園桑柘茂畝畝稻梁肥福布江山外名聞湖海中兩都秋色皆喬木昔日風流有幾人雖不建侯封爵自然潤屋潤身此則穩厚之命鴛幃運珠須配小子嗣金風孝且忠運行初己巳上人庇下花放風生庚午運

中春園雖兩過蕣李未生英辛未運中世事宛如春夢人情薄似秋雲壬申運中梅須遜雪三分白雪亦輸梅一段馨當此之際風雪滿庭癸酉運中紫陌鏡馳金勒馬錦皆争看玉楼人甲戌運中晚年快樂會友開樽乙亥運中夕陽有限春夢無憑

甲午年　戊辰月　壬子日　辛丑時

此八字壬子日刃之辰相配柱中金土襍氣殺印之格人生得此生於良族長於高君堂毋先歸標後別天邊鴻鴈各行飛其為人也丰姿滄古天性操持頗知礼義稍識詩書自有順天之慶豈無福地之特重成新事業再整舊根基親賢近貴不勇不慈五湖生計好四海禄元齊春風桃李部華景夏日荷蓮蕩樣時施恩惹怨布德成非滿世功名身外事五湖風月樂多餘此則旺足之命鴛幃蓮珠低一載子嗣枝頭一果齊運行

初己巳上人庇下有何是非庚午運中春園雖兩過未是賞花時辛未運中莫作千年調還生一度悲壬申運中雖則行藏有憂務番人事趨趄癸酉運中才源有進行藏好片時風雨片時除甲戌運中雨過山方富雲開月色輝乙亥運中遨遊湖海多風味須史花外一風吹丙子運中晚年開快樂丁丑運中夢入仙衢

甲午年　戊辰月　庚子日　丙子時

此八字時上偏官之格印綬生身人生得此生於戚族長於良門椿萱帰去早鴻鴈各穿雲手姿平穩性格乖能長将好意蓄成悪每把真心換得嗔不必覔珠来水府何須求劍到豊城江湖生意好閭里福元新此則中和之命鴛幃魚水清歡洽桂子金風旺宅門運行初巳巳片雲掩月雨過山青庚午運中一枝梅破臈萬象漸回春辛未運中行蔵慶人事尚逡巡壬申運中盆水無聲空有浪綉花雖絶不開著癸酉運中任他世事如麻乱依舊身心不致驚甲戌運中妻賢子秀樂意忘情乙亥運中晚年壯觀丙子運中好夢难醒

甲午年　戊辰月　戊子日　癸亥時

此八字戊子之日相配桂中水木雜氣才殺之格女人得此生於右族長配名門椿萱难並耄鴻鴈各行鳴其爲人也丰姿清秀髮見精神勝丈夫之氣槩有男子之材能一苑杏桃鋪錦綉滿山松柏映幃屏每懷丸膽意時執擇隣心深明閨壼理洞識古今情磨穿鉄硯非吾事綉折金針却有功克勤而克儉易喜而易嗔錦綉花開春富貴琅玕竹報日升平雖然不是榮封婦晚年子貴也光榮此則穩厚之命良人龍屬離先別子嗣枝枝一果榮運行初丁卯上人庇下毓秀閨門丙寅運中匹配名門交花泛錦上增乙丑運中淡烟楊柳岸薄霧杏花材甲子運中雖則夫門才業旺旺中常有事虧盈癸亥運中一輪明月當楼夜無限奇花正遇春須臾風雨雨山過山青壬戌運中子貴家門多快樂何期鋭破叉釵分辛酉運中疾雲蔵月色妬雨損花容庚申運中春光去也啼鳥無声

甲午年　戊辰月　癸亥日　癸亥時

此八字癸亥日元相配柱中火土離氣才官之官人生得此生於右族長於名門椿萱有倚和其別天边鴻鴈不同鳴其為人也丰姿清秀天性聰明源流三峡誰能及筆帚千軍孰與論與論衣冠濟濟人中傑和氣怡怡席上珎終是功名之客豈為田舍之翁龍門变化三春浪鵬路逍遥萬里程一從姓字傳揚後九五夫門沐寵榮此則榮貴之命鴛幃全正副子嗣晚光榮運行初已巳上人庇下天朗氣清庚午運中欵遂平生志須加董子功辛未運中莫愁雪擁前程路時來頃刻便昇騰壬申運中自沐天邊寵朝朝拜聖明癸酉運中戝迁金紫貴風雪不為驚甲戌運中正欵忠君輔国樂然鮮祖思尊乙亥運中西風起處尊鱸美蘺下閑時菊酒黄丙子運中英雄都尽也高塚臥麒麟

甲午年　戊辰月　庚子日　丁丑時

此八字庚子日元相配柱中火土裸氣財官之格三奇之助主人生於右族長於高居堂上椿萱双晩贈天邊鴻鴈各行飛其為人也丰姿清秀氣稟高奇妍窮今古漁獵詩書袖裡虹霓冲霄色筆端風雨駕雲衢終是功名之客豈為田舍耕鋤北海蛟横頭角聳南山豹变爪牙新一朝騰蹈飛黄去濟濟衣冠拜聖明此則榮貴之命鴛幃得合齊案牽眉子嗣有成班衣孝感運行初已巳上人庇下苍放風欺庚午運中欵遂平生志潛心下董帷辛未運中執卷幾回空探月時来騰蹈入雲衢壬申運中禹浪三層都躍過聯班粉署職加光癸酉運中職迁金紫風雪成堆甲戌運中正宜加爵禄来許返鄉閭乙亥運中春光去也苍落月西

甲午年　戊辰月　辛丑日　乙未時

此八字辛丑日元相配柱中火木襍氣才官之格辛逢殺印相生主人生於右族長於仁門水命椿萱椿耐晚天邊鴻鴈各撑風其為人也手姿清秀天性聰明胸羅今古事學識聖賢心過火黄金重長價離雲皎月倍清明衣冠濟濟人中傑和氣怡怡席上珍終是功名之客豈為田舍之翁奮身階白屋平步上青雲一朝騰踏飛黄去金紫榮看次第陞此則榮貴之命鴛幃有犯須招副子嗣秋来桑葉榮運行初己巳上人庇下安晦未伸庚午運中十年窗下業一舉便成名辛未運中禹浪三層都躍過秉笏天門面聖容壬申運中三度君恩重幾番風木驚癸酉運中重紫重金當是景山河十群仰威雄甲戌運中正宜侍明主何事解簪纓乙亥運中春光去也一夢難醒

甲午年　戊辰月　己酉日　乙亥時

此八字己酉日元相配柱中水木襍氣才殺之格官殺混襍喜逢比劫為奇主人生於右族長於名門金木椿萱双茂長天邊鴻鴈各行鳴其為人也手姿清秀天性聰明千古文章足崇耀一天星斗煌心胸終是功名之客豈為田舍之翁萬里扶搖鶩膝換一聲霹靂躍潛鱗瑤池鞭靜朝南極五夜鐘停拱北宸此則榮貴之命鴛幃宜有贈子嗣晚光榮運行初己巳春風駘蕩夏日炎蒸庚午運中讀殘茅店月囊聚案頭螢辛未運中時来風送滕王閣[illegible]對序揚鵬里程壬申運中一從沐得天邊龍秉笏趨朝拜聖容癸酉運中職近金紫貴風雪尚愁人甲戌運中赤心扶日月素志蘊經綸乙亥運中晚年田里樂丙子運中花落鳥無聲

甲午年　戊辰月　辛丑日　戊子時

此八字辛丑日元相配柱中水火傷官制殺之格喜遇印綬生身人生德此生於西室長於名門萱飛正嫂椿消洒天边鴻鴈各行鳴其為人也手姿清秀天性聰明有理白分清之志裁長補短之能過大黃金重長慣離雲皓月倍清明重成新事再整旧門庭不向仕途求顕達却未湖海有光荣水光浮座盃盤堂花氣侵人笑語謦才源富足福禄駢臻滿世功名身外事五湖風月樂怡情此則穩威之命鴛幃燭夜重添悉子嗣乔枝一果荣運行初己巳上人庇下花放風生庚午運中春帰柳葉情初变紅日挑花灼未匀辛未運中漸漸精神爽看看氣象新壬申運中不獨才源富足尚祈声势豪洪癸酉運中福若泉源湧才如春氣生當此之際風雪必生甲戌運中延賓訛物會友閒搏乙亥運中夕陽有限春夢無憑

甲午年　戊辰月　癸亥日　癸丑時

此八字癸亥日元相配柱中火土雜氣才官之格人生得此生於右族長於高門親椿椿倜儻萱母填房天邊鴻鴈前後飛翔其為人也丰姿清秀天性果剛聰明書藝遠倜儻世情長不惹不属可方可員重成新事業再整舊門墻福布江山外名問湖海間門迎珠履三千客屏列金釵十二行但頓五湖生計好何必思登天子堂此則穩厚之命鴛幃燭夜添新悉子嗣生成貴顕郎運中初己巳運中上人庇下花放風生庚午運中如花向日枝枝艷似笋穿蘺節節長辛未運中水向石邊流出冷風從花裏過来香壬申運中才源富足合谷盈囊癸酉運中戌四時佳趣立萬古門墻甲戌運中晚年閑快樂會友以流觴乙亥運中無思無慮丙子運中一枕黃梁

甲午年　戊辰月　壬寅日　辛丑時

此八字壬寅趨艮之日相配柱中金土雜氣殺印之格女人得此生於右族配於高門椿萱双晚别棠棣有數榮其為人姿容清秀髮貌超群勝丈夫之氣縣有男子之才能一苑杏桃鋪錦綉滿山松栢映幃屏萬里無雲天一色三秋好景月常明助勤每效和熊膽剪髮能傳侃母心滔滔無阻滯步步助夫門佇看夫門子貴也應同沐皇恩此則榮貴之命良人豪傑須同屬子嗣秋來朶朶榮運行初丁卯上人庇下花放風生丙寅運中氣合翠鸞成好夢黄緑紅葉是良姻乙丑運中萬疊好山雲乍斂一團明月雨初晴甲子運中雖則夫門多快樂還愁風雪片時生癸亥運中羅綺千般色裙釵化日明壬戌運中子貴夫顯樂意忘情辛酉運中春光去也啼鳥無聲

甲午年　戊辰月　壬寅日　辛丑時

此八字壬寅趨艮之日相配柱中金土雜氣殺印之格人生得此生於右族長於仁門椿萱有倚難双耄天邊鴻鴈各行鳴其為人也丰姿清秀天性聡明源流三峽詞能及筆掃千軍辯興論麗句妙如天下白高材俊似海東青終是文場折桂客宜為田舍鑿耕人萬里扶搖鵬翮舉一声霹靂躍踏麟長安人滿路爭看錦衣人此則榮貴之命鴛幃大命須年敍子嗣榮門孝且忠運行初己巳上人庇下花放風生庚午運中焚膏展卷案燭觀文辛未運中振道是龍還不信果然奪得錦標新壬申運中処事但憑三尺法理刑渾似一團春癸酉運中腰横金作帶符剖玉為麟當此之際風雪滿庭甲戌運中正宜衆芳趨朝拜未許思尋故里中乙亥運中春光去也一枕清風

甲午年　戊辰月　癸丑日　己巳時

此八字癸丑日元相配桂[illegible]土雖[illegible]才官之格女人得此生於右族配於名門椿萱双脫茂鴻鴈各行鳴其為人也姿容清秀髮兒精神勝丈夫之氣槩有男子之材能雲收華岳千山秀水到湘江一樣清箕箒頻繁存礼節相夫教子蹈賢明憂禍自能辞厨味素琴應解辨絃声心靜似月明雲漢性急如風捲殘雲佇看夫榮子貴也應同沐皇恩此則榮益之命良人得配名門女子嗣生成貴顯人運行初丁卯幼年之下毓秀閨門丙寅運中紅英溝中傳蜜意赤繩月下結良姻乙丑運中而過園桃簇錦風和堤柳拖金甲子運中深明閨壼理閫識古今情癸亥運中羅綺千般色珠羞百味新壬戌運中天上三陽泰人間五福增丁酉運中春光去也花落月沉

甲午年　戊辰月　丙寅日　甲午時

此八字丙寅長生之日配於桂中旺土傷官之格人生得此生於右族長於名門椿萱半道先亡母天邊鴻鴈各行飛其為人也丰姿清秀天性支特頗知礼義稍識詩書豈無高仕敬時有貴人持羅綺飄香風蕩蕩畫鶴列座草萋萋祖業添新慶根基異昔時消閑慕一局遣興酒三卮才源富足家居好何須跨馬入雲衢此則穩享之命鸞幃得合舉案齊眉子嗣有成班衣孝感運行初己巳上人庇下災晦之時庚午運中春寒風料悄心急馬行遲辛未運中始覺韶華滿目還愁人事越趄壬申運中簾捲香風生百福軒開化日祿元齊癸酉運中才源富足家業盈餘當此之際風雲成壯甲戌運中但願家園富足何愁白髮被眉乙亥運中春光去也落落月西

甲午年　戊辰月　辛丑日　戊子時

此八字辛丑日元相配柱中水土傷官印殺之格襍氣殺印之論主人生於望族長於高堂水土椿萱榮晚別天邊鴻鴈各飛黃其為人也丰姿清秀天性果剛聰明書藝廣倜儻世情長自有順天之慶豈無福地之良季問不親顏孟業生平常履貫人鄉樓臺疊疊生涯好才帛盈囊又囊又積倉消閑棊一局遣興酒三觴門迎珠履三千客屏列金釵十二行時來機會好也許沐恩光此則富顯之命鴛幃簇簇子嗣芬芳運行巳也初年之下未斷

炎涼庚寅運中水向石邊流出冷風從花底過來馨辛未運中田園曠闊家居好風雪飛來恨不妨壬申運中春草春江相妬綠新荣新柳競爭黃癸酉運中于筵于笏乃積乃倉甲戌運中有名聞富貴無事樂何當乙亥運中

甲午年　戊辰月　戊戌日　甲寅時

此八字魁罡之日相配柱中水木襍氣才殺之格人生得此生於右族長於高門堂上椿萱茂長天邊鴻鴈各隨鳴其為人也丰姿清秀天性聰明源流三峽誰能及筆掃千軍孰與論珪璋自是清朝器律呂偏諧治世音豈是池中物尤來席上珎豹变南山霧騰搏北海風一從揚姓字耽位交權衡此則榮貴之命鴛幃連珠須配小子嗣森枝右継業運行初巳巳上人庇下花放風生過此庚午運中讀殘書店月囊聚案頭螢辛未運中遠望重

恩雲外路思攀桂子手中馨壬午運中躍過禹門三級浪秉笏趨朝拜聖明庚辰運中仁風布郡縣化雨閏双旌當此之際風雪重重甲戌運半十郡山河吾戟掌九天恩詔又加陞已巳運中夕陽有限春夢無憑

甲午年　戊辰月　丙申日　巳亥時

此八字丙火相配柱中水土食神制殺之格豈非一殺一制常人所能及哉遇斯命者生於右族長於名門椿萱有倚先歸父天邊鴻鴈各行群其為人也丰姿清秀天性聰明善決善斷多見多聞謀於君子志服小人雖不成名利生平近貴人月掛碧天多皎潔名揚湖海有光榮遊山覩携詩卷對月觀花把酒斟樓臺疊疊生涯好財帛豐盈福祿增當為萬里客有恍百年春仰恩仰德閭里相尊佇看潤身潤屋何須衣紫腰金此即穩厚之命也鴛幃有硬須重續子嗣森枝旺宅門運行巳巳上人庇下未斷平生庚午運中如日光輝處似月皎中庭辛未運中雖則行有慶也應人事虧盈壬申運中財帛雖盈人事廣索緣絃斷倍傷情癸酉運中貨利交通千里外圻時風雨一番驚甲戌運中簾捲香風生意好軒開化日福源增須臾風雨雨過山青乙亥運中惜乎一夢清風

甲午年　戊辰月　乙巳日　丁丑時

此八字乙巳日元相配柱中火土傷官助殺之格人生得此生於右族長於高門大命椿親萱晚别天邊鴻鴈各隨鳴其為人也丰姿清秀天性聰明知高下識重輕過大黃金顆十分之貴色離雲皎月布萬里之清明爭長名園過旧竹花開上苑勝先春不以終功名為念豈將冠冕磨礱得意江山詩句健忘情日月酒盃深才源富足家居好富貴無緣不用心福元成岳瀆威勢壓鄉民此則穩厚之命鴛幃連珠須配長子嗣森枝朶朶成蓮行初巳巳春風駘蕩夏日炎蒸庚午運中隱隱輕雷抽碧笋微微細雨潤紅英辛未運中漸覺夜凉池雨過信知花放曉風輕壬申運中才源從此振福祿愈臻癸酉運中西風吹過天邊雪從此才源倍有增甲戌運中庭前竹報平安日檻外花開富貴春乙亥運中桑榆暮景會友開樽丙子運中春歸花落鳥無聲

甲午年　戊辰月　庚申日　丙戌時

此八字庚申専祿之日相配柱中火土雜氣殺印之格殺印相生功名顯達主人生於右族長於高堂椿文早歸萱晚别天邊鴻鴈各翱翔其爲人也丰姿清秀天性果剛口吐珠璣言語胸藏錦綉文章東海驪珠能幾見豐城雷劍不終藏純李科場驚試院英材翰苑沐恩光清映梅窗呈玉雪寒生栢府凜秋霜此則榮貴之命也惜金玉闌子嗣晚光揚運行初已已上人庇下安晦一場庚午運中味道心千古攖文目兩行辛未運中騰身離泮水奉旨入朝堂壬申運中千里霜威金斧重三秋風色綉衣涼癸酉運中金紫迁榮權任重風雪飛來尚慘傷甲戌運中未許懸車輙還留作棟樑乙亥運中春光去也一夢黄粱

甲午年　戊辰月　丙午日　戊子時

此八字丙午日刃之長相配柱中火土傷官之格人生得此生於右族長於高門椿萱有倚難及耄天邊鴻鴈有行鳴其爲人也丰姿清秀天性聰明斷高理直處事公平謀動君子咸伏小人行藏竟消洒咲懊任枯榮遇火黄金重長價離雲皎月倍清明田園桑柘茂畝餘糧嚳才源富足也宅增新鄉民仰德閭里推尊身受胚胎及並育我先他死實傷心幼年多蹇滯中景緑元增此則穩富之命鷥幃火命須年小子嗣生成貴顯人運行初已已上入庇下災晦未伸庚午運中如花向日似月離雲辛未運中隱隱輕雷抽碧笋微微細雨潤紅英壬申運中到此始知時運好萬物光華百事通癸酉運中才源富足家居好風雪飛來尚惱人甲戌運中晚年快樂會友開樽乙亥運中春光去也花落月沉

甲午年　戊辰月　乙巳日　丙戌時

此八字乙巳日元相配柱中火土傷官助才之格人生得此生於右族長於名門椿萱中道先歿母天邊鴻雁各搏風其為人也丰姿清秀天性聰明斷高理直處事公平謀動君子感伏小人過火黃金重長價離雲皎月倍清明芦長明園過舊竹花開上苑勝先春有心於貨利無心慕功名而滋秋色皆喬木和氣風流有幾人滿世功名身外事五湖風月樂怡情此則穩享之命兆幃金命須同屬子嗣秋來朵朵榮運行初巳巳上人庇下花放風生庚午運中隱隱輕雷抽苔笋微微細雨潤紅英辛未運中天上三陽泰人間五福增壬申運中庭前竹根平安日檻外花開富貴春甕李千層錦江山一昼屏當此之際風雲盈庭甲戌運中消閑棊一局遣與酒三鍾乙亥運中人生從此別無復見儀形

甲午年　戊辰月　癸巳日　癸丑時

此八字癸巳貴人之日相配柱中火土雜氣才官之格人生得此生於右族長於仁門椿萱有倚先虧天边鴻雁各行群其為人也丰姿清秀天性聰明頗知礼義稍識古今有近貴親賢之德敬上和下之態重成新事業再整舊門庭福布江山外名聞湖海中有心於貨利無意慕功名身將隱矣文何用人不知之味更真好意番成惡真心換得嗔但額才源旺是何須天府求榮此則穩厚之命鴛幃半百外先別子嗣秋來一果成運行初巳巳上人庇下未斷平生庚辰運中寒向梅中盡春從柳上生癸未運中乍雨乍晴留客景或寒或煖困人天壬申運中雖則家園旺是幾番人事虧盈癸酉運中正是梅青月白还愁綺閣悲風甲戌運中才源雖旺是晦耗尚愁人乙亥運中晚年閑快樂會友以閑樽丙子運中春光去也花落月沈

甲午年　戊辰月　乙丑日　己卯時

此八字乙丑日之相配柱中火土傷官印才格人生得此生於右族長於名門金木椿萱双晚節天邊鴻雁各行鳴其為人也半姿清秀天性聰明知高識下理白分清謀動君子威伏小人遇火黃金顯十分之艷色離雲皓月倍增萬里清明筆長名圓過旧竹花開上苑勝先春朝朝無守姓豪宏定祿祿時来財好旺運至福無窮此則豊厚之命篤怫連理須年小子嗣秋香旺宅門運行己巳上人庇下灾患之中庚午運中滾滾輕霜還細雨潤紅英辛未運中湖光夜涼池雨過信知紅色艷風輕壬申運中一天似洗無雲翳萬里長江過順風癸酉運中財源富足家居好風雪飛来富冷人甲戌運中富之以潤其屋德之以潤其身乙亥運中晚節黃花香馥郁歲寒松栢耐長春丙子運中一夢南柯

甲午年　戊辰月　丙申日　己亥時 下四刻断不同

此八字丙火相配柱中水土食神制殺之格氣数各有淺深值斯豪者生於茂族長於名門椿萱有倚雁雙奉掌棣庭前各挺榮半姿磊落天性剛忠立仁立義多見多聞福布江山外名聞湖海中雖不建候封爵自然潤屋潤身此則穩足之命篤怫宜有贈桂子長金英運行初己巳春風駘蕩夏日炎蒸庚午運中昼水無聲空有浪秀花雖艷不聞馨辛未運中雖則行藏有慶還愁人事虧盈壬申運中幾度閑中叢襍依然不損才名癸酉運中千里関山千里念一番風雨一番驚甲戌運中歲寒松尚茂秋老菊尤馨乙亥運中桑榆暮景丙子運中一道訃音

甲午年　戊辰月　丙申日　己亥時　十四刻斷不同

此八字丙火相配柱中水土食神制殺之格食居先殺後功名兩全遇斯命者生於右族長於高門椿萱准並耄鴻鴈不聯群丰姿磊落天性聰明有博古通今之志截長補短之能終是功名之客豈為田舍之人瓊林雖不叅高宴自有聲名四遠聞此則榮顯之命鴛幃有碍須偏正柱子秋來朶朶成運行初巳巳上人庇下未斷虧盈庚午運中欲遂平生志宜加繼晷功辛未運中幾欲思高慕遠畨成剪雪裁冰壬申運中雨晴雲路達跨馬上神京癸酉運中榮沾新雨露光耀舊門庭甲戌運中耿耿聲名重滔滔雨露均乙亥運中回來故里丙子運中春夢無憑

子平遺書　十三

甲午年　戊辰月　巳酉日　庚午時

此八字巳酉日元相配柱中木火雜氣官印之格有官有印無破作廊廟之材遇斯命者出於右族長於名門椿萱榮晚茂鴻鴈隣行鳴其為人也丰姿清秀天性聰明錦綉胸藏賢聖李珠璣口吐武文風麗句妙為天下白高才俊似海東青終是功名之客豈為田舍之翁萬里扶搖鵬聽塾一声霹靂起潛鱗瑶池鷄報朝南極五夜鐘傳拱北宸此則榮之命鴛幃燭底添新並子嗣秋來朶朶榮運行初巳巳上人庇下未斷斗沉庚午運中十年窓下業黃卷句青燈辛未運中報道是龍还不信果然奪得錦標新壬申運中驛中曉日催行路江上春風促去程癸酉運中雪積雲散天如洗金　光照步蟾宮甲戌運中有材應大用未許便帰榮乙亥運中春光去也一枕清風

子平遺書　十四

甲午年　戊辰月　甲辰日　丙寅時

此八字甲辰日元相配柱中火土傷官助才之格喜逢日祿以歸時遇斯命者生於文望之族長於詩禮之庭椿萱榮晚贈鴻鴈各行鳴其爲人也丰姿清秀天性聰明辞鋒穎利疑無敵筆力縱橫若有神第長名園過舊竹花開上苑勝先春終是傳芳之客豈爲田舍之翁萬里扶搖鶩聽蟄一聲霹靂躍濤鱗長安人滿路争看錦衣新瑶池曉鞭静東务拜明君此則榮繼之命鴛幃春色麗子嗣曉光榮運行初已已上人庇下春風駘蕩夏日炎蒸庚午運中十年窓下業一舉便成名辛未運中禹浪三層都躍過自有聲名振翰林壬申運中重沐恩波鳳池東朝朝染翰侍明君癸酉運中三度君恩喜兩番風木驚甲戌運中明時柱石威世股肱乙亥運中春光去也一枕清風

甲午年　戊辰月　庚申日　乙酉時

此八字專祿之日相配柱中火土雜氣官印之格人生得此生於右族長於仁門金木椿萱双晚茂天邊鴻鴈各行鳴其爲人也丰姿清秀天性聰明世事頗能將就般般學文精通自有順天之慶豈無福地之深過火黄金重長價離雲皎月倍清明重成新事業再整舊門庭花木桃李非春色人有笙歌是太平時至財源旺足運来第宅增新此則發福之命鴛幃火命須年小子嗣生成孝義人運行初已已上人庇下春風融蕩夏日炎蒸庚午運中娟娟梅月白淡淡柳風清辛未運中才有明消暗耗事有違癸不通壬申運中到此始知文學好萬物光雲百事通癸酉運中財源滚滚家居好風雪飛来尚恼人甲戌運中門楣壯觀第宅增新乙亥運中無思無慮丙子運中春夢無憑

子平遺書

甲午年　戊辰月　戊午日　丁巳時

此八字戊午日刃之辰相配柱中木火雜氣殺印之格人生得此生於右族長於高門椿萱双脫茂鳴鴈各行鳴其爲人也丰姿清秀天性聰明頗知礼義稍識古今有近貴親賢之德應上和下之能過火黄金重長價離雲皎月倍清明祖業忝新慶根原勝舊風有心於貨利無意慕功名兩都秋色皆喬木耆舊風流有幾人消閒碁一局遣興酒三鍾但願一生財祿旺何必天邊沐寵榮運行初巳巳天冷雲还凍江寬風尚生庚午運中始覓陽和滿目還慈人事虧盈辛未運中漸知春晝永方覓瑞祥生壬申運中梅須遜雪三分白雪亦輸梅馨癸酉運中財源富足家居好風雪閑非尚恼人甲戌運中簾捲香風生百福軒開花日祿元增乙亥運中晚年快樂會友開樽丙子運中歸去也

十七

子平遺書

甲午年　戊辰月　戊午日　丁巳時

此八字戊午日日辰相配木火襍氣殺印之格殺印相生功名顯達主人生於右族長於名門椿萱屬脫茂鴻雁各行鳴其爲人也丰姿清秀天性聰明筆底詞源三峽水胸中榮潔五車書遇火黄金重長價離雲皓月倍清明終是功名之客豈爲田舍之翁貴遇玉蟾攀桂去馬隨青地踏花行一從姓字傳揚後九五天高致聖明此則榮貴之命鴛幃連珠須配少子嗣金風有挺榮運行初巳巳春風淡蕩夏日炎蒸一庚午運中十年窓下業黄卷對青灯辛未運中時來風送滕王閣頃刻高傳萬里程壬申運中寒拂紫衣催驛騎先生玉節下雲層癸酉運中三度君恩重兩番風木驚甲戌運中有才須大用何事使鋅榮乙亥運中英雄斯盡也

高枕臥麒麟

十八

甲午年　戊辰月　甲子日　庚午時

此八字甲子日元相配柱中金水雜氣殺印之格子辰合局不畏而冲主人生於良族長於高門椿萱雙脫贈鴻鴈有凌雲其為人也精神炯炯智慧聰明錦綉胸藏賢聖學珠璣口吐武文風過火黃金重長價離雲皎月倍清明豈是池中之物尤来席上之珎龍飛九五青雲近鵬擊三千滄海中一日風雲相際會九天雨露沐皇恩此則榮貴之命鴛幃合正副子嗣綵衣新運行初已已春風融蕩夏日炎蒸庚午運中欲遂平生志須加董子功辛未運中莫愁雪阻藍關道時来頃刻便飛騰壬申運中躍過三層浪朝朝識聖明癸酉運中腰横金作帶符剖玉為麟當此之際風雪滿庭甲戌運中自嘆引年帰故里朝廷未遂两疏心乙亥運中夕陽有限春夢無憑

甲午年　戊辰月　戊子日　庚申時

此八字戊土相配柱中木水雜氣才殺之格雖庚申時逢於戊日名食神生旺之方歲支祀甲丙卯寅此乃是遇而不遇人生值此象者丰姿洒落夫性忠誠生於仁戎之族長於良室之庭堂椿殞別萱帰婺天邊鴻鴈下分鳴祖基祖業須添整才帛声名閙裏成學問無緣詁翰墨柳門攸作有權能多聞而多見較短會量深歎强而扶弱見善又不淩条識高明詩達行藏穩實貴人欽雖不腰金衣紫貴筆聳声價有名聞但顏晚年光箐好一子榮門不忝親此則權勢之命鴛幃木命招内助子嗣重傷有後菓運行初已已淡雲籠芍藥枚雨滴街猜庚午運中既濟尤妨於未濟得經尤慮於失經辛未運中自有貴人相挈起笋底生風以有神才源雖有進也見吾官侵壬申運中此景雖無冠帶顕果共祿馬旺前程其中耗重幸不傷身癸酉運中納置樓臺增産業子成立計業昇平行藏而有變非事乱焦心甲戌運中家藏金玉易安富人有望敬是太平延賓而酌酒會友以論文乙亥運中得子馳名丙子運中歸去也

甲午年　戊辰月　壬戌日　甲辰時

此八字殺重身輕終身有損飛夭即貧不足斷也

甲午年　戊辰月　壬子日　庚戌時

此八字天元透殺地支帶冲早年夭折

甲午年　戊辰月　甲午日　乙亥時

此八字甲午日相配柱中之土雜氣才官之格人生得此手姿穩重天性仁慈椿萱勘首方分別鴻鴈天邊有共飛有濟貧之德無殺害之機祖業难相倚財囊自積齊但願江湖尊德望自然閭里有威儀佇看未晚節子顯有光輝此則富貴之命死怖年敵奴偕老桂子叢中秀一枝運行初巳巳上人庇下有何事非庚午運中有心生貨利無志讀詩書辛未運中英雄教仰財来旺一度風波過不危壬申運中門庭生喜氣瑞雪又輕飛癸酉運中世事光華行樂順財源旺壽鎡基甲戌運中晓橋霜雪滑跨馬尚趨趄乙亥運中孫賢子秀丙子運中歸去来兮

甲午年　戊辰月　乙卯日　甲申時

此八字乙卯日相配柱中之土雜氣才官之格人生得此丰姿英厚天性明良椿親倜儻萱居側鴻鴈天邊有番翔孝問三冬足詩書万卷藏終是功名之客豈為田舍之郎瓊林雖不登高宴祿位輝輝榜顯揚此則顯榮之命鴛幃金玉質子嗣桂蘭芳運行初己巳上人庇下何論炎涼庚午運中尋章摘句入室升堂辛未運中到此風雲際會果然姓顯名揚壬申運中榮沾新寵渥化日照河陽癸酉運中一番風雪過榜位凛風霜甲戌運中重金重紫威布一方乙酉運中悠悠處樂丙子運中夢入仙鄉

甲午年　戊辰月　庚子日　丙子時

此八字時上偏官之格喜得印綬生身人生得此生於盛族長於良門椿萱歸去早鴻鴈各穿雲丰姿平穩性格乖能常將好意翻成惡每把真心换得嗔不必覓珠來水府何須求劍掘豐城江湖生意好閭里福元新此則中和之命鴛幃魚水情歡洽桂子金風旺宅門運行初己巳片雲掩月雨過山青庚午運中一枝梅破臘萬象漸回春辛未運中行藏雖有慶人事尚邅迍壬申運中畫水無聲空有浪繡花雖艷不聞馨癸酉運中任他世事如麻亂依舊身安不致驚甲戌運中妻賢子秀樂意忘情乙亥運中晚年壯觀丙子運中好喜難成

甲午年 戊辰月 甲申日 甲戌時

此八字甲木相配土金財殺之格遇斯象者生於仁門長於義族畫親先别椿又後行其為人也行藏特達處事率能立仁立義多見多聞祖業多磨琢鎡基必改更花無桃李非春色人淚衆是太平但願江湖生意不思誇馬到京城此則溫和之命駕幃大命須年少子嗣班衣孝義深運行初己巳疎雲掩月未稱登臨庚子運中人情似紙張張薄世事如棋局局新辛未運中但得高人引方能稱我情壬申運中着意種花花不活無心插柳柳成陰癸酉運中崎嶇都歷盡漸覺瑞祥生甲戌運中延賓酌酒論文乙酉運中黄花晚節丙子運中夢入佳城

甲午年 戊辰月 癸未日 辛酉時

此八字癸未日相配桂中之土雜氣才官之格女人得此儀容清麗性格果剛椿萱榮棣惟相守妯娌翁姑侍不常立業掌家有道相夫教子多方心靜似月明雲漢性急如風捲滄浪耐守中年危險晚年福慶愈安此則掌家女命良人配合須年長桂子庭前有挺芳運行初丁卯上人庇下称秀蘭房丙寅運中杏艷桃妖媚鸞歌鳳舞翔乙丑運中喜處險生災阻徐徐歷過安康甲子運中踈踈風雷過金玉滿華堂癸亥運中滔滔旺家業人事又軒昂壬戌運中晚年享用辛酉運中鏡掩晨光

甲午年　戊辰月　庚子日　甲申時

此八字庚子日元相配柱中水木傷官助才之格人生得此生於右族長於高門椿文此帰萱後殞天邊鴻鴈各行鳴其為人也精神烱烱智慧明明般般俏覽件件不精謹動君子威伏小人知高下識重輕祖業添新慶根源勝舊風萬里無雲天一色三秋好景月長明福布江山外名聞湖海中田疇千古計花木四時春英雄惟贈劍三尺豪傑相逢酒一鍾庭前竹報平安日檻外花開富貴春好事當成惡真心慎得慎難不達

侯封爵自然潤屋潤身此則富足之命鴛鴦水命須年長子嗣枝枝孝義深運行初己巳上人庇下化日陽春庚午運中雨過山方秀雲開月始明辛未運中雖則家居才業旺須史雲月尚朦朧壬申運中精神又憔悴憔悴又精神癸酉運中才源滚滚家居好尚有閒非素耗生甲戌運中有花多富貴無事樂陽悠當此之際尚有跌盈乙亥運中簾捲香風生百福軒開化日祿元增亥字之中花放風生丙子運中春光去也一道訃音

甲午年　戊辰月　庚子日　丙戌時

此八字時上偏官之格甲戊庚三奇助用人生值此主人立性能為行藏特達高人起敬貴客推尊椿萱難遂双偕老鴻鴈西風失隊群祖業祖基華古資衆財帛自成不思求聞達何必慕功名但使清樽花下醉任教白髮鬢邊生此則穩足之命驚悼偕老如魚水桂子金風旺宅門運行初己巳惠風和暢天朗氣清庚午運中財帛正如新折柳人情還似半開英辛未運中幾多世事如麻乱依舊身安不致驚壬申運中着意種花花不活無心插

柳柳成陰癸酉運中積雪嚴霜都歷盡春風飄得到門庭甲戌運中妻賢子秀萬事稱情乙亥運中華堂安享丙子運中一道訃音

甲午年　戊辰月　己酉日　丁卯時

此八字己土相配柱中木火樣氣官印之格值斯象者丰姿老成天性良能克己克恭人仰敬施仁施德貴賢欽其為人也生於舊族長於仁庭一對椿萱先別母西風鴻鴈有鳴清學問有成祖基祖業宜重整英才服眾鄉邦大小盡相欽非獨高賢相尊敬連添産業福非輕初限中年官災破暮年享福樂康寧此則鄉老之命鴛幃半長桂子香馨運行初己巳庚午上人之下便習書經辛未運中意欲要拿天上月運滯非憂未得伸壬申運中貴

人然指引危憂不称情癸酉運中便有声名揚遠近進退憂非幸不侵甲戌運中然則此運家門感數番悔耗不傷身乙亥運中鄉邦老幼沾恩仰災險官符破耗逃丙子運中良田將不去分與眾兒孫

甲午年　戊辰月　丙戌日　己亥時

此八字時上偏官之格食神粮伏太過減了福力椿又先歸萱後別西風鳴雁不離群其為人也行藏知進退作事識重輕根業三番四復祖基九破十成時來方壯觀運至福充增不思閣達非慕功名花無桃李非香色人沒榮枯是太平此則守己之命鴛幃火命須半少子嗣先難後秀成運行初己巳輕寒輕暖乍雨乍晴庚午運中不必覓珠來水府何須求劍到豐城辛未運中遠看山有色近聽水無聲壬申運中幾番進退數次因循癸酉運

中空自惜花春起早淡烟微雨尚黃昏甲戌運中舊他高人引方能称我情乙亥運中梅已白竹尤青丙子運中春宵苦短一夢難醒

甲午年　戊辰月　甲子日　庚午時

此八字甲木相配柱中金水雜氣𤔡印之格𤔡印相生功名顯達人生得此丰姿秀氣天性清奇異日出乎其類拔乎其萃其為人也生於名族長於豪門堂上雙親含犀晚鴻雁行中出奮鳴學問有成蛟龍豈是池中物英材清秀一旦升騰化作鱗九天閶闔開黄道萬國衣冠拜冕旒佇看顯祖權衡日職位朝綱輔聖人此則貴顯之命鴛幃重疊子有金鱗運行初己巳此運災関尤未息危險之中保祐驚庚午運中好把十年窓下苦然有災憂喜不侵辛未運中騰身脫淵水舉足上雲津壬申運中威儀暗使奸心怕法度潛令鬼膽驚癸酉運中腰横金帶雨雪盈庭甲戌運中重金重紫鎮壓遐廷乙亥運中有才大用每日朝君丙子運中留名千載一夢蓬瀛

甲午　戊辰　庚子　甲申

此八字庚子日相配柱中之木雜氣印綬之格喜逢日祿以歸時人生得此早就功名椿父先歸萱後别雁行天際少交鳴學問三冬足詩書萬卷精禹浪三層連躍過絃鳴百里政聲清此則顯榮之命鴛幃魁後重年少桂子秋來朵朵榮運行初己巳上人瓦下黄卷青燈庚午運中風雪相濟會採月便光榮辛未運中宴罷瓊林沾寵渥雪晴化日照蒼生壬申運中威稜加振振風浪又層層癸酉運中正欲金魚綰帶胡為籬下鬧情甲戌運中老當益壯樂守簪纓乙亥運中孫賢子秀重沐恩榮丙子運中歸去也

甲午　戊辰　壬寅　丁未

此八字壬寅日相配柱中之土雜氣財官之格人生得此半姿英厚天性果剛椿萱半道相分別鴻鳫天邊各奮翔學識聰明未必身登翰苑筆鋒雄健可教道到公堂一從寵渥榮沾後化日輝輝百長此則榮貴之命鴛幃有碍壯丹芍藥爭芳桂子有成晚節班衣戲舞運行初巳已幼承尊庇其樂徜徉庚午運中便向書窓篤志潛心摘句尋章辛未運中志思登翰苑身又到公堂壬申運中三疊陽鬪别酒九重天府沭恩光癸酉運中滔滔籬下樂還擬上天堂甲戌運中絃鳴民樂業未許便還鄉乙亥運中榮回籬下丙子運中夢入仙鄉

甲午年　戊辰月　甲辰日　甲子時

此八字甲辰日相配柱中之土雜氣才官之格人生得此半姿穩重天性明良椿父先歸萱後别鳫行天際不同翔稍有賢良之志粗知禮義之方十斷九連成事業三番四覆整門墻但願英雄尊手段何須天府沐恩光此則自旺之命此幃勉後重年少桂子秋來吐異香運行初巳已上人庇下何論炎涼庚午運中有心生貨利何慮歷風霜辛未運中一番風雪過便擬近賢良壬申運中斷絃重續後又整舊門墻癸酉運中才帛有成人敬仰風波此火不為傷甲戌運晚年逢貴助才旺事爭張乙亥運中老當益壯米粟盈倉丙子運中一别家何處猿啼人斷腸

甲午年　戊辰月　庚子日　甲申時

此八字庚子日相配柱中之水傷官用印之格人生得此仕路榮登椿萱樂處難全養鴻鴈天邊各奮鳴丰姿英俊天性聰明學問胷中廣詞源筆下精黃道三秋騰驤足赤霄千里奮鵬程此則榮耀之命篤怖年少須招副桂子秋來有顯英運行初巳巳上人庇下花放風生庚午運中讀殘官舍月行落洋林星辛未運中風雲相際會躍過浪三層壬申運中威風揚四境戝擢大夫榮癸酉運中一番風雪過化雨潤雙旌甲戌運中大才大用乙亥運中夢入蓬瀛

甲午　戊辰　己丑　乙丑

此八字己丑日相配柱中之木時上偏官之格人生得此不慈不勇多智多機萱母先歸椿後別鴈行天際各分飛般般好學件件粗知祖業增新慶財囊厚積餘湖海有情生貨利鄉邦振德有威儀佇看来晚節財旺福巍巍此則守富之命篤怖年少得鷄屬桂子生枝孝義齊運行初己巳不榮不辱快樂之時庚午運中春園風雪過桃李自成蹊辛未運中趦趄都歷過家業自豐腴癸酉運中樂中生出悶鈸篤樂怡怡甲戌運中冲擊之鄉財禄旺孫賢子秀異常時乙亥運中黃花晚節丙子運中歸去也

甲午年　戊辰月　己巳日　乙酉時

此八字才殺之格伏此根基主人行藏覔繡洒咲
做活枯荣逢难終無难臨卤不致卤椿父見喪萱
後别西風鳴雁沓寒空根源宜整祿事業再磨礱
名聞朝海外姓播閭里中身外無名吾不恨樽中
有酒樂偏濃此則穩達之命篤幃班白相分手子
嗣秋源緩錦荣運行初己巳無虧無益不禁不辱
庚午運中溶溶楊柳月淡淡杏花風辛亥運中才
帛失而復得資弗实也壬申運中万事不須人計
較但逢貴客樂盤桓癸酉運中漸是太平光霽景
斷恨無窮乙亥運中安享華堂丙子運中攸攸憂
九重

甲午年　己巳月　丁丑日　丁未時

此八字丁丑日相配柱中火土傷官帶才之格人生得此年姿雅淡慶用多機生於仁原之族長於積德之居椿親倜儻萱策悅鴻鴈天邊有共飛李倫錦帳何為貴秦帝阿房未是奇但願貴人相慶樂何須跨馬上邦幾此則富足之命鴛幃全正副桂子秀枝〻運行初庚午上人庇下風月之資辛未運中杏艷桃還媚鶯歌鳳亦儀壬申運中一番風雪過財福旺門閭癸酉運中門外田疇曠潤庭花前木芳菲甲戌運中英雄惟贈劍三尺豪傑相逢酒一巵乙亥運中孫賢子秀弟宅光輝丙子運中春殘花落盡夢逐杜鵑飛

甲午年　巳巳月　戊戌日　壬子時

此八字戊戌魁罡之日相配柱中木火殺生印綬之格陽刃合殺有功主人生於右族長於高門椿萱榮倚雉同鶱天邊鴻鴈各行鳴其為人也丰姿清秀天性聰明胷羅今古事學識聖賢心過火黃金重長價離雲皓月倍清明終是功名之客豈為田舍之翁北海鮫龍頭角聳南山豹變爪牙新一朝騰踏飛黃去濟濟衣冠拜九重此則榮貴之命鴛幃春色麗子嗣晚光榮運行初庚午上人庇下花放風生辛未運中欲向雲中舉足須從灯下留心壬申運中莫愁雪阻陽關道時來頃刻步蟾宮癸酉運中自沐天邊寵盛風四境清甲戌運中江山迎五馬花柳拂双旌當此之際風雪滿庭乙亥亥運中有時膺大用未許便辭榮丙子運中榮歸故里美酒盈樽丁丑運中春光去也一道訃音

甲午年　己巳月　丁巳日　甲辰時

此八字丁巳日元相配柱中旺土傷官之格人生得此生於良族長於仁門椿萱雖並老鴻鴈各行鳴其為人也手姿清秀天性聡明斷高理直处事公平謙為君子感伏小人行藏覺消洒咲澈任枯榮水光浮座杯盤瑩花氣侵人咲語聲出土黃金逞赤色離雲皎月倍清明才源富足福祿駢臻消閑棊一局遣興酒三鍾好意番成惡真心換得嗔雖不建侯封爵自然才祿豐盈此則悅福之命篤憐有犯難諧老子嗣秋來有提榮運行初庚午初年之下天朗氣清辛未運中幾款思高慕遠番提月捕風壬申運中嚴霜積雪都經過始覺陽回萬物生癸酉運中古樹含風常帯雨寒岩四月始知春甲戌運中幾番進退當斷際喜悲福祿愈駢增乙亥運中才權重美家居好還愁花放又氣生過此丙子歸去也

甲午年　己巳月　乙酉日　癸未時

此八字乙酉專權之日相配柱中金火傷官制殺之格人生得此生於右族長於高門椿萱榮晚茂鴻鴈有飛鳴其為人也手姿清秀天性聰明知高識下理白爪清機謀輙腹峯用人歎過火黃英定長依離金皎月倍清明雖不成名利生平近貴人田园桑柘茂畝畝稻粱馨月掛碧天多㶚㶚名揚湖海有光榮雖不建候封爵自然潤屋潤身此則穩富之命篤怖連珠須配小子嗣秋來顯貴門庚午運中天冷雲還凍江寬風尚生辛未運中水向石邊流出冷風從花底馨壬申運中萬疊好山雲下領一樓明月雨初晴癸酉運中才源富足家居好風雲飛來尚恼人甲戌運中福若泉源湧才如春氣生乙亥運中庭前竹報平安日檻外花開富貴春丙子運中春光去也一枕巫峯

甲午年　己巳月　丁亥日　辛亥時

此八字丁亥日元相配柱中水土傷官之格人生得此生於良族長於名門椿萱雙晚茂鴻鴈各行鳴其為人也精神烱烱智惠明明頗知禮義稍識古今行藏覺消洒咲傲任枯榮萬里春風行樂頌四時佳趣瑞祥生欲為商賈思慕功名兩都秋色皆喬木蒼舊風流有幾人豈無高士敬時有貴人欽福布江山生秀麗名聞湖海有光榮但願栗陳并貫朽何必天邉沐寵榮此則豐饒之命鶯憐金玉潤子嗣晚光榮運行初庚午上人庇下花枝風生辛未運中娟娟雲裏月灼灼葉中英壬申運中山前山後皆明月江北江南揔是春癸酉運中桃李千谿錦江山一畫屛甲戌運中梨花院落溶溶月柳絮池塘淡淡風乙亥運中引鶴徐行三徑曉約梅同醉一壺春丙子運中人生從此別無復見儀形

甲午年　己巳月　癸巳日　丙辰時

此八字癸巳之日相配柱中火土才殺之格甲己作合有功主人生於右族長於仁門金玉椿萱連珠鴈天邉鴻鴈各行鳴其為人也丰姿清秀天性聰明千古文章逞榮耀一天星斗煥心胸黄金過火重增價白璧離塵倍有光一日風雲相濟會九天雨露沐恩光此則榮貴之命鶯憐燭夜添新巹子嗣森枝晚節榮運行初庚午上人庇下花枝風生辛未運中焚膏展卷秉燭觀文壬申運中報道是龍還不信果然奪得錦標新癸酉運中寒拂紫衣催驛騎光生玉節下雲層甲戌運中職遷金紫聲名顯風雪飛来尚怯人乙亥運中正宜仕明主未許辭簪纓丙子運中莫道只倍金馬貴也隨蝴蝶夢佳城

甲午年　辛巳月　辛巳日　戊子時

此八字辛巳日元相配柱中火土官印之格人生得此生於右族長於高居椿萱雙既䒷鴻鴈各飛鳴其為人也丰姿清秀氣岸高奇知高下有施為學問頗知今古深於表裏精粗過火黃金重長價離雲破月倍精神豈無高士敬時有貴人携有心於貨利無意慕詩書萬里無雲天一色三秋好景月精神財源富足第宅崔嵬一旦有金來献粟薪然頭角與人殊此則穩厚之命鸞幃全正副子嗣脫揚奇運行初庚午上入旄下有何是非辛未運中隱隱春雷抽碧笋微微細雨潤揚枝壬申運中華堂氣軽喬木春回癸未運中才源旺足家居好還愁飛絮襲羅衣甲申運中花盈上苑菓盈圃稻滿平疇水滿池乙酉運中但使家園富足何愁白髮麗眉丙戌運中春光去也花落月沉

甲午年　己巳月　戊寅日　丁巳時

此八字戊寅專權之日相配柱中木火殺生印綬之格五行歸祿為奇人生得此生於右族長於名門堂上椿萱榮晚贈天邊鴻鴈各行鳴其為人也精神烱烱智慧明明五車書賦三叠足酒不虧當萬驥冲衣冠濟濟人中傑和氣怡怡席上珎終是發膺之客豈為田舍之翁奎身辭白屋平步入青雲北海蛟横出頭角南山豹變爪牙新一從姓字傳揚後直上金鳶輔聖明此則榮貴之命鴛幃燭夜添新喜子嗣秋來有挺榮運行庚午春風駋晉夏日炎烝辛未運中篤學十年窓下特來一舉成名壬寅運中振道是龍還不佇顯奎門錦綉新癸酉運中獄折片言民訟息九天金紫戢加陞當此之際風雲還生甲戌運中重紫重金當是景山河十郡虎威雄乙亥運中有才應大用何事便辭榮丙子運中春光去也一枕清風

甲戌年　己巳月　己丑日　丁卯時

此八字己丑日元相柱中木火殺生印綬之格人生得此生於右族長於高門萱毋先歸迟有継天邊鴻雁各行鳴其爲也芊姿清秀天性老誠頗知礼義稍識古今日福日崇自有順天之慶常安常楽豈無福地之深重成新事業再整旧門庭福布江山外名聞湖海中是非莫管門前客得失須憑塞上翁田園有意公卿小廊庙無心宇宙輕此則穏旺之命鴛幃有犯須年小子嗣秋來旺宅門運行初庚午上人庇下風雪初晴辛未運中世事完如春夢人情薄似秋雲壬申運中才源旺足家居好尚有須臾素耗生癸酉運中桃李千溪錦江山一叠屛甲戌運中富潤屋德潤身乙亥運中豐年田舍禾盈嘗臘日山家酒滿斟丙子運中晚年閑快楽丁丑運中一枕入巫峰

甲午年　己巳月　丙申日　乙未時

此八字丙申之日相配柱中金土傷官助才之格人生得此生於右族長於名門木命椿萱双晚茂天邊鴻雁有行鳴其爲人也芊姿清秀天性聰明知高下識重輕黃金過火重增價白璧離塵色更明笋長名園過舊竹花開上苑勝先春自有順天之慶豈無福地之深生涯湖海上道路或西東兩都秋色皆喬木舊日風流有幾人满世功名身外事五湖風月樂怡情此則穏厚之命鴛幃春麗須年小子嗣森枝有挺崇運行初庚午上人庇下花放風生辛未運中春園雖雨過桃李未生英壬申運中梅須遜雪三分白雪亦輸梅一段馨癸酉運中天上三陽泰人間五福增甲戌運中富之以潤其屋德之以顯其身當此之際風雪满庭乙亥運中延賓玩物會友閑樽丙子運中晚年閑快樂一枕入佳城

甲午年　己巳月　壬戌日　庚子時

此八字壬戌日旺之辰相配柱中木土傷官留殺之格女人得此生於威族配於名門姿容清雅髮兒精神勝丈夫之氣象有男子之財能椿萱棠棣霜墻日妯娌翁姑不共群有針指之巧立業之能每懷丸膽意懷抱擇隣心相夫應有道訓子脫成群性急如江清滾滾心安似山月秋清夫榮子貴多如意滔滔字祿樂無窮此則榮貴之命良人年長劾榮客子嗣森森有挺芳運行初戊辰上人庇下毓秀閨門丁卯運中契合翠蔦成好夢命緣紅葉是良姻丙寅運中雖財夫門財業旺旺中尚事有虧盈乙丑運中夫榮子貴當時顯斥時風雨喜無驚甲子運中得中有失好月还明癸亥運中羅綺臨風多壯觀須吏風雨本無驚壬戌運中子貴夫賢家業興旺辛酉運中春殘花落見無声

甲午年　己巳月　癸未日　壬戌時

此八字癸未日元相配柱中火土才杀之格甲巳作合有功遇斯命者生於右族長於華宗椿萱双晚別鴻雁各行鳴其為人也丰姿清雅天性老成活潑活舵自是自能高謀遠見機関別慷慨春風一妙人黃金過火重增價白壁離塵色更明自有順天之慶豈無福地之深樓臺疊疊生涯好才帛興隆福祿增滿世功名身外事五湖風月樂怡情此則穩厚之命篤帰同屬如魚水子嗣生成踌灶人運行初庚午上人庇下花放風生辛未運中未觀桃李紅紅色且喜湖光渼渼晴壬申運中到此始知時運好萬物光華百事通癸酉運中富之以潤其屋德之以显其身甲戌運中西風吹過天邊雪消此才源倍有增乙亥運中延賓玩物會友開樽丙子運中終年開快樂丁丑運中花落水流

甲午年　己巳月　戊寅日　己未時

此八字戊寅專權相配柱中木火殺生印綬之格甲己作合有功主人生於右族長於名門椿萱屈落萱歸副天邊鴻鴈各行飛其為人也丰姿清秀天性操持頗知礼義稍識詩書知高識下近貴親賢祖業添新慶根原勝舊時遊山翫水携詩奏對月觀花把酒斟花迎上苑果迎園稲滿平疇水滿池但須才源多富足何須跨馬上邦畿此則豊潤之命鴛幃得合須連理子嗣枝枝有挺奇運行初庚午上人庇下安晦之時辛未運中春寒風料峭

心急馬行遲壬申運中厝轉三陽泰陽回萬物奇癸酉運中嚴雪積雪都經過從此滔滔福祿餘甲戌運中莫作千年調還愁兩度悲乙亥運中富貴榮華當此際何愁白髮鬢邊餘丙子運中夕陽有限春夢無憑

甲午年　己巳月　壬午日　甲辰時

此八字庚壬生於午倚爵日祿同鄉財官之格之官多化殺為主人生於右族長於仁門椿萱雙脫氏鴻鴈各行群其為人也丰姿清秀天性聰明腦羅今古事李試聖賢心麗句旺為天下句高財傍似海東青過大黃金且十分之貴色離雲皎月陪萬里之青明終是功明客豈為田舍之翁鵬路高搏知艷莫龍門深躍見修儕一春好傳楊後九重雨露恩此則榮貴之命鴛幃道理合子嗣發安榮運行庚午上人庇下花放風生辛卯運中款遂平生去潛心剔短琴壬申運

中振道是龍还不信果然奪得錦標規辰酉運巳報嚴威權酷吏吏持仁政頗黎民甲戌運中藏近金古事風雪飛未不損身乙卯運中正欲忠君輔国近閣解但恩尊丙子運中春光去也一枕清風

甲午年　己巳月　甲戌日　辛未時

此八字甲戌日元相配柱中火土傷官助才之格人生得此生於右族長於名門椿親真倜儻鴻鴈有行鳴其為人也丰姿清秀天性聰明高謀遠見機關别慷慨春風一妙人過火黃金顯十分之貴色離雲皎月布萬里之清明祖業添新慶根源勝蒼風筆長名園過舊竹花開上苑勝先春不向仕途求聞達卻來湖海覓黃金但願一生財祿旺德他身外没功名此則饒裕之命鴛幃春麗須招硬子嗣秋來孝且忠運行初庚午春風融蕩夏日炎蒸辛未運中寒向梅中畫春從柳上生壬申運中隱隱春雷抽碧筍微微細雨潤紅英癸酉運中天上三陽泰人間五福增甲戌運中桃李千谿錦江山一畫屏乙亥運中當此之際風雪滿庭延賓玩物會友開樽丙子運中一宵春夢斷萬事總成空

甲午年　己巳月　癸酉日　壬戌時

此八字癸酉日元相配柱中火土傷官之格人生得此生於右族長於名門火土椿萱双晚茂天邊鴻鴈各行鳴其為人也丰姿清秀天性聰明胸羅今古史學識聖賢心詞鋒頗利宜無敵筆力縱横若有神終是功名容豈為田舍翁三級浪中魚變九霄雲外鳳飛騰一日聲名遍天下滿城花李笑陽春瑶池鞭靜朝南極五夜鍾停拱北辰此則榮貴之命鴛幃火命須年小子嗣森然有晚榮運行初庚午上人庇下安晦未伸辛未運中十年窓下業黃卷與青灯壬申運中躍過三層浪朝班立縉紳癸酉運中皇恩有感重重祿金紫煌煌雨露陞甲戌運中三度君恩喜雨沓風雪篤乙亥運中有材當大用未許便歸榮丙子運中英雄人已去高塚卧麒麟

甲午年　己巳月　己丑日　丙寅時

此八字己丑日元相配柱中木火官印之格有官有印無破作廊廟之材遇斯命者生於右族長於名門椿萱双榮贈鴻鴈各凌雲其為人也精神烟烟智慧明明胸羅星斗學貫古今謀動君子威伏小人豈是池中之物尤来席上之珎霹靂一声雲霧合禹門躍過浪三重佇看官封三級酬然祿享千鍾此則榮貴之命鴛幃宜有贈子嗣彩衣新運行初庚午上人庇下花放風生辛未運中漂麥詩書似高鳳引灯苑史勀匡衡壬申運中滕身離泮水攀桂步蟾宮癸酉運中足履三千皆後學搏風九里即前程甲戌運中重沐恩波鳳池裏朝朝染翰侍明君當此之際風雲滿庭乙亥運中有材應大用未許便辞榮丙子運中春光去也花落月沉

甲午年　己巳月　壬辰日　庚子時

此八字壬辰魁罡日令去官留杀格日干無氣時逢陽刃不為凶遇斯命者生於右族長於名門椿萱榮晚茂棠棣共逢春其為人也丰姿清秀天性聰明高謀遠見機関別慷慨春風一妙人過火黃金显十分貴色離雲皎月照万里清明重成新業再整旧門庭朝中無姓字囊内有珠珎祿元成岳威勢壓郷民此則發福之命鴛幃連珠合子嗣晚光榮運行初庚午上人庇下春風駘蕩夏日炎蒸辛未運中寒向梅中盡春從柳上生壬申運中万疊好山雲乍斂一輪明月雨初晴癸酉運中近水樓臺先得月向陽花木易為春甲戌運中重重風雪過万物被陽春乙亥運中富則潤屋德足潤身丙子運中一枕餘香隔年夢秋風吹散楚山雲

甲午年　己巳月　壬午日　壬寅

此八字六壬生旺午地號曰祿馬同鄉甲己合官晉
殺之格人生得此生於右族長於仁門主人椿萱有
倍先亡父母天邊鴻鴈各行鴻其為人也行藏轍後
動用機關頗知今事古淺識聖賢篇知高識下近貴
親賢重成新事業再整舊根源醫尤精而造道藥用
當而通玄和劑局中名大振九霄云外姓名傳一朝
借得吹噓力峥嵘頭角貫當然此則醫索之命鴛幃
魁土重格土子嗣秋來香色妍運行庚申上人庇下
春苑青山辛未運中如花向日似月娟嬋壬申運中
囊衣多良餌漸知恩福全癸酉運中自有貴人扶助
前程由此光輝甲戌運中榮中尚有趣趣事又還榮
光遍九天乙亥運中老來有慶精神旺祿位昂昂氣
象添丙子運中白髮人中傑女鳥紗沙上神仙丁丑
運中數盡夢遊三島客想來無復見儀容

甲午年　己巳月　辛未日　癸巳時

此八字亥金相配柱中旺火正官之格官多化殺喜
印綬生身遇斯命者生於右族長於名門椿父先歸
萱老别天边鴻鴈各行群其為人也丰姿清秀天性
老誠機謀輒伏李用人欽祖業須重立才源自琢成
萬里春風行樂頌四特佳趣瑞祥生世事頗能將就
般般季欠精通花無桃李非春色人有塵歉是太平
雖不青雲得路也應才旺福旺但顧門閥生計廣何
須騎馬步金門此則發福之命鴛幃年少須相觝子
嗣花前果後成運行初庚午上人庇下未斷平生辛
未運中雨過山方秀雲開月未明壬申運中才源滚
滚家居好椿樹凋零晦耗侵癸酉運中天上三陽泰
人間五福均當此之際尚有逡巡甲戌運中世情濃
又淡淡处又还濃乙亥運中得中有失晦处还明當
此之際一番風雪丙子運中享安和之福慶垂萬古
之門庭丁丑運中春歸花落逝水無声

甲午年　己巳月　戊辰日　己未時

此八字戊辰日德之辰相配柱中木火煞生印綬之格人生得此生於良族長於仁門木水椿萱雙晚茂天邊鴻雁各行鳴其為人也丰姿清秀天性聰明般般稍覺件件不精行藏果斷作事老誠有近貴親賢之德應上和下之能祖業添新廣財源自葺成有心於貨利無意慕功名過火黃金重長價離雲皎月倍清明田園桑柘茂畝畝稻粱馨但須一生財祿旺何須跨馬入青雲此則穩厚之命鴛幃連珠須配小子嗣生成貴顯人運行初庚午上人庇下災晦之中辛未運中春園雖雨過桃李未生英壬申運中梅須遜雪三分白雪亦輸梅一段馨癸酉運中天上三陽泰人間五福增甲戌運中成四時佳趣立萬古門庭當此之際風雪滿庭乙亥運中延賓玩物會友開樽丙子運中春光歸去也花落鳥無聲

甲午年　己巳月　丙戌日　庚辰時

此八字丙戌日元相配柱中水火傷官制殺之格生人得此生於豊潤之族長於深邃之門椿萱雙晚茂鴻雁有行鳴其為人也丰姿清秀天性聰明高謀遠見機關别煉慨春風一劍人筆落驚風雨詩成泣鬼神衣冠濟濟人中傑和氣怡席上珎終是功名之客豈為田舍之翁鵬鵰高摶知健翼龍門踩躍見脩鱗一從揚姓字秉笏拜明君此則光顯之命鴛幃火命須年小子嗣生成跨灶人運行初庚午驚濤乱水脉驟雨暗谿紋辛未運中十年窓下叢黄卷與青燈壬申運中到此始知文學好長安道上馬蹄輕癸酉運中千里霜威金斧重三秋風色錦衣輕甲戌運中雪晴雲散天如洗金紫煌煌雨露陞乙亥運中正宜侍明主未許便辭栄丙子運中夕陽有限春夢無憑

甲午年　己巳月　庚子日　甲申時

此八字庚子日元相配柱中水火傷官制杀之格人生得此生於右族長於名門椿萱双晚茂鴻鴈有行鳴其為人也丰姿清秀天性聰明高謀遠見機関別慷愷春風一妙人自有順天之慶豈無福地之深祖業添新慶根源勝舊風福布江山外名聞湖海中花無桃李非春色入有笙歌是太平財源冨足家居好何必天邉沐寵崇福元成岳瀆威勢厲鄉民此則旺足之命鴛幃有祀須年敵子嗣森然有晚榮運行初庚午上人庇下未断卅沉辛未運中春園雖雨過桃李未生英壬申運中漸竟夜凉池雨過信知花放晚風軽癸酉運中近水樓臺先得月向陽花木早逢春甲戌運中財源冨足家居好風雪飛来尚協人乙亥運中庭前竹報平安日檻外花開富貴春丙子運中晚年多快樂丁丑運中花落鳥無聲

甲午年　己巳月　丙申日　己亥時

此八字丙申之日相配柱中水土傷官制杀之格五行稟得中和之氣主人生於右族長於名門椿萱双晚茂鴻鴈各行鳴其為人也丰姿清秀天性果剛聰明書藝遠倜儻世情長不攻翰墨廣習文章終是功名客豈為田舍郎翰苑一從揚姓字邊彊萬古姓名揚清映梅窻蕙玉雪寒生栢府凜秋霜此則榮貴之命鴛幃春藹藹子嗣晚光榮運行初庚午上人庇下風雨一番辛未運中不秉弓刀登塞域且耽書史入科塲壬申運中霹靂一声雲霧合崢嶸頭角拜明王癸酉運中令重奸邪伏威嚴兇膽驚甲戌運中晚年非是承遺蔭德澤允能治四方當此之際風雪滿墻乙亥運中衰才擢職政引風霜丙子運中錦衣烏帽還家去翠竹黃花覺勝常丁丑運中帰去也

甲午年　己巳月　丙戌日　己丑時

此八字丙戌日元相配柱中旺土傷官助才之格喜逢建祿身強人生得此生於右族長於仁門火土椿萱双晚茂馮行天際有同鳴其為人也丰姿清秀天性剛忠知高下識重輕過火黃金重長價離雲皓月倍清明福祿江山外名聞湖海中得意江山詩句健忘情日月酒盃深時來才原富足運至福祿无窮此則豐厚之命鴛幃同配存仁女子嗣生成俊俏人運行初庚午幼年之下災晦未伸辛未運中如花何日似月壬申運中漸覺夜凉池雨過信知花放曉風輕癸酉運中桃李千歎歸江山一畫屏甲戌運中才原富足家居好風雪閑飛尚惱人乙亥運中門楣壯觀福祿駢臻丙子運中桃園春去也蓬島住難通

甲午年　己巳月　丙午日　己亥時

此八字丙申日元相配柱中水土傷官制殺之格人生得此生於右族長於名門木火椿萱雙晚茂天邊鴻鴈各行鳴其為人也丰姿清秀天性聰明知高下識重輕高謀遠見機關列慷慨情懷學識深過火黃金重長價離雲皎月倍清明祖業添新慶根基勝舊風不須門名利何用對青燈才源富足家居好何必天邊沐寵榮此則穩厚之命鴛幃火命須年小子嗣秋來孝且忠運行初庚午春風駘蕩夏日炎蒸辛未運中始知春晝永方覺瑞祥生壬申運中隱隱春雷抽碧筍微微細雨潤紅英癸酉運中近水樓臺先得月向陽花木早逢春甲戌運中才源滾滾家居好風雪飛來尚惱人乙亥運中門迎珠履客戶納五湖賓丙子運中引鶴徐行三徑曉約梅同醉一壺春丁丑運中春光去也一枕清風

甲午年　巳巳月　壬戌日　乙巳時

此八字壬戌日德之辰去官留殺之格人生得此生於茂族長於華堂椿父先歸萱後別天边鴻鴈不聯行手姿清秀性格明良孝問粗知礼義各謀能近賢良般般好精件件不平常祖業添新慶才囊腕積蔵水府不敵珠怎覓豐城不揺劍無光留心於文墨仕路必光揚此則穩旺之命北幃同属須年敵桂子生成俊秀郎運行初庚午身依芦花花絮寒寒來只自當辛未運中人生富貴皆前定何必區區日夜忙壬申運中正欲尋芳入舉得期人事悠揚癸酉運中一番風雲幸不成傷甲戌運中旺中尚有趣趄事事妥佫安福禄昌乙亥運中桑榆暮景丙子運中流水湯湯

甲午年　巳巳月　丁丑日　庚子時

此八字丁丑日元相配柱中水土傷官制殺之格人生得此生於右族長族仁門搢萱榮晚茂棠棣各敦榮其爲人也手姿清秀天性聰明胸羅今古事學識聖賢心嚴句妙爲天下白高財俊似海青終是功名之客宜爲田舍之翁一朝但得風雲便九重雨露沐皇恩此則榮貴之命鴛幃金玉潤子嗣晚榮門運行初丁未上人庇下未断平生丙申運中十年窓下業榮貴與青灯丁酉運中到此始知文學好便將德澤惠黎民戊戌運中皇恩有感重加禄西風雪舞尚愁人己亥運中重金重紫布德施仁庚子運中子貴晚年閒故里何愁白髮鬢邊星辛丑運中春光也一桃清風

甲午年　己巳月　丙子日　丁酉時

此八字丙子日元相配柱中水土㶷□助木之格人生得此生於旺族長於官門木命椿萱雙晚贈天邊鴻鴈有行鳴其為人也丰姿清秀天性聰明胸含今古事矛識聖賢心過大黃金重長價離雲皎月倍精神衣冠濟濟三宜客和氣怡怡四野賓終是功名之客豈為田舍之翁三汲浪中能變化九重雲外沐陞恩一但姑書儒指後九五天門為貴榮此則榮貴之命篤帷連珠怭胝贈子嗣金風晚必榮運行初庚午上人簷下安悔未仲年未達申十年寇下業時至自升騰壬申運中躍過三層浪朝班立縉紳癸酉運中錦衣肥動紅蹤馬星上晃波躡上新甲戌運中腰橫金作帶德播一方春尚此風雪滿庭乙亥運中有材應大用未許乞身閑丙子運中春光尽至慶一朝了平生

甲午年　己巳月　壬辰日　丁未時

此八字壬辰魁罡之日相配柱中火土財殺之格合官留殺生氣挺然主人生於右族長於高堂椿萱双晚贈鴻鴈各搏風其為人也手姿清秀天性聰明千古文章選榮耀一天星斗換心胸麗句好為天下白高財俊似海東青終是功名客豈為田舍翁鵬路高搏知徤翼龍門深躍見脩鱗一從姓字傳臚後九五天門面聖容此則榮貴之命篤偉春色麗子嗣晚當榮運行初庚午上人庇下安眠相伴辛未運中口親孔孟目近顏曾壬申運中霹靂一聲雲霧合禹門躍過浪三層癸酉運中郎署官函何足羨大夫金紫又重陞甲戌運中重紫重金官戝顯愁看門外雪盈庭乙亥運中佇看官封三級酌然祿享千鍾丙子運中子貴榮帰故里丁丑運中花落馬空啼

甲午年　己巳月　壬戌日　乙巳時

此八字壬戌魁罡之日去官留殺之格人生得此生於茂族長於華堂椿父早帰萱後別夭遭鴻鴈不聯行半姿清秀性格明良學問粗知禮義智謀能動賢良般般好事件件平常祖業添新慶才囊晚積藏水府不敲珠怎覔豐城不掘劍無光留心於文墨仕路必光揚此則穩旺之命鸞幃同屬須年敵桂子生成俊秀郎運行初庚午身衣芦花絮寒来只自當辛未必生富貴皆前定何必區區日夜忙壬申正歡尋芳拾翠何期人事悠拘癸酉一番風雪幸不成傷甲戌旺中尚有趑趄事事妥依然福祿昌乙亥桑榆暮景丙子中流水洋洋

癸亥年　乙卯月　己卯日　乙亥時

此八字殺重身輕貧夭之命

庚午年　戊寅月　戊寅日　乙卯時

此八字身衰殺重不夭則貧

甲午年　己巳月　丙戌日　己亥時

此八字丙戌日元相配柱中水傷官制殺之格人生得此生於右族長於高門椿萱連珠萱歲長天边鴻鴈各行鳴其為人也丰姿清秀天性聰明胸羅今古事事識聖賢心慶句妙為天下白髙材俊似海東青終是功名之客宜為田舍之翁三級浪中龍變化九霄雲外鳳飛騰一從姓字傳揚後直上金鑾輔聖明此則富貴之鸞幃連珠須配小子嗣金風有挺榮運行初庚午天冷雲还凍江寬風尚生辛未運中十年窓下業黄卷與青燈壬申運中時来風送滕王閣頃刻高摶萬里程癸酉運中淡淡微風花外過九天金紫又加陞甲戌運中重金重紫當是也西風洒雪滿門庭乙亥運中有材當大用何事便辞榮丙子運中晚年多快樂子貴加榮丁丑運中一枕清風

甲午年　己巳月　丁卯日　甲辰時

此八字丁卯之日相配柱中火土傷官之格人生得此生於良族長於仁門椿萱先別毋鴻雁不行群其為人也丰姿蒼古天性老誠有理白分淸之智應上和下之能出土黃金重長價雖雲皎月倍淸明祖業添新整才源自昔成不以功名為念豈將冠冕麿磐生涯湖海上道路或西東水光浮座盃盤堂花氣侵人咲語馨處世素無榮辱生平幸不富貧薄有酒消閑日月苗無心緒慕功名晚年頗如意中景只平平此則穩厚之命鸞幃配晚須

年敵子嗣秋来假當真運行初庚午上人庇下来斷升沉辛未運中登臨雨霽賞玩春陰壬申運中精神又樵悴樵悴又精神癸酉運中不覺之中曾得意用心之處不如心甲戌運中莫言此運多光彩得一程而失一程乙亥運中松尚茂菊尤馨丙子運中宜樂晚景丁丑運中一道訃音

甲午年　己巳月　癸酉日　戊午時

此八字癸酉之日相逢柱中火土才煞之格已巳合殺留官主人生於右族長於仁門金木椿萱萱歲長天邊鴻雁各飛鳴其為人也丰姿清秀天性聰明知高下識重輕高人起敬貴人推欽筆長名園過舊竹花開上苑勝先春五湖生計好四海祿元增花無桃李非春色人有笙歌是太平田園有意公卿小廊庙無心宇宙輕才源富足家居好何必天邊沐寵崇此則旺足之命鸞幃木命須年小子嗣生来孝義漂運行初庚午上人庇下花放風

生辛未運中雨過山方秀雲開月始明壬申運中梅須遜雪三分白雪亦輸梅一段馨癸酉運中氣宇昂昂如光風之霽月才源浩浩若逝水之流來甲戌運中雖則才源富足还愁飛絮滿空乙亥運中富之以潤其屋德足以榮其身丙子運中為帶花落逝水無声

甲午年　己巳月　戊辰日　乙卯時

此八字戊辰日德之辰相配柱中木火殺生印綬之格合殺留官為奇主人生於右族長於高門木火椿萱双晚茂天邊鴻雁各行鳴其為人也丰姿清秀天性聰明高謀遠見機関别慷慨春風一妙人黄金過火重增價白壁離雲色更明水光浮座盃盤瑩花氣侵人咲語馨朝中無姓字囊底足珠珎福元成岳瀆威勢壓鄉民此則穏厚之命鴛幃水命須年長子嗣生成跨灶人運行初庚午上人庇下冗晦未伸辛未運中隱隱輕雷抽碧笋微微細雨潤紅英壬申運中爆竹声催残臘畫折梅香引早春逢癸酉運中軒開化日千祥集簾捲香風百福增甲戌運中富之以潤其屋德之以顕其身當此之際風雪重重乙亥運中心事数埜之白髮生涯一片樂怡情丙子運中春光去也一枕清風

甲午年　己巳月　壬戌日　癸卯時

此八字壬戌魁罡之日合官留杀之格人生得此生於茂盛之族長於叡臧之里椿萱难並奉鴻雁不成行足践如来地身穿忍辱衣佇看容顏奇妙光明普照十方此則出家之命運行初庚午上人庇下快樂何當辛未運中離京别祖礼佛修行壬申運中擅那有倚普度齋粮癸酉運中離則行藏而有慶還愁世事尚悠揚甲戌運中名山主席風雪一塲乙亥運中天雨宝華登佛座龍盟香鉢卧禪床丙子運中三味始𢥠五戒礼莊丁丑運中悩利夢断帰何處步、全

迻接上方

甲午年　辛巳月　癸酉日　辛酉時
此八字癸水相配柱中火土才官之格主人生於
右族長於高門椿萱先別父鴻雁不聯群其為人
也丰姿清雅志氣豪橫有剛斷明敏之才理白分
清之智高人超斂貴客相欽筍長名園過旧竹花
開上苑勝先春門楣壯觀樓閣凌雲田園森拓茂
湖海祿元豊水光浮麼杯盤瑩花氣侵人咲語聲
得意江山詩句纏忘情日月酒杯深拙於自己巧
與他人雖然不是青聪客自然金谷足豊盈福元
成岳瀆威勢壓鄉民此則穩富之命鴛幃有礙須
指贈子嗣雙雙有挺榮運行初壬午上人庇下弱
祿平生癸未運中堤柳已敗新幹綠園梅不改旧
時馨甲申運中着意種花花不發無心插柳柳成
陰乙酉運中才帛盈囊人事廣也愁進退不為孟
丙戌運中旺中尚有亏盈事盈處依然福祿增丁
亥運中莫言此際多光彩得一程而失一程戊子
運中享子孫之福慶己丑運中杳杳之佳城

甲午年　己巳月　壬辰日　辛亥時
此八字壬辰魁罡之日之日相配柱中火土才殺
之格人生得此生於右族長於名門火土椿萱雙
晚茂天邊鴻雁不行鳴其為人也丰姿清秀立氣
聰明胸羅今古事學識聖賢心驪珠照魏光難掩
富劍生豐氣自充終是功名客豈為田舍翁鵬路
高搏知健翼龍門深躍見脩鱗一朝騰踏飛黃去
金紫榮看次第陞此則榮貴之命鴛幃有犯須年
敵子嗣森枝晚節榮運行初庚午上人庇下花放
風生辛未運中欲遂平生志踏心對一心壬申運
中莫愁雪隱藍關道時來風送馬蹄輕癸酉運中
躍過三層浪朝朝識聖明甲戌運中三度君恩重
兩番風木驚乙亥運中擢高攢福慎則無驚丙子
運中人生從此別無復見儀刑

甲午年　己巳月　己卯日　乙丑時

此八字己卯專權日相配柱中火木喜生印綬之格人生得此生於右族長於名門椿萱双晚茂鴻鳫各行鳴其為人也丰姿清秀天性聪明世事頗能將就般般學欠精適過火黄金重長價需雲蛟月倍光明笋長名圈過旧竹花開上苑勝先春不必覔珠來水府何須求劍向豊城生涯湖海上道路武西東但顧才源富足何須天府求榮此則穩厚之命死幃連珠須年硬子嗣生來貴顯人運行初庚午上人庇下花放風生辛未運中隐隐輕雷抽碧笋微微細雨潤紅英壬申運中一枝梅破臘萬象漸回春癸酉運中威權有道人欽伏才祿豐盈衆嘆諠甲戌運中正是太平光霽景还愁風雪滿門庭乙亥運中經霜耆柏儼然茂昌雨芝蘭分外青丙子運中一道訃音

甲午年　己巳月　甲寅日　乙丑時

此八字甲寅專祿之日傷官助才之格亦有金神之意人生得此生於茂盛之族長於名望之門椿萱不建祿養鴻鳫有各飛丰姿清雅天性忠誠高謀遠見機関別慷慨情懷學識深終是功名之客豈教鑿井躬耕竣林雖不參高宴自有声名達帝京此則清貴之命鴛幃有碍須偏正子嗣秋来有挺榮運行初庚午上人庇下員筊趋庭辛未運中幾欵思高慕遠畨成剪雪裁氷壬申運中雪睛雲路達跨馬上神京癸酉運中声名從此顯汨没一朝伸甲戌運中耿耿声名重滔滔雨露墜乙亥運正宜莅政未許辞劳丙子運中春光如過隙花落水流東

甲午年　己巳月　癸亥日　丁巳時

此八字癸亥之日相配柱中火土才官之格傷官合杀得其所宜女人得此生於右族配於高門椿萱雖並耄鴻鳳各行鳴其為人也丰姿清秀天性老誠翁姑难靠妯娌行軽勝丈夫之志氣有男子之才能每懷九騰意時把擇憐心風送落花香滿院日勻花柳發新粧相夫應有道訓子亦成群錦綉花開春富貴琅玕竹報日昇平此則穩厚之命良人木命須年長子嗣森枝孝義深運行初戊辰上人庇下毓秀閨門丁卯運中路入桃源花爛熳

橋横銀漢水澄清丙寅運中淡烟楊柳岸薄霧杏花村乙丑運中才源滚滚家居好須史風雨不為驚甲子運中食則珎羞百味衣則羅綺千箱癸亥運中冲擊之所如履薄水壬戌運中雖則夫賢子秀辛酉運中已樓閣蛩景明月照黃昏

甲午年　己巳月　乙未日　己卯時

此八字乙未日元相配柱中火土傷官印才之格喜逢日喜以歸時遇斯命着生於右族長於名門火命椿萱双晚茂天邊鴻鳫各行鳴其為人也丰姿清秀天性聡明知高識下理白分清過火黃金長十分之價色雖雲皎月布萬里之清風祖業添新慶根原勝舊風月雖海島山山秀春入園林慶慶英不須登仕路何用對青灯但欲一生湖海樂任他白髮鬢邊生此則發福之命驚懦丈命須年小子嗣生成跨灶人運行初庚午上人庇下花放

風生辛未運中隱隱輕雷抽碧笋微微細雨潤紅英壬申運中梅須遜雪三分白雪亦輸梅一段馨癸丑運中才源富足家業餘盈當此之際風雷滿庭甲戌運中天上三陽泰人間五福臻乙亥運中富之以潤其屋德之以潤其身丙子運中晚年閑快樂會友以闘樽丁丑運中花落水流春已失蘭摧玉折恨何如

甲午年　己巳月　甲戌日　丁卯時

此八字甲木日元配合柱中火土傷官助才之格
人生得此生於右族長於名門椿父先歸先耐晚
天邊鴻鴈有行鳴其為人也丰姿清秀天性聰明
有分清理白之志截長補短之能行藏覺瀟洒咲
敖任枯榮重成新事業再整舊門庭萬里無雲天
一色三秋好景月長明高人起敬貴客相欽無慮
畫傳詩禮有朋來自遠方親豐年田舍禾盈疊騰
日山家酒滿斟拙於自己巧於他人雖不建侯封
爵自然才祿豐盈此則穩享之命鴛幃有犯須重
結子嗣芬芳五果成運行初庚午上人庇下來斷
升沉辛未運中隱隱輕雷抽碧芦微微細雨潤紅
英壬申運中積雪嚴霜都躍過次第春風萬物生
癸酉運中才源滾滾家居好只恐鬧非索耗生甲
戌運中莫道此年風色好待一程而失一程乙亥
運中沖繫之所如履薄氷丙子運中晚年快樂丁
丑運中一枕清風

甲午年　己巳月　辛酉日　癸巳時

此八字辛酉専祿之日相配柱中火土官印之格
人生得此生於右族長於名門椿父先歸萱後別
天邊鴻鴈各行鳴其為人也丰姿清秀天性聰明
機謀輒伏奉用人欽般般捎覽件件不精行藏
竟洒落咲傲任枯榮祖業添新慶才源自琢成萬
里無雲天一色三秋好景月長明消悶棋一局遣
興酒三鍾好意番成惡真心換得嗔兩都秋色
皆喬木耆舊風流有幾人雖不綺羅衣錦客也應
鄉黨衆推尊此則穩享之命鴛幃有犯童偏正子
嗣秋來孝義深運行初庚午上人庇下來斷升沉
辛未運中春歸柳葉精初變紅入桃花煖來匀壬
申運中着意種花花不發無心插柳柳成陰癸酉
運中幾度樂中有悶數番靜裏憂生甲戌運中雖
則家居有慶幾多人事虧盈乙亥運中冲擊之所
如月入雲過此丙子運中晚年快樂丁丑運中花
落月沉

甲午年　己巳月　戊子日　辛酉時

此八字戊子日元相配柱中木火來生印綬之格傷
官助才身旺得斯命者主人生於右族長於高門
堂上椿萱并壽天邊鴻雁各哀鳴其為人也丰
姿清秀天性聰明胸藏今古事李識聖賢心不特
驪珠不能照乘还應趙璧擬連城終是功名客豈
為田舍翁鵬路高摶知健翼龍門深躍顯脩鱗一
從揚姓字秉笏拜明君此則榮華之命鴛幃連珠
須得早子嗣生成貴顯人運行初庚午中天冷雲
還凍江寬風尚生辛未運中欲向雲中李足須憑
燈下留心壬申運中起鳳騰蛟從此始自然奪得
錦標新癸卯運中寒拂紫衣催駿騎半生踪跡下
雲層甲戌運中腰横金作紫篆刻玉為麟當是
特也風雲滿庭乙亥運中有才應大用未許便
辭榮丙子運中錦衣回故里會友以閒樽丁丑運
中春光去也一枕清風

甲午年　己巳月　壬午日　丁巳時

此八字六壬生臨午位號曰祿馬相配柱中火土
才殺之格人生得此生於富族長於名門椿親宗
晚茂萱毋不須論其為人也丰姿清秀天性聰明
千古文章遂榮耀一天星斗煥心胸終是功名之
客豈為田舍之翁鵬路高摶知健翼龍門深躍見
脩鱗一從姓字傳揚後九天雨露沐恩榮此則榮
貴之命鴛幃連珠合子嗣晚光榮運行初庚午上
人庇下花拔風生辛未運中十年窗下業黃卷興
青燈壬申運中時來風送滕王閣頂刻高摶萬里
程癸酉運中寒映紫衣催驛騎光生玉節下雲層
甲戌運中戢還金紫貴風雪尚悲人乙亥運中脩
看官封三級酩然祿享千鍾丙子運中有材應大
用何事便辭榮丁丑運中春光去也花落月沉

甲午年　己巳月　壬辰日　甲辰時

此八字壬辰魁罡之日相配柱中火土才杀之格合官留杀為奇主人生於右族長於高門椿萱榮贈鴻鴈飛騰其為人也丰姿清秀天性剛忠筆底詞源三峽遠胸中螢落一天星衣冠濟濟人中傑和氣怡怡席上珎豈是池中物尤來席上珎萬里扶摇鷙翀擊一声霹靂躍潛鱗長安人滿路爭看彩衣新佇看官封三級酌然祿享千鍾此則榮貴之命鴛幃春靄宜當贈子嗣秋來有挺榮運行初庚午運中芰清孔水脉驟雨障寒紋辛未運中讀殘茅店月囊照案頭螢壬辰運中起鳳騰蛟從此始玉登金馬豈難登癸酉運中重沐恩波鳳池裏朝朝染翰侍明君當此之際風雪滿庭甲戌運中時朝柱石匡世股肱乙亥運中自嘆引年歸故里朝廷天遂雨祥心丙子運中春光去也一枕清風

甲午年　己巳月　丙子日　乙未時

此八字丙子日元相配柱中水土傷官之格喜逢建祿身弱遇斯命者生於望族長於名門椿萱榮傑鴻鴈行鳴其為人也丰姿清秀礼樂縱横源流三峽誰能及筆掃千軍就与論驪珠照耀光難掩雪劍生豐氣自充終是功名之客豈為隱跡之翁鵬鷺高搏知健翼龍門深躍是脩鱗一從喰珖宴戢位秉權衡此則榮維之命鴛幃連珠須配小子嗣秋來朶朶榮運行初庚午春風驟落夏日炎蒸辛未運中讀殘茅店月囊照案頭螢壬申運中到此始知文李好蝸蝸春浪躍三層癸酉運中令重奸邪伏威嚴鬼膽驚甲戌運中金紫廷榮權位重只恐梨花点紫襟乙亥運中有材應大用未許便辞榮丙子運中夕陽有限春宴無憑

甲午年　己巳月　丙戌日　壬辰時

此八字丙戌日元相配柱中水土傷官制煞之格人生得此生於右族長於名門大木椿萱敷蔭翠天邊鴻鴈有行鳴其為人也丰姿清楚天性多能胸藏星斗識理古今過火金資重長價離雲皎月浯清明衣冠濟濟人中表和氣怡怡席上珍終是功名客豈為田舍翁北海横頭角現南山豹变欣牙新一日風雲相濟會九天雨露沐深恩然則榮貴之命鴛帏水命須年長子嗣枝頭朶朶榮運行初上人之下春風驟落夏日炎蒸庚午運中陽和氣轉便覺精神辛未運中十年窓下日觀史與引灯壬申運報道是龍還不信果然奪得錦標帰癸酉運中盡道好邪伏威嚴鬼膽驚甲戌運中正任恩波處何當風雨欺乙亥運中故里安榮樂享華堂丙子運中帰去莫辭来路遠夢入巫峯再不醒

甲午年　己巳月　壬申日　己酉時

此八字壬申長生之日相配柱中財殺之格女人得此生於右族長於名門椿萱棠棣霜晞日妯娌翁姑分上輕其為人也丰姿清秀鬓貌精神治家有道处事克勤雲帰華岳千山秀水到湘江一様清有遺訓斷機之志相夫教子之能萬里無雲天一色三秋好景月長明難觸難犯易喜易嗔雖不鳳冠霞帔自然福禄無窮此則穩旺之命良人有到難偕老子嗣主来孝義人運行初戊辰幼年之下毓秀閨門丁卯運中契合翠鸞成好夢之緣紅葉結良姻丙寅運中片雲蔽日雨過山青乙丑運中精神又憔悴憔悴又精神甲子運中幾度樂中有悶數番靜裏生憂癸亥運中冲擊之厄如履薄冰壬戌運中悦年閑快樂一枕入巫風

甲午年 己巳月 戊寅日 丁巳時

此八字戊寅專權之日相配柱中木火殺生印綬之格主人生於右族長於名門椿萱相甘榮晚贈天邊鴻雁各行鳴其為人也丰姿清秀天性聰明詞源三峽誰能及筆掃千軍孰與論衣冠濟濟人中傑和氣怡怡席上珍終是功名客豈為田舍人一舉有沖天之勢片言有折獄之能一從揚姓字秉笏拜金門此則榮貴之命鶯幃連珠須配小子嗣秋來朵朵榮運行初庚午上人庇下安晦之中辛未運中十年窓下業黃卷與青燈壬辰運中報道是龍還不信果然奪得錦標新癸酉運中威飛虬浪恐令重席風生甲戌運中職廷金紫貴風雪尚慈人乙亥運中重金重紫任振權衡丙子運中解組歸田里東籬菊酒馨丁丑運中人生從此別無復見儀形

甲午年 己巳月 乙未日 己卯時

此八字乙未日相配柱中火土傷官劫才之格喜逢日祿歸時主人生於右族長於高門椿萱榮晚贈雲樵各教苦其為人也丰姿清秀天性聰明胸羅今古事學識聖賢心麗句妙於天下白高才俊似海東青終是功名客豈為田舍人鵬路高搏知健翼龍門深躍見精麟一從揚姓字金紫職階陞此則榮貴之命鶯幃春色麗子嗣晚登榮運行初庚午上人庇下花放風生辛未運中十年窓下業黃卷與青燈壬申運中時來風送滕王閣頃刻高搏萬里程癸酉運中寒拂紫衣催驅騎先生五節下雲層甲戌運中職廷金紫貴風雪尚慈人乙亥運中赤心扶日月素志展經綸丙子運中榮回故里美酒盈樽丁丑運中歸去也

甲午年　己巳月　甲申日　乙亥時

此八字甲申專祿之日相配柱中金火傷官助財之格人生得此生於右族長於文章之門金火椿萱先別天邊鴻鴈各行鳴其為人也丰姿清秀天情聰明謀動君子威伏小人遇火黄金重長價離雲皎月倍清明不向仕途求聞達卻來湖海覓黄金朝無姓字囊底足珠琢花無桃李非春色人有笙歌是太平但頭財源富足任他身外無名此則發福之命鴛幃重合蚤子嗣祿衣新運行初庚午上人庇下花放風生辛未運中隱隱輕雷抽碧笋微微細雨潤紅英壬申運中寒向梅中盡春從柳上生癸酉運中雨過園桃簇錦風和楊柳拖風甲戌運中財源滾滾家居好風雪飛來上惱人乙亥運中延賓玩物會友朋樽丙子運中但頭家園而富足任他白髮鬢邊生丁丑運中春光去也一枕清風

甲午年　己巳月　甲午日　甲子時

此八字甲午日元相配柱中火土傷官助才之格傷官者剛毅之物也於變之曇也主人生於遊宦之族長於詩礼之堂木命椿萱榮晚瞻庭前棠棣五枝芳其為人也丰姿清秀礼樂鏗鏘廣覽百家今古深通三李文章驪珠照魏光難掩雷劍生豐氣莫藏終是功名容豈為田舍郎純李科文驚試院英才翰苑沐恩光瑶池曉鞭靜秉笏拜君王此則繼榮之命鴛幃鼓盆三嘆子嗣晚節光揚運行初庚午幼年之下花放風狂過此辛未運中讀殘茅店月踏破汴橋霜壬申運中起鳳騰蛟從此始果然秉笏拜明王癸酉運中令重奸邪伏威嚴鬼膽驚甲戌運中西風吹過天边雪金紫煌煌照省臺乙亥運中藩臬階陞超二品戢迁都憲近君王丙子運中攉高損福一枕黃粱

甲午年　己巳月　戊寅日　壬戌時

此八字戊寅專權之日相配柱中木火殺生印綬之格甲己傷命有功遇斯命者生於右族長於名門萱毋續絃椿磊落天邊鴻鴈各行鳴其為人也丰姿清秀天性聰明袖裏虹蜺冲霄色筆端風雨駕雲程驪珠照耀光難掩雷劍生豐氣自充終是功名之客豈為田舍之翁奮身辟白屋平步入青雲一日風雲相濟會九五天門面聖宸此則榮貴之命鴛幃宜有贈子嗣晚光榮運行初庚午春風駘蕩夏日炎蒸辛未運中何事不

辟今日貴時來頃刻便升騰壬申運中躍過三層浪朝班立縉紳癸酉運中三度陛廷喜兩番風木鶩甲戌運中承恩帰莫榮三世再整衣冠拜九重乙亥運中自嘆別年帰故里朝廷未遂兩蹤心丙子運中百年繾綣成何濟一日無常萬事空

甲午年　己巳月　丙戌日　丁酉時

此八字丙戌日元相配柱中金土傷官助才之格傷官傷盡為奇主人生於右族長於高門金木椿萱萱年長天邊鴻鴈各飛騰其為人也丰姿清秀天性聰明胸次峥嵘書萬卷英材敏捷壓群倫珪璋自是清朝器律呂偏偕治世民終是功名之客豈為田舍之翁折桂場中誇好手標名鴈塔振蜚声一經揚姓字秉政拜皇明此則榮貴之命伉幃正副方偕老子嗣秋來有挺榮運行初庚午上人庇不灾晦之中辛未運中十年窓下業黃卷與青

燈壬申運中報道是龍还不信果然奪得錦標新癸酉運中粉署聯班才獨祿皇恩有感再加陞梨花晚節雨過山青甲戌運中重紫重金當顯貴須史風雨尚愁人乙亥運中正宜食祿未許辞榮丙子運中

子平遺書 一

甲午年　己巳月　己巳日　甲子時

此八字己巳日元相配柱中木火官[illegible]之格人[illegible]

此生於石族長於仁門火命椿萱双晚茂天邊

鴻雁有行鳴其為人也丰姿清秀天性聰明世事

頗能將就般般斈欠精通黄金過火重增價白璧

離塵色更明笋長名園過舊竹花開上苑勝先春

不須登仕路何用對青灯才源有分生涯好何必天

邊沐寵榮此則穩厚之命鴛幃春色麗子嗣晚

光榮幼年之下花放風生庚辰運中漸漸精神

爽看看氣象新辛卯運中雨過園桃發錦風

和堤柳拖金壬申運中一枝梅破臘萬象漸回春

癸酉運中才源滚滚家居好尚愁天邊雲滿庭

甲戌運中富之以潤其屋德之以顯其身乙亥運

中晚年閑快樂會友以閑摶丙子運中花落水

流春已失蘭摧玉折恨何明

子平遺書 二

甲午年　己巳月　癸未日　壬子特

此八字癸水相配柱中木土合殺留官之格

人生得此生於文望之族長於詩礼之庭椿

萱不乂祿養鴻鳶有各摶風手姿清秀天性

聰明斈問有成定作鳳凰地上客英材敏捷

必為龍虎榜中人此則英显之命鴛幃正副

子嗣余英運行初庚午上人庇下蔭芬趙庭

辛未運中十年窓下無人問一奉成名天下

聞壬申運中既沐皇恩重還愁白髮親癸酉

運中重金重紫倍振權衡甲戌運中正引鳳

霜成物色語回天地到陽春乙亥運中柴回

故里也丙子運中一道訃音

甲午年　己巳月　乙丑日　丙戌時

此八字乙木相配柱中火土傷官助才之格人生得此本為榮顯乙木火位重逢臧亏福力椿萱有倚奚雙鸖鴻鴈天邊不共聯丰姿清秀天性機閑立仁定義近貴親賢自有順天之慶豈無福地緣潵世功名甘不顧一團和氣居之安此則穩足之命鴛幃雨散方偕老子嗣秋來發桂蘭運行初庚午上人庇下春苑春山辛未運中頗竟行藏有慶還愁人事迍邅壬申運中華蓋氣轉喬木春還癸酉運中片時風雨過依舊福闌閬甲戌運中雖不綺羅衣錦秀也應鄉里秉威權當此之際一番業惱乙亥運中萬里無雲天一色三秋好景月長圓丙子運中孫賢子秀福祿淵源丁丑運中歸去也

甲午年　巳巳月　丙申日　乙亥時

此八字丙申之日相配柱中水土傷官助殺之格人生得此生於右族長於名門連珠椿萱榮曉贈天邊鴻鴈各摶風其為人也丰姿清秀天性聰明五車書賦三冬足兩石弓當萬騏冲衣冠濟濟人中傑和氣怡怡席上珎終是文場折桂客豈為田舍鑿耕人龍門变化三春浪鵬翼高摶萬里程佇看官封三級㓜然祿享千鍾此則榮貴之命鴛幃春麗須年少子嗣森枝有挺榮運行初庚午上人庇下未斷平生辛未運中路向雲中牵足須從灯下留心壬申運中遨遊玉蟾攀桂去馬隨青帝躍花行癸酉運中獄折片言民訟息九天雨露再加陞甲戌運中只廷金紫貴風雪尚愁人乙亥運中重紫重金當是景未應解阻向籬東丙子運中晚年子貴重榮贈丁丑運中一枕胡為夢不醒

甲午年　己巳月　辛卯日　乙未時

此八字辛卯日元相配柱中火土然生印綬之格
辛卯日不忌煞煞生宜貴人主人生於右族長於
名門同屬椿萱雙晚贈天邊鴻鴈有行鳴其為人
也丰姿清秀天性聰明劍鋒穎利疑無敵筆力縱
橫若有神衣冠濟濟人中傑和氣怡怡席上珎豈
是池中物元來席上珎鰲逐玉蟾攀桂去馬隨青
帝踏花行一朝騰踏飛黃去直上金鑾拜聖明此
則榮貴之命鴛幃有犯須重續子嗣森枝孝且忠
運行初庚午春風融蕩夏日炎蒸辛未運中踏破
泮橋霜滑板讀殘茅店月三更壬申運中報道聶
能還不信果然奪得錦標新癸酉運中寒拂紫衣
催驛騎光生玉節下雲梯甲戌運中我近金子貴
風雪不為驚乙亥運中正宜侍明主未許便辭榮
丙子運中夕陽有恨春茂無憑

甲午年　己巳月　癸酉日　丁巳時

此八字癸酉之日相配柱中火土才官之格傷官合杀
有功人生得此生於西室長於華堂椿親窈落萱帰副
天邊鴻鴈各行鳴其為人也丰姿清秀天性聰明錦綉
胸藏賢聖學珠璣口吐武文風麗句好為天下白高材
俊似海東青終是功名之客豈為田舍之翁鵬路高搏
知健翼龍門深躍見脩鱗一從姓字傳揚後九天雨露
沐皇恩此則榮貴之命鴛幃宜配連珠女子嗣生成貴
顯人運行初庚午上人庇下災晦之中過此辛未運中
歆向平生志潛心對一經壬申運中莫愁雪隱藍關道
時來頃刻便升騰癸酉運中驛中曉日催行站江上
春風促去程甲戌運中西風吹過天邊雪金紫煌煌
雨露墜乙亥運中山河開十郡未許便辭榮丙子運
中心事數莖白髮生涯一片閑情丁丑運中江山不
尽登臨興夢斷華庭了此生

甲午年　己巳月　辛卯日　乙未時

此八字辛卯日相配柱中旺火從殺之格人生得此祿位峥嶸椿萱榮耐晚鴻鴈有熙騰丰姿清俊天性剛明理貫古今之學心明賢聖之經擊開水府珠生彩掘出豐城劍有聲姓字登黃甲衣冠拜聖明此則高榮之命鴛幃全正副柱子有承榮運行初庚午上人福庇月白風清辛未運中欲遂平生志潛心對短檠壬申運中躍過禹門三級浪威風肅肅播神京癸亥運中一番風雪過祿位兩加榮甲戌運中權衡千萬里風浪不為驚乙亥運中老當大用丙子運中一夢難醒

甲午年　己巳月　丙辰日　己亥時

此八字丙辰日德之辰相配柱中之水時上偏官之格人生得此顯武揚威椿父早歸萱後别鴈行天際少同翔明韜略之法習賢聖之章濟濟旌旗遮曉日輝輝劍戟凜秋霜三跳禹溝沾寵渥威風凜凜播封疆此則威武之命鴛幃有犯重偏正柱子先凋晚吐芳運行初庚午幼年之景便振權衡辛未運中絲絃彈斷甌心事尚驚張壬申運中威令揚營苑才源積滿囊癸酉運中鼓角声雄權令重無端蘭桂殞清香甲戌運中臂健尚擴弓力歉眼昏尤識陣雲翔乙亥運中老當益壯秉執權衡丙子運中悠悠享用丁丑運中梦入仙鄉

甲午年　己巳月　戊寅日　癸丑時

此八字戊寅日相配柱中之火印綬之格戊癸化火成功人生得此金紫光榮椿萱宜晚萱填室鴻鴈天邊後有鳴羊姿濟楚天性剛明理貫古今之學心明賢聖之經北海蛟横頭角聳南山豹變爪牙馨姓字登黄甲衣冠侍鳳廷此則顯榮之命鴛幃全正副桂子有承榮運行初庚午上人庇下花放風生辛未運中讀殘芽店月囊死蠹頭螢壬申運中禹浪連三躍衣冠燁耀生癸酉運中一番風雪遍千里大夫榮甲戌運中蓄臬一方天下皇恩徹鎖邊城乙亥運中大才大用丙子運中清史留名

甲午年　己巳月　辛未日　丁酉時

此八字露殺才官之格甲己化印以扶身稟得中和之色植斯象者生於望族長於轅門椿萱先别母鴻鴈度長空羊姿消洒氣宇雍容學問聰明不躍禹門三級浪契才特達尤登天際之九重攀門自有榮身路此際慮羞蛇化龍此則貴顯之命鴛幃正副如魚水桂子枝頭數朵榮運行初庚午只宜庇下煖日和風辛未運中胸藏千古學足三冬壬申運中鐵度閑中生駁襟未應攀桂步蟾宮癸酉運中長亭送别陞歌盈大地春回錦繡紅甲戌運中佐政黄堂声價重施仁布德顯威權乙亥運中皇恩有戴禄位重重一天膏雨双獲潤千里仁風四境同丙子運中有才膺大用未許在閑中丁丑運中拜印歸來春梦重三嘆英雄与鬢封

甲午年　己巳月　丁巳日　乙亥時

此八字丁巳日相配柱中土木傷官用印之格女人得此儀容英雅天性果剛椿萱棠棣風前葉妯娌翁姑冠上霜立業掌家有道應上和下多方心靜似月明霄漢性急如風捲滄浪佇看來脫節福慶樂安康此則掌家女命良人半道相分手桂子庭前也脫芳運行戊辰工人庇下未必為詳丁卯運中杏艶桃還媚鶯歌鳳亦翔丙寅運中裙釵光日羅綺色凝霜乙丑運中家業多豐富人情有抑揚甲子運中風翻荷露下鷺散兩鴛鴦癸亥運中冲禁之所風浪一場壬戌運中悠々処樂辛酉運中夢入仙鄉

甲午年　己巳月　丙戌日　壬辰時

此八字丙戌日配乎柱中壬水時上偏官之格人生得此仕路声揚椿萱棠耐晚鴻鴈有同翔手姿洒落天性兼剛理貫古今之學心明賢聖之章攀開水府珠生彩掘出豐城劍有光姓字登黃甲衣冠拜袞章此則星棠之命鴛幃全正副桂子發天香運行初庚午幼承上庇風浪一場辛未運中讀殘茅店月蹈破泮橋霜壬申運中到此風雲際會果然騰踏飛黃甲戌運中權衡千萬里金紫勢軒昂乙亥運中大才大用未擬还卿丙子運中黃花綠酒丁丑運中夢度石梁

甲午年　己巳月　辛卯日　戊子時

此八字辛卯之日相配柱中火土官印之格人生得此生於溫潤之族長於詩礼之庭椿親耐脫鴻鴈行鳴其爲人也丰姿清秀天性聰明高謀遠見機関別慷慨情懷學識深黄金過火重增價白壁離塵色更明不向仕途求聞達却来湖海覔黄金才源有分春月好有貴無緣不用心鄉氏仰德閭里推尊此則穩厚之命鸞幃春藹藹子嗣脫森森運行初庚午只宜荏下安晦未伸辛未運中春歸柳葉晴初変紅入桃花煖来勻壬申運中雨過園桃蕤錦風和堤柳拖金癸酉運中山前山後皆明月河北河南總是春甲戌運中成四時佳趣立萬古門庭當此之際風霜重重乙亥運中引鶴徐行三徑晚約梅同醉一壺春丙子運中百年繾綣成何用一日無常萬事空

甲午年　己巳月　戊戌日　癸丑時

此八字戊戌魁罡之日相配柱中之火印綬之格人生得此丰姿厚重天性聰明椿萱双耐脫棠棣有聯榮丰姿洒落天性剛明學問胸中廣詞源筆下精黄道三秋騰驤足赤霄千里奮鵬程長安人似蟻爭看錦衣榮此則顯榮之命鸞幃配合須招副桂子秋来朶朶榮運行初庚午幼年之景黄卷青灯辛未運中欲遂平生志潛心對短檠壬申運中爲浪三層都躍過榮沾寵渥戰神京癸酉運中仁風千里振風雪一番生甲戌運中再加祿位来許辞榮乙亥運中秉持重柄丙戌運中夢入蓬風

甲午年　己巳月　辛巳日　己丑時

此八字辛巳日元相配柱中火土杀生印綬之格土重金埋贼吾貴氣主人生於右族長於名門木火椿萱双晚別天邊鴻鴈各行鳴其為人也丰姿清秀天性乖能有徵徽之計較淡淡之聰明黄金過火重增價白璧離塵色更明笋長名園過旧竹花開上苑勝先春不以功名為念豈将冠冕磬鬈市廛生計廣鄉黨禄元增身将隱矣文何用人不知之味更真但願一生多發福何須天府沐皇恩此則穩臧之命鸞幃連珠須年敵子嗣生成跨灶

人運行初庚午幼承庇下花放風生辛未運中雨過山方秀雲開月始明壬申運中夜涼池雨足花放曉風輕癸酉運中成四時佳趣立万古門庭當此之際風雪滿空甲戌運中万頃蓄畲連野緑迴廻樓閣備雕甍乙亥運中老來且樂閑中事三逕荒涼有竹松丙子運中春光去也花落月沉。

甲午年　己巳月　辛巳日　戊子時

此八字辛巳日相配柱中之火正官之格女人得此儀容秀爽天性明良椿萱棠棣風前葉妯娌翁姑丧上霜立業掌家有道相夫教子多方心静似月明霄漢性急如風捲滄浪竹看来晚節財旺福軒昂此則穩旺女命良人配合須年老桂子多凋少發芳運行初戊辰上人庇下何論炎涼丁卯運中釵裙雖壯麗人事有悲傷丙寅運中世事多勞後風波惱一場乙丑運中風雪嚴凝蘭桂折徐徐歷過有安康甲子運中旺中生沮節事安享荣昌

癸亥運中冲擊之鄉生跂涉蜂擺珠綢恨何當壬戌運中落日青山外猿啼人斷腸

甲午年　己巳月　壬午日　甲辰時

此八字壬午日配弁柱中火土財旺生官之格人生得此本顯科名只嫌身弱遇之減爵貴氣椿萱雙耐晚棠棣有高榮丰姿洒落天性聰明學識粗通書史智謀能壓賢英笙歌沸擁春遊樂羅綺爭扶夜醉醒佇看晚年光霽景財源滾滾勢崢嶸此則冨豪人命鴛幃簇錦桂子聯英運行初庚午上人底下詩禮趋庭辛未運中詩書心力倦貸利便生成壬申運中萬象光華沾沛澤四時佳趣樂昇平癸酉運中家業多豐冨金珠積満瀛甲戌運中財源生滾滾名勢壓鄉城乙亥中冲　月入雲屛丙子運中子榮身貴丁丑運中夢入蓬瀛

甲午　己巳　己丑　甲子

此八字己丑日相配柱中之火印綬之格丙子不雜最高榮人生得此黃甲成椿樹凋榮萱耐晚鴈行天際有分情丰姿洒落天性聰明理窮今古事學貫聖賢經北海蛟横頭角肇南山豹变爪牙輕姓字登金榜衣冠拜聖明此則顯榮之命鴛幃全正副桂子錦聯英運行初上人庇下詩礼趋庭辛未運中欲遂平生志潛心對短檠壬申運中昂浪三層躍衣冠拜聖明癸酉運中一番風雲過戩列大夫行甲戌運中重金重紫千里威声乙亥運中老當大用丙子運中夢入蓬萊

甲午年　己巳月　丙子日　癸巳時

此八字丙子日相配柱中之土傷官之格女人得此儀容秀美性格果剛椿萱雙耐晚鴻鴈有隨行翁姑雙具妯娌情長有相夫之理道教子之良方秋水秋江相妬緑新鶯新柳競爭黃㝉着來晚節福慶異於常此則掌家女命良人相配炎涼客桂子生成顯煥即運行初戊辰幼年之景一度驚張已巳運中竹戀花蝴蝶花貪竹鳳凰庚午運中不獨裙釵壯麗尚防風雪飄揚辛未運中助夫門之財業樂自已之安康甲子運中悠悠處樂癸亥運中猿斷人傷

甲午年　己巳月　丙子日　癸巳時

此八字丙子日相配柱中之土傷官之格人生得此本顯科名只嫌傷官見官不貴而富椿萱數晚翠鴻鴈有隨飛般般都好學件件只粗知祖業添新換舊財囊自積豐肥頤侍門迎車馬客何須身到鳳凰池此則富足之命鴛幃全正副桂子舞班衣運行初庚午上人庇下花放風欺辛未運中欲遂平生志潛心下董帷壬申運中料想雲程行不到便來湖海上奔馳癸酉運中交四方之豪傑立千古之鎡基甲戌運中正在風光之景胡為夢斷華胥

甲午年　己巳月　辛未日　丁酉時

此八字辛未日相配柱中旺火偏官之格甲己化印相幫人生得此金紫光揚椿萱榮耐晚鴻雁有同翔手姿磊落性理明良學問有成終是風雲之容英才卓冠豈為耕稼之郎一朝騰踏飛黃去榮沐恩波位顯揚此則顯貴之命鴛幃金玉叢子嗣桂蘭芳運行初庚午幼年之景花放風狂辛未運中詩書窮萬卷探月便光揚壬申運中錫宴沾恩寵威風肅四方癸酉運中一番梨雨過化日照黃堂甲戌運中權衡馳萬里風霜不為傷乙亥運中秉持重柄丙子運中夢入仙鄉

甲午年　己巳月　乙卯日　戊寅時

此八字乙卯專祿之日相配柱中火局傷官助財之格人生得此丰姿莊重處用多機生於詩禮之族長於豊潤之居椿萱堂上雖雙耄棠棣芬芳有出奇祖業重磨麗財囊旋積餘江湖有意功名少廊廟無心貨利肥佇看來晚節福慶自加濡此則快足之命鴛幃有碍須相觝桂子秋來秀幾枝運行初庚午風和日麗庇下安舒辛未運中恰似洛陽三月景牡丹開處梛花飛壬申運中門閫壯麗人事趂趄癸酉運中財源來旺人欽伏旺處須防一度悲甲戌運中英雄惟贈劍三尺豪傑相逢酒一卮乙亥運中冲擊之所跋踄無虞丙子運中悠悠處樂丁丑運中歸去

甲午　己巳　壬戌　乙巳

此八字壬戌魁罡之日去官留殺之格人生得此生於茂族長於華堂椿父早歸萱後別天邊鴻鴈不聪行丰姿清秀性格明良學問粗知禮義智謀能動賢良般般好學件件平常祖業添新廢才囊晚積藏水府不敵珠怎見豐城不掘劍無光留心於文墨仕路心光揚此則穩旺之命鴛帏同属須年敵桂子生成俊秀郎運行初庚午身衣蘆花絮寒来只自知辛未運中正欲尋芳拾翠何期人事悠楊壬申外癸酉運中一番風雪幸不成傷甲戌運中旺中尚有趣趄事事安依然福禄昌乙亥運中桑榆暮景丙子運中流水湯湯

甲午年　己巳月　壬申日　丁未時

此八字壬申長生之日相配柱中火土才殺之格甲巳作金有助人生得此生於右族長於名門金水椿萱双晚別天邊鴻鴈各行鳴其為人也丰姿清秀天性聪明胸羅今古事學識聖賢心麗句妙為天下白髙豺俊似海冬青過火黄金重長價離雲皎月倍清明終是功名之客豈為田舍之翁一朝但得風雲際九天雨露沭皇恩此則榮貴之命鴛帏宜有贈子嗣旺門榮運行初庚午上人庇下实晦未伸辛未運中欲遂平生志須加董子功壬申運中時来機會好跨馬入神京癸酉運中皇恩有感聲名重更有弦歌樂太平甲戌運中西風吹過天邊雪從此滔滔雨露新乙亥運中江山迎五馬花柳拂雙旌亥字之中歸効淵明丙子運中晚年閒快樂一挽了平生

甲午年　己巳月　癸酉日　癸丑時

此八字癸酉日元相配柱中火土才官之格傷官
金殺有功人生得此生於右族長於名門萱毋先
帰椿耐晚天邊鴻雁各行群其為人也丰資清秀
天性聰明千古文章顯荣耀一天星斗爛心胸驪
珠照耀光難掩雲劍生豊氣自充終是文章折桂
客豈為田舍蠶耕人鵬路高搏知徤翼龍門深濯
見脩鱗一從揚姓字秉笏用權衡此則荣顯之命
鸞幃燭夜添新錦子嗣金風孝且忠運行初庚午
上人疪下一番風雪花放風生乙未運中欲向雲
中舉足須從燈下留心丙申運中濯過禹門三級
浪濟濟衣冠拜九重丁酉運中獄拚片言民訟息
九天雨露身加陞戊戌運中腰横金作帶符剖玉
為麟當此之時三載諒陰已亥運中有才須大用
未許便辭榮庚子運中九天可憐埋片玉五雲無
復見儀形

甲午年　己巳月　庚戌日　丙戌時

此八字庚戌魁罡之日相配柱中火土殺生印綬
之格女人得此生於右族長於名門椿萱鳥遂双
双鸞鳴鸾宴能隊隊群其為人也姿容清秀髮皃
精神有盱食宵衣之懊恼治家立業之材能青入
水光成嫩綠日匀花萼發新紅斷機曾教軻親訓
萱髮能傳伱母心滔滔先阻滯步步助夫門难觸
难伲易喜易嗔雖不鳳冠帔服自然金宝豊盈若
非二次明花燭天定生来配旧婚此則益旺之命
良人水合残婚客子嗣生成貴显人運行初庚午
上人庇下鱵秀閨門辛未運中雖則夫門多快樂
幾多人事尚亏盈壬申運中濟濟裙釵絢日輝輝
羅綺臨風尚此之際風雨还生癸酉運中正是梅
青月白还愁花放風生甲戌運中天上三陽太人
間五福增乙亥運中花落水流春已失蘭摧玉折
恨何明

甲午年　己巳月　丙辰日　戊戌時

此八字丙辰日德之辰相配柱中旺土傷官之格女人得此生於右族配於名門萱毋先歸椿後別天邊鴻鴈各行鳴其爲人也姿容清秀髮貌精神勝丈夫氣槩有男子材能雲收華岳千山秀水到湘江一様清每懷丸膳意時抱擇潾心萬里無雲天一色三秋好景月長明克勤而克儉易喜而易嗔佇看夫榮子貴也應福祿無窮此則榮貴之命良人榮貴須年少子嗣枝頭孝義深運行初戊辰上人辰下未斷平生丁卯運中路入桃源花爛熳橘横銀漢水澄清丙寅運中雖則夫門多快樂還愁微雨舞晴空乙丑運中一抹曉烟迷芍藥半泓秋水浸芙蓉甲子運中須臾雲捲月頃刻月離雲癸亥運中夫榮子貴富斯際須臾風雨不爲驚壬戌運中光華疊疊福慶崢嶸戌字之中花放風生辛酉運中晚年閑快樂一枕入佳城

甲午年　己巳月　乙未日　壬午時

此八字乙未日元相配柱中大土傷官助才之格人生得此生於右族長於高門椿萱双晩戊鴻鴈各行鳴其爲人也丰姿清秀天性聰明胸羅今事孝識聖賢心麗句妙爲天下白高材俊似海東青珪璋自是清朝器律呂偏諧治世音終是文場折桂客豈爲田里鑿耕人三級浪中龍變化九天雨露沐深恩瑶池擲靜朝南極五夜鍾傳拱北宸此則榮貴之命鴛幃琴瑟須同屬子嗣森枝朶朶榮運行初庚午上人死下花放風生辛未運中欲向雲中奔足須從灯下用心壬申運中莫愁雪阻藍關道時來須刻使升騰癸酉運中寒拂紫衣催驛騎光生玉節下雲層甲戌運中戰退金紫声名显風雪飛來尚搔人乙亥運中赤心扶日月素志展經綸丙子運中歸去松筠三逕足倘來軒冕一毫輕丁丑運中春歸花落啼鳥無聲

甲午年　庚午月　丙午日　庚寅時

此八字丙午日刃之辰倒冲之格亦有偏官之意主人生於右族長於仁門椿萱堂上椿存晚天邊鴻鴈有行鳴其為人也丰姿清秀天性聰明千古文章逞榮耀一天星斗煥心肅驪季妙為天下白髙材俊似海東青終是功名之客豈為田舍之翁豹变南山霧鵬搏北海風一日風雲相際會九天雨露沐皇恩此則榮貴之命鴛幃全正副子嗣晚光榮運行初辛未上人庇下春風駘蕩夏日炎蒸壬子運中十年忽下業一奉便成名癸丑運中躍過三層浪朝班立縉紳甲戌運中驛中曉日催行站江上春風促去程乙亥運中腰横金作帯符剖王為麟當此之際飛雪滿庭丙子運中正欲忠君輔國未應解祖思箏丁丑運中春光如過了一沉了平生

甲午年　庚午月　壬子日　庚子時

此八字壬子日刃之辰相配柱中火土才官之格四柱兩冲得其所宜女人得此生於右族長於高門椿萱雙晚茂棠棣各數榮其為人也姿容清秀髮鬢精神勝丈夫之氣槩有男子之材良雲衣華岳千山秀水到湘江一樣清滔滔無阻滯步步動夫門難鎁雛紀易喜易嗔錦繡花開春富貴琅玕竹報日昇平此則旺盈之命良人年長榮華客子嗣秋來呆呆榮運行初癸巳上人庇下毓秀閨門壬辰運中契合舉鸞成好夢御溝紅葉是良姻辛卯運中雖則夫門多快樂幾番人事尚虧盈庚寅運中一抹燒烟迷芳蘖半涵秋水浸芙蓉己丑運中羅綺千般色裙釵化日明戊子運中冲繫之所如月入雲丁亥運中晚年多快樂丙戌運中一枕了平生

甲午年　庚午月　庚子日　庚辰時

此八字庚子日元相配柱中木火才官之格傷官在柱惜乎刑沖雖不成名亦能發福主人生於右族長於名門土木嚴慈双晚別天邊鴻鴈各行鳴其為人也丰姿清秀天性聰明多聞多見自是自能機謀輒腹擧用人欽祖業添新慶根原勝舊風有心於貨利無意慕功名兩都秋色皆喬木蒼蒼風流有幾人才源富足平生好何須跨馬入青雲此則旺足之命鴛幃連珠須配小子嗣榮門孝且忠幼年之下花發風生辛未運中如花得日似月離雲壬申運中隱隱輕雷柚碧葬微微細雨濕紅英福若泉源湧財如春氣生癸酉運中片時風雨甲戌運中桃李千谿錦江山一畫屏當此之際素耗還生乙亥運中成四時佳趣立萬古門庭丙子運中沖擊之際如月如雲丁丑運中人生從此別無復見儀形

甲午年　庚午月　壬寅日　辛亥時

此八字壬寅超艮之日相配柱中火土才官之格喜逢日祿以歸時遇斯命者生於右族長於名門堂上椿萱萱歲長天边鴻鴈各行鳴其為人也丰姿清秀天性聰明高謀遠見機關別懷慨情懷孝識深祖業添新慶根原勝旧風福布江山双名揚湖海中財祿富足福祿駢臻消閑恭一局遣思酒三鐘朝中無姓字囊底足珠珎但願才源旺足何須天府登榮此則豐旺之命鴛幃金玉潤子嗣晚光榮運行初辛未声風飄落夏日炎蒸壬甲運中世事宛如春梦人情詩似秋雲癸酉運中富足才源家業好尚有閑非素耗生甲戌運中天上三陽泰人間五福臻戊字中花放風生乙亥運中不必才源旺足尚祈声势高強丙子運中愈老黃花香稜郁階前松柏耐長春丁丑運中一梦入巫峯

甲午年　庚午月　辛巳日　庚寅時

此八字辛巳之日相配柱中火土殺生印綬之格殺印相生功名顯達主人生於右族長於名門椿父先歸萱耐晚天邊鴻鴈各行鳴其為人也丰姿清秀天性聰明學問三冬足群書萬卷通麗句妙為天下白高材俊似海東青終是功名之客豈為田舍之翁薰逐玉蟾攀桂去馬隨青帝蹈花行一朝騰踏飛黃去整肅衣冠拜聖明此則榮貴之命駕幃有碍須招副子嗣榮門孝且忠運行初辛未上人庇下未斷升沉壬申運中歡跨騰雲驥恩囊照路螢癸酉運中幾歎思高慕遠番成剪雪裁氷甲戌運中到此始知文學好長安道上馬蹄輕乙亥運中威嚴少奸弊澤席起疲癃丙子運中一番風雪初晴後金紫煌煌而露陛丁丑運中天邊無沛澤籬下樂高情戊寅運中春光歸去也一枕八巫峯

甲午年　庚午月　辛酉日　戊戌時

此八字辛酉專權日相配柱中火土殺生卯綬之格殺卯相生功名顯達主人生於右族長於名門不土椿萱榮既贈天边鴻鴈各凌雲其為人也丰姿清秀天性豪雄辞鋒穎利應無敵筆力縱橫若有神終是錦衣肥馬客豈為田舍鑿耕人礼門变化三千浪鵬路逍遙万里程一天楊柳罘戢位身朝衛此則榮耀之命兆幃連理合子嗣既榮門運行初辛未春風黏蔦夏日炎蒸壬申運中滔破津橋霜裁枝讀殘茅店月三更癸酉運中到此始知人事好長安道上馬蹄輕甲戌運中千里霜威金斧重三秋風色綉衣輕乙亥運中腰横金作帶符剖玉為麟當此之際風雪滿庭丙子運中身為瑚璉各祿位旺榮洪丁丑運中百年繾綣成何用一日無常万事空

甲午年　庚午月、庚申日　戊寅時

此八字庚申專祿之日相配柱中木火才官之格寅午合殺喜印扶身人生得此生於右族長於名門水土椿萱及晚戊天邊鴻雁有行分其為人也丰姿清秀天性豪洪錦綉胸藏賢聖李珠璣口吐武文風驪句好為天下白高材俊似海東青終是功名之客豈為田舍之翁龍門變化三春浪鵬路直遙萬里程一從姓字傳揚後直上金鑾輔聖明此則榮貴之命鴛幃連珠須配少子嗣生成貴顯人運行初辛亥上人庇下天冷雲还凍江寬風尚生壬申運中欲遂平生志消心對一經癸酉運中起鳳騰蛟從此始果然秉笏拜明君甲戌運中躍過三層浪朝班立縉紳乙亥運中職近金紫聲名显風雲飛來尚惱人丙子運中赤心扶日月素志展經綸丁丑運中正宜待明主何事便辭榮戊寅運中晚年子貴重榮贈己卯運中一枕胡為永不醒

甲午年　庚午月　己酉日　戊辰時

此八字己酉日元相配柱中木火殺印之格喜逢建祿身強主人生於右族長於高門椿親耐晚萱先別天邊鴻雁獨行鳴其為人也丰姿清秀天性聰明斷高理直處事公平高謀遠見機関別慷愷春風一妙人水光浮座盃盤萤花氣侵人笑語馨過火黃金重長價離雲皎月倍清明財源富足第宅增新月掛碧天多皎潔名揚湖海閭里有光榮雖然不是金鞍客囊中積寶富豪翁此則穩厚之命鴛幃得配名門女子嗣生成貴顯人運行初辛未上人庇下天冷雲還凍江空風尚生壬申運中隱隱輕雷抽碧笋微微細雨潤紅英癸酉運中小池雨過添新綠深谷春来發舊馨甲戌運中財源富足家居好風雪飛来上惱人乙亥運中山前山後皆明月江北江南總是春丙子運中庭前竹爆平安日檻外花開富貴春丁丑運中安閑晚景戊寅運中花落月沉

甲午年　庚午月　甲申日　乙丑時

此八字甲申專祿之日相配柱中金火傷官制殺金神之格遇斯命者生於右族長於明門土命椿萱双跪茂天邊鴻鴈各行鳴其為人也丰姿清秀天性聰明胸羅今古事學識聖賢心聚句好為天下白高才俊似海東青終功名之客豈為田舍之翁北海蛟龍頭角嶄南山豹變爪牙新一朝騰踏青雲去金紫重重貴顯榮此則崇貴之命鴛帷有紀須偏正子嗣秋來朶朶榮運行初巳巳上人庇下明月清風戊辰運中十年勤事業特至自飛騰丁卯運中禹浪三層過秉笏拜明君丙寅運中職近金紫貴風雪又來臨乙丑運中皇恩有感重重貴金紫光榮拜聖明甲子運中推高生疾喜得無驚癸亥運中衣錦還鄉一夢巫峯

甲午年　庚午月　戊辰日　乙卯時

此八字戊辰日德之辰相配柱中木火殺生印綬之格合官留殺之論主人生於右族長於高門火土椿萱双跪別天邊鴻鴈各搏風其為人也丰姿清秀天性剛忠多聞多見自是自能祖業添新慶根原勝旧風過火黃金重長價離雲皎月倍清明終是功名之客豈為田舍之翁斈問有成一峯可冲天之勢英材敏捷風雲有折変之能一日風雲相際會九天雨露沐皇恩此則榮貴之命兒婦得配連珠客子嗣生成貴顯人運行辛未上人庇下花放風生壬申運中歡遂平生志須加董子功癸酉運中執卷幾向空探月時來頃刻便朮騰甲戌運中到此始知文斈好長安道上馬蹄輕乙亥運中威飛乱浪怒仝重又風生當此之際風雪滿堂丙子運中江山近五馬花放又風生丁丑運中榮回故里美酒盈樽戊寅運中歸去也

甲午年　庚午月　癸卯日　丁巳時

此八字癸卯日貴之辰才杀之格人生得此豈不爲奇其爲人也忠謹之志儆烈之資胸襟澄徹氣岸高寬筆衣詞源三峽水舌端掀頗五車書名登龍虎榜身到鳳凰池赫赫公台位渾渾相府居但看戰近金紫果然日近皇城此則宰輔之命鴛帏得配須相敵子嗣生成貴顯兒運行初辛未上人庭下未斷盈虧壬申運中雖有凌雲志緣無接漢梯癸酉運中躍溶溶之春浪振肅肅之萬成甲戌運中重紫重金貴天邊雨露濡乙亥運中位土顯纓次躬持国柏魁丙子運中自近玉階新濃綉應調金鼎旧鹽梅丁丑運中秋風起処尊盧美晚節天邊菊酒宜戊寅運中春宵一去無消息江水東流河日西

甲午年　庚午月　乙卯日　壬午時

此八字乙卯專祿之日相配柱中金火傷官助才之格人生得此生於右族長於名門水土椿萱双脫戊天邊鴻鴈各行鳴其爲人也丰姿清秀天性聰明千古文章逞崇耀一天星斗煥心胸衣冠濟濟人中傑和氣怡怡席上珎終是功名之翁豈爲田舍之翁奮身辞白屋平步入青雲鵬鷺高搏知健翼龍門深躍是俏鱗一從姓字傳揚後九天雨露沐深恩此則榮貴之命鴛帏春色麗子嗣有光榮運行初辛未上人庭下花放風生壬申運中雪案須留苦志天階未許崇登癸酉運中振道是龍還不信果然奪得錦標新甲戌運中寒拂紫衣催驛騎光生玉節下雲層乙亥運中戰位兩迁金紫貴愁看門外雪盈庭丙子運中佇看官封三級酌然祿享千鍾丁丑運中拜别金門帰故里訃音一道衆傷情

甲午年　庚午月　辛亥日　戊戌時

此八字辛亥日相配柱中火局偏官之格人生得此丰姿洒落處買多方椿萱半道相分手鴻雁分飛各一方理窮今古事書習聖賢章十年泮水淹留志幾度陽関飲別觴變林雖不恭高宴跳出橋門沐寵光此則榮显之命篤幃有嶷宜拍別桂子榮肴發晚茅運行初辛未上人庇下榮享安康壬申運中素志棲芹泮歡声满洞房癸酉運中志欲登天步月身还履雪經霜甲戌運中到此幾番空嘆息囊螢映雪苦奔忙乙亥運中騰身離泮水奔

足到龍崗丙子運中威肅封疆權任重黎元士卒避驚張丁丑運中悠々離下戊寅運中入仙鄉

甲午年　庚午月　乙丑日　丙子時

此八字乙丑日德之辰相配柱中金火傷官印綬之格爲人德此生於右族長於名門椿親爲甚歸何速他亡我養實傷心其爲人也丰姿清秀天性聰明機謀輒服本用人欽黃金遇火須增價白璧離塵色更明祖業添新慶財源後積存福布江山外名聞湖海中得意江山詩句絶忘情日月酒盃深濟世功名身外士五湖風月樂怡情此則穩福之命篤幃連珠合子嗣秀遅榮運行初辛未上人庇

下雪睛未精壬申運中隱隱春雷抽碧笋纖纖細雨潤紅英癸酉運中梨花院落溶溶月楊柳池塘淡淡風甲戌運中桃李千黙錦江山一畫屏乙亥運中福者泉源湧財如春氣生丙子運中成四特佳趣立萬古門風丁丑運中引鶴徐行三徑曉約梅同醉一壺春戊寅運中晚年多快樂一枕夢不醒

甲午年 庚午月 乙巳日 甲申時

此八字乙巳日干相配柱中金火傷官印才格女人得此生於右族長配名門椿萱双晚茂鴻雁各行焉其為人也丰姿清致德茂行真勝丈夫之飛氣槩有男子之材能春入水光武撒綠日匀花蕚發新紅憂禍自能辭因味愛琴聽辨斷絃声斷機常效軻親意剪髮能傳似母心晚年夫子顯福祿享無窮此則益旺之命良人得配名門友子綱秋未晚有戊巳巳初年下花放風生戊辰運中孔雀屏風花爛煖芙蓉帳煖氣氤氳丁卯運中萬疊好山雲乍斂一輪明月兩相增丙寅運中不用高燒銀燭自然添倍精神乙丑運中天上三陽泰人間五福臻甲子運中夫榮子秀樂嵩忘情癸亥

甲午年 庚午月 乙卯日 壬午時

此八字乙卯專祿之日相配柱中金火傷官印殺之格人生得此生於右族長於名門水土椿萱双晚茂天邊鴻雁不同群其為人也丰姿清秀天性聰明胸羅今古事字識聖賢心麗句好為天下白高才俊侶海東儒終是功名客豈為田舍翁北海蛟橫頭角聳南山豹變似牙新一從姓字傳陽後九五天露沐皇恩此則榮貴之命鴛幃連珠須能小子嗣金風有挺榮運行初辛未上人庇下花放風生壬申運中欲遂平生志須加董子功癸酉運中莫愁風雪阻時至便飛騰甲戌運中自沐天邊寵勤勤識聖明乙亥運中三度君恩喜兩番風木驚丙子運中自嘆別年歸故里朝庭未遂兩疏心丁丑運中榮回故里戊寅運中一枕清風

甲午年　庚午月　辛丑日　己亥時

此八字辛丑日元相配柱中火土杂生印綬之格有印相生功名顯達乃人生於右族長於名門水木椿萱雙晚贈天邊鴻雁各行鳴其為人也丰姿清秀天性孝雅胸藏今古事孝識聖賢心驥駒妙為天下白英才俊似海東青終是功名之客豈為田舍之翁龍門變化三春浪鵬鷺道進萬里程一從姓傳揚後直上金容朝聖門此則榮貴之命篤悕春鬓元相别子嗣秋来晩量門運行初辛未上人夜下乾放風生壬申運中讀書為夜月学足量功名癸酉運中霹靂一声雲雷合龍門躍過浪三層甲戌運中巳把嚴威摧酷吏更将仁政釋斋民乙亥運中戦过天外声名重風雪飛来尚惱人丙子運中帰將搖石成世股腹丁丑運中帰御閑田里一道夢不醒

甲午年　庚午月　乙卯日　丙子時

此八字乙卯壽祿日相配柱中金土傷官勧才之格人生得此生於右族長於名門金火椿萱蓄蔵長天邊鴻鴈各行鳴其為人也丰姿清秀天性聰明胸羅今古學貫古今衣冠濟濟人中傑和氣怡怡席上珍終是功名客豈為田舍人龍門变化三春浪鵬路逍遙萬里程瑤池觀靜朝南極午夜鐘傳拱北宸此則榮貴之命篤悕有犯須重續子嗣生成貴顯人運行初年未春風駘蕩夏日炎蒸壬申運中欲遂平志氣潛心對一經癸酉運中到此始知文學好長安道上馬蹄輕甲戌運中黎民皈父母烏府又馳名乙亥運中寒拂紫衣催駟騎光生玉節下雲層重姓金紫風雪還生丙子運中重金重紫布德施仁丁丑運中大抵功名只如此不如解組向籬東戊寅運中夕陽有限春夢無憑

甲午年　庚午月丙寅日　壬辰時

此八字丙寅長生日相配柱中水土傷官制杀之格人生得此生於右族長於高門同屬椿萱双晚茂天邊鴻鴈各行分其為人也丰姿清秀天性聰明胸藏今古事學識聖賢心麗句妙為天下白高材俊似海東青終是功名之客豈為田舍之翁萬里扶摇鷲瞼盤一声霹靂躍潜鱗長安人滿路曾看綠衣新佇看官封三級酌然祿享千鍾此則榮華之命鴛帏連珠須配小子嗣秋来朶朶榮運行初辛未上人配下花被風生壬申運中欲遂平生志須加董子功癸酉運中時未風送滕王閣頃刻高博万里程甲戌運中寒柳拂衣催駿騎風生玉勒下雲層乙亥運中戰位兩廷金紫貴愁看門外雪盈庭丙子運中自嘆引年歸故里朝廷未遂向勞心丁丑運中榮歸故里美酒盈樽戊寅運中春光如過漂一枕了前生

甲午年　庚午月　甲子日　庚辰時

此八字甲子之日相配柱中金土傷官印杀之格丙干不称生氣怡然只嫌刑冲太重主人生於右族長於名門椿萱不遇双榮贈天边鴻鴈不同鳴其為人也丰姿清秀天性無能胸藏礼義博覽古今又風太斗當仁不為功名之事豈為田舍之翁一勁勝意飛滕遠青風五里為功名此則貴榮之命外幃重合子女有榮運行辛亥上人庇下来斷平生壬申運中欲過天邊客还添季子功癸酉運中思恩有成烏府馳名甲子運中佇看子貴夫榮丁丑運中咸四特佳趣立萬古門庭戊寅運中正宜安享花落人帰

子平遺書　二

甲午年　庚午月　甲午日　乙亥時

此八字甲木日元相配柱中金火偏官制殺之格陰刃合殺有功過斷命者生於右族長於高門椿萱有倚先嚴父鴻雁天邊不共群其為人也丰姿清秀天性聰明知高下識重輕謀慮君子咸服小人祖業添新慶財源勝舊風門外田疇千古計庭前花木四時新朝中無姓字囊底足珠珎鄉邦仰德閭里推尊此則晚顯之命鴛幃正副尤防尅子嗣森枝有挺榮運行初辛未上人庇下未斷艸況壬申運中世事宛如春梦人情薄似秋雲癸酉運中雖則行藏有慶也愁入事嚴盈甲戌運中世情濃又淡淡處又還濃乙亥運中威權有布人欽服賀客填門酒滿鍾須臾風雨頃刻遶巡丙子運中子貴門楣添益旺喧喧車馬集門庭子字之中花放風生丁丑運中恩沾雨露戊寅運中一枕難醒

子平遺書　三

甲午年　庚午月　乙卯日　辛巳時

此八字乙卯專權之日相配柱中金火傷官制殺之格官殺混雜藏吾貴氣主人生於右族長於高門火命椿萱萱歲長天邊鴻雁有行鳴其為人也丰姿清秀天性乖能有微微之計較淡淡之聰明黄金遇火更增價白璧離塵色更明福布江山外名聞湖海中花非桃李非春色人有笙歌是太平水源富足福禄臻臻鄉民仰德閭里推尊此則豊饒之命鴛幃得配同庚女子嗣生成貴顯人運行初辛未幼年之下花放風生壬申運中小池雨過添新綠深谷春來發舊聲癸酉運中萬疊好山雲乍斂一樓明月雨初晴甲戌運中戌四特佳趣立萬古門庭戌字之中花放風生乙亥運中西風吹過天邊雲從此滔滔福禄增丙子運中富之以閣其室德之以顯其身丁丑運中人生從此别無復見儀形

甲午年　庚午月　癸亥日　乙卯時

此八字癸亥日元相配柱中火土才煞之格人生得此生於右族長於高門椿萱雙晚茂鴻鴈各搏風其為人也丰姿清秀性格縱橫胸羅星斗學貫古今驪珠照耀光難掩雷劍生豊氣自充衣冠濟濟人中傑和氣怡怡席上珍終是功名客豈為田舍翁鳳凰池上客龍虎榜中人一日聲名遍天下滿城執玉笑陽春明持柱石感是股肱此則榮貴之命鴛幃連珠合子嗣晚榮光運行辛未上人庇下安晦未伸壬申運中十年窓下叢黃捲與青灯癸酉運中三陽華落文如捧萬里鵬城路正通甲戌運中虎風驚郎祿化雨潤雙旗乙亥運中雪晴雲散天如洗重紫重金職位遷丙子運中聖主憂明事朝中国老臣丁丑運中楚臺雲散空留夢漢苑香消不返魂

甲午年　庚午月　丁亥日　丁未時

此八字丁亥貴人之日相配柱中金土傷官助才之格人生得此生於右族長於高門椿萱雙晚茂棠棣各數榮其為人也精神烱烱智慧明明五車書富三冬足兩石弓當萬驥冲驪珠照耀光难掩雷劍生豊氣自充終是錦衣騎馬客豈為田舍鑿耕人北海蛟橫頭角聳南山豹变爪牙新一日風雲相際會九五天門沐寵榮此則榮肅之命鴛幃春靄霞裳贈子嗣森枝有継榮運行初辛未幼年之下未稱登臨壬申運中不負寸陰之昔豈辜題柱之功癸酉運中報道是龍還不信果然奪得錦標新甲戌運中驛中曉日催行站江上春風促去程當此之際風雪滿空乙亥運中腰橫銀作帶符剖玉為鱗丙子運中權高損福慎則無驚丁丑運中夕陽有限春夢無憑

甲午年　庚午月　戊午日　己未時

此八字戊午日丹之辰相配柱中水火余生印綬之格余印相生功名显達主人生於西室長於高門椿親磊落萱帰副天暹鴻鴈各行群其為人也丰姿清奥天性剛明千古文章足栄耀一天星斗煥心胸珪璋自是清朝器律呂偏偕治世音終是功名之客豈為隱跡之人鰲逐玉蟾攀桂去馬遁青帘踏花行一從揚姓字戢位秉權衡此則栄貴之命鴛幃金玉闌子嗣怳光栄運行初辛未春風駋蕩夏日炎蒸壬申運中欲遂平生志惜心對短蘗癸酉運中報道是龍逐不信果然奪得錦標新甲戌運中寒拂紫衣催驛騎先生玉節下雲層乙亥運中西風吹過天边雪金紫煌煌雨露陞丙子運中赤心扶日月素志展經綸丁丑運中莫道只倍金馬貴也道蝴蝶夢佳城

甲午年　庚午月　丁亥日　甲辰時

此八字丁亥日貴之辰傷官財才之格人生得此生於平淡之族長於温潤之門萱母早帰椿後別天边鴻鴈不同群丰姿高古天性老誠行蔵竟潇洒咲傲任枯栄雖不成名利平生近貴人祖基祖業葦古鼎新花無菲李非春色人没栄枯是太平此則平穩之命鴛幃會合須年少子嗣森森孝義深運行初辛未雲籠皓月水泛浮萍壬申運中昼水無声空有浪綉花開艷不聞馨癸酉運中幾多閑駁褋依舊狂才名甲戌運中得失相平憂喜並行乙亥運中著意種花丶不發無心插柳柳成陰當此之際旺處生驚丙子運中青春背我堂堂去白髮催故故生丁丑運中終朝又出一君子當極重添雨壽星戊寅運中帰去也

甲午年　庚午月　癸亥日　甲寅時

此八字癸亥日元相配柱中火土殺緩傷官制殺有功人生得此生於右族長於高門叢上椿萱萱嶽長天邊鴻鴈各行鳴其為人也丰姿清秀天性聰明源流三峽誰能及筆力縱橫若有神衣冠濟濟人中傑和氣怡怡席上珍終是功名客豈為田舍翁龍化三春浪鵬路逍遥萬里程一從姓字傳揚後九五天門面聖容此則榮貴之榮貴之命鴛幃春色麗子嗣繼衣新運行初辛未上人庇下花放風生壬申運中欲遂平生志須加董子功癸酉運中莫愁雪擁藍關道則來頃刻躍潛鱗甲戌運中躍過禹門三級浪秉笏超朝拜聖明乙亥運中戟遷金紫貴權位拜皇恩當此之際風木慘情丙子運中有財應大用未許便辭榮丁丑運中晚年閑快樂會友以閑樽戊寅運中春光去也花落月沉

甲午年　庚午月　甲寅日　乙丑時

此八字甲寅專祿之日相配柱中金火傷官制殺之格書逢時值食神人生得此生於右族長於高門木命椿萱同屬配天边鴻鴈有飛騰其為人也丰姿清秀天性聰明高謀遠見機關別慷慨情懷學識深筆落驚風雨詩成泣鬼神豈是池中物由來席上珍躡履三千皆後學摶風九萬即前程一從揚姓字戟位秉權衡此則榮貴之命鴛幃連珠須配小子嗣森枝有繼榮運行初辛未上人庇下花放風生壬申運中讀殘萁店月囊聚案頭螢癸酉運中一声春霹靂躍過浪三層甲戌運中寒拂紫衣催驛騎光生玉節下雲層當此之際風雪滿庭乙亥運中戟赴金紫宇內澄清丙子運中藩臬階陞超二品山河十郡仰威權丁丑運中榮歸故里戊寅運中一枕清風

甲午年　庚午月　癸未日　壬戌時

此八字癸水相配柱中火土才殺之格人生得此生於右族長於高門椿萱不逮祿養鴻鳫有不聯群其為人也丰姿敦篤天性老成學問異常姓字不登龍虎榜英材敏捷管教奇跡入橋門嘉谷不早實名利當晚成一朝頭角嶄然聳百里弦歌樂太平此則榮貴之命鴛幃有碍須年敵子嗣金風有継榮運行初辛未上人庇下未斷平生壬申運中讀書用意觀留心癸酉運中幾欵思高慕遠番成剪重裁氷甲戌運中雖則橋門寄跡依然困守書灯乙亥運中陰硯寒毡從此脫琴尊施政給民心當此之際得效渊明丙子運中名利董心成老懶溪山招隱且閑身丁丑運中子显身榮樂黃粱夢不醒

甲午年　庚午月　己亥日　己巳時

此八字己亥日主相配柱中木火官印之格人生得此生於右族長於名門木水椿萱榮晚景天边鴻鴈各飛騰其為人也丰姿清秀天性聰明胸羅今古事李識聖賢心驚句妙為天下客高材俊似海東青終是功名之客豈為田舍之翁鵬程有路知健翼龍門深躍見修鱗風傳五漏方聞曉花映千門不厭春此則榮華之命鴛幃逢强須配長子嗣秋來朶朶榮幼年之下花落風生辛未運中讀殘茅店月囊聚案頭螢壬申運中莫愁雪阻藍關道時來風送馬蹄輕癸酉運中職任赴金紫權衡出等倫甲戌運中威飛虬浪怒金重虎風生當此之際風雪瀟庭乙亥運中佇看官封三級果然祿享千鍾丙子運中己道退藏宜謹守得藍關遇雪鶵丁丑運中帰去一枕清風

甲午年　庚午月　甲午日　庚午時

此八字傷官制殺之格兩干不雜最為奇人生得此宜當金紫之榮主人生於茂族長於衣纓丰姿慷慨性理聰明椿萱堂上難雙壽鴻鴈天邊不共膳夯閒三冬足詩書卷業新一從姓字傳楊後涼威風郿郿縣驚此則蕭榮之命鴛幃有犯宜偏正子嗣秋來長旺盈運行初辛未上人庇下詩礼趨庭壬辰運中十年苦學黃卷青燈癸酉運中未遂凌雲志還宜對珍藏甲戌運中榮召三登騰運氣楊花飛盡便加墜乙亥運中重金重紫威風重旺處風生一变驚丙子運中晚年安樂未許辞榮丁丑運中榮帰故里戊寅運中一梦难醒

甲午年　庚午月　丙戌日　癸巳時

此八字丙戌日元相配柱中水土傷官之格人生得此生於右族長於高門椿萱有倚一期壽天边鴻鴈各行鳴其為人也丰姿清秀天性乖能世高謀遠見之機業有栽長補短之材能過火黃金重長價離雲皓月倍清明自有順天之慶豈無福地之深五湖生計好湖海祿元增花無桃李非春色人有笙歌是太平但願一生才祿旺何必天边沐寵榮此則穩厚之命死幃秋夜添新巹子嗣榮門孝且忠運行初辛未上人庇下花放風生壬申運中雨過山方秀雲開月始明癸酉運中春風播爽微雨弄晴甲戌運中才源旺足家居好还愁素耗腕非生乙亥運中福布江山生名譽名聞湖海有光榮丙子運中延賓玩物會友開樽子字之中如月入雲丁丑運中花落水流春已失蘭摧玉折恨何明

甲午年　庚午月　庚午日　丙戌時

此八字金逢火煉太過夭疾之命也

甲午年　庚午月　壬戌日　辛亥時

此八字壬水相合柱中火土才盛生官之格才盛生官終身有顯人生遇此丰姿秀麗標格清奇自是人中傑天生席上珎其為人也生於舊族長於名庭一對嚴慈難菴別鴻鴈行中出挺鳴學問有成龍驚動處千山振英材清秀丹桂開時萬里馨閭閻開黃道衣冠拜帝君行看重金重紫顯天下軍民樂太平此則貴顯之命鴛幃正副子嗣麒麟運行初辛未此運災閔而有險扶過中年福不輕壬申運中十年窓下劳心苦未許升騰顯祖親癸酉運中金榜題黃甲丹墀立縉紳甲戌運中皇恩陞高爵狼虎盡潛形乙亥運中腰横金帶三載憂親丙子運中重金重紫上聖垂恩丁丑運中辭回故里戊寅運中一夢歸程

甲午年　庚午月　甲辰日　丁卯時

此八字甲辰配乎柱中之火傷官之格人生得此儀容秀爽天性明良椿萱棠棣齊榮耄妯娌翁姑侍有常有相夫之理道教子之良方心靜似月明霄潰性急如風捲滄浪錦綉花開富貴琅玕竹韜安康竹看夫榮子貴果然福慶榮昌此則榮洪女命良人配合榮華客桂子庭前綉錦香運行卯巳巳初年之景花下安詳戊辰運中配匹成佳偶花從錦上粧丁卯運中裙釵加壯麗家業愈軒昂丙寅運中夫顯身榮樂珍羞百味香乙丑運中一番風雪過玉飾與金粧甲子運中子顯加恩寵安榮加倍勝常癸亥運中悠悠處樂壬戌運中鏡掩晨光

甲午年　庚午月　辛亥日　戊戌時

此八字辛亥之日相配柱中火局偏官之格人生得此半姿洒落處置多方椿萱半道相分手鴻雁分飛各一方理窮今古事書習聖賢章十年泮水淹留志幾度陽關飲別觴瓊林雖不忝高宴跳出橋門沐寵光此則榮顯之命鴛幃有碍宜招副桂子榮看發晚芳運行初辛未上人庇下樂享安康壬申運中素志棲芹泮懽聲滿洞房癸酉運中志欲登天步月身還履雪經霜甲戌運中到此幾番空嘆息囊螢映雪苦奔忙乙亥運中騰身離泮水舉足到龍崗丙子運中威肅封疆權任重黎元士辛避驚張丁丑運中悠悠籬下戊寅運入仙鄉

甲午年　庚午月　丙申日　戊戌時
此八字丙火日元配合柱中火土傷官生財之格
值此象者萱毋先歸椿後别西風鴻鴈不聯行其
為人也丰姿穩秀性格明良識聖賢之理習今古
之章重成新事業整頓舊門墻必是成名之客豈
為田舍之郎不錫瓊林宴衣冠耀講堂此則貴達
之命鴛帏年少須招副桂子枝枝雨露長運行初
辛未雖居庇下或有炎凉壬申運中潛心居雪案
篤志向螢窓癸酉運中蟾宮戲回探月時来方遂
飛揚甲戌運中機會到来名始顯諸生簇集禄遐

昌乙亥運中風化四方布文聲諸境香丙子運中
皇恩有感還高壽百里人民盡贊襄丁丑運中無
事皆如此終須歸故鄉戊寅運中訃音一道酹酒
三觴

甲午　庚午　庚戌　戊辰
此八字庚戌魁罡之日配身柱中火局正官之
格人生得此仕路騰身椿萱双耐晚棠棣有聯
蓁理貫古今之學心明賢聖之文萬里扶摇騰
彩鳳一声霹靂躍龍鱗閶闔開黃道衣冠拜
紫宸此則顯耀之命鴛帏全正副桂子發芳
馨運行初辛未上人庇下快樂精神壬申運
中詩書窮萬卷仕路便榮身癸酉運中宴
罷沾恩賜粉署禄元加進覲楓宸甲戌運
中一番風雪過千里有生仁乙亥運中十郡

山河開戰掌九重天府又加恩丙子運中大
才大用丁丑運中夢入風塵

甲午年　庚午月　戊戌日　乙卯特

此八字戊戌日配手柱中之大印綬之格喜逢官煞相幫人生得此行藏洒落性理明良金木椿萱雙耐晚天邊鴻鴈有聯行般般都好學件件只平常祖業有依宜再整財源自琢有盈囊江湖生計旺畝畝稲粱香此則富旺之命鴛幃有礙須重麗桂子秋来有發香運行初辛未不榮不辱或𩠐或凉壬申運中有心生貨利無志讀文章癸酉運中財帛来多旺風波惱一場甲戌運中雪消光景霽物色藹春陽乙亥運中滔滔旺家業日日醉壷觴丙子運中老當益壯人事光揚丁丑運中歸去也

甲午　庚午　癸巳　辛酉

此八字癸日坐向己宮乃是才官雙美才旺生官之格人生得此生於望族長於高居丰姿穩重性格慈悲足踐如来之地身穿忍辱之衣萱親別後椿尤去鴻鴈聯行自各飛六根清凈五戒堅持佇看晚年天鼓振名山主席住光輝此則清貴之命運行初辛未身衣芦花絮寒來只自知壬申運中親不我踈而自遠祖非我破而自離癸酉運中雖則容顏奇妙尚防人事趦趄甲戌運中天花散亂善信皈依乙亥運中飛錫名山權德重一番風雪韋無危丙子運中具足神通力才囊厚積餘丁丑運中莫道西歸無去路金蓮步步接阿弥

甲午年　庚午月　乙卯日

此八字乙卯專祿之辰相配柱中金土財官之格女命值此亦足以榮封翁姑雖全奉妯娌少聯情其為性也怒則風波滾滾喜則秋月明明姿容明朗賦性聰容鳳冠疊疊三從偕家業昂昂四德真萬里清天如洗一輪皓月光明此則夫人之命火命良人榮顯双双桂子秀英運行初己巳蘭生楚澤劍隱豐城戊辰運中帳前新綰鴛鴦帶堂上初開孔雀屏丁卯運中正是榮夫景何防坐草驚丙寅運中似笋纖纖斑園囿如花灼灼茂先林乙丑運中帔服臨風舞釵冠絢日明甲子運中葵葵向陽紅灼灼楊花飛雪白莹莹癸亥運中佇看晚增重降劾果然霞帔更加陞壬戌運中王母有約同赴仙宮

甲午年　庚午月　丁未日

此八字丁未陽刃之日相配柱中於[illegible]傷官帶印之格人生得此生於右族長於仁門椿父先歸萱後別天边鴻鴈各行群其為人也丰姿清秀天性聰明斷髙理直處事公平里里韶華福布江山生秀麗一聯美景才源自向遠方生祖業重新立根源勝旧風終是功名之客豈為田舍之翁一朝但得風雲便九重雨露沐深恩此則榮貴之命外幃正副須偕老子嗣秋来有挺榮運行初辛未上人庇下何慮平生壬申運中十年窓下業未許便升騰癸酉運中到此始知文章好長安道上馬蹄輕甲戌運中百里絃鳴民樂業九天雨露再加陞乙亥運中一天膏雨隨車至千里仁風逐扇生丙子運中三度錦衣帰故里兩扶日月上天庭丁丑運中安閑晚景戊卯運中一道訃音

甲午年　庚午月　庚申日　辛巳時

此八字庚申日配于柱中之火官多化殺偏官之格人生得此手姿英厚天性聰明椿萱敷晚琴棠棣錦聯英學問三冬足詩書萬卷精定擬仕途騰踏宣教莘野躬耕瓊林雖不登高宴考最无能沐寵荣此則顯身之命鴛幃年少双諧老桂子庭前吐錦英運行初辛未工人光庇快樂昇平壬申運中敬遂平生志潛心對短檠癸酉運中志欲登天步月身近剪雪裁冰甲戌運中躡足飛騰天路達都門聊寓沐恩荣乙亥運中改化東西洽仁風遠近清丙子運中再加祿位未擬辭榮丁丑運中黃花祿酒戊寅運中夔入蓬瀛

子平遺書　二

甲午年　庚午月　丙申日　己丑時

此八字丙申日元相配柱中金土祿氣助才之格人生得此生於右族長於名門椿萱半道先虧父天邊鴈鴈各行鳴其為人也丰姿清秀天性聰明般般稍覽件件不精謀動君子感服小人行藏夤瀟洒笑傲任枯荣祖業添新慶根基勝舊璺水光浮屢盃盤營花氣侵人笑語馨英雄惟贈劍三尺豪傑相逢酒一樽田園桒柘茂畝畝稻豊馨好意番成惡真心換得嗔雖不達侯封爵貴也應鄉黨有人欽此則穩厚之命鴛幃火合須年小子嗣枝枝孝義深辛未運中幼年之下未展經綸壬申運中寒向梅中尽春從柳上生癸酉運中才源滾滾家居好須臾風雨不為驚甲戌運中正是太平光霽景幾多人事尚虧盈乙亥運中得中有失悔後還明丙子運中冲擊之所如履薄冰過此丁丑運中春光去也花落月沉

子平遺書　三

子平遺書　四

甲午年　庚午月　丙寅日　乙未時
此八字丙寅長生日元相配柱中金土傷官印才格傷
官傷盡為奇主人生於右族長於高門椿萱双晚茂
鳴鳳各芳菲其為人也手姿清秀天性聰明研窮今
古涉獵詩書見善則欽於己當仁不讓於師終是功
名客豈為隱逸人奮身領白屋足步入雲衢一日風
雲相際會濟濟衣冠拜鳳池此則榮貴之命鸞幃
燭夜添新慶子嗣秋來有出奇運行辛未上人庇
下未斷平生壬申運中篤學居鎖卷潛心對短
檠癸酉運中莫愁雲阻藍關道時來須刻上雲
衢甲戌運中粉署聯班才猶称还愁風木雨思悲
乙亥運中雪晴雲散天借好三度君恩遂步泥丙
子運中有才當大用未許便懸車丁丑運中遠歸
千里驥閑釣五溪魚戊寅運中春光去也花落月
西

子平遺書　五

甲午年　庚午月　辛酉日　丙申時
此八字辛酉專祿之日相配柱中火土秀生印綬
之格人生得此生於右族長於名門火土椿萱萱
歲長天邊鴻鴈各行為其為人也手姿清秀天性
老成斷高理直處事公平行藏覺瀟洒笑傲任枯
榮自有順天之慶豈無福地之深祖業添新慶根
源勝舊風田園桑柘茂畎畝稻粱馨花無桃李非
春色人有笙歌是太平福元成岳瀆威勢壓卿氏
此則積學之命鸞幃連珠酒配小子嗣生成貴顯
人運行初辛未上人庇下究悔未伸壬申運中隱
隱鞋雷抽碧芦微微細雨潤紅英癸酉運中近水
樓臺先得月向陽花木早逢春甲戌運中梅酒逢
雪三分白雪卻輸梅一段馨乙亥運中才源富足
家居好風雪閑非尚惱人丙子運中經霜松柏儼
然秀胃雨芝蘭分外青丁丑運中晚年閑快樂戊
寅運中一枕入巫峯

甲午年　庚午月　辛酉日　癸巳時

此八字辛酉專祿之日相配柱中火土未生印綬之格人生得此生於右族長於高門椿萱双晚茂鴻鴈各行鳴其為人也丰姿清秀天性剛忠般般稍覽件件欠精機謀轍伏奉用入欽重成新事一再整旧門庭福布江山外名聞湖海中不以功名為念豈將冠冕磨磐英是非莫管門前容得失須慮塞上翁但願財源旺足何須天府沐榮此則穩旺之命鴛幃春藹藹子嗣晚先榮運行初辛未上人庇下花衣風任壬申運中娟娟雲裏月灼灼葉中英癸酉運中漶漶軽雷抽堀筍微微細雨潤紅英甲戌運中財源旺足家居好尚有鬧非耗生乙亥運中軒閣化日千祥集簾捲香風自福增丙子運中富足以潤其屋德足以顯其身丁丑運中夕惕有限春憂無慮

甲午年　庚午月　庚子日　戊寅時

此八字庚子日元相配柱中火土財官之格喜逢印綬生身只嫌身弱減我功名主人生於右族長於高門椿萱雙晚茂鴻鴈各行鳴其為人也丰姿清秀天性聰明有剛斷能之材理白分清之智萬里春風行樂須四時佳趣瑞祥生樓臺疊疊生涯好財帛盈囊福祿增朝中無姓字囊底足珠珎篚歌沸處曾行樂羅綺叢中幾醉醒雖不建封侯爵自然金穀豐盈此則饒裕之命鴛幃春色麗子嗣晚光榮運行初辛未驚濤乱水脉驟雨暗岩衣壬申運中世情濃又淡淡處又還濃癸酉運中花開三月春光好何愁五夜起金風甲戌運中紫陌凱馳金勒馬錦階爭看玉樓人乙亥運中憂喜混同當此際雨收雲散月重明丙子運中歲寒松尚茂秋老菊尤馨丁丑運中一　桃餘香滿香要狂風吹落楚山雲

甲午年　庚午月　庚戌日　戊寅時

此八字庚戌魁罡之日相配柱中火土官印之格才官印三奇之助主人生於右族長於名門火土嚴慈双晚茂天邉鴻鴈有行鳴其為人也丰姿清秀天性聰明五車書富三冬足两石弓富萬騎衝終是功名之客豈為避世之炅奮身辭白屋平步入青雲鰲遂王蟾攀桂去馬隨青帝踏花行一從揚姓字金紫戢揩陞此則榮貴之命鴛幃同屬如魚水子嗣生成貴顯人運行初辛未春風馳蕩夏日炎蒸壬申運中螢窓篤志雪案加功癸酉運中遠望皇恩雲外降恩攀桂子手中馨甲戌運中禹浪三層都躍過秉笏趨朝拜聖明乙亥運中粉署聯班才独称皇恩有感戢腰金亥字運中梨花舞雪雨過山青丙子運中有材應大用未許便辭榮丁丑運中酒解平生恨衣沾上國塵戊寅運中歸去也

甲午年　庚午月　己酉日　戊辰時

此八字己酉日元相配柱中木火官印之格人生得此生於艮族長於仁門同屬椿萱椿悦别天邉鴻鴈各行飛其為人也丰姿清秀天性平能機謀輙腹筆用人欽頗知礼義稍識古今豈無高仕敬終有貴人欽祖業添新慶根源勝旧風有心於貨利無意望功名英雄惟贈劍三尺豪傑相逢酒一鍾不以功名為念豈將冠冕磨聾但顧粟陳并貫朽何必天邉沐寵榮此則穩厚之命外幃燭夜添新歸子嗣秋來旺宅門運行初辛未天冷雲迍凍江寒風尚生壬申運中隱隱輕雷抽碧笋微微細雨潤紅英癸酉運中梅須送雪三分白雪亦親梅一段馨甲戌運中才源福禄家業旺門梨帶絮蒲空中乙亥運中不独才源富足尚期声勢豪洪丙子運中心事数蓮之白髮春從一樣樂閑情丁丑運中春光去也一枕了平生

甲午年　庚午月　戊午日　甲寅時

此八字戊午日刃之辰相配柱中木火殺生印綬之格殺印相生功名顯達主人生於右族長於名門金水椿萱榮晚贈天邊鴻鴈有行鳴其為人也丰姿清秀天性聰明胸羅今古事學識聖賢心過大黃金重長價離雲皓月倍清明衣冠濟濟人中傑和氣怡怡座上珍終是文場折桂客豈為田舍鑿耕人三級浪中龍変化九霄雲外鳳飛騰佇看官封三級酌然祿享千鍾此則崇貴之命鴛幃得配名門女子嗣春成貴顯人運行初辛未春風渼蕩夏日奕燕壬申運中十年窓下業一舉便成名癸酉運中禹浪三層都躍過風生鉄面兕神驚甲戌運中腰横金作帶符剖玉為鱗乙亥運中瀟梟階陞超二品尚愁風木片時驚丙子運中赤德扶日月素志展經綸丁丑運中九地可憐埋片玉五雲無復見儀形

甲午年　庚午月　壬辰日　戊申時

此八字壬辰魁罡之日相配柱中火土才官之格煞生印綬為奇官煞渾雜减我功名主人生於右俗長於高門萱母先帰双別後天边鴻鴈搏風其為人也丰姿清秀天性聰明謀動君子威伏小人祖業添新慶根原勝舊風門外田疇千古計庭前花落四特春兩都秋色皆喬木耆舊風流有幾人水光浮座杯盤運花氣侵人笑語馨常將好意番成惡每把真心換得嗔才源富足家業餘盈雖然不是金鞭客也膺鄉黨耆人民此則特達之命鴛幃剋後宜招木子嗣生成貴顯人運行初辛未上人庇下未断平生壬申運中青帰柳葉情初變紅日桃花熳未匀癸酉運中着意種花花不發無心栽柳却成陰甲戌運中雖則才源旺足幾多人事虧盈乙亥運中得中有失悔後还明丙子運中人生正在風光處尚有突非素贅生丁丑運中子貴晚年閑快樂戊寅運中訃音一播衆傷情

甲午年　庚午月　乙未日　甲申時

此八字乙木相配柱中金火傷官助才之格傷官者怜变之物也人生得此生於温潤之族長於清白之門椿親先别萱歸晚天邊鴻雁各西東半姿消洒天性剛忠世事頗能將就般般务必精通高仕敬貴人欽江湖播姓字湖旺海才名初運中年榮且季晚年福禄自饼臻壮日肯登於仕路又成其福利名翁此則穩足之命鴛幃同屬須添寵子嗣森森有挺榮運行初辛未只宜庇下何論平生壬寅運中娟娟梅月白淡淡柳風清癸酉運中雖則行藏有變也愁微雨

弄晴甲戌運中壯中曽駁樸依旧瑞祥生乙亥運中失也飛季得也飛榮丙子運中斥時風雲擁須史波浪平丁丑運中得意江山詩句徒忘情日月酒盃盈

戊寅運中花已落月尤沉

甲午年　庚午月　辛亥日　庚寅時

此八字辛亥日元相配柱中木火才官之格只嫌身弱減我功名主人生於右族長於名門堂上椿萱萱歲長天边鴻雁各行鳴其為人也丰姿清秀天性乖能斷高理直處事公平風月處交消洒客情過火黄金重長價離盧白璧色偏明朝中無姓字囊底有珠璣五湖生計好四海福緣增但願一生多發福何須天府沭皇恩此則豊潤之命鴛幃有犯須年長子嗣森然孝且忠辛未運行初上人庇下花放風生壬申運中雨過山方秀雲開月始

明癸酉運中漸寬夜深池雨過始知花放曉風生

甲戌運中堯李千株錦江山一画屏戊字之中重重素耗如履薄氷乙亥運中万疊好山雲作歛一樓明月雨初晴丙子運中三百圍棊消永日一鍾美酒賞芳

花丁丑運中夕陽有限春夢無憑

甲午年　庚午月　壬寅日　丙午時

此八字壬寅趨艮之日相配柱中火土才官之格只嫌身弱減我功名主人生於右族長於高堂火萱椿茂長天遣鴻鴈各翱翔其為人也丰姿清秀天性明良聰明書藝遠惆悵世情長學問不親顏孟業生平常獲貴人鄉不慈不勇可圖可方重成新事業弄盤舊門墻英雄惟贈劍三尺豪傑相逢酒一觴但願一生才祿旺何必思登天子堂此則穩學之命鴛幃連珠須配小子嗣秋來有捷榮運行初辛未上人庇下花放風輕壬申運中如花向日枝枝艷似筍穿林節節長癸酉運中雖則家居有慶何愁人事悠揚甲戌運中五湖四海生涯好萬水千山福祿昌乙亥運中才旺福興家業廣何愁風雪滿門墻丙子運中延賓玩物會友流觴丁丑運中黃粱未熟清夢先忙

甲午年　庚午月　壬戌日　壬寅時

此八字壬戌日德之辰相配柱中火土才官之格人生得此生於詩書之族長於名望之門椿萱榮且壽鴻鴈各行鳴其為人也丰姿清秀天性聰明理窮古事兼今事書對賢經與聖經筆落驚風雨詩成泣鬼神終是傳芳客豈為田舍人萬里扶搖驚睡蟄一聲霹靂躍潛鱗衣冠累世王公胄柱石三朝社稷臣此則榮貴之命鴛幃連珠低一載子嗣秋成貴顯人運行初辛未上人庇下災臨未伸壬申運中胥挺展卷負笈趨庭癸酉運中足履三千皆後學摶風九萬即前程甲戌運中即署官亟何足羨大夫職位貴重封乙亥運中職近金紫宇宙澄清當此之際風雪滿庭丙子運中正欲忠君輔国未膺解組思尊丁丑運中夕陽有限春夢無憑

甲午年　庚午月　乙丑日　丙子時

此八字乙丑日元相配柱中火土傷官助才之格人生得此生於右族長於高居堂上椿萱壹歲長天邊鴻鴈各行飛其為人也丰姿清秀天性能為般般稍覽件件頗知自有順天之慶豈無福地之深重成新事業再整舊根基行藏果斷作事三思遊山翫水携詩卷對月觀花把酒斟才源富足家居好何須跨馬上雲衢此則發福之命鴛幃春色襲子嗣桂蘭馨運行初辛未上人庇下安晦之時壬申運中登臨雨浮賞翫春陰癸酉運中雖則行藏有慶幾多人事趄趑甲戌運中梅消幾報春消息始覺陽和滿太虛乙亥運中成四時佳趣立萬古根基當此之際風雪侵衣丙子運中桑榆暮景詩酒琴棊丁丑運中晚年快樂戊寅運中歸去來兮

甲午年　庚午月　辛亥日　己丑時

此八字辛亥日元相配柱中大土杂生印綬之格主人生於右族長於名門木命椿萱双晚茂天边鴻鴈各行鳴其為人也丰姿清秀天性聰明高謀遠見機關別和氣春風一妙人高材而出類學問以淵深驪珠照耀光雄掩雷劍生豐氣自充終是功名之客豈為田舍之翁一朝但得風雲便九重雨露沐皇恩此則榮貴之命鴛幃正副方偕老子嗣生成貴显人運初辛未春風駘蕩夏日炎蒸壬申運中欲遂平生志須加董子功癸酉運中騰身離泮水奉足上神京甲戌運中一朝騰踏飛黃去秉笏趋朝拜聖明乙亥運中三度君恩重一番風木驚丙子運中正欲忠君輔国未應解組思神丁丑運中心事數莖之白髮生涯一片之閑情戊寅運中夕陽有限春夢無憑

甲午年　庚午月　丙辰日　己丑時

此八字丙辰日德之辰相配柱中金土傷官助才之格人生得此生於右族長於名堂椿親磊落萱母填房天邊鴻鴈有各翱翔其為人也丰姿清秀天性果剛聰明書意遠倜儻世情長腹內包羅千古事胸中叅記錦雲章終是功名之客豈為田舍之郎一朝馬上衣冠別此是男兒當自強此則榮貴之命鴛幃宜有贈子嗣晚榮昌運行初辛未上人庇下花放風狂壬申運中味道心千古披文日五行癸酉運中純學科場鷩試筆英才翰苑沐恩光甲戌運中清映梅窓堅有雪寒生栢府凛秋霜乙酉運中職迁金紫聲名顯風雪飛來尚慘傷丙子運中冲激之所何不還鄉丁丑運中晚年歸故里會友酌杯觴戊寅運中黃粱未熟清夢先忙

甲午年　庚午月　丁未日　己酉時

此八字丁未陰刃之日相配柱中金土傷官助才之格人生得此於右族長於高堂椿萱不逮雙榮贈天邊鴻鴈各分行其為人也丰姿清秀天性果剛包羅今古事學就錦雲章東海驪珠能幾見豐城雷劒不終藏終是傳方之客豈為田舍之郎咲顏登鳳閣噀手上朝堂一朝騰踏飛黃去金紫榮看次第昌此則榮貴之命鴛幃有犯須招嗣子嗣秋來朵朵芳幼年之下花放風狂辛未運中欲遂平生志書窓莫放閑壬申運中讀殘箏含三更月踏破芹池鐵板霜癸酉運中霹靂一聲雲霧合峥嶸頭角理天堂甲戌運中處事但憑三尺法理刑渾似九秋霜當此之際風雪滿墻乙亥運中職遷金紫德播有堂丙子運中正宜加爵祿何事便還鄉丁丑運中春光去也一枕黃粱

甲午年　庚午月　辛丑日　甲午時

此八字辛丑日元相配柱中火土金生印綬之格煞印相生功名顯達主人生於右族長於名門椿親榮且壽萱母不須論天邊鴻鴈有各行鳴其為人也丰姿清秀天性聰明胸羅今古事學識聖賢心衣冠濟濟人中傑和氣怡怡席上珍終是丈場榮貴客堂為田舍翁耕人萬里扶搖鷲鵬摯一聲霹靂躍潛鱗是安人滿路争看錦衣新此則榮貴之命鴛幃冝有贈子嗣晚榮門運行初辛未上人庇下花放風生壬申運中篤學居顏巷潛心對一經癸酉運中鰲逕玉蟾攀桂去馬隨青地踏花行甲戌運中驛中晚日催行路江上春風促去程乙亥運中戰廷金紫重權衡出等倫丙子運中雪晴雲散天如洗秉笏趨朝近聖明丁丑運中晚年闕故里戊寅運中一枕入亚峯

甲午年　庚午月　癸亥日　癸亥時

此八字癸亥日元相配柱中水土才殺之格人生得此生於右族長於高門火命椿萱双晚贈天邊鴻鴈各行鳴其為人也丰姿清秀天性聰明千古文章逞崇耀一天星斗煥心胸驪珠照耀光難掩雷劍生豊氣自充終是功名容堂為田舍翁三汲浪中龍変化九霄雲外鳳飛騰一從姓字傳臚後九天雨露沐皇恩此則榮貴之命鴛幃金命頂年少子嗣生成貴顯人運行初辛未上人庇下花放風生壬申運中味道心千古潜心對一經癸酉運中時來風送騰王閣頃刻高搏萬里程甲戌運中自沐天邊寵朝班立縉紳乙亥運中三度君恩重兩番鳳木鸞丙子運中佇看官封三級酌然祿享千鍾丁丑運中解組回田里蘿逕菊酒醬戊寅運中春光去也一道訃音

甲午年　庚午月　戊辰日　乙卯時

此八字戊辰日德之辰相配柱中木火雜氣徵印之格徵印相生功名顯達主人生於右族長於高門火土雙親同脫別天邊鴻鴈各搏風其爲人也丰姿清秀天性聰明胸羅今古事學識聖賢心懷珠照魏光雖掩雷劍生豐氣自充終是功名之客豈爲田舍之翁龍門變化三春浪鵬路逍遙萬里程一從揚姓字秉笏拜明君此則榮貴之命鸞幃宜有贈子嗣脫光榮幼年之下如履薄冰辛未運中欲向雲中奪是須從燈下留心壬申運中不負寸陰之惜豈辜題柱之功癸酉運中雖道是能還不信果然奪得錦標新甲戌運中令重奸邪伏威嚴鬼膽驚乙亥運中一番風雪初晴後金紫煌煌兩露墜丙子運中千郡山河吾職掌何期解組乞閑身丁丑運中夕陽有限春夢無憑

甲午年　庚午月　辛亥日　己丑時

此八字辛亥之日相配柱中火土殺生印綬之格殺印相生功名顯達只嫌身弱減吾科第成名主人生於右族長於西房椿親特達萱爲副天邊鴻鴈各分行其爲人也丰姿清秀天性果剛聰明書易達倜儻學難深學問不親類孟業生平常得貴人欽樓臺疊疊生涯好財帛豐盈米積倉田園桑柘茂畝畝稻粮馨雖然不是金鞍客也應獻粟賑飢人此則因富顯貴之命鸞幃配得連珠女子嗣生成貴顯即運行初辛未上人庇下未斷灾祥壬申運中如花向日枝枝艷似笋穿泥節節長癸酉運中水到石邊流出冷風從花底過來香甲戌運中財源富足家居好素耗閑非喜已妨乙亥運中富貴榮華當此際何愁第宅不光榮丙子運中晚年閑快樂會友以流觴丁丑運中安閑晚景戊寅運中一枕黃粱

甲午年　庚午月　戊辰日　壬子時

此八戊辰日德之辰相配柱中木火杀印之格女人得此生於良族配於高居椿萱雖並耄鴻鴈各行飛其爲人也姿容清雅髮鬒不低翁姑姑娩茂妯娌有芳菲處事無偏無黨治家有權有持易嗔易喜雖祀難欺風送緑雲歸古洞雨滋花蕊發新輝家門而阜富福慶有多餘雖不是封婦平生樂自如此則穩厚之命良人連珠高一載子嗣森枝緑色奇運行初巳已上人庇下毓秀深閨戊辰運中鴛鴦泛碧沼鸞鳳宿蒼梧丁卯運中雖則夫門

行樂順還愁人事有虧盈丙寅運中梅梢或根春消息始覺陽和満太虛乙丑運中小池雨過添新緑深谷春來發舊枝甲子運中門楣壯觀家業盈餘當此之際花放風欺癸亥運中享子孫之福慶壬戌運中夢杳杳之佳城

甲午年　庚午月　壬戌日　壬寅時

此八字壬戌日德之辰相配柱中火土才官之格人生得此生於名族長於名門椿萱皆遂双双耄鴻雁巽能隊隊郡其爲人也年姿清秀天性剛忠腦罗星斗李貫古今筆落驚風雨詩成泣鬼神驪珠照魏光难掩雷劍生豐氣自充終是功名之客豈爲田舍之翁詹身辭白屋平步入青雲一朝騰蹈飛黃去金紫榮看次第陞此則榮貴之命鴛幃得配名門女子嗣秋來朶朶榮運行初辛未上人庇下未斷早生壬申運中十年窓下業黃卷與青

灯癸酉運中報道是龍还不信果然奪得錦標新甲戌運中寒拂紫衣催驛騎光生玉節下雲層乙亥運中戚迁金紫声名重風雪飛來尚忪人丙子運中正宜仕明主未許解簪纓丁丑運中春光去也一枕难醒

甲午年　庚午月　庚申日　戊寅時

此八字庚申專祿之日相配柱中木火才官之格人生得此生於平淡之族長於清白之門椿萱有倚一期壽天邊鴻鴈各行鳴其為人也丰資清秀天性聰明窮書覽史學足三冬驪珠貽魏光難掩雷劍生豐氣自充終是功名客豈為田舍翁奮身辭白屋平步入青雲一朝騰踏飛黃去秉笏金鑾輔聖明此則榮貴之命鴛幃春色麗子嗣繼衣新運行初辛未上入庇下灾悔未伸壬申運中讀殘第店月囊聚桀頭螢癸酉運中時來機會好攀桂步蟾宮甲戌運中自沐天邊寵朝班立縉紳乙亥亥運中粉署連班才獨秘遲愁風雪滿門庭丙子運中有才應大用未許便辭榮丁丑運中春光去也一枕清風

甲午年　庚午月　甲寅日　丁卯時

此八字甲寅專祿之日相配柱中金土傷官制殺之格喜逢陽刃存特過斯命者生於宦族長於名門萱母續絃椿萱遐天邊鴻鴈各飛騰其為人也丰姿清秀天性聰明高謀遠見機関別様慨春風一好人祖業添新慶根原勝舊風英材尚出類學問以淵源豈是湖中物尤來席上珠一日風雲相際會九天雨露沐皇恩此則光揚之命鴛幃金玉潤子嗣曉榮門運行辛未鶯濤乱水脉驟雨猜峯汶壬申運中歎遂平生志須加筆力功癸酉運中鴈一朝時之鵬馭奮萬里之鵬程甲戌運中粉署聯班才術称西風霽又加陞丁丑運中晚年樂特宜菊酒西風起處遶鄰尋戊寅運中春光去也一枕清風

甲午年　庚午月　丁卯日　乙巳時

此八字丁卯日元相配柱中金水傷官助財之格人生得此生於右族長於名門水火椿萱茂長天邊鴻鴈各行鳴其爲人也丰姿清秀天性聰明世事頗能將就般般學欠精通行藏果斷作事老誠過火黄金重長價離雲皎月倍清明声長名園過舊竹花開上苑勝先春不須登仕路何用對青燈財源有分生涯好冠冕無心樂太平禄元滔滔積財帛滚滚生此則穩厚之命鴛幃火命須年小子嗣生成跨灶人運行初辛未上人庇下未斷平生壬申運中雨過山方秀雲開月始明癸酉運中梅須遜雪三分白雪却輸梅一段馨甲戌運中財源旺足家居好還忌天邊雪滿庭乙亥運中庭前竹報平安日檻外花開富貴春丙子運中軒閣化日千祥集簾捲香風百福增丁丑運中青春去也一枕清風

甲午年　庚午月　壬辰日　庚子時

此八字壬辰魁罡之日相配柱中火土財官之格人生得此生於右族長於名門椿萱双晚茂鴻鴈各行鳴其爲人也丰姿清爽性格剛忠五車書富三冬足兩石弓當萬騏冲過火黄金重長價離雲皎月倍清明豈是池中物尤来席上珎定向月中攀桂子便從天上領陽春瑶池鞭靜朝南極五夜鍾停拱北宸此則榮貴之命鴛幃春色麗子嗣晚光榮運行初辛未上人庇下花枝風生壬申運中讀殘茅店月囊聚案頭螢癸酉運中遠望天恩雲外路思攀桂子手中馨甲戌躍過三層浪朝班立縉紳乙亥運中南陽邵杜名高著西漢龔黄令大行當此之際風雪重重丙子運中冲擊之所歸效淵明丁丑運中春光去也花落月沉

甲午年　庚午月　庚申日　丁亥時

此八字庚申專祿之日相配柱中木火才官之格人生得此生於右族長於名門水土樁萱一歲長天邊鴻雁各行鳴其為人也丰姿清雅天性豪洪心高智遠處事多能機謀輒服舉用人欽過火黃金昰十分之貴色離雲皎月有萬里之清明筍長名園過旧竹花開上苑勝先春田園產柘茂畝畝稻梁馨無慮尽傳詩礼樂有朋来自遠方親但願才源富足任他身外無名此則豐饒之命鴛帏運珠須配小子嗣荣門孝且忠運行初辛未上人庇下春風駘蕩夏日炎蒸壬申運中天冷雲还凍江空風自生癸酉運中小池雨過添新綠深谷風来發旧馨甲戌運中始知春晝永方覺瑞祥生當此之際風雪滿窗乙亥運中不独才源富足尚祈聲勢豪洪丙子運中歲寒松尚茂秋老菊尤馨丁丑運中一枕黃粱夢年千年不復醒

甲午年　庚午月　甲寅日　壬申時

此八字甲寅專祿之日相配柱中金火傷官助杀之格喜逢杀印相生人生得此生於西室長於名門椿親磊落萱帰副天迭鴻雁各飛鳴其為人也丰姿清秀天性聪明千古文章逞荣耀一天星斗煥心胸驪珠照耀光难掩雪見生風氣自充終是功名之客豈為田舍之郎龍門变化三春浪鵬鷺逍遙萬里程一從姪子傳揚後直上金鑾輔聖明此則荣貴之命鴛帏烛衣添新耋子嗣金風孝且忠運行初辛未上人庇下未断平生壬申運中歎遂平生志須加董子功癸酉運中莫愁雪阻前程路須吏風便任飛騰甲戌運中寒拂紫衣催驛騎光生玉節下雲層乙亥運中西風以過天逸雪金紫棠看次第陞丙子運中赤心扶日月素志展經綸丁丑運中解組回田里戊寅運中春帰鳥不吟

甲午年　庚午月　庚寅日　戊寅時

此八字庚値寅而遇火主狂無疑才官之格人生得此生於平順之族長於迁変之居椿親先别萱帰晩鴻鴈天邊不共飛其為人也有微微之計較淡淡之操持親非我踈而自遠祖非我破而娃移自有順天之理豈無福地之特但顉有酵招過客何須騎馬上邦織此則穏足之命駕幃有碍両強匹配始齊眉子嗣有成綠綠班衣佚晩景運行初辛未上人庇下未断盈虧壬申運中笋長名園過檐竹花開上苑勝先時癸酉運中雖則行藏有慶幾多人事趑趄甲戌運中幾度閙中駁襍數番静裏憂疑乙亥運中退不後步進不前馳丙子運中松尚茂栢尤齊丁丑運中人生從此别無復見形儀

甲午年　庚午月　甲午日　庚午時

此八字傷官制殺之格両干不雜最為奇人生得此宜乎金紫之栄主人生於茂族長於衣纓丰姿慷慨性理剛明椿萱臺上雖双耄鴻鴈天邊不共騰學問三冬足詩書万卷精一從姓字傳臚後凜凜威風郡縣驚此則荣肅之命鸞幃有犯宜偏正桂子秋来長嫩英運行初辛未上人庇下詩禮趨庭壬申運中升堂入室黄卷青灯癸酉運中到甲戌黄甲三登騰肅氣楊花飛盡位加陞乙亥運中重金重紫威風重旺慶須生一度驚丙子運中脫年安享未許辭栄丁丑運中栄回故里戊寅運中一夢難醒

甲午年　庚午月　乙丑日　丙戌時

此八字乙丑日相配柱中之火傷官之格人生得此仕路聲揚椿樹高崇萱列副鷹行天際必同翔手姿英俊天性果剛學問三冬足詩書萬卷藏擊開水府珠生彩掘出豐城劍有光姓字登黃甲衣冠拜衮章此則榮顯之命篤幡全正副桂子有承芳運行初章來幼年之景花放風狂壬申運中尋章摘句入室升堂癸酉運中蕩浪連三躍朝朝倚聖主甲戌運中一番風雪過金紫大夫行乙亥運中山河關十群祿位愈軒昂丙子運中大才大用咸振邊戌丁丑運中黃花綠酒戊寅運中夢入仙鄉

甲午年　庚午月　庚子日　丙戌時

此八字庚子日配合柱中之火偏官之格人生得此仕路聲揚椿萱榮脫鄭鴻雁有飛騰手姿洒落天性良明學問三冬足詩書萬卷精擬仕途端的豈教草野躬耕雖不錫宴林瓊宴尤能揚芹泮文名此則文貴之命鶯幡金玉賓子嗣桂蘭英運行初辛未上人庇下詩禮趨庭壬申運中欲遂平生志潛心對短檠癸酉運中一從折桂光家世便向天門沐聖恩甲戌運中教鐸聲揚風雪過榻元階進啓儒生乙亥運中才源滾滾名勢英英丙子運中老當益壯印令大行丁丑到戊寅運中歸去也

甲午年　庚午月　丙午日　戊戌時

此八字火明則滅夭疾之命也

甲午年　庚午月　辛巳日　丁酉時

此八字辛金投爲駈大刃殺重身輕孤寡之命

甲午年　庚午月　乙巳日　丙戌時

此八字木不南奔有灰飛烟滅之命也

甲午年　庚午月　庚午日　丙戌時

此八字逢火尅金夭疾之命也

甲午年　庚午月　庚戌日　庚辰時

此八字庚戌魁罡之日相配柱中木火才官之格喜逢印綬生身人生得此生於右族長於名門火土椿萱雙晚戕天邊鴻鴈各行鳴其爲人也丰姿清秀天性聰明機謀遠見機關别慷慨春風一妙人知高下識重輕過火黄金顯十分之貴色離雲破月布萬里之清明筭長名園過舊竹花開上苑勝先春遊山翫水携詩卷對月觀花把酒斟平生財禄旺何用暮功名但願粟陳并貫朽任他白髮鬢邊生此則豐厚之命鴛幃連珠頂配小子嗣生成貴顯人運行初辛未上入庇下安晦未伸壬申運中水向石邊流出冷風從花底過來香癸酉運中陽回喬木家居好風雪飄飄尚惱人甲戌運中才如春水滔滔長福似秋蟾皎皎明乙亥運中富之以潤其屋德之以顯其身丙子運中樽罍有酒延佳客蘭室存書教子孫丁丑運中夕陽有限暮景無憑

甲午年　庚午月　庚寅日　甲申時

此八字庚金配合柱中火土殺生印綬之格本有利名之顯但嫌才印混雜以致減去其福註人丰姿魁偉體貌精神生於故宅長於仁族堂上萱花先早萎庭前椿府壽歸泉雁字有聯吾出類庭前花木四時鮮學問機深能展轉心高氣硬佔人先欺強而滅惡閭里有名傳祖業直須還添聚財囊畜覆晚週全不貪衣紫貴惟願子孫賢此則豪英之命鴛幃有克還重續子嗣慘傷發秀妍運行初辛未上人庇下其樂何言壬申運中幾欲貴人求指引何期災耗自相纏癸酉運中財源滾滾家豐厚名譽彰彰四海傳當是時也雨雪連綿甲戌運中正在威權振作地形雲密布雪花天乙亥運中雖則名馨財有耗自心多少欠安然丙子運中萬里碧天清似洗重加氣象祿駢駢丁丑運中延賓酌酒朝朝樂會友論文日日閑戊寅運中得子成家而接業誰知一夢過幽泉

甲午年　庚午月　壬子日　癸卯時

此八字壬子日刃之辰相配柱中木火傷官助才之格人生得此宜乎金紫之榮主人生於丈望之族長於華麗之堂丰姿魁厚性格果剛双親難並壽鴻雁各分翔學識通今博古行藏扶弱抑強躍過禹門三汲浪穩趋玉陛覲清光此則榮耀之命鴛幃有碍須偏正桂子秋來有繼芳運行初辛未上人庇下摘句尋章壬申運中讀殘窓下三更月踏遍儒林幾片霜癸酉運中執卷幾回空跋跋時來擬許姓名揚甲戌運中榮沾寵渥日覲宸章乙亥運中祿位榮遷金紫貴一方天下仰權衡丙子運中權高天府加兼祿肅肅威風振玉堂丁丑運中榮回籬下戊寅運中夢入黃粱

甲午年　庚午月　庚寅日　丙戌時

此八字金逢火煉大意夭折之命何足論也

甲午年　庚午月　甲寅日　甲子時

此八字甲寅壽祿之日相配柱中火土傷官助才之格拱貴之助人生值此丰姿老成天性端莊遇高賢頻施礼樂逢達士博古通今其為人也生於望族長於仙宮六親少倚俱難靠骨肉分離離寡踈學問聰明眺簡當胄朝王帝英才出類頂冠披服礼天尊威風凜凜人中罕氣宇昂昂達士欽清高楊子志質朴古人身六甲風雲藏寶錄一壺天地濟生靈初限中年曾敭稚暮年領袖各山欽此則仙領之命驚幃夢裏曾交頸徒弟遲來出類人

運行初辛未離宗別祖有悔無侵壬申運中十方人仰敬進退未如心癸酉運中暖風飄馨遠憂非幸不侵甲戌運中道高龍虎伏危憂不損驚己亥運中十方賢貴相尊仰非耗憂迯喜又臨丙子運中養生自有南華論灾難非憂破未寧丁丑運中青天白日無閑事灾難危驚仔細行戊寅運中徒弟满堂快樂仙人己卯運中燦然光霽夢入仙踪

甲午年　辛未月　丁丑日　丙午時

此八字丁丑日元相配柱中金土傷官助才之格人生得此生於溫潤之族長於富藏之堂椿萱先別毋棠棣不聯芳年姿清秀天性慈祥六根清淨五戒端莊天語宝花登佛座龍盤香鉢卧禪床僧家多快樂何必沐恩光此則清孤之命運行初壬申上人庇下不燠不凉癸酉運中足踐如來地身穿忍辱袈甲戌運中春草春江相妬綠新鶯新柳競争黄乙亥運中人道山門清淨幾多人事悠揚丙子運中片雲蔽日不損其光丁丑運中冲擊之厄月入雲囊雖則諸佛地也有一番珍戊寅運中安閑晚景己卯運中魄往西方

甲午年　辛未月　庚辰日　庚辰時

此八字庚辰日德之辰相配柱中火土雜氣官印之格人生得此生於遊宦之族長於深邃之門奴覩榮且壽鴻鴈各西東其為人也年姿清秀天性聰明斷高理直處事公平源流三峽誰能及筆掃千軍孰与論終是功名之客豈為田舍之翁萬里扶搖驚臉蝥一声霹靂躍潛鱗長安人滿路争看錦衣新瑶池鞭静朝南極五夜鍾停拱北宸此則榮貴之命鴛幃金玉潤子嗣晚光榮運行初壬申上人庇下花放風生癸酉運中十年窗下紫黄卷与青灯甲戌運中報道是龍還不信果然奪得錦標新乙亥運中獄折片言民訟息九天雨露再加陞丙子運中職近金鑾声名顯風雪飛来倍憐情丁丑運中正宜侍明主未許便辭榮戊寅運中夕陽有限春夢無憑

甲午年　辛未月　辛巳日　丙申時

此八字辛巳日元相配柱中木火雜氣財官之格人生得此生於右族長於名門椿萱雙晚茂鴻鴈各翔其為人也丰姿清秀天性果剛稍有賢良之智粗知禮義之方聰明書顯達俐儻世情長自有順天之慶豈無福地之良過火黃金重長償離雲皎月倍清光每向中湖來覓利生平長履貴人鄉財源富足家居好金帛盈廊又積倉但願一生財祿旺何必天邊沐寵光鶯幃春秀麗子嗣晚榮昌運行初壬申幼年之下未斷炎涼癸酉運中好花向日枝枝艷嫩芽藏泥節節長甲戌運中水向石邊流出冷風從花底過來香乙亥運中萬里雲收烟散一輪明月光揚當此之際風雲滿堵丙子運中門迎珠履三千客座列金釵十二行丁丑運中晚年多快樂會交以流觴戊寅運中春光去也流水揚揚

甲午年　辛未月　辛酉日　壬辰時

此八字辛酉專祿之日雜氣殺印之格傷官制殺得其所宜主人生於近變之族長於穩厚之門椿萱皓首先亡天邊鴻鴈不同郡其為人也傲物氣高自是自能常以時人不如己每道是事不如心世事頗能將就般般孝父精通祖基祖業須重變才帛資囊自琢成藕穿平地生荷葉芽出新梢過北庭高人起敬貴客相欽有心於道路無意慕功名好意番成惡真心換得嗔初運從容終不順晚年雖莉綻金英此則穩旺離祖成家之命鴛幃木命蒼穹赴子嗣花開一果成運行初壬申上人底下淡淡春雲癸酉運中稅地栽花多艷麗移桃接李色鮮明甲戌運中世事短如春夢人情薄似秋雲乙亥運中作雨下晴留客景式寒式援困人天丙子運中始覺陽和滿目還悲絃斷無聲丁丑運中財源滾滾家居好一度風波幸不驚戊寅運中享子孫之福慶己卯運中喜香香之佳城

甲午年　辛未月　辛未日　戊子時

此八字辛未日元相配柱中火土殺印之格人生得此生於右族長於名門椿萱双晚茂鴻鴈各搏風其為人也丰姿清秀天性乖能知高下識重輕機謀敏服舉用人欽行藏果斷作事老誠祖業添新慶根原勝旧風得意江山詩句健忘情日月酒盈深水光浮座盈盤樂花氣侵人咲語馨雖不建侯封爵自然才祿餘盈此則穩厚之命鴛幃連珠底一載子嗣榮門晚節馨運行初壬申上人庇下未稱登臨癸酉運中隱隱輕雷抽碧筍微微細雨潤紅英甲戌運中不特才源富足尚祈声勢豪洪乙亥運中雪晴雲散天如洗從此才源倍有增丙子運中心事數莖白髮生涯一片閑情丁丑運中一常春夢斷萬事總成空

甲午年　辛未月　甲午日　乙亥時

此八字甲午日元相配柱中金土雜氣才官之格此刼太重事不十全主人生於右族長於名門木火椿萱雙晚茂天邊鴻鴈各行鳴其為人也丰姿清秀天性聰明機謀輒伏舉動人欽水光浮座盃盤瑩花氣侵人咲語馨雖不成名利平生近貴人笋長名園過舊竹花開工兇勝先春英雄惟贈劍三尺豪傑相逢酒一鍾雖建庚封爵自然潤屋潤身此則穩厚之命鴛幃燭夜添新丕子嗣秋來有挺崇運行初壬申春風花落夏日炎蒸癸酉運中春帰柳葉晴初变红入桃花嫩未匀甲戌運中福若泉源湧才如春氣生乙亥運中庭前竹爆平安日檻外花開富貴春當此之際家業輕盈丙子運中家業克昌人事廣片時風雨不為驚丁丑運中酒解平生恨衣沾上国塵戊寅運中一枕黃梁夢千里不能醒

甲午年　辛未月　乙未日　丙子時

此八字乙未日元相配柱中金火傷官合殺之格人生得此生於右族長於名門火木椿萱一期壽天邊鴻雁各行鳴其為人也丰姿清秀天性聰明腦藏今古事學識聖賢心麗句好為天下白高材俊但海東青過火黄金重長價離雲皎月陪清明終是功名客豈為田舍翁北海蛟横頭角聳南山豹变成牙新一朝騰踏飛黄去濟濟衣冠拜聖明此則榮貴之命鴛幃連珠依一載子嗣生成貴顕人

運行初壬申上人庇下花放風生癸酉運中十年窓下業黄卷換青登甲戌運中時来風送滕黄閣頃刻高揩萬里程乙亥運中令重奸邪伏威嚴鬼膽驚丙子運中恥迁金紫貴風雪尚愁人丁丑運中自嘆別年歸故里朝庭来遂兩疎心戊寅運中觧祖回田里離邊樂性情己卯運中英雄都尽也高塚臥麒麟

甲午年　辛未月　乙酉日　丁丑時

此八字専推日相配柱中金土雜氣才殺之格得殺之論主人生於正堂長於名門椿先親早別萱招副天邊鴻雁各飛騰其為人也丰姿清秀天性聰明千古文章逞崇耀一天星斗煥心胸過火黄金顕十分之貴色離雲皎月萬里青明終是功名之客豈為田舍之翁龍門变化三春浪鵬路逍遥萬里程一從姓字傳揚後九天雨露沐皇恩此則榮貴之命鴛幃連珠須配小子嗣生成貴顕人運行初壬申上人庇下災悔之中癸酉

運中歎遂平生志潛心對一経只愁雪阻藍関近時来頃刻便飛騰乙亥運中躍過禹門三汲浪濟濟衣冠拜渓龍丙子運中西風吹過天邊雪金紫煌煌雨露陞丁丑運中此特林石盛世服脏戊寅運中崇帰故里己卯運中春夢無憑

甲午年　辛未月　壬申日　庚子時

此八字壬申長生之日相配柱中火土雜氣才殺之格喜逢印綬生身人生得此生於西室長於名門椿萱丰茂先嚴父天邊鴻雁各行鳴其為人也丰姿清秀天性聰明胸羅今古事學識聖賢心泰山北斗千年在和氣春風四座傾終是功名之客豈為田舍之翁嘉穀不早實名利當晚成文章別有凌雲志德業豈無觀國賓佇看頭角聳德澤惠黎民此則榮貴之命篤㤿有犯先分別子嗣森枝有挺榮運行初壬申上人庇下未斷平生癸酉運中欲遂平生志潛心對一經甲戌運中執卷幾回空探月依然田守讀書燈乙亥運中藏器待特特必至時來機會始升騰丙子運中寄跡橋門十載寒氈冷硯辛勤丁丑運中冷硯寒氈從此臨琴堂佐政牧民心戊寅運中

甲午年　辛未月　癸未日　戊午時

此八字癸未日元相配柱中火土雜氣才官之格人生得此生於良族長於高門椿萱双晚茂鴻雁各行鳴其為人也丰姿清秀天性剛忠行藏雖特達奔門不測源喜則春風和氣怒則風捲殘雲出土黃金显十分之貴色離雲皎月布万里之清明筆因落筆方成竹魚為奔波始化龍君若有心於仕路貴人一薦祿元豐此則擊石生烟之命兑幃連珠合子嗣晚榮門運行初壬申鶺濤亂水脈驟雨暗峯紋癸酉運中淡淡梨花月翩翩柳絮風甲戌運中擊開水府珠光現掘出豐城劍始明乙亥運中漸漸光華显看看福祿增丙子運中日暮西風洒蒼雪沙鷗无解躬外平丁丑運中富潤屋德潤身戊寅運中晚節黃花香馥郁清風有材入佳城

甲午年　辛未月　己巳日　乙丑時

此八字己巳日元相配柱中火土雜氣官印之格官殺混雜賊我功名主人生於右族長於名門椿萱耆耄棠棣行分其為人也手姿清秀天性乖能頗知礼義稍識古今親賢近貴理白分清自有順天之慶豈無福地之深重成新事業再整舊門庭有心於貨利無意慕功名才源富足生平好何必天邊沐寵榮此則旺盛之命鸞幃得配名門女子嗣生成貴顯人運行初壬申幼年之下春風駘蕩夏日炎蒸癸酉運中雨過山方秀雲開月始明甲戌運中近水樓臺先得月向陽花木早逢春乙亥運中才源富足家居好風雪閑非尚惱人丙子運中富貴榮華當此際何愁第宅不光榮丁丑運中門楣壯觀福祿駢臻戊寅運中春光歸去也落花馬無聲

甲午年　辛未月　甲午日　己巳時

此八字甲午日元相配柱中金土雜氣生官之格亦有食神之意主人生於右族長於高堂水土椿萱双晚茂天邊鴻鴈有行聯其為人也手姿清秀天性機関英材出類學問淵源清名已在雲霄上志氣還充宇宙間揚清激濁誅惡除奸定收南山豹变豈教北海龍蟠緋衣日暖趋金闕寶辟雲開拜聖明此則榮輝之命鸞幃燭夜添新慶子嗣秋來發桂枝運行初壬申上人庇下花放風生癸酉運中窮古今之事理讀聖賢之簡篇甲戌運中騰蛟起鳳攀桂步蟾乙亥運中自沐瓊林從衣冠拜九重丙子運中一番風雪過金紫戩喬遷丁丑運中日造金門下身居白玉臺戊寅運中悠悠蕭下樂會友以開樽己卯運中春光去也一枕難醒

甲午年　辛未月　己丑日　甲子時

此八字己丑日元相配柱中木土襍氣財官之格
四柱兩冲得其所宜主人生於右族長於名門椿
萱榮晚茂鴻鴈有行鳴其為人也丰姿清秀天性
聰明錦繡胸藏賢聖學珠璣口吐武文風筆落驚
風雨詩成泣鬼神過火黃金重長價離雲皎月倍
清明終是傳方之客豈為田舍之翁鵬路高搏知
健翼龍門深躍見脩鱗姓字傳臚後金鑾拜聖明
此則榮貴之命篤憚金玉潤子嗣繼衣新壬申運
中春風駘蕩夏日炎蒸癸酉運中讀殘茅店月囊

聚案頭螢甲戌運中起鳳騰蛟從此始果然秉笏
拜明君乙亥運中錦衣肥馬重重貴天上恩波淡
淡新丙子運中三度君恩重兩番風木驚丁丑運
中重紫重金當是景山河十郡仰威雄戊寅運中
西風起蓑尊鱗美脫節閑時菊酒馨己卯運中一
枕餘年隔年梦斜風吹落楚山雲

甲午年　辛未月　乙酉日　丁亥時

此八字乙酉專權之日相配柱中金土襍氣才杀之格
人生得此生於右族長於名門萱毋續絃椿䂬落天边
鴻鴈各行鳴其為人也丰姿清秀天性聰明高謀遠
見機関別慷慨春風一妙人萬里無雲天一色三秋
好景月長明笋長名園過舊竹花開上苑勝先春
不向仕途求聞達却来湖海覔黃金楼臺壘壘生
涯好何必天边沐寵榮此則穩富之命鴛幃連珠
須配小子嗣生成貴顯大運行初壬戌春風駘蕩夏
日炎蒸癸酉運中隱隱輕雷抽碧笋微微細雨湿

紅英甲戌運中梅須遜雪三分白雪亦輸梅一段馨
乙亥運中薰捲香風生百福軒開化日祿元增當此
之際風雪滿庭丙子運中富之以潤其屋德之以益
其身丁丑運中延賓翫物會友開樽戊寅運中花落
月沉

甲午年　辛未月　壬申日　丁未時

此八字壬水長生之日相配柱中火土雜氣才官之格人生得此生於右族長於良門椿萱雖並巷鴻鳫少聪群手姿清秀天性忠誠祖業重新鏇麗囊自積盈常將好意番成惡每把真心換得嗔但願一生多逸樂何須騎馬上神京此則穩足之命篤怖得合霜添鬓桂子生成俊秀人運行初壬申上人底下未断平生癸酉運中春寒風料悄未稱登臨甲戌運中雖則行藏有慶还愁世事遭迍乙亥運中一番風雪過才帛旺门庭丙子運中精神又憔悴憔悴又精神丁丑運中桑榆暮景樂享兒孫戊寅運中春殘花落杜宇空鳴

甲午年　辛未月　戊午日　丁巳時

此八字戊午日丹之辰相配柱中木火雜氣殺印之格女人得此生於右族長配名門椿萱棠棣霜怖日妯娌翁姑分上輕其為人也姿容清秀髮穠精神勝丈夫之氣縱有男子之才能一苑杏桃鋪錦綉满山松栢映輝千萬里無雲天一色三秋好景月長明變禍自能祥吻味愛琴應鮮辨弦聲難解雖犯易喜易嗔雖不鳳冠帔服自然衣禄無虧此則益旺之命良人有犯須年敵子嗣秋來假當真運行初庚午上人底下未断平生已巳運中淡煙楊柳岸薄霧杏花村戊辰運中乍雨乍晴留客意或寒或煖困人天丁卯運中雖則夫門多快樂幾多人事尚嶄盈丙寅運中一抹燒煙深芍藥半泓秋水浸芙蓉乙丑運中冲擊之所如月入雲甲子運中平坡防有峻嶺豈無危遏此癸亥運中一枕清風

甲午年　辛未月　辛卯日　己亥時

此八字辛卯日相配格中木火雜氣殺印之格有印相生功名顯達主人生於右族長於高門椿萱榮壽萱年長鴈字排行不共鳴其為人也丰姿清秀天性聰明胸藏星斗學貫古今禮樂縱橫字詩書與雅文不特驪珠能聚還應趙璧擬連城終是功名客豈為田舍翁七朝歷隱成天露千里思君破浪風鸞鶩儀中分五采鳳凰池上捧金樽此則榮貴之命鴛幃燭應添新氣子嗣初花晚更榮運行壬申上人庇下未斷平生癸酉運中讀書暎雪觀史對灯甲戌運中起鳳騰蛟從此始果然秉笏拜君前乙亥名運中名成利遂丙子運中職遷金紫貴風雪不為驚丙子運中重金重紫官誥爭榮丁丑運中一夢南柯

甲午年　辛未月　庚子日　辛巳時

此八字庚子貴人之日相配柱中火土雜氣殺印之格人生得此生於西舍長於名門椿親重拜萱先別天邊鴻鴈各行鳴其為人也丰姿清秀天性聰明頗知禮義稍識古今高謀遠見機關別和氣春風一妙人過火黃金重長價離雲明月倍清明不向仕途求聞達却來湖海覓精神酒解平生根衣沾湖海塵才源富足平生好何必天門沐寵榮此則穩厚之命鴛幃春色麗子嗣晚光榮運行初壬申運中春風馳俊馬夏日癸酉運中隱隱輕雷抽碧筍微微細雨潤紅英甲戌運中近水樓臺先得月向陽花木早逢春乙亥運中才源富足家居好風雪飛來尚惱人丙子運中薰捲香風生百福軒開化日散千祥丁丑運中田連阡陌行樂如心戊寅運中春光如過隙一枕了平生

甲午年　辛未月　丁亥日　甲辰時

此八字丁未日元相配柱中水土傷官帶印之格人生得此生於右族長於名門萱毋續絃椿顯貴天邊鴻鴈各行鳴其為人也丰姿清秀天性聰明源流三峽誰能及筆掃千軍孰與論衣冠濟濟人中傑和氣怡怡席上珎終是文場折桂客豈為田舍鑿耕人躡履三千皆後學捲風九萬即前程佇看官封三級酌然祿享千鍾此則榮貴之命鴛幃春麗宮裳贈子嗣森枝有挺榮運行初壬申幼年之

下花放風生癸酉運中欲向雲中舉足須從燈下留心甲戌運中時來鳳過騰王閣頃刻高搏萬里程乙亥運中寒拂紫衣催驊騎光生玉节下雲層丙子運中職迁金紫聲名顯風雪飛來尚惱人丁丑運中有材應大用何事便辞榮戊寅運中晚節閑時携菊酒西風起處憶鱸蓴己卯運中夕陽有限春夢無憑

甲午年　辛未月　壬申日　甲辰時

此八字壬申長生之日相配柱中火土褋氣才官之格人生得此生於右族長於名門椿萱榮晚贈鴻鴈各搏風其為人也丰姿清秀天性聰明詞源三峽誰能及筆掃千軍孰與倫驪珠照魏光難掩雷劍生豐氣自充終是功名之客豈為田舍之翁早登蟾窟攀丹桂快向龍門奪錦英瑤池鞭靜朝南極五夜鍾停拱北宸此則榮貴之命鴛幃春色蘼子闈有光榮運行初壬申上人庇下未断平生癸酉運中十業窓下業時至便成名甲戌運中躍過禹門三級浪秉笏趨朝拜

聖明乙亥運中已把嚴威摧酷吏更將仁政穆黎民丙子運中職遷金紫德政澄清當此之際風雪蒲庭丁丑運中明時柱石盛世股肱戊寅運中英雄都盡也高塚卧麒麟

甲午年　辛未月　乙酉日　丙戌時

此八字乙酉專權之日相配柱中金火傷官助殺之格兩喜作合有功只嫌身弱減我功名主人生於右族長於名門堂上椿萱萱歲長天邊鴻鴈各行鳴其為人也丰姿清秀天性聰明世事頗能將就般般學又精通曰福曰榮自有順天之變常安常樂豈無福地之深遇火黄金重長價離雲皎月倍清明重成新事業再整舊門庭福布江山外名聞湖海中花無桃李非春色人有笙歌是太平雖不建侯爵祿貴囊中積寶富家翁此則穩富之命鴛幃年長方偕老子嗣秋來朵朵榮運行初壬申上人庇下災晦之中癸酉運中柳嫩不禁三月雨花嬌尤忌五更風甲戌運中萬里烟雲收險一樓秋月光明乙亥運中到此始知時運好萬物光華百事興黎花鮮雪而過山青丙子運中桃李千鮮錦江山一色屏丁丑運中富之以潤其屋德之以顯其身戊寅運中晚年閑快樂已卯運中一枕入巫峯

甲午年　辛未月　辛未日　己亥時

此八字辛未日元相配柱中火土雜氣殺印之格殺印相生功名顯達主人生於右族長於名門堂上椿萱萱歲長天边鴻鴈各搏風其為人也精神烱烱智慧明明千古文章逞榮耀一天星斗煥心胸驪珠照魏光摧捲雷劍生豐氣自充終是功名之客豈為田舍之翁龍門变化三重浪鵬路逍遥萬里程一從揚姓字金紫戰階陞此則榮貴之命鴛幃金玉潤子嗣彩衣新運行初壬申幼年之下災晦未伸癸酉運中不負寸陰之惜豈辜題柱之功甲戌運中躍過禹門三級浪秉笏金鑾拜聖明乙亥運中戰位兩迁金紫貴愁看門外雪盈庭丙子運中停看官封三級酌然祿享千鍾丁丑運中有材應大用未許便辭榮戊寅運中九地可憐埋片玉五雲無復見儀形

甲午年　辛未月　甲申日　庚午特

此八字甲申專權之日相配柱中金土𥞑氣才殺之格人生得此生於右族長於高門椿萱双慨茂鴻鴈各行鳴其為人也丰姿清秀天性聰明知高識下理白分清過火黃金長價雜雲皎月倍清明日福曰榮自有順天之慶常安常樂豈無福地之深祖業添新慶根源勝旧風有心於貸利無意慕功名兩都秋色皆喬木者舊風流有幾人田園有意公卿小廊庙無心宇宙輕但願才源富足任他身外無名此則豊饒之命

鴛幃燭夜添新喜子嗣秋來有挺榮運行初壬申上人庇下花放風生癸酉運中娟娟雲裏月灼灼葉中英甲戌運中春風播奕微雨弄情乙亥運中近水樓臺先得月向陽花木早逢春須史風雨雨過山青丙此運中萬疊好山雲乍歛一樓明月雨初精當此之際風雪还生丁丑運中軒閑化日千祥集簾捲香風百福生戊寅運中一宵春夢斷萬事總成空

甲午年　辛未月　壬戌日　甲辰時

此八字壬戌日德之辰𥞑氣才官之格女人得此姿容平淡鬚皃精神生於善念之族配於積德之门公姑不倚妯娌鮮同群勝丈夫之氣槩有男子之才能雪為輕粉憑風傳霞作臙脂仗日匀般般琢五件件當心霞帔鳳冠身外事一生才祿沒虧此則助夫之命良人同麗子嗣奚成運行初庚午運行上人庇下磨穿鉄硯非吾事繡拚金針却有功己巳運中路入桃源花爛熳橋橫銀漢水澄清戊辰運中青歸柳眼晴初變紅入桃花燄未匀丁卯運中

雨過山方秀雲閑月始明丙寅運中山前山後雖明月江北江南雨弄晴乙丑運中愈老黃花香馥郁歲寒松柏耐長青甲子運中花落水流春已去菊催玉折春已失恨何如

甲午年　辛未月　戊寅日　戊午時

此八字戊寅專權之日歲殺之格喜逢印綬生身人生得此生於良族長於高門椿萱先别父鴻鴈不同群其爲人也丰姿清秀天性老成善決善斷多見多聞自有順天之慶豈無福地之深祖業祖基須弄整才帛声名自琢成雖不青雲得路自然湖海聞名花無桃李非春色人没栄枯是太平此則旺足之命驚幃有碍須添副子嗣金風有顯栄運行初壬申上人庇下未断平生癸酉運中娟娟雲裹月灼灼葉中英甲戌運中行蔵雖有慶人事上斢盈乙亥運中春風播爽微雨弄晴丙子運中須叓風雨過從此福元增丁丑運中得失相争憂喜並行戊寅運中才源富足行樂如新己卯運中花落水流春已失蘭摧玉折恨何明

甲午年　辛未月　癸巳日　庚申時

此八字癸巳貴人日相配柱中火土雜氣才殺之格人生得此生於右族長於名門萱母奔波椿疾壽夭邊鴻鴈各行鳴其爲人也丰姿清秀天性聰明胸羅古今事學識聖賢心麗句妙爲天下白髙材俊似海東青過火黄金重長價離雲皎月倍清明終是功名之客豈爲田舍之翁龍門变化三春浪鵬路逍遥萬里程一從姓字傳揚後九天雨露沐皇恩此則栄貴之命鴛幃重合晚子嗣晚光栄運行初壬申春風駘蕩夏日炎烝癸酉運中十年窓下業黄卷與青燈甲戌運中报道是龍还不信果然奪得錦摽新乙亥運中躍過三層浪朝班立縉紳丙子運中職位高迁金紫貴想應門外雪盈庭丁丑運中有材應大用何事便辭栄戊寅運中家緣富足美酒盈樽己卯運中花落月沉

甲午年　辛未月　庚午日　壬午時

此八字庚午貴人之日相配柱中木火雜氣才官之格人生得此生於西室長於名門捧親磊落豈招副天邊鴻鴈各行鳴其為人也丰姿清秀天性聰明五車書富三冬足兩石弓當萬騎沖衣冠濟濟人中傑和氣怡怡席上珍終是功名客豈為田舍翁一朝但得風雲便九天雨露沐皇恩此則榮貴之命鶯幃有犯須招硬子嗣然來朵朵榮運行初庚午上人庇下未斷平生己巳運中欲向雲中學足須從灯下留心戊辰運中莫愁雲阻欄杆通時來機會便飛騰丁卯運中自沐天邊寵朝班拜聖明丙寅運中腰横金作帶符刻玉為麟梨花無雪雨過山青乙丑運中有材應大用未許便辭榮甲子運中難下黃花酒丘中白雪鬢癸亥運中歸去也

甲午年　辛未月　庚午日　辛巳時

此八字庚午日元相配柱中火土雜氣殺印之格殺印相生功名顯達主人生於西室長於名門豈非正娉花間女捧親晚贈沐皇恩天邊鴻鴈對對飛騰其為人也丰資清秀天性聰明詞流三峽誰能及筆掃千章誰與論衣冠濟濟人中傑和氣怡怡席上珍終是文場折桂貴豈為田舍去耕鋤龍門變化三層浪鵬路逍遥萬里程一日風雲相際會九天雨露沐皇恩此則榮貴之命鶯幃須正副子嗣繼衣新運行初壬申災晦幸過詩禮趨庭癸酉運中十年窗下留心志一旦天邊澤顯榮甲戌運中躍過禹門三汲浪濟濟衣冠拜九重乙亥運中慶事休戀三尺法理刑渾似一園春熱花舞雪雨過山青丙子運中金紫庄榮權勢重山河十郡仰威權丁丑運中赤心扶日月素志展經綸戊寅運中春光去也花落月沉

甲午年　辛未月　己未日　乙亥時

此八字己未陰刃之日時上偏官之格官杀混雜減我光荣主人生於郎族長於仁門椿萱皓首先亡母天邊鴻鴈不同群其爲人也丰姿清雅天性老誠機謀較服举用人欽行藏竟瀟洒咲傲任枯荣出土黃金顯十分之貴色雖雲皓月布萬里之清明常爲萬里客有愧身遊山翫水携詩卷對月觀花把酒斟花無桃李非春色一藝隨身樂太平般、好學件、不精常將好意番成悪每把真心換得嗔雖不遠侯封爵自然財祿豐盈此則旺盃之命鴛幃須重續子嗣髭又盈運行初壬申上人庇下何處平生癸酉運中春歸柳葉情初变紅入苑花疑未匀甲戌運中世情濃又淡、處又还濃乙亥運中雖則行藏有慶還愁人事髭盈丙子運中才帛盈囊人事廣也愁飛絮襲衣襟丁丑運中旺中尚有盈頭雪依旧財源倍有增一番風雨須刻逡巡戊寅運中安閑晚景己卯運中春夢無憑

甲午年　辛未月　庚午日　辛巳時

此八字庚午貴人之日相配柱中火土雜氣杀印之格人生得此生於右族長於名門椿萱榮晚贈崇棣各敎崇其為人也丰姿清秀天性聰明筆落驚風雨詩成泣鬼神當仁不讓見善則欽終是登庸之客豈為田舍之翁萬里扶搖驚睡蟄一声霹靂躍潜鱗長安人滿路爭看綠衣人此則榮傑之命鴛幃得配名門女子嗣生成貴显八幼年之下春風融蕩夏日炎蒸壬申運中讀書映雪觀史引燈癸酉運中龍門変化三春浪鵬路逍遥萬里程甲戌運中位鎮法司名德重西風洒雪尚愁人乙亥運中金紫荣遷權勢重還晴梨雨舞晴空丙子運中一枕餘香隔年夢斜風吹落楚山雲

甲午年　辛未月　癸未日　癸丑時

此八字偏官之格值斯象者椿萱有倚鴻鴈行聯其為人也丰姿清秀能語能言斈問通今傳古智謀能別愚賢終是功名之客豈教鑿井耕田一日風雲相際命濟濟生洗滿月前此則清貴之命鶯幃玉潤桂子秋妍運行初壬申上人庇下未論暑寒癸酉運中聞詩李礼摘句尋篇甲戌運中一從楊姓字教鐸姓字傳乙亥運中政化東西冷仁風遠近傳丙子運中一天音雨隨平生豈愁風擺釣魚船丁丑運中冲擊之所樂處迍邅戊寅運中帰來故里夢入九泉

甲午年　辛未月　乙亥日　癸未時

此八字乙亥日元相配柱中金土襍氣才殺之格人生得此生於右族長於高門水火嚴慈双晩別天邊鴻鴈有行鳴其為人也丰姿清秀天性聰明機謀輙服斈用人欽過火黃金重長價離雲皎月借清明笋長名园過舊竹苍開上苑勝先春雖不成名利平生近貴人海湖声名播鄉閭姓字馨但顯粟陳并貫朽何須天府沐恩榮此則饒裕之命死幃火命須年小子嗣生成跨灶人運行初壬申春風駘蕩夏日炎蒸癸酉運中寒向梅中尽春從柳上生甲戌運中梅須遜雪三分白雪亦輸梅一段馨乙亥運中才源雖旺足人事尚虧盈丙子運中不獨才源富足尚祈声势豪洪當此之際風雪重重丁丑運中有田皆種玉無樹不生英戊寅運中落苍冧冧啼山鳥香夢悠悠入九重

甲午年　壬申月　丙寅日　甲午時

此八字丙寅長生之日相配柱中金水財來之格遇逢陽刃以相幫遇斯命者生於雲淡之族長於清白之門土命椿萱離祖客天邊鴻鴈各行鳴其為人也丰姿清秀天性老誠知高下識重輕祖業須重立根源勝舊風黃火過火重增價白璧離塵色更明田園桑柘茂畝畝稻粱馨得意江山詩句徤忘情日月酒杯深江湖有意公卿小廊廟無心宇宙輕此則發福之命鴛幃連珠低一截子嗣秋來旺宅門運行初癸酉土人庇下未斷平生甲戌運中未觀桃李紅紅色且喜湖光淡淡晴乙亥運中梅須遜雪三分白雪却輸梅一段馨丙子運中水兩日添池水滿春風吹綻海棠紅丁丑運中絮落院落溶溶月柳絮池塘淡淡風戊戌運中松尚茂柳尤青己亥運中春光去也花落月沉

甲午年　壬申月　壬戌日　壬寅時

此八字壬戌日德之辰相配柱中旺金印綬之格才印混雜減我功名主人生於右族長高門土木椿萱雙晚栽天邊鴻鴈有行鳴其為人也丰姿清秀天性聰明知礼義識古今過火黃金重長價離雲皎月倍清明玉堂崑崙藏韞色蘭生楚澤散清馨檻外花開春富貴庭前竹報日昇平一生財祿旺名利若浮雲此則穩厚之命鴛幃連珠須配少子嗣秋來旺宅門運行初癸酉春風駘蕩夏日炎蒸甲戌運中雨過山方秀雲開始月明乙亥運中萬疊好山雲乍斂一輪明月雨初晴丙子運中富之以潤其屋德之以顯其身丁丑運中雪晴雲散天如洗從此財源倍有增戊寅運中沖擊之所如月入雲己卯運中落花寂寂啼山鳥春夢悠悠入九重

甲午年　壬申月　庚戌日　壬午時

此八字庚戌魁罡日相配柱中水木傷官助才之格遇斯命者生於右族長於名門椿萱木火童年長天邊鴻鴈有隨鳴其為人也丰姿清秀天性聰明知高識下理曰分清謀動君子威伏小人過火黄金重長價離雲皎月倍清明不以功名為念豈将冠冕磨礱才源富足平生好何必天邊沐寵榮此則穩享之命鶯儔有犯須年敵子嗣秋來朶朶榮運行初癸酉上人庇下未斷平生甲戌運中春園雖雨過桃李未生矣乙亥運中才源雖富足人事尚虧盈丙子運中天上三陽泰人間五福臻丁丑運中雪晴雲散天如洗從此滔滔福祿增戊寅運中門楣壯觀第宅增新己卯運中花落水流春已失蘭摧玉折恨何勝

甲午年　壬申月　庚子日　庚辰時

此八字庚子之日相配柱中水火傷官助才之格亦有井欄叉之意主人生於旺族長於高居金水椿萱双晚贈天邊鴻鴈各行飛其為人也丰資清秀氣岸高奇研窮今古漁獵詩書袖裡虹霓沖霄已筆端風雨駕雲濟終是功名之客豈為田舍之人一朝騰踏飛黄去濟濟衣冠拜鳳池此則榮貴之命鸞儔春藹連珠蔔子嗣秋來有出奇初年之下花放風欺癸酉運中十年窗下業遂志在書帷甲戌運中有志於書史無心別蠹魚乙亥運中躍過禹門三級浪濟濟衣冠拜鳳池丙子運中戣服霜威推酷吏更将仁政濟顛危西風滿蒼雪依舊幸無危丁丑運中一番風雪初晴後三度君恩墜紫泥戊寅運中沖擊之所且賦歸歟己卯運中夕陽有限逝者無迴

甲午年　壬申月　壬戌日　庚戌時

此八字壬戌日德之辰相配柱中水金印綬之格印綬者上格也主人生於右族長於名門嚴靈雙親壽声名勝祖風其為人也丰姿清秀天性聰明知今識古處事公平黄金過火重增價白壁新紅桃李風祖基祖業添新慶才帛声名悦琢成未開水府珠光現百尺豐城劍自明萬壹好山雲作斂一川風景及特鮮但顏一生才祿重何須鑿鮮到塲中此則穏厚之命鴛幃水命結年長子嗣生来芸桂枝遲行初癸酉上人癃下行樂春風甲戌運中来題桃李将將色且待海水有澄清乙亥運中萬里烟霧重三秋月来光丙子運中積粟添新慶財如夜月明丁丑運中才源滾滾多豐厚何期風雪尚侵人戊寅運中田園阡陌黄金貴家計盈愈貫粟陳已卯運中人生百歲声名盡月落西沉花謝來

甲午年　壬申月　戊辰日　壬子時

此八字戊辰日德之辰相配柱中金木食神制殺之格才神在時滅我功名主人生於右族長於高門椿萱木命双存晚天邉鴻鴈各行鳴其為人也丰姿清秀天性剛忠頗知礼義稍識古今行蔵果斷作事老成過火黄金重長價離雲皎月陪清明祖基重整煩事業再增新江湖有生意閭里姓名馨兩都秋色皆喬木耆舊風流有幾人雖不綺羅衣綉錦也應財祿足豐盈此則穏厚之命鴛幃連珠須配小子嗣秋来朶朶荣運行初癸酉上人庇下花放風生甲戌運中漸養夜凉池雨過信知花放曉風輕乙亥運中畫水無聲空有浪綉花雖艷不聞馨丙子運中財源富足家居好須臾素耗尚相侵丁丑運中軒閒化日千祥集簾捲香風百福增戊寅運中晚年閑快樂己卯運中一枕入巫峰

甲午年　壬申月　己亥日　壬申時

此八字己亥日元相配柱中金水傷官助財之格女人得此生於右族長於高門椿萱雙晚別鴻雁各行鳴其為人也丰姿清秀髮貌超群有針綫之巧立業之勤雪為輕粉憑風傳霞作胭脂仗日勻有遺訓斷機之志氣相夫教子之材能春入水光成嫩綠日勻花蕚發新紅滔滔無阻滯步步助夫門玉産崐崙藏韞色蘭生楚澤散清馨性急如風翻浪心安似月離雲佇看夫榮子貴也應同沐皇恩此則榮貴之命良人得配榮身家子嗣生成貴顯人運行初辛未上人庇下蔭秀閨閫庚午運中孔雀屏開花爛熳橋橫銀漢水澄清己巳運中福若泉源湧財如春氣生戊辰運中簾捲香風生百福軒開化日祿源增丁卯運中夫榮子秀樂意忘情丙寅運中錦綉滿身扶不起金蓮無力戴娉婷乙丑運中夕陽有限春夢無憑

甲午年　壬申月　己亥日　癸酉時

此八字己土日元相配柱中金水傷官助財之格女人得此生於右族配於名門椿萱雖並老棠棣各數榮其為人也姿容清爽德茂行真勝丈夫氣槩有男子材能雲杈華岳千山秀水到湘江一樣清玉産崑崙藏韞色蘭生楚澤散清馨深明閨壼理洞識古今情性快如江濤春壯心安似山月秋清錦綉花開春富貴琅玕竹報日昇平雖然不作榮封婦晚年子貴也光榮此則穩厚女命良人有犯須先別子嗣枝頭有顯榮運行初辛未上人庇下蔭秀閨門庚午運中路入桃園花爛熳橋橫銀漢水澄清己巳運中雖則夫門才業旺也愁人事有虧盈戊辰運中精神又憔悴憔悴又精神丁卯運中一度愁心對蒼雪沙禽尤鮮報昇平丙寅運中冲擊之所如履薄水乙丑運中享子孫之福慶甲子運中夢杳杳之佳成

甲午年　壬申月　戊午日　丙辰時

此八字戊午日刃之辰相配柱中金水食神生才之格人生得此仕路馳声椿萱双耐壽鴻鴈有飛騰手姿慷慨天性聰明李問胸中廣詞源筆下精黄道三秋騰驤足赤霄千里奮鵬程一從恭琳宴粛氣自飛騰此則榮耀之命鴛幃金正副桂子有承榮運行初癸酉上人庇下詩礼趨庭甲戌欲遂平生志潜心對短檠乙亥運中禹浪連三躍沾恩粛氣生丙子運中一番梨雨過金紫大夫榮丁丑運中權衡千万里風浪两三層戊寅運中大才大用威振邊城己卯運中黄花緑酒庚辰運中一夢難醒

甲午年　壬申月　己未日　庚午時

此八字己未傷刃之日相配柱中金水傷官印綬之格人生得此生於右族長於名門木土椿萱双脱茂天遣鴻鴈各行飛其為人也丰姿清秀天性果刚稍有賢良之智粗知礼義之方學問不侵顏孟業生平常獲貴人鄉重成新事業再整旧門墻行藏果斷作事商量消閑棊一局遣興酒三觴門迎珠履三千客屋列金釵十二行但欲良田千百畝何必思登天子堂此則富足之命北幃重合巹子嗣晚光揚運行初癸酉上人庇下花放風狂甲戌運中如花向日枝枝艷似笋穿泥節節長乙亥運中水向石邊流出冷風從花底過来興丙子運中春草春江相如緑新鶯新柳競争黄丁丑運中于旋于闘乃積乃倉富此之際氣盈満墻戊寅運中富貴榮華富此濟何愁帝宅不光揚己卯運中晚年多快楽一枕入黄泉

甲午年　壬申月　戊申日　丙辰時

此八字戊申長生之日相配柱中金水食神助才之格歲杀之論主人生於右族長於高門金火椿萱歲長天边鴻鴈有行鳴其為人也丰姿清秀天性豪洪世事頗能將就觥觥孝欠精通過火黃金重長價離雲皓月倍清明笋長名園過旧竹花開上苑勝先春不以功名為念豈將冠冕磨礱才源富足樓閣凌雲江湖有意公卿小廊廟無心宇宙輕鄉民仰德閭里推尊此則穩盛之命允幃有犯須年長子嗣森枝有挺荣運行初癸酉上人庇下花放風生甲戌運中隱隱輕雷柚碧笋微微細雨潤紅英乙亥運中水向石边流出冷風從花底過来香丙子運中才源旺足家居好風雪飛来幸不驚丁丑運中埋柳已敷新幹緑園梅不改旧時馨戊寅運中延賓玩物會友開樽己卯運中無思無慮庚辰運中一梦难醒

甲午年　壬申月　己巳日　乙丑時

此八字己巳日元相配柱中金木傷官制煞之格人生得此生於右族長於仁門萱母續紋椿磊落天逢鴻鴈各行鳴其爲人也丰姿清秀天性聰明般般稍覽件件不精風月處友瀟洒客情自有順天之慶豈無福地之深縈紆春蚓行行從鉄畫銀鈎字字明一朝遇貴相提挈也應天府沐皇恩此則榮貴之命鴛幃春色麗子嗣曉光榮運行初癸酉上人庇下災悔之中甲戌運中欲思登仕路須用對青燈乙亥運中時来自有良機會頃刻騰身入帝京丙子運中雪積雲散後雨露再光榮丁丑運中即署官函何足羨大夫職位貴重封戊寅運中正宜加爵祿未許便辭榮己卯運中榮回故里庚辰運中一枕清風

甲午年　壬申月　庚子日　癸未時

此八字庚子日元相配柱中水木傷官助才之格人生得此生於右族長於名門堂上椿萱茂長天邊鴻鴈各行鳴其為人也丰姿清秀天性聰明知高識下理白分清遇火黃金須長價雖雲皎月倍清明祖業添新慶根基勝旧風初中無姓宝水底見珠珎花無桃李非春色人有笙歌是太平時至才源富足自然福祿無窮鄉邦仰德閭里推尊此則穩旺之命駕帏有犯須招副子嗣生成貴显門運行初癸酉突閑已過天朗氣清甲戌運中紅杏香中茂青荷水上生乙亥運中隱桂雷抽嫩笋微微細雨浥花英丙子運中山前山後皆明月江北江南総是春丁丑運中才源富足家居好風雪飛來尚恼人戊寅運中門楣壯觀福祿駢臻己卯運中春光去也一枕清風

甲午年　壬申月　庚戌日　戊寅時

此八字庚戌魁罡之日財官之格食神生旺盛似財官值斯命者椿父先帰萱後别天邊鴻鴈不聯群丰姿磊落天性聰明學問三冬足詩書萬卷通終是功名之客豈為田舍之人稷林雖不忝高宦晚節仁風百里聞幾番生進退幸不損威棱此則榮貴之命鴛帏火命須年敵子嗣枝頭二果成運行初癸酉上人庇下未斷平生當此之際風木之驚甲戌運中映雪讀書觀史引燈乙亥運中幾欲思高慕遠番成捉月捕風丙子運中機會來時離泮水依然困守讀書灯丁丑運中寄跡橋門十載寒毡陰硯辛勤戊寅運中一從沭得天邊寵百里弦歌樂太平當是之時跂跰生驚己卯運中悠悠籬下庚辰運中一枕難醒

甲午年　壬申月　壬子日　丙午時

此八字壬子日刃之辰相配柱中旺金印綬之格才神在柱滅我功名主人生於平淡之族長於清白之門水木椿萱離祖客天邊鴻雁各行鳴其為人也丰姿清雅天性剛忠知高下識重輕過火黃金重長價離雲皎月倍清明重成新事業再整舊門庭門外田疇千古計庭前花木四時新不以功名為念豈將冠冕攀蟾得意江山詩句健忘情日月酒盃深但願一生財祿旺何必天邊沐寵榮此則發福之命鸞幃金玉潤子嗣晚叢叢運行初癸酉上人庇下花放風生過此甲戌運中隱隱輕雷抽碧笋微微細雨潤紅英乙亥運中寒向梅中盡春從柳上生丙子運中梅須遜雪三分白雪却輸梅一段馨丁丑運中梨花院落溶溶月柳絮池塘淡淡風戊寅運中豐年田舍禾盈警臘日山家酒滿斟己卯運中花已落月尤沉

甲午年　壬申月　丁卯日　乙酉時

此八字丁卯日貴之辰相配柱中金水才官之格人生得此生於右族長於名門椿萱双晚茂鴻雁各行鳴其為人也丰姿清秀天性剛忠知高下識重輕黃金過火方增價白壁離塵色更明曰福曰榮自有順天之慶常安常樂豈無福地之謀祖業添新慶根源勝舊風英雄惟贈劍三尺豪傑相逢酒一鍾但願一生才祿旺何須騎馬入神京此則發福之命鸞幃重合養子嗣晚光榮運行初癸酉上人庇下夏日春風甲戌運中娟娟雲裡月灼灼葉中英乙亥運中梅須遜雪三分白雪却輸梅一段馨丙子運中不獨才源富足尚祈声勢豪洪丁丑運中庭前竹報平安日檻外花開富貴春當此之際柳絮輕盈戊寅運中晚年快樂福祿駢臻己卯運中春光如過隙一枕了平生

甲午年　壬申月　壬寅日　戊申時

此八字壬寅趋艮之日相配柱中金土系生印綬之格刑冲太重減有功名主人生於右族長於西房椿親磊落萱帰副天邊鴻鴈翱翔其為人也手姿清秀天性果剛聰明書显達倜儻世情長李問不精顔孟業生平常履貴人鄉不慈不勇可方可員壬戌新事業再愁旧門庭遊山翫水詩卷對月観花把酒斟田園桑拓茂畝畝稲梁鶩但額才源多富足何必思登天子堂此則穩孚之命鶯幃宜有贈子嗣脫光荣運行初癸酉上人庇下花放風狂甲戌運中雨過园挑蓁錦風和堤柳萎芳乙亥運中水向石边流出冷風從花底過来馨丙子運中才源富足家居好風雪飛来尚感傷丁丑運中門迎珠履三千客屏列金釵十二行戊寅運中

甲午年　壬申月　癸丑日　庚申時

此八字癸丑日元相配柱中助金印綬之格印綬者上也主人生於深邃之室長於豐潤之居椿萱雙脫茂鴻鴈有高飛其為人也半姿清秀天性聰明般般稍覧件件不精過火黄金須長價離雲皎月陪光輝行藏果断作事三思季倫錦帳何為貴秦帝阿房未足奇花盈上苑果盈園稲滿田疇水滿池非吏非儒非汗馬畝金納粟也光輝此則富荣之命鶯幃連理合子嗣脫標奇運行初癸酉上人庇下花放風吹甲戌運中不為惜花春起早多因愛月夜眠遲乙亥運中爆竹声傳残臘盡折梅香引早春歸丙子運中瀼瀼財源盛滔滔福禄餘丁丑運中天上三陽泰人間五福齊當此之際雪滿襟裾戊寅運中晚年快樂會友圍棊己卯運中春光去也花落月西

甲午年　壬申月　戊午日　丁巳時

此八字戊午日刃之辰相配柱中金水食神生才之格喜逢日祿以歸時人生得此仕路声馳椿萱荣耐晚鴻鴈有同飛手姿洒落天性能為孝識穷通今古胸中精貫詩書瓊林難不登高宴有里仁風物色齊此則量貴之命鴛幃有碍重倆正桂子金風朵朵奇運行初癸酉上人庇下花放風欺甲戌運中詩書穷万卷便擬向秋幃乙亥運中折桂荣回光故里陽関三疊上天墀丙子運中荣沾新寵澤化日照黙恭丁丑運中一番風雪遇祿位又加悪戊寅運中黄花緑酒己卯運中歸去来兮

甲午年　壬申月　丁未日　乙巳時

此八字丁未陰刃之日相配柱中金水財官之格喜逢印綬助身遇此命者生於右族長於名门水火椿萱双悦茂天邊鴻鴈各行鳴其為人也丰姿清秀天性聰明胸藏今古事情懷孝識深過火黄金重長價高雲皎月倍清明祖業添新慶根源勝旧国门外田疇千頃則庭前松菊百般新此則穩享之命兆幃金火逼年小子嗣秋香性貴人運行初癸酉上人庇下未斷安悔甲戌運中隐又輕雷抽碧笋激又細雨潤红英乙亥運中近水楼臺先得月向陽之地早先春丙子運中天上三陽泰人间五福臻丁丑運中庭前竹报平安日檻外花闹富貴春戊寅運中延寓豹隱會客開樽己卯運中人生万古知何用西楼一枕了平生

甲午年　壬申月　庚戌日　戊寅時

此八字庚戌魁罡之主相配柱中木大才杀之格喜逢強祿身強遇此命者生於遊宦之族長於大宦之門椿萱榮且壽萱母不須論天邊鴻雁陣各自有飛騰其為人也丰姿清秀天性聰明胸含古事孝識聖賢心麗向妙為天下白英材俊似海東青荳是池中之物尤來座上之珎北海蛟龍頭角聳南山瘦虎爪牙新一朝騰達飛黃去九重雨露沐

皇恩此則榮貴之命也佛得配名門女子嗣生成貴顯人運行初癸酉上人庇下安脇未伸甲戌運中十年窗下景黃卷與青灯乙亥運中鵬路高飛知徒竟龍門從踏是修砂丙子運中威權凜又好邪伏勢烈轟又上喜欽丁丑運中戕贵今門内身榮土辛中戊寅運中正歎思

君輔同偏教一旦成空己卯運中一朝青春挑花落鳥去声

甲午年　壬申月　戊辰日　癸丑時

此八字戊辰日德辰相配柱中金木食神制杀之格歲杀才助為奇主人生於右族長於名門木命椿萱雙晚茂天邊鴻雁各翱翔其為人也丰姿清秀天性果剛聰明書藝遠倜儻世情常字問不親顏孟業生平常履貴人鄉重成新事業再整旧門墻不慈不勇可員可方樓臺疊疊生涯好才帛盈囊又積倉雖不建侯封爵貴有金有粟也光揚此則富而且貴之命鸞幃配合魚水子嗣生來又必昌運行初癸酉上人庇下花放風狂甲戌運中如花向日枝枝艷似笋穿泥節節長乙亥運中隱隱輕雷抽碧笋微微細雨潤葉揚丙子運中財源富足福祿榮昌丁丑運中門迎珠履三千客戶列金釵十二行戊寅運中有臺有沼乃積乃倉己酉運中春光去也一枕黃粱

甲午年　壬申月　丙寅日　辛卯時

此八字丙寅長生之日相配柱中金水才杀之格
喜逢印綬扶身值斯命者生於右族長於名門椿
萱双耐晚鴻鴈各騰風其為人也丰姿清秀天性
能為詞流三峽誰能敵筆掃千軍孰与倫過火黄
金重長價離雲皎月陪光明終是功名之客豈為
田舍之翁三級浪中龍變化九霄雲外鳳騰飛一
朝姓字傳揚日戢位重陞拜九重此則榮貴之命
鴛幃烛夜添新整子嗣生成貴显人運初行癸酉
上人庇下未断吉凶甲戌運中欲遂雲霄志須留
窓下功乙亥運中報道是龍还不信果然奪得錦
袍新丙子運中寒拂綉衣催験是風生玉節下雲
層丁丑運中戢近金紫貴權位有威能當此之特
風雪满庭戊寅運中正宜侍明主未許解簪纓己
卯運中晚年閑故里庚辰運中春夢惜無憑

甲午年　壬申月　癸卯日　乙卯時

此八字癸卯日貴之辰相配柱中金木傷官帶印
之格人生得此生於右族長於名門金木萱椿双
晚茂天邊鴻鴈各行鳴其為人也丰姿清秀天
性聰明源流三峽誰能及筆掃千軍孰與倫過火
黄金重長價離雲皎月倍清明終是功名之客
豈為田舍之翁奮身辞白屋平步入青雲一朝
騰路飛黄去濟濟衣冠拜九重此則榮貴之命
鴛幃連珠須配小子嗣秋來有挺榮運行初癸
酉上人庇下癸悔之中甲戌運中十年窓下業時
至偶成名乙亥運中躍過三層浪朝班立縉紳
丙子運中黎民畋父母政化洽西東丁丑運中
皇恩有感重加祿粉署臨班戢位陞當此之
際風雪满庭戊寅運中戢遷金紫布德施
仁己卯運中夕陽有限春梦無憑

甲午年　壬申月　辛卯日　乙亥時

此八字傷官之格傷官者靈變之物也其為人也多智慧顯聰明未得貴人寶馬問貴家名萱母先歸椿後別西風鴻雁失行群事業須畜覆資囊破復成滿世功名甘不顧五湖風月且忘情此則中和之命鶯幃大命須年少子嗣森枝旺宅庭運行初癸酉無愁無喜不辱不榮甲戌運中天邊初出月兎上始開英

乙亥運中東風料稍未称登臨丙子運中但待高人引財資日有增丁丑運中人情似紙畨、薄世事如棋局、新戊寅運中妻賢而子秀五福自駢臻己卯運中桑榆晚景庚辰運中一道訃音

甲午年　壬申月　丁未日　庚戌時

此八字丁未陰刃日相配柱中才官印三奇之格三奇者貴氣之物也人生得此生於右族長於名門金水椿萱双晚贈天邊鴻雁各行鳴其為人也丰姿清秀天性聰明源流三峽誰能及筆掃千軍孰与論衣冠濟濟人中傑和氣怡怡席上珍終是功名之客豈為田舍之翁鵬路高摶知健翼龍門深躍是脩鱗一從姓字傳揚後古道風寒賴聖明此則榮華之命兆幃連珠須配小子嗣生成貴顯人運行初癸酉上人庇下未斷平生甲戌運中十年窓下業黃卷有才能

乙亥運中起鳳騰蛟從此始果然秉笏拜金門丙子運中寒拂紫衣催駿騎光生玉節下雲層丁丑運中戰廷金紫貴風雪不為驚戊寅運中有財應大用何事便辞榮己卯運中晚年閑快樂一枕入巫峯

甲午年　壬申月　癸丑日　辛酉時

此八字癸丑日元相配柱中旺金印綬之格印綬者上格也主人生於宦族長於異鄉土木椿萱榮晚贈天邊鴻鴈各翱翔其為人也丰姿清秀天性聰明書攀少倜儻人事且倡佯學問不親顏孟樂才源富足衆人揚重成新事業再整舊門擂才源高足樓閣軒昂消閑棊一局遺興酒三觴門迎珠履三千客曾列金釵十二行但頼才源而旺還尚必思登天子堂此則穩富之命鸞幃全正副子嗣晚光榮運行初癸酉上人庇下未斷平生甲戌運中如花向日枝枝綠似笋穿泥節節長乙亥運中水向石邊流出冷風從花底過来香丙子運中雖則行藏有慶還愁人事悠揚丁丑運中簷捲香風生百福軒開化日集千祥富此之滌風雪满庭戊寅運中于藏于笥刀積乃倉己卯運中黃粱未熟清夢難醒

甲午年　壬申月　乙丑日　戊寅時

此八字乙丑日元相配柱中金水官印之格有官有印無破作廊廟之才主人生於右族長於名門椿萱双晚茂棠棣各敷榮其為人也丰姿清秀天性聰明冒羅今古事學識聖賢心璽句妙為天下白高村俊似海東青終是功名之客豈為田舍之翁龍門變化三春浪鵬路逍遥萬里程一從揚姓字秉笏拜天門此則榮貴之命鸞幃連珠須配小子嗣秋来旺益門運行初癸酉上人庇下未斷平生甲戌運中欲遂平生志須加董子功乙亥運中莫愁雲路遠時至奮鵬程丙子運中黎民皈父母粉署姓名馨丁丑運中職遷金紫貴風雪又還生戊寅運中重紫重金當是景還愁摧重尚生凶己卯運中榮回故里美酒盈樽庚辰運中花落水流春已失蘭摧玉折恨何鳴

甲午年　壬申月　癸丑日　庚申時

此八字癸丑日元相配柱中旺金殺生印綬之格女人得此生於右族長配高門椿萱双慨茂棠棣各數榮其為人也姿顏清致髮貌超群有針黹之巧立業之勤一苑杏桃鋪錦綉满山松柏映幃屏每懷丸膽意時抱擇隣心玉產崑崗藏韞色蘭生楚澤散清馨心靜似月明雲漢性急如風捲殘雲佇看夫榮子貴也應同沐天恩此則榮益之命良人得配榮華客子嗣秋來朵朵榮運行辛未上人庇下毓秀閨門庚午運中契合翠鸞成好夢夤緣紅葉是良姻已巳運中正是梅清月白還愁微雨弄晴戊辰運中齊濟裙釵絢日輝輝羅綺臨風丁卯運中榮華疊疊沛澤紛紛丙寅運中子貴重榮贈何愁白髮生乙丑運中夕陽有限春夢無憑

甲午年　壬申月　己未日　戊辰時

此八字乙未陰刃之日相配柱中金水傷官肋才之格人生得此生於右室長於高居萱毋續絃椿磊落天邊鳴鴈各行鳴其為人也丰姿清秀天性聰明胸羅今古事學識聖賢心過火黃金重長價離雲皎月倍清明衣冠濟濟人中傑和氣怡怡席上珍終是功名之客豈為田舍之翁北海蛟龍頭角聳南山豹变爪牙新一朝揚姓字東劳覲明君此則榮貴之命鴛幃重會耋子嗣晚光榮運行初癸酉上人庇下花放風生甲戌運中讀殘芽店月囊聚案頭螢巳酉運中時來風送滕王閣頃刻高搏萬里程丙子運中重沐恩波鳳池裏朝朝染翰侍明君丁丑運中衣惹御爐抱瑞錦箋宣皇澤洒春霖當此之際風雪憏情戊寅運中冲擊之所權重生驚己卯運中楚臺雲散空留夢漢花香霄不返魂

甲午年　壬申月　乙丑日　丙子時

此八字乙丑日元相配柱中金水官印之格六乙鼎貴之論主人生於右族長於名門水火椿萱雙脫茂天邊鴻雁各飛騰其爲人也丰姿清秀天性無能頗知礼義稍識古今行藏竟消洒笑傲任枯榮黃金過火重增價白璧離塵色更明才源冨足樓閣凌雲萬事光華世事每從忙裏就才聡美景才源自向遠方生福多成缶濆威勢壓黎民此則福旺之命鸞幃重合遲子嗣晚光榮運行初癸酉運中幼年之下淡淡春雲甲戌運中如花向日似月離雲乙亥運中漸覺夜凉池雨過信知花放晚風清丙子運中不獨才源富足應祈聲勢豪洪丁丑運中雪晴雲散天如洗浩大財源福祿增又至戊寅運中如松含晚翠似菊吐金英己卯運中黃粱未熟清夢先行

甲午年　甲戌月　甲辰日　戊辰時

此八字甲辰日元相配柱中火土傷官助才
之格比肩大重減我功名生於右族長
於名門椿父先歸萱後别隔行天際不同群
其為人也丰姿清淡天性老誠言不妄發事
不胡行破知禮義稍識古今行無多計較
稍有淡聰明祖基祖業添新慶才帛資囊
自琢成不向仕途求問達却来湖海覓黄
金遇險終無險逢凶喜不凶掘於自己巧與他
人但須財源富足何須天府求名此則豊
磽之命鴛幃木命須年小子嗣秋来有梃
榮運行乙亥幼年之下来斷平生丙子運中
春歸柳葉晴初變紅入桃源燰未匀繡花
看有艷畫水听無聲戊寅運中雖則行
藏有慶還愁數耗相侵己卯運中財源
雖旺足人事尚虧盈庚辰運中得未喜失
未驚辛巳運中享子孫之福慶壬寅運中
夢杳杳之佳城

甲午年　甲戌月　丙辰日　丙申

此八字丙辰日德之辰相配柱中金土傷官助才
之格人生得此生於右族長於名門木金椿萱雙
脱茂天邊鴻雁各行鳴其為人也丰姿清秀天性
聰明高謀遠見機関别慷慨春風一妙人過火黄
金重長價離雲皎月倍清明有心於貨利無意慕
功名祖業添新慶根源勝舊風花無桃李非春色
人有笙歌是太平朝中無姓字閭里播方名但願
一生才祿旺何須天府沐皇恩此則穏厚之命鴛
幃連珠低一載子嗣生成貴顯人運行初乙亥春
風融蕩夏日炎蒸丙子運中娟娟梅月白淡淡柳
風青丁丑運中隱隱輊雷抽碧笋微微細雨潤紅
英戊寅運中五湖生計好四海祿元增己卯運中
正是太平光霽景還愁風雪滿門庭庚辰運中富
潤屋德潤身辛巳運中一枕餘香隔年夢斜風吹
落楚山雲

甲午年　甲戌月　乙丑日　甲申時

此八字乙丑日元相配柱中火土傷官聊才之格
人生得此生於右族長於西房搢新累落盖帰副
天邊鳴雁各行鳴其爲人也聿資清秀天性果剛
心胸藏錦綉筆底妙文章東海驪珠能幾見豐誠
雷鑑不終藏終是功名之客豈爲田舍之翁純學
科場驚識院英財翰苑沐恩光瑶池恍鞭静秉笏
拜君王此則崇貴之命鸞幃重合景子嗣晚光揚
運行初乙亥幼年之下花放風生丙子運中味道
心千古披文閱五行丁丑運中莫愁雪阻蘭閣道

時來雲路遠飛揚戊寅運中躍過三層浪朝班識
聖顏己卯運中重重風雪過金紫輔朝堂庚辰運
中有財應大用未許便還鄉辛巳運中榮同故里
美酒盈觴壬午運中帰去也

甲午年　甲戌月　丁卯日　辛亥時

此八字丁卯日元相配柱中水土傷官帶印之格
主人生於右族長於西房搢紳晚貴萱帰别天邊
鴻雁各翱翔其為人也丰姿清秀礼樂鏗鏘筆底
詞源三峽遠胸中李是五車藏東海驪珠能事見
豐成雷劍不忍藏終是功名之客豈爲田舍之郎
一朝馬上衣冠别此是男兒當自強此則榮貴之
命鸞幃重合蚤子嗣晚光揚運行初乙亥幼年之
下突悔之鄉丙子運中味道心千古披文目五行
丁丑運中篤李十年窓下特來須刻飛黃戊寅運

中到此始知文李好長安道上姓名香當此之際
風雪滿場己卯運中處事但憑三尺法理刑渾似
九秋霜庚辰運中有才應用意未許便回鄉辛巳
運中春光去也一枕黄粱

甲午年　甲戌月　丙寅日　庚寅時

此八字丙寅長生之日相配柱中旺火傷官之格人生得此生於右族長於高門同屬椿萱雙晚贈天邊鴻鴈各行鳴其為人也丰姿清秀天性聰明胸羅今古事學識聖賢心腹句好為天下白高材俊似海東青終是功名客莫為田舍翁鵬路高摶知健翼龍門深躍見脩鱗一從姓字傳揚後直上金鑾覲聖明此則榮貴之命鴛幃春色腹子嗣晚光榮運行初乙亥上人庇下安晦未仲丙子運中十年窓下業黃卷與青燈丁丑運中起鳳騰蛟從此始果然東勞拜明君戊寅運中驛中曉日催行騎江上春風促去程己卯運中三度君恩金紫貴兩番風木使人驚庚辰運中重金重紫布德施仁辛巳運中一枕黃粱夢千年永不醒

甲午年　甲戌月　己酉日　己巳時

此八字己酉日元相配柱中木火襍氣官印之格有官有印元破作廊廟之材主人生於西房長於宦族椿親堂早萱歸劃天边鴻鴈各凌雲其為人也丰姿清秀天性聰明孝問有成筆底辭源三峽遠英村敏捷胸中瑩潔一天星鵬路高摶知健翼龍門深躍見脩鱗風傳五漏金門曉花映千旌玉殿春此則榮貴之命鴛幃燭夜添新卺子嗣榮門晚節馨運行初乙亥上人庇下安晦之中丙子運中勤心雪案秉燭論文丁丑運中騰身離泮水攀桂步蟾宮戊寅運中躍过三層浪朝班立縉紳己卯運中雪晴重杜麗金紫戰權衡庚辰運中自嘆晚年歸故里朝廷未遂兩踪心辛巳運中歸去松筠三徑足倘来軒冕一毫輕壬午運中夕陽有限春林夕元憑

甲午年　甲戌月　甲子日　乙亥時

此八字甲子日元相配柱中火土傷官助才之格人生得此生於右族長於高堂椿萱双晚茂棠棣各芬芳其為人也丰姿清爽天性明良行藏果斷作事蕳量般般都稍覽件件只平常過火黄金重長價離雲皎月倍清光重成新事業再整舊門墻福布江山外名聞湖海間楼臺疊疊生涯好才帛盈囊又積倉但顧粟陳并貫朽何須跨馬入朝堂此則豊富之命鴛幃宜有贈子嗣長琳光運行初乙亥幼年之下花放風生丙子運中如花向日枝枝艷似笋穿泥節節長丁丑運中水向石邊流出冷風從花底過来香戊寅運中才源富足行藏好風雪飛来擲一場己卯運中于篋于笥乃積乃倉庚辰運中有茶留客有酒盈觴辛巳運中鳥啼花落春不再返

甲午年　甲戌月　丙申日　丁酉時

此八字丙火日元相配柱中土金傷官帶才之格喜逢印綬生身主人生於盛族長於高門衣冠累世王公胄柱石三朝社稷臣堂上之親耄别天邊鴻鴈分群精神烱烱智慧明明李問異常必主王堂平步奥材出類之應駟馬高乘金印拜合玉殿傳恩此則清姿之命鴛幃有碍宜偏正桂子金風晚節馨運行初乙亥花紅柳緑月白風清丙子運中讀書映雪觀史引灯丁丑運中雲程登天去奎足悠悠名戊寅運中声名閭里頭角崢嶸己卯運中風雪初消後芳名播翰林庚辰運中皇恩有感金紫高陞辛巳運中思慕鮮組壬午運中好梦难成

甲午年　甲戌月　庚申日　乙酉時

此八字庚申尊禄日相配柱中木火襍氣財官之格人生得此生於右族長於名門椿萱當晚茂棠棣發春萘其為人也丰姿清秀天性聰明錦綉胸藏賢聖學珠璣口吐武文風驪珠爲照魏雷劍豈藏豐禮樂縱横字詩書典雅文馬嘶塵土三千里鵬翼風雲九萬程七朝壓隠成文路千里思乘破浪風此則榮貴之命駕幃春聚須招副子嗣秋香朶朶榮運行初乙亥幼年之下花放風生丙子運中欲向雲中擧足須教燈下留心丁丑運中萬學十年窗下定應一擧成名戊寅運中躍過三層浪揚帆遇順風當此之際風木絛情己卯運中戢㢠金紫宇内澄清庚辰運中佇看官封三級酌然禄享千鍾辛巳運中秋光都似舊情薄山色不如歸興濃壬午運中花已落月又沉

甲午年　甲戌月　庚戌日　己卯時

此八字庚戌之日元相配柱中火土襍氣財官之格人生得此生於右族長於仁門金水椿萱奴晚茂天邊鴻鴈各行鳴其為人也丰姿清秀天性聰明知高識下理白分清過火黄金重長價離雲皎月倍清明祖業添新變財源勝駕風月掛碧天多皎潔名揚湖海育光榮不以功名爲念定将冠冕磨礱花無桃李飛春色人有笙歌是太平但願財源富足任他身外無名此則穏厚之命駕幃火命須羊小子嗣生榮貴且興運行初乙亥上人庇下未斷平生丙子運中名園雖雨過桃李未生英丁丑運中寒向梅中盡春從花上生戊寅運中財源旺足家居好須史風雨尚愁人己卯運中庭前竹報平安日檻外花開富貴春當此之際風雪滿庭庚辰運中心事數莖之白髮生涯一片之閑情辛巳運中春光去也一枕清風

甲午年　甲戌月　庚午日　庚辰時

此八字庚午貴人之日相配柱中火土雜氣官印之格有官有印無破作廊廟之材主人生於右族長於西房椿親磊落萱堦訃天邊鴻雁各分行其爲人也丰姿清秀天性果剛口吐珠璣言語胸藏錦綉文章驪珠胎䰟光難掩雷劔生豈氣自充終是功名客豈爲田舍翁一朝馬上衣冠別此是男兒富自强此則榮貴之命鴛幃燭夜添新丞子嗣秋來有顯揚運行初乙亥味道心千古披文目五行丙子運中十年窓下業一舉姓名揚丁丑運中躍過禹門三級浪秉笏金鑾拜聖王戊寅運中趣事但憑三尺法理刑渾似九秋霜當此之際風雷滿懷己卯運中職遷金紫貴德澤播省堂庚辰運中雖則金甌拜命何期解組還鄉辛巳運中春光去也一枕黄梁

甲午年　甲戌月　丙午日　己丑時

此八字丙午日刃之辰相配柱中木土傷官帶印之格人生得此生於右族長於名門椿萱榮貴連珠屬天邊鴻雁有行鳴其爲人也丰姿清秀天性聰明源流三峽誰能及筆掃千軍孰與論衣冠濟濟人中傑和氣怡怡席上珍終是功名客豈爲田舍人三級浪中龍變化九霄雲外鳳飛騰一從揚姓字秉笏拜金門此則榮貴之命鴛幃連珠須配少子嗣生成貴顯人運行初乙亥上人庇下天冷雲還凍江寬風自生丙子運中十年窓下業黄卷與青燈丁丑運中起鳳騰蛟從此始玉堂金馬豈難登戊寅運中重沐恩波鳳池裏朝朝染翰侍明君己卯運中職遷金紫貴風雪尚愁人庚辰運中赤心扶日月素志展經綸辛巳運中榮歸故里一枕難醒

甲午年　甲戌月　丙午日　癸巳時

此八字丙午日刃之辰相配柱中水土傷官之格人生得此生於右族長於名門椿萱有倚一先別天邊鴻鴈各搏風其為人也丰姿清秀天性老誠頗知礼義稍識古今有近貴親賢之德應上和下之能祖業添新慶根原勝舊風笋長名園過舊竹花開上苑勝先春不以功名為念豈於軒冕磨盤時至財源富足運来福祿駢臻福元成岳瀆盛勢壓鄉民此則穩厚之命鴛幃金玉㵎子嗣脫光崇運行初乙亥上人之下寅晦之中丙子運中登臨

雨滲賞翫春陰丁丑運中爆竹聲催殘臘去梅花香送早春歸戊寅運中月離海嶠山山秀春入園林處處英須臾素耗頃刻逡巡已卯運中一輪明月連宵皎萬里秋波徹底清庚辰運中如松含脫翠似菊吐金英辛巳運中春光去也流水法法

甲午年　甲戌月　丙午日　癸巳時

此八字丙午日辰相配柱中水土傷官印才之格人生得此生於右族長於高門椿萱皓首先髟父天邊鴻鴈各行鳴其為人也丰姿清秀天性剛能般般稍覽件件不精有近貴親賢之德應上和下之能水天浮座盃盤瑩花艷侵人咲語馨重成新事業再整舊門庭有心終待到無意慕功名世事每懷忙裏就才源日日聞平生豐年田舍禾盈豐勝自山家酒滿斟好意番成惡真心攬得嗔雖不建侯封爵自然鄉黨推尊

此則穩厚之命允幃有犯宜添續子女双双有顯榮乙亥運中上人簷下未斷平生丙子運中灼灼叢中咲丁丑運中世情看冷淡戊寅運中無心成素耗雨過山青已卯運中斷弦重又續尚有事逡巡庚辰運中冲鶩还發福片時風雨不為生辛巳運中桑榆暮景福祿駢臻壬午運中一枕了平生

甲午年　甲戌月　戊午日　己未時

此八字戊午日刃之辰相配柱中木火襍氣殺印
之格殺印相生功名顯達主人生於右族長於名
門水木椿萱双晩茂天邊鴻鴈各飛騰其為人也
丰姿磊落天性聰明渊流三峽誰能及筆掃千軍
孰與論定向月中攀桂子便從天上領陽春珪璋
白是清朝器律呂偏諧治世音緋衣日暖趍金闕
寶殿雲開識聖明此則聯榮之命鴛幃火命須年
小子嗣生成貴顯人運行初乙亥上人庇下春風
馳蕩夏日炎蒸丙子運中讀書漂麥知史引燈丁

丑運中報道是龍還不信果然奪得錦標新戊
寅運中自錫瓊林從戚飛四海淸己卯運中戟
廷金紫宇內澄清當此之際風木傷情庚辰運
中佇看官封三級酌然祿享千鍾辛巳運中解
組歸田里蘿邊樂性情壬辰運中歸去

甲午年　甲戌月　甲戌日　甲戌時

此八字傷官財才之格才盛生官終身有變値斯象
者椿萱焉得双双老鴻鴈何能隊隊聯丰姿平穩標
格天然般般歷覽件件欠全梅開白雪飄東閣筍長
新梢過北園佇看時通運達管教棲閣增添此則
穩足之命鴛幃全正副桂子晚方娇運行初乙亥上
人庇下春花昏山丙子運中寒向梅中尽春從柳上
還丁丑運中千江有水千江月萬里無雲萬里天當
此之際風雪一番戊寅運中春富貴日平安己卯運
中花盈上苑果盈圃稻滿平疇水滿田庚辰運中

富貴榮華當此際綠楊影裏眉鞦韆辛巳運中春
光一春無消息花落花開一樣天

甲午年　甲戌月　戊午月　己未時

此八字戊午日刃之辰相配柱中木火雜氣財殺之格喜逢陽刃合殺爲奇主人生於右族長於西房播親磊落豊帰副天邊鴻雁各翱翔其爲人也丰姿清秀天性果剛口吐珠璣言語胸藏錦綉文章東海驪珠能幾見豐城雷劍不終藏握水生騏驥丹山出鳳凰奮程登試院噓手取科場一從姓字傳揚後東第天門拜聖王此則榮貴之命鶯啼春蕩蕩子嗣有榮光運行初乙亥上人底下花放風狂丙子運中讀殘茅店月蹈破板橋霜丁丑運中遊望天恩雲外澤思攀桂子手中香戊寅運中萬浪三層都躍過凜凜威風郡縣化己卯運中職遷金紫聲名重風雪飛來尚感傷庚辰運中未許懸車牿還留作棟梁辛巳運中春光去也一桃黄粱

甲午年　甲戌月　辛酉日　丙申時

此八字辛酉專祿之日相配柱中木火雜氣財官之格喜逢印綬生身主人生於右族長於名門播萱帶俊雖雙耄天邊鴻雁各行鳴其爲人也丰姿清秀天性聰明源流三峽誰能及筆掃千軍孰與倫過火黄金從長價離雲皎月倍清明終是功名之客豈爲田舍之翁驚遂玉蟾攀桂去馬隨青地蹈花行一從姓字傳揚後金紫榮煌次第陛此則榮貴之命鶯啼獨夜添新慶子嗣秋來朵朵榮運行初乙亥春風貽蕩夏日炎蒸丙子運中十年窓下業黄卷與青燈丁丑運中時來風送滕王閣頃刻高搏萬里程戊寅運中寒拂紫衣催驛驥先生玉節下雲層當此之際風雪滿庭己卯運中職遷金紫貴始信棟梁洪庚辰運中正宜佐明主未得解簪纓辛巳運中夕陽有限春夢無憑

甲午年　甲戌月　戊午日　戊午時

此八字戊午日刃之辰相配柱中木火雜氣敍印之格敍印相生功名顯達主人生於右族長於高門椿萱雙晚別鴻鴈各擇風其為人也手姿清秀天性聰明胸羅星斗學貫古今袖裏虹霓冲霄色筆端風雨駕雲程衣冠濟濟人中傑和氣怡怡席上珎終是文場折桂客豈為田舍鑿耕人龍飛九五青霄近鵬路三千翰海中一從姓字傳揚後九天雨露沐皇恩此則榮貴之命鸞幃宜有贈子嗣晚光榮運行初乙亥幼年之下花放風生丙子運中欲向雲中舉足須從燈下留心丁丑運中莫愁雪阻藍關道時来頃刻便升騰戊寅運中徽折片言民訟息九天金紫又加陞當此之際風雪還生己卯運中藩臬階陞趋二品山河十郡仰威雄庚辰運中正宜侍明主未許便辭榮辛巳運中春光去也花落月沉

甲午年　甲戌月　壬寅月　己酉時

此八字壬寅趋艮日相配柱中水土傷官制杀之格人生得此生於右族長於名門水火椿萱双晚羹天边鴻鴈各行鳴其為人也丰姿清秀天性聪明知高下識重輕機謀計較自有人歎過火黃金重長價鶴雲皓月陪生明君子敬貴人欽胸藏千古英雄事志抱三場錦綉文時来機會好遇貴沐天恩此則榮貴之命死帏有須年敵子嗣秋未旺益人運行初乙亥春風駘蕩夏日炎蒸丙子運中歡登仕路須對青灯丁丑運中雲程坦坦登天去奉是悠悠名利成戊寅運中耿耿声名重滔滔雨露均己卯運中雖則声名顯重还愁風木傣情庚辰運中大抵功名只如此不如解組便辞栄丁巳運中春光去也一枕清風

甲午年 甲戌月 乙酉日 甲戌時

此八字雜氣官印之格女人得此有男子之機關勝丈夫之氣槩治家有道歷事多芳翁姑中道別妯娌各分行自古芳蘭生楚澤即今良玉韞崑崗風送雲歸古洞雨滋花蕚發新粧此則榮英榮子之命良人貴顯桂子標香運行初癸酉何分榮辱未斷炎涼壬申運中秦樓年少吹簫女漢苑風流傅粉郎辛未運中雖則家居有慶戔多世事悠揚庚午運中祥光布宇宙沛澤謝門墻己巳運中滾滾才源旺滔滔福祿昌戊辰運中不用高燒銀燭月明添倚清光丁卯運中梅已白菊尤黃丙寅運中卦音一道流水滔滔

甲午年 甲戌月 庚申日 乙酉時

此八字庚申尊權日元相配柱中木火雜氣官印之格喜逢印綬生身人生得此生於右族長於名門金火椿萱椿晚茂天邊鴻鴈各行鳴其為人也丰資清秀天性聰明頗知礼義稍識古今知高下識重輕過火黃金重長價離雲皎月倍清明自有順天之慶豈無福地之深花無桃李非春色人有笙歌是太平財源富足家居好何須跨馬入青雲此則穩厚之命鴛幃燭夜添新慶子嗣秋來朶朶成運行初乙亥春風淡蕩夏日炎蒸丙子運中春園雖雨過桃李未清英丁丑運中隱隱輕雷抽碧笋微微細雨潤紅英戊寅運中財源旺足家居好素耗相侵尚愁人己卯運中閭里聲名播江湖姓字馨庚辰運中庭前竹報平安日檻外花開富貴春辛巳運中引鶴徐行三徑曉約梅同醉一壺春壬午運中々陽有限春夢無憑

甲午年　甲戌月　己亥日　辛未時

此八字雜亂官印之格亦印相生功名顯達遇斯命者生於右族長於高門萱母早歸椿後別天邊鴻雁不同群其為人也丰姿磊落天性聰明胸羅今古事學識聖賢心准擬南山豹變定教北海蛟騰一從楊姓字東筋拜金門腰橫金作帶符剖玉為麟此則榮貴之命鴛悻正副方無冠子嗣秋成奪錦人運行初乙亥上人庇下化日陽春丙子運中讀書映雪觀史刊灯丁丑運中幾回空探月未許遂功名戊寅運中報道是龍迷不信果然平地有雷声己卯運中處事但懲三尺法理刑渾似一幽清富此之際一番風雨過祿位再加陞庚辰運中猛虎渡河民快樂飛黄過境歲豊登辛巳運中此運見陞遷見退悠籬之下樂高情有子光榮重沐寵壬午運中春光一去永難醒

甲午年　甲戌月　甲寅日　甲子時

此八字甲寅專祿之辰傷官助才之格遇斯命者生於閥閱長於高居嚴慈萊綺難雙老景棣庭前独出奇丰姿磊落天性能為詩礼古今諫習翫鎗刀弓馬慣操持智號人中傑麾分閫外司韜韜每助經綸業豹畧運施肅殺威此則武官之命鴛悻有碍須偏正子嗣秋來秀幾枝運行初乙亥上人庇下何是何飛丙子運中不為惜花春起早多應愛月夜眠遲丁丑運中績黄登上国頭角崔嵬戊寅運中疊疊光華日紛紛士卒販富是時也片時風雨己卯運中旺中生阻節依舊幸無危庚辰運中千里清風貔虎肅一声長嘯劍関低辛巳運中英雄傳令器籬下樂瓊卮壬午運中歸去也

甲午年　甲戌月　甲辰日　庚午時

此八字甲木相配柱中火土傷官制殺之格地支財伏胎生者主人生於溫潤之族長於平順之居椿親悪殁萱帰去天邊鴻雁不同飛其為人也丰姿清秀天性操持能擺布會拖張自有順天之慶豈無福地之深地遲春色花開早門映山光月到遲恒招君子敬時有貴人携處世素無蒙辱生平少是少非祖業添增立財囊自祿脊田園有意公卿小廊廟無心宇宙畢晚年光受享子顯耀門閭此則穩旺之命鸞幃有配須招贈子嗣生成貴顯

兒運竹初乙亥上人庇下未断高低丙子運中雖陽三月花如錦等我未時春又歸丁丑運中頗覓竹蔵有有迗愁人事盈虧戊寅運中春園雨過花木芳菲己卯運中萬象光華沾沛澤子荣孫秀桒多餘當此之際須史風雨庚辰運中冲擊之数有喜有悲辛巳運中桑榆暮景酌酒琴棋壬午運中花已落月沉西

甲午年　甲戌月　戊午日　癸丑時

此八字戊午日刃相配柱中木火雜氣杀印之格杀印相生功名显達主人生於右族長於名門椿親榮傑萱帰副土木雙雙晚送程天邊鴻雁有各飛騰其為人也丰姿清秀天性聡明胸羅今古事李識聖賢心麗句妙為天下白髙材俊似海東青終是功名之容豈為田舎之翁三級浪中龍變化九宵雲外鳳飛騰一從姓字傳揚後濟濟衣冠拜九重此則榮貴之命鸞幃得合錦上聯枝子嗣有成氷中取鯉運行初乙亥上人庇下冗晦未伸過

此丙子運中欲向雲中舉足須從燈下留心丁丑運中鵬路高摶知健翼龍門深躍見脩鱗戊寅運中千里霜威金斧重三秋風色綵衣新己卯運中職位两遷金紫貴六出花飛不損身庚辰運中正宜侍明主未許觧簪纓辛巳運中晚年閒故里樽酒樂怡情壬午運中夕陽有限春夢無憑

甲午年　甲戌月　乙卯日　辛巳時

此八字乙卯專祿之日相配柱中金火傷官印綬之格女人得此生於右族長於名門椿萱雙晚茂天邊鴻雁各行鳴其為人也丰姿清秀髮眉精神有針綴之巧立業之勤一苑杏挑鋪景秀滿山松栢映帏屏有遺訓斷機之智相夫教子之能春入水光成嫩祿日均花萼發新紅滔滔無阻滯步步助夫門心靜似月明雲漢性急如風捲殘雲佇看夫榮子貴也應同沐天恩此則榮貴之命良人得配崇華客子嗣生成貴顯人運行初癸酉幼年之下毓秀閨門壬申運中孔雀屏開花爛熳芙蓉帳煖氣氤氳辛未運中淡烟楊柳岸薄霧杏花村庚午運中夫榮子貴樂意忘情已巳運中光華疊疊沛澤紛紛戊辰運中濟濟裙釵耀日輝輝羅綺臨風丁卯運中子貴重榮贈丙寅運中春歸鳥不鳴

甲午年　甲戌月　壬寅日　乙巳時

此八字壬寅之日相配柱中火土祿氣才殺之格人生得此生於右族長於仁門椿萱双晚茂鳴雁各行鳴其為人也丰姿清秀天性聰明頗知礼義稍識古今遇火黃金顯十分之貴色離雲皎月布萬里之清明背長名園過旧竹花開上苑勝先春不以功名為念豈將冠冕磨礱是非莫管門前客得失須憑塞上翁田園桑柘茂獻𤯝稻粱馨但願粟陳貫朽何須天府求榮此則穩厚之命鴛幃得配名門女子嗣秋來朵朵榮運行初乙亥上人庇下花放風生過此丙子運中如花向日似月離雲丁丑運中抱竹声催殘臘畫折梅香引早春逢戊寅運中才源富足第宅增新己卯運中福若泉源長才如春氣生當此之際風湍鹿庚辰運中晚年鬧快樂會友以聞樽辛未運中春光去也一枕清風

甲午年　甲戌月　丁卯日　甲辰時

此八字乙卯日元相配柱中旺土傷官之格主人生於右族長於名門椿萱雙晚茂鴻雁幾行分其為人也丰姿清秀天性聪明錦繡胸藏賢聖李珠璣口吐武文風過火黄金重長價離雲皎月倍清明終是登庸之客豈無田舍之翁萬里扶摇鷲聽蛰一聲霹靂躍潛鱗長安人滿路争看彩旗迎佇看官封三級酌然福享千鍾此則榮貴之脅鶩幃聯珠須配小子嗣秋來旺宅門運行初乙亥春風料峭夏日炎蒸丙子運中焚膏展卷秉燭觀文丁丑運中騰身離雪案攀桂步蟾宫戊寅運中起鳳騰蛟從此始果然秉笏拜明君己卯運中威飛虬浪怒令重虎風生重金重紫布德施仁當此之際風雪满庭庚辰運中有材㸑大用未許便帰崇辛巳運中夕陽有限春梦無憑

甲午年　甲戌月　庚申日　癸未時

此八字庚申專禄之日相配柱中火土襍氣才官之格喜逢印綬生身人生得此生於右族長於高門木火椿萱々歲長天邊鴻雁各行鳴其為人也丰姿清秀天性聪明高謀遠見機関别慷慨春風一姒人祖業添新慶根原勝舊風門外田疇千古計庭前苍木四時新英雄惟贈劍三尺豪傑相逢酒一鍾月掛碧天多皎潔名聞閭里有光榮福元成岳瀆威势壓鄉民此則豊潤之命妣幃連珠須配硬子嗣全風柔柔榮運行乙亥上人庇下淡々青雲丙子運中雲開山聳翠雨過竹重青爆竹声催殘臈尽折梅香引早春逢丁丑運中才源旺足家居好素耗閑非尚恼人戊寅運中到此始知時運好万物光華百事通己卯運中兆李千谿錦江山一畨昇庚辰運中富之以潤其屋德之以显其身辛巳運中安閑晚景壬午運中春梦無憑

甲午年　甲戌月　丙辰日　甲午時

此八字丙辰日相配柱中土木傷官用印之格人生得此本顕功名只嫌運入東方不貴而富椿萱双耐晚鴻雁有飛翔丰姿清俊天性聪明斈識粗知書史智謀好歷風霜雖不建侯封爵也須威壓一方此則富旺之命鴛帳連珠低一載桂枝還擬吐天香運行初乙亥幼年之景花放風狂丙子運中詩書心力倦湖海姓名香丁丑運中笙歌沸擁春遊處羅綺争扶夜醉香戊寅運中一番烟浪過財旺務軒昂己卯運中延賓玩物會友流觴庚辰運中老當益壯辛巳運中風悠白楊

甲午年　甲戌月　辛亥日　丙申時

此八字辛金相配柱中木火雜氣生官之格人生得此宜乎得禄得名主人生於富室長於華堂丰姿瀟洒性格果剛椿萱半道相分手鴻雁天邊不共翔學識粗知禮義筆鋒稍近賢良機會未時逢貴助勞形案牘沐恩光此則貴人之命鴛幃尅後重偏正桂子秋未有挺芳運行初乙亥上人庇下其樂何當丙子運中尋章摘句入室升堂丁丑運中一旦貴人相薦引高揮劍筆到公堂戊寅運中榮沾新雨露光耀舊門墻己卯運中政被黜黎財禄重衡風冒雪不為傷庚辰運中重沾寵渥倍振權衡辛巳運中榮田故里壬午運中夢入仙鄉

甲午年　甲戌月　丙午日　己丑時

此八字丙午日刃之辰相配柱中金土謀氣才官之格人生得此丰姿英雅天性公平有濟人之德無殺害之聲萱毋先帰椿後别鴈行天際不交鳴豕識粗知禮義智謀猷壓賢英湖海市廛財兩旺果然才帛旺門庭此則富厚之命鴛幃尅後尤防尅桂子秋来綻錦英運行初乙亥上人庇下快樂昇平丙子運中諸書雖向窓前讀貨利尤從市上生丁丑運中行藏人敬仰財旺斷絃聲戊寅運中世事光華家業盛一番風雪又悲生己卯運中萱花零落後才帛又豐盈庚辰運中老當發福宜安享莫向江湖險處行辛巳運中依然發旺壬午運中花亦落月傾

甲午年　甲戌月　甲午日　癸酉時

此八字甲木生於戌月傷官庫旺特遇金神伏制之其爲人也稟性梗直事不胡爲當仁不讓見善不欺萱花早謝椿榮晚鴻鴈翩翩隨後飛祖基華故多華麗穀粟盈倉富有餘遣與莫過三爵酒清閑惟有一盤棋此則福壽兩全之命鴛幃正副既韋重丞之五桂子有成中取一人秀麗運行初乙亥不分榮辱爲論高低丙子運中日麗風和春色好好尋芳拾翠正當時丁丑運中行藏有慶終身樂名利無関萬事虛戊寅運中踈雲捲月須史散不損精神尤是奇己卯運中微悔纏身心不恒幸逢和氣滿門庭除庚辰運中杯盈玉梳酒滿金杯辛巳運中香魂杳杳帰何處蓬島逍遥信到稀

甲午年　甲戌月　辛卯日　甲午時

此八字辛金相配柱中木火雜氣才官之格人生得此年姿老成稟性剛能高謀遠見機関别慷慨襟懷學識深其為人也生於名族長於詩庭雙恩前後别鴻鴈我飛騰學問有成疑難每從師弟講英才豪邁晨昏又與聖賢親清高君子志執朴古人身初限中年淹淹滯暮年有子必朝君此則貴壽之命鶯帏有尅宜重續桂子招来奪錦榮運行初乙亥上人之下學孔趨庭丙子運中然有凌雲之志氣淹留進退未能伸丁丑運中脫郡黌宫朝

聖帝官灾破素幸無侵戊寅運中皇恩有感陞禄位生儒讃德返非驚奸邪違法罷職閑身遇貴才禄依然旺灾險非憂未得寧庚辰運中得子攀龍朝帝闕灾險憂危謹已行辛巳運中愈老安泰壬午運中一夢巫峯

甲午年　甲戌月　戊子日　己未時

此八字戊土相配柱中土木殺刃之格人生得此宜乎得禄得名注之生於茂族長於高居衣冠雅麗性格能為椿萱不建禄養鴻鴈有不聯飛學問知古今英才出衆奇筆雄徤誰能敵識見高明世所希一朝雲霧合騰踏上天墀此則清貴之命鶯帏偕老尤招副桂子森森有出奇運行初乙亥上人庇下學礼闈討丙子運中志欲榮登仕路身还困守書帏丁丑運中三疊陽関斟别酒九重天府沐恩特戊寅運中政化東西洽仁風遠近舒己

卯運中皇恩有感禄位加寵庚辰運中絃鳴民樂業未許便懸車辛巳運中荣回故里壬午運中夢入仙衢

甲午年 甲戌月 丁卯日 甲辰時

此八字丁卯日元相配柱中旺土傷官之格喜逢印綬生身遇斯命者生於石族長於名門木命格萱蛻榮贈天邊鴻鴈各搏風其為人也丰姿清秀天性聰明源流三峽誰能及筆掃千軍孰與論豈是池中物九天席上珍鵬路高搏知健翼禹門深躍見潛鱗風傳玉漏金闕曉花映千旌玉漏春此則榮貴之命外帷連珠須配長子嗣秋来旺宅門運行初乙亥上人庇下花放風生丙子運中十年窗下業黄卷與青灯丁丑運中報道是龍还不信果然奪得歸衣新戊寅運中重沐恩波鳳池裏朝朝染翰侍明君己卯運中腰横金作帶符鵠玉為鱗當此之際風雪盈庭庚辰運中有材應大用未許便辞榮辛巳運中悦年帰田里會友以開樽壬午運中夕陽有限春夢無憑

甲午年 甲戌月 戊子日 己未時

此八字戊土相配甲木傷官之格陽刃作合有功值斯象者生於富貴之望族長於詩礼之華宗椿庭秀茂中途别鴻鴈随風奮翼天其為人也衣冠濟濟礼樂雍雍胸羅千古史學足三冬七朝厭隱成文霧千里思乘破浪風雖然不賜瓊林宴自有文風播九重此則榮達之命鴛帳招賢須帶硬桂蘭騰步顯英雄運行初乙亥春風習習曉日融融丙子運中十年窗下曾効力二八燈前且費功丁丑運中但得風雲相際會不羞蛇蜂化成龍當此之際世事忽忽戊寅運中一旦成名天上去挺身高跨五花驄己卯運中河汾事業傳千古伊洛淵源道不窮貴人薦賢德萬里有聲華庚辰運中不如收拾深華坐且待晃曹寵渥封辛巳運中春光歸去也花落水流東

甲午年　甲戌月　壬子日　辛亥時

此八字壬子日刃之辰相配柱中火土祿氣杀印之格食神制杀為奇主人生於右族長於高居椿萱双晚茂鴻雁各行飛其為人也丰姿清秀氣岸高奇才全文武氣吁虹霓見善則持於已當仁不讓於師性不受觸心不藏機終是功名之客豈效田里耕鋤北海蛟龍頭角偉南山豹變爪牙新一朝騰踏飛黃去濟濟衣冠拜鳳池此則榮貴之命鴛幃宜有贈子嗣晚光輝運行初乙亥上人庇下花放風吹　丙子運中有志於書史無心剔蠹魚丁丑運中報道是龍还不信果然奪得錦標帰戊寅運中一從姓字傳揚後凛凛威風四海馳己卯運中兩番風雪初晴後三度君恩遂紫泥庚辰運中有材應大用未許便辭懸辛巳運中春光去也花落月西

甲午年　甲戌月　乙丑日　戊寅時

此八字乙丑日相配柱中之土雜氣財官之格人生得此儀形特達天性明良椿萱雙耐晚鴻雁有聯翔手足慷慨天性果剛粗知韜畧法熟味聖賢章可问仕途求聞達錯教湖海歷風霜佇看来晚節名譽自騰揚此則豪華之命鴛幃全正嗣桂子發天香運行初乙亥幼年之景花發風狂丙子運中詩書歷覽弓矢斯張丁丑運中有心生貨利無志讀文章戊寅運中一番風雪過財旺勢軒昂己卯運中不獨粟陳貫朽尚祈金玉滿堂庚辰運中孫荣子秀沛澤加昌辛巳到壬午運中帰去也

甲午年　甲戌月　戊戌日　癸丑時

此八字戊戌魁罡之日相配柱中木火財殺之格人生得此丰姿穩厚德性温良生於茂族長於華堂嚴慈有倚分中道鴻雁無情各奮行學問不貲於翰苑筆鋒磨利於公堂貴客相携多壯觀才名便覺兩榮昌此則徽貴之命鴛帳有妨須納寵桂蘭一朶晚呈芳運行初乙亥聞詩學禮摘句尋章丙子運中刻鵠不成終類鶩時来方許振威光丁丑運中高人引薦承揮拂從此滔滔福慶長戊寅運中雪霽開天路衣冠拜衮章己卯運中晚日迫来飾春風促去来當此之際跋陟爭張庚辰運中身閑心自樂終日醉壺觴辛巳運中有子傳家慶清風入夢長

甲午年　甲戌月　壬戌日　壬寅時

此八字壬戌日相配柱中火土祿氣才官之格兩干不雜最為榮人生得此顯姓揚名椿樹高榮萱共耋偶行天際有飛鳴丰姿英傑天性聰明學問淵源三峽水胷襟瑩潔一天星禹浪三層連奮躍玉堂金馬便乘此則清耀之命鴛幃蔟錦桂子連英運行初乙亥幼年之景庇下安寧丙子運中欲遂平生志潛心對短檠丁丑運中霹靂一聲連奮躍梅窓清映玉壺氷戊寅運中踈踈風雪過禄馬兩連陞己卯運中金紫大夫權印重儀刑四海肅清聲庚辰運中秉持重柄辛巳運中清史留名

甲午年　甲戌月　庚午日　丙戌時

此八字金火相淩夭疾之命也

甲午年　甲戌月　己未日　丁卯時

此八字官殺兩見無制為盜多貧不足論也

甲午年　甲戌月　甲辰日　丙寅時

此八字甲辰日相配柱中之土雜氣才官之格喜逢日祿以歸時人生得此黃甲高登椿萱榮耐晩鴻鷹有聯騰丰姿慷慨天性剛明理窮今古事學覽聖賢經一舉有沖天之勢片言有折獄之能禹浪連三躍衣冠拜紫宸此則顯榮之命外悼金玉列桂子有高榮運行初乙亥幼年之景黃卷青灯丙子運中詩書窮萬卷探月便光榮丁丑運中宴罷沾恩寵威聲郡縣驚戊寅運中一番黎雨過職到大夫榮己卯運中重金重紫風浪尤生庚辰運中大才大用辛己運中一夢難醒

甲午年　甲戌月　丙申日　丁酉時

此八字丙火日元根配柱中土金傷官帶財之格書得印綬以生身主人於盛族長於高門衣冠累世以侯胄柱石三朝社稷座堂上之親耄別天邊之鴈分群精神烱烱智慧明明學問異常又主玉堂平步英才出類定應駟馬高乘金鼠拜命玉殿傳恩此則清顯之命鴛幃有碍須偏正桂子金風綻眾英運行初乙亥花紅柳綠月白風清丙子運中讀書映雪觀史引燈丁丑運中雲程坦坦登天去攀步悠悠名利成戊寅運中聲名顯也頭角崢嶸己卯運中風雪初消後芳名振翰林庚辰運中皇恩有感金紫高陞辛巳運中恩尊解組壬午運中好夢難醒

甲午年　甲戌月　己未月　戊辰時

此八字己未日相配柱中之木雜氣財官之格人生得此多機變善操持般般歷覽件件營為椿親有疾當年少鴻鴈天邊不共飛學識窮通書史智謀能別是非湖海市塵才兩旺英雄車馬集門閭此則富厚之命鴛幃配合須偏正桂子金風三四枝運行初乙亥上人庇下快樂怡怡丙子運中有心生貨利無志讀詩書丁丑運中一番風雪過日日旺家資戊寅運中交四方之豪傑整一簇之門閭己卯運中粟陳貫朽車馬交馳庚辰運中孫賢子秀辛巳運中歸去來兮

甲午　甲戌　庚申　丙戌

此八字庚申日相配柱中丙火偏官之格女人得此福足以以授荣封椿萱双晚翠棠棣有聯叢儀容秀异天性刚忠有立業掌家之道斷機丸膽之功佇看夫荣子秀霞衣帔服重重此則福榮女命良人朱紫貴桂子錦聯叢運行初癸酉上人庇下霽月光風壬申運中良田種玉綉幙牽紅辛未運中雖曰裙釵壯麗發畜人事昏濛庚午運中竦竦風霆過帔服影搖紅己巳運中不獨金梳玉飾尚祈沛澤加封戊壬運中老當享用玉帛藏豐丁卯運中依然處樂丙寅運中夢入巫峯

甲午　甲戌　庚戌　丙戌

此八字庚戌魁罡之日相配柱中之大偏官之格人生得此丰姿英俊天性聰明椿萱雙耐鴻雁有飛鳴丰姿洒落天性聰明理貫古今之學心明賢聖之經一舉可沖天之勢信言有折獄之能禹浪三層都躍過榮沾寵渥肅威聲此則顯榮之命鴛帳連珠泯一載桂蘭還擬發以英運行初乙亥上人福庇花放風生丙子運中詩書窮萬卷探月使光榮丁丑運中祿元階進權衙重風雲無端一旦生戊寅運中權衡千萬里名勢拔英英己卯運中大才大用威招邊城庚辰運中秉持重柄辛巳運中夢入蓬酒

甲午年　甲戌月　乙酉日　甲子時

此八字乙酉日相配柱中之木雜氣才官之格人生得此手姿灑落天性聡明椿萱雙耐晩棠棣有聯英學問有成定擬仕路騰踏智謀宏遠豈教華野躬耕霹靂一聲連躍過榮沾寵渥肅威稜此則榮耀之命鴛幃全正副桂子秀徐卿運行初乙亥初年之景花放風生丙子運中欲遂平生志潛心對短檠丁丑運中風雲相際會禹浪躍三層戊寅運中威風驚郡縣祿位兩番陞己卯運中金紫權衡千萬里風霜些少不傷情庚辰運中大才大用

辛巳運中夢入蓬瀛

甲午　甲戌　甲午　乙丑

此八字甲午日相配火局雜氣才官之格人生得此宜乎貴屋金犀主人手姿磊落性格維新生於仁義之族長於冩潤之門堂上椿萱分半道天邊鴻鴈各守雲源流三峽誰能及筆掃千軍世罕聞一日風雲相際會高乘駟馬到都門此則顯耀之命鴛幃金玉潤子嗣桂蘭芬運行初乙亥尊人福庇化日陽春丙子運中芸窗篤志雪案勞神丁丑運中閶闔開黃道衣冠拜紫宸戊寅運中祿高階進功光重何慮風霜暗惱人己卯運中重崇重貴

帶綰金鱗庚辰運中隨從機軸權衡重未許離邊

避一身辛巳運中榮回光故里杳夢入風塵

甲午年　甲戌月　己巳日　己巳時

此八字己巳日時配合柱中之木雜氣財官之格丙干不雜最為奇人生得此仕路聲馳椿樹呈榮萱共耄鴈行天際有分飛半姿洒落操幹能為理窮今古事學貫聖賢書袖裏虹蜺冲霄色筆端風雨駕雲梯禹浪三層躍衣冠拜鳳池此則顯躍之之命鴛幃金玉質子嗣桂蘭菲運行初乙亥上人庇下有何是非丙子運中欲遂平生志潛心下董帷丁丑運中到此風雲際會果然平步天梯戊寅運中威聲赫赫祿位加巍己卯運中一番風雪過千里布霜威庚辰運中重金重紫未許榮歸辛巳到壬午運中歸去也

甲午年　甲戌月　戊申日　壬子時

此八字戊申日相配柱中水木雜氣財殺之格人生得此半姿灑落志氣豪洪椿萱分半道鴻鴈各凌風般般都好學件件不全通祖業有依新整叢財囊還擬自藏豊但願江湖生貨利何須身踏五花驄此則豪華之命鴛幃連珠低一歲桂蘭還擬發秋叢運行初乙亥上人庇下快樂無窮丙子運中一番風雪過春日自融融丁丑運中雖則行藏有慶尚防飛禦漫空戊寅運中人自縈紆何足慮自然財帛旺重重己卯運中須臾風浪過依舊樂從容庚辰運中晚年多福慶跋涉幸無凶辛巳運中孫賢子秀壬午運中夢入西峯

甲午　甲戌　庚子　丙戌

此八字庚子日相配柱中之火去官留殺之格人生得此仕路声馳椿萱雙耐晚鴻鴈有聯飛丰姿瀟落操幹能為理窮今古事學究聖賢書定擬揚名顕姓豈教荷笠扶犂霹靂一声随变化禹門三級到天池此則顯揚之命鸞幃全正副桂子两三枝運行初乙亥幼承上庇學禮聞詩丙子運中詩書多勉力折桂躍鄉閭丁丑運中宴罷沾恩寵威風播四夷戊寅運中一番風雪過禄位又加崑己卯運中金魚初綰帶風浪又驚疑庚辰運中榮回故里辛卯運中歸去来兮

甲午　甲戌　庚申　丁亥

此八字庚申日配乎柱中木火雜氣才官之格人生得此仕路發揚椿萱堂上蛇龍屬鴻鴈天邊後有翔丰姿俊秀天性果剛學問三冬足詩書万卷藏定是功名之客豈為田舍之郎一朝騰踏飛黃去此是男兒當自強此則榮貴之命鸞幃配合須羊屬桂子森枝朶朶芳運行初乙亥上人庇下花放風狂丙子運中欲遂平生志潜心向雪窓丁丑運中時来雲霧合三跳上天堂戊寅運中仁風揚百里禄位便加昌己卯運中一番風雪過職列大夫行庚辰運中金魚初綰帶籬下酌壺觴辛巳運中歸去也

甲午年　甲戌月　癸卯日　丁巳時

此八字癸卯日貴之辰相配柱中火土雜氣才官之格人生得此丰姿英傑天性明良椿萱不逮雙榮養鴻鴈天邊各奮翔筆底詞源三峽遠胷中學業五車書際會風雲沾寵渥祿元階進大夫行此則榮貴之命鸞幃配合須偏正桂子森森發晩香運行初乙亥幼承上庇冬煖夏凉丙子運中行藏讀書史未擬便光揚丁丑運中到此雲程有路何愁身歷風霜戊寅運中承恩名勢旺人事總軒昂己卯運中政化東西浹仁風遠近揚庚辰運中晩年持重柄金紫頒還鄉辛巳運中黃花綠酒壬午運中一夢黃粱

甲午　甲戌　壬寅　癸卯

此八字壬寅日相配柱中之火雜氣才官之格女人得此福足以榮萱母先歸椿後別鴈行天際各飛鳴翁姑分半道妯娌尚緣輕外肅內莊全礼節相夫教子愈良能性慈仁壽春壯心安山月秋清佇看夫榮子秀脫年沛澤恩榮此則榮旺女命良人水命須蛇屬桂子榮看有挺英運行初癸酉庇之下快樂昇平壬申運中但覺行藏懽慶集鸞歌舞結佳盟辛未運中裙釵加壯麗風雪又嚴凝庚午運中家業輝輝羅綺驟無端心事暗還生己巳運中福榮身享樂蹤菊濕花英戊戌運中冲擊之鄉宜享用晩橋霜滑馬難行乙卯運中悠悠康樂丙寅運中粧鏡空明

甲午年　甲戌月　辛丑日　甲午時

此八字辛丑日元相配柱中火土樑氣殺印之格殺印相生功名顯達主人生於右族長於名門椿萱双悦茂棠棣苑邉春其為人也丰姿清秀天性聪明學問有成筆底詞源三峽遠英材敏捷胸中瑩潔一天星珪璋自足清朝錙律呂徧諧治世音定擬當特顯朱紫豈教南畝務躬耕一朝騰踏飛黃去九天雨露沐皇恩此則榮貴之命篤幃燭夜添新色子嗣秋來朶朶榮運行初乙亥上人庇下詩礼趨庭丙子運中不負寸陰之惜豈喜題柱之功丁丑運中躍過三層浪朝班立縉紳戊寅運中處事但憑三尺法理刑渾似一團春梨花舞雪雨過山雪己卯運中腰横金作帶符剖玉為鱗庚辰運中正欲忠君輔國何期解組思尊辛巳運中夕陽有限春夢無憑

甲午年　甲戌月　甲子日　乙亥時

此八字甲子日元相配柱中火土雜氣助才之格人生得此生於右族長於高堂椿萱雙晚茂棠棣各谷芳其為人也丰姿清秀天性明良行藏果斷作事高量般般都好覧件件只平常過火黄金重長價離雲明月倍清光重成新事業再整舊門墻福布江山外名聞湖海間樓臺豈豈生涯好才帛盈囊又積倉但願粟陳并貫朽何須跨馬入朝堂此則豊富之命篤幃宜有贈子嗣長珠光運行初乙亥幼年之下花放風狂丙子運中如花向日枝枝艷似笋穿泥節節長丁丑運中水向石邉流出冷風從花底過來香戊寅運中才源富足行藏好風雪飛來攪一場己卯運中于箧于笥乃積乃倉庚辰運中有茶留客有酒盈觴辛巳運中鳥啼花落去不再还

甲午年　丙子月　戊戌日　庚申時

此八字戊戌魁罡之日相配柱中水木才荣之格人生得此生於右族長於仁門椿萱有倚先亐毋天边鳴雁不聮行其為人也丰姿清秀天性機関知高識下近貴親賢不慈不勇可方可圓琴樽風月樂生計金玉松筠旧歲寒重成新事業再整旧根源旭日桑麻茂盛董風禾黍連阡飛詔任他未関草玄終不出南山常將好意番成悪每把真心換得嗔才源有分生涯好官貴無禄誓不貪但願粟陳貫朽果然勝若為官此則穩厚之命死帰土

命須年長子嗣枝頭旺晚年運行初丁丑上人庇下春光春山戊寅運中世事如春夢人情似秋雲己卯運中行藏雖有處風雨一番寒庚辰運中才源滚滚家居好須史風雨尚憂然辛巳運中須史雲掩月依旧月嬋娟壬午運中世利浮生皆若此不如高臥且加飧癸未運中帰去也

甲午年　丙子月　戊午日　丙辰時

此八字戊午日刃之辰相配柱中水木才發之格喜逢印綬生身人生得此生於右族長於高堂椿親磊落萱歸副天邊鴻雁有翱翔其為人也丰姿清秀天性果剛聰明書藝遠倜儻世情長過火黄金重長價離雲皎月倍清光學問不親顔孟業生平常履貴人鄉才源富足楼閣軒昂但願一生交貴客何必思登天子堂此則穩厚之命鴛幃簇簇子嗣珠光運行初丁丑上人庇下安晦一場戊寅運中如花向日枝枝艷似笋穿泥節節長己卯運中水向石邊流出冷風從花底過来香庚辰運中門迎珠履三千客座外金釵十二行辛巳運中雖則才源富足還愁風雪滿墻壬午運中于笥于篋乃積乃倉癸未運中引鶴除三行徑晚約梅同醉一壺觴甲申運中歸去也

甲午年　丙子月　乙丑日　巳卯時

此八字乙丑日元相配柱中水火傷官帶印之格
棄印就才之論人生得此生於右族長於高門椿
親晚榮贈棠棣花還春其為人也丰姿清秀天性
聰明胸羅今古事學識聖賢心麗句妙為天下白
高才俊似海東青終是功名之客豈為田舍之翁
雲程坦坦登天去舉足悠悠名利成一日風雲相
際會九天雨露沐皇恩此則榮貴之命篤憚金正
副子嗣晚光榮運行初丁丑幼年之下灾晦未伸
戊寅運中歆向雲中舉足須從灯下留心巳卯運中

雪案須留苦志天階未許榮登庚辰運中到此始知
文學好長安道上馬蹄輕辛巳運中一天膏雨隨車
至千里仁風逐弱生當此之際風雪滿庭壬午運中
南陽邵杜名高耆西漢龔黃令大行癸未運中天邊
女愚澤離下樂高情甲申運中夕陽有限春夢無憑

甲午年　丙子月　甲寅日　丙寅時

此八字甲寅專祿之日相配柱中水火傷官帶印
之格本是早歲成名只嫌冲破顯在晚年主人生於
溫潤之族長於詩礼之庭椿萱鳥耄別鴻鴈幾行分
其為人也丰姿磊落天性剛忠知高下識重輕豈無
高士敬時有貴人欽遊山翫水携詩卷對月觀花把
酒斟祖基祖業添新慶才帛資囊自琢成拙於自
已巧與他人終是功名之客豈為田舍之翁雖不建
候封爵貴子榮贏得贈榮封此則榮贈之命篤
怫連珠低一載子嗣芬芳有挺榮運行初丁丑幼

年之下襁褓平生戊寅運中隱隱輕雷抽碧笋
微微細雨潤紅英巳卯運中古樹金風帶帶雨
寒岩四月始知春庚辰運中綉花看有艷益水
听無声辛巳運中有子攀蟾桂往來無白丁壬午
賢嗣顯榮多壯觀始知冠冕也榮身癸未運中豸
冠凜烈処梁籬東當此之際花放風生過此甲申
運中歸去也

甲午月　丙子月　壬辰日　辛亥時

此八字壬辰魁罡之日相配柱中火土才官之格惜乎沖破咸吾科第成名主人生於右族長於名門椿父先歸萱後别天邊鴻鴈各行鳴其為人也丰仰儒雅性格老誠頗知礼義稍識古今笋長名園過舊竹花開上苑勝先春高人起敬貴客相欽終是功名之客豈為田舍之翁十年泮水宜留意九載辛勤反顯名晚年光霽景德澤惠黎民此則榮貴之命鴛幃重合番子嗣晚光榮運行初丁丑上人庇下未斷升沉戊寅運中莫道儒冠悮螢窗患不勤己卯運中不向文場高奪戰却擇劍筆入公廳庚辰運中雪晴雲路躡天府沐皇恩癸巳運中雖則崢嶸頭角家圍困守幾春甲午運中皇恩有威声名播佐政琴堂德望新乙未運中天邊少恩澤雖下領芳樽丙申運中花已落月尤沉

甲午年　丙子月　戊午日　甲寅時

此八字戊午日刃之辰相配柱中木水才煞之格陽刃合殺殺印相生功名顯達主人生於右族長於名門椿萱徹貴萱年長天邊鴻鴈有隨鳴其為人也丰姿清秀天性聰明千古文章逞荣耀一天星斗煥心胸驪珠照耀光难掩雷劍生豐氣自充終是功名之客豈為田舍之翁龍門变化三春浪鵬路逍遥萬里程一從姓字傳揚後九天雨露沐皇恩此則荣貴之命鴛幃聯珠須配硬子嗣秋來有挺荣運行初丁丑上人庇下詩礼趨庭戊寅運中十年窗下留心志時來攀桂步蟾宮己卯運中躍過禹門三汲浪齊濟衣冠拜九重庚辰運中虬浪怒虎風生戟廷金紫宇內澄清梨花舞雪雨過山青辛巳運中藩臬階陞趨二品山河十郡仰威雄壬午運中明時柱石威世股肱癸未運中子貴重荣贈胡為永不醒

甲午年　丙午月　甲午日　乙亥時

此八字甲木日元相配柱中亥水未卯之格借手沖破滅我功名主人生於右族長於仁門備蓄有倚难雙卷天邊鴻陣行分其為人也丰姿清秀天性聰明般般稍覧件件不精知高下識重輕高人起敬貴客相欽行藏覓消兩笑傲任枯榮月掛碧天多皎絜名揚湖海有光榮重成新事業再整舊門庭得意江山詩句健忘情日月酒盃深拙於自已巧與他人満世功名身外事但求安旺樂平生此則穩穿之命鴛幃有紀須招副子嗣秋末孝義深運行初

丁丑上人庇下淡淡春宵戊寅運中世事宛如春夢人情薄似秋雲己卯運中幾欲思高慕遠奮成剪雪裁冰庚辰運中精神又燥悍燥悍又精神辛巳運中正是梅青月白逐愁人事因循壬午運中得中有失晦後還明癸未運中晚年快樂甲申運中春夢無憑

甲午年　丙子月　庚戌日　癸未時

此八字庚戌魁罡之日月上偏官之格傷官制伏為奇萱親先棄世椿父晩方帰其為人也有昂昂氣槩濟濟威儀君子敬貴人携曾将好意畨成悪每把真心換得非湖海生涯廣鄉邦德望彌雖不登瀛而及第自然壽引而福餘此則良傑之命鴛幃木命宜招副子嗣無多秀一枝運行初丁丑風和日麗燕語鶯啼戊寅運中惜花春起早愛月夜眠遲己卯運中莫愁前路無由達自有高人與指迷庚辰運中財帛有增有減世情多益多虧辛巳

運中浮生皆若此何必苦區區壬午運中延賓玩物會友彈絲癸未運中晩景昇平樂甲申運中春帰馬悲

甲午年　丙子月　癸巳日　甲寅時

此八字癸日坐向巳宮乃是才官双美相配柱中
木火傷官助才之格亦有刑合之意人生得此生
於右族長於華庭椿萱瞻首方帰去鴈鴻天邊有
列群丰姿清秀惟格奉能知高下識輕重從古覔
珠来水府自来求劍掘豐城一日貴人相指引才
源滚滚旺門庭此則富足之命鶯燁玉潤桂子金
英運行初丁丑上人㢡下亿日陽春戊寅運中片
雲遮日雨過山青己卯運中杏艶桃嬌春一色無
端風雨湿衣襟庚辰運中覊娄雲之楼閣聳揷漢
之雕甍辛巳運中桑榆連野茂才帛積豐盈壬午
運中梅巳老竹尤青癸未運中悠悠晚景宴飲華
庭甲申運中人生從此別無復覩儀刑

甲午年　丙子月　甲午日　乙亥時

此八字甲午日元相配柱中旺水印綬之格幸逢
六甲趋乾水泛木浮運喜東南主人生於武宦長
於名門椿萱榮悅茂棠棣各數榮其為人也精神
烱烱智慧明明五車書富三冬是硏石弓當萬騎
冲終是功名之客豈為田舍之翁龍門变化三春
浪鵬路逍遥萬里程一從揚姓字秉笏拜明君此
則榮貴之命鸞幃正副方偕老子嗣森枝朶朶榮
運行初丁丑上人庇下襁褓平生戊寅運中欲向
雲中攀足須從灯下留心己卯運中雪案須留苦
志天階来許榮登庚辰運中到此始知文學好長
安道上馬蹄輕辛巳運中郎署官函何是羨大夫
金紫又加陞壬午運中重重風雪初晴後三度君
恩疊疊封癸未運中有材應大用何事便辭榮甲
申運中歸去也

甲午年　丙子月　戊申日　辛酉時

此八字戊申長生之日相配柱中金水傷官助才之格傷官者傲物氣高人生得此年妥老成事不胡行有慈祥愷悌之德無酷毒害人之心其為人也生於名族長於詩庭双親前後別鴻雁我飛鳴學問有成金榜不能題姓字英才出類一郡馳名沾萬民威風凜凜人中罕氣宇昂昂席上珍初限中年名不遂暮年陞爵必腰金此則貴顯之命鶯幃宜贈桂子麒麟運行初丁丑幼年之下有何是非戊寅運中螢窗辛苦雪案留心己卯運中然有凌雲志所事未安寧庚辰運中片帆穩穩朝京闕進退憂非不損身辛巳運中他日聲名從此振危非憂耗幸無侵壬午運中皇恩有感陞高爵官灾耗悔謹身行癸未運中腰橫銀束帶鮮印悔憂驚甲申運中得子馳名顯一夢入佳城

甲午年　丙子月　甲辰日　壬申時

此八字甲辰日配年柱中之水印綬之格人生得此紐顯文声掛樹高棠萱耐晚鴈行天際有飛騰年妥俊秀天性聰明理貫古今之學心明賢聖之經擎開水府珠生彩掘出豐城劍有声姓字飛騰沾寵渥威振山嶽鬼神驚此則榮華之命鶯幃金玉賀子嗣桂蘭馨運行初丁丑幼承尊庇快樂昇平戊寅運中詩書窮万卷探月便成名己卯運中宴罷瓊林沾寵渥威驚郎縣虎風生庚辰運中一番梨雨過祿位兩加陞辛巳運中權衡千萬里風浪不為驚壬午運中大才大用威振邊城癸未運中榮回故里甲申運中夢入蓬瀛

甲午年　丙子月　辛丑日　己丑時

此八字官印之格正謂有官有印無破作廊廟之才只嫌子午相沖減其分數搢庭貴顯先婦去豈妨禁寒晚尚青庭前棠棣各業同根其為人也多智慧頗聰明行藏倜儻舉用人欽世事再磨而再琢根原重立而重成無慮尽傳詩禮樂有朋來自遠方親此則有志無名之命鴛幃有赳还重疊子嗣難為晚可成運行初丁丑榮庇之下快樂昇平戊寅運中堤柳垂新綠園梅吐晚馨己卯運中人生多進退應事有虧盈庚辰運中欲進不前心不樂男兒大器莫能伸辛巳運中瀟消風雨過漸漸瑞祥生壬午運中貴人指引方遂光榮癸未運中晚年有慶甲申運中好夢难成

甲午年　丙子月　丙戌日　戊子時

此八字丙戌日相配柱中之水正官之格女人得此儀容清秀天性慈祥搢萱有倚分中道妯娌翁姑侍不常有相夫之道理教子之良方花發園林香遍塵寰之藹月離海嶠輝揚宇宙之光晚年自得無窮樂百味珍羞列席香此則福壽女命良人皓首先婦去桂子庭前三四英運行初乙亥閨門之内月白風清甲戌運中紅葉溝中傳寄意赤繩月下結佳盟癸酉運中微微風雪過家業積豐盈壬申運中到此裙釵濟濟風波此女無驚辛未運中金珠滿目快樂昇平庚午運中鴛侶分飛後綿綿聯又生己巳運中孫賢子秀攏抒無聲

甲午年　丙子月　己酉日　戊辰時

此八字己酉日相配柱中之水才旺生官之格人生得此手姿洒落天性剛明椿萱不逮雙索養鴻鴈天邊各奮騰韜畧明彰才學廣筆鋒雄健智謀能瓊林雖未忝高晏祿位榮看次第榮此則榮貴之命鴛幃有碍須偏正桂子榮看秀晚榮運行初丁丑上人庇下快樂和平戊寅運中志思登仕路熟味聖賢經己卯運中刻鵠不就畫虎未成庚辰運中到此威名有布何愁風雪飄零辛巳運中士卒酸心威令重旺中阻勤辛無驚壬午運中晚年加沛澤祿位擬高陞癸未運中悠悠享用甲申運中一夢難醒

甲午年　丙子月　乙卯日　庚辰時

此八字乙卯日配子柱中水局印綬之格人生得此折桂身榮椿親火屬資萱壽鴻鴈天邊有共騰丰姿俊秀天性聰明理窮古事兼今事書對賢經與聖經定是登雲之客豈為避世之英一從折桂光家世緩步天門沐寵榮此則榮貴之命鴛幃有犯須年少桂子庭前有俊英運行初丁丑幼年之景月白風清戊寅運中讀殘茅店月行落曉天星己卯運中風雲相際會日月便榮登庚辰運中榮沾新寵渥黎庶聽弦鳴辛巳運中一番風雪過千里仰威聲壬午運中正欲金魚綰帶胡為一夢難醒

甲午年　丙子月　乙丑日　戊寅時

此八字乙丑日相配柱中之水印綬之格人生得此本頭功名只嫌子午沖破不貴而富椿萱双耐晚鴻鴈有隨飛手姿穩重天性仁慈學識粗通書史智講能辯是非祖業重新慶才囊自積齊雖不建侯封爵也須名冠御閣此則富厚之命鸞幃配合須年少桂子秋來彝緑衣運行初丁丑幼年之景疾病縈紂戊寅運中詩書心力倦貨利便生肥己卯運中家業多豐富風霜一度悲庚辰運中万象光華紅紫叢紛紛僕馬自相隨辛巳運中英雄惟贈劍三尺豪傑相逢酒一巵壬午運中粟陳貫朽第宅生輝癸未運中到甲申歸去也

甲午年　丙子月　辛酉日　丙申時

此八字辛酉日配手柱中之水火去來留官之格人生得此仕路馳声椿萱双耐晚鴻鴈有飛騰手姿洒落天性聰明理貫古今之學心明賢聖之經擎閑水府珠生彩掘出豐城劍有声姓字登黃甲衣冠拜鳳廷此則显榮之命鸞幃全正副桂子有呈榮運行初丁丑工人底下黃卷青灯戊寅運中讀殘窓下月行落泮林星己卯運中風雲相際會躍過浪三層庚辰運中一番梨雨過祿位又階陞辛巳運中猛虎度河氏快樂飛蝗過境歲豐登壬午運中身加祿位癸未運中一夢难醒

甲午年　丙子月　癸亥日　戊午時

此八字水居冬旺平生樂自無憂配午柱中火土才官之格人生得此本顯科名只嫌傷官透露不貴而富椿萱榮耐晚鴻鴈有飛騰丰姿洒落天性聰明理學粗知今古智謀能合賢英雖不登科及第也須掌萱民情此則富厚之命鴛幃全正副桂子秀奇英運行初丁丑上入庶下快樂昇平戊寅運中讀殘官書月馬得顯科名己卯運中僕馬從行樂笙歌擁醉醒庚辰運中一番風雪過倉廩積豐盈辛巳運中不獨金珠滿目尚祈車馬喧爭壬午運中老當益壯掌萱民情癸未運中孫賢子秀甲申運中夢入蓬瀛

甲午年　丙子月　己卯日　癸酉時

此八字去殺留官之格金神之論仗此根基生於邃室長於良門椿父先歸萱後别西風鴻鴈失行群丰姿清俊智慧聰明英才出類學問淵源雲程坦坦登天去舉步悠悠名既成報道晚年多顯耀果然雨露沐深恩此則英耀之命鴛幃當敵方諧老子嗣班衣旺宅門運行初丁丑無旦無悶不辱不榮戊寅運中踏破從桃霜幾梗談殘茅舍月三更己卯運中何事愁雲能蔽日長安不見悶人情庚辰運中一聲春霹靂頃刻躍滔翻辛巳運中輝輝令望耿耿聲名壬申運中老當益壯祿位重重癸未運中翩翩銘旄藹藹佳城

甲午　丙子　癸卯　壬戌

此八字癸卯日貴之辰相配柱中木火傷官助才之格人生得此宜乎得祿得名注人丰姿磊落天性果剛生於望族長於華堂椿萱不違祿養鴻鴈有不聯行學問有成未必显身於黃甲筆雄鋒健尤能显姓於文章橋門自有覃恩路一旦仁風遠近揚此則貴显之命鶯愇有犯須拈副桂子秋風吐異香運行初丁丑不榮不辱摘句尋章戊寅運中讀書漂麥觀史偷光己卯運中幾歉登天步月胡為履雪經霜庚辰運中三疊陽關斟別酒九重天闕沐恩光辛巳運中重沾新雨露德政歷黃堂壬午運中皇恩有感榮加祿未許離邊醉菊觴癸未運中惟有猿啼處西風起白楊

甲午　丙子　戊戌　乙卯

此八字戊戌魁罡之日財殺之格殺官混雜福發晚年椿父先歸萱後別聯行鴻鴈不成行其為人行藏特達智行方圓無首選魁名之地位有高謀遠見之機關骨取名馳姓顯豈教豹隱龍蟠佇看一朝變化光宗撫轄黎元此則貴顯之命鶯幃有尅重整新絲子嗣無虧班衣之慶運行初丁丑初開艷蕊新掛玉蟾戊寅運中正宜勉力未許朝天己卯運中陰硯寒窗難棄卻直須機會到長安庚辰運中雖則功名將顯煥幾番蹊蹺也徒然辛巳運中時運未通還守困忽然變化在他年壬午運中德望諸方布威名四海傳癸未運中一陞依旧退甲午運中清夢到巫山

甲午　丙子　丙寅　壬辰

此八字丙寅日相配柱中之水去官留殺之格人生得此科甲騰身捧樹呈榮萱共耄隅行天際有飛鳴丰姿洒落天性聰明筆底詞源三峽水胷襟瑩潔一天星姓字傳臚沾寵渥威驚郡縣虎風生此則榮萬之命鴛幃正副桂子有承榮運行初丁丑上人庇下花嫩風輕戊寅運中詩書有勉力探月便馳名己卯運中禹浪連三躍威風四海清庚辰運中一番梨雨過祿位兩遷陞辛巳運中金紫權衡万里九天恩命榮徵壬午運中大才大用癸未運中夢入蓬瀛

甲午年　丙子月　乙卯日　己卯時

此八字乙卯日相配柱中之水印綬之格人生得此儀容秀爽天性良能椿萱棠棣難相守妯娌翁姑不共盟有立業掌家之道相夫教子之能錦繡花開富貴琅玕竹報安寧佇看來脫節福旺子昌榮此則掌家女命良人配偶先歸去桂子庭前有挺榮運行初乙亥上人庇下快樂昇平甲戌運中匹配成佳偶花開錦綉明癸酉運中家業多饒裕風霜一旦生壬申運中雨過山方秀雲開天始晴辛未運中旺中生挫折人事有悲鶩庚午運中衝擊之所悶守孤燈庚午到己巳運中歸去也

甲午年　丙子月　戊午日　壬戌時

此八字戊午日刃之辰配手柱中之水財旺生官之格正謂財感生官終身有慶其為人也多計較有操持椿萱雙耐壽鴻鴈有聯飛祖基祖業重磨琢財帛財囊自積肥但願一樽招客飲何須身到鳳凰池此則富感之命鶺鴒婕娌合桂子秀秋枝運行初丁丑切承上庇無慮無思戊寅運中志恩登仕路何須苦向書惟巳卯運中財帛來多旺風霜一旦飛庚辰運中交四方豪傑置一簇門閭辛巳運中世事儼如新折柳人情混似半開梅壬午運中沖擊之所歸去來兮

甲午年　丙子月　辛丑日　辛卯時

此八字辛丑日相配柱中水木食神生才之格人生得此貴蔱晚年椿萱不逮双荣養鳩鴈凬高有斷𦖋手姿洒落天性良賢學識聰明終擬揚名顯姓筆鋒雄健豈教鑿井耕田機會來時劳棠續荣沾寵渥服黎元此則晚荣之命鶺𩿁有碍須添副桂子秋来朶朶妍運行初丁丑初年之景便讀青萮戊寅運中剌股芸窓繼夜筆力便有功傳巳卯運中踈踈凬雪過跨馬去登天庚辰運中時來機會至沭寵服黎元辛巳運中政顯悠悠樂凬霜不致寒壬午運中𢒼遷𢒼擢浪湧凬顛癸未運中黃花綠酒甲申運中夢入九泉

甲午年　丙子月　辛亥日　乙未時

此八字辛亥日相配柱中水木傷官生財之格人生得此行藏平穩歷事辛勤椿父先歸萱後別傷行天際各飛身不攻書史少親貴人稅地栽花向日移桃接杏成春但願一生衣食足何須名勢壓鄉隣此則離家立業之命鸞幃木命須豬屬桂子庭前一果真運行初丁丑初年之景底下精神戊寅運中椿父歸宾後離家別立身己卯運中行藏逢貴助人事尚遂巡庚辰運中到此財源滾滾行藏頗有精神辛巳運中人事抑揚才進退其如皓月入蹤雲壬午運中冲擊之所尚未精神癸未運中晚年康泰甲申運中夢入風塵

甲午年　丙子月　戊子日　壬子時

此八字戊子日相配柱中之水財旺生官之格正謂才盛生官終身有慶值斯象者丰姿英傑天性明良生於茂族長於玄堂掌雷霆之號令振琅館之權衡佇看晚年財祿旺果然日日沐恩光此則清致之命運行初丁丑幼承尊庇何論炎涼戊寅運中斷雲依玉樹寒月照玄堂己卯運中便有貴入交欽何愁人事乖張庚辰運中時來逢貴助財耗勢軒昂辛巳運中滔滔臻福慶名重事乖張壬午運中榮華超異日金玉滿華堂癸未運中落日青山外猿啼人斷腸

甲午　丙子　庚戌　丙子

此八字庚戌魁罡之日相配柱中水火傷官制杀之格女人得此福足以荣椿親華殁萱尤去妯娌翁姑不共踈姿容雅麗天性聰容立業掌家有道針線刺加工錦綉花開春富貴琅玕竹報日雍容佇看来晚節夫显福重重此則荣貴之命良人配合功名客桂子生戌俊秀叢運行初乙亥閨門之内樂守從容甲戌運中正配文房丈權諧福氣融癸酉運中一番風雪令人悶一過依然秀芑鍾壬申運中囊空休嘆息風很不為過辛未運中歷過

埼嶇道才多福慶隆庚午運中錦綉千般輝麗色珍羞百味称心胃己巳運中孫賢子孝戊辰運中歸去也

甲午年　丁丑月　戊申　庚申時

此八字戊申長生之日相配柱中金水傷官制煞之格亦有合祿之意主人生於良族長於名門水火椿萱雙晚歲天邊鴻鴈各行鳴其為人也丰姿清秀天性聰明雖無讀書志亦有貴人欽般般稍覽件件不精謀為君子咸伏小人爭長名園過猶竹花開上、苑勝先春終是功名之客豈為田舍之翁不學十年窗下業勞刑九載却成功佇看頭角爭光耀須信天邊雪滿襟運行初庚、、上人庇下未斷

辛卯運中世事究如春夢人情薄似秋雲

運中時逢貴客相提携勝似高超萬里程壬辰運中雪晴雲路達跨馬入神京癸巳運中雖不建侯封爵自然福祿駢臻甲午運中有材應大用何事便辭榮乙未運中安閒晚景一枕清風

甲午年　丁丑月　丁酉日　庚子時

此八字丁酉日元相配柱中金土雜氣財杀之格時上一位貴論主人生於右族長於名門水火椿萱年歲長天邊鴻鴈有行鳴其為人也丰姿清秀天性聰明胸羅今古史學識聖賢心麗句妙為天下白高材俊侶海東青終是功名之客豈為田舍之翁會身辭白屋平步入青雲三級浪中魚變化九霄雲外鳳飛騰一朝騰達飛黃去金紫榮看次第陞此則榮貴之命殊惜木命須年長子嗣生成貴顯兒運行初戊戌上人庇下花放風生己亥運中十年窗下業黃卷與青灯庚子運中報道是龍還不信果然奪得錦標新辛丑運中驅中情日催行騎江上春風提去程壬寅運中三度君恩喜兩番風木驚癸卯運中赤心扶日月素志展經綸甲辰運中心事數莖白髮生涯一片閑情乙巳運中春光去也

甲午年　丁丑月　丙申日　己亥時
此八字丙申日元相配柱中水土傷官制煞之格
人生得此生於文望之族長於詩禮之門椿萱榮
晚節鴻鴈各分群其為人也丰姿清秀天性聰明
胷羅星斗學足三冬源流三峽誰能及筆掃千軍
就與倫定向月中攀桂子便從天上領陽春佇看
官封三級酌然祿享千鍾此則青出於藍之命鴛
幃連珠合子嗣晚光榮運行初戊寅上人庇下災
悔未伸己卯運中踏破泮橋霜幾板讀殘第店月
三更庚辰運中三場舉業文如錦萬里鵬程路正

通辛巳運中綉衣耀日鐵面生風壬午運中職遷
金紫宇內澄清當此之際風雪滿庭癸未運中藩
臬陞陞官二品山河十郡仰威權甲申運中正宜
侍明主未許解簪纓乙酉運中歸去也

甲午年　丁丑月　甲申日　乙亥時
此八字甲申專權之日祿氣才官之格比刼太重
藏我金紫之榮主人生於右族長於仁門椿父先
歸萱後別天邊鴻鴈又聯群其為人也丰姿清秀
天性乖能有微微之計較淡淡之聰明般般稍賴
件件不精豈是池中物尤来席上珍律法久諳旁
案牘功名須藉筆刀成佇看頭角聳德澤惠軍民
此則榮貴之命鴛幃正副分偕老子嗣榮門晚郎
馨運行初戊寅上人庇下未断平生己卯運中欵
速不達揚帆待風庚辰運中貴人相指引祿馬旺

前程辛巳運中雨晴雲路遠跨馬上神京壬午運
中頭角崢嶸多壯觀未應天府沐深恩癸未運中
皇恩有感重光昱拜授除書雨露新一番風雪過
依旧播仁風甲申運中此處見陞還見退悠悠離
下樂高情乙酉運中春歸花落尽空慫子規声

甲午年　丁丑月　戊戌月，甲寅時

此八字戊戌魁罡之日相配柱中木火祿氣煞印之格煞印相生功名顯達主人生於西室長於宦門椿親榮倚萱歸副天邊鴻雁各飛騰其為人也丰姿清秀天性聰明千古文章逞榮耀一天星斗煥心胸衣冠濟濟人中傑和氣怡怡席上珍終是文場折桂客豈為田舍鑿耕人鵬路高搏知從異龍門深躍見修鱗一從姓字傳臚後直上金鑾輔聖明此則榮貴之命鴛幃東西綉帳子嗣周鳳曾麟運行初戊寅上人屈下繼祿平生己卯運中不負寸陰之惜豈奉題柱之功庚辰運中躍過禹門三級浪東筠趨朝拜袞龍當此之際風雲滿空辛巳運中折獄庁言民訟懸九天金紫又加陞壬午運中藩臬階陞超二品勅廷都憲又重封癸未運中天上手曾扶日月人間位正遏台星甲申運中明時柱石盛世肱股甲字之中良玉有瑕乙酉運中英雄有盡也高枕臥麒麟

甲午年　丁丑月　戊寅日　庚申時

此八字戊寅專權之日相配柱中金木食神助殺之格人生得此生於良族長於高門堂上椿萱連珠配天邊鴻雁後隨鳴其為人也丰姿清秀天性聰明知高下識重輕黄金過火重增價白壁離塵色更明竹藏甕消洒喚傲任枯榮萬里無雲天一色三秋好景月長明不是功名客終為發福人才源富足福祿無窮鄉民仰德閭里推尊此則穩旺之命鴛幃連珠須年小子嗣森枝孝且忠運行初戊寅幼年之下灾晦之中己卯運中寒向梅中尽春從抑上生庚辰運中爆竹声催残臘尽折梅香引早逢春辛巳運中才如風捲浪福似月離雲壬午運中西風吹過天邊雲從此才源倍有增癸未運中樓臺疊疊生涯好才帛興隆福祿增甲申運中安閑晚景一道訃音

甲午年　丁丑月　己未日　乙亥時

此八字己未陰刃之日雜氣殺印之格人生得此椿萱雖並耄鴻雁陣行分半姿清秀天性志誠有微微之計較淡淡之聰明水光浮座盃盤瑩花氣侵人咲語馨是非莫問門前客得失須憑塞上翁時至運通成事業地靈人傑旺才名雖不青驄肥馬自然閭里推尊此則不羈之命鴛幃兩敵方偕老子嗣秋來綠舞成運行初戊寅上人庇下天朗氣清己卯運中青歸椰葉嗜初變紅入挑花煖來句庚辰運中雲散自然孤月朗春來依舊百花馨辛巳運中須臾風浪擁頃刻又波平壬午運中得失相半憂喜並行癸未運中歲寒松尚茂秋老菊尤馨當此之際人事虧盈甲申運中晚景倍加光彩乙酉運中黃粱一枕難醒

甲午年　丁丑月　乙未日　丙戌時

此八字乙未日元相配柱中金土傷官助才之格人生得此生於右族長於名門水火椿萱双晚茂天邊鴻雁各行鳴其為人也丰姿清秀天性聰明五車書富三冬足兩石弓當萬驥冲太山北斗千年在和氣春風四座傾終是功名之客豈為田舍之翁雲程坦坦登天去舉足悠悠名利成一從揚姓字戰位秉權衡此則榮貴之命鴛幃得配連殊女子嗣生成貴顯人運行初戊寅上人庇下安晦之中己卯運中讀殘茅店月囊聚案頭螢庚辰運中一朝但得風雲便沛道玄門沭寵榮辛巳運中君恩三度喜風雨不為驚壬午運中江山近五馬花紅拂為軽癸未運中自嗟引章歸故里朗廷夫遇西疏心甲申運中西風起處萬朔羡晚節閑時葡酒馨乙酉運中花落水流春已失蘭猿玉杯恨何明

甲午年　丁丑月　戊午日　癸亥時

此八字戊午日刃之辰相配柱中水木才殺之格其為人也多機多智易壽易嗔謀動君子咸伏小人播萱先別後鴻雁磊竹鳴家庭旧業應加立世利新親再琢成谷粟盈厥正是成家成趣詩書滿架宜當傳子傳孫此則磊落之命妻鸞幃連珠霜添鬚子桂蘭葛葛有餘馨運行初戊寅風輕日煖燕舞鶯吟已卯運中雨過飛簇錦風和提柳拖金庚辰運中問堯功名身外事遨遊湖海即前程辛巳運中幾多閑啟雜依旧樂昇平壬午運中小池雨過添新祿深谷春來發旧馨癸未運中妻賢而子秀樂意以忘情甲申運中安享榮華之福乙酉運中夢遊蓬島难醒

甲午年　丁丑月　甲戌日　乙亥時

此八字甲木相配火土襍氣才官之格亦有傷官之意值斯象者椿萱双皓首鴻雁少聯飛其為人也多機變有操持惡不遜善不欺不親君子稍讀詩書遊山翫水攜詩卷對月觀花把酒巵常恩天下之人不如己每道世間之事不機才源雖穩厚心地有偏時但願一輪花底醉何須騎馬入皇都此則穩足之命鸞幃全正副桂子秀秋枝運行初戊寅上人庇下未論盈亏乙卯運中花紅柳綠燕語鶯啼庚辰運中行藏雖有慶人事尚趣趄辛巳運中正是梅青白并月白何愁第宅不增輝當此之際一度憂凝壬午運中片時歇襍頁到躊躕癸未運中天上三陽泰人間五福齊甲申運中桑景榆暮景乙酉運中歸去来兮

甲午年　丁丑月　己巳日　甲戌時

此八字天元己土配辛柱中金木雜氣官印之格官多化殺之論人生得此生於良族長於仁門椿父先歸萱耐晚天邊鴻雁各行群其為人也丰姿清秀天性聰明謀動君子威伏小人萬里韶華名利必從天上降一聯美景才凉自向遠方生九年趣事公堂上一旦天邊沐寵榮此則榮貴之命篤帰有碍重年少子嗣生成秀奐人運行初戊寅上人庇下未斷平生己卯運中貴人相格引祿馬旺前程庚辰運中去除中幘簪烏帽麻衣換得綠衣新辛巳運中除奸擬惡權衡顯处還愁雨弄晴壬午運中榮中生阻節隱跡向籬東當此之際人事虧盈癸未運中已卸之花重吐艷回潮之水復波興甲申運中子傑自能承事業乙酉運中春殘花落鳥無聲

甲午年　丁丑月　丙申日　己亥時

此八字丙申之日相配柱中水土傷官制殺之格人生得此生於布族長於名門水土椿萱双晚茂天邊鴻雁各行鳴其為人也丰姿清秀天性聰明頗知禮義稍識古今高客起敬貴人喜欽祖業添新慶根源勝舊風凰門外田疇千生計庭前花木四時春福布江山外名門湖海中英雄惟劍三尺豪傑相逢酒一鍾不必名珠來水府何須木劍到豐城但願粟陳貫朽何須跨馬入青雲此則穩旺之命篤蓮珠須配小子嗣金風孝且忠運行初戊寅春風駘蕩夏日炎炎己卯運中天冷雲還凍江寬風自生庚辰運中一勝夜凉池雨過信知衣祿晚風輕辛巳運中豐年田舍禾盈謦臘日山家酒滿斟壬午運中才源雖富足風雪愁人癸未運中延賓玩物會交閑擣甲申運中春光如撚指一梳了平生。

甲午年　丁丑月　壬午日　癸卯時

此八字六壬生臨午位號曰祿馬同鄉雜氣官印之格人生得此生於右族長於名門水土椿萱双晚茂天邊鴻鴈各行鳴其為人也丰姿清秀天性聰明胸羅今古事學識聖賢心麗句妙為天下白高材俊似海東青終是功名客豈為田舍翁奮身辭白屋平帝入青雲足步黄金殿身登白玉京北海蛟横頭角俾南山豹变爪牙新一從姓字傳揚後九五天門面聖容此則榮貴之命鴛幃燭夜添新配子嗣秋来朶朶榮運行初戊寅春風駘蕩一夏日炎蒸已卯運中歆遂平生志須留經畧功庚辰運中鵬路高搏知健翼龍門深躍見修鱗辛巳運中對畧聦吟才独称皇恩有感大夫榮壬辰運中職廷金紫声名重風雪飛来尚惚人癸未運中赤心扶日月未許便辭榮甲申運中榮歸故里乙酉運中歸去也

甲午年　丁丑月　丁亥日　庚子時

此八字丁亥日貴之良相配柱中水土傷官制煞之格人生得此生於右族長於宦門椿親榮晚贈鴻鴈各行鳴其為人也丰姿清秀天性聰明錦綉胸藏賢聖學珠璣口吐武文風衣冠濟濟人中傑和氣怡怡席上珍終是功名客豈為田舍翁龍門变化三春浪鵬路逍遥萬里程一從揚姓字秉笏拜明君此則榮貴之命鴛幃東西錦帳子嗣周鳳晉麟運行初戊寅上入庭下花放風生已卯運中十年窓下業黄巻與青燈庚辰運中莫愁雪阻藍関道時来頃刻便升騰辛巳運中躍過三層浪朝班立縉紳壬午運中職廷金紫貴風雪尚愁人癸未運中赤心扶日月素志展經綸甲申運中春光去也一枕清風

甲午年　丁丑月　庚戌日　庚戌時

此八字土金生臨午位號曰祿馬同鄉雜氣杀之格人生得此生于布族長于名門椿萱有奇光彰文天邊鴻雁各行鳴其為人也丰姿清秀天性聰明世事頗能將就般般參欠精通水光浮座盈盤堂花氣侵人哎語馨欲為商賈思慕功名遊山翫水彗詩巻對月觀花把酒斟雖不成名利自然近貴人花無桃李非春色入望有歌是太平好意當成惡真心換得嗔但願一生才祿何必天邊沐寵榮此則穩厚之命駕帳金命須年小子嗣抄來有誕荣運行初戊寅上下庇下祖福平生已卯運中世事宛如春夢人情薄似秋雲庚辰運中世情濃又淡淡處又還濃辛巳運中古樹含風尤帶雨寒崖向日始知春壬午運中才源雖有進人事尚彰盈癸未運中引鶴徐行三徑晚約梅同醉一壺春須史風雨過山青甲申運中老來尤覔精神爽还慈晚福尚風生乙酉運中歸去也

甲午年　丁丑月　壬午日　辛亥時

此八字六壬臨午號曰祿馬同鄉襍氣才官之格人此得此生於右族長於名門椿文光榮尤先別萱親耐曉雁行榮其為人也丰姿清秀天性聰明錦綉胸藏賢聖學珠璣口吐武文風終是文播折桂客豈為田舍鑿耕人一日風雲相際會九天雨露沐皇恩此則榮貴之命駕帳有犯須重續子嗣秋來有挺榮運行初戊寅上人庇下容膝未伸已卯運中十年窗下叢黄巻與青燈庚辰運中遠望天恩雲外隆難攀桂子手中馨辛巳運中折桂登場入太學依然困守讀書灯壬辰運中到此始知文學好紛紛德澤惠黎民癸未運中有才應擢武未許便歸榮甲申運中榮歸故里羡酒盈樽乙酉運中夕陽有限春梦無憑

甲午年　丁丑月　己亥日　癸酉時

此八字己亥日元相配柱中才官印三奇之格人生得此生於右族長於名門金土椿萱双晚茂天邊鴻雁各行鳴其為人也丰姿清秀天性聰明高謀遠見機關別慷慨春風一妳人過火黃金显十分之貴色離雲皎月有万里之清明祖基祖業添新慶才帛声名自球成花無兆李非春色人有堂歌是太平有心於貨利無意慕功名才源富足平生好何必天邊沐寵榮此則豊盛之命兆幃連珠須配小子嗣秋來朵朵榮運行初戊寅上人庇下卷放風生己卯運中雲開山聳翠雨過竹重青庚辰運中爆竹声催殘臘尽折梅香引早春逢辛巳運中天上三陽泰人間五福增壬午運中才源富足家居好風雪關非尚惱人癸未運中庭前竹報平安日檻外花開富貴春甲申運中無思無慮乙酉運中春夢無憑

甲午年　丁丑月　壬辰日　庚戌時

此八字壬辰魁罡之日相配柱中大土雜氣才官之格喜逢印綬扶身遇斯令者生於右族長於名門椿萱帶晚贈鴻雁各行鳴其為人也丰姿清秀天性聰明胸罗千古事多識聖賢書驕句缺為天下雨英才俊似海東青終是功名之客堂為田舍之翁北海蛟横頭角現南山豹变緑衣新一從姓字傳揚後九五天門拜聖恩此則榮貴之命鴛幃春色震子嗣晚榮門運行初上入庠下花放風生戊寅運中詩書頻曉李史觀經己卯運中欲逐平生志須當寇下功庚辰運中報道是龍還不信果然奪得錦標名辛巳運中微折片言民訟息九天雨露再加隆壬午運中靈晴閑闊開黄道金大煌煌雨露隆癸未運中十郡山河吾戰掌九天恩詔入神京甲申運中崇回故里乙酉運中一夕無憑

甲午年　丁丑月　丁丑日　壬寅時

此八字丁丑之日相配柱中水土傷官之格人生得此生於右族長於名門金火椿萱雙悅別天邊鳴鴈各飛騰其爲人也丰姿清秀天性聰明有博古通今之志裁長補短之能高人起敬貴客相欽過火黃金重長價離雲皎月倍光明田園栄拓茂畝和稲粮豐儲得意江山詩句健忘情日月酒盈深財源富足家居好官貴無緣不用心雖不綺羅衣錦綉也應鄉黨衆推尊此則穩厚之命篤悵春色麗子嗣悅光宗運行初戊寅上人上庇下花放風生巳卯運中始覺湯和滿目不妨霧鎖烟凝庚辰運中隱隱傾雷抽碧笋微微細雨潤紅英辛巳運中雨睛山脊翠雲散月當空壬午運中福若泉緣涉寸如春氣生當此之際風雨滿庭癸未運中妃賓勸約會友閒樽甲申運中晚年閒快樂一枕入巫峯

甲午年　丁丑月　庚辰日　戊寅

此八字庚辰日德之辰才官印三奇之格人生得此生於右族長於名門椿萱双悅茂鴻鴈各飛騰其為人也丰姿清秀天性聰明錦綉胸藏顔孟李珠璣口土孔文風衣冠濟濟人中傑和氣怡怡席上珠終是功名之客豈為田舍之翁鵬路高摶知健翼禹門深躍見潛鱗一從揚姓字金紫戰加陞此則栄貴之命春色結子嗣悅茱門戊子初運春風播奕夏日炎炎已邜運中十年窓下業一舉信成名庚辰運中禹浪三層都躍過秉笏天門拜聖明辛已運中錦衣肥馬重重貴天上恩波淡淡新壬辰運中戰廷金紫重加贈步納班朝見圣恩辰字之中風雪満庭癸邜運中幾回思故里未許便辞栄甲子運中春光去也花落月沉

甲午年　丁丑月　丁丑日　壬寅時

此八字丁火相配相中金水模氣才官之格食神傷官運行皆地滅武功名主人萱母先歸椿後別天邊鴻雁各西東其為人也丰姿清秀天性聰明行藏竟滿酒哭微任枯榮祖基祖業添新慶才帛資囊自琢成豈年田舍禾盈罌腸日山家酒滿斟滿世功名身外事五湖風月樂怡情此則饒福之命鶯啼雨散方皆老子嗣秋來有挺榮運行初戊寅上人在下未斷平生已卯運中娟娟雲裏月灼灼景中英庚辰運中人情似紙番番薄世事如棋局局新辛巳運中片雲蔽日雨過山青壬午運中雖家園穩旺尚愁損耗還生癸未運中沖擊之所得失相傳甲申運中孫賢子秀乙酉運中鬼降魂升

甲午年　丁丑月　甲戌日　乙亥時

此八字甲木相配火土模氣才官之格亦有傷官之意值斯家者椿萱双族首鴻雁稍聯飛其為人也多機變有操持惡不怕善不欺不親君子稍諳詩書遊山翫水攜詩卷對月觀花把酒危常川天下之人不如己每道世間之事如機才源難穩享心地有偏枝但願一樽花底醉何須騎馬入皇都此則穩足之命鶯啼全正副桂子秀秋枝運行初戊寅上人庇下未斷盈虧己卯運中花紅柳綠燕語鶯啼庚辰運中行藏雖有慶人事尚趑趄辛巳運中正是梅青并月白何愁第宅不增輝當此之際一度憂疑壬午運中片時鼓襟頃刻增烟癸未運中天上三陽泰人間五福齊甲申運中景物暮景乙酉運中歸去來兮

甲午年　丁丑月　庚辰日　庚辰時

此八字庚辰魁罡之日襍氣才官之格喜乎印綬扶身三奇秀氣遇斯象者雖不成名亦能發福萱母生歸椿後别西風鴻鴈失群飛其爲人也多智慧有操持逆則風濤滚、順知和氣怡怡親不我踈自遠祖非我难依江湖播姓千間里姓名馳此則特達之命鶯柳須帶硬桂子秀枝〻運行初戊寅鶯啼燕語明媚之時巳卯運中雨收山有色雲散月楊輝不榮不辱無損無亏辛巳運中爆竹声催残臘去折梅户引早春歸壬午運中但惟鄉里增光價不負倭儸使盡機癸未運中高朋滿座美酒盈卮甲申運中歲寒〻松栢晚景桑榆乙酉運中帰去也

甲午年　丁丑月　癸亥日　癸丑時

此八字癸亥日主相配柱中金土雜氣殺印之格人生得此生於右族長於仁門椿父先帰萱後别天邊鴻鴈各行分其爲人也丰姿清秀天性聪明般般稍覧件件不精有近貴親賢之德應上和下之能基業添新慶根源勝舊風竹梅一院有酒三鍾笙歌閙處多行樂羅綺叢中幾醉醒有心於貨利無意慕功名好意番成悪真心換得嗔田園多旺茂畝畆稍豊盈雖不綺羅衣錦綉也應潤屋而潤身此則穏富之命鴛幃木命須年小子嗣枝枝一果栄運行初戊寅上人庇下柔断平生巳卯運中雨過山方秀雲開月始明庚辰運中精神又憔悴憔悴又精神辛巳運中財如春水滔滔長須史雲月尚朦朧壬午運中不意意中書得意同心心慶不如心癸未運中威権有布人欽仰財帛豊隆福禄增當此之際花放風生甲申運中宜樂晚景工酉運中一枕清風

甲午年　丁丑月　丙子日　己丑時

此八字丙子日元相配柱中金土傷官助才之格人生得此生於西室長於名門椿親磊落萱帰副天邊鴻鴈各行鳴其為人也丰姿清秀天性聰明胸藏今古事學識聖賢心臟句始為天下白高材俊侶海東青終是功名之客豈為田舍之翁龍門變化三春浪鵬路逍遥萬里程一從揚姓字金紫戢皆陞此則榮貴之命艞幃連珠須配小子嗣秋采有挺榮運行初戊寅上人庇下安晦未平己卯運中欽遂平生志須加董子功庚辰運中報道是龍還不信果然奪得錦標新辛巳運中獄折片言民訟見九天金紫又加陞當是時也風雲痛空壬午運中重紫重金當此際須史風雲不為鵜癸未運中有時應大用何事便帰紫甲申運中夕陽有限春梦無憑

甲午年　丁丑月　庚寅日　甲申時

此八字庚寅日元相配柱中木火稱氣才官之格喜逢印綬生身人生得此生於右族長於名門金土椿萱茂晚天边鴻鴈有行鳴其為人也丰姿清秀天性聰明知高下識重輕世事頗能將號般般李問精通過火黄金重長價離雲明月倚風行亦不覔珠来水府何須求劍到豐城湖海有意公卿小廊廟無心宇宙紅才源富足何須天府求榮此則穩厚之命允幃連理須配長子嗣森枝朶朶榮運行初上人庇下花放風生己卯運中鵲消雲裏月灼葉中英庚辰運中隱隱輕雷相碧户微微細雨洒紅英辛巳運中一聯美景壬午運中才源富足樓閣凌雲癸未運中軒開化日千祥贈藕捲香風福禄增戊申運中春光去也一斷絃成空

甲午年　丁丑月　丁亥日　乙巳時

此八字丁亥日貴之辰相配柱中水土傷官之格人生得此雖不成名亦能發福主人生於遂室長於名門木大椿萱茶晚贈天邊鴻雁各飛騰其為人也丰姿清雅天性乖能高謀遠見機關別慷慨春風一妙人祖業重修葺根源再整新不必覔珠来水府何須求劍到豊城豊年田舍禾盈磬膞日山家酒満斟鄉民仰德閭里推尊此則豊饒之命鴛幃連珠須配小子嗣金風有顯榮運行初戊寅幼年之下災晦未伸己卯運中春歸柳葉睛初變紅入桃花煖未匀庚辰運中小池雨過添新禄春谷深来發舊馨辛巳運中一枝梅破臘萬象漸回春壬午運中福元昌熾才帛餘盈當此之際風雪満空癸未運中經霜松栢儼然秀昌雨梅蘭分外馨甲申運中花落春歸去哀猿三兩声

甲午年　丁丑月　戊子日　乙卯時

此八字戊子日丑之辰相配柱中木土才官之格官殺佷祿喜印扶身遇斯命者生於右族長於名門水命椿萱耐晚天边鴻雁行分其為人丰姿清秀天性聰明機謀韜伏舉用人欽過火黄金顯十分之貴色離雲岐月布萬里之清光重成新事業再整旧門庭福布江山外名聞湖海中兩都秋色皆喬木耆旧風流有幾人但願一生財禄旺何須誇馬入青雲此則穩厚之命鴛幃連珠須配小子嗣秋来顯宅門運行初戊寅運中春風駘蕩夏日炎蒸己卯運中雨過園苑簇錦風和堤柳拖金庚辰運中隱隱輕雷抽碧笋微微細雨潤紅英辛巳運中天上三陽泰人間五福增壬午運中財旺福興家業長还愁飛絮滿門庭癸未運中庭前竹報平安日檻外花開富貴昏甲申運中落花寂寂啼山鳥香梦悠悠入九重

甲午年　丁丑月　辛卯日　丁酉時

此八字辛卯日相配柱中之丸偏官之格人生得此顯姓揚名椿樹高榮萱共耄偶行天際有飛騰半姿英俊天性聰明學問胸中廣詞源筆下精黄道三秋騰驥足赤霄千里奮鵬程長安人似蟻争看錦衣榮此則榮書之命鸞幃金玉貿子嗣桂蘭英運行初戊寅幼年之下花放風生己卯運中敬遂平生志潛心對短檠庚辰運中禹浪連三耀衣冠拜聖明辛巳運中梨雨初消尽伏麗禄位階進大夫榮壬午運中十郡山河閲職掌九重恩命文崇徽癸未運中職居廊廟甲申運中清史留名

甲午年　丁丑月　丙戌日　壬辰時

此八字丙戌日相配柱中壬水時上偏官之格羊刃合殺為良正謂權刃双顯均停位至公侯值斯象者主人丰姿洒落性理剛明生於簪纓之族長於詩禮之門詞源浩〻翰墨騰〻蟾宫誇首選鴈塔擅高登儀刑四海公台位禄享千鍾家宰名此則宰輔之命鴛幃同屬須偏正桂子秋風綻錦英運行初戊寅上人榮下天朗氣清己卯運中讀書漂麥觀史倫灯庚辰運中禹浪三層都躍過光生玉節下雲霄辛巳運中一番風雪過金紫兩迁榮壬午運中列宿驅旋轉群賢屬秉行癸未運中天仗初開閶禮倫皇威日覲漢文明甲申運中山河歸舊國管樂换新聲乙酉運中九地可憐埋片玉五雲無復見他形

甲午年　丁丑月　乙丑日　癸未時

此八字乙丑運中日配柱中旺土雜氣才官之格人生得此善決善斷能語能言萱親先去椿尤去鴻鴈天邊不共聯學問有成未必騰身於仕路筆鋒雄健可教案牘有功干祖業重新整才囊自積源竹看晚年時運逢貴人相助置田園此則守成富命鴛帏有碍須年少桂子秋枝始發妍運行初戊寅每思無慮皎月當天己卯運中楊柳眠春暖兼葭起暮寒庚辰運中雖則財源穩旺無端雪遍山河辛巳運中霜消春色麗方物挺秀妍壬午運中到此漸知光景好貴人旺扶助旺才源癸未運中冲擊之所進退迍邅甲申運中落日涵空谷西風絶斷猿

甲午年　丁丑月　甲申日　甲戌時

此八字甲申日相配柱中之土雜氣才官之格人生得此仕路馳声椿樹呈榮萱共養鴈行天際各飛鳴平安俊秀學問剛明三峽水青襟瑩案一天星禹浪三層連躍過班聯青瑣侍皇明此則顯耀之命鴛帏全正幃桂子两三英運行到戊寅上人庇下黃巷青灯丁卯運中讀殘官舍月行落逕林庚辰運中禹浪連三躍衣冠拜鳳庭辛巳運中一番剝過祿位大夫榮壬午運中金紫万里癸未運中甲申運中夢入蓬酒

甲午年　丁丑月　戊寅日　甲寅時

此八字戊土配乎甲木時上傷官之格女人得此立性機關治家倜儻性急尤如風捲霧心安儼似月離雲翁姑情薄妯娌緣輕不富不貧過白日無榮無辱度生平此則平和之命良人近貴須年長子嗣良霄夢裏生運行初丙子昏昏曉月淡淡寒雲乙亥運中萬疊好山雲乍斂一樓明月雨初晴甲戌運中區區費盡力漸漸福源增癸酉運中家門還覺多餘慶滾滾風濤幸不驚壬申運中幾年牀褥苦一夢永難醒

甲午年　丁丑月　乙丑日　丁亥時

此八字乙丑日相配柱中金土雜氣才官之格人生得此福享清奇椿萱半道相分手鴻鴈天邊各自飛千姿英秀天性仁慈足踐如來之地身穿忍辱之衣三昧無障神通廣五戒精專拂日輝主席名山尊仝德榮加寵渥造天墀此則清榮顯耀之命運行初戊寅幼承上庇有何是非己卯運中聽經園法座飛錫上京畿庚辰運中天雨寶花輝法界十方善信盡皈依辛巳運中沾恩尊主席振德眼闍黎壬午運中萬象光華行樂順趨趄事要勢輝輝癸未運中老年沾沛澤誰不仰威儀甲申運中再加祿位乙酉運中運步西歸

甲午年　丁丑月　己未日　庚午時

此八字雜氣財官之格值此象者主人行藏特達動止機關方方白處處圓當仁不讓見善則迁椿萱中道別鴻雁各遶天祖基祖業多番覆閭里江湖讓傑賢樽中有酒從教醉身外無名一任閑雖不成名於甲第自然福氣似淵泉此則豐饒之命鴛幃有碍重整新絃子嗣有成班衣之慶運行初戊寅運中華堂氣轉喬木春還己卯運中梅梢忽報春消息始覺陽回宇宙間庚辰運中但逢高士引自覺勝常年辛巳運中幾度閑中生蹭蹬數番雜氣旺財源壬午運中雖則家門旺心忙事轉繁癸未運中錦綉花開春富貴琅玕竹長日平安甲申運中如松之盛似栢之堅乙酉運中莫道豪翁無了日杳然一夢入巫山

甲午年　丁丑月　庚申日　丁丑時

此八字庚申日相配柱中之火雜氣才官之格人生得此丰姿穩厚天性公平心下存濟人之德胸中無殺害之情椿父先帰萱後別四枝棣棠兩凋零般般都好學件件不全精祖業添新慶才囊自積成不獨名揚湖海尚新禾稼豊登佇看來晚節才福自天生此則穩富之命鴛幃諧白首桂子秀餘鄉運行初戊寅幼年之景月白風清己卯運中洞房生喜氣日日會賢英庚辰運中歷過風霜道財源漸有增辛巳運中豈花零落後氣勢自生成壬午運中微微風浪心無慮金玉盈囊事業興癸未運中晚年帰旺閭里馳名甲申運中依然昌樂乙酉運中夢入蓬瀛

甲午年　丁丑月　甲申日　乙亥時

此八字甲申專殺之日相配柱中金土雜氣才官之格殺刃輔助為良人生得此宜乎得禄得名主人手姿洒落志氣豪洪生於富室長於華宗嚴慈分半道鴻鴈各淩空心明黃石畧口吐聖賢風天然一旦風雲合濟濟衣冠拜衮龍此則榮顯之命驚怖有硬須偏正桂子秋來朶朶紅運行初戊寅上人庇下快樂無窮己卯運中欲遂昇騰志須加量子功庚辰運中到此便知時運達文祥武瑞拜榮封辛巳運中騰騰氣歛肅肅威權壬午運中風雪初消開玉仗恩波重沐立边功癸未運中正在權衡處何愁跋涉凶甲申運中名利兼中成老懶孫賢子秀代英雄乙酉運中桃源春去也逢馬信难通

甲午年　丁丑月　己亥日　壬申時

此八字己亥日元相配柱中才官印綬三奇之格人生得此生於右族長於名門椿萱双晚茂鴻鴈各行鳴其為人也手姿清秀天性聰明機謀輾服舉用人欽世事頗能將就娖娖各尺精通過火黃金重長價離雲皎月倍常明田園桑柘茂畝畝稻梁馨英桂惟贈劍三尺豪傑相逢酒一鍾雖然不是金鞍客也應鄉黨膺人民此則發福之命鶯啼連珠合子嗣脫叢叢運行初戊寅上人庇下花放鳳生己卯運中寒向梅中盡春從柳上生庚辰運中雨過園桃猴錦風和堤柳拖金辛巳運中簾捲香風生百福軒開化日禄元增壬午運中當此之際風雪满庭癸未運中豐年田舍禾盈壘臘日山家酒满斟甲申運中春光去也啼鳥無聲

甲午年　丁丑月　辛卯日　壬辰時

此八字辛卯日元相配柱中火土雜氣殺印之格
殺印相生功名顯達主人生於右族長於名門木
火椿萱雙晚贈天邉鴻鴈各飛騰其爲人也丰姿
清秀天性聰明詞源三峽誰能及筆掃千軍孰與
倫衣冠濟濟人中傑和氣怡怡席上珎終是功名
之客豈爲田舍之翁足履三千皆故學博風九萬
即前程一從姓字傳揚後直上金鑾輔
聖明此則榮貴之命鴛幃重合疊子嗣旺榮門運行
初戊寅上人庇下花放風生已卯運中欲遂平生

志須加董子功庚辰運中時來風送滕王閣頃
刻高搏萬里程辛巳運中寒柳紫衣仁驛騎光
生玉節下雲層壬午運中三度君恩喜雨番風木
鶴癸未運中佇看官封三級酌然祿享千鍾甲申
運中收拾絲綸磯上坐乙酉運中春歸花落鳥無
聲

甲午[illegible]丑月　丙戌　壬辰時

此八字丙火相配柱中壬水時工一位貴格丁壬作合正謂
權刃雙顯均停位至三公主人生於右族長於名門
其爲人也丰姿清爽天性聰明椿萱祿養方分
別天邉鴻鴈亦飛騰筆底詞源三峽水胸中[illegible]
五車深龍門變化三春浪鵬路逍遙萬里程自賜
雙林[illegible]朝朝識聖明政引青霜戌物色語同天
地鈞陽春此則柱石之命鴛幃同屬如魚水子嗣生
戌奪錦人運行初戊寅工人庇丙未斷平生已卯運
中朝親孔孟日[illegible]曹庚辰運中秋闈占取一經

魁春榜高門三級浪辛巳運中鵷路儀中分五彩
氣天雨露再加陞壬午運中化行禹貢山川外人
在周公禮樂中癸未運中宰政百官材德稱儀
刑四海望尤尊　皇恩重有感冢宰秉權衡甲
申運中亦心佚日月素志展經綸乙酉運中春去
[illegible]鳥無聲

甲午年　丁丑月　辛巳日　己丑時

此八字辛巳日元相配柱中火土雜氣殺印之格殺印相生功名顯達主人生於右族長於高門椿萱下逮重荣贈天邊鴻雁有行鳴其為人也丰姿清秀天性聰明理窮古事兼古今書對賢經與聖經衣冠濟濟人中傑和氣怡怡席上珎終是功名客豈為田舍翁萬里扶摇鵬瞎夢一声雷震躍潛鱗一從姓子傳揚後九五天恩沐寵 此則荣貴之命鴛幃青色麗子嗣禄永新 運行初戊寅上人庇下灾悔之中 已卯運中 欲遂班超揮筆志須揮董子下帷功 庚辰運中 起鳳騰蛟當此際果然秉笏拜明君 辛巳運中 令重奸邪伏威嚴見膽鸞當此之際風雪滿庭 壬午運中 腰横金作帶身刻玉為麟 癸未運中 赤心扶日月素志展絲綸 甲申運中 鵬鳥賦成人已去喜英詩登瀛學士

甲午年　丁丑月　辛卯日　戊子時

此八字辛卯日元相配柱中火土雜氣殺印之格人生得此生於右族長於高門堂上椿萱萱歲長長遐鴻雁各行鳴其為人也丰姿清秀天性聰明頗知礼義稍識古今有抵雪欺霜之智截長補短之能祖業添新慶根源勝旧風祖布江山外名聞湖海必兩都秋色皆喬木耆旧風流有幾人不必慕珠來冰府何須求劍到豐城但願財源富足何須天府求榮此則穏厚之命鴛幃春色麗子嗣晩光榮運行初戊寅上人庇下花放風生已卯運中春風播棄微雨弄晴庚辰運中雖則行藏有慶幾多人事斷盈辛巳運中近水楼臺先得月向陽花木易逢春當此之際風雪满庭壬午運中積玉堆金家業富何愁白髮鬢邊生癸未運中門楣壯觀福禄無窮甲申運中春光去也啼鳥無聲

甲午年　乙丑月　壬申日　甲辰時

此八字壬申長生之日相配柱中火土㮶氣才殺之格混殺之論主人生於右族長於門火土椿萱嵗長天二鳴鴈有行鳴其為人也半姿清秀天性聰明胝羅今古事李識聖賢心麗句好為天下白高才俊似海東青終是功名之客豈為田舍之翁奮身辭白屋平步入青雲三級浪中龍変化九重雲外鳳飛騰一日風雲相際會九天雨露沐皇恩佇看官封三級酌然禄享千鍾此則栄貴之命鴛幃連珠須配小子嗣秋来有㧺栄運行初戊寅上人庇下灾晦未脱己卯運中讀殘茅店月囊聚案頭螢庚辰運中报道是龍还不信果然奪得錦摽新辛巳運中寒拂紫衣催駿驥光生玉節下雲層壬午運中三度君恩金紫貴兩畨風木侵人驚癸未運中有封應大用未許便辭栄甲申運中正欲成一夢一枕在不醒

甲午年　丁丑月　丙戌日　己丑時

此八字丙戌日元相配柱中金土傷官助財之格女人得此生於右族長配名門椿萱難並老鴻鴈各行嗚與為人也半姿清秀体態豐腴過男子勝丈能同心於妯娌善奉侍於翁姑萬里無心天一色三秋好景月揚輝步步有助夫家樂滔滔無阻旺門庭一苑杏桃鋪錦綉滿山花竹映簾屏易嗔易喜難纪難觸雖不鳳冠帔服自然福禄無虧此則益旺之命良人火命須年長子嗣秋来有損虧運行初丙子上人庇下毓秀深閨乙亥運中並蒂花深鴛並宿梧桐枝穩鳳雙棲甲戌運中正是梅青月白還愁行樂越趄癸酉運中有得有失有喜有愁壬申運中雖則夫門財業旺幾多人事尚盈虧辛未運中夜冷水寒魚不食滿舡空載月明歸庚午運中晩年雖享福門外子規啼

甲午年　丁丑月　甲戌日　戊辰時

此八字甲戌日元相配柱中金土雜氣財官之格湯官助財之論人生得此生於右族長於高堂椿親萱啓　丑填房天遷鴻鴈有各飛騰其為人也清秀天性幾閱英材而出類學問以淵淵魚佩玉鱗光照地雀啣瑞帶勢冲天終是功名之客豈於豹隱龍蟠清名已在雲霄上逸氣還充宇宙間緋衣日煖趁金闕宝殿雲開識聖顏此則榮貴之命鴛幃金玉潤子嗣晚祥蘭運行初戊寅上人庇下災晦之間已外運中焚膏展卷窓下休閑庚辰運中時來風送騰王閣果然跨馬上長安辛巳運中西風洒倉雪粉暑而緋班壬午運中郎署官函何足羨大夫金紫又高遷當此之際柳絮飄綿癸未運中有材應大用未許便辞榮甲申運中人生從此別一枕入黃梁

甲午年　丁丑月　乙酉日　癸未時

此八字乙酉專拳之日相配柱中金土雜氣才煞之格人生得此生於右族長於名門金火椿萱双晚茂天〻鴻雁各行鳴其為人也丰姿清秀天性世事頗能就將般般學問精通過火黃金重長債離雲餞月倍清明重成新事業再整旧門庭花无桃李非春色人有笙歌是太平滿世功名身外事五湖風月足怡情此則發福之命鴛幃得合重會合卺之盃子嗣有成晚戲斑衣之孝運行初戊寅春風駘蕩夏日炎蒸己卯運中天冷雲還凍江寬風自生庚辰運中謫〻精神爽盈〻氣象增辛巳運中雖則家門生意足还愁花放尚風生壬午運中雪晴雲散天如洗從此才源倍有增癸未運中門招壯觀福祿駢增甲申運中春光如過隙一枕了平生

甲午年　丁丑月　丁亥日　甲辰時

此八字丁亥日貴之辰相配柱中水土傷官助才之格傷官者剝殺之神也主人生於右族長於名門堂上峰遇晚茂天還鴻鴈不隨鳴其為人也丰姿清天性乖敏斷明決直處事公平行藏寬消洒咲傲任枯榮遇火黃金顯十分之貴色離雲皎月布萬里之光明祖業添新蔓根源勝舊風有心求貨利無意望功名田園有意公卿小廊廟無心宇宙輕鄉民仰德閭里推尊此則穩厚之命鴛幃年小須相配子嗣生成貴顯人運行初戊寅春風驕陽夏日炎蒸己卯運中隱隱輕雷抽碧笋微微細雨潤紅英庚辰運中近水樓臺先得月向陽花木早逢春辛巳運中財源富進家業餘盈當此之際風雪滿庭壬午運中天上三陽泰人間五福增癸未運中豐年田舍禾盈登臘日山家酒滿斟甲申運中晚年閑快樂一枕入巫峯

甲午年　丁丑月　戊子日　庚申時

此八字戊子日元相配柱中木火雜氣煞印之格人生得此生於右族長於名門椿萱雙晚茂鴻鴈各行鳴為人也丰姿清秀天性乖能機謀輒腹人氣遇火黃金顯十分之貴色離雲皎月布萬里之清明祖基祖業添新蔓才祿才源厚積存田園桑柘茂畝畝稻粱馨月掛碧天多皎潔名揚湖海有光榮時來才祿旺運至福元增鄉民仰德閭里推尊此則穩厚之命鴛幃有犯須年長子嗣秋來有顯榮運行戊寅上人庇下災晦未伸己卯運中如花向日似月離雲庚辰運中爆竹声催殘臘尽折梅香引早春逢辛巳運中才源滚滚家居好運更素耗尚愁人壬午運中嚴霜積雪都經過從此才權祿又增癸未運中晚年多快樂會友以棹甲申運中如松含晚翠似菊吐含英乙酉運引音一道醉酒三鍾

甲午年　丁丑月　甲戌日　己巳時

此八字雜氣才官之格值此象者生於名望之
家長於簪纓之族椿萱中道別鴻鴈各飛鳴其
為人也仁藏特達天性忠誠抑強而弱激濁以
揚清孝問有成天府沾恩馳令望英材出類皇朝
拜命著芳名政化東西洽仁風遠近清此則榮顯
之命篤幃得合昏昏灯火話平生桂子有成綠綠班
衣娛晚節運行初戊寅八花紅柳綠雲淡風輕己卯
運中明窗淨几時時習雪案工夫日日新庚辰運中
到此始知文學好常安道上馬蹄輕辛巳運中嚴
威華奸惡澤起疲癃壬午運中到則名權而肅
然也防風浪起重重癸未運中正宜秉笏庭朝
野來許懸車故里中甲申運中消閑甚一局遣興
三鍾乙酉運中楼重翠鳥啼不覚落花飛假恨東風

甲午年　丁丑月　壬申日　庚辰時

此八字壬申長生之日相配柱中金土祿氣官印
之格人生得此生於右族長於良門火土椿萱雙
脫茂天之鴻雁各行鳴其為人也丰姿清秀天性
聰明頗知禮義稍識古今有近貴親賢之德應上
卜之能重成新事業再整舊門庭有心於貨利
無意慕功名兩鬢秋色皆喬木蒼旧風流有幾人
朝中無姓字囊裏足珎珠花無桃李非春色人有
金款是太平雖不建庚封爵句然閒屋潤身此則
穩睡之命鴛幃春色麗子嗣襟衣新運行幼年之
下未斷平生戊寅運中穩隱輕雷柚碧笋微微細
雨潤紅英己卯運中小池雨過添新綠深谷春來
發旧馨庚辰運中不独財源富足尚祈声勢豪洪
辛巳運中天上三陽泰人間五福增當此之際風
而幽庭壬午運中翔凌雲之楼閣建捧漢之雕甍
未運中延賓玩物會友開樽甲申運中春光去
也花　沉

甲午年　丁丑月　丁丑日　庚戌時

此八字丁丑日元相配柱中金土傷官印綬之格傷官傷盡為奇主人生於右族長於名門椿萱數晚年鶺鴒各分行其為人也丰姿清秀天性聰明父誰能及筆掃千軍萬姓誇衣冠濟濟以和氣怡怡席上球終是功名客豈為田舍翁龍飛九五青天近鵬擊三千萬里程一從楊姓字聲名閭里聞此則榮貴之命鴛幃連珠須宜小子嗣秋蘭後更榮運行初戊寅上人庇下花放風生己卯運中讀書觀史螢窗下雁塔題名誰得知庚辰運中騰身離海水攀桂喜雲生辛巳運中皇恩有感身榮貴雨露波中風雪侵壬午運中聲名重整祿位陞崇癸未運中正宜侍君扶社稷豈應風雨又欺人甲申運中英雄盡也魂返巫峯

甲午年　丁丑月　辛未日　戊戌時

此八字辛未日元相配柱中火土雜氣殺印之格殺印相生功名顯達只嫌土重金埋藏香耕八字名主人生於右族長於名門椿父先歸萱後別天各行鴻其為人也丰姿清雅天性老誠敏相覽件件不精風月處文瀟洒容情有近貴親賢之德應上和下之能終是功名之客豈為田舍之翁空費十年苦學定應九載成名倚看頭角崢光耀舊門庭此則榮貴之命鴛幃有犯重重損子嗣秋來旺宅門運行初戊寅上人庇下未斷平生己卯運中莫道儒冠誤螢窗患不勤庚辰運中蔵器待時時必達時來揮毫入公門辛巳運中雨晴雲路達跨馬沐天恩壬午運中幾年首榮家門內未許天邊沐寵榮癸未運中時來跨馬長安一旦天邊沐恩榮甲申運中連喜聲名多振微雨舞晴空乙酉運中晚年回故里兩戌運中一魂入佳城

甲午年　丁丑月　丁酉日　辛亥時

此八字丁酉日貴之長相配柱中金土祿氣才官之格傷官住格旺我功名主人生於右族長於高門木火清萱雙晚茂天边鴻鴈有行鴉其為人也秀天性聰明高謀遠見機關別慷慨春風人過火黄金頭十分之貴色離雲告月有萬里之清明遊山玩水携詩卷對月對花把酒有心於貨利無意慕功名身將隱矣文何用人不知之更真但顧一生多富足任他身外没功名此則豐潤之命光怖運珠須配小子嗣金風孝且忠運

十六

戊寅運中人扇下花放風生己卯運中隐碧芽微之[illegible]開紅爽庚辰運上春風播爽澈弄晴辛巳運中近水樓臺先得月向陽花木早春壬午運中不独才源旨足尚祈声勢象横當茶風雪[illegible]冬天運未中心事数白髪半開情甲申運中無思無慮乙卯運中春[illegible]然愿

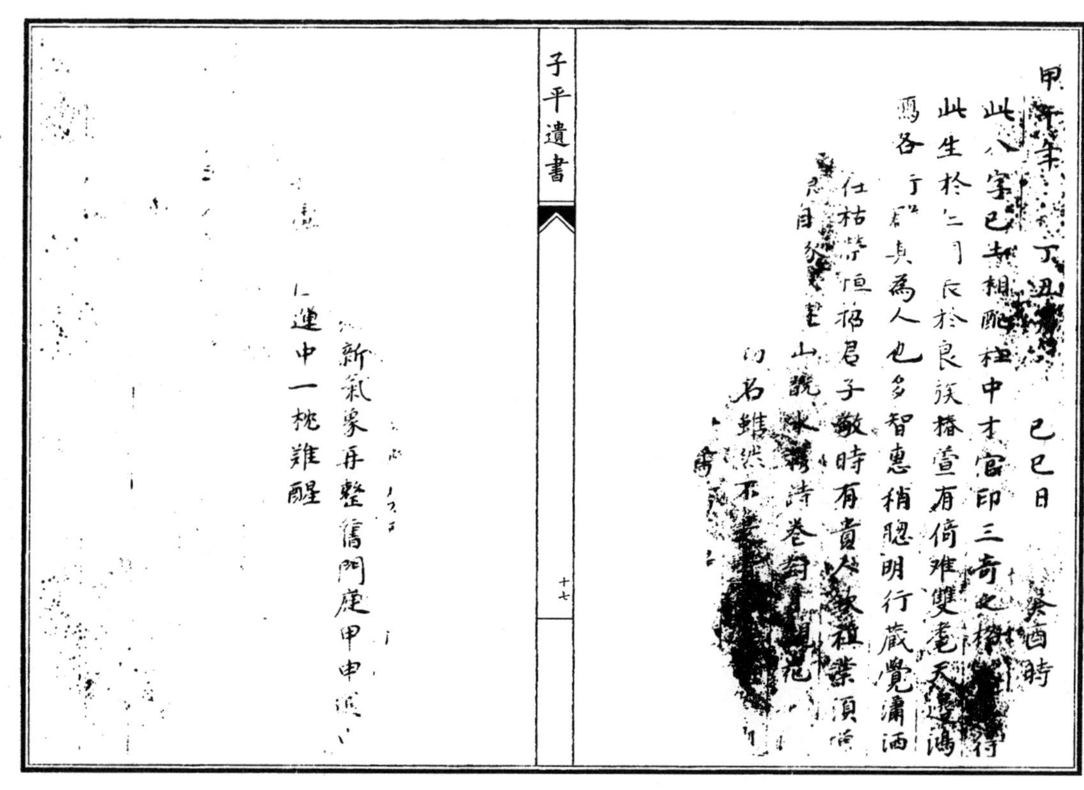

甲午年　丁丑月　己巳日　癸酉時

此八字己巳相配柱中才官印三奇之格[illegible]得此生於仁月辰於良族椿萱有倚雅雙毫天边鴻鴈各[illegible]真為人也多智慧稍聰明行藏覺灑洒仕枯學恒格君子敬時有貴人扶植[illegible]須[illegible]自[illegible]山玩水携詩卷[illegible]功名蝶蝶不[illegible]

十七

新氣象再整舊門庭甲申運[illegible]運中一枕難醒

甲午年　丁丑月　丙子日　壬辰時

此八字丙火相配柱中水土傷官制殺之格丁壬化合有功人生得此生於右族長於名門椿萱皓首先[illegible]天邊鴻雁各行鳴其為人也丰姿清秀性能明敏般般好學件件不精機謀輒能舉用人感覺消而英傲任枯榮水光浮盃杯醞釀花業須重立根源再整新門外[illegible]日圓

才源滚滚家居好斷[illegible]聲重倍午運中水火交災家業享還愁緒闇起悲風才泉[illegible]進退世事何[illegible]盈癸未運中簾捲香風生百福[illegible]剛[illegible]日[illegible]增富此之際晦耗還生甲申運中[illegible]福慶乙酉運中多青青之佳城

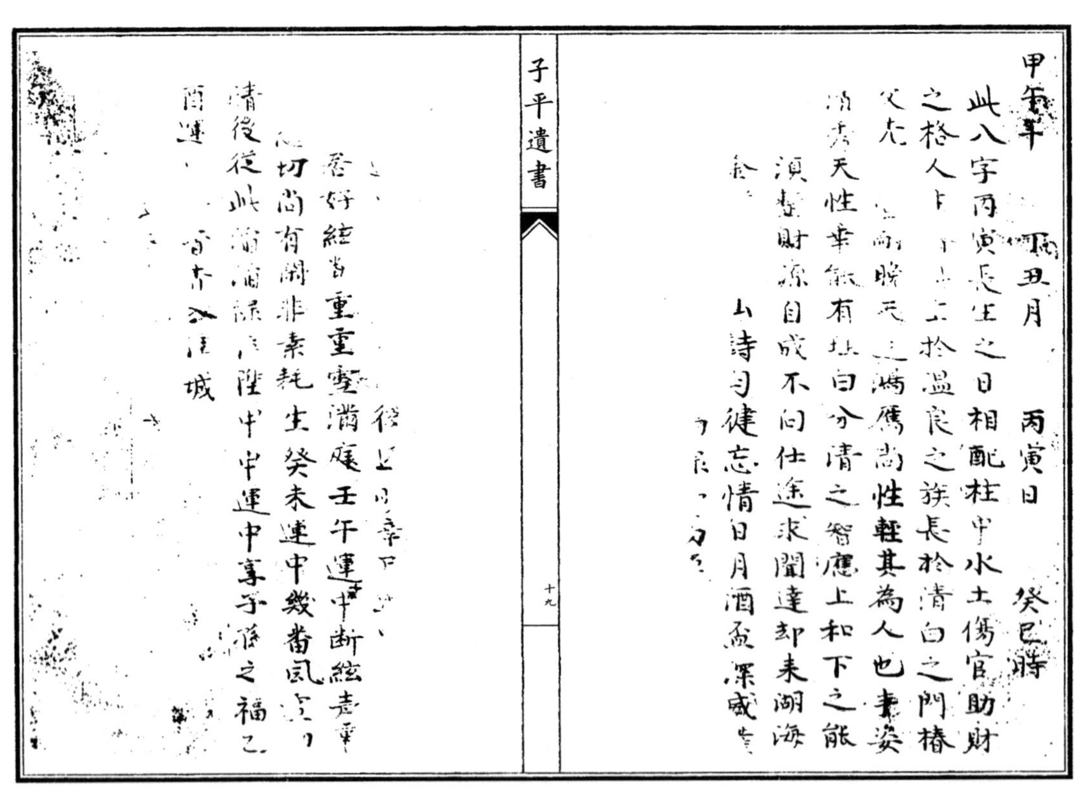

甲寅年　丙丑月　丙寅日　癸巳時

此八字丙寅長生之日相配柱中水土傷官助財之格人[illegible]於溫良之族長於清白之門椿父尤[illegible]天邊鴻雁尚性輕其為人也丰姿消秀天性乖僻有些白分清之智應上和下之能須喜財源自成不向仕途求聞達却來湖海[illegible]山詩月徒忘情日月酒盃深盛

從巳[illegible]辛[illegible]吞好結當重重雲滿庭壬午運中斷絃走[illegible]切尚有剛非素耗生癸未運中幾番風[illegible]清後從此滿[illegible]陸中甲運中享子孫之福乙酉運[illegible]佳城

癸未年　丁丑月　癸未日　癸亥時

此八字癸未日元相配柱中火土祺氣才殺之格

喜逢印綬　斯命者生於右族長於高門椿

萱一　壽夭是鴻雁各行鳴其為人也丰姿

天性聰明　當三冬足兩　　　學

珠照　光雖掩雷劍生豐氣自充終是功名

登高　之翁驚遊玉攀蟾桂去馬

明時鈞發炎　甲申運中春光一枕花

沉

甲午年　丁丑月　丁亥日　辛卯時

此八字丁亥日貴之辰相配柱中水土傷官助才

之格人生於右族長於高門萱母先歸還

有継之邊　登搏風其為人也丰姿清秀天性

聰明千古文章　榮耀一天星斗　心胞麗句妙

為天下白人材俊似海東青終是功名之客登為

田舍之翁龍門變化三春浪鵬路逍遙萬里程一

生　傳

辭又用未許浸　榮甲申運中晚年閑快樂會

以關樽已斷運中夕陽有限春夢無憑

甲午年　丁丑月　甲申日　壬申時

此八字甲申專權日相配柱中金水雜氣官印之
格殺印相生切[illegible]顯達主人出於望族長於名門
椿萱不[illegible]双棠棣夭遷鴻鴈各行鳴其為人也丰
姿清爽天性聰明千古文章逞榮耀一天星斗煥
心胸衣冠雅麗標格精神終是功名客豈為田舍
翁[illegible]里扶搖高卧蛩一聲霹靂躍潛鱗瑤池[illegible]
[illegible]
合登[illegible]
生巳卯運[illegible]

子平遺書　二二

鳳騰蛟[illegible]
序言[illegible]
雄癸未運中赤心扶日月素志展經綸甲申運
夕陽有限春夢無憑

甲午年　丁丑月　甲寅日　乙亥時

此八字甲[illegible]專祿之日相配柱中金土雜氣才印
之格人生[illegible]於名族長於[illegible]居椿父先歸萱
後[illegible]天遷鴻雁[illegible][illegible]鳥其為人也丰姿清秀天性
聰明般般精[illegible][illegible][illegible]不精親賢近貴不[illegible]不慈見
善則持於已當仁不讓於師重成[illegible]爭[illegible]
抱基遊山玩水携詩卷對月觀花把[illegible]
小道路忽東西南北
多[illegible]
有[illegible]

子平遺書　二三

中[illegible]
都[illegible]
[illegible]雪不[illegible]悲
[illegible]根基癸未運中但使家園富足[illegible]
眉甲申運中歲寒松栢暮景桑榆乙酉運中
歸歟

甲午年　丁丑月　癸巳日　甲寅時

此八字癸巳日貴之辰相配柱中金土雜亂殺印之格人生[illegible]於右族長於名門金水椿萱歲長天邊鴻雁各行鳴其為人也丰姿清秀天性老誠頗知禮義稍識古今親賢近貴理自分清行藏覺瀟洒[illegible]数任枯榮過大演金題十分離雲放月布萬里之清明祖業添新愛恨亂福布江山外[illegible]

福祿[illegible]福

命[illegible]

寅上人[illegible]

浮萍[illegible]

己巳運中梅須避雪

庚午運中財源富足家居好風雪閑

未運中庭前竹報平安日檻外花開

運中心事数望之白髮生涯一片之[illegible]

中三[illegible]閒一枕[illegible]

乙酉運

甲午年　丁丑月　癸酉日　癸丑時

此八字癸酉日元相配柱中金土雜氣殺印之格女人得此生、名族長於名門椿萱難並老鴻雁各行鳴其為[illegible]姿容清雅德茂行真雖是女流之背過如男子財能萬里無雲天一色三秋好景風長明深明閨壼理洞識古今情憂禍自能辞肉味素琴[illegible]弦聲心靜似月明雲淡性急如風捲殘雲雖風[illegible]服自然福祿無

[illegible]難[illegible]子

[illegible]

長[illegible]

晴癸酉運

甲運中正是太平光景

幾歲慶樂中有閒数番靜裏憂生庚午運中子家門增益旺徊愁花放尚風生過此已已粧楼人去也臺鏡掩昇明

甲午年　丁丑月　丙戌日　己丑時

此八字丙戌日元相配柱中金土傷官助書之格人生得七月為椿萱一期别于[illegible]雁各隨鳴其為人少年姿清秀天性聰明源流三峽誰能及筆掃千軍孰與論縣日好為雲下日高材從似海東青終是功名客豈為田舍翁鵬路高[illegible]知[illegible]門深躍足偷鮮一從揚姓字秉笏拜金門此[illegible]

戊寅

須加董

得錦標

催去

赤[illegible]回故里一枕清風

甲午年　丁丑月　壬申日　戊申時

此八字壬申長生之日相配柱中金土雜氣殺印之格人於右族長於[illegible]鴻雁幾行各奮椿萱上連珠其為人也年少姿清秀天性聰明行藏果斷作事三思妍窮今古漁獵詩書兇善則持於己當仁不讓於師終是功名之客豈[illegible]此[illegible]一朝騰踏飛黃去濟濟衣冠拜鳳池此

人

董[illegible]寅

春辛巳

當是

[illegible]甲申運中歸去也

甲午年　癸丑月　丁丑日　丙午時
此八字丁丑日元相配柱中金土傷官助才之格
人生得　小長於名門　父大椿萱椿疾壽
天邊　其為人也丰姿清秀天性聰明
錦繡智藏賢聖學珠璣口吐武文風　元齋
中際和氣昭昭席上珍終是功名客宜為
交橫頭角聳南山豹變爪牙新一朝
青次第
添新
花放

辰運中　運中
文星字內
山河開大群恩祿又加陞甲申運中
也高塚卧麒麟

甲午年　丁丑月　戊辰日　壬子時
此八字戊　相配柱中金水雜氣財官
之格喜　人生得此生大富長於高門
椿萱　鸞鳳有飛騰其為人也丰姿清秀天性
明敏　敏雜氣件件不精謀為君子威伏小人行
果斷作事老誠遊山玩水携詩卷對月飛花把酒
功名為念豈將冠冕磨礱朝中無始
月夫唯佳期到
富
鸞幃

寅上人家
運中雖則行蔭有慶多
午運中財源滾滾家居好須史風雨尚
外運中財源旺足祖事有逢雙不通申運中
子貴晚年多快樂春光去也丁酉運中一枕升沉

甲午年 丁丑月 戊子日 癸丑時

此造戊子日元相配柱中癸水七殺氣杀印之格

杀[illegible]花[illegible]生人生於右挟長於仁門權

豈運[illegible]贈天邊鴻鴈廣前鳴其為人也姿容

[illegible]秀[illegible]縱[illegible]古文章運榮耀一天星斗爛

[illegible]濟[illegible]中傑和氣怡怡席上珍終[illegible]文[illegible]

[illegible]之[illegible]門变化三春浪鵬[illegible]

[illegible]星一從摽[illegible]

[illegible]夕

[illegible]

子丁

庚壬運生壬午運[illegible]

[illegible]癸未運中有材應大用何事便[illegible]

[illegible]中[illegible]電封贈乙酉運中春歸鳥不鳴

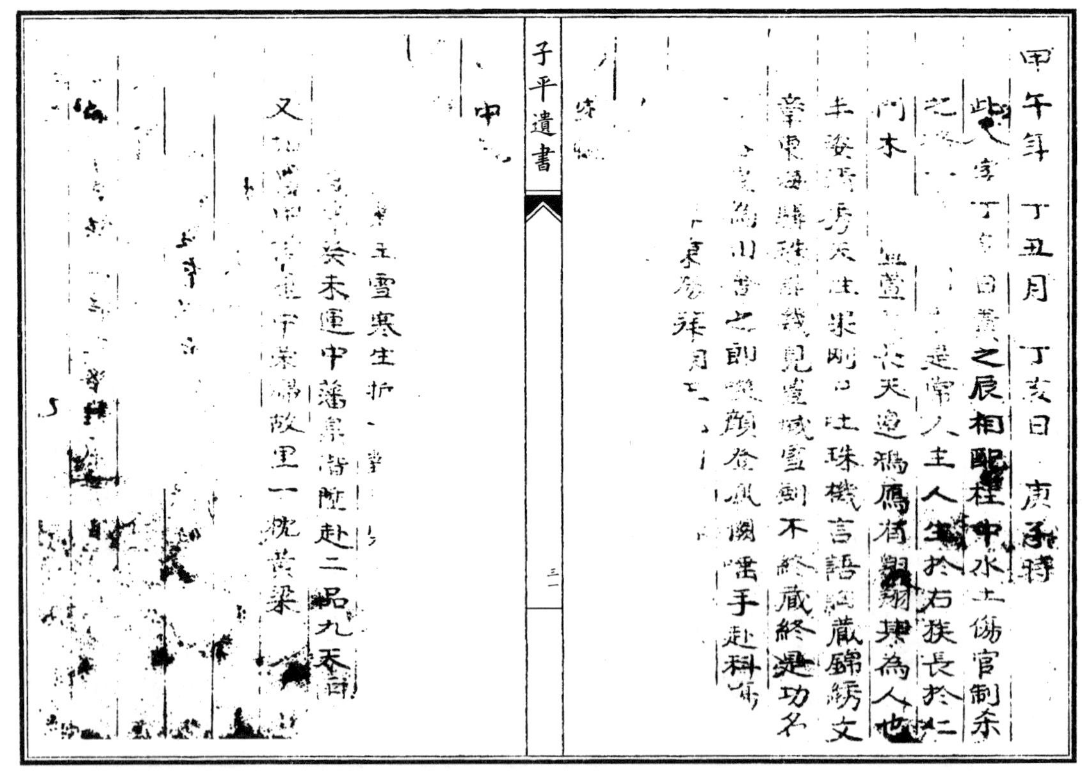

甲午年 丁丑月 丁亥日 庚子時

此造丁亥日[illegible]之辰相配柱中水土傷官制杀

[illegible]是常人主人生於右扶長於仁

門木 [illegible]天邊鴻鴈[illegible]翔其為人也

[illegible]天[illegible]口吐珠璣言語[illegible]藏錦繡文

章[illegible]不[illegible]藏終[illegible]功名

[illegible]之[illegible]顏[illegible]手赴科[illegible]

[illegible]

中

又

丙壬雪寒生[illegible]

[illegible]癸未運中[illegible]赴二品九天[illegible]

[illegible]故里一枕黃粱

[illegible]

甲午年　丁丑月　乙丑日　己卯時

此八字日祿歸時之格雖氣財官之論值此象者

生於[illegible]　二門萱親先別椿父後行[illegible]姿[illegible]

孩氣[illegible]　孟有磯石磨礱之操存心正物之心[illegible]

是池中物由來席上珍萬里風雲相濟會九天[illegible]

露沐深恩此則揚名之命兆幃疊損須重[illegible]子

八[illegible]可度生運行初戊寅花紅柳綠月白風清

中明[illegible]事業須時[illegible]

中[illegible]

德[illegible]

[illegible]月[illegible]

甲午年　丁丑月　丙戌日　壬辰

此八字時上偏官之格陽刃[illegible]合有功主人生於

右[illegible]　[illegible]萱[illegible]養唯長父[illegible]祿[illegible]

綠映[illegible]入　材浩浩志氣雍雍胸[illegible]

古[illegible]足[illegible]冬扶搖將去鳳霹靂燿皆龍[illegible]

春似[illegible]花柳又青聰此則榮耀之命

[illegible]桂[illegible]運行初戊寅春風[illegible]

己卯運中七刻[illegible]文[illegible]

己運[illegible]

星恩[illegible]

[illegible]泉中乙酉運中[illegible]歸去

才[illegible]木綜淙

甲午年　丁丑月　癸亥日　壬戌時

此八字癸亥日相配柱中之火雜氣財官之格人生得此[illegible]只嫌比肩分奪減為福力堂毋早歸椿[illegible]太際不同鳴半安莫厚天性公平十斷是生貨利三番四覆整門庭且要生計黃自然湖海會賓英此則身旺之[illegible]有凋零運行初戊寅上人死

[illegible]身衣羞[illegible]

藏人敬仰

子平遺書

蘭佳堂

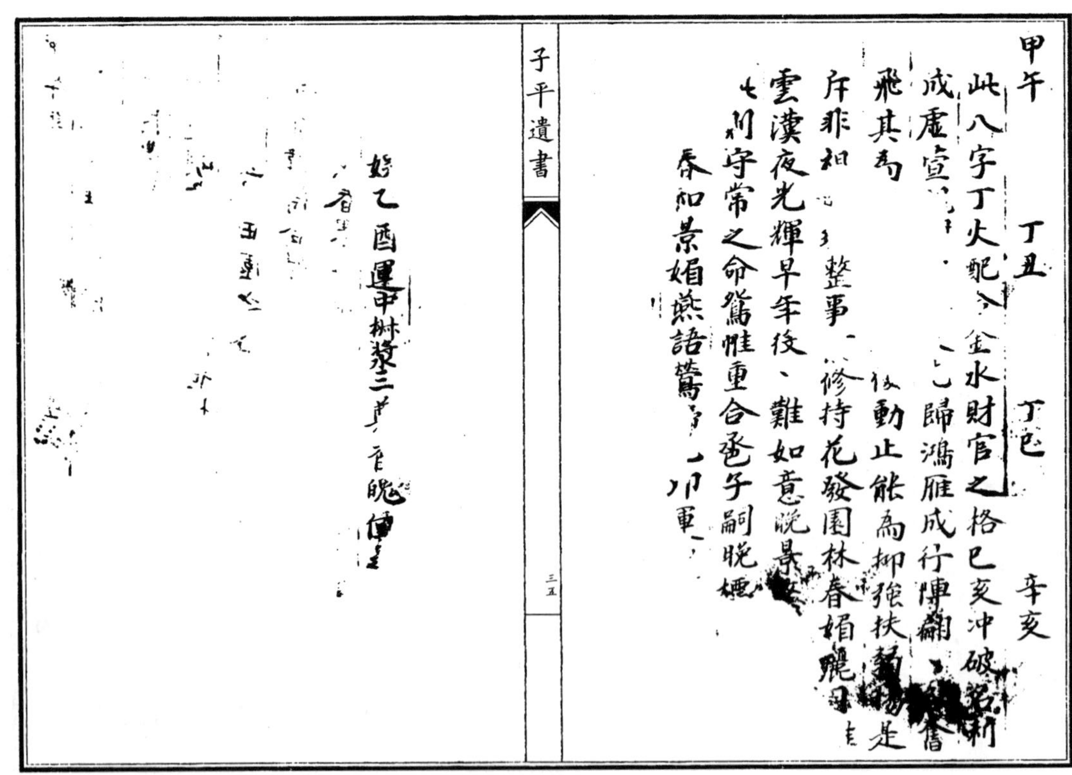

甲午　丁丑　丁巳　辛亥

此八字丁火配入金水財官之格巳亥沖破名利成虛宜[illegible]歸鴻雁成行陣翮[illegible]飛其為[illegible]後動止能為抑強扶弱是斥非相[illegible]整事[illegible]修持花發園林春媚[illegible]雲漢夜光輝早年孩[illegible]難如意晚景七[illegible]守常之命鶯帷重合乏子嗣晚煙春和景媚燕語鶯[illegible]軍

子平遺書

婦乙酉運甲[illegible]發三[illegible]晚[illegible]

甲午年　丁丑月　壬寅日　癸卯時

此八字[illegible]財官之格亦有傷官之意遇斯命者

生於[illegible]　對椿萱秀茂幾行[illegible]翔

翔聰明　[illegible]遠[illegible]也情長學問資先覺[illegible]播

四方豈[illegible]田園之客當為榮顯之郎[illegible]之

命鴛幃從合綉閣添香子嗣有成班[illegible]運行

初[illegible]寅春寒料峭未稱尋芳己卯運由[illegible]伊川

何方雪擁門墻[illegible]

甲午年　丁丑月　乙未日　丙寅時

此八字　[illegible]日肥桂中之土雜氣才官之格人

生得[illegible]　[illegible]數晚翠棠棣發春叠羊峻

洒落[illegible]　剛筆[illegible]源三峽遠肯中李業五車

藏終是[illegible]之容豈為耕稼之郎一朝騰踏飛黄

去此是[illegible]兒當自強此則聯芳之命[illegible]玉質

子嗣桂蘭香運行初戊寅上人庇下[illegible]論炎凉乙

[illegible]中尋章摘句入室[illegible]

甲午　丁丑　丙辰　戊戌

此八字丙辰月德之辰相配柱中之土傷官之格

人生早已[illegible]雅天性公平椿父早歸萱晚別

鳳行天[illegible]般般博覽件件不精十斷九連

成事業[illegible]望了[illegible]景十分多

子平遺書　三八

乙未年　戊寅月　甲寅日　甲戌時

此八字甲寅專祿之相配柱中火土傷官助之格木在春生處世安然必奇人生得此生於西室長於宦門椿親榮傑萱歸副天邊鴻鴈各分鳴其為人也手姿清秀天性聰明幼年篤志居顔巷長歲功名達鳳城胸羅星斗學貫古今衣冠濟濟人中傑和氣怡怡席上珍終是功名客豈為田舍翁早登蟾窟攀丹快向龍門奪錦英緋衣日煖趨金闕宝殿雲開識聖明此則榮繼之命鴛幃金玉潤子嗣有光榮運行初丁丑上人庇下安晦未伸丙子運中歆遂平生志潛心對一經乙亥運中一声春霹靂躍過浪三層甲戌運中郎署亟何足羨大夫金紫又重陞當此之際風木愫情癸酉運中佇看官封三級酌然祿享千鍾梨花舞雪雨過山青壬申運中職兼文武鎮肅邊戎辛未運中未許懸車轉庚午運中夕陽有限逝水無迴

乙未年　戊寅月　甲寅日　癸酉時

此八字甲寅專祿之日配乎柱中金火傷官助財之格亦有金神之意主人生於遊宦之族長於顯煥之門金木椿萱榮衛國天邊鴻鴈有前鳴其為人也手姿清爽天性聰明胸次峥嵘書萬卷英林敏捷壓群倫不特魏珠能照乘还應趙璧擬連城終是功名之客豈為田舍之翁折桂場中誇妙手標名鴈塔振蜚声一從宴錫瓊林後濟濟衣冠拜衮龍肱股盛世尊名德鋪翼明時顯勢英此則社稷良臣之命鴛幃得配宦門女子嗣森森有繼榮運行初丁丑上人榮庇天朗氣清丙子運中踏破泮橋霜機板讀殘茅店月三更乙亥運中起鳳騰蛟從此始玉堂金馬豈難登甲戌運中綉衣耀日鉄面生風當此之際柳絮輕盈癸酉運中戚位遷金紫蘭臺振德新梨花舞雪雨過山青壬申運中方面居尊何足羨明君簡閱又重陞辛未運中一方寧政重金書台倍階陞列正卿庚午運中花落水流已失蘭摧玉折恨何明

乙未年　戊寅月　辛丑日　戊子時

此八字辛丑日相配柱中之木財旺生官之格人生得此案牘成功椿萱榮慶難全養鴻鴈天邊各奮鳴學識竅通今古筆鋒能理究情貴人薦引登公府九載功成沐寵榮此則顯榮之命鴛幃有礙須年少桂子秋來朶朶榮運行初丁丑幼年之景庇下昇平丙子運中欲遂平生志潛心對短檠乙亥運中時來機會好案牘旺才名甲戌運中匹馬登天路悠悠沐寵榮癸酉運中仁風揚四境烟浪一畨生壬申運中再加禄位辛未運中一夢難醒

乙未年　戊寅月　甲辰日　戊辰時

此八字甲辰日元相配柱中火土傷官助才之格木在春生慶世安然必壽遇斯命者生於右族長於高堂椿萱榮耽別鴻鴈有聯行其為人也丰姿清秀天性果剛過火黃金顯十分之實色離雲皎月布萬里之清光重成新事新業再整舊門墻財源富足樓閣軒昂門迎珠履三千客屏列金釵十二行但頣良田千百畝何必思登天子堂此則榮貴之命鴛幃連珠須有贈子嗣生來朶朶芬運行初丁丑上人庇下花放風狂丙子運中如花向日枝枝艷似笋穿籬節節長乙亥運中水向石邊流出冷風從花底過來香甲戌運中春草春江相妬綠新鶯新柳競爭黃癸酉運中風雪初晴天似洗何愁茅宅不光揚壬申運中子蔭子笥乃積乃倉辛未運中晚年多快樂庚午運中春歸花落水湯湯

乙未年 戊寅月 庚寅日 戊寅時

此八字庚金相配柱中木火才官之格人生值此年姿豪邁立性剛強生於仁盛之族長於特達之門堂椿先損萱遲葬偏什上損自孤飛祖基祖業重添前財帛声名再琢齊欝欝青松敷晚翠依依綠柳發春輝門外田疇千古計庭前花木四時肥但願有錢家富足何須跨馬上邦畿恩中而取怨義處反生非佇看暮年光霄好甘然福慶自崔巍此則暮秀彌壽之命鴛幃火命齊諧老子嗣名園兩果奇運什初丁丑上人庇下花放風欺丙子運中漸漸精神爽看看月色輝乙亥運中一苑杏桃鋪錦綉滿山松柏列幃屏甲戌運中正在積金添業地況兼天際六花飛癸酉運中一番梨雨過財祿旺門楣壬申運中經霜松柏儼然秀月雨梅蘭分外奇就此之中小舌非趄辛未運中有茶留客飲有酒待賓時往來無俗客談笑有鴻儒庚午運中人生纏綣成何用百歲光陰一日歸

乙未年 戊寅月 丙午日 戊戌時

此八字丙午日刃之辰相配柱中木火傷官梟印之格女人得此生於右族長於名門椿萱双脫茂鴻雁各行鳴其爲人也姿容清雅体態和溫有肝食宵衣之懊綉治家立業之材能春入永光成嫩綠日匀花蕚發新紅箕箒頻繁存礼節相夫教子德望明滔滔無阻治步步坐夫門玉產崑崗藏韞色蘭生楚澤散清馨难觸难犯為喜為嗔夫榮子貴福祿駢增此則榮旺之命良人年長榮貴客子嗣生成貴顯人巳卯運中上人庇下未斷平生庚寅運中契合翠鸞成好夢貴緣紅葉是良姻辛巳運中萬疊好山雲下斂一輪明月雨初晴壬午運中雖則失門榮快樂还愁花放尚乃生癸未運中羅衣千般色裙叙化日明甲申運中福中加福色紅上贈紅英丁酉運中無思無慮丙戌運中一道訃音

乙未年　戊寅月　戊申日　甲寅時

此八字戊申長生之日相配柱中火土來生印綬之格只嫌來重身輕幼歲方閨女人得此生於西室長於宦門椿親榮條萱歸副天边鴻鴈後隨鳴其為人也姿容窈窕髮兒精神有治家之道針綫之勤春入水光成嫩綠日旬花蕚發新紅憂禍自能辟肉味愛琴應解彈笙聲相夫應有道訓子提攜必急便如風捲浪片時言語片時停看看蒙蔭沾沛澤滔滔福祿享無窮此則榮益之命良人年長榮身客子嗣森枝旺華堂運行初己卯卯年之下嫲秀閨門庚辰運中配匹名門交花從錦上生辛巳運中萬里烟雲收斂一輪明月光明壬午運中到此始知時運好倉珠盈滿錦纏身癸未運中有悶數番新哀夏生甲申運中簾捲畫棚綠花閒上苑青乙酉運中粧樓閒昼景明月照黃昏

乙未年　戊寅月　己亥日　戊辰時

此八字己土相配柱中旺木露來藏官之格人生得此生於平順之族長於溫厚之門春萱有倚雁双鶱鴻鴈不共群其為人也丰姿清秀天性乖能不旁今古事積習聖賢經萬里春風行樂頌四時佳趣瑞祥生一日貴人相指引三年一恩沐恩榮此則微貴之命鴛幃有硬須便正桂子秋來有椎榮運行初丁丑上人庇下天朗氣清丙子運中如日暘谷似月皎中庭乙亥運中幾欲思高慕遠畨成剪雪裁冰甲戌運中機會來時逢貴聊紫薇垣內听登行癸酉運中曉日迎來沛春風促去程當此之際風雪盈庭壬申運中冲繫之所旺處生鷰辛未運中榮回故里一夢难醒

乙未年　戊寅月　甲寅日　戊辰時

此八字甲寅專祿之日相配柱中火土傷官物才
之格人生得此生於右族長於名門木火替萱双親
茂天边鴻雁各行鳴其為人也丰姿清秀天性聰
明高謀遠見機閑別慷慨風流一妙人過火黄金重
長價離雲皎月倍清明不向仕途求聞達却来湖
海覓黄金水光浮座盃盤荳花氣侵人笑語馨
樓臺疊疊生涯好才參滚滚祿加增雖不建佳封
爵自然潤屋潤身此則穩富之命鴛幃金玉潤
子嗣有光栄運行初丁丑上人庇下花放風生丙
子運中隱隱輕雷拄碧笋微微細雨潤紅芙乙亥
運中淡烟楊柳岸薄霧杏花村甲戌運中近水
樓臺先得月向陽花木早逢春癸酉運中不独
才參富足尚期声势豪洪壬申運中愈老黄花香
馥郁歲寒松栢耐長春辛未運中人生從此别無復
見儀形

乙未年　戊寅月　壬寅日　戊申時

此八字壬寅趣艮之日相配柱中木土傷官制杀
之格人生得此生於右族長於高門堂上椿萱連
珠屬天邊鴻雁有聯群其為人也丰姿清秀天性
聰明知高識下理白分清過火黄金顯十分之貴
色離雲皎月布萬里之清明笋長名園過旧竹花
開上苑勝先春不必覓珠来水府何須求劍到豐
城雖然不是青驄客囊中積實富家翁此則穩旺
之命鴛幃連珠須配小子嗣生成孝且寬運行初
丁丑上人庇下花枝風生丙子運中小池而過添
新綠深谷春生發旧藤乙亥運中梅須遜雪三分
白雪却輸梅一段馨甲戌運中水向石邊流出冷
風從花底過来香癸酉運中富足以潤其屋德足
以量其身壬申運中無思無慮辛未運中花落月
沉

子平遺書 十一

乙未年　戊寅月　乙巳日　壬午時

此八字乙巳日元相配柱中火土傷官助才之格人生得此生於右族長於名門金火椿萱椿耐晚天邊鴻鴈各行鳴其為人也丰姿清秀天性聰明高謀遠見機關別慷慨春風一樣人過火黄金重長價離雲皎月倍青雲祖業添新慶財源勝舊風月惏楙稍多皎潔名揚湖海有光榮田園桑柘茂畝畝稻粱興福緣成岳瀆威勢壓鄉民以則穩厚之命鴛幃金玉潤子嗣強衣新運行初丁丑上人庇下花放風生丙子運中隱隱春雷抽碧筝微微發紅英運行乙亥近水樓臺先得月向陽花木早逢春甲戌運中天上三陽泰人間五福增癸酉運中片斷畜畜連野緑週迴甲吊𦏁彫豈當此之際風雪滿庭壬申運中松尚茂栢尤青辛未晚年多快樂會文開樽庚午運中夕陽有限春夢無憑

子平遺書 十二

乙未年　戊寅月　壬子日

此八字壬子日丑之日相配柱中木土傷官劉㫋之格人生得此生於右族長於名門金水嚴慈双皃别天邊鴻各行分其為人也丰姿清秀天性乖能多智慧稍聰明行藏果斷作事老誠知高識下理白分清有抵雪欺霜之志裁長補短之能祖業添新慶根原勝舊風福布江山外名聞湖海中雨過秋天皆晝永耆得風流有幾人消閑棊一局遣興酒三鍾才源富足家居好何必天邊沐寵榮此則穩厚之命鴛幃連珠須配小子嗣秋来朶朶榮運行丁丑春風飄落夏日炎蒸丙子運中登臨佳雨賞翫春陰乙亥運中隱隱輕雷抽碧笋微微細雨潤紅英甲戌運中近水樓臺先得月向陽花木早逢春癸酉運中才源雖富足風雪尚愁人壬申運中堤揚已數新幹緑園桃不改舊時紅辛未運中晚年多快樂會友以開樽庚午運中夕陽有限春夢無憑

乙丑年　戊寅月　丙戌日　己丑時

此八字丙戌之日相配柱中旺木印綬之格印綬者上格也主人生於右族長於名門椿萱雙晚茂鴻鴈各行聯其為人也丰姿清秀天性機關知高識下近貴親賢祖業須重立根原再整添不愚不魯可方可員琴樽風月閑生計金玉松筠耐歲寒生涯湖海上道路四方傳旭日桑麻茂盛薰風稻黍運阡飛詒任他來北闕草玄終不出南山才源有分生涯好官貴無緣誓不貪此則豐饒之命鴛幃有犯須恪硬子嗣秋來發桂蘭運行初丁丑上人庇下春苑春山丙子運中柳色綠經細雨濕花枝欲動春風寒乙亥運中退不後步欲進不前當此之際素耗憂煎甲戌運中才源富足家居好還愁風雪一番寒癸酉運中天上三陽泰人間五福全當此之際一番風雨壬申運中屏列金釵行十二門迎珠履客三千辛未運中晚年閑快樂一枕入黃粱

乙未年　戊寅月　己亥日　丙寅時

此八字己亥日元相配柱中木火發生印綬之格人生得此生於名門長於西房椿親倜儻萱歸副天邊鴻鴈各翱翔其為人也丰姿清秀天性果剛聰明書特達倜儻世情長驪珠照耀光難掩雷鑑生豐氣莫藏終是功名之客豈為田舍之郎一朝但得風雲會九重雨露聖恩昌此則榮貴之命鴛幃宜有贈子嗣晚光揚幼年之下花放風狂運行初丁丑上人庇下入室升堂丙子運中味道心千古披文目五行乙亥運中到此始知文學好時來跨馬入朝堂甲子運中慶事但憑三尺法理刑渾似九秋霜癸酉運中雪晴閑闔闔雨露再加昌壬申運中有材須大用何事便還鄉辛未運中一枕清風夢熟黃粱

乙未年　戊寅月　癸亥日　癸丑時

此八字癸丑日元相配柱中木火傷官助才之
格亦有洪祿之意主人生於右族長於名門火
土椿萱雙晚茂天邊鴻雁我先鳴丰姿清秀天
性聰明知高下識重輕高謀遠見舉用人欽福布
江山外名聞湖海中得意江山詩句絕忘情日
月酒盃深是非莫聞門前客得失須憑塞上翁
才源旺足平生好何須跨馬入青雲此則發福
之命鴛幃有犯須年長子嗣秋來朶朶榮運行
初辛春風駘蕩夏日炎蒸丙子運中漸覺夜涼
池雨過信知花放曉風輕乙亥運中近水樓臺
先得月向陽花木早逢春甲戌運中不独才源
富足尚祈声势豪洪癸酉運中才源旺足家居
好六出花飛不損身壬申運中心事数莖之白髮
生涯一片是閑情辛未運中夕陽有限春夢無憑

乙未年　戊寅月　庚申日　己卯時

此八字庚申專祿日元相配柱中木火才殺之
格人生得此生於右族長於名門椿萱雙晚茂
鴻雁各行鳴其為人也丰姿清秀天性聰明知
高下識重輕世事頗能曉詩書學欠精曰福曰
榮自有順天之理常安常樂豈無福地之深
福布江山外名揚湖海中花無桃李非春色人
有笙歌是太平朝中無姓字囊底足珠珍滿
世功名身外事五湖風月樂怡情此則榮貴之
命鴛幃連珠須配長子嗣秋來祿麗成
運行初丁丑上人庇下春風駘蕩夏日炎蒸丙
子運中娟娟雲裏月灼灼葉中英乙亥運中隱
隱輕雷抽碧芦微微細雨潤紅英甲戌運中
才如春水滔滔長福似秋蟾皎皎明癸酉運中
軒開化日千祥集簾捲香風百福臻當此之際風雪
滿庭壬申運中晚年多快樂會友以開樽辛
未運中春光去也一枕清風

乙未年　戊寅月　乙卯日　丙子時

此八字乙卯專祿之日相配柱中火土傷官助才之格人生得此生於西室長於仁門椿親磊落萱歸副天邊鴻鴈各行鳴其為人也丰姿清秀天性聰明高謀遠見機關別慷慨情懷學識深過火黃金重長價離雲皎月倍清明豈是池中物尤來席上珍濟會風雲應有日豈無雨露沐深恩此則榮貴之命鴛幃燭夜添新蚕子嗣秋來朵朵榮運行初丁丑上人庇下花放風生丙子運中欲向雲中舉足直須燈下留心乙亥運中報道是龍還不信果然奪得錦標新甲戌運中重沐恩波鳳池裏朝朝染翰侍明君癸酉運中衣惹御爐拖瑞賦筆宣黃宅洒春霖當此之際風雪滿庭壬申運中赤心扶日月素志展經綸辛未運中春光去也一枕清風

乙未年　戊寅月　庚申日　壬午時

此八字庚申專祿之日相配柱中木火才殺之格女人得此生於盛族長於高堂椿萱一享期頤壽鴻鴈天邊不共聯其為人也肅莊容德壯觀姿顏裙釵濟濟家業渊渊自有順天之慶豈無福地之深喜則風和景媚怒則霜雪一天一莊杏桃當檻外滿山松柏映庭前金谷多餘積粧奩耀日鮮不必鳳冠霞帔但存子貴夫賢此則穩祿之命良人配豪傑子嗣顯班藍運行初巳卯上人庇下風雨一番庚辰運中契合翠鸞成好夢寅源紅葉是良姻片時風雨頃刻憂煎辛巳運中滔滔祿慶長藹藹瑞祥研壬午運中韶華萬里美景一聯癸未運中千里關山千里念一番風雪一番寒甲申運中才豐福旺子孝孫賢乙酉運中雪擁藍關正享華堂福無端叫杜鵑

乙未年　戊寅月　丙戌日　己亥時

此八字丙火日元相配柱中水木殺生印綬之格
殺印相生功名顯達遇斯命者生於右族長於名
門椿萱先別父鴻雁各行鳴其為人也丰姿清秀
天性聰明學問有成筆底詞源三峽遠英材敏捷
胸中學業五車深鵬路高搏知健翼龍門深躍見
修鱗舊身辭白屋平步入青雲一從宴錫瓊林後
凜凜威風四海清此則榮貴之命鴛幃配合須年
少子嗣生成貴顯人運行初丁丑上人庇下化日陽春
丙子運中朝覲孔孟日近顏曾乙亥運中三級浪中
龍變化九霄雲外鳳飛騰甲戌運中驛中曉日催
行站江上春風促去程癸酉運中三度君恩金紫
貴一番風雪使人驚壬申運中重金重紫倚振
權衡辛未運中榮田籬下庚午運中一枕入巫峯

乙未年　戊寅月　甲子日　辛未時

此八字甲子日元相配柱中金土才官之格木在
春生剋世安然必壽遇斯命者生於右族長於名
門火土椿萱双晚茂天邊鴻鴈各行鳴其為人也
丰姿清色天性老成頗知禮義稍識古今有近貴
親賢之德應上和下之能祖業添新慶根源勝旧
風田園京拓茂畝畝稻粱馨得意江山詩句縺忘
情日月酒杯深朝中無姓字閭里有光榮但願一
生多富足何須天府沭皇恩此則豐富之命鴛幃
有犯須招副子嗣生成貴顯人運行初丁丑上人
庇下災晦未伸丙子運中水向石邊流出冷風從
花底過來香乙亥運中才如春水滔滔長福似秋
蟬皎皎明甲戌運中西風吹過天邊雪從此才源
倍有增癸酉運中庭前竹報平安日檻外花開富
貴春壬申運中延賓玩物會友開樽辛未運中
晚年閑快樂庚午運中春歸鳥不吟

乙未年　戊寅月　乙卯日　乙酉時

此八字乙卯專權之日時上一位貴之格傷官制殺有功人生得此生於右族長於名門椿萱中道先帰父天邊鴻鴈各行群其為人也丰姿清秀天性聰明季問知先竟郡書貫一經終是功名之客豈為避世之靈雖不三登科甲也應禄位光榮無慮尽傳詩禮樂有朋来自遠方親文御萬古江山氣道憶千年竹帛聲此則清貴之命鴛幃有犯須偏正子嗣金風有显榮運行初丁丑上人庇下未斷平生丙子運中踏破泮橋霜幾板讀殘茅店月

三更乙亥運中執卷幾回空探月時来寄跡入橋門甲戌運中皇恩膺有感德化啓儒生當此之際三載淳陰癸酉運中禄位再沾新雨露依然路帳職加陞壬申運中耿耿声名显滔滔雨雪釣申字之中帰劾淵明辛未運中安閑晚景庚午運中一枕清風

乙未年　戊寅月　庚戌日　丙子時

此八字庚戌魁罡之日才發之路人生得此生於望族長於將門椿萱早別鴻鴈各東西丰姿瀟洒氣岸高奇詩礼古今踈習玩鎗刀弓馬慣操持龍韜每動經綸業豹畧還施肅聖威此則武官之命鴛幃有尅須重續桂子秋来有出穿運行初丁丑上人庇下未諭盈虧丙子運中有志未遂志當為未得為乙亥運中不向天山施勇猛也教頭角箓崔嵬甲戌運中百卒軍中膽獨雄千家灯火樂怡怡癸酉運中片雲蔽日不損光輝壬申運中花將好艷傳

與子竹有清陰付與兄辛未運中優悠慶庚午運中星落月西

乙未年　戊寅月　辛丑日　戊戌時

此八字辛金相配雖中旺木財旺生官之格人生得此生於右族長於名門椿萱雖並耋棠棣獨光榮丰姿清秀天性老成學問三冬足群書萬卷通當仁不讓見善則欽豈是池中物允耒席上珎璦林雖不豢高宴金紫榮耆次第陞此則榮貴之命鴛幃正副方偕老子嗣生成奪錦人運行初丁丑上人庇下未斷外沉丙子運中欲遂班超投筆志須樓臺子下帷功乙亥運中執卷幾回空摇月時來方許上神京甲戌運中機會來時離雪案播門

寄跡沐

皇恩癸酉運中百里絃鳴民訟息片時風雨不爲驚壬申運中猛虎渡河民快樂飛蝗過境歲豐登辛未運中子顕重沾恩澤庚午運中黃粱一枕難醒

乙未年　戊寅月　丁未日　丁未時

此八字丁未陰刃之日印綬之格女人得此生於茂族配於名門姿容清秀天性聰明勝丈夫之氣槩有男子之才能萬象光華沾沛澤四時佳趣樂昇平克勤而克儉易喜而易嗔錦繡花開春富貴琅玕竹報日平安則此穩足之命良人有碍須年硬桂子秋來朶朶馨運行初巳卯上人庇下代日熈春庚辰運中共諧彩羅山海固永諧琴瑟地天堅辛巳運中片雲蔽日雨過山青壬午運中淚〻梨花月翩翩柳絮風芭蕉夜雨曾愁聽一度傷心淚滿襟甲申運中冲擊之所[illegible]處悲生乙酉運中暮年安享丙戌運中春夢無憑

乙未年　戊寅月　丙午日　丁酉時

此八字丙午日刃之辰相配柱中旺木印綬之格印綬者上格也主人生於右族長於仁門椿萱双晚茂鴻鳳有行鳴其為人也丰姿清秀天性聰明錦綉胸藏賢圣華珠璣口吐武文風遏火黄金重長價離雲皎月倍清明終是功名之客豈為田舍之翁北海蛟横頭角聳南山豹变介于新一朝騰踏飛黄去金紫荣昏次第陞此則荣貴之命鴛幃宜有贈子嗣晚荣先運行初丁丑春風駘蕩夏日炎

蒸丙子運中欲遂平生志須加董子功乙亥運中遠望天恩雲外降恩攀桂子手中簪甲戌運中自沐天邊寵朝班立縉紳癸酉運中三度君恩喜兩番風木驚壬申運中權高損福慎則無驚辛未運中春光去也花落月沉

乙未年　戊寅月　辛亥日　乙未時

此八字辛亥日元相配柱中木火才官之格才盛生官終身有慶只嫌身弱減吾貴氣主人生於善念之族長於積德之門椿父先歸萱後別天邊鴻雁各分群其為人也丰姿敦篤天性老誠知高識下理白分清般般稍覧件件不精祖業添新慶根源再整新田園桑柘畝畝稻粱簪自有順天慶豈無福地深門外生涯曠濶庭前活計惟新兩都秋色皆喬木者舊風流有幾人常将好意番成悪每把真心換得嗔雖不建侯封爵自然福祿駢臻此

則豊潤之命鴛幃命徤頭生雪子嗣枝頭孝義深運行初丁丑上人庇下未断平生丙子運中春歸柳葉晴初变紅入桃花煖未匀乙亥運中畫水無声空有浪綉花雖艷不聞馨甲戌運中着意種花花不發無心揷柳柳成陰癸酉運中才源旺足家居好須臾風雨素非生壬申運中家給人足行樂如心片時風雨頃刻逡廵辛未運中晚年閑快樂花放尚風生庚午運中春光去也一枕清風

乙未年　戊寅月　辛酉日　辛卯時

此八字專祿之日相配柱中木火才官之格才盛生官終身慶遇斯命者生於右族長於高門椿萱有倚一期别天邊鴻鴈各行鳴其為人也丰姿清秀天性聰明錦綉胸藏賢聖學珠璣口吐武文氣驪珠照艷光難掩雲釗生豊氣自充終是功名之客豈為田舍之翁鵬路高搏知建翼龍門深躍見脩鱗一從楊姓字秉笏拜天門此則榮貴之命鴛㡩春麗須年敵子嗣秋來有継榮運行丁丑上人庇下災晦未伸丙子運中須向雲中擧足須從燈下留心乙亥運中時來風送騰王閣頃刻名傳萬里程甲戌運中自沐天邊寵朝班立縉紳癸酉運中三度君恩喜兩番風木驚壬申運中自道晚年歸故里朝廷未遂兩疎心辛未運中解組回來春夢斷芳名留得坐閭閻

乙未年　戊寅月　甲辰日　甲戌時

此八字甲辰日元相配柱中火土傷官助才之格木在春生处事安然必壽遇斯命者生於右族長於名門火土椿萱晚茂天边鴻鴈有行鳴丰姿清秀天性聰明機謀輙伏牽用人欽笏長名園遇旧竹花開上苑勝青春才源富足何須跨馬入青雲此則穩享之命兆㡩有碍須年敵子嗣金風有粟英運行初丁丑上人庇下夏日炎蒸丙子運中世事宛如春夢人情薄似秋雲丁丑運中漸漸精神奕光華氣象新甲戌運中一聯好景癸酉運中成回時佳趣立方古門庭壬辰運中才源旺足辛亥運中安閑晚景癸酉運無幾見儀形

乙未年　戊寅月　癸亥日　壬子時

此八字癸亥日元相酡柱中木火傷官劫才之格入生得此生於右族長於高門火土椿萱萱茂長天邊鴻鴈各行鳴其為人也手姿清秀天性聰明胸羅今古事學識聖賢心麗句好為天下白高材俊似海東青終是功名之客豈為田舍之翁三汲浪中龍变化九重雲外鳳飛騰一從揚姓字職位秉權衡此則富貴之命鴛幃春藹藹子嗣晚光榮運行初丁丑上人庇下灾晦未伸丙子運中欲何雲中攀足須從灯下备心乙亥運中時来風送滕王閣頃刻高摶萬里程甲戌運中自沐天邊寵朝班立縉紳癸酉運中腰横金作帶符剖玉為麟當此之際風雪滿庭壬申運中自嗟向年帰故里朝廷未遂両踈心辛未運中春光去也一枕清風

乙未年　戊寅月　庚申日　庚辰時

此八字庚申專禄之日相酡柱中木火才殺之格人生得此生於右族長於高門椿倜儻萱帰副天邊鴻鴈各飛鳴其為人也手姿清秀天性聰明頗知禮義稍識古今豈無高仕敬特有貴欽過火黄金重長價離雲皎月倍清明祖業添新慶根原勝旧風福布山江外名聞湖海中得意江山詩句健忘情日月酒盃深身有滔滔文何用人不知之幾字真但顧一生才旺禄鄉民仰德衆推尊此則穏富之命鴛幃連珠須酡小子嗣森枝朶朶榮運行初己卯上人庇下如履薄氷丁丑運中天次雲还涷江寬風自生丙子運中雖則行藏有慶还愁耗相侵乙亥運中泛泛輕雷抽碧笋微微細雨潤紅英甲戌運中才源從此振第宅愈增新癸酉運中威權有布人欽服才帛興隆福禄增壬申運中冲縈之所如月入雲辛未運中花落水流春己亥運中問桃有樹人何以

乙未年　戊寅月　辛未日　丁酉時

此八字辛未日元相配柱中木火才杀之格人生
得此生於右族長於名門椿萱雙脫茂棠棣發春
英其為人也丰姿清秀天性剛忠知高下識重輕
行藏果斷理白分清高謀遠見機関別慷慨春風
一妙人祖基宜再整事業必添新世事每從忙裏
就才源自向遠方生田园有意公卿小廊庙無心
宇宙輕薄有酒消閑日月若無心緒暮功名則此
豐足之命篤悌春藹藹子嗣胚叢叢初年之下春
風驟落夏日炎蒸丁丑運中雲開山色翠雨過竹
凉生丙子運中漸覺夜凉池雨過信知花放晚風
輕乙亥運中夜雨日添池水滿春風吹綻海棠紅
甲戌運中三陽同宇宙一氣轉鴻鈞癸酉運中才
源富足家居好風雪飛來尚惱人壬申運中教霜
松栢依然秀冒雨芝蘭分外青辛未運中有地可
葬埋兮丑五雲無復見儀形

乙未年　戊寅月　乙卯日　[illegible]

此八字乙卯專祿之日相配柱中[illegible]之
格入生得此生於右族長於名門土命椿萱双晚
茂天邊鴻雁各行聯其為人也丰姿清秀天性機
関知高識下近貴親賢行藏果斷作事方員福布
江山外名聞湖海間重成新事業再整舊根源五
湖風月閑生計金玉松筠舊歲寒烟封依依遮北
斗雲程疊疊隱南山但願一生多富足果然快樂
勝為官此則穩厚之命篤悌連珠須配小子嗣秋
杀發枝蘭運行初丁丑上人庇下風雪一番丙子
運中數點雨餘雨一番寒食寒乙亥運中雨過園
花簇錦風和堤柳拖烟甲戌運中門招壯觀福祿
閑閑癸酉運中風流名晋王彥善馬上逃秦魯仲
連當此之際風雪滿巔壬申運中世利浮雲皆若
夢不如高卧且加餐辛未運中春光去也

乙未年　戊寅月　癸酉日　庚申時

此八字癸酉日元相配柱中木火傷官劻才之格人生得此生於右族長於名門金水播薝連珠别天邊鴻鴈各行鴻其爲人也丰姿請秀氣宇高奇頗知礼義稍識詩書有近賁覩賢之德應上和下之能見善則持於己當仁不讓於師重成新事業再整舊門閭生涯湖海上道路或東西好意番成好恶真心换得非但願一生才禄旺何須跨馬入郑鐵此則旺足之命鴛幃有犯須同屬子嗣秋来有出奇運行初丁丑上人庇下未𣂺高低丙子運中如花向日似笋穿籬乙亥運中得未喜失未悲甲戌運中才源滚滚家居好素耗閑非尚不離癸酉運中才源旺足尚有𨑳𧼮壬申運中天上三陽恭人門五福齊辛未運中晚年快樂庚午運中花落月西

乙未年　戊寅月　辛丑日　己丑時

此八字才旺生官之格才盛生官終身有慶人生得此椿萱有倚中年别鴻鴈天邊各奮風其爲人也丰姿瀟洒天性剛忠高謀遠見機関别慷慨情懷幸識充祖基重再整事業必增新萬里春風行樂頌四時佳逕瑞祥生月掛碧天多畋𢹂素名揚里閭有光荣府看晚年光霽景顯賢子秀樂無窮此則穩富之命鴛幃有尅須偏正桂子秋来始有成運行初丁丑上人庇下化日陽春丙子運中漸漸精神爽看看氣象增乙亥運中幾度思高慕遠番成萠芽雪栽氷癸酉運中旺处栽番生進退依然不損旧威稜壬申運中天上三陽太人間五福齊辛未運中桑榆暮景樂享兒孫庚午運中堯凉春去也蓬島信難通

乙未年　戊寅月　癸卯日　丙辰時

此八字癸卯日貴之辰相配柱中木火傷官助才之格人生得此生於右族長於名門水土椿萱双晚別天邊鴻鴈不同群其為人也丰姿清秀天性聰明高謀遠見幾閑別慷慨春風一好人過火黄金顯十分之貴足離雲皎月有萬里之青明重成新事業再整舊門庭不向仕途求聞達却来湖海覓黄金美惟惟助勉三尺豪烋相逢酒一鍾且顧一生財禄旺何須跨馬人青雲此則穩厚之命鶯幃有兆須年長子嗣森枝孝且忠運行初丁丑上人庇下花放風生丙子運中春園雖雨過老李未生英乙亥運中隐隐輕雷抽碧笋微微細雨開紅英甲戌運中一枝梅破臘萬相漸回春癸酉運中天上三陽泰人間五福臻當此之際風雪滿庭壬申運中富潤屋得潤身辛未運中黄粱未熟清夢先行

乙未年　戊寅月　甲辰日　辛未時

此八字甲辰日元相配柱中傷官助才之格人生得此生於右族長於名門椿萱榮晚茂鴻鴈各行鳴其為人也手姿清秀天性聰明五車書富三冬足酉石弓當万騏沖驪珠照耀光难掩雷劍生豐氣自充終是功名客豈為田舍翁三汲浪中龍变化九宵雲外鳳飛騰佇看官封三級酌然穩享千鍾此則榮貴之命兆幃宜有贈子嗣晚當榮運行初丁丑上人庇下未斷乎生丙子運中欲向雲中奔足須從灯下苗心乙亥運中鵬路高搏知健翼鵡門深耀見騰麟甲戌運中寒拂紫衣催驛騏光生玉節下云層癸酉運中耽近金紫声名显風雪飛未尚恼人壬申運中有才應大用未許便辞榮辛未運中英雄都尽也高坡臥麒麟

乙未年　戊寅月　庚申日　戊寅時

此八字庚申專祿日主相配柱中木火才殺之格人生得此生於右族長於名門木水椿萱双悦贈鴻鴈天边各行鳴其為人半姿清秀礼樂縱横千古文章遅榮耀一天星斗撑心胸不獨騰珠聯照彩还應趨壁擁連城終是傳芳之客豈為田舍之翁三級浪中魚变化九霄雲外鳳飛騰一從姓字傳揚後直上金鑾輔聖明此則榮貴之命駕蝉連珠須年小子嗣生成貴顯人運行丁丑上人庇下未斷平生丙子運中十年窓下業黄卷興青灯乙亥運中起鳳騰蛟從此始果然韵冕孫明君甲戌運中如聿但憑三尺法理刑清似一國春癸酉運中戰迁金紫貴風雪尚盈庭辛丑運中作扇官封三級酌然祿食千鍾辛未運中解組歸田里東籬菊酒對庚寅運中春去也為無聲

乙未年　戊寅月　辛亥日　己丑時

此八字辛亥日元相配柱中木火財官之格財盛生官終身有慶只嫌身弱減我功名主人生於右族長於名門堂上椿萱連珠屬天鴻鴈各行鳴其為人也半姿清秀天性聰明般般稍覽件件不精機謀軟股奉用人欽自有順天之慶豈無福地之深祖業添新慶根源勝舊風門外遠觀千畝地庭前花木四時春英雄惟贈劍三尺豪傑相逢酒一鍾雖然不是金鞍客有金有粟也光榮此則富盛之命駕蝉連珠宜正副子嗣生成貴顯人運行初丁丑上人庇下未斷平生丙子運中天冷雲還凍江寬風尚生乙亥運中雨過園桃簇錦風和堤柳拖金甲戌運中財如春水滔滔長福似秋蟾皎皎明癸酉運中富貴榮華當此際西風洒雪滿門庭壬申運中簾幕垂珠光不夜粧花剪彩日長春辛未運中享子孫之福慶庚午運中夢杳杳之佳城

乙未年　戊寅月　壬寅日　丁未時

此八字壬寅趨艮之日相配柱中土木傷官制煞之格只弱身成吾功名主人生於右族長於名門水命椿萱双晚茂天邊鴻鴈各行鳴其為人也丰姿清秀天性聰明般般精覽件件不精過犬黃金重長價離雲皎月倍清明箏長名園過舊竹花開上苑勝先春不問仕途求聞達却來湖海覓黃金水光浮座盃盤叠花氣侵人笑語馨雖不建侯封爵自然福祿無窮此則穩厚之命鴛幃水命須年長子嗣秋來旺宅門運行初丁丑上人庇下花放

風生丙子運中隱隱輕雷抽碧筍微微細雨潤紅英乙亥運中爆竹声傳殘臘盡折梅香引早春逢甲戌運中簾捲香風生百福軒開化日福源增癸酉運中旺中尚有虧盈事雪霽財源倍有增壬申運中富之以潤其屋德之以顯其身辛未運中無思無慮庚午運中一道訃音

乙未年　戊寅月　丙午日　壬辰時

此八字丙午日月之辰相配柱中水土殺生印綬之格殺印相生功名星逢主人生於右族長於名門金土椿萱双晚茂天边鴻鴈有行鳴其為人也丰姿清秀天性聰明胸罗今古事季識聖賢經遇火黃金显十分之貴色離雲皎月有萬里之清明終是功名之路豈為田舍之翁雲程但但登天去奉足悠悠名利成一朝騰路飛黃去九天雨露沐皇恩此則榮貴之命鴛幃燭夜添新慶子嗣秋來旺廣門運初丁丑上人庇下未斷平生丙子運中十年憂下業黃卷與青灯

乙亥運中振適是龍還不信果然奪得錦標歸甲戌運中处事但憑三尺法理形清似一圍春　癸酉運中金紫近榮權位重六出飛花不拱身壬申運中有財應大用未許便辞榮辛未運中春光去也一枕清風

子平遺書 十

乙未年 戊寅月 辛酉日 壬辰時

此八字專禄日相配柱中木火才官之格才盛生官有慶遇斯命者生於右族長於名門椿萱双晚門鴻鳳各行鳴其為人也丰姿清秀天性聡明胸羅今古事業識聖賢心驟目好為天下白高才俊似海東青終是功名之客豈為田舍之翁万里摇扶鸞驂豹一声霹靂躍潜鱗風傳五湖金門晚花放千枝富貴春佇有頭角聳朱紫戩加陞此則榮貴之命鸞幃燭夜添新慶子嗣秋来旺宅門運行初丁丑上人庇下未断平生丙子運中歆遊平生志須加董子功乙亥運中報道是龍还不信果然奪得錦衣新甲戌運中紛署聯班才傑称皇恩有感再加陞當此之際風雪滿庭癸酉運中戩廷金紫亭内澄清壬申運中自嘆錦鈫衣帰故里老来籬下樂閒心辛未運中花落月沉

子平遺書 十一

乙未年 戊寅月 壬子日 己酉時

此八字壬子日相配柱中火土去教留官之格女人得此姿容秀美天性純良生於富室配於高堂椿萱難並奉妯娌只平常有立業掌家之道相夫教子之良佇看晚年增福慶輝耀羅綺積千箱此則穩秀女命良人配合連珠客柱子秋来吐有芽運行初已卯上人庇下冬暖夏凉庚辰運中紅緑牽綉慎福慶自興昌辛巳運中雖則夫門才業旺也防風雪乱飄揚壬午運中寸雲玷月何損其光癸未運中水向石中流出冷風従花裏過来香當此之際月被雲裹甲申運中舡行瀑水馬躍苔崗乙酉運中晚年安享丙戌運中費入仙鄉

乙未年　戊寅月　己巳日　辛未時

此八字己巳日元相配柱中木火殺生印綬之格殺印相生功名早達主人生右族長於高人堂上椿萱連珠屬天選鴻各行鳴其為人也丰姿清秀天性聰明孝問資先竟群書貫一經筆落驚風雨詩成泣鬼神終是文場折桂客豈為田舍鑿耕人早登塔屋攀丹桂快向雲中奪錦英一從揚姓字金紫職階陞此則榮貴之命鴛幃連珠須娶長子嗣生成貴显人運行初戊寅上人庇下花放風生丁丑運中詩礼趨庭丙子運中雪案須留苦志天階未許榮登乙亥運中騰身離泮水攀桂步蟾宮甲戌運中千里霜威金谷重三江風色綉衣軽癸酉運中職迁金紫貴風雪尚愁人壬申運中正欽忠君輔國未容解組恩蕁辛未運中英雄都盡也高枕卧麒麟

乙未年　戊寅月　壬辰日　甲辰時

此八字壬辰魁罡之日配合柱中土木食神制殺之格人生得此業牘有聲椿萱榮且耄鴻鳳有聯騰丰姿莊重操幹多能筆下能分枉直胷中梢貫遺經宦向泮林養志可從業牘労形天官考最治具寵百里榮看化日明此則榮身之命鴛幃魁後重偏正桂子秋來三四英運行初丁丑不榮不辱庇下昇平丙子運中讀殘窓下月行樂泮林星乙亥運之執卷空労心志翻然身入公廳甲戌運中風霜都歷過跨馬上天庭癸酉運中榮治新寵逞德政洽民情壬申運中再加祿位花縣声清辛未到庚午運中歸去也

乙未年　戊寅月　甲子日　甲戌時

此八字甲子日相配柱中火土傷官生才之格女人得此儀容雅麗性理明晓椿萱榮耐晚鴻雁有飛翔有相夫之理道教子之良方錦綉花開富貴琅玕竹報安康晚年夫子顯福禄享軒昂此則福榮女命良人年長榮華容桂子生成顯貴即運行初己卯上人庇下月被雲囊庚辰運中屏開孔雀帶綠鴛鴦辛巳運中踈踈烟雨過福禄勝於常壬午運中裙釵粧靨玉飾金粧癸未運中一番梨雨過金玉滿華堂甲申運中悠悠處樂乙酉運中夢入仙鄉

乙未年　戊寅月　庚子日　己卯時

此八字庚金相配柱中土木財旺生官之格人生得此生於善順之族長於廷變之居椿萱分別去鴻雁不聯飛祖業重增新燕才囊晚積多餘萬里韶華臻福慶一聯美景旺門閭不向仕途求聞達却來湖海自奔馳此則成家之命鴛幃賢順須年敵桂子秋風秀嫩枝運行初丁丑上人庇下何論是非丙子運中桃李春風多快樂一番賞翫又趑趄乙亥運中片雲能發千山雨雨過千山色愈奇甲戌運中壯麗門墻才業廣仕教人事弃業紆癸酉運中飄殘楊柳絮紅紫開芬林壬申運中晚年自得無窮樂樂處須防一度悲辛未運中棄榆暮景庚午運中夢逐風飛

乙未年　戊寅月　丁巳日　壬寅時

此八字丁巳日配于柱中之木印綬之格人生得此仕路声揚椿萱榮且耄鴻鴈有同翔孝識聰明定是功名之客英才草冠宜為田舍之郎瓊林雖不登高宴百里威風自振揚此則是榮之命鴛幃金玉副桂子發天香運行初丁丑上人㐂下何論炎凉丙子運中尋章摘句入室升堂乙亥運中月殿榮登飛騰足未應天府沐恩光甲戌運中絃鳴民樂賞風雪堅閒牆癸酉運中祿元重是擢遷政贊黃堂壬申運中正欽金魚綰帶胡為雖下臺鶴辛未運中孫榮子秀庚午運中夢入仙鄉

乙未年　戊寅月　癸卯日　壬戌時

此八字癸卯日貴之辰相配柱中大局傷官助財之格人生得此姿容雅麗歷事勤劬椿萱棠棣難相守妯娌翁姑分尚疎有針線刺繡之機巧掌家立業之能為佇看未晚節財旺福尤弥此則能家女命良人火命須年長子嗣秋來始發奇運行初乙卯上人㐂下有何是非庚辰運中配匹成佳偶懽娛正此時辛巳運中雖則衣豐食足幾番樂處生悲壬午運中裙釵壯麗人事趦趄癸未運中名花逢雨溫細柳被烟迷甲申運中沖擊之所月入雲衢乙酉運中晚年臻福慶才帛旺門閭丙戌運中悠悠享用丁亥運中歸去来兮

乙未年　戊寅月　甲寅日　甲戌時

此八字甲寅日配乎柱中火土傷官助才之格人生得此仕路恩崇擢萱崇且耄鴻鴈有聯騰丰姿英俊天性聰明學問贊中廣詞源筆下精黃道三秋騰驥足赤霄千里奮鵬程長安人似蟻爭看錦衣崇此則顯崇之命鴛幃金玉質子嗣桂蘭英運行初丁丑上人崇庇花放風生丙子運中讀殘官舍月行落泮林星乙亥運中禹浪連三躍班聯粉署崇甲戌運中飄殘楊柳絮祿位大夫崇癸酉運中藩集一方天下熙、風浪無驚壬申運中大才大用辛未運中青史留名

乙未年　戊寅月　己亥日　丙寅時

此八字木克土正官之格正官者貴氣之物也人生得此定不美乎其為人也會操持多智慧威伏小人謀動君子年及丰旬椿欠別歲過三八母又喪花剪隋國壯觀三春之景月升雲漢有揚萬里之光樂四時之佳趣置萬古之田庄此則守成之命鴛幃得合半伯年邊恐斷絃桂子有成難保一枝終貴顯運行初丁丑楊花照白柳絮飄綿庚子運中漸看春盡永初見月華圓乙亥運中雪霽江天繞滔滔進祿元甲戌運中靜裏奔忙才祿旺開中歇雜事多縈癸酉運中行藏雖則多豈慶鴛侶分飛各一天壬申運中崇為福居之安辛未運中孫賢子貴車馬喧喧庚午運中嗟爾美雄留不住花開花落一翻天

乙未年　戊寅月　己酉日　庚午時

此八字己土相配柱中金木去殺留官之格人生得此年姿豪邁天性剛能克己克恭人仰欽施仁施德貴賢欽其為人也生於名族長於豊庭椿親先去萱後殞天邊鴻鴈壽彌增祖業宜當整花木四時馨香問博知今古事行藏出類遠國名非獨田連桑麻富州縣馳名鄉里邁般般歷過件件勞心性不受觸酌酒論文初限豊盈中破敗晚年積玉有孫榮此則壽顯之命鴛幃金命宜結髮子招尋足贊豊隆運行初丁丑上人之下習史書經丙子運中家門興旺有悔無侵乙亥運中才源當進退憂悔未離身甲戌運中此運猶如風捲浪官灾素耗費無邊癸酉運中然則成家而立業危耗非憂有救神壬申運中指望此運身康泰灾破官憂謹己行辛未運中堆金積玉孫子攀龍庚午運中良田將不去一夢入西沉

乙未年　戊寅月　丁酉日　癸卯時

此八字丁酉日配乎柱中之水木殺印之格戊癸作合為良人生得此年姿洒落天性果剛椿萱榮養難全耄鴻鴈天邊不異翔學識窮通今古筆鋒能理憲章足馬登天沾寵渥輝輝化日引春陽此則顯榮之命鴛幃有犯須偏正桂子秋來朵朵芳運行初丁丑上人庇下冬暖夏涼丙子運中奇章摘句入室升堂乙亥運中志欲登天步月身還履雪經霜甲戌運中到此始知文學好長安道上勢鷹揚癸酉運中榮加新寵渥光耀門墻壬申運中尋加祿位未擬還鄉辛未運中黄花緑酒庚午運

夢庚　梁

乙未年　戊寅月　庚午日　丙子時

此八字庚午日貴之辰相柱中木火去官留杀之格人生得者在乎得禄得名只嫌身衰杀重感虧福力注人手姿情致動用幾関堂上双親先别毋天邊紅鴈各飛翻學業有成未必騰身於翰苑英才特達尤能奮志於雲間佇看來晚節沛澤蒲門蘭此則動顕之命鴛幃須正副桂子撥秋舟運行初丁丑上人座下春苑青山丙子運中雖則覩書覧史未應文筆相聯乙亥運中倦讀遊湖海尤知跋跡難甲戌運中遇貴逢幾會才名振一番癸酉運中雨急風狂烟浪起依然収却釣鈎還壬申運中冲擊之所春暮花残辛未運中猿聲切處流水潺緩

乙未年　戊寅月　癸丑日　庚申時

此八字癸丑日相配柱中金木傷官用印之格人生得此金紫光榮椿萱不遠双榮贈鴻鴈天邊各奮鳴手姿洒落天性良能李問淵源終显貴英才卓冠擬攀英瓊林虽不忝高宴禄位榮看蘭氣騰此則榮貴之命鴛幃有碍須偏正桂子秋来綻錦英運行初丁丑明窓浄几黄卷青灯丙子運中志欲登天步月身迯剪雪裁氷乙亥運中折桂登天沾寵渥輝〻清化啓儒生甲戌運中禄位榮加騰肅氣無端風雪擁家庭癸酉運中戦列大夫金紫貴威飛郡縣便奔驚壬申運中再加爵禄便擬辞榮辛未運中榮回正享無窮樂杜宇無端三两声

乙未年　戊寅月　丙辰日　庚寅時

此八字丙辰日德之辰傷官帶印之格值此象者生於豐潤之族長於仁德之門椿父先帰萱後别西風鴻鴈不同群其爲人也行蔵特達擧用人欽學問少知今古筆刀猶動高珪璋自是清朝器律吕偏諧治世音昂然頭角犇霖雨降黎民此則貴顕之命駕幃有翘宜重整子嗣斑衣孝義深運行初丁丑娟娟雲裏月灼灼葉中英丙子運中機會来時逢貴助定應禄馬旺前程乙亥運中光彩簪纓當此景綉花雖艷不聞馨甲戌運中一番風雪過禄位始加榮癸酉運中花落花開恨亦喜民歌民頌福元深壬申運中一陞一退田里閑身辛未運中春光帰去也落花月尤沉

乙未　戊寅　丁未　甲辰

此八字丁未日相配柱中之木正印之格印綬者上格也人生得此本顯功名只嫌偏正錯亂減虧福力椿萱堂下雙分别鴻鴈天邊不共飛手姿磊落天性仁慈有濟人之德無妬害之私財囊宜自積祖業必新齊佇看才名旺湖海果然名勢壓鄉閭此則富實之命駕幃連珠低一崴桂蘭遲撥發秋枝運行初丁丑庇佑之下椿樹凋衰丙子運中便有才名来旺豈教困守書幃乙亥運中萬象豊光霽人情有改移甲戌運中歷過崎嶇財業旺英雄交敬福禹潏癸酉運中財源滚滚名勢輝輝壬申運中老當發旺滿目金珠辛未運中孫賢子秀庚午運中帰去来兮

乙未　戊寅　庚子　辛巳

此八字庚子日相配柱中木火財煞之格女人得此儀容玉麗天性明良椿萱棠棣難相守妯娌翁姑侍不常立業掌家有道相夫教子多方心靜似月明霄漢性急如風捲滄浪佇看晚年財福旺華堂安享樂榮昌此則掌家女命良人年長双諧老桂子庭前三兩郎運行初己夘閨門之內冬暖夏凉庚辰運中匹配成佳偶花開綉錦香辛巳運中裙釵雖壯飄風雪尚飄揚壬午運中家業有成行樂順旺中尚有暗悲傷癸未運中一番風雪過金玉满華堂甲申運中晚年宜享用烟浪又驚狂乙酉運中桑榆暮景丙戌運中鏡掩晨光

乙未年　戊寅月　庚子日　戊寅時

此八字庚子日相配柱中之木財旺生官之格正得才盛生官終身有慶值斯象者丰姿慷慨天性剛中椿父先歸萱後别鴈行天際有從容受蔭黄石志學劍白猿公濟濟旗旌遮曉日輝輝劍戟倚秋空總万機之重柄均八表之順風此則將帥之命駕幃封後重偏正桂子秋来器槩雄運行初丁丑侯門樂守快樂無窮丙子運子心明黄石畧宮先擅威風乙亥運中風雲初消天仗麗万方彊域仰威風甲戌運中踈踈細雨過肅肅勢豪洪癸酉運中龍璽天書重金花玉帳駙壬申運中戎幕開特貔貅嘯諸無事樂從容辛未運中黄花緑酒庚午運中夢入五峯

乙未年　戊寅月　丙辰日　丙申時

此八字丙辰日相配柱中之木印綬之格人生得此本頸功名只嫌寅申相冲不貴而富椿萱數晚翠棠棣謞春香丰姿俊秀天性果剛識學粗通書史智謀能合賢良不向仕途求聞達却来湖海歷風霜晚年蘭桂秀金玉满華堂此則富旺之命鴛幃賢且洣桂子發天香運行初丁丑幼年之景何論炎凉丙子運中詩書歷覽弓矢斯張乙亥運中笙歌沸擁春遊處羅綺争扶夜醉鄉甲戌運中門外田疇濶曠庭前花木芬芳癸酉運中延賓翫物會友流觴壬申運中老當發旺金玉满堂辛未運中惟有猿啼處寒雲掩夕陽

乙未年　戊寅月　庚戌日　戊寅時

此八字庚戌魁罡之日配平柱中之木財旺生官之格人生得此多機多變不勇不慈椿萱雙耐晚鴻鳫有分飛知輕識重将高就低祖業添新慶財囊自積齊但頜江湖生計廣何須身到鳳凰池此則富實之命鴛幃金玉麗桂子有聯枝運行初丁丑風味日麗燕語鶯啼丙子運中詩書心力倦貧利便生肥乙亥運中市上生涯益旺庭前花木芳非甲戌運中一番風雪過金玉積多餘癸酉運中不獨粟陳貫朽尚祈人事光輝壬申運中老當益壯辛未運中歸去来兮

乙未年　己卯月　癸未日　[illegible]時

此八字癸未之日相配柱中土木食神制殺之格主人生於右族長於仁門椿萱半道先亡父天行鴈字各分群其為人也丰姿清奥天性老誠有理白分清之智應下和下之能豈無高仕敬時有貴人欽重成新事業再整舊門庭田園廣積樓閣凌雲威權有布人欽伏財帛興隆福祿增月掛碧天多皎潔名揚閭里有光榮晚年子貴門楣好白髮烏紗受贈封此則晚顯之命鴛幃有犯須招木子嗣生成奇錦人運行初戊寅上人庇下襁褓平生

丁丑運中娟娟梅月白淡淡柳風清丙子運中晝水無聲空作浪綉花有艷不聞馨乙亥運中人生正是風光處尚有災非素耗生甲戌運中世情濃又淡淡處又還濃戌字之中有子攀丹桂花從錦上增癸酉運中冲擊之悪如履薄氷壬申運中叨拜恩光當此際辛未運中訃音一播衆傷情

乙未年　己卯月　癸亥日　庚申時

此八字癸水相配柱中木土食神制殺之格人生得此生於潭潭相府長於岳岳候門椿親曾會国鴻鳫各分群其為人也精神烱烱智慧明明顔穷黄石稍識聖賢經旗穿脱日雲霞礡山倚秋空劍戟明七擒卑葛亮士計壓陳平鼓角声催巫峽曉旌旗影動錦江春此則武帥之命鴛幃全正副桂子長秋美運行初戊寅上人庇下天朗氣清丁丑運中受圖黄石老爷劍白猿公丙子運中續黄登上国頭角崢嶸乙亥運中鈇甲去克胡雲散錦袍

風拂漢雲清甲戌運中天子旌旗分一半八方金鍠息煙征癸酉運中權高損福慎則無驚壬子運只恐無常來迅速胡為一夢返佳城

乙未年　己卯月　癸巳日　壬子時

此八字癸巳貴人之日相配柱中木土傷官助煞之格人生得此生於西室長於名門椿親爲落萱帰副天边鴻鴈各行鳴其為人也丰姿清爽礼樂縱横千古文章運榮耀一天星斗煥心脳麗句妙為天下白高材俊侶海東清豈是池中物尤来席上珎早登蟾宫攀丹桂快向龍門奪錦英一從揚姓字戝位秉權衡此則榮貴之命鴛幃宜有贈子嗣有光榮運行初戊寅幼年之下花放風生丁丑運中十年窗下業黄卷與清灯丙子運中雪晴

雲散後騰路入神京乙亥運中到此始知時運好果然東笏拜明君甲戌運中腰横金作帶符剖玉為鱗癸酉運中正欵忠君輔国未應辦組思尊壬申運中帰去松筠三逕足倘来軒冕一毫輕辛未運中訃音一播酹酒三鍾

乙未年　己卯月　甲子日　己巳時

此八字甲木相配柱中金土食神帶刃之格人生得此生於茂盛之族長於豐潤之門椿親先别萱存晚天邊鴻鴈有聯群丰姿清秀天性志誠機謀輔佐舉用欽春入園林香遍麈蒙之鵲月離海嶠光揚宇宙之中門外田疇千古計庭前花木四時春雖然不是青雲客也應鄉黨衆推尊此則豐饒之命鴛幃有碍須重續子嗣秋来旺宅門運行初戊寅上人在下霽月光風丁丑運中水向石邊流出冷風從花底過来聲丙子運中旺中曾駭樑依

舊瑞祥生乙亥運中一番風雪飄檜樹雨散雲收月倍明甲戌運中雖則行藏有慶還愁微雨弄晴癸酉運中得失相半憂喜並行壬申運中享子孫之福慶辛未運中夢杳杳之佳城

乙未年　己卯月　癸巳日　壬戌時

此八字癸巳貴人之日相配柱中木土傷官劫殺之格人生得此生於右族長於名門椿父早歸萱耐晚天邊鴻雁不同群其為人也丰姿清秀天性聰明千古文章逞榮耀一天星斗煥心胸麗句好為天下白高材俊似海東青終是功名之客豈為田舍之翁躡履三千皆後學摶風千里即前程一從姓字傳揚後九天雨露沐皇恩却伙安諸夏材高社稷臣此則榮貴之命鶺鴒宜有贈子嗣晚光榮運行初戊寅萱親庇下風雪初晴當此之際花放風生丁丑運中味道心

千古潛心對一經丙子運中騰身離泮水舉足入雲津乙亥運中駟中曉月催行站江上春風促去程甲戌運中雖則職遷金紫還愁人事虧盈癸酉運中有材應大用何事乞閑身壬申運中春光去也萬事成空

乙未年　己卯月　辛巳日　辛卯時

此八字辛巳日元相配柱中木火才官之格人生得此生於右族長於名門椿萱雖並耄鴻雁各摶風其為人也丰姿清秀天性聰明胸羅今古事學識聖賢心太山北斗千年在和氣春風四座傾欽是功名客豈為田舍翁雖不擅林恭玳寔也應姓字達天庭文脚萬古江山氣道繼千年竹帛聲此則榮貴之命鶺鴒有犯終須副子嗣秋來朶朶榮運行初戊寅上人庇下未斷平生丁丑運中欲遂平生志潛心對短檠丙子運中執卷幾回空探月

時來跨馬沐皇恩乙亥運中伊川門外雪明道席間甲戌運中教鐸聲名洋溢有朋自遠來親琴酉運中沖擊之所何不思尊壬申運中摶壘有酒延佳客蘭室存書教子孫辛未運中楚臺雲散空留夢漢院香消不返魂

乙未年　己卯月　戊寅日　丁巳時

此八字戊寅專祿之日相配柱中旺木殺生才官〻〻格印綬之格人生得此主人生於良族長於仁門父〻播萱双别天边鴻鴈各行鳴其為人也丰姿清秀，性秉能知高下識古今有近貴親附之德應一扣下之能祖業添新慶才除得暮成笋長，旧竹花開上苑勝先春不已幼名為念豈符應龍時全才添富足豈應家業增新晚年闊代樂今古是豐盈此則勝祖讓家之命鴛幃連珠須年小子嗣生成讀望人運行初戊亥上人庇下花發風生丁丑運中娟娟雲星月灼灼葉中英丙午運中乍雨乍晴留客景或寒或暖困人春乙亥運中到此始知時運好百物光華百事通〻戊運中西風吹過天边雲從此才添倍有增於中豐年和田舍禾盈豐腊日山家酒满斟中晚年多快樂一枕永南醒

乙未年己卯月癸未日癸亥時

此八字癸未日元相配柱中木土傷官制杀之〻人生得此生於右族長於名門火命椿萱双纪〻天边鴻鴈各行鳴其為人也丰姿清楚天性聪明五車書史三冬足十載寒灯事業新未完，一一中傑和氣紛紛席上玢終是功名容豈為鵬路高搏知健翼禹門深躍見修鱗一從姓揚日九重雨露沐皇恩此則榮貴之命犯傷官石贈子嗣有光榮運行初戊寅上人庇下未断平生天冷雲还凍江寬風尚生丁丑運中欲遂平生志須加百倍功丙子運中雪案雖甭苦志天階未許榮登乙亥運中到此始知文章好滔滔春浪躍三層甲戌運中即署官函何足羨大夫之职又高〻當此之際風雨满空癸酉運中仔看官封〻知禄享千鍾酉字之中声權重生壬申運〻晚年歸故里朝建咻未遂雨露心華〻〻。下重榮贈庚午運中春歸鳥不鳴

乙未年 己卯月 丙戌日 甲午時

此八字丙戌日元相配柱中旺木印綬之格印
者上格也主人生於右族長於西房椿親青
帰制天边鴻鴈各行鳴其為人也丰姿清楚天
果剛聰明書藝廣倜儻世情長黄金邉大
白璧離塵色信光渥水生麒麟丹山出鳳
功名客宦為田舍郎一朝馬上衣冠别此是
當自强此則榮貴之命兆幃春色驟子嗣有来
運行戊寅上人庇下哭悔一塲事業欲思登仕路
須宜用力在寒窗丙子運中命運来時吾快樂也

應頭角崢嶸丁丑運中仁風播遠近德澤四方
揚黎花帶雪喜不成傷甲戌運中声權倍當斯之
際柳絮飛綿咫尺間癸酉運中正宜享爵禄可
使还鄉壬申運中春風一枕夢入黄梁

乙未年 己卯月 戊辰日 辛酉

此八字戊辰日德之辰正官之格傷官去柱藏我
名主人生於良族長於仁門椿萱皓首先亡
鴻鴈各行群其為人也丰姿清古天性平能有徹
之計較淡淡聰明高仕敬貴人欽田園桑梧
稲梁馨花無桃李非春色人没榮枯是太平
霽景行樂倚從容此則穩旺之命鴛幃有碍須
子嗣秋枝松有成運行初戊寅上人庇下淡淡声雲
丁丑運中娟娟梅月白淡淡柳風清丙子運中頤覓
行藏有慶還慹人事爵盈乙亥運中精神又憔悴

悴又精神甲戌運中須史風浪擺頃刻又波平癸酉
運中得失相半憂喜並行壬申運中子秀宗寬多快
樂辛未運中黄梁一枕永难醒

乙未年　己卯月　甲申日　庚午時

此八字甲申專權之日相配柱中木土才殺之陰刃合殺有功權刃双星均佇依生公卿於邃室長於宦門權萱榮晚贈崇隸有數榮其為人也精神炯炯智慧明明千古文章一天星斗煥心胸驪珠照耀光難掩雷氣自光豈是池中物尤來席上珎比海角聳南山豹变爪牙新瑶池鞭靜蒯南夜鐘傳拱比宸此則榮貴之命鸞幃東西悵子嗣鳳凰入運行初戊寅上人庇下安晦之中丁丑運中雪案須留苦志天皆來謂崇登丙子運中起鳳騰蛟從此賑果然秉笏拜明君乙亥運中駟中精日催行站江上春風促去程嘗風雪满庭甲戌運中重紫重金當是景外雪盈頭癸酉運中權高愼福愼則無運中正欲戌瑚璉胡為梦不醒

乙未年　己卯月　己卯日　乙亥時

此八字已土天元相配柱中旺木才殺之格人得此生於善念之族長於積德之門椿萱自父母天边鴻雁不聯群丰姿清秀天性老誠自順天之慶豈無福地之深門外生涯曠濶工計維新處無素無榮辱生平喜不富貧此之命鸞幃兩敵方偕老子嗣秋來孝義深戊寅上人庇下淡淡青雲丁丑運中如日初出似月始升丙子運中雖則家居有慶还愁微雨弄晴乙亥運中人生正在風光處只恐鬧非素耗生甲戌運中旺中會見風翻浪依然才旺福興隆癸酉運中冲擊之反旺處生驚壬申運中桑榆晚景辛未運中一枕难醒

乙未年　己卯月　己卯日　壬申時

此八字己卯專權之日相配柱中旺木才殺之格從殺之
論主人生於文望長於名門椿萱晚榮體鴻鴈各搏風
其為人也丰姿清爽禮樂縱横胸藏萬古英雄事志
抱三場錦繡文當仁不讓見善則欽終是皇朝之客豈
為耕鑿之人豹变南山露鵬搏北海風契遇玉蟾蛛桂
武馬随青鏡踏花行一從叅瑶宴疊疊禄元陞此則榮
躍之命北帏列東西錦帳子嗣周鳳嚮麟運行初戊寅
上人庇下春風艷落夏日炎蒸丁丑運中踏破津橋霸
幾枝讀殘茅店月三更丙子運中到此始知文與字好蝎
融青浪踏三層乙亥運中已把嚴威權酷吏更将仁政
釋黎民甲戌運中三座君恩金紫貴兩番化木使人驚
癸酉位鎮法司權勢重一番雨過又明陞壬申運中自嘆
晚年帰故里朝庭未遂兩疏心辛未運中翩翩名旄
毓毓佳城

乙未年　己卯月　壬午日　壬寅時

此八字六壬生臨午位號日祿馬同鄉相配柱中
木火傷官助才之格人生得此生於西室長於名
門椿親個倘萱帰別天邊鴻鴈有行鳴其為人也
智謀宏遠天性雍容學問賞先覺群書貫一經袖
裹虹霓沖霄色筆端風雨駕雲程豈是池中之物
尤來席上之珍一日風雲相際會九天雨露沐皇
恩此則榮貴之命鸞帏春謁蘭子嗣既森森運行
初戊寅春春融蕩夏日炎蒸丁丑運中鴈塔題名
後朝班立縉紳甲戌運中三度錦衣帰故里兩扶
日月上天庭梨花舞雪雨過山青癸酉運中權高
損福帰秋淵明壬申運中晚年闕故里會友以闕
樽辛未運中春光去也一道訃音

乙未年　己卯月　乙亥日　丁亥時

此八字乙亥日元相配柱中火土食神印才之格木在
春生處止安然必壽遇斯命者生於右族長於轅門椿
親耐晚鴻鴈各分飛其爲人也丰姿清秀天性聰明亦
文亦武立義立仁笋長名園過竹花開上苑勝春過火
黃金顯十分之貴色離雲皎月照里之光明豈是池中
物尤来席上珎時来自有淵淵福運至还教路路通一
日風雲相滌會也應機會顯光榮山則光揚之命鴛幃
全正副子嗣晚光榮運行初戊寅上人庇下花放風生
丁丑運中春園雖雨過桃李耒生英丙子運中隱隱輕
雷抽碧宵微微細雨洒紅英乙亥運中到此始知時
運好萬物光華樂事通甲戌運中驀然機會遇遇貴
顯功名癸酉運中耿耿聲名重滔滔福禄增酉字
之中尚有逡巡壬申運中愁從竹葉盃中得志向菱
花鏡裏生辛未運中蒐逐蓬島梟逐巫峯

乙未年　已卯月　庚辰日　甲申時

此八字庚辰日德之辰相配柱中旺木才旺生官
之格才盛生官終身有勳主人生於右族長於名
門椿萱榮悅茂鴻鴈各行鳴其爲人也丰姿清秀
天性聰明頗嗜黄石畧一味聖賢經當仁不讓見
善則欲驪珠照耀難掩雷劍生豐氣自光終是
功名之客豈爲田舍之翁雲程坦坦登天去峯是
悠悠名利成一朝騰踏飛黄去此際不羞蛇化龍
此則榮貴之命鴛幃金有潤子嗣有朶榮運行初
戊寅上人庇下災腑之中丁丑運中欲思登上國
雖用對青灯丙子運中不昔窓下攻書史雖喜天
边雨露恩乙亥運中一從沐得天边寵金紫煌煌
雨露陞甲戌運中重金重紫布德施仁癸酉運中
有材應大用未許便閑身壬申運中安閑晚景子
貴光榮辛卯運中歸去也

乙未年　己卯月　乙亥日　癸未時

此八字乙亥之日相配柱中火土傷官助才之格木旺春生處世安然必壽遇斯命者生於右族長於宦門椿樹榮貴萱貴淑天邊鴻雁各摶風其為人也丰姿清秀天性聰明雖無讀書志亦有貴人名萬里無雲天一色三秋好景月長明雨過秋色皆喬木着舊風流有幾人朝中無姓字囊底足珠珎花無桃李非春色人有謡歌是太平雖然不攀蟾中桂也應獻栗得功名此則因富貴貴之命鴛幃得配名門女子嗣生成貴

貴人運行初戊寅春風煖薄夏日炎蒸丁丑運中才源富足福祿駢臻丙子運中春園雖過雨桃李未生英乙亥運中才源旺益人事好还愁風雪滿門庭甲戌運中到此始知時運好崢嶸頭角貴光榮癸酉運中庭前竹報平安信檻外花開富貴春壬申運中晚年多快樂辛未運中一枕清風

乙未年　己卯月　癸未日　癸丑時

此八字癸未日九相配柱中旺木傷官制殺之格人生得此生於右族長於名門木命椿萱連珠高天邊鴻雁各行鳴其為人也丰姿清秀天性聰明般般稍覽件件不精親賢近貴自是能過火黃金重長價離雲皎月倍清明節長名園過舊竹花開上苑勝先春田園桑柘茂畝畝稻粱馨錦繡花開家春貴琅玕竹報日昇平雖不建侯封爵貴囊中積實富豪翁此則富貴榮華之命鴛幃全正副子嗣晚光榮運行初戊寅卯年之下花放風生丁

丑運中春歸柳葉晴初變紅入桃花煖未匀丙子運中雖則行藏有慶還愁人事虧盈乙亥運中天上三陽泰人間五福增梨花舞雪雨過山青甲戌運中簾捲香風生百福軒開化日發光輝癸酉運中庭前竹報平安日檻外花開富貴春壬申運中名傳閭里誇經紀延賓待友一壺春辛未運中計音一播醇酒三鍾

乙未年　己卯月　己丑日　庚午時

此八字己丑日元相配柱中旺木偏官之格人生得此生於西室長於名門椿龍崇晚萱歸別天邊鴻雁各行鳴其為人也源淵三峽難能及筆掃千軍孰與倫終是文場折桂客豈為田舍鑿耕人三汲浪中龍變化九霄雲外鳳飛騰一從姓字傳揚後金紫榮看次第從此則榮貴之命鸞幃燭夜添新丞子嗣金風孝且忠運行初戊寅上人庇下花放鳳生過此丁丑運中十年窗下留心志時来須刻眥鵬程丙子運中躍過禹門三汲浪風生猷面鬼神驚乙亥運中重紫重金當是景愁看門外雪盈庭甲戌運中佇看官超二品酬無祿享千鍾癸酉運中明時柱石盛世股肱酉字之中權重生凶壬申運中晚年閑故里一枕入巫峯

乙未年　己卯月　癸巳日　己未時

此八字癸巳貴人之日相配柱中土木食神重佗傷官制殺之格人生得此生於右族長於名門大土椿萱雙晚贈天邊鴻雁各行鳴其為人也才姿清秀天性聰明源流三峽誰能及筆掃千軍孰與倫麗句妙為天下白高材俊似海東青終是三場折桂客豈為田舍鑿耕人鵬路高搏知翼健龍門深躍見倘鱗瑤池鞭靜朝南極五夜鍾停拱北宸此則榮貴之命鸞幃宜有贈子嗣桂蘭榮運行初戊寅上人庇下花放風生丁丑運中拾年窗下業時至便成名丙子運中禹浪三層都躍過風生鈇面鬼神驚乙亥運中職遷金紫字内澄清甲戌運中藩臬陛階當此際還愁門外雪盈庭癸酉運中正致忠君輔國未應解組恩尊壬申運中春光去也一枕難醒

乙未年　己卯月　丙戌日　辛卯時

此八字丙戌日元相配柱中旺木印綬之格印綬者上格也女人得此生於右族長配名門萱母先歸椿後别天邊鴻雁各行鳴其為人也姿容清秀髮貌精神勝丈夫之氣騐有男子之才能雲收萬里千山秀水到湖江一樣清每懷九轉意時抱擇隣心柳葉無風枝娜娜梅花有月倍精神難觸難犯易喜易嗔住看晚年子貴顯也應同沐帝王恩此則榮身之命良人連珠低一載子嗣榮門孝且忠運行初庚辰上人庇下毓秀閨門辛巳運中路一桃源花爛熳橋横銀漢水澄清壬午運中正是梅音月白還愁人事戲盈癸未運中乍雨乍晴留客景或寒或暖困人天甲申運中子貴榮門沾寵渥星恩被服顯榮封乙酉運中沖激之所如月入雲丙戌運中晚年快樂丁亥運中一遍訃音

乙未年　己卯月　戊戌日　戊午時

此八字戊戌魁罡之日相配柱中木火官印之格有官有印無破作廊廟之材遇斯命者生於右族長於名門椿萱榮晚茂鴻雁各行鳴其為人也丰資清秀天性聰明理窮古事兼今事書對賢經與聖經黃金過火重增價白璧離塵色更明終是功名之客豈為田舍之翁足復三千皆後學搏風九萬里即前程一從揚姓字乘笏近明君此則榮貴之命鸞幃燭夜添新慶子嗣秋来有挺榮運行初戊寅春風駘蕩夏日炎蒸丁丑運中欲向雲中攀足須從燈下留心丙子運中霹靂一聲雲霧合禹門躍過浪三層乙亥運中重沐恩波鳳池裏班連玉筍侍明君甲戌運中衣惹御爐拖瑞彩筆端風雨洒青霖當此之際風雪滿庭癸酉運中權高損福歸效淵明壬申運中春光去也花落月沉

子平遺書 二三

乙未年　己卯月　丁丑日　辛亥時

此八字丁丑日元相配柱中水木官印之格人生得此生於右族長於名門金土椿萱萱歲長天邊鳴鴈有行鳴其為人也丰姿清秀天性聰明高謀遠見機関别慨慷春風一炒人過火黄金重長價離雲皎月倍清明自有順天之慶豈無福地之深笋長名園過舊竹花開上苑勝先春不必覔珠來水府何須求劔到豐城雖不建侯封爵自然潤屋潤身此則穩是之命駕帰連珠須配長子嗣秋來有栗英運行初戊寅上人庇下花放鳳生丁丑運中娋娋雲裏月灼灼葉中英丙子運中隱隠輕雷抽碧笋微微細雨潤紅英乙亥運中天上三陽泰人間五福臻甲戌運中桃李千谿錦江山一畫屏當此之際風雪滿庭癸酉運中庭前作報平安日猫外花開富貴春壬申運中延賓玩物會友開樽辛未運中春光去也一挽清風

子平遺書 二四

乙未年　己卯月　癸亥日　癸亥時

此八字癸水天元相配柱中木土食神制殺之格人生得此生於茂盛之族長於詩禮之庭椿萱継殁先亡父天邊鴻鴈獨超群丰姿清秀天性聪明辞鋒穎利疑無敵筆力縦横若有神繇是功名之客豈為田舍之人嘉谷不早實名利當晚成瓔林雖不忝高宴也教德澤惠軍民此則崇貴之命觽幃有碍須年敵子嗣生成跨灶人運行初戊寅上人庇下未斷平生丁丑運中欲遂平生志潜心對短檠丙子運中幾欲攀龍附鳳番成剪雪裁冰乙亥運中騰身離泮水舉足上神京甲戌運中雪晴閑閬闐蓮幕娃名馨癸酉運中耿耿聲名重滔滔雨露陞當此之際微雨弄晴壬申運中秋光都似官情薄山色不如帰興濃辛未運中一夕不來都是夢訃音一播衆傷情

乙未年　己卯月　甲戌日　己巳時

此八字甲戌日元相配柱中火土傷官卯才之格亦有食神之意頗得主人生於右族長於名門木火椿萱双晚節天边鴻雁有行鳴其為人也丰姿清秀天性聰明高謀遠見栈閲别懐慨春風一妙人節長名因過舊竹花閑上苑勝新春福布江山外名聞湖海中豊年田舎禾盈礐臘日山家酒満斟但須才源富足何須天府求榮此則穏享之命死幃燭夜添新慶子嗣秋来有晚榮運行初戊寅春風駘蕩夏日炎蒸丁丑運中隠隠軽雷抽碧笋微微細雨潤紅英丙子運中春風播爽微雨弄晴乙亥運中才源滚滚家居好風雪飛来尚惱人丙戌運中天上三陽泰人間五福增乙酉運中無思無慮甲申運中春梦無憑

乙未年　己卯月　壬申日　甲辰時

此八字壬申長生之日相配柱中土木傷官制殺之格人生得此生於右族長於名門椿萱榮晚贈鴻鴈各飛騰其為人也丰姿清秀天性聰明千古文章逞榮耀一天星斗煥心胸驪珠終照魏雷劍豈成豐終是功名客豈為田舎翁三及浪中龍變化九宵雲外鳳飛騰一從揚姓字秉笏拜金門此則榮貴之命鴛幃連珠須配長子嗣生成貴顯人運行初戊寅春風駘蕩夏日炎蒸丁丑運中十年窓下景一舉便成名丙子運中禹浪層層都躍過濟濟衣冠拜袞龍乙亥運中乱浪怒虎風生重金重紫風雪何驚甲戌運中皇恩有感聲名顯十郡山河化日明癸酉運中權高損福慎則無驚壬申運中莫道只随金馬貴也随蝴蝶夢佳誠

乙未　己卯　戊午　壬戌

此八字戊午日刃之良相配柱中木水才官之格女人得此生於右族長配高門萱母先歸椿後別天邊鴻鴈各行鳴其為人也姿顏閨朗德茂竹真有針綫之巧立業之勤雲收華岳千山秀水到湘江一樣清雖是女流之輩過如男子材能鳳送芙荷香滿院日勻花萼發新紅憂喝自能知肉味素琴季拜雞聲雞鐲难犯易喜易嗔才源旺足平生何必天邊受贈封此則穩厚之命良人大命年少先分子有成枝花四果運行初庚辰上人庇下未断平生辛巳運中雖則夫門快樂幾多人事困縮壬午運中淡烟楊柳岸薄霧杏花村癸未運中人生正在風光処不幸鸞孤鳳独鳴正好倚爐觀皓月無端又被黑雲生乙酉運中冲擊之所如履薄氷丙戌運中人生從此別無仪見仪形

乙未年　己卯月　丙戌日　己亥時

此八字丙戌日元相配柱中水木殺生印綬之格殺印相生功名顯達主人生於右族長於名門椿萱水命一期別天邊鴻鴈各飛騰其為人也丰姿清秀天性聰明理窮古事兼今事書對贀經与聖經衣冠濟濟人中傑和氣怡怡席上珎終是功名之客豈為田舍之翁折桂場中許妙手標名鴈塔振蜚声一従姓字傳揚後直上金鑾輔聖明此則榮貴之命鴛幃連理合子嗣利名新運行初戊寅上人庇下花放風生丁丑運中十年窓下業黄卷与青燈丙子運中莫愁雪阻藍關道時来頃刻便升騰乙亥運中慶事但憑三尺法理刑渾似一團春甲戌運中職迁金紫貴風雪尚愁人癸酉運中有材應大用未許便辭榮壬申運中榮回故里美酒盈樽卒未運中夕陽有限春夢無憑

乙未年　己卯月　壬寅日　乙巳時　一

此八字壬寅趨艮之日相配柱中木火傷官制殺之格人生得此生於望族長於名門萱毋續絃播磊落天邊鴻鴈各搏風其為人也丰姿清秀天性聰明千古文章逞榮耀一天星斗煥心胷過火黃金重長慣離雲皎月倍增光衣冠濟濟人中傑和氣怡怡座上珎終是功名之客豈為田舍之翁三級浪中龍變化九霄雲外鳳飛騰一從姓字傳揚後九五天門面聖容此則榮貴之命鴛幃重合毫子嗣晚光榮運行初戊寅春風融蕩夏日炎蒸丁丑運中十年窓下業黃巷興清燈丙子運中莫愁雪阻藍關道時來頃刻便昇騰乙亥運中躍過禹門三級浪事務趨朝近聖君甲戌運中西風吹過天邊雪金紫煜煜雨露墜癸酉運中權高損福慎則無驚壬申運中錦衣帰故里辛未運中一枕了平生

乙未年　己卯月　丙申日　壬辰時

此八字丙申日元相柱中水木亦生印綬之格亦印相生功名顯達主人生於右族長於高門椿萱不逮雙榮贈天邊鴻鴈各行分其為人也丰姿清秀天性聪明胸羅今古事學識聖賢心宜向月中攀桂斗但從天上錫陽春一從姓字傳揚後九天雨沐皇恩此則榮貴之命鴛幃春色子嗣晚光榮運行戊寅春風融蕩夏日炎蒸乙丑運中欲遂平生志潛心對一經丙子運中報道是龍还不信果然奪得錦標新乙亥運中厥世但憑三尺法理刑澤侶一團春甲戌運中腰橫金作帶符剖玉為鱗梨花舞雪雨過山青癸酉雖則重金重紫还愁權重生幽壬申運中夕陽有限春夢無憑

乙未年　己卯月　甲午日　己巳時

此八字甲午日元相配柱中火土傷官助才之格人生得此生於右族長於仁門堂上椿萱雙晚茂天邊鴻鴈各分行其為人也丰姿清秀礼樂錢鋒心胸藏錦秀筆底好文章東海驪珠能幾見豐城雷劍不終藏終是功名客豈為田舍翁一朝騰踏飛黃去九天雨露沐恩光此則清水結蘭之命鴛幃合正副子嗣晚榮昌運行初戊寅上人庇下花披風狂過此丁丑運中篤志觀黃卷丙子運中折桂場中誇好手標名鴈塔沐恩光乙亥運中處事但憑三尺法理刑渾似九秋霜黎花舞雪幸不成傷甲戌運中三座恩光金紫貴一番風雨滿門蘭癸酉運中冲擊之所權重生殃壬申運中馬啼花落春不再近

乙未年　己卯月　辛巳日　甲午時

此八字辛巳之日相配柱中木火才煞之格人生得此生於右族長於名門椿萱水木雙晚別天邊鴻鴈各翺翔其為人也丰姿清秀天性果剛聰明書藝廣倜儻世稱長學問不親顏孟業生平常復貴人鄉樓臺疊疊生涯好才帛豐盈又積倉不慈不允可圓可方消閑綦一局遺興酒三觴但願一生金玉富何必思登天子堂此則穩富之命鴛幃全正副子嗣晚當揚運行初戊寅上人庇下花放風狂丁丑運中如花向日枝枝艷似筍穿籬節節長丙子運中水向竹邊流出冷風從花裏過來香乙亥運中春草春江相妬綠新鶯新柳競爭黃須史風浪頃刻滄浪甲戌運中西風吹過天邊雪從此財源倍勝常癸酉運中門迎珠履三千客屏列金釵十二行壬申運中于箆于蔄乃積乃倉辛未運中春光去也一夢黃粱

乙未年　己卯月　戊戌日　乙卯時

此八字戊戌魁罡之日相配柱中旺才正官之格官重作殺之論主人生於右族長於西室椿親重配萱毋慎房天边鴻鴈各翩翩其爲人也丰姿清秀天性聰剛頗明書藝達倜儻世情長多問不精才業旺生平常得貴人輕重成新事業再整旧門庭福布江山外名聞湖海中英雄惟贈劍三尺豪傑相迎酒一樽但願秉凍并貫朽何必忍登天子堂此則穩享之命鴛幃須有配子嗣晄光榮運行初戊寅上人庇下未斷平生丁丑運中兩過山方秀雲開月色光丙子運中才臨旺地人曾福官過長生命必昌須史風雨頃刻滄浪乙亥運中才源滚滚家業旺尚恐風重滿門庭甲戌運中于筐于筍乃積倉癸酉運中門迎珠履三千客屏列金釵十二行壬申運中晚年開快樂會交以開樽辛未運中春光去也一枕黃梁

乙未年　己卯月　丁丑日　乙巳時

此八字丁丑日元相配柱中旺才印綬之格印綬者上格也運行北方宜乎得禄得名人生於右族長於高門堂上椿萱嵗長天邊鴻鴈有行鳴其爲人也丰姿清秀天性聰明錦綉胸藏賢聖學珠璣口吐武文風衣冠濟濟人中傑和氣怡怡席上珎終是功名之客宜爲田舍之翁雲程坦坦登天去舉足悠悠名利成一從沐得天邊寵禄位榮看次第陞此則榮貴之命鴛幃連珠須配硬子嗣森枝朵朵榮運行初戊寅上人庇下史晦未伸丁丑運中欲遇平生志潛心對一經丙子運中報道是龍还不信果然奪得錦摽新乙亥運中處事但憑三尺法理刑渾似一團春甲戌運中三度君恩金紫貴兩番風雪使人驚癸酉運中自嘆引年歸故里朝庭未遂兩既心壬申運中榮歸故里美酒盈樽辛未運中萬事成空

乙未年　己卯月　甲戌日　甲子時

此八字甲戌日元相配柱中火土傷官助財之格人生得此生於右族長於名門椿父先歸萱後別天邊鴻鴈各行鳴其為人也丰姿清秀天性聰明斷事理直處事公平謀動君子威伏小人般般稍覽件件不精行藏更瀟洒咲傲任枯榮遊山翫水携詩卷對月觀花把酒斟重成新事業再整舊門庭好意翻成惡真心換得嗔雖不建侯封爵自然福祿駢臻此則穩厚之命鴛幃有妃須招硬子嗣生成貴顯人運行初戊寅上人庇下天朗氣清丁丑運中世事短如春夢人情薄似秋雲丙子運中畫水無聲空有浪綉花雖錦不聞香乙亥運中着意種花花不發無心插柳柳成陰甲戌運中雖則家門增益旺還愁進退斷絃聲癸酉運中冲擊之所如履薄氷壬申運中子貴双榮多樂事花開風發尚愁人過此辛未運中歸去也

乙未年　丙戌月　己巳日　壬申時

此八字己巳日元相配柱中木火雜氣殺印之格女人得此生於右族長於高門椿萱双晚茂棠棣各敷榮其為人也姿容闓朗髮貌精神衣冠濟濟三從備家業昂昂四德新曰福曰榮自有順天之慶常安常樂豈無福地之深磨穿鉄硯非吾事綉拆金針却有功推開綉户薰風煖揭起珠簾化日明難觸難犯易喜易嗔一朝運動星辰助益旺夫門福禄增此則穩盛之命良人春色雁子嗣襁衣新運行初丁亥上人庇下未斷平生戊子運中詠

桃夭之化洽魚水之情己丑運中月正明時雲翳花将放履風生庚寅運中到此始知時運好萬物光華百事通辛卯運中裙釵濟濟家居好須臾風雨不為驚壬辰運中簾捲香風生百福軒閑化日禄元增癸巳運中晚年閑快樂甲午運中一抛入佳城

乙未年　丙戌月　庚戌日　丙戌時

此八字庚戌魁罡之日相配柱中旺火偏官之格雜氣殺印之論主人生於右族長於名門堂上椿萱双晚茂天邊鴻鴈不同群其為人也丰姿清秀天性柔能雖無深計較稍有淡聰明過火黄金重長價離雲皎月倍祖業添新慶根基勝旧風有心於貨利無意慕功名才源冨足家居好何必天邊沐寵榮此則旺足之命　倚頃配小子嗣晚光榮運行初乙酉上人庇丁宊之未伸甲申運中隱隱軽雷抽碧笋微微細雨洒　渓澗未運中雨過園

桃簇錦風和堤柳拖金之　運中才源冨足風雪惱人辛巳運中延賓玩物　及開樽庚辰運中歲寒松尚秀秋老菊於加

乙未年　丙戌月　庚戌日　癸未時

此八字庚戌魁罡之日相配柱中火土雜氣殺印之格生於右族長於名門椿萱真傑士豈毋不須論天邊鴻鴈不同群其為人也丰姿清秀天性聰明行藏果斷作事老成艘艘稍覽件件不新自有順天之慶豈無福地之深過火黃金重長價離雲皎月倍清明不必覓珠来水府何須求劍到豐城得意江山詩句健忘時刀酒盃深財源富足平生好何須誇馬入青雲此一樣厚之命鴛幃金玉潤子嗣彩衣龍運行初乙　上人㡌下如履薄冰

甲申運中花明柳岸雲淡　一程癸未運中漸覺夜涼時雨過信知花放曉風　甲午運中財源浩渺家居好還須素耗尚須人一　一巳運中桃李千谿景江山一畫屏須叟風雨雨過山青庚丙辰運中簾捲香風生百福軒開化日福元增丁卯運中歲寒松尚茂秋老菊尤馨戊辰運中花發水流春已去蘭摧欲折恨何明

乙未年　丙戌月　乙丑日　丙子時

此八字乙丑日元相配柱中大土傷官助才之格人生得此生於右族長於名門椿親先歸萱後別天边鴻鴈各行鳴其為人也丰姿清秀天性聰明錦綉胸藏賢聖筆珠璣口吐或聞風聲尚好為天下白高材俊似海東青豈是池中物尤來席上珎奮身辞白屋平步入青雲一朝騰踏飛黃去濟濟衣冠拜九重此則榮貴之命兆帏春色麗子嗣晚光榮運行初乙酉春風飄飄夏景炎蒸甲申運中不負寸心之籌豈寄提柱之志庚未運中振道是龍还不信果然奪得錦標新壬午運中皇恩有感職位加陞丁巳運中重紫電金當此景西風洒雪滿門庭丙辰運中正宜侍明王未許拜嬰櫻已卯運中夕陽尤恨青夢無憑

乙未年　丙戌月　甲寅日　丙寅時

此八字甲寅專祿之日相配柱中火土傷官物才之格喜逢天月以相扶主人生於右族長於名門水木椿萱双脱茂天边鳴鴈各行鳴其爲人也手姿清秀天性聰明千古文章還崇耀一天星斗爍心胞衣冠濟濟人中傑和氣怡怡席上珎終是功名之冠豈爲田舍之翁北海蛟横頭角聳南山豹使爪牙新一從進字傳揚後濟濟衣冠拜九重此則榮貴之命鴛幃金玉潤子嗣有光榮運行乙酉幼年之下灾瘫来伸申申運中歎遂平生

志須加継暑功一路風騰從此始果然秉忽拜民启壬午運中敵中睛日帰行路江上春風促去程職迁功子公子亦名顕風雪飛来上惱人庚辰運中佇看官封二品酌然禄享官封癸卯運中晚年閑故里會有以閑樽戊寅運中英雄都去也高龍臥麒麟

乙未年　丙戌月　戊申日　庚申時

此八字戊申長生之日相配柱中木火雜氣官印之格喜逢天月德相扶主人生於右族長於名門水木椿萱蒧長天邊鴻鴈各分行其爲人也丰姿清秀天性聰明錦綉胸藏賢聖學珠璣口吐武文風騷句好爲天下白高材俊似海東青終是登庸之客豈爲田舍之翁鵬路高搏知健翼龍門深躍見脩鱗一從姓字傳揚後九天雨露沐皇恩北則榮貴之命鴛幃連珠須配長子嗣生成貴顕人運行初乙酉驚濤乱水脉驟雨晴峯紋甲申運中

味道心千古潛心對一經癸未運中時来風送滕王閣頃刻高搏萬里程壬午運中仁風揚百里政化洽西東辛巳運中綉衣耀日鉄面生風黎花舞雪雨過山青庚辰運中戕迁金紫字內澄清己卯運中佇看官封三紱酌然禄享千鍾戊寅運中翩翩名旐壽辭佳城

乙未年　丙戌月　辛亥日　壬辰時

此八字辛亥日元配手柱中木火雜氣財官之格傷官在柱藏我功名主人生於西室長於高門椿親磊落萱歸副天邊鴻雁各行鳴其為人也丰姿清楚性格豪洪欺風抵雪識重知輕門墻宜再整祖業必重成五湖四海多風月萬井千閭著姓名但頸有情交貴客不思跨馬到宸京此則豐饒之命鴛幃春麗重羅帳桂子金風有粟英運行初乙酉幼年之下風雪湍空甲申運中花灼灼而沾雨柳依依而遇風癸未運中近水樓臺先得月向陽花木早逢春壬午運中好把身心多撿束自然福祿有添增辛巳運中財源富足家居好風雪無端生滿空庚辰運中家門饒裕行藏順豈慮風波沾此身已卯運中兒孫滿目賓客盈庭戊寅運中歸去也

乙未年　丙戌月　丁巳日　乙巳時

此八字丁火相配柱中金土傷官勒才之格人生得此生於茂族長於仁門椿親横殁萱歸晚鴻雁天際不聯群丰姿清秀天性老成有理白分青之志截長補短之能祖業添新慶才囊自算成幾年業蹟空留意數載功名枉用心不如自守閑田地晚景光華樂太平此則秀而不實之命鴛幃有碍須年献子嗣金風絲舞成運行初乙酉上人庇下化日陽春甲申運中藏器待時時必達時來輝鑾助公卿癸未運中旺中生駁雜依旧瑞祥生壬午運中雨晴雲路遠跨馬上都京辛巳運中田園有意公卿小廟廟無心宇宙軽庚辰運中得失相半憂喜並行己卯運中安閑晚景戊寅運中一道訃音

乙未年　丙戌月　丁巳日　乙巳時

此八字丁巳日元相配柱中金土傷官助財之格入生得此生於右族長於名門萱母續絃椿磊落天邊鴻鴈各行鳴其為人也丰姿清秀天性聰明胸羅今古事學識聖賢心無句妙為天下白高材俊似海東青終是功名之客豈為田舍之翁驚迎玉墀攀桂去馬踏青地踏花行一日風雲相濟會九天雨露沐皇恩此則榮貴之命鴛幃重合壺子嗣晚光榮運行初乙酉春風駘蕩夏日炎蒸甲申運中焚膏展卷秉燭觀文癸未運中維畧終無問

時來便顯榮壬午運中自沐天邊寵朝班識主明辛巳運中錦衣肥馬貴金紫大夫榮當此之際風雪滿庭庚辰運中自嘆行年歸故里朝廷未遂丙孤心己卯運中觧組田來春夢杳芳名留在世間間

乙未年　丙戌月　丁卯日　甲辰時

此八字丁卯日之相配柱中木火傷官帶印之格喜逢天月二德相幇主人生於右族長於名門木火椿萱榮晚茂天邊鴻鴈各行鳴其為人也丰姿清秀天情聰明胸羅今古事學識聖賢心襲句好為天下白高材俊似海東青終是功名客豈為田舍翁會向誰白晝平步入青雲北海蛟騰頭角聳南山豹变爪牙新瑤池鞭靜朝南極五夜鍾傳拱北宸此則榮貴之命鴛幃燭夜添新壺子嗣榮明晚節馨運行初乙酉春風驟蕩夏日炎蒸甲申運

中十年窓下業一舉便成名癸未運中亂浪三層都難過泉前趨朝拜聖明壬午運中錦衣肥馬重重貴天上恩波淡淡新當此之際風雪滿空辛巳運中金紫迁榮權任重還愁門外六花傾庚辰運中有材當大展何事使辞榮己卯運中春光去也一枕清風

乙未年　丙戌月　甲子日　乙亥時

此八字甲子日元相配柱中火土傷官助才之格人生得此生於良族長於高門水火搘薹晚榮倚天邊鴻鴈有行鳴其爲人也丰姿清秀天性聰明頗知禮義稍識古今有近賁親賢之德截長補短之能弃長名園過舊竹花開上苑勝先春終是功名之客豈爲田舍之翁一朝但得逢機會跨馬天邊沐寵榮此則榮貴之命鴛帏燭夜添新爸子嗣秋来有顯榮運行初乙酉上人庇下灾晦未伸甲申運中欲思登仕路須用對青燈癸未運中時来自有良機會騣騣匹馬入神京壬午運中仁風揚遠迺德化啓儒生辛巳運中耿耿声名振滔滔禄位陞當此之際風雲滿庭庚辰運中正宜加爵禄何事便辞榮己卯運中晚年帰故里樽酒樂怡然戊寅運中帰去也

子平遺書　十一

乙未年　丙戌月　乙亥日　丁丑時

此八字乙亥日元相配柱中火土傷官助才之格喜逢天月二德相扶主人生於右族長於名門同屬椿萱雙晚贈天邊鴻鴈後随鳴其爲人也丰姿清秀天性聰明胸内峥嵘書萬卷英材敏捷壓群倫衣冠濟濟人中傑和氣怡怡席上珎終是功名之客豈爲田舍之翁龍門變化三春浪鵬路直遍萬里程一從揚姓字金紫職階陞此則榮貴之命鴛帏蓮珠須配小子嗣秋来有継榮運行初乙酉幼年之下天冷雲還凍江寬風尚生甲申運中十年窓下業時至便升騰癸未運中躍過禹門三級浪秉笏金鑾拜聖明壬午運中粉署聯珠財獨称大夫金紫又重陞辛巳運中西風吹過天邊雪三度君恩禄位陞庚辰運中正宜侍明主未許便禦身己卯運中夕陽有限春夢無憑

子平遺書　十二

乙未年　丙戌月　甲辰日　壬申時

此八字甲辰之日時上偏官之格本显功名運行背地事不十全值斯象者宣母早帰寅世椿親晚入黃泉其為人也不慈不勇可方可圓常將好意番成吾每把真心換白嫌親君子近高賢享優游之福慶承遺蔭之田園滿世功名身外事五湖風月樂怡然此七則穩足之命鴛幃金命須年長子嗣秋来孝義全運行初乙酉只宜織線未論暑寒甲申運中寒向梅中尽春從柳上还癸未運中退之不後進之不前壬午運中漸知光景好春花與春山當此之際風雨一番

辛巳運中才帛滚滚家居好旺處还愁雪滿嶺庚辰運中旭日桑麻茂盛薰風禾黍連阡己卯運中松尚茂菊尤妍戊寅運中桑榆暮景丁丑運中空悲啼咨

乙未年　丙戌月　壬子日　己酉時

此八字壬子日刃之辰相配柱中火土雜氣才官之格人生得此生於右族長於高堂椿萱有倚先彪毋天邊鴻鴈各翩翔其為人也丰姿清秀天性異剛聪行書藝遠倜儻世情長孝悶不親顏孟業生平常履貴人鄉重成新事業再整舊門墻福布江山外名聞湖海間消閑棊一局遣興酒三觴但顧人生才祿旺何必近登天子堂此則穩厚之命鴛幃宜有贈子嗣長珠光運行初乙酉上人庇下風播滄浪甲申運中如花向日枝枝艷似笋穿泥節節長癸未運中春草春江相妬綠新鶯新柳競争黃壬午運中雖則才源富足还愁事業悠揚辛巳運中英雄惟贈劍三尺豪傑相逢酒一觴庚辰運中千簏了當乃積乃倉己卯運中延賓翫物會友流觴戊辰運中花落水流春已尽蘭摧玉折恨何明

乙未年　丙戌月　壬申日　辛亥時

此八字壬申長生之日相配柱中火土襍氣財殺之格喜逢天月二德相扶主人生於西室長於名門椿親先别萱耐晚天邊鴻雁各行鳴其為人也半姿清秀天性聰明源流三峽誰能及筆掃千軍孰與論遇火黄金重長價離雲皎月倍光明終是功名客豈為田舍翁一朝騰踏飛黄去他日不羞蛇化龍此則榮貴之命紀幃定有贈子嗣晚先榮運行初丙戌安晦之中乙酉運中款向雲中夆之須從灯下留心甲申運中雪窗須留苦志天皆未許

子平遺書　十五

榮登庚未運中到此始知文章好長安道上馬蹄輕壬午運中三度君恩金紫貴两番風木使人驚辛巳運中衣紫重金官量禄山河十郡照威椎庚辰運中正宜加爵禄何事便辞榮己卯運中黄粱尤未熟一枕夢难醒

乙未年　丙戌月　丁巳日　丙午時

此八字丁巳日元相配柱中旺土傷官之格傷官傷尽為奇主人生於右旋長於高居椿萱双晚茂鴻雁有聯飛其為人也行藏慷慨天性聰為窮今博古學礼聞詩際會風雲驥足千程隨踪踐光揚名套鵬程萬里任升馳頭角嶄然倚麻衣換緑衣此則榮貴之命鸞幃道理頭生雪桂子班衣字豪齊運行初乙酉上人庇下花放風生甲申運中欲達相如志須垂董子帷癸未運中禹門三汲浪從此有名成壬午運中威風肅肅令望充充當此之

子平遺書　十六

際風雲滿庭辛巳運中清風華奸弊化雨潤黔黎庚辰運中輕拋軒冕且賦帰欤己卯運中滿園桃李春風好耳畔無端叫子規

乙未　丙戌　壬辰　庚戌

此八字壬騎龍背之日配合柱中金土襍氣殺印之格人生值此丰姿穩學作事志誠生於旧右之宅長於名閥之庭堂上恩親難皓首庭前棠棣有聯芳多聞而多見多智有機謀雖雖皆好學件件自秋心祖基從首香添置財帛声名外境聞言不而妄發事不而胡行詩書多博覧禮樂果維新花門柳戶俱休恋五湖醉海育緣親學閱覧多知禮義行戲和衆貴人欽順之則春風和氣逆之則驟雨傾盆雖不在朝榮顯貴也是馳名出類人此則商傑之命鴛幃有剋還重續子嗣生来後苑榮運行初乙酉淡雲籠秀藥秋雨滴人參甲申運中我欲要拿天上月未能機會運豪名其中小節無過無驚癸未運中揚帆萬里晴途把策杖登臨春日程然無大憲險枝葉耗散進壬午運中雖則威風而凛凛幾多不易事焦心辛巳運中千里江山明畫景一川花柳弄精神朝朝不斷劉伶友日日開懷把酒樽當是時也破失還生庚辰運中不恋故鄉風土美却來異境樂心情其中雖有失依旧福財增己卯運中得子躺天名顯振香當雨露必沾身延賓而酌酒一曲太平春戊寅運中可怜一世江湖客這番歸去再難醒回去也

乙未年　丙戌月　壬寅日　庚戌時

此八字壬水求配格中金土雜氣雜印之格人生值此丰姿平稳立性安誠生於仁義之宅長於良善之庭堂上椿萱难並翠鴈行我出在前鳴祖基重整添增慶財帛資囊自積成言不而忘發事不強胡行高賢貴客人遵敬鄉閭賢良也達士欽雖然學問淺生涯自理經此則清秀之命鴛幃火命宜年小子嗣先酉奇菓成運行初乙酉兩餘山路滑未許有權名甲申運中既濟尤妨於未濟得經尤慮於失經癸未運中然有上人相指引其中上有困循壬午運中正在劳心劳力地還當人事乱操心辛巳運中經過戍堂寒徹骨方得梅花拂鼻香然無久慮十却不污庚辰運中愈老轉加添彩色曰康曰壽福元深思時風雨不足為便已卯運中上五年子成立業享福駢臻下五年落花流水一夢西沉

乙未年　丙戌月　丁巳月　庚戌時

此八字丁巳日相配梓中金土雖氣才官之格人生得此丰姿英傑天性忠誠椿萱有倚于中道鴻鴈天邊不共鳴學業窮通今古事筆鋒能理憲條情機會來時逢貴助天官奏最沐恩榮此則榮貫之命鴛幃有碍須偏正桂子秋來有維榮運行初乙酉上人底下快樂昇平甲申運中詩書雖有志爲得題功名癸未運中行踏公庭風雪過陽關三疊上天庭壬午運中利姓榮沾沛澤果然榮耀門庭辛巳運中化日輝輝民樂業絃歌有里騎昇平庚辰運中再加祿位便解籙臻己卯運中黃花綠酒戊寅運中一夢難憑

乙未年　丙戌月　庚申日　丙戌時

此八字庚申專祿之日相配桂中丙火傷官之格人生得此丰姿瀟洒天性剛忠生於富室長於華堂萱母先歸椿又別庭前棠棣不呈芳祖業重新華麗才囊自琢豐隆江湖生計廣貨利自交通但願有情交貴客何須自誇五花騘此則穩旺之命鴛幃有犯須同偶桂子秋來長嫩叢運行初乙酉上人底下享用無窮甲申運中門外田疇都不管且來湖海歷霜風癸未運中雖則家門財業旺幾番行樂少從容壬午運中嚴霜積雪都經過濟濟財源積漸盈辛巳運中才源雖暗耗氣勢自豪英庚申運中有子光榮身快樂籬边醉飲酒千鍾己卯運中歸去也

乙未年　丙戌月　乙未日　丙戌時

此八字陰刃之日傷官生財之格其為人也丰姿穩厚性格操
持李問不深行藏倜儻花發園林香逾薤冢之靄月離海
嶠光揚宇宙之明威壓強兵虬浪怒權摧奸吏虎風生懶向
儒門勤習學却從物苑取功名此則將官之命允幃重、
合叠桂子早發金風運行初乙酉甲申麾下春風癸未壬
午運中重、祿位承千寵卓、甘泉下九天辛巳庚辰運
中梨花院落溶、月柳絮池塘淡、風己卯運中黃粮
尤未熟一枕了平生

乙未年　丙戌月　甲辰日　壬申時

此八字甲木相配柱中金火食神制殺之格經云
一殺一制豈是常人值斯象者豈得不豪焉得不榮
注人丰姿長大美貌髭須髯上和下睦之德截長補短
之能其為人也生於豐富之宅長於有名之門萱親
先別椿後謝鴈行惟我壽弥深祖業宜重整才帛
有積成學問博親知礼義通今曉古貴賢欽烟潤
綠楊官路靜雨滋紅杏宅門馨田連阡陌桑麻盛
積玉堆金貫粟陳多識多見多智多能惡不遜讓
善不欺陵但願有醪終日醉鄉邦頭領勝歷金初

子平遺書　二

歲中年多跋涉不如著節子孫榮此則富貴之命
鴛幃有贈副還魁桂子幼損長多榮運行初乙酉
庭下之福便習書庭甲申運中意欲攀龍而附鳳焉
得志有外騰癸未運中不畏鬧中生剥雜非愁靜
裏見趣趙壬午運中正在施為振作地何當憂耗
返非尋辛巳運中此景馳名鄉仰羨家門壯觀見
非鶯庚辰運中威豪權勢人欽脹勝簪烏帽履人
運官破灾憂保己向行己卯運中濟濟才人堂滿座叢
車馬閙皆前戊寅運中上五年黃花晚節子孫登
瀛下五年滿庫金銀將不去一齊撒散衆兒孫

乙未年　丙戌月　己酉日　辛未時

此八字己酉日相配柱中金火傷官用印之格喜逢歲殺透天干人生得此丰姿莊重性格良賢椿萱难並奉鴻鴈各分聯理貫古今之事學通賢聖之篇湖海有名開富貴鄉隣抱德有威權佇看晚年沾沛澤烏紗鶴髮福淵淵此則富榮之命鸞幃金玉重重麗桂子秋來朶朶妍運行初乙酉初承蔭庇快樂自然甲申運中春園風雪過財旺福元堅癸未運中萬象回春日家門揔勝前壬午運中滚滚財源來愈旺旺中何處事縈牽辛巳運中人財利樂車馬喧喧庚辰運中孫賢子秀繞光霽一度風波蕩釣舡己卯運中桑榆暮景戊寅運中花落枝殘

乙未年　丙戌月　癸卯日　丙辰時

此八字癸卯日相配柱中火土雜氣才官之格人生得此丰姿磊落性格果剛椿親先别萱尤去鴻鴈天邊不共翔稍有賢良之志粗知礼義之方可向仕途求聞達悞教湖海歷風霜祖業重新麗財囊倍積藏佇看晚年光霽景喧喧車馬集門墻此則富豪之命鸞幃尅後重年少桂子秋來吐異香運行初乙酉上人庇下冬暖夏凉甲申運中志思登俏利也讀聖賢章癸未運中湖海有情生俏利懷才抱德有声光壬午運中一番風雪過財帛旺門墻辛巳運中市上生涯廣潤庭前花木馨香庚辰運中棄陳貫朽何處乖張己卯運中軒昂家世戊寅運中夢入黃粱

乙未年　丙戌月　戊申日　丙辰時

此八字戊申日配于柱中水木雜氣財官之格人生得此仕路声揚椿萱雙耐晚鴻鳫有飛翔丰姿洒落天性聰明良學問三冬足詩書万卷藏終是風雲之客豈為田舍之郎一朝騰達飛黄去此是男兒當自強此則顯耀之命鴛幃全正副桂子有承芳運行初乙酉上人庇下何論炎凉甲申運中有心窓下讀無意探春陽癸未運中禹浪連三躍衣宛拜家章壬午運中一番風雪過禄位便加昌辛巳運中職列大夫權万里風波驟起不成傷庚辰運中大才大用未擬還鄉己卯到戊寅運中歸去也

乙未年　丙戌月　丙辰日　戊戌時

此八字丙辰日德之辰傷官之格傷官傷盡格局粹純女人得此姿顔温秀性格聰明處事無偏無黨治家克儉克勤一怒猶如風火發片時驟起片時停翁姑雖以托妯娌欠和為榮光耿耿羅綺層層風送芰荷香滿院雨滋花蕚色盈庭此則榮華之命良人年長真英傑子嗣無多沐寵榮運行初丁亥輕寒輕煖乍雨乍晴戊子運中乘鸞相匹配方覺瑞祥生己丑運中憂禍自能解肉味愛琴尤解辯絃聲庚寅運中光華從此始豈碍雪盈庭辛卯運中正是風光景均沾雨露恩壬辰運中雖則門楣壯陰雲淡霧凝癸巳運中悠悠快樂甲午運中機杼人空

乙未年　丙戌月　戊戌日　甲寅時

此八字戊戌魁罡之日時上偏官之格喜得印綬生身禀乎中和之道值此象者晚歲光榮椿萱有倚難偕老鴻鴈隨風各奮騰其為人也天資聰敏智行老誠學問有成終得禄英才特達必馳名嘉穀不早食大器當晚成姓字不登黃甲衣冠瞻拜朝廷此則榮顯之命鴛幃偕老宜招贈桂子森然秀戶庭運行初乙酉雖居庇下未必為寧甲申運中升堂入室負笈趨庭癸未運中有才未遂騰身去欲速依然恨不能壬午運中直須機會從天降三疊陽関馬足輕辛巳運中書窓脫迹登金闕榮沐恩波雨露榮庚辰運中壯老年福禄秉千里之權衡己夘運中好向蘿邊閑逸萬般不必勞形戊寅運中安享兒孫福東風杜宇聲

乙未　丙戌　辛丑　戊子

此八字辛丑日相配柱中木火才氣才官之格人生得此平姿穩重天性聰明椿父先歸萱後別鴈行天隊火飛鳴祖業三番四覆才源十斷九成門外田疇千古計庭前花木四時崇行看湖江尊德望自然閭里有威名此則自成之命鴛幃有碍須年火桂子秋来朶朶馨運行初乙酉庇下之景月白風清甲申運中桃李千谿錦江山一華屏癸未運中竹樂怡怡人事廣一番風雪洒門庭壬午運中人才利樂英賢樂風雨淒淒又弄情辛巳運中時来逢貴助財旺事相崇庚辰運中冲警之吁風浪还生丁卯運中桑榆暮景戊寅運中夢斷難醒

乙未年　丙戌月　丙辰日　己丑時

此八字丙辰日德配乎柱中土木傷官用印之格人生得此年姿英邁操幹多方椿親先别萱亦去鴻雁天邊後有翔梢有賢良之志粗知禮義之方祖業新整才囊自積藏雖不建侯封爵黎民也仰權衡此則豪傑之命鴛幃配合須年長桂子先難一果香運行初乙酉風和日麗冬煖夏涼甲申運中雨花生錦綉風竹動琳瑯癸未運中一番風雪令人悶悶過才源積滿囊壬午運中世事翻翻覆才源滚滚洋洋辛巳運中遇貴生財名勢旺旺中

人事又華張庚戌運中　之鄉家業盛風波些少年無傷己酉到戊申運中歸去也

乙未年　丙戌月　丁巳日　庚戌時

此八字丁巳日相配柱中金土雜氣才官之格人生得此年姿美德天性仁慈有濟急周危之德無損人利己之機椿萱半道相虧奉鴻雁天邊不共飛學問聰明未必仕途騰達智謀宏遠卻從湖海奔馳行看來晚節第宅耀光輝此則富旺之命鴛幃有碍命強足配始無危桂子有成晚景光華多孝盛運行初乙酉榮庇之下無慮無恩甲申運中恰似洛陽三月景牡丹開處柳花飛癸未運中財名兩旺人歡服風雪無端一旦欺壬午運中江湖名勢旺畎畝稻粱肥辛巳運中萬象光華行樂順財源旺處事趨超庚辰運中冲擊之鄉家業盛風波些少便安舒己卯運中晚年光霽景行樂有威儀戊寅運中日落西山外西風猿自啼

乙未年　丙戌月　甲子日　甲子時

此八字甲子日時配合柱中之土雜氣財官之格人生得此顯姓揚名椿萱榮且耄鴻鴈有隨鳴學問淵源三峽水冑襟瑩潔一天星北海蛟横須角聳南山豹变爪牙馨姓字傳臚沾寵渥威聲播肅職神京此則榮肅之命鴛幃金玉重重麗桂子金風朶朶馨運行初乙酉詩書穷下篤志勞形甲申運中讀書破萬卷月殿便榮登癸未運中威風驚郡縣祿位又加榮壬午運中仁風隨五馬瑞雪洒雙旌辛巳運中主尊藩臬浪急風生庚辰運中柬持重柄己卯運中夢入蓬瀛

乙未　丙戌　辛卯　丙申

此八字雜氣才官之格值斯象者註人多智慧兼豐厚立仁立義多見多聞處事有方君子敬行藏特逢貴人欽椿萱有倚成無倍鴈字聯郡倘失群家庭旧業应加主名利田園孫琢成門外田疇千古計庭前花木蔚崇桑柘陰、禾黍咸自樂意然更忘憎此則雍容溫飽之命鴛幃土命成婚配子嗣先難果後成運行初乙酉輕寒輕煖無陋無盈甲申運中花之初放日之始升癸未運中雲開山有色丙過竹尤青壬午運中幾番險處雖為險數次凶中不致凶辛巳運中着意栽花、不活無心插柳、成陰庚辰運中一聯美景無瑕玉萬里長江有順風己卯運中晚年安泰暮景昇平戊寅運中一夢黃粮歸興迫春殘花落根無明

乙未年　丙戌月　乙卯日　丁亥時

此八字丁卯專祿日配相柱中金火傷官合木之格人生得長於名門椿萱毋先後別天邊鴻鴈各行鳴其為人也丰姿清秀天性妙開英才而出類學問以精身好句妙於天下白高才俊似海東青是乃雲霄之客豈為田舍之人姓字一朝顯達九重便休思榮此則榮貴之命篤幃火命須相敵子嗣秋來發桂枝運行初乙酉上人庇下未斷高低甲申運中歆遂平生志須垂董子帷癸未運中莫道泥塗久困時來便踏天梯壬午運中滔滔妙顯達步步是光輝辛巳運中一天霧雨隨車是千里仁風便馬啼庚辰運中南陽節操名尤著西漢功勞熟與齊己未運中花落春歸

乙未年　丙戌月　甲寅日　戊辰時

此八字甲寅專祿之日相配柱中火土傷官助才之格喜逢天月德相扶人生得此生於右族長於高居木火椿萱雙脫茂天邊鴻鴈各行鳴其為人也丰姿清秀氣岸高奇頗知礼義稍識詩書重成新事再整舊根基見善則持於已當仁不讓於師遊山翫水攜詩卷對月觀花把酒卮但願一生財祿旺何須跨馬上邦畿此則穩厚之命篤幃木命須年少子嗣秋來有出奇運行初乙酉上人庇下花放風欺甲申運中、春寒風料峭心急馬行遲癸未運中隱隱輕雷抽碧笋徵徵細雨潤楊枝壬午運中財源雖旺足人事尚虧盈辛巳運中戍四時佳趣立万世門閭當此之際風雪飛飛庚辰運中門楣壯觀第宅崔嵬己卯運中享子孫之福慶戊寅運中夢杳杳之仙衢

乙未年　丙戌月　癸亥日　丁巳時

此八字癸亥日元相配柱中火土雜氣才官之格人生得此生於右族長於名門椿親磊落萱帰副天邊鴻鴈各行鳴其為人也丰姿清秀天性聰明胸羅星斗學貫古今袖裡虹霓冲霄色碧端風雨駕程過火黃金重長價離雲皎月倍清明終是功名客豈為田舍翁一朝騰踏去黃去九霄雨露沐皇恩此則榮貴之命鴛幃春藹藹子嗣脫光榮乙酉運中上人庇下花放風生甲申運中味道心千古潛心對一經癸未莫愁雲阻藍関道時來須刻躍潛鱗壬午運中躍過禹門三汲浪秉笏金臺拜聖明辛巳運中職遷金紫風雲還生庚辰運中佇看官封三汲酌然祿享千鍾己卯運中榮回故里美酒盈樽戊寅運中翩翩名香鬱鬱佳城

乙未年　丙戌月　辛酉日　己丑時

此八字辛酉專權火土襍氣殺印之格火土之論藏吾貴氣主人生於右族長於名門椿萱有倚須相配天邊鴻鴈各行鳴其為人也手姿清秀天性聰明般般頗曉件件不精風月處有消洒交情行藏果斷作事老成祖業添新慶根基勝舊風福布江山外名播湖海中花無桃李非春色人有牲歌是太平咲傾非贈厨三尺交契須歌酒一樽好意番成惡意其心招得成嗔維不建候封爵自然因富享榮此則穩厚之命鴛幃有倚須相配此事須交始庭榮運行初丁酉上人庇下未斷平生丙申運中花開雖雪過奼李未生英乙未運中財源豊足家居好風雪憂灾一度驚甲午運中須風叟雨癸巳運中高而且貴壽而且榮壬辰運中榮沾雨露辛卯運中花落無聲

乙未年　丙戌月　甲子日　辛未時

此八字甲子日元相配柱中火土傷官助財之格喜逢天月二德相扶主人生於良族長於仁門椿萱雙聪茂鴻鴈各飛鳴其為人也丰姿清秀天性聰明知高識下理白分清機謀徹腹舉用人欽黄金過火重增價白壁離塵色更明曰福曰荣自有順天之夔常安常樂豈無福地之深不向仕途求聞達却未湖海覓金銀湖海有名閑快樂何必天邊沐寵荣此則旺益之命鸞幃正副方偕老子嗣金風絲舞成運行初乙酉幼年之下驚濤亂水脉驟雨暗峯紋甲申運中娟娟雲裏月灼灼葉中英癸未運中水向石邉流出冷風從花底過來馨壬午運中夜雨自添池水滿春風吹綻海棠紅辛巳運中福若泉源湧才如春氣生庚辰運中雖則才源富足還愁風雪滿孱己卯運中有荼留客有酒盈樽戊寅運中百年縺綣成何用一日無常萬事空

乙未年　丙戌月　丙辰日　癸巳時

此八字丙辰日德之辰相配柱中水土傷官帶印之格喜逢天月二德扶身女人得此生於右族長於高門椿萱双既茂棠棣後敷荣其為人也丰姿清秀体態和温有肝食宵衣之揆閫治家立業之才能一苑杏桃鋪錦繡滿山松柏粧幃屏女工機巧惟合曉婦道頻繁尽顯能喜則風和景娼怒則釜鬻雷轟佇看夫荣子貴滔滔享福無窮此則旺益之命良人配合豪華友子嗣生成貴显人運行初丁亥上人庇下未斷升沉戊子運中詠桃夭之魚水之情己丑運中漸覓夜凉池雨過信知花放曉風軽庚午運中一輪明月當空皎萬里秋波徹底清辛卯運中萬里光華沾沛澤四時佳趣瑞祥生壬辰運中夫荣子貴樂意忘情癸巳運中訃音一播醉酒三鍾

乙未年　丙戌月　甲戌日　乙亥時

此八字甲戌日元相配柱中火土傷官助財之格喜逢天月二德相扶主人生於右族長於西房椿萱落萱歸副天邊鴻雁各翱翔其為人也丰姿清秀天性剛忠口吐珠璣言語胸藏錦綉文章驪珠照魏光唯掩雷劍生豈氣莫藏終是功名客豈為田舍郎突顏登試院唾手赴科場一朝馬上衣冠別此是男兒當自強此則榮貴之命鸞幃宜有贈子嗣長珠光運行初乙酉災閃已過視福近祥甲申運中味道心千古批文目五行癸未運中禹浪三層都躍過秉笏金鑾拜袞章壬午運中雪牘開闈閫金獻職加昌幸巳運中皇恩有感重加褖聲名當列大夫行庚辰運中正欲侍明主何事还家鄉己卯運中夕陽有限一枕黃粱

乙未年　丙戌月　乙丑日　辛巳時

此八字乙丑日原相配柱中金火傷官合殺之格人生得此生於右族長於明門椿萱晚齊茂鴻雁各行鳴其為人也丰姿清秀天性聰明錦綉胸藏賢聖學珠璣口吐武文風過火黃金重長價離雲皎月倍清明衣冠濟濟人中傑和氣雍雍席上珍終是功名之客豈為田舍之郎三級浪中龍變化九霄雲散鳳飛騰一從姓字傳揚後九里天門為聖容此則榮貴之命鸞幃春色甌子嗣晚光榮運行初乙酉春風駘蕩夏日炎得甲申運中十年窗下留心志他日天邊顯姓名癸未運中雨浪三層都躍過寶殿金街拜聖明壬午運中千里霜威君命重三秋風凜綉衣明辛巳運中喬遷金紫貴風雲尚愁人庚辰運中自笑觧簪歸故里天邊未遂兩蹤心己卯運中春光去也花落月沉

乙未年　丙戌月　壬申日　辛亥時

此八字壬申長生之日相配柱中火土雜氣才殺之格喜逢天月二德相扶人生得此生於右族長於名門椿萱有倚准双耄天邊鴻鴈各行鳴其為人也手姿清秀天性聰明知高識下理白分清謀動君子威伏小人萬事春風行落頌四時佳趣祥生不向仕途求聞達却來湖海客黃金才源望足地宅增新花無桃李飛春色人有笙歌是太平但願粟陳并貫朽何必天邊沐寵榮此則發福之命鴛幃重金甕子嗣晩光榮運行初乙酉春風駘

蕩夏日炎蒸甲申運中寒向梅中尽春從柳上生癸未運中梅須遜雪三分白雪亦輸梅一段馨壬午運中豊年田舍和盈豐臘日山家酒滿斟辛巳運中才源雎足家門旺風雪飛來尚惱人庚辰運中心事數莖之白髮生涯一片是閑情己卯運中人生從此別無福是移刑

乙未年　丙戌月　辛亥日　己亥時

此八字祿氣才官之格女人得此生於仁門配於茂族姿容清秀髮皃精神治家有道德義行真椿萱棠棣霜晞日妯娌翁姑下共群克勤克儉易喜易嗔場枷無風枝婀娜梅花有月夢精神雖不受恩拜命自然福祿無窮此則掌家之命良人有碍難偕老子嗣秋來孝義深運行初丁亥上人庇下未斷平生戊子運中楊柳枝頭色動高山峻巖雪方晴己丑運中行藏雖有變人事尚乃盈庚寅運中乍晴还乍雨喜処尚憂鴛辛卯運中幾度樂中有悶數番虧裏憂生壬

辰運中沖擊之訴如月入雲癸巳運中安樂晩榮甲午運中春夢無憑

乙未年　丙戌月　辛未日　己亥時

此八字辛未日元相配柱中財官印三奇之格只嫌身弱減我功名主人生於右族長於名門椿萱雙晚別鴻雁各搏風其為人也丰姿清秀天性聰明断高理直知重識輕世事頗能忰兢般般學欠精通黄金過火重增價白璧離塵色更明筍長名園過舊竹花開上苑勝先春不以功名為念卻來湖海經營但碩粟陳并貫朽何必天邊沐寵榮此則穩厚之命鴛幃春暖須招硬子嗣秋來有栗英運行初乙酉春風融蕩夏日炎蒸甲申運中青帰柳葉情初變紅入桃花煖未匀癸未運中梅須遜雪三分白雪亦輸梅一段馨壬午運中山前山後皆明月江北江南總是春辛巳運中財源雖富足風雪又盈庭庚辰運中引鶴徐行三境晚約梅同醉一壺春己卯運中花落月沉

乙未年　丙戌月　丁卯日　庚戌時

此八字丁卯日元相配柱中土木傷官殺印之格傷官者剛毅之物也主人生於右族長於高門椿親特達鴻雁行分其為人也丰姿清秀天性兼能知高識下理白分清有抵雪欺霜之志裁長補短之能祖業添新慶根源勝旧風福布江山外名聞湖海中雨餘秋色皆喬木喜得風流有幾人豐年田舍果盈囷臈日山家酒滿斟時至自然才祿旺運來福祿享無窮此則穩厚之命外幃得配名門女子嗣生成貴顯人運行乙酉初年之下灾晦之中甲申運中名園雖雨過桃李未生英癸未運中隱隱輕雷抽碧筍微微細雨潤紅英壬午運中爆竹声催殘臈去折梅香引早年春辛巳運中天上三陽泰人間五福臻庚辰運中富之以潤其屋德之以顯其身己卯運中夕陽有限春夢無憑

乙未年 丙戌月 乙丑日 丁亥時

此八字乙丑日元相配柱中火土傷官助才之格
主人生於右族長於宦門椿萱榮晚茂鴻鴈各行
鳴其為人也丰姿清秀天性聰明五車書富三冬
足兩石弓當萬騎沖衣冠濟濟人中傑和氣怡怡
席上珍終是登庸客豈為田舍人鵬路高搏知翼
健龍門深躍是脩鱗此則榮貴之命鸞幃金玉潤
子嗣晚光榮運行初乙酉春風駘蕩夏日炎蒸甲
申運中不負寸陰之惜豈嘻題柱之功癸未運中
到此始知文學好融融春浪躍三層壬午運中綉
衣耀日鐵面生風辛巳運中三度君恩重兩番風
木驚庚辰運中明時柱石盛世股肱己卯運中西
風起蓴鱸美晚節開時菊酒馨戊寅運中歸去
來兮

乙未年 丙戌月 庚戌日 庚辰時

此八字庚戌魁罡之日相配柱中火土雜氣殺印之
格人生得生雖不成名亦能發福主人生於右族長
於名門萱茁續絃椿森落天邊鳴鴈有行鳴其
為人也丰姿清雅天性乖能雖無深計較稍有
淡聰明萬里春風行樂頌四時佳趣瑞祥生有
心於貨利無意慕功名花非桃李非春色人有
笙歌是太平財源富足平生好何必天邊受皇
恩此則旺盛之命鸞幃連珠高一載子嗣森枝
朵朵馨運行初運行初乙酉上人庇下花放風
生過此甲申運中天冷雲還凍江寬風自生癸
未運中嚴霜積雪都經過從此才源倍有贈壬
午運中梅須遜雪三分白雪亦輸梅一段馨辛
巳運中西風吹過天邊雪從此行藏倍稱心庚
辰運中福若泉源湧財如春氣生己卯運中花
落水流春已失蘭摧玉折恨何明

乙未年　丙戌月　乙卯日　辛酉時

此八字乙卯專權之日相配柱中金火傷官合殺之格喜逢二德相扶遇斯命者生於右族長於高門堂上椿萱同屬双榮贈天邊鴻鴈各翱翔其爲人也平安清秀天性果斷胸藏心錦繡筆底好文章東海驪珠能幾見豐城雷劍不終藏渥水生騏驥丹山出鳳凰終是功名之客豈爲田舍之翁純學科場鶯試院英材翰苑沐恩光此則榮貴之命鴛幃連珠須配少子嗣生成貴顯人運行初乙酉上人庇下花放風生甲申運中味道心千古披文目秀門癸未運中時來風送滕王閣頃刻昇騰入壬午運中躍過三層浪威声郡縣忙辛巳運中金紫迁榮權倍重还愁風雪滿門墻庚辰運中未許懸車轉還留作棟梁己卯運中晚年閑故里樽酒樂何當戊寅運中帰去也

乙未年　丙戌月　丁巳日　庚戌時

此八字丁巳孤鸞之日相配柱中木火雜氣殺印之格人生得此生於右族配於高門姿容清秀髮皃精神女工針綫難全蛻婦道頻繁存頗能衣冠濟濟三從備家業昂昂四德新一苑杏桃鋪錦綉滿山松栢映幃屏推開綉户薰風熳捲起珠簾化日明難躅難犯易喜易嗔每懷九膽意時抱擇隣心雖不鳳冠霞帔自然金谷豐盈此則榮益之命良人連珠榮華客子嗣生成孝藝人運行初丁亥上人之下毓秀閨門戊子運中春歸柳葉晴初变紅入桃花熳未匀己丑運中雖則夫門才業旺旺中尚有事虧盈庚寅運中幾度閑中有悶数番静裏憂生辛卯運中正是揚春月日還愁微雨弄晴壬辰運中錦綉花開家富貴瑯玕竹報日昇平須史風雨頃刻逆巡癸巳運中濟濟裙釵絢日輝輝羅綺臨風事事之中花發風生甲午運中春光去也一枕清風

乙未年　丙戌月　癸酉日　丁已時

此八字癸酉日元相配柱中火土雜氣才官之格入生得此生於右族長於名門金水椿萱双晚戌天邊鴻鴈各行鳴其為人也丰姿清秀禮樂継攢胞羅星斗才貫古今袖裡虹霓冲霄色筆端風雨駕雲儞終是功名之客豈為田舍之翁鸑鷟遂玉蟾攀桂去馬隨青帝踏花行一徃姓字傳揚後九五天門面聖容此則榮貴之命兆幃重合蚤子嗣晚光榮運行初乙酉上入庇下未斷平生甲申運中十年窓下業黃卷與青灯癸未運中報道是龍還不信果然奪得錦標新壬午運中寒拂紫衣催驛騏光生玉節下雲層須叟風雪雨過山青辛已運中戝迁金紫貴風雪又還侵庚辰運中自嘆引年帰故里朝廷未許雨蹤心已卯運中晚年閑故里戊辰運中花落鳥無聲

乙未年　丙戌月　壬子日　戊申時

此八字壬子日刃之辰相配柱中火土襍氣才殺之格喜逢印綬生身人生得此生於右族長於名門同屬椿萱雙晚戌天邊鴻鴈各行鳴其為人也丰姿清秀天性聰明胸羅今古事學識聖賢心麗句妙為天下白高材俊仕海東清終是功名之客豈為田舍之翁風傳五涌金闈晚花映千旌玉殿春一日風雲相叙會九重天外沐寵榮此則榮貴之命鴛幃連珠須配長子嗣榮門孝且忠運行初乙酉春風融蕩夏日炎蒸甲申運中欲遂平生志須加董子功癸未運中報道聲名顯也果然頭角崢嶸壬午運中威飛虬浪急令重虎風生午字之中如月入雲辛已運中西風吹過天邊雪金紫煌煌雨露陞庚辰運中有材應大用何事便辭榮已卯運中樽壘有酒延佳客蘭室存書教子孫戊寅運中春光去也一枕清風

乙未年　丙戌月　辛卯日　丁酉時

此八字辛金相配柱中旺火褀氣殺印之格人生得此生於豐潤之族長於穩厚之門椿親耐悦萱先别天边鴻鴈不聯群手資清穩天性聡明般般好學件件不精門外生涯曠闊江湖活計維新君子敬貴人歡常將好意番成悪每把真心换得嗔雖不建侯封壽自然潤屋潤身此則穩足之命鴛悼配合須年長子嗣双双有挺崇運行初乙酉上人庇下未断平生甲申運中如日初出似月始升癸未運中雖則行藏有慶还愁人事虧盈壬午運中幾度樂中有悶教畨静裏憂生辛巳運中正是梅青月白还愁微雨弄晴庚辰運中得失相並憂喜並行己卯運中子貴孫賢家業旺戊寅運中訃音一播衆傷情

乙未年　丙戌月　壬辰日　丁未時

此八字壬辰魁罡之日旺官印綬之格印綬者上格也人生得此生於右族長於高門椿父先帰萱後别天邊鴻鴈不聯群其爲人也丰姿清秀天性老誠言能伏衆謀動公卿作事有方員之智行藏有見便之能祖基向舁整事業必增新田園桑柘茂畝畞稲梁馨詩礼文章不留意功名之事豈勞心福布江山外名聞四海中但願粟陳弃貫朽何須騈步金門此則穩厚之命鴛幃水命龍屬長子嗣生成孝義人運行初乙酉甲申上人庇下未斷升沉癸未運中娟娟梅月白灼灼葉中英壬午運中否水無聲空有浪綉花雖艶不聞馨辛巳運中得中有失悔後還明庚辰運中正是梅青月白還愁人事虧盈己卯運中雖則子賢多享福須臾晦耗尚愁人戊寅運中約梅同醉引鵠徐行丁丑運中春光帰去也一枕入佳城

乙未年　丙戌月　甲戌日　丁卯日

此八字甲戌日元相配柱中火土傷官傷才之格人生得此生於良族長於高門金水椿萱雙娩茂天邊鴻鴈各行僞其爲人也丰姿清秀天性聰明胸羅今古事學識聖賢心麗句好為天下白高才俊似海東青衣冠濟濟人中傑和氣怡怡席上珎終是功名之客豈為田舍之翁龍門變化三春浪鵬路逍遥萬里程一從姓字傳揚後直上金鑾輔聖明此則榮貴之命鸞幃燭夜添新丕子嗣金凤孝且忠運行初乙酉幼年之下詩礼趨庭甲申運中讀殘萃在月囊飛晏頭螢癸未運中躍過禹門三汲浪秉笏趨朝聖明壬午運中盛飛龍浪怒令重虎凤生戰迁金紫凤雲还生辛巳運中仔看官封三汲酌然禄享千鍾庚辰運中有村應大用未許便辭榮己卯運中花落水流春已失蘭摧玉折恨何明

乙未年　戊子月　丙子日　辛卯時

此八字丙子日元相配水木官印之格人生得此生於右族長於高堂水火椿萱歲長天邊鴻鴈有行聯其為人也丰姿清秀天性機関行藏果斷作事方圓多聞多見多勢多權自有順天之慶豈無福祉之源琴樽風月平生計金玉松筠耐歲前生涯湖海上名誉四方傳高人起敬貴客相攀終是功名之客豈敎福隐龍蟠得禄不須離墨法成名非靠古今箒富而且貴固財旺雖然榮貴也為官此則固富歡貴之命鸞幃建珠須有副子嗣秋來顯桂蘭運行初幼年庇下風雨一番丁亥運中雲籠皎月霧鎖層峦丙戌運中歷過風雷際方能春色还乙酉運中雖則財源旺足還愁人事迍邅甲申運中財旺生官家業長此時富貴勝當年當此之際風絮飄綿癸未運中屏列金釵行十二門迎珠履客三千壬午運中得過且過得樂且樂辛巳運中春光去也一枕推还

乙未年　丙戌月　戊辰日　丙辰時
此八字戊辰日德之辰相配柱中木火雜氣官印
之格有官有印無破作廊廟之才人生得此生於
右族長於高門椿萱榮曉贈鴻鴈各行鳴其為人
也丰姿清秀天性聰明源流三峽誰能及筆掃千
軍就與論驪珠照耀光堆掩雷鄉生豊氣自充終
是功名客豈為田舍翁龍門變化三春浪鵬路遠
遷萬里程遥池擲靜南東笏拜明君此則榮貴之
命鴛幃重合蛋子嗣彩衣新運行初乙酉幼年之
下灾悔未伸甲申運中欲向雲中舉足須從燈下
留心癸未運中報道是龍還不信果然奪得錦標
新壬午運中含重奸邪伏藏叢鬼瞪驚嚇此之際
風霆滿空辛巳運中戰迓金紫貴權位挹梁洪庚
辰運中有封應大用何事便辭榮己卯運中晚年
閑故里子貴又重封庚寅運中歸去也

乙未年　丙戌月　辛酉日　己亥時
此八字辛酉專祿之日相配柱中雜氣才官之格三奇
之助天月二德相扶主人生於西室長於名門椿親晚
量帰剝天退鴻鴈各行鳴其為人也丰姿清秀天性
聰明源流三峽誰不及筆掃千年就与倫衣冠濟
濟人中傑和氣怡怡席上珍終是文場攀桂客豈爲
田舍作耕人鵬路高搏知提翼龍門深躍見鰭鱗一
從姓字傳揚後九天雲外為名震此則榮貴之命
鴛幃燭夜添新慶子嗣榮門孝且忠運行初乙酉
上人底下未斷平生甲申運中欲向雪中峯足須
當灯下留心庚未運中躍過禹門三級浪桑笏趋
庭拜帝明壬午運中黎花舞雪雨過山青辛巳運
中戰位西迓金紫貴山河十郡仰威雄庚辰運中
當此之際風雲滿庭己卯運中榮帰故里戊寅運
中一枕入巫峯

乙未年　丙戌月　壬申日　壬寅時

此八字壬申長生之日相配柱中火土秉氣才殺之格傷官制殺生才人生得此生於右族長於名門萱母先歸還有繼椿親耐晚始歸程天邊鴻鴈有各巢生其為人也丰姿清秀天性聰明幾謀遠見相聞別慷慨春風一妙人豈無高士敬時有貴人欽有心於貨利無意慕功名兩都秋色皆喬木期度風流有幾人福布江山外名聞湖海中財源富足平生好第宅豐盈福祿增鄉民仰德閭里推尊此則隱厚之命鶯幃連珠須配小子嗣森枝朶朶榮運行初丁酉椿親庇下身衣蘆花絮寒来只自禁甲申運中隱隱輕雷抽碧筍微微細雨潤紅英癸未運中近水樓臺先得月向陽花木早逢春壬癸午運中不獨財源茂盛尚祈湖海馳名辛巳運中西風吹過天邊雪從此滔滔祿位增庚辰運中庭前竹報平安日檻外花開富貴春己卯運中子貴沾恩贈戊寅運中春帰鳥不吟

乙未年　丙戌月　戊申日　癸亥時

此八字戊申長生日元相配柱中才官印三奇之格喜逢天月二德扶身遇斯命者生族右族長於高門椿萱双晚茂鴻鴈各行鳴其為人也丰姿清秀天性聰明胸羅今古事學識聖賢心麗句妙為天下白高才俊似海東青終是功名之客豈為田舍之翁龍門变化三春浪鵬路逍遥萬里程一從揚姓字金紫職階陞此則榮貴之命鴛幃魚水合子嗣彩衣新運行初乙酉春風駘蕩夏日炎蒸甲申運中欲遂平生志須加董子功癸未運中躍過三層浪朝班立搢紳壬午運中衣冠正在權衡処只恐閑非素耗生辛巳運中腰横金作帶符剖玉為鱗庚辰運中赤心扶日月素志展經綸己卯運中鮮組回田里籬邊樂性情戊寅運中春光去也一枕清風

乙未年　丙戌月　丙午日　戊戌時

此八字丙午日刃之辰相配拄中旺土傷官帶印之格喜逢天月德扶身人生得此生於右族長於高門金命椿親真倜儻北堂萱母不須論天邊鴻鴈有各飛鳴其為人也丰姿清秀天性聰明鋒鋩穎利提無敵筆力縱橫若有神終是功名之客豈為田舍之翁龍門変化三千浪鵬路逍遙萬里程一朝騰踏飛黃去濟濟衣冠拜九重此則榮貴之命鶯啼春色聚子嗣緑衣新運行初乙酉上人庇下灾悔未伸甲申運中欲向雲中擧足須從燈下

留心癸未運中雙愁雪阻藍關道時来頃刻便升騰壬午運中躍過禹門三級浪秉笏天門拜聖明當此之際風木慘情辛巳運中腰懸金作帶符冠玉為纓庚辰運中重金重紫布德施仁己卯運中一枕餘香燭壓夢料風吹散楚山雲

乙未年　丙戌月　乙丑日　丁丑時

此八字乙丑日元相配拄中火土傷官助才之格喜逢天月德相扶主人生於右族長於高門椿萱水木脫双别天邊鴻鴈各行鳴其為人也丰姿清秀天性聰明胸羅今古事學識聖賢心雅句好為天下白高材俊似海東青終是功名之客豈為田舍之人鵬路高搏知健翼龍門深躍見脩鱗一從姓字傳揚後濟濟衣冠拜聖明此則榮貴之命鶯有碍須招副子嗣生成壽且榮運行初乙酉上人庇下灾悔未伸甲申運中欲向雲中擧足須從燈

下留心癸未運中到此始知文學好長安道上馬蹄輕壬午運中已把威嚴摧酷吏更將仁政釋黎民辛巳運中職位兩廷金紫貴還愁門外雪盈庭庚辰運中佇看官封三級酌然禄享千鍾己卯運中解組田田里羅邊樂性情戊寅運中夕陽有限春夢無憑

乙未年　丙戌月　乙卯日　壬午時

此八字乙卯專祿之日相配柱中火土傷官助財之格人生得此生於右族長於名門水木椿萱雙晚贈天邊鴻鴈各行鳴其為人也丰姿清秀天性聰明千古文章逞榮耀一天星斗換心脳驪珠照魏光難掩雷劍生豐氣自充過火黃金須長價離雲皎月倍清明終是功名之客豈為田舍之翁三汲浪中龍變化九霄雲外鳳飛騰一日風雲相濟會九五金門面聖容此則榮貴之命鴛幃春色潤子嗣晚光榮運行初乙酉上人庇下花放風生甲申運中十年窗下業一舉便成名癸未運中耀過三層浪朝班立縉紳壬午運中寒拂紫衣催驛騎光生玉鄙下雲層辛巳運中職任金紫聲名重風雪飛来尚惱人庚辰運中有材應大用未許便辭榮已卯運中夕陽有限春夢無憑

乙未年　丙戌月　庚申日　丙子時

此八字庚申專祿之日相配柱中火土祺氣殺印之格殺印相生功名達顯主人生於右族長於仁門堂上椿萱同屬壽天邊鴻鴈各行鳴其為人也丰資清秀天性聰明五車書富三冬足兩石弓當萬騎衝終是功名之客豈為田舍之翁奮身辭白屋平步入青雲北海蛟騰頭角聳南山豹变爪牙新一日風雲相際會九天雨露沐皇恩此則榮貴之命鴛幃燭夜添新慶子嗣秋来旺宅門運行初乙酉上人庇下花放風生甲申運中不負寸陰之惜豈辜題柱之功癸未運中騰身離泮水攀桂步蟾宮壬午運中躍過三層浪朝朝識聖明辛巳運中驛中晚日催行站江上春風送去程當此之際風雪滿庭庚辰運中赤心扶日月素志展經綸已卯運中天邊少恩澤籬下樂高情戊寅運中春光去也花落月沉

乙未年　丙戌月　癸丑日　癸丑時

此八字癸丑日元相配柱中火土雜氣官才之格喜逢天月德扶身遇斯命者生於右族長於高門水土嚴慈萱歲長天邊鴻鴈各摶風其為人也手資清秀天性聰明源流三峽誰能及筆掃千軍執興論終是功名之客豈為避世之人龍飛九五青霄近鵬擊三千翰海中一日風雲相際會九天雨露沐皇恩此則榮貴之命鴛幃重合登子嗣晚光榮運行初乙酉上八庇下花放風生甲申運中欲逢平生志須加蹬火功癸未運中騰身離雪案攀

桂步蟾宮壬午運中禹浪三層都躍過秉笏天門拜聖明辛巳運中郎署官函何足羨大夫職位貴重陞庚辰運中三度君恩金紫重兩番風雪使人驚己卯運中大抵功名只如此不如解組向蘺東戊寅運中歸去也

乙未年　丙戌月　乙未日　甲戌時

此八字乙未陽刃之辰相配柱中殺生印綬之格官殺混雜喜印扶身入生得此生於右族長於高門椿萱同屬難双老天邊鴻鴈各行鳴其為人也手姿聰明窮書覽史學足三冬袖拂虹霓沖霧起筆端風雨駕雲程豈是池中物尤來席上珍雲程坦坦登天去學足悠悠名利成一日風雲相際會九天雨露沐深恩此則榮貴之命鴛幃賢淑子嗣金英運行初乙酉春風駘蕩夏日炎蒸甲申運中遂歡平生志須加董子功癸未運中雪案雖畬苦

志天階未許榮登壬午運中時來風送滕王閣頃刻高揚萬里程辛巳運中皇恩有感執法理刑當此之際風雪滿庭庚辰運中江山迎五馬花柳拂雙旌己卯天邊無沛澤蘺下樂高情戊寅運中翩翩名旄嶽、佳城

乙未年　丙戌月　己酉日　壬申時

此八字己酉日元相配桂中才官印三奇之格人生得此生於右族長於仁門水火椿萱茂長天邉鴻鴈有行群其爲人也丰姿清秀天性聰明般般稍覓件件不精有祗雪欺霜之志裁長補短之能過火黄金顯十分貴色雖雲蔽月布萬里清明重成新事業再整旧門庭終是功名之客豈爲田舍之翁三級浪中龍変化九年鎮上却馳名何青頭角嶄光耀旧門庭此則榮貴之命鸞幃正副方偕老子嗣金風孝且忠運行初乙酉上人庇下花放風生甲申運中隱隱輕雷抽碧笋微微細雨洒紅英癸丑運中貴人相携引揮筆入公門壬午運中跨馬起程登上國始知冠冕可榮身辛巳運中雖則峥嵘頭角还應困守家門雪晴閶闔開黄道绿伏除書雨露新庚辰運中除奸捉悪声名顯佐攸琴堂德惠民己卯運中榮回故里戊寅運中春夢無憑

乙未年　丁亥月　甲申日　乙亥時

此八字甲申專權之日相配柱中金水殺生印綬之格人生得此生於右族長於仁門椿母續絃椿榖落到頭終是母先行天邊鴻鴈各行鳴其為人也丰姿清秀天性聰明知高識下理白分清過火黄金重長價離雲皎月倍清明筝長名園過舊竹花開上苑勝先春雖不成名利生平近貴人時来財祿旺運至福無窮此則旺盖之命鴛幃有抱須招副子嗣生成踌鵜人運行初丁亥上人庇下春風駋蕩夏日炎蒸丙戌運中丞水無聲空有浪綉花雖艷不聞馨乙酉運中近水楼臺先得月向陽花木早逢春甲申運中天上三陽泰人間五福臻當此之際風雪満空癸未運中成四時佳趣立萬古門庭壬午運中福元昌盛萬事如心辛巳運中延賓玩物會友開樽庚辰運中夕陽有限春梦無憑

乙未年　丁亥月　癸巳日　壬戌時

此八字癸巳貴人之日相配柱中火土才官之格亥未合局不冲人生得此生於右族長於仁門萱母填房椿萱老鴈行天際各飛鳴其為人也丰姿清秀禮樂縱横胷羅今古事學識聖賢心過火黄金重有色離雲皎月陪清晴終是功名豈為田舍翁雲程坦坦登名去學問悠悠名利成一朝騰踏飛黄去此際還看蛇化龍此則榮貴之命鴛閨爛夜添新慶子嗣金風絲舞成運行初丙戌上人庇下花放風生乙酉運中欲向雲中舉步須從灯下留心甲申運中芸窓篤志勤學天邊附鳳攀龍癸未運中威風凛凛祿位重重當此之際雲鎖層峯壬午運中南陽邵杜名高譽西漢龔黄令大行當是時也風雪満庭辛巳運中正宜扶日月未許得懸車庚辰運中宜享榮華祿已卯運中塊飛萬事空

乙未年　丁亥月　庚辰日　丙子時

此八字庚辰日德之辰相配柱中水火傷官助殺之格金水傷官喜逢官主人生於右族長於名門連珠父與母前後弟和兄其為人也丰姿清秀天性剛忠胸次峥嵘書萬卷舌端話破五車文驪珠照耀光難掩雷鑑生豐氣自充終是文場攀桂客豈為田舍鑿耕人足步黃金殿身朝白玉京一日風雲相際會九天雨露沐皇恩此則榮貴之命鸞幃重合卷子嗣晚光榮運行初丙戌春風駘蕩夏日炎蒸乙酉運中篤學十年窗下未嘗一舉成名甲申運中莫憑雪阻藍關道時來須判躍潛鱗癸未運中自沐天邉寵朝朝識聖明壬午運中承恩歸莫榮三世再整衣冠拜九重辛巳運中有才須大用未許便歸榮庚辰運中夕陽有限春夢無憑

乙未年　丁亥月　丁卯日　乙巳時

此八字丁火相配柱中水木官印之格本顯功名惜乎冲破減我光榮人生得此椿親耐晚萱先凋鴻鴈天邉不共鳴其為人也丰姿穩厚天性忠誠高人趨敬貴客相欽常將好意番成惡每把真心換得嗔雖成新事業難守舊門庭田園桑柘茂畝畆稻粱馨雖然不是青雲客也應聲勢壓鄉人此則穩足之命鸞幃全正副子嗣晚方成運行初丙戌上人庇下天朗氣青乙酉運中身衣芦花絮寒來只自禁甲申運中雖則行藏有慶還愁人事迍邅癸未運中肚憂幾番生進退依然不減舊精神壬午運中雨晴山聳翠雲散月華明辛巳運中一番風雪過晚景樂安寧庚辰運中孫賢子秀樂意忘情己卯運中人生從此別無復見儀形

乙未年　丁亥月　壬午日　丁未時

此八字六壬生臨午位獨日祿馬同鄉傷官助財之格水居冬旺生平樂自無憂主人生於右族長於仁門土木椿萱一期壽天邊鴻鴈有行鳴其為人也手姿清秀天性聰明五車書富三冬足兩石弓當萬騎冲終是文場折桂客豈為田舍鑿耕人奮身離白屋平步入青雲一朝騰踏飛黃去金紫榮華次第陞此則榮貴之命鸞幃燭夜添新巹子嗣秋来有挺榮運行初丙戌春風駘蕩夏日炎蒸乙酉運中欲遂平生志潛心對短檠甲申運中都道是龍還不信果然奪得錦標新癸未運中自沐天邊寵朝班立縉紳壬午運中三度君恩喜兩番風木驚辛巳運中正宜侍明主未許辭簪纓庚辰運中春光去也一枕巫峯

乙未年　丁亥月　丁亥日　庚子時

此八字丁亥日貴辰相配柱中水木杀生印綬之格杀印相克助身有慶主人生於右族長於名門椿萱榮貴难双耋天边鴻鴈各行鳴其為人也手姿清秀天性剛強源流三峽誰能及筆掃千軍執与論珪璋自是清朝器琴瑟偏諧治世音豈是池中物尤来席上珎終是登庸客豈為田舍翁會合風雲應有日豈無雨露沐皇光此則榮貴之命兆幃重合巹子嗣福元新運行初丙戌上人庇下花放風生乙酉運中書窓宜薦志雪案可潛心甲申運中執卷幾回空探月時来須剜躍龍鱗癸未運中躍過三層浪朝朝侍聖明壬午運中獄折片言民訟息九天雨露再加陞當此時風雪滿庭辛巳運中自嘆引君帰故里朝廷未遂兩帰心庚辰運中春光去也一枕清風

乙未年　丁亥月　乙巳日　庚辰時

此八字乙巳日元相配柱中　水官印之格刑沖
太重奪我功名主人生於右族長於高堂木火椿
萱双晩茂天邊鴻鴈不行聯其為人也丰姿清秀
天性機関知高識下近貴親賢行藏果斷作事方
員琴樽風月閑生計金玉松筠舊嵗寒祖業添新
慶才源倍積深五湖生計好四海福闌関才源有
分生涯好官貴無緣誓不貪此則富足之命鴛幃
連珠須配長子嗣狀未㬎桂蘭幼年之年花放風
顛過此丙戌運中雲龍皈月霧鎖層空乙酉運中
而過園菀簇錦風和堤柳垂烟甲申運中爆竹聲
催残臘去折梅香引早春逢癸未運中才源富足
風雪盈巔壬午運中屛列金釵行十二門迎珠履
客三千辛已運中晩年閑快樂子貴旺門闌庚辰
運中莊生曉夢迷蝴蝶蜀帝春心托杜鵑

乙未年　丁亥月　甲辰日　乙丑時

此八字甲辰日元相配柱中旺水印綬之格喜逢
時值金神人生得此生於右族長在名門木火椿
萱榮晩贈天邊鴻鴈有行群其為人也行藏敦篤
天性賢能衣冠濟楚學問淵明筆落驚風雨詩成
泣鬼神萬里風雲相際會九重雨露沐涤恩躡履
三千皆後學摶風九萬即前程威權赫赫氣焰騰
騰此則榮貴之命鴛幃宜正副子嗣晩光瑩榮覩
庇下如履薄氷丙戌運中研窮今古事學識聖賢
經乙酉運中莫愁無路逆頃刻便昇騰甲申運中
威名明諸境布德政四方當此之際三載諒陰癸
未運中權衡輕重雪長嚴凝壬午運中莫厭人生
無大用峻陞爵位上神京辛已運中田園樂意詩
酒忘情庚辰運中三盃酹酒一枕芳魂

乙未年　丁亥月　己丑日　丙寅時

此八字己丑日元相配柱中水火才官之格三奇之論主人生於西室長於名門椿親屏落萱歸晚鴈行天際各歲雲其爲人也丰姿清秀天性聰明胸羅今古事學識聖賢心嚴句妙爲天下白高材俊似海東青終是功名之客豈爲田舍之翁足履三千皆從學搏風九萬即前程一從傳姓字戰位秉權衡此則榮貴之命鴛幃宜有贈子嗣晚光榮運行初丙戌上人庇下花放風生乙酉運中欲遂平生志須加董子功甲申運中遠望天恩雲外降

思攀桂子手中馨癸未運中自沐天邊寵朝班立縉紳壬午運中三度君恩重兩番風木驚辛巳運中重縈重金當此景未應解組向籬東庚辰運中榮回故里一道訃音

乙未年　丁亥月　己卯日　癸酉時

此八字己土日元相配柱中水木才殺之格人生得此生於仁門長於右族萱母先歸椿後別天邊鴻鴈有聯鳴丰姿磊落天性秉能善決善斷多見多聞祖業添新慶根源勝舊風豐年田舍禾盈罌臘日山家酒滿斟但願有情交貴客何須騎馬到都門此則豐足之命鴛幃有碍須年敵子嗣秋來一果成運行初丙戌只宜庇下不辱不榮乙酉運中雨過山方秀雲開月始明甲申運中精神又憔悴憔悴又精神癸未運中片時風雨過方覓瑞祥生壬午運中失也飛辱

得也飛榮辛巳運中延賓玩物會友開樽當此之際一番風雨庚辰運中無恩無慮己卯運中流水濱濱

乙未年　丁亥月　庚寅日　庚辰時

此八字庚寅日相配柱中水木食神助財之格財旺生官得其所宜主人生於右族長於名門椿親爲甚歸何速我生二歲便歸冥天邊鴻鴈有不同鳴其爲人也丰姿清秀天性聰明行藏果斷作事老成機謀輒腹擧用人欽高謀遠見機閒別懷慨春風一妙人祖業添新慶才源自豚成兩都秋色皆喬木耆舊風流有幾人田園桑柘茂畝畝稻粱馨無慮盡傳詩禮樂有朋來自遠方親滿世功名身外事五湖風月樂怡情鄉民仰德閭里推尊此則穩厚之命鴛幃同屬如魚水子嗣技技孝且忠運行初丙戌上人庇下未斷外況乙酉運中隱隱輕雷抽碧筍微微細雨潤紅英甲申運中壹水無聲空有浪綉花雖艷不聞馨癸未運中才源滾滾家車好風雲飛來幸不驚壬午運中世事有增有減才源或凝或興辛巳運中安閒晚景花放風生庚辰運中有餘留客有酒盈樽己卯運中歸去也

乙未年　丁亥月　壬寅日　丁未時

此八字壬寅逢良之日相配柱中火木傷官助才之格水居冬旺生平果事無憂主人生於右族長於名門椿萱同屬方偕老天邊鴻鴈各行鳴其爲人也丰姿清秀天性聰明頗知礼義稍識古今有抵雪欺霜之智截長補短之能祖業添新慶根源勝舊風福布江山外名聞湖海中花無苑李非春色人有笙歌是太平但願粟陳貫朽何須天府求榮此則穩厚之命鴛幃春藹藹子嗣晓叢叢運行初丙戌上人庇下花放風生乙酉運中世事宛如春夢人情薄似秋雲甲申運中萬里烟雲海低一樓秋月光明癸未運中成四佳趣立萬古門庭壬午運中西風洒蒼雪依旧旺才名辛巳運中富之以潤其屋德之以顯其身庚辰運中春光去也花落月沉

乙未年　丁亥月　戊寅日　甲寅時

此八字戊寅專推之日才發之格女人得此生於右族配於名門擋壹先副丈堂操不同群其為人也丰姿容清秀髮眉精神勝丈夫之氣槩有男子之材能雪為經粉憑風傳霞作胭脂伏白匀才源旺足第宅增新似月明雲漢性急如風捲寒雲雖然不作榮封婦自然才祿足豐盈此則旺足之命良人水合須年長子嗣秋來始有成運行初戊子上人庇下毓秀閨門已丑運中春歸楊柳葉晴初享紅入桃花煖來匀庚寅運中乍寒而乍煖或雨还晴辛卯運中雲散家家月春來处、英壬辰運中正是梅青月白还愁微雨弄晴癸巳運中冲擊之所有喜有驚甲申運中桑榆暮景乙未運中鏡擲晨明

乙未年　丁亥月　乙巳日　戊寅時

此八字乙巳日元相配柱中旺水印綬之格刑冲必主藏我功名主人生於右族長於仁門金火擋壹双貌茂天邊鴻鴈名行鳴其為人也丰姿清秀天性聰明知高識下理白分清過火黃金重長價離雲皎月倍清明筍長名園過舊竹花開上苑勝先春不以功名為念豈將冠冕磨礱英雄惟贈劒三尺豪傑相逢酒一鍾花無桃李春先去人有賢能是太平但願一生才祿旺何必天邊沐寵榮此則穩厚之命鴛幃燭夜添新蛋子嗣秋來朵朵成運行初丙戌上人庇下未遂平生乙酉運中春園雖雨過桃李未生真甲申運中春風揩爽微雨喜喜晴癸未運中近水樓臺先得月向陽花木早逢春壬午運中才源滚滚家居好風雪飛飛上憐人辛巳運中簾捲香風生百福軒開化日壽元增庚辰運中心事數莖之白髮生涯一片了閒情已卯運中歸去也

乙未年　丁亥月　丙戌日　己亥時

此八字丙戌日元相配柱中木水杀生印綬之格人生得此生於右族長於名門椿父先帰萱後别鴈行天邉各飛鳴其為人也丰姿清秀天性聪明知高識下理白分清般般捎覧件件不精風月處友消洒客情重成新事業再整舊門庭江湖有生計閭里播芳名琴𭥫風月閑生計金玉松筠舊歲青好意番成悪真心換得嗔满世功名身外事囊中積宝富家翁此則饒裕之命鸞帏有犯重偏正子嗣秋来朵朵成運行初丙戌上人庇下未断平生乙

酉運中春帰紅葉晴初変紅入桃花㬊未匀甲申運中綉花看有艶盈水听無聲癸未運中若意種花花不發無心挿柳柳成陰壬寅運中才源富[illegible]家帰好風雪閑飛尚惱人辛巳運中愈老黄花香穠郁歲寒松栢耐長青巳字之中如履簿氷庚辰運中子貴家庭多享福还愁風雪阻行程君若有陰隲過此運方終

乙未年　丁亥月　丙子日　辛卯時

此八字丙火相配柱中旺水偏官助印之格人生得此生於右族長於高門椿父早帰萱後别西風鴻鴈各西東丰姿平淡天性聪明頗全礼義稍識古今頗親蕭相律稍識聖賢經終是利名之客豈為田舍之人一日風雲相際會九年桑牘沭深恩佇看晚年光霽景子显重沾沛澤恩此則榮貴之命鸞帏全正副子嗣有光榮運行初丙戌上人庇下未断平生乙酉運中欲速不達揚帆待風甲申運中貴人相指引禄馬旺前程癸未運中三疊陽關斟别酒别酒九重天府沭光

榮壬午運中百萬粮儲吾戢掌九天雨露再加陞辛巳運中除奸捉悪政化西東庚辰運中子显不離叨爵禄心灰方遂向籬東己卯運中安閑晚景戊寅運中花落月沉

乙未年　丁亥月　丙子日　庚寅時
此八字丙子日元相配柱中水木敎生印綬之格
人生得此生於右族長於名門堂上椿萱雙茂長
天遂鴻鴈序行分其爲人也丰姿清秀天性剛忠
知高識下理白分清行藏處友消酒多情水光浮
座盃盤瑩花氣侵人咲語聲雖不成名利生平近
貴人遊山玩水勢詩卷對月觀花把酒斟時至運
適成事業地靈人傑旺才名鄉民仰德閭里推尊
此則穩厚之命鶺鴒燭夜須新疊子嗣金風孝且
忠運行初丙戌上人庇下春風驛蕩夏日炎蒸乙
酉運中如花得日似月離金甲申運中梨花院滿
溶溶月柳絮池塘淡淡風癸未運中萬里烟雲收
斂一輪皓月長明壬午運中天上三陽泰人間五
福臻梨花舞雪雨過山青過此辛巳運中晚年閑
快樂會友以開樽庚辰運中安閑晚景己未運中
花落月沉

乙未年　丁亥月　辛卯日　庚寅時
此八字辛卯日元相配柱中水火傷官助才之格
人生得此生於右族長於名門椿萱一身期順壽
鴻鴈天邊各列群其爲人也丰資清秀天性聰明
錦繡胸藏賢聖學珠璣口吐武文風過火黃金重
長價雖雲皎月倍清明終是功名客豈爲田舍翁
豹變南山霧鵬搏北海風一日風雲相際九五天
門面聖此則榮貴之命鶺鴒連珠帔服贈子嗣金
風綵舞衣運行初丙戌上人庇下未斷平生乙酉
運中書窓篤志雪案加功甲申運中有路必達有
志必伸癸未運中一自天官奏最一朝秉笏拜明
君壬午運中職位遷金紫權衡出等倫當此之際
風雪滿庭辛巳運中正宜侍明主未許解簪纓
庚、寅、運中春光去也一枕清風

乙未年　丁亥月　己丑日　己巳時

此八字己丑之日相配柱中水木才鑲之格喜逢印綬生身遇斯命者生於右族長於名門金玉楮萱双晚茂天邊鴻鴈各行鳴其為人也才資清秀天性聰明貫罡今古事學識聖賢心麗句妙為天下白高才俊似海東青與金遇火更增價白璧離塵色更新斡是功名之客豈為田舍之翁鵬路高搏知健翼龍門深躍見脩鱗一從楊娃字戰位東權衡此則榮貴之命駕幃連珠須影小子嗣生成貴顯人運行初丙戌上人庇下灾悔也中乙酉運中欲向雲中舉足須從燈下留心甲申運中騰身離泮水舉足入雲津癸未運中躍過三層浪朝班立縉紳壬午運中戰廷金紫宇内澄清當此之際風木慘情辛巳運中權高損福歸故渊明庚辰運中晚年開怀樂會友以開樽乙卯運中夕陽有限春夢無憑

乙未年　丁亥月　丁丑日　癸卯時

此八字丁丑日元相配柱中水木殺生印綬之格女人得此生於良族配於名門椿萱難並鸞鴈影行分其為人也姿容清秀天性聰明勝丈夫之氣槩有男子之材緻雲收華年千山秀水到湘江一樣清真幕頻繁存禮節相夫教子蹈賢明深明閨壼理洞識古今情衣冠濟濟三從俗家業昂昂四德新雞鶵雖犯易喜易嗔雖不屬冠帔服自然福祿駢臻此則益旺之命良人半百年邊別子嗣秋来一葉聲運行初戊子上人庇下未斷平生已丑運中不用高燒銀燭月明添倍精神庚寅運中淡烟楊柳岸薄霧杏花村辛卯運中雖則夫門多快樂幾多人事尚對盈壬辰運中夫唱婦隨當此際釵分鏡破尚愁人癸巳運中沖擊之所如履薄氷甲午運中子秀孫賢家業旺花開風放浪層層過此乙未運中歸去也

乙未年　丁亥月　丁酉日　己酉時

此八字丁酉日貴之辰相配柱中金水才官之格才盛生官終身有慶遇斷命者生於右族長於名門水命椿親耐晚天邊鴻雁行鳴其爲人也丰資清秀天性聰明斷高理直處事公平親賢近貴理白分清祖業添新慶根原舊勝風門迎珠履客戶納五湖寶過火煎金顯十分之貴色離雲皎月布萬里之清明財源富足第宅增新但願一生多發福何須躍馬入青雲此則穩厚之命篤帰木命須年小子嗣生成貴顯人運行初丙戌上人庇下花放鳳生乙酉運中隱隱輕雷抽碧笋微微細雨潤紅英甲申運中萬里烟雲收歛一樓秋月光明癸未運中財源雖旺足風雷尚愁人士午運中桃李千谿錦江山一畫屏辛巳運中富之以潤其屋德之以顯其身庚辰運中春光去也一枕清風

乙未年　丁亥月　乙亥日　辛巳時

此八字乙亥日元相配柱中金水柔生印綬之格只嫌身弱滅我功名主人生於右族長於名門椿萱有倚先弓父天邊鳴雁各行鳴其爲人也丰姿清秀天性聰明知高下識重輕豈无賢任敬時有貴人欽万里无雲天一色三秋好景月長明當仁不讓見善則欽遇陰終无陰逢凶幸不凶消閑碁一局遣興酒三鍾好意番成惡真心換得嗔雖不建侯封爵自然卿堂推尊此則穩厚之命篤帰有把須年敵子嗣秋來旺宅門運行初丙戌上人庇下未斷平生乙酉運中春園雖雨過桃李未生英甲申運中寒向梅中尽春從柳上生癸未運中雖則行藏有慶還愁人事弓盈壬午運中片雲蔽日雨過山青辛巳運中沖擊之所如履薄氷庚辰運中晚年閑快樂花放尚風生己卯運中花落月沉

乙未年　丁亥月　癸巳日　戊午時

此八字癸巳貴人之日相配柱中火土財殺之格水居東旺生平落白無憂人生得此生於右族長於高門萱毋續絃搽磊落天邊鴻鴈各飛鳴其為人也半姿清秀天性聰明胸羅金古事學識聖賢心麗句好為天下白英材俊似海東青終是功名客豈為田舍翁雲程坦坦登天去峯足悠悠名利成一朝騰踏飛黃去濟濟衣冠拜九重此則榮貴之命鶯啼燭夜添新慶子嗣秋來朶朶榮運行初丙戌上人庇下春風輕蕩夏日炎蒸乙酉運

中款向雲中峯足須從灯下留心甲申運中時來風送騰王閣頃刻高揚萬里程癸未運中自沐天邊寵朝班立縉紳當此之際風雪消空壬午運中三座君恩重一番風木驚辛巳運中正宜加爵禄何事便歸榮庚辰運中楚臺雲散空留劉漢苑香銷不返魂

乙未年　丁亥月　丁卯日　癸卯時

此八字丁卯之日殺卯之格人生得此生於富盛之族長於名望之門椿親先別萱奈悦天边鴻鴈後行群其為人也手忍清秀天性聰明般般精覧件件不精遊山玩水攜詩卷對月觀花把酒斟雖不成名利生平近貴人初運豈饒中進退晩年子秀倚光榮此則穩足之命鶯啼鼓盆之嘆子嗣對對春馨運行初丙戌上人庇下花柳分春乙酉運中輕雷抽碧笋微雨潤紅英甲申運中雨過園桃簇歛風和提柳

拖金癸未運中莫言前路多光彩得一程而失一程壬午運中須史風雨過依旧錦絣生辛巳運中旺中尚有盈虧事事安依然福禄增庚辰運中孫賢子秀己卯運中春夢無憑

乙未年　丁亥月　辛巳日　壬辰時

此八字辛巳日元相配柱中水火傷官刦殺之格人生得此生於右族長於名門堂上椿萱連枝茂天邊鴻鴈有行鳴其為人也丰姿清雅風月文章消洒性情頗知禮義稍識古今豈無高仕敵時有貴人欽過火黃金重長價離雲皎月倍清明祖業有依須再整才源厚積旺餘盈五湖四海生涯好萬水千山道路適雖不連侯封爵自然潤屋潤身此則穩厚之命鴛幃會合須長年子嗣秋長人有顯榮運行初丙戌上人庇下究晦未伸乙酉運中靈籠皎月

水泛浮萍甲申運中春風播煖微雨弄晴癸未運中始覺行藏有慶罣運妨霜露鋭久淩壬午運中紫陌驅馳金勒馬濟濟爭看有勝人當此之際風雪滿庭辛巳運中門根壮觀福禄駢臻庚辰運中晚閑快樂已卯運中一枕入巫峯

乙未[illegible]　丁亥月　己巳日　乙亥時

此[illegible]字己[illegible]日元相配柱中水木才殺之格女人得此　族長配仁門椿父先帰萱後别天边鴻鴈各行鳴其為人也丰姿清秀天性聰明有針綴之巧五業之勤雲收華岳千山秀水到湘江一様清頗曉三從理惟全四德情月離海嶠山山秀春入園林処処英憂福自能辞肉味愛琴瑟鮮辨絃声难觸难犯易喜易嗔雖然不作榮封婦目才旺福畀隆可惜青春年少女為奴半世守此則孤魅之命良人有魅犯子

戊子上人庇下未断升沉己丑鸞凰又離分庚寅運中幾度樂中有愁数番憂生辛卯運中精神又憔悴憔悴又精神壬中雲籠皎月水泛浮萍癸巳運中冲擊之所如薄水甲午運中晚年多決樂乙未運中一枕入佳城

乙未年　　丁亥月　　乙亥日　　乙酉時

此八字乙木日元相配柱中金水印、印綬之格
人生得此生於仁德之門長於深邃之挨椿父先
歸萱後别天逢鴻鴈各行群其為人也丰資清秀
天性機關不葸不勇可才可負知高識下近貴親
賢烟樹依依。遮北斗雲槐疊疊隱南山琴樽風月
閑生計金玉松筠舊歲寒重成新事業再整舊根
原好意畨成悪真心換得寃但欲良田千百畒果
然富貴勝為官天生多倜儻德澤恵黎元此則穩
達之命鴛幃金命須屬虎子司　　　　　　　　運行
初丙戌上人枇下春苑春山之　　　　　　　　栽花
多艷麗移桃接李色新鮮甲申運中雖則行藏有
慶也應人事迍邅癸亥運中心腹閑中險遠危蜀
道難壬戌運中權威有布人欽伏幾度趑趄尚未
然辛巳運中乍雨乍晴留客景或寒或煖困人天
庚辰運中子秀滔滔多享福任他白髮鬓邉生已
卯運中得過且過得閑且閑戊寅運中歸去也

乙未年　　丁亥月　　乙未日　　癸未時

此八字乙未日元相配柱中旺水印綬之格女人
得此生於右族長於高門椿萱双晄茂棠棣有芳
菲其為人也資容清秀体態豊腴勝丈夫之氣蓋
有男子之操持萬里無雲天一色三秋好景月揚
輝一苑杏桃鋪錦綉滿山栢松映幃屛步步有助
夫之樂滔滔無治世之危易嗔易喜難犯難欺蘽
真貴显見孫貴沛澤紛紛潤綺衣此則穩厚之命
良人得配榮華容子嗣生成奪錦、、戊子運中上
人屁下花披風生已丑運中士　　　　　　　　鴛並立棓
桐枝上凰双棲庚寅運中淡妊　　　　　　　　薄霧杏花
紅辛卯運中雖則夫門多快樂也應人事尚趑趄
壬辰運中羅綺千般色珎羞百味齊癸巳運中子
秀夫荣同沭寵甲午運中春帰花落鳥空啼

丙申年　戊戌月　丁酉日　庚戌時

此八字丁火配合金土傷官劫才之格女人得此儀容穩重髮貌端貞生於有名之宅長於豐富之門堂上翁姑前後别庭前妯娌我豐盈花無桃李非春色人有笙歌是太平心靜儼如花不動安然便似活觀音性若寒潭明月心如古井氷助勤毋教九熊勝遺訓還從斷織心幹家而克儉處事有賢能佇看子顯馳名日同夫食祿贈封金良心同贈銀腰帶子嗣招來箇箇英運行初丁酉閨門香靄靄綉閣雨紛紛丙申運中月老傳書催喜兆亦繩相配講姻親乙未運中鳳舞鸞鳴佳配偶鸞啼燕語兩深恩甲午運中家盛夫門興依達其中略見又非優癸巳運中叢針崇顯榮貴客還有趨超心不寧壬辰運中子遊泮水門庭旺返遭官破晦災逃災危仔細後享昇平辛卯運中得子攀龍朝帝闕往來都是貴賢賓堆金積玉四轎擡迎庚寅運中上五年子孫慶壽愈老愈仁下五年蟠桃已熟王母來迎

丙申年　戊戌月　壬戌日　己酉時

此八字壬戌日德之辰相配柱中火土雜氣財官之格本當得祿得名惜乎官星一混以致減其分數人生得此豈得不富馬得不豪注人手姿穩實禮貌溫存聞詩聞禮家有慶立仁立義有声名其為人也生於舊族長於名庭椿親壽殞萱老别離行雖有各分鳴祖業宜增整財囊虧復盈學問也知今古事平生出入達賢欽花無桃李非春色人有笙歌是太平非獨田園桑麻盛鄉里馳名四遠聞悪不遜讓善不欺凌初運中年官破跡暮年積粟有孫榮但須有醪邀上客何須騎馬到京城此則成家立業之命鶺鴒有犯宜招小桂子森森有孝心運行初己亥上人之下不論升平庚子運中讀書駃雪馬肯通經辛丑運中貴人然指引運滯未如心壬寅運中梧桐遭夜雨桃李艷陽春癸卯運中門楣多壯觀非耗不傷身甲辰運中雖則鄉邦人仰敬服破官災未晚身乙巳運中富貴兩全兼有壽積玉堆金返有逃丙午運中良田將不去富與衆兒孫

丙申年　戊戌月　丁未日　庚戌時

此八字丁未日相配柱中金土雜氣財官之格人生得此千姿瀟洒性格良能椿萱皓首喤全奉鴻鴈天邊不共鳴學識初通今古智謀能合賢英祖業重增新騰財囊旋積豊盈湖海有名財業旺鄉邦根德氣尤騰衍看未悅節家世必崢嶸此則富貴之命鴛幃有碍須年少桂子秋來有嫩英運行初己亥庇佑之下月白風青庚子運中志思登仕路也宜讀書燈辛丑運中雪情更覺陽和轉桃李花錦綉明壬寅運中財名雖兩旺樂處有悲生癸卯運中財旺福興人仰美尚獵世事又相榮甲辰運中老當益壯倉廩豊盈乙巳運中悠悠享用丙午運中歸去來兮

丙申年　戊戌月　癸丑日　甲寅時

此八字癸丑日配乎柱中火土雜氣才官之格人生得此仕路声揚揞樹呈榮萱共耄鴈行天際有聯行半姿英俊天性明良學問三冬足詩書萬卷藏天賜僊胎吾獨在雲教騰踏與飛黃此則顯耀之命鴛幃全正副桂子叢天香運行初己亥幼年之景摘句尋章庚子運中禹浪連三躍衣冠拜衮章辛丑運中一番風雲過戕列大夫行壬午運中山河開萬里風浪又驚狂癸卯運中重金重紫威振邊疆甲辰運中大才大用乙巳運中夢入仙鄉

丙申　戊戌　辛亥　戊戌

此八字辛亥日相配柱中火土雜氣印綬之格人
生得此本顕功名只嫌運入才鄉不貴而富椿萱
半道相虧奉鴻鴈天邊不共飛手姿洒落操幹能
為十斷九建成事業三番四覆旺家資湖海市壘
財兩旺英雄豪傑擁門閭此則富旺之命鴛幃尅
後重年少桂子金風舞綵衣運行初已亥上人庇
下有何是非庚子運中有心生貨利無志讀詩書
辛丑運中但覔才源來旺不妨風雪輕飛壬寅運
中香褪海棠風絮舞徐徐歷過貨才肥癸卯運中
老樹生花果財名異昔時甲辰運中晚年發旺喜
氣怡怡乙巳運中依然处樂丙午運中歸去來兮

丙申　戊戌　甲午　乙丑

此八字甲午日相配柱中之丑雜氣才官之格人
生得此生於戈矛之室長於華麗之堂椿萱堂上
相亏早鴻鴈天邊有各翔手姿高古天性果斷學
識粗知書史智謀也學經商祖業重加慶財囊自
積藏門庭壯觀通車馬人事光鮮福慶昌此則豪
傑之命鴛幃羊屬晚年列副置西方桂子花開老
景扶節牽幼子運行初已亥幼年上庇快樂安詳
庚子運中恰似洛陽三月景楊花飛絮牡丹香辛
丑運中灑過氷霜道才源便異常壬寅運中世事
光華才又旺只愁蘭桂不生香癸卯運中桂館生
春色蘭馨桂亦芳甲辰運中老當益壯　滿堂
乙巳運中悠悠处樂丙午運中夢入仙鄉

丙申　戊戌　癸卯　壬戌

此八字癸卯日貴之辰配乎柱中之土雜氣才官之格人生得此丰姿穩重天性仁慈有救人之德無損害之機椿親先別萱尤去鴻雁天邊不共飛祖業重新重慶財囊旋積旋肥但願江湖財厚旺自然閭里姓名馳此則富旺之命鴛幃鼎屬須年少桂子金風三兩枝運行初己亥幼承上庇風雪相欺庚子運中湖海有情生貨利經霜履雪意孜孜辛丑運中飄殘楊柳業財旺整根基壬寅運中萬象光華行業順一番風浪又相欺癸卯運中斯須生晦耗依舊積金珠甲辰運中晚年享用福布鄉閭乙巳運中悠悠康泰丙午運中歸去來兮

丙申　戊戌　甲寅　乙亥

此八字甲寅日相配柱中金土雜氣財官之格喜逢煞刃兩逞威權人生得此貴列金犀椿親勇銳分中道鴻雁天邊不共飛忠誠之志慷慨之姿添明韜略法熟味聖賢書鼓角聲催巫峽曉旌旗影動彩雲飛此則武帥之命鴛幃有礙須偏正桂子金風文武齊運行初己亥庇佑之下快樂何如庚子運中遨遊紫陌騰踏雲衢辛丑運中威武驅鹿辛旌旆布邊夷壬寅運中總持機柄威積重麾下紛紛壬卒淡甲辰運中名加祿重未擬安舒乙巳運中悠悠處樂丙午運中歸去來兮

子平遺書　九

丙申年　戊戌月　甲子日　戊辰時

此八字甲子日元相配柱中金水雜氣煞印之格只嫌才神在柱身弱難任減我光榮主人生於右族長於高堂椿父先歸萱後別天邊鴻鴈各分行其為人也丰姿清秀天性果剛聰明賢士敬惆儻世情長般般稍覽件件平常不慈不勇可負可方重成新事業再整舊門墻學問不親類孟業生平常遇貴人鄉福布江山外名聞湖海間英雄惟贈劍三尺豪傑相逢酒一鍾施恩惹怨布德成冤雖不建侯封爵自然時至也榮昌此則富而且貴之命鴛幃正副方偕老子嗣金風晚節晉運行初已亥上人庇下其樂何當庚子運中隱隱輕雷抽碧笋微微細雨潤紅英辛丑運中水向石邊流出冷風從花底過來香壬寅運中財源旺足家居好須臾風雨不成傷癸卯運中日離海嶠山明秀雨過春園似錦粧甲辰運中子貴榮門當此際還愁風雨捲滄浪門迎珠履三千客屏列金儀十二行乙巳字之中花放風狂丙午運中子貴家門多快樂丁卯運中春歸花落鳥無聲

子平遺書　十

丙申年　戊戌月　壬寅日　丙午時

此八字壬寅之日相配柱中火土雜氣才殺之格殺重身輕藏吾貴氣主人生於右族長於名門萱母先歸椿後別天邊鴻鴈隊行分其為人也丰姿清秀天性聰明行藏果斷作事老誠般般稍覽件件不精謀動君子威伏小人自有順天之慶豈無祿地之深祖業添新慶根原勝舊風門外田疇千古計庭前花木四時新不以功名為念常將冠蓋遺身花無桃李非春色人有謠歌是太平好意番成惡真心猶得嗔雖無朝廷爵貴自然鄉黨推尊此則穩厚之命鴛幃鼓盆三次子嗣晚節光榮運行初已亥上人庇下未斷平生庚子運中世事短如春夢人情薄似秋雲辛丑運中乍雨乍晴行藏有慶幾度人事虧盈壬寅運中世情濃又淡淡處又還濃癸卯運中幾度趑趄方得泰何愁事業不興隆甲辰運中威權有名人欽服才帛興隆福祿增乙巳運中晚年快樂丙午運中一枕清風

丙申年　戊戌月　丙寅日　乙未時

此八字丙寅長生之日相配柱中旺土傷官助財之格人生得此生於丙室長於高門椿堂消洒萱幃副天邊鴻鴈各行鳴其為人也丰姿清秀天性聰明五車書富三冬足兩石弓當万驥冲衣冠濟濟人中傑和氣雍雍帶上珎終是功名之客岂為避世之翁一日風雲相隅會九天雨露沐皇恩瑶池鞭靜朝南極五夜鍾停拱北宸此則榮貴之命鴛幃連珠須配小子嗣森枝脫節榮運行初己亥春風駘蕩夏日炎蒸庚子運中欲向雲中奮足須從灯下留心辛丑運中莫愁雪阻藍關道頃刻高騰萬里程壬寅運中令重奸邪伏威嚴鬼膽驚癸卯運中職近金紫布德施仁當此之際風雪滿空甲辰運中有財應大用未許便辞榮乙巳運中榮回故里子貴重榮丙午運中夕陽有限春夢無邊

丙申年　戊戌月　戊申日　癸亥時

此八字戊申日相配柱中金水雜氣財官之格人生得此生於射圃長於芳營丰姿瀟洒性格剛明椿萱有倚分中道鴻鴈天邊各奮鳴頗窮黃石畧稍識聖賢經祖業有依宜再整才囊還擬自磨成不向天山攻箭戰馬頭角崢嶸此則武官之命鴛幃有碍須年少貴子秋來有繼榮運行初己亥上人庇下樂享昇平庚子運中飄殘楊柳絮行樂尚凄清辛丑運中幾度旺中生險阻依然汗馬有功成壬寅運中皇恩有感加榮禄百卒軍中令自行癸卯運中雖則才名榮旺也防人事閑情甲辰運中重加爵禄離下陶情乙巳運中英雄傳令器一夢了平生

丙申年　戊戌月　癸丑日　癸丑時

此八字癸丑日相配柱中火土雜氣才官之格人生得此得祿得名只嫌運入背鄉滅斷福力注人半姿磊落性格聰明生於仁厚之族長於詩礼之庭椿萱有倚介中道鴻雁天邊各奮鳴般般歷覽件件經行祖業重增華麗才囊自球豐盈名利途中休跋踄且宜林下樂高情此則穩富之命鴛幃正正偏偏桂子森森濟濟運行初已亥上人庇下其樂何如庚子運中讀書窓下無心志花柳庭前樂有餘辛丑運中雲霄山河壯麗雲開星月擩輝壬寅運中旺處生類踏依然福慶綏癸卯運中棄麻遍野生涯富何慮風霜一旦欺甲辰運中棄榆暮景一度躊躇乙巳運中人生從此別無復見容儀

丙申年　戊戌月　甲辰日　己巳時

此八字甲辰日相配柱中之土雜氣才官之格人生得此本是功名只嫌身弱才多不貴而富椿萱半道相虧奉鴻雁天邊不共飛知輕識重將高就低祖業增新慶才囊自積斉湖海市廛才兩旺紛紛豪傑擁閭門此則富旺之命鴛幃有碍須相觖桂子庭前舞綵衣運行初已亥上人下庇有何是非庚子運中生才應有道貴客自相携辛丑運中樂中生出悶悶過貨才肥壬寅運中門閭重整麗車馬自交馳癸卯運中踈踈風雪過日日旺家貲甲辰運中門迎珠履三千客風滾場花不足悲乙巳運中悠悠處棄丙午運中帰去未虧

丙申年　戊戌月　庚戌日　癸未時

此八字庚戌魁罡之日雜氣殺印之格女人得此本受榮封者乎運在背鄉事非全美椿父先歸萱晚秀雁鴻天際有行聯治家能轉飄瀝事可方圓無事無榮無辱生平不暖不寒此則掌家之命良人諧老無妨礙子嗣標奇晚秀姸運行初丁酉雨收山兀兀雲散月娟娟丙申運中否消而泰長臘盡以春還乙未運中所事秀而不實焉能自得快然甲午運中軒開化日增財福簾捲香風進祿光癸巳運中四時多順利八節少延遲壬辰運中安然快足子秀孫賢辛卯運中青春為老華髮快班庚寅運中音容莫覩流水潺潺

丙申年　戊戌月　壬戌日　辛亥時

此八字壬戌日德之辰相配柱中金土杀印之格人生得此丰姿莊重立性仁慈心下有救人之德胸中無半点之私椿又先帰萱後别焉行天際不同飛祖基重整發才帛自營為江湖有意公卿小鄉井馳声德望弥晚年餘福慶沛澤滿門閭此則富厚之命外惟年少尤怡副桂子庭前三兩枝運行初己亥風和日麗燕語鶯啼庚子運中但覺行藏有變才源旺處超超辛丑運中風雪都應過遇貴又光輝壬寅運中雪晴便覺陽和轉福旺才興事有發癸卯運中江湖尊德望貨利勝常時甲辰運中老當益壮家業豐盈乙巳運中人生此去永為别江水東流何日西

丙申年　戊戌月　乙丑日　乙亥時

此八字乙丑日相配柱中金土雜氣才官之格人生得此丰姿魁厚性格剛忠椿親後別萱先去鴻鴈天邊不共踪粗知韜略法頗識聖賢風祖業重新慶才囊晚積豐自有貴人交敬豈無虔卒相從佇看來晚節才旺勢豪洪此則英傑之命鴛幃勉後重年少桂子秋來長嫩蕞運行初己亥上人庇下詩禮從容庚子運中一番風雪過行樂始雍雍辛丑運中一喜一悲才進退依然不損舊英雄壬寅運中人事蒙牽何足嘆才源來旺勢昌隆癸卯運中威權有布光耀門風甲辰運中晚年壯觀貨利交通乙巳運中桑榆暮景丙午運中夢入巫峯

丙申年　戊戌月　丁巳日　癸卯時

此八字丁巳日相配柱中之水時上偏官之格女人得此福足以榮椿萱半道相分手妯娌翁姑尚分軽立業掌家有道相夫教子多能錦綉花開富貴琅玕竹報安寧佇看來晚節錦綉積千層此則掌家女命良人配合須年長桂子秋來三兩英運行初丁酉閨門之内月白風清丙申運中匹配成佳偶鸞歌鳳亦鳴乙未運中雖則裙釵壯麗也防人事悲驚甲午運中才源來愈旺風雪滿門庭癸巳運中門闌益旺金玉盈盈壬辰運中孫賢子秀快樂不勝辛卯到庚寅運中歸去也

丙申　戊戌　庚子　甲申

此八字庚子日相配柱子中火土雜氣煞印之格
喜逢日祿以歸時入生得此顯姓揚名椿萱不逮
双榮養鴻鴈天邊各奮騰丰姿慷慨天性剛明理
貫古今之學心明賢聖之經終擬仕途騰踏豈教
華野躬耕一從姓字登　天府榮沐
恩波氣欲騰此則榮貴之命鴛幃有碍須偏正桂
子庭前有繼榮運行初己亥幼承上庇詩礼趨庭
庚子運中志欲登天步月身還剪雪裁冰辛丑運
中驥足飛騰天路未應肅振威稜壬寅運中寵渥
榮沾後輝輝化日明癸卯運中微微風浪過祿位
又加陞甲辰運中權衡千萬里解印樂幽情乙巳
運中孫榮子秀丙午運中夢入蓬瀛

丙申年　戊戌月　戊寅日　壬子時

此八字戊寅專權之日相配柱中火未雜氣殺印
之格殺印相生功名顯達只嫌才神在住相嵗穴閙
生於西室長於名門楼上椿萱連珠屬天边鴻鴈各
行鳴其為人也丰姿清秀天性聡明源流三峽誰能及
筆掃千軍記與論驪照鏡光难掩雷魵生豐氣自
光終是功名客豈為田舍翁龍門変化三千浪鵬
路逍遙萬里程一從傳姓字秉笏拜明君此則
荣貴之命鴛幃全正副子嗣晚光荣運行初
己亥春風駘蕩夏日炎蒸庚子運中讀残
第店月囊底案頭螢辛丑運中遠望天恩
雲外降高攀桂子半中登壬寅運中躍過禹
門三級浪秉笏天門輔聖容癸卯運中戢位兩
廷金紫貴愁看門外盈庭甲辰運中有材應
大用何事便辭荣乙巳運中九地可憐埋片
玉全無人世見儀形

丙申年　戊戌月　癸丑日　甲寅時

此八字癸丑日元相配柱中火土雜氣官印之格傷官在格減我功名主人生於右族長於仁門萱母先帰椿後别天邊鴻鴈不聯群其為人也丰姿清秀天性聰明般般稍覧件件不精謀動君子威伏小人行藏竟瀟洒咲微任枯荣萬里春風行樂須四時佳趣瑞祥生重成新事業難守舊門庭遇險非無險逢凶吉不凶常将好意番成悪每把真心换得嗔琴搏風月閒生計金玉松筠舊歳寒雖不建侯

封爵自然潤屋潤身此則豊厚之命鴛幃正副尤招副子嗣秋來嫡庶生運行初已亥上人庇下未断平生庚子運中風帯雪來應竟令鳥啼花落始為春辛丑運中春風播爽微雨弄晴壬寅運中不見一番寒徹骨焉得梅花噴鼻香癸卯運中才源旺足家居好須臾風雨幸何驚甲辰運中世事有俘有減才源或靡或與當此之際風雲迋生乙巳運中有名閑冨貴無事樂平生巳字之中一番沮節丙子運中春光如過隙一枕了平生

丙申年　戊戌月　庚申日　丁亥時

此八字庚申專禄之日相配柱中火土雜氣殺氣之格人生得此生於右族長於名門椿萱有倍難攀老天邊鴻鴈各行鳴其為人也丰姿清秀天性聰明般般稍足件件欠精窮書覧史學足三冬過火黄金重長價離雲皎月倍清明笋長名園過舊竹花開上苑勝先枝終是功名客豈為因含翁嘉谷不早实名利當晚成雖不三登黄甲自然禄位光荣佇看頭角峥光耀舊門庭此則荣慕之命鴛幃有犯須招硬子嗣秋来自顯荣運行已亥上人庇下来断平生庚

子運中閒詩李礼貿笈趋庭辛丑運中幾欲思高慕遠翻成剪雪裁風壬寅運中藏器待時時必達時来機會入神京癸卯運中持門且守還待明時甲辰運中皇恩有感声名顯蓬慕光荣雨露均須臾風雨過山青乙巳運中英雄有限早捲綸

丙午運中人生從此别無復見仪容

丙申年　戊戌月　戊辰日　壬戌時

此八字戊辰日德之辰相配柱中金火食神帶印之格雜氣印綬之論主人生於右族長於高門同屬椿萱不同耄天邊鴻鴈各行鳴其爲人也丰姿清秀天性聰明高談遠見機關別懷慨春風一妙人行藏果斷作事老誠祖業添新慶根原勝舊風田園千古業花木四時生笋長名園過舊竹花開上苑勝先春庭前竹報平安日檻外花開富貴春英雄惟贈劍三尺豪傑相逢酒一樽福元成岳瀆威勢壓鄉民此則穩厚之命鸞幃美麗須年少子嗣金風有捷榮運行初巳亥幼年之下花放風生過此庚子運中隱隱輕雷抽碧笋微微細雨潤紅英辛丑運中近水樓臺先得月向陽花木早逢春壬寅運中萬里烟雲收斂一樓秋月光明癸卯運中豐年田舍禾盈囷腊日山家酒滿斟當此之際風雪滿庭甲辰運中財源自足樂業餘盈乙巳運中晚年閑富貴會友以開樽丙午運中夕陽有限春夢無憑

丙申年　戊戌月　戊午日　壬子時

此八字戊午日刃之辰相配柱中金水食神助才之格人生得此生於右族長於高門椿萱有倚難雙耄天邊鴻鴈有行聯其爲人也丰姿清秀天性聰明有理白分清之智截長補短之能祖基祖業天心慶才帛根源勝舊風世事每逆忙裏就財源自向遠方來花無桃李非春色人有笙歌是太平不去仕途求聞達却來湖海覓黃金身將隱矣文何用人不知之味更真粟陳貫朽行藏好何必天邊沐顯榮此則豐饒之命鸞幃重合邑子嗣秀還馨幼年之下如履薄氷己亥運中漸知春晝永還見朔風生庚子運中梅須遜雪三分白雪厭梅花一段香辛丑運中三陽迴宇宙一氣轉鴻鈞壬寅運中不獨財源富足尚期樓閣凌雲當此之際素耗還生癸卯運中福若源泉湧財如春水生甲辰運中門楣壯觀福祿駢臻乙巳運中花落水流春已失蘭摧王折恨何明

丙申年 戊戌月 丁巳日 癸卯時

此八字丁火日元相配柱中水土傷官制殺之格人生得此生於右族長於高門椿父先歸萱後殁天邊鴻鴈不聯鳴其為人也丰姿清秀天性剛忠機謀輒服衆用人欽有抵雪欺霜之智截長補短之能祖基祖業須重立財帛資囊自豚成非為離祖亦不更宗頗遭回祿革古鼎新萬人起敬貴客相欽道興恭三局消閑酒之鐘名揚湖海聲振鄉村好意畜成思顛心樵得嗔雖不青驄肥馬自然潤屋潤身此則穩厚之命鸞幃兩敵方偕老子嗣森枝孝義深運行初已亥上人庇下未斷升沉庚子運中天邊初出月苑上始開英辛丑運中精神又憔悴憔悴又精神壬寅運中財源有得失世事尚虧盈癸卯運中雖則財源旺足也愁虧耗還侵甲辰運中莫言此運多光彩得一程而失一程乙巳運中子秀門楣多壯觀何愁白髮鬢邊生丙午運中春光去也一枕清風

丙申年 戊戌月 己未日 丙寅時

此八字己未淦丑之日相配柱中木火雜氣官印之格女人得此生於右族長於名門萱母先歸椿後別天邊鴻鴈各行鳴其為人也姿容清秀髮皃精神勝丈夫之氣槩有男子之材能一苑杏桃鋪錦綉滿山松栢映幃屏風送芰荷香滿院日勻花蕊發新紅憂禍自能辭肉味愛琴應解辨絃声难觸难犯易喜易嗔雖不鳳冠帔服自然福祿無穷此則旺足之命良人半百左右別子嗣生成跨灶人運行初丁酉幼年之下未斷平生丙申運中契合琴臺成好夢寅緣紅葉是良姻乙未運中片雲能發千山雨雨過千山依旧晴甲午運中雖則夫門多快樂幾番做雨幾番晴癸巳運中正是太平光霽景匹愁鏡破與釵分壬辰運中冲擊之所如履薄冰辛卯運中晚年開享福庚寅運中一枕入巫峯

子平遺書

丙申年　戊戌月　癸丑日　壬戌時

此八字癸丑日元相配柱中木土雜氣才官之格
才盛生官終身有慶遇斯命者生於盛族長於名
門堂上椿萱同屬壽天边鴻鴈各行鳴其為人也
丰姿清秀礼樂維新寫書觀史李足三冬袖裡紅
霓冲霄色筆端風雨駕雲程自是池中物尤来席
上珎一朝但得風雲便九霄雲裏沐恩榮此則榮
貴之命鴛幃春色麗子嗣晚榮門運行初已亥上
人庇下春風馳聚夏日炎蒸庚子運中歡遂平生
志須加奉子功辛丑運中時来風送騰王閣頃刻
升騰万里程壬寅運中宣掛紫衣催驛駱光生名
節下雲壓癸卯運中三度君恩重兩番風木驚甲
辰運中正宜傳行主未許解簪纓乙巳運中榮回
故里美酒盈樽丙午運中歸去也

二七

子平遺書

丙申　戊戌　辛酉　己亥

此八字辛酉專祿之日雜氣官印之格遇斯命者生於
文望之族長於信義之堂椿親先别萱母後亡天边鴻鴈
有各飛翔其為人也聰明書藝遠倜倘世情長孝問不深
君子敬生平常復貴人卿自有順天之慶豈無福地之良
莫向江湖掩歲月好来仕路取功光居若留心於文墨何
愁祿位不光揚此則謀望方成之命鴛幃大命非同屬
桂子秋来一果香運行初己亥上人庇下冬後夏凉庚子
運中涯水生騏驥丹山出鳳凰辛丑運中一番風雨過行
樂勝常壬寅運中幾欲思高慕遠番成履雪經霜
癸卯運中淡烟迷弱柳微雨洒斜陽甲辰運中到此始
知時運好才名榮旺福元齊乙巳運中桑榆暮景丙
午運中一夢黃粱

二八

丙申年　戊戌月　庚子日　丙子時

此八字庚子日元相配柱中火土雜氣殺印之格傷官制殺為奇主人生於右族長於名門椿萱有倚先虧父天边鴻雁各行鳴其為人也丰姿清秀天性老誠高謀遠見機関别慷慨春風一妙人祖基宜再整事業必重增自有順天之慶豈無福地之深遊山翫水携詩卷對月觀花把酒斟欲為買容思慕功名但願粟陳貫朽何須天府求榮此則福壽之命鴛幃有犯須同屬子嗣枝頭有显荣運行初己亥上人庇下未斷平生庚子運中莫道儒冠悮螢窓患不勤辛丑運中刻鵠不就畫虎不成壬寅運中莫言雲路無騰踏欲喜門楣福祿增須史風雨雨過山青癸卯運中才源旺足家居好片時風雨奈何驚甲辰運中子秀家門多益旺还愁花放尚風生乙巳運中老来尤壮觀風雨阻行程丙午運中帰去也

丙申年　戊戌月　庚辰日　癸未時

此八字庚辰日德之辰相配柱中火土雜氣殺印之格殺印相生功名顯達主人生於右族長於高門金火椿萱雙晚別天邊鴻雁各行鳴其為人也丰姿清秀天性聰明源流三峽誰能及筆掃千軍就與論衣冠濟濟人中傑和氣怡怡蒲座珎終是功名之客豈為隱跡之翁鰲遂玉蟾攀桂去馬隨青帝踏花行俯看官封二級酌然祿享千鍾然則榮貴之命鴛幃連珠須配小子嗣森枝有継榮運行初己亥運中灾関已過貧富趋庭庚子運中十年窓下業時至可外騰辛丑運中躍過禹門三汲浪東勞趋朝聖門壬寅運中威飛乱浪撼令重霄風生當此之際風雪滿庭癸卯運中十部山河吾戟掌九天恩露再加陞甲辰運中有材德大用何事便辞榮乙巳運中春光去也花落月沉

丙申年　戊戌月　辛酉日　壬辰時

此八字辛酉專祿之日相配柱中火土雜氣官印
之格有官有印無破作廊廟之才主人生於名門
長於名門木火椿萱榮晚贈天邊鳴鴈各行鳴其
為人也丰姿清秀天性聰明學問資先覺群書貫
一經終是功名之客宜為田舍之翁雲程坦坦登
名去攀足悠悠名利成一從揚姓字秉笏拜金門
此則榮貴之命鴛幃正副方諧老子嗣金風有晚
榮運行初己亥上人庇下春風淡蕩夏日炎薰庚
子運中踏破泮橋霜幾板讀殘茅店月三更辛丑
運中帳道是龍遠不信果然奪得錦標新壬寅運
中重沐恩波鳳池秉功勳染翰輔明君癸卯運中
三度君恩重兩番風木驚甲辰運中有才當大用
未許返鄉城乙巳運中晚年風景一道訃音

丙申年　戊戌月　己卯日　庚午時

此八字己卯專權之日相配柱中木火雜氣殺印
之格人生得此生於西室長於名門椿萱磊落萱
歸副天邊鴻鴈各行鳴其為人也丰姿清秀天性
乖能知高下識重輕行藏果斷作事老成有微微
計較淡淡聰明花無桃李非春色人有笙歌是太
平有心經貨利無意慕功名得意江山詩句好忘
情日月酒盃深才源富足天生好何須秉笏去朝
君此則旺益之命鴛幃燭夜添新慶子嗣榮門孝
且忠運行初戊戌上人庇下花放風生己亥運中
雨過山方秀雲開月始明庚子運中天寒有日雲
欲凍江潤無風浪自生辛丑運中近水樓臺先得
月向陽花木易逢春壬寅運中不獨才源富足尚
看樓閣凌雲梨花舞雪雨過山青癸卯運中成四
時佳趣立萬古門庭甲辰運中門楣壯觀福祿駢
臻乙巳運中夕陽有限春夢無憑

丙申年　戊戌月　甲辰日　乙亥時

此八字甲辰日元相配柱中火土金　傷官制殺之格刑冲太重減我功名主人生於右族長於高門椿父先歸萱後别天邊鴻雁各行鳴其為人也手姿清雅天性聡明行藏果断作事老誠頗知礼義稍識古今有近貴親賢之德應上和下之能祖業添新慶根原勝旧風有心於貨利無意慕功名田園桑柘茂𣶒畝稻粱馨酒觧平生恨衣沾湖海塵好意番成悪真心換得嗔雖不建侯封爵自然潤屋潤身此則穩厚之命鴛幃重疊見損子嗣有旺門庭運行初己亥上人庇下風雪滿空庚子運中世事究如春夢人情薄似秋雲辛丑運中始覓陽和滿目还愁霧鎖烟凝壬寅運中乍雨乍晴留容景或寒或煖困人春癸卯運中有得有失有喜有驚甲辰運中才源富足安居好还愁花放尚風生乙巳運中晚年多快樂丙午運中一枕了平生

丙申年　戊戌月　己酉日　己巳時

此八字己土相配柱中金火傷官用印之格女人得此生於右族配於高門萱母先歸椿後别天邊雁雁不同群姿容清秀髮貌精神治家曉了憂事克勤雪為経粉憑風傳霞作胭脂伏日旬滔滔無阻滯步步助夫門此則旺益之命良人年少連珠配子嗣森枝旺宅門運行初丁酉香閨之内未斷昇沉丙申運中孔雀屏開花欄煖美蓉帳援氣氳乙未運中正在風光處还愁雨弄晴甲午運中須史風浪起頃刻又波平癸巳運中曉霞晴作雨晚氣還生雲壬辰運中冲擊之所如履薄氷辛卯運中且安且樂庚寅運中一枕難醒

丙子年　甲午月　甲子日　壬辰時

此八字丙火相配柱中壬水偏官之格喜陽刃作合有功遇斯命者椿萱有倚鴻鴈行分半姿清秀天性聰明窮今覽古孝足三冬定擬南山豹变准交北海蛟横一朝但得風雲便秉笏金鑾拜聖明此則榮貴之命鸞幃全正副子嗣秀金英運行初乙未上人庇下未斷平生丙申運中欲遂平生志潛心對短檠丁酉運中騰身離泮水舉足上神京戊戌運中一番風雪過依舊禄元增己亥運中南陽卧杜名高著西漢冀黄令大行庚子運中冲擊之所權重生驚辛丑運中桃源春去也蓬島信難通

丙申年　戊戌月　丁已日　丙午時

此八字丁己日元相配柱中金土傷官助財之格地支財伏暗生者奇主人生於右族長於高門椿萱晚榮贈鴻鴈有行鳴其為人也丰姿清秀天性聰明五車書富三冬足兩石弓當萬騎冲衣冠濟濟人中傑和氣怡怡座上珎終是功名之客豈為田舍之翁蛟横北海生雲霧豹变南山勢要生一從捞姓字秉笏拜金門此則榮貴之命鸞幃連珠須配小子嗣森枝朶朶榮運行初己亥上人庇下災晦之中庚子運中味道心千古潛心對一經辛丑運中時来風送騰王閣頃刻高摶萬里程壬寅運中自沐天邉寵朝班立縉紳癸卯運中三度君恩喜两番風木驚甲辰運中重金重紫布德施仁乙己運中自咲引年歸故里朝廷未遂两陎心丙午運中花已落月尤沉

丙申年　戊戌月　丁未日　甲辰時

此八字丁未陰柔之辰相配柱中旺土傷官助財之格人生得此生於右族長於仁門椿父先歸萱後殞天邊鴻鴈各行鳴其為人也丰姿清秀天性老成謀動君子威伏小人學問資先覺群書貫一經太山北斗千年在和氣春風四座傾祖業添新慶根源勝旧風終是利名之客豈為田舍之翁此則榮貴之命隽偉有犯須相抵子嗣生成貴顯人運行初己亥上人庇下化日春陰庚子運中欲遂平生志潛心對短檠辛丑運中人生富貴皆前定何必區區嘆未能壬寅運中寄跡橋門十載寒氊莫嘆辛勤癸卯運中聽陽関之三疊達天府之九重甲辰運中皇恩應有感德澤惠黎民乙巳運中雖然家壮麗更許禄元增丙午運中春光去也一夢難憑

丙申年　戊戌月　庚申日　丙戌時

此八字庚申專禄日相配柱中火土雜氣殺生印綬之格殺印相生功名顯達只嫌運行東方減吾貴氣主人生於良族長於仁門椿萱双晚茂鴻鴈各行鳴其為人也丰姿清秀天性聰明知高識下理白分清黃金過火重增價白璧離塵色倍明萬里春風行樂徑四時佳趣瑞祥生時来自有淵淵福運至還教路路通有心於貨利無意覓功名花無桃李非春色人有笙歌是太平但願粟陳貫朽何須天府求榮此則穩足之命隽幃春色麗子嗣晚光榮運行初己亥上人庇下灾晦未伸庚子運中天冷雲還凍江空風自生辛丑運中漸覺夜凉池雨過信知花放晚風輕壬寅運中天上三陽泰人間五福增癸卯運中成四時佳趣立萬古門庭當此之際風雨満庭甲辰運中延賓玩物會友開尊乙巳運中春光如過隙一枕了平生

丙申年　戊戌月　庚午日　己卯時

此八字庚午貴人之日相配柱中土火禄氣然印之格人生得此生於右族長於名門金水椿萱双晚茂天邊鴻雁有飛騰其為人也丰姿清秀天性老誠高謀遠見自是自能過火黃金重長價雖雲破月倍清明祖業添新變財源勝舊風福布江山外名聞湖海中萬里春風行樂頌四時佳趣瑞祥生不以功名為念豈將冠冕磨襲但願一生財禄旺何必天邊沐寵榮此則穩厚之命鴛幃金玉閨子嗣有光榮運行初己亥上人庇下風雨还生庚子運中如花向日似月雖雲辛丑運中水向石邊流出冷風從花底過来馨梅須遜雪三分白雪亦輸梅一片馨癸卯運中財源富足家居好風雪飛来尚惱人甲辰運中富潤屋德潤身乙巳運中晚年開快樂丙午運中一枕入巫峯

丙申年　戊戌月　乙丑日　丁亥時

此八字乙丑之日主相配柱中金土禄氣才官格人生得此生於右族長於名門萱毋弃帰椿磊落天边鴻雁各分飛其為人也丰姿青秀天性聰明青羅今古事李識聖賢經終是錦衣肥馬客豈為田舍務農人鵬路高搏知從翼龍門深躍見脩鱗一従姓字傳臚後九天雨露沐

皇恩此則貴显之命鴛幃燭夜添新丞子嗣森枝晚節崇榮行初己亥上人庇下春風蕩漾夏日炎蒸庚子運中欲遂平生志須勤李子功夲丑運中萬里龍門動頃刻躍潛鮫壬寅運中禹浪三層都跳過高唱趋朝拜

聖君癸卯運中郎署官函何足羨大夫金紫貶加迁當此之際風雪滿庭甲辰運中有朝應大用何事便帰崇乙巳運中晚節堪宜賞菊西風起処開樽丙午運中一去了平生

丙申年　戊戌月　戊辰日　甲寅時

此八字戊辰日德辰相配柱中木火樵氣殺印之格殺印相生功名顯達主人生於右族長於名門椿親真倜儻豈毋不須論其為人也丰姿清秀天性聰明辞鋒頴利疑無敵筆力從横若有神終是功名之客豈為田舍之翁龍飛九五青雲近鵬擊三千漢海中瑶池鞭静朝南極五夜鐘停拱北宸此則榮貴之命鴛帏烛夜添新蚤子嗣金風有挺榮運行初己亥上人庇下花放風生庚子運中十年窓下業黄卷與青燈辛丑運中遠望天恩雲外路思攀桂子手中美壬寅運中　過三層浪朝班立縉紳癸卯運中三度君恩喜兩番風木驚甲辰運中自是引年情𢗅思朝廷未遂雨疏心乙卯運中晚年閑故里樽酒樂𢗅情丙午運中百年遣惓成何用一日無常萬事空

丙申年　甲午月　丁酉日　癸卯時

此八字丁酉日貴之辰配乎柱中
官之格人生得此丰姿英雅天性乖離萱母先
歸椿後別鴈行天際尚無情粗知書史頗識世
情十斷九連成事業三番四覆整門庭佇看未
脫節財旺福重只此則翻覆成家之命篤悼
魁後重年少桂子庭前秀一英運行初乙未上人
庇下風月双清丙申運中才源未來旺人事有相
榮丁酉運中萱草已凋根業變徐徐歷遍有
昇平戊戌運中斷絃重續後椿樹又凋零己亥

運中世事番番覆覆人情冷冷清清庚子運
中晚年時運達倉廩兩豐盈辛丑運中月落
西風急哀猿三兩声

丙申年　甲午月　戊申日　己未時

此八字戊申之日身坐長生殺生印綬之格女人
值此生於仁善之族適於清白之堂治家勤儉操
幹有方代夫惟盡禮教子總成行心靜如月明雲
漢性快若風捲滄浪春入水光成嫩綠日匀花蓋
發新香露帔鳳冠甘不顧平生福祿兩榮昌此則
安和之命良人偕老兩鬓如霜子嗣有成數人挺
秀運行初癸巳蘭孝毓秀夫問炎凉壬辰運中無
結絲羅山海固永諧琴瑟地天長辛卯運中夫唱
婦隨多福慶羨巾尚有事乖張庚寅運中家門雖

有慶終日只為忙己丑運中片雲蔽月何損其光
戊子運中勁節凌光之秀黃花晚景香丁亥運中
無是無非享洪福丙戌運中清風一枕夢泉鄉

子平遺書

丙申年　甲午月　己丑日　辛卯時

此八字己土之日元相配五行木火官印之格遇斯象者生於美景長於芳年椿萱含歡群鴻雁後行聯其為人也逆則不遜不讓順則可方可圓須成新事業莫守舊根源運至豁然通達時来驀地光鮮忽逢高貴引名利兩兼全此則逢時發福之命鴛幃得合魚水之緣子嗣有成班衣之慶運行初乙未平為福安之居丙申運中寒向梅中蓋春從柳工還丁酉運中欲使才豐利阜好来湖海之間戊戌運中滚滚財源益旺滔滔福慶臏闐己亥運中韶華萬里美景一聯當此之際風雪一番庚子運中琴樽風月生計金玉松筠舊歲寒辛丑運中花自落月尤残

三

子平遺書

丙申年　甲午月　丙寅日　辛卯時

此八字丙寅日配乎柱中之木印綬之格木秀火明之貴椿萱雙耐壽鴻雁有行聯半姿洒落天性良賢理窮今古事學貫聖賢篇定擬揚名顯姓豈教鑿井耕田一從姓字傳揚後禄位輝煇拜九天此則顯耀之命鴛幃正副雙諧老桂子金風朶朶妍運行初乙未幼年上庇花放風顛丙申運中欲遂平生志潛心誦簡篇丁酉運中折桂光家世陽關謾跨鞍戊戌運中襟沾新寵渥百里聽鳴弦己亥運中再加禄位風雪生寒庚子運中正欲身榮金紫豈教困守鄉園辛丑運中黄花緑酒壬寅運中夢入九泉

四

丙申年　甲午月　癸卯日　壬子時

此八字癸卯日貴之辰傷官帶財之格日祿歸時之助女人得此亦足為奇翁姑難以奉妯娌不相齊掌家知內外歷事有操持性剛氣勇不受瞞欺助勤亦効凡態謄遺訓允諳斷織機子秀夫榮必快樂終身安享果標奇此則淑人之命良人榮達霜添鬢桂子金風秀幾枝運行初癸巳風輕日煖毓秀深閨壬辰運中窈窕春風花似玉等閑未許蝶蜂知辛卯運中路入桃源花爛謾橙橫銀漢水漣漪庚寅運中富貴榮華從此始幾多閑愬尚趦趄己丑運中家庭饒裕福慶多餘戊子運中縱使滿堂和氣藹一番風雪使人悲丁亥運中春蘭秋菊各等其時丙戌運中一枕香蒐歸不得思量明月照機系

丙申　甲午　戊午　甲寅

此八字戊午日刃之辰相配柱中火　殺命之格女人得此儀容清爽性格聰明椿萱堂上先虧父妯娌翁姑分尚輕有針綴之機巧立業之勤精萬里青雲天一色三秋好景月長明竹看來晚節清淡福安榮此則掌家女命良人半道相分手桂子庭前三四英運行初癸巳初年之景椿樹凋零壬辰運中杏艷桃猶媚鸞散鳳亦鳴辛卯運中世事光華行樂順一番風雪又嚴凝庚寅運中財源來旺處家業又番更己丑運中一旦鴛鴦分拆不堪腸守青燈戊子運中晚年臻福慶風浪又層層丁亥運中依然康樂丙戌運中機杼無聲

丙申年　甲午月　癸丑日　庚申時

此八字癸日庚申之時合祿之格本　利名壯觀衣紫腰金但嫌火透露生於午日注人　椿萱在堂雁字運行丰姿清秀立性慈祥焚香秉燭貝葉頻翻此則善人之命也外幃伉儷宜遲子嗣螟蛉可繼行初江山日麗生於良之家運行中貴人提挈才帛生涯運行暮野芳發而幽香佳木秀而繁陰壬寅運中莊周好夢成蝴蝶夢帝春心托杜鵑去也

丙申年　甲午月　丙辰日　甲午時

此八字丙辰日德之辰配身柱中木火傷官用印之格兩干不雜最為奇人生得此仕路聲馳椿萱數舉棠棣有聯枝丰姿洒落操幹能為理窮今古事學貫聖賢書一日風雲際會果然身到天池此則榮貴之命鴛幃尅後重偏正桂子金風舞綵衣運行初乙未上人庇下有何是非丙申運中欲遂平生志潛心下董幃丁酉運中一聲春霹靂變化上天池戊戌運中仁風千里振雪霽位加冕己亥運中職列大夫權任重東風雪浪又輕飛庚子運中正欲金魚綰帶胡為籬下幽棲辛丑運中落日青山外西風猿自啼

丙申、　甲午　甲子　丁卯

此八字甲子日配乎柱中水火傷官用印之格女人得此儀容嬌媚體態妖娆椿萱棠棣齊榮壽妯娌翁姑福勢高生於官族配於英豪萬象光華春信轉一聯美景樂陶陶晚節夫榮子秀果然金玉藏銚此則福榮女命良人配合英雄客桂子金風奪錦幖運行初癸巳閨門之内浪捲風濤壬辰運中雨晴雲線断明月照青霄辛卯運中滔滔旺家業柳絮又輕飄庚寅運中門闌增秀麗人事有煎嗷己丑運中金玉満囊臻福慶無端夜雨滴芭蕉

戊子運中福榮晚節丁亥運中夢断無聊

丙申年　甲午月　甲子日　丁卯時

此八字甲子日配合柱中水火傷官用印之格人生得此富貴雙全椿萱雙耐晚棠棣有枝連儀容俊傑天性良賢知古今之事畧兼文武之才權紛紛僕馬從行樂日日金樽對管絃轅門尊德望福慶享綿綿此則傑人之命鴛幃全正副桂子錦成聯運行初乙未不榮不辱樂享天然丙申運中倦讀來湖海財名四遠傳丁酉運中家業增輝飄旌旗擁眼戊戌運中一番梨雨過飄日正當天己亥運中交四方之豪貴立萬古之根基庚子運中晚年光齊景子秀與孫賢辛丑運中悠悠發旺壬寅運中夢入九泉

丙申年　甲午月　甲午日　丁卯時

此八字甲午日相配柱中旺火傷官之格人生得此丰姿磊落性格能為萱花先損椿尤别鴻雁天邊兩共飛般般都歷學件件只粗知祖業有依重整聚財囊還擬自操持湖海有情生貨利江湖旅德姓名巍佇看晚年倉廩實貴人交敬自光輝此則富厚之命鴛帳年高諧白首桂蘭還擬發秋枝運行初乙未上入庇下花放風欺丙申運中恰似洛陽三月景牡丹開處柳花飛丁酉運中雖財財源來旺幾番人事縈紆戊戌運中世事番還覆財囊實又虛己卯運中到此始知特運建財源來旺暑趁趨庚子運中晚年家業盛車馬集門閭辛丑運中日落西風急孤依聲自悲

丙申年　甲午月　庚戌日　辛巳時

此八字庚戌魁罡之日相配柱中火土煞生印綬之格陽刃合煞有功人生得此生於右族長於華宗金火椿萱双晚贈天邊鴻雁各行鳴其為人也丰姿清秀天性聰明筆底詞源三峽遠胸中縈潔一天色驪珠照耀光准擁雷劍生豐氣自充終是功名客豈為田舍翁鵬路高搏知健翼龍門深躍見脩鱗一從姓字傳揚後九天雨露沐皇恩此則榮貴之命鴛幃連珠須配小子嗣生成朶朶榮運行初甲午幼年之下災晦未伸乙未運中青燈展卷覽史窮經丙申運中不負寸陰之惜豈無題柱之功丁酉運中霹靂一聲雲霧合禹門躍過浪三層戊戌運中驛中曉日催行站江上春風促去程己亥運中職近金紫貴風雪不為驚庚子運中有財應大用未許便辭榮辛丑運中夕陽有限春夢無憑

丙申年　甲午月　戊午日　壬戌時

此八字戊午日月之辰相配柱中木火煞生印綬之格女人得此生於右旋長於名門椿萱难並耄鴻鴈各排空其為人也姿容清秀德茂行真雖是女流之輩過如男子材能雲妝華岳千山秀水到湘江一樣清每懷丸膽意時抱擇濟心深明閨壼理洞識古今情心靜似月明雲漢性急如風捲殘雲憂禍自能知內味愛琴應辯辨結声晚年子貴顯福祿享無窮此則晚榮之命良人有犯难偕老子嗣秋来有挺榮運行初癸巳上人庇下毓秀閨門壬辰運中契合翠鸞戌好夢當緣紅葉是良姻辛卯運中雖則夫門多快樂幾多人事尚弓盈庚寅運中正是梅青月白还愁素耗相侵己丑運中幾度閑中有悶數番靜裏憂生戊子運中子貴家居多壯觀还愁花放又風生過此丁亥運中晚年享福丙戌運中一枕入巫峯

丙申年　甲午月　壬戌日　己酉時

此八字壬戌日德之辰相配柱中才煞之格喜逢印綬生身人生得此生於右旋長於名門同屬椿萱不同壽夭遵鴻鴈各行飛其爲人也丰姿清秀天性聰明頗知禮義稍識古今過火黃金重長價雕雲皓月倍清明筍長名園過舊竹花開上苑勝先春雖不成名利生来近貴人福布江山外名聞湖海中財源富足平生好何必天邊沐寵榮此則旺足之命駕幃金玉配子嗣晚光榮運行初乙未上人庇下花放風生丙申運中爆竹聲催殘臘盡拆梅香引早春迴丁酉運中近水樓臺先得月向陽花木早逢春戊戌運中正是一番風雪裏還愁素耗户生己亥運中一輪明月通宵皎萬里秋波徹底清庚子運中富之以潤其屋德之以潤其身辛丑運中一枕清風

丙申年　甲午月　壬戌日　甲辰時

此八字壬戌日德之辰相配桂中火土才殺之格從殺之論主人生於右族長於高門椿萱双脫茂鴻鴈各行鳴其為人也丰姿清秀天性聰明究藏今古事李識聖賢心過火黃金逞赤色離雲皎月倍清明終是功名之客豈為田舍之翁雲程淡淡登天去平步悠悠名利成一日風雲相濟會九重雨露沐恩深此則榮貴之命兆怫金作合子嗣脫光榮運行初乙未上人庇下花放風生甲午運中十年窓下業時至自專通丁酉運中自沐天边寵朝班立縉紳戊戌運中錦衣肥馬祿位增新已亥運中財位兩沾金紫貴應青門外雪盈庭庚子運中冲擊之所擁雪生凶辛丑運中花落月沉

丙申年　甲午月　壬申日　辛丑時

此八字壬申長生之日相配桂中火土財官之格人生得此生於右族長於高門椿萱双晚茂鴈字有行聯其為人也丰姿清秀天性聰明知高識下理白分清不慈不善可方可員重成新事業再整舊根源琴樽風月閑生計金玉松筠舊日岩旭日桑麻茂盛薰風禾秀連汗飛語仕他來北闕草玄終不出南山財源有分生涯好官貴無緣誓不貪此則穩厚之命鶯帷重合卷子嗣晚光榮運行初乙未春風駘蕩夏日炎蒸丙申天冷雲還冷江空風自生丁酉運中隱隱輕雷抽碧笋微微細雨潤紅英戊戌運中天上三陽泰人間五福增已亥運中財源旺足家居好風雨飛來尚恤人庚子運中門庭壯觀福祿駢臻辛丑運中晚年多快樂入夢入佳城

子平遺書

丙戌年　甲午月　己未日　戊辰時

此八字己未陰月之日官印之格甲己化土有功伏此根基豈不光顯椿萱双晚茂棠棣葉繁稠其為人也丰姿清雅不剛不柔學問有成姓字必登龍虎榜英材卓冠声名高薦鳳凰樓頭角巍然偉衣冠拜冕旒此則脫白之命鴛幃正副須添寵桂子秋来寵握優運行初乙未上人庇下樂處还憂出此丙辰運中討論令古察理春秋丁酉運中時来名始顯便許步瀛洲戊戌運中一方布德四境揚休己亥運中衣冠正在權衡處風雪飛来易白頭庚子運中未應田里樂紫詔尚頻留辛丑運中百年繾綣成何用花落春殘夕照妝

十七

子平遺書

丙申年　甲午月　甲午日　己巳時

此八字甲木日元相配柱中金火傷官制殺之格女人得此生於右族長於名門椿萱棠棣霜睹日妯娌翁姑尚寡情其為人也丰姿清秀天性聰明雖是女流之輩過如男子材能斷機會效軻親訓剪髮應傳侃母心春入水光成嫩綠月匀花蕊發新紅憂禍知能和肉味素琴應解辨絃聲難觸難犯易喜易嗔錦繡花開春富貴琅玕竹報日昇平晚年先露好子貴樂無窮此則助旺之命良人木命湏年少子嗣馨香有顯榮運行初癸巳上人庇下化日陽春壬辰運中琴合翠窩成好夢黃緣紅葉是良媒辛卯運中雖則夫門財業旺湏史風雨吉何驚庚寅運中得中有失夏日炎蒸晦後還明己丑運中一度愁心對蒼雪沙禽尤解報昇平戊子運中子貴夫賢家業旺還愁花放尚風生丁亥運中夕陽有限春夢無憑

十八

丙申年 甲午月 庚戌日 丙戌時

此八字庚戌魁罡之日相配柱中木火才殺之格喜逢印綬生身人生得此生於右族長於名門金火椿萱雙晚茂天邊鴻鴈各行鳴具為人也半姿清秀天性聰明詞流三峽誰能及筆掃千軍孰與倫衣冠濟濟人中傑和氣怡怡席上珍終是功名客豈為田舍翁三級浪中龍變化九霄雲外鳳飛騰一從姓字傳揚後九重雨露沐皇恩此則榮貴之命鸞幃連硬須配小子嗣秋來朵朵榮幼年之下花發風生乙未運中上人庇下詩禮趨庭丙申運中十年窗下留心志時來頃刻便飛騰丁酉運中一躍禹門三級浪除奸摘惡理刑名戊戌運中職遷金紫貴風雨尚愁人己亥運中佇看官封三級酌然祿享千鍾庚子運中有材當大用未許便辭榮辛丑運中榮歸故里一道訃音

丙申年 甲午月 丁丑日 甲辰時

此八字丁丑日元相配柱中金土傷官助才之格人生得此生於右族長於名門水木椿萱茂長天邊鴻鴈各行鳴其為人也半姿清秀天性聰明知高識下理白分清世事頗能將就般般學欠精通過火黃金重長價離雲皎月倍清明祖業除新慶根苗勝旧風有心於貨利無意於功名不必覓珠來水府何須求劍到豐城但願才原富足何須天府求榮此則穩厚之命鸞幃春色麗子嗣朵朵榮運行初乙未上人庇下花放風生丙申運中春風篤篤微雨弄晴丁酉運中正是太平光霽景还愁風雨片時生戊戌運中才源富足家居好酒史素耗尚愁人己亥運中福若泉源勇才如春氣生庚子運中富潤屋德潤身辛丑運中夕陽有限春夢無憑

丙申年　甲午月　壬子日　庚子時

此八字壬子日丑之辰相配柱火土才官之格女人得此生於右族長於名門椿萱双晚貴鴻鴈各搏飛其為人也姿容清秀体態豐盈有針綫之巧立業之勤萬里無雲天一色三秋好景祿元增步步有助夫之樂滔滔無阻格之登明月當天生氣爽光華萬里色右奇桃李芬芳嬌娟才源滾滾來濡此則豐潤之命良人年長連珠子嗣秋来有貴榮運行初癸巳上人庇下安晦之時壬辰運中共結綺羅山固海永偕琴瑟地天齊辛卯運中雖則夫門多快樂須臾人事尚趑趄庚寅運中須臾雲掩月恐刻月揚輝己丑運中羅綺千盤足珎羞百味齊戊子運中夫賢子貴歡樂自如丁亥運中晚年多快樂福祿勝常時丙戌運中滿江明月不用一錢買玉山自倒無人推

丙申年　甲午月　丙子日　壬辰時

此八字丙子日元相配柱中水土傷官助杀之格人生得此生於右族長於高堂椿萱双晚別鴈字各翶翔其為人也丰姿清秀天性果剛口吐珠璣言語胸藏錦繡文章東海驪珠能照魏豐城雷劍不終藏終是功名之客豈為田舍之郎笑顏登試院噓手赴科場一朝騰達飛黃去濟濟衣冠拜衮章此則榮貴之命鶯情春蔼蔼子嗣晚光揚運行初乙未上人庇下花放風生丙申運中味道心今古披文目五行丁酉運中十年窓下業一舉便名揚戊戌運中威飛亂浪愁令重北風寒己亥運中職位兩迁全紫貴还愁風雪滿門墻庚子運中有材當大用未許便还鄉辛丑運中晚年鬧快樂一枕入黃梁

丙申年　甲午月　壬申日　丁未時

此八字壬申長生之日相配柱中火土才官之格喜逢煞印相生主人生於右族長於仁門堂上椿萱歲天邉鴻鴈有行鳴其為人也精神烱、智慧明、千古文章逞荣耀一天星斗換心胸驪珠照魏光难掩雷劍先豐氣自充終是功名之客豈為田舍之翁鵬路高搏知健冀龍門深躍見脩鱗一從姓字傳揚後直上金鑾輔聖明此則荣貴之命鶯幃連珠須配小子嗣生成貴顯人運行初乙未上人庇下花放風生丙申運中欲遂平生志須加董子功丁酉運中騰身雖

泮水攀足上神京戊戌運中躍過三層浪朝班立縉紳已亥運中三度君恩喜兩蕃風木驚庚子運中重紫重金當此際還愁權重尚風生辛丑運中辭組回田里壬寅運中夢入佳城

丙申年　甲午月　癸酉日　庚申時

此八字癸酉日元相配柱中火土才殺之格喜逢印綬生身人生得此生於右族長於西房椿親去遠萱歸晚天邉鴻鴈各分行其為人也丰姿清秀天性果剛心胸藏錦綉筆底好文章東海驪珠能幾見豊城雷劍不終藏終是功名客豈為田舍郎一朝騰踏飛黄去九五天門沐寵光此則荣貴之命鶯幃金石潤子嗣有光揚運行初乙未上人庇下安梅一埸過此丙申運中味道心千古披文目五行丁酉運中時来風送滕王閣頃刻升騰入

帝鄉戊戌運中青映梅窓呈玉雪容生柏府凜秋霜已亥運中敢還金紫貴風雪蒲門墻庚子運中有財應大用未許返家鄉辛丑運中正宜秉笏庭朝野何事辞荣故里閑壬寅運中春光歸去也一枕夢黄梁

丙申年　甲午月　丁巳日　辛辰時

此八字丁巳日元相配柱中金土傷官助才之格人生得此生于石族長于高門椿萱双晚茂鴻鴈幾行分其為人也丰姿清秀天性聰明斷危理直理句分清謀動君子威伏小人過火黄金顯十分貴色離雲皓月有萬古清明田園桑柘茂畝畝稻梁馨花無桃李非春色人有笙歌是太平遊山玩水携詩卷對月觀花把酒酣雖不建侯封爵貴囊中積宝富豪家時來光宵景酞粟也登崇此則開富顯貴之命鴛幃東西錦帳子嗣同鳳凰麟運行乙未天冷雲还凍江寛風尚生丙申運中爆竹声催殘臈冬折梅香引早春遲丁酉運中威權有感人欽服財富盈隆福祿增戊戌運中正是太平光際景还愁風雪尚惱人己亥運中富貴榮華當此際何愁弟宅不光崇庚子運中庭前竹報平安日檻外花開富貴春辛丑運中春光去也花落月沉

丙申年　甲午月　壬子日　辛亥時

此八字壬子日刃之辰相配柱中火土財官之格刑冲太重弑我功名主人生於威族長於名門金木椿萱亡皓首天邊鴻鴈獨行鳴其為人也丰姿清秀天性乖能頗知禮義稍識古今有抵雪欺霜之志截長補短之能過火黄金重長價離雲皎月倍清明有心於貨利無意慕功名兩都秋色皆香木耆舊風流有幾人時至財源富足運来福祿駢臻無辱心常足何須慕利名此則穩厚之命鴛幃金玉潤子嗣晚光榮運行初乙未上人庇下突悔未伸丙申運中水向石邊流出冷風從花底過来香丁酉運中隱隱春雷抽玉笋微微細雨潤紅英戊戌運中雪晴雲散天如洗從此此財源倍有增戊字之中一番風雨己亥運中成四時佳趣立萬古門庭庚子運中冲擊之所如月入雲辛丑運中春光去也一夢不醒

丙申年　甲午月　己巳日　戊辰時

此八字己巳日元相配柱中木火官印之格人生
得此生於右族長於名門水土椿萱萱巖長天邊
鴻鴈不同鳴其為人也丰姿清淋天性老成知高
識下理白分清過火黃金重長價離雲皎月倍清
明笋長名園過舊竹花開上苑勝先春不必尋珠
來水府何須求劍到豐城門外田疇千古壯庭前
花木四時新才源富足安居好何須乘馬去朝君
此則穩厚之命鴛幃有犯須年長子嗣秋來有顯
榮運行初乙未春風駘蕩夏日炎蒸丙申運中焰

覺陽和満目還愁江湧風生丁酉運中着意種花
花不發無心揷柳柳成陰戊戌運中既济尤防未
濟得經尤慮失經己亥運中才源廣有家居好福
星明照事非輕庚子運中才足以潤其屋德足以
顯其身辛丑運中孫賢多快樂子孝喜無窮壬寅
運中春光去也夢入巫峯

丙申年　甲午月　戊午日　己未時

此八字戊午日主今相配柱中木火殺生印綬之
格陽刃合殺有功人生得此生於右族長於名門
椿萱双晚茂鴻鴈各行鳴其為人也丰姿清秀天
性聰明知高識下理白分清豈無高士敬時有貴
人欽萬事韶華世事每從忙裏就一臉美景才源
自向遠方生樓臺疊疊生涯好才帛興隆福祿增
不以功名為念豈將冠冕磨礲時至才源富足運
來福祿無窮無慮心常足何須慕利名此則豐饒
之命鴛幃重合遲子嗣晚光榮運行初乙未春風

駘蕩夏日炎蒸丙申運中如日升暘谷似月照中
庭丁酉運中盡水無聲空有浪鏽花雖焰不聞聲
戊戌運中才如春水滔滔長福似秋蟾皎皎明當
此之際風雪滿庭己亥運中金勒馬嘶芳草地玉
樓人醉杏花村庚子運中愈老黃花香馥郁歲寒
松栢耐長生辛丑運中一番春夢斷萬事揔成空

丙申年　甲午月　丁丑日　辛丑時

此八字丁丑日元相配桂中金火傷官助財之格人生得此生於右族長於名門堂上椿萱同屬壽天邊鴻鴈各行鳴其爲人也丰姿清秀天性聪明知禮義識古今過火黄金重長價離雲皎月倍清明水光浮座盃盤瑩花氣侵人笑語馨不向仕途求聞達却来湖海覓黄金雖不成名利生平近貴人但願一生多發福任他身外没功名此則穩厚之命鴛幃運珠須配小子嗣生成孝義人運行初乙未上人庇下未斷平生丙申運中娟娟雲裡月灼灼葉中英丁酉運中隱隱輕雷抽碧笋微微細雨潤紅英戊戌運中福若泉源湧財如春氣生己亥運中富貴榮華當此際還愁素耗片時生庚子運中咲傲壺中日月優游醉裏乾坤辛丑運中晚年快樂壬寅運中一道訃音

丙申年　甲午月　丁酉日　己酉時

此八字丁酉日貴之辰傷官助才之格人生得此生於轅門長於武族椿萱双並苍崇棣萼星榮其爲人也丰姿清爽天情聰明譜動君子威伏小人稍知賢圣命熟讀呂公文終是功名之客豈爲避世之灵三跳禹溝沾寵渥便將德澤惠諸軍雖不腰金紫也降千百兵此則蔭貴之命鴛幃有禄須添寵子嗣秋成貴顯人運行初乙未上人庇下未斷升況丙申運中讀黄八登上国尚未右如心丁酉運中光華疊疊治沛紛紛當此之際人事若盈戊戌運中非是莫嘗門前客得失須憑塞上翁己亥運中才名雖振顯世事尚逡巡庚子運中崇中生阻節何必顯恩尊辛丑運中春光去也一道訃音

丙申年　甲午月　庚午日　乙酉時

此八字庚午貴人之日相配水火才殺之格日良無氣時遇陽刃不爲凶主人生於右族長於名門萱母續弦椿另配天邊鴻鴈各行鳴其爲人也丰姿清秀天性聰明機謀輒服奉人欽過火黃金重長價離雲皓月倍清明芦長名園過舊竹花開上苑勝先春有心於貨利無意慕功名得意江山詩句捷忘情日月酒盃深才源富足家居好何須誇馬入青雲此則穩厚之命鴛幃金玉旺子嗣晚光榮運行初乙未上人庇下花放風生丙申運中始知春晝永方覓瑞祥生丁酉運中爆竹聲催殘臘盡析梅香引早春逢戊戌運中天上三陽泰人間五福臻己亥運中戍四特佳趣立萬古門庭當此之際風雪滿庭庚子運中門楣壯觀福祿駢臻辛丑運中春光去也一枕難醒

丙申年　甲午月　辛酉日　丙申時

此八字辛酉專祿之日相配柱中木火才煞之格喜逢專祿身强遇斯命者生於良族長於仁門椿親金命離祖客天边鴻鴈後隨鳴其爲人也丰姿清爽天性聰明多聞多見自是白能豈無高仕敬時有貴人欽黃金過火重增價白璧離塵色更明五湖生計好四海祿元增得意江山詩句絕忘情日月酒盃深特來自有淵淵福運至还教絡路通富貴必從天上降自然潤屋而潤身此則因富显貴之命鴛幃春藹藹子嗣晚叢叢運行初乙未幼年之下災晦未伸丙申運中雲籠皎月水泛浮萍丁酉運中水向石边流出冷風從花底過来馨戊戌運中一枝梅破臘萬象漸回春己亥運中萬疊好山雲乍歛一輪明月雨初晴庚子運中有客留客有酒盈樽辛丑運中子貴孫賢多快樂壬寅運中春帰花落鳥無声

丙申年　甲午月　乙巳日　乙酉時

此八字傷官制殺之格木顕功名運行背地事不十全主人椿萱有倚先虧父鴻鴈天邊有共鳴其為人也丰姿磊落天性老誠言不妄發事不胡行祖業重整頓事業必添增遊山翫水携詩卷對月観花把酒斟萬里春風行樂頌四特佳趣瑞祥生但顧栗陳并貫朽何須騎馬上神京此則穩旺之命鴛幃有碍須偏正桂子秋来孝義深運行初乙未上人庇下天朗氣清丙申運中雨過萬重山有色雲開千里月華明丁酉運中着意種花花不活無揷柳陰戊戌運中幾度閑中有悶数番静裏憂生巳亥運中須吏風浪起頃刻又波平庚子運中豊年田舍禾盈謦臈日山家酒滿斟辛丑運中桑榆暮景樂享兒孫壬寅運中黄粮未熟清夢先行

丙申年　甲午月　丙寅日　戊戌時

此八字丙寅長生日相配柱中金火傷官助才之格亦有倒冲之意只嫌中馬羈絆減我功名主人生於遂室長於高堂椿萱双脱茂鴻鴈有聯行其為人也丰姿清秀天性果剛聰明書藝廣倜儻世情長李開不親顔孟業古今常覆貴人鄉樾臺疊〻生涯好才帛盈囊又積倉但顧一生財禄旺何須跨馬入朝堂此則穩富之命鴛幃正副方諭老子嗣生成貴顯郎運行初乙未上人庇下花放風狂丙申運中如花向日枝枝艶似笋穿泥節節長丁酉運中才源富足福禄汪洋戊戌運中人生正在風流處只恐西風雪滿墻巳亥運中門迎珠履三千客屏列金釵十二行庚子運中子箴于笥乃積乃倉子字之中風雨一番辛丑運中悦年子貴多欽樂壬寅運中訃音一播酹樹觴

丙申年　甲午月　己酉日　戊辰時

此八字己酉日元相配桂中水火官印之格女人得此生於良族長於仁門椿萱棠棣霜晞日妯娌翁姑分尚輕其為人也姿容清秀髮光精神有肝食霄衣之懊惱治家立業之材能青入水光成嫩綠日匀花蕚發新紅顔晚三從理豈全四德情刀里光雲天一色三秋好景月長明雅觸雅把易喜易嗔別人夫婦同偕老偏我天教二次新雖不鳳冠帔服自然福祿允穷此則穩享之命嫣人重赴雅偕老子嗣秋来假當真運行初癸巳上人庇下未斷平生壬辰運中路入桃源花爛熳橋横銀漢水澄清辛卯運中幾度樂中有悶數番靜裏憂生庚寅運中正是太平光霽景還愁樓閣起悲風己丑運中雖則夫門快樂還愁素耗相侵戊子運中冲擊之鄉還發福須臾風雨尚愁人丁亥運中晚年多享福一枕入巫峯

丙申年　甲午月　庚申日　辛巳時

此八字庚申專祿之日相配桂中木火才殺之格陽刃合殺有功女人得此生於右族長於名門椿萱有倚雅雙毫天邊鴻雁各行鳴其為人也姿容清雅髮精神雖是女流之輩過如男材能雲開華岳千峯秀水到湘江一樣清翁姑翁先別妯娌尚情輕箕箒頻繁存禮節相夫教子亦賢能克勤而克儉易喜而易嗔雖不鳳冠帔服自然才祿豐盈此則助旺之命良人木命須年長子嗣林春孝義深運行初癸巳上人庇下欲秀閨門壬辰運中青歸柳眼睛初变紅入桃花燦未匀辛卯運中須臾雲掩月頃刻月離雲庚寅運中幾度樂中有悶数番靜裏憂生己丑運中才源雖旺足人事尚還愁戊子運中一度愁心對蒼雪沙翁尤拜報平昇丁亥運中享子孫樂慶丙戌運中夢杳杳之佳城

丙申年　甲午月　乙卯日　丙子時

此八字乙卯專禄日相配柱中金火傷官助才格子平合印為奇主人生於橘井長於名門堂上椿萱齊壽遠天边鴻鴈各行飛葉為人也丰姿清秀氣宇為奇行藏果斷作事三思性不受觸心不蔵機終是功名客子宜為田舍耕鋤生平不離杏林業立志来親孔聖書一朝騰踏飛黄去九天雨露沐

恩光此則崇貴之命鴛幃得配名門女子嗣秋来有桂蘭運行初乙未上人庇下未斷高低丙申運中歆遂平生志潜心下董帷丁酉運中起鳳騰蛟從此始果然秉笏彞

天墀戊戌運中已把嚴威袪酷吏更将仁政釋究冤己亥運中風雪初晴天佀洗燠然金紫戢加充庚子運中正宜倩明主未許促懸車辛丑運中崇囬故里壬寅運中帰去来兮

丙申年　甲午月　丙辰日　戊戌時

此八字丙辰日德之辰相配柱中金土傷官助才之格傷官傷盡為喜主人生於右族長於高居鴻鴈幾行各奮椿萱須配連珠其為人也丰姿清秀天性聰明妍穷古事漢獵詩書見善則持於己當仁不讓於師終是功名客豈教田里鋤北海蛟横頭角聳南山豹变爪牙齐一日風雲相際會濟濟衣冠拜鳳池此則榮貴之命鴛幃有犯須招副子嗣秋来有出奇運行初乙未上人庇下未斷高低丙申運中十年窓下留心志特来攀桂折高枝丁酉運中躍過三層浪敵風四鑣馳戊戌運中雖則榮加禄位還愁風木之悲己亥運中連陞三次堂列金屛當是時也風雪還飛庚子運中有材應大用未許便懸車辛丑運中春光去也花落月西

丙申年　甲午月　辛未日　辛卯時

此八字辛未日元相配柱中木火才殺之格人生
得此生於右族長於仁門金水椿萱一期壽天边
鴻鴈各行鳴其為人也丰姿清秀天性聰明頗知
礼義稍識古今有抵雪欺霜之智裁長補短之能
祖業添新慶根源勝舊風福布江山生秀麗名揚
湖海有光榮花無桃李非春色人有笙歌是太平
不以功名為念豈將冠冕磨礱田園桑柘茂猷畝
稻粱馨雖不綺羅衣錦綉也應才祿足豐盈此則
穩厚之命鴛幃有犯須年小子嗣森晚節馨運行
乙未上人庇下花放風生丙申運中天寒有日雲
欲凍江潤無風浪自生丁酉運中隱隱輕雷抽碧
笋微微細雨潤紅芙戊戌運中梅須遜雪三分白
雪亦輸梅一段馨己卯運中才源富足家居好風
雪飛來尚惱人庚午運中門媚壯觀福祿駢臻辛
丑運中花落水流春已失蘭摧玉折恨何明

丙申年　甲午月　丙子日　己亥時

此八字丙子日元相配柱中水土傷官制殺之格人
生得此生於右族長於高居鴻鴈幾行各奮椿萱須
配連珠其為人也丰姿清秀天性聰明妍窮今古漁
獵詩書袖裡虹霓冲霄色筆端風雨駕雲衢終是功
名之客豈教田里耕鋤北海蛟横頭角聳南山豹变
爪牙齊一朝騰踏飛黄去濟濟衣冠拜鳳池此則榮
貴之命鴛幃連理須配長子嗣生成貴顯兒運行初
乙未上人庇下花放風欺丙申運中焚膏居巷負笈
從師丁酉運中時来風送滕王閣頃刻高摶上帝畿
戊戌運中片言能折獄一筆釋冤危當此之際風雪
成堆己亥運中職廷金紫撫字黔黎庚子運中有材
膺大用未許便懸車辛丑運中榮回故里美酒盈卮
壬寅運中歸歟歸歟

丙申年　甲午月　甲子日　丙寅時

此八字甲子日元相配柱中金火傷官制殺之格子申寅午得合不冲主人生於右族長於名門椿萱共晚茂棠棣各敷榮其爲人也丰資清秀天性聰明五車書富三冬足兩石弓當萬騎冲衣冠濟濟人中傑和氣昂昂席上珍終是功名客豈爲田舍翁鵬路高摶知健翼龍門深躍見脩鱗佇看揚姓字秉笏拜金門此則榮貴之命鴛幃燭夜添新慶子嗣秋來孝且忠運行初乙未上人庇下安晦未伸過此丙申運中不負寸陰之惜豈韋題柱之功丁酉運中躍過三層浪朝班立縉紳戊戌運中黎元仮父母仁政洽西東已亥運中千里霜威金斧重三秋風色繡衣輕黎花帶雪雨過山青庚子運中戰遷金紫宇內澄清辛丑運中晚年閑故里壬辰運中一枕夢南歌

丙申年　甲午月　丙午日　戊子時

此八字丙午日刄之辰相配柱中水土傷官助才之格人生得此生於右族長於名門椿萱有倚先亏父天边鴻鴈各行鳴其爲人也丰姿清秀天性老誠李門頗知今古事筆鋒稍有旧風稜筭長明因遇旧竹花間上苑勝青春終是功名之客豈爲田舍之翁三汲浪中龍变化九年場上好名馳晚年光害景德澤雨露思此則吏貴之命死幃有碍須重續子嗣秋來長貴榮運行初乙未上人庇下未斷平生丙申運中世事宛如春夢人情薄似秋雲丁酉運中貴人相指引祿馬助前程戊戌運中跨馬起程登上国果然頭角崢嶸已已運中人生正在風光処还愁飛又加霜庚子運中雪晴雲散光如洗佐政琴堂德望新丁丑運中綫年光置一旦行榮壬辰運中安閑故里眷夢入巫峯

丙申年　甲午月　丙子日　戊子時

此八字丙子日元相配柱中水土傷官助才之格人
生得此生於右族長於名門椿萱有倚先亏父天辿
鴻鴈各行鳴其爲人也丰姿清秀天性老誠善決善
斷多見多聞祖業添新慶才源勝旧風終是功名之
客豈爲田舍之翁不勞十年昔彥定應九載成名佇
看頭角聳福禄旺門庭晚年光壽景德沾雨露恩此
則榮貴之命鴛幃重合螽子嗣晚光榮運行初乙未
上人庇下未斷平生丙申運中欵速不達揚帆待風
丁酉運中貴人相指引持筆入公門戊戌運中始知
時運好己亥運中雖則嶸頭角亦有困守門庭庚子
運中雪睛開闔闔雨露再加新己丑運耿耿声名重
滔滔福禄增丙子運中安閑晚景壬辰運中春光去
也夢入巫峯

丙申年　甲午月　壬戌日　庚子時

此八字壬戌日德之辰相配柱中火土才杀之格人
生得此生於右族長於名門椿萱雙晚別宗肄
各教策其爲入也丰姿清秀天性聰明頗知禮
義稍識古今遇火黄金增長價雖雲皎月倍清
明祖基宜再整事業必重增水光浮座盃盤美
花氣侵人笑語声不必覓珠来水府何須求劍豐城
福有江山外名聞湖海中福遇成岳勢座公卿此
則穩盛之命鴛幃連珠何所長子嗣尭技有晩
榮運行乙未上人庇下丙申運中寒向梅中尽春從
柳上生丁酉運中小池雨過添新緑深谷春来發
舊声戊戌運中才源富足家居好風雪飛来又
惱人己亥運中天上三陽至人間五福臻庚子運
中薫爆香風生百福竹開化日放雲増子孛之
運如日入雲辛丑運中訃音一播酹酒三鍾

丙申年　甲午月　丙辰日　辛卯時

此八字丙辰日德之辰相配柱中水土傷官制殺之格人生得此生於右族長於高門椿萱双晚别鴻鴈各飛搏其爲人也半姿清秀天性老誠世事頗能將就般般多欠精通過大黄金應長價離雲皎月倍清明祖業添新慶根原勝旧風聲布江山外名聞湖海中丙部杖邑皆喬木老以風流有幾人才源自足福禄駢臻但願一生多旺是何必天边沐寵榮此則穩富之命鴛幃賢淑須年敵子嗣秋来孕發成運行初幼年之下花放風生春風精爽細方晴丙申運中才源雖富足第宅又增新丁酉運中才源滚滚家居好須臾風雨尚懸入戊戌運中不是一番風雨過而得春花向室生己亥運中不欲才源富足自然潤屋潤身庚子運中冲繫之所如月入雲辛丑運中晚年閑快樂一枕了平生

丙申年　甲午月　壬戌日　丁未時

此八字壬戌日德之辰才官之格女人得此生於茂配於高門姿容闓朗天性聰明勝丈夫之氣槩有男子之材相夫應有道訓子挺成郡深明閨壼擬識古今情萬象光華沾沛澤四時佳趣瑞祥生克勤而克儉忽喜而易嗔錦秀花開眷富貴琅玕竹複日升平此則崇旺之命良人木命須年長桂子生成奪錦人運行癸巳上人在下天朗氣清壬辰運中正配名門交花從錦上贈辛卯運中雖則家居而有慶幾多人事尚迍邅庚寅運中片雲能發千山雨過千山依旧青己丑運中一番風雨過步步助夫門戊子運中冲擊之所如月入雲丁亥運中楚臺雲散空留夢漢苑香消不返魂

丙申年　甲午月　乙丑日　丁亥時

此八字乙丑日元相配柱中火土傷官助才之格人生得此生於右族長於名門椿萱萱長椿棠傑天邊鴻鴈有行鳴其為人也丰姿清秀天性聰明胸羅今古事學識聖賢心過火黃金重長價離雲皎月倍清明衣冠濟濟人中傑和氣怡怡席上珎終是儒林之客豈為田舍之翁三汲浪中龍變化九霄雲外鳳飛騰一從楊姓字戒位重權衡此則榮貴之命鶯啼春色麗子嗣穪衣新運行初乙未春風駘蕩夏日炎炎丙申運中十年窓下業時便升騰丁酉運中躍過三層浪朝班立縉紳戊戌運中錦衣肥馬重重貴天上恩波浩浩新己亥運中三度居恩喜丙番風木驚庚子運中正宜侍明主何事便辭榮辛丑運中夕陽有限春夢無憑

丙申年　亥月　戊申日　癸亥時

此八字戊申　之日相配柱中金水傷官助財之格人生於此生於右族長於名門翁[illegible]擠壹雙既別天邊鴻鴈各行鳴其為人也丰姿清秀天性聰明五車書富三冬足兩石弓當方驥沖胸襟澄澈澈廣量大寬洪終是功名之客豈為田舍之翁李問有成一舉可沖天之勢英雄敏捷片言有折獄之能一從揚姓字職位掌權衡此則榮貴之命篤幃得配連珠女子嗣生成貴顯人運行庚子初上人苑下驚濤亂水脉騰兩勝峯叙辛丑運中歆遂班超投筆去須同董子下帷功壬辰運中時來風送滕王閣頃刻高騰萬里程癸卯運中寒拂紫衣催駿驥光生玉節下雲層當此之際風雪滿空甲辰運中南陽郎壯名高著西漢龔黃令大行

丙申年　己亥月　己酉日　乙丑時

此八字己酉日元相配柱中金水傷官助殺之格時殺助印為奇注人生於右族長於高居堂上擠壹壹歲晚天邊鴻鴈有行飛其為人也丰姿清秀立性能為頗知礼義稍識詩書行藏果斷作事三思見善則持於己當仁不讓於師重成新事業再整舊根基盈沼芰荷香馥郁滿園花木芳菲時來財源富運至福祿崔嵬滿世功名身外事五湖風景有誰爭此則旺益之命鸞幃得配連珠女子嗣生成貴顯見運行庚子上人苑下花放風欺辛丑運中如花向日似笋穿泥壬寅運中隱隱輕雷抽碧笋微微細雨灑揚枝癸卯運中雨過園花簇錦風和堤柳舞綠甲辰運中財源富足家居好風雪飛來幸不飛乙巳運中經霜松柏儼然青冒雨芝蘭芳外奇丙午運中晚年閑快樂一枕入仙衢

子平遺書

丙申年　己亥月　丁丑日　辛亥時

此八字丁丑日相配柱中旺水正官之格正官者貴氣之物也女人得此福是以庇終身主人生於茂族配於高門椿萱棠棣难相守妯娌翁姑不一群心静似春陽和煦性急時雷電驚奔有掌家立業之道理相夫教子之精勤佇看晚年增福禄輝輝羅綉贈釵裙此則秀英女命良人敵方偕老桂子秋来拂彩雲運行初戊戌上人庇下化日陽春丁酉運中鸞歌鳳舞佳氣氤氲丙申運中雖則夫門才業旺旺中尚有事逡巡乙未運中雪晴添氣象紅紫自紛紛甲午運中如花含霞似月藏雲癸巳運中桑榆暮景樂享兒孫壬辰運中惟有猿啼處青山掩夕曛

三

子平遺書

丙申年　己亥月　乙酉日　壬午時

此八字乙酉日相配柱中之水正印之格人生得此大器晚成椿萱不逮双荣贈鴻鳫天邊有各鳴手姿洒落天性和平學問三冬足詩書万卷精十載津林淹素志已年太學表矛名次第天風沾渥鮮鮮德化布神京此則晚荣之命鴛幃有硬須偏正桂子秋未孕孕荣運行初庚子初承上庇詩礼趋庭辛丑運中欲遂平生志潜心對短檠壬寅運中志欲登天步月身志翦雲裁水癸卯運中疋馬登天路橋門寄此情甲辰運中門闌添彩色人事有悲驚乙巳運中荣治寵渥事戒兵刑丙午運中再加禄位便擬荣歸丁未運中夢殘花落歸歹歸歹

四

丙申年　己亥月　乙未日　丙戌時

此八字乙未日相配柱中之水印綬之格人生得此本是功名只嫌運入背鄉減虧福力椿萱半道相分手鴻鴈天邊少合情丰姿英俊天性乖胝般般都好學件件不全精祖業增華聚才囊自積成市廛生計廣湖海姓名馨但願門迎車馬客何須身到鳳凰城此則富实之命鴛幃有碍須年少桂子秋来有挺榮運行初庚子上人庇下快樂昇平辛丑運中詩書心力倦貨利便生成壬寅運中雖則才名兩旺無端風雪嚴凝癸卯運中世事趑趄何足慮徐徐歷過又昇平甲辰運中英雄交敵孚才旺事相棼乙巳運中老當益壯才源旺旺处人情暗處生丙午運中滔滔發旺丁未運中夢入蓬瀛

丙申年　己亥月　甲申日　乙亥

此八字殺坐印綬之格值斯象者焉得不榮椿父先歸萱後別西風鴻鴈不成群其為人也丰姿磊落智慧朗明學問不深君子敬陰功宏遠貴人欽終是功名客豈為田舍人幾載公門趨事一朝天府沾恩此則顯達之命鴛幃有碍須重疊子嗣森枝挺秀榮運行初庚子風輕日煖燕語鶯吟辛丑運中徽覺陽和布方知祥瑞生壬寅運中但逢高貴引禄馬旺前程癸卯運中名利光揚當此際幾番風雨幾番晴甲辰運中榮中曾駁雜依舊禄崢嶸乙巳運中財權雙美氣宇英英丙午運中晚年壯觀暮景昇平丁未運中光陰過隙一枕難醒

丙申年　己亥月　甲申日　辛未時

此八字甲申專權之日殺生印綬之格運行背地滅我光明其為人也猷々好學件々不精君子欲貴人尊萱母先歸椿後天边鴻鴈失行群祖碁弄立事業重成初運中和中限雜稅年有子樂杲平此則溫和之命鴛悰年少魚水之情子嗣有成班衣之慶運行初庚子花紅柳綠月白風清辛丑運中如花露晚似月離雲壬寅運中役々勞々費盡志財源事業有斷盈癸卯運中着意種花々不活無心插柳々成陰甲辰運中家居有慶人事因循乙巳運中高門滿座美酒盈尊丙午運中黃花晚節丁未運中一道赴音

丙申年　己亥月　辛未日　壬辰時

此八字金生水傷官之格傷官者剛勇之宿也人生值此豈不為奇椿萱一期耄鴻鴈拆群鳴其為人也丰姿魁俊天性能為頗識古人翰畧法不窮上聖淺深書祖業添新慶聲名異音時停者高貴相攜手螢苑江湖姓字馳此則光耀之命鴛幃有礙須偏正子嗣秋深有鳳雛運行初庚子只宜穩祿未論興衰辛丑運中小池雨過添新綠深谷春來長舊枝壬寅運中雖則衣冠壯麗幾多人事崎嶇癸卯運中但聽自然名德顯何須用盡一生機甲辰運中因權見阻依舊光輝乙巳運中冲擊之鄉多壯觀閑中詩酒與琴棋丙午運中桑榆暮景丁未運中歸去來兮

丙申年　己亥月　戊子日　壬戌時

此八字戊土生於亥日財殺之格女人得此能機變頗聰明有立業治家之志代夫訓子之誠翁姑雖耄妯娌異心性快尤如風捲浪心安儼似月離雲處世無榮無辱生涯不富不貧此則安和之命良人金命湏年長子嗣斑衣森果成運行初戊戌娟娟梅月白淡淡柳風清丁酉運中帳前新綰鴛鴦帶堂上初開孔雀屏丙申運中雖則家居有慶幾番微雨美晴乙未運中世事短如春夢人情薄似秋雲甲午運中崎嶇都歷盡從此頗昇平癸巳

甲辰運中因權見阻依舊光輝乙巳運中沖擊之鄉多壯觀閑中詩酒與琴棋丙午運中桑榆暮景丁未運中歸去來兮

丙申年　己亥月　戊子日　壬戌時

此八字戊土生於亥日財殺之格女人得此能機變頗聰明有立業治家之志代夫訓子之誠翁姑雖耄妯娌異心性快尤如風捲浪心安儼似月離雲處世無榮無辱生涯不富不貧此則安和之命良人金命湏年長子嗣斑衣森果成運行初戊戌娟娟梅月白淡淡柳風清丁酉運中帳前新綰鴛鴦帶堂上初開孔雀屏丙申運中雖則家居有慶幾番微雨美晴乙未運中世事短如春夢人情薄似秋雲甲午運中崎嶇都歷盡從此頗昇平癸巳

運中祥光藹藹佳氣葱葱壬辰運中安享兒孫福辛卯運中黄粱一夢中

丙申年　己亥月　壬辰日　丁未時

此八字壬水相配柱中金土官印之格人生值此年姿磊落天性剛能生於威族長於良庭堂上椿親堆並耄天边鴻鴈秋能鳴李閣有成知礼義行藏特達貴之欽煙樹依依遮北斗楼臺疊疊隱南深納稟奏名揚四海榮身冠冕顯門庭非獨田園桑柘茂尚祈閭里有名闡多聞而多見多智又多能欺強扶弱理明分白佇看子顯腰金日滿門食祿不非輕此則富貴之命鸞幃同屬添香助子招攀桂出奇英運行初庚子上人之下其樂何如辛丑運中讀書映雪未許成名壬寅運中意款思登於仕路何當家事恼心情癸卯運中雖有貴人相指其中跋踄難逃甲辰運中上谷覩光名振顯總使簪纓不順情乙巳運中子遊於泮水災破有非驚丙午運中富當兩全並有壽子登天府拜皇恩門迎朱履三千客酌酒邀賓樂称情丁未運中堆金積玉愈老愈仁戊申運中一世豪名歸何處夢返黃梁再不醒

丙申年　己亥月　辛未日　戊子時

此八字六陰朝陽之格官星透露反不為官椿萱中道別鴻鴈各遥天其為人也機謀活動動止方圓識玄微之趣作湖海之仙琢磨新事業成立舊家園風月閑生計松筠舊歲寒非富非貧非貴顯不辱不榮度芳年此則中和之命鸞幃有碍年須小子嗣芬芳晚秀妍運行初庚子雲籠皓月霧鎖層巒辛丑運中信知氣轉漸覺春還壬寅運中不意之中財帛旺用心之處反徒然癸卯運中世事難全美人情有覆番甲辰運中杜鵑啼處春花處萬里雲消萬里天乙巳運中花殘春艷月缺重圓丙午運中訃音播也夢遶巫山

丙申年　己亥月　癸巳日　庚申時

此八字癸巳日相配柱中金土官印之格亦有合禄之意人生得此喜發晚年椿萱不待双荣養鴻鴈天邊各奮鳴丰姿洒落天性聰明理窮今古事李貫聖贒經十載芸窓淹素志一朝天府沐恩荣此則貴人之命鴛幃有得須偏正桂子旁蓂有顕英運行初丙子幼承上庇快樂昇平丁丑運中詩書窮萬卷焉得上雲程戊寅運中志欲登天步月身還剪雪裁氷己卯運中三疊陽関飛驟足時来便擬顕文声庚辰運中宗沾新寵渥德化啓儒生辛巳運中禄元階進未鮮簪纓壬午運中懸懸羅下癸未運中一夢無憂

丙申年　己亥月　癸酉日　癸亥時

此八字癸水相配柱中火土月上偏官之格女人得此姿容清致處事明良生於望族配於高堂椿萱棠棣難相守妯娌翁姑侍不常理絲綸而不紊治家事而有方錦繡花開家冨貴琅玕竹根日安康初運安荣中蹇剥晚年福禄愈軒昂此則荣旺女命良人有得須年長桂子花開果異香運行初戊戌上人庇下毓秀蘭房丁酉運中配匹賢良友花開錦綉香丙申運中雖則夫荣身快樂幾番風雪亂飄揚乙未運中食則珍羞盛饌衣則錦綉羅衣當此之際跋涉淒涼甲午運中雨散雲收天一色月明還墜夜荒凉癸巳運中孫賢子秀與享華堂壬辰運中粧樓人去也臺鏡掩長光

丙申年　己亥月　癸巳日　癸亥時

此八字癸巳日配于柱中之土月上偏官之格人生得此湖海馳名椿親富壽萱填室鴻雁天邊有後鳴丰姿穩俊天性聰明學識粗通書史智謀能合賢英祖業添新慶才囊自積成但願才名旺湖海何須騎馬上神京此則富貴之命鴛幃連珠低一載桂蘭吐錦兩三英運行初庚子上人庇下詩礼趍庭辛丑運中仕途难進步湖海便知名壬寅運中踈踈風雪過滚滚貨財生癸卯運中文四方之豪傑旺兩倍之才名甲辰運中風霜都歷過金玉積盈盈乙巳運中老當發旺丙午運中一夢难醒

丙申年　己亥月　戊寅日　壬戌時

此八字戊土專權之日食神制殺日旺生官之格女人得此生於茂族配於衣纓椿萱棠棣霜帶日妯娌翁姑不共群姿容雅素天性聰明勝文夫之氣槩有男子之才能克勤而克儉易喜而易慎雪為鞋粉憑風傳霞作胭脂仗日匀佇看天荣子秀滿門佳氣氤氳此則荣旺之命良人金命荣英客桂子秋来奪錦英運行初戊戌上人庇下未斷平生丁酉運中正配名門交花從歸上增丙申運中片雲蔽日雨過山青乙未運中雖則行藏有变幾番微雨弄晴甲午運中芭蕉夜雨曽愁听衾燼衾寒淚滴襟癸巳運中光景疊疊沛澤紛紛壬辰運中暮年安享辛卯運中一道訃音

丙申年　己亥月　己酉日　己巳時

此八字己酉之日相配柱中水木傷官助財之格女人得此生於右族長配名門椿萱難並耄鴻鴈各行鳴其為人也姿容清秀髮貌精神翁姑荣倚難雙耄妯娌行中分尚輕勝丈夫之氣槩有男子之材能雲収華岳千山秀水到湘江一樣清每懷九膽意時抱擇憐心一死杏挑鋪錦綉滿山松栢映幃屏克勤而克儉易喜而易嗔平生財祿無虧損一世安康福不貧晚年子貴日同沭帝王恩此則荣貴女命良人水命須年長子嗣森森有提荣運行初戊戌上人庇下毓秀閨門丁酉運中匹配名門交花從錦上增輝中生貴子家内産公卿丙申運中雖則夫門才業旺旺中尚有事虧盈乙未運中不用高燒銀燭月明添倍精神甲午運中有子登高弟滔滔福祿增癸巳運中恩贈加封當此際須叟花放又風生過此壬辰運中晚年快樂辛卯運中花落月沉

丙申年　己亥月　己巳日　庚午時

此八字己土相配柱中金水傷官助才之格喜逢日祿以歸時女人得此生於戊族長配高堂姿容雅淡髮皃異常有針線之巧九膽之良喜則雲收華岳怒則風捲滄浪風送浮雲歸古洞雨潑花萼發新枝葵萼有心終向日楊花無力任風狂處世素無榮辱生平喜不煖涼此則穩厚之命良人有碍須年敵子嗣秋風草上霜運行初戊戌上人庇下毓秀閨房丁酉運中紅絲牽綉幕翠贈鴛枕丙申運中行藏雖有慶人事尚悠揚乙未運中雲蔽自然孤月朗春來依旧百花香甲午運中浮雲蔽日不損其光癸巳運中虚驚之所月入雲裏壬辰運中暮年安享辛卯運中一夢黃梁

丙申年　己亥月　癸巳日　辛酉時

此八字癸巳貴人之日相配柱中火土才殺之格去官留之論主人生於右族長於武門金火椿萱双晚贈天邊鴻鴈各行鳴其為人也丰姿清秀天性聰明習羅星斗學貫古今筆底詞源三峽水習中螢案一天星終是文場折桂客豈為田舍鑿耕人不向轅門施勇猛卻來翰苑試文英豹变南山霧鵬搏北海風一從揚姓字秉笏拜金門此則榮貴之命篤幃有犯須同屬子嗣生成奮錦人運行初庚子上入庇下天冷雲還凍江寬風上生辛丑運中踏破泮橋霜幾板讀殘茅店月三更壬寅運中起風騰蛟從此始果然秉笏拜明君癸卯運中獄折片言詞訟息九天金紫再加陞甲辰運中西風吹過天邊雪金鱗光照紫微宮乙巳運中有材應大用何事便辭榮丙午運中子貴重榮贈丁未運中無賞又促程

丙申年　己亥月　庚戌日　壬午時

此八字庚戌魁罡之日相配柱中水火傷官制殺之格人生得此生於右族長於高居鴻鴈幾行各奮播螢一享斯願其為人也丰姿清秀天性能為頗知禮義稍識詩書行藏果斷作事三思豈無高士敬時有貴人攜性不受羈心不藏機重成新事業再整舊門閭遊山玩水攜詩卷對月觀花把酒邑但願一生財祿旺但願一生財祿旺何須天府沐恩歸此則豐饒之命篤幃鼓盆三嘆子嗣晚節光輝運行初庚子上人庇下安晦之時辛丑運中淡烟楊柳岸薄霧杏花堤壬寅運中才源旺足行藏好還愁人事尚蹉跎癸卯運中重重風雪初晴後從此財源厚積餘甲辰運中不獨財源富足尚祈摟閣萑蒐乙巳運中延賓玩物會友園基丙午運中無思無慮丁未運中花落月西

丙申年　己亥月　乙酉日　戊寅時

此八字乙酉專祿日相配柱中金水秀生印綬格女人得此生於右族長於名門椿萱双晚氏棠妹各數棠其為人也姿容清秀髮皃精神有針綴之巧立業之能一苑杏桃鋪錦綉滿山松柏映幃屏滔滔無阻清奇助夫門玉產崑崗藏棍色蘭生楚澤散清聲难觸难犯易喜易嗔雖不鳳冠帔服自然金谷豐盈此則穩厚之命良人同屬須年長子嗣秋香朶朶棠運行初戊戌上人庇下如履薄冰丁酉運中契合翠空成好翼鸞緣紅葉是良姻丙申運中雖不行藏有慶自然萬事如心乙未運中萬疊好山雲作斂欽一輪明月雨初睛甲午運中梅須遜雪三分白雪亦輕梅一段馨癸巳運中夫榮子貴樂意忘情壬辰運中安享晚景辛卯運中花落月沉

丙申年　己亥月　丁酉日　甲辰時

此八字丁酉日貴之辰相配柱中金水才能之治女人得此生於右族長於名門椿親晚別萱先別天邉鴻鴈有随鳴其為人也姿容明朗休態豐盈有針綴之巧立業之能萬里無雲空一色三秋好景月揚輝步步有助夫之樂滔滔無阻滞之虧一苑杏桃鋪錦綉滿山松栢映幃屏易嗔易喜壯觸难欺時來生子貴福禄享無窮此則旺益之命良人得配名門之女子嗣生成貴顯児運行初戊戌上人庇下積雪成堆丁酉運中共結綺羅山海固永諧老恣 地天 齊丙辰運中須臾雲掩月依舊月揚輝乙未運中雨過園桃鋪錦風和楊柳三春綠甲午運中裙釵濟濟家居好子貴夫，在此特癸巳運中天上三陽泰人間五福臻壬辰運中晚年多快樂辛卯運中一夢入巫峯

丙申年　己亥月　乙巳日　辛巳時

此八字乙巳日元相配金水殺生印綬之終
相生功名顯達主人生於遊宦之族長於詩禮之
門椿萱榮艷贈鴻鴈有飛騰其為人也精神炯炯
智慧昂昂千古文章逞榮耀一天星斗爛心胸衣
冠濟濟人中傑和氣怡怡席上珍胸襟澄清
寬洪順之則喜逆之則嗔終是功名之客豈為田
舍之翁萬里扶搖鸑鷟一聲霹靂躍潛鱗瑤池
鞭詩朝南極五夜鐘停拱北宸明時柱石盛時股
肱此則社稷良臣之命鸑鷟有犯須當敵子副生
成貴顯人運行初庚子上人棠疵天冷雲還凍江
寬風尚生辛丑運中焚膏展卷秉燭觀文壬寅運
中起鳳騰蛟從此始果然秉笏拜明君癸卯運中
寒拂紫衣催驛騎光生玉節下雲層職遷金紫家
內澄清甲辰運中西風吹遍天边雪金鱗光
薇宮乙巳運中股肱盛世尊明德輔時顯赫
英巳字之中歸效淵明丙午運中子貴重榮顯丁
未運中無常又促程

丙申年　己亥月　戊申日　癸丑時

此八字戊申長生之日相配柱中水木財
人生得此生於右族長於名門椿萱双晚別崇棣
谷數榮其為人也手姿清秀天性乖巧頗知礼義
精識古今有欺霜傲雪之智裁長補短之能祖業
添新慶根源勝旧風祿在江山外名聞湖海中
長名園過舊竹花開上苑勝光春時至財源富足
運來福祿無窮此則豐潤之命鸑鷟金玉潤子嗣
錦衣新運行初庚子上人庇下春風播奕微雨弄
晴辛丑運中天冷雪還凍江空風月生壬寅運中
近水樓臺先得月向陽花木早逢春癸卯運中月
離海嶠山山皎秀花發園林處處生英甲辰運中
成四時佳趣立萬古門庭當此之際風雪滿庭乙
巳運中豐年田舍禾豐臘日山家酒滿斟丙午運
中安樂悅景會友開尊丁未運中歸去也

子平遺書

丙申年　巳亥月　戊申日　壬戌時

此八字戊申長生之日相配柱中金水食、不印巳」之格人生得此生於右族長於高門椿萱榮晚贈鴻鴈有飛騰其為人也精神烱烱智慧明明筆底詞源三峽水胸中瑩潔一天星飄句如刀天下白高材俊似海東青終是文章折桂客豈為田舍作耕人龍門變化三層浪鵬路遥遙萬里程瑤池鞭靜朝南極五夜鐘停拱北辰此則榮貴之命鶯幃春色麗子嗣晚光榮運行初庚子上人庇下花放夙生辛丑運中欲達相如志須心對短棨壬寅運中起鳳騰蛟從此始果然秉笏拜明君癸卯運中寒拂紫衣催驛驥先生玉節下雲層甲辰運中職邊金紫貴風雪滿門庭乙巳運中山河歸舊國管鑰換離宮丙午運中子貴重榮贈羅邊榮性情丁未運中人生從此別無復見儀刑

二五

子平遺書

丙申年　巳亥月　乙巳日　庚辰時

此八字乙巳日元相配柱中金水官印之、小人太重爭不十全主人生於温潤之族長於豐厚之堂椿萱椿晚別鴻鴈各翱翔其為人也手姿清秀天性果剛聰明書藝遠倜儻世情長者刂不親顏孟業生來常履貴人鄉豐年田舍米盈罌臘日山家酒滿觴過火黃金頭十分之貴色誰雲皎月布萬里之清光財源富乏平生好何比思登天子堂此則豈潤之命鶯幃金玉潤子嗣晚光揚運行初庚子上人庇下花放風狂辛丑運中水向石邊流出冷風從花底過來香壬寅運中春草春江湘妃綠新鶯新柳競爭黃癸卯運中門迎珠履三千客屏列金釵十二行當此之際風雪滿墻甲辰運中樓基疊疊生涯好財帛盈隆又積倉乙巳運中延賓玩物會友流觴丙午運中晚年閑快樂丁未運中一枕入巫峯

二六

丙申年　己亥月　乙酉日　甲申時

此八字乙酉專權之日相配柱中金水才足以旺之格只嫌身弱減我功名主人生於西室長於官門椿萱榮倚萱帰副雲邊鴻鴈各行鳴其為人也丰姿清秀天性老成雖無深計較虍□尖聰明過火黃金重長價離雲皎月倍清明不向仕達□月達却来湖海覓黃金門楣壯觀樓閣凌雲雨餘天色皆喬木耆旧風流有幾人身将隱矣文何用人不知之味更真田連阡陌桑麻茂仕他身外没功名此則穩厚之命篤觞有犯須招副子嗣金風孝且忠運行初庚子春風澹蕩夏日炎蒸過此辛丑運中春風播奐微雨弄晴壬寅運中始知春晝永方覺瑞祥生癸卯運中春色満園閨不住一枝紅杏出墻東當此之際素耗還生甲辰運中梅須遜雪三分白雪却輸梅一段清乙巳運中桑榆□□快樂升平丙午運中一枕餘香隔年□□風吹落楚山雲

丙申年　己亥月　戊寅日　丁巳時

此八字戊寅專權之日相配柱中水木才□之合刑冲大重名利難成主人生於右族長於高門豈親早别重重繼天邊鴻鴈各騰風其為人也丰姿清秀天性剛忠知高識下理白分清□月是交消酒客情豈無高仕敬時有貴人欽重成新事□□整舊門庭有心於貨利無意慕功名遊山玩水携詩卷對月簪花把酒斟朝中無姓字閭里有聲名花無桃李非春色人有笙歌是太平拙於自己巧與他人但欲粟陳貫朽任他身外功名福元成岳瀆戚勢壓鄉民此則穩厚之命篤閑水命須年長子嗣枝枝有顯榮運行初庚子上人庇下未断平生辛丑運中雪晴天未暖萬事未如心壬寅運中雖則行藏有慶還愁素耗相侵發卯運中幾度□中有悶數番歡裏憂生甲辰運中財源旺盛之□好須臾風雨不為驚乙巳運中冲□□所還發福也愁風浪起層層丙午運中平陂防有穿峻嶺豈無驚君若有陰騭丁未運方終

丙申年 己亥月 壬午日 辛亥時

此八字六壬生臨午位號曰祿馬同鄉財〻〻一奇之格三奇者貴氣之物也主人生於喬木長於宦門椿萱雙晚茂棠棣各敷榮其為人也精神炯炯智慧明明胸羅星斗學貫古今祖〻〻紅霓冲霄色筆端風雨駕雲程終是登雲之客豈爲日人〻〻翁三級浪中龍變化九霄雲外鳳飛騰瑤池鞭靜朝南極五夜鐘停拱北辰此則榮貴之命鸞幃春麗霞裳贈子嗣生成貴顯人運行初庚子春風浩蕩夏日炎蒸辛丑運中篤志十年窗下時來一舉成名壬寅運中躍過三層浪朝班立縉紳癸卯運中寒拂紫衣催驛騎光生玉節下雲層甲辰運中職遷金紫貴風雪尚愁人乙巳運中赤心扶日月素志展經綸丙午運中榮歸故里一道訃音

丙申年 己亥月 癸未日 癸亥時

此八字癸未日主相配柱中木火財殺之格食神制殺為奇主人生於右族長於仁門椿萱有倚難双耄天邊鴻雁各行鳴其為人也丰姿清秀天性聰明有抵雪欺霜之志截長補短之能過火黃金重長價離雲皎月倍清明祖業添新廣根源肥茂風福布江山外名聞湖海中財源富足家業豐盈福元成岳瀆威勢壓鄉民此則穩厚之命鸞幃木命須年小子嗣秋來朶朶榮運行初庚子春風駘蕩夏日炎蒸辛丑運中隱隱輕雷抽碧筍微微細雨潤紅英壬寅運中近水樓臺先得月向陽花木早逢春癸卯運中軒開化日十祥集簾捲香風百福增甲辰運中財旺福興家業盛還愁風雪擁門庭乙巳運中富之以潤其屋德之以潤其身丙午運中春光去也花落月沉

丙申年　己亥月　丙戌日　己亥時

此八字丙戌之日相配柱中旺水傷官之格兩干不雜之論過斯命者生於西室長於名門椿父早歸萱耐晚天邊鴻鴈陣行分其為人也丰姿莊重度量寬洪知道理曉世情不慈不勇面是自能高人起敬貴客相欽重成新事業再整舊門庭萬里春風行樂頌四時佳趣瑞祥生生涯湖海上道路或西東過險終無險逢亮幸不亮花無桃李非春色人有笙歌是太平常將好意番成惡每把真心換得嗔雖不青雲得路也應財祿豐盈此則旺足之命鴛幃水命須年長子嗣枝頭二果成初行庚子運中風狂椿樹折行樂未如心辛丑運中登臨雨澤玩賞春陰壬寅運中雖則家居有慶也應水火無情癸卯運中重成新事業再整舊門風得中有失晦後還明甲辰運中才原雖旺足人事尚困循乙巳運中旺中尚有虧盈事依舊財源倍有增丙午運中子秀孫賢家業旺丁未運中春歸花落鳥無聲

丙申年　己亥月　壬辰日　辛丑時

此八字壬辰魁罡之日相配柱中財官印三奇之格水居冬旺生平樂自無憂主人生於西室長於窮門椿親先歸萱後別天邊鴻鴈各摶風其為人也丰姿秀麗天性聰明源流三峽誰能及筆掃千軍孰與論麗句妙為天下白高材俊似海東青終是登庸之客豈為田舍之翁鵬路高摶知健翼龍門深躍見脩鱗一從姓字傳揚後直上金鑾輔聖明此則榮貴之命鴛幃宜有贈子嗣桂蘭榮運行初庚子上人庇下灾晦未伸辛丑運中十年窓下業一舉便成名壬寅運中躍過禹門三級浪凜凜威風四海清梨花舞雪雨過山青癸卯運中職遷金紫宇內澄清甲辰運中佇看官封三級酌然祿享千鍾乙巳運中赤心扶日月素志展經綸丙午運中榮回故里美酒盈樽丁未運中春光去也

丙申年　己亥月　丙戌日　丁酉時

此八字丙火日相配柱中金水才殺之格此格者主人生於西堂長於名門椿親磊落萱歸副天邊鴻雁不同郡其爲人也丰姿清秀天性聰明善快善斷多見多聞高人起敬貴客相欽祖業須重立根原再整新門外田疇千古計庭前花木四時新雖不成名利生平近貴人住看晚年光寄景衣冠各異豐饒民此則豐饒之命鴛幃有犯須敵子嗣秋枝義且忠運行初庚子上人庇下月白風清辛丑運中如花露曉似月離雲壬寅運中綉花着有艷晝水聽無聲癸卯運中雖則行藏有慶幾多人事匆々甲辰運中威權有布人欽伏尚有趣超未順情乙巳運中須史風雨々過山青丙午運中無處盡傳詩礼楽有明自遠方親丁未運中花落人何在猿啼人慘情

丙申年　己亥月　庚辰日　丁亥時

此八字庚辰日德之辰相配柱中水火傷官助殺之格金水傷官喜逢官主人生於西室長於名門椿親榮貴萱歸副天邊鳴雁各行鳴其爲人也丰姿清秀天性能筆落驚風而詩成立兒神過火黄金顯十分之貴色離雲皎月布萬里之清明終是功名之客豈爲田舍之翁蛟横北海風雲會豹變南山勢要先衣冠崇令望而露沐皇恩此則榮貴之命鴛幃蓮珠高一載子嗣生成奪錦人運行初己亥春風駘蕩夏日炎蒸庚子運中關詩學礼負笈趋庭辛丑運中雪案須留苦志文塔未許榮登壬寅運中踊履三千皆後學博風九里即前程癸卯運中西風吹過天邊雪從此滔滔而露陸甲辰運中重金重紫布德施仁乙巳運中白頭未許還家樂紫詔頻留慰老匡丙午訃音一播醉酒三鍾

丙申年　己亥月　庚寅日　己卯時

此八字庚寅之日相配柱中水木食神助才之格歲奈
助印為奇主人生於遊宦之族長於閥閱之門椿萱
榮晚贈鴻鴈有飛騰其為人也精神烱烱智慧明明
錦綉胸藏賢聖學珠璣口吐武文風不特驪珠能照
乘定應趙璧擬連城終是登庸之客豈為田舍之翁豹
变南山霧鵬搏北海風一朝騰飛黄去直上金鑾輔
聖明此則榮繼之命鴛幃春麗尤宜硬子嗣秋來有
顯榮運行初庚子幼年之下未必評論辛丑運中萬
學居顏巷潜心對一經壬寅運中霹靂一声雲霧合
禹門躍過浪三層當是時也風雪滿鹿癸卯運中驛
中曉日推行站江上春風促行程戰廷金紫宇內陞
清甲辰運中佇看官封三級酌然祿享千鍾乙巳運
中自嘆引歸故里朝廷未遂兩踈心丙午運中解組
回田里無常又促程

丙申年　己亥月　丁丑日　乙巳時

此八字丁丑日配乎柱中之水正官之格兵[illegible]者貴
氣之宿也人生得此仕路名馳椿萱不建雙榮
養鴻鴈天邊有合飛羊姿穩重操幹能為李
識窮通書史筆鋒能理寃危彎林雖不登高宴
祿位尤能沐寵歸此則頭身之命鴛幃合正副
桂子舞班衣運行初庚子上人庇下有何是非辛
丑運中欲逢平生志潜心下董帷壬寅運中劍筆
縱橫飛驥足悠悠都下樂安舒癸卯運中一番風
雪過人事愈光輝甲辰運思栄心切切時至布威
儀乙巳運中祿位榮加財福旺一番行樂事越趄丙午
運中黄花綠酒丁未運中歸去來兮

丙申年　己亥月　戊戌日　癸亥時

此八字戊戌魁罡之日相配柱中旺水才旺生官之格人生得此生於右族長於高門萱毋先帰椿耐暮天邊鴻鴈各行鳴其為人也丰姿清秀天性聰明胸羅今古事學識聖賢心太山北斗千年在和氣春風四座傾終是功名之客豈為田舍之翁鰲逐玉蟾攀桂去馬随青帝踏花行一朝姓字傳揚後九天雨露沐皇恩此則榮貴之命鴛幃宜有贈子嗣晚榮門運行初庚子上人庇下詩禮趨庭辛丑運中十年窓下留心志時来一夲便成名壬寅運中躍過三層浪

朝班立縉紳癸卯運中獄折片言民訟息九天金紫又加陞黎花舞雪雨過山青甲辰運中佇看官封三級酌然禄享千鍾乙巳運中天邊少恩犀蘿下樂高情丙午運中英雄使盡也高琢卧麒麟

丙申年　己亥月　丙亥日　己亥時

此八字丙申之日才殺格從殺之論五刑無破四柱得恒人生得此生於右族長於名門椿萱双晚茂棠棣各數榮其為人也丰姿清秀天性多能胸羅今古事學識聖賢心珪璋自是清朝器律呂偏諳治世音終是功名客豈為田舍翁三級浪中龍变化九宵雲外凰飛騰一從姓字傳臚後九五天階拜寵榮佇看官封二品酌然祿享千鍾此則榮貴之命鴛幃春藹々子嗣晚叢々運行庚子初年之下未断平生辛丑運中讀残芧店月囊聚案頭螢壬寅運中報

道是龍还不信果然奪得錦標新癸卯運中三度君恩重両番風木驚甲辰運中赤心扶日月素志展經綸乙巳運中解組帰故里蘿邉樂晚情丙午運中春光去也一枕清風

丙申年　己亥月　壬辰日　丙午時

此八字壬辰魁罡之日相配柱中火土才殺之格人生得此生於右族長於高門椿萱有倚鴻鴈飛鳴其為人也丰姿清秀天性老誠頗知礼義稍識古人芳長名園過舊竹花開上苑勝先春自有順天之慶豈無福地之源重成新事業再整舊門庭福步红山外名聞湖海中萬里無雲天一色三秋好景月長明田園桑柘茂畝畆稻粱馨鳳入鷄窠抱龍居蛇穴生時來才祿旺爭宅念興隆此則勝祖強宗之命鸞幃連弥合子嗣晚光榮運行初上人庇下如履薄

水過此庚子運中春風驟露夏日炎蒸辛丑運中漸覔衣襟池雨過倍支花放晚風輕壬辰運中萬里層雲將阻一輪和月光風癸卯運中才如春水滔滔長福似秋波皎皎明甲辰運中正是太平光霽景还愁風雪滿門庭乙巳運中天上人間泰門閒五福增丙午運中夕陽有限春夢無憑

丙申年　己亥月　壬寅日　丁未時

此八字壬寅趨艮之日相配柱中木火傷官助才之格人生得此生於右族長於仁門椿萱双脫别鴻鴈各随鳴其為人也丰姿清秀天性聪明般般稍覧件件下精過火黄金重長價離雲皎月倍清明有抵雪欺霜之志截長補短之能祖業添新慶根源勝舊風福布江山外名聞湖海中两都秋色皆喬木皆舊風流有幾人雖不建侯封爵自然潤屋潤身此則穩享之命鸞幃合有潤子嗣晚光榮運行初庚子上人庇下花放風生辛丑運

中如花向日似月離雲壬寅運中漸覔花滿池雨過　知花放晚風輕癸卯運中才如風捲浪福似月離雲須臾風雨瑞氣紛紛甲辰運中天上三陽泰人間五福增辰字之中如履薄氷乙巳運中富之以潤其居德之以潤其身丙午運中晚年光景福祿駢臻丁未運中春光去也一枕清風

丙申年　己亥月　丁亥日　辛丑時

此八字丁亥日貴之辰相配柱中金木財殺之格人生得此生於右族長於名門椿萱數眺翠棠棣苑邊青其為人也丰姿清秀天性亳洪英材而出類學門以淵深袖裡紅霓冲霄色筆端風雨驚雲程豈是池中物尤來席上珎雲程坦坦登天去擧足悠悠名利成一朝化雨風雲變九天雨露沐皇恩此則榮貴之命鶯幃重合螽子嗣脫榮門初年之下花放風生庚子運中詩書從易訓災滯未能伸過此辛丑運中雖有青雲[illegible]前

程路未通壬寅運中報道是龍還不信果然奪得錦彪新癸卯運中寒拂紫衣催驛騎光生至節下雲層甲辰運中江山迎五馬花柳拂双旌當此之際風雨還生乙巳運中有材應大用未許便辞榮丙午運中花已落月尤沉

丙申年　己亥月　壬寅日　庚子時

此八字壬寅趋艮之日相配柱中木火食神制殺之格人生得此生於右族長於西房椿親磊落萱歸副天邊鴻鴈各分行其為人也丰姿清秀天性果剛粗知今古事稍識聖賢心學問不親顏孟業生平當履貴人鄉風月之度量慷慨之行藏重成新事業再整舊門庭江湖深有意軒冕只平常酒闌棋一局遺興酒三盃不是青雲客高風播一鄉但願一生財祿旺何必足登天子堂此則穩厚之命鴛幃連珠須年小子嗣生成貴顯郎運行初庚

子上人庇下花放風狂辛丑運中隱隱輕雷抽碧笋微微細雨潤垂揚壬寅運中才帛有來有去人情或抑或揚癸卯運中福危從此長行樂勝於常甲辰運中貫朽粟陳人罕羨只愁霜雪擁門墻乙巳運中延賓説物會友開樽丙午運中春光去也一枕黃粱

丙申年　己亥月　壬午日　乙巳時

此八字六壬生臨午位號曰祿馬同鄉才官之格沖殺留官之論主人得此生於右族長於名門椿萱榮晚贈鴻鴈各行鳴其為人也手姿清秀天性聰明源流三峽誰能及筆掃千軍孰與倫衣冠濟濟人中傑和氣怡怡席上珍終是文場折桂客豈為田舍鑿耕人三級浪中龍變化九霄雲外鳳飛騰一日風雲相際會九天雨露沐君恩此則榮貴之命鴛幃春色麗子嗣欃衣馨運行初庚子上仁庇下花落風生辛丑運中欲向雲中舉足須從燈下留心壬寅運中遠望天恩雲外降恩攀桂子手中馨癸未運中躍過禹門三級浪秉笏趨朝拜聖明甲寅運中雪睛雲散天如洗金紫煌煌雨露陞辰字之中片時風雨乙巳運中重紫重金當是景未許離邊樂晚情丙午運中春光去也一枕清風

丙申年　己亥月　庚寅日　癸未時

此八字庚寅之日相配柱中水火傷官助才之格人生得此生於右族長於名門萱毋續絃椿耐久火命双双耐晚程天邊鴻鴈有各摶風其為人也丰清秀知行方負高人交敬貴客相親萬里韶華軒開化日增光彩一聯芙景簾捲香風進祿元閣里聲名好江湖姓字傳樓閣凌雲華桑麻遍野妍此則穩厚之命鴛幃聯珠須招硬子嗣金風發桂蘭風顛花枝保其幼年庚子運中如花向日似月嬋娟辛丑運中雨過山方秀雲開月始圓壬寅運中才源指中有益人情覆處還當癸卯運中忽遇高人扶助春風和氣怡然甲辰運中莫道一程而程貴涌史風雪尚綿綿乙巳運中絃管香風春蕩蕩壺觴列座草芊芊丙午運中晚景悠悠多快樂丁未運中春風引夢入巫山

丙申年　己亥月　己丑日　甲戌時

此八字己丑日元相配柱中水木才官之格女人得此生於右族配於高門椿萱有倚先剋母天邊鳴鴈各行鳴其為人也姿容清秀德茂行真有針綴之巧立業之勤勝丈夫之氣槩有男子之材能春入水光成嫩綠日旬花萼發新紅每懷丸膽意時抱擇鄰心萬里無雲天一色三秋好景月長明憂禍自能辞肉味愛琴應解辨絃聲克勤而克儉易喜而易嗔雖不鳳冠帔服自然福祿無窮此則豐旺之命良人連珠宜合硬子嗣秋来始旺門運

行初戊戌上人庇下未斷平生丁酉運中雖剛夫門多快樂幾番風雨尚剋盈丙申運中淡烟楊柳岸薄霧杏花村乙未運中片雲能發千山雨雨過千山依旧晴甲午運中正是太平光霽景还慈素耗片時生癸巳運中冲激之所如履薄氷過此壬辰運中晚年多快樂辛卯運中花落鳥無聲

丙申年　己亥月　癸未日　癸亥時

此八字癸未日元相配柱中木土傷官助才之格人生得此生於右族長於高門堂上椿萱萱歲長天邊鴻鴈各行鳴其為人也羊姿清秀天性聰明般般稍覧件件不精有近貴親賢之德應上和下之能過火黃金重長價離月皎月倍請明祖業添新慶根源勝旧風福布江山外名聞湖海中水光浮座盃盤瑩花氣侵人笑語馨不以功名為念豈将冠冕磨礱時至財源富足運来福祿駢臻雖不建侯封爵自然潤屋潤身此則穩厚之命篤幃有

犯須年敵子嗣秋来朶朶榮幼年之下花放風生庚子運中春風播爽微雨弄晴辛丑運中湖水夜添池雨過園花香散晚風輕壬寅運中雨過園桃舒錦風和堤柳摇金癸卯運中天上三陽泰人間五福增當此之際素耗還生甲辰運中福若泉源湧財如春氣生乙巳運中晚年閑快樂會友以閑尊丙午運中春光去也一枕清風

丙申年　己亥月　乙酉日　己卯時

此八字乙酉專祿之日配手柱中金水殺生印綬之格殺印相生功名顯達亥卯合局為良主人生於右族長於名門堂上椿萱萱茂長天邊鴻鴈各飛騰其為人也丰姿清秀禮樂縱横胸羅今古事學識聖賢心黶句妙為天下白高材俊似海東青終是功名之客豈為田舍之翁鰲逐玉蟾攀桂玄馬隨青帝踏花行一從姓字傳揚後九重雨露沐皇恩此則榮貴之命鸞幃燭夜添新巹子嗣森枝朵朵榮運行初己亥幼年之下花放風生過此庚子運中讀殘茅店月囊聚案頭螢辛丑運中時來風送滕王閣頃刻高搏萬里程壬寅運中自沐天邊寵朝班立縉紳癸卯運中三度君恩重兩番風木驚甲辰運中佇看官封三級酌然祿享千鍾乙巳運中衝擊之所歸效淵明丙午運中夕陽春夢一枕難憑

丙申年　己亥月　庚寅日　己丑時

此八字庚寅之日相配柱中水木食神助才之格才旺轉生官旺只嫌刑冲太重賊我功名主人生於右族長於高門椿父先歸萱後別天邊鴻鴈各行鴛其為人也丰姿清秀天性老成謀動君子感伏小人行藏果斷作事乖能重成新事業雖守舊門庭田園桑柘茂畝畝稻粱青花無桃李非春色人有笙歌是太平常將好意番成惡每把真心換得嗔雖不建侯封爵自然鄉黨推尊此則穩厚之命鸞幃王命須年小子嗣生成孝義人運行初庚子上人庇下未斷平生辛丑運中春園雖雪過桃李未生英壬寅運中着意種花花不發無心插柳柳成陰癸卯運中雖則才源旺足還愁人事虧盈甲辰運中才源旺足人交紀須吏素耗尚愁人乙巳運中莫言此運多光彩得一程而失一程過此丙午運中晚年快樂會友開樽午字之中花放風生丁未運中月已落月尤沉

丙申年　己亥月　己巳日　甲戌時

此八字己巳之日相配柱中水木才官之格才盛生官終身有慶遇斯命者生於右族長於名門椿萱有倚难雙耄天邊鴻鴈各行鳴其為人也丰姿清秀天性聰明雖是女流之輩過如男子之材能有針綫紡績之巧治家立業之勤一苑杏花鋪錦綉満山松栢映幃屏每懷丸膽意時抱擇憐心楊柳無風枝娜娜梅花有月弄精神克勤而克儉易喜而易嗔雖不鳳冠帔服自然財源豊盈此則益旺之命良人有犯須招硬子嗣技頭李義深運行初戊戌上人庇下未斷平生丁酉運行春歸柳葉晴初変紅入桃花幾未匀丙申運中雖則夫門財業旺旺中尚有事齬盈乙未運中幾度樂中有悶數番靜裏憂生甲午運中二一度愁花時對嚴雪何禽尤解雜非年癸巳運中乍雨乍情留客景或寒或煖困人春壬辰運中春光去也一枕風清

丙申年　己亥月　乙酉日　甲申時

此八字乙酉專權之日相配柱中金水殺生印綬之播尺嫌身弱減我功名主人生於西室長於窟門椿觀棠偹萱帰副天邊鴻鴈各行鳴其為人也丰姿清秀天性老誠雖無波計較猶有淡聰明過火黃金重長價離雲皎月倍清明不向仕途求聞達却来湖海覓黄金門楣壯觀楼閣変雲兩都秋色皆喬木香酒風流有幾人身將隱矣文何用人不知之味更真田連阡陌桑麻茂任他身外有功名此則穩厚之命驚幃有犯須招副子嗣金風孝丑忠運行初庚子春風融蕩夏日炎蒸過此辛丑運中青風播麦微雨弄晴壬寅運中始知春晝永方應瑞祥生癸卯運中春色満园関不住一枝紅杏出墻東卯字之中素耗还生甲辰運中梅須遜雪三分白雪亦輸梅一段馨乙巳運中桑榆暮景快樂升平丙午運中一枕餘香隔年梦斜風吹月楚山雲

丙申年　己亥月　己丑日　庚午時

此八字己土相配柱中金水傷官助財之格喜逢日祿以歸時遇斯命者生於仁厚之族長於積德之家椿萱先别父鴻鴈不同飛其為人也丰姿磊落天性乖能善決善斷多見多知豈無高仕敬時有貴人携重成新事業再整舊根基舟摇摇以輕錫風飄飄而吹衣借問生涯何處是走南過北或東西田園有意公卿小廊庙無心宇宙毕此則旺益之命鴛幃鼓盆三嘆重整羅幃子嗣晚節光輝蘭香桂郁運行初庚子上人庇下未斷高低辛丑運中如花向日侶月揚輝壬寅運中春寒風料峭性急馬行遲癸卯運中貨利交通千里外序時風雨不為驚甲辰運中得木喜失木悲乙巳運中小池雨過添新綠深谷春來發舊枝當此之際雖耗相侵丙午運中安閑晚景丁未運中春去也鳥空啼

丙申年　己亥月　甲申日　甲子時

此八字甲申專權之日相配柱中金水杀生印綬之格水泛木浮減吾貴氣主人生於右族長於高門椿萱双晚别棠棣各敷荣其為人也丰姿清秀天性聪明骮骮稍覧件件不精過火黄金顯十分之貴色離雲皓月布萬里之清明祖業添新慶根源勝旧風琴横風月閑生計愈老松筠旧歲青疇至才源富足運未福禄無穷但恳一生多快樂何必天边沐寵荣此則豊盛之命允幃宜有贈子嗣晚光荣運行初庚子上人庇下灾晦之中已丑運中天冷雲还凍江風浪自生壬寅運中梅須近雪三分白雪亦親梅一段春癸卯運中天上三陽泰人間五福增甲辰運中雪晴雲散天如洗從此才源倍有增乙巳運中高朋滿座美酒盈樽丙午運中夕陽有限春梦無憑

丙申年　己亥月　乙未日　辛巳時

此八字乙未日元相配柱中金水杀生印綬之格杀印相生功名顯達主人生於右族長於名門同厲椿萱双晚贈天邊鴻鴈各行鳴其為人也丰姿清秀天性聰明胸羅今古事學識聖賢心麗日好為天下白高材後似始知春終是文儒攀桂客豈為田舍鑿耕人龍門变化三春浪鵬路逍遥萬里程瑶池鞭靜朝南極五夜鐘停拱北辰此則荣貴之命鴛幃連珠頂配小子嗣秋来有挺荣運行初庚子上人庇下安晦未伸辛丑運中歆遂實生志

須加董子功壬寅運中遠望天恩雲外降思攀桂子手中香癸卯運中躍過禹門三級浪秉笏来朝拜聖明甲辰運中寒拂紫衣催驛騎光生玉節下雲層戢迁金紫風雪还侵乙巳運中有材應大用何事便辞荣丙午運中春光去也花落月沉

丙申年　己亥月　癸卯日　壬子時

此八字癸卯日貴之辰相配柱中火土才杀之格食神制杀生才人生得此生於右族長於名門椿萱有倚一期别天邊鴻鴈各擣風其為人也精神烱烱智慧明明千古文章逞崇耀一天星斗煥心胸衣冠濟濟人中傑和氣怡怡席上珍終是功名之客豈為田舍之翁萬里扶摇鷩曙鼓一声霹靂躍潛鱗一從姓字傳揚後直上金鑾輔聖明此則荣貴之命鴛幃正副方偕老子嗣秋来桑桑荣運行初庚子上人庇下安晦未伸辛丑運中篤孝十

年窓下時来一舉成名壬寅運中起鳳騰蛟從此始果然奪得錦標新癸卯運中寒拂紫衣催驊騮光生玉節下雲層職迁金紫風雪還侵甲辰運中皇恩有感重加祿十郡山河化日明乙巳運中位鎮法司權任重未應解組向籬東丙午運中百年纏綣成何用一日無常萬事空

丙申年　己亥月　丁亥日　甲辰時

此八字日貴之辰相配柱中水木官印之格人生得此生於右族長於高門金火椿萱連珠屬天邊鴻鴈各行鳴其為人也丰姿磊落天性剛忠錦綉胸藏賢聖學珠璣口吐武文風麗句妙為天下白高才純似海東青終是功名之客豈為田舍之翁奮身辭白屋平步入青雲北海蛟龍頭角聳南山豹變爪牙新一日風雲相際會九重雨露沐皇恩此則榮貴之命鴛幃金玉潤子嗣晚光榮運行初庚子春風蕩淡夏日炎晶辛丑運中欲向雲中舉

足須從燈下留心壬寅運中鵬路高摶知健翼龍門深躍見脩鱗癸卯運中粉署聯班才獨称皇恩有感大夫榮甲辰運中職遷金紫聲名重風雷飛来尚惱人乙巳運中有才膺大用何事便辭榮丙午運中觧組歸来春夢重落花流水各西東

丙申年　己亥月　癸酉日　己未時

此八字癸水日相配柱中火土財殺之格水居冬旺生平樂自無憂遇斯命者生於喬木長於名門椿萱榮贈馬双堂天邊鴻鴈各行鳴其為人也丰姿清秀天性聡明筆底掃源三峽水胸中學業五車深折桂場中歌妙手標名鴈塔振蜚飛聲一從姓字登金榜職位榮看次第陞更有文章兼議論定居臺閣展經綸此則社稷良臣之命鴛幃正副方諧老子嗣秋来有挺榮運行初庚子上人庇下月白風清辛丑運中篤志十年窓下業時来一舉

便成名壬寅運中禹浪三層勸躍過聯班彩署職階陞癸卯運中職迁金紫宇內澄清甲辰運中貴列金屏當此際山河十郡仰威稚乙巳運中歸来故里美酒盈樽丙午運中安樂晚景丁未運中春夢無憑

丙申年一 己亥月 己卯日 乙丑時

此八字專權之日相配柱中水木財殺之格人生得此生於右族長於名門萱毋先歸椿後别天邊鳴鴈各行鳴其為人也丰姿清秀天性聡明窮經覧史知重别輕舷般稍覧伴伴不精謀動君子感伏小人遊山玩水努詩局對月觀花把酒斟祖業添新慶根源勝舊風田園桑柘茂畝畝稻粱馨花無桃李非春色人有笙歌是太平終是功名客豈為田舍翁非吏非儒非汗馬晚年子貴受榮封此則晚榮之命鸞幃金命須年長子嗣榮門孝且忠

運行初庚子上人庇下未斷平生辛丑運中春園雖雨過桃李未生英壬寅運中畫水無聲空有浪繡花雖焰不聞馨癸卯運中無慮盡傳詩禮樂有朋來自遠方親須史風雨頃刻色迟甲辰運中有子高科多顯焕也應天府受封榮片時素耗不損精神乙巳運中人生正是風光處只恐西風始暫生過此丙午運中晚年重又增丁未運中一枕入巫峯

丙申年 己亥月 辛丑日 戊子時

此八字辛丑之日相配柱中水火傷官之格人生得此生於右族長於名門椿萱雙晚茂鴻鴈各飛騰其為人也丰姿清秀天性老誠機謀軼服拳用人欽黄金過火重長價白玉離塵色更明曰福曰榮自有順天之慶常安常樂豈無福地之深笋長名園過舊竹花開上苑勝鮮紅玉產崑崗藏閏色蘭生楚澤散清馨不是功名之客生逢喜近貴人滿世功名身外事五湖風月樂怡情此則穩盛之命鸞幃有犯須相柢子嗣森枝孝義深運行初庚子驚洮亂水脉賬雨晴峯紋辛丑運中雲開山聳翠雨過竹重青壬寅運中漸覺夜凉池雨過信知花放曉風輕癸卯運中才旺生官家業好福星臨照喜非輕甲辰運中財源富足家居好素耗須更尚惱人過此乙巳運中延賔翫物會友開樽丙午運中落花片片流水泠泠

丙申年　己亥月　戊子日　壬子時

此八字戊土日元相配柱中旺水才官之格女人得此生於盛族配於高門椿萱先别母鴻雁各行群其為人也姿容闊朗天性聰明勝丈夫之氣槩有男子之材能般般理立件件當心一苑杏桃紅錦點半溪山水緑羅新性快便如風捲浪片時言起片時停磨穿鐵硯非吾事綉折金針却有功雞不鳳冠帔服自然益旺夫門此則能家之命良人年長須蛇屬子嗣生花多晚英運行初戊戌上人庇下淡淡青雲丁酉運中春園雨過花木增新丙申運中古樹含風常帶雨寒岩四月始知春乙未運中幾度樂中有悶数番靜裏憂生甲午運中莫言此運多光彩尚有須臾晦耗侵癸巳運中冲轉之所如月入雲壬辰運中無思無慮樂享昇平辛卯運中花容玉骨歸何處惟有粧樓鏡掩晨

丙申年　己亥月　辛巳日　乙未時

此八字辛巳日元相配柱中水木傷官助才之格金水傷官喜見官主人生於右族長於仁門水火椿萱雙脫茂天邊鴻雁有行鳴其為人也手姿清秀天性聰明胸羅今古事夸識聖賢心嚴句妙為天下白髙材俊似海東青終是功名之客宣為田舍之翁鵬路髙搏之健翼龍門深躍見脩鱗一從姓字傳揚後九天雨露沐皇恩此則榮貴之命雋沸連珠須令硬子嗣秋來朶朶榮運行初庚子上人庇下灾晦未伸辛丑運中欲向雲中牽足須從灯下留心壬寅運中遠望天恩雲外降思攀桂子手中攀癸卯運中躍過雨門三汲浪濟濟衣冠拜九重甲辰運中處事但憑三尺法理刑渾似一團春雪晴閶闔金紫戩加陞乙巳運中三度錦衣歸故里兩扶日月上天庭丙午運中榮歸故里會友論文丁未運中夕陽有限春夢無憑

丙申年　己亥月　戊戌日　癸丑時

此八字戊戌魁罡之日相配柱中金水傷官助才之格女人得此生於右族長配高門椿萱棠棣霜晞日妯娌翁姑分尚輕其為人也丰姿清秀髮兒超群勝丈夫之氣槩有男子之材能雪為輕粉憑風付霞作胭脂伏日匀春入水光成嫩綠日匀花蘂發新紅相夫應有道訓子總成群克勤而克欽易喜而易嗔此則旺益之命良人年少如魚水子嗣秋來有粟英運行初戊戌上入庇下毓秀閨門丁酉運中路入桃源花爛熳橋横銀漢水澄清丙申運中世事濃又淡淡処又还濃乙未運中雖則夫門多快樂片時風雨片時驚甲午運中幾番風雨都經過次第春風万物生癸巳運中正是太平光霽景还愁鏡破與釵分壬辰運中平坡防有窠峻嶺豈無驚過此辛卯運中安閑晚景庚寅運中花落月沉

丙申年　己亥月　丙午日　己亥時

此八字丙午日丹之辰相配柱中旺水偏官之格主人生於喬木長於名門椿萱榮晚贈棠棣有行群其為人也丰姿磊落天性豪洪錦綉胸藏賢聖學珠璣口吐武文風驪珠照耀光難掩雷劍生豐氣自充定是池中物尤来席上珍龍門变化三春浪鵬路逍遥萬里程瑤池鞭靜朝南極五夜鍾停拱北辰此則榮貴之命鴛幃春色麗子嗣晚光榮運行初庚子上人庇下灾晦未伸辛丑運中焚香展卷剪烛觀文壬寅運中起鳳騰蛟從此始課然秉笏拜君王癸卯運中塞拂紫衣催驛騎光當玉節下雲層甲辰運中三度君恩金紫貴兩番風雨使人驚乙巳運中赤心扶日月素志展經綸丙午運中榮回故里丁未運中花落月沉

丙申年　己亥月　辛巳日　己丑時

此八字辛巳日元相配柱中水火傷官之格刑冲太重減我功名主人生於右族長於名門萱毋續絃椿嚭落天邊鴻雁各行鳴其為人也手姿清秀天性聰明斷高理直處事辛勤截長補短理白分青機謀輙腹夆用人欽祖業添新慶根基勝旧風世事每從忙裏就財源自向遠方生田園求柘茂畎畝稻粱馨花無桃李非春色人有笙歌是太平但願一生財祿旺何必天邊沐寵榮此則穩厚之命兇帏連珠低一載子嗣金風絲舞成幼年之下驚濤乱水脉驟雨攊花叢過此庚子運中柳色偏經細雨濕花枝欲放春風生辛丑運中近水楼臺先得月向陽花木早逢春壬寅運中天上三陽泰人間五福臻梨花帶雪雨過山青癸卯運中財旺生官家業長福星臨照喜非輕甲辰運中富貴榮華當此際須叟風雨尚愁人乙巳運中晚年朋快樂尊酒樂怡情丙午運中春帰花落尽空怨子規声

丙申年　己亥月　辛巳日　庚寅時

此八字辛金相配柱中水木傷官助才之格人生得此本于仕路榮登只孅刑冲太重福清閑主人生於茂族長於豐門手姿穩厚志氣超群椿萱耄別難相倚鴻鴈天邊隔斷雲頗知玄秘訣稍識聖賢文法令降龍虎慈光伏鬼神佇看晚年光霽景容顏奇妙位居尊此則清高之命運行初庚子上人庇下風雪沿身辛丑運中尋師来學道踏雪又穿雲壬寅運中雖則人欽人服一番行樂逍巡癸卯運中六根清净塵無染主席名山德望深甲辰運中寂寞苦空僧世界清虛冷淡佛家風乙巳運中晩年自有龍神護豈慮風波玷一身丙午運中悠悠處樂丁未運中夢逐香雲

丙申年　己亥月　己卯日　丙寅時

此八字己土相配於中旺水才旺生官之格才盛生官終身有慶遇斯命者生於豐潤之族長於名望之門椿萱昌遂双双鸞鴻鴈焉能隊隊群丰姿魁偉天性志誠言不妄發事不胡行李問不親孔孟生平尤近高人錦綉花開家富貴琅玕竹根日昇平雖然不是青雲客自然威勢壓鄉人此則富足之命鴛幃全正嗣桂子旺門庭運行初庚子上人庇下未論虧盈辛丑運中漸知春晝永始覓瑞祥生壬寅運中一番榮閥韋不成驚癸卯運中著意種花花不活無心插柳柳成陰當此之際頃刻逡巡甲辰運中須臾風便頃刻波平乙巳運中英雄惟贈劍三尺豪傑相逢酒一醒丙午運中富潤屋德潤身丁未運中春光去也花落月沉

丙申年　己亥月　辛卯日　乙未時

此八字辛卯日元相配柱中才官印三奇之格儁官助才之論主人生於右族長於名門椿萱双晚茂棠棣各芳菲其為人也丰姿清秀氣質高奇見知見是布德希感袖裡虹霓冲霄色筆端風雨賛雲衢終是功名之客豈為田舍之翁且發憤蟾攀月桂快向龍門奪錦歸一從揚姓字秉笏覲皇城此則榮貴之命鴛幃重合萱子嗣晚光榮運行初上人庇下災晦來伸辛丑運中歎遂平生志潛心下筆惟壬寅運中到此始知時運好常安道上樂躍雲歸癸卯運中才源独称戰位加陞甲辰運中金紫重重當是景还愁風雪熟襟裾乙巳運中遠望千里驥閑釣五溪魚丙辰午運中夕限有限春夢無憑

丙申年　己亥月　丁丑日　癸卯時

此八字丁酉之日相配柱中水木殺生印綬之格
人生得此生於右族長於名門椿萱昌遂双双耄
鴻鴈奚能隊隊群其為人也丰姿清秀天性聰明
斷髙理直處事公平謀動君子感伏小人祖業添
新慶根源勝舊風月掛碧天多皎潔名揚湖海有
光榮是非莫管門前客得失須憑塞上翁但願粟
陳貫朽任他身外無名此則穩厚之命鴛幃有犯
須拍骶子嗣秋来朶朶榮運行初庚子上人在下
湊湊青雲辛丑運中春園雖雨過桃李未生莫壬
寅運中幾度樂中有悶數番靜裏憂生癸卯運中
雖則行藏有慶幾多人事虧盈甲辰運中精神又
憔悴憔悴又精神己巳運中才源滾滾家居好幾
度風波尚惱人丙午運中晚年閑快樂會友以開
樽丁未運中夕陽有限春夢無憑

丙申年　己亥年　乙未日　戊寅時

此八字乙未日元相配柱中金水官印之格人生
得此生於右族長於西房椿親磊落萱帰副天边
鴻鴈各翱翔其為人也丰姿清秀天性果剛般般
稍覽件件不常孝悶不親顔孟業生平常履貴人
鄉過火黄金重長價豪傑相逢酒一觴但願一生
才祿旺何必恩登天子堂此則穩厚之命鴛幃春
色嚴子嗣晚芬芳幼年之下風旋風狂庚子運中
花放風生癸卯運中門迎珠履三千客屏烈金釵
十二行甲辰運中雪晴雲散天如洗從此才祿倍有
常乙巳運中晚快樂丙午運中晚年閑快樂一枕
入黄粱

丙申年　己亥月　庚寅日　甲申時

此八字庚寅之日配乎柱中水木傷官財才之格歲殺務印為奇主人生於右族長於名門金水椿萱萱歲長天邊鴻鴈各行騰其為人也丰姿清秀札樂縱橫千古文章逞榮耀一天星斗煥心胸驪珠照魏光唯掩雷劍生豐氣自充終是功名之客豈為田舍之翁萬里扶搖驚睡蟄一声霹靂躍潜鱗一從姓字傳揚後九天雨露沐皇恩此則榮貴之命鴛幃春色麗子嗣晚光榮運行初庚子上人庇下花放風生辛丑運中欲遂平生志潛心對一經壬寅運中時來風送滕王閣頃刻高搏萬里程癸卯運中躍過三層浪朝班立縉紳甲辰運中戟迮金紫貴風雪尚愁人乙巳運中佇看官封三汲酌然禄享千鍾丙午運中榮田故里美酒盈樽丁未運中夕陽有限春夢無憑

丙申　[illegible]　戊辰　多豐厚[illegible]

此八字己日生人時戊辰[illegible]神容家道亨值斯格者注丰姿[illegible]性格多能根基少倚自立自成[illegible]操持多計較門外生涯千古計[illegible]花木四時春此則平穩之命妻[illegible]兩意[illegible]羅帳百年之老莊子鼓盆[illegible]蘭花馥郁運行初庚子花開春未桃尋芳辛丑運中[illegible]春晝永初見月鈎明壬寅癸卯運中近水樓[illegible]得月向陽花木易為春甲辰乙巳運中東榆晚景蒲柳秋光丙午運中一宵春夢重清皂赴黃粱

丙申 己亥 庚辰 丁亥

此八字天元庚經配合丙丁火，君臣官混雜，官煞侵在休囚之地，角地又申亥辰地又之水，故曰傷官之格。其為人也立性執朴，歷事凋混，手姿滑楚，平生遇貴，生於杏林之畔，長於橘井之邊，此則平穩之命也。妻妾帏壁守，祈生雲羅帳，諧和涵壬子，每桂榮華，長閑衰弱。運入庚子辛丑，遇遣家礼，聞詩。運入壬寅癸卯，貴人提挈，生涯便有養生心。火犯以和，剃葉無真，砒訣。行甲辰運，行歷事峥嵋。乙巳運中至生之地，乃嵌目明。入丙丁午未運中，官星明朗，財源日進，又西來清疊，流芳病者以嗟。算老健運，行戊申己酉，老景榮榆，為戊運中歸去也。

丙申 己亥 辛巳卯 戊戌

評此八字辛日戊戌時，刑中繁財，戊己土生金為印綬，注人事姿中淸雅，格尋常，六親立計，財帛綿長，奶寶夜月橫斜影，梅館春風度暗香，此則溫飽之命。妻妾帏魚水一日，年撒子副龍蛇。官旨秀運入初庚子運中，雲浮月蔽，淹滯初年。庚丑壬寅癸卯運，万疊好山雲乍斂，一溪流水月當天，才涼進益，生意團圓。甲辰乙巳運中，陽回春木，子孝孫賢。丙午運中，運黃粱一夢，酧酒三行。

庚寅時在辰丑內

辛卯財旺生官，癸巳時貴氣扶身，甲午時、丁酉時、戊子時，人生值此，文性風騷，以成頭敏，雖不旨迎遠清光，幸有紫衣烏帽，此作貴命論之。

丙申 乙亥 癸未 壬子

此八字癸卯之日，配合地支中亥，天寶無情，卯子相刑，其為人也早拋父母，改姓擇名，稷文公種李，遇貴成人，根基無倚，新成立財帛，雖拘悅早榮，此則辛勤苦录，命甚。妻妾帏孤獨，貴人開眼，始得陶子嗣，乃孤異姓螟蛉，方稱意。運行初身扣不樂二月，令茫茫。月運行中雲藏不然，飄月朗春來，依旧百花香。運行甲辰乙巳之中，家成計立，來令勝前。丙午運中蝶夢悠揚。

丙申 乙亥 癸未 癸丑

此八字天元癸水生於卯，癸亥貴人之鄉，己土偏官透出，立性聰明，不受羈，雖為弟兄，根基重叠，財帛晚來成就，歡同李紅，色且喜湖光瀲灩，皆貴人提挈，忠業可成，此則平和之命。妻妾帳情諧，初見雖以後内子嗣義合，必然柱損淹芳。運行初父親膝下無存，無榮。運行中起貴扶持，方是吉，莫辭勞力更勞心。運行淡泊，偽憂出外寒心，到目老來多稱意，徹宗(?)巨情。乙巳運中人生力去知何用，蓮花又四一番新。

丙辰 己亥 丙午 [illegible]子

此八字丙午日刃之格，配合亥中壬水為偏官，子中癸水為正官，官煞混雜之命，其人眼大身性剛，犯殺有君子之相，成被小人之拈，心向天不除，遊(?)郵人生出少，鐵(?)其財源進退，祖業傾頹，此則平常衣食之命。妻妾帏兩硬双雙，雖然有子嗣，孤單老景，一枝丹桂。運初江山日麗，春光好，宇宙燈明，家業興。運入中世情多，冷淡人，阻過高辰，孤樹芳草，家斜目，謝花飛。運行暮景，妻吳子孝，悅景桑榆。行丁未運中續絡不如願，但雪舊花又今一番新，歸去也。

丙申 己亥 戊辰 乙卯

評此八字戊日生值亥月之初，作財官之論，生於之人同之求，作煞官混雜。申中庚金刑煞，留乙卯之貴。其為人也文性聰明，行藏見快樁(?)，音有何願，穿必双飛。妻妾和榮，須為連理之枝；子嗣孝康，終作班衣之舞。己年遇貴扶持，洪日玉樓之貴。運行初庚子之中，春光明媚，適以琴棋。辛丑運中月入力衙。壬寅癸卯運中，富貴其榮華，楊亭下馬声。斷甲辰到乙巳運時中，訃音一猶月落烏啼。

戊午時拱巳中之祿，但嫌申亥沖破，只為不貴。運行辛丑生涯，遊意財帛兴和。壬寅癸卯運中，營謀稱意，財源滾滾，有其滋活業，惟心偏慶滔，多壯觀。甲辰運中，平月逃雲霄千里，威風和四海，乃浪平。乙巳運中歸去也。

丙申 乙亥 己巳 甲戌 乙酉公

評此八字己巳配合金神之日配合甲戌有官有印位如家者莫不爲貴己巳者乙卯
時官祿冲亦有權勢其爲人也黃經百練亦成宝紫之不是尋常尊會行小屋
驚客堂啟把大山無路鳥凡吹散雁難飛丹桂枝頭花不見何立青松木古飛寒
雪梅花春又早此爲命論之

甲子時爲有官星晴有時生有亥月平生祿德子夫良內寅時晴官明印貴及三世
良神官庚人生值此時名君生山明水秀之处官高祿厚作貴命論之
庚日建八時癸未官星癸制權星根中見正不逢丁卯能保達貴官位

丙申　己亥　庚午　丙子

癸未甲申亥時皆貴

此八字庚金配合丙火爲偏官身坐官祿人生值此已上四十時辰生者內有高貴秩八年登洛
楚文此初聰明双親先倚鴈字飛作沐雖避[illegible]立計日操持南山[illegible]父必然闍里兄
弟比舞慚模須是崢嶸頭角此則特達之命[illegible]行初双親蔭下適宜琴棋運行
貴人提挈花柳春初運行祿可風月[illegible]明思方至[illegible]有運行乙巳之

中黃穩[illegible]亥[illegible]三[illegible]

癸未甲申丁亥時皆貴

丙申　己亥　壬辰　乙巳

此八字壬癸蛇龙藏時上只乙貴人審申亥無情不親無分骨肉無緣一生自有貴人歆財
帛資囊多進退田園有變活計如心未丸米第屋不漏無崇無辱太平春此則[illegible]
之命妻先偉兩敵子之方[illegible]話平生子嗣不孤有分有労親送青運行初双親
蔭下無辱無求辛亥運中[illegible]月如鏡未有十分之至壬寅運[illegible]生利雜静[illegible]
有多[illegible]癸卯運中[illegible]有盤桓雨過山方秀雲開月再明甲辰運十十年老景多[illegible]
是[illegible]紅顏時黃八犢[illegible]春[illegible]見童[illegible]乙巳甲午運中方見分以定浮生一[illegible]

丙申　己亥　辛未　辛卯

評此八字辛金生亥本爲財地有辛[illegible]生中亥之水爲傷官有詩斷曰平生志願
何時見貞至[illegible]羊方見[illegible]良[illegible]成終則南山有奇玉鳳[illegible]鴈陳[illegible]

[illegible]八[illegible]而[illegible]色[illegible]成君子得志不[illegible]時之時有[illegible]此則平常之命也
[illegible]時朝陽之貴[illegible]火[illegible]露[illegible]齊不[illegible]時[illegible]時財旺官生[illegible]年[illegible]其佰斯家
者[illegible]出[illegible]身到[illegible]池此則貴[illegible]之命
一[illegible]時[illegible]乙卯時戊[illegible]己亥[illegible]有[illegible]双[illegible]有兄鴈字[illegible]
[illegible]偏子有倚財[illegible]得失相特此則不[illegible]之造化

丙申　己亥　丁亥　丁未

甲辰時合

此八字丁亥日貴之格亥中壬水正氣官星本十貴[illegible]亥無情事分[illegible]其爲人也[illegible]
濟[illegible]恰[illegible]行藏特達歷事操持不拔山[illegible]商祈貴[illegible]貴人相
指到万物增光輝此則敦厚之命[illegible]夫唱婦隨子嗣[illegible]門[illegible]運行
初[illegible]子双親蔭下無求無拘辛丑到壬寅運中隨[illegible]細雨[illegible]枝
癸卯運中雨過山秀雲開月再輝甲[illegible]李和風[illegible]
蔭才權勢盛名[illegible]丙午運中梅[illegible]霜枝丁未運中[illegible]

丙申　己亥　壬申　壬寅

評此八字壬寅日壬寅時壬騎龍格[illegible]八双親無倚移根換葉之[illegible]行鴈字獨翔孤
飛之[illegible]初年未[illegible]長則超郡財祿富足名利[illegible]騰外[illegible]重合[illegible]嗣[illegible]香運行初
作[illegible]作睛留容景不寒不暖[illegible]人[illegible]運行中　陽[illegible]木[illegible]氣[illegible]華[illegible]
[illegible]運行春[illegible]酒[illegible]容藏書教子[illegible]乙巳運中春光去歸去也花落[illegible]
丁未時化木成明[illegible]六月木長生作爲命論之戊申時偏官元利己酉時官星遠
[illegible]其爲人也立[illegible]聰明機謀宏遠妻无克子无傷重戊重方作平隱命論之

丙申　己亥　乙未　戊寅

此八字乙木克戊己之土為才之格才盛生官終身有之其為人也申亥無情當見六親分薄骨肉無緣丰姿清白性格異常學問有成清案讀英才特達利名揚此則榮達之命先惮兩歡結髮百年子嗣有成班衣孝感運行初生於城郭長於良門壬寅癸卯運中貴人提攜声名馳財帛錯甲辰乙巳運中益虎已成牙爪勇承舟高掛帆順風丙午運中榮回鄉里丁未運中万事分以定浮生空自忙

丙申　己亥　壬午　己酉

評此八字壬日生臨午位是曰祿馬同鄉聊合己土官星明朗注人衣冠濟楚孔染維新貴人推挈播神棄双親有倚戌死倚雁字成群失群先惮燕水之情子嗣危蛇之慶運行初讀本譯麦秋史引灯運行中万象光陰沾沛澤四時風采樂升平運行乙巳丙午運中江山尽癸臨忽醉入南孝醉醒

丙申　己亥　庚午　丙戌

評斷八字日陽金配合丙戌之火時上住數格申亥有水制之匡取得其道耳注人丰姿清再煖彗軒昂有剛斷之材明敏之量孝向有成異日玉堂宋耀英才拔萃它重金榜陞超但嫂金生火鄉雖以旺必然搯志故此登臨面梁賞亂春得此則晚成之命妻如何先惮重疊鼓盆三嘆之悲桂子芳菲餘無我番之業遇行初庚子辛丑之中椿萱蔭下堂棣群中辛丑到寅壬運中衣冠各異明倫堂上歡睦行癸運中麟足之速騰千里路鵬程宮奮九霄風行甲辰運中兵令啼鳥能留家却笑克臣也好人行乙巳到丙午運中醉嬿琥珀盃心浅醉愛珊瑚枕面平

丙申　己亥　丙申　戊戌

此八字以丙加申申中元到長生水木身弱拄中君昂壬子為陽水必天書之丙臨申為逢陽水獲年是也壬辰時傷官有權但嫌水輕未重夜慶難全癸巳時日祿更晴注人丰姿清秀志彗炳持双親死倚雁字群飛先惮諧克子嗣光輝材源温飽名利盈餘此則特達之命庚寅辛卯時乙未時地支有求生火子晨申亥水人生位此則双親号帶祿財而布有狗先惮正嗣枝子双枝一般不曾留休客十

丙申　己亥　乙丑　乙亥

此八字時上一位貴格其格者注人丰姿清楚志氣超群六親有蔭基業重新帝績每親有氏律筆刀長焉晉義文才源多進益名利見升騰出則仕宦之命妻兒賢內助之勤子嗣龍蛇之秀運行初庚子辛丑只宜蔭下詩礼趨庭壬寅運中功門立業刀筆生涯癸卯運中達天門之九重聽謂閒之三疊甲辰乙巳運中月掛碧天多敢潔名播閭里有光榮乙巳到丙午運中重重祿位赫赫威權丁未運中江山不盡登臨矣一入南柯再不还

丙申　己亥　壬申　甲辰

此八字言辰時壬騎龍背壬以甲為神食辰上壬水合局甲有生氣食神旺相淂丰姿清楚立性聰明學問淵源生涯有不作紫衣金帶客也應才帛富豪人此則升騰之命妻琴今瑟必諧和魚水百年之樂子嗣榮耀他年自來之慈運行庚子辛丑梅雨新晴志是顏回之樂壬寅癸卯運中花開春早未抽登臨波畔漁灯火煙中貿安舟甲辰乙巳運中陽回橋木氣轉華堂才源進益吉浦門擺丙午運中江山不尽登臨意之一入黃粱再不还

丙申　己亥　己巳　甲戌

福造財旺生官之格申亥无情骨肉緣慳土厚地方崇夫显子其為人也丰姿清秀立性剛柔生于名閨長在盛族椿萱有倚还半靠棠棣情兮各秀麗聰明伶俐曉了巳為順則春日鶯花逆則秋天蕉雨治家有才略中正显門乃良人年少魚水之懽多順遂子女有多蘭蕙桃梅看取奇財如夜月家、現德似春雷聲、聞此則清淑之命運行初蔭下乃光行戊戌丁酉之中先傷紅葉匀應早室家宜權、得意步、如行丙申乙未之中梧桐葉落消、雨送荷飛花淺乃行甲午癸巳之中善人越斯消消好倍納子孫之福慶行巳接壬辰辛卯之中正好華堂添壽臣何期王母宴瑶池

丙申　己亥　癸酉　壬戌

此八字福德秀氣之格申亥元情骨肉緣稀經云六癸日生時壬戌支內藏官坐才庫月乘
有托貴多謀月妃元托身豐富其為人也年支屬其立性稍昂生于名門長在喬木攜親
影弟豈有憂鳴侶爭蝶雁秀麗有剛斷之才明敏之若好揚詩禮門庭內蘊干戈局
面心直口快不不藏機田莊阡陌納粟長老傳四海金玉璧錦綺堆叢中客三千此戲
華富之命兆帷兆合牡丹為第一爭研桂子英華鬱鬱□□麟兒競秀行初交母蔭下
未斷枝葉小魚子日麗風和富歸豐腴行辛丑壬寅月盈海穩清光文花發
莊林瑞色稀開中括撓靜處生嗔行癸卯甲辰之中皇恩有威多榮貴戚
位元陞福自強屢開是非之口還妨脂內之災行乙巳青談壹壹風生席白髮消消
雪滿肩行丙午仍是名崇衆積玉不若列吟學醉醒

丙申　辛亥　辛卯　戊辰　庚申

此八字天元戊土剋申辰之水為才格之論法人年姿俊偉立性
剛柔生名遷家長在盛喬及燕亦倚成無倚雁字有行各自
揚為明曉了多少成心性不常易嗔易喜省力処蕃成蹤跡
見成中变了要學作辛勤眼下雖無憂心中悅不不維營
擺佈用尽精神桑柘田莊春日暖柳槐庭院干凡清則此佛
高穩厚之命兆帷兆合兩和美子嗣先莫双英假運行父母
蔭下未斷鼻膝運行壬辰癸巳人逼財來精采□□□
至鮮妍行甲午惹多招非災晦相兼行乙未丙申若無
貴士相陪從馬巳危橋定有驚多才松鬱鬱名利栢栢
蒼森森行丁酉都將鬱鬱結心頭付與南柯一夢中

上四刻榮富之命妻長天子貴

丙申　己亥　癸酉　己未

此八字福聚秀氣之格貴臨印綬之論煞不離印〻不離煞〻印相生功名显達其為人也丰姿濟〻志氣英〻生于名門長在富屋椿萱荣贈父兄帰崇棣芳菲独挺秀歷事有風雷之勢行蔵先剝〻之風李問淵源文章飽腹他日声名今際會官文平地一声雷常持鳳裁民皆畏独以寛平政自成此則榮陞金紫之徵光幃正副桂子簪纓運行初父母蔭下災晦相兼行庚子辛丑漸看春昼永初見月光揮梟煞刃重逢災非括撓運行丑字到壬寅癸卯巽卿李業故里光輝万里扶揺搏宵鳳一声霹靂躍潜鱗碧山近若金陵郭白雪清含粉署郎行卯字到甲辰激濁揚清施善政除奸華蠧守清規傷官見災官非一番運行辰字到乙巳蚕歲掇科擢俊彦明時憲府理澄清運行丙午丁未庙堂宰輔位逼台星詞林枝業三春尽李海波闌一夜乾

丙申　庚子　庚子　乙酉

此八字歲德之格象化真金值斯象者注人丰姿濟楚立性軒昂生于名門長於詩礼喬木双親有靠椿府先帰崇棣聯枝秀氣各異李問聡明英材拔萃螢窓苦志不辞寒暑之勞鴈搭標名定應功名之显一鞭驥足承恩澤万里春風拂繡衣此則榮遷之徵光幃得令内勤無惻隠之心子嗣徐鄉定應有龙門之兆運行辛丑之中父母陰下未見奇儀壬寅之中灯窓之下讀史明經癸卯之中傷官之地行來未寧甲辰乙巳之中未開水府珠光現不摇豐城劍自揮丙午之中威而不猛和而不同丁未之中重金重紫祿位高陞戊申之中英雄何処去精爽赴黄梁

丙申　己亥　壬辰　庚子

此八字壬騎龍背之格值斯格者注人丰姿清清志氣洋洋生于喬木長在富室双親堂上父先母鴻侶群中雁列行立事有風雷之勢行藏无刹刹之威田荒滿目金玉鏗鏘未去朝　天子先來謁相公此則蔭官之命允帷正副桂子英華行庚子辛丑新笋展稍高旧竹孤根得發奇葩行壬寅癸卯消閑酌酒遣興劇碁行甲辰乙巳運好始知行不徒命乖終竟藏精神行丙午天地無私春滿界樽壘有酒客頻過行丁未鏡鸞分影云雁失行

子平遺書　十四

丙申　己亥　壬辰　庚子

此八字壬趨乾格申亥无情骨肉緣稀月令帶祿不招祖屋詩曰百尺竿頭進步难生身鄉井忌凋殘雁飛秋水行行斷花謝春林點點班成立要逢青眼客奔馳須過白云山功名兩字終須在只恐身閑心不閑其為人也丰姿脩楚立性温和生于名門長在華室椿萱榮貴怙恃先良棠棣叢分根苗各異有君子之風鑑与達士之相親李問淵原英材出類不作紫衣金帶客也應財帛富豪人此則升騰之命妻琴琴瑟諧和魚水百年之樂子嗣榮贈他年莫米之爨運行庚子辛丑庭桂移根克紹箕裘行壬寅癸卯花開春早未趁尋芳汶畔漁灯火炉中賈客行運行甲辰乙巳陽回喬木氣轉華堂財源進益喜滿門闌運行丙午享尽世間无量福英雄豪傑屬黃粱

子平遺書　十五

丙申　辛丑　丙寅　己亥

貴造天元丙火生辛丑之月柔氣才官之格壽者傷官傷盡豈不美哉其為人也
丰姿特達性格異常生于宦室長于綺室雙親教秀萱花度鶴為器排
品字錦兌緯兩兩諧連理桂子蘭孫兢吐芳香閨慈照書多議機謀宏遠
識高低傲物氣高器局無毒遠屋田園足三時之耕種綠環溪出入從含室
以溪推衣冠濟濟丙午驅馳此則家業之命有詩斷曰依岩抵澗老松枝
且上凌云向下垂堪嘆此生知己少惟言其道路人稀秋江去為群應列
旧樹芳花結果奇終自有余多計略亦无名利更无非運行初五七九之
中初年失晦之地行至來運此運十二三五之年淡淡春山闲道寻芳之意
十七九之年片云捲月一番小蚕二十五六卅之年氣轉洪鈞生百發陽回
秀木細手祥卅二三四之年几兩之直發刑壽無妨四十之年万里江
山行至健陂庭陽氣發祥多四十五七四十之年若則失刑不害豈期才
帛多扶五十三五之年平步外業居日無犯早沾雨澤自生春五十五
六六十三之中仍看為政從多流堂取庭前丹桂役六十三五之年
一番有雨刑非括撓六十一二三之年江山道遥遠多入南柯

丙申　辛丑　戊辰　壬戌

此八字傷官用財之格財逢生官終有慶其為人也年少標格立性清高生於名
門長居宦窩堂上椿萱有靠難為兄失枯庭前棠棣無傷始終也一學問聰明
榮新春鄉行行雖異材出類拔萃曲折窮紗宗字新動止有從德義相遵讓式
誠作衣冠美貴春老留心歲月長陽田喬木財源盛氣好年堂納慶祥此則
清儒之命兌憚兩綢繆子嗣及並觀運行壬寅之中父母蔭下行辛富素
運行癸卯之中鼓庭孝禮聞詩美趣事優勝福慶佳運行甲辰之中異境
春華守燈窗帝德延他鄉立針訓童雖以資身財多得朱相遇名利驅
馳未濟運行乙巳之中官祿之縈念出遨奇運行丙午丁未之中歲寒松柏
茂晚景菊更香運行戊申之中一意多黄果無競九詩竟猶速多雲嶂

丙申　辛丑　庚午　壬午

此八字戴德之格生於五月祿氣之論其爲人也丰姿清秀衣冠雅麗生居富室長在高堂双親有倚成兄倚雁字行中各自飛學問詩書廣機謀志量深閎之盈倉多積稻穰滿屋尽紅陳此則豊富之命兄悌两硬可許老子嗣徐卿多有餘運行卯一苑杏桃鋪錦繡半溪流水綠羅紋運行中金然才帛見從容未免臨風長嘆息運行暮家藏金玉爲豪富人有笙歌樂太平戌中到巳酉運中出室巳時还入室始知清泰是家鄉

丙申　辛丑　庚午　壬午

此八字庚金配合丙丁之格大官殺雖却喜壬午時壬水制丙來留官之意其爲人也丰姿濟美立性軒昂生于名門長于富室精壹有餘終當失怙雁行品字鵰翔各異孝悌聰閔壹一材精芸門丹四時千古計處前老木四盲春財源富室金玉鑑鑄此則溫飽之命兄悌宜兩數子嗣期三枝運行壬寅癸卯之中父母蔭下富室之鄉行藏洒落琴書樂意甲辰乙巳運中乍雨乍晴留客景不寒不暖閑人天下名耿、家業榮昌丙午丁未運中老景優游子孝妻賢戊申運中但存方寸地留子孫耕此則歸去來兮

丙申　辛丑　壬申　壬寅

福造壬趣恳格詩曰祿運乘張莫強求但行正道却兇憂愚大相逢方有吉猪
雖會合向前謀富貴兩全攀桂客寅緣百歲過公侯但恐前程難保守康君
留意莫傷淺注人爭姿娩麗体態精神生於名門長在高堂椿親堂萱花慶
厲字行中閑翔翔有慈祥之心无刻薄之意心灵意巧事不藏機治家多材
裏中正是門風良人得合如賓何友子嗣蘭梅翁柳條枝簾捲春風生室意
門迎喜氣福緣生此則富貴之命運行庚子初年蔭下新日朦朧運行己
亥一聯美景春光媚正是桃花柳綠天運行戊戌七杀重逢多才得失運
行酉月離嶠海清光爽花吞園林瑞色香運行丙申長生梟食火悔相兼
運行己未暮年佳趣子孫榮松柏庭多僱寒運行甲午一朝棄却人間事
歸去瑤池列看天

丙申　辛丑　甲戌　甲子

此八字雜氣才官之格丙合辛爲生名吝昭彰注人善資清秀之性標奇生於名
門長在富族椿萱有靠棠棣聯芳有剛斷明敏之才有理有外情之志
孝悶有成刀筆剎行藏後辛赴
神京去除中憤替扁惰戲却麻衣換錦衣此則榮貴之命鶯鳥悍內助
桂子芬芳榮門显運川壬寅食祿之父蔭下精神運川癸卯灯窗之下交
志詩书運行甲辰乙巳貴人提挈利名揚來諳三場奪先將筆力揮
賜受国家之祿位收管府縣之報儲運行丙午丁未官陞九品造息民安服氣
大重高貴扶持運行戊申己酉衣冠正在風光処何恨淨雲把遮

丙申　辛丑　甲戌　甲子

此八字天元甲木配合辛丑之金正氣官星但嫌丙能合辛剝官祟紀重重詩曰整頓身心便暮高独如蘭蕙出蓬蒿中年家道成千里旧日根苗散十方事業安排須見好半真半假未爲牢朱門別有人存育綬得風光氣象豪其爲也丰姿俊偉立性雅容生居明門長在盛商双親有倚成無倚雁字有行而翱翔聰明慷慨立事和怡礼兒温恭言談話辯生財有道華肆宏闊才源東進西來利名南揚北播此則敦厚之命久恨得偶由恥之勤子嗣有成梅蘭之盛運行壬寅之中梅開南院竹放新梢運行癸卯之中陽回大地行樂棲遲運行甲辰乙巳之中生涯熇進春光歷事多驕多謟運行丙午丁未之中錢才得失世事閒関柔榆老景業就家成運行戊申之中煞官交戰如履薄氷運行己酉之中市酖不醉春夢先憑

丙申　辛丑　丁丑　壬寅

此八字丁火克丑申之金爲才格之論才盛生官終身有慶其爲人也生於喬木長於名家丰姿穩厚家業奢華李問輕清志廷顔回之樂西疇高厚心如龐佐之勤雨沾春色園林茂月布秋光宇宙明此則敦厚之命也憐有克偏宜西便之親桂子英華雅稱桂芳蘭秀運行初壬寅癸卯之中喬木風光桃紅緑甲辰乙巳之中月當海嶠光揚宇宙之明花發園林香遍塵圜之譪丙午丁未運中天地无私仰不愧首俯不怍陰陽有感居之安而資之深戊申運中花落桃源春去早海遥蓬島信来稀

丙申 辛丑 丁丑 壬寅

此八字丁丑日壬寅時，身從官化木，寅建旺，若通木局之月，大貴人
水月亦貴，辛丑月雖氣才旺，官之格論，其為人也，丰姿秀麗，性格
溫恭，椿萱雖齊，稼枕接李，芳榮官星大旺，宜延遲發弟之數，此
則平常之命，鶯啼芳徑，春花半老，始立成子，似一枝秋桂，好春蘭
兩朵，惡花香運，行壬寅癸卯之中，父母之節話，許從容，甲辰之中
行蔵偃蹇，乙巳運中，菊開正值重陽，景月皎偏逢云翳侵
丙午丁未運中，雲散月當明，家成計立，戊申運中，喜入巫山滯
振南柯之夢

丙申 辛丑 戊寅 丁巳

此八字日祿歸時之格，從官星，號曰青雲得路，豈不富榮，年注人丰姿青秀之
性，雍容生於名門，長於富室，椿萱早逢，而少年為字行中而少力，威儀濟濟，乳桑
洋洋，詩書博覽，今古文章，十載泥塗猶蹭蹬，一朝雲路果然登，千里姿麻知俗阜
九垓民瘼受其泉兆，惜兩諧和，桂子双枝，耀其則榮貴之命，行壬寅癸卯運
中，明倫堂上，肅史臺前，趨庭詩禮，筆掃雲煙，行甲辰運中，熟官文雜，滯留志
氣，行乙巳運中，駿足遠騰千里路，鵬程高奮九重天，富貴榮華，當與際緣
橋亭下馬，頻斷行，丙午運中，咸而不極，和而不同，行丁未運中，重重金散
拜拜，聲名活鬼，如人行蔵盤礴，行戊申運中，老當一壯，祿位高遷，行己酉庚戌運中
滿階夜月，松千尺，今落聲名土一堆，歸去也

丙申　辛丑　己卯　乙亥

此八字偏官印綬之格然己巳日降生時乙亥官藏無見未為奇逢辛制無方乃貴化土純粹也可知其為人也丰姿曠達生性聰明生於名門長於□室双親有倚終當失怙棠棣芳華處事無常孝友而聪明機謀而動變不思仕路登雲去自守生涯歲月深才源滚滚達方朋友來尋事業隆隆諸処高人欽敬此則無於之令兆惟宜造和子嗣上吉双喜運行壬寅癸卯之中父母之陰下光亨充裕甲辰乙巳運中貴人提擧事事如心丙午丁未運中逍逍輕雪柚筆微雨細潤楊枝戊申運中人生纏綿成何用水流花謝任西東

丙申　辛丑　己卯　乙亥

此八字年時互貴之格財官印全備值斷象者注人丰姿清楚礼樂維新生於喬木長於名門双親有倚堂杕双双李問聪明英材出類螢窗苦志不辞寒暑之勞雁塔標名定應功名之显鰲頭声價重鳳闕錦衣鮮此則二品之命兆惟有喜羅帳清香桂子双枝荣門共盛運行壬寅癸卯之中父母蔭下富堂風光甲辰乙巳運中趋庭詩礼廷負笈李文章一日声名遍天下满城桃李局春宫丙午丁未運中衣冠正在權衡処何幸消消風雨寒戊申運中傷官之地歸田故里之荣己酉運中功名有字歸具難留

子平遺書

十三

丙申　辛丑　庚辰　庚辰

此八字歲德之格日時重魁罡聚金之論值斯格者主人丰姿標致立性縱橫生於
富室長於帝廖堂上双親最晚翠庭前棠棣三枝李門詩書遠機謀智量
深心直口多雜隱事最高傑停事業歲祖基祖業無物木才帛資囊再琢春
生涯逐意活計如心則温飽之命然悖得合兩意諧和子嗣徐卿班衣有感運
行壬寅癸卯之中父母離膝下富実風光甲辰乙巳運中一川風月舒酬思萬里
江山嘆醉驊然才帛從容尚有許多盤摺丙午丁未運中雨露再沾新柳
綠園梅不改旧時香戊申運中市沾然不醉春夢亦難凭

子平遺書

十四

丙申　辛丑　庚辰　庚辰

此八字歲德之格聚金之論值斯象者主人丰姿清秀立性純利生于名門
長于富室双親數晚翠棠棣喜連枝幽子聞聰明書意廣行藏俱倚杖
英豪祖基祖業須有出身才帛資囊自琢有門外田疇千古樂庭前花木
四時春此則温飽之命先悖两敵可諧夫婦齊眉子何双垂不失斑衣之
舞運行壬寅癸卯之中才源富足生意律律甲辰乙巳運中陽回喬木
芳譜好氣轉坤乾事事丙午丁未運中雨露再沾新柳綠園梅不
減旧時香戊申運中人生有係須當解一滴何曾到九泉

丙申　辛丑　己丑　戊辰

此八字生官之格經云己日生人時戊辰其身得貴遇財成神田園富庶多誠信甲在提綱祿貴人其爲人也手姿清楚立性綱常生於名門長在華室椿萱有崇鳳字群分學問聰明雖赴舉行藏倜儻更兼賢不猛而威自然伏衆蔭祐田園春日煖柳槐庭院午風清財源富足家業崢嶸此則富榮之命允怖宜丙硬挂子喜双戊行壬寅之中父母之陰下花柳春榮行癸卯之中漸漸精神爽爽看看氣象嬌行甲辰乙巳之中微雨霽晴谷風布煖行丙午之中祿元之些何愁第宅不風光印綬无傷正是梅青并月白行丁未之中滄海目明珠有淚藍田日煖玉生烟行戊申己酉之中正好華堂添壽承何期蝶夢又從化

丙申　辛丑　己丑　戊辰

此八字雜氣才庫專鄉若生寅卯辰月甲己化土天干透甲字則注人聪明發福行藏明敏則貴命推之經云己日生人時戊辰其身得貴位遇才神田園富庶多誠信甲在提綱祿貴人其為人也手姿清楚性格標奇双親有倚雁字聯双文学問聪明機謀百变華肆宏開坐衣倍息財源多富足家業喜榮昌此則發達之命允怖得合內賢之助子嗣不孤一双孝感運行壬寅癸卯之中父母蔭下富室風光甲辰乙巳運中陽回喬木氣轉高声名從此显泪浚一朝伸丙午丁未運中虽然才帛見從容未免臨風長嘆息戊申運中安享暮年之慶己酉運中人生万古成何用水流花謝在東西

丙申　辛丑　己丑　戊辰

此八字雜氣之格食神生財之論值斯象者作一平穩之造其爲人也手姿敦厚性格安詳生于名門長于城市雙親有倚父先歸鴻鴈翱翔分孝悌兄偉兩兩和諧挂子枝枝遲秀孝問機緣淺生謀歲月賒有從容和享之心得市塵清雅之祿衣冠齊濟家業融融不甚桃李無春色人有光風即太平此則特達之命有詩斷曰主身還見兩頭葉莫謂枯枝不遇春到底區區疑不散思量兀兀好離塵高飛隻隻鴻鴈遠踈枝枝枝花朵新料想無人知此意爲君指出隴頭雲運行初五之中童限蔭下行樂衣新七八九十二之中災晦之地一番小否十五六之中淡淡春天樂逍遥庭之訓十九二十一二之中萬項煙霞飛芍藥一番風雨趲桃梅二十五六三十之中從此陽春應有脚桃紅柳綠兩相宜三十七九之中片雲掩月風雨之憂四十五六五十之中芰荷兩沼紅衣弊桃李風吹錦蕚紅五十五六之中一聯美景行樂滔滔五十九六十一二之中一番風雨明禳無忌六十五六滔滔穩七十一二的雜行

下刻

母先歿全前

丙申　辛丑　壬辰　癸卯

此八字壬騎龍背之日歲財之格生然身旺其為人也手姿俊逸性格異常生於仁門長於郊原雙親先失枯棠棣喜聯芳季問詩書廣機謀智量深青邑獨守詩書澤自屋終成富貴人此則敦厚子之命妻鸞婦宜兩硬子嗣趣双晉運運行壬寅癸卯蔭下離光諒陰無慮甲辰運中一聯美景萬里韶華開中有失靜裏生寅乙巳運中名成利就家業興隆丙午丁未運中行樂春光好財源積慶餘戊申到己酉運中鳥啼如有許花柒似傷神無常速歸夢巫雲

丙申 辛丑 甲午 乙丑

此八字金神之格貴地逢官豈不美乎值斯象者注人丰姿標致立性硬直生於名門長於大地豬親有倚萱花茂盛字辟双而各異學問聰明行藏特達不假善龜言禍福止從面目定榮枯生涯遂意有朋自遠方來活計如心無友不如己者高人欽敬小輩增嫌財源滾滾事業臻臻此則術士之命然惟宜兩硬子嗣稱双喜運行壬寅之中父母陰下未斷榮枯癸卯運中近水樓臺先得月向陽花木易逢春甲辰乙巳運中驅馳道路不知春夏秋冬消洒江湖行盡東西南北丙午丁未運中双松遮影知天曉一面生涼覺到秋戊申己酉運中宛如桃李春光媚才帛如泉計業增庚戌運中鄉將樹結心頭事付與黃梁一王丘

丙申 辛丑 庚辰 丁丑

此八字庚辰日德之格去字留官之論其為人也丰姿乎角性格多能歷事操持行藏穩實双親有成無倚厚字聯行名自飛一生自有貴人扶丰世親情風音燭此則手穩之命妻兆惟魚水合桂子饒芳菲運行初壬寅癸卯淡淡梨花月溶溶楊柳風甲辰乙巳運中先見驅馳休放下特來重整好門庭丙午運中世情擾擾塵務匆匆丁未運中雨過萬重山有色雲開千里月華明戊申運中桑榆晚景己酉運中春光尽也花落月沉

子平遺書

丙申 辛丑 甲申 甲戌

此八字甲木配合丑申之金官杀混雜其為人也丑戌相刑當見祖基無倚正官逢合必須父母难親貴人提挈財帛豐榮本身無成行藏難復性格喜奴不常妻娶高方雅雍整趣子蘭之桂也騰踏縱杀運行壬寅月上雲屏癸卯運中遇貴成身甲辰運中營謀定未建立業見辛勤乙巳丙午運中偏官有制究如芳藥迎風恰似海棠值雨財源進益生計從容丁未運中一點陽和空雨轉萬斛潮氣運中濃戊申運中寸心莫登山路去只恐無常在路中

二

子平遺書

丙申 辛丑 辛未 丁酉

造化特上偏官之格生於雜氣之月未字冲開官庫其為人也丰姿乖角智慧聰明双親有倚雁字双成生涯有奇活計只隆祖基祖業重新整才帛資余自立成此則溫飽之命妻处常平得濤坊女子瀾蘭芳桂又香運行初壬寅之中双親應下淒月煉星癸卯運中生涯新枷立才帛見從容甲辰乙巳運中遇貴扶持方是吉時來重整好門墻丙午丙丁未運中恰雨个睛不寒不暖戊申運中歲寒松柏好晚景菊更香己酉運中磨日衝山帰去也

三

丙申 辛丑 丁丑 辛亥

福造天元丁火配合辛亥時才官双美其為人也申亥氣情
黨見黨親早别椿宵扶持平姿穩重性格和愷有内助之勤
治家之理楊柳無風終婀娜毒花有月更光輝良人和合宜弄
小子嗣双成蘭桂芳運行初春花向曉秋夜明蟾己亥、戊戌
運中海棠雨過花重艷岩桂風飄馥、香丁酉丙申運中
春園雨過花紅李白意芳菲喬木陽和福慶滔、多壯觀
乙未甲午運中晚景桑榆子孫之慶癸巳運中春光去也
花落月沉、

丙申 辛丑 丁丑 庚戌

此八字丁火克丑申之金為才之格才盛生官終身有慶其為人也
生於喬木長於名家平姿穩厚家業奢華孝問輕清志足顯
四之樂西疇高厚心如龐佐之勤雨沾春色園井茂月布秋天光
宇宙明此則敦厚之命妻先㡑有克偏宜兩敵之親桂子美華
雅称桂香蘭秀運行初壬寅癸卯之中喬木欣春花紅李綠
甲辰乙巳運中月離海嶠光揚宇宙之明花開園林香滿瑤
園之藹丙午丁未運中天地無私仰不愧兮俯不怍兮陰陽
有感居之安而資之深戊申運逢花落花深春去早海遥蓬
嶋信难通

丙申　辛丑　戊寅　壬子

福造傷官用才之格其為人也有詩斷曰九霄瓊花身福至防生病夫宮終自性險惜重於性親情空自多命裏分薄之明月在中天更欄人語靜注人能為殘了治家勤儉夫招兩孫子嗣孝感運川庚子双親蔭下發祿衣冠己亥戊戌之中花開春日喜蟾遇夜光寒丁酉丙申運中綿成白雪桑遶綠割盡黃雲稻又香乙未運中黃燒承春放兒童做種耕甲午運中歸夢巫雲

丙申　辛丑　丁亥　辛亥

此八字雜氣才官之格其為人也主嵩嶽落言語是吞椿萱難靠移桃接李芳榮官星太旺須逃災等之於出則平常之命也妻宮帶黃霜戶花庫二已移基須立空子嗣一双秋桂丹香風如菊花香運行壬寅癸卯歌父母之蔭活戊懸戊戌空行甲辰運中行藏偏乙巳運中萬向安宿雲從目破從運四旬後川丙午丁未雲散月空明窗戍行立戊申運多入西山惆悵南柯之夢壬寅時身去後甲辰時寅卯內位丙午日花學時己酉時又七十七遇貴辛亥時才會双義人生值此有丑有名登天府足長母壽子孝福祿有余作高命論之

丙申　辛丑　辛未　庚寅　癸巳戊子時全

評此八字辛日時逢戊子六陰朝陽之格丙火遇露城力為仕者作武職之論庚寅癸巳時財旺生官注人性格操持行藏奮發椿萱聯芳棣萼枝蘭有克子嗣芳菲運行初壬寅癸卯之中日麗風和便覺春光明媚甲辰乙巳運中錦衣肥馬方知祿位高壬丙午丁未運中恩波已許懸車揚旌堂前看衣錦還戊申運中光陰瞬息花落流水己丑時辛卯時壬辰時甲子乙未時俱係格局不清位人行藏進退生計操運作平常命論之初看夫方分野

丙申　辛丑　壬申　辛丑

評此八字金生水作印綬之論丙丁火運遇露有詩斷曰平生慷慨氣悠悠風鐵叮噹未周依舊碧桃開利鑑數聲鴻雁失歸闔繁花先經過多少繁華在後頭再弄琵琶彈未曉月穿花影向西樓論作平常之命　丁未時化木成明著財祿福辛亥時日祿居時己酉時明官暗印已上人生值此注人丰姿磊落性格縱橫衣冠濟楚名利軒昂作高命論之

丙申　辛丑　乙酉　丁亥

此八字偏官印綬之格注人手姿再開性格聰明然言語有操持双親先克還允備偏字聯行召白頭一生自有貴人欽服歲生涯隨分是此則平穩之命妻格內助之勤子嗣桂蘭孝悌運行初壬寅癸卯生當稚氣行光輝甲辰乙巳運中夏沼綠荷雨過清香遍野丙午丁未運中春三月時秋高黃菊傲霜叢氣不佳戊申運中晚景幸椅爽紅顏白己酉運中三盃別酒一曲高歌

丙申　辛丑　癸酉　庚申

評此八字金生水為印綬之格注人行藏溫厚志慧和平蘭重寡默雁事志誠生於山明水秀之鄉分野南山韻處抗海嵩隸横寒生梧桐凡霜西清映梅室玉雪心若在土輕水滿分野英才浩浩財帛細細輕財尚義札崇溫存妻奚子孝棣閣峥嵘作敦厚之命運行初壬寅癸卯之中未遂平生志先調一曲琴運行甲辰乙巳之中寅開月皎丙午清光丙午丁未運中把盞有酒中女當身名留一任關辛子時後戊壬青雲得路甲寅時有格丙火傷之丙辰丁巳時是貴人生俱光甲壬戌癸亥時飛天祿馬以上人生值之生涯蹭蹬活計崎嶇財源進退不全駿遠客他鄉扶持外嫡諸名子嗣双枝作平穩之命論之

丙申　辛丑　甲申　甲戌

福造甲木生於丑月雜氣才官之格戌字刑開庫位
其為人也手姿清楚体皃精神双親欠靠膺字群分觀
姑得合妯娌緣輕有針線之勤治家之理春園雨過桃
紅李白蕙芳亦喬木陽和綠進財添多吉慶良人宜長
均沾雨露之恩桂子有成不若寶門之羨此則旺夫之命
運行初庚子花開春早月色雲迷己亥運中佳配乘鸞支
花從錦上增戊戌運中旧園楊柳沾重澤深谷毒花更鋪
春丁酉丙申運中祿元增進何愁地宅不風光印綬無傷正
是梅青并月白乙未運中月明秋夜菊放東籬甲午運中
花落桃源春去早海邊蓬島信來兮

丙申　辛丑　丙戌　戊子　癸巳時令

評仲八字丙戌示日配合逢文丑巳之金為才藉癸巳時官星生印發榮
又是日祿歸時注人手姿秀秀性慧聰明一般無留俗看十年
長有古人經翰象門外彰恩意
皇榜兩時御園勢身乃迎花向治墨時辭扶馬上注東發戊則
诰貴之命運行壬寅双親德下樂意忘情癸卯甲辰之中發
華當甘棠翰班立縉紳乙巳丙午運中重重祿位勅一声名
丁未運中功名須足用花落水流東
己丑付辛帝之命熱當官分財空又奪甲午乙未時格局之清戊
己亥刈注人手姿呻潔性格平常財官白失名利似落去
辛帝白藏之命

丙申　辛丑　甲午　乙亥

福造甲木生於丑月雜氣才官之格其格者注人手
姿清楚智慧聰明生於富室長及名門有針線之
勤治家之理良人宜長同沾雨露之恩桂子有成共看
班衣之樂雨沾春色園林茂月布秋光宇宙明此則旺
夫之命運行初庚子木敗之鄉未足為奇己亥戊戌運
中乘鸞佳配多多稱宜丁酉運中恩沾沛澤堯滿
門閭丙申運中微雨催花紅露臉和風拂柳翠舒
眉乙未運中歲寒三友夫榮子孝才生天理五常梅
白松青竹翠甲午運中日承重併落花流水歸夢
難回

丙申　辛丑　庚寅　丙戌

福造偏官之格丙申合杀為佳注人手姿清秀性格
異常聰明曉了言語輕清有針線之勤治家之礼
良人和合相愛相憐桂子双成榮門有慶春風桃李
韶華好景夏日荷蓮應祿特此則旺夫之命運行初
庚子花開春早月色雲迷己亥戊戌運中爆竹吉催
殘臘去歲毒香乃早春回丁酉丙申運中春風習習
滿園花木芳亦夏日炎炎盈沼芰荷馥郁乙未運中
華堂滿慶贊衡甲午金敗之鄉好夢難回

子平遺書

丙申　辛丑　甲戌　丙寅

此八字天元甲木配合辛丑之金正氣官星但嫌丙火合辛剋官殺此生此則聞喜不喜有情无情却作日祿歸時之論其為人也丰姿瀟灑文性和雅生於田野　早年發文厲字孤踪美才出類秀貌温恭此則敦厚之命妻外帷琴瑟諧和老子嗣填蓬連理枝運行壬寅癸卯不寒不暖作雨作晴甲辰乙巳運中月遇雲騎花遇春陳丙午丁未運中桑榆老景業就家成戊申運中官殺混雜之鄉如履薄冰善人戒此己酉運中歸去也

乙丑時羊刃劫才狂中有大帶辛合為人德性温和丁卯時乙亥時雖是劫才羊刃亦中乾生無不聰明显達戊辰己巳時田園富饒辛未時明官福印癸酉時暗官明印之時衣祿之命

丙申　辛丑　戊辰　丁巳

詳此八字戊辰乃日德配合地支丑甲之金為傷官丁巳日祿歸時位元格者元子貴星注人聰明特達智慧機持等問录豪文章敏捷双親晚年穿擾群希先帷諧老桂子班衣天地元私春誦界

白圭思有感禄豐之命此則顯達之命運壬寅癸卯官殺之鄉既有尤防於未濟申辰乙巳運中貴人扶助名利光輝丙午丁未運中千川風舟餉酬思万里江山路辟眉卜未到戌申運中歸去來兮

壬子時傷官用財丙火透霜不成其局甲寅時偏官有制歷事威儀癸丑時傷官傷盡無景無惶丁巳時印生官祿家業聰明正貴戊午時[illegible]癸己未時羊刃徒流壬戌時御蓋孤有為僧道發家白丁之命

丙申　辛丑　己巳　乙丑　[illegible]

詳此八字己丑配合酉丑之金傷官之格巳丑己巳時金神之論位成象者注人有剛斷明敏之材出類拔翠之志為武職者有中爵旌旗隊隊為文職者三等[illegible]日雅花裕華至親風佛綉衣先帷宜正剛承嗣久暌長運行壬寅癸卯中春光明行更光行甲辰乙巳運中雄主勢重名馨驅馳丙午丁未運中千又水浮漂見成輪暗銷秘天於丁未到戊申運　歸去來兮

子平遺書

丙申　辛丑　丙申　己丑

此八字丙臨申位火克金為才之論喜運行有助其為人也丰姿敦厚性格志誠詩書嗜覽礼光維新不獨田園阡陌尚祈商賈如心才源滾滾退石脂女采孚事業臻臻諸衆高人相敬此則特達之命先帷內助之勤子嗣枝秀盛運行初壬寅癸卯麗日烘開桃李和風拂破荼蘼甲辰乙巳運中隱隱輕雲抽碧節微微細雨潤楊枝丙午丁未運中活計欣逢樓閣遠生涯登顯華堂有戊申運中消愁是酒是吳琴棋己酉運中歸去來兮

丙申　辛丑　甲午　丁卯

此八字雜氣才官之格注人双親先克雁字聯芳出言豪邁立事軒昂才源進益名顯利揚江湖貴客相遵敬只為平生德行揚此則特達之命先帷內助之勤子嗣闌芳桂晚運行初壬寅癸卯先辱无荣丁是黄花天氣甲辰運中漸漸精神爽看看氣象添乙巳丙午運中風吹　清香播月上梅窗摩暗香丁未戊申運中歲寒松柏好深景菊黄香己酉運中樂天知命南柯一夢黄粮

丙申　辛丑　丁卯　戊申

此八字丁火克申丑之金為才之格喜運行有助其為人也丰姿穩厚体見精神椿萱秋晚翠掌握喜綠芳桃李正開春日融融之暖菊黄將放霜威凛凛之寒威權有布人欽伏才帛豐隆禄位昌此則富飾之命妻先恨爽爽特立齊眉之秀桂枝挺挺期分月裏之香運行初壬寅癸卯風約梅香清入座月移竹影瘦横窗甲辰乙巳運中生涯究似逢春柳活計渾如順水船丙午運中行藏慷慨根蒂固全丁未層見嗟嗟之[illegible]戊申運中黄花香晚節桂子散清香己酉運逢竟返巫山

丙申　辛丑　丙子　戊戌

此八字丙火克金為才之格才盛生官終身有慶但嫌才多身弱事不十全注人丰姿清秀性格交詳戊丑相刑身富斯疾不暖不寒天氣好先荣先辱不當關此則平穩之命先帷內助之勤子嗣班衣彩舞運行初壬寅癸卯新月如鉤未見清光滿野甲辰乙巳運中文送浮雲歸古洞雨添花蕊送新粧丙丁未運中家成計立才進人添戊申運中三盃伴故友一枕夢黄粱

丙申　辛丑　丙子　癸巳　庚寅時仝

許此八字丙祿在巳癸祿居子日時互換之祿入仕居赫奕之尊名標金榜身坐玉堂封妻蔭子祿位升遷入幕雖容華有容據鞍雙鎖綉衣即此則貴之命運行壬寅癸卯之中衣冠各異性格聰明風和花驛近日暖柳眠輕行甲辰乙巳看盡好花春卧穩醉眠殘紅日夜眠清丙午丁未運中重重祿位耿耿声名戊申運中香晃杳杳夢逐月沉壬辰時上上偏官亦貴不及前命戊子己丑時乙未甲午時人生值此憂愁万種与千種行樂十分无一分財源平淡此則平常白丁之命

丙申　辛丑　壬午　癸卯

此八字六壬日生臨午位號曰祿馬同鄉金生水印綬之助時值天乙貴人故為人也丰姿標致性格聰明理彰章及今事語對吳人吉年人孝閣三冬足君書一覽新黃窓新脫孤雁塔早題名紫帳永結紫史帶鸞帳初開孔雀屏春闈帶露延清貴秋桂乘風散異香此則最達之命運行初孝閣有成筆鋒雄健千人敵英才倜儻談笑風流四座驚運行中紫綬高車停看官封三級錦花肥馬酣並祿享千鍾運行暮小園楊柳淡淡溪谷梅花更領春己酉運中訃音莫遣行人遠三嘆英雄馬蹄邊

丙申　辛丑　乙未　丁丑　戊寅時

此八字乙木配合辛丑之金偏官之格丙丁之火制伏得及其為人也立性耿朴事不負容难与人交性格謅直祖基祖業有崇跡篤行事無同常孝閣聰明行藏慎密不在綺羅衣錦也應鄉里姓名揚此則平穩之命死帰死克宮招硬子嗣先难桂晚香運行壬寅癸卯之中双親蔭下其樂陶陶甲辰乙巳運中生涯順美治計英豪丙午運中万物不如名利好蹄佳趣獨春榮丁未運中門外思歸千古意庭前花木四時春戊申運中官煞混雜憐思光陰

丙申　辛丑　壬辰　癸卯

此八字天元壬水申丑金生於印綬之格值斯格者注人多智慧兼豐亨双親有倚棠棣分行有剛斷明敏之才理白分清之志孝閣有成刀筆健声名显耀貴人擢民安盜息均市平塵此則最達之命其紫帳宜硬光交琴換新絃桂子不孤苦破金石折運行初壬寅癸卯傷官之処新月如鐮未見十分之彩甲辰運中衣冠各異六韜曾知古律三語竟今非乙巳運中達天門之九重听陽関之三疊丙午丁未運中処事但憑三尺法治民深是一團春戊申運中重重福位赫赫威名己酉運中光陰有限好夢难醒

丙申 辛丑 乙未 戊寅 丁亥時令

此八字乙木配合辛丑提綱偏官之格丙辛合杀為貴其為人也手姿敦學性格軒昂衣冠雅麗樓閣崢嶸商賈闤闠家業盛財帛堆金方積倉華堂日慶財源滾滾有田陸商米風和福慶滔滔多显耀此則壯觀之命然恍諧老結髮百年班衣泣竹桂子蘭昌筆行初壬寅癸卯之中雙親蔭下強祿衣鮮甲辰運中揚帆風順家居才帛豊登活計闤闠四海声名壯觀乙巳運中比肩之援行業一蕃雨過山重秀雲開月再圓丙午丁未運中日麗風和桃紅柳綠戊申運中官杀混雜正好草堂享福何則花落月沉

汝洚空帝之書 定徵軒記

丙申 辛丑 庚午 壬午

此八字雜氣印綬之格經云磬雖儒官不挾身青云學子尚元之日仕途進退跌蕩戩祿位高將禍患侵其為人也丰姿清秀之性操奇生于名門長生華堂椿萱有高義親先歸章祿芬芳發業各足春氣盛烈性情高強有壽有喜之春之道有雄辯高談之論學問源源朱衣自有公卿号英才拔萃金榜誰分甲乙科春色近艷綠楊花柳綫新山則清秀之命一鶯旺金羅帳桂子多孝顯行初運幼歲延近蔭下氣震行壬寅癸卯運中首長名園馬旧竹花開上苑勝先枝夜月書窓燈大燦未日風紙帳小簡論舒眺氣重逢摘才拓新行甲辰乙巳運中螢窓眺遠早鴈啼咲題名育中淨潔書中玉堂上風流常上珍不斷侯侯科花月宮想影影柳絮風行丙午運中跳濟又防於未濟得徑又寬於失徑本有一番風雨之得高星夜祥行丁未運中重浸過信形恩厚甦甦甘泉下九天行未到戊申運中計音忽至遠行人問酔酒頓斷首入一啟居口

沙滌經命之書

丙申　辛丑　庚午　壬午

此八字當官吉煞之格合大相成子而刺史經云不登科第居卿相雁月薦功名二品強司保司強吉名喬故因退疾且得尝其為人也丰姿浩浩志量汪汪生于華胄長在高堂椿萱英邁怙恃先後鴻鴈翺翔昂騰有慶歷事有風雷之勢行藏無剋剝之威孝問聰明奕世衣冠崇今望英雄潤倚九天雨露休深

恩承宠

社稷知無忝藺蔽

皇猷屬有為此則業陞卿相之命兆嶸重為帳桂子管纓盈運行初梅開新萼竹長新梢運行壬寅癸卯徵雨壽晴谷風布暖旨志居顏巷潛心下董帷運行甲辰乙巳螢灯夠勵孜孜親教五月之門雪案懸勤伋伋問超騰之路煞是重登運行三盛盤礴運行丙午丁未緋衣目燦起

金闕宝殿云開徹

聖顏威穆彖者夏前兒仁及黎民治德化明同日月見秋毫運行戊申己酉報国忠心應有待還鄉歸蔓杳無期

沙滌經命之書

丙申　辛丑　己卯　甲戌

此八字從化之格句陳得位三台八座之公卿君臣和合際會風雲不生和倖會鮮吉災經云躬身踐履合時宜立向雲程自有梯得祿江濱声價閣高人青眼必提攜其為人也丰姿濟楚立性標奇生于名門長在富室椿萱富榮贈怙恃先後棠棣各崢嶸根苗有慶聰明智慧自有物潤民喜怒不形於色富不驕於人有運籌計勝之機謀隨方就圓之巧辯學問有成定是琴堂之客英才出類不陞黃閣之賓此則榮陞之命兆鳥幃正副牡丹芳蕤爭妍桂子飄香不失假真競秀運行初父母蔭下衣食豐腴運行壬寅之中春色已回生意豁然之好陽光布澤家門普納禎祥芸窗立志雪案勞煩運行癸卯之中明倫堂上業於伴齋中文璧避是非之口迂防暗內之災運行甲辰乙巳之中承

恩不在登科第播錫從教同玉墀

聖朝道統功惟大

天子門生位旨卑庭送梨花月門招柳絮風運行巳揆丙午之中妻東易印恩何武河内重閣借冠恂祿元之兒何愁第宅不風光印綬無傷正是榭青并月白運行午到丁未之中權祿熾昌宜省慎預備頻佈始為寧善人越斯官高祿厚運行戊申之中若無貴士相陪從焉過危橋也有驚遭運行丙戌之中官函書彩筆醉酒莫相堂

丙申　辛丑　丙申　戊戌

福造丙火配合丑申之金才格之論其為人也年姿敦厚子性格操持幹家有理處事能為翁姑無倚妯娌難親陋、輕雷抽碧石笋微、細雨潤楊枝良人宜長宜招便子嗣先蘭晩桂奇光到才穩之命運行庚子決、梨花月扁、楊柳風己亥之中微雨弄晴杏風市暖戊戌丁酉運中靜中到雜露鎖雲迷漸、精神爽宵、氣象新丙申乙未運中家成計立活計如心甲午運中晩景又桑榆子孫之慶癸巳運中一宵春夢速裡覺起出頭

丙午　辛丑　丁丑　癸卯

此八字天元丁火配合癸卯之時、上偏官之論丑中已土制伏得中生於雜氣之令得光格此豈不榮豈不貴生於宦室長於名門双親有倚業錄群手姿乘角智慧聰明春花春山紅有綠秋江春水碧還清山則清淑之命夫良人柔雙同歌同唱太平春子嗣芬芳他日門楣添喜慶運川庚子桃紅柳綠花木精神乙亥運中不是一番風雨怎安得毒花拂鼻香越此戊戌到丁酉運中花放春光到雲開月正明丙申運中正在融和天氣乙未甲午運中晩節桑榆之景癸巳運中一夢不回何处去香魂猶遶白雲边

丙申　辛丑　癸巳　癸丑

此八字癸日坐向巳宮遇是才官双美生於丑月雜氣印綬之論其為人也年姿俊俏智慧聰明双親而有倚恃字而騰飛群声名出類礼樂維新门外田疇千古業庭前活書時春览顯達之命妻先怖雨、諧運理羅帳双、過百春子秋桂枝、秀春蘭色更鮮運行初畑龍堤畔柳雪墜嶺頭松癸卯運中趨庭詩礼行業從容甲辰乙巳運中花死紅白非春色人有笙歌是太平丙午丁未運中行藏順意才帛從心黄犢東春放兒孫候暖耕戊申運中促清樽花底醉任教白髮鬢边生己酉運中默、柳花春自老去陰、香夢遶西東

丙申　辛丑　丁丑　庚戌

此八字純財之格詩曰百尺竿頭進步难生身鄉井忌凋残雁飛秋水行、斷花謝、柳林點、班成立要逢青眼客奔馳須過白云山功名两字終須在只恐身閑心不閑注人丰姿魁梧立性刚常生於喬木長在名門椿萱豪逸怙恃先皮鴻雁翱翔行藏各異聰明倜儻輒便機關処己以謙和為尚接人尽信实當為富余門庭便有繁華氣象此則富榮之命先怖得合两綢繆桂子梅蘭多榮盛運行初父母蔭下梅飄彩萼行壬寅癸卯春風習、滿苑桃李芳菲夏日炎蒸沼芰荷馥郁春夏衣冠好四時盃酒香行甲辰轉、精神要看、氣象添行己巳不期淡、梨花月豈想飄、柳絮風行丙午禄元之処子貴孙榮行丁未提綱衝擊栢松偃蹇行戊申英雄何処去一夢赴黄粱

丙申　辛丑　丁卯　戊申

此八字月上偏財之格詩曰重山高聳拂云端孤雁翱飛逐彩鸞莫怨黄金塵土混終逢青眼貴豪看平生志氣如松栢稟性孫孤高傲歲寒借問開花成实処一枝春色逞閑干注人丰姿清秀立性刚柔生于盛裔長在名卯椿萱堂上怙恃先皮怱明多情覧世事更操持才周和氣满面春風逢人有兄弟之情作事有風云之志善斟酌會消停生涯滚、財源盛名利致、活計斉此則清高之命妻宜两敵子嗣班衣運行初父母蔭下坎坷元慶行壬寅春光明媚万物當時行癸卯甲辰乙巳財帛还如新折柳人情还似半開梅行丙午從此陽春應有脚桃紅柳緑两相宜運行江山不尽登臨興夢入南柯感慨深

子平遺書

四一

丙申　辛丑　丁卯　戊申

此八字傷官用財之格值斯象者其為人也丰姿標格立性異常双親慈有慶鴻侶鴈飛揚季問有成文武脩功名无阻姓名揚此則榮貴之命兆悌双縮帶桂子两奇宜行壬寅之中梅開彩蕚飄傑院竹長新梢展旧墻行癸卯甲辰乙巳之中倘若留心翰墨仕途豈不榮書懸是招非許多盤揖行丙午之中重重祿位耿耿声名行丁未之中壽年耳順八歸夢赴黃梁

子平遺書

四二

丙申　辛丑　庚寅　庚辰

此八字食神之格歪云遠震雷霆局遇之有威儀福星照臨処身到鳳凰池其為人也丰姿魁偉性賦山岳椿萱榮茂怙恃先亡棠棣芬芳秀氣各異作事有迅雷之勢行藏无剝剥之威愛伶俐喜清標聰明倜儻志量寬宏成名要逢青眼客奔馳須過白云山言不妄發事不露機妻宜諄然免刑傷子嗣先艰後易昌此則威權榮陞之命運行初父母之邪錦繡叢中行壬寅之中幼年趨適嬂褓奇宜行癸卯之中傷官進退乃夾行甲辰乙巳声名從此大汨沒一朝伸行丙申七煞之中權祿熾昌宜有慎預脩頻怖始為寧行丁未戊申己酉冨貴榮贈當此際人似神仙馬似龍運行暮腰金曳紫非容易功名已就夢莊周

丙申　辛丑　庚寅　庚辰

此八字棣氣財官之格經云六庚日生時庚辰金水秋生化象純中有魁罡包貴賤才官喜忌大宮分注人性稟剛常志氣亂煞生在豪門長于大族双親有倚鴻雁分行一生為人性燥急暴易嗔易喜會紛鮮已有力兜蕭成蹭蹬育作為現成中变出辛勤眼下雖无憂心中且不樂㦡独田荒千古計且守門庭餘時、精采日、增新妻非生鉄純綱定主前孤後寡頭男有刑末子必終營謀力量歷練機深般、過手件、當心此則升達之角行壬寅之中蔭下幼年乃光美麗行癸卯之中財帛乃失相逆世多間関盤相行甲甲辰乙巳千里江山千里念一番謀望一番新行丙午之中煞官會局防内外之刑傷行丁未申酉之中方信暮年光好誰知臘節脫佳時樓閣添新陽象子孫繼繁禧三盃辭故文一枕了平生

丙申　辛丑　庚午　辛巳

此八字棣氣印綬之格金火相成方面刺史經云六庚生日時辛巳傷官合身自生身為人剛毅妻才損運歷金鄉官祿亨注人丰姿魁偉立性剛柔生于名門長大在地椿萱堂上怙恃先亡棠棣叢中秀氣独挺有分清理白之志无刹剥不恤之意已立紀綱會斂法度先憐重添香桂子龜蛇呈此則黄堂榮陞之角運行初幼年得趣立志詩書行壬寅文章特達事業進修行癸卯璧雍優游孝冠群英行甲辰之中從容巨藩書上攻同叙大政播清声銅印總府熊軾洪庚行乙巳丙午之中梨飄素服柳絮垂制條行丙午丁未戊申之中祿食千鍾寓名声四海揚權、乃意多、陞高勢莫道只陪金馬貴也隨蝴蝶宴佳城

丙申　辛丑　庚午　辛巳

此八字傷官之格若生未巳午月進士乃憲之貴土厚地方豈不富飾其為人也丰姿磊落立性剛常生于富室長在名卯双親豪逸父先伊棠棣聯芳各秀麗傲物氣高常謂時人不如已行蕆慷慨每嗟達士少知心語言響亮動止有威正其衣冠尊其瞻視有儼然人望之乃不受醃炎之氣錦綉之中何慮平生之道衡門集慶行于富飾之家此則富榮之命先帏正副桂子峥嵘行初運梅開殺蕚竹展新梢行壬寅癸卯之中万紫千紅花及景媛乃麗日正照春行甲辰乙巳之中財盛生官家業長福星臨照喜非軽庭淡梨花月門招柳絮乃行丙午之中威而不猛和而不同行丁未戊申之中善人越此治、好倍納子孫之福慶行申酉之中享尽世間福美椎再不㽞

丙申　辛丑　丁丑　庚子

此八字純杀之格一煞一制豈不榮乎其為人也丰姿磊落器宇軒昂生于富族長在名門椿萱英邁恃怙先殁棠棣芬芳超群各異喜則春繭乾坤怒則氣冲斗斗李問有成朱衣自有公卿号文章拔萃金榜誰分甲乙科理究古事兼今事語對美人及圣人此則清貴之命先帏罗帳重、桂子蕙蘭依、運行初笋長名芫過旧竹花開正苑勝先枝行壬寅春光明媚強褓奇宜行癸煞梟重逢多災多晦行甲辰乙巳一案経本千古意半窓灯火十年心行巳字接丙午富貴榮華當此際人似神仙焉似乇累有微恙不為大咎行丁未戊申自嘆眼前何日赤誰知腰下幾時黄權高减福謹則為榮行己酉庚戌衣冠正在乃光処豈料莊周蝶夢催

丙申　辛丑　丁丑　庚子

此八字純財之格財多身弱正為富屋閑人七煞太旺有疾可延其年詩曰財則因循事業新未為人許必長榮喧轟志氣空高望勞弄機權志不寧花朵作開成薄態群鴻遂去已亡形君如借問根基好事好怨當如一壽星注人妻妾翹楚性稟執朴双親堂上有偏枯鴈侶群中各敷榮聰明多慷慨礼承更維新喜順怕逆不受擊觸田財滿目家業稱心掌管一鄉之領袖惟留万古之英雄此則富潤之命妻宜重綰同心帶子嗣螟蛉真假親行初運梅月爭光陰下无虞行壬寅之中近水柳光綠向陽花易紅行癸卯甲辰乙巳之中月照海矯清光災少花發豈非瑞色新幾番活鬼姤人愁浪大不已翻石去行丙午丁未之中屯遇江湖多意氣虎居山谷長精神座上客常滿樽中酒不空行戊申己酉之中財源勢盛第宅增新鬱鬱青松增蔚色森森疎竹助風光行丙戌之中楚臺云歛空勞夢漢苑香銷不返魂

丙申　辛丑　丁卯　癸卯

懿造雜氣財官之格直斷為此造之人丰姿容秀性稟柔慈生平閨長生華室椿萱堂上恃先後棠棣叢中莽茅翱翔各異心慈口直多不藏機言簡則累理必循規三從具備四德兼全一生福稟无虧終世財源有餘家肥屋潤朽粟陳此則榮夫之命良人得合同沾澤桂子清高並感慶運行初度子父母蔭下未斷榮枯運行己亥戊戌先使紅葉句庭早入雀幃煙籠芍藥霧鎖芙蕖運行丁酉閨中枯梳靜娥生嗟運行丙申才昂有成家業好華居无子只孀孀生運行乙未甲午二十余年好小紬一段韶華似錦鮮曰安曰富殊壽弥福美人已越此九可希翔

下品刻駐夫之命福禍全前

丙申　辛丑　丁亥　癸卯

此八字日貴之格經云拔擢自宜後世忠量常人文履君子利名昌其爾
人也性稟氤氳氣鍾有生聰明歷覽西樂寬洪之不要妄發乃不愁謀
生于盛高長生大族權萱備枯株事枝分有剛斷之才懷曲折之心累心
勞力於伯叔年初享福享禄於賢臣歲初妻星兩犯年低方已
牽累子嗣孔艱終有品分此則謀猷既冨唐高特達之命運行壬
寅之中初年之災難祿奇宜運行癸卯未利寅刑運行甲辰春
庭蹭蹬滿園桃李芳菲夏日炎炎蓋沿芰荷鼓柳錢財從巻
講堂身通運行乙巳錢帛東來西進利名北陸南揚運行丙午
丁未錢財化失相逢世事間閒盤摺運行戊申之中子貴孫賢天正
好華堂添壽客成計無何憾喜赴莊周
上四刻帶貴之命妻多子儉主之七品之命運行之字宜就屠沽
至午末末刻龍駱田里

丙申　辛丑　辛巳　丁酉

此八字食神之格經云音書一軸寄高人九遇前程事業新風物旧家真可嘆利名求然
九親水迎花下多情喜天外鳴飛又呂賓正是中年好景華幸何人路入荊棒其人
人也年姿色之志氣飄飄生于寡之長華胄播黨堂上性情先後棣萼枝分秀氣挾
異卷明曉進立乃風雷北沛西和美子剋刑大分若不爲夜併烈士也產姓名揚此則隱
德冨厚之命行以文母蔭下衣食奇宜行壬戌之中幼年已然來利寅刑行癸卯之中食神
聚才聚積里巷馳声行甲辰之中花木林香田兒四望通泰至龍琴書放蕩於形
骸之外矣小犯杖優循行於阡陌之間行乙巳丙午之中二十年手烈烈轟轟田園
擾旧豈少之應遂凌菌營構箕裘遂去栗係蓋行丁未金風弄柳夜雨滴梧那已缺
而內刑運行丙□之中老景堪傷子孫榮貴日暮倦成家業傷心重夢付托是之
閏
上四刻星達主重妻子文壽從

丙申　辛丑　戊寅　丁巳

評此八字傷官生財之格地支刑局之論注人丰姿顯淡立性執朴双親有倚成无倚鴈字有行又欠行聰明特達立事多能有話不會藏機有事不能耐性五行數雜变成消洒之中中限迍邅反作蹉跎事業祖計矣豪逸田荒財守現成若不為官并宰輔也應鄉里姓名馳此則清高着英之命妻宜綢繆子女多孝感行初運壬寅之中万壑松声山雨過一川花氣水之生行癸卯甲辰之中春之簾幕千門昼煖月荒林一苑春首事臧非不另大咎行乙巳丙午之中生涯遂意有朋自遠方来活計如心无友不如己着刃神合局災害无危行丁未戊申之中老景梅逢月歲寒花木深行己酉庚戌之中人生有限泬當辭一滴何曾到九泉

丙申　辛丑　辛巳　壬辰

此八字化炁之格雜氣之論傷官之地則減分数論經云印是二五喜扶身汴淳重沾雨露新　六品良臣迁幾轉功名事業冠儒紳其為人也丰姿清秀立性執朴生于名門長在盛族椿萱堂上怙恃先亡棠棣庭前根苗有慶性稟不常聰明智慧於人惹怨易犯难休有仁义寬宏之度无退伏憂悞之心逆之行舡拗篷推磨案牘每觀有相律筆刀常寫晋義文莫嫌先受許多勤多少荣華在後頭此則荣显之命死㤝宜两敵子女假多真運行初不是一番刚膽碎怎得梅花撲鼻香運行壬寅之中本有一陣之雨悪喜得鳶星变吉祥待出曉達之藝洪通運行癸卯甲辰之中財食得令行藏愈慶英雄惟贈劍三尺豪傑相逢限一危幾迴悬中招怨多番又如戍非運行乙巳丙午之中去除巾幘簪烏帽脫却麻衣換錦衣官杂重逢憂喜相蕪嫩蓝却遭蝴蝶採奇花又被老藤纏万里乘槎觀牛斗五湖載恨押之濤運行丁未之中遺爱尚祈恩卲社嚴刑何必羨肖雷　運行戊到戌申之中提綱冲擊归田故里運行申酉之中三杯辭故友一枕了平生

丙申　辛丑　戊寅　丁巳

此八字月祿居時之格句陳得位三台八座之公卿經云平生每見事畢榮退幾去程若遇知音吹一笛撒天禮地振家声其爲人也丰姿清秀性稟剛常生于名門長在華室椿萱晏達春風裏棠棣聯芳化雨時所爲磊落作事超群聰明博覽繪畫通暢孝問有成登帝闕功名無阻姓名揚春色迎袍綠腊花拂緞新此則榮陞六七品之命死帷重羅帳桂子簪纓盛運行初不是一番肝膽碎怎得梅花撲地香運行壬寅癸卯漸漸精神爽看看氣象添夜月書窓灯火燦春風香帳簡編舒運行甲辰乙巳一案經書千古意半窓灯火十年心男兒立大節衣錦還皇封運行丙午丁未喬木高風揚世美甘棠新蔭繞民愁榮傾州罷民有望竟蘇民瘼庭歸依運行戊申與生地之相逢宜退身而避位運行己酉庚戌正好華堂添壽永何期一夢赴黃梁

丙申　辛丑　丙申　戊戌

福造雜氣財官之格詩曰鴈自南來報終身欲出塵須當老屏福緣新隅水悠悠去重山青青迷中途逢一貴榮最保其身其爲人也丰姿美兒立性剛柔生于名門長在仁闈椿萱堂上偏枯棠棣庭前數榮響亮聰明伶俐機關衣冠濟濟三從備家業昂昂四海齊良人榮貴桂子超群此則榮夫之命運行初梅開秋萼竹展新稍運行庚子閨閣優游運行己亥歷事早晴心懊惱心偏地僻意躊躕運行戊戌丁酉名荒梅柳多沾澤深谷梅花分外香掌才如掌兵權惜物如同護命運行丙申日辰重併鏡掩塵迷運行乙未甲午子貴孫榮家息盛夢入瑤池信息稀

下四剋提財入庫之格夫吴子孝此則發福之命

丙申　辛丑　甲戌　庚午

此八字化炁之格有官有印無破作廊庙之財其爲人也丰姿性稟刚柔生于名門長在喬木椿萱荣貴怙恃先歿棠棣无兮峥嵘各異志大志刚包容万物有中正和惠之心无委曲偏邪之意李問洸涼明倫堂上番心早英才拔萃芹斎中用意深听陽関之三疊奮　天門之九重荣領州庵民有望充蘇民瘼废帰依此則荣耀之命允悼烛夜添春色桂子秋乃整旧袍運行初梅開彩蔦竹展新梢行壬寅癸卯之中趋庭詩礼承意忘情幾卷詩书時玩味一篝灯火夜忘眠行甲辰乙巳丙午之中不是泥途覊絆久如何平步上云衢暫淹滞於雍壁再標名於天府叩頭过乃臧火施政庠北渡河畧有微晦折財刑損行丁未之中衣冠正在權衡如何恨荘周蝶夢催

丙申　辛丑　甲戌　庚午

此八字雜氣財官之格本乎金紫之荣但嫌官星貪合忘官帯不全以次下資質純粹立性急燥生于富室長在名門椿萱显達春風裏鴻雁无虧各歎棠易喜易嗔心性不常肖力処番成蹭蹬見成中变作辛勤喜高僧前講經愛臣醫卜談高術幾囬思中招怨多番義処成非李問有成难赴李姓名寄迹到神京明倫堂上官函小講道斎中礼义長此則清貴之命允悼得合两偕老桂子龙蛇争显孝行初運父母蔭下襁褓竒宜行壬寅癸卯之中队田大地氣轉高堂螢窓勉励雪案劳烦消閑酌泛遣興圍棊行甲辰乙巳之中未遂平生志且観灯下文一月二十九日醉百年三万六千場行丙午之中听陽関之三疊望天門之九重到此始知文章好斯時名譽得昇騰疑难每從師第講诗书常共圣矣親傷官合局謹守爲荣行丁未之中且道經筵重講席休言覺貪舍吝无毬毡若无貴人相陪從焉過危橋定有懸行丙申之中子孫荣盛松栢弥堅行申酉之中醉嫌琥珀盃心浅喜学珊瑚枕两

丙申　辛丑　丁丑　辛亥

福造天元丁火配合辛亥晴才官双美其福人也

椿府扶持丰姿穩厚性格和怡有内助之勤治家之理楊柳无風自婀娜嬝

小亡一字

花有月更光輝良人和合宜年少子嗣双成蘭桂芳運行春夜一刻勝

夜明蟾已亥戊戌之中海棠雨過花重艷岩桂風飄馥馥香十分添得半

之中春光雨過桃紅李白意芳菲喬木陽和福慶滔滔多壯觀乙未甲午

之中晚景喬楡子孫之慶癸巳之中春光去也花落月落

丙申　辛丑　甲申　癸

此八字三奇貴格金木間隔當府守臺注人丰姿

門長在華胄椿萱榮贈棠棣敷榮喜慰不

李問有成早登龍鴈塔英才才卒快步鳳凰池

楓宸此則榮陞之兆妻宜正副子嗣超群行壬寅之中算

竹花開上苑勝先春行癸卯甲辰乙巳之中明倫堂上

齋中用甕深今昇三冬題一季行丙午丁未之中權

行戊申己酉之中必定社稷知无泰髓散盡獻屬有

无常

丙申 庚子 乙丑 丙子

此八字天元陰木生于子月水泛大溶傷官見官禍患百端若无保足之疾亦有肺腑之災生于戊戌家長子戊五年姿清致立性篤実双親毋有崇鴻雁占先飛詩書不諳首理公平歷事投將行藏將量不墳田園求謀計只將技藝作生涯發蛋條長拖白臘馬蹄刀利功黃金立將踪不見行動有高低財運穩厚家業相當一生自有貴人扶半世親情風裹燭此則平穩之命他年有勢重金龜子嗣孫繩而老歲行辛丑之中父母蔭下未斷枯榮行壬寅癸卯之中營謀得遂平生志十年人物有光風行甲辰乙巳運中財帛豐而不实利名兩字難成行丙午丁未之中老景優游夢入南柯之路人生如醉路隨蝴蝶到莊周

丙申 庚子 戊戌 壬子

魁造財旺生官之格值斯象者注人丰姿冰潔躰態精神生於名門長於深閨双親人侍鴈行品宇多智慧之秉豐厚衣冠濟楚家業軒昂三從備四德泉治家有理慶事無偏良人年長同沾雨露之榮貴子逢芳先應班衣彩舞才如夜月家家現德似春雷慶慶聞此則榮夫之命運行己亥之中父母蔭下未見其儀運行戊戌丁酉之中日辰重併花羞柳悶運行丙申之中鳥神重疊月被雲遮越此乙未之中雲開月皎雨過山青運行甲午之中玉容寂寞鸞鏡塵迷運行癸巳壬辰之中一生福慶無窮終世才源有望莊肅儀形旨復觀令人傷感未知何

子平遺書

子平遺書

三

丙申 庚子 辛丑 庚寅

福造從革之格本有夫人之造但嫌丙火侵破多不為美其為人也丰姿清美
立性溫存雙親有壽鴈字聯行多智慧兼豐厚針綫之勤治家勤儉良
人丙齊眉蘭先桂後香翁姑有倚妯娌有緣雲歸洞口千山秀月布秋光四
海明此則為福之命己亥運中父母膝下闔門有慶戊戌丁酉之中一聯美交
萬象光輝丙申運中一運無隆滔得意運行乙未甲午之中財帛增長六
畜蕃昌癸巳壬辰運中桑榆之景蒲柳秋光正是占奇者何幸兄常

子平遺書

四

丙申 庚子 甲辰 甲戌

奇造天元甲木偏官用印之格地支沖開財庫是為是衣財源穩厚其為人也
恃鄉淑長於閨門雙親有倚威自傳鴈字有行各自揚丰姿清秀礼兒淫
存行識儀慨歷事感依貴人相指引萬物生光輝學問聰明刀筆創才源
穩厚業業榮昌此則為顯達之命兆悖两綱繼子嗣双喜盛行辛丑運中父母之紛
樂喜忘懷行壬寅運中龍吟虎嘯風雨助其禎祥行癸卯甲辰運中日
移花影臨書案風颭翻花硯池閑中駿雜靜處生憂行乙巳丙午運
中若無貴士相信從焉過危橋定有驚行丁未戊申運中花景梅含月
戴雪花木深窓下數人歸去後江南又是一番春

丙申 庚子 丁未 壬寅

此八字天元丁火生于子月配合壬水為正官之厄虎嘯雷門之局值斯象者八字枯淡五行刑害事不盡美其為人也丰姿卯角性格指特生于大地長子細村双親必倚父先田鴻雁難諧分変醜麗鴛鴦命硬百年魚水之權桂子緣孤他時真假双成學問詩書淺機謀德量寬有和厚之心無惻隱之志方里交朋来會四方交朋来尊時價若定生涯就才合来時福澤臻此則當為舜越之命有詩斷曰一條釣竿掛山頭笑語藏刀作計留才到終〃須失柔身心業且逢猴當空雁陣難成侶倚欄花枝一果収好把生涯長作立堪嗟祖業子應迹運〃初五七九之中童限災悔之地災殃不免十五六之中月離海嬌清光爽花瑞園林瑞氣新十七九二十一二之中一番雨温雪厚霜還二十五六三十之中憂悪千種與萬種行樂三傳殁一停三十五六四十之中万里江山明畫景一川花柳弄晴輝四十九之中花羞柳問行棄色遣五十五六之中福慶定從天外至交朋自遠四方親才源溢〃生意津〃六十之中十年好景堪誇一運興隆自在七十一二之中採盡百花難作蜜一昇八分付與東風

下刻

父先殁全前不具

子平遺書 五

丙申 庚子 戊申 丁巳

此八字食神生財之格印綬之論值斯象者本李貴顯但嫌八字不清其為人也丰姿特達性格從容生于喬木長子高堂〃上萱花盛增前棣蕚分花帍宜兩硬桂子孫双遲季問機緣浅行藏志量竟有敦厚發越之志死刻剥刑惧之装祖基祖業晉和整才早資 目琢薪此則特達之命有詩斷曰揚柳枝頭春色盛高山峻岑空方清人心懶知成家吾馬力疲時知路遠雁蕭高飛南岑外花枝重結故園嬌番来復去何時是名利如同海上潮運行初五六七九之中童限災悔之地行樂未遂〃迍〃十二三五之中決〃春光好啓〃景気新十九二十三五之中正好倚欄觀皓月光端又被暮云翳五三十之中四序本情行樂好一天凡无碍月光輝三十五六七之中言公〃大事不娱京災冲四十之中芰荷雨滿紅衣態桃李凡吹錦萼新四十五六五十之中成一時之佳數起數敗之田園五十三五之中岩頭起高浪掛行舟六十之中行遊之地雨過花開六十二三五之中三盃

下刻

母先殁全前

子平遺書 六

丙申　庚子　戊申　丁巳

貴造傷官用才之格帰禄之論　徐云日禄居時沒官星號曰青云得路值斷象者豈不榮哉其為人也丰姿特達性格温淳生于名門長子官商播壹荣茂棣萼聯芳兆幃星風入閒瑞桂子犀珠天上奇心蔵万卷衣冠班甫早朝天筆掃千軍秘沛六爻橫承雨露有明毅明敏之材无崛強刻剥之志不辞馴騎凌風雪定教光彩振織垣此則極貴之命有詩斷曰異居立業事雖憑自把心機整頓成龍虎躍中方立事馬龍窟裏定揚名排空有鴈声々遠遠樹秀花朵々荣莫道簪纓无後續还教揚名在寧馨運行初五七九之中重闈蔭下笑晦相兼十二三五之中李業對窓听夜雨趨庭當户怙秋風十六七九二十一二三之中春雷驚起龍蛇塢九恨天公未放晴二十五六二十三十来龍門有路展奇才是人还不信奪得錦標回三十五六之中万騎弓力辞比閩両行旌節下南門春回和氣三千里雲与豊年十万家二十七九四十一二三之中雖則小香天思代解四十五六之中五馬豈能留得住早為霖雨沛乾坤五十之中共謁村名霖作雨喜同袁扇播仁風五十三五之中權高宜慎言无欲六十之中名枚伊呂志纂肖雪六十三五之中退想裴公野寧居花独舟七十二三之中黄梁一夢遂延遠白酒三盃淡濃深

下刻

父先沒全前不列

丙申　庚子　壬子　戊申

此八字羊刃之格七杀重逢旨制水居冬旺平生樂以忘憂身強煞淺合煞為權若生午巳年月二四品之貴詩曰欲聞生涯要的真生涯不着悶離塵労神荣力當初日元趁利趁名実有因鴻鴈双々飛漸遠允夾對々意猶勤當年培種多因夕得逢枯枝耐凱春註人丰姿清秀立性剛常生於名門長在盛族椿親堂上萱花慶迺字之中聞翱翔聰明豹变歷事無施心懷勇暴之心意存不恤之意根基雖有倚財帛自琢斉此則清高之命允悵年小两諧和子嗣梅蘭多孝感運行辛丑之中父母蔭下其樂何如運行壬寅之中雲開南閣竹展北院運行癸卯甲辰之中屠龍伎佛謀身拙畫餅功名与愿違運行乙巳之中滄海月明珠有淚盞四日残玉生煙運行丙午丁未之中莫道人生無志氣隆冬桃李得春回子孫荣盛莊觀家道運行戊申之中細思昔日風雷志尽屬南柯一夢

中

丙申 庚子 乙卯 戊寅

此八字月上正官之格值斯象者注人丰姿恬倚立性異常生於名門長
於華室双親在堂鴈字聯行學問聰明異日功名之显英才高家邁俗
年錦繡光芒辯舌動賢滿堂賓客回頭乖角盈聍出類拔群之萃
此則榮貴之命处慵得合咫尺姻緣子嗣双成班衣孝悌行辛丑運中
初年駁雜幼歲迍遭運行壬寅、癸卯之中夏沼綠荷雨過清香
遇野秋籬黃菊傲霜爽氣屯佳行甲辰運中淡、春山嚴而不猛行
乙巳運中財官双美富貴精神名揚利播四海人欽行丙午運中提綱
相擊行樂盤桓行丁未運中老景清高高堂綸疲行戊申己酉運
中黃粱夢覺歸何處白玉樓前去作仙

子平遺書 九

丙申 庚子 丁巳 丙午

福造月祿居時之格孤星之論逅清虛高雅之宿值斯象者豈不美哉其為
人也丰姿液善性格操持生于名門長于深閨双親半倚花侶分鑣良人
和合昏昏灯火話平生桂子英華彩、斑衣棣萼節公姑少崇妯娌情疎总
如灘上之水心靜似天边之月衣冠濟、三從倫家業昂、四德齊此則旺夫發
福之命有詩斷曰秋風淅瀝倦雁衣雲雨綢繆不待時外央雨、浮流水宿
綠、肓綠池操持媍情悽惡活計驅馳性理知龍蛇出穴良居助名利兼全
享福基運行初五六中父母之蔭行樂光風七九十三之中片雲掩月一番小
否十五六七九之中鸞鳳爭遊行樂光輝二十五六之中雲散自然飄月朗
春來依旧發新枝二十七九三十一二之中閨中剝雜轉重憂煩三十五六四十三之
中氣轉年華生香福陽回喬木納千祥甲五七之中一番風雨片月雲闇
五十五六之中一聯美景柳綠花紅六十之中使婢驅奴未遂滔、六十六之中
瑤池夢斷淚滔三川

下刻

父先殁全前不列

子平遺書 十

丙申　庚子　丁巳　丙午

貴造天元丁巳孤星之格才官之論值斯象者地支刑局之不為美其為人也丰姿俊秀性格安詳生于大地長于喬木椿萱擬秀花萼聯芳鶺鴒合在帳重諧挂子英華光前後後孝刚詩書遠機謀德量寬清高君子志質朴古人風門外田園千古秀庭前松柏四時新此則清致之命有

詩斷曰處世勞煩莫嘆嗟成身有路实非賒犬羊群裏空施設虎兔年中悅可加声遠不須成倍鴈命拔一果缀綻殘花隨時且樂無煩惱重水重山度歲華運行初五二六中双親蔭下小樂滔滔七九十二之中災晦之地一番小否十五六之中淵物有情春雨细催花无語曉烟輕二十之中清風掃地収殘者素月淙天捍積陰二十五六之中才源進益多豊厚家業軒昂百事齐三十六七之中一番風雨小樂多災四十五六五十之中天地無私春滿界樽罍有酒客填門五十五六之中光景佳趣松柏弥堅七十一二之中世事不隨人意風雨声偏称客途長

下刻

出家之命具于后集

丙申　庚子　庚申　丙戌

此八字日主專禄時上偏官之格其為人也丰姿济楚立性標奇生於名門長居官族椿樹早凋萱花秀鴈字行中獨秀麗學問聰明英財出類心藏六藝術腹隱賢聖書年日月時如布定死生壽夭預能知心直口多難隐事氣高性僻事难留外施詩礼門庭内蘊韜略如鞭鐙足承恩澤萬里春風拂綉衣此則榮貴之命处憐西飼終桂子双孝悠行辛丑運中父母蔭下富室衣祥行壬寅運中食神衛煞諒陰之梅明諭堂上惠早芹泮齋中用意深行癸卯運中未遂平生志且觀於下文行甲辰運中吹陽關之三疊望天門之九重行乙巳之運中政引鳳雷樞成物色詔回天地列陽回行丙午運中煞官交戰權高有損行丁未運中端的春蘭雨過挑紅柳绿精神行戊申運中筆停小院詩無興槐冷齋意少不成

丙申　庚子　癸亥　癸亥

福造飛天祿馬之格福德秀氣之論係云水居冬之月生平樂自無虞值斯象
者豈不美哉其為人也丰姿俊雅性格玲瓏生于名門長于深閨椿萱最愛色
屬佳名香芳良人和合兩榮諧桂子蘭孫真孝感會施為善舉兩男子才能
丈夫氣槩性是如灘上之水心靜似天邊之月衣冠濟濟三從備家業昌昌四德脩此
則華文發達之命有詩斷曰操心秉志要光前異日終須遇大吳無浪無波存
素行克勤克儉有威權陣陣春風過水面双双秋燕向簷前平生到底無
哀恨末路逍遙福來聖運川初五六七之中重限定脫之地川樂來遂生殃
十三五之中云繁精巧針綿輕移十七九之中寫鳳志家得意乘龍二十五六之中
兩色田園青峰展云牧千里登屏開二十七九三十一二之中喜中不喜哭处
生哭三十三五之罕之中名園花柳多沾澤深谷梅花更領名罕三五之中
才源之地玉帛鍾饒五十之中老梅逢雪精神莫媞柳含烟態色新五
十三五之中片云掩月一番風雨五十五六之中善年吉兆集慶迎祥七十五
六之中瑤池一夢談酒三川

下缺

母先没全亏

丙申　庚子　丙午　己丑

福造丙午乘丹之日子中癸水官星去又為福注人性格情深
能為曉了手姿清楚標格清奇有針綫之勤治家之理
一方野菜鋪錦綉半溪流水浮屏帷良人同合夫唱婦
隨子嗣先難桂葉貌殘此則旺夫之命運川一己亥戊戌隱
驚雷抽碧笋嶽、烟雨潤楊枝丁酉丙申運中爆竹声
催殘蠟去折梅香引早春回己未甲午運中云劍月
皎皎、相宜癸巳運中出身華堂之子壬辰運中吾水
流水春夢難回

丙申　庚子　辛亥　丙申

此八字辛金生子亥之水為傷官之格丙合辛生書云金水傷官要見官值斯象者性格異常行藏鄙吝傲物氣高自嘆時人不如己斷曰初年盤薄履春冰才源樓閣自經營休嘆寒菊開未綻且喜東籬有舊英荊棘叢中攀月桂魚龍隊裏上蓬瀛此則方見真消息不失人間一利名此則特達之命妻妾正副子嗣雙成運行辛丑重壬寅之中雙親勢下雁字群中生於喬木行樂春風運行癸卯之中衣冠各異刀筆之功到此始知文章好貴人遣制動公庭甲辰乙巳運中金到長生長安人滿路爭看綠衣新服銀不用三場平治政全憑九載功丙午運中富貴從天降花從錦上增丁未運中權高攢福月被云濛戊申運中一宵春夢重花落水流東

丙申　庚子　壬寅　戊申

此八字時上偏官之格庚金生水為印綬金之印綬帶煞即不為凶其為人也生於喬木長於名門行藏慷慨歷事軒昂[illegible]聰明英才倜儻貴人提挈行樂精神才源進益生涯好名利兩盈活業新此則特達之命妻妾兩敵可諧[illegible]嗣先難晚桂香運行初辛丑之中簷下風光壬寅癸卯之中天地無私春滿界樽罍有酒客填門甲辰乙巳運中春回雨過桃紅李白意芳菲喬木陽和福自滔滔多壯觀丙午運中和風布暖微雨弄晴丁未運中花落水流春自老闌催玉折恨無窮

丙申　庚子　乙丑　丁丑

此八字乙木配合庚金正官之格坐落子位無力用丙丁火為傷官帶杀之論其為人也双親有倚雁字各飛手姿清楚性操持孝問聡明行蔵出類財源進退名利盈餘歷事始終如一行蔵如切如磋一生自有貴人欽此則清高之命也妻允偕路硬免韋合卺之歪子嗣不孫蘭桂双〻並壽運行初辛丑之中生於喬木長於深居壬寅癸卯運中万事受褱正是月明云翳薇花放雨珠催甲辰乙巳運中揚帆九霄雨過毒肥声名显觀行樂光輝丙午丁未運中三級庭花驛晚日一林脩竹茂新秋戊申運中百年繾綣成何用花落人休捻是非

丙申　庚子　乙卯　壬午

此八字月上印綬喜官印之兼全身下坐祿本乎貴显但嫌子午相冲格局不清其為人也双親有倚基業現成手姿俊麗礼皃清新君子之相尊貴人之拔敬此則富人之命妻允偕兩敵可諧老子嗣蘭桂廣生香運行辛丑花開春早多謡名嬌壬寅癸卯運中喜集生涯欣加添計威權楊四海才帛勝家觀甲辰乙巳運中春園雨過兆紅李白意芳菲喬木風和福戶滔〻多显觀丙午運中歲寒松柏晚景桑榆丁未戊申運中蜆槍黃粱帰去未芳

丙申　庚子　庚戌　壬午

福造庚戌魁罡之日配合午戌之火為官星但嫌冲破所不十全其為人也心性巧言語輕清根基少倚靠冬群孑貌姑乃合妯娌且親姓名寒潭月心如古谷松楊柳無風終婀娜每花有月更精神良人宜小諒鬢情深桂子多傷門楣有慶運行初己亥戊戌之中花開春早月色朦朧丁酉運中片雲薄霧兩遮山青丙申運中月透雲霄千里鼓風和四海乃波平乙未甲午之中財如夜月家家見德似春雷處處聞癸巳運中老柏逢生香蕙杳杳七鬼幽冥

丙申　庚子　辛亥　戊戌

此八字辛金生子亥之水為傷官之格戊戌時印綬祿堂其為人也丰姿清楚性格異常才聞聰明行藏倜儻双親有倚偶字孤行傲物氣高常嘆時人不如己三場未舉刀筆先施此則顯達之命篤韓佳配年芳女子嗣應招連理枝運中初辛丑之中双親膝下無損無虧壬寅癸卯之中公門立業貴客扶持甲辰乙巳運中他日青名幸際會雷交平地一吉雷丙午丁未運中民穩五穀麦秀兩岐戊申運中筆停小院詩無哭挽冷幽齋夢不成

丙申　庚子　戊午　戊午　本宫月内

丙申　庚子　癸丑　癸丑　甲寅庚申時格全

此八字癸日用丑字運尽中丙戌癸日作財官值斯象者東手衣紫腰經但嫌字子斜住則梁能去運矣作中貴之命論之迅速相逢必有腾平生剛毅比東吾嵩步險千三独木逢春寸移鴈字郡然風孤影落外安難保百年期直須維大運臨官更會声名到玉墀紫特達之命運行初辛丑之中生於喬木長於君門運壬寅癸卯運中行藏盤[illegible]歷事驅馳甲辰運中雖礼全形調羹幸有紫衣之貴運行乙巳歸田故里丙午運中花落春歸去園空鳥寸啼

丙申　庚子　戊戌　己巳

此八字戊土生官經為僧官田財亥格喜魁罡之官生於畎畝祖基業無依非貴家計有經營此則平常之命妻妃帷兩兩浮沙渚鴈从別雁難子挂子难游荷花可愛運行辛丑父母之蔵鄉韈貫街壬寅一家鸞凰東床坦腹癸卯運中人情美合生涯蓋財息風光

錦綉申甲辰運中昨夜瀟瀟風雨今弱減折桂枝行乙巳丙午枯木逢春江山日麗乙未運中歸去程遙

丙申　庚子　丁巳　庚子

此八字天元丁火配合子中癸水偏官之格其為人也丰姿乖角性格慨然椿萱若是無傷祖業必當有破才聞雖則不深英才真是倜儻情分易交機謀難度微雨催花紅又斂和風拂翡翠霄此則平和之命妻妃帷有克再宜兩敵之親子嗣見孤只許一枝秀運行初辛丑之中未漸枯榮壬寅癸卯運中月外海婚濛朧霧繳清光業在買商經營財導得矣甲辰乙巳喬木高擎應遇貴人享立良辰美景正當閒苑春光丙午丁未桃李正開春日融融之候若將更將放霞敝凜之寒丁未到戊景運中變辰四歸去乃片時行過越江南

丙申　庚子　己亥　戊辰

此八字天元陰土配合申子亥中之水為財之格才盛生官終身有變双親有倚棠棣

絲牧風清玉暈偏欲桃月如球華嚬上鈎季問平常倜儻此則平常之命妻災幼帰道

曾好鸞帳語言奇子欺桂淇園少春逢君邸掃辛丑到壬寅運中行藏未遂生平妻澤仁

甲辰乙巳運中財源得意家業光輝丙午運中魂流弱水三千里魄散黃梁一夢時

丙申 庚子 癸卯 辛酉

此八字癸卯日貴元格金生水印綬之助活人多智慧兼豐厚平安穩重立性安詳仁藏門徽德義可尊祖業自靠增新方帝資囊不自足此則平穩之命此帰宜破內助之勤桂子先唯蕊門有感運行初亲丑未斷枯株活計壬寅癸卯運中微雨齊晴谷風布煖甲辰乙巳運中生涯遇貴忽然平步上雲梯活計添恩此時禍中番作福丙午丁未運中宛如桃李春光看不常如泉業計增戊申運中春夢無憑忽歸去也

丙申 庚子 己亥 己巳

此八字時上經神入水鄉雖是財神會合柳常鐘鼎之音奴親拱是先傷廕宇木當斷情初年財帛淡中滋味之長運到中年活計豐滿盛森此則平常之命

妻兒帰島切慈無共賞菊東籬子女形孤與妹頓恰方樓緣了戊申乙酉運中一息不回長身夢入黃梁一氣南柯遇那邊

丙申 庚子 庚申 庚辰

詳此八字庚經生值甲子辰衝並午戊之火庚日得官是名曰井欄叉之格値斷象者注人手姿橫逆性格蹤橫根基有傍兩字孤成行兆情意合發子關史攤班家問有求必求青乃為路見才特時須登天府之器運行初年主流立漂麦朕聖君章運行初中馬蹄塵土勞千里鵬翼風雲奮乃天運行丙午丁未運見人之總亦爲黃梁

丙申 庚子 丁卯 壬寅

此八字丁壬化才身去從殺活人生於富才長於高堂之家親青庭前棠棣方有到斷明敏之才出類超群之志奉姿態倜儻性格高方田間未免文歲月於馳前生嗟怎守得免年寒窗未彩則當學三合兆帰雨之柳青葉桂子不[illegible]

才帛如泉業計添甲辰乙巳運中粟陳貫朽玉帛金囊丙午丁未運中安享華堂之慶戊申運中春光尽也夢返黃梁

丙申 庚子 辛酉 己亥

此八字辛金德合申子亥之水為傷官其爲人也立性聰明行藏見快作事強祖基無流骨肉拋離東岸栽松西嶺秀南園種竹北園陰此則離祖成家之命妻鸞帰年小子嗣先難運行先初到寅卯之鄉貴人提挈未見花枝行辰巳運中謀望大地生涯好氣轉高門才帛添行午未運中但願有錢留客醉何須騎馬出長安戊申運中何事離開桃蝶夢兩行珠淚泣闌干

戊子時朝陽之格丙火生寅庚寅癸巳時來貴子中有水破格減福一半

己亥時淇元貴氣作平常白丁之命

丙申 庚子 戊申 甲寅

此八字戊日甲寅時上偏官之格庚金生之太過其爲人也祖基無卜雙親在堂應當行行歷事謀師行藏有變學問日將詩禮就趨庭之李欠詳爲行高貴名芳遠此平穩之命也鳳鸞情花放春光子嗣柳垂庭院運行辛丑壬寅椿萱並蔭下肖荒欲吹連綿運行癸卯官煞混雜之鄉月離海嶠陰雲散花放園林春正塞運行甲辰乙巳淡烟籠芳藻秋水浸芙蓉丙午運中生涯晚綠活計春烟溪泉錦叢叢、秋光更好苑梅蕊梅灼勝雜偏宜丁未運中夢返黃梁許晉遠孺悟滴羊命

丙申　庚子　庚戌　庚辰

詳此八字庚戌庚辰魁罡之格不甚財官位此格若注人手姿俊偉智慧軒
昂有剛斷明敏之材出類超群之志双親先亡必然改祖改更宗為人足成
須是名標金紫篤輝兩、桂子枝、財帛富之名利光輝此則榮貴之命運
行初辛丑壬寅運生于春木春花開時運中癸卯甲辰癸巳兩字不負
㸚春滿乙巳到丙午運光陰一夜擔樂夫天命還何疑

丙申　庚子　丁巳　乙巳

此八字日上偏官用才之格其為人也丰姿清楚体見威儀行藏持達錦業光輝
双親先父萱母扶持為子孫行翱翔獨超群者三學老心藏萬卷聖人書
一朝得志便頭角崢嶸姓字馳此則榮貴之命妻宜見晚子息招遲運行初
辛丑到壬寅之中剋同初生未見光耀字留癸卯運行十年窓下淹留志一日
青人名達鳳也甲辰乙巳運中鵬鶚變化離海奮翮程途本在天青人名狀、禄位
高、丙午運中重金登紫閣呈光輝丁未運中比肩分戰戊申運中一窮壽夢遊
為名華赤馳

丙申　庚子　庚申　庚辰

此八字天元陽金德今地支申子辰之形名曰井欄又之格具格者注人性格逸
群行藏次遂体性孤獨出言高遠行子能施財帛細、生涯所業汗專、家
道齊高人提挈貴客扶持妻賢而子不見不而弟梯此則不至貴不貴
之命運行初辛丑壬寅淡悶龍蔭藥秋水浸芙蓉運行癸卯甲辰
乙巳之中一苑秀子紅錦綉半溪流水鴛鴦怖下為丙午運行一窮壽夢安
短歸、光而樂兮

丙申　庚子　壬寅　丁未

此八字丁壬化木成明之水居冬旺生平樂意無憂其為人也生於秀木長子詩禮之門
双親有傷体見精神詩書博覽、古今通達業有成不負寸陰之情美才敏捷
豈辛題柱之功此則榮達之命妻鸞鸞性配和樂且耽桂子見孤斑衣孝盛運行初
辛丑癡下見光壬寅癸卯運中再宜守子未稔尋芳甲辰乙巳運中南山豹變必然得生
光輝北海蛟橫須是崢嶸頭角丙午丁未運中才盛生官家業長松栢青、晚更輝戊
申運中老归逢生歸去來兮

丙申　庚子　辛酉　戊子

詳此八字辛酉時逢戊子久陰剛陽位此格者時尺表日近清而但無丙火透而論
予字相而干誠其分如其為人也旗穿晚月雲霞稚山倚然雲劍亮明虎帳
百金將　勇馬驟三接敵功為此則武職之命運行初双親槍下樂意思
基運行中歡角吉催至曉旗旗影染錦江春運行昏其益又不何処志
青雲像入功勳
己丑時壬辰以甲子乙未時丙申丁酉才人生位此生植田宅以及田園樂意商買總
財抱得多相沖此則不運不卯知之命
庚寅時財官生旺癸巳時真氣樓以戊戌時印綬生身傾此者共名書祿之助
有布轄之名利

丙申　庚子　癸巳　乙卯

此八字癸日生向巳宮財官双美庚經生爲印乙卯在是傷官其爲人也双親有克疏父先行祖業飄零寸拳自立性格聰明自有貴人開眼看財源茂盛相期深得遠方人此則晚成之命妻兒留綬嬰孩難養與伶運行初癸卯甲辰獨拳自立運行乙巳丙午隆冬損李春雨傍水荷蓮夏到運行戊申之中一變冇歸梟鴞徹三盃酩酊滴黄塵

丙申　庚子　丙子　甲午

此八字天元丙火配合子中癸水正官之格其爲人也丰姿磊落性格志誠行藏特達歷事持能有剛斷之才明敏之志幼年篤志苦讀其長歲声名肆闊遊歌變南山霧鵬搏北海風此則貴顯之命妻兒帰兩敵可踏老子嗣枝枝彩鳳新運行初辛丑之中父母之鄉花柳春榮壬寅癸卯運中十年窓下淹留志向名達周樹甲辰乙巳之中到此始之文章好貴康制米公道丙午丁卯運中重重祿位

耿之名声丙過万里山有名去閃千里門第明丙申運中正宜安享花甲何幸無常早又臨

丙申　庚子　癸巳　庚申

此八字癸巳生向巳宮透是財官双美配合庚申之時合刑之格注人丰姿慨慷体貌堂堂之齊膽　星年志量雲霞五世衣冠昌奕葉百年喬木挺搓芽此則飛黄騰踏之命妻如何篤幃琴瑟諧生雪子嗣榮養孝滿堂運行初辛丑壬寅衣冠富飾祿祿風光行癸卯甲辰乙巳一聯美景萬里天明丙午丁未運行中人生莫遣頭生雪百歲功名一夢闊

甲寅時庚申時俱是刑合格本貴丙火成其分數丙辰丁巳時貴地逢官戊午時財官双美子字衝之人生有此勞心勞力之命

丙申　庚子　甲寅　丁卯

此八字甲木德合丁卯之時刼才羊刃抑有子卯相刑双親一无倚骨肉无情移名改姓借屋安身不成其窩有　經身懶戴儒冠愛成僧帽貴人提挈無冬夏衣食秋冬總一般此則孤獨俗人之命運行初无風　易運行中貴人扶挈運行暮異姓送材此則平平淡淡之命

丙申　庚子　丁巳　辛亥

此八字天元丁火配合辛亥之時財官双美印其生天乙貴人之助其爲人也丰姿洒洛氣宇軒昂衣冠雅麗行樂尚祥桃李花開春日融融之暖菊黄將晚霰威凛凛之寒李問斐然記取黄公三畧法美材明敏覽交呂望六韜之章此則將官之命妻鸞幃有兩敵免交琴換新絃子嗣無傷鸞鏡重當合巹運行初辛丑運中双親膝下錦綉風光壬寅癸卯運中恩沾沛澤花柳春還甲辰乙巳運中祿元增進何愁第宅不風光印綬無傷正是桃紅并柳綠丙午運中花将好色傳與子竹有清陰付與孫英雄三嘆忌黄粱一夢長

丙申　丙申　庚子　壬午

天元清兮地元寧人元和而萬物成雖此庚日生人時壬中
官印食神聚福宫金土貴持多星耀月逢大旺命雖通
其為人也生當温厚性巧心伶能為饒了喜怒不常一衣冠濟
楚三從四德家奢華四德全良人無水合子韻必傷殘傷了恐
雙親蔭下春光春山甲午運中花正開時風雨驟月方明處
夜雲圍癸巳運中金貌高堂風回青山春雲開月色明才
原多進益家倍豐隆壬辰運中妻生嘴媚了東西宫辛
卯為之運中照美景秋光如心是燈黄橘綠天己丑運中
一玉無片黄樑垂花落水流年

丙申　庚寅　丁酉　己酉

福造丁酉日貴之格配合己酉時季堂遇貴其為人也雙
親有倚掌祿气情丰姿秀麗躰貌精神生於良善之
家長於仁門華屋翁姑有倚德義可尊良人須配賢方
覩羅帳和諧魚水樂子三刑自刑秋桂未聞春雨少春蘭
光放曉煙濃運行初己丑戊子之中花開春色早騰騰行
丁亥丙戌之中楊柳乍風还鄉婀娜花得月更精神尉
源滿用家業峥嵘乙酉甲申運中財旺之鄉風和日麗
春光好雨過雲收夏景新癸未運中一簾秋色老菜里
暮雲平壬午運中香魂不知何處去水流花落任西東

丙申　庚子　甲寅　戊辰

福造甲寅日德之格偏官印綬之論其為人也丰姿穩學
智慧聰明生于喬木長於名門有針綫之勤幹家之理
翁姑得合妯娌相親性若寒潭月心如古井水一死杏花
錦鋪錦綉滿山松柏映錦屏此則吳快之命良人如魚似水
子翻若柳条風運行初己亥戊戌桃杏春風裏運荷夏日
開丁酉丙申運中乍暖乍寒天氣好無榮無辱太平年乙
未甲午運中雨過園林添秀色風和苑囿吞新粧癸巳一
運中花落舊塘香去早海邊達魚信來難

丙申　庚子　辛亥　己丑一（丁丑才，戊子才，傷官）

此八字辛金生子亥之水傷官之格器識歲官透露其爲人也双親有倚鴈字聯行敖物氣高常已時人不如己丰姿清楚化事恃強生涯有户才源東進西來活業只隆閭閻名揚利播才源不富不貧此則温飽之命妻北帰當敵可諧老子嗣後過春運行初辛丑之中行樂從容壬寅癸卯一死杏花紅錦秀崗山松柏翠　弁甲辰乙巳花李正開春日融融之煖菊吏風扶飄威凜凜之寒　丙午丁未運中正好倚蘭樓上生無端冗被黑云生戊申早加行裝準備閻公來請

丙申　庚子　乙未　庚辰

此八字乙未之日配合申子辰水局乃曰印綬庚金官星透露内有奇儀注人行截穩厚歷輩輩榮舒祖基無倚祖業无拘双親有倚成无倚鴈字聯行各自飛陽面畜木生涯好日轉轉華堂事事宜此則平穩之命妻北悼宜贅美能女子嗣应招蘭桂兒運行初新月初生未有蟾蜎之彩壬寅癸卯運中微雨催花又歛和元排枍翠舒眉甲辰乙巳運中生涯遂意一處安身兩處榮活計如心幾番宴罷多番醉丙午丁未運中一點義景秋光好正是橙黄橘綠天戊申運中光陰蹉息花落桃源

丙申　庚子　乙未　丁卯

此八字乙酉陰月之日傷官帶殺之論注人双親在堂鴈字孤行丰姿穩重性格特強一生自有貴人輕欽半世親情无意独生涯有慶才干如常此則平安之命兄帰内助之勤子嗣梅蘭孝感運行初辛丑柳山春山壬寅癸卯運中不饑不寒天氣好無榮無辱太平年甲辰乙巳運中揚帆正順家業財帛從容生計如心四海之人敬愛丙午運中桑榆日漸西光景松柏青青耐歲寒寒丁卯運中之孟荊泣一去多羞操

沙滌經命之書

丙申　庚子　丁酉　庚子

此八字偏官之格，兼庚金爲財之論。經云：初年生計未成全，見鼠逢龍祿所榮，自有高人輕借力，兩重門户共光亨。其爲人也，夫妻清楚，志氣剛常，生于名門，長在盛族，插(?)有倚怙恃，先後棠棣連芳，秀氣各異，知今古，論是非，心性不常，易嗔易喜。男子善辯，於蘇張；女人口巧，若呂后。育力(?)廣業成殯(?)蹬見成，中妻出，奉勤孝，問聰明，美嬌金榜窄(?)英才顯擢，亦是紫衣臣，出縣許好，勞跋涉，愛民如法，尚寬柔，比則榮貴之命。兆鶯帷，孤筍兩和美，子嗣蝶嬴双孝頭。行一三五七九之中，幼年多災，損財物。已行十一二四六八九二十之中，嬤(?)筍長稍高，旧竹孤根得暖，將奇葩。篤志居顔巷，潛心下董帷。行二十三五七九三十之中，未遂平生男子志，且留燈火十年心。量避是口之口，延防暗內之灾。行三十一二四六八九四十之中，災刑已過，行樂精神，听陽関之三疊，望天門之九重。行四十三五七九五十之中，坐朝道統，功惟大天子，門生姪肯卑世，不如人隨分過，幾回無事養遺情。行五十一二四六八九六十之中，但恐富貴未相逼，不然事業久淹留，每擇象笏成儀，肅暫試牛刀，德令新。行六十一三五七九七十之中，夜夢正在風流，延何恨黃梁夢繚繞。

沙滌經命之書

丙申　庚子　甲寅　壬申

此八字偏官用印之格，日德之貴，七出之奇。經云：煞不離印，印不離煞，煞印相生，功名顯達。其爲人也，丰姿魁儒，立性標奇，生于名門，長在喬木椿萱，英俊怙恃，先後棠棣五枝，品中峥嵘，有剛斷明敏之才，有理白分清之志，志大志剛，無謟無嬌，見人有過不肯包容，嬰子問有成(?)登帝闕，功名無阻，姓名揚。此則清貴榮陞之命。鴛鴦幃，正副牡丹芍藥爭妍，桂子英華，鸑鷟麒麟兒競香。運行初父母蔭下，災晦無咎。運行辛丑壬寅之中，第長名團，過舊竹花開，上苑勝先，狀燈人猜可親，鶯簡編捲舒。運行寅後癸卯之中，尹誇連璧，肯英彥更羨同經，蓋偉人學之三冬，名題一舉，祿未不踰三担，外戚風只在一齋中，已身若無晦暗，内有刑傷。運行甲接甲辰乙巳之中，祿位重重，玉帛鏘鏘，齋中淨潔，書中玉堂，上風流席上弥樂，交芳時榮，譜側席，郡守方需，漢博士若宫行，對晉諸生一月二十九日醉，百年三萬六千杯，田園滿月，第宅維新。運行丙午丁未之中，津水化行，多士仰橋門，文書一人知，筆傳小院詩，無畏(?)挽冷春齋夢不醒

丙申　庚子　庚子　庚辰

此八字傷官之格傷盡為尽經云職掌威權文武權傾然離出紫微
邊退閑鴛鷺天宜取極品欽除上九天其為人也丰姿清秀立性剛
常生于名門長在盛裔椿萱有倚嚴父先歸棠棣無方秀氣各異
廣覽博閱繪畫通暢易嗔易喜心性不常省力廻書成蹭蹬見成
中變作辛勤火愉悅之色有臨量之剛妻宜兩敵偕老子女双垂真儼明
倫堂上淹留志芹泮齋中題老身此則榮貴之命運行初父母蔭下梅
月爭光不是一番肝膽碎怎得梅花撲鼻香運行辛丑壬寅之中幾
卷詩書時玩味一籌灯火夜忘眠運行寅接癸卯之甲辰中梨花苑有落、
月柳絮池塘淡淡風貢為大學子書生士荣作
白圭象宰相才運行乙巳之中風生使節声華舊地近台垣寵遷優
運行丙午之中衣冠正在風光廻何恨黄梁感慨深

丙申　庚子　丁卯　庚子

此八字丁火配合庚子月特為才杀格論兼之二卯相刑六親有克骨肉傷残丰
姿淑厚立性慨然李問詩書遠撥謀見識長顛風驟雨孤舟撐出海濤
未皓雪濃霜疋馬登臨山島去此則飛業之命妻兆憐魚水合子嗣桂蘭
香運行初辛丑之中椿府叠帰泉路萱堂訓子三遷壬寅運中春花向曉秋夜
明蟾癸卯運中杀旺之線夏憂愁萬種歷手淹延甲辰運中漸漸精神爽看三月
芑近乙巳到丙午運中滿田喬木榮冇華堂財源庭益家業週圓丁未運中做
成其業双眉斂立就家己雨淚彈戊申運中陰多花木昏光動已却人延先其
帰去也

丙申 庚子 乙丑 丙子

此八字天元乙木配合子中癸水為印綬庚金透露之有官有印無破作廊廟之才其為人也雙親有倚鴈字聯芳手姿清越性格温良月照海鏡光揚宇宙之明花發園林香遍塵寰之譜此刻特達多命妻允協佳配年青交羅帳諧和百世綿子秋桂叢叢發春蘭桑桑鮮運行初風送浮雲煙古洞雨滋花蕊發新粧運行中錦綉冲懷何慮平生之道衡門集慶行年富貴之鄉運行暮才源耽耽家業昂昂丁未運中三盃別淚一枕黄粱

丙申 庚子 壬子 丁未

此八字天元壬水配合丁未時從化之命詩曰平生注定馬頭榮事業巨巨不易成西畔是家東畔立南羌種柳北羌叟鶴随鴈陣三春早燕奪鶯巢兩処榮借問平生何処定碧云流水月當庭其為人也丰姿清楚礼乐雅新生于豪室長在名家双親在堂鴈字分行根基重整性格淳靡易喜易嗔少年少閑來歡桃李紅紅色且喜湖光淡淡晴此則榮室之命允協兩絪縕縕子嗣班衣感行辛丑之中父母之鄉行禾精神行壬寅癸卯之中云散自然飘月主春來万卉發新枝行甲辰乙巳之中壓閑是非之口还妨腊内之災行丙午之中梅花偏愛歲寒心人到老來多称意行丁未之中人生有限限到醉一滴何曾到九泉

丙申　庚子　丙午　己亥

此八字傷官用才之格官煞俱旺若生寅午戌月財源富足名利悠揚君生秋冬才帛進退生計盤桓注人丰姿清偉立性敦厚生于名門長居盛族椿親堂上萱花慶棠棣叢中各異常孝問聰明知礼义行藏慷慨志弥堅言不妄發事不露機处怫得合宦門之女子嗣先难徐卿荣感門外生涯千古計增前活業四時新此則穩享遐命運行辛丑之中父母蔭下承意忘懷運行壬寅之中長生之処災悔一番運行癸卯甲辰之中孝業知今古人情接短長行乙巳之中禄元之地何愁第宅不见光印綬逢傷正是梅青并月白行丙午之中日辰重併雪享霜濃行丁未之中仍君縱有長生菜难敵无常一夢回

丙申　庚子　丙午　己亥

此八字日刃傷官之格申亥无情骨肉緣稀其為人也丰姿清秀立性敦厚生于名門長在杏林椿親在堂萱花茂棣萼聯枝而孝感季問有成詩礼俊行藏穩实志雍容一生自有貴人欽半世親情[illegible]裏烛財帛從容利名不失此則儒者之命兆娶名門之女子嗣徐卿之秀行辛丑之中父母蔭下承意忘情行壬寅之中長生合煞立事崎岖行癸卯之中四序有情人意好一天无碍月光明行甲辰之中閑中唧啾静処生嗔行乙巳之中撥開云雾[illegible]新家散脚優游立計家行丙午之中一番凡雨悪三盃酹[illegible]斟

丙申　庚子　辛亥　戊戌

福造歲官印綬之格本有夫人之貴六害相穿骨肉緣慳注人丰姿美麗立性端莊生于仁門長在盛族双親有靠終少倚棠棣聯芳而有慶多智慧兼豐厚有幹家立業之操持无旰食宵衣之懊恨仁而且德治家勤儉良人得合如賓似友桂子徐卿抱性孝感不是一番寒徹骨怎得梅花撲鼻香此則旺夫之命運行己亥之中父母蔭下未斷升騰行戊戌之中云開月皎立事亨嘉行丁酉丙申之中冒雨青松秀經冬綠柳長申亥相逢災晦無妨行乙未甲午之中財源豐豐業計重重行癸酉壬辰之中有鬼何妨去乜鬼武陵源

丙申　庚子　壬子　丁未

此八字日刃之格庚壬二日用子字多冲午中丁巳作財官名曰飛天祿馬之格注人丰姿標格立性清奇生於名門長居盛族双親有倚成无倚雁字有行各自揚志慧聰明行藏有慶知己以謙和為尚接人尽信实之恭承　恩不在登科第十載辛勤衣錦榮此則榮貴之命兆幃諧和宜兩敵桂子真假称双盡行辛丑之中父母蔭下行庚偷佯行壬寅癸卯之中暫淹素志權守幃屏活兒相侵貴客相扶行甲辰乙巳之中驥足遠騰千里路鵬程高奮九霄風　皇恩有感沛澤深沾行丙午之中有才膺有用未許乞身安行丁未之中訃音一播酹限三觥

丙申　庚子　乙丑　丁亥

此八字傷官用印綬之格若生亥未之月李問渊源才德兼脩風憲之貴其爲人也平生漢定馬頭荣爭業臣、不易成西畔是家東畔立南羌種柳北羌丹鶴随鴈陣三春早燕奪鶯巢两処新借問平生何処定碧云流水月當彝洼人丰姿清楚立性刚常生于名門長在華室椿親萱花慶鴈字群中分恖明特達立事乃雷不思仕路乘云去自喜田羌世業肴此則尕達之命允怖两偕和子嗣班衣感行辛丑之中幼年蔭下未見奇宜行壬寅癸卯之中路入桃源花爛熳橋横銀漢水連漪行甲辰乙巳之中饒君有志過韓信亦左崎岖坦道中行丙午丁未之中掷闌云雾添新豪散却優游立計家行戊申之中好夢不回帰去了一生名誉赴幽冥

丙申　庚子　辛亥　戊子

此八字大陈朝陽之格丙合辛生鎮掌威權之戚其爲人也丰姿浩、志氣英英生於藝門長居盛族椿萱堂上延齡永棠棣芳菲占先荣有刚断明敏之才有理白分清之志順則春滿乾坤怒則雷轟電掃幼年篤志居顏巷長歲切名達鳳池風和日煖綉衣輕官星戚高名利重此則荣迁之命允怖两、頭生雪桂子双、面滿春行辛丑之中父母蔭下金庫之鄉行壬寅癸卯之中青毡独守詩書擇華屋終成富貴人　聖朝道德乾坤大竹帛垂名達九霄行甲辰乙巳之中天回紫闕明登壁地刼烏臺動雪霜行丙午丁未之中衣冠正在權衡処何幸浮云把日遮行戊申之中英雄万古知何用留乃芳名入紫篇

丙申　庚子　壬子　辛亥

此八字日刃之格經云壬日生人辛亥時歸日祿印相生但通月氣無刑剋名利何憂不早成注人丰姿清楚立性剛常生於名門長在富裔椿親萱花慶厓字喜翱翔歷多急燥行藏洒落學問聰明諸書博覽一朝但得凡云慶才帛資囊到妃拖此則萊秀之命允幃兩敵可借老桂子双枝晚發香行辛丑之中父母蔭下不、意亡懷行壬寅之中脉田天地才源盛気轉華堂納慶祥行癸卯之中灾非括撓高貴扶持行甲辰之中万紫千紅花及景暖凡麗日正燃春行乙巳之中虽有一番微恙豈得鸞星変祥行丙午丁未之中衣冠錦綉家豐足積粟惟金活計余行戊申之中何多不思忠孝多也隨蝴蝶夢周公

丙申　庚子　壬子　辛亥

此八字庚辛金為甲水居冬旺生平不以忘憂詩曰春光好景空虛度浩氣剛常腸必自己淹、未許榮身計早得迟衣晚歲榮有志必招群鴈失因緣不失折翼花声莫言三十年前多說着教君涕淚零其為人也丰姿清秀性稟緞棱生在豪室長於仁門双親有靠棠杖聯芳有仁慈之心无危狠之意學業通今古文章覽旧新祖計英豪逆財源業計奢此則清高之命允幃得合桂子馨香運行初江路早梅施殘放市橋堤柳报春回運行中多財得失相近世多間闕盤摺運行暮正宜安享優游福何恨南柯一梦催

丙申 庚子 癸丑 甲寅

福造水居冬旺生平樂以忘憂本有夫人之貴、最嫌沖絆官印事不全美其為人也丰姿曉麗体態精神生子名門長在仁族双親堂上父先歸棠棣叢中萼秀芬芳聰明多計較歷事更精詳善順柏還不受箏韻治家井有條處事件、得法良人福合嬿贇交子嗣桂、蘭分外奇、掌財惜物之能集慶門墻有感然則清沖之命運行初梅開彩萼雪月爭光運行己亥春寒料峭未逢守芳運行戊戌斷看春晝永初見月光輝運行丁酉丙申下雨后晴留容景不煖不寒用人天錢財遂、無事閒、閒運行癸巳曉景清出子孫、慶運行壬辰辛卯都將繁結心頭事付與瑤池一夢中

丙申 庚子 乙丑 丙戌

評此女命乙日丙戌時見敗臨身子字絆住丑戌相沖傷官之命其為人也丰姿清秀立性執拗多娘春段雪光那鏡中花嫩物氣高常謂時人不必己貴人蔭下動用己施為婢女休恣天隨緣分過初年交中末定強前此則平穩之命良人得合兩意諧和子嗣双、泣竹有感行己亥戊戌之中才權兼美瑞氣新揚癸巳之中九原已作无多处付在黄梁一土堆

丙申　庚子　戊申　乙卯

此八字天元戊土配合甲子辰財格之論時上乙卯官星明朗值斯者名注人丰姿標致礼樂維新翰墨在堂棠棣聯芳秀聯聰明之名高進青雲獨守詩書白屋終成[illegible]捷登天府也應金榜掛名時此則崇貴之命允怖兩敵可諧夫婦齊眉桂子蘭孫卿官日龍蛇變化運行辛丑壬寅之中父母蔭下趁庠詩礼發文章春風行樂順行鄉日平安癸卯運中紙田筆耒為生業黃卷青灯樂此生之名從此獨泪後一朝仲明倫堂上留心泮水齊中用意甲辰乙巳運中淡煙籠芍藥秋水浸芙蓉丙午運中重〻福依康恩厚點〻甘泉下　九天財擁慕羨瑞氣增輝丁未運中〻花落水流春自去詩人三嘯葬蕭篇

丙申　庚子　戊申　丁巳

此八字身生長生之地名曰食神之格本有名利之系有印多官多不全美其為人也丰姿濟楚立性標奇生於名門長於富室堂上双親教晩翠庭前棠棣四枝芳學問詩書遠攬謀志量深算長名園過旧竹花開上苑勝先春營謀遂意家門頓覺光輝活計如心才帛須當富足此則豐厚之命允怖花放春光子嗣柳垂庭院行辛丑壬寅之中父母蔭下行不精神閑中有失靜処生嗔癸卯之中日就月將才源進生涯輻輳計典隆甲辰乙巳之中淡煙籠柳色秋水浸芙蓉丙午之中溪边歸慶叢〻秋光更好苑内金桃灼〻春風偏宜丁未之中人生有酒須當醉一滴何曾到九泉

丙申　庚子　丁酉　戊申

此八字傷官用才之格子中癸水爲偏官之論偏官有制定應折桂騰雲才旺身輕定是高門之士其格者注人手姿濟楚礼不維新生於名門長在官族堂上双親教脫翆庭前棠棣發春榮聰明特達文章根發但恐富貴來相逼不愁事業久淹留貴人提挈登天府也應金榜掛名時此則榮貴之命也帷兩硯羅帳諧和桂子三枝榮門孝感行辛丑才旺生官行乎富饒壬寅癸卯運中螢窗苦志不辭寒暑之勞貴客相拳鵷薦

神京長安人滿路爭看錦衣鮮横経泮水養望蓬山甲辰乙巳運中殘編短簡何時了冷枕寒氈幾日閑

皇恩有感職品高陞才權兼美肅肅衣冠丙午到丁未運中到此始知文章好可明月不團圓

丙申　庚子　甲辰　己巳

此八字偏官印用之格一殺一制合殺爲權其爲人也未姿儀秀立性端莊生于名門長在盛族椿萱有倚枯特先後棠棣花萼榮茂各異心直口快事不藏機處己少謹和多尚接人尽信實之恭字間有成定是琴堂之賓客英才出類豈爲困苦之翁此則榮貴之命也惟重合巹桂子双孝感川初運辛丑之中芦長名園過旧竹花開上苑勝先春川壬寅癸卯之中明倫堂上留心早芹泮翦中用意深川甲辰乙巳之中竹陰閣之三疊望　天門之九重布政琴惶英一世流及乙上大傳今古運川丙午之中蒲院茶香敲白棋一簾花影韻琴清美人已喻此耳慎八歸宾

丙申　庚子　己酉　辛未

此八字天元己土克申子辰中之水為財格壬水重重奔走紅塵之土庚金纍纍孤高自瑩之人丙內藏辛必乃七煞戊中隱癸豈敢於受注人質鐵端莊禮義維新奴親堂上姑偏枯鴻雁群中分秀麗志大志剛包容万物有中正和惠之心无委曲偏邪之意刑妻克子婚遲嗣晚驥奔於天財進增於家業若不為窮并煞吉也教鄉里姓名馳此則富庶之命行初運父母蔭下乃剋行辛丑壬寅之中近水柳先綠向陽花易紅得局則為廊廟英雄失局則為庶長閑士行癸卯甲辰乙巳之中已了若无勝腊內有刑傷幾番宴罷多番醉一処安了兩処榮行丙午之中祿元之処何愁第宅不乃成印綬无傷正是梅青并月白行丁未之中江山不險與夢入南柯感慨長

丙申　庚子　壬子　庚子　辛丑同

此八字印綬之格其為人也英姿俊偉性稟剛常生於名門長於盛商搭臺壹上整先佶雁字群中衡陽失陣作事有風雷之勢々藏无刻剝之威教以持己度出群倫兄弟薰蕕難共路親朋難斷蘭契氣扎知不独田荒千古計自堯門庭世業奮氣高性僻心雄膽壯處己以謙和為尚接人以信之者妻也兩和諧子嗣繼品行此則特達晚富之命行壬丑壬寅之中百花春富貴万竹日平安和氣藹面意情繁人行癸卯甲辰富闊榮華當此際人似神仙馬似龍行乙巳旋掩梨花閉門閑柳絮風慎之祥橦千里匹山千里念一番竹舊不一番新行丙午丁未之中營謀事達去入咸亭暮年光景好勝前晚樹住運行暮花落水流人去處蘭摧折玉恨何深

丙申　庚子　壬子　庚子

此八字日刃之格亦作飛天祿馬格論中字合住煞印有土厚地方官居極品祿食千鍾水秀之致衣食豐盛詩曰百尺竿頭進步難生身鄉井孤獨殘雁飛秋水〻〻斷花殘春亦點〻班功名兩字終須在只恐身閒心不閑其為人也丰姿標格立性剛柔生于名邦長在積善之家椿萱有慶棣蕚之聯枝令昆悵慨立身多已有權柄身收效因和氣靄而春風偃之中年驅馳辛勤奔走經營生涯之才隆盛名利致〻活計得此財源高特進之命妻宜兩敵偕連理子嗣雙垂假子真〻辛丑壬寅之中芳長名園遇旧竹花開上苑勝先春癸卯甲辰乙巳之中滄海月明珠有淚藍田日暖玉生烟本有一番風雨喜得青雲

變輝丙午丁未之中桑梓復〻魁正撫養子之慶栢松樹〻返之脫節之膳戊申之中歸去不愁〻來滿三盃醉真酒莫東冲

丙申　庚子　戊申　丁巳

此八字日祿居時之格經云六戊日生時丁巳印生日祿又居時財官不見无刑破早際風云遇有期其為人也丰姿標格志氣温和生于名門長在盛族椿萱荣贈棠棣聯芳有慈祥之心无刻剥之意李問有成青毡独守詩書澤英才拔萃白屋終成富貴人雖无千卷驚人策平地須交識圣顏重〻祿位承恩厚點〻甘泉下九天此則荣陞之命死悼瓜葛諧連理桂子英華瑚璉器運行初父母蔭下行手冨素運行辛丑壬寅本有一番風雨豈得鶯星變吉祥明堂倫上業芹泮黌中文行癸卯甲辰乙巳秋試一經沾雨露

此是蓬萊謁天顏身若御炉拖瑞錦筆宣皇澤濟民安運行丙午丁未光美廟堂之宰輔信哉君子之大成運行戊申翰林哀挽多佳句千古光華烛故人

丙申　庚子　甲辰　癸酉

此八字三奇貴格无破无冲豈不富榮其爲人也丰姿磊落器宇剛常生于名門長在富屋椿萱有倚父兄明崇棣无亏各秀麗心多愉悅有憐貧愛寡之慈言不輕浮有辨雄高談之論李閔聰明英才且觀喬木高飛揚世美甘棠新蔭谿民愁此則榮貴之命仍悵燭夜添春色桂子秋飞整旧袍運行初父母蔭下未意忘情行辛丑壬寅之中明倫堂上雨心早芹泮喬中用意深運行癸卯甲辰之中望天闕之光重唱陽關之三疊運行辰接乙巳之中推百里之父郎官佑万民之父母苐則諒陰之撓豈期戢位迁高

運行丙午丁未不恋君恩垂紫詔且觀蝶夢赴南柯

丙申　庚子　己酉　辛未

評此八字傷官生財之格経云巳日時臨辛未食神倉庫特開未中丑戌且官才空閉前程阻碍君子文章福耽常人商賈盈財移根弃福之命中諒使之依然还在其爲人也丰姿俊偉立性異常生于名門長在華室椿萱有倚夾竹桃花之親棠棣无亏另根換葉之士有機謀手段會運用施爲聰明言語捷歷練擅操持遇文則施礼求達武則動干文常懷濟物之情每有变異之志只因八字堅牢總有凶災減半老年勝早年後段勝前段一生自有貴人欽財帛資囊足称情此則營達守成之命妻宜重合丞子女其假親運行初梅月争光足食足衣行

辛丑壬寅詩書曠達問古今貴人提挈生涯目有遠方期財帛興隆活計更逢高上支行癸卯甲辰千里江山千里念一番行來一番憂且尽綠醑消旧恨休辞黄綬拂塵行運行乙巳幾廻恩中招怨多番又恐成非行丙午清高多利貴衣禄满天涯家成計立晚景奢華行丁未万仞岩頭馬千層浪裏舡善人巨踰此酉運夢黄粱

丙申　庚子　癸丑　癸丑

此八字煞刃之格歌云奔走非因祖成時不靠親鑿山逢美玉掘得地黄金骨肉是中好允央背後心紫衣乘一箭千里遇知音注入丰姿尊格立性剛柔生于轅門長在大郡椿萱有倚咸无倚鴻鴈群中各自飛襟懷慷慨骨格清奇會運用巨施爲螟蛉　是子接續始成妻此則威權之命行辛丑之中父母蔭下安享奇宜行壬寅癸卯多財滾滾而来名利滔滔即至行甲辰乙巳之中劍戟光輝迎麗日旌旗繚乱背斜風行丙午之中雖則諒陰之撓迍妨腈内之災行丁未戊申之中北風吹雪梅開萼南丰垂河接劍光行己酉之中根困一身輕似葉鑴名万古貴如金老驥思千里雄鷹待一呼豹離分付兒孫繼豈料南柯一夢催

子平遺書　五七

丙申年　庚子月　丁未日　丁未時

此八字丁未陰刃之日傷官之格人生得此生於溫潤之族長於清白之門椿萱皓首方歸去天邊鴻鴈不聯群丰姿清古天性聰明般般稍覧件件不精遊山翫水携詩卷對月觀花把酒斟雖不成名利尤來近貴人田園桑柘茂畝畝稻梁馨行看晚年光霽景也教声勢壓鄉民此則穩傑之命鴛幃配得富家女子嗣秋来孝義深運行初辛丑上人庇下未斷平生壬寅運中隱隱輕雷抽碧笋微微細雨潤紅芙癸卯運中行藏雖有慶人事尚迍邅甲辰運中得失相半憂喜並行丁巳運中旺中尚有盈虧事素耗方消財祿增丙午運中一番風雪過從此旺財名丁未運中孫賢子秀戊申運中花落月沉

子平遺書　一

丙申年　庚子月　丙寅日　丁酉時

此八字丙寅長生之日才官之格本顯功名運行初背地減其福力主人生於右族長於高門椿萱皓首方分別鴻鷹天邊不共群丰姿清瘦天性忠誠善決善斷多見多聞祖業添新慶資囊自著成欲為商賈思慕功名自有順天之理豈無福地之深莫道枯枝難結果東君留意更殷勤此則穩守之命鴛幃有得須相配桂子秋來孝義深運行初辛丑上人鹿下未斷平生壬寅運中媎、雲裏月灼灼叢中英癸卯運中蚤水無聲豈有浪繡花雖艷不聞馨甲辰運中幾欲思高舉遠奮成剪雪裁冰乙巳運中片雲蔽日雨過山青丙午運中旺中曾鼓樸依舊瑞祥生丁未運中急口平安字戊午運中一道訃音

丙申年　庚子月　壬戌日　庚戌時

此八字壬戌日德之辰相配桂中火土財杀之格人生得此生於右族長於名門堂上椿萱双晚茂天邊鴻鴈有行鳴其為人也丰姿清房天性聰明知高下識重輕過火黃金有十分之顯色離雲綻月布萬里之清光禮樂添新慶田園廣積存田園桑柘茂畝畝稻粱馨遊山玩水携詩卷對月臨風把酒斟但願一生財祿旺何必天邊沐寵榮此則旺足之命鴛幃連珠須配小子嗣金風孝義深運行初辛丑上人庇下安晦未伸壬寅運中未觀桃李紅紅色且喜湖光淡淡晴癸卯運中漸漸精神爽看看氣象新甲辰運中財源旺足家居好風雨飛來尚惱人乙巳運中萬疊好山雲乍斂一輪明月雨初晴丙午運中軒閑化日千祥集簾捲香風百福增午宇之中花放風生丁未運中夕陽有限春夢無憑

丙申年　庚子月　丙申日　戊戌時

此八字才旺生官之格女人得此生於右族配於衣纓姿容清秀髮皃超群翁姑雙老別妯娌各分群有針黹之巧立業之能萬象光華沾沛澤四時佳趣瑞祥生雛觸難把易喜易嗔佇看夫榮子顯榮沾恩命加封此則榮秀之命良人年少榮華客子嗣生成奪歸人運行初己亥上人庇下來斷界況戊戌運中青婦柳葉精初變紅入桃艳煖未匀丁酉運中雖則夫榮子秀还愁人事逡巡丙申運中羅倚臨風舞珍羞百味新當此之際微雨弄晴乙未運中須臾風浪過依旧享夫榮甲午運中重重沾沛澤疊疊沐皇恩癸巳運中花已落月亢況

丙申年　庚子月　壬申日　戊申時

此八字壬申長生之月相配柱中金土煞生印綬之格陽刃太重獄我功名主人生於良族長於仁門火土椿萱双晚茂天邊鴻鴈各行鳴其為人也丰姿清秀天性聰明世事頗能將就般般學欠精通過火黃金顯十分之貴色離雲皎月布萬里之清明祖業宜再整事業必重增有心於貨利無意慕功名才源旺足家居好何必天邊沐寵榮福元成岳瀆威勢壓鄉民此則穩厚之命鴛幃連珠須配小子嗣秋來有挺榮運行初辛丑天寒有月雲路東江潤無風浪自生壬寅運中隱隱輕雷抽碧笋微微細雨潤紅英癸卯運中才源旺足家居好風雪飛來尚惱人甲辰運中堤柳已數新輪祿园梅不改舊時馨乙巳運中山前山後皆明月江北江南總是春丙午運中無慮尽傳施礼樂有朋來自遠方覲丁未運中安閑晚景戊申運中春夢無憑

丙申年　庚子月　丙寅日　癸巳時

此八字丙寅長生之日正官之格正官者貴氣之物人生得此豈不於福主人椿父先歸萱後别西風鴻鴈陣行分其為人也丰姿清秀天性聰明抑强扶弱舉用人欽田園桑柘茂畝畝稻粱馨祖基有倚而增新財帛晚年而厚積雖不綺羅衣錦綉也教聲勢壓鄉民此則特達之命鴛幃同属須年敵子嗣秋來二果成運行初辛丑上人庇下淡淡春雲壬寅運中如日初出似月方升癸卯運中漸漸精神樂還愁世事縈甲辰運中衝突相半憂喜並行乙巳運中雖則行藏有慶歡聲徵雨弄晴丙午運中衝擊之所旺處生驚丁未運中孫賢子秀戊申運中一枕清風

丙申年　庚子月　戊午日　癸丑時

此八字戊午日刃之日相配柱中金水食神印才格人生得此生於右族長於名門椿萱有建連双業晚天边鳴鴈獨行分其為人也丰姿清秀礼樂縱横千古文章遅業躍九天星手換心胷終是功名客豈於田舍翁萬里扶揺鵬翮贄一声霹靂蹈潛鯉風傳五漏金闕曉花映千旗玉殿青此則榮貴之命死幃宜有贈子嗣有光榮運行初辛丑上人庇下花木生風壬寅運中十年窓下業黄卷与青登癸卯運中龍門変化三千浪鵬路逍遥萬里程甲辰甲運中威飛虬浪怒令重雨風生梨花帶雨〻過山青乙巳運中戟迭金紫字内澄清丙午運中權高損福慎則無驚丁未運中解組歸田里籬边樂性情戊申運中歸去也

丙申年　庚子月　癸亥日　戊午時

此八字癸亥日元相配柱中才官印三奇之格水居冬旺生平樂自無憂人生得此生於右族長於仁門金禾播萱双晚别天邊鴻鴈各行鳴其爲人也丰姿清秀天性聰明胸羅今古事學識聖賢心腹可妙爲天下曰高才俊似海東清終是功名之客豈爲田舍之翁三汲浪中龍變化九霄雲外鳳飛騰一從姓字傳揚後九天雨露沐皇恩此則榮貴之命鴛幃連珠須配小子嗣秋来朶朶榮幼年之下災晦来伊辛丑運中上人庇下詩礼趋庭壬寅運中焚香展卷秉烛觀文癸卯運中起鳳騰蛟當此之際果然秉笏拜明君甲辰運中重沐恩波鳳池裏朝朝染翰侍明君乙巳運中衣惹御爐拖瑞錦箋宜皇澤洒春霖當此之際風雪紛紛從此才源倍有增丙午運中有材應大用何事便辞業乙未運中春光去也花落月沉

丙申年　庚子月　乙丑日　丁亥時

此八字乙丑日元相配柱中金水官印之格女人得此生於右族長配名門椿萱雙脱戊鴻鴈有飛騰其爲人也姿容清秀髮兒精神勝丈夫之氣槩有男子之材能一元杏桃鋪錦綉滿山松栢映嶸屏無懷九勝意時抱憫憐心相夫應有道訓子撓成空楊柳無風枝婀娜梅花有月影精神难酬难犯易喜嗔夫榮子貴享福享榮此則榮益之命良人得配榮華客子嗣生成貴顯人運行初己亥上人庇下未断平生戊戌運中匹配名門交花堤錦上贈丁酉運中雲開山嶺翠雨過竹重青丙申運中萬疊好山雲不領一輪明月雨初晴乙未運中羅綺千般色棉然化日明甲午運中脱年閑快樂子貴又光榮癸未運中安閑脱累壬午運中一枕清風

丙申年 庚子月 丁酉日 壬寅時

此八字丁酉日貴之辰相配柱中金水才官之格才盛生官終身有慶女人得此福足以庇夫子主人生於右族配於名門椿父光婦萱晚別天邊鴻雁各行鳴外家退敗夫業興隆其為人也資容慷朗德茂行真勝丈夫之氣驗有男子之才能雲妝華奇秀水到湘江一樣清每懷九騰意時抱擇鄰心難觸難犯易□□嗔佇看夫榮子貴也應福祿無窮此則榮貴之命良人連珠低一載子嗣枝頭孝且忠運行初己亥上人庇下鍾秀閨門戊戌運中青婦柳葉晴初變紅入桃花暖未匀丁酉運中雖則夫門多快樂幾番微雨幾番晴丙申運中梅須遜雪三分白□亦輸梅一段香己未運中萬疊好山雲作欲一輪明月雨初晴甲午運中夫榮此際多歡樂庁時風雨庁時晴癸巳運中晚年多快樂金谷足豐盈巳子之中如履薄氷壬辰運中花已落月尤沉

丙申年 庚子月 戊寅日 壬子時

此八字戊寅之日相配柱中水木財殺之格人此得此生於西室長於高門椿親榮贈萱歸副天遣鴻雁有飛騰其為人也手姿清秀天性聰明頗知禮義稍識古今有近貴親賢之德應上和下之能祖業添新慶根源勝舊風福布江山外名聞湖海中兩都秋色皆喬木耆舊風流有幾人消閒棋一局遣興酒三鍾 以功名為念豈將冠冕磨龍花無桃李非春色人有笙歌是太平但願財源富足何須天府求榮此則耗厚之命鴛幃春霞須華小子嗣金風朵朵榮運行初辛丑上人庇下寅輪未伸壬寅運中天冷雲迷凍江寬鳳自生癸卯運中漸漸精神爽爽有氣象新甲辰運中天上三陽開泰運人間一氣轉鴻鈞乙巳運中庭前竹報平安日檻外花開富貴春丙午運中延客玩物會友開樽午字之中花放風生丁未運中晚年閑快樂一枕入巫峯

丙申年　庚子月　甲寅日　癸酉時

此八字甲寅專祿日相配柱中金水殺生印綬之格喜逢時值金神人生得此生於右族長於仁門火土椿萱雙脫茂天邊鴻鴈各摶風其為人也丰姿清秀識見高明機謀轍脈學問詳明五車書富三冬足兩石弓當萬騎沖豈是池中物尤來座上珎禹門變化三層浪鵬路逍遥萬里程佇看官封三級酌然祿享千鍾此則榮貴之命鸞幃重有贈子嗣晚光榮運行初辛丑天冷雲還凍江寬風尚生壬寅運中十年窗下業時至便成名癸卯運中躍過禹門三級浪濟濟衣冠拜九重甲辰運中三度君恩金紫貴兩番風木使人驚乙巳運中重紫重金當是景九天雨露再加陞丙午運中此運此陞還是退于榮又寵沐皇恩丁未運中訃音一播醉酒三觴

丙申年　庚子月　庚辰日　庚辰時

此八字庚辰日德之辰相配柱中水火傷官助殺之格人生得此生於右族長於高門同屬椿萱一期雀天邊鴻鴈有飛騰其為人也丰姿清秀天性聰明世事頗能將就般般學欠精通過火黃金顯十分之貴色離雲皎月布萬里之清明祖基宜再整事業必重增花無桃李非春色人有笙歌是太平五湖生計好四海福元增鄉民仰德閭里推尊此則豊厚之命鸞幃連珠低一載子嗣全風孝且忠運行初辛丑上人庇下花放風生壬寅運中隱隱輕雷抽碧笋微微細雨潤紅英癸卯運中漸覺夜涼池雨過信知花放曉風輕甲辰運中才權雖東美索耕尚愁人乙巳運中梨花院落溶溶月柳絮池塘淡淡風丙午運中延肩說物會友開樽丁未運中無思無慮戊申運中春夢無憑

丙申年　庚子月　戊午日　壬戌時

此八字戊午日月之辰相配柱中金水食神助才之格四柱两合忘冲主人生於蓬室長於華宗椿萱椿有倚鴻鴈各搏風其爲人也丰姿清秀天性剛忠有微微之計較淡淡之聰明黄金過火重增價白璧離塵色更明水光浮座盃盤瑩花氣侵人咲語馨不必覔珠来水府何須求劍到豐城萬里無雲天一色三秋好景月長明身將隱矣何須用人不知之味更真但願一生湖海樂任他身外没功名此則穩厚之命篤愇燭夜添新慶于嗣秋来旺宅門幼年之下如履薄氷辛酉運中春風擺爽微雨弄晴壬寅運中始知春晝永方覺瑞祥生癸卯運中隱隱輕雷抽碧笋微微細雨潤紅英甲辰運中梅須遜雪三分白雪亦輸梅一段香乙巳運中桃李千溪錦江山一盃屏當此之際風雪滿庭丙午運中冲擊之所如日入雲丁未運中楚臺雲散空留夢漢苑香消不返魂

子平遺書　十四

丙申年　庚子月　己未日　癸酉時

此八字己未陰丹之日相配柱中金水傷官制杀之格人生得此生於右族長於名門堂上椿萱双榮贈天邊鴻鴈各行聯其爲人也丰姿清秀天性機關行截果斷作事方員英材而出類學問以淵源揚清激濁袪悪除奸終是功名客豈為釣隱翁清名已在雲霄上逸氣还充宇宙間鼇逐王蟾攀桂去馬隨青路躧花还一從姓字傳揚後秉笏金臺拜聖顏此則崇貴之命篤幃得配須年敵子嗣森枝顯桂蘭運行初上人在下未斷暑寒壬寅運書窓勤十載雪案覽千篇癸巳運中莫愁雲限藍關道時来頃刻上長安甲午運中含重奸邪伏威嚴鬼膽寒乙未運中職迁金紫声名顯風雪飛来事来然丙申運中莊生夢裏迷蝴蝶望帝春心托杜鵑

子平遺書　十五

丙申年　庚子月　己巳日　丙寅時

此八字己巳日元相配柱中金火傷官助才之格
時逢官印為奇主人生於西室長於名門萱非正
副椿耙貴鴻鴈天邊有凌雲甚為人也精神炯炯
智慧明明五車書富三冬足兩石弓當萬驥冲驪
珠照耙光難掩雷劆生豐氣自充終是功名之客
豈為田舍之翁一從姓字傳揚後濟濟衣冠拜九
重此則榮貴之命鴛幃春色麗子嗣晚光榮運行
初辛酉上人庇下花放風生壬寅運中欲向雲中
牽足須從灯下留心癸卯運中西風吹過天邊雪
騰達飛黃入鳳池甲辰運中黎民的父母政化洽
西東乙巳運中江山近五馬花柳拂双程黎花彝
雪雨過山青丙午運中皇恩有感重加祿十嗣山
河化日明丁未運中延賓晲物會友開樽戊申運
中楚臺雲散空留夢清苑香消不返魂

丙辰年　庚子月　丙午日　乙未時

此八字丙午日刃之辰配合子辰之水正官之格
子午冲破福力有虧椿萱含晚翠棠棣長春菲其
為人也存心忠恕立性操持違悪豈得相懼見善
不敢罔欺根原琢立事業施為萬物須當景諸般
必待時忽然逢貴助行樂稱心機此則起家旺業
之命鴛幃須帶硬子嗣長芳枝運行初辛丑未詳
寒暑何論高低壬寅運中漸看春晝永乍見月揚
輝癸卯運中世情多擾擾何必苦區區甲辰運中
報道春光明媚花紅柳綠摽奇乙巳運中正是光
華景還愁瑞雪飛丙午運中老景優游樂終教少
是非丁未運中訃音播也月落烏啼

丙申年　庚子月　辛丑日　丁酉時

此八字辛丑日元相配柱中水火傷官制殺之格
人生得此生於右族長於名門椿萱有倚先已父
天邊鴻鴈各行鳴其為人也丰姿清秀天性剛忠
多聞多見自是自能般般稍覽件件不精豈無高
士敬時有貴人欽萬里春風行樂頌四時佳趣瑞
祥生福布江山外名聞閭里中無慮盡傳詩禮樂
有朋來自遠方親拙於自已巧與他人田園有意
公卿小廊庙無心宇宙輕鄉民仰德閭里此則旺
足之命鶩幃有犯須年敵子嗣秋来旺宅門運行
初辛丑上人庇下未斷平生壬寅運中天冷雪還
凍江寬風自生癸卯運中着意種花花不活無心
插柳柳成陰甲辰運中得中有失暗處還明乙巳
運中雖則才源旺足栽多入事虧盈丙午運中有
田皆種玉無樹不生矣丁未運中晚年快樂一枕
無憂

丙申年　庚子月　己亥日　甲戌時

此八字己土相配柱中水木才官之格本顯功名只
嫌身弱福力有虧主人生於平淵之族長於溫潤之
門椿萱有倚難双老鴻鴈天邊各舊鳴丰姿清雅天
性老誠行藏覺瀟洒哭傲任枯榮祖業添新慶才囊
自葺成市廛生計廣湖海祿元豐滿世功名身外事
五湖風月樂怡情此則穩足之命鶩幃有碍須年敵
桂子秋来有挺棠運行初辛丑上人庇下未斷平生
壬寅運中頗覺行藏有慶还悲人事虧盈癸卯運中
西睛山有色雲散月常空甲辰運中旺中曾駁祿
依旧瑞祥生乙巳運中古樹含風常帶雨寒岩向
日始知春丙午運中有茶留客有酒盈樽丁未運
中花已落水流東

丙申年　庚子月　丙寅日　壬辰時

此八字丙寅長生之日相配橫中金水才殺之格喜逢印綬身生人生得此生於右族長於高門水木椿萱双晚茂天邊鴻鴈各摶風其為人也丰姿清秀天性乖能高謀遠見機関別慷慨春風一妙人過火黃金重長價離雲皎月倍清明背長名園過舊竹花開上苑勝先春朝中無姓字囊裏足珠珎才源富足樓閣凌雲粟陳貫朽行藏好何必天邊沐寵榮此則穩享之命鴛幃重合遲子嗣晚光榮運行初辛丑幼年之下花放風生壬寅運中隱隱輕雷抽碧筍微微細雨潤紅英癸卯運中一梅枝破臘萬象漸回春甲辰運中西風吹過天邊雪從此財源福祿增乙巳運中黨蟻盃珠光不夜林花晝永景長春丙午運中晚年閑快樂會友以開樽丁未運中春光去也花落月沉

丙申年　庚子月　庚申日　辛巳時

此八字庚申專祿日相配柱中水火傷官印綬之格羊刃合殺有功人生得此生於右族長於西府椿親晚顯萱先別天遣鴻鴈各分行其為人也丰姿清秀天性聰明口吐珠璣言語胸藏經史文章東海驪珠能出見豊城雪劍不終藏終是功名之客豈為田舍之郎若能窓前勤務巷異時翰苑沐恩光此則榮貴之命鴛幃有分高一載子嗣生成貴顯榮幼年之下交際之終辛丑運中遊庭負笈會友從師壬辰運中味道心十雷攻文見五行癸卯運中報道題名还不信果然奪得錦標还甲寅運中跳過禹門三尺浪理刑渾似一團春癸卯運中戲廷金紫德播黃堂甲辰運中正宜行藏快樂丙午運中何期一夢難醒

丙申年　庚子月　壬子月　庚戌時

此八字壬子日刃之辰相配柱中火土財殺之格人生得此生於右族長於名門椿萱難並耄鴻鴈各行鳴其為人也丰姿清秀天性聰明斷高理直処事公平機謀輒伏舉用人欽重成新事業再整舊門庭遊山玩水携詩卷對月觀花把酒斟不向仕途求聞達却來貨利覓黃金拙於自已巧於他人雖不建庚封爵自然潤屋潤身此則旺足之命鴛幃燭夜添新養子嗣秋來朶朶榮運行初辛丑上人庇下未斷平生壬寅運中娟嬋雲裏月灼灼葉中英癸卯運中爆竹聲催殘臘畫折梅香引早春逢甲辰運中正是梅青月白幾多人事豐盈乙已運中大得大失有喜有驚丙午運中冲擊之所如履薄冰丁未運中雖則晚年而有慶還愁風雨洒門庭戊申運中春歸去也一別儀刑

丙申年　庚子月　庚申日　丙戌時

此八字庚申專祿之日相配柱中水火傷官制杀之格人生得此生於右族長於名門椿親真倜儻鴻鴈各行鳴其為人也丰姿磊落天性豪雄筆落驚風雨詩成泣鬼神衣冠濟濟人中傑和氣怡怡席上珍終是功名客豈為田舍翁紋橫北海風雲會豹變南山牙爪新一從姓字傳揚後金紫榮看次第陞此則榮貴之命鴛幃賢順子嗣光榮幼年之下花放風生辛丑上人庇下詩禮趨庭壬寅運中繼晷終無間何愁不顯名癸卯運中到此始知文學好長安道上馬蹄輕甲辰運中徵圻片言民頌息九天雨露再加陞乙巳運中皇恩有感近金紫還愁風雪滿門庭丙午運中有材應大用未許返紅城丁未運中一枕黃粱夢千年再不醒

子平遺書　二三

丙申年　庚子月　己巳日　己巳時

此八字己巳日元相配柱中金水傷官助才之格人生得此生於右族長於高門金水椿萱双晩贈天邊鴻鴈各搏風其為人也丰姿清秀礼義縱橫筆底詞源三峽遠胸中瑩潔一天星驪珠照魏光難掩雷劍生豐氣自充終是功名客豈為田舍翁北海蛟横頭角聳南山豹变爪牙新一泛姓字傳揚後九五天門沐寵榮此則榮貴之命鸞幃宜有贈子嗣祿谷新運行初辛丑上人庇下花放風生壬寅運中欲遂平生志潛心對一經癸卯運中莫愁雪阻藍関道時来須刻便升騰甲辰運中驛中曉日催行跕江上春風促去程乙巳運中戦廷金紫貴風雪不為驚丙午運中山河開十郡何事便肆榮丁未運中挽手回故里會友以開尊戊申運中夕陽有限啼鳥無聲

丙申年　庚子月　庚申日　壬午時

此八字庚申專祿之辰傷官之格人生得此生於茂族長於高居椿萱先別毋鴻鴈不聯飛其為人也丰姿清小天性操持高人起敬貴人持扶遊山翫水携詩卷對月觀花把酒色田園桑柘茂畝畆稻粱肥雖然不是青雲客也應鄉里姓名馳此則特達之命鸞幃有碍須年敵子嗣秋来舞綵衣運行初辛丑未分寒暑曷斷高低壬寅運中如花向日似笋穿籬癸卯運中不為惜花春起早多應愛月夜眠遲甲辰運中才帛盈囊人事廣也愁風雨襲羅衣乙巳運中雨過萬重山有色雲開千里月揚輝丙午運中冲擊之所樂處生風丁未運中安閑晩景酌酒彈碁戊申運中　昏已去鳥哀啼

丙申年　庚子月　癸亥日　壬戌時

此八字癸亥之日相配柱中火土水居冬旺生平樂自無憂遇斯命者生於右族長於仁門椿父先歸萱後別天邊鴻鴈有行群其為人也丰姿清秀天性聰明知高下識重輕善決善斷多見多聞行藏竟消洒咲傲任枯榮重成新事難守舊門庭曰福曰榮自有順天之慶常安常樂豈無福地之深無慮畫傳詩禮樂有朋來自遠方覩花無桃李非春色人有望歌是太平但願一生財祿旺何必天邊沐寵榮此則穩厚之命鸞幃有犯須重結子嗣秋來一果榮運行初辛丑上人庇下未斷外沉壬寅中世事宛如新折柳人情浮似半開英癸卯運中正是梅青月白還愁微雨弄晴甲辰運中乍雨乍晴留客景或寒或暖困人春乙巳運中世事有增有減財源或廣或盈丙午運着意種花花不發無心插柳柳成陰午字之中花放風生丁未運中子秀孫賢家業旺何愁白髮鬢邊生戊申運中夕陽有限春夢無憑

丙申年　庚子月　癸丑日　癸丑時

此八字癸丑日元相配柱中金土殺印之格亦有丑逢巳之意主人生於右族長於名門木火椿萱双晚別天邊鴻鴈有行群其為人也丰姿清秀天性聰明異常學問敏捷材能辭鋒穎利應無敵筆力縱橫若有神終是錦衣肥馬客豈為田舍鑿耕人鵬路高摶知健翼龍門深躍見脩鱗一從揚姓字東筠拜金門此則榮貴之命鸞閣金玉潤子嗣綵衣新運行初庚子幼年之下花放風生辛丑運中奬膏展卷秉燭觀文壬寅運中騰身離泮水舉足拜飛龍癸卯運中粉署聯班才獨称皇恩有感大夫榮甲辰運中職位兩遷金紫貴還愁風雪滿門庭乙巳運中重紫重金當此際一番蹭蹬恨何㞢丙午運中天邊少恩澤籬下樂高情丁未運中春光去也花落月沉

丙申年　庚子月　乙亥日　己卯時

此八字乙亥日元相配柱中金水官印之格人生得此生於右族長於西房椿親磊落萱招副天遣鴻雁各分行其爲人也丰姿清秀立性果剛稍有賢良之智粗知禮義之方萬里無雲天一色三秋好景月長明重成新事業再整舊門庭福布江山外名聞湖海中財源富足樓閣軒昂英雄誰贈劍三尺豪傑相逢酒一樽但願一生財禄旺何必思登天子堂此則旺足之命鴛幃得配連珠女子嗣生成貴顯即運行初辛丑上人庇下凶晦一掃壬寅運中如花向日枝枝艷似笋穿籬節節長癸卯運中風雲能發千山雨雨過千山似錦粧甲辰運中財源富足家居婚風雪閙非幸不妨乙巳運中門迎珠履三千客屏例金釵十二行丙午運中冲擊之所頃刻滄浪丁未運中春光去也一枕黃梁

丙申年　庚子月　丙子日　丁酉時

此八字丙子日元相配柱中金水才官之格才盛生官當來化豫主人生於右族長於名門萱母先婦椿脫貴天边鴻雁各行鳴其爲人也丰姿清秀天性聰明源流三峽誰能及筆掃千軍詩與論衣冠濟濟人中傑和氣怡怡席上珍終是功名之客豈爲田舍之翁魚龍变化三春浪鵬路逍遥萬里程瑶池鞭靜朝章松五夜鐘儔拱北宸此則榮貴之命允幃宜有贈子嗣彩衣新運行辛丑上人庇下花放風生過此壬寅運中教向云中夅足須從灯下留心癸卯運中遠望天恩云外降恩攀桂子手中奕甲辰運中禹浪三層都躍過東苟金門拜聖明乙巳運中戚位丙迁金紫貫愁看門外雪盈庭丙午運中運有材應大用何事便辭棠丁未運中春光去也一枕难醒

丙申年　庚子月　戊申日　丁巳時

此八字戊申之日身坐長生[illegible]配柱中金水傷官帶才之格日祿歸時之勒椿親鶴髮萱先別棠棣聯枝獨發輝其為人也才合文武氣吐虹霓縱横筆底文章麗錦彦胸中李閲奇鰲遂玉騰攀去馬隨春蹈花歸昂昂台輔位赫赫盛名榮此則大臣之命鴛幃重會色蘭桂長秋枝運行初辛丑花明柳暗燕語鶯啼壬寅運中男子有才必伸達雲程有路可昇馳癸卯運中变化春浪落楊刘之嚴威甲辰運中重擢高迁覲明主寒風凄雨豈成悲乙巳運中炎炎刑栖奸頑艮閑[illegible]襟樂自如丙子運中任路忽逢霜雪阻天恩須刻又相摧丁未運中掛冠辭上国鮮倭向離東戊申運中英雄從此泯苔緑夕楊祥

丙申年　庚子月　辛酉日　己亥時

此八字辛酉日元相配柱中水火傷官之格人生得此生於良族長於高門丰姿清秀天性聰明立仁立義多見多聞五湖四海閑風月萬井千閭着姓名出土黃金顯十分之貴色離雲皎月有萬里之清明但頤有情閑富貴不思跨馬到宸京此則穩厚之命鴛幃有祀宜添副子嗣秋來有挺榮運行初辛丑上人庇下雲月朦朧壬寅運中楊柳已添新様緑杏桃仍放舊時紅癸卯運中捕月捉風心不定或見驅馳亦未能甲辰運中好把身心斂自然福祿駢臻乙巳運中不着意中還獲福若勞心處亦中平丙午運中家門能裕行藏好還慮風波滾滾生丁未運中風光滿目花放風生過此戊申運中歸去也

丙申年　庚子月　巳巳　乙亥時

此八字巳巳之日相配柱中水木才敍之格傷官合敍有功人生得此生於右族長於名門椿親晚方別鴻鴈各行鳩其為人也丰姿清秀天性乖能知高下識重輕行藏果斷作事聰明高謀遠見機關別和氣春風一好人黄金過火重增價白璧離塵色倍真朝中無姓字囊底足珠珎花無桃李非春色人有笙歌是太平財源富足家居好何必天邊沐寵榮此則豐厚之命鴛幃連珠須配小子嗣然森丞丞成運行初辛丑春風駘蕩夏日炎蒸壬寅運中雲

開山聳翠兩過竹重青癸卯運中三陽同宇宙一氣轉鴻鈞甲辰運中堤柳已敷新幹綠園桃不改旧時榮乙巳運中山前水後皆風月江北江南摠是春梨花帯雪雨過山青丙午運中晚年閑快樂會友以開尊丁未運中安閑晚景戊申運中一枕难醒

丙申年　庚子月　巳未日　乙丑時

此八字巳未陽刃之日相配柱中水木財氣之格乙庚作合有功主人生於右族長於高堂金土春萱應晚茂天邊鴻鴈各聯行其為人也丰姿清秀天性機關般般少覧件件不全知高識下近貴親賢不懲不篤可方可員旭日棗麻盛薫風禾黍阡祖業添新慶財源勝舊風飛詔任他來北闕暮玄不出南山財源富足福禄駢臻槩世功名身外事五湖烟月自怡情此則駐足之命鴛幃有犯須年敵子嗣金風發桂蘭運行初辛丑上人靡災晦一

埸壬寅運中春光播奐微雨生寒癸卯運中正是太平光霽景還悉人事有迍邅甲辰運中幾度樂中有悶数番靜裏憂生乙巳運中韶華萬里美酒盈樽當此之際風雪猶寒丙午運中有名聞富貴無事即神仙丁未運中春光去也一枕難還

丙申年 庚子月 癸卯日 癸丑時

此八字癸卯日貴之辰殺印之格水居冬旺生平樂自無憂人生得此椿萱堂上先喪毋鴻雁天邊後有行其為人也丰姿清秀礼樂鏗鏘聰明書藝遠倜儻世情長雖成新事業難守舊田庄萬里春風行樂頌四時佳趣瑞祥光非吏非儒商價如何名譽遍鄉邦晚年光景多饒裕孫賢子秀樂安康此則穩足之命篤幨有得須重續子嗣秋來朵朵香運行初辛丑上人庇下其樂何當壬寅運中雪晴天未暖行樂尚悠揚癸卯

運中旺中常有超越事事安門楣倍勝常甲辰運中雨過萬重山有色雲開千里月華光乙巳運中淡烟迷弱柳微雨洒斜揚丙午運中沖擊之所樂處生殃丁未運中暮桑榆暮景甲申運中一夢黃粱

丙申年 庚子月 甲戌日 庚午時

此八字甲戌日元相配柱中金水未生印綬之格然印相生功名顯達主人生於西宦長於名門椿親蚤落萱居副天边鴻雁各行鳴其為人也丰姿清秀天性聰明腦藏千古英雄事志抱三場錦綉文終是功名之客豈為田舍之翁鵬路高搏知健翼龍門深躍見脩鱗一從姓字傳揚後直上金鑾輔聖明篤幨金玉閨子嗣彩衣新運行初辛丑上人庇下風雨还生壬寅運中欲向雲中舉足須從燈下留心癸卯運中起鳳騰蛟從此始果然秉笏

拜明君甲辰運中獄折庁言民頌息九天雨露再加陞乙未巳運中戰廷金紫風雪还生丙午運中有材應大用何事便辞榮丁未運中晚年閑快樂戊申運中一枕梦难醒

丙申年　庚子月　甲子日　乙丑時

此八字甲木相配柱中金水來生印綬之格人生
得此生於豐潤之族長於穩拿之臺椿萱皓首先鋝
父天邊鴻鴈各翱翔手姿清秀礼樂鏗鏘聰明言
逆倜儻世情長樓臺疊疊生涯好無祿誓不貪雖不達
侯封爵自然衆帛盈囊此是旺之命鴛幃運理合子嗣
晚標香運行初辛丑上人庇下甚樂何當壬寅運中要草
春江相好綠新鶯歌柳共爭簧癸卯運中雖則家居
有多迷悲人愁腸甲辰運中飄殘楊柳萬物被害
傷乙巳運中旺中曾見風獻漂豈能不損釣漁艇丙
午運中正是梅青月白迷愁風雨一場丁未運賞玩
物會交流勝戊申運中人生從此別一夢莫楙棲

丙申年　庚子月　癸亥日　丁巳時

此八字癸亥日元相配柱中火土才官之格水居東
旺生平樂自無憂人生得此生於右族長於名門
椿萱晚榮贈鴻鴈各行鳴其為人也丰姿清秀天
性聰明學問資先覺群書貫一經辞鋒穎利疑無
敵筆力縱横若有神終是功名之客豈為田舍之
翁鵬路高摶知捷翼龍門跳躍是潛鱗一從揚姓
字東方拜金門此則榮貴之命鴛幃春色麗子嗣
晚光榮運行初辛丑上人庇下安滯未伸壬寅運
中歎遂平生志屠心對一經癸卯運中万里扶摇
驚騰豹一声霹靂躍潛鱗甲辰運中自沐天边寵
朝朝拜聖明乙巳運中腰横金作帶符剖玉為鱗
梨花舞雪雨過山青丙午運中有材應大用奚遂
向龝東丁未運中天边無德澤戊申運中一夢了
平生

丙申年　庚子月　己卯日　己巳時

此八字己卯專權之日相配柱中水木才殺之格傷官制殺生才主人生於右族長於西房椿覲嶽落萱歸副天邀鴻鴈各分行其為人也丰姿清秀天性聰明般般稍覺件件不精行藏果斷作事高量重成新事業再整舊門墻田園曠潤樓閣軒昂消閑碁一局遣興酒三觴過火黃金高長價雕雲皎月倍清光但願一生才祿旺何必思登天子堂此則豐潤之命鴛幃連珠須配小子嗣秋來朵朵香運行初辛丑上人庇下花放風狂壬寅運中如

花得日枝技艷似箏穿泥節節長癸卯運中水向石邊流出冷風從花底過來香甲辰運中才源富足家居好風雪飛來尚不妨乙巳運中天上三陽開泰人間五福汪洋丙午運中延賓玩物會友流觴丁未運中晚年閑快樂未字之中一枕入黃粱

丙申年　庚子月　辛酉日　壬辰時

此八字辛酉專祿之日相配柱中水木傷官制殺之格金水傷官喜見官主人生於右族長於名門椿萱雙晚茂棠棣各數榮其為人也丰姿清秀天性聰明有抵雪欺霜之志截長補短之能節長名園過舊竹花開上苑勝先紅五湖四海生涯好萬水千山道路通才源富足貫朽粟陳莫思仕路登雲漁但願家園有進增此則穩厚之命鴛幃連珠須配長子嗣榮門練舜成運行初辛丑幼年之下春風駘蕩夏日炎蒸壬寅運中綉花看有艷畫水

听無聲癸卯運中淡烟楊柳岸薄霧杏花村甲辰運中爆竹声催殘臘去折梅香引早春逢乙巳運中正是太平光霽景還愁風雪滿門庭丙午運中如松含晚翠似菊綻金英丁未運中訃音一播醉酒三鍾

丙申年　庚子月　甲子日　戊辰時

此八字甲子日元相配㮢中金水發生印綬之格人生得此生於右族長於良門萱母續絃椿蕊落天邊鴻鴈各行鳴其為人也丰姿清秀天性聰明稍礼義識古今豈無高仕敬時有貴人欽遇火黃金顯十分之貴色雖雲蔽月布萬里之清明笋長名園過舊竹花開上苑勝先春遊山翫水携詩卷對月觀花把酒斟才源富足平生好何必天邊沐寵榮此則穩足之命鸞幃連珠須年小子嗣森枝孝且忠運行初辛丑上人庇下花放風生過此壬寅運中隱隱輕雷抽碧笋微微細雨潤紅英癸卯運中漸覺夜涼池雨過信知花放曉風輕甲辰運中天上三陽泰人間五福增乙巳運中雪晴雲散天如洗從此才源倍有增丙午運中晚年閑快樂會友以閒樽丁未運中花落水流春已失蘭摧玉折恨何明

丙申年　庚子月　癸亥日　癸丑時

此八字癸亥日元相配㮢中飛天祿馬之格水居冬旺生平樂自無憂人生得此構覲紫悅贈鴻鴈各搏風其為人也丰姿清爽天性聰明行藏曠達氣象稜層多聞多覽自是自能學問三冬足群書万卷新收横北海風雲會豹變南山勢要生天中苦雨人民樂万里仁風境界平咸風雷列祿位重重此則青出於藍之命鸞幃春簇簇子嗣晚叢叢運行初辛丑幼年之下風雨還生壬寅運中尋章摘句博學明經癸卯運中起鳳騰蛟從此始榮治息寵輔朝廷甲辰運中金重妒邪伏威嚴鬼膽驚乙巳運中戟陞三級重金貴風浪生來尚惱人丙午運中竭盡忠誠扶社稷權高位重禍相侵過此丁未運中春光去也一枕巫峯

戊戌年　乙丑月　戊寅日　己未

此八字戊寅專權之日相配柱中木火襍氣纇印之格女人得此生於右族長於名門椿萱雖並耄鴻鴈各行鳴其為人也丰姿清秀髮皃精神有針綴之巧九膳之能雖然不理家延事且喜夫家日旺興滔滔無祖滞步步助夫門揚柳無[illegible]嫁郎梅花有月倍清明惟觸难犯易喜[illegible]夫荣仁義客子貴又光荣此則穩旺之命良人得合子嗣[illegible]荣運行初田子上人庇下讀秀閨門癸亥運中[illegible]帰柳[illegible]情初変[illegible]入桃花燦未匀壬戌運中淡烟楊柳岸籌霧杏花村辛酉運中錢度樂中有閑数當静裏愁生庚申運中雖則夫門財業狂錢當人事尚亏盈己未運中須叟雲掩月頃刻月離雲戊午運中大荣子貴樂意忘情丁巳運中人去境空

戊戌年　乙丑月　癸未日　壬戌時

此八字雜氣財官之格只嫌日主太柔功名火顯萱毋先歸椿脫別西風鴻鴈少和鳴其為人也行藏瀟洒天性英能學向鮮知今古生平交契豪華世業鼎新而華故祖基有倚而新成人情廣潤生涯旺畝畝膏腴稲禄盈倉若肯留心於仕路天然機會可馳名此則要富之命鸞帰得配連枝女桂子芬芳有發荣運行初丙寅少年之際或有陰晴丁卯運中雨收山聳翠雲散月揚明戊辰運中但遇高人指述道漸知氣勢兩峥嵘己巳運中財與名而並旺非與是而俱生庚午運中片雲能發千山雨雨過千山依舊青辛未運中延賓酌酒會友論盟壬申運中見孫荣秀車馬盈庭癸酉運中春光留不住一夢返蓬瀛

子平遺書

戊戌年　乙丑月　辛卯日　癸巳時

此八字辛卯之日祿氣才官之格喜逢印綬生身
人生得此雖不成名亦能發福人生得此生於茂
族長於富門椿萱有倚先亡母天邊鴻雁下同群
其爲人也丰姿曠達天性剛忠有傳古通今之志
隨機應變之能門外田疇千古計庭前花木四時
春才涼富足樓閣凌雲高仕敬貴人欽信看潤
身潤屋脱年子顯光榮此則富而且貴之命鴛幃
正副須防剋子嗣生成貴顯入運行初丙寅上人庇
下未斷平生丁卯運中隱隱輕雷抽碧筍纖纖細
雨潤紅英戊辰運中爆竹声催残臘尽折梅香引
早逢春巳己運中須史風雨過從此狂才明庚午
運中福布江山外名聞閭里中當此之際素耗還
生辛未運中山前山後皆明月江北江南總是春
一番風雨過山青壬申運中子貴孫賢家業
旺喧車馬集門庭癸酉運中春光去也花落
見流

子平遺書

戊戌年　乙丑月　甲午日　癸酉時

此八字甲午之日相配柱金土雜氣才官之格
食神時遇爲奇主人生於寒室長於高居火命椿
萱雙飛茂天边鴻雁各行飛其爲人也丰姿清秀
氣岸[illegible]古覽詩書見善則持於己當仁不
讓於師[illegible]功名之客豈爲田舍之翁一朝但得
風雲便九天雨露沐恩帰此則榮貴之命鴛幃違
理合子嗣晚光輝運行初幼年之下花放風歎丙
寅運中舉業必須富六籍光陰何曾習三餘丁卯
運中雖有凌雲志緣無接漢梯戊辰運中時來名
必顯騰踏在斯時己巳運中耿耿聲名重滔滔雨
露濡庚午運中三度
君恩喜雨番風木悲辛未運中有材膺大用何事便
鬆車壬申運中清風明月不用一錢買玉山自倒
非人推

戊戌年　乙丑月　丁未日　已酉時

此八字丁未陰刃之日相配柱中金土傷官劫才之格人生得此生於右族長於名門椿萱双晚茂棠棣苑邉春其為人丰姿清秀天性聰明千古文章[illegible]耀一天星斗煥心胸衣冠濟濟人中傑和氣恰恰席上珎終是功名之客豈為田舍之翁鵬路高摶知健翼龍門深躍見脩鱗一從姓字傳揚後九五天門面聖容此則榮貴之命鴛幃燭夜深新[illegible]子嗣秋来有廷榮幼年之下花放風生丙寅運中上人膝下詩礼趨庭丁卯運中十年窓

下[illegible]黄卷與青灯戊辰運中時来風送騰王閣頭刻高摶萬里程巳巳運中自沭天邉寵朝朝傳明君庚午運中君恩三度喜風木两番驚辛未運中赤心扶日月素志展經綸壬申運中晚年閑故里一桃了平生

戊戌年　乙丑月　癸卯日　辛酉時

此八字癸卯日貴之辰相配柱中金土祿氣官印之格有官有印無破作廊廟之材人生得此生於右族長於名門堂椿萱連珠屬鴻鴈各行鳴其為人也丰姿清秀天性聰明錦綉胸中賢聖文字珠璣口吐武文風罷句好為天下白高材俊似海東青終是功名之客豈為田舍之翁奮背辟白屋平步入青雲一從姓字傳揚後九天雨露再加陞此則榮貴之命鴛幃宜有贈香嗣有光榮運行初丙寅春風駘蕩日會炎焱丁卯運中欲達相如志潜心對短檠戊辰運

中躍龍門方知繼翼摶鵬路始見脩鱗乙巳運中三度君恩喜兩番風木驚庚午運中信看官[illegible]酌然禄享千鍾辛未運中赤心扶日月素志展經綸壬申運中春光去也花落月沉

戊戌年　乙丑月　癸丑日　甲寅時

此八字癸丑日元相配柱中金土祿氣官印之格人生得此生於右族長於名門椿萱双晚贈棠棣各飛榮其為人也丰姿清秀天性聰明肌次峥嵘書萬卷英材激捷壓群儒衣冠濟濟人中傑和氣怡怡席上珍終是功名客豈為田舍翁北海蛟横頭角露南山豹變爪牙新一從携姓字聲名拜明君此則榮貴之命晩嬉宜有贈子嗣光宗運行甲寅上人庇下春風駘蕩夏[illegible]丁卯運中潤[illegible]澤[illegible]果功經戊辰運中遠望天恩雲外路見攀桂手中[illegible]己巳運中[illegible]刷三汲浪来[illegible]道翱佐雲君庚午運中[illegible]戚近金紫貴風雪滿門庭辛卯運中有時應大用未許便增榮壬申運中榮歸故里會友開[illegible]運中訪音一番醉酒三鍾

戊戌年　乙丑月　丙辰日　丁酉時

此八字丙辰日德之辰相配柱中金土傷官助財之格人生得此雖不成名亦能發福主人生於右族長於名門椿萱双晚茂棠棣各敷榮其為人也[illegible]清秀天性聰明斷高理直处事公平謀動君子[illegible]小[illegible]行藏覺消洒笑傲任枯榮枯過火黃金添十分之貴色離雲皎月散萬里之清明琴樽風月閑生計金玉松筠[illegible]歲月雖不建侯封爵自然潤屋潤身此則豐足之命驚悍有[illegible]招[illegible]嗣發來有顯[illegible]行初丙寅上人庇下未斷乎[illegible]卯[illegible]春歸柳[illegible]紅入桃花媛未均戊辰運中漸覺夜涼西雨過[illegible]知花[illegible]風輕己巳運中到此始知時運好萬物光華百事通庚午運中財源雖旺足風雨尚愁人辛未運中晚年閑快樂[illegible]開樽壬申運中夕陽有限春夢無憑

戊戌年　乙丑月　乙未日　庚辰時

此八字乙未日元相配柱中才官印三奇之格人生得此生於西室長於名門椿親有倚萱帰副天[illegible][illegible]屬各行鳴其為人也丰姿清秀天性聰明胸[illegible][illegible]事學識聖賢心過火黃金重長價離雲皎月[illegible]清明終是功名之客豈為田舍之[illegible]雲程坦坦登天去攀足悠悠名利成一從姓字標揚後九天雨露沐皇恩此則榮貴之命鸞幃金玉麟子嗣福元增運行初丙寅上人[illegible]下灾悔[illegible]運詩礼趨庭丁卯運中十[illegible][illegible][illegible]一舉便成名戊辰運中躍過三層浪朝[illegible][illegible]緋袍已運中威風凜[illegible][illegible]禎惧令望昭昭沛澤新黎花舞雪雨過山青[illegible][illegible]運中職遷金紫布德施仁[illegible]未運中有材當大用何事使辭榮壬申運中夕陽有限春夢無憑

戊戌年　乙丑月　甲午日　壬申時

此八字甲午日元相配柱中金土禄氣才殺之格人生得此生於右族長於名門椿萱双晚茂棠棣[illegible][illegible]生其為人也丰姿清秀天性老成高謀遠見[illegible][illegible]慷慨春風一妙人黃金過火重增價白璧離[illegible]色更明自有順天之慶豈無福地之深笋長名園過舊竹花開上苑勝先春時來名成利就運來顯祖榮宗一朝借得[illegible][illegible]耿耿聲名達帝京此則光耀之命鸞幃春色蘿子嗣祖名新運行初乙丑初年之下灾悔[illegible][illegible]丙寅運中青燈宜[illegible]志雪案可加攻丁卯運中[illegible]不達揚帆待風戊辰運中東京賽驢許借我泥得雞騎青雲[illegible]運中驀然機會至榮沐聖王恩[illegible]運中春色[illegible]袍綠晴光拂[illegible]新辛未運中正宜加爵祿何事使辭榮壬[illegible]運中花已發月尤沉

戊戌年　乙丑月　庚子日　戊寅時

此八字庚子日相配柱中之木雜氣才官之格人生得此仕路聲揚椿萱双耐晚鴻鴈有分翔丰姿洒落天性果剛理窮今古事學貫聖賢章終[illegible]名之客豈為田舍之郎一朝騰達飛黃去此[illegible]男兒當自強此則顯榮之命篤幃年光招副桂子秋来桑系芳運行初丙寅幼年之景何論炎凉丁卯運中尋章摘句入室升堂戊辰運中風雲相際會變化上天堂己巳運中仁風[illegible]百里雪霽肅風霜庚午運中權倘千里風浪不為霜

辛未運中大才大用未擬述鄉壬申運中黃花綠酒癸酉運中憂度石梁

戊戌年　乙丑月　甲辰日　甲戌時

此八字甲辰日元相配柱中金土雜氣材官之格陽刃太重藏我功名主人生於右族長於名門萱母先歸椿後別天邊鳴鴈不同群其爲人也丰姿清秀天性聰明頗知礼義稍識古今親賢近貴自是自能萬里春風行樂頌四時佳趣瑞祥生不必覓珠来水底何須求劍到鄞域酒好閑中恨不須湖海墾拙於自己巧與他人雖不綺羅名錦繡也須鄉黨衆推尊丙寅幼年之下未必許論丁卯運中才源滾滾家居好尚有超趣未順心

戊辰運　不款　一中曾得意用心之處不如心己巳運中青歸柳葉晴初変紅入桃花煖来自庚午運中得中有失悔後还明辛未運中冲擊之鄉有得失節疼骨痛悔非生壬申運以晚年閑狀樂風雨阻行程己巳癸酉運中子貴多快樂朝為夢不醒

戊戌年　乙丑月　癸丑日　戊午時

此八字癸丑日主相配柱中金土雜氣官印之格生得此生於古族長於名門椿親早别萱耐晚天边鴻雁各行鳴其為人也丰姿清秀天性頗能知前識後覽博古今有理白分清之志應上和下之能過火黃金應長價離雲皎月陪光明祖業須耆整根基自琢成五湖生計好四海利名增花無桃李非春色人有笙歌是太平施恩應不報布德反成嗔雖不登庭拜爵自有福利無窮此則穩享之命鴛幃兩歡偕華髮子嗣秋來有豈成運初行

丙寅上人庭下花放風生丁卯運中雨添楊柳綠还浅紅入桃花色未到戊辰運中夜雨陪添池水綠春風吹得海棠紅己巳運中一輪明月當空皎萬里秋波徹底清庚午運中才源茂盛生意好風雨閑非小恼人辛未運中黄花荣晚景才福陪如壬申運中正作華堂樂癸酉運中一夢入蓬瀛

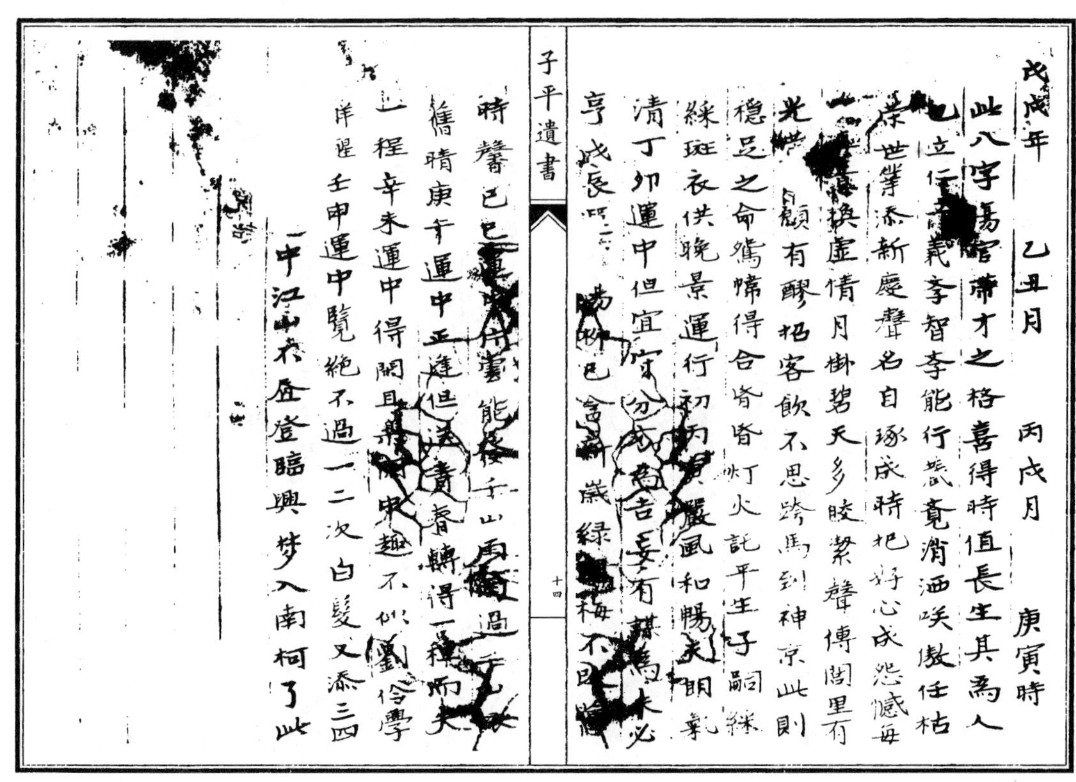

子平遺書

戊戌年　己丑月　戊午日　己未時

此八字戊午日刃之辰相配柱中金木傷官助財之格女命之命一貴可作良人主人生於右族長於名門椿萱双晚茂鴻鴈各行鳴其為人也資容洪[illegible][illegible]晚起羣有針線之巧立業之勤一苑杏桃鋪錦[illegible]滿山松栢映幃屏相夫應有道訓子摠成羣過火黄金重長價離雲皎月倍光明滔滔無阻滯步步助夫門難䦨難把[illegible]唐[illegible]嗔佇看夫榮子貴也應同沐皇恩此則榮貴之命良人得此榮華客子嗣生盛貴[illegible]人運行初甲子春[illegible]蕩蕩[illegible]炎炎癸[illegible]運中[illegible]合翠[illegible][illegible]好夢[illegible]緣紅葉[illegible]姻戊壬運中正是太平光景[illegible]須更風雨[illegible]愁人辛酉運中一輪明月連霄[illegible]千里秋波徹底清須史風雨雨過山青庚申運中濟濟裙釵絢日輝輝羅綺[illegible][illegible]未運中晚年子貴重榮贈戊午運中去鏡空明

十五

子平遺書

戊戌年　丁丑月　戊寅日　丙辰時

此八字戊寅專權之日相配柱中火土殺生印授之格人生得此生於右族長於名門椿萱有侵難[illegible]耄天邊鴻鴈各行鳴其為人也半資清秀天性[illegible][illegible]稍覽件件不精祖業添新慶才原勝田風田祿日榮自有順天之慶常安常樂豈無祿地之深門外田疇千古計庭前花木四時新花無桃李非春色人有笙歌是太平[illegible]才源富足任他身外無名此則穩厚之命鶯為有犯須賠贈子嗣榮門晚節春運對初戊午上人庇下淡淡春[illegible]未運中登臨[illegible][illegible]賞玩春[illegible]庚申運中春風播[illegible]微雨善晴庚申運中不意之中富得意用[illegible]之處不如心辛酉運中款進不前使嘆息時來瑞氣滿門庭壬戌運中才源旺足家居好尚有超越來順情癸亥運中子嗣家寬多快樂何愁白髮鬢邊生[illegible]運中晚年咸遐乙丑運中一剎附音

十六

戊戌年　乙丑月　癸卯日　乙卯時

此八字癸卯日貴辰相配柱中金土雜氣官印之格女人得此生於邃室長於名門椿萱雙脫戊棠棣各敷榮其為人也姿容清淡德茂行真勝丈夫之[illegible]豁有男子之材能春入水光成頻綠日勻花萼發新紅萬里無雲天一色三秋好景月長明滔滔無阻滯步步旺夫門難觸雖犯易喜易嗔夫榮何足羨子貴又重封此則榮盛之命良人得配榮華客子嗣生成員顯人運行初甲子上人花下飲秀閨門癸亥運中匹配名門友花從錦上贈壬戌運中夫唱婦隨多快樂須見雲月又朦朧辛酉運中到此始知時運好萬物光華百事通庚申運中不獨珠璣富足尚衍錦綉重重己未運中含老梅花香馥郁寒岩松而長春戊午運中歸去也

戊戌年　乙丑月　丙戌日　庚寅時

此八字傷官帶財之格喜得時值長生其為人也[illegible]立仁立義多智多能行藏瀟灑笑傲任枯榮世[illegible]新慶聲名自琢成時把好心成怨憾每將真[illegible]虛情月掛碧天多皎潔聲傳閭里有光明但願有酉招客飲不思跨馬到宸京此則穩足之命鴛幃得合昏昏燈火話平生子嗣有成彩彩斑衣供晚景運行初丙寅惠風和暢天朗氣清丁卯運中但宜守分方為吉妄有謀為未必亨戊辰運中[illegible]柳色鶯新歲[illegible]園梅不改舊時馨己巳運中片雲曾發千山雨雨過千山依舊青庚午運中正逢坦道生荊棘得一程而失一程辛未運中得閒且樂閒中趣不似劉伶學醉壬申運中覽鏡不過一二次白髮又添三四莖癸酉運中江山不盡登臨興夢入南柯了此生

子平遺書

戊戌年　乙丑月　庚子日　丙戌時

此八字庚子日元相配柱中火土雜氣殺印之格殺印相生功名顯達主人生於右族長於名門椿萱双晩茂棠棣各數榮其為人也精神烱烱智慧聰明錦綉胸藏賢聖學珠璣口吐武文風過火黄金重長價離雲皎月倍清明豈是池中物由来席上珎鰲逐玉蟾攀桂去馬隨青帝踏花行上從姓字傳揚後直上金鑾輔聖明此則榮貴之命鴛幃全正副桂子有逞榮幼年之災悔之中丙寅運中外堂入学以發秒庭丁卯運中欲遂乎生志須加燈火功[illegible]辰運中躍過禹門三級浪衆芳春降侍聖容己巳運中咸飛虯浪疑令重虎風生庚午運中戦還金紫宇内澄清梨花絲雪雨過山青辛未運中有才應大用未許便辭榮壬申運中春光去也道訃音

十九

子平遺書

戊戌年　乙丑月　壬寅日　丙午時

此八字壬水日元相配柱中金土襍氣殺印之格才星會局喊我光榮主人生於茂族長於高門椿萱先歸豈復別天边鴻鴈不同群其為人也半安清雅[illegible]是自能行藏覔瀟洒咲傲任枯榮萬里詔華名利必從天上降一聯美景才源自向遠方生無慮尽傳詩礼樂有朋来自遠方尋雖不建侯封爵自然潤屋潤身此則旺遇之命鴛幃有碍須添寵子嗣生戌旁灶人運行初丙寅上人庇下雲月朧朧丁卯運中皓皓雲間月紅紅葉底英戊辰運中片雲遮日雨過山青己巳運中世事有增有減才源或慶或吳庚午運中雖則家居有慶还愁微雨弄晴辛未運中豐年田舍盈窖臘月山家酒滿斟當此之際雖耗还侵壬申運中無思無慮美酒盈樽癸酉運中帰去也

二十

戊戌年　乙丑月　丙戌日　丙申時

此八字丙火相配柱中金土傷官助才之格傷官者剛毅之物也主人生於右族長於名門椿萱有倚先亡父天邊鴻鴈各行群其為人也丰姿魁偉秉性聰明學問有成筆底詞添三峽遠英材敏捷胸中學業五車深太山北斗千山在和氣春風四座傾北海蛟横出南角南山豹变露文英終是皇朝榮貴客豈為田舍鑿耕人文從姓字傳臚後今紫榮看次第陞晚年重沐寵乘笏近明君閑節一毫無地入清廉二字有天聞此則榮貴之命鴛帏有碍須招贈子嗣秋來朵朵榮運行初丙寅上人庇下詩禮趣庭丁卯運中明窗淨几暮史朝經戊辰運中雖則蟾宮折桂春闈選侍時亨己巳運中鴈塔題名後朝班立縉紳聯粉署職位加崇庚午運中五馬分符何足羨薇垣佐政再重陞辛未運中貴列金屏當此際皇恩簡閣祿千鍾壬申運中榮歸故里癸酉運中一枕清風

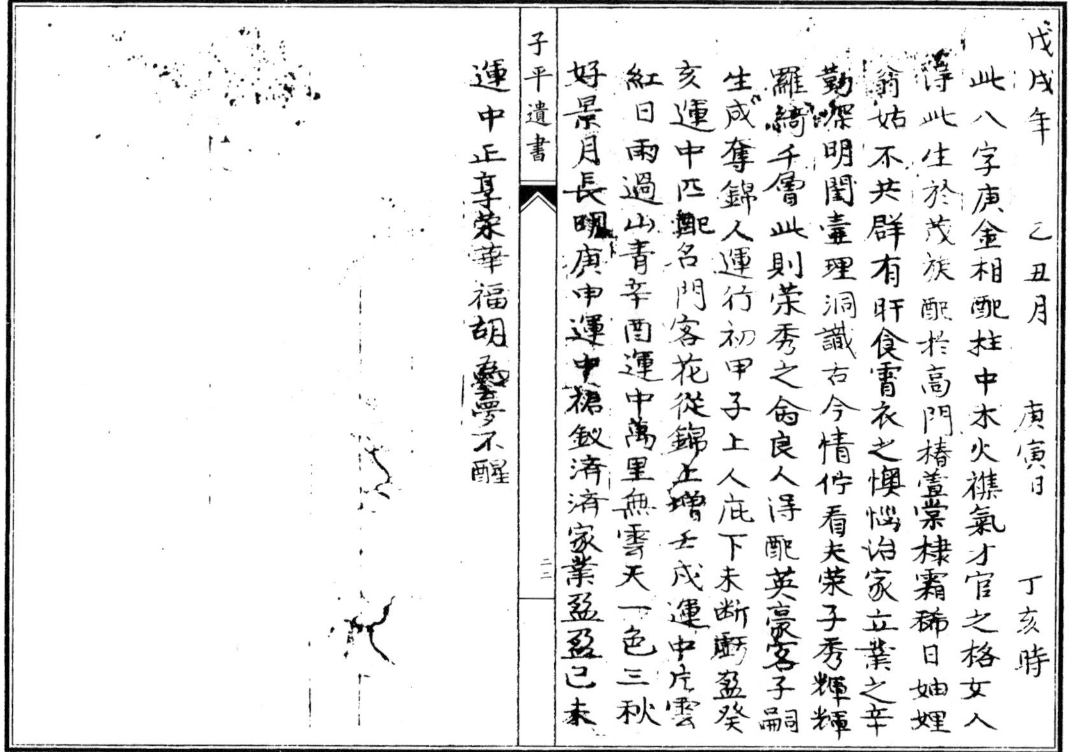

戊戌年　乙丑月　庚寅日　丁亥時

此八字庚金相配柱中木火旗氣才官之格女入得此生於茂族配於高門椿萱棠棣霜稀日妯娌翁姑不共群有旰食宵衣之懊惱治家立業之辛勤深明閨壼理洞識古今情佇看夫榮子秀輝輝羅綺千層此則榮秀之命良人得配英豪客子嗣生成奪錦人運行初甲子上人庇下未斷斷盈癸亥運中匹配名門客花從錦上增壬戌運中片雲紅日雨過山青辛酉運中萬里無雲天一色三秋好景月長明庚申運中穗斂濟濟家業盈盈己未運中正享榮華福胡蝶夢不醒

戊戌年　乙丑月　庚寅日　丁丑時

此八字庚金相配格雜氣材官之格女人得此生旌望族流於賢良其爲人也姿容清雅髮貌異常治家克儉處事員方性快雷聲隱隱心交月色蒼蒼不惟起家立業尚祈夫嗣榮昌信看詁沛澤佳氣滿門墻就則榮夫旺子之命良人火命晚榮客子嗣秋來有挺芳運行初甲子上人死下輕輕晴霧蕩蕩春陽癸亥運中雲散自然孤月朗春來頓覺百花香壬戌運中雖則行藏有慶還愁雨洒斜陽辛酉運中片雲蔽月依舊光輝庚申運中到此始知光景好夫榮月覺福元長己未運中驅奴遣婢金玉盈囊戊午運中綉中扣線丁巳運中一夢黃梁

戊戌年　乙丑月　丁亥日　庚辰時

此八字丁亥日貴之辰雜氣財官之格運行背地減我功名主人生於右族長於名門椿乃先歸萱後別恐邑鴻雁不同群其爲人也手姿鄙偎天性乖能行識果斷作老誠親君子近高人生涯湖海上道路或雨露花無桃李非春色人有笙歌是太平報道晚年光景好傲霜金菊綻籬東此則旺益之命鴛幃有礙难偕老子嗣森枝一顆榮運行初丙寅上人在下未斷平生丁卯運中是非莫管門前客得失須憑塞上翁戊辰運中雖則行藏有慶还愁素耗相侵己巳運中須史雲掩月依舊月離雲庚午運中正值光華之處何期絃斷無声辛未運中子榮孫秀沛澤紛紛壬申運中安閑悅景癸酉運中春風無憑

戊戌年　乙丑月　癸卯日　壬子時

此八字癸卯日貴之辰相配柱中火土雜氣財官之格人生得此生於右族長於名門椿萱難並耄鴻鴈各行分飛其為人也丰姿清雅天性聰明截長補短理尚分清窮經覽史孝足三冬麗句妙為天下白高村似海東青終是功名之客豈為避世之翁一日風雲相際會九重天府沐皇恩舒長化日桑麻茂融落仁風雨露生此則榮貴之命鴛幃連珠須配長子嗣秋來有顯榮運行初丙寅上人庇下未斷弄沉丁卯運中欲遂平生志潛心對短檠戊辰運中幾欲思高、

騫遠時來方許飛騰己巳運中雲衢坦坦登天去舉足悠悠名利成庚午運中皇恩有感多光顯千里仁風父老迎須臾風雨頃刻遊巡辛未運中一襃一貶名揚抑能盡忠誠又有陞壬申運中榮回故里美酒盈樽癸酉運中春光去也一道訃音

戊戌年　乙丑月　戊寅日　癸亥時

此八字戊寅專權之日褀氣才官之格人生得此生於右族長於高門椿萱先別父棠棣不聯英丰姿清爽天性老誠行藏竟瀟洒咲傲任枯榮自有順天之慶豈無福地之深恒招君子敬時有貴人欽豐年田舍禾盈罌臘日山家酒滿斟此則穩足之命鴛幃久命須年長子嗣秋來對對成運行初丙寅上人庇下未斷平生丁卯運中幾欲思高騫遠番成剪雪裁冰戊辰運中正是梅青月白還愁微雨弄晴己巳運中片雲蔽日雨過山青庚午運中天寒有日雲歛凍江潤無風浪自生過此辛未運中孫賢子秀暮景升平壬申運中花已落月尤沉

戊戌年　乙丑月　己亥日　甲子時

此八字己土天元相配柱中水木祺氣才殺之格人生得此手姿平淡天性亦能行藏瓷瀟洒咲傲任枯榮萱毋早帰椿後别天边鴻鴈各西東事業每從忙裏就才源自向閙中生江湖風味多饒裕何必天边沐寵榮此則平穏之命鴛幃連珠低一歲子嗣春英有秀馨運行初丙寅上人庇下化日熙春丁卯運中萱花零落後椿父又帰空戊辰運中雖則行藏有慶還愁人事虧盈己巳運中雨過山方秀雲閙月始明庚午運中着意種花花不發無心插柳柳成陰辛未運中片時風雨過依舊瑞祥生壬申運中暮年安享癸酉運中花落月沉

戊戌年　乙丑月　己酉日　甲戌時

此八字己酉日主相配柱中金木傷官制殺之格人生得此生於右族長於名門水木椿萱双旺茂天邊鴻鴈各行鳴其爲人也手姿清秀天性聰明知高識下理白分清謀動君子威伏小人過火黄金重長價離雲睒月倍清明祖業添新慶根源勝旧風田園桑柘茂畝畝稻粱馨月掛碧天多皎潔名揚閭里有光榮但顧粟陳并貫積何必天邊沐寵榮此則穩厚之命鴛幃連理須配硬子嗣秋来有粟資運行初丙寅幼年之下花披風生丁卯運中小池雨過添新緑深谷春来發秀榮戊辰運中梅須遜雪三分白雪為輸梅一段春　己巳運中不獨才源富足尚祈声拐享滔洪須臾孝耗頃刻逡巡庚午運中尋常一様窓前月纔有梅花便不同辛未運中威權有布人欽服才帛興隆福禄增壬申運中晚年宜快樂一夢入佳城

戊戌年 乙丑月 丙午日 庚寅時

此八字丙午日刃之辰傷官用印之格傷官傷尽秀氣挺然主人生於閥閱長於武門椿萱榮倚奚双鸞天邊鴻雁各行群其為人也手姿磊落天性老誠須知顔孟礼稍習六韜文般般好李件件不精功名承祖蔭事業自磨礱萬象光華浩沛澤四時佳趣瑞祥生雖不腰金紫也降千百兵此則轅門貴顯之命驚慌有犯須招副子嗣秋來有繼榮運行初丙寅上人庇下月白風清丁卯運中世事宛如春夢人情薄似秋雲戊辰運中雖則光華疊疊幾番風雨陰晴己巳運中千騎之中瞻徃步尚有趑趄未順情庚午運中不入天山路驕姿將有功辛未運中心灰未許閑田里晒処迩愁世事榮壬申運中英雄傳與子籬下樂高情癸酉運中歸去也

戊戌年 乙丑月 庚寅日 丁亥時

此八字庚金相配柱中火木旗氣才官之格喜逢印綬生身女人得此生於茂盛之族配於詩礼之庭姿容清秀髮皃不輕勝丈夫之氣槩有男子之材能事為輕粉憑風傳霞作臙脂伏日月錦綉花開春富貴琅玕竹振日昇平可惜青春女夫宮半道傾此則掌家之命良人有碍难同老子嗣狀来孝義深運行初甲子上人庇下蔭秀閨門癸亥運中路入桃源花爛熳橋横銀漢水澄清壬戌運中雖則夫門才業旺旺中尚有事丢盈辛酉運中紋窓夜雨曾愁听鏡破釵分䓐淌襟庚申運中淡烟迷隄柳微雨洒晴空己未運中孫贤子秀樂意忙情戊午運中帰去也

戊戌年　乙丑月　乙未日　辛巳時

此八字乙未日元相配柱中金土襍氣殺印之格殺印相生功名顯達主人生於西室長於宦門椿親榮貴萱帰副天邊鴻鴈各飛騰其為人也丰姿清秀天性聰明源流三峽誰能敵筆掃千軍執與輪衣冠濟濟人中傑和氣怡怡席上珎終是功名客豈為田舍翁鵬路高騰之健翼龍門深耀見修鱗一從性字傳揚後金紫榮看次第階此則榮貴之命鴛幃金玉潤子嗣晚光榮運行初丙寅春風駘蕩夏日炎蒸丁卯運中讀殘芸窗月囊聚案頭螢戊辰運中報道是龍還不信果然奪得錦衣新己巳運中驛中晚日催行站江上春風促去程庚午運中職任金紫貴風雨尚愁人辛未運中明時柱石盛世股肱壬申運中翩翩名播藹藹佳城

戊戌年　乙丑月　丙戌日　己亥時

此八字丙戌日元相配柱中水土傷官取殺之格偏官得運制伏太過減我巧名主人生於右族長於仁門椿父早帰萱耐晚天邊鴻鴈各行鳴其為人也丰姿清秀天性老成頗曉三分道理文章一竅不通自有順天之慶豈無福地之臨重成新事業再整舊門庭鬧處喜去冷處不行萬里無雲天一色三秋好景月長明近貴親賢之德應上和下之能處世喜無榮辱生平幸有從容[illegible]有一生親貴客何須秀蔚沐皇恩此則鬧處生財之命鴛幃兩敵方偕老子嗣枝頭孝感深運行初丙寅初年之下雪月朦朧丁卯運中雪晴天未[illegible][illegible]樂未如心戊辰運中着意移花花不發無心插柳柳成陰己巳運中雖則行藏有慶幾多人事虧盈庚午運中乍雨乍晴由客景或寒或煖困人天辛未運中不是一番寒澈骨怎得梅花噴鼻馨壬申運中享子之福慶癸酉運中近藹藹之佳城

戊戌年　乙丑月　丙戌日　辛卯時

此八字丙戌之日相配柱中金土傷官助才之格又生得此本乎金紫之榮運行皆地事不十全主人生於右族長於名門椿萱先歸萱耐晚天邊鴻鴈各飛騰其為人也丰姿清秀天性聰明頗知今古事稍識聖賢經終是功名之客豈為田舍之人十年苦學曾留意九載辛勤又有成佇看頭角聳先翀舊門庭此則微貴之命鴛幃有碍須弃敵子嗣春風有挺榮運行初丙寅土人庇下卯自陽春丁卯運中莫道儒冠誤螢窗志不勤戊辰運中泮林緣分淺業債利名戊巳巳運中雨晴雲路達蹊馬上神京庚午運中去除巾幘簪烏帽麻衣換得綠衣新辛未運中聲名耿耿氣宇英英壬申運中籬下悠悠樂癸酉運中無端促去程

戊戌年　乙丑月　丙戌日　己丑時

此八字丙戌日元相配柱中金土傷官助才之格傷官者助才之相也主人生於右族長於仁門椿萱相繼先歸父天之鴻鴈有同鳩其為人也丰姿清雅天性剛忠善斷善決多見多聞般般稍覽件件不精萬里唇風行樂饒四時佳趣端祥生遊山玩水對月貲花祖業添新庚根原勝舊風有心於貨利無意慕功名財源旺足福祿駢臻此七則穩厚之命鴛幃有犯須招副子嗣子成綉灶人運行初丙亥運中上人庇下未斷丰生丁卯運中世事究如春夢人情薄似秋雲戊辰運中雖則行藏有度幾多人事趑趄己巳運中滾滾才源來正旺慈素耗又愁人庚午運中幾度樂中有悶數番靜裏憂生辛未運中門楣壯擴福祿駢臻壬申運中如履薄冰癸酉運中歸去也

戊戌年　乙丑月　丙申日　癸巳時

此八字丙申日元相配柱中金土傷官助才之格人生得此生於右族長於高門椿萱先別父天边鴻雁各行鳴其為人也丰姿清秀天性聰明有播古通今之志裁長補短之能行藏果斷作事機関不慈不勇可貴可方終是功名之客豈教田里耕鋤時至沾恩而拜命運來而北去朗天莫愁富貴無科第也應沐寵沐天顏此則柔貴之命兆惰有酡須招硬子剛毅奉晨柱蘭運行丙午上人衣下未斷暑寒丁未運中歎遊平生志蓄窓莫嘆劳戊辰運中幾歆思高慕遠蓄成人事迍邅己巳運中時來機會好禄馬旺前程庚午運中幾年困守橋門内依然除硯守寒毡辛未運中天恩頒賜紅蓮慕郡縣还尊憲府官壬申運中声權濟振當斯際只恐花開風又顛過此癸酉子青重荣　贈甲戌運中花落鳥無声

戊戌年　癸丑月　丙辰日　戊子時

此八字丙辰日德之辰相配柱中水土傷官助才之格傷官者剛毅之物也子辰會殺運喜東南主人生於右族長於名門金命椿親耐晚贈天邊鴻雁各搏風其為人也丰姿清秀礼樂縱横穷書覽史斈足三冬辞鋒穎利頻無敵筆力龍蛇若有神終是文場折桂客豈為田舍之翁三級浪中龍变化九霄雲外鳳飛騰一從恭玳宴金紫戢階陛此則榮華之命兆帏正副方偕老子嗣森[illegible]有繼榮運行初甲寅上人在下巷放風生過此乙卯運中踏破泮橋霜幾枚讀殘茅店月三更丙辰運中莫愁雪阻藍関道時来頃刻躍潛鱗丁巳運中自飲瓊林後朝朝識聖明戊午運中郎署官[illegible]何足羨大夫金紫又重陛梨苍舞雪雨過山青己未運中明時柱石盛世股肱庚申運中晚年解組蘿東樂辛酉運中落苍斤斤帰鳥不吟

子平遺書

戊戌　乙丑　丁亥　丁未

此八字丁亥日貴之辰相配柱中金土雜氣才官之格人生得此不慈不勇多知多機堂上椿萱難並耄天邊鴻雁各分飛李識粗知礼義筆鋒能理窮危祖業重新慶才囊日積肥五湖風月都經歷何必騎鯨直上天此則特達之命鴛帏有犯須偏正桂子森森晚發奇運行初丙寅風和日暖桃李成蹊丁卯運中有田皆種玉無樹不生枝戊辰運中但覓才源未旺不妨人事生悲己巳運中才旺福與人敬仰無端風雪一番欺庚午運中運貴生才祿風狂浪又飛辛未運中晚年老景地宅風腴壬申運中荣沾沛澤癸酉運中歸去來兮

三七

子平遺書

戊戌年　乙丑月　丁亥日　庚戌

此八字丁亥日貴之辰相配柱中金水雜氣才官之格人生得此行藏倜儻舉用多機椿父先歸萱後別鴈行天際有分飛般般作件件營為祖業重新重整財囊自積自齊市壓生計悠悠旺湖海聲華處處馳此則富實之命鴛幃年少尤同屬桂子庭前一兩枝運行初丙寅上人庇下有何事非丁卯運〻便擬生財覓利須學禮閑詩戊辰運中但願財來旺不妨風雪輕己巳運中湖海財名耿耿風霜一度趲趱庚午運中世事多光霽財源漸積餘辛未運中晚年多樂景樂有變傷悲壬申運中晚年安樂癸酉運中歸來了

三八

戊戌年　乙丑月　乙巳日　乙酉時

此八字乙巳日相配柱中金局時上偏官之格女人得此[illegible][illegible]朗麗天性明良椿親後別萱先去妯娌[illegible]姑侍不常掌家多節儉訓子總成行花發園林香遍塵寰之譪月離海嶠明揚宇宙之光晚年沾沛澤福氣異於常此則榮旺女命良人同屬方偕蒼桂子森枝有挺芳運行初甲丑閨門之內冬暖夏涼癸亥運中杏艷桃還媚鸞歌鳳亦翔壬戌運中夫門財業旺風雪又飄揚[illegible][illegible][illegible][illegible]欽壯麗何處風霜庚申運中不獨金珠滿[illegible][illegible][illegible]祈福慶安康己未運中老年享福戊午運中鏡[illegible][illegible]光

戊戌年　乙丑月　癸未日　乙卯時

此八　癸未日相配柱中之木雜氣財官之格喜逢運道歷南方人生得此丰姿莊重天性剛明椿萱不遠雙榮體鴻雁天邊各奮鳴窮今博古覽史觀經攬林雖不登高宴祿位榮香次第陞此則清榮之命篤悍諧老須招副桂子森森有顯英運行初丙寅庇佑之下黃卷青燈丁卯運中騰身離雪案攀足上天庭戊辰運中濟濟生儒沾德化祿元階進雪飄零己巳運中歷過冰霜道依然沐寵榮庚午運中祿位重加文彩盛施仁布德滿神京辛未運中職列大夫千里勢心灰便擬解簪纓壬申運中黃花綠酒癸酉運中清史留名

戊戌年　乙丑月　乙未日　丁丑時

此八字乙未日元相配柱中金土雜氣才殺之格人生得此生於右族長於名門木火椿萱双晚茂天還鴻鴈各行騰其為人也手姿清秀天性聰明高謀遠見機閃別慷慨情懷學識深辭鋒穎利疑無敵筆力縱横若有神終是功名之客豈為田舍之翁一朝但得風雲便九天雨露沐

皇恩此則榮貴之命鴛幃連珠須配小子嗣森枝有挺榮運行初丙寅上人庇下詩礼趨庭丁卯戊中篤學十年窓下時來一舉成名戊辰運中自沐天恩寵朝班

立縉紳己巳運中三度君恩喜兩番風雨驚庚午運中施仁布德掛紫拴金辛未運中有材實大用何事便辭榮壬申運中春光歸去也一枕入巫峯

戊戌年　乙丑月　甲午日　壬申時

此八字甲午日元相配柱中金水雜氣煞之格值斯命者事不十全主人生於右族長於仁門椿萱雖並耋鴻鴈各行鳴其為人也半姿清秀天性老誠窮書覽史學足三冬高謀遠見機閃別慷慨情懷學識深終是功名客豈為田舍翁嘉谷不早實名利當晚成一朝但得風雲便九天雨露沐皇恩此則榮華之命鴛幃有紀須招副子嗣繁門晚節馨運行丙寅上人庇下未斷平生丁卯運中欲遂平生志須加紲鉛功戊辰運中幾欲思高慕遠看

成播浪揚風己巳運中時來機會好脫跡入公門庚午運中皇恩榜盛声名重藩府貴爵一慕聽宰未運中〻〻生進退依旧祿綠增壬申運中歸去松筠三徑晚佇看花放又風生癸酉運中夕陽有限春夢無憑

戊戌年　乙丑月　癸卯日　戊午時

此八字癸卯日相配柱中火土雜氣財官之格人生得此手姿瀟洒性格能為生於衣纓之族長於豊饒之居椿萱半道相分手鴻鴈天邉各分飛献都歷學件件只粗知筆底詞源流秘術胷中學業貫天機會來時逢貴助也須身到鳳凰池此則貴人之命篤情有碍須招副桂子秋風舞綵衣運行初上人庇下樂享安舒丁卯運中幾載書窗苦志焉能騰蹈上雲梯戊辰運中脫羅星斗縱飄逸豪貴相携德望彌已巳運中雪晴開閶闔雨露再加濡庚午運中祿位帶陞天道合輝輝氣猷耀卿閭辛未運中冲擊之所跋跡無虞壬申到癸酉運中一番風雨驟花落故人稀

戊戌年　乙丑月　戊寅日　甲寅時

此八字戊寅日配手柱中旺木偏官之格人生得此手姿慷慨處置多方生於茂盛之族長於華麗之堂椿萱耄别鴻鴈分翔學識粗知礼義筆鋒稍有刀鋼祖業有依重整嚴才囊还擬晚豊藏但願有情交貴客何須躍馬上朝堂此則傑人之命篤情有碍須年歒桂子还須晚發芳運行初丙寅上人福庇其樂何當丁卯運中志欲登高望遠心还勤向書窗戊辰運中雖則行藏有慶旺中尚有争張已巳運中貴人交敬財源旺一度無端履雪霜庚午運中人才雖利樂跋跡幸無傷辛未運中晚年享福樂飲壹觴壬申運中孫賢子秀白髮高堂癸酉運中人生此别淚洒斜陽

戊戌年　乙丑月　癸卯日　壬子時

此八字癸卯日貴之辰相配柱中土水雜氣財官之格位斯家者丰姿磊落天性剛明言不妄發事不胡為其為人也生於名族長於詩庭雙恩前後歸瞑路雁行出我顯鳴清祖業宜添甚花木四時馨學問有成蛟龍豈是池中物英才出類一朝昇騰化作鱗清高均子志執朴古人風筆底龍蛇飪變化案前枉直理分明佇看暮年威權日州縣人民盡服欽此則貴顯之命鴛幃正副方圓老桂子招來奪錦人運行祿兩寅恩親之不有何是非丁卯運中讀書曾映雪憂滯不傷身戊辰運中幾次要拿天上月還有難危幸不侵己巳運中他日聲名從此振何當跌跡喜無巡庚午運中威權有布人欽伏其中阻滯謹身行辛未運中有子朝帝闕祿位又加增官災憂破仔細無驚壬申運中有財大用快樂仙人癸酉運中留名萬載一夢蓬瀛

子平遺書　四五

戊戌年　乙丑月　壬寅日　辛丑時

此八字壬寅日德之辰相配柱中金土杀印之格人生得此丰姿英偉天性忠良椿親勇銳分中道鴻雁天邊各奮翔深明韜略法熟味聖賢章濟濟旌旗遮曉日輝輝劍戟凜秋霜印令驚司閫威風布一方此則武牢之命鴛幃有侍須偏正子嗣榮香吐異芳運行初丙寅帶庇之下快樂何當丁卯運中思光來有自何必習文章戊辰運中寵渥帶加威令紛紛士卒仰權衡己巳運中肅氣奔飛鵰虎嘯威傾文武鎮封疆庚午運中蛟龍開變飛雪[illegible]把英雄暫捲藏辛未運中龍[illegible]天書重威雄大振揚壬申運中乃過無常[illegible]下樂臺[illegible]癸酉運中歸去也

子平遺書　四六

戊戌年　乙丑月　辛卯日　丙申時

此八字辛卯日配水柱中木火雜氣才官之格人生得此丰姿豪亭天性明敏椿萱分別後鴻鷹各奮翔學問有成不向仕途求聞達智謀宏遠却來湖海歷風霜佇看來晚節金玉滿華堂此則富亨之命驚韓有犯須拈副桂子秋來吐異香運行初丙寅屯偌之下何論炎凉丁卯運中詩書雖有志仕路未声揚戊辰運中倦讀來湖海金珠積滿囊己巳運中一番風雪過滾滾偕財生庚午運中英雄交敬厚日日醉壺觴辛未運中老當益壯米粟盈倉壬申運中悠悠然樂癸酉運中夢入仙鄉

戊戌　甲寅月　丙寅日　壬辰時

此八字丙寅之日身坐長生時上偏官之格喜逢印守提綱椿萱昜遂雙榮養鴻鵬分飛不共行其為人也無渊渊之學問有淺淺之文章半世不能登甲科區區只是守灯窓晄景待看機會丟果然天府沐恩光此則貴显之命篤俸有碍須相敵子嗣金風蘭桂芳運行初乙卯無虧無益不抑不揚丙辰運中灯前淹困窓下奔忙丁巳運中幾度尋春玩物依然烟鎖洛陽戊午運中天公自許升騰去既不登科到帝鄉己未運中到此漸知光景好紛紛沛澤潤羅裳庚申運中聲名耿耿祿位昂昂辛酉運中老年快樂美酒盈觴壬戌運中黃粮未熟清夢先忙

戊戌　甲寅　丁未　丙午

此八字丁未日相配柱中之木印授之格印授者上格也喜逢日祿以歸時人生得此姓显揚名椿萱不逮雙榮贈鴻雁天邊各奮翔丰姿英傑天性果剛學問三冬足詩書萬卷藏擊開水府珠生彩掘出豐城劍有光此則显貴之命篤幃有犯須偏正桂子秋來吐異香運行初乙卯上人庇下其樂徜祥丙辰運中志欲登天步月身還履雪經霜丁巳運中到此風雲際會果然榮沐恩光戊午運中祿元諳進權名重風雪無端醉一場己未運中旺中生阻節事安勢英雄庚申運中老當成大用辛酉運中一夢入仙鄉

戊戌　甲寅　戊午　丙辰

此八字戊午日刃之辰相配拄中木火煞印之格人生得此本顯功名只嫌運入背鄉減虧福力椿萱半道相虧奉鴻鴈天邊各奮翔多機多變不柔不剛粗識古今之事辯明時務之詳蹤戲江湖尊德望英雄豪傑擁門墻此則交貴之命鴛幃有犯命強四配始無妨桂子有成晚歲光華多孝感運行初乙卯上人福庇其樂何當丙辰運中志思登仕路心倦讀文章丁巳運中便擬生財覓利何愁履雪經霜戊午運中洛陽三月花如錦又被顛風攪一場己未運中家業有成人敬仰趦趄歷過旺財囊庚申運中冲擊之所財旺生殃辛酉運中晚年唱樂壬戌運中一夢仙鄉

戊戌　甲寅　甲寅　乙亥

此八字甲寅專祿之辰六甲趨乾之格食神帶財之格值斯象者椿親早別萱親壽鴻鴈分飛萬里秋其為人也多聞多見不剛不柔世上豪人相敬胸中學業欠優門外田疇千古計庭前花木四時稠但惟財帛終身旺不必承恩拜冕旒此則豪傑之命鴛幃年長霜添鬢子嗣班衣總必偕運行初乙卯少年之際快樂自由丙辰運中漸覺褐和布象極始知瑞室藹皇州丁巳運中任他世事如麻亂把定身心不必愁戊午運中旺中尚有趦趄處不必區區分外求己未運中但覺失中有得不妨樂處勾留庚申運中邀延賓客交錯觥籌辛酉運中安享無窮之福壽壬戌運中春光俱赴水東流

戊戌年　甲寅月　己巳日　丁卯時

此八字官印之格只嫌寅申相刑殺官減吾貴氣金火雙親先別父西風鴻鴈不聯群其為人也行藏輙復動用乖能根原重琢立事業弄麼甕春至上林花爛謾雲收碧漢月光明荣華蓋世非吾頤但得中和始稱情此則温融之命駕幃有犯須年少子嗣無成有奉終運行初乙卯無愁無悶不辱不榮丙辰運中春花灼灼曉鳥嚶嚶丁巳運中幾回遇險番成吉數次如心不遂心戊午運中機謀用盡皆如此不着安心待運通己未運中朔風洒

不必區區分外求己未運中但覺失中有得不妨樂處勾留庚申運中遨遊賓客交錯觥籌辛酉運中安享無窮之福壽壬戌運中春光俱赴水東流

戊戌年　甲寅月　己巳日　丁卯時

此八字官印之格只嫌寅申相刑殺官減吾貴氣金火雙親先別父西風鴻鴈不聯群其為人也行藏輙復動用乖能根原重琢立事業弄麼甕春至上林花爛謾雲收碧漢月光明荣華蓋世非吾頤但得中和始稱情此則温融之命駕幃有犯須年少子嗣無成有奉終運行初乙卯無愁無悶不辱不榮丙辰運中春花灼灼曉鳥嚶嚶丁巳運中幾回遇險番成吉數次如心不遂心戊午運中機謀用盡皆如此不着安心待運通己未運中朔風洒

雪令人悶春氣當庭使我忻庚申運中爆竹催残臘寒梅引早春辛酉運中遭興三盃酒消悶滿座朋壬戌運中訃音一播流水沄沄

戊戌年　甲寅月　己未日　戊辰時

此八字己未日配年柱中之木正官之格正官者貴氣之宿也人生得此本显功名只嫌用官無印晚沐恩封人生得此丰姿莊重天性公平有濟人之德無杀害之声椿萱半道相分手鴻鴈天边不共盟祖業重新慶才囊自積成佇看來晚節頭角也峥嵘此則富貴兩全之命鴛幃諧白首桂子两呈崇運行初乙卯上人福庇快樂昇平丙辰運中詩書雖有志貧利亦閒情丁巳運中但領英雄敬仰不妨風雪嚴凝戊午運中家業光華人事樂須史風浪不傷情己未運中時未加彩色第宅聳雕甍庚申運中子显身荣樂才源滾滾生辛酉運中鳥紗鶴髮壬戌運中梦入蓬瀛

戊戌　甲寅　癸酉　癸丑

此八字癸酉日相配柱中金木傷官用財之格人生得此顕武揚威椿親榮武先歸去鴻鴈天邊不共鳴心明韜畧法學貫聖賢經旗穿曉日煙霞雜山倚秋空劍戟明一從寵渥榮沾後武卒紛紛擁滿庭此則武榮之命鴛幃正副雙諧老桂子秋來朶朶榮運行初乙卯上人庇下快樂昇平丙辰運中便有威稜驅武卒豈無德澤播芳營丁巳運中寵渥榮沾威令重旺中阻節不為驚戊午運中一番風浪過氣勢便奔騰己未運中月落黃河吹皺角越超歷過勢峥嵘戊午運中貴客吹嘘加祿位未應籬下樂高情己未運中滔滔榮樂庚申運中一夢難醒

戊戌年　甲寅月　戊午日　癸亥時

此八字戊午日刃之辰相配柱中之木偏官之格人生得此丰姿莊重天性仁慈椿父先歸萱耐晚鴈行天際不同飛抑強扶弱好是斥非祖業重新慶才囊晚積肥但願才名旺湖海何須身到鳳凰池此則穩旺之命鴛幃魁後重年少桂子森森有挺奇運行初乙卯風和日麗燕語鶯啼丙辰運中恰似洛陽三月景牡丹開処柳花飛丁巳運中花落花開春恨重才源旺処事趦趄戊午運中行藏人敬仰風緊又輕飛己未運中才旺家肥行樂順英雄交敬反成悲庚申運中晚年昌樂景金玉積豊腴辛酉到壬戌運中歸去也

戊戌　甲寅　丙寅　甲午

此八字丙寅之日身坐長生相配柱中之木印綬之格印綬者上格也人生得此名許成名椿父先歸萱耐歲西風鴻鴈失行群其為人也多智慧靈老誠般般將就曉件件不能精誤入文場鏖戰好於刀筆求榮但逢時運至頭角聳雲屛此則貴達之命鴛幃有碍花燭重明子嗣無亏佳蘭晚茂運行初乙卯襤褸之際萬事和平丙辰運中恰如初出月渾似半開英丁巳運中莫嘆雲程多阻隔自然有路可升騰戊午運中誰知此景難全美得一程而失一程己未運中崎嶇都歷過頓覺福元增庚申運中威權振顯衣冠別從此開襟足一生辛酉運中晚年臻福壬戌運中一夢蓬瀛

戊戌年　甲寅月　庚申日　丙子時

此八字庚申日配乎柱中之木才旺生官之格人生得此丰姿英雄天性公平椿萱分别後鴻鴈各飛鳴每有濟人之德素無殺害之聲祖業添新慶才囊得自成湖海市纏財兩旺果然晚節福昌榮此則富旺之命鴛幃有碍宜年少桂子庭前有俊英運行初乙卯上人庇下月白風清丙辰運中有心生貨利無志守書灯丁巳運中綿綿風雪過日日旺才名戊午運中交四方豪傑整一族門庭己未運中才原滚滚人事悲驚庚申運中老當發旺倍哾才名辛酉至壬戌運中歸去也

戊戌　甲寅　甲寅　丙寅

此八字甲寅專禄之辰相配寅戌之火傷官之格值此象者椿父先歸萱後殞西風鴻鴈隔雲宵其為人也丰姿穩秀氣槩卓超争雄則不遜下礼肯相饒鶖鶬累百終慚鶚彪子生三獨上彪声名顯煥氣燄弥高此則崇傑之命鴛幃金命双偕老桂子先凋後有招運行初乙卯双親庇下快樂滔滔丙辰運中行藏漸光輝何慮有風濤丁已運中待得陽春消息春風杏艷桃嬌戊午運中士卒聞名驚惧幾番駁雜正焦己未運中雨露崇加威勢重未應籬下酒香醪庚申運中但覔威風習習不戀日燰瀟瀟辛酉運中華堂享洪福壬戌運中逢烏信難逃

戊戌年　甲寅月　己未日　甲子時

此八字陰刃之日正官之格正官者貴氣之宿也人生得此豈不為良椿萱中道別鴻鴈逐風翔行藏特建可圓可方雖無官爵貴恒處貴人鄉祖基祖業翻還覆財帛資囊勝舊芳北嶺蒼松翠蓋凌霜而茂東籬金菊黃花晚節而香此則先塞先後旺之命鴛幃宜硬宜年少蘭桂芬芳吐異香運行初乙卯蔭庇之下或暖或凉丙辰運中昌時未濟多叢合未許尋許春到洛陽丁巳運中世情得又失人事抑還揚戊午運中固守浮雲散看看月有光已未運中着意種花花不活無心插柳柳成行庚申運中千斯蒼萬斯箱梅已白菊尤黃辛酉運中兒孫歌舞聲喧雜賀客填門酒滿觥壬戌運中香魂杳杳流水湯湯

戊戌年　甲寅月　戊辰日　癸丑時

此八字戊辰日德之辰月上偏官之格女人之命一貴可作良人女人得此生於茂族配于高堂妥容清朗嬰兒異常有紡績之巧立業之良風送浮雲歸古洞雨滋花萼發新枝喜則雲收華岳怒之風捲滄浪行看晚年光霽景孫貫子秀樂安康此則旺福之命良人配合須年長桂子秋來孝義昌運行初癸丑香閨之內不熳不凉壬子運中竹忍花蝴蝶花貪竹鳳凰辛亥運中雖則夫門才業旺旺中尚有事悠揚庚戌運中旺中尚有盈虧事事安依然倍勝常己酉運中淒烟迷弱柳微雨灑斜楊戊申運中桑榆暮景樂享華堂丁未運中春殘花落流水揚揚

戊戌年　甲寅月　甲寅日　庚午時

此八字甲寅專祿之日相配柱中金火傷官制殺之格木在春生處世安然必壽遇斯命者生於旺族長於名門椿父先歸萱後別天邊鴻鴈各凌雲其為人也丰姿清秀天性聰明般般稍覽件件不精重成新事業弃整舊門庭雖不成名利生平近貴人生涯湖海上道路或西東萬里春風行樂頌四時佳趣瑞祥生消閑碁一局遣興酒三鍾常將好意番成惡每把真心換得嗔雖不建侯封爵自然潤屋潤身此則特達之命鴛幃年長須招副子

嗣秋來尚茂生運行初乙卯上人庇下未斷平生丙辰運中世事宛如春夢人情薄似秋雲丁巳運中着意種花花不發無心揷柳柳成陰戊午運中雖則行藏有慶也愁人事虧盈己未運中才源滚滚家居好尚有閑非素耗生庚申運中庭前竹報平安日檻外花開富貴春申字之中花放風生辛酉運中晚年子秀多懽樂壬戌運中一枕黃梁永不醒

戊戌年　甲寅月　己酉日　己巳時

此八字己土相配柱中木火官印之格值此象者注人丰姿清致性格操持生於仁義之族長於良善之門堂上嚴慈雖並耋鴈行緣淺自撑持祖基難倚終更變財囊畜霞晚方輝雨過欝欝青松數暮翠風來苑圃依依綠柳栽春時學問知今古行藏遇貴提佇看子顯光華日晚節普纓也不低此則封秀之命鴛幃有克重同屬子招兩樣一榮奇運行初乙卯上人之庇下不必論高低丙辰運中財帛夏荷鋪錦綉聲名春苑列屏幃旺中小節不

足為歎丁巳運中正在施威行樂處一聲絃斷疾宦非若無貴客相扶救焉過藍關定有危戊午運中嚴霜積雪俱消盡依然桃李長芳菲然無大慮微滯不虧己未運中守得半年風景好何愁第宅不豐肥淡烟薄霧頃刻之楚庚申運中黃堂過火金增價白戶無壓色更奇子登龍附鳳身必受封威辛酉運中歸去也

戊戌年　甲寅月　辛未日　癸巳時

此八字財官印綬俱全三奇秀麗之格本豈功名只嫌寅巳相刑識蔚福力椿父先歸萱後別西風鳴雁失行慨其為人也不慈不勇能語能言少博古通今之志氣有規矣近貴之機關重成新事業弃舊田根無不顯名揚名播甘當韜隱能播此則安和之命然悌有克應生弃理絲絃子嗣先難脫有狂瀾之慶運行初乙卯上入庇下春苑春山丙辰運中爆竹聲殘臈去折梅香引早春还丁巳運中行藏雖有慶人事尚迍邅戊午運中任他風浪多番覆依旧人心幸致安己未運中但得高人指引始知行樂勝前庚申運中天上三陽太人間五福前辛酉運中如松之盛似柏之堅壬戌運中春光歸去也萬事難迁

戊戌年　甲寅月　己未日　甲子時

此八字乙未陰少之日相配柱中甲木正官之格正官者貴氣之物也人生得此本乎早歲名成只嫌木不南奔仕途淹滯主人手挐高占震事多方生於閥族長於良堂椿萱中道成無倚鴻鴈天边各奮行理窮今古事書對賢聖章橋門自有榮身路書劍空携剑試塲此則既榮之命他日土配須招寵桂子秋來吐異香運行初乙卯不榮不辱其樂何當丙辰運中闈詩禮入室升堂丁巳運中幾欲登天步月依然復雲經霜戊午運中紅亭送別望歌沸上国帰來雨露長己未運中仁風開絳帳德化近賢良庚申運中絃鳴民樂業德振位加昌辛酉運中解印榮回難下胡為一梦仙鄉

戊戌年　甲寅月　己未日　丙寅時

此八字己未日相配柱中火木官印之格正謂有官有印無破作廊廟之材人生得此富貴兩全椿萱不逮双榮養鴻鴈西風各一天丰姿英俊天性良賢季識窮通書史筆鋒[illegible]理危究雖不登科掌憲豈教鑿井耕田佇看來晚節威令伏恭亢此則富貴之命鴛幃有碍須招副柱子金風朶朶妍運行初乙卯上人福庇快樂自然丙辰運中志思登仕路也讀聖賢篇丁巳運中貨利分心書史倦風霜沮節馬难前戊午運中囊空休嘆息風雪不成寒己未運中雨施生錦綉風竹響琅玕庚申運中威声揚溢德伏恭亢辛酉運中孫賢子秀沛澤重沾壬戌運中日落西風急空山叫杜鵑

戊戌年　甲寅月　甲子日　丙寅時

此八字甲子日相配柱中之火土食神生才之格人生得此丰姿慷慨天性公平椿萱丰道相虧奉鴻鴈天邊各奮鳴每[illegible]濟人之德素無敎害之聲祖業增新慶財囊自積成但願才名旺湖海自然晚節福峥嵘此則富足之命鴛幃諧白首桂子有承榮運行初乙卯幼年之景月白風清丙辰運中詩書雖有志貨利亦関情丁巳運中但覺英雄敬仰不妨風雪嚴凝戊午運中踈踈風浪過滾滾貲財生己未運中交四方之豪傑盡一簇之門庭庚申運中冲撃之所樂處生鷄辛酉運中老當益壯壬戌運中一夢難醒

戊戌年　甲寅月　庚午日　甲申時

此八字庚午貴人之日相配寅午戌火財旺生官之格時逢日祿助身強椿父遐齡萱別早夭邊鴻雁有聯行其為人也聰明生倜儻智慧有紀綱逢凶獲吉遇險無傷湖海英豪之旅鄉山特達之郎不是錦衣驄馬客財源充足勢昂昂此則福壽兩全之命鸞幃有剋洞房兩度賀新郎子嗣先虧晚景森枝而挺秀運行初乙卯雙親福蔭其樂徜徉丙辰運中本是陽春和煦景只愁萱草須斜陽丁巳運中財源驟長行藏順分散鴛鴦曾斷腸戊午運中家業克昌人事廣徹徹風波幸無妨己未運中世事防衰弱從容且守常當此之際桂子生香庚申運中正是發揮之景須史雪擁門墻辛酉運中優游暮景財帛充囊壬戌運中享子孫之福貴癸亥運中夢杳杳之泉鄉

戊子年　甲寅月　丁丑日　丙午時

此八字丁丑日相配柱中之木印綬之格喜逢日祿以歸時女人得此儀容朗詡智惠明明椿樹高榮萱耐晚雁行天際有飛騰翁姑得倚妯娌惟盟雲開華嶽千峯秀水到瀟湘一樣清夫榮子秀沾恩寵帔服霞衣倘日明此則榮福女命良人獲配登雲客桂子生成奪錦英運行初癸丑香閨毓秀何處風生壬子運中紅葉流中傳密意赤繩月下結佳盟辛亥運中福如春氣旺樂處暗傷情庚戌運中裙釵濟濟羅綺層層己酉運中一番風雪過沛澤便加榮戊申運中再加恩命丁未運中一夢難醒

戊戌年　甲寅月　癸卯日　己未時

此八字癸卯日相配柱中土木傷官合殺之格人生得此干資洒落性格仁慈心下有濟人之德胸中無殺害之私椿萱分半道鴻鴈各分飛窮研於古習誦詩書湖海聲華重鄉閭德望彌不勞汗馬非科甲也沐恩榮氣勢危此則富貴双全之命鴛幃有碍牡丹不若荔枝奇子嗣有成人正妙不如旁孽秀運行初乙卯上人庇下有何是非丙辰運中雖則芸窗篤志未應騰踏天梯丁巳運中財名雄壯風雪輕飛戊午運中人事驚惶家業变依然事妥有威儀己未運中權名变燁金玉盈餘庚申運中老来加寵遲氣欲壯門閭辛酉運中壬戌歸去也

戊戌年　甲寅月　癸卯日　甲寅時

此八字刑合生於正月便作傷官之格值斯象者注人立性若風雷疾速行藏多是多非財帛兩成名利屢廢此則平常之命鴛幃真節宜招兩敵之緣羅帳巤蚕可娶重婚之婦子桂繼螟蛉嗣招假姓運行初乙卯幼年狼狽丙辰丁巳運中扁舟欵乃咿啞摇出挪溪頭財帛從容滚集進来街館面運行戊午活見妬人見一番風雨惡己未運中傷官太重還當兩度雪霜愁庚申運中才權秉美名利兩成辛酉運中平生志氣還如夢變作漁樵閑話中

戊戌年　甲寅月　壬子日　辛亥時

此八字壬子日刃之辰傷官帶殺之格喜逢日祿歸時值此象者行藏倜儻作事敢為當仁不讓見善不欺祖基重整傾鴻鴈各分飛遊山翫水携詩卷對月觀花把酒危肯向仕途深着意必然光彩耀門閭此則穩厚之命鴛幃得配連珠女子嗣生成傑順鵠運行初乙卯只宜蔭下何論盈虧丙辰運中爆竹聲催殘臘去折梅香引早春歸丁巳運中但得天然機會至始行樂業勝常時戊午運中幾度光輝又憔悴依然憔悴發光輝己未運中從此逆運少滔滔雨露濡庚申運中高朋滿座美酒盈卮辛酉運中幾寒松栢晚景桑榆壬戌運中歸去也

戊戌年　甲寅月　戊午日　癸亥時

此八字戊午陽刃之日殺生印綬之格其為人也半姿神淡性格操持生於仁門長於富室堂上椿親四十四年當主別庭中桂毋丁丑生肅祿元長鴈字無兄又無第庭前花木四時香學問不深行藏近貴此則守成特達之命鴛幃宜配己亥女桂子花中一果榮止許面見能奉養他年閭里姓名揚運行初乙卯丙辰椿府之内行樂春風丁巳戊午運中錦綉花開春富貴琅玕竹報日平安午字之間椿親棄世己未庚申運中田園阡陌當數貫朽粟陳敷帛豊盈安享暮年之樂其間風雲消消辛酉運中曰壽曰康自有順天之理常安常樂豈無福地之緣壬戌運中縱有金銀將不去分付兒孫自主張歸去也

戊戌年　甲寅月　戊寅日　癸亥時

此八字戊寅專權之日相配柱中木火殺印之格女人得此生於右族長於名門椿萱有倚先爵文隅行天際有飛鳴其為人也姿容清秀髮觀精神有針綴刺綉之巧治家立業之勤衣羽濟濟三從備家業昂昂四德新斷機曾效軻親訓剪髮能傳侃母心喜則春陽和煦怒則電掣雷轟晚年子貴夫榮日自然福祿享無窮此則旺福之命良人得配豪華女子嗣生成貴顯人運行初癸丑萱親庇下毓秀閨門壬子運中鸞歌鳳舞琴瑟和鳴辛亥

運中小池雨過添新綠深谷春來發舊馨庚戌運中一輪明月當秋夜無限奇花正遇春己酉運中食則珍羞百味衣則羅綺千層戊申運中晚年多快樂子貴與夫榮丁未運中落花寂寂啼山鳥一夢悠悠入九重

戊戌年　甲寅月　辛亥日　戊子時

此八字辛亥之日相配柱中水木傷官助才之格人生得此生於右族長於名門椿父先帰萱後别天邊鴻雁各行群其為人也丰姿清秀性格聰明謀動君子畏伏小人行藏竟消洒笑傲任枯榮出火黄金重長價離雲皎月倍清明祖業添新慶根厚自華成萬里春風行樂頌四時佳趣瑞祥生得意江山詩句捷忘情日月酒盃深兩都秋色皆喬木杏旧風流有幾人無慮尽傳詩礼樂有朋来自遠方親但願一生才祿旺何必天邊沐寵榮此則

穩厚之命鴛幃魁後尤重魁子嗣芬芳五果馨運行初乙卯上人庇下未斷平生丙辰運中春風播奕徵雨弄晴丁巳運中乍雨乍晴留客景或寒或煖困人春戊午運中得中有失晦後还明己未運中人生正在風光処只恐閑非耗生庚申運中威權有布人欽伏才帛盈盈福禄增當此之際耗还生辛酉運中子貴家庭樂何愁世事蒙壬戌運中落花片片流水泣泣

戊戌年　甲寅月　癸未日　丙辰時

此八字癸未日元相配柱中木火傷官助才之
格身坐殺星傷官制伏為前主人生於右族
長於名門木火椿萱榮又贈天边鴻鴈有行
鳴其為人也丰姿清秀天性聰明源流三峽誰
能及筆掃千軍就與論衣冠濟濟人中傑和
氣怡怡席上珎終是登庸之客豈為田舍之
翁三級浪中龍变化九宵雲外鳳飛騰一從字
姓傳楊後直上金鑾輔聖明此則榮貴之命鴛
幃連珠須配小子嗣秋來朶朶榮運行初乙卯上

人庇下花放風生丙辰運中十年窓下業黃巻與
青灯丁巳運中腈來風送騰王閣頃刻高搏万里
程戊午運中重沭恩波鳳池裏朝朝染翰侍明君
己未運中腰横金作帶符刻玉為鱗梨花舞雪雨
過山青庚申運中赤心扶日月素志展經綸辛酉
運中白頭未許还家樂紫詔頻留慰老臣壬戌運
中歸去也

戊戌年　甲寅月　丙辰日　己亥時

此八字丙辰日德之辰煞生印綬之格人生得四生
於望族長於名門椿父先歸萱後别庭前棠棣不聯
英丰姿清雅天性聰明理窮古事兼今事策對賢經
與聖經終是功名之客豈為田舍之人一朝騰踏飛
黃玄祿位榮看次第陞此則榮貴之命鴛幃金命須
年敵子嗣生成貴顯人運行初乙卯上人庇下負笈
趨庭丙辰運中雖則蟾宫折桂依然寄跡橋門丁巳
運中榮沾新雨露光耀舊門庭戊午運中百里弦鳴
民樂業片時風雨不為驚己未運中一褒一貶名揚

抑能盡忠誠及有陞庚申運中高人提挈起咫尺至
腰金辛酉運中榮歸故里壬戌運中一枕難醒

戊戌年　丙辰月　丁丑日　丙午時

此八字丁丑日元相配柱中金土傷官助才之格人生得此生於右族長於名門木火椿萱榮既贈天邊鴻鴈各飛騰其為人也丰姿清秀天性聰明高謀遠見機関别慷慨情懷學識深筆落驚風雨詩成泣鬼神終是功名客豈為田舍翁折桂場中誇妙手標名鴈塔振蜚聲一從楊姓字金紫聯階陞此則榮貴之命鴛幃連珠配子嗣既光榮運行初丁巳幼年之下未断平生戊午運中竹窓静已暮史朝經己未運中報道是龍還不信果然奪得錦標歸庚申運中躍過三層浪朝班立縉紳辛酉運中職遷金紫貴風雪一番驚壬戌運中明時柱石盛世股肱癸亥運中晚年閑快樂一枕了平生

子平遺書　一

戊戌年　丙辰月　癸未日　甲寅時

此八字癸未日元相配柱中火土雜氣才官之格亦有刑合之意主人生於右族長於名門金水椿萱双晚茂天邊鴻鴈各行鳴其為人也丰姿清秀天性聰明断曲理直處事公平風月處友瀟洒客情有近貴親賢之德應上和下之能過大黄金重長價離雲皎月倍清明祖業添新慶根源勝舊風福布江山外名聞湖海中花無桃李非春色人生有笙歌樂太平但願一生才禄旺何必天边沐寵榮此則豐潤之命鴛幃連珠須招小子詞森枝朶朶榮運行初丁巳天冷雲迷凍江寛風尚生戊午運中雨過園桃簇錦風和堤柳拖金己未運中漸覺夜凉池雨過信知名利晚風生庚申運中到此始知時運好萬物光華百事通辛酉運中才源旺足家居好風雲飛來尚懢人壬戌運中庭前竹報平安日檻外花開富貴春癸亥運中安閑晚景甲子運中一枕清風

子平遺書　二

戊戌年　丙辰月　癸酉日　丙辰時

此八字癸酉日元相配柱中火土𣓌氣才官之格人生得此生於右族長於高門土木椿萱連珠屬天边鴻雁有行鳴其為人也丰姿清秀天性聰明胸藏萬古英雄事志抱三場錦綉文衣冠濟濟人中傑和氣怡怡席上珎終是之客豈為田舍之翁鵬路高搏知健翼龍門深躍見修鱗一從姓字傳揚後九五天門面聖容此則榮貴之命鴛幃全正副子嗣晚光榮運行丁巳上人砥下花放風生戊午運中踏破泮橋霜幾板讀殘庭月三更己未運中望遠天　恩雲外陰恩攀桂子手中馨〻甲申運中躍過禹門三級汲浪濟濟衣冠侍袞龍辛酉運中粉署聯班才猴稱九天金紫再加陞當此之際幾載諒陰壬戌運中赤心扶日月素志展經綸癸亥運中榮回故里美酒盈樽甲子運中夕陽有限春夢無憑

子平遺書　三

戊戌年　丙辰月　癸亥日　壬子時

此八字癸亥日元相配柱中𣓌氣才官之格人生得此生於右族長於西旁椿萱磊落先兮父天邊鴻雁各分行其為人也丰姿清秀天性果剛季問不親顏孟業生平常履貴人鄉重成新事業再整旧門墻般般精覽件件不青生涯湖海上道路四方挂英雄惟贈建三尺豪傑酒一樽但願一生湖海樂何必去登天子堂此則豐盈之命鴛幃蓮珠須配小子嗣秋來朶朶香運行初年之下癸晦一場丁巳運中如花向日枝枝艷〻似〻穿泥節節長戊午運中水向石邊流出冷風〻〻花裏過來香己未運中生涯富足福祿榮昌庚申運中霜雪滿天輕拂拂陽回萬物被春陰辛酉運中門迎珠履三千客屏列金釵十二行壬戌運中花放風生癸亥運中春光去也一夢黃粱

子平遺書　四

戊戌年　丙辰月　癸亥日　癸丑時

此八字癸亥日元相配柱中火土雜氣才官之格人生得此生於右族長於名門椿萱有倚一期壽天邊鴻鴈各行鳴其爲人也丰姿清秀天性聰明胸羅今古事學識聖賢心麗句妙爲天下白高才俊似海東青衣冠濟濟人中傑和氣怡怡席上珍終是文場折桂客豈爲田舍鑿耕人一朝騰蹭飛黃去九五天門面聖容此則榮貴之命鶺棣春色麗子嗣彩衣新運行初丙辰初年之下宜旺之中丁巳運中雨過山方翠雲開月始明戊二逢〻欲

跨騰雲驥思囊照露螢己未運中報道〻一逢不信果然奪得錦標新庚申運中獄折斤言民訟息九天雨露再加陞辛酉運中三度君恩重兩番風木驚壬戌運中正宜侍明主未許鮮簪纓癸亥運中春光去也一枕難醒

戊戌年　丙辰月　戊辰日　丙辰時

此八字戊辰日德之辰相配柱中水火雜氣才官之格兩干不雜秀氣挺然主人生於望族長於名門椿萱榮晚茂棠棣各敷榮其爲人也丰姿清秀天性聰明源流三峽誰能及筆掃千軍孰與倫衣冠濟濟人中傑和氣怡怡席上珍終是文場折桂客豈爲田舍鑿耕人一朝騰蹭飛黃去濟濟衣冠拜九重此則榮貴之命鶺棣宜有贈子嗣有光榮運行初丁巳上人庇下未斷平生戊午運中欲向雲中舉足須從燈下留心己未運中遠達天云雲

外降須攀桂子手中馨庚申運中躍過日門二級浪乘筋金鶯拜聖明辛酉運中三度君恩重兩番風木驚壬戌運中權高損福慎則無虞癸亥運中子貴重雲罷遲甲子運中春歸鳥空吟

戊戌年　丙辰月　戊辰日　壬戌時

此八字戊辰之日相配柱中雜氣才官之格女人得此生扵右族長扵高門椿萱榮晚茂棠棣有斆榮其為人也姿顏閨朗德茂行真女工機巧誰能及婦道頗繁盡頗知斷機當效輒親訓剪髮能傳侃母心玉崖崑崗蔵韞色蘭生楚澤散清馨憂禍自能辭肉味愛琴應鮮辨絃聲夫榮子貴多如意也應同沐帝王恩此則榮貴之命良人得配榮華客子嗣生成貴顯人運行初乙卯幼年之下毓秀閨門甲寅運中詠桃夭之化洽水魚之情焱一運中雖則夫門多快樂幾番陰雨幾番晴一一運中黛捲春風生百福軒開化日祿元增辛亥運中老華疊疊沛澤紛紛庚戌運中濟濟裙釵絢日輝輝羅綺臨風已酉運中擷絲閒畫景明月照黃昏

戊戌年　丙辰月　戊子日　癸丑時

此八字戊子日元相配柱中水木襍氣才官之格人生得此生於右族長於名門金火嚴慈双晚贈天边鴻鴈有行鳴其為人也丰姿清秀礼樂縱横筆底詞源三峡水胸中豪業五車深衣冠濟濟人中傑和氣怡怡席上珎終是功名之客豈為田舍之翁禹門変化三層浪鵬路逍遥萬里程一從揚姓字秉笏拜金門此則榮貴之命兆幃連珠須配小子嗣生成貴顯人運行初辛巳災関常見負芨趨庭戊午運中路達相如去須加董子功巳大運中十年窓下業時至奮鵬程庚申運中句旦三層都躍過聯班粉署姓名馨辛酉運中职廷金紫貴風雪又还侵壬戌運中有材應大用何事便閒身癸亥運中野地可憐埋白玉五雲無復見儀形

戊戌年　丙辰月　癸丑日　辛丑時

此八字癸水相配柱中火土祿氣才官之格人生得此雖不成名亦能發福其為人也丰姿磊花天性聰明播萱皓首先亡母鴻鴈天邊有共群世事添新慶根源勝舊風恒招君子敬時有貴人欽遊山翫水攜詩卷對月觀花把酒斟季倫錦障何為貴秦帝何旁未足称雖不建侯爵封爵自然潤屋潤身此則富足之命鴛幃正副方無剋柱子秋來枉宅門運行初丁巳上人庇下化日陽春戊午運中如花露彩似月離雲己未運中頗覓行床月慶還愁个事違巡庚申運中才源滚滚家庭子一度風波也惱人辛酉運中門外田疇犢潤庭前花木增新當此之際人事虧盈壬戌運中延賓玩物會友開樽癸亥運中暮年享福甲子運中春夢無憑

戊戌年　丙辰月　戊寅日　癸丑時

此八字戊寅專權之日相配柱中木大祿氣殺印之格身旺冝見金神主人生於右族長於名門椿萱有倚一期耄天邊鴻鴈各搏風其為人也丰姿清秀天性聰明窮書覽史學足三冬袖裡虹霓衝霄色筆端風雨驚雲移定擬南山豹變准教北海蛟橫一朝騰踴飛黃去濟濟衣冠步九重此則榮貴之命鴛幃燭夜添新愛子嗣金鳳有挺秀運行初丁巳上人庇下花放鳳生戊午運中雖則間詩學札還愁灾服相侵己未運中幾欸思高就必當成剪雪裁冰庚申運中到此始知文學妙長文道上馬蹄輕辛酉運中三度君恩喜兩番風木驚壬戌運中全紫重加當是景山河十郎仰威雄癸亥運中榮歸故里美酒盈樽甲子運中歸去也

戊戌年　丙辰月　庚辰日　庚辰時

此八字庚辰日德之辰相配柱中火土褀氣杂印之格杂印相生功名显達主人生於右族長於高門水命椿親榮晚贈庭前棠棣聯榮其為人也手姿清秀天性聰明筆底詞源三峽水胸中瑩潔一天星過火黃金显十分之貴色離雲皎月有萬里之清明終是功名之客豈為田舍之翁鵬路高搏知鍵翼龍門深躍見修鱗一從揚姓字令聲戢階陛此則榮貴之命鴛幃連珠須配小子嗣生成貴显人運行初丁巳上一庇下春風駘蕩夏日炎蒸戊午運中欲遂平生志須加董子功己未運中遙望天恩雲外降恩攀桂子手中馨庚申運中到此始知文李好長安道上馬啼輕辛酉運中三度君恩喜兩番風木驚壬戌運中正宜侍明主未許辭簪纓癸亥運中榮歸故里子貴重榮甲子運中歸去也

戊戌年　丙辰月　庚辰日　戊寅時

此八字庚辰日德之辰相配柱中火土褀氣殺印之格人生得此椿萱又晚茂鴻雁各行聯其為人也丰姿清秀天性機關知高識下近貴親賢不勇不慈可方可負萬里春風行樂須四時佳趣福闢閬五湖生計好四海福無邊祖基宜革古事業每增添錦綉花開家富貴琅玕竹報日平安但願一生湖海樂何須跨馬去朝天此則旺足之命鴛幃金玉潤子嗣旺門闌運行初丁巳上人庇下風雨一番戊午運中登臨值雨賞翫春闌己未運中萬疊好山雲乍斂一樓明月正當工庚申運中福若泉源湧才如春氣還辛酉運中雖則才源富足還愁柳絮飄綿壬戌運中世事浮生皆若此不如高卧且加飡庚亥運中人生從此別無復見儀形

戊戌年　丙辰月　甲戌日　甲戌時
此八字甲戌日元相配柱中火土傷官助才之格
人生得此生於西宜長於名門椿親貴顯蚤晚別
天遼鴻鴈各行鳴其為人也丰姿清秀天性乖能
知髙識下理白分清過火黃金顯十分之貴色雖
雲暎月布萬里之清明祖業添新慶根源勝舊風
箏長明圓過舊竹花開上苑勝先春雖不成名利
生來近貴人遊山玩水慣詩卷對月觀花把酒斟
福元成岳瀆威勢壓鄉民此則豐厚之命鴛幃連
珠酒配小子嗣秋風有提棠運行初丁巳驚濤龍

子平遺書　十三

水脉化雨是為蛟戊午運中金距開雞三市北玉
鞭驕馬上京陵己卯運中爆竹聲催諫膳冬折梅
香引早春達庚申運中才源富足家居好風雪飛
來尚惱人辛酉運中山頭山尾皆明月江北江南
總遂春壬戌運中樽罍有酒延佳客蘭室存書數
子孫癸亥運中一枕金風隔年夢料風吹落翠山
雲

戊戌年　丙辰月　戊辰日　丁巳時
此八字戊辰日德之辰相配柱中水土雜氣財官
之格身旺無倚運行西北得其所宜主人生於右
族長於高居水土格豊雙既茂天遷鴻鴈各行鳴
其為人也丰姿清秀天性聰明才全文武氣吐虹
霓見善則持於己當仁不讓於師終是功名之客
豈為田里耕鋤北海蛟横頭角隱南山豹变爪牙
新一日風雲相際會九天雨露沐恩榮此則榮貴
之命鴛幃宜有贈子嗣显技枝運行初丁巳上人
庇下安晦之非戊午運中有志修書史無心剔蠹魚

子平遺書　十四

己未運中莫言此運難騰踏賦命尤來有疾徐庚
申運中到此始知文李好長安道上躍霜蹄辛酉
運中皇恩濤海岱廣雨湿點黎職近金紫風雪沾
衣壬戌運中歡合脱節當如此不待西風始見機
癸亥運中遠歸千里驟閑釣五溪魚甲子運中許
音一播酧酒三鍾

戊戌年　丙辰月　戊辰日　丙辰時

此八字戊辰日得之辰相配柱中火木雜氣財官
之格主人生於有族長於名門金火椿萱雙晚別
天邊鴻鴈各飛鳴其爲人也丰姿清秀立性聰明
行藏理直処事功憑平有近貴親賢之德承上接
下之能祖業天心慶家門勝旧風琴搏風月爲生
計象扳高歌樂在中豐年田舍禾帰窖臘日山家
酒滿斟月掛碧天多皎潔名揚閭里有光榮雖不
建侯風爵貴囊中蓄玉有藏金此則穩富之命光
幃重諧連理子嗣貴發秋風運行初丁巳上人庇
下未断平生戊午運中驚雀乱飛舞雨收芳草新
已未運中正在風光処無端風雨生庚申運中財
源滚滚家居好風雪消消尚惱人辛酉運中桃李
千溪錦江山一畨屏壬戌運中有名閑富貴無事
且逍蓉癸亥運中桑榆慕景子秀光栄甲子運中
夕陽有限春夢無屏

戊戌年　丙辰月　癸亥日　己卯時

此八字癸水日元相配柱中火土雜氣才官之格人
生得此生於右族長於仁門椿萱先別又鴻鷹各飛
騰其爲人也丰姿高古天性老誠窮今覧古學足三
冬終是功名之家豈爲田舍之人瓊林雖不叅高宴
自有仁風四境聞嘉各不早實大器當晚成此則榮
貴之命鴛幃有碍須招贈子嗣金風有掜榮運行初
丁巳上人庇下未断平生戊午運中欲遂平生志須
留灯火心已未運中幾欲思高慕遠畨成剪雪裁氷
庚申運中時来名始就躍馬上神京辛酉運中寄跡
播門十載果然頭角崢嶸壬戌運中仁風揚遠近政
西東癸亥運中榮田故里甲子運中一枕難醒

戊戌年　丙辰月　甲辰日　甲子時

此八字甲木相配柱中火土食神助才之格才旺生官終身有慶主人生於文望之族長於詩礼之門椿萱不並祿養鴻鴈有不聯群羊姿清秀天性聰明學問有成一舉可冲天之勢英才美捷片言有折獄之能一從字傳揚後金紫榮看次第陞此則英貴之命鴛幃同属須年畝挂子生成奪錦人運行初丁巳上人花下負笈趣庭戊午運中霹靂一声雲霧合羅過浪三層己未運中處事但憑三尺法理刑渾似一團春庚申運中插虎渡河民快樂飛蝗過境歲豈登當此之際頃刻風雲辛酉運中山河間十郡未許便思尊壬戌運中鹽梅調鼎手舟楫濟川人癸亥運中黃粱未熟清夢先行

子平遺書

戊戌年　丙辰月　庚午日　庚辰時

此八字庚午貴人之日相配柱中火土雜氣殺印格人生得此生於右族長於仁門火土嚴慈双晚茂天邊鴻鴈各行鳴其為人也半貧清秀天性弃能頗知礼義相識古今有近貴親賢之德應上和下之能祖業添新慶才源勝舊人有心於貨利無意慕功名兩都秋色皆喬木舊舊風流有幾人黃金過火重增價白璧離塵色更明才源旺足家居好何必天邊沐寵榮此則旺盛之命鴛幃連珠須配硬子嗣秋來有粟英運行初丁巳天冷雲還凍江塞風當壬戌午運中登臨雨阻賞天陰己未運中雨過园桃簇錦風和堤柳拖金庚申運中近水楼臺先得月向陽花木早逢春梨花舞雪雨過山青辛酉運中才源旺足家居好風雪閑非尚惱人壬戌運中門楣壯觀福祿駢臻癸亥運中人生從此別無復見儀形

戊戌年　丙辰月　丙寅日　己亥時

此八字丙寅長生之日相配柱中水土食神制殺之格正謂食居先殺居後功名兩全主人生於右族長於名門椿萱榮贈难双耄天邊鳴鴈各飛騰其為人也丰姿清秀天性聰明腦羅今古事學識聖賢心太山比斗千年在和氣春風四座傾鳳凰池上客龍虎榜中人一從姓字傳揚後金紫榮看次第陞更有文章兼議論定居臺閣展經綸晚年子貴顯疊疊受榮封此則榮貴之命鴛幃春暖須招贈子嗣榮門孝且忠運行初丁巳上人庇下來

斷升沈戊午運中十年窓下業黃卷與青灯己未運中執卷幾回空探月時來頃刻便升騰庚申運中雖則蟾宮折桂依然寄跡擒門辛酉運中禹浪三層都躍過風生鉄面甩神驚壬戌運中寒拂紫衣催驛騎光生玉節下雲層戢近金紫字内澄清當此之際藩臬居尊癸亥運中明時柱石咸世股肱子貴孫賢重沐寵来應解組向離東甲子運中晚景有限春夢無憑

戊戌年　丙辰月　己巳日　甲戌時

此八字己巳日元相配柱中水木構氣才官之格女人得此生於右族長配高堂椿萱榮既茂鴻鴈各分行其為人也姿容清秀髮貌異常勝丈夫之氣槩有男子之行蔵風送芰荷香滿院日匀花蕚發新粧萬里無雲天一色三秋好景月光揚心靜似月明雲漢性急如風捲滄浪錦綉花開家富貴琅玕竹報日安康佇看夫榮子貴也應崇贈霞冀此則榮貴之命良人得配榮華客子嗣秋来有顯揚運行乙卯初年之下花放風輕甲寅運中竹戀

花蝴蝶　花貪竹鳳凰癸丑運中水向石邊流出冷風從花底過来香壬子運中羅綺千般色珎羞百味香辛亥運中子蘭子筍乃積乃倉庚戌運中子貴恩誥榮贈自然福禄汪洋己酉運中春光去也一夢黄粱

戊戌年　丙辰月　己卯日　乙亥特

此八字己卯專權之日相配柱中木火雜氣殺印之格人生得此生於右族長於高居水火椿萱双晚別天邊鴻鴈後前鳴其為人也丰姿清秀氣象高奇般般稍覽件件粗知親賢近貴不勇不慈過火黃金重長價離雲皎月倍光輝重成新事業昇整舊根基門外生涯好庭前活計審田園桑柘茂畝畝稻渠肥財源富足樓閣崔嵬滿世攻名身外事五湖風月樂多餘此則旺足之命鴛幃得合連珠女子嗣生成貴顯人丁巳運中上人庇下花放風欺戊午運中淡煙楊柳岸薄露杏花村己未運中世事宛如春夢人情薄似秋雲庚辰運中財源旺足家居好還愁耗與家非辛酉運中花盈上苑果盈園稻滿平疇水滿池壬戌運中歲寒松柏暮景桑榆癸亥運中但使家園富足何愁白髮龐眉甲子運中清風明月不用一錢買玉山自倒無人推

戊戌年　丙辰月　戊午日　壬戌時

此八字戊午日丹之辰相配柱中雜氣才官之格女人得此生於良族長於仁門椿萱一晚別棠棣各敷榮其為人也丰姿清秀髮兒精神有針綴之巧立業之勤一苑杏桃鋪錦綉滿山松栢映幃屏萬里無雲天一色三秋好景月長明深明閨壼理洞識古今情玉產崑崗藏韞色蘭生楚澤散清馨滔滔無阻治步步旺夫門難觸難犯易喜易嗔雖不鳳冠帔服自然金谷豐盈此則旺益之命良人得配連珠客子嗣生成貴顯人運行初乙卯上人庇下花放風生甲寅運中匹配名門支花從錦上贈癸丑運中正是太平光霽景片時風雨片時晴壬子運中到此始知時運好萬物光華百事通辛亥運中羅綺千般色裙釵化日明庚戌運中冲擊之所如月入雲己酉運中一夢難醒

戊戌年　丙辰月　乙亥日　丁酉時
此八字乙亥日元相配柱中火土傷官劫殺之格
女人得此生於右族長於名門椿萱雙晚茂鴻雁
各行鳴其為人也姿容清秀髮貌超群有針綴之
巧立業之一苑杏桃鋪錦繡滿山松柏映幃屏春
入水色成嫩緑日匀花蕊叢新紅滔滔無阻滯步
步助夫門玉產崑岡藏韞色蘭生楚澤散清馨難
觸難犯易喜易嗔佇看夫榮子貴也胥同沐君恩
此則榮盛之命良人得配名門女子嗣生來貴顯
入運行初乙卯上人庭下花放風生甲寅運中契
合翠鸞成有夢夤緣紅葉是良姻癸丑運中萬里
烟雲收斂一樓秋月光明壬子運中群裙釵濟濟
家居好須吏風雨不為鶩辛亥運中雨過萬山山
有色雲開千里月光明庚戌運中夫榮子貴樂意
忘情己酉運中粧樓人去也不復接音容

戊戌年　丙辰月　己巳日　戊辰時
此八字己巳日元相配柱中水木雜氣財官之格
人生得此生於溫潤之族長於穩厚之門萱親先
別還招繼椿父芳年促去程其為人也丰姿清雅
性格溫恭頗知禮義稍識古今親賢近貴理白分
清自有順天之慶豈無福地之深有心於貨利無
意慕功名萬里春風行樂好四時佳趣福元生常
將好意翻成惡每把真心換得嗔不以功名為念
豈將冠冕磨礱但願一生才祿旺何必天邊沐寵
榮此則旺足之命鴛幃重疊尤招硬子嗣秋來一
顯榮運行初丁巳幼年之下未斷升沉戊午運中
雪晴天未煖行樂未如心己未運中梨花院落溶
溶月柳絮池塘淡淡風庚申運中雖則行藏而有
慶斷絃聲裏信傷情辛酉運中得中有失晦後還
明壬戌運中財源有得失還有斷絃聲癸亥運中
軒開化日千祥集簾捲香風百福增甲子運中爲
啼春夢斷前事揔成空

戊戌年　丙辰月　乙巳日　壬午時

此八字乙巳日元相配柱中傷官助財之格人生得此生於右族長配名門翁姑翁先逝妯娌尚情柱其為人也姿容開朗髮貌精神勝丈夫之氣槩有男子之材飲每懷九膽意時抱澤憐心一於杏花鋪綉滿山松柏映幃屏衣冠濟濟三從倫家業昂昂四德新喜則春陽和暖怒則風捲殘雲諂諂無阻滯步步助夫門佇看子貴多歡樂平生福祿享無窮此則益旺之命良人年長豪富客子嗣生成貴顯人運行初乙卯上人庇下毓秀閨門甲寅運中路入桃源花爛熳橋橫銀漢水澄清癸丑運中雖則行藏有慶幾番人事戲盈壬子運中淡煙楊柳岸薄霧杏花村辛亥運中正是梅青月白還愁微雨弄晴庚戌運中片雲掩月雲散月明己酉運中夫賢子貴家門旺還愁風雨片時生戊申運中晚年閑快樂一枕了平生

戊戌年　丙辰月　丙子日　辛卯時

此八字丙子日元相配傷官助才之格傷官者剛殺之物也主人生於遂室長於高門金土權萱變晚別天邊鴻鴈各行鳴其為人也丰姿清秀天性聰明知高識下理白分清高謀遠見機關別慷慨春風一妙人箏長名園過舊竹花開上苑勝先春田園桑柘茂畝畝稻粱馨花無桃李非春色八有笙歌是太平朝中無好子囊底足珍珠福源成岳動威勢壓鄉民此則穩享之命鴛幃春色須年敵子嗣森枝有挺榮丁巳運中幼年之下花放風生戊午運中春風播奕微雨弄晴巳未運中漸漸精神奕看看氣象新庚申運中財源富足家居好素耗開非尚擾人辛酉運中威權有布人歛福財帛興隆福祿增壬戌運中庭前竹報平安日軒外花開富貴春癸亥運中晚年閑快樂會友以開樽甲子運中一枕入巫峯

戊戌年　丙辰月　甲午日　丁亥時

此八字甲午專權日相配柱中金土祿氣才杀之格喜逢印綬生身遇斷相者豈不得祿得名主人生於宦室長於仁門椿萱晚榮贈鴻鴈各排空其為人也丰姿清秀天性聰名錦繡胸藏贖聖李珠珖口吐武文風麗句好為天下白高才俊似海東青終是功名之客豈為田舍之翁鰲逐玉蟾攀桂去馬隨青帝踏花行一從姓字傳揚後九重雨露沐皇恩此則榮貴之命鴛幃春麗宜招副子嗣秋来朵朵榮運行初丁已上人庇下花放風生戊午運中欲遂平生志須加董子功已未運申雖有凌雲志前程路不通庚申運中报道是龍还不信果然奪得錦標新辛酉運寒拂紫衣催駿騎光生玉節下雲層腰横金作帶待刻玉為鮮梨花舞雪雨過山青壬戌運中佇看官封三級酌然祿享千鍾癸亥運中榮田故里美酒盈樽甲子運中夕陽有限春夢無憑

戊戌年　丙辰月　庚戌日　乙酉時

此八字庚戌魁罡之日相配柱中火土祿氣殺印之格人生得此生於右族長於名門萱母先歸椿後别天邊鴻鴈有行鳴其為人也丰姿清秀天性聰明知高下識重輕般般稍覽件件不精謀動君子威伏小人笋長名園過舊竹花開上苑勝先春終是功名之客豈為田舍之翁肄法父誇勞案牘功名須習筆刀戌一朝但得風雲便九天雨露沐皇恩此則榮貴之命鴛幃火命須年長子嗣双双有捷榮運行初丁巳上人庇下淡淡青雲戊午運中貴人相指引揮筆助公所己未運中雨晴跨馬登天路始知冠免可榮身庚申運中雖則登嶸頭角且宜困守門庭辛酉運中皇恩有感聲名頭幾載勞繁困誦心一番風雨過天府再沾恩當此之際進退困猶壬戌運中才權秉美福祿駢臻癸亥運中虎奔龍下樂甲子運中一枕入巫峯

戊戌年　丙辰月　甲辰日　甲子時　下四

此八字甲木相配柱中火土食神助才之格才盛生
官終身有慶遇斯命者生於茂盛之族長於深邃之
門椿萱有倚雖雙耄鴻鴈天邊不共群丰姿磊落天
性秉能高謀遠見機關別慷慨情懷學識深終是功
名之客豈為田舍之人瓊林雖不忝高宴祿位榮看
次第陞此則榮貴之命鴛幃同屬須招贈桂子秋來
有繼榮運行初丁巳上人庇下月白風清戊午運中
藏器待時時必達時來方許旺才名己未運中雪晴
雲路達跨馬上神京庚申運中仁風揚遠近政化洽
東辛酉運中耿耿聲名重滔滔祿位陞當此之際
片時風雨壬戌運中正宜蒞政未許思尊癸亥運中
歸去也

戊戌年　丙辰月　丁丑日　壬寅時

此八字丁丑日元相配柱中水土傷官帶印之格傷
官若用印官殺不為刑主人生於右族長於高堂
椿親磊落萱母填房夫邊鴻鴈有各分行其為
人也丰姿清秀天性聰明口吐珠機言語胸藏錦綉
文章東海驪珠終始見豐城雪劍不經藏終是
功名之客豈為田舍之郎純孝科場鶯識路英村論
苑术恩光旭旭百年喬木昂昂一代祛塗此則棠
之命鴛幃連殊須配小子嗣生成貴顯郎運行
巳上人庇下花放風狂戊午運中敘遂平生志
發孔孟堂己未運中時來風送滕王閣頃刻飛
入帝鄉庚申運中躍過禹門三級浪濟濟衣
冠拜滾章辛酉運中職任金紫貴風雪滿人懷
壬戌運中皇恩有感聲名顯金鱗光照紫微臺
癸亥運中有材應大用何事便返鄉甲子運中
春光去也一枕黃梁

戊戌 丙辰 丙戌 戊戌

戊日配乎柱中之土雜氣才官之格丙
干不雜最高榮人生得此繼顯簪纓椿樹高榮萱
側室鳳行天際共飛騰丰姿洒落天性聰明學問
淵源三峽水胥襟瑩潔一天星禹浪三層都躍過
入、、壬申年升廷此則近侍之命鴛幃全正副桂
一上人庇下詩禮趨庭戊午
木星已未運，嬉宮居
而京苑祿位又

戊戌年 丙辰月 戊辰日 壬戌時

此八字戊辰日德之辰時上偏才之格女人得此
生於名門配於宦族椿萱榮盛難偕老鴻鴈聯飛又
各飛其為人也姿顏穩重躰態盈餘逆則風濤滾
滾順之和氣怡怡杏桃鋪錦繡松栢列屏幃錦帳
臨風耀高冠映日輝此則榮夫之命良人真命金
為傑子嗣花開果不齊運行初乙卯上人蔭下組
織 運中國合翠鸞成好夢寅緣紅葉是
良媒 唯則精神百倍也曾細雨飛絲壬
一陽和滿太虛辛亥
一覺勝當時庚戌運中冲擊之
所旦夢去 乙酉運中一夢歸仙路空閨對夕暉

戊戌　丙辰　己巳　丁卯

此八字時上偏官之格喜得印綬身生五行清正值此象者椿萱雖祿養棠棣競春榮其為人也天資敦朴性格賢能言不妄發事不胡行初運匡匡名欠顯老年耿耿姓名馨逆古嘉禾不早食自來大器當晚成駑悼有碍須相敵子嗣班衣駐宅門運行初丁巳無亏無益不雨不晴戊子運中芸窗篤志雪案劳神己未運中甃卷幾回空嘆息時來方許涉雲程庚申運中繡花看有艷畫水聽無声辛酉運中機會到來名始顯果然舉足向天門壬戌運中千門頌德政百里撫民情癸亥運中華堂安享甲子運中一夢難醒

戊戌　丙辰　己巳　乙亥

此八字時上偏官之格喜逢印綬扶身椿父先歸萱後別西風鴻雁不聯羣其為人也丰姿清俊氣槩精神親達士近高人玉冠蒼水珮鶴氅紫綸巾道覺光揚春浩浩福源浩蕩樂恂恂機會從天降須臾沐

聖恩此則清高之命運行初丁巳襁褓之下未論升沉戊午運中進趋僊府棄却凡塵己未運中雖則行藏有慶幾番樂處因循庚申運中施主相親相敬崖華逸志清心辛酉運中玄真壇下能堅守福勢巍巍出等倫壬戌運中光揚德望豈沒沉淪癸亥運中晚景悠悠多快樂甲子運中一時化鶴入層雲

戊戌年　丙辰月　丁丑日　壬寅時

此八字天元雖旺日主無依双親有靠祖基業而輕

歷妻賢而不了女孝哭靈幃此則短壽之命也

戊戌年　丙辰月　己未日　乙亥時

此八字己未陰刃之辰時工偏官之格遇斯命者豈不光榮椿萱有倚中途別鴻鴈分飛少共鳴其為人也多智慧忝聰明百事循規矩三思而後行恩中曾取怨義處得人憎學問有成登仕路英才特達佐朝廷秋試成名春選阻承恩猶振四方聲此則榮華之命鴛幃有碍宜招副子嗣枝頭嫡庶芳運行初丁巳娟娟雲裏月灼灼葉中英戊午運中男兒欲遂平生志且向窗前覽六經己未運中雲程坦坦登天去舉步悠悠名利成庚申運中百里絃歌民快樂千門燈火歲昇平辛酉運中有才豈得淹清志佐政黃堂次第陞壬戌運中印綬當權居宰正徽徽風浪不為驚癸亥運中秋風起震尊罏美晚節闘持菊酒馨甲子運中夢重翠禽啼不覺落花片片水泠泠

戊戌年　丙辰月　丙寅日　丙申時

此八字丙寅之日身坐長生雜氣才官之格值此象者生於師闈長於高堂萱母先歸椿後别西風雁字各分翔其為人也威儀濟濟人物蕩蕩平生習貨利不必問文章挺挺百年喬木昂昂一代珪璋頭角昂然聲清風遠楮楊生則威榮之命鴛幃有魁重偏正桂子芬芳雨露長運行初丁巳只宜庇下未剖究祥戊午運中隱隱輕雷抽碧笋微微細雨潤垂楊己未運中凜冽威名當此景須臾風浪幸無傷庚申運中正是光華之景豈愁雲掩天光辛酉運中福慶綿延權戢重幾多心事不須忙壬戌運中正宜行大爵未許樂安祥癸亥運中黃花晚節甲戌運中夢入仙鄉

戊戌年　丙辰月　丙子日　甲午時

此八字丙子日元相配柱中水土傷官之格四柱兩冲減吾貴氣主人生於右族長於高門椿萱金火双双有晚天邊鴻鴈有飛騰其為人也丰姿清秀天性乖能頗知禮義稍古今有抵雪欺霜之志裁長補短之能祖基重整頻事業再磨礱田園桑柘茂畝畝稻粱馨花無桃李非春色人有笙歌是太平才源富足福禄駢臻鄉民仰德閭里推尊此則豐厚之命鴛幃有犯須招副子嗣全風家且忠運行初丁巳幼年之下花放風生戊午運中雲開山聳翠雨過水澄清己未運中春風播奕微雨弄晴庚申運中近水樓臺生日月向陽花木景逢春辛酉運中才源富家業餘盈當此之際風雪蒲空壬戌運中豐年田舍禾盈醫臘日山家酒滿斟癸亥運中夕陽有限春慶無憑

戊戌年　丙辰月　辛巳日　壬辰時

此八字辛巳日配乎柱中火土雜氣官印之格人生得此丰姿英雅操幹能為椿萱榮耐晚鴻鴈有聯飛學識窮通書史筆鋒能掃究危姓字傳揚閭里江湖倍振威儀祖業多華麗財囊厚積封但願門迎珠履客何須身到鳳凰池此則富足之命鴛幃年少雙偕老桂子金風三兩枝遲行初丁巳幼承上庇花放風欺戊午運中有心生貨利無志讀詩書己未運中僕馬從行処笙歌擁醉時庚申運中田園雖廣置風雪又輕飛辛酉運中交三千珠履植八百桑榆壬戌運中粟陳貫朽癸亥運中子秀孫賢甲子運中歸去来兮

戊戌年　丙辰月　辛未日　壬辰時

此八字辛未日相配柱中水土傷官用印之格人生得此大器晚成椿親耄别萱尤壽鴻鴈天邊各奮鳴丰姿洒落天性剛明理窮今古事學貫聖賢經綸是功名之客豈為避世之英泮林踏過橋門去次第登天沐寵榮此則顯榮之命鴛幃有碍海棠香褪荔枝馨桂子難為正抄先啁旁蘖秀運行初丁巳上人庇下月白風清戊午運中讀書漂麥觀史引燈己未運中執卷幾回探月時来一旦升騰庚申運中時來飛驥足太學表芳名辛酉運中縈憲初消沾寵渥威飛千里雪尤生壬戌祿元重推風波險歷過榮看祿位加陞癸亥運中重金重紫威勢英英甲子運中悠悠處樂乙丑運中夢入蓬瀛

戊戌年　丙辰月　己巳日　丙寅時

此八字己巳日相配柱中之火雜氣印綬之格人生得此行藏倜儻天性果剛椿萱不逮双年耄鴻鴈天邊不共翔稍有賢良之志粗知禮義之方祖業重庚重歷才源旋積旋藏很虎關中尋出路江湖吳栗旺才栗佇看來脫節豪貴權門墻此則官旺之命鴛幃有碍重年少桂子秋來吐異香運行初丁巳庇佑之下冬暖夏涼戊午運中便向江湖生貨利不勞窗下習文章己未運中風霜多歷過才旺勢軒昂庚申運中洛陽三月花如錦又被顛風吝一場辛酉運中滔滔旺家業日日樂棄觴壬戌運中冲擊之所福慶榮昌癸亥運中孫賢子秀甲子運中夢入仙鄉

戊戌年　丙辰月　乙丑日　丁亥時

此八字乙丑日相配柱中之土雜氣才官之格人生得此宜乎位列公卿主人丰姿慷慨天性剛明椿萱分別後鴻鴈各飛鳴學問淵深三峽水青襟瑩潔一天星一從姓字傳揚後祿位輝輝任股肱此則高榮之命鴛幃全正副桂子綻秋英運行初丁巳上人庇下樂享昇平戊午運中讀書凛參觀史引燈己未運中風雲相濟會肅氣凛丹廷庚申運中祿位輝輝權任重九重恩命再徵榮辛酉運中器成大用親龍袞何事興思辭下情

戊戌年　丙辰月　癸酉日　丁巳時

此八字才官印綬俱全三奇秀氣之格若在北方坎兑之地其人位至重金南方豐之之人其爲人也善决斷會操持機謀宏達近貴親祖基祖業重添整厲字行聯又失聯不向綺羅衣錦繡也應湖海姓名傳金勒馬嘶芳草地玉樓人醉杏花天桑麻遍野禾黍連阡此則豐足之命鸞幃正副方齊壽子嗣秋風孝義堅運行初丁巳不知榮辱未斷衰妍戊午運中春色滿園閑不住紛紛桃杏覆幹前已未運中江湖雖得趣幾度見迍邅庚申運中嬌花醉露弱柳拖烟辛酉運中才源進退家居好事業光輝第宅鮮當此之時踈踈細雨壬戌運中日福日榮自有順天之理常安常樂豈無福地之緣癸亥運中上五年恐賓玩物下五年一枕難還

戊戌年　丙辰月　丁亥日　癸卯時

此八字丁亥日配乎柱中之水時上偏官之格戊癸合殺功成人生得此仕路揚名椿萱双皓首鴻鴈有聯鳴手姿洒落天性聰明理窮今古事齊讀聖賢經一舉可沖天之勢片言有折獄之能禹浪三層都躍過榮沾寵渥虎生風此則榮貴之命鸞幃全正副桂子有承榮運行初丁巳不榮不辱庇下安驚戊午運中志思登仕路熟讀聖賢經已未運中到此風雲際會果然鴈塔題名庚申運中宴罷沾恩寵威風散肅清辛酉運中一番風雪過祿位大夫榮壬戌運中重重金紫癸亥運中夢入蓬瀛

戊戌年 丙辰月 甲辰日 丙寅時

此八字甲辰日相配柱中火土雜氣才官之格人生得此手姿清秀性格聰明生於藝苑長於柳營椿親去後萱尤耐鴻鴈天邊各奮鳴頰窮黃若署稍識聖賢經龍蛇啼上行行健律法條中欵欵明祖業重磨琢財囊晚積成雖不懸金而佩玉紛紛士卒仰成名此則傑人之命鴛幃配合須年長柱子秋来有錦英運行初丁巳幼年之運風雪盈庭戊午運中雖則行藏有慶也防人事相縈己未運中貴人相挈處財帛自天生庚申運中天降安殃風火熾旺中尚有一番驚辛酉運中漸漸權名損看看事業增壬戌運中老當益壯癸亥運中夢入蓬瀛

戊戌年 丙辰月 庚午日 辛巳時

此八字庚金生於辰月殺生印綬之格又喜時干長生得助以扶身配得中和之道其爲人也丰姿清秀性格能爲生於詩禮之家長於喬木名門有倜儻之英才聰明之秀氣堂上椿親先早去庭前鴈字有芬芳學問有成吟陽關之三疊英才出類達天門之九重此則榮顯之命鴛幃年長百年舉案以齊眉子許有成異日榮門多有慶運行初丁巳淡淡春風戊午巳未運中讀書漂多效高鳳之持竿覩史引燈但匡衡之鑿壁庚申運中雖則行藏而有慶淹淹困守在書齋當此之時申字運中消消風雨辛酉運中報道豈能還不信星恩有戲祿榮昌腰横銀作帯閭里姓名揚壬戌癸亥運中猛虎

戊戌年　丙辰月　壬子日　甲辰時

此八字壬子日刃之辰配合柱中旺土偏官之格女人值此儀容穩重髮貌端貞生於名望之宅長於故旧華庭翁親先別姑帰後庭前妯娌戎封崇治家能克儉處事果勤能衣冠濟濟三從倫家業昂昂四德貞奉翁姑而行孝道待良人以尽其誠助勤每劾和熊膽遺訓還從斷織心羅綺滿箱家富足四時光彩樂昇平良人榮耀重當贈子有聯芳顯祖親此則受封金帶女命運行初乙卯閨門毓秀処未許賞花春甲寅運中舞鳳鳴鸞佳配好如魚似水樂歡情其中小節風過花馨癸丑運中癸丑運中萬紫千紅花及景樓風和日正熙春然無大憲枝葉欠寧壬子運中出則簪金而帶玉帰則使女有紛紛就此之中一度因循辛亥運中此景一番風捲浪南離怒起宅門傾自身災危險保救得康寧庚戌運中嚴霜積雪俱消尽夫又簪纓子顯身家門重有慶銀項轎槽乗巳酉運中皇恩有感封官誥鳳冠蝦帔祿高陞家藏金玉户納駢臻戊申運中蟠桃已熟瑤池宴王母相邀去不醒帰去也

子平遺書　十七

戊戌年　丙辰月　戊辰日　辛酉時

此八字戊辰日德之辰相配柱中金水傷官之格人生得此生於右族長於高門金木椿萱萱葳長天邊鴻鴈各行飛其為人也手姿清秀天性能為知高識下不勇不慈過大黃金重長價雖雲皎月倍光輝祖業添新慶材原厚積餘笋長名園過旧竹花開上苑勝先枝羅綺飄香風蕩蕩壺觴列座草萋萋満世功名身外事五湖風月樂多餘此則豐盛之命鴛幃得配連珠女子嗣生成貴顯晃運行初丁丑幼年之下花放風狂戊午運中如花向日似笋穿泥己未運中得失喜失喜悲庚申運中到此始知時運好千紅萬紫開芳菲辛酉運中西風蕩尽堤邊絮從此才源倍積餘壬戌運中門楣壯觀福祿崔嵬癸亥運中春光去也花落月西

子平遺書　十八

戊戌年　丙辰月　丁巳日　壬寅時

此八字丁火相配柱中水土傷官之格刑沖太重減救光榮生人生於邃室長於高門椿萱有倚成無倚鴻鴈聯群又斷群丰姿磊落天性平能雖不成名利生平近貴人事業無浸怔裹就才源自向遠方生遊山翫景携詩卷對月觀花對酒斟雖不建侯封爵自然潤屋潤身此則商賈之命鸞幃有礙須偏正桂子金風絲舞成運行初丁巳上人庇下天朗氣清戊午運中漸漸精神爽看看氣象新己未運中千里閱山千里念一番風雨一番驚庚申運中十年道路双蓬鬢万里乾坤一草亭辛酉運中守時風雪擁頃刻波浪平壬戌運中万象光華沾沛澤四時佳趣瑞祥生癸亥運中暮年安享甲子運中一夢送去

戊戌年　丙辰月　己未日　丙寅時

此八字己未陰刃之辰相配柱中木土襍氣官印之格人生得此生於右族長於名門椿萱中道先亡母天邊鳴鴈有行鳴其為人也丰姿清秀天性聰明般般稍覺件件不精謀動君子威伏小人祖業添新慶根源勝旧風門外田疇千古計庭前花木四時新不以功名為念豈將冠冕磨礱是非莫管門前雪得失須憑塞上翁常將好意番成惡每把真心換得嗔雖不建侯封爵貴也應鄉黨管人民此則穩厚之命鸞幃有配須同命子嗣枝枝孝且忠運行初丁巳上人庇下未斷平生戊午運中世事宛如春夢人情薄似秋雲己未運中盈水無声空有浪繡花有艷不聞香庚申運中才源旺足家君好須臾風雨不為驚辛酉運中片段畓畲連野綠週迴甲弟聳雕甍片時素耗不損精神壬戌運中水火官非家業反依然明朗又昇平癸亥運中晚節黃花香馥郁甲子運中訃音一道傷情

戊戌年　丙辰月　壬午日　甲辰時

此八字六壬生臨午位號曰祿馬同鄉旗氣才柔之格人生得此生於右族長於仁門椿萱連珠萱歲長天边鴻雁有行鳴其為人也丰姿清秀天性聰明千古文章逞榮躍一天星斗燦心胸驪珠照類光难晦雷劍生豐氣自元終是功名之客豈為田舍之翁萬里扶搖驚騰蟄一声霹靂根潛鱗瑤池鞭靜朝南極五夜鍾停拱北宸此則榮貴之命外幃燭夜添新丞子嗣金風孝且忠運行丁巳上人庇下花放風生戊午運中欲遂平生志潛心對一樽己未運中雪窓須留苦志天譜未許榮登庚申運中躍過禹門三級浪秉笏金鑾拜聖明辛酉運中威近金玉貴風雪尚愁人壬戌運中有材應大用未許便許榮癸亥運中解祿歸田里甲子運中一枕黍平生

戊戌年　丙辰月　丁亥日　己巳時

此八字丁亥日貴之辰相配柱中水土傷官帶印之格四柱丙冲藏吾貴氣主人生於右族長於明門椿萱得遂双双老鴻雁美胅隊隊群其為人也丰姿清秀天性老成多聞多見自是自能祖業添新慶根源勝舊風五湖四海生涯好萬水千山道路通琴樽風月平生計金玉松筠舊歲青雖不成名利生平近貴人但恩寒陳并貫朽何須跨馬入青雲此則豐享之命鴛幃青秀須年敵子嗣秋来朶朶榮運行初丁巳幼年之下風雨還生戊午運中寒向梅中畫春從柳上生己未運中畫水無聲空有浪繡花雖艷不聞馨庚申運中才源富足湖海馳名辛酉運中西風蕩盡堤邊絮從此才源倍有增壬戌運中三百園棊消永日八千美酒賞芳辰癸亥運中蒼顏鶴髮甲子運中一夢無憑

戊戌年　丙辰月　癸卯日　癸亥時

此八字癸卯日貴之辰棋氣才官之格人生得此生於茂族長於高居椿萱分半道鴻鴈不聯飛其為人也年姿青秀天性操持有抵雪欺霜之志截長補短之機祖基有倚成無倚才帛囊資自積余功名緣分淺業績利名虛不如殊守閑田地明白清風樂自如此則審復之命鶯幃有碍須年敵子嗣秋來一果奇運行初丁巳上人庇下天朗氣清戊午運中幾欲思高蔂袁時來方許如心己未運中勞形業績多光彩何期花放又風生庚申運中幾度樂中有悶數番靜裏憂生辛酉運中萬疊好山雲作斂一樓明月雨初情壬戌運中暮年安享癸亥運中春夢無憑

戊戌年　丙辰月　庚申日　癸未時

此八字庚申專祿之日祺氣殺印之格人生得此生於進室長於名門椿萱先別父鴻鴈有竹群其為人也年姿清奇天性垂能竹徽采斷作事老識欲為商賈思慕功名知進退識歹盈門外生涯曠潤江湖活計維新祖業增華麗才囊自涿戊月掛碧天多交潔名聞湖海豈無榮晚年光審景子顯耀門庭此則旺足之命北幃金命須年敵子嗣生枝一显榮運行初丁巳上人庇下化日陽春戊午運中如花露曉似月離雲莫道儒冠悮螢窗雖不勤己未運中雖則竹徽有慶幾多世事歹盈庚申運中才源滾滾家居好方時風雨方時驚辛酉運中世事有增有減才源或發或退壬戌運中润史風雨過依旧月光明子显身榮往來無白丁癸亥運中美景光華怡沛澤四特佳趣瑞祥生甲子運中歸去也

戊戌年　丙辰月　丙戌日　辛卯時

此八字丙戌日元相配柱中旺水傷官劫才之格人生得此生於右族長於名門金玉椿萱双晚别天邊鴻鴈各行鳴其為人也丰姿清秀天性聰明世事能好覽件件欠精通曰福曰榮自有順天之慶常安常樂豈無福地之深祖業添新慶根源勝舊風爭長名園過舊竹花開上苑勝先春不以功名為念豈將冠冕磨礱才源自有生涯好何必天邊沐寵榮此則穩厚之命鴛幃得配連珠女子嗣生成貴顯人運行初丁已上人庇下花放風生戊午運中曉霞晴作雨晚氣濕生陰己未運中正是烟收雲散一摟明月當空庚申運中才如春水滔滔長福似秋塘皎皎明辛酉運中西風吹過天邊雪從此滔滔福禄增壬戌運中子貴華榮多快樂何愁白髮鬢邊生癸亥運中無思無慮甲子運中春夢無憑

戊戌年　丙辰月　辛未日　癸巳時

此八字辛未日元相配柱中火土雜氣才官之格人生得此生於右族長於名門西房椿親室正副天邊鴻鴈各行鳴其為人也丰姿清秀天性果刚古今書史遠倜儻世情長李問不覩知礼樂時来自有貴人恢重成新事業弃盤旧門墻福布江山外名聞湖海中消閑棊一局遣興酒三觴但恩一生才禄旺何須天府沐恩光此則穩實之命死幃連珠得配子嗣生成貴顯即運行初丁已上人庇下安晦一場戊寅運中如花向日枝枝艷似爭穿泥節節長已卯運中水向石邊流出冷風從花底過来香庚申運中春草春江相娮緑新鶯新柳競爭黄辛酉運中才源富足家居好風雪飛来恼一場壬戌運中盈門珠履三千客屏列金釵十二行癸亥運中晚年快樂一梦黄粱

戊戌年　丙辰月　戊子日　癸丑時

此八字戊子日元相配柱中水木雜氣才官之格人生得此生於右族長於名門金火嚴慈双晚贈天邊鴻鴈有行鳴其為人也丰姿清秀禮樂縱橫筆底辭源三峽遠胸中學業五車深衣冠濟濟人中傑和氣怡怡席上珎終是功名客豈為田舍翁龍門變化三春浪鵬路逍遥萬里程一從揚姓字秉笏拜明君此則榮貴之命鴛幃連珠須配小子嗣生成貴顯人運行初丁巳災關幸過貝笈趍庭戊午運中欽達相如志宜加董子功己未運中十

年窗下業時来奮鵬程庚申運中禹浪三層都躍過聯班粉署姓名馨辛酉運中職遷金紫貴風雪又還侵壬戌運中有才應大用何事便閑身癸亥運中九地可憐埋片玉五雲無復見儀形

戊戌年　丙辰月　丙寅日　己丑時

此八字丙寅長生之日相配柱中水土食神制殺之格正謂食居先殺居後功名兩全主人生於右族長於名門椿萱榮贈双耄天邊鴻鴈各行鳴其為人也丰姿清秀天性聰明胸羅今古事學識聖賢心太山北斗千年在和氣春風四座傾鳳凰池上客龍虎榜中人一從姓字傳臚後金紫榮看次第陞更有文章兼議論定居臺閣展經綸晚年子貴顯疊疊受榮封此則榮貴之命鴛幃春鬢須招副子嗣榮門孝且忠運行初丁巳上人庇下来

斷升沉戊午運中十年窓下業黃卷與青燈己未運中執卷幾回空探月他時頃刻便升騰庚申運中雖則蟬宮折桂依然寄跡橋門辛酉運中禹浪三層都躍過風生鉄面鬼神驚壬戌運中寒拂紫衣催驛騎先生玉節下雲層壬戌運中職廷金紫宇内澄清當此之際藩臬居尊癸亥運中明時柱石盛世股肱子貴孫賢重沐寵来應鮮組向離東甲子運中悠悠晚景乙丑運中春夢無憑

戌戌年　丁巳月　壬寅日　壬寅時

此八字壬水相配柱中火土才殺之格遇斷命者生於右族長於高門椿萱难並老棠棣獨光榮丰姿磊落天性聰明多問有成一峯可冲天之勢英材敏捷片言可折獄之能一朝騰踏飛黄去祿位榮看汝第陞此則榮貴之命篤惜金玉潤子嗣穠衣新運行初戊午上人庇下未斷平生巳未運中篤守居顏巷潛心對短檠庚申運中騰身離雪峯足入雲津辛酉運中一從沐得天边寵秉笏金門拜聖明當此之際一番風雨壬戌運中処事但憑三尺法理渾似一團春佇看官封三級酌然祿粟千鍾癸亥運中山河帰舊國管籥換離甲子運中天边無沛澤離下樂高情乙丑運帰去也

子平遺書 二

戊戌年　丁巳月　戊申日　壬戌時

此八字戊申長生之日相配柱中金水傷官助才之格人生得此生於右族長於名門同屬椿萱人期耄天邊鴻鴈各飛騰其為人也丰姿清秀天性聪明頗知礼義稍識古今親賢近貴稍理白分清萬里部華世事每逆忙裏就一聯美景才源自向遠方生琴提風月多生計金玉松筠旧歲春時來才祿旺福祿享無窮福祿成岳讀威勢壓鄉民此則豊盛之命处怫連理須配小子嗣金風有挂英運行初戊午幼年之下如履薄氷巳未運中雨過山方秀雲開月始明庚申運中三陽回宇宙一氣轉鴻鈞辛酉運中才源富足弟宅增新當此之際風雪蒲庭壬戌運中桃李千溪錦江山一畫屏癸亥運中簾捲香風生百福軒開化日祿元增甲子運中一霄春夢斷萬里揔成空

戊戌年　丁巳月　丙申日　庚寅時

此八字丙申之日相配柱中金土傷官助才之格喜逢建福身强遇斯命者生於右族長於名門椿萱雙皓贈棠棣花邊春其爲人也丰姿清秀天性聰明胸羅今古事學識聖賢心驪珠照覩光難掩雷劍生豐氣莫藏衣冠濟濟人中傑和氣怡怡席上珎終是功名客豈爲田舍翁鵬路高騰知健翼龍門深躍是潜鱗一從姓字傳揚後九重雨露沐皇恩此則榮貴之命鶯帏春色麗子嗣晚秀馨運行初丁巳花放風生戊午運中聞詩李禮負芰趨庭巳未運中蘭娟繞氏火性知有英豪庚申運中到此始知文李好長安道上馬蹄輕辛酉運中寒拂紫衣催驛騎光生玉節下雲層壬戌運中戟迁金紫声名顯風雪飛來尚經人癸亥運中有戰彪大用何事便歸榮甲子運中春光去也花落月沉

戊戌年　丁巳月　癸卯日　庚午時

此八字癸卯日主相配柱中才官印綬之格人生得此生於右族長於名門萱毋先歸椿後别天邊鴻雁各行鳴其爲人也丰姿清秀天性聰明頗知世俗稍識聖賢經假假稍覧件件不精万里鶯啼茆月色恍行人過板橋霜此則穩享之命戊午運中上人死下未断平生己未運中園林雨過花李妖燒庚申運中莫道好山雲作領一輪明月正光明辛酉運中財源旺足行李如心壬戌運中作雨多情留客景不寒不暖困人天癸亥運中正享兒孫福幽冥路上行

戊戌年　丁巳月　壬午日　壬寅時

此八字六壬生臨午位踐日禄馬同鄉相配柱中火土才殺之格人生得此生於戈弟之族長於袍乳之庭椿萱雖並鴻鴈各行鳴其為人也丰姿清秀天性聰明般般都覧件件不全風月處交消洒客情機謀輒腹牽用人欽祖基自葦古自葉必彈新琴摶風月閑生計盒玉松篤旧歲青英椎惟贈劒三尺豪傑相逢酒一樽常将好義番成惡每把真心換得嗔鄉民仰德閭里推尊晩年有子登黄甲白髮烏紋壽贈封此則晩貴之命鴛幃有犯須年長子嗣生成奪錦人運行初戊午上人庇下雲月朦朧己未運中娟娟雲里月灼灼葉中英庚申運中漸覺夜凉池雨過信知花放曉風輕辛酉運中才源旺足家居好湏史素耗尚愁人壬戌運中無慮尽傳詩礼樂有朋自遠方親片時風雨頃刻逡巡癸亥運中有子登黄甲佳来無白丁亥字之中風雨还生甲子運中恩沾榮贈快樂無窮乙丑運中人生從此别無福見儀形

戊戌年　丁巳月　甲午日　戊辰時

此八字甲午日元相配柱中火土傷官助才之格人生得此生於右族長於高門椿親磊落萱先別天邊鴻鴈各行鳴其為人也丰姿清秀天性聰明胸次峥嵘書萬卷英材敏捷壓群倫過火黄金多長價離雲皓月倍清明終是功名之客豈為田舍之翁北海蛟横頭角巖南山豹变爪牙新一朝騰踏飛黄去直上金鑾輔

聖明此則榮貴之命鴛幃木命須年小子嗣生成貴顯人幼年之下花放風生戊午運中趨庭負笈秉燭觀文己未運中雪案雖留苦志天堦未許榮登庚申運中到此始知文學好長安道上馬蹄輕辛酉運中令重奸頑伏威嚴鬼膽驚壬戌運中職位兩迁金紫貴慈看門外雪盈庭癸亥運中正宜侍

明主何事便辭榮甲子運中訃音一播酧酒三鍾

戊戌年　辛巳月　甲辰日　辛未時

此八字甲辰元相配柱中令火傷官助才之格人生得此生於右族長於名門搢薹榮挽茂搪棣苑边春其爲人也丰姿清秀天性聰明源流三峽誰能及筆掃千軍孰與倫衣冠濟濟人中傑和氣怡怡席上珎終是功名客豈爲田舍人北海蛟龍頭角聳南山虎豹爪牙新一從揚姓子戢位秉權衡此則榮貴之命鴛幃燭夜添新盈子嗣生來孝義深運行初壬午春風駘蕩夏日炎蒸癸未運中讀殘茅店月囊竹

桑頭螢甲申運中到此始知文學好長安道上馬蹄輕乙酉運中黎民呼父母政化洽西東丙戌運中千里霜威名令重三秋風色綉衣輕當此之時風雪滿庭丁亥運中戢迁金紫貴何必便辞榮戊子運中花已落月猶沉

戊戌年　丁巳月　壬子日　辛亥時

此八字壬子日刃之局相配柱中火土才杀之格人生得此生於右族長於西房椿親叠落萱居副天邊鴻鴈各飛翔其爲人也丰姿清秀天性明良聰明書藝遠倜儻世情長過火黄金重長價雖雲皎月倍清明般般精覧件件不精重成新事業再整舊門庭福布江山外聞名湖海中才源旺足福祿榮昌時來機會好因富顯光揚此則富貴之命鴛幃連珠須配木子嗣秋來桑桑榮運行初戊午上人庇下災悔一埽己未運中維陽三月花如錦

又被顛風攪一番庚申運中水向石邊流出冷風從花底過來香辛酉運中春草春光相妬綠新鶯新柳競新黄壬戌運中納粟奏名揚四海綺羅遮粟奏笙簧當此之際風雨満空癸亥運中門迎朱履三千客坐列金釵十二行甲子運中孫賢子貴福祿汪洋乙丑運中春光去也一枕黄梁

戊戌年　丁巳月　癸卯日　丁巳時

此八字癸卯日辰相配柱中火土才官之格才鄉得所終身有慶遇斯命者生於右族長於宦家得贈椿萱不同壽天边鴻鴈各行鳴其為人也風姿清秀天性聰明筆底詞源三峽遠胸中斈業五車深衣冠濟濟人中傑和氣怡怡席上珍終是功名之客豈為田舍之翁鵬路高搏知健翼龍門身躍見修鱗一從姓字傳揚後直上雲霄輔聖明此則榮貴之命鶯啼春色裏子嗣晚光榮運行初戊午幼年之下災悔未寧已未運中欲遂平生志須加董子功庚申運中報道是龍还不信果然奪得錦標新辛酉運中寒拂紫衣催驕騎光生玉節下雲層壬戌運中只為戢位两廷金紫貴还愁門外雪盈亭癸亥運中十邑山河吾戢掌九天恩詔入神京辛酉運中幾年多快樂一枕夢難醒

戊戌年　丁巳月　庚子日　乙酉時

此八字庚子日元相配柱中火土煞生印綬之格三奇之助喜逢湯月時存主人生於右族長於名門堂上椿萱双脱別天邊鴻鴈各通鳴主人丰姿清秀天性聰明習羅今古事學識聖賢心麗句妙天下白高材俊似海東青此終是功名客豈為田舍翁北海蛟龍頭角聳南山豹變爪牙新一朝騰躍飛黃去濟濟衣冠拜九天此則崇貴之命鶯啼有犯須年小子嗣森枝朶朶崇運行戊午上人庇下安滯之中己未運中欲向雲中攀足須從灯下留心庚申運中遙望天恩雲外降恩攀桂子手中馨辛酉運中自沐天邊寵黎民頌太平壬戌運中皇恩重有感為府姓名聞當此之際風雪滿空癸亥運中江山迎五馬花柳拂双旌甲子運中榮歸故里乙丑運中春夢無憑

戊戌年　丁巳月　庚子日　甲申時

此八字庚辰日元相配柱中才官印三奇之格陽
官制煞人生得此生於右族長於名門椿萱双悅
鴻占先鴻其為人也丰姿清秀天性聰明斷高理
直處事公平謀動君子威伏小人過火黄重長價
離雲皓月倍清明多長名園過舊竹花開上苑勝
先春田園桑柘茂畝稻梁簪花無桃李非春色
人有笙歌是太平雖不建侯封爵自然潤屋潤身
此則穩厚之命篤帶連珠須早長子嗣森枝朶朶
榮運行戊午春風駘蕩夏日炎蒸己未運中天珍

寶遂唻江寬生自生庚申運中雨過園桃簇錦風
和堤柳拖金辛酉運中才源當之家居好風雪飛
來尚悧人壬戌運中梅須遜雪三分白雪每輸梅
一段馨癸亥運中天上三陽泰人間五福臻甲子
運中晚年快樂會友開樽乙丑運中夕陽有限春
夢無憑

戊戌年　丁巳月　壬辰日　庚子時

此八字壬辰魁罡之日相配柱中火土才殺之格
日干無氣時逢陽刃不為凶主人生於右族長於
名門萱母續絃椿磊落天邊鴻鴈有行鳴其為人
也丰姿清秀樓欒縱橫源流三峽誰能及筆掃千
軍孰與論豈是池中物尤來席上珍奮身辟白屋
平步入青雲一從參預宴金紫職階陛此則榮貴
之命允帶連珠須配小子嗣生成貴顯人運行初
戊午春風駘蕩夏日炎蒸己未運中欲遂平生志
須加董子功庚申運中霹靂一聲雲霧合禹門躍

過浪三層辛酉運中寒拂紫衣催驛騎光生玉節
下雲層職遷金紫風雪還生壬戌運中佇看官封
三級酌然祿享千鍾癸亥運中有才膺大用何事
便辭榮甲子運中夕陽有限春夢無憑

戊戌年　丁巳月　己酉日　壬申時

此八字己酉日之相配柱中金水傷官助才之
格人生得此生於右族長於名門木火椿萱双
榮茂天边鴻鴈各行鳴其為人也丰姿清秀天
性聰明高謀遠見有德戊填自有順天之慶豈
無福地之深豈無為事業時有貴人欽祖業添
彩慶根基勝舊風有心於貨利無意等功名第
長名園過竹花開上苑勝春風豐年田舍耒匀
琴膓日山家酒滿斟但顧一生多發福何必天
边沐寵榮此則穩享之命允惵連珠低一載子
女秋来桑桑成運行戊午上人庇下花放風生
己未運中隱隱輕雷抽碧笋微微細雨鬧花英
丙申運中近水樓臺先得月向陽花木日边生
丁酉運中成四時佳趣立萬古門庭壬戌運中
才源滚滚家居好風雪閑非尚怺人癸亥運中
晚年快樂會友閑樽甲子運中春夢無思

戊戌年　丁巳月　丁丑日　壬寅時

此八字丁丑日元相配柱中金土傷官助才之格
為人得此生於右族長於名門椿萱有倚难双耄
天边鴻鴈各行鳴其為人也丰姿清秀特達超群
勝士夫氣槩有君子之能雲收洞口千山秀水到
湘江一様清每懐丸膽意時抱澤憐心玉產崑崗
藏蘊色蘭生楚澤散清馨难觸难犯易喜易嗔難
則鳳冠帔服自然福禄無窮此則穩厚之命良人
得配命名家交子嗣枝頭孝且忠運行初丙辰上
人庇下毓秀閨門乙卯運中路入堯源花爛熳橋
横銀漢水澄清甲寅運中淡煙楊柳牆薄霧杏花
村癸丑運中幾度樂中有悶數番喜裏長愁壬子
運中雖則夫門快樂还愁微雨弄晴辛亥運中正
是風清月白依然如履薄氷庚戌運中夫賢子秀
樂意忘情己酉運中夕陽有限春夢無憑

戊戌年　丁巳月　己亥日　癸酉時

此八字己酉日相配柱中之火印綬之格亦有金神之意人生得此丰姿清致天性明良椿萱不得金温清鴻鴈天邊我出行學識有成身世不登翰苑法身清淨声名果根禅堂佇有晚年尊德望容顏齐妙福安康此則清榮之命運行初戊午庇佑之下樂飛生殃己未運中菩提樹下經行久人事次且且不妨庚申運中山鬼听經於座側獼猴獻果於岩傍辛酉運中微微風浪過儘可泛花航壬戌運中善信皈依舒法性何愁人事有乖張癸亥運中光當榮樂加光壽德根蒙林福愈昌壬戌運中滔滔清享辛酉運中夢入仙鄉

戊戌年　丁巳月　甲寅日　己巳時

此八字甲寅專祿日相配柱中火土傷官制殺之格亦有金神之意主人生於而室長於名門椿親榮茂萱歸副天邊鳴鴈各行鳴其為人也丰資清秀天性聰明断高理直處事公平謀動君子威伏小人行藏覺消洒笑傲任枯榮過火黃金重長價離雲皎月倍清明有心於貨利無意慕功名身將隱矣文何用人不知之味更真但款一生才祿旺何必

天邊沐寵榮此則畢旺之命鴛幃連珠須配小子嗣秋來朵朵戌運行初戊午上人庇下花放風生己未運中隱隱輕雷抽碧笋微微細雨潤紅花庚申運中雨過萬重山有色雲開千里月光明辛酉運中天上三陽泰人間五福增壬戌運中正是太平光霽景還愁素耗斤將生癸亥運中庭前竹報平安日檻外花開富貴春甲子運中晚年閑快樂一枕入巫峯

戊戌年　丁巳月　癸卯日　己未時

此八字癸卯日貴之辰配乎柱中火土才殺之格戊貴化火合官留殺為奇主人生於右族長於名門同屬椿萱一期壽天邊鴻雁不同群其為人也丰姿清秀天性聰明高謀遠見機關別慷慨情懷學識深袖裡虹霓衝霄色筆鋒風雨駕雲程終是功名客豈為田舍翁一朝騰踏飛黃去九天雨露沐

皇恩此則榮貴之命鴛幃連珠須配小子嗣生成貴顯人幼年之下花放風生過此戊午運中雨過山

方秀雲開月始明己未運中十年窗下業黃卷與青燈庚申運中起鳳騰蛟從此始果然東第拜

明君辛酉運中寒拂紫衣依驊騮光生玉節下雲層壬戌運中戰還金紫貴風雲尚愁人癸亥運中佇看官封三級酌然祿享千鍾甲子運中榮歸故里美酒盈樽乙丑運中春光去也一枕清風

戊戌年　丁巳月　丙戌日　甲午時

此八字丙戌日元相配柱中旺土傷官之格傷官傷盡為良人生得此生於右族長於名門椿萱先別毋鴻雁各飛鳴其為人也丰姿清秀天性聰明窮書覽史學足三冬麗句好為天下白高材俊似海東青不慈不勇知重識輕終是功名之客豈為田舍之翁雖不三登科甲自然祿位光榮文章萬古江山氣道繼千年竹帛聲此則榮貴之命鴛幃有犯須年長子嗣秋来旺宅門運行初戊午上人庇下未斷平生己未運中欲遂平生志須加董子

功庚申運中幾欲思高慕遠番成剪雪裁冰辛酉運中執卷幾回空探月時来天府便承恩壬戌運中伊川門外雪明道座間風癸亥運中正欲榮陞爵祿依然名振儒林亥字運中歸劫淵明甲子運中晚年閑故里有酒且盈樽乙丑運中黃粱未熟清夢先行

戊戌年　丁巳月　己丑日　甲子時
此八字己丑日相配柱中木火官印之格人生得此生於右族長於高門金水椿萱一期耄天遐鴻鴈各行鳴其為人也手姿清秀天性聰明知高下識重輕水光浮座盃盤萱花氣侵人笑語馨過大黃金顯十分之貴色雖雲皎月布萬里之清風祖業添新慶才源厚積存花無桃李非春色人有望歌是太平但願一生湖海樂何必天邊休寵崇此則豐閏之命鴛幃連珠須配小子嗣森枝枼榮運行初丁巳花放風生戊午運中寒向梅中尽春魏抑上生己未運中須早雲掩月恐刻月雖雲庚申運近水樓臺生得月向陽花木早逢春辛酉運中桃李千谿錦江山一畫屏壬戌運中才源富足家居好風雪閑飛尚惱人癸亥運中門楣壯觀福祿駢增甲子運中春光去也一枕清風

戊戌年　丁巳月　壬午日　壬寅時
此八字六壬生於午位號曰祿馬同鄉相配柱中火土才官之格人生得此生於文望之族長於詩礼之庭椿萱難並耄鴻鴈各行鳴其為人也手姿清秀天性聰明般般稍覽件件不精風月越支階酒客猜機謀輒服奉用人欽祖基置新古事業必重新琴樽風月前生計金玉松筠旧藏春英雄惟贈劍三尺毫俊相逢酒一鍾豈將好意番成惡無把真心換得嗔紅名似德閭里推尊晚年有子登黃甲白髮烏紗素贈封此則晚貴之命鴛幃有把須年長子嗣生戊奪歸人運行初戊午上人庇下雲月朦朧己未運中婚姻雲裏月灼灼雨中英庚申運中漸覺夜涼池雨過信知花放曉風輕辛酉運中才源旺益家居好須史索耗尚愁人壬戌運中子貴光家逝滔然受贈封片時風雨頃刻巡癸亥運中世慮尽傳詩礼好有時來月遠方親友字運中風雨還生甲子運中重沾恩贈慕景升平揚母之地如履薄冰乙丑運中人生從此別无福見儀刑

戊戌年　丁巳月　丙申日　癸巳特

此八字丙申之日相配金土傷官助杀之格喜逢建祿身強遇斯命者生於右族長於高門椿萱雙晚一期別天邊鴻鴈各飛騰其為人也丰姿清雅天性剛忠理窮古事無今事書對賢經與聖經琚瑋自是清朝器律呂偏諧治世音終是錦衣肥馬客豈為田舍鑿耕更步黃金殿身朝白玉京一從姓字傳揚後濟濟衣冠拜九重此則榮貴之命鴛幃宜有賸子嗣錦衣新幼年之下花放風生戊午運中間詩學禮員及趣庭己未運中繼晷終無間何愁不顯名庚申運中躍過三層浪朝班立縉紳辛酉運中儀析片言民頌息九天雨露再加陞當此之際風雪前空壬戌運中戰迁金紫貴三慶居恩濃癸亥運中有材應大用何事便辭榮甲子運中春歸花落盡空悠子觀歎

戊戌年　丁巳月　丁巳日　甲辰時

此八字丁巳日元相配柱中旺土傷官助才之格傷官傷盡豈不為良主人生於右族長於高堂椿親耐晚鴻鴈分翮其為人也丰姿清秀礼樂鏗鏘胸羅千古事李識聖賢華麗珠照艷光難掩雪劍生豐氣羨藏終是功名之客豈為田舍之郎咲顏登試院噫手赴科場驥足千程騰蝶跡雲宵萬里任翱翔一從揚姓字秉笏拜君王此則貴之命鴛幃連珠低一載子嗣生戌貴顯郎運行初戊午上人庇下花放風狂戊午運中讀殘茅店月踏破泮橋霜庚申運中起鳳騰蛟從此始果然春榜姓名揚辛酉運中粉署聯班才獨稱皇恩有感又加昌壬戌運中戰迁金紫聲名重風雪開非恨莫當癸亥運中未許懸車轉終留作棟梁甲子運中夕陽有限一夢黃梁

戊戌年　丁巳月　辛丑日　辛卯時

此八字辛丑日元相配柱中火土来生印綬之格人生得此生於右族長於西房椿親磊落萱帰副天邊鴻鴈各翱翔其為人也丰姿清秀天性果剛聰明書藝遠倜儻世情長行蔵特達處事精詳不慈不善可圖可方終是功名之客豈為田舍之郎學問有成一舉有冲天之勢英材敏捷片言有折獄之能一朝但得風雲便九重雨露沐恩光此則榮貴之命鶺鴒有犯須招副子嗣生成貴顯人運行初戊午上人庇下花放風狂己未運中欲恩登仕路須用習文章庚申運中時来風送滕王閣頃刻高摶入帝鄉辛酉運中瓊林雖不忝高宴橋門脫迹沐恩光壬戌運中一天膏雨随車至千里仁風逐扇涼當此之際風雲滿墻癸亥運中江山迎五馬未許便遂鄉甲子運中正宜加爵禄何事遠家鄉乙丑運中帰去也

戊戌年　丁巳月　壬午日　辛亥時

此八字六壬生臨其位號曰禄馬同鄉尃殺綬人生得此生於右族長在仁門椿萱難碁耄鴻鴈各行鳴其為人也手資清秀天性聰明世事雖能將就般般學欠精通高人趋敬貴客相歡祖業添新慶根源勝旧風曰福曰榮自有昭天之慶常安常樂豈無禄地之深有心於貨利無意學功名田園桒拓茂畝畝稲梁馨花無桃李非春色人有閑行是太平身將隱矣文何用人不知之味更真雖不建侯封印自然潤屋潤身此則穩厚之命兆央有犯須空結子嗣秋来假當真運行初戊午上人庇下淒淒青雲己未運中登臨兩岸賞翫春陰庚申運中雖則行蔵有慶也愁人事虧盈辛酉運中世雖濃又淡淡處又还濃壬戌運中才源滚滚家居好尚有閑非素辯生癸亥運中歲寒松尚茂秋老菊花馨甲子運中晚年閑快樂乙丑運中花落鳥無聲

戊戌年　丁巳　壬辰日　癸卯時

此八字壬辰魁罡之日相配柱中火土才然陽刃
合然有功人生得此生於右族長名門椿萱榮晩
贈鴻鴈各摶風其為人也丰姿清秀天性聰明筆
底詞源三峽水胸中奎業五車書終是功名客豈
為田舍翁鵬路高摶知翼健龍門深見脩鱗長安
入淌路争看錦衣新此則榮貴之命篤春聚須招
副子嗣秋来有継榮運行初戊午春風淡蕩夏日
炎蒸已未運中雪案須留志天階未許登榮庚申
運中到此始知文季好長安道上馬蹄輕辛酉運
中処事但憑三尺法理刑渾似一團春戩迁金紫
風雪満窓壬戌運中佇看官封三級酌然禄享
千鍾癸亥運中赤心扶日月素志念綻綸甲子運
中春光去也一枕清風

戊戌年　丁巳月　壬寅日　壬寅

此八字壬寅建艮之日相配柱中火土才殺之格人
生得此生於右族長於名門椿萱連珠萱歳長天
邊鴻鴈有行鳴其為人也丰姿清秀天性若成雖
無讀書稍有淡聰明般般少覧件件不精風月処
交消洒客情祖基當再整事業必重新禄布江山
外名聞湖海中是非莫嘗門前客得失須憑臺上
翁時來財禄旺何用等功名此則福旺之命篤情
筆長方偕老子嗣生成跨灶人運行初戊午幼年
之下花放風生巳未運中淡烟楊柳岸海露杏花
村庚申運中漸覺花浮池雨過應知花放暁風輕
辛酉運中財源春水滔滔長禄似秋蟾皎皎明壬
戌運中正是太平光霽景還愁風雪満門庭癸亥
運中延客玩物會友開樽甲子運中無思無慮乙
丑運中春夢無憑

戊戌年　丁巳月　辛亥日　己丑時

此八字辛亥日元相配柱中火土發生印綬之格只嫌身弱減我功名主人生於良族長於仁門火土椿萱双晚茂天邊鴻鴈各行偶其為人也丰姿清秀天性聰明知高識下理白分清有近貴親賢之得鹰上和下之能祖業宜脩整才源厚積存有心於貨利無意慕功名琴搏風月閑生計金玉松尚旧歲春但顧粟陳貫朽何須天府承荣此則豊饒之命鴛鴦連珠須配小子嗣秋來旺宅門運行初戊午驚濤乱水脉驟雨暗峯攱己未運中春風

播奧微雨弄晴庚申運中三陽回宇宙一氣轉隐釣辛酉運中才如春水滔滔長福似秋蟬自晈明壬戌運中正是太平光霽景表耗附非無福侵癸亥運中富連阡陌行樂如心甲子運中老年且樂閑中事三徑荒游有竹松乙丑運中[illegible]合山外猿啼人慘情

戊戌　辛酉　辛丑　庚寅

此八字辛丑日相配柱中土木棄印就才之格人生得此丰姿英雅天性仁慈椿萱不逮雙年耄鴻鵰天邊有各飛穷通今古事博覽聖賢書十載泮林淹索志一朝天府姓名馳橋門聊寄足次第听荣徐此則荣貴之命驚幃尅後重年少桂子秋來三兩枝運行初壬戌工人庇下無慮無思癸亥運中欲遂平生志潜心下董惟甲子運中执卷幾回探月霜橋躍馬趦趄乙丑運中三疊陽関跋跡寒氈陰硯孤栖丙寅運中荣沾新雨露光耀舊門閭

丁卯運中仁風播千里何慮事趦趄戊辰運中荣回故里已巳運中帰去來兮

戊戌　辛酉　甲辰　乙丑

此八字甲木生於酉月正官之格喜得時值金神女人得此生於平順之族適于仁德之門翁姑雖耐晩妯娌鮮同心治家勤儉處事爭能內莊外肅德茂行貞三従具偹四德廉貞可憐皎月無常夜尚惜奇花不遇春此則清和之命良人中道相分守子嗣無多一果成運行初庚申花紅柳綠竹翠松青己未運中契合翠鸞成好夢鴬緣紅葉叙良媒戊午運中否消泰長喜極悲生丁巳運中風飄梧葉含愁舜雨打芭蕉不忍聽丙辰運中漸看春

晝永侍得月臨庭乙卯運中悠悠光景淡淡生平

甲寅運中春光暮月尤傾

戊戌　辛酉　庚辰　甲申

此八字庚辰日相配柱中甲金日禄歸時之格人生得此丰姿涵落天性果剛椿萱不逮双榮養鴻鵰天邊各奮翔學識窮通今古事筆鋒能理憲條章終是功名之客豈為田舍之郎機會來時逢貴助天官奏最沐恩光此則榮貴之命鶯幃魁後重年少桂子秋來始發芳運行初壬戌上人庇下何論炎凉癸亥運中尋章摘句便入公堂甲子運中跡跡風浪過足馬上天堂乙丑運中榮沾新寵渥光耀舊門墻丙寅運中拜授除書恩爵重捉奸擒惡守封疆丁卯運中再加禄位未便還鄉戊辰運中悠悠處樂己巳運中夢度石梁

戊戌年　辛酉月　甲午日　庚午時

此八字甲午日配柱中之金正官之格女人得此儀容英雅性格果剛椿萱棠棣風前棄妯娌翁姑瓦上霜立業掌家有道相夫教子多方心静侶月明霄漢性急如風捲滄浪晚年光景好行樂始安康此則掌家女命良人配合中年別桂子庭前三葉芳運行初庚申庇下之下冬煖夏凉己未運中杏艷堯還媚鶯歌鳳亦翔戊午運中裙釵雖濟楚人事有悲傷丁巳運中跡〻風雪過紅紫麗春陽丙辰運中風翻荷葉露拆散兩鴛鴦乙卯運中晚年康泰蘭桂芬芳甲寅運中悠〻處樂癸丑運中鏡掩晨光

戊戌年　辛酉月　辛卯日　庚寅時

此八字辛金相配寅戌之火財官之格喜逢建祿身强主人生於名望長於高堂椿親榮耀中途別鴻鴈分飛不共翔其為人也衣冠濟楚志氣果剛統四方之軍政成一代之珪璋龍韜何必陳三畧虎旅由來肅萬方重重金紫貴疊疊福元昌此則豪將之命鴛幃有碍正副相當子嗣有成班衣脱茂運行初壬戌祖禄之下快樂徜徉癸亥運中如篁初解籜漸漸拂雲長甲子運中耿耿聲名當此際須臾風浪不相妨乙丑運中戚風凛冽肅穆疆場丙寅運中擢職加榮當此景須臾跋踄復軒昂丁卯運中統率軍兵權令重東籬之下飲壺觴戊辰運中悠悠晚節己巳運中一夢黄粱

戊戌年　辛酉月　庚子日　辛巳時

此八字庚子日相配柱中金火殺刃之格人生得此本顯功名只嫌刃重殺輕福力有虧人得生此丰姿平穩天性仁慈椿萱早歲相分手鴻鴈天邊少共飛恩中生出怨義處反招非根基宜自整財帛自蔵肥但願英雄交歡自然生旺家資此則前難後易之命鴛幃配合須偏正桂子庭前三四枝運行初壬戌上人庇下未必為奇癸亥運中身歷氷霜道財囊漸有虧甲子運中世事多魔難風霜尚有欺乙丑運中漸漸精神爽看看氣象回丙寅運中財帛來多人事廣英雄交歡貨財經丁卯運中黴黴風浪過日日旺家資戊辰運中老當益壯己巳運中歸去來兮

戊戌　辛酉　甲辰　乙丑

此八字甲木生於酉月正官之格喜得時值金神女人得此生於平順之族適于仁德之門翁姑難耐晚妯娌鮮同心治家勤儉處事平能內莊外肅德茂行貞三從具備四德廉真可憐皎月無長夜尚惜奇花不遇春此則清和之命良人中道相分手子嗣無多一果生運行初庚申花紅柳綠竹翠松青己未運中契合翠鸞成好夢鶯緣紅葉敘佳盟戊午運中否消泰長喜極悲生丁巳運中風飄梧葉含愁舞雨打芭蕉不忍聽丙辰運中漸看春晝永待得月臨庭乙卯運中悠、光景淡、生平甲寅運中春已暮月尤傾

戊戌　辛酉　戊寅　丁巳

此八字戊土相配柱中旺金傷官之格喜逢日祿以歸時值斯象者主人生於茂族長於華庭椿親先別萱尤去鴻鴈天邊各奮騰丰姿魁偉天性聰明般般歷學件件不精祖業重華麗財囊晚積盈常將好意番成惡每把真心換得嗔花無桃李非春色人沒紫枯是太平此則穩足之命鴛幃年長方無魁桂子秋盈朵朵馨運行初壬戌上人庇下化日陽春癸亥運中幾歡思高慕遠番成剪雪裁冰甲子運中行藏雖有慶人事尚相縈乙丑運中精神又憔悴憔悴又精神丙寅運中門外田疇千古計庭前花木四時馨丁卯運中沖擊之所樂處生刑戊辰運中春色盡也花落再沉

戊戌　辛酉　壬午　庚子

此八字壬午日相配柱中之金印綬之格女人得
此姿容嬌麗天性欠温椿萱分半道妯娌不同群
立家掌業循理針綫刺綉加勤心静如月明宵漢
性急如風捲烟雲雖臨正聘亦不言奔此則能事
女命良人配旧豪華客子嗣生成悦節新運行初
庚申閨門之内化日春熙己未運中人事榮心何
足處徐徐歷自精神戊午運中輝輝羅綺濟濟欽
裙丁巳運中福亨無窮心自樂一番愁悶不由身
丙辰運中才源衮衮福氣臻臻乙卯運中粘年安
亨甲寅運中夢入黃粱

子平遺書　九

戊戌年　辛酉月　癸丑日　庚申時

夫造化金木水火生天地流行之序生克之吉凶
存焉今此則天元癸水配合庚申之時合祿之格
印綬之論豈不貴聖人
皇恩有感鴈塔新遷此則榮顯之命妻如何篤幃
和睦且樂子嗣龍蛇之奇運行初一案經書千古
事半窓灯火十年心運行中寒拂紫衣催馳騎光
生玉節下雲霄運行暮方信有才大用年高未肯
乞清閑癸酉運中秋風起處鲈魚美觧印帰来菊
正香

子平遺書　十

戊戌年　辛酉月　己巳日　壬申時

此八字雜氣財官之格主人生於富室長於高堂一對椿萱先别父西風鳴雁少聯行其為人也丰姿磊落天性聰明識古今之事知禮義之方鼓檝清韻動石擊紫烟揚螢窗若肯留心讀雁塔終須姓字香千斯倉萬斯箱此則富貴之命鴛幃重錦帳桂子晚芬芳運行初庚申只宜庇下未斷炎凉己未運中西風寒雪增懷恨頃刻春光滿座堂戊午運中財權振作惟斯景些少風波幸不妨丁巳運中滔滔增世業行樂勝於常丙辰運中閙中生駁雜財帛喜盈囊乙卯運中晚年安享昇平福底事無常又促裝

戊戌年　辛酉月　戊寅日　戊午時

此八字戊寅專權之日傷官用之格傷官者刑殺之物也主人生於良族長於名門椿萱分别早鴻雁陣行分其為人也丰姿消洒天性乖能般般好李件件不精常已時人不如己每嫌世事不如心高仕敬貴人欽重成新事業復整舊門庭門外生贜濶江湖活計維新月離海嶠山山秀春日园林處處英常將好意番成惡每把真心換得嗔雖不建侯封爵自然無辱無榮此則守成之命鴛幃有碍須招贈子嗣金風孝且忠運行初壬戌上人庇下舞雪程空癸亥運中登臨雨淨賞翫春陰甲子運中精神又樵悴樵醉又精神乙丑運中乍雨乍晴晝客景或寒或暖困人春丙寅運中須臾風雪過從此瑞祥生丁亥運中愈老黄花香馥郁歲寒松柏耐長春戊辰運中翩翩名旄藹藹佳哉

戊戌年　辛酉月　甲辰日　甲戌時

此八字甲辰日元相配柱中金土才官之格才盛生官終身有慶主人生於右族長於名門椿萱土木双存晚天边鴻鴈有行鳴其為人也丰姿清秀天性乖能頗知礼義稍識古今有抵雪欺霜之智截長補短之能爭長名園過旧竹花開上苑勝先春有心於貨利豈復問功名自將隱矣文何用人不知之味更真雖不建侯封爵自然潤屋潤身此則旺益之命鴛幃連珠頭配小子嗣森枝旺宅門運行初壬戌幼年之下春風駘蕩夏日炎蒸癸亥運中春風播奥微雨弄晴甲子運中近水樓臺先得月向陽花木早逢春乙丑運中天上三陽泰人間五福增丙寅運中不独寸源富足高祈声势豪洪當此之際風雪滿空丁卯運中近賓玩物會友開樽戊辰運中落花片片流水濱濱

戊戌年　辛酉月　丙午日　己亥時

此八字丙申之日相配柱中金水才杀之格時上一位貴論主人生於右族長於名門水火椿萱双晚贈天也鴻鴈各行鳴其為人也精神烱智慧明明千古文章逞榮耀一天星斗煥心胸不博驪珠能照乘又應趙璧稚連城終是功名之客豈為田舍之翁龍門变化三春浪鵬路逍遥萬里程瑶池鞭静朝角極五夜鍾停拱北宸此則榮貴之命允怫有犯須年小子嗣秋来有挺榮連刂壬戌上人庇下花放風生癸亥運中欲邀相如志潛心對一經甲子運中莫愁雪阻藍關道特来頃刻便升騰乙丑運中寒拂紫衣催騄騎光生玉節下雲霄丙寅運中賊迁金紫貴風雪尚愁人丁卯運中此景階陛起二第九天見詔再加陞戊辰運中榮回故里子貴重封己巳運中人生樣此別無復見仪形

戊戌年　辛酉月　戊戌日　壬戌時

此八字戊戌日相配柱中之金傷官助才之格人生得此丰姿洒落天明良椿萱棠棣难相守妯娌翁姑侍不常立業掌家節儉相夫教子之方心靜似月明清漢性急如風捲滄浪行看來晚節子顯福業昌此則旺夫榮子之命良人年長双諧老義桂子叢中有異香運行初庚申閨門之內其樂何當己未運中屏開金孔雀帶綰錦鴛鴦戊午運中裙釵光絢目羅綺色凝霜丁巳運中飄殘楊柳絮紅紫艷春陽丙辰運中旺中生折挫依舊享安康

乙卯運中沖擊之所災儉無傷甲寅運中子榮身樂

癸丑運中鏡掩晨光

戊戌年　辛酉月　戊戌日　乙卯時

此八字戊戌魁罡之日土生金傷官之格傷官者剛毅之物也生人得此本身金紫之榮只嫌傷官見官減了福力主人丰姿高古性行謹恭生於豐潤之家長於賢明之族椿萱皓首方歸去鳴雁分行火奮風般般曾歷件件不精通雖不泮林求聞達並教耕野作耕農行看晚年光霽崇崢嶸頭角振成雄此則微貴之命篤憐得合賢良女子嗣生成孝且忠運行初壬戌上人庇下化日融融癸亥運中趨庭負笈詠月嘲風甲子運中幾度天安

月依然瑚海逢乙丑運中貴客提携才壯觀無端梨雪臨長空丙寅運中飄殘楊柳絮花柳間青紅丁卯運中新暈雨霞芳名振惆帳離边飲數鍾戊辰運中一旦香魂歸去後百年英氣尽成容

戊戌年　辛酉月　壬寅日　癸卯時

此八字壬寅日相配柱中金木傷官用印之格人生得此本宜功名只嫌卯酉冲破滅斯福力椿萱半道相辭鈌鴻鴈天邊不共鳴半姿清楚歷事老成祖知今古事試識聖賢經財帛自磨自琢根基再整再興仔看来晚節才旺势峥嵘此則富实之命鴛幃配合須偏正桂子無多一两枝運行初壬戌庇佑之下未必安寧癸亥運中志思登仕路窓下守孤灯甲子運中湖海交馳財祿一番風浪致悲驚乙丑運中風雪嚴凝人事変依然財旺势豪英丙寅運中貴人交歡厚財旺事相崇乙卯運中滔滔發旺跋涉無驚戊辰到巳巳運中人生從此别無復見儀容

戊戌年　辛酉月　戊寅日　乙卯時

此八字戊寅日相配柱中金木去官留殺之格人生得此生於右族長於高居半姿瀟洒歷事能為萱親先别椿尤去鴻鴈天邊不共飛祖業有依重整驟才囊還擬自操持不須騁馬長安道且向江湖樂有餘此則穩富之命鴛幃尅後重龍女桂子旁萌發晚枝運行初壬戌上人庇下風雪霏霏癸亥運中飄残楊柳絮紅紫鬪芳菲甲子運中才源来旺人欽伏一度趑趄幸不危乙丑運中斷絃聲絕風猶急才散人離尚可悲丙寅運中重添新氣象何慮見狐疑丁卯運中才源滚滚暮景桑榆戊辰運中落日青山外西風木葉飛

戊戌年　辛酉月　癸未日　甲寅時

此八字癸水配合柱中金木傷官用印之格傷官
若用印官殺不為刑值斯象者丰姿豪邁天性克
誠言不妄發事不胡為其為人也生於名望之族
長於詩禮之庭堂上萱椿先後殯鴈行出我壽榮
身學問有成蛟龍豈是池中物英才出類一旦昇
騰化作鱗栢府地嚴聲價重芸臺霜冷有威風衣
冠濟濟人中罕氣宇昂昂席上珍佇看輔佐朝綱
日爵居尊位股肱臣此則貴顯之命鸞幃正副方
諧老桂子遲來出錦鱗運行壬戌翰先之下學禮

趨庭癸亥運中然得凌雲之秀氣其中憂悔幸無
侵甲子運中橋門祿位危耗非驚乙丑運中腰橫
銀作帶素晦俱無巡丙寅運中一運二陞金紫貴
災耗官非仔細行丁卯運中十郡山河吾戢掌一
廉清政輔明君當是時也非吾災寧戊辰運中上
五年有才大用解印淵明下五年留名萬載夢入
蓬瀛

戊戌年　辛酉月　癸未日　甲寅時

此八字癸水配合柱中金土傷官用印之格傷官
者傲物氣高壓事風雲之象行藏伶變之機人生
得此得不貴爲得不榮丰姿魁偉天性聰明肖羅
錦綉文章秀風月襟懷翰墨機其為人也生於名
室長於豐庭一對親恩前後別雁行出我有聲鳴
學問有成久占龍鯋埋豐獄英村曠澗暫擊牛刀
過武城筆底龍蛇能变化案前柱直理分明清高
均子志执外古人身初運中年多剝雜暮年祿旺
必腰金此則貴显之命鸞幃年小如魚水桂子遲

来出錦麟運行初壬戌蔭祐之下便習書經癸亥
運中意欵要拏天上客何期運滯悔憂心甲子運
中脫却黉宫登帝闕京邦柱使費精神乙丑運中
擒門叙載閑寒落天府何曾沐寵恩當是時也憂
耗非驚丙寅運中皇恩有感陞榮貴屈任河陽縣
秉春官災憂破仍有高陞丁卯運中一印二陞金
紫貴千里馳名治萬民戊辰運中上五年歸来故
里下五年一枕佳城

戊戌年　辛酉月　壬寅日　丙午時

此八字壬寅日相配柱中之金印綬之格人生得此手姿英傑天性慈祥椿父先帰萱後别鴈行天際各飛翔識古今之事知時務之詳祖業重新整財囊自積藏十二街頭財帛旺自然湖海旺威光晩年家業盛豪傑擁門墻此則前難後易之命鴛帳連珠低一歳桂蘭花吐果生香運行初壬寅戊上人庇下未必安詳癸亥運中行藏多順利風雪又飄揚甲子運中世事如麻人事変徐徐歷過旺財囊乙丑運中雪晴春信轉財旺事無傷丙寅運中歷終無險財名旺異常丁卯運中老當發旺事業榮昌戊辰運中依然光霽己巳運中夢入仙鄉

戊戌年　辛酉月　乙卯日　壬午時

此八字乙卯專權之日相配柱中旺金偏官之格午戌合火制殺為奇主人生於右族長於名門火土椿萱双晩别天邊鴻鴈有飛鳴其為人也手姿清秀天性聡明腑藏今古事學識聖賢經麗句好為天下白高財俊似海東青終是功名之客豈為田舍之翁三級浪中能变化九霄雲外鳳飛騰一朝騰踏飛黄去濟濟衣冠拜九重此則榮貴之命鴛幃正副方諧老子嗣森枝有顯榮運行初辛酉花放風生壬戌運中如花向日似月離雲癸亥運中十年窓下留心志特来頃刻便飛騰甲子運中躍過禹門三汲浪秉笏天邊面聖容乙丑運中全重奸邪伏威嚴鬼膽驚丑字之中如履薄氷丙寅運中三度君恩金紫貴两番風木便人驚丁卯運中赤心扶日月素志展經綸戊辰運中榮帰故里美酒盈樽己巳運中桃源春去也道鳥信難通

戊戌年　辛酉月　甲午日　丁卯時

此八字甲午日元相配柱中金火傷官助才之格日干無氣時逢陽刃不為凶主人生於右族長於高門金火搭蓋双晚別天邊鴻鴈各行鳴其為人也丰姿清秀天性乖能知高識下理白分清風月慶交消洒客情自有順天之慶豈無福地之深過火黃金重長價離雲皎月倍清明豐年田舍禾盈墨臈日山家酒滿斟福布江山外名聞湖海中才源富足平生好何須跨馬入青雲此則豐盛之命鴛幃連珠須配小子嗣秋來旺宅門運

行初壬戌天冷雲还凍江窓風尚生癸亥運中隱隱輕雷相碧争微微細雨惆紅英甲子運中水向石邊流出冷風從花底過來只乙丑運中才源富足家居好風雪飛尚惱人丙寅運中富之以潤其屋德之以益其身丁卯運中樽罍有酒延佳客蘭室存書教子孫戊辰運中無思無慮己巳運中花落月沉

戊戌年　辛酉月　丁酉日　己酉時

此八字丁酉日貴之辰相配柱中金土傷官助才之格才威生官終身有慶遇斯命者生於右族長於高堂水火椿萱萱歲長鴈行天際有飛黃其為人也丰姿清秀天性果剛口吐珠璣言語胸藏錦綉文章終是功名之客豈爲田舍之郎張孝科場鶯試院英材翰苑沐恩光一從揚姓字秉笏拜君王此則榮貴之命鴛幃全正副子嗣晚光揚運行初壬戌只宜庇下入室赴堂癸亥運中味遂心千古撥文用五行甲子運中騰身静津水舉足入朝堂

丙寅運中重紫重金富是景西風洒雷滿門墻丁卯運中有才堪大用未許便还鄉戊辰運中夕陽有限一枕黄泉

戊戌年　辛酉月　癸卯日　丙辰時

此八字癸卯日貴之辰相配柱中才官印三奇之格運行背地剋我功名主人生於平順之族長於椿萱秀麗之門水土椿萱双脫茂天邊鴻雁各行鳴其為人也丰姿清秀天性聰明琴箏風月樂生計金玉松筠旧歲寒箏長名園過田竹花開上苑勝春青有近貴親之德應上和下之能花無桃李非春色人有笙歌是太平時來才祿旺運享祿無窮此則豐潤之命鴛幃春謌子嗣運先榮運行初壬戌上人辰下花放風生癸亥運中滔滔柳雪烟翠戶

微微細雨潤紅英甲子運中著意栽栁栁不發無心種花花已成乙丑運中天上三陽泰人間五福增丙寅運中福花景流清才如春氣生梨花帶雪雨過山青丁卯運中歲寒松栢茂秋老菊花馨戊辰運中春光歸去也楚銀絕無声

戊戌年　辛酉月　壬子日　癸卯時

此八字壬子日刃之辰相配柱中金土殺生印綬之格喜逢陽刃合殺為奇主人生於右族長於高居椿親磊萱歸副我生西室鷹分飛其為人也丰姿清秀天性能為妍窮今古漢獵詩書性不受觸心不藏機終是功名之客豈教田里耕鋤奮身辟白屋平步入雲衢一日風雲相際會九重天府覲皇威此則脫白掛綠之命鴛幃有犯須招副子嗣秋来有出奇運行初壬戌上人辰下花放風吹癸亥運中翰簡留神又青藜照謌初甲子運中莫愁雪

阻藍関道將来准擬步蟾除癸丑運中躍過三層浪仁風四境馳甲寅運中皇恩有感声名顯凜凜威風蕩繡衣當此之際重重風雪過金紫耀光輝乙卯運中重金重紫貴未許便懸車丙辰運中帶回故里丁巳運中一枕仙衢

戊戌年　辛酉月　戊戌日　癸丑時

此八字戊戌魁罡之日相配柱中金水傷官助財之格人生得此生於右族長於高貴同屬椿萱雙晚貴天邊鴻鴈各翱翔其為人也年姿清秀天性果剛聰明書藝達倜儻世情長行藏果斷作事機關不愚不魯可員可方學問不親顏孟業生平常履貴人鄉遇水造橋不必報逢山開路德方楊莫言富貴無科第時来機會也光揚此則富貴榮華之命鴛幃須王副子嗣晚榮昌運行初壬戌上人庇下安晦一場癸亥運中隱隱輕雷抽碧笋微微

細雨潤紅英甲子運中時至忽逢機會好也應頭角聳軒昂乙丑運中富貴榮華當此際西風洒雪滿門墻丑字之中風雨一番丙寅運中錦綉花開春富貴琅玕竹報日平安丁卯運中門迎珠履三千客屏列金釵十二行戊辰運中春光去也一枕黃梁

戊戌年　辛酉月　丁酉日　甲辰時

此八字丁酉日貴之辰相配柱中才旺生官之格人生得此生於右族長於名門椿父先歸萱後別天邊鴻鴈各分群其為人也年姿清秀天性聰明夯書覽貴學足三冬太山北斗千年在和氣春風四座傾終是功名之客豈為田舍之翁嘉谷不早實名利當晚成瓊林雖不忝高宴自有仁風四境清此則榮貴之命鴛幃連珠高一載子嗣秋来有顯榮運行初壬戌上人庇下未斷平生癸亥運中歎逐平生志須加董子功甲子運中幾歎思高舉

遠番成剪雪裁冰乙丑運中莫愁雪阻藍關道特来機會入神京丙寅運中幾年困守橋門内一旦天邊沐寵榮丁卯運中佐政琴堂名慷服何期解阻便恩尊戊辰運中晚年籬下落巳巳運中一枕入巫峯

戊戌年　辛酉月　庚辰日　己卯時

此八字庚辰日旺之辰相配柱中卯木身旺遇財之格身旺財輕四柱孤神重併五行六害合旁親情不能相守骨肉離間如何丰姿清爽天性慈祥說六親事清冷似霜其身不榮不辱其性不善不剛不迷祖性承教戲光清德四方擅信有緣千古資囊足賤如来地身寄辱恐棠林泉自得清高趣駿馬金鞍只泛常此則脩僧之命鴛㡠今生無分子嗣他世商量運行初壬戌上人在下未斷炎涼癸亥運中從此方袍乎圓頂許我高登選佛場甲

子運中念佛禮神護祐豈愁平地起風波乙丑運中幾度閑中駿禄何愁災晦未傷丙寅運中且將清磬頻擊莫把身心苦忙丁卯運中自有佛天妥領力斷昌衣鉢興齋粮戊辰運中八功德水生波浪還有家然一般苦航己巳運中西方無去路且請入黄泉

戊戌年　辛酉月　戊寅日　癸亥時

此八字戊寅專權之日相配柱中金水傷官制殺之格人生得此生於右族長於名門椿萱有倚先弓毋天边鴻鴈各行鳴其為人也丰姿清秀天性聡明胸羅今古事参識聖賢心麗句好為天下白英材俊似海東青終是功名之客豈爲田舍之翁北海蛟横頭角犇南山豹变爪牙新一朝騰路飛黄去東筠天門泳寵榮此則榮貴之命死㡠有碍須招副子嗣秋来朵朵榮運行初壬戌上人在下月白風清癸亥運中壹

晴天未暖行樂未如心甲子運中执卷幾回空撥月時来有路入神京乙丑運中莫愁雪阻藍關道頃刻搏風萬里程丙寅運中郎署官丞何足羡大夫职位貴高登丁卯運中正欽忠君輔国未辭組思尊戊辰運中晚却樂時宜菊酒西風起処憶尊鱸己巳運中春光去也一道訃音

戊戌年　辛酉月　癸未日　甲寅時

此八字癸未日金土官印之格人生得此生於君族長於名門椿父先帰萱後别天邊鴻鴈各行鳴其為人也丰姿磊落天性聰明胸羅千古事孛澈聖賢心辞鋒穎利疑無敵筆力縱横君有神終是文場折桂客豈為田舎鑿耕人瓊林雖不忝高宴自有仁風四境清節長化日桑麻戌蝠蕩仁風雨露春此則榮之命鴛幃有犯須偏正子嗣森枝朵朵榮運行初壬戌上人庇下未斷平生癸亥運中十年忽下業黄卷與青灯甲子運中雖則蟾宮折桂依然寄跡橋門乙丑運中陰硯墨毡從此朊威百里播声名丙寅運中正欲榮加禄位何期進退固循丁卯運中倘逢貴客相提挈依舊權名德澤新戊辰運中無慮尽傳詩礼樂有朋来自遠方親巳巳運中帰去也

戊戌年　辛酉月　戊寅日　乙卯時

此八字戊寅日相配柱中金木才官留殺之格人生得此丰姿消遥主事能為萱親先别椿尤去鴻鴈天邊不共飛祖業有依重再整財囊還擬肖扶持不須跨馬長安道且向江湖樂有餘此則穩厚之命鴛幃尅後重配女子嗣萌芽晩發技運行初壬戌上人庇下風雪霏霏癸亥運中飄残揚柳絮紅紫闘芳菲甲子運中才源来旺人欽服一度趑趄喜不危乙丑運中斷絃声絶風還急才散人離尚可悲丙寅運中重添新氣象何慮是非疑丁卯運中才財滚滚家宅崔嵬戊辰運中落月青山外西風木葉飛

戊戌年　辛酉月　庚戌日　壬午時

此八字魁罡之日相配柱中火土官印之格陽刃持令運喜在南女人得此生於右族長於高貴椿萱雙晩茂鴻鴈各分行其為人也姿容清秀髮皃異常有針綴刺綉之巧相夫教子之良風送芰荷香満院日匀花蕚發新粧楊柳無風枝嫋娜梅花有月蕚生香心静似月明雲漢性急如風捲浪浪佇看夫榮子貴又應同沐榮恩此則榮盇之命良人年長榮華客子嗣生成貴顯即運行初上人簷下幼年之下灾晦一場庚申運中如花開上苑似月出雲間己未運中泥融飛燕子沙煖睡鴛鴦戊午運中親朋濟濟家居好須臾風雨喜何妨丁巳運中萬疊好山雲乍斂一輪明月正光揚丙辰運中于箧于笥乃積乃倉乙卯運中不獨高門榮旺尚祈恩贈霞裳甲寅運中晚年子貴重榮贈癸丑運中幽魂流水湯湯

戊戌年　辛酉月　戊戌日　丙辰時

此八字戊戌日相配柱中之金傷官之格傷官者剛勇之宿也人生得此显武揚威椿萱有倚八分中道鴻鴈天边不共飛心明黃日畧奪貫孔顏書自有恩榮之路豈無显耀之時善閑遇貴芳芳馬名勢輝輝祿位嵬此則貴榮之命鴛幃配合得年少桂子金風舞探良運行初壬戌肅雪依山樹新笋過東籬癸亥運中烜赫声華從此始紛紛廣卒仰威官甲子運中不独才名兩旺尚防旺処生悲乙丑運中祿衣褙進威布边夷丙寅運中万馬不嘶獨令一方疆域樂雍熙丁卯運中英雄傳驥子籬下樂瓊兒戊辰運中依然昌樂己巳運中帰去来也

戊戌年　辛酉月　己酉日　乙亥時

此八字己土相配柱中金木傷官剛殺之格傷官者剛殺之物也人生得此宜守仕路榮登主人生於右族長於高堂椿萱雖並耄鴻鴈各翱翔其為人也丰姿清秀禮樂鏗鏘學問三冬足群書萬卷藏咲顏登試院唾手入科場一朝馬上衣冠别此則男兒當自強此則榮貴之命鴛幃重歓交盃盞子嗣秋成奪錦即運行初壬戌上人庇下機務平生癸亥運中味道心千古披文日五日行甲子運中執卷幾回空探月時來騰踏上朝堂乙丑運中霹靂一声雲霧合峥嵘頭角向天堂丙寅運中獄折片言民訟息九天雨露再加昌一番風雪過金紫輝朝堂丁卯運中權高横楅慎則何妨戊辰運中悠悠籬下己巳運中一枕黄粱

戊戌年　辛酉月　庚子日　丙戌時

此八字陽刃之格正謂為人之命一貴可作良人主人生於官宦長於高門金火椿萱榮倚天邊鴻雁聯鳴不就莉姑業產只守自己門庭有針綫之功立業之能萬里無雲天一色三秋好景月長明召夫且喜平生好一世安康福不負比則旺益之命良人土命須年長子嗣生成貴量人運行初庚申上人榮視毓秀閨門己未運中契合擧鸞成好梦夤緣紅葉是良姻戊午運中雖則行藏有夕近愁徹雨弄鳴丁巳運中簾幙垂珠光不夜凌花剪燭是常春丙辰運中一輪違隔空天欲萬里秋波徹底清乙卯運中子榮孫秀沾恩澤甲寅運中春殘花鳥無聲

戊戌年　辛酉月　乙卯日　丙戌時

此八字乙卯專祿日相配柱中金火傷官合殺之格五行逐月支偏官時中亦宜制伏主人生於右族長於高居同屬椿萱雙睍別天邊鴻鴈各行飛其為人也手姿清秀氣岸高奇妍窮今古漢騰詩書袖拂虹霓冲霧起筆端風雨翼雲衢終是功名之容豈教田里耕耡北沼蛟騰頭角鋒南山豹變爪牙新一從姓字傳爐後濟濟衣冠拜鳳池此則榮貴之命篤愇土命須年小子嗣秋來有挺榮初年之下花放風生壬戌運中如玉在石人不易知癸亥運中歡遂平生志潛心下董帷甲子運中到此始知文學好長安道上灑霜蹄乙丑運中片言能折獄一筆掃寬危丑字運中一番風雨丙寅運中職遷金紫骨風雪不為悲丁卯運中皇恩清海似膏雨潤黯黎戊辰運中春光去也花落月沉

戊戌年　辛酉月　丙申日　戊子時

此八字丙申之日相配柱中金木才官之格遇斯者生於右族長於名門水火椿萱双脫茂鴈行天際有鵬鳴其為人也手姿清秀天性聰明斷曲理直處事公平幾謀輒服奉用人欽遇火黃金重長價離雲皎月倍清明有心於貨利無意慕功名雨過秋光皆喬木耆舊風流有幾人但願才祿富足何須天府求榮此則豐益之命篤幃年長高二載子嗣生成貴显人運行初壬戌隱隱雷声抽碧笋微微細雨潤紅英癸亥運中雨過萬重山有色雲開千里月光明甲子運中才源富足家居好須史風雨有陰晴乙丑運中声開化日千祥樂詹擡香風百福臻丙寅運中富之以潤其屋德之以显其身丁卯運中晚年多快樂會友以開樽戊辰運中一枕清風

戊戌年　辛酉月　乙酉日　己卯時

此八字乙酉日相配柱中旺金偏官之格人生得此丰姿英傑性理剛明椿萱難顯壽鴻鴈各飛鳴客問渊自有風雲際會更財特達管教声誉飛騰躍過三層浪衣冠拜聖明此則崇顯之命鴛幃有妨須列副柱子還飄發秋英運行初壬戌父母庇下覧史觀經癸亥運中霹靂一聲随变化輝輝祿位近神京甲子運中雲精閑閣閣祿位又階陞乙丑運中德望弥高權寵危属轉行丙寅運中志抱棟梁成大器何須權折玉

子平遺書

山顏

戊戌年　辛酉月　乙未日　丁丑時

此八字乙未日元相配柱中金土才發之格人生得此生於右族長於名門堂上椿萱茂長天邊鴻鴈各行群其為人也丰姿清秀天性聰明知高識下理白分青高謀見機関别慷慨春風一好人笋長名園過旧𠕇花開上苑勝先春雖不成名利生来近貴人朝中無姓字囊底足珠珎花無桃李非春色人有笙歌是太平江湖有意公卿小廊庙無心宇宙軽祿元成岳澤威勢壓鄉民此則旺足之命鴛幃東西錦降子嗣周風魯精運行初壬戌上人庇下灾晦未伸癸亥運中隐隐輕雷抽碧笋微微細雨潤英甲子運中萬里烟雲收斂一楼秋月光明乙丑運中才權秉美當斯際还愁花放又風生黎花舞雪雨過山青丙寅運中桃李千谿錦江山一蓆屏丁卯運中富之以潤其屋德之以顕其身戊辰運中一枕餘香隔年夢斜風吹落楚山雲

子平遺書

戊戌年　辛酉月　乙巳日　丁丑時

此八字乙巳日元相配柱中旺金偏官之格輕金身輕幼歲災関主人生於西室長於仁門播親棠倚萱婦別天邊鴻鴈各行鳴其為人也丰姿清秀天性断高理直處事公平李問不深君子敬行蔵消洒近賢英筭長名園過旧竹花開上苑勝先春朝中無姓字囊底足珠琊琴樽風月閑生計金玉松筠旧歲春満世功名身外事五湖風月樂怡情此則饒祐之命鴛幃有犯重招列子嗣金風孝且忠運行初壬戌上人庇下如履薄氷過此癸亥運中雲開山聳翠雨過水重青甲子運中花開上苑春光好一度西風雪滿空乙丑運中有得有失有喜有驚丙寅運中到此始知時運好萬物光華百事通丁卯運中心事數莖白髮生涯一片閑情戊辰運中安閑晚景己巳運中春夢無憑

戊戌年　辛酉月　戊申日　癸丑時

此八字戊申長生之日相配柱中金水傷官助才之格人生得此生於右族長於仁門金火播萱双晚茂天邊鴻鴈各搏風其為人也丰姿清雅天性剛忠有微微之計較淡淡之材能過火黄金顯十分之貴色離雲皎月倍萬里之清明祖基宜再整才帛晚豐盈不以功名為念豈將冕冕磨礱田園深得意軒冕不留心鄉民仰德閭里推尊此則發福之命鴛幃連珠須配硬子嗣生成孝義人運行壬戌上人庇下花放風生癸亥運中隱隱輕雷抽碧筍微微細兩潤紅英甲子運中一足一番寒微胃爲得梅花噴鼻馨乙丑運中才源旺足家居好素耗史非晦禍生過此丙寅運中到此始知時運好万物光百事通丁卯運中囊中多積蓄身外以功名戊辰運中蒼顏鶴髮咳嗑扶節己巳運中歸去也

戊戌年　辛酉月　戊午日　丙辰時

此八字戊午日刃之格相配柱中水命傷官之格人生得此生於右族長於名門堂上椿萱萱茂長天邊鴻鴈各行鳴其為人也丰姿清秀天性平能曉道理達古今截長補短機變聰明過火黃金重長價離雲皓月陪光明李問有成一舉可冲天子勢英材敏捷片雲有折㪚之能一從姓字有棄筋孫金門此則榮貴之命外幃連珠須配小子嗣生戌貴門榮運行初壬戌上人庇下花放風生癸亥運中欲向雲中舉足須從灯下留心甲子運中時來風送滕王閣頃刻高搏萬里程乙丑運中自沐天邊寵翔班立縉紳丙寅運中三度君恩喜雨番風木驚丁卯運中佇看官封三級酌然祿享千鍾戊辰運中赤心扶日月素志殿金輪己巳運中晚年閑酌一盃酒西風起處捲簾忙癸午運中人生從此別無服見儀刑

戊戌年　辛酉月　庚子日　戊寅時

此八字庚子日元相配柱中木火才杀之格女人得此生於右族長配名門椿萱一享期頤壽天邊鴻鴈各搏風其為人也姿容秀麗髮兒超群勝丈夫之氣槩有男子之才能春入水光同嫩緣日均花蕊發新紅異蒂蘋蘩有禮節相夫教子繼賢聲玉產崑崗藏潤色蘭生楚澤散清馨性急渾如風捲浪片時興起片時停福元浩渺羅綺臨風此則榮益之命良人得配豪華客子嗣秋來有挺崇運行初庚申幼年之下花放風生己未運中氣合翠鸞成好夢黃緣紅葉是良媒戊午運中濟〻碧釵炫紛〻羅起臨風丁巳運中財源富足地宅豐隆采中加采色紅上增紅英丙辰運中夫賢子貴樂以忘情乙卯運中晚年閑快樂甲寅運中花落鳥空吟

戊戌年　辛酉月　丙申日　己丑時

此八字丙申之日相配旺中　合才旺生官之格女人得此生於右族長配名門椿萱有倚先彰母夭邉鳴鴈各行鳴其為人也姿容闊朗髮皃精神雖是女流之輩過如男子材能處事無偏無倚治家克儉克勤風送芰荷香滿院日匂花蕚發新紅助勤每效和態膽前力鬓能傳侃母心心靜似月明雲淡性急如風捲寒雲霞身外事才祿足豐盈此則顯旺之命良人連捷高二載子嗣生成孝義人運行初庚申上人庇下自有佳姻己未運中正是梅青弄月白也愁微雨弄晴空戊午運中淡煙楊柳岸薄霧杏花村丁巳運中乍雨乍晴留客景或寒〻或煖困人春丙辰運中旺中尚有盈虧事事裏應須福祿增乙卯運中門楣壯觀家業全盈甲寅運粧樓人去遠臺鏡掩晨明

戊戌年　辛酉月　乙巳日　丙戌時

此八字乙巳日元相配柱中旺金偏官之格傷官合殺有功只嫌殺重身輕事不十全主人生於右俗長於高門椿萱雙晚茂棠棣有芳菲其為人也丰姿清秀氣岸高奇頗知禮義稍識詩書過火黃金重長價離雲皎月倍光輝遊山翫水携詩卷對月觀花把酒巵時至財源富足運來福祿崔嵬此則豐潤之命鴛幃有犯須配連珠子嗣有成氷中取鯉運行初壬戌上人庇下花放風吹癸亥運中隱隱輕雷抽碧笋微微細雨潤楊枝甲子運中雨過園桃簇錦風和堤柳舞絲乙丑運中財名兩旺行藏好風雪飛來路尚迷過此丙寅運中天上三陽春人間五福奇丁卯運中但使家園富足何愁白髮龐眉戊辰運中晚年閑快樂一枕入仙衢

戊戌年　辛酉月　戊戌日　癸丑時

此八字戊戌魁罡之日相配柱中金水傷官助才之格人生得此生於右族長於高貴同屬椿萱双晚貴天邊鴻鴈有翱翔其為人也丰姿清秀天性果剛聪明書藝遠倜儻世情長行藏果断作事機関不慈不勇可員可方孝問不親顏孟業生平常存貴人卿遇水造橋名必根逢山開路德方揚莫言富貴無科第時未機會也光揚此則富貴榮華之命鴛幃合正副子嗣晚榮昌運行壬戌上交花下灾晦一蕩癸亥運中隱隱輕雷抽碧笋微微細雨潤垂楊甲子運中時至忽逢機會好也應頭角聳軒昂乙丑運中富貴榮華當此際西風洒雪滿門墻丑字運中一番風雨丙寅運中錦綉花開家富貴琅玕竹報日安康丁卯運中門迎珠履三千客屏列金釵十二行戊辰運中春光去也一枕黄梁

戊戌年　辛酉月　丁酉日　甲辰時

此八字丁酉日貴之辰相配柱中旺金才旺生官之格才盛生官終身有慶遇斯命者生於西室長於高堂椿親磊落萱居副天邊鴻鴈有滕行其為人也丰姿清秀天性果剛聪明書藝倜儻世情筆底詞源三峽水胸中學業五車藏終是功名之客豈為田舍之郎一朝騰踏飛黄去秉笏金犂拜袞章此則榮貴之命兆幃得配賢淑女子嗣生成貴顕郎運行初壬戌上人庇下花放風狂癸亥運中讀残芽店月踏破泮橋霜甲子運中聲名從此顯汨没一朝揚乙丑運中躍過三層浪衣冠拜聖王丙寅運中西風吹過天邊雪聲譽煒煌播省堂丁卯運中有才膺大用何事便還鄉戊辰運中榮回籬下美酒盈觴己巳運中帰去也

戊戌年　辛酉月　癸巳日　丁巳時

此八字癸巳貴人之日相配柱中金土官印之格人生得此生於右族長於禪房椿萱不相守鴻鴈各行飛其為人也丰姿清秀天性慈悲足踐如來之地身穿忍辱之衣六根清淨五戒堅持竹影掃街塵不染香雲滿座淡頻施莫道僧家多冷落寶珠瓔珞百般奇佇看容顏奇妙光明普照無私此則清孤之命運行初壬戌上入庇下來斷高低癸亥運中夭嬌桃艷李心無慮明月清風得自宜甲子運中人道山門多冷落幾多人事尚進退乙丑運中守己無榮辱安貧遠是非丙寅運中過戶清風為益友可庭明月是相知當此之際人事盈虧丁卯運中雖行諸佛地也有一番危戊辰運中晚年自有諸神護何慮風波事不齊己巳運中歸去也

戊戌年　辛酉月　庚子日　乙酉時

此八字庚子日元相配柱中水木傷官助財之格陽刃持合職吾科茅成名主人生於右族長於仁門椿萱不逮祿養鴻鴈有不聯群其為人也丰姿清秀天性聰明敏般精覽件件不精萬人起敬貴客相歎終是功名之客豈為田舍之翁律法久諳勞案牘功名須藉筆刀咸嘉谷不早實名利當脫成佇看頭角聳德澤惠黎民此則榮貴之命篤歸有犯須重結子嗣榮門孝且忠運行初壬戌上人庇未斷平生癸亥運中欲速不達揚帆待風甲子運中幾欲思高慕遠番成捉月捕風乙丑運中貴人相指引揮筆助公所丙寅運中雨晴雲路達天府沐皇恩丁卯運中皇恩有感重加祿紛紛德澤惠黎民戊辰運中正宜蒞政未許辭榮己未運中晚年雖下樂子貴再沾恩庚子運中夕陽有限春夢無憑

戊戌年　辛酉月　庚戌日　辛巳時

此八字庚戌魁罡之日相配柱中之火時上偏官之格陽刃合殺有助主人生於大厦長於名堂椿萱同屬雙榮贈天邊鴻鴈各分行其為人也丰姿清秀天性果剛心胸藏錦綉筆低妙文章東海驪珠能成覽豊城雷劍不終藏終是功名之客豈為田舍之郎純學科場驚試院英材論飛沭恩光讀映梅窓蕉王雪容看栢府凛秋霜此則榮貴之命鴛幃連珠須配小子嗣秋來貴顯即運行初壬戌上人庇下灾悔一場癸亥運中欲伸君子志須登孔孟書甲子運中挑卷幾回孔擦月時乘雲路便飛騰乙丑運中躍過禹門三級浪東匆金門拜袞華丑字之中風雨一番丙寅運中皇恩有感聲名顯金紫煌煌足省堂丁卯運中未許懸車去還留作棟梁戊辰運中榮回故里美酒盈觴己巳運中歸去也

戊戌年　辛酉月　丁酉日　庚戌時

此八字丁酉日貴之辰相配柱中旺金才旺生官之格才盛生官終身有慶遇斯命者生於西室長於名門椿親徵貴萱先別天邊鴻鴈有行鳴其為人也丰姿清秀天性聰明學問資先覺群書貫一經琴句妙為天下月聲明便似海東春終是功名客豈為田舍翁賣逐王惨碧提去馬隨春意踏花門一從姓字傳揚後九重雨露沭皇恩此則榮貴之命鴛幃連理合子嗣晚衣新運行初辛酉幼年之下花放風生壬戌運中上人庇下詩礼趨庭癸亥運中十年窓下業黃卷與青灯甲子運中到此始知文學好長安道上馬蹄輕丁丑運中重沭恩深鳳池裏朗朗染翰待行君丙寅運中衣惹御炉香滿袖錦添皇澤洒春霖丁卯運中晚年歸故里樽酒樂招情戊辰運中歸去也

戊戌年　辛酉月　戊戌日　辛酉時

此八字戊戌魁罡之日相配柱中旺金傷官助才之格兩干不雜之論主人生於右族長於名門椿萱瀟洒棠棣行稠其為人也能言能論不剛不柔有君子之風月懷百変之權李問有成姓字定登龍虎榜英材敏捷功名高薦鳳凰樓巍然頭角聳瀟洒一諸侯此則榮貴之命鴛幃宜兩敵子嗣義綢繆運行初壬戌雲迷天暝水泛浮萍癸亥運中男兒有志須留意判腹螢窓不可休甲子運中須史上雲溪咫尺步瀛洲乙丑運中威權通布衣冠

寵上国均沾雨露優丑字之中一番撲雜丙寅運中皇恩有感加官爵溝阻番舟我不憂丁卯運中提壺和載酒回首樂悠悠戊辰運中梅捲光陰留不住英雄才賦水東流

戊戌年　辛酉月　戊申日　癸亥時

此八字戊午日刃之辰相配柱中金水傷官耶才之格人生得此生於右族長於高堂水火椿双晚別天边鴻雁後翱翔其為人也丰姿清秀天性果剛聪明書藝遠倜倘世情長過火黄金重長償離雲皓月倚清先李問不親顏孟業生平常履貴鄉樓臺宣疊生涯好才帛盈囊又積倉終是功名客豈為田舍郎非吏非儒非汗馬也應納粟揺銀章此則因富曷貴之命鴛幃得配連珠女子嗣生成貴曷郎運行初壬戌上人庇下花放風狂癸亥運

中如花向日枝枝艷似笋穿泥節節長甲子運中水向石边流出冷風從花底過来香乙丑運中才源多富廷名利兩荣昌當此之際風雪滿墻丙午運中不独才權秉美尚祈富貴光揚丁卯運中粟陳貫朽行藏好一番風雨幸何妨戊辰運中春光去也一桃黄梁

戊戌年　辛酉月　乙亥日　丙戌時

此八字乙亥日元相配柱中金火傷官合殺之格本輕用重喊我功名主人生於右族長於名門搢萱耄別先虧毋天邊鴻雁各西東其爲人也知高下識重輕手姿蘊重度量寬携不以朝翱申節亦不明明顛行豈無高仕敬特有貴人欽裁長補短理白分清萬里春風行樂頌四時佳趣瑞祥生接疊疊疊生涯好才帛興隆福禄增西都秋色皆喬木耆舊風流有幾人身將隱矣文何用人不知之味更真雖然不是金數客自然金谷足豐盈此則特達之命鴛幃連珠高一歲子嗣雙雙水土金運行初壬戌上人庇下不辱不榮癸亥運中未歡桃李紅紅色且喜湖光淡淡晴甲子運中小池雨過添新禄深谷春來發舊馨乙丑運中淡烟揚柳岸薄露杏花村丙寅運中雖則家居穩旺还愁人事虧盈丁卯運中子榮孫秀梅白竹青戊辰運中花落水流春已失蘭摧玉折恨何明

戊戌年　辛酉月　己酉日　甲戌時

此八字己酉日元相配柱中金木食神重祿傷官之格人生得此生於右族長於名門椿萱双晚茂鴻雁各行鳴其爲人也丰姿清秀天性聰明知高識下理白分清有近貴親賢之德應上和下之能機謀遠見高閣別慷慨春風一妙人不以功名念豈將冠冕磨礱得意江山詩句卷忘情日月酒盃深鄉民仰德閭里推尊此則饒裕之命鴛幃得配名門女子嗣生成貴顯人運行初壬戌上人疵下未斷平生癸亥運中天冷雲還凍江寒風尚生甲子運中冰向石邊流出冷風從花底過來馨乙丑運中雖則才源旺足還愁花放風生丙寅運中近水樓臺先得月向陽花木早逢春西風洒雪雨過山青丁卯運中歲寒松尚茂秋老菊花馨戊辰運中經霜松柏儼然秀冒雨芝蘭分外香己巳運中花落月沉

戊戌年　辛酉月　己酉日　己巳時

此八字己酉日元相配柱中旺金食神之格人生
得此生於右族長於名門㐫命椿萱榮晚茂天邊
鴻鴈各行鳴其為人也丰姿清秀天性乖能知高
識下理白分青過㐫黃金重長價雖雲皎月倍清
明水光浮座盈盤瑩花氣侵人笑語馨不必覓珠
來水府何須求劍到豐城田園桑柘茂畝畒稻粱
肥福元戊岳瀆威勢壓鄉民此則旺益之命鴛幃
運珠須配小子嗣生戌貴顯人運行初壬戌上人
庇下未斷平生癸亥運中雨過萬重山有色雲開
千里月光明甲子運人爆竹聲催殘臘盡折桂香
引早春迴乙丑運中才源雖富足人事尚因循丙
寅運中軒開化日千祥集簾捲香風百福增當此
之際風雪滿庭丁卯運中延賓翫物會友開樽戊
辰運中無思無慮己巳運中一枕佳城

戊戌年　辛酉月　丙子日　壬辰時

此八字丙子日元相配柱中金水才杀之格人生
得此生於右族長於名門萱母先帰椿後別天邊
鴻鴈各行鳴其為人也丰姿清秀天性聰明破知
礼義稍識古今知高下識重輕行藏角消涵笑傲
仕枯榮箏長名困過旧烛花開上苑勝先春終是
功名客豈為田舍翁律法不耗蓉雪案功名須籌
筆刀成佇看頭角聳福禄望門庭此則榮貴之
命鴦幃有碍須年歆子嗣生成孝義門運行初
壬戌五人在下未斷平生癸亥運中貴人相接引
提筆向公廳甲子運中雨晴跨馬登天去恥知冠
羌且恭身乙丑運中皇恩有感重此顯幾載勞縈
国輔心丙寅運中雨晴開閭閣天府再光榮當
此之際活鬼弄人丁卯運中天邊芳少恩澤離下
樂高情戊辰運中晚年快樂己巳運中二花落月
沉

戊戌　辛酉　壬寅　丙午

此八字壬寅趨艮之日相配柱中才官印綬三奇之格人生得此生於西室長於高門椿萱有倚雁双毛天邊鴻雁各行鳴其為人也丰姿清秀天性聰明胸羅今古事孝識聖賢心太山北斗千年在和氣春風四座傾終是文場榮貴客豈為田舍爨耕人雖然不是瓊宴自有仁風四塔清晚年光霽景金紫耽近榮此則榮貴之命允帏得配須年少子嗣榮門桑馨運行初壬戌上人庇下未斷平生癸亥運中十年窗下業黃卷与青灯甲子運中桃卷幾間空探月許君折引步蟾宮乙丑運中幾歆榮登金榜依然太應安多丙寅運中皇恩有感声名显千里究亏父老凶丁卯運中雪晴門閭開黃貴金紫榮加祿位登戊辰運中佐政存堂名望定何期解組回籬東子榮重沐宛詩礼樂從容己巳運中春光去也花落月沉

戊戌年　辛酉月　丁丑日　癸卯時

此八字丁丑日元相配柱中金水才殺之格戊癸作合有功女人得此生於右族長於名門椿萱亡皓首鴻鴈各行鳴其為人也丰姿清秀髮貌精神勝丈夫之氣槩有男子之才能雲收平岳千山秀水到湘江一樣清有遺訓斷機之能相夫教子之德玉崖昆同藏韞色蘭生盤浴散清馨克勤而克儉易喜而易嗔雖不鳳冠帔服自然福祿無窮可惜青春年少女教奴手世守孤灯此則溫良之命五五年來夫已別子嗣主成孝義純運行初庚申上人庇下毓秀閨門己未運中契合翠鳶成好夢奈緣紅葉是良姻戊午運中雖則行藏有慶還慈鏡破釵分丁巳運中淡烟揚柳岸薄霧杏花村丙辰運中精神又悲慘悲慘又精神乙卯運中冲擧之所如履薄水過此甲寅運中花嬌復含宿雨柳媚猶帶金風癸丑運中一枕清風

戊戌年　庚申月　壬午日　戊申時

此八字壬午臨午位號曰祿馬同鄉殺生印綬之格殺印相生功名显達主人生於右族長於名門椿萱有倚一期别天边鴻鳫各行鳴其為人也丰姿清秀天性聰明李問覧先竟群書貫一経終是功名之客豈為田舍之翁霹靂一聲雲霧合禹門躍過浪三層瑶池鞭静朝南極五夜鍾停拱北宸此則榮貴之命鴛幃宜有硬子嗣晩光榮運行初辛酉花放風生壬戌運中味道心千古潛心對一経癸亥運中時来風送騰王閣頃刻高摶萬里程甲子運中巳把嚴威推酷吏更将仁政施黎民當此之際風雪还生乙丑運中三度君恩喜雨番風不驚丙寅運中佇看官封三級酌然祿享千當丁未運中榮帰故里美酒盈樽戊辰運中帰去也

戊戌年　庚申月　丁巳日　辛丑時

此八字丁火相配柱中金土傷官助財之格人生得此萱毋先歸椿後被天邊鴻鳫有聯群丰姿清秀天性老誠謀動君子威伏小人田園桑柘茂畝畝稲粱馨常将好意番成悪毎把真心換得嗔雖不達侯封爵自然潤屋潤身此則旺足之命鴛幃年長方偕老子嗣森枝孝義深運行初辛酉上人庇下未断平生壬戌運中天邊初出月苑上始開英癸亥運中人情似紙番番薄世事如棋局局新甲子運中正是梅青月白還愁人事虧盈乙丑運中旺中曾見風濤湧依舊雲收月倚明丙寅運中幾番駁襍鄰経過從此滔滔福祿增丁卯運中孫賢子秀戊辰運中壹道訃音

戊戌年　庚申月　辛酉日　己丑時

此八字辛酉專祿之日相配柱中水火傷官帶印之格喜逢身旺為奇主人生於右族長於高居金命椿龍脱方别天邊鴻鴈各行鳴其為人也丰姿清秀氣岸為高有博古通今之志截長補短之機才全文武氣吐虹霓終是功名之客豈為南畝耕鋤一朝但得風雲便濟濟衣冠拜鳳池此則榮貴之命鴛幃重合丞子嗣有光輝運行初辛酉上人庇下花落風欺壬戌運中欲遂平生志潛心下董帷癸亥運中時来但得風雲便騰踏飛黄在片時甲子運中黎民歌父母政化洽東西乙丑運中一天喜雨随車至千里仁風遂扇揮當此之際風雪飛飛丙寅運中有材應大用未許便懸車丁卯運中春光如過隙一枕八仙衢

戊戌年　庚申月　甲申日　丁卯時

此八字甲申專推之日相配柱中旺金偏官之格陽刃合殺有功人生得此生於右族長於名門椿萱有倚一雙别天邊鴻鴈各行鳴其為人也丰姿清秀天性聰明般般稍覽件件不精風月處友消洒容情有近貴親賢之德應上和下之能祖業添新慶根原勝舊風有心於貨利無意慕功名才源富足平生好何必天邊沐寵榮此則旺益之命鴛幃春色麗子嗣有光榮運行初年酉上人庇下花放風生壬戌運中隱隱輕雷抽碧笋微微細雨潤紅英癸亥運爆竹聲催殘臘盡折梅香引早春逢甲子運中才源旺足家居好風雪飛来尚恬人乙丑運中富貴榮華多快樂還愁花放尚風生丙寅運中延賓翫物會友開樽丁卯運中宜樂晩景戊辰運中一枕清風

戊戌年　庚申月　乙酉日　癸未時

此八字乙酉專權之日相配柱中旺金偏官之格女人得此生於右族長於宦門萱母椿貴顯天边鴻鴈各行鳴其為人也丰姿清秀鬟貌精神有旰食宵衣之懊恼治家立業之勤能雲帰華岳千山秀水到湘江一樣清每懐允膽意時抱擇憐心楊柳無風枝娲娜梅花有月益精神難觸難犯有喜有嗔雖不鳳冠披服自然金谷豊盈此則穩享之命良人得配豪華客子嗣生成貴顯運行初巳未上人庇下如履薄氷戊午運中契合翠鸞成好夢寅緣紅葉是良姻丁巳運中雲朧皓月水泛浮萍丙辰運中疊疊好山雲乍歛一樓明月雨初晴乙卯運中夭賢子秀樂意忘情甲寅運中一輪明月連雲皎萬里秋波徹底清癸丑運中帰去也

戊戌年　庚申月　丁未日　癸卯時

此八字丁未陰刃之日相配柱中金水才殺之格女人得此生於右族配於名門椿萱准並茂鳴鴈各行鳴其為人也丰姿清秀鬟貌精神有針綫之巧立業之勤一苑杏桃鋪錦綉滿山松柏映帰屏玉產崑崙藏韞色蘭生楚澤散清馨难觸难犯易喜易嗔錦綉花開春富貴琅玕竹根日升平晚年光齊景于秀樂無窮此則穩享之命良人有犯难偕老子嗣枝頭孝且忠運行初巳未上人庇下飄秀閣閒戊午運中路入桃源花爛熳橋横銀漢水澄清丁巳運中雖則夫門多快樂須臾雲月尚朦朦丙辰運中幾度樂中有悶数番静裏憂生乙卯運中精神又憔悴憔悴又精神甲寅運中冲繁之所如履薄氷癸丑運中正享兒孫福門前杜宇鳴

戊戌年　庚申月　壬戌日　庚子時

此八字壬戌日德之辰相配柱中金土杀生印綬之格杀印相生功名顯達主人生於文望之族長於光顯之門椿萱榮晚贈棠棣苑边春其為人也丰姿清秀天性聰明五車書富三冬足雨不兮當萬驥冲衣冠濟濟人中傑和氣怡怡席上珎終是文場折桂客豈為田舍鑿耕人龍門变化三層浪鵬路逍遥萬里程一從姓字傳楊後直上金鑾現聖明此則榮貴之命也幃秋夜添新爸子嗣秋来朵朵荣運行初交晦之中辛酉運中閨詩孝礼秉烛觀文壬戌運中遠望

天恩雲外路思攀桂子之中雲癸亥運中威風凜凜民悦服金望昭昭德澤新甲子運中西風吹過天边雪衣紫煌煌雨露陞乙丑運中佇看官封三級酌然祿享千鍾丙寅運中有材應大用何事便倖荣丁卯運中一宵春夢萬事摠成空

戊戌年　庚申月　辛未日　戊子時

此八字辛未日元相配柱中水木傷官助才之格主人生於石族長於高門萱毋續絃椿爲落連珠配合晚方行天邊鴻鴈有飛鳴其為人也丰姿清秀天性聰明知高識下理白分清機謀智有牽用人欽自有順天之慶豈無福地之深過火黃金重長價離雲皎月倍明清筍長名園過旧竹花開上苑勝先春不以功名為念豈將冠冕磨龍才源富足平生好湖海逍遊福有增此則豐潤之命鴛幃運殊須配小子嗣金風孝且忠運行初辛酉上人

庇下花放風生過此壬戌運中雲開山聳翠雨過竹重青癸亥運中水向石還流出冷風從花底過来香甲子運中才如春水滔滔長福似秋蟾皎皎明乙丑運中福布江山外名聞湖海中當此之際風雪满空丙寅運中軒開化日千祥集簾捲香風百福增丁卯運中晚年閑快樂一拋了平生

戊戌年　庚申月　丙午日　戊子時

此八字丙午日刃之辰相配桂中金水才官之格地支两合忘沖主人生於右族長於華宗椿萱雖並耄鳩雁各行群其為人也丰姿清秀天性聰明鋒鋒穎利疑無敵筆刀縱横若有神北海蛟横頭角嶄南山豹变爪牙新終是功名之客豈為田舍之翁一朝騰蹈飛黄去金鑾榮看次第陛晚年光霽景疊疊沐皇恩此則榮貴之命鴛幃有碍須招副子嗣榮門晚節馨運行初辛酉上人庇下負笈趨庭壬戌運中耋忘休悼昔他日九霄沖癸亥運中到此始知文季好融融春浪躍三層甲子運中杉署聯班才獨称皇恩有感職階陛江山迎五馬花柳拂双旌乙丑運中黄堂想見難留住十郡山河化日明丙寅運中此運見陞還見退悠悠籬下樂高情丁卯運中翩翩名旗壽壽佳城

戊戌年　庚申月　丁丑日　庚戌時

此八字丁丑日元相配柱中金土傷官助才之格人生得此生於右族長於仁門土木嚴慈雙晚茂天邊鴻鴈有行鳴其為人也丰姿清秀天性聰明世事頗能將就般般學欠精通過火黄金重長價離雲皎月倍清明祖業添新慶根基勝舊風雖不成名利生平近貴人月掛天多皎潔名揚遠有光榮鄉隣瞻仰閭里推尊此則穩厚之命鴛幃連珠須配小子嗣生成朶朶新辛酉運中幼年之下宍晦未伸壬戌運中淡淡梨花月翩翩柳絮風[illegible]亥運中漸覺夜涼池雨過信知花放柳風輕近水樓臺先得月向陽花木早逢春甲子運中梨花舞雪雨過山青乙丑運中岸柳巳抽新幹綠園桃不改舊時紅丙寅運中咲傲壺中日月優游醉裏乾坤丁卯運中無思無慮戊辰運中春夢無憑

戊戌年　庚申月　己丑日　己巳時

此八字己丑日元相配柱中金水傷官助才之格人
生得此生於右族長於名門金土椿萱双恍茂天
边鴻鴈各行鳴其為人也丰姿清秀天性乖能断
高理直处事公平般般稍覽件件不精過丈黄
金重長價離雲皎月倍清明祖業添新慶根源
勝旧風有心於貨利無意暮功名兩都秋色皆喬木
耆旧風流有幾人季倫錦帳何為貴奏帝帰房未
足称但顧一生才禄旺何須天府沭皇恩此則豊潤
之命鴛幃連珠須配小子嗣金風孝且忠運行初

辛酉天冷雲还動江寬風尚生壬戌運中隱隱輕
雷抽碧笋微微細雨潤紅英癸亥運中寒向梅
中尽春從柳上生甲子運中才如春水滔滔長福
似秋蟾皎皎明乙丑運中不独才源富足尚祈声勢
豪洪當此之際風雪滿庭丙寅運中簾捲香風
生一日福軒閑化日禄元增丁卯運中安閑晚景戊
辰運中春夢無憑

戊戌年　庚申月　丁巳日　辛丑時

此八字丁火相配柱中旺金才旺生官之格人生
得此生於右族長於高居椿萱有倚先爵父天邊
鴻鴈不聮飛丰姿清雅天性操持行藏果断作事
三思見善則持於己當仁不讓於師羅倚飄香風
蕩蕩壺觴列座草萋萋市塵生計廣湖海禄元齊
花盈上苑果盈園稻滿平疇水滿池功名身外事
無辱樂多余此則旺足之命鴛幃年長方偕老子
嗣。秋風舞綵衣運行初辛酉上人庇下處樂自如
壬戌運中漸漸精神爽看看氣象揮癸亥運中淡

煙揚柳岸薄霧杏花堤甲子運中行藏雖有變人
事尚趣此乙丑運中才源滚滚家居好旺中還有
事盈虧丙寅運中嚴霜積雪都経過始得春風到
故廬丁卯運中園圃桑柘茂畝畝稻粱肥戊辰運
中春年安享己巳運中歸去來兮

戊戌年　庚申月　乙巳日　丁亥時

此八字乙木日元相配柱中金水官印之格人生得此生於右族長於高門椿父先歸萱後別天邊鴻鴈各飛騰其爲人也丰姿清秀天性聡明詞源三峽誰能及筆掃千軍孰與倫泰山北斗千年在和氣春風四座傾定主當朝顯朱紫豈教南畝務躬耕一朝但得風雲便祿位榮看次第陞嘉穀不早實大器當晚成此則榮貴之命鴛幃金正副子嗣晚來榮運行初辛酉上人庇下化日陽春壬戌運中欲遂平生志潛心對聖人癸亥運中時來機會合攀桂步蟾宮甲子運中皇恩有感聲名重便將德澤惠儒林乙丑運中萱堂想是難留住閒有黎民仰德馨丙寅運中耿耿聲名重滔滔雨露潑丁卯運中榮歸故里戊辰運中花落月沉

戊戌年　庚申月　壬申日　戊申時

此八字壬申長生之日相配柱中金土殺印綬之格人生得此生於右族長於名門椿萱先別父鴻鴈各行分其為人也丰姿清秀天性聰明謀動君子威伏小人般般稍覓件件不精水光浮座盃盤瑩花氣侵人咲語馨重成新事業再整舊門庭萬里無雲天一色三秋好景月長明不向仕途求聞達却來湖海覓黄金消閑棊一局遣興酒三鍾花柳叢中曾着脚笙歌沸處已經行雖不達侯封爵自然閭屋閨身此則穩泰之命鴛幃同贈重招副子嗣秋來一果榮運行初辛酉上人庇下天朗氣清壬戌運中如花向日似月離雲癸亥運中堤柳已舒新翰綠梅開不改旧時榮甲子運中得中有失旺処還明乙丑運中旺中尚有迍迟事福祿才緣旺有增丙寅運中千里関山千里念一番風雨一番驚須史悔耗尚恐小人丁卯運中家門增益旺乙丑運中春殘花落鳥無聲

戊戌年　庚申月　壬午日　癸卯時

此八字六壬生於午位名曰祿馬同鄉未生印綬之格羊刃合未有功人生值此生於右族長於名門當毋續絃搭磊落天边鴻鷹各行鳴其為人也丰姿清秀天性聰明源流三峽誰能及筆掃千軍孰與倫衣冠濟濟人中傑和氣怡怡席上珎終是功名之客豈為田舍之翁龍門变化三千浪鵬路逍遥万里程瑶池鞭静朝南路五夜鐘停拱北辰此則榮貴之命鸞幃連珠配小子嗣生成貴显人運行初辛酉上人庇下花放風生壬戌運中讀經

第店内囊照案頭螢癸卯運中和風騰蛟從此始果然東筍拜明君甲子運中雪晴開閶闔三度君恩濃乙丑運中金紫重榮當是景佇時風雨不為驚丙寅運中雖則金甌拜命今还愁風木驚丁卯運中榮歸故里戊辰運中春夢無憑

戊戌年　庚申月　庚申日　丙戌時

此八字庚申專祿之日相配柱中丙火時上一位貴氣自强殺壯假殺為權主人生於偏房西室長於詩礼之庭椿萱荣贈難叟老天邊鴻鴈各搏風其為人也丰姿磊落天性聰明千古文章運筆躍一天星斗煥心胸衣冠濟濟人中傑和氣怡怡席上珎終是皇朝榮貴客宣為田舍鑿耕人三級浪中龍变化九霄雲外鳳飛騰一從姓字傳揚後金紫階陛面聖明此則榮貴之命鸞幃有妃須招副子嗣帶門孝且忠運行初辛酉上人庇下未斷平

生壬戌運中十年窓下業黄卷與青灯癸亥運中禹浪三層都躍過鼠氣騰騰四海清甲子運中戰退金紫宇内澄清乙丑運中金紫煌煌權任遠臬司權重位居尊九天恩詔降家国得利名丙寅運中政到風霜成物見語回天地到陽春當此之際一枕難醒

戊戌年　庚申月　丁卯日　癸卯時

此八字丁卯日相配柱中金水財殺之格戊癸作合有助正謂女人之命一貴可作良人主人生於右族配於高門翁姑姑早别妯娌各行群其為人也姿顏清雅髮皃精神治家能擺布作事知重輕有九膽之意擇隣之心雪為軽粉憑風傳霞作胭脂仗日旬性急如江濤滾滾心安佀山月秋清雖然不是榮封婦自然享福樂無窮此則分理內外之命良人土命須庚子子嗣森枝孝且忠運行初己未上人庇下未斷升沉戊午運中孔雀屏開花爛熳芙蓉帳煖鳳氤氳丁巳運中片雲能發千山雨雨過千山依舊青丙辰運中雖則夫門財業旺旺中尚有事困循乙卯運中財旺福興家業廣鉴畨人事尚虧盈甲寅運中夫賢子秀樂意忘情癸丑運中安閑晚景壬子運中青夢無憑

戊戌年　庚申月　庚戌日　癸未時

此八字庚戌魁罡之日相配柱中水土傷官用印之格人生得此本顯功名只嫌運入才鄉減爵福力椿萱半道相辭奉鴻歇天邊各奮飛羊姿洒落天性能為明君臣之理知氣候之機祖業叅畨四霞才囊十盈九爵佇看来晚節遇貴旺家資此則畨覆成家之命鴛幃有犯重年火桂子秋風舞絲衣運行初辛酉上人庇下有何是非壬戌運中有心窮妙訣無志讀詩書癸亥運中但喜才源通橋井何妨風雪又趁超甲子運中交四方之豪傑變一度之根基乙丑運中不獨人才添退尚防風浪驚狂丙寅運中老當益壯倍旺家資丁卯運中悠悠處樂戊辰運中歸去来兮

戊戌　庚申　癸酉　壬子

此八字癸酉日元配合柱中金土官印之格有官有印無破可作廊廟之材運行皆地事不十全其為人也生於良族長於高居椿萱得遂孜孜、老鴻雁奚諧陣、飛其為人也手姿清雅天性操持般、稍燒伴、不精奔問稍知顏孟業心術能窮造化機樞山涉水遇特月遭與消閑泛酒危身利清閑無事客五湖風月足邀遊此則半術半商之命尤懷有配終抱寵子息生來有出奇出行辛酉運中上八之下其樂何當壬戌運中如花向日似筍出泥癸亥運中登山雨寄玩物春和甲子運中幾度憑高慕遠還安困守門閭乙丑運巖霜積雪將來化次第清風到旧庚丙寅運中春光滑息好得失遂東西丁卯運中延賓翫物會交園棋戊辰運中歸去也

戊戌年　庚申月　甲申日　壬申時

此八字甲申專權之日相配柱中金水殺生印綬之格偏印透露陽木不從其殺事不十全主人生於右族長於仁門水命椿萱雙晚茂天邊鴻雁各行鳴其為人也手姿清秀天性卑能機謀鄰腹舉用人歎祖基宜毋整事業必重增鬧處去走冷處不行無慮不傳詩礼學有朋來自遠方親但願商估并貫扬何須跨馬入神京此則穗孚之命鶯啼春藹藹子嗣晚叢叢運行初辛酉上人庇下安晦未伸過此壬戌運中未歡桃杏紅紅色且喜湖光淡淡情癸亥運中隱隱輕雷抽碧筍纖纖細雨潤紅英甲子運中堤柳已數新幹綠園梅不改舊時馨乙丑運中人生正在風光處何恨無常又促程

戊戌年　庚申月　丙寅日　丙申時

此八字丙寅長生之日相配柱中才殺之格刑冲太重減我功名主人生於右族長於名門土木椿萱晚壽天邊鴻鴈有飛騰其為人也丰姿磊落性格雍容高謀遠見機関別洒落春風一好八萬里無雲天一色三秋好景月長生涯湖海上道路或西東得意江山詩句健忘情日月酒盃深才源富足家居好何必騎鯨駕五雲此則穩享之命鴛幃理連須招硬子嗣秋来朵朵榮運行初辛酉上人庇下如挽圭捧盈壬戌運中娟娟雲裏月灼灼葉中英癸亥運中片雲高發千山雨雨過千山依舊晴甲子尋常一片窓前月纔有梅花便不同乙丑運中才源雖富足人事尚虧盈丙寅運中心事數莖之白髮还愁索耗不如心丁卯運中夕陽有限春夢無憑

戊戌年　庚申月　丙戌日　壬辰時

此八字丙戌日元相配柱中金水才殺之格人生得此生於右族長于名門火土椿萱双晚茂鴈門天際各飛鳴其為人也丰姿清秀天性聡明高謀遠見機関别慷慨情懷李識深祖業添新慶根源勝旧風不必覓珠来水府何須求劍到豐城才源富足福禄駢臻田園有意公卿小廊廟無心宇宙輕瀟世功名身外事五湖風月樂怡情此則豐潤之命鴛幃有配須招副子嗣金風孝且忠運行初辛酉上人庇下天涔雲丕凍江寬風尚生壬戌運中隱隱輕雷抽碧笋微微細雨潤紅英癸亥運中小池雨過添新綠深谷春来發旧馨甲子運中才源富足家居好片時風雨不為驚乙丑運中正是太平光霽景还愁風雪尚愁人丙寅運中軒開化日千祥集簾捲香風百福臻丁卯運中安樂晚景戊辰運中花落月沉

戊戌年　庚申月　丁亥日　戊申時
此八字丁亥之日貴殺相配桂中金水財官之格
財旺生官終有麼逈斯命者生於旺族長於高門
火命椿萱歲長天邊鴻雁各行群其為人也丰姿
清秀天性聰明知高識下理白分清謀動君子威
伏小人過火黃金重長價離雲皎月停清明笋長
園林過舊竹花開上死勝先春朝中無姓字湖海
發財源身將隱矣文何用人不知之味更長但顛
一生財富足何須東笏拜明君此則旺盛之命鴛
幃連珠配小子嗣機不衣新運行辛酉幼年之下

花放風生壬戌運中淡淡梨花月翩翩柳絮風癸
亥運中隱隱輕雷抽碧笋微微細雨潤紅英甲子
運中財權秉美嘗斯除斤時素耗斤時驚乙丑運
中威權秉美人欽伏財帛豐盈福祿臻丑字之中
如月入雲丙寅運中返賓玩物會友開樽丁卯運
中訃音一播酌酒三鍾

戊戌年　庚申月　己丑日　甲子時
此八字己丑日元相配柱中金木傷官劫財之格人生
得此生於右族長於名門椿萱一字期頤天邊鴻
不行同其為人也丰姿清秀天性剛忠知高識下
理白分清行藏果斷作事老誠過火黃金重長價
離雲皎月倍清明笋長名園過舊竹花開上苑勝
先春不以功名為念豈將冠冕磨礱得志江山詩
句挺忘情日月酒盃深粟陳貫朽行藏好何必天
邊沐寵榮此則旺足之命鴛幃連珠須配小子嗣
金風摯且忠運行辛酉為濤乳水脉醲雨暗聳

絞遏此壬戌運中隱隱輕雲抽碧笋微微細雨
潤紅英癸亥運中近水樓臺先得月向陽花木
早逢春甲子運中雖則行藏有變還愁人事虧
盈乙丑運中福若泉源泛財如春氣生丑字五
載如履薄水丙子運中天上三陽春人間五福
臻丁卯運中無思無慮戊辰一枕清風

戊戌年　庚申月　辛酉日　戊子時

此八字辛酉專祿之日配相柱中旺水傷官之格
亦有朝陽之意主人生於右族長於名門堂上椿
萱椿茂長天邊鴻雁各行鳴其為人也丰姿清秀
天性平能知高識下理白分清機謀輒腹幸用人
欽過火黃金重長價離雲皓月倍清明祖業添新
慶根源勝旧風不必覓珠来水府何須求利到豊
城身將隱足又何用人不知春味更真雖然不是
青雲客囊囊中積寶富豪富此則穩厚之命允幃
金土双偕老子嗣森枝脫景榮辛酉之運上人庇

下災悔还侵壬戌運中雲開山色翠雨過竹重青
癸亥運中近水楼臺先得月向陽花木早还春甲
子運中到此始知時運好萬物光華百事通乙丑
運中才如風捲浪福似月離雲當是時也風雪滿
庭丙寅運中簾捲香風生百福軒開化日祿重增
丁夘運中引鶴徐行三徑曉約梅同醉一壺春戊
辰運中帰去也

戊戌年　庚申月　丁丑日　癸夘時

此八字丁丑日元相配柱中金水才杀之格戊癸
作合有助主人生於西室長於高門椿親榮晚贈
萱毋不須論天邊鴻雁各搏風其為人也丰姿瀟
洒識見高能觀書覽史學足三冬嵓足身早幼尤
来席上珎早登蟾室攀丹桂扶向龍門奪錦英一
從揚姓字秉笏拜金門此則榮貴之命鸞幃春麗
須招硬子嗣森枝有挺榮運行初辛酉上人庇下
花放風生壬戌運中欲向雲中牽足須從灯下留
心癸亥運中莫愁雪阻蘭関路時来頃刻便升騰

甲子運中已把嚴威催酷吏更將仁政識黎民黎
花舞雪雨過山青乙丑運中腰横金作玉丙寅運
中有材廣大用未許便辭榮丁夘運中夕陽有限
春夢無憑

戊戌年　庚申月　丁丑日　庚戌時

此八字丁丑日元相配在中金土傷官助才之格人生得此生於右族長於高門土木嚴慈双親別天邊鴻鴈各行鳴其為人也丰姿清秀天性聰明世事頗能將就般般學文精通過丈黃金顯十分之貴色離雲皎月布萬里之清明祖業添新慶根源勝舊風雖不成名利生平近貴人月掛碧天多皎潔名揚湖海有光榮鄉民仰德閭里推尊此則穩厚之命鴛幃連珠須配小子嗣森枝孝義深運行初辛酉幼年之下灾梅未仲壬戌運中淡淡梨花月翩翩柳絮風癸亥運中漸覺夜涼池雨過信知花放曉風輕甲子運中近水樓臺先得月向陽花木早逢春梨花舞雪雨過山青乙丑運中堤柳已數新幹綠園梅不改舊時馨丙寅運中笑傲壺中日月優游醉裏乾坤丁卯運中無思無慮戊辰運中春夢無憑

戊戌年　庚申月　丁巳日　辛丑時

此八字丁火相配柱中旺金才旺生官之格人生得此生於右族長於高居椿萱有倚先懸父天邊鴻鴈不聯飛丰姿清雅天性操持行藏果斷作事三思見善則持於己當仁不讓於師罗綺飄香風蕩蕩壺觴列座草簍妻市廛生計廣湖海祿元脊花盈上苑果盈圃稻滿平疇水滿池功名身外事無辱樂多余此則旺足之命鴛幃正副方偕老子嗣秋来舞綵衣運行初辛酉上人庇下樂處自如壬戌運中漸漸精神爽看看氣象輝癸亥運中淡烟楊柳岸薄霧杏花堤甲子運中行藏雖有慶人事尚趦趄乙丑運中才源滾滾家居好旺中还有事盈懸丙寅運中嚴霜積雪都經過始得春風到故廬丁卯運中田園桑柘茂畝畝稻果肥戊辰運中暮年安享己巳運中帰去来兮

子平遺書　二九

戊戌年　庚申月　丙午日　辛卯時

此八字丙午日刃之辰才旺生官之格人生得此生於仁門長於右族椿父先帰萱後别天邊鴻鴈不同群其為人也丰姿清爽天性老誠知高下識重輕雖不成名利生平近貴人過火黄金重長價離雲皓月倍清明常將好意番成惡每把真心換得嗔江湖有意公卿小廊廟無心宇宙輕但願一生多逸樂何必天邊沐寵榮此則俗傑之命鴛幃有碍重年歆子嗣先虧後有孟運行初辛酉上人庇下未斷升沉壬戌運中登臨值雨賞翫天牆癸亥運中人生正在風光處只恐閑飛素耗生甲子運中精神又樵悴樵悴又精神乙丑運中得中有失晦後還明丙寅運中歲寒松尚茂秋老菊花馨丁卯運中人生從此别無優見儀刑

子平遺書　三十

戊戌年　庚申月　庚申日　戊寅時

此八字庚申專禄之日相配寅中丙火時上才煞之格身強殺淺假殺為權主人生於文望之族長於清白之庭椿萱榮耀难双毫天邊鴻鴈各搏風其為人也丰姿清秀天性聰明千古文章遑榮耀一天星斗熳心胸衣冠濟濟人中像和氣怡怡嶺上松終是皇朝榮貴客豈為田舍鑿犂人三級浪中虬变化九重雲裏豹升騰一從姓字傳揚後金紫腤塗輔聖明此則榮肅之命鴛幃有碍須相破子嗣榮門孝且忠己酉運中上人庇下未斷平生壬戌運中十年窓下業黄卷与青灯癸亥運中禹浪三層都躍過肅氣騰騰四海清甲子運中耽廷黄紫宇宙光亨乙丑運中金紫煌煌懷任重臬司重擢信為尊九天恩詔降入國理刑名丙寅運中政引風霜成物色語同天地到陽春當此之際風雨一驚丁卯運中天振功名只如此掛冠解組向遲程戊辰運中子貴正當宜享福胡為一壯入王庭

戊戌年　庚申月　丁亥日　丁未時

此八字丁亥日貴之辰相配柱中金水才官之格才盛生官終身有慶女人得此生於右族長配名門椿萱雙挽茂棠棣苑邊春其為人也姿容清秀德茂行真勝丈夫之氣槩有男子之材能一死杏桃鋪錦繡半溪山水綠蘿新相夫應有道訓子總成群玉產崑崗藏韞色蘭生楚漢散清馨難鍋雛祀易喜易嗔佇看夫榮子貴也應同沐皇恩此則榮益之命良人連珠榮貴客子嗣森枝有挺榮運行初巳未上人庇下毓秀閨門戊午運中契合翠鸞成好夢當緣紅葉是良烟丁巳運中萬疊好山雲作歛一樓明月雨初晴丙辰運中羅綺千般色裙釵化日新乙卯運中光華疊疊沛澤紛紛甲寅運中晚年子貴重榮贈癸丑運中一枕黃粱永不醒

戊戌年　庚申月　庚申日　丙戌時

此八字庚申專祿之辰時上一位貴格人生得此生於望族長於高堂椿萱有倚難雙耄鴻鴈天邊各舊翔半姿磊落礼樂鏗鏘學問三冬足詩書萬卷藏純學科場驚試院英才翰苑沐恩光一從姓字傳臚後金紫榮著次第昌此則榮顯之命篤情宜有贈桂子有承芳運行初辛酉上人庇下襲慶迎祥壬戌運中味道心千古披文目五行癸亥運運中馬上衣冠別男兒當自強甲子運中雖則金金甌拜命還愁風捲滄浪乙丑運中祿位崇廷金紫貴理刑渾似九秋霜丙寅運中文章飄逸金閨彥標格風流玉筍班丁卯運中未許懸車轉還留作棟樑戊辰運中訃音一播酹酒三觴

戊戌年　庚申月　乙巳日　癸未時

此八字正官之格正官者貴氣之物也人生得此生於茂族長於柳營萱母早歸泉世椿親晚走幽冥其為人也知高下識重輕事業每從忙裏訛才源自向閙中生學問稍知今古事生平瀛得近高人花無桃李非春色人沒榮枯是太平此則穩足之命鴛幃有硬須年相綱桂子秋來旺宅門運行初辛酉娟娟雲裏月灼灼藥中英壬戌運中行藏覺瀟洒咲傲任榮枯癸亥運中高人提挈人藏好旺處還愁世事索甲子運中精神又惟悴憔悴又精神乙丑運中財如流水滔滔長福若春蕕漸漸增當此之際一度逡巡丙寅運中有子有孫宜享福丁卯運中藍推玉折恨何伸

戊戌年　庚申月　庚申日　庚辰時　呂爵夫

此八字庚申專祿之日相配柱中金水傷官之格人生得此生於右族長於名門火土雙親晚貴天邊鴻鴈行鳴其為人也丰姿清秀天性平能斷高理直處事公平胸藏星斗學貫古今袖裡虹霓沖霧色筆端風雨駕雲端終是功名之客宜為田舍之翁鵬路高搏知建翼龍門深躍見脩鱗一從楊姓字秉笏拜金門此則榮貴之命鴛幃連珠須配小子嗣秋來朶朶榮運行初辛酉天冷雲還凍江寒風尚生壬戌運中十年窓下業時至可升騰癸亥運中躍過禹門三級浪秉笏金鑾拜聖門甲子運中獄折片言民訟見九天金紫再加陞乙丑運中西風吹過天邊雪從此滔滔祿倍陞丙寅運中有時應大用未許便歸榮丁卯運中春光去也一枕清風

戊戌年　庚申月　丙寅日　癸巳時

此八字丙寅長生日相配桂中旺金之格女人得此生於右族長配名門椿父先歸萱後別夭遏鴻鴈各行鳴其為人也姿容清秀髮鬒精神勝丈夫氣槩有君子才能一苑杏花鋪錦綉滿山松柏映幃屏青入水光成嫩綠日勻花蕚發新紅每懷死勝意時抱擇鄰心克勤而克勤易喜而易嗔雖不鳳冠帔服也應夫貴同榮此則榮貴之命良人同屬榮華客子嗣生成孝義人運行初已未上人庇下毓秀閨門戊辰運中路入桃源花爛熳橋横雲漢水澄清丁巳運中雖則夫門多快樂幾番人事尚虧盈丙辰運中須史風雨過頃刻月離雲乙卯運中雨晴山聳翠雲皎月當空甲寅運中夫榮歎際前程穩片時風雨片時驚已丑運中裙釵濟濟家業豐盈丑字之中花放風生壬子運中歸去也

戊戌年　庚申月　戊辰日　壬戌時

此八字戊辰日德之辰相配柱中金水食神助財之格人生得此生於右族長於名門椿萱雙晚戊棠棣各敷榮其為人也丰姿清秀天性聰明知高識下理白分清豈無髙仕敬時有貴人欽遏火黃金須長價離雲皎月倍清月筭長名園過舊竹花開上苑勝先春不以功名為念豈將冠冕磨礱時至財源富足運來無祿騈臻五湖生計好四海福元增但頤財源富足何須天府求榮此則旺足之命鴛幃金玉潤子嗣彩衣新運行初辛酉天冷雲還凍江空風自生壬戌運中寒向梅中盡春從柳上生癸亥運中德客夜涼池雨過信知花放晚風生甲子運中天上三陽泰人間五福增乙丑運中財源富足家居好風雪闌非尚惱人丙寅運中延賓翫物會友開樽丁卯運中人生從此別無復見儀形

戊戌年　庚申月　庚辰日　甲申時

此八字庚辰日德之辰相配柱中水木傷官助才之格人生得此生於右族長於仁門椿萱晚鳴鴈分群其為人也丰姿清秀天性聰斷高理直處事公平風月處友清雨客晴過火黃金重長價雖雲皓月倍清明祖業添新慶般泉勝旧風福祿江山外名聞湖海中花無桃李非春色人有笙歌是太平但願一生湖海樂何必天邊沐寵榮此則豐閏之命篤帳連珠高一載子嗣秋來桑棗榮運行初辛酉傷刃之地花放風生過此壬戌運中斷

涼池雨過信知花放曉風輕癸亥運中傷傷輕雷抽蟄筍微微細雨閏紅英甲子運中到此知時運好萬物光華百事通乙丑運中才原富足家居好風雲閑非尚惱人丙寅運中才旺生官家業長福星臨照喜非輕丁卯運中富之以潤其屋德之以潤其身戊辰運中人生從此别无福見儀形

戊戌年　庚申月　乙亥日　丙戌時

此八字乙亥之日相配柱中金土才官之格只嫌身強減我功名斗人生於右族長於名門椿萱皓首先亡母天邊鴻鴈各西東其為人也丰姿清秀天性聰明知高下識重輕出土黃金重長價離雲皎月倍清明高人起敬貴客相欽遊山玩水携詩卷對月觀花把酒斟不以功名為念豈將冠冕磨舊田園桑柘茂畝畝稻梁馨得意江山詩句絕忘情日月酒盃深雖不達侯封爵自然才祿餘盈此則穩厚之命篤帳有犯高一載子嗣双双有捷荣運行初辛酉上人在下

未斷平生壬戌運中春風雖雨過花李未生英癸亥運中得中有失晦後还明甲子運中才源滚滚家居好尚有須臾晦耗生乙丑運中世情濃又淡淡處又还濃丙寅運中威權有布人欽服才帛興隆福祿增丁卯運中子貴孫賢家業旺戊辰運中春已去鳥無声

戊戌年　庚申月　癸酉日　壬子時

此八字癸酉日元配乎柱中金土官印之格有官有印無敝作廊廟之材運行皆地事不十全主人生於右族長於高居椿萱昌盛双双耄鴻雁奚能隊隊飛其為人也丰姿清秀天性操持般般稍覽件件不精李門每覩顔孟業心術能通造化機終是功名之客豈教田里耕鋤晚景橋門而服跡紛紛德澤惠黔黎此則旺显之命鴛幃有把須招硬子嗣秋來有出奇運行初辛酉上人庇下有何是飛壬戌運中如花向日竹笋穿泥癸亥運中十年窗下業困守讀書惟甲子運中減欲恩高慕遠还空藏器待時乙丑運中霰霜積雪都踏過特來機會入京纔丙寅運中梅梢武報春消息始覺陽和蒲太虚丁卯運中延賓玩物會友園基戊辰運中歸去也

戊戌年　庚申月　辛亥日　庚寅時

此八字亥之日相配柱中水木傷官助才之格人生得此生於右族長於名門萱毋先歸椿後別天邊鳴雁各行鳴其為人也丰姿清秀天性剛忠般般稍覽件件不精行藏覺消酒咲傲任枯榮太山北斗千年在和氣春風四座傾終是功名之客豈為田舍之翁幾載辛勤甘苦守一朝天府沐皇恩俯看頭角聳光耀舊門庭此則榮貴之命鴛幃正副方偕老子嗣榮門嫡庶生運行初辛酉上人庇下未斷平生壬戌運中時來逢貴助祿馬旺前程癸亥運中劍筆高揮多壯觀雨晴天路馬蹄輕甲子運中雖則峥嶸頭角依然困守家門乙丑運中皇恩有感祛惡除凶當此之際進退因循踰此丙寅運中有名關富貴無事樂從容丁卯運中子貴重沾榮贈悠悠樂享蘿東戊辰運中無思無慮巳巳運中花落月沉

戊戌年　壬戌月　癸亥日　己未時
此八字癸亥日配格中火土襍氣財官之格本显功
名官殺混襍藏我光榮主人生於茂盛之族長於豊
潤之邊椿萱有倚雁双耄鴻鴈聮群又斷群其為人
也丰姿清秀天性聡明般〻皆稍覧件〻全不精雖
不成名利生平近貴人常将好意番成悪每把真心
换得嗔雖不建侯封爵禄也應師里官黎民此則潤
居之命鴛幃正副方偕老子嗣秋来有挺榮運行初
癸亥上人庇下何論其盈甲子運中天邉初出月苑
上始開花乙丑運中雖則行藏有慶还愁人事匆〻
丙寅運中雨晴山有晴雲散月當空丁卯運中着意
種花〻不發無心插柳〻成陰此則際緩宜鶩戊辰
運中沖擊得　萬事咸之　字之中微雨美情已巳
運中有子有孫宜享福庚午運中歸去也

戊戌　壬戌　癸丑　癸亥
此八字癸丑日柱中之土雜氣才官之格亦有拱
禄之意人生得此丰姿洒落天性公平每有濟人
之德素無殺害之聲椿萱分别後鴻鴈不聮鳴祖
業添新慶才囊自積成雖不達侯封爵也須威壓
鄉城佇看来晚鄧金玉積盈〻此則富厚之命鴛
幃配合須年長桂子森〻兩挺榮運行初癸亥上人
庇下快樂昇平甲子運中詩書雖有志貨利亦関情
乙丑運中恰似洛陽三月景柳花飛處牡丹馨丙寅
運中財源来旺処風雪一番生丁卯運中英雄交敬
厚日〻醉還醒戊辰運中老當享用有子光榮己
巳運中悠〻處樂庚午運中一夢離憑

戊戌年　壬戌月　乙巳日　丁丑時

此八字乙巳日相配柱中之土雜氣財官之格人生得此丰姿洒落天性剛明樁萱半道相虧奉鴻厲天邊有各騰學問胷中廣詞源筆下精定擬仕途騰達定教莘野躬耕際會風雲沾寵渥晚年威勢自峥嶸此則榮貴之命鴛幃有碍須招副桂子秋未有顯英運行初癸亥上人福庇黄卷青燈甲子運中欲遂凌雲志思囊數點螢乙丑運中執卷幾回嘆息特未馬足飛騰丙寅運中一番風雪過却下望恩榮丁卯運中威振名揚當此際祿元還擬有加陞戊辰運中東持重柄未鮮簪纓己巳運中黄花緑酒庚午運中一夢難醒

戊戌年　壬戌月　丁丑日　丁未時

此八字是何格局荅曰丙丁生戊己土為傷官見亥中壬水為偏官得日是兩有戊土制其偏官也七煞控御得其道耳主人聰明伶意智無所不至知進退識高低外寬而内急剛柔而相濟一生衣食温飽子妻身生兩本聚倜儻之妻緣亥中甲子午中己合雖然無克妻闗葺其子臨官之地有嗣而無顕行甲子中兩之敗神雙親有損乙丑運中行丙寅丁卯東方之運木能生火好善貴木克制伏之神有効而無成施恩而取怨戊辰之中土掩光輝名利手頭新換舊火臨水庫倉箱雖富不從容己巳之中未冲其偏官南柯夢一番

戊戌年　壬戌月　己丑日　乙丑時

此八字己丑日配乎柱中之木時上偏官之格人生得此丰姿清楚性理明良椿萱敷晚翠鴻鴈後成行理窮今古事學貫聖賢章定是功名客難爲田舍郎瘦林雖不登高宴百里榮看化日長此則榮貴之命鶺幃全正副桂子發天香運行初癸亥上人庇下冬煖夏凉甲子運中尋章摘句入室升堂乙丑運中騰身離泮水高折桂枝香丙寅運中一番風雪過百里姓名揚丁卯運中祿元重顯擢位政向黄堂戊辰運中再加祿位未擬還鄉已巳運中悠〻慶樂庚午運中夢入仙鄉

戊戌　壬戌　乙亥　辛巳

此八字乙木坐於卯鄉相配柱中辛金時上偏官之格人生得此本乎得祿得名只慊才印相混身無敍根滅虧福力注人行藏高古動止方圓生於清淡之族長於善念之門堂上椿萱先別毋兩行鴻鴈不同群祖基祖業難相守才帛田園自置存不攻書史不學耕耘等閑遇得高人指拋却公門到術門此則近貴之命鶺幃有疾須金水桂子先凋發異根運行初癸亥蔭庇之下氣象清新甲子運中倦書揮翰筆行樂尚逡巡乙丑運中貴人相指導禍福妙通神丙寅運中滚〻財源來愈旺遠方人物自相親田園曠闊樓閣凌雲丁卯運中霜肅椿庭猶損桂吳羅自己鏡生塵越到戊辰運中枯木重生花幾朵無端風雨又紛〻己巳運中烏啼花落盡烟草暗孤墳

戊戌　壬戌　乙卯　丙戌

此八字乙卯專祿之日相配柱中火土雜氣才官之格人生得此生於文望之族長於詩礼之家丰姿洒落性格奢華椿萱難並老鴻鴈陽天涯學業胸中藏錦綉詞源筆底走龍蛇定登黃甲蹇金闕禄位榮看次第加此則貴顯之命鶯幃有犯須偏正桂子秋來拂彩霞運行初癸亥上人庇下榮樂驕奢甲子運中螢窓多勉學来擬便乘槎乙丑運中雪晴天路達跨馬到皇家丙寅運中職列粉班權德重弄沾恩澤潤桑麻丁卯運中金魚掛帶名播迩遐戊辰運中肅、威稜揚萬里未宜酌酒對黃花巳巳運中衣錦榮田故里庚午運中胡為命掩黃沙

戊戌　壬戌　辛酉　乙未

此八字辛酉專祿之辰雜氣印綬之格孤神太重終有傷形堂上親難倚天邊鴈失群其為人也天資敦朴志行老成言不妄發事不胡行茗煎氷下水香炷佛前燈閒浮檀水心無染優鉢羅花体自馨此則遠避囂塵之命運行初癸亥淡淡天邊月輕輕壠上雲甲子運中生涯只平淡世事未昇平乙丑運中迷川有寶筏覓道展金繩丙寅運中到此始知行樂順瞿曇座下有光明丁卯運中休道緇門無事擾日高依舊俗緣生戊辰運中大千界内能堅守不二門中自讚稱己巳運中竹蒼松翠水綠山青庚午運中縱有消灾呪無常也促程

戊戌　壬戌　丙辰　辛卯

此八字丙辰日德之辰月上偏官之格仗此根原焉得不美萱親後別椿先殞鴈字聯飛各一天其為人也多智慧有機關幾番巧處反成拙數次恩中惹出冤祖業增添多秀麗財源充足愈光鮮但使平生穩富不思跨馬朝天此則豐足之命鴛幃火命須年長子嗣芬芳孝義全運行初癸亥微風微雨淡霧淡烟甲子運中陽和田宇甯瑞氣藹門闌乙丑運中財帛正如新折柳人情還似半明蟾丙寅運中不意之中曾得意用心之處反徒然丁卯運中不必區區貴神思自然運至福淵源戊辰運中見曹喜會榮家業行樂方知勝昔年已巳運中青松寒尚茂黃菊晚尤妍庚午運中春光撚指难留恋一夢黃粱阻九原

戊戌年　壬戌月　丁卯日　癸卯時

此八字丁卯日相配柱中水土相配柱中水土去官留殺之鄉人生得此丰姿莊重天性仁慈心下存濟人之德胸中無殺害之私椿親先別萱榮晚鴻鴈天邊兩共飛重新事業行藏順歷覽江湖貨利隨佇看英雄交款厚果然才帛旺門閭此則富實之命鴛幃剋後重年少桂子秋来三兩枝運行初癸亥上人庇下快樂安舒甲子運中恰似洛陽三月景牡丹開處柳花飛乙丑運中一番風雪過才旺勢尤彌丙寅運中家業有成人事廣樂中尚有事趁起丁卯運中斷絃重續後才帛滿門閭戊辰運中老當發旺多積金珠已已到庚午運中歸去也

戊戌年　壬戌月　己巳日　乙丑時

此八字是時上偏官貴賤如何時上偏官金多難用此是時上金神喜其制伏入火鄉貴命也恩沾聖澤非親積玉帶金腰一旦中此則軍官之命邊夷就取鸞膠女鸞鏡重婚貴過人螟蛉方是子蘭㝊可相親運行癸亥之中金神入水鄉别父母出他鄉棄親枝遊外郡乙丑運中月昇雲翳散貴客助英豪丙寅丁卯運中赫赫聲名遠頒頒禄俸多行戊辰己巳一番風雨過減却桂枝香行戊午運中功名有布鐵券畐煙

戊戌　壬戌　庚申　乙酉

此八字庚申專禄之辰雜氣官印之格萱毋先歸椿後别西風鴻鴈少同翔其為人也行藏果決性格英良隨時順理規圓矩方早歲平還静中年抑又揚雖不瓊林拜宴也教翰墨名揚報道蒼年好信知籬菊香此則晩榮之命篤幃年少雙偕老子嗣斑衣孝義昌運行初癸亥春寒料峭未稱尋芳甲子運中窓前用意燈下尋章乙丑運中夢裏曾登天上去桂花折在手中香丙寅運中馬蹄塵土勞千里豈患風雲變一場丁卯運中未白未紅花蓓蕾半榮半貴未全昌戊辰運中千里民歌清政一方境界安康巳巳運中樂閑田里庚午運中夢奄泉鄉

戊戌年　壬戌月　壬申日　甲辰時

此八字壬申之日身坐長生食神制殺之格主人生於盛族長於良門椿萱中道別鴻鴈兩行分其為人也丰姿磊落天性聰明學問少知今古生平尤近貴人蓋緣學得丹青藝為此真能樂太平此則清和之命篤幃有虬須重續桂子斑衣孝義深運行初癸亥只宜蔭下未論枯榮甲子運中青歸柳葉晴初度紅入桃花煖未匀乙丑到丙寅運中幾度梧桐驚夜雨依然桃李長春英丁卯運中但得高人指引始知才帛如心戊辰運中賢朋滿座美酒盈樽己巳運中安享兒孫之福庚午運中一宵花落月沉

戊戌年　壬戌月　丁卯日　己酉時

此八字丁火相配柱中旺土傷官助才之格人生值此丰姿魁穩性格操持生於良門右族長於仁盛之庭堂上嚴慈難並耄天邊鴈字我高鳴祖基祖業應更變財帛資囊筆底成分清而理白懲惡不欺貧學問頗能知禮義行藏闇裏動高人佇看暮年光景好素榆佳趣樂昇平清高君子志較短論量深此則結秀之命篤幃兩敵方無克子嗣金風送別親運行初癸亥淡雲籠竹葉秋雨滴人參甲子運中既濟尤妨於未濟得經尤慮於失經乙丑運中總使縱橫多計較其中人事枉操心口非之絆雲散月明丙寅運中自有貴人相指引威權振作有聲名當是時也官破扶行丁卯運中雖則成家而立業尚有餘寒心不寧戊辰運中子必能名揚閭里延賓酌酒福彌深小題之碍料不傷身己巳運中穀粟盈廒正是成佳而成趣東倉西庫宜當付子與傳孫庚午運中半生繾綣戊何用百歲光陰一旦傾

戊戌年　壬戌月　己卯日　辛未時

此八字已卯日配乎柱中之水雜氣才官之格人生得此仕路身荣金木双親萱壽長鴈行天際有聯騰丰姿洒落天性聰明理窮金古事學貫聖經一舉可冲天之勢片言有折獄之能禹浪三層都躍過班聯粉署戟兵刑此則顯耀之命鴛幃正副双諧老桂子庭前有継荣運行初癸亥上人庇下快樂昇平甲子運中讀残茅舍月行落泮林星乙丑運中禹浪騰身沾寵渥輝輝德化布神宗丙寅運中禄元重顯權金紫戟加陞一卯運中權衡千万里風雪一番生戊辰運中大才大用威振邊城已巳運中悠悠处樂庚午運中清史留名

戊戌年　壬戌月　己酉日　辛未時

此八字已土生食神之鄉相配柱中金水雜氣才官之格女人得此足以發身只嫌運入背鄉减弓福力注人姿容雅麗立性機關勝丈夫之氣槩有男子之才權椿萱棠棣難相守妯娌翁姑有変遷性心静似月明霄漢性急如風捲雲烟此則能事女命良人命敬方偕老桂子秋風各發妍運行初辛酉閨門之内不暖不寒庚申運中匹配賢良女花從錦上添己未運中桃李春風争艷麗梧桐夜雨滴清寒戊午運中幾番旺處成愁慮一度風波幸又安丁已運中暑寒来往人自老月落花残景淒然丙辰運中冲擊之所還有邉遭乙卯運中春殘花落尽荒草帶寒烟

戊戌年　壬戌月　甲戌日　甲戌特

此八字甲木生火傷官之格戌中有土爲財值此格者志氣軒昂不可量多方斡運會經營只知錦上添花好誰信遭霜雪又傍知己高朋生怨悪六親骨肉有爭張汝南天水人相遇從此提携喜障常此則平穩之命鴛幃和美顧為連理之枝桂子飄香可作成家之器運行初癸亥甲子水泛木浮成新棄舊乙丑丙寅運中春苑春山家有慶秋江秋水業無窮丁卯戊辰運中百年繾綣成何用夢入瀟湘萬事空

戊戌年　壬戌月　乙亥日　丁亥時

此八字乙亥日相配柱中水土雜氣才官之格人生得此生於望族長於華堂手姿清致性理明良椿萱半道相分手鴻鴈無情不共翔學問有成終是功名之客英才特達豈爲耕鑿之郎瓊林雖不叅高宴自有仁風百里揚此則晚榮之命鴛幃有碍須相觝桂子秋来姑發香運行初癸亥雙親庇下未論灾祥甲子運中有志親書史何愁履雪霜乙丑運中幾欲榮登月殿身还困守書窓丙寅運中執卷登場空跋踄時来躍馬到龍崗丁卯運中三疊陽關沾雨露絃鳴百里藹農桑戊辰運中宦道生荊風雨驟雲開肅氣散諸方己巳運中身膺金紫位未許便还鄉庚午運中落日青山外猿啼人斷腸

戊戌年　壬戌月　戊午日　癸丑時

此八字戊午日刃之辰配合柱中之水雜氣才官之格女人得此福足以授榮封椿萱棠棣難相守妯娌翁姑侍不常儀容玉麗天性金剛有主業掌家之道相夫教子之方心靜似月明霄漢性急如風捲滄浪錦花開賞富貴琅玕竹帳要廉紫誥重封疊贈果然富貴軒昂此則榮夫顯子之命良人諧国柱桂子輔朝堂運行初辛酉閨門毓秀快樂何當庚申運中屏開金孔雀帶綰綉鴛鴦己未運中萬象光華沾沛澤一番行樂致悲傷戊午運中悵悵臨風嚴霞衣絢日光丁巳運中羅綺千般色珎羞百味香丙辰運中恩須紫誥玉飾金粧乙卯運中悠悠享用甲寅運中鏡掩晨光

戊戌年　壬戌月　甲戌日　甲戌時

此八字甲木相配柱中戌土雜氣財官之格人生得此丰姿俊傑性理剛明生於豊富之室長於詩礼之庭椿萱晚節難双奉鴻鴈天邊不共騰學問聰明一舉可冲天之勢英才特達片言有折獄之能一從登鴈塔肅氣自騰騰此則肅烈之命烏幃全正副桂子晚承榮運行初癸亥上人庇下黃卷青燈甲子運中雖則文聲偏布未應仕路登榮乙丑運中声華從此顯禄位倍英英丙寅運中虎風驚郡縣政化洽民情丁卯運中皇恩有感重加貴一度風霜幸不驚戊辰運中重金重貴未許辭榮己巳運中落日青山外哀傷三兩聲

戊戌年　壬戌月　戊午日　癸丑時

此八字戊午日羽之辰相配柱中之水祿氣才官之格人生得此顯武揚聲椿親曾顯勇鴻鳫有随鳴手姿慷慨天性良能理明韜畧法登貫聖賢經一峯可富萬騎片言能服千兵三跳御溝沾寵渥威飛營苑肅威稜此則武威之命鸞幃有化須偏正於子秋來有挺榮運行初癸亥幼年之景快樂昇平甲子運中聞鷄來渭水走馬向金陵乙丑運中便有威稜驅武士豈無才帛旺門庭丙寅運中踈踈風浪過日日長威聲丁卯運中劈健標了軟威高柔位輕戊辰運中麾下尊威德風波不致驚巳巳運中好花綠酒庚午運中夢入蓬瀛

戊戌年　壬戌月　己巳日　戊辰時

此八字己巳日元相配柱中土火雜氣印綬之格身旺無依女人得此生於右族長配名門姿容清清秀德性剛真有旰食宵衣之懊恼治家立業之才能一苑杏桃鋪錦綉滿山松柏映幃屏箕箒蘋蘩存礼節相夫教子頗賢能難觸而難犯易喜而秀此雖不鳳冠帔服自然福祿駢臻此則豐潤之命良人得配名門客子嗣生成貴顯人運行初辛酉上人庇下花放風生庚申運中路入桃源花爛熳嬌橫銀漢水澄清己未運中淡烟楊柳岸薄霧杏花天戊午運中正是太平光霽処還愁風雨片時生丁巳運中天上三陽泰人間五福臻丙辰運中夫賢子貴樂意忘情乙卯運中粧樓人去也臺鏡之色晨明

戊戌年　壬戌月　丙寅日　戊戌時

此八字丙寅長生之日相配柱中水土傷官制殺之格人生得此生於右扶長於名門椿萱耐晚萱先別天邊鴻鴈各行鳴其為人也手姿儒雅天性聰明頗知玄妙術熟味聖賢經辭鋒穎利疑無敵筆力縱横若有神終是功名之客豈為田舍之翁莫言六躍三層浪也許天邊沐寵榮嘉穀不早實大器當晚成一從揚姓字德澤惠儒林此則榮貴之命鸞幃合建頭生重子嗣榮門有粟英運行初癸亥上人庇下齊月光風甲子運中欲遂平生志潛心六短藥乙丑運中幾欲思高慕遠耆成剪雲裁冰丙寅運中執卷幾回空探月時来機會上宸京丁卯運中一從沐得天邊寵濟濟生徒集泮宮戊辰運中一番風雲初晴後祿位榮陞百里清已巳運中榮田雖下樂子貴又重封庚午運中夕陽有限春實無憑

戊戌年　壬戌月　辛酉日　庚寅時

此八字辛酉專祿之日相配柱中火土褋氣殺印之格喜逢時值貴人遇斯命者生於右族長於高門椿萱有倚先彭毋天邊鴻鴈各行鳴其為人也手姿清秀天性聰明頗知礼義稍識古今謀動君子威伏小人祖業添新慶根基勝舊風豐年田舍禾登臘日山家酒滿斟無慮人傳詩礼至有朋來自遠方親才源有分生涯好何必天邊沐寵恩鄉民所德閭里推尊此則穩厚之命鸞幃有犯須同属丁嗣秋来朶朶榮運行初癸亥上人庇下化日偕谷甲子運中青帰柳葉猜初変紅入桃花煖未匀乙丑運中畫水無声空有浪綉花雖艷不聞馨丙寅運中得中有失晦後还明丁卯運中才源濟汎永居好尚有閑非素耗生戊辰運中天上三陽泰人間五福臻己巳運中晚年閑快樂庚午運中一枕入巫峯

戊戌年　壬戌月　戊辰日　戊午時

此八字戊辰之日相配柱中金火雜氣印授之格人生得此生於右族長於名門士命椿萱連理旺天邊鴻鴈後隨鳴其爲人也丰姿清秀天性聰明粗知禮義稍識古今過火黃金重長價離雲皎月倍清明祖業添新慶根源勝舊風水光浮座杯盤瑩〻氣侵人笑語香不以功名爲念豈將冠冕磨礱腓至財源富足運來福祿無窮但願一生湖海樂何必天邊沐寵榮此則穩厚之命鴛幃連珠須配小〻嗣森枝朶朶榮幼年之下春風駘蕩夏日炎蒸〻癸亥運中天冷雲還凍江空風自寒甲子運中隱隱輕雷抽碧笋微微細雨潤紅英乙丑運中萬里好山雲乍散一樓風月雨初晴丙寅運中桃李〻曾錦江山一畫屏丁卯運中福若泉源湧財如春水生當此之際風雪滿空戊辰運中晚年閑快樂會交以閑樽己巳運中歸去也

戊戌年　壬戌月　丙寅日　乙未時

此八字丙寅長生之日相配柱中水土傷官制殺之格人生得此生於右族長於名門金水椿萱萱歲長天邊鴻鴈有隨鳴其爲人也丰姿清楚天性老成粗知禮義稍識古今有抵雪欺霜之志截長補短之能祖業添新慶根源勝舊風福布江山外名〻誠海中兩都秋色皆喬木耆舊風流有幾人過火黃金重長價離雲皎月倍清明遊山玩水携詩卷對月觀花把酒斟但願財源富足何須天府求榮此則旺足之命鴛幃連珠須配小子嗣秋來朶〻戊運行初癸亥上人庇下安晦未伸甲子運中雨過萬重山有色雲開千里月光明乙丑運中隱隱輕烟抽碧笋微微細雨濕紅英丙寅運中天上〻步泰人間五福增丁卯運中西風吹過天邊雪從此財福祿元增戊辰運中晚年快樂會交閑樽己巳運中夕陽無有限春夢無憑

戊戌年　壬戌月　壬申日　辛亥時

此八字壬申長生之日相配柱中火土雜氣才官之格人生得此生于右族長于名門椿父先歸萱耐晩天邊鴻鴈各行群其為人也年姿清秀天性聰明粗知禮義頗識古今有近貴親賢之德應上和下之能重成新事業再整舊門庭萬里無雲天一色三秋好景月長明兩都春色皆喬木着舊風流有幾人生涯湖海利無意慕功名花無桃李非春色人有笙歌是太平拙於自己巧與他人但願一生以祿旺何必天邊沐寵榮此則穩厚之命鴛幃火何須年長子嗣枝頭二果馨運行初癸亥上人庇下未斷平生甲子運中隱隱輕雷抽碧筍瀲瀲細雨潤紅英乙丑運中正是風清月白還愁人事虛亾丙寅運中才源滚滚家居好尚有趋趄未称情丁卯運中世情濃又淡淡處又還濃戊辰運中冲擊之地花放風生己巳運中子貴孫賢家業旺還愁秦耗片時生庚午運中花落水流春已失蘭頹玉折恨何明

戊戌年　壬戌月　癸未日　癸丑時

此八字癸未日元相配柱中火土雜氣才官之格人生得此生於右族長于高門椿親晩茂萱先別天邊鴻鴈獨飛騰其為人也丰姿清秀天性聰明錦綉胷藏賢聖學珠璣口吐武文風過火黃金重長價離雲皎月倍清明終是功名之客豈為田舍之翁於海蛟横頭角聳南山豹变爪牙新一從姓字傳揚後九天雨露沐皇恩此則榮貴之命鴛幃連珠須配小子嗣生成貴顯入運行初癸亥椿親庇下風雪初晴當時雨過花放風生甲子運中歎遂平生志潛心對一經乙丑運中莫嫌身過芦花景時來頃刻便升騰丙寅運中同沐天邊寵朝班立縉紳丁卯運中雪晴關闔金紫職加陞戊辰運中行看官封三級灼然祿享千鍾己巳運中有材應大用何事便辭歸庚午運中十年如過隙一枕無醒

戊戌年　癸亥月　辛丑日　戊戌時

此八字辛丑日主旺水傷官助才之格人生得此生於右族長於名門金土搭蓋双娥茂天边鴻雁各行鳴其為人也丰姿清秀天性聰明世事頗能循就般般學欠精通日福田栄自有順天之慶常安常樂豈無福地之深祖業添新慶根源勝旧風五湖生計好四海祿元增花無桃李飛春色人有笙歌是太平豐年田合禾盈巷洛日山家酒滿斟但願一生才祿旺何必天邊沐寵栄此則豈潤之命幼年之下災悔之中甲子運中雨過山方秀雲開月始明乙丑運中隱隱輕雷抽碧笋微微細雨潤紅英丙寅運中才旺生官家業長福星臨照喜飛輕丁卯運中福若泉源湯才如春氣新當此之際風雪滿庭戊辰運中花放鳳生巳巳運中悦年閑快樂會有以開樽庚午運中帰去也

戊戌年　癸亥月　戊申日　癸丑時

此八字戊申之日相配柱中金水食神助才格生於右族長於名門椿萱連珠萱歲長天邊鴻雁各行鳴其為人也丰姿清秀天性聰明抑强扶弱理白分清詩書博覽今古皆通濟人中傑怡席上琢李問有成一舉可冲天之勢英才敏捷片言有折獄之能一從姓字傳揚後直上金鑾輔聖君此則荣貴之命鴛幃連珠属子嗣有光荣甲子運中上人庇下災悔之中乙丑運中讀殘茅店月囊聚案頭螢丙寅運中起鳳騰蛟從此始果然秉笏拜明君丁卯運中衣惹御炉拖瑞錦声宜皇澤洒甘霖須史風雪雨過山青戊辰運中承恩帰莫荣三世再整衣冠拜九重己巳運中雖不金甌拜命还愁權重多凶几地可憐埋片玉五雲復見儀形

戊戌　癸亥　庚辰　丁亥

此八字庚辰魁罡之日傷官帶印之格其為人也多機变捎聰明詩書頗覽礼貌維新怒中尤不毒笑裏却藏嗔抑論根基難守祖為妻子是虛名過戶清風為益友下庭明月是親朋蓮社故人今暫別稽山旧隱與同登此則清致之命運行初甲子不寒不煖無辱無榮乙丑運中雖入春園折枊好居梵刹特鍾丙寅運中何畏毋情繞繞不妨人事匆匆丁卯運中四衆尊崇居主席談玄揮塵振宗風戊辰運中昭昭道業凜凜威風己巳運中百尺竿頭須耐守十方界內可脩崇庚午運中弥陁接引万事成空

戊戌年　癸亥月　壬寅日　庚子時

此八字壬寅之日相配柱中火土才杀之格陽刃合杀有功主人生於右族長於高門同鴒椿萱不同壽夭邊鴻鴈各西東其為人也丰姿清秀天性聰明頗知礼義稍識古今有抵雪欺霜之智裁長補短之能過火黃金顯十分之貴色離雲皎月布萬里之清明箕裘名園過舊竹花開上苑勝先春朝中無姓字囊底足珠琢琴樽風月閑生計金玉松筠舊歲春但願粟陳貫朽任他身外無名此則穏厚之命鴛幃聯珠須配小子嗣生成福旺人運行初甲子幼年之下春風淡蕩夏日炎蒸乙丑運中天冷雲遂凍江寬風自生丙寅運中萬里煙雲收歛一搂秋月光明丁卯運中財源富足家居好風雪飛来尚惱人戊辰運中天上三陽泰人間五福臻己巳運中富潤屋德潤身庚寅運中夕陽有限春梦無憑

戊戌年　癸亥月　丁酉日　庚戌時

此八字丁酉日貴之辰相配柱中金水才殺之格人生得此丰姿雅淡處用多機生於豊潤之族長於迍变之居椿萱年邁相分手鴻雁天邉各奮飛祖業雖重整才源自琢齊遨遊湖海馳逐東西親賢近貴財源旺氣象英明重里閭此則稳富之命篤悰賢順双諧老子嗣秋風舞綵衣運行初甲子上人庇下未足為奇乙丑運中春園雨過桃李芳菲丙寅運中正欲尋芳拾翠胡為風雪霏霏丁卯運中雖則行藏有慶也防人事趑趄戊辰運中才源旺處人欽服一度風波幸不欺己巳運中江空浪捲花放風欺庚午運中晚年安享辛未運中歸去来兮

戊戌年　癸亥月　庚子日　丁亥時

此八字庚子日元相配柱中水火傷官之格人生得此生於右族長於名門椿萱棠棣茈邉春其為人也丰姿清雅天性老誠雖無深計較稍有淡聰明知高識下理白分清重成新事業再整旧門庭五湖四海生涯好萬水千山道路通雖不成名利生平近貴人身將隱笑丈何用人不知之味更真但貫乘陳并貫朽何必天邉沐寵栄此則穏厚之命鴛幃連珠須配小子嗣生成貴显人幼年之下如执玉棒盈甲子運中只宜庇下未必為寧乙丑運中始覓瀉和滿目还愁露霧鎖烟凝丙寅運中到此始知時運好萬物光華一日事通丁卯運中西風吹過天边雪從此才源倍有贈戊辰運中庁葭藹偷連野緑迴廻甲第聳雕甍己巳運中簾捲香風生一百福軒開化日禄元增庚午運中春光去也一枕清風

戊戌年　癸亥月　辛亥日　丙申時

此八字辛亥日元相配柱中水木傷官之格天干丙合有功只嫌身弱減我功名主人生於右族長於高門水木椿萱双晚別天邊鴻鴈各行鳴其為人也丰姿清秀天性老誠機謀輙腹李用人欽水光浮座盃盤瑩花氣侵人咲語馨不以功名為念豈將冠冕磨礱兩都秋色皆喬木書旧風流有幾人才源自足生涯好何必天邊沭寵榮此則豐潤之命鴛幃土命須年小子嗣秋來孝且忠運行初甲子上人庇下花放風生乙丑運中隱隱輕雷抽碧笋微微細雨潤紅英丙寅運中爆竹声催殘臘去折梅香引早春迴丁卯運中不独才源富足尚祈声势豪洪當此之際風雪满空施開化日千祥集廣納春風百福增己巳運中脱年閑快樂會友以閙樽庚午運中夢入佳城

戊戌年　癸亥月　乙卯日　庚辰時

此八字乙卯專禄之日相配柱中才官印三奇之格乙庚作合得化得從貴顯声之佳主人生於右族長於名門堂上椿萱茂長天邊鴻鴈有行鳴其為人也丰姿清秀天性聰明腈羅今古事李識聖賢心麗句好為天下白文材俊似海東青終是文場折桂客豈為田舍鑿耕人擊過玉蟾攀桂去馬随青帝踏花行一從楊姓子金紫耽陞陞此則榮貴之命鴛幃金玉潤子嗣雖有親運行初甲子上人庇下灾晦未伸乙丑運中十年窓下業黃卷與青灯丙寅運中霹靂一声雲霧合禹門躍過浪三層丁卯運中粉署聯環才独称大夫金紫又重陞戊辰運中藩臬陞陞超二品何愁風雪滿門庭己巳運中赤心扶日月素志展綸綸庚午運中脱年帰故里辛未運中一枕了平生

戊戌年　癸亥月　戊子日　丙辰時

此八字戊土天元相配柱中旺水才旺生官之格才盛生官終身有慶逼斯命者早不成名晚年發福其為人也丰姿清秀天性老誠英材而出類拳問以淵源豈無高仕敬自有貴人欽嘉谷不早實名利當晚成文章别有凌雲志瓊林錫宴稔虛名一朝頭角聳政化洽西東此則榮貴之命鴛幃正副方偕老子嗣秋成貴顯入運行初甲子上人庇下未斷平生乙丑運中欲遂平生志潛心對短檠丙寅運中幾欲思暮遠當成剪雪裁水丁卯運中听陽關之三疊望天府之九重戊辰運中陰硯寒毡從此脫皇恩有感治軍民已巳運中正宜莅政未許思尊庚午運中衆回故里辛亥運中花落月沉

戊戌年　癸亥月　已丑日　乙亥時

此八字已土天元相配柱中水木財殺之格值斯命者生於仁厚之族長於詩禮之房椿萱不並祿养鴻鴈有不聯飛丰姿磊落天性能為腹內包藏千古事胸中學業五車書蟾宮攀英登仕路瓊林不宴沐榮除佇看來晚節褒德在斯時此則榮貴之命鴛幃宜有贈子嗣秀秋枝運行初甲子上人庇下未斷高低乙丑運中聞詩學禮負笈從師丙寅運中何事不辭今日苦時來頃刻姓名題丁卯運中一從折得蟾宮桂便向鱣堂誨大儒戊辰運中良材擢用藏器待時已巳運中高人提挈起祿位再加巍庚午運中榮華如此辛未運中且賦歸歟

戊戌年　癸亥月　壬辰日　乙巳時

此八字壬辰魁罡之日相配柱中火土才煞之格陽
刃合煞有助水居冬旺生平樂自無憂主人生於右
族長於名門椿萱有倚雖双耄天邊鴻鴈各行鳴其
為人也丰姿清秀天性聰明錦綉胸藏賢聖學珠璣
口吐武文風衣冠濟濟人中傑和氣怡怡席上弥終
是功名之客豈為田舍之翁鵬路高摶知建翼龍門
深躍見猶鱗一從姓字傳揚後九五天門面聖容此
則榮貴之命鶯幃金玉潤子嗣綉衣新幼年之下如
履薄氷甲子運中詩書從有訓究難未能伸乙丑運

中蹭破泮橋霜幾枚讀殘茅店月三更丙寅運中起
鳳騰蛟從始此果然秉笏拜明君丁卯運中威飛虬
浪怒令重虎風生戊辰運中三座君恩喜兩番風木
驚巳巳運中一中正宜加爵緣何事便辞榮庚午運
中訃音一道酹酒三鍾

戊戌年　癸亥月　壬午日　丁未時

此八字六壬生臨午位號曰六馬同鄉傷官合殺
之格天干得合地支亦聯主人生於右族長於台
門萱母早歸萱後别天邊鴻鴈各行鳴其為人也
丰姿磊落天性聰明理窮今古事學識聖賢心衣
冠濟濟人中傑和氣怡怡席上弥終是功名之客
豈為田舍之人三級浪中龍变化九霄雲外鳳飛
騰晚年光審景金紫再加陞此則榮貴之命鸞幃
有犯宜招副子嗣秋来朶朶榮運行初甲子工人
庭下詩禮趣庭乙丑運中何事不辞窓下吾時来

項刻便飛騰丙寅運中禹浪三層鄧躍過風生鉄
面見神驚當此之際進退因循丁卯運中驛站嵩
能海釀是皇恩有感再加陞仁風揚百里政風洽
西東戊申運中雲晴雲散天如洗祐政黄堂德澤
新己巳運中一天膏雨隨車至千里仁風逐扇生
庚午運中解組回田里子貴又光榮辛未運中夕
陽有限春梦難憑

戊戌年　癸亥月　壬午日　丁未時

此八字六壬坐臨午位歸日祿馬同鄉劇殺之格人生得此生於右族長於名門堂母早歸椿則後天邊鴻雁各行鳴其為人也年姿清秀天性聰明衣冠濟濟人中傑和氣怡怡席上珍終是功名之客豈為田舍之翁三汲浪中龍変化九霄雲外鳳飛騰一從姓字傳揚後為官風憲鬼神驚晄筆光雰景金紫職崇陞此則榮貴之命鸞幃有犯須招副子嗣秋來朶朶棠運行初甲子土人庭下詩禮趨庭乙丑運中何事不辭今日昔時來須刻便升騰丙寅運中禹浪三層都躍過風生鉄面鬼神驚當此之際進退遲延丁卯運中驛站暫留淹驥足皇恩有感一再加陞仁風播百里政化洽西東戊辰運中雪晴雲散天如洗佑政黄堂德望新己巳運中一天雷雨隨車至千里仁風逐扇生庚午運中觧組歸田里子貴又光崇辛未運中夕陽有限春夢無憑

戊戌年　癸亥月　辛巳日　己亥時

此八字辛巳日元相配柱中旺水傷官之格女人得此生於右族長於名門堂母先歸椿後別天邊鴻雁各飛鳴其為人也姿容清秀發見超群勝男子之氣槩有丈夫之材能一苑杏桃鋪錦繡滿山松柏映幃屏滔滔無阻滯步步旺夫門雖然雅犯易喜易嗔此則益旺之命良人連理高一載子嗣双双孝義深運行初壬戌幼年之下巍秀閨門辛酉運中紅入桃源花爛熳橋横銀漢水澄清庚申運中淡烟楊柳岸薄霧杏花村己未運中梵多塹中有悶數為旺処安生戊午運中須史雲掩月頃刻月離雲丁巳運中如履薄冰過此丙辰運中晚年多快樂花放尚風生乙卯運中歸去也

戊戌年　癸亥月　己丑日　甲戌時

此八字已土相配柱中水木才官之格女人得此生於良族匹於高堂椿父先帰萱後別西風鴻鴈各翱翔其為人也姿顏閨訓髮皃異常有針綴之功立業之能風送浮雲帰古洞雨滋花蕚發新粧萁幕頻繁存礼節相夫教子蹈賢良深明閨壼理洞識古今章心新似月明雲漢收急如風捲滄浪雖然不是棠材婦也應祈禄勝如常可惜青春年少女如何半世守空房此則旺足之命良人火命須先別子嗣枝枝孝義昌

運行初壬戌運中上人庇下𩔰秀閨房辛酉運中竹恋花蝴蝶花貪竹鳳凰庚申運中正欲氣求声應何期鸞鳳分翔己未運中碧沙窓外梧桐雨点点声容自慘傷戊午運中子秀家寬快樂幾番花放風狂丁巳運中冲繫之两同入雲囊過此丙辰運中安閑晩景其樂何當乙卯運中春光帰去也一枕入黄粱

戊戌年　癸亥月　戊子日　己未時

此八字戊土日元相配柱中旺水才旺生官之格女人得此生於良族配於仁門椿父先帰萱後别西風鴻鴈各行鳴其為人也姿容清雅妥皃精神有肝食室衣之愼恤治家立業之材能一苑杏桃紅錦點半溪山水緑羅新憂福自然知肉味愛琴應拜辦絃声深明閨壼理洞識古今情难觸难犯步喜步嗔霞帔鳳冠身外事平生才禄足豐盈此則益旺之命良人年長須相𧹞子嗣秋未假是真運行初壬戌上人庇下未斷

昇沉辛酉運中雨過山方里雲開月始明庚申運中淡烟楊𣏌岸薄霧杏花村己未運中一拨晩烟迷芍藥半泓秋水浸芙蓉戊午運中幾度樂中右悶数番浄囊憂生丁巳運中一度愁心對倉雪河愈尤解報昇平丙辰運中桑榆暮景福禄駢臻丁卯運中楚臺雲散空留夢撲苑香消还遠寬

戊戌年　癸亥月　庚申日　己卯時

此八字庚申專祿之日相配柱中水木傷官助才之格傷官者剛毅之物也主人生於喬木長於高堂椿萱榮晚贈鴻鴈有行聯其爲人也丰姿清秀天性英賢習詩礼讀書篇時至沾恩而拜命運來面聖而朝天清風南北播德政四方傳振道一從揚姓字昂昂頭角步金臺此則榮貴之命鴛幃宜兩敵子嗣顯斑闌運行初甲子上人庇下花放風顛乙丑運中判脫芸窓應継夜埋頭雪案不辞寒丙寅運中機會來時漸光彩馬蹄千里上長安丁卯運中威飛乱浪怒令重虎風寒戊辰運中重重風雪過金紫戝高廷己巳運中緋衣日煖趨金闕宝殿雲開識聖顏庚午運中帰來故里榮享家園辛未運中一梦帰何處空山叫杜鵑

戊戌年　癸亥月　甲寅日　辛未時

此八字甲寅專祿之日配乎柱中財官印三奇之格三奇者貴氣物也主人生於右族長於西房椿親磊落萱帰副天邊鴻鴈各翱翔其為人也丰姿清秀礼樂鏗鏘口吐璣珠言胸藏錦綉文章驪珠照耀光准掩雷動生豐氣莫藏終是功名之翁豈為田舍之郎純孝科場驚試院英材幹苑莫恩光此則貴顯之命鴛幃金玉潤子嗣晚光揚運行初甲子上人庇下未斷炎祥乙丑運中味遂心千古披文目五行丙寅運中霹靂一声雲霧合果然東筠拜君王丁卯運中處事但憑三尺法理刑渾似一團春當此之際風雪滿墻戊辰運中戝廷金紫貴風雪又飛揚己巳運中未許懸車轉还留作棟梁庚午運中晚年閑故里會友一觴場辛未運中春光去也一枕黃泉

戊戌年　癸亥月　戊寅日　甲寅時

此八字戊寅日元相配柱中水木才殺之格人生得此宜乎金紫之榮主人丰姿厚重性理剛明生於喬木長於衣纓椿萱难以伙栄耄鴻雁天边不共騰孝問詞源三峡水胸襟清傲一天星躍过禹門三級浪果然平地一声雷此則英粛之命鴛幃正副方諧老子嗣秋来朶朶栄運行初甲子上人庇下未断乎生乙丑運中螢窓脱跡雁塔高登丙寅運中頭角崢嶸丁卯運中雨过山青戊辰運中皇恩有感禄位加陞己巳運中金紫重栄戌令重山河十郡迎威雄庚辰運中榮回故里辛未運中夢入蓬瀛

子平遺書　十九

戊戌年　癸亥月　丁巳日　甲辰時

此八字丁巳日主相配柱中旺水偏官之格傷官制伏得助名同人生得此生居右族長於平門少失春親植晩倚天邊鴻雁各分明丰姿清緑歷事幾斤昀羅星斗才飄逸志在青霄趣更深詞傾三峡誰及筆掃千軍塾可憑驪珠照、璽光唯掩雷劍豐城氣莫塵等閑平步起白屋作公卿一日風雲相際會九重雨露沐皇恩甲子運中上人庇下江山清流淨天邊風月清乙丑運中夜案挑灯明草幕晩牕滴露点珠明丙寅運中名標金榜承恩重賜紫瓊林拜命恭丁卯運中柳色依依緑桃花應小春戊辰運中青雲易驚時叙黄菊留心惜華香夢不知何處去定把仙魂陰乘槎

子平遺書　二十

戊戌年　癸亥月　甲午日　乙亥時

此八字甲午日元相配柱中旺水印綬之格人生得此生於古族長於高門椿萱双晚茂鴻鴈各行鳴其為人也丰姿清秀天性聰明高謀遠見機關別慷慨風流一妙人黄金過火重增價白屋雖塵色更明祖業添新慶才源厚積存五湖生計好四海祿元增花無桃李非春色人有笙歌是太平田園有意公卿小節庙無心宇宙輕鄉民仰德閭里推尊此則穏厚之命兆悌連珠須配小子嗣秋来孫枭成初年之下花放風生甲子運中雨過山方秀雲開月始明乙丑運中隐隐輕雷抽碧笋微微細雨潤紅英丙寅運中近水樓臺先得月向陽花木早逢春丁卯運中才源富足家居好風雲閙非尚恼人戊辰運中不独才源富足尚祈声势豪横已巳運中子貴沾恩贈何愁白髮生庚午運中訃音一播酧酒三鍾

戊戌年　癸亥月　丁酉月　辛丑時

此八字丁酉日貴之辰相配柱中金水才殺之格人生得此椿萱半道不相守鴻鴈天邊不共飛其為人也丰姿雅淡處事多機祖業重磨琢才源自豁齊遨遊湖海馳遂東西崇門遇貴才源旺氣宇英豪旺里閭此則穏厚之命鴛悌瓚順雙偕老子嗣秋来舞綵衣運行初甲子上人庇下何是何非乙丑運中春園雨過桃李芳菲丙寅運中正欲尋芳拾翠胡為風雷飛飛丁卯運中雖則行藏有慶也防人事趦趄戊辰運中才源穏旺人欽伏一度風波不致危己巳運中冲擊之形花放風欺庚午運中晚年安享辛亥運中歸去来兮

戊戌年　　癸亥月　　壬寅日　　庚子時

此八字壬寅趋艮之日相配柱中火土才杀之格陰刃合杀有功人生得此生於右族長於高門椿萱曉荣贈鴻雁有行鳴其為人也丰姿清秀天性聰明源源三峽誰能及筆掃千軍孰與論衣冠清濟人中傑和氣怡怡席上珍終是功名之客豈為田舍之翁龍門变化三春浪鵬路逍遥萬里程一從娃字傳揚後九五金門向紫荣此則荣貴之命篤愫連珠須配小手嗣生成奪歸人運行初甲子天冷雲還凍江寬風自生乙丑運中欲遂平生志潛心看一經丙寅運中躍過禹門三級浪清清衣冠豫九重丁卯運中寒拂紫衣催驛尉光生玉節下雲程戊辰運中職位兩廷金紫貴山河十郡仰威雄當此之際風雲滿堂己巳運中紆看官封三品酌然祿享千鍾過此庚午運中子貴重荣贈東籬菊酒香辛未運中春光去也花落月沉

戊戌年　　癸亥月　　庚子日　　乙酉時

此八字庚子日辰相配柱中水木傷官取才之格女人得此生於右族長於高門萱毋先帰椿後別天边鶯鳳有行鳴其為人也姿顏閑朗体態和温有針線之巧立業之勤箕箒頻繁存礼節相夫教子有賢明相夫勤儉訓子成名明月當天春氣象光華景色太新雅觸难犯易喜易嗔行看夫荣子貴滔滔冨福無窮此則荣益之命良人得配荣貴客子嗣生成貴顯人運行初壬戌上人底下花枝風生辛酉運中合歡之慶魚水之情庚申運中簿雲能遮千山雨雨過千山依旧明己未運中一輪明月當天皎萬里秋波徹底清戊午運中光華疊疊福祿綿綿丁巳運中子貴荣門多快樂得此風雨又还生丙辰運中一宵春夢斷萬事總成空

戊戌　癸亥　甲午　壬申

此八字甲木日元相配柱中金水殺生印綬之格女人得此生於右族配於仁門姿顏慨朗天性聰明翁姑繼別翁先逝妯娌行中不共群有肝食宵衣之慎惱治家立業之辛勤雪為輕粉憑風傳霙作臙脂仗日匀般般称意件件當心憂禍自能辟肉味愛琴應鮮辨絃声雖是女流之輩過如男子材能性快便如風捲浪片時言起片時停雖不鳳冠帔服自然福禄無虧此則益旺之命良人金合須年少子嗣秋來一顕榮運行壬戌上人庇下毓秀閨門辛酉運中路入桃源花爛熳橋横銀漢水澄清庚申運中一抹娆烟迷芳藥半泓秋水浸芙蓉己未運中片雲能發千山雨雨過千山依旧晴戊午運中雖則夫門輻輳也愁人事虧盈丁巳運中精神又憔悴憔悴又精神丙辰運中安閒晚景乙卯運中鏡捲光明

戊戌年　癸亥月　辛卯日　丁酉時

此八字辛卯日之相配火木才多之格傷官制殺有功人生得此生於右族長於名門椿萱有倚先虧父天邊鴻鴈各行鳴其為人也丰姿磊落天性寬洪高謀遠見機関別湖海春風一掀人有近貴親賢之德應上和下之能祖業添新慶根源勝旧風琴摛風月閑生計金谷松筠旧尚青笙歌鬧處當行樂羅綺香中幾醉醒豐年田舍禾盈壟臘日山家酒淌斟施恩義恕布德戍嗔雖不綺羅衣錦繡也應鄉黨衆推尊此則饒裕之命鴛幃疊疊須重續子嗣秋來朶朶成運行初甲子天冷雲還凍江寬風自生乙丑運中雨晴山聳翠雲散月當空丙寅運中始知陽和満目還愁絃斷傷情丁卯運中雖則家園旺足還愁素耗相侵戊辰運中福元昌熾家居好尚有須史風雨生巳巳運中延賓翫物會友開樽巳字之中如履薄氷庚午運中引鶴徐行三徑晚約梅同伴一壺春當此之時雨阻行程辛未運中訃音一播醉酒三鍾

戊戌年　癸亥月　乙卯日　辛巳時

此八字乙卯專祿之日柱中水木煞生印綬之格煞印相生功名顯達主人生於右族長於仁門水火椿萱双悦茂天邊鴻鴈各行鳴為人丰姿清秀禮樂縱橫千古文章選崇擢一天星斗煥心胸衣冠濟濟人中傑和氣怡怡席上珍終是功名客豈為田舍翁裔身超白屋平步入青雲一朝騰踏飛黃去九天雨露沐皇恩此則榮貴之命鸞幃連珠須配小子嗣秋來朶朶榮運初甲子上人庇下春風駘蕩夏日炎蒸乙丑運中欲遂平生志須加董

子功丙寅運中時來風送騰王閣頃刻高摶萬里程丁卯運中自沐天邊寵威名四海清戊辰運中殿廷金紫声名顯風雪飛來尚恤人己巳運中亦心扶日月素志展經綸庚午運中秋光有似官情薄山色遥如酒色濃辛未運中夕陽有恨春夢無憑

戊戌年　癸亥月　丁酉日　辛丑時

此八字丁酉日貴之辰相配柱中金水才殺之格傷官合殺有功主人生於右族長於高門椿萱同属双期耋天邊鴻鴈各飛騰其為人也丰姿清秀天性聰明學問資先覺群書貫一經袖裹虹霓冲霄色筆端風雨駕雲程終是功名之客豈為田舍之翁龍門变化三春浪鵬路高摶萬里程一從擕姓字桑籍拜金門此則榮貴之命紈幃連珠須配硬子嗣生成貴顯人運行初甲子春風蕩駘夏日炎蒸乙丑運中不負寸陰之惜豈辜題柱之功丙

寅運中騰身醉泮水頃刻躍潛鱗丁卯運中自沐天邊寵聯班粉署棠當此之際職遷金紫貴風雪尚恤人戊辰運中重紫重金當是景看堂楣德又加陞己巳運中正宜侍明主何事解簪纓庚午運中落花舜舜啼山鳥香夢悠悠入九重

戊戌年　癸亥月　乙未日　戊寅時

此八字乙未日元相配柱中旺水印綬之格人生得此生於右族長於名門椿萱含晚翠鴻鴈各行鳴其為人也丰姿清秀天性聰明知高識下理白分清豈無高仕敬時有貴人欽過火黄金重長價離雲皎月倍清明祖業添新慶根源勝旧風福布江山外名聞湖海中兩御秋色皆喬木耆得風流有幾人才源富足福禄無窮福元成岳瀆威勢壓鄉民此則豐厚之命鴛幃連珠須年敵子嗣生成貴显人初年之下安晦之中甲子運雨過山方秀雲開月始明乙丑運中隱隱輕雷抽碧笋微微細兩潤紅英丙寅運中近水楼臺先得月向陽花木早逢春丁卯運中才源富足家居好風雪飛来尚惱人戊辰運中天上三陽泰人間五福增己巳運中藹捲香風生百福軒開化日禄元增庚午運中人生從此別無復見儀形

戊戌年　癸亥月　辛丑日　庚寅時

此八字辛丑日元相配柱中水木傷官助才之格人生得此生於右族長於名門金水椿萱雙晚茂天邊鴻鴈有行鳴其為人也丰姿清秀天性聪明源流三峽誰能及筆掃千軍誰與論當仁不讓見善則欽終是功名之客豈為田舍之翁雲程坦坦登天去舉足悠悠名利成一日風雲相際會九天雨露沐皇恩此則榮貴之命鴛幃燭夜添新瑩子嗣秋来朵朵榮運行初甲子上人庇下未新平生乙丑運中十年窓下業黄卷與青燈丙寅運中時来風送縢王閣頃刻高搏萬里程丁卯運中仁風揚遠近政化洽西東戊辰運中綉衣耀日風雪滿空己巳運中職遷金紫貴何事便辭榮庚午運中晚年閑快樂會友以論文辛未運中春光去也遊水無聲

戊戌年　癸亥月　癸巳日　辛酉時

此八字癸巳貴人之日相配柱中土火財官之格己酉作合不冲水居冬旺生平樂自無憂主人生於旺族長於名門堂上椿萱茂卜天边鴻鴈有行群其為人也手姿清秀天性聰明千古文章逞榮耀一天星斗懷心胸驪珠照魏光難掩雪劍青鋒氣自充終是功名之客豈為田舍之翁鵬路高飛知健翅龍門深躍馬脩鱗一從姓字傳揚後九天雨露深皇恩此則榮貴之命鴛幃連珠頂年長子嗣森枝孝且忠幼年之下春風驛落夏日炎蒸運行甲子

歆遂平生志須加董子功乙丑運中起鳳騰蛟從此始果然秉笏拜明君丙寅運中令重奸邪伏威嚴鬼壓驚丁卯運中聀迁金紫貴風雪不為驚戊辰運中佇晉宮封三級酌然祿享千鍾己巳之運正宜傳令重何事解簪纓庚午運中一枕無憑

戊戌年　癸亥月　丁巳日　庚戌時

此八字丁巳日元相配柱中旺水偏官之格傷官合殺有功人生得此生於右族長於高堂椿親磊落萱母填房其為人也手姿清秀天性明良口吐珠璣言語胸藏錦綉文章東海驪珠能幾見豐城雷劍不終藏終是功名之客豈為田舍之郎純學科場驚試院英材翰苑沐恩光清映梅窗薰玉雪寒生栢府凜秋霜此則榮貴之命鴛幃金玉潤子嗣晚光揚運行初甲子上人庇下抱拔風狂乙丑運中味遂心千古披文月五行丙寅運中起鳳騰蛟從此始果然秉笏拜

君王丁卯運中處事但憑三尺法理刑渾似九秋霜戊辰運中聀迁金紫貴風雪滿門祥己巳運中未許懸車轉还留作棟梁庚午運中榮回故里羨酒盈觴辛未運中歸去也

戊戌年　癸亥月　已丑日　庚午時

此八字已丑日元相配柱中旺水才官之格才盛生終身有慶女人得此生於盛族長於名門萱毋先帰椿晚别天邊鴻雁各行鳴其為人也姿容清雅体態和温勝丈夫氣槩有男子之才能雲妆華岳千山秀水到湘江一様清春入水光成嫩緑日匀花蕚發新紅末冠濟濟三從倫家業昂昂四德新心静佀月明雲漢性急如風捲輕雲錦綉花圃家富貴琅玕竹報日升平此則旺盛之命良人連珠低一載子嗣芬芳五果成運行初壬戌幼年之下毋訓軃蓬辛酉運中詠蒐夭之化洽魚水之情庚申運中片雲能發千山雨雨過千山依旧晴已未運中須叟雲捲月頃刻月離雲戊午運中正是梅青月白還愁風雨相侵丁巳運中冲擊之所如履薄氷丙辰運中晚年安享兒孫福還愁花放尚風生乙卯運中一枕余香隔年夢折風吹落楚山雲

戊戌年　癸亥月　甲辰日　己巳時

此八字甲辰日元相配柱中旺水印綬之格金神帶印之論主人生於右族長於名門土命椿萱榮晚戊天邊鴻鴈有飛騰其為人也手姿清秀天性豪洪知高識下理白分清高謀遠見揆閔别懷悦春風一好人太山北斗千年在和氣怡怡席上珎終是功名之客豈為田舍之翁學問有成一舉可冲天之勢英材敏捷片言有折獄之能瑶池歡静朝南極五夜鍾停拱北宸此則榮貴之命鴛幃全正副子嗣挽光榮運行初甲子幼年之下灾悔未伸乙丑運中讀殘茅店月囊聚螢頭螢丙寅運中三月一聲雷動地果然变化見通津丁卯運中令重奸邪伏威嚴鬼瞻驚戊辰運中西風吹過天邊雪金紫煌煌雨露墜己巳運中有材膺大用未許便辞榮庚午運中晚年快樂一枕入佳城

戊戌年　癸亥月　乙酉日　壬午時　己時

此八字乙酉專祿之日印綬之格印綬者上格也父生得此生於淡平之族長於清白之門萱母先歸春耐晚天邊鴻鴈奮長空其為人也丰姿清雅天性乖能斷高理直處事何平事業自磨自祿才源自葺自成門外田疇千古計庭前花木四時春無辱心常足何須慕利名佇看時運至才旺福興隆此則成立之命驚幃有犯須招贈子嗣秋来孝且忠運行初百春風習習秋月明明乙丑運中世事宛如春夢人情薄似秋雲丙寅運中須史雲掩月依舊月離雲丁

卯運中着意種花花不發無心揷栁栁成陰戊辰運中旺中尚有邅迴事雪霽雲開福祿增己巳運中得中有失晦後还明庚午運中桃源春去也蓬島信難通

戊戌年　癸亥月　乙未日　辛巳時

此八字乙木配合金水殺生印綬之格值斯象者生於衣纓之族長於詩禮之門嚴慈難耐晚鴻鴈失行群其為人也丰姿洒落氣岸維新多聞多見自是自能學問淵源終是功名之客英才敏捷豈為田舍之郎一朝機會至平步上雲霄此則貴顯之命驚幃重合耋桂子散秋馨運行初甲子只宜庇下未稱登臨乙丑運中晝虎未成休嘆息時来頭角自崢嶸丙寅運中雲程坦坦登天去舉步悠悠名利成丁卯運中伊川門外雪明道座間風戊

辰運中幾年泮苑為儒相一旦田間作庶民已巳運中松筠三徑足軒冕一毫輕庚午運中綠酒多如意黄花足稱情辛未運中三盃酣酒一道訃音

戊戌年　癸亥月　乙亥日　丁亥時

此八字乙酉日元相配柱中之水印綬之格印綬格者上格也人生得此手姿英傑天性忠良椿萱榮養難以麾鴻鴈天邊不共翔心明豁畧法學貫古今章終是皇朝之客擬爲一代璉璋一徑寵渥榮沾後祿位輝輝勢振揚此則榮耀之命鴛幃有碍須偏正桂子庭前朵朵芳運行初甲子庇佑之下摘句尋章乙丑運中执卷盈觴探月時来便擬名揚丙寅運中到此飛騰驥足滔滔又沐恩光丁卯運中寵渥重加厚趨朝拜衮章戊辰運中英英氣宇威振名揚己巳運中重重金紫戢列庙廊庚午運中黄花綠酒辛未運中夢入仙鄉

戊戌年　癸亥月　庚寅日　壬午時

此八字庚寅日相配柱中水木傷官助才之格傷官傷之不盡秀而欠實椿萱堂上分中道鴻鴈天邊不共鳴丰姿洒落操幹能爲十載泮林淹素志陽関三疊馬頻嘶佇看来晚節萬事捻成虛此則虛貴之命鴛帳連珠低一載桂蘭還擬有芳林運行初甲子風和日麗燕語鶯啼乙丑運中欲遂平生志潜心下筆幃丙寅運中執卷戊田探月時乖未擬光輝丁卯運中泮林跡過橋門去風雪趦趄幸不危戊辰運中正欲榮沾寵渥胡爲杜宇聲悲

戊戌年 癸亥月 庚子日 丙戌時

此八字庚子日相配柱中旺水傷官制殺之格女人得此福足以庇其身儀容雅麗天性明良椿萱棠棣難依耄妯娌翁姑侍不常箕帚蘋蘩存禮節助勤丸膳有良方心靜似月明霄漢性急如風捲滄浪晚年臻福靡沛澤潤霞裳此則助夫榮子之命良人配合同年耄桂子森森有挺芳運行壬戌上人庇下蔭秀蘭房辛酉運中紅綠牽綉慎翠柳贈鸞粧庚申運中但覓夫門財業旺不妨風雪亂飄揚己未運中精神豁爽行藏順樂處風波攪一場戊午運中羅綺千般色珍羞百味香丁巳運中晚年光霽沛澤加昌丙辰運中粧樓人去照臺鏡掩晨光

戊戌 癸亥 辛丑 辛卯

此八字辛丑日相配柱中水木傷官助才之格人生得此心存忠恕志抱剛明萱毋先歸椿後別厲行天際有分情明古今之事習賢聖之經祖基重整理才帛自磨成湖海有情才祿旺田園桒鶴春榮佇看来晚年沛澤潤門庭此則冨貴之命鴛幃同屬須招副桂子秋来有錦英運行初甲子庇佑之景天朗氣清乙丑運中窗前曽用志力倦馬難行丙寅運中萬象光華家業盛一番風雪又飄零丁卯運中楊花飛盡處紅紫映幃屛戊辰運中財旺福興機會好崢嶸名勢壓鄉城己巳運中晚年加壯麗蘭桂挺芳榮庚午運中依然光霽辛未運中花落月傾

戊戌年　癸亥月　辛丑日　甲辰時

此八字天元丁火配合癸亥之水爲偏官得生水庫之時丑辰戌之土深有傷官之意其爲人也椿萱無克厲字辣行丰姿清秀立性剛強學問聰明行常倜儻祖基有靠而奢華財帛不虛而穩重此則守成之命鴛幃兩〻重合丞之歡秋桂凋零直過中年而茂運行甲子乙丑趨庭學禮繈褓之鮮丙辰丁巳運中春光明媚桃紅柳綠正相宜財帛從容富屋潤身端的好戊午巳未運中菊老香衰桃殘色淡庚申運中訃音遠往香夢尋仙

戊戌年　癸亥月　乙酉日　丁亥時

此八字乙酉專權之日相配提綱之水印綬之格值此象者生於喬木長於高門椿萱一耄一歸早鴻鴈分飛隔遠村其為人也善决善斷能語能言喜則日升暘谷怒則雷震乾坤學問聰明顯登甲弟威聲振英才敏捷榮沐中朝雨露繁身居台輔位嗰答帝王樽此則清顯之命鴛幃有尅重續重婚子嗣繼榮多芳多秀運行初甲子詩書窓下讀經史座間温乙丑運中筆底詞源三峽遠胸中豪氣萬人吞丙寅運中題名鴈塔登文苑聲價光揚恩上恩丁卯運中金紫高遷曾進退清風依舊行名存戊辰運中萬里山河風雪阻九重恩命尚談論榮加祿秩宴賜錦墩己巳運中正擬朝廿作梁棟未應蘺下對芳樽庚午運中玉堂人去還留迹辛未運中青史名題不迈魂

子平遺書

戊戌年　癸亥月　甲申日　乙亥時

此八字甲辰專權之日殺生印綬之格喜逢六甲趋乾人生得此生於右族長於名門椿萱有倚难雙耄天邊鴻鴈不同群其爲人也丰姿清秀言語不清断高理直處事公平謀動君子威伏小人高人起敬貴客相欽重成新事業再整舊門庭負載不辭千里遠貨才惟喜四方通花無盡李紅紅色人有笙歌是太平佇看晚年光霽景子貴榮沾沛澤恩此則晚旺之命鴛幃有碍須添副子嗣秋来有晕榮運行初甲子上人庇下霽月光風乙丑運中岳水無聲空有浪綉花雖絶不開謦丙寅運中雖則行蔵有慶幾番人事虧盈丁外運中才源滚滚家居好片時風雨片時驚戊辰運中関山里念雲月尚朦朧己巳運中冲擊之鄉還發福子顕滔滔福禄增庚午運中萬象光沾沛澤四時佳趣樂昇平辛未運中山江不尽登臨共夢断南柯了此生

九

子平遺書

戊戌年　癸亥月　壬寅日　甲辰時

此八子壬寅趋艮之日相配柱中木土食神制杀之格陽刃合杀有功人生得此生於右族長於高門萱毋續絃椿磊落天边鴻鴈各行鳴其爲人也丰姿清秀天性聪明胞羅今古事學識聖賢心麗句妙爲天下白高才俊似海東青終是功名之客豈爲田舍之翁鰲遂玉蟾攀桂去馬随青地踏花行一從姓字傳揚後金紫榮看次第陞此則榮貴之命鴛幃春色麗子嗣晚光榮運行初甲子上人庇下花放風生乙丑運中焚膏覽卷秉烛觀文丙寅運中起鳳騰蛟當此始果然秉笏拜明君丁卯運中獄折片言民訟息九天雨露毋加陞戊辰運中西風吹過天边雪金紫煌煌雨露均己巳運中赤心扶日月素志展經綸庚午運中夕陽有限春夢無憑

十

戊戌年　癸亥月　己丑日　辛未時

此八字己土相配桂中木火財盛生官之格經云財盛生官終身富貴其爲人也丰姿清洒立志高明生於名望之宅長於華麗之庭堂上二恩椿先別馮行吾彩晚簪纓不入文章非業牘如何頭角偉崢英納粟奏名揚四海榮身冠帶有權閒根基計業重新整財囊豐厚足如心欺强而扶弱見善又不欺威風凜凜人中傑氣宇昂昂席上珍此則冨貴之命鴛幃同諧齊鶴髮子招木命去攀英運行初甲子不分金與石難以論平生乙丑運中到此雖然光景好其中還見舌非侵丙寅運中財帛夏荷鋪錦綉聲名春苑列幃屏當是時也小節不寧丁卯運中自有貴人相指引威權有布樂如心當此之間枝葉相停戊辰運中衣冠正在風光處何幸離宮耗晦侵就此之間一番風浪過冠帶祿元增己巳運中得子攀龍而附鳳重封官爵換門庭庚午運中穀粟盈廒重富貴門迎車馬客層層延賓酌酒會友論文辛未運中豪傑不知何處去獨留孤鶴泣黃昏歸去也

戊戌年　癸亥月　癸巳日　壬子時

此八字癸日坐向巳宮乃是財官雙美傷官之格日祿得時之助人生值此丰姿洒麗立性高明生於名望之宅長於故舊之庭堂上恩親難並老天邊鴻鴈我升騰祖基移變當相靠財帛資囊有積成花無桃李非春色人有風光是太平學問機覩不入文章非業牘英才敏捷如何頭角也崢英納粟奏名揚四海榮身冠帶播鄉鄰欺强而扶弱理白又分清佇看子顯登科日再加封彩爵非輕此則殷貴之命鴛幃正副方諧老子嗣枝中一朶榮運行初甲子上人之蔭下風雨洒淋身乙丑運中此景未能施與展還當也有舌憂心丙寅運中威權有布人欽伏財帛如泉家道興隄防官耗謹已有前程丁卯運中到此始知聲價好貴人指引祿財增然雖無大廈枝葉已非停戊辰運中爲官不必三場舉濟民助國帶簪纓昂昂氣宇振作佳聲當是時也官耗非嗔己巳運中得子攀龍而附鳳重加贈顯必腰金庚午運中門迎珠履三千客錦綉花開冨貴春談笑有鴻儒往來無白丁辛未運中豪傑不知何處去鳥啼花落夜沉沉回去也

戊戌年　癸亥月　辛巳日　庚寅時

此八字辛金相配柱中水木傷官帶才之格人生得姝丰姿蕭洒天性聡明生於茂族長於良門椿親早别螢禁䁔鴻鴈天邊少奮鳴善得丹青理深明賢聖經應聘定須纈紫詔節趨不待試文英一朝逢貴則天府沐恩榮此則清貴之命鴛幃生别重偏正桂子秋風長嫩英運行初甲子上人庇下快樂和平乙丑運中讀罷西山月雲程未許登丙寅運中幾欲思高慕遠依然甘守淒清丁卯運中貴人指引逢機會快向天門謁聖明當此之際風雪盈庭戊辰運中濟濟生儒沾德化緜緜黎庶管絃鳴己巳運中衣冠重壯厳未許便辞榮庚午運中夕陽有限春夢难醒

子平遺書　十三

戊戌年　癸亥月　壬午日　癸卯時

此八字壬午日相配柱中大木二局傷官助才之格羊刃合殺有功値斯象者注人丰姿魁偉天性剛忠生於茂族長於華宗堂上椿萱榮後凌庭前棠棣不聯蘃錦綉胸藏黄石畧珠璣口吐聖賢風闈闈開黄道衣冠拜衮龍此則肅烈之命鴛幃全正副桂子沐秋容運行初甲子上人庇下樂享無窮乙丑運中書聲殘夜月浩氣貫秋虹丙寅運中劍佩開天仗蜚聲振九重丁卯運中一番風雪過金紫両加封戊辰運中萬馬不嘶號令八荒無事仰威雄當此之際跋踄無凶己巳運中殺官衝禄勲業成空庚午運中子秀身榮樂離邊飲數鍾辛未運中桃源春去也蓬島倍難通

子平遺書　十四

戊戌年　癸亥月　己丑日　辛未時

此八字己土日元相配亥卯未之木財官之格值斯象者本顯功名四柱奈乎三刑減吾福力其為人也雖無深計策頗有決聰明諸般好學百事不萱毋皓首椿父先行根基須整頓世業必重新但使一樽花下飲任教白髮鬢邊生此則守常之命鴛幃同屬霜添鬢子嗣枝枝孝義深運行初甲子淡淡天邊月輕輕攏上雲乙丑運中儼如初出月渾似半開英丙寅運中但得高人引方祥瑞生丁卯運中財源失處得世事鬧中盈戊辰運中葵藿有心終向日楊花無力任東風己巳運中萬里碧天雲掃盡一樓明月雨初晴庚午運中安享晚年之福辛未運中一宵春夢無憑

戊戌年　癸亥月　己卯日　乙亥時

此八字己土生於亥月偏官之格其為人也丰姿平穩面帶微胡生於仁德之家長於特達之門堂上之親應去了庭前鴈字我能施歷風霜於早歲成家業於晚年花開春苑風光好月照江山萬里明祖基終要宜更整財帛声名自琢成此則晚秀之命鴛幃有剋不傷終早歸程桂子有成喜得班衣彩舞運行初甲子乙丑財帛正如新折柳人情還似舊開梅丙寅丁卯運中財帛夏荷鋪錦綉聲名春苑列幃屏行藏雖近貴自己少尋芳戊辰己巳運中祿元增進何愁第宅不風光家業有成運至自然多壯觀昂昂氣宇耿耿聲名己字運中消消風雨庚午運中延賓酌酒會友論文辛未運中三盃辞故友一枕了平生

戊戌年　癸亥月　辛卯日　壬辰時
此八字金生水傷官之格傷官者剛勇之宿也主人傲物氣高自能自是常以時人為及已每憐世事不如心拙於自已巧於他人臺上椿萱中道殁天邊鴻鴈失行群祖業有依而再琢名利草故而鼎新着意種花花不活無心揷柳柳成陰里閭生意好湖海福元春此則中和之命篤幃年少霜添鬢子嗣先虧後有成運行初甲子登臨雨濘賞翫春陰乙丑運中畫水無声空有浪綉花雖艷不聞馨丙寅運中但宜守分方為美妄有媒求反不亨丁卯運中不意之中財愈好用心之處福難榮戊辰運中家業而事冗巧計而勞神己巳運中萬事皆由命自然和氣生庚午運中暮年閑逸老景清平辛未運中名香一柱酧酒三鍾

戊戌年　癸亥月　辛卯日　丙申時
此八字辛金生於亥月傷官之格喜得印綬生身五行得所椿萱有倚中道鴻鴈随天各一風其為人也達時務可方圓一言不相合萬事有畜顛祖基重琢根業更迁江湖有意公鄉小廊廟無心宇宙寬尊中有酒從教醉身外無名一任閑此則守已建家之命死幃有合宜年少子嗣先亏晚不单運行初甲子紅花向日綠柳随烟乙丑運中螺竹声櫂臘尽折梅香引早春還丙寅運中財帛有增有减世情或缺或圓丁卯運中梅梢忽報春消息始覓春来宇宙間戊辰運中但遇高人引亦果知行樂勝前已巳運中樽不泛酒坐不停烟庚午運中樂閑晚景安享暮年辛未運中花落月殘

戊戌年　癸亥月　丙子日　庚寅時

此八字丙火配合癸水官星得位其為人也晚節秋光勝却春桂芬蟾滿氣清新南枝必入高人手北户將開老蔗馴飛鵬遠看空有月花枝重折滿簪巾君還脱得中間事一去安榮壽九旬此平常之命也

戊戌年　癸亥月　丁丑日　甲辰時

此八字天元丁火配合癸亥之水為偏官得生水庫之時丑辰戌之土深有傷官之意其為人也椿萱無慰雁字疎行手姿清秀立性剛强學問聰明行藏倜儻祖基有靠而奢華財帛聚不盡而穩重此則守戌之命也吳鴛幃兩丙合巹之歡子秋桂凋零直過中年丙戌運行甲子乙丑趨庭學禮經祿之鮮行丙辰丁巳運中春光明媚桃紅柳綠正相宜財帛從容潤屋潤身端的好戊午己未運中菊老香衰能殘色淡庚申運中訃音遠播香夢尋仙

戊戌年　癸亥月　己丑日　己巳時

此八字才官之格金神之助值斯象者生於轅門長於相府椿親榮耀萱母西旁其為人也丰姿洒落志氣果剛立義立仁可文可武安邊功業雖皆就許國精神竟不忘白日卿闌玉珂里青春勲業碧油幢氣焰摩星斗威稜肅虜方此則将官之命衙帳氷清玉潤桂蘭武瑞文祥運行初甲子智號人中傑聲名塞外芳乙丑運中鵰沒夜雲知御苑馬隨天仗識天香丙寅運中赫赫威風振滔滔雨露長當此之時幾番蹉跎丁卯運中皇恩有威重

金重還見聲名有抑揚戊辰運中恩光逢遠霸氣峥嵘巳已運中冲擊之所且宜收拾英雄事囑付児曹作主張庚午運中延賓酌酒會友陳觴辛未運中黄粮已熟清夢尤忙

戊戌年　癸亥月　己丑日　癸酉時

此八字己丑日相配柱中金水財旺生官之格亦有金神之意值斯象者丰姿英俊天性果剛萱花先損椿尤去鴻鴈天邊不共翔學問有成泮水春身雖变化英才特達橋門寄跡沐恩光佇看来晚節祿位果軒昂此則晩榮之命鶯悼年少須拾副桂子難爲晩發旁運行初甲子上人庇下其樂安詳乙丑運中讀殘茅店月踏破泮橋霜丙寅運中風雲初晴天似洗幾回執卷又來張丁卯運中雖則行藏有慶旺中跂跗無傷戊辰運中到此始知

文學好長安道上勢聲揚巳已運中榮沾新雨露威德振黄堂庚午運中再加壽位此際还鄉辛未運中帰去也

戊戌年　癸亥月　丁酉日　辛丑時

此八字丁酉日貴之辰相配柱中金水才殺之格人生得此丰姿雅淡處用多機生於豊潤之族長於遷変之居椿萱半道相分手鴻鴈天邊各奮飛祖業重磨琢才囊自整齊遨遊湖海馳逐東西等閑遇貴財源旺氣宇英英旺里閭此則穩守之命鴛幃賢順双偕老桂子秋風舞綵衣運行初甲子上人庇下未足為奇乙丑運中春園雨過飛李芳林丙寅運中正欲尋芳拾草胡為風雪霏霏丁卯運中雖則行藏有慶也防人事趑趄戊辰運中才源穩旺人欽伏一度風波幸不危己巳運中沖擊之所花放風欺庚午運中脱年安享辛未運中歸去来兮

戊戌年　癸亥月　丁丑日　己酉時

此八字丁丑日相配柱中金水才殺之格女人待此儀容清麗天性果剛椿父早帰萱後别翁姑堂上侍無双掌家多節儉立業有良方照則風翻浪湧吉則和氣春陽守着未幾節家業日豊昌此則治家女角良人立角須婚舊桂子森枝發晚香運行初壬戌幼承上庇何慮風霜辛酉運中花落花開春恨重果然樂守帰安康庚申運中重添新氣象風雪不為傷己未運中天門財業多来旺人事趑趄幸不妨戊午運中蹀蹀烟雨過漸漸福安昌丁巳運中雪晴春信轉錦繡積成箱丙辰運中老當益壯乙卯運中鏡掩晨光

戊戌年　甲寅月　癸丑日　壬子時

此八字癸丑日相配柱中火局傷官生才之格喜逢日祿以歸時值斯象者宜乎黃第高登主人丰姿慷慨性理剛明生於豊潤之室長於詩禮之庭榮養椿萱難並耄和鳴鴻鴈各飛騰學問淵源三峽水胷襟瑩潔一天星三跳龍門登首選玉堂金馬快榮登此則榮耀之命鴛幃重玉麗桂子繼文声運行初乙卯福庇之下詩禮趨庭丙辰運中書声讀

盡梅花月未擬文光到上京丁巳運中三躍禹門名卓冠雪窓清映玉壷氷戊午運中雪晴開閶闔祿位自階陞己未運中啓鳳騰蛟恩澤潤九重皇命再榮徵庚申運中身膺翊鏈貴權任棟梁榮辛酉運中榮回燮樂壬戌運中夢遶蓬瀛

戊戌年　癸亥月　戊寅日　甲寅時

此八字戊寅日相配柱中水木才殺之格人生得此宜乎金紫之榮主人丰姿厚重性理剛明生於喬木長於衣纓椿萱難擬双榮耄鴻鴈天邊不共騰學問淵深三峽水胞襟清徹一天星躍過禹門三汲浪果然鐵面虎風生此則英肅之命運行初甲子上人庇下黃卷青灯乙丑運中螢窓雖脫跡鴈塔未高登丙寅運中霹靂一聲雲霧合果然頭角聳崢嶸丁卯運中威風驚群縣抑紊亂飄零戊辰運中皇恩有感祿位加陞己巳運中金紫重榮

威合重山河十郡仰權名庚午運中榮回故里辛未運中一夢難醒

戊戌年　癸亥月　庚子日　辛巳時

此八字庚金相配柱中水火傷官制殺之格人生得此生於豐潤之族長於積德之居椿親先別萱存晚賞棣庭前挺幾枝其為人也丰姿魁偉天性操持般般精覽件件粗知遊山翫水携詩卷對月觀花把酒巵見善則持於己當仁不讓於師高人起敬貴客扶持羅綺飄香風淡蕩壺觴列座草萋萋江湖有意公卿小廊廟無心宇宙卑此則商賈生才之命驚幃有碍重招帯相宜子嗣有成先損運生有慶運行初甲子上人庇下有何是非乙丑運中如花向日似笋穿籬丙寅運中雖則人蔵有慶还愁人事趋趄丁卯運中滚滚財源来正旺旺中尚有事憂疑戊辰運中五更得夢三千里一日思家十二時當此之際風損花枝己巳運中才源富足家業盈餘庚午運中孫賢子秀暮景桑榆辛未運中人死千年名不死芳名留在世間題

戊戌年　癸亥月　壬子日　庚子時

此八字壬子日刃之辰相配柱中火土才殺之格陽刃合殺有功人生得此生於右族長於高居堂上椿萱萱嵗長天邊鴻鴈各行飛其為人也丰姿清秀天性能為般般稍覽件件粗知行蔵果断作事三思有近貴新賢之德應上和下之能孝問不親顏孟深知表裏精粗過火黄金重長價離雲皎月倍輝明性不受觸性不蔵機才源富足福禄盈餘但顧粟陳并貫朽何須跨馬入雲衢此則豐饒之命外幃得配連珠女子嗣秋来有出奇運行初甲子上人庇下花放風欺乙丑運中如花向日侶笋穿籬丙寅運中隱隱輕雷抽碧笋微微細雨潤楊枝丁卯運中始登太域方造亨衢戊辰運中才源富足家居好須臾風雪与閑非過此己巳運中季倫錦障何為貴秦帝何房未足奇庚午運中乃積乃蒼于塵于笥辛未運中春光去也花落月西

戊戌年　癸亥月　乙酉日　癸未時

此八字乙酉專權之日相配柱中金水殺生印綬之格只嫌身弱減吾貴氣主人生於温潤之族長於迁變之門椿萱有倚先亡父天邊鴻鴈各行鳴其爲人也丰姿清秀天性老成般般稍覽件件不精有近貴親賢之德應上和下之能須成新事業難倚舊門庭得意江山詩句徙忘形日月酒杯深施恩惹怨布德成嗔雖不建侯封爵自然昌屋光榮此則穩厚之命鴛幃有犯先配火子嗣秋来假當真運行初甲子上人庇下未断平生乙丑運中登臨雨濘賞玩春陰丙寅運中着意種花花不活無心插柳柳成陰丁卯運中雖則財源旺足還愁事業虧盈戊申運中財源豊盛家居好旺中還有事遂延己巳運中晚年多快樂會友以開樽巳字之内如履薄氷庚午運中樂閑之際不樂還侵辛未運中夕陽有限春夢無憑

戊戌年　癸亥月　壬子日　庚戌時

此八字壬子日月之辰相配柱中火土才官之格水居冬旺生平樂自無憂主人生於邃室長於名門椿萱双晚茂鴻鴈各飛騰其為人也丰姿清秀天性聰明高謀遠見機關别慷慨風流一妙人過火黄金重長價離雲皎月倍清明閭里聲名播江湖姓字馨豊年田舍禾盈疊臈日山家酒滿斟但願才源富足任他身外無名此則豊厚之命鴛幃運殊合子嗣晚光榮運行初甲子上人庇下花放風生乙丑運中隱隱輕雷抽碧筝微微細雨潤紅英丙寅運中三陽回宇宙一氣轉鴻鈞丁卯運中才源有若泉源湧福氣還同春氣生戊辰運中正是太平光霽處西風洒雪滿門庭己巳運中才旺旺如春意福盈盈似泉生庚午運中晚年閑快樂辛未運中一枕了平生

戊戌年　癸亥月　己亥日　乙丑時

此八字己土相配柱中水木財殺之格人生得此生於茂族長於名門椿萱先別父鴻雁有聯群手姿清秀天性聰明學問稍知今古生平尤近高人祖基宜革古事業必增新福有江山外名聞閭里中豐年田舍禾盈罌臘日山家酒滿斟但頗粟陳并貫朽何須騎馬上朝庭此則穩足之命鴛幃鮭後須年小桂子森森晚秀馨運中甲子上人庇下化日陽春乙丑運中寒向梅中盡春從栁上逢丙寅運中幾多叢襍不損精神丁卯運中行藏雖有慶人事尚迍邅戊辰運中一度愁心對蒼雪何禽尤群報昇平踰此己巳運中英雄惟贈劍三尺豪傑相逢酒一醒庚午運中暮年安享辛未運中春夢無憑

戊戌年　癸亥月　戊申日　戊午時

此八字戊申長生之日相配柱中金水食神助才之格日干無氣時遇陽刃不為凶主人生於右族長於名門椿萱一享期頤壽天邊鴻雁有行鳴其為人也丰姿清秀天性聰明知高識下理白分清遇火黃金重長價離雲皎月倍清明祖業添新慶根源勝舊風福布江山外名聞湖海中雨餘秋色皆喬木蒼得風流有幾人但頗粟陳貫朽何須天府求米此則豐足之命鴛幃春藹藹子嗣晚叢叢運行初甲子幼年之下花放風生乙丑運中如花向日似月離雲丙寅運中萬里烟雲收歛一接秋月光明丁卯運中財源富足家居好風雪飛來尚惱人戊辰運中財臨旺地人多福何慮須臾風雨生己巳運中有名閑富貴無事樂平生庚午運中陽刃之地一枕清風

戊戌年　癸亥月　丁酉日　辛亥時

此八字丁酉日貴之辰合杀留官之格五行無破四柱純和女人得此生於茂族配於高門椿萱棠棣霜晞雪妯娌翁姑稍共群姿容雅麗性格聰明难觸难犯易喜易嗔一苑杏花紅似點半浮山水緑羅新深明閨壼理洞識古今情佇看晚年光景好子顯身榮福禄均此則旺秀之命良人土命須年少桂子生成奪錦人運行初壬戌香閨之内無誨輒遵辛酉運中春入桃源花爛熳橋横良漢水、澄清庚申運中淡烟迷弱柳微雨洒晴空己未運中乍煖柳條無氣力半開花蕋不分明戊午運中片雲能散千山雨、過千山依旧青丁巳運中光華疊、沛澤紛、丙辰運中暮年安樂乙酉運中一道訃音

戊戌年　癸亥月　丙午日　癸巳時

此八字丙午日刃之辰相配柱中旺水偏官之格傷官合煞制伏得其所宜主人生於右族長於高門椿萱不棣禄養鴻雁有不同群其為人也半姿蒼古天性聪明窮書覧史夆足三冬辭鋒穎利頬無敵筆力縱横若有神終是功名之客豈為田舍之翁嘉谷不早實名利當晚成瓊林雖不忝高慕自有仁風四境清佇看題角偉德澤恵軍民此則榮貴之命然鶯啼有碍須把副子嗣秋来有繼榮運行初甲子上人庇下未斷平生乙丑運中欲遂平生志潛心對短檠丙寅運中幾欲思高慕遠省戊剪雪裁冰丁卯運中挑卷幾回空探月時来方許上神京戊辰運中太李淹留幾載寒沾阻接音勤己巳運中皇恩有敗化西東庚午運中一天陰雨随車至千里仁風遇扇生辛未運中春歸花落鳥無聲

己亥年　乙亥月　癸未日

此八字癸未日相配柱中土木會合制殺之格生得此本顯功名只嫌殺輕身旺福力稍虧椿萱難並鶺鴒不聯飛財囊宜自營祖業必番移湖海有情生償利鄉隣無愧振威儀天生才藝終身寶豪傑相交德望彌此則守成之命篤慱有碍須相骶桂子秋風辨彩衣運行初甲戌庇佑之下無慮無思癸酉運中行蔵多順利何必讀詩書壬申一步財源未旺人欽伏一度風霜不致危辛未運外生涯益旺胸中人事縈紆庚午運中英雄俯劍豪傑謾交危己巳運中晚年壯觀倉廩盈收戊辰運中孫賢子秀丁卯運中歸去来兮

子平遺書　一

己亥年　乙亥月　癸巳日　庚申時

此八字時上印綬之格經云癸日坐向巳宫乃是財官雙美椿萱有靠鴈侶相親二七零年椿府早歸泉路去萱堂長畔玉堂營其為人也行蔵性劣學問難成此則平常人也妻鴛配北方年少女粧奩雖少智多能子雙雙蘭早發两两桂遲芳運行甲戌父母恩遮行癸酉運祖財蕭索立計辛勤歷事早行壬申辛未營謀多稱意活計盡如心庚午運来不足以美行息庇無危己巳運中用印不用必有阻隘耳戊辰禄無窮兮

子平遺書　二

己亥年　乙亥月　丁未日　壬寅時

此八字丁未日相配柱中旺水正官之格正官者貴氣之物人生得此本乎金紫之榮只嫌本輕用重貴氣損虧丰姿磊落性格能為生於右族長於高居椿萱難並鴻鴈斷聯飛仕路榮登多進退江湖風味足惟娛佇看來脫節光耀舊門閭此則富榮之命鴛幃有犯須年少桂子花多果尚稀運行初甲戌上人庇下學禮聞詩癸酉運中有心攻典冊無志步雲梯壬申運中雪晴天氣爽行樂勝當時辛未運中旺中尚有趑趄事事安依然氣歛

鬼庚午運中才權並振人事欠齊己巳運中孫賢子秀暮景桑榆戊辰運中落日青山外哀猿空自啼

己亥年　乙亥月　壬辰日　壬寅時

此八字壬辰日相配柱中之木傷官之格人生得此性不受觸心不藏機椿萱半道相分手鴻鴈天邊各奮飛祖知韜略法頗熟聖賢書自有順天之慶豈無福地之基祖業加新慶財囊積厚餘不獨英雄交敬厚尚祈名勢壓鄉閭此則豪華之命鴛幃正副方偕老桂子秋風舞綵衣運行初甲戌上人庇下有何是非癸酉運中志不思登仕路宦前倦詩讀書壬申運中飄殘楊柳絮光景勝當時辛未運中行藏有慶人交敬人事趑趄尚不危庚午

運中家業有成名勢旺不妨行業事業歸己巳運中沖擊之所險歷崎嶇戊辰運中老當益丁卯運中歸去來兮

己亥年　乙亥月　壬辰日　壬寅時

此八字壬寅日相配柱中之木傷官之格人生得此貴發晚年椿萱不逮双宗贈鴻鴈天邊不共聯丰姿英俊天性良賢理窮今古事學貫聖賢爲洋林蹈道橋門去次第登天東大權此則榮貴之命鴛幃有碍須年少桂子秋来朶朶妍運行初甲戌庇佑之下快樂安然癸酉運中明窓淨几習誦簡、偏壬申運中幾欲登天步月何期風雪生寒辛未運中到此始知光景好淺騎疋馬上長安庚午運〻趍趄却歷過德澤被鄉園己巳運中千里桑麻地雨露財源滾滾福綿綿戊辰運中祿位重加歸故里一樽菊酒興陶然丁卯運中花落素歸去空山啼杜鵑

己亥年　乙亥月　乙巳日　丁亥時

此八字乙巳之日相配柱中旺水印綬之格印官者上格也人生得此本乎科第成名只爍才印相减名显異逢注人丰姿秀爽立志清高椿萱有倚难双耄鴻鴈天边各奮遥孝識知今古功名在筆刀一從姓字登天府百里桑麻化雨饒此則貴人之命死幃全正副桂子長秋枝運行初甲戌上入庇下詩礼吟嘲癸酉運中奉向勤中得功成莫憚勞壬申運中一番風雪霽跨馬上青霄辛未運中皇恩有感沾新寵政洽民情德望高庚午運中風波都歷尽祿位束銀貂己巳運中簪冠壯麗心厭懶解組懸車酌美醪戊辰運中孫賢子秀丁卯運中去路迢迢

己亥年　乙亥月　辛酉日　己丑時

此八字辛酉専禄之日相配柱中水木傷官助才之格人生得此生於文望之族長於名望之門椿萱双晚贈鴻鴈飛騰其為人也丰姿清淡天性乖能五車書富冬足兩石弓當萬驥冲過火黄金顕十分之秀色離雲皎月布萬里之清風終是功名之客豈為避世之人雲程坦坦登天去夆足悠悠名利成一旦沾恩澤黎花頌太平此則榮貴之命鸞幃東西錦帳子嗣周鳳暮麟運行初甲戌驚濤乱水朦驟雨暗峯綉癸酉運中漂麥讀書似高鳳引登觀史効匡衡壬申運中騰身離泮水夆足入神京辛未運中一天膏雨隨車至千里仁風逐扃生庚午運中江山近五馬花栁拂双旌當此之際風雪満空己巳運中正宜加爵禄何事便思尊戊辰運中落花寂寂啼山鳥香夢悠悠入九泉

己亥年　乙亥月　癸未日　丙辰時

此八字癸未日辰相配柱中木土食神制殺之格女人得此生於右族長配名門椿萱雅並耄鴻鴈有同鳴其為人也姿容清秀勝丈夫之氣槩有男子材能雲妝華岳千山秀水到相江一擽清每懷九膽意時抱擇讌心玉產崑崗截溫色蘭生楚澤散清馨滔滔無沮帶步步助夫門雅觸雅犯易喜易嗔晚年光霽景福禄念騈臻此則貞良之命良人有配生分別子嗣秋來有挺榮運行初丙子上八旋下未斷平生丁丑運中雖則夫門多伏樂頂史風雨尚愁人戊寅運中淡烟揚柳店薄霧古花村己卯運中片時能發千山雨雨過千山依旧晴庚辰運中幾度樂中有悶數番静裏憂生辛巳運中正是太平光霽景还愁花放風生壬午運中子貴開安樂癸未運中一帆入巫峯

巳亥年　乙亥月　甲辰日　癸酉時

此八字甲辰日配乎柱中金水官印之格亦有金辰之意人生得此顯武揚声椿親顯武分中道鴻鴈天邊不共翔手姿甦孚天性良忠明聖賢之學知韜畧之方濟濟旌旗遮曉日輝輝劍戟凜秋霜祿元遷擢後四海仰權衡此則將師之命篤幃多簇簇桂子晚萌芳運行初甲戌幼年之景便讀文章癸酉運中威棱驅武士德化散封疆壬甲運中祿元重顯擢名勢自鷹揚辛未運中八表順風均雨露叨濱邊界謳春陽庚午運中柄總萬機儲谷粟一番人事屬平張巳巳運中再遷再擢又損權衡戊辰運中威声復振丁卯運中夢入仙鄉

巳亥年　乙亥月　丁亥日　乙巳時

此八字丁亥日貴之辰相配柱中旺水官多化殺偏官之格人生得此本宇得位得名只嫌巳亥冲破職弓福力主人手姿俊秀性格溫良生於望族長於華堂木命椿萱双白首天边鴻鴈各翺翔李問淺知禮義英才稍近賢良祖業重華羅才囊廈積蔵不用跨鞍登上國且宜終世守田庄此則穩旺之命鶯幃有犯重相合桂子森森有挺芳運行初甲戌上人庇下其樂何當癸酉運中蘭馥桂馨日麗春陽壬申運中幾度旺中生剋禳數回靜裏見悠揚辛未運中致四時之佳趣立万古之田庄庚午運中絃斷斷声家業變絲〻瑞雪洒門墻巳巳運中梨雨初晴後才源倍勝常戊辰運中乘星入墓夢遶仙鄉

己亥年　乙亥月　己丑日　乙亥時

此八字己土相配柱中水火才殺之格人生得此本手得祿得名只嫌運入背鄉減兮福力注人生於茂族長於高居衣冠儒雅性格非爲堂上椿萱先別毋庭前棠棣不聯菲祖知禮義梢別賢愚名利途中休跋踄江湖路上暫奔馳但願一樽交貴客何須跨馬上如織此則前平後富之命鴛幃同屬方偕老桂子徐鄉香一枝運行初甲戌上人庇下風雪来欺癸酉運中身衣芒花寒來只自知壬申運中才帛儀如新折柳人情還是半開梅辛未運中到此始知時運達才源滾滾福無綏庚午運中不獨樓臺聳漢尚祈范木芳菲當此之際風雲趑趄己巳運中孫賢子秀茅宅增輝戊辰運中桑榆暮景丁卯運中歸去來兮

己亥年　乙亥月　己未日　甲子時

此八字己未陰刃之日相配柱中水木未之格人生得此多機多變有德有威生於積善之家長於仁義之族椿萱數晩翠棠棣有芳求學問不資於翰苑功名可向筆刀馳一時逢貴助才帛旺門閭此則榮秀之命鴛幃正副而齊眉桂子班衣多孝感運行初丙戌上人庇下安樂何如乙酉運中貴人指引登公府劍筆高揮德望彌甲申運中風雪初晴天似洗雕鞍高跨上雲衢癸未運中榮沾新叫露光耀舊門閭壬午運中萬民沾德化四境自不歸辛巳運中冲擊之所花放風欺庚辰運中英雄却尽也夢逐杜鵑飛

己亥年　乙亥月　己酉日　丙寅時

此八字己土配合柱中水木財殺之格賴食神制殺之功印綬扶身之本人生得此宜乎金紫之榮注人生於文望之族長於仁德之門丰姿英俊志氣超群袖裏虹蜺沖霄色筆端豪氣駕風雲長安人似蟻爭看錦衣新此則榮耀之命鴛幃年長須封贈桂子秋枝拂彩雲運行初甲戌上入庇下化日陽春癸酉運中芸窓篤志雪案勞神壬申運中閶闔開黃道衣冠拜紫宸辛未運中聯名粉署再沐皇恩庚午運中兩度榮遷金紫貴一方天下濟軍民己巳運中衣冠正在權衡處未許籬邊隱一身戊辰運中悠悠仙路遠回首隔閑雲

己亥年　乙亥月　己未日　乙亥時

此八字己未日相配柱中木局偏官之格人生得此宜乎仕路榮登注人生於茂族長於高門丰姿英俊志氣清新擔簦雙皓首鴻鴈有成群筆落驚風雨詩成泣鬼神一朝雲霧合騰踏上天津此則顯貴之命鴛幃全正副桂子發春華運行初甲戌上人庇下月被雲昏癸酉運中芸窓篤志雪案勞神壬申運中到此始知文學好長安道上馬蹄輕辛未運中風雲初積後榮加祿位新庚午運中雖則權名振顯也防旺處逃避已巳運中桑麻千里茂未許乞閑身戊辰運中南田畬下樂一夢入風塵

己亥年　乙亥月　己巳日　辛巳時

此八字乙未相配柱中金水殺生印綬之格女人得此生於名望族配於衣纓姿容清雅髮皃精神勝丈夫之氣槩有男子之材姑嫜光別翁封贈妯娌分行寡清風送芰荷香藕院日匀花萼色盈庭每懷凡膳意時抱憫怜心性急如江濤滾滾心安似秋月光明深明閨壼理洞識古今情錦綉花開春高貴琅玕竹根日升平佇看夫崇子昷鳳冠帔服崇封此則崇貴之命良人金命須年小子嗣崇門二果馨運行初丙子上人庇下毓秀閨門丁丑運中路入桃源花爛熳橋銀漢水澄清戊寅運中水池雨過漪新深谷青来發舊馨己卯運中一輪明月當秋夜無限奇花正遇春　下五年藁秥登虎榜同沐帝王恩庚辰運中光華疊疊沛澤紛紛須史風雨過山青辛巳運中添夫之爵祿長自已精神須史灾悔花放風生壬午運中彩中加彩色紅上贈紅英癸未運中春光去也一枕青風

己亥年　乙亥月　丙戌日　丙申時

此八字丙火相配柱中水木偏官助印之格主人生於詩書之族長於豊潤之庭椿萱不逮祿養鴻鷹又不聯辟手姿高古天性聰明李問三冬足詩書萬卷能終是功名客豈為田舍人嘉谷不早實名利當晚成瓊林雖不叅高宴橋門寄跡沭深息此則貴人之命死怫兩敵霜添鬢子嗣班衣孝且忠運行初甲戌蔭庇之下襁褓平生癸酉運中莫道儒冠悞芸窓患不動壬申運中幾欵溁登月殿畨成冐雪衝風辛未運中機會来時離泮水依然困守讀書灯庚午運中佐政琴堂名望重旺中还有事相萦己巳運中耿耿声名重滔滔祿位陞戊辰運中名利薰心成老懶溪山隱跡且閑身丁卯運中早宜收拾窓前月一夢南柯永不醒

己亥年　乙亥月　甲辰日　癸酉時

此八字甲木酟宇柱中酉金金神之格印綬有權之論遇斯命者生於渾渾之相府長於岳岳之侯門椿萱栄倚先帰父天边鴻鴈各行鳴其為人也丰姿俊秀天性聰明通博古今可武可文五車書富三冬足兩石弓當萬驥冲衣冠済済人中俊和氣怡怡席上珎終是傳芳之客豈為避世之人承蔭功名遺百世金屏列戟顕威權心源落落堪為將膺氣壹壹合用兵中景頻生進退晚年屏有加陞此則社稷良臣之命篤幃正副方階老子嗣秋来向廣生運行初甲戌上人庇下未断平生癸酉運中不昔窓下功書史兹喜天边雨露恩壬申運中家国相外顕一方殭畧独為尊旗男晚日雲擦襟山倚秋空劍戟明辛未運中皇恩重有感推牽髮边戎未字之中進退困循庚午運中幾年困守边彧外一旦天边弄寵崇己巳運中八表順風均雨露四濱随劍自烟塵當此之際權重生凶戊辰運中晚年閑快樂丁卯運中一枕入巫峯

己亥年　乙亥月　丙戌日　辛卯時

此八字丙火相配柱中水木官印之格女人得此生於茂族配於衣纓椿萱棠棣霜晞日妯娌翁姑不共群姿容清秀髮兒精神克勤而克儉易喜而易嗔雲妆華岳千山秀水到湘江一様清佇看夫榮子秀輝羅綺臨風此則榮秀之命良人火命榮身客子嗣花多果後成運行初丙子上人庇下未断平生丁丑運中路入桃源花爛熳橋横銀漢水澄清戊寅運中青帰柳葉晴初变紅入桃花爕未匀己卯運中万象光華沾沛澤四時佳趣瑞祥生庚辰運中精神又憔悴憔悴又精神辛巳運中桑榆暮景壬午運中一枕難醒

己亥年　乙亥月　丁未日　戊申時

此八字丁未陰刃之日相配柱中水木官印之格人生得此生於右族長於高門金大椿萱一期別天邊鳴鴈各行鳴其為人也丰姿清秀天性聰明世事頗能將就般般事得精通過火黃金重長價離雲皎月倍清明祖業添新慶根源勝舊風有心於貨利無意慕功名豐年田舍米盈豐臘月山家酒滿斟月掛碧天多皎潔名標閭里有光榮雖然不是金鞍客也應鄉黨衆推尊此則穩厚之命鴛幃春麗連珠層子嗣秋來朵朵榮運行初甲戌上人庇下花放風生癸酉運中隱隱輕雲抽碧竹微微細雨潤紅芙壬申運中梅須遜雪三分白雪亦輸梅一段馨辛未運中近水樓臺先得月向陽花木早逢春庚午運中雪情雲散天如洗從此才源福祿增己巳運中晚年閑快樂會友以開樽戊辰運中無恩無慮丁卯運中春夢無憑

子平遺書

己亥年　乙亥月　壬辰日　辛亥時

此八字壬辰魁罡之日相配柱中木土傷官之格人生得此生於右族長於名門椿父先歸萱耐晚天邊鴻鴈各行鳴其為人也丰姿清爽天性老誠頗知禮義稍識古今謀動君子威伏小人行藏覺消洒咲傲任枯榮祖業添新慶根源勝舊風月掛碧天光皎潔名揚湖海有光榮不以功名為念豈將冠冕磨礱好意番成惡真心換得嗔不是金鞍朝拱客也應鄉黨衆推尊此則穩厚之命鴛幃有犯須重結子嗣枝枝孝義深運行初甲戌上人庇下未斷平生癸酉運中登臨雨濟嘗翫春陰壬申運中畫水無声空有浪燈花有艷不聞馨辛未運中雖則行藏有慶遂愁人事虧盈庚午運中才源有得失弦斷尚傷情己巳運中精神又憔悴憔悴又精神過此戊辰運中晚年快樂會友開樽丁卯運中春光如過隙一枕入佳城

乙亥年　乙亥月　丁酉日　辛亥時

此八字丁酉日貴之辰相配柱中旺水官印之格重喜貴人住斯命者生於右族長於名門椿萱先別父鴻雁各行鳴其爲人也丰姿清秀天性聰明知高識下理白分清世事頗能將就般般學火精通祖業添新慶根原勝舊風所交者上客所會者高人英雄惟贈劍三尺豪傑相逢酒一鍾有心於貨利無意慕功名花無桃李非春色人有笙歌是太平好意番成惡真心換得嗔遇險斯無險逢凶而不凶雖不建侯封爵也應鄉黨推尊此則穩厚之命鴛幃魚水而短命子嗣枝結而不成運行初甲戌上人庇下未斷平生癸酉運中登臨雨淨賞玩春陰壬申運中寒向梅中盡春從柳上生辛未運中着意種花花不發無心插柳柳成陰庚午運中得中有失晦後還明己巳運中不意之中曾得意用心之處不如心須史風雨頃刻透地戊辰運中晚年多快樂會友以閑摶丁字之中花放風生過似丁卯運中一枕清風

己亥年　乙亥月　己酉日　甲子時

此八字己酉日主相配柱中水木才殺之格官殺混雜滅我功名主人生於古族長於高門金土椿萱双晚茂天邊鴻雁各搏風其爲人也丰姿清雅天性平能知高識下理白分清有近貴親賢之德應上和下之能祖基宜再整事業得添增朝中無姓字囊底足珠珍田園桑柘茂畝畝稻粱馨時至財源旺足運來福祿無窮此則隱享之命鴛幃有配須長子嗣秋來果英運行初甲戌春風駘蕩夏日炎蒸癸酉運中春歸柳葉青初变水入桃花煖未匀壬申運中淡煙楊柳岸薄霧杏花村辛未運中一枝梅破臘萬象漸回春庚午運中不獨財源旺足尚所樓閣凌雲梨花帶雪雨過山青己巳運中莫嫌老圃姿容淡還有黃花噴鼻馨戊辰運中晚年閑快樂丁卯運中一枕了平生

己亥年　乙亥月　丙辰日　癸巳時

此八字丙辰日德之辰相配柱中水木𣅽生印綬之格殺印相生功名顯達主人生於右族長於名門椿親真倜儻豈毋下須論其為人也丰姿清秀天性聰明錦綉胸藏賢聖學䟽賦口吐武文風壐嚴勻好為天下白丈材俊似海東青終是丈場折桂客豈為田舍鑿耕人萬里扶搖鷩騰蟄一声霹靂躍潛鱗明時柱石盛世股肱此則榮貴之命鴛鴦幃春色嚴子嗣有光榮運行甲戌上人庇下花落風生癸酉運中歡遂平生志潛心對一經壬申運中起鳳騰蛟從此始果然秉笏拜明君辛未運中戟迁金紫貴風雪不為驚庚午運中三度君恩喜丙寅風木驚己巳運中赤心扶日月素志展經倫戊辰運中脫節閑時宜酌酒

己亥年　乙亥月　丁酉日　己酉時

此八字丁酉日貴之辰相配柱中水木官印之格人生得此生於西室長於名門椿親磊落萱歸副天邊鴻鴈有行鳴其為人丰姿清秀天性聰明高謀遠見機關別慷慨春風一妙人行藏清洒噭傲任枯榮過火黃金量十分之貴色離雲皎月布萬里之清明水光浮座盃盤堂花氣侵人笑語馨香雖不成名利生平近貴人何用建侯封爵自然潤屋潤身此則穩厚之命鴛幃得配名門女子嗣秋來有挺榮運行初甲戌上人庇下風雨還生癸酉運如花向日似月離雲壬申運中隱隱輕雷抽碧笋微微細雨潤紅英辛未運中堤柳已數新幹綠園梅不改旧時馨庚申運中才源富家居好尚有閑非素耗生已巳運中簾捲香風生百福軒開化日祿元增戊辰運中晚年多快樂丁卯運中一枕入巫峰

己亥年　乙亥月　癸丑日　癸丑時

此八字癸丑元相配柱中土木食神制殺之制水居冬旺生平樂自無憂主人生於右族長於仁門金土椿萱双晚茂天邊鴻鴈各得風其為人也天性聰明胸次崢嶸書萬卷英敏捷壓群倫過火黃金重長價離雲皎月倍清明終是功名客豈為田舍翁三級浪中龍變化九霄雲外鳳飛騰一從揚姓字秉笏拜金門此則榮貴之命鶺鴒連珠須配小子嗣秋來有挺崇運行初甲戌天寒有日天還凍江闊無風浪自生癸酉運中朝覲孔孟日近顏

曾壬申運中繼響終無間何愁不顯名辛卯運中躍過禹門三級浪秉笏金鑾拜

聖明庚午運中重沐恩波鳳池裏朝朝染翰侍明君梨花舞雪金紫重陞己巳運中赤心快日月素志展經綸戊辰運中晚節閑時宜菊酒西風到處憶鱸蓴丁卯運中歸去也

己亥年　乙亥月　辛丑日　己亥時

此八字辛丑之日相配水木傷官助才之格喜逢印綬生自人生得此生於右族長於高門椿萱双晚茂鴻鴈各行鳴其為人也半姿清秀天性聰明般般稍覽件件不精謀動君子威伏小人重成新事業再整旧門庭遊山翫水携詩卷對月觀花把酒斟　欲為商賈思慕功名福布江山外名聞湖海中豐年田舍禾盈嚳臘日山家酒滿斟好意番成惡真心換得嗔福元成岳瀆威勢壓鄉民此則穩厚之命鶺鴒有犯須重少子嗣生成孝義人運

行初甲戌上人庇下化日熙春癸酉運中雨過萬重山有色雲開千里月光明壬申運中不意之中曾得意用心之處不如心辛未運中雖則行藏有慶也愁人事虧盈庚午運中精神又憔悴憔悴又精神己巳運中梅須遜雪三分白雪亦輸梅一段馨戊辰運中晚年無別事持杖踏黃昏丁卯運中春光去也一遇訃音

己亥年　乙亥月　甲辰日　甲子時

此八字甲木日元相配柱中旺水助殺之格水泛木浮藏吾貴氣主人生於右族長於名門萱毋先歸椿後殞天邊鴻鴈各行鳴其為人也丰姿清雅天性聰明断高理直處事公平般般稍覧件件不精曰福曰荣自有順天之慶常安常樂豈無福地之深有心於貨利無意慕功名兩鄙秋色皆喬木耆舊風流有幾人朝中無姓字囊底足珠琉好意番成悪真心換得真雖不建侯封爵自然潤屋潤身此則穩厚之命鴛幃連珠髙二載子嗣枝枝孝

且忠運行初甲戌上人庇下未断平生癸酉運中寒向梅中盡春從柳上生壬申運中晝水無聲空有浪綉花雖艶不聞馨辛未運中雖則財源旺足幾多人事虧盈庚午運中正是太平光霽景遷愁猎耗尚愁人己巳運中威權有布人欽服財帛盈囊福禄增己字之中如履薄氷戊辰運中安閑晚景丁卯運中春變無憑

己亥年　乙亥月　壬午日　丁未時

此八字六壬生臨午位號曰祿馬同鄉才官之格傷官在柱減我功名主人生於溫潤之俗長於遷變之門萱毋先歸椿別後天邊鴻鴈各行鳴其為人也丰姿清秀日月虧盈言不發誕事不胡行頗知禮物稍識古今有近貴新賢之德應上和下之能門外生涯千古慶庭前活計四時新祖業須重立根原勝舊風萬象光華沾沛澤四時佳趣瑞祥生好意番思意真心作價心花無桃李非春色人淡荣枯是太平但歎一生多旺足何須騎馬入青

雲此則親厚之命鴛幃土命須年少子嗣枝頭一果成運行初甲戌上人庇下未断平生癸酉運中青歸柳葉晴初變紅入桃花燦未匀壬申運中才源滚滚家居好第宅豊饒喜氣增辛未運中簾捲香風增百倍軒闢化日禄元豊庚午運中旺中生進退依舊旺財名己巳運中才旺福興家業盛何愁人馬有虧盈戊辰運中春光去也花落月沉

己亥年　乙亥月　甲辰日　癸酉時

此八字甲木配乎柱中酉金金神之格印綬存堤之論遇斯命者生於渾渾相府長於岳岳侯門椿萱榮傑先歸父天邊鴻鳳各行鳴其為人也丰姿俊秀天性聰明通今博古可武可文五車書富三冬足兩石弓當萬騏冲衣冠濟濟人中傑和氣怡怡席上珍終是傳旁之客豈為避世之靈承蔭功名迭百世金犀列職顯威稜心源落落堪為將膽氣堂堂合用兵中景頗知進退晚年犀玉加陞此則社稷良臣之命鸞幃正

副尤招副子嗣秋来尚庚生運行甲戌上人庇下未斷平生癸酉運中不勞心下功書史益喜天邊雨露恩壬申運中良国任榮招外景一方彊暑獨為尊旌旗晚日雲霆被山倚秋霜劍戟明辛未運中皇恩重有感推舉皆邊戎未字之中進退因循庚午運中幾年困守邊處外一旦天邊再寵榮己巳運中人素順風均雨露四濱隨劍息煙廖當此之際臨耗遷生戊辰運中晚年閑快樂丁卯運中一枕入峯中

己亥年　乙亥月　丁亥日　壬寅時

此八字丁亥之日貴辰相配柱中水木官殺之格丁遇壬而大過減吾功名主人生於右族長於名門椿萱有倚先虧父天邊鴻鳳陣行分具為人也丰姿清秀天性老誠謀動君子威伏小人行藏果斷處事多能祖業添新慶根原勝舊風消閑棋一局遣興酒三鍾雖不成名利平生近貴人常將好意番成惡每把真心換得嗔身將隱逆文何用人不知之味更真財源富足平生樂何須天府沐恩榮此則穩旺之命鸞幃有剋重招土命之姻子嗣

有成晚節一枝奉老運行初甲戌上人庇下化日陽春癸酉運中未歡飛李紅紅色且喜湖光淡淡晴壬申運中乍雨乍晴留容景或寒或煖困人天辛未運中得中有失旺處還非當此之際絃斷傷心庚午運中着意種花花不發等閑插柳却成陰須史風雨雨過山青己巳運中冲擊之時還發福只愁人事有虧盈戊辰運中晚年享福多如意花放風生尚惱人丁卯運中一枕合香傷午夢晚風吹落楚山雲

己亥年　乙亥月　癸未日　壬戌時

此八字癸未之日相配柱中木土食神制殺之格女人得此生於右族長於名門椿萱双晚茂鴻鴈各行鳴其爲人也姿容清秀髮貌精神勝丈夫之氣象有男子之材能雲收華岳千山秀水到湘江一樣清萬里無雲天一色三秋好景月長明玉產山崗藏秀色蘭生楚澤散清馨錦綉花開春富貴琅玕竹報日升平此則穩厚之命良人得合須年小子嗣生成貴顯人運行初丙子上人庇下毓秀閨門丁丑運中雖則夫門多有慶幾多人事尚虧盈戊寅運中一味曉烟迷芍藥半泓秋水浸芙蓉己卯運中風雲掩月雨過山青庚辰運中旺中尚有鼓翅事事重依然福祿增辛巳運中子秀孫生壬午運中一枕巫峯

己亥年　乙亥月　丁未日　壬寅時

此八字丁未陽刃之日相配柱中水木官印之格丁壬作合得化得從貴顯聲名之士主人生於右族長於名門火土椿萱茂鴻鴈各行鳴其爲人也半姿清秀天性聰明筆底詞流三峽水胸中學業五車深終是功名之客豈爲田舍之翁鵬路高搏知健翼龍門深躍見脩鱗一從姓字傳臚後九五金門面聖容此則榮貴之命鴛幃春色麗子嗣晚先榮運行初甲戌上人庇下未斷平生癸酉運中十年窗下業黄卷興青燈壬申運中時來風送滕王閣頃刻高搏萬里程辛未運中躍過禹門三汲浪秉笏趨朝拜聖明庚午運中職近金紫貴風雪不爲驚己巳運中有才應大用未許便辭榮戊辰運中正宜加爵祿何事返鄉城丁卯運中一枕清風

己亥年　乙亥月　癸未日　癸亥時

此八字癸未日元相配柱中土木食神制殺之格女人得此生於右族長於名門椿父先歸萱後殞天邊鴻雁各行鳴其為人也資容清秀髮貌精神雖是女流之輩過如男子材能雲收華岳千山秀水到湘江一樣清每懷凡騁意時抱擇隣心潔明閨壼理洞識古今情喜則水天一色怒則風捲殘雲雖不鳳冠帔服自然金谷豐盈此則旺足之命良人火命須年長子嗣枝枝有顯榮運行初丙子上人庇下未斷平生丁丑運中雖則夫門多快樂須史風雨尚陰晴戊寅運中一抹燒烟迷為樂半湖秋水浸芙蓉己卯運中片雲能發千山雨雨過千山依舊精庚辰運中裙釵濟濟家門好何愁風雨片時生辛巳運中夫崇子貴樂意忘情當此之際花放風生壬午運中子貴家門多快樂風生五夜未能晴癸未運中粧樓人去也

己亥年　乙亥月　癸亥日　丙辰時

此八字癸亥日元相配柱中火土才殺之格水居冬旺生平樂自無憂主人生於右族長於名門水命椿萱同屬壽天邊鴻雁有行鳴其為也也丰姿清秀礼樂縱橫筆落驚風雨詩成泣鬼神終是文場折桂客豈為田舍躬耕人瑤池鞭靜朝南極五夜終停拱北宸此則榮貴之命鴛幃連珠須配小子嗣金風有晟榮幼年之下災晦未伸甲戌運中上人庇下詩礼趨庭癸酉運中雖有讀書志前程路未通壬申運中時未風送騰王閣頃刻高搏萬里程辛卯運中郎署官函何足羨大夫或位貴重封黎花舞雪雨過山青庚寅運中江山迎五馬花柳拂双旌己巳運中佐政省堂名德重何期解組向離東戊辰運中晚年閑快樂丁卯運中一枕入巫峯

已亥年　乙亥月　丙寅日　辛卯時

此八字丙寅長生之日配乎柱中水木杀生印綬之格杀印相生功名显達主人生於右族長於名門椿萱帶疾一朝鸞天邊鴻鴈各搏風其為人也丰姿清秀天性聰明胸藏萬古英雄事志抱三場錦綉文麗句好聞天下白英雄俊似海東青終是功名之客豈為田舍之翁鵬路高搏知健翼禹門深躍過潛鱗一從揚姓字東笏拜明君此則榮貴之命外幃花烛添新慶子嗣全風孝且忠初年之下花放風生甲戌運中味道心千古潛心對一經癸酉運中十年窗下業頃刻便升騰壬申運中處事但憑三尺法理刑渾似一團春辛未運中戰廷金紫貴風雪滿門庭庚午運中佇看官封三級酌然祿享千鍾己巳運中白頭未許閑家棨紫詔陞宣慰老臣戊辰運中落花片片流水濱濱

三五

己亥年　乙亥月　丙午日　乙未時

此八字丙午日刃之辰相配柱中水木煞生印綬之格又喜陽刃相扶主人生於文望長於名門椿萱雙既贈鴻鴈齊長空其為人也丰姿清秀天性豪雄千古文章遐榮耀一天星斗煥心胸驪珠照耀光難掩雷劍生豐氣自充龍門變化三春浪鵬路道遙萬里程一從揚姓字東笏拜明君此則榮耀之命鴛幃有犯須納寵子嗣枝頭既果榮運行初甲戌上人庇下花放春生癸酉運中欲向雲中奉[illegible]須從燈下留心壬申運中霹靂一聲雲霧合禹門躍過浪三層辛未運中白錫瓊林後朝朝識聖明庚午運中君恩三度喜風木兩番驚己巳運中雖則金甌拜命還愁權重生驚戊辰運中榮回故里一道訃音

三六

己亥年　乙亥月　丙辰日　戊戌時

此八字丙辰日德之辰相配柱中水木未生印綬之格未印相生功名显達主人生於西室長於名門播親前堂豈非正天边鴻鴈有行鳴其為人也手姿清秀天性聰明胸藏萬古英雄事志抱三場錦綉文不特魏珠难照乘还應趙壁擬連城終是功名之客豈為田舍之翁龍飛九五青雲近鵬擊三千輝海中一從姓字傳揚後直上金階輔聖明此則榮貴之命外帶連珠須配小子嗣森枝有挺榮運行甲戌上人庇下安間已過詩礼趨庭癸酉運中味遂心千古潛心對一經壬申運中莫愁雪阻藍関道時来頃刻便升騰辛未運中躍過禹門三級浪秉笏天門侍聖明庚午運中郎署官函何足羨大夫金紫又重陞梨花舞雪雨過山青已巳運中衍肓官封三級酌然禄享千鍾戊辰運中有財應大用何事便帰榮丁卯運中夕陽有限春夢無憑

己亥年　乙亥月　壬子日　庚子時

此八字壬子日刃之辰相配柱中木土傷官之格水居冬旺生平樂自無憂主人生於右族長於名門同屬椿萱一期别天邊鴻鴈各行鳴其為人也丰姿清淡天性老誠雖無讀書志每有貴人欽行藏果斷作事非駐黄金過火重增價白璧離塵色更明福布江山外名聞湖海中得意江山詩句健忘情日月酒盃深但願人生才禄旺何必天邊沐寵榮此則豊厚之命鸞常土命須年長子嗣秋来桑葚成運行初甲戌上人庇下花放風生癸酉運中未觀桃李紅紅色且喜湖光淡淡晴壬申運中一枝梅破臘萬象漸回春辛未運中遨遊湖海多興旺風雪飛来尚恼人庚午運中才旺生官家業長福星臨照喜非輕已巳運中富以潤屋德以顯身戊辰運中春光已盡一夢難醒

己亥年　乙亥月　辛卯日　戊戌時

此八字辛卯日元相配柱中水木傷官助才之格女人得此生於右族長配名門椿萱有倚雖變巷天邊鴻鴈各行鳴其為人也丰姿清雅德茂行貞雖是女流之輩勝如男子之態春入水光咸嫩綠日匀花蕚發新紅深明壼閫理洞識古今情憂禍自能辭肉味愛琴應辯辨絃聲性急如風翻浪湧心安似秋月光明雖不鳳冠帔服自然福祿無窮此則益旺之命良人有碍難偕老子嗣秋來孝義深運行初丙子上人庇下毓秀閨門丁丑運中伺居生喜氣雲月又朦朧戊寅運中世情濃又淡淡處又還濃己卯運中一抹曉烟迷芍藥半泓秋水浸芙蓉庚辰運中人生正在風光處只戀素耗片時生辛巳運中冲擊之評如履薄氷壬午運中晚年閑快樂一枕入佳城

己亥年　乙亥月　壬子日　庚子時

此八字壬子日刃之辰相配柱中木土傷官格亦有飛天祿馬之意主人生於邃室長於名門水命椿親耐晚天邊鴻鴈各分其為人也丰姿清秀天性聰明学問資充充詩書貫一經驪珠終照魏雷劍豈藏豐終是功名客豈為田舍翁鵬路高摶知健翼龍門深躍見脩鱗一從揚姓字職位秉權衡此則榮貴之命鴛幃連珠須配小子嗣生成貴顯人運行初甲戌上人庇下花放風生癸酉運中朝親孔孟日近顏曾壬申運中雖有凌雲志前程路未通辛未運中躍過禹門三級浪九五天門面聖容庚午運中郎署官爵何足羨大夫金紫又加陞重重風雪雨過山青乙巳運中赤心扶日月素志展經綸戊辰運中觧組婦田里子貴又诰恩丁卯運中訃音一播酧酒三鍾

巳亥年　乙亥月　庚子日　丙子時

此八字庚子之日相配柱中水火傷官劫財之格殺輕喜財助為祥主人生於右族長於名門椿萱双晚貴鳴鴈各行鳴其為人也丰姿清秀天性聰明胸羅今古事學識聖賢心過火黄金重長價離雲皎月陪清明終是功名之客豈為田舍之翁能門变化三春浪鵬路逍遥萬里程一從姓字傳楊後九五天門面聖容此則榮貴之命篤幃烛夜添新卺子嗣秋来孫孫榮運行初甲戌天冷雲还凍江寒風尚生癸酉運中欲遂平生志潛心對一經

壬申運中十年窓下留心志時来頃刻便升騰辛未運中到此始知文學好長安道上馬啼輕梨花舞雪雨過山青庚午運中職迁金紫貴尚愁風雪飛巳巳運中有時應大用未許便辭榮戊辰運中歸去松筠三徑足倘来軒冕一毫輕丁卯運中夕陽有限春夢無憑

庚子　戊寅　乙卯　庚辰

此八字乙木配合庚金正官之格身旺官輕乙庚化金正月無用根基少倚業計重新听鐘投古寺　闡法入叢林自掃石壇春蘚綠誰来雲洞夜听琴　此則出家之命　運行初東風之内木在春生丰姿磊落性格聰明衣冠濟楚礼樂維新行南方之運壺懸仙島吞霞罷挽浸星官况水閑行西方乙酉丙戌之運花落桃源春去早海逆蓬島信来稀

庚子　戊寅　丙辰　癸巳

此八字丙辰日德之格癸水為官注人性格慈善福必豐厚根基卓立業計維新李問聰明行藏特達鳯穴中敢求名利大海内釣出鯤鯨只得八字堅牢根基不能搖動此則平穩之命妻死牖隅角最好為僧子嗣不孤桂芳蘭秀運行初甚時、青松增嶺秀森森、疎竹助家庭運行中生涯盤薄立計迍邅不是惜花春起早　多應愛月夜遲眠運行壬戌暮歹種勞勤灯影裏十分秋意雨声中　黄操有夢人歸去　酌酒三盃馬鬣封

若壬辰時經卷藥炉新活計数銖巾鉢旧家風此則出家老僧之命

庚子　戊寅　己未　辛未　乙亥時仝

此八字己土配合辛未之時食時官庫值斯象者有詩断曰隔岸羨春秋世開庭前松行雪中哉經過擷撲知多少財帛無中又有来命寒不須君怨嘆時未还有棉棋紫衣貴客来相雇平地雷声震宇該此則特達之命論之

甲子時明有官星暗　有財丙寅時暗官明印戊辰己巳金神之論入火局貴丁卯時險貴值此格者行藏慷慨歷事縈紆死牖　和美顛為運理之技桂子飄香終作瑾瑚之器此則顯達之命

庚子　戊寅　庚申　甲申

此八字庚禄居申但嫌寅中丙火不成其局月上偏官申字相冲聞喜不喜此作平常財食之命断之其為人也立性急驟事不常機椿萱少倚鴈字双飛財源不富不貧此是平常之命也妻死帳本妨冝娶坤艮殘皃女子嗣稀少可招彘兄異宗人運行己卯庚辰之中淡烟籠芍藥烁水浸美蓉辛未壬午運中虽然金敗之鄉財帛行藏有慶行癸未甲申乙酉之中　愁從竹葉盃中去老向姜花鏡内生丙戌運中帰去也

庚子　戊寅　丁巳　丙午

此字丁火生於午上日祿歸時之論但嫌子午相沖云祿嫌沖破為忌是也值此格者立許平生家妹事較之難逅已勞神成家許汝有財礼操揔終須出等論孤雁過時秋影遠芹花綻處曉枝新前途幸有湖山境適避身名免禍迍此則平常之命妻有隔角子少懸懃運行初巳卯新月初生運行庚辰辛巳寒寒江下釣虛利虛名行壬午運中光景桑榆喙黍黃雞壯新芻白酒香癸未運中入料陽

庚子　戊寅　戊午　庚申

此八字六戊生人為主以庚申時合卯中乙木戊日得官星合祿之格秋冬生者則貴今此命丙午之火傷其庚金不成其局只作傷官帶印之格其為人也立性軒昂鬚糊眼大不奈事大寬小急心喜怒不常財源進退名利憂揚此則持達之命妻妣惰琴瑟換新絃子嗣孤無求異姓運行初庚辰辛巳晴後未消千嶂雪煖風光放一川花運行中壬午癸未財源貫朽果陳芳宅彫梁峻宇運行甲申乙酉傷官太重數空白髮春風短一夢黃粱万事非

庚子　戊寅　辛酉　庚寅　戊子時仝

辛日生人財戊子六陰朝陽位此格者衣紫腰金但嫌子字多作干干莲化若庚寅時財旺官生又是寅月注人手姿清楚言語標奇斈問有成終作璉瑚之器寒寒拂紫衣催騎白驕光生玉節下雲梯死帰而貞潔桂子足詩書此則常貴之命運行初巳卯庚辰之中灯下勞心螢窓用意辛巳壬午運中筆篇從擁春遊去羅綺爭扶衣醉帰癸未運中重重祿位甲申運中光陰易過帰去来兮

辛卯壬辰癸巳時甲午乙未時俱是平常之命注人音容特達動止多思死帰而接續桂子而孤希財源不富不貧此則平常之命

庚子　戊寅　戊辰　甲寅

此八字戊辰日德之格配合甲寅時偏官一位貴格值此者注人聰明特達双親有妨雁字孤鳴文章問淵源書義廣情人疎閒結交輕三場未舉刀筆先拈片言能折獄一掃千人字此則特達之命也妻死帰伶俐治家主業之能子嗣風騷接物待人之札運行己卯初年蹭蹬薄晦輊炎庚辰辛巳運中雨餘桃李發風順客帆輕行壬午癸未運中登山涉水莫辭勞跨鳳騎鸞須近貴壬申癸酉之中月冷煙空流水岸燕愁鶯慘夕陽村一夢不回歸去了路上行人也斷魂

庚子　戊寅　甲寅　丁卯

此八字劫財羊刃子卯相刑值此格者注人丰姿磊落立性軒昂擡壹有倚根業守成文章問聰明機謀百變交　結風流襟懷而安落財源東去西生世事南行北往此則名利之人也妻死帰和睦顧同連理之枝子嗣稀疎不免班衣之舞運行初已却有疾纏身行庚辰辛巳運中一苑杏梅紅錦綉滿山松竹　挈帰屏壬午癸未運中權高損福多為笑裏成憂甲申運中殂作他鄉之鬼

庚子　戊寅　甲子　乙丑

此八字甲子乙丑連理之合乙庚合煞為貴值此象者注人親却成疎怎奈何却於疎処最相和重重名利成而破壁壁月襟少謂多花謝庭前連雨打鴈飛天外失群過去程若要知安穩泛泛孤舟又巨波此則平常安穩之命也行東方之運禁煙天氣日麗風和行南方之運孤舟独棹独自生涯財源進退業計趦嗟行西方之運愁從竹葉盃中去老向菱花鏡裏生丙戌運中帰去也

庚子　戊寅　己巳　甲子

時上正官之格其為人也聰明磊落性格剛強義重財輕一生有慶子孝妻賢行甲申運中財帛少成利名有破此經云官星正印只見冲刑改也

庚子　戊寅　丙寅　己亥

此八字丙寅之火生戊己之土爲傷官之格虽有歲之子中癸水爲官無力耳值此格者月德身強根基有倚双親無克鴈字群飛李問聰明行藏執礼此則平安之命妻死帰寅亥相合羅帳百年諧老子秋桂不孤春景濟濟運行己卯未有尋芳之豹行庚辰辛巳之中竹軒無暑氣花砌有幽香

壬午癸未運中羊刃之郷摧財柬美甲申運中一夢黄樑徑三盃酧酒傾

庚子　戊寅　乙丑　丙子

此八字六乙鼠貴之格双親無克鴈字孤飛李問本登天府但嫌庚字淹留其爲人也聰明智慧識達古今帰去青山仁者樂秘未丹决老而傳此則清官之命妻死帰清合兩綢繆子嗣蘭芳烋桂少運行己卯庚辰杏林边嬉戲樂橋井處舞衣歡行辛巳壬午運中且尽緑酧消得恨休思紅緩柳行裝行癸未運中莫嫌金榜空亦是紫衣人悠然而異荣耀門庭行甲申早將一世功名付与杜鵑声善人越此乙酉運中藥炉火炙丹方然茶竈烟開酒不醒

庚子　戊寅　辛未　丙申

評此捌字丙辛化水申上長生若生巳酉丑月文章振發声譽迁但嬪止月丙火傷金注人丰姿沖潘歷事志誠生於田舍長及仁門衣冠平淡有倚双親黌館詩書如鳥翔芹堂六叅似雷空莫言金榜徵名利亦是明論講讀人此則仕祿之命妻如何死帰魚水和樂之躭子如何春蘭早吐烋桂遲芳運行初庚辰辛巳衣冠各異灯火相親壬午運中權高損福一敗一成癸未運中爆竹声残催騰去梅花香至早春还甲申癸酉運中函門寃散春夢無憑

若乙未丁酉時財盛生官終身有慶財源生意好声價且和平但願有錢留客醉何須騎馬傍人行此則平穩之命

庚子　戊寅　丁卯　庚戌

此八字天元丁火寅卯之木生爲印綬之格双親無克基業守成丰姿敦篤立性昏沉此則温飽之命妻死帰窕地無相克子嗣荣華晩有成運行辛巳之中舟行海島多飄治財帛迍邅驟雨侵行壬午癸未雲散乾坤朗風收宇宙明家門多吉慶立計宛然新行甲辰帰去也

庚子　戊寅　癸亥　甲寅

此八字癸日生人喜逢甲寅時刑戊土癸日得官星名曰刑合格植斯象者頭角峥嵘声名騰達但嫌戊官透露庚金有傷減其分數作平穩清高命論之其為人也丰姿騰達性格縱横衣冠濟楚礼樂鏗鏘石昴夜聯詩局捷布囊春醉酒樽長財源積粟樓閣峥嵘對特達之命死幃双、正副鸞膠有色子嗣稀少还應不絶班衣運行初新蟾照淡冷減乍明庚辰辛己運中春苑春山紅又綠秋園秋圃碧还青壬午癸未中財源得失有朋自遠方来名利榮華無有不如已者甲申運中借問此生何処去香魂已自入南柯

若壬子時日禄帰時貴格戊官透露其福減半

庚子　戊寅　庚午　己卯　癸未時仝

断曰庚日生人時己卯台生無命發因妻柱中有托逢丁旺財禄豐盈福壽齊評此八字立性聰明行藏志氣未赴科塲夺先將刀筆施貴人相引処財帛見光輝此則利名中人也妻外幃對、子嗣枝、運行己卯庚辰辛己金入長生花逢春日遅、菊天重陽纍、財源進益名利光輝壬午癸未之中急流湧退事急無施鷄啼茅店月人過覇陵溪甲申乙酉運中帰去来兮

庚子　戊寅　壬戌　丙午　壬寅時仝

此八字水克火為財、者正官之意也財盛自生官旺值斯象者本乎衣紫腰金但嫌身弱福厚难禁此則軽利軽名終不失官禄之命也断曰平生雙手奮双拳氣貫虹霓更勉檐祖業箕裘还再整正家風從此始週全鴈飛北漢經秋水鶴立青松遇晚年移得桂来栽月窟双、名利齐达

若丁未時癸卯時虽貴而不显為僧道者蒲團竹几通霄坐掃地焚香白昼眠為俗者妻無克子見难財源散誕声價盤桓此則守業之命

庚子　戊寅　辛巳　己亥

此八字辛巳日逢戊月卯綫之論身生正官被寅亥充刑經云身弱遇官得後徒然費力此則倚貴之命其為人也丰姿穩厚性格平和椿萱少倚鴈陣失群外幃重整正双、魚水之歡子嗣先难秋桂春蘭並美運行初無榮無辱運行庚辰辛巳之中戚而不猛和而不同春夏莫愁哀共飯秋冬、何嘆曰况酉壬午癸未之中一聯好景万里光輝活計未成君莫笑生涯卓立汝方知甲申乙酉之中花開春苑風光好月照江山萬里耀百年人事老冊心寸寸灰

庚子　戊寅　丙辰　辛卯

此八字丙辰日德之格生地支寅辰之土為傷官雖有子中癸水為官無力耳值此格月德身強根基有倚双親有克鴈字群稀文章問少聰明行藏多執孔此則平安之命妻死帰丙辛相合羅帳百年諧老子秋桂不孤春蘭猗運行己卯未有尋方之約行庚辰辛巳運中竹軒無暑氣花砌有幽香壬午癸未運中羊丑之鄉財權秉美声誉高強雲散自然飄月色春来衣旧百花香甲申乙酉運中不是高標等松菊誰能深谷訪芝蘭丙戌運中黄梁一夢酹酒三行

庚子　戊寅　乙亥　辛巳

此八字乙木配合庚金歲官之格克從到戊土為才〻盛生官終身有慶其為人也丰姿敦厚土性異常性格聰明機謀深遠文章問頗知今古英才博覧旧新祖基多顯觀祖業是高門双親而有倚鴈字而起群此則清富之命妻死帰情緒合願同連理枝子桂子他年秀龙門折桂帰運行己卯半開桃李行庚辰辛巳風光行處好雲物望中新運行壬午之中萬事不由人計較財源進退涉開非癸未庚申運中一枝梅影横窓月萬壑松声達澗風行乙酉運中財源進益晚景光荣丙戌運中萬事分以定浮生一夢中

庚子　戊寅　丁卯　甲辰

此八字丁火配合甲辰時官神得位印其身經云有官有印無破作廊廟之才人生值此聰明特文章問淵源衣冠濟楚礼樂皆全湖外樹園島府立嶺边花夾綉衣行此則榮耀之命妻如何死帰真節两鬓添霜子如何桂子孤单先难後易烱〻錦心才鐵俗稜〻玉骨秀横秋運行中降帳衣冠足三冬〻文章有余声名從比貴泊没在營時甲辰運中声名耿〻禄位重〻乙酉運中訃音遠播歸夢逡迎

庚子　戊寅　丙寅　丙申

此八字天元丙火配合寅中甲木為印綬之格子中癸水為官星有官有印其為人也月德身強根基有倚双親無克雁字群揚學問知機行藏執理風和日麗春光好雨過雲收夏景新此則平妥之命妻死憹寅申相沖羅帳兩強諧老子秋桂不孤春蘭漪、運行已卯未有尋劳之約庚辰辛巳之中貴人提挈千里江山明盈景一川花柳弄晴光壬午運中羊刄之鄉摧寸東羡癸未運中竹軒無暑氣花砌有幽香甲申運中山花山雨相兼落溪水溪雲一樣閑乙酉運中一夢黃樑遠三盃酹酒傾

庚子　戊寅　丙寅　壬辰

此八字天元丙火配合壬水時上偏官戊土制之得中和之道耳喜身旺杀旺其為人也丰姿敦厚志氣軒昂印根基有倚財帛鏗鏘雙親晚翠鴈字聯芳學問聰明行藏执礼門外生涯千古計庭前活業四時新此則敦厚之命妻鴛幃兩意綢繆羅帳百年偕老子秋桂不孤春蘭漪、運行已卯之中父母之鄉嬌諂还為庚辰運中竹軒無暑氣花砌足幽香辛巳運中財源進益多豐厚活計盈余足称情壬午癸未運中財權東羡家業、豐榮甲申乙酉運中歲寒松栢茂晚景子孫榮丙戌運中比肩之憂帰夢巫峯

庚子　戊寅　甲寅　辛未

此八字甲戌庚三奇透露但嫌官杀混雜格局不清其為人也丰姿磊落立性軒昂雙親有魁萱親設於西房厘字有行才帛從容迳自足李問不深機謀百変交結風流襟懷洒落財帛東去西来世事南行北往此則時達之命也妻鸞情和睦顒同連理之枝子嗣希疎不失班衣之舞運行初梨花帶雨行樂崎嶇庚辰辛巳之中一苑杏花鋪錦綉滿庭松栢翠帶壬午運中権高損福多為笑裏成憂癸未運中十年老景勝春之美甲申運中市沽終不醉春夢却难醒

庚子　乙卯　壬辰　戊申

此八字壬辰之日值戊申之時偏官之格卯木制之得及值此格者行藏慷慨智慧操持恩中惹怨義處成非李問縈紆金炉香煖迎冊詔英才拔萃玉階霜寒謁紫宸銅虎符寒冰立節鉄獅峯煖雪回春外帶冝正副桂子称梅蘭此則清高之命運行初讀書用意灯火留心運行中千里霜威金斧重三秋風色綉衣輕運行丙戌香魄杳杳歸去处只在巫山雲自尋

已酉丁未時俱係平常白衣之命

壬寅時水火相逢甲辰騎在背庚戌辛亥時福祿之論已上作高侖論之

、庚子　己卯　癸卯　丁巳

此八字壬癸卯兔蛇藏其格者官輕馬重斷云烟波万頃海中舡燕疊鶯窠尚未完只為平生磨難重到今風采欠週全身心未許煨衰過今日當權別有綠点水朱衣人助力看君平步上青天此則仕宦之命妻死帑名死如子嗣月中男運行初行東方之運其樂且躭行庚午辛未之中財盛生官陽酉喬木氣轉華堂生涯得意財帛鏗鏘壬申癸酉之中黃粱一夢酣酒三行

庚子　己卯　辛丑　戊子

此八字六辛日時逢戊子朝陽之格其為人也丰姿穩重言語清標貧而無諂富而無驕生於喬木衡衞出於名門右族財帛有成利名得失此則特達之命妻死帑兩鬢添霜羅帳百年諧老秋桂馨香正應金風之候定年升躍还登雁塔之前運行初營窓之下孝足三冬運行中本月鳳池之選笆樣今泛澗泉運行暮帰耒故里安享晚年

庚子　己卯　壬寅　壬寅

此八字背祿逐馬比肩爭競子卯相刑財官無用壬寅為壬寅是壬趨艮格水火既濟值此格者双親有克雁字郡分立性清標丰姿磊落壹身孤獨再宜為道為俗不足衲衣錫杖还當一个清閑道人此則孤獨之命妻有克子無生運行初双親膽下無辱無榮運行中飯蔬食飲樂在其中運行丙戌之中市沽雖不醉春夢亦無憑

若癸卯時傷官格論傷之不尽註人行藏凶暴立性横弦無謀生表帛死狗東堪作田家一道人此則平常之命

庚子　己卯　癸巳　甲寅

此八字癸日坐向巳宮乃是財官双美配合甲寅時刑合貴格傷官之論註人丰姿敦厚性格標持出言豪邁行事能施奄翻每助經綸業豹畧徐施肅杀威允惴而有克藁尒而無危子嗣而孤稀偏房而厥出運行初衣冠濟濟礼樂怡怡運行中途中晚日催行騎江山春風逐綉衣甲申到乙酉運中水敗之鄉歸去来兮乙卯丙辰丁巳時平常之命庚申辛酉刑合之格金生水秀作貴命更看生八分野輕重斷之

庚子　己卯　庚子　丁亥

評此八字庚金生水為傷官之格但有丁火透露坐於亥地不旺值此象者双親早失鴈字孤飛祖基有倚必當新立新居条問有成須是多才多藝貴人提挈財帛無兮嵗則温飽之命妻允惴三次奪交子嗣一双奉侍運行初巳午之中月生雲散舟發風生運行中水淼、三江水悠、五嶺閑雞啼茅店月人迹板橋霜運行暮月上東窓百年　繾綣成何用花落人付捻是閑

庚子 己卯 己亥 癸酉

此八字天元己土配合卯中乙木為偏官之格經云人有偏官如虎而眠惜其威攝伏群獸注人丰姿清秀生於官室双親榮耀雁字聯行斈問聰明英才倜儻博覽群書熟窮通方卷精一朝騰踏去身到鳳凰城此則清貴之命妻死帏年小百年夫婦齊眉鸞鏡分光正副盟山誓海子一双秋桂班衣舞兩朵春蘭綉綵歡運行初鳳吹考樂雨洒海棠運行中螢業三冬足登云一峯高殿前初脫白天子重英毫運行暮乙酉之中尚見淹延丙戌運中 函骨空埋芳草 穸銘旌徒倚夕陽天

庚子 己卯 戊戌 壬

此八字正官帶財、盛生官終身有慶值斯象者丰姿清楚性格寬洪双親無克豈毋先亡鴈字無傷翱翔各自此則吾穩之命也妻死幃兩、婦隨夫唱過平生子嗣零凋許一枝觀送壽運行庚辰辛巳傷官之地九事玲瓏秀而不實壬午癸未運中氣轉乾坤生百福陽回宇宙納千祥甲申運中老景不關家業重餘清未暇世情牽乙酉運中夢重翠禽啼不覺落花流水在邯鄲

庚子 己卯 乙巳 戊寅

此八字乙木生於巳地子卯相刑寅巳相刑其為人也善莫善以德惡莫惡為刑双親雖無克鴈字終問分季問有升騰利名还有慶 此則顯達之命妻死帏兩度洞房花烛双番新男女不孤先桂凋零殘茂盛運行初庚辰辛巳運中貴人提挈梅柳爭春運行壬午癸未運中行舟風水逆帰騎日輪沉行甲申乙酉運中万卉始知春色到財源滾滾得精神 運行戊子之中非夜訃音傳遠去今朝六魂夢邯鄲

庚子 己卯 甲辰 庚午 辛卯時全

此八字甲木配合庚金偏官透露如蘭秀於岩谷松柏茂於山林此是幽遠孤寄争奈利名虛秀值湏件、規經手家業規摸自立成此則平常之命妻死幃宜續新絃子嗣堪栽蘭蕙運行初如魚在水似鳥投林行壬午癸未傷官之地有成立之威權生涯之進計甲申運中客至烹新茶賓來泛濁醪乙酉運中一生纏繼都無用夢入瀟湘十二重

庚子　己卯　辛卯　戊戌

此四柱辛金剋卯木為財戌中丁火為偏官值斯象者根基少倚業計多榮衣冠濟楚詩礼温恭性若孤云出岫謀如野鶴乘風東岸栽松西岸秀　南園種竹北園陰文朋自向遠方親此則不富不貴之命妻死幃琴瑟諧和子嗣桂蘭　挺秀運行初庚辰辛巳金入長生門外西疇禾黍盛庭前北圃柘麻與行壬午癸未之中万壑松声止雨過一行花氣水風生甲申運中荊棘狐狸穴行人嘆息声

庚子　己卯　乙酉　戊寅

此八字乙木配合庚金為官酉金為杀寅中丙火去官留殺身君無用且劫才之多值此格者根基虽有氣運未遅作事舍吾行藏進退此則平常之命也妻死幃勤儉男女艱辛運行庚辰辛巳之中桃腮未放柳眼先開運行壬午癸未之中密雲運中吝去夕陽　江上舟歸甲申乙酉運中　酒醉愁初散寬升夢不歸

庚子　己卯　庚寅　戊寅

此八字庚日卯月乃作正財其為人也聰明特達智量操持出言俊俏　行用能施但嫌火氣大盛當於殘疾之人此則温富之命也妻鳳宿凰來舞鸞膠鴛倍育子向食牛知氣槩何期誇寵溢声華運行庚辰辛巳壬午衣冠未整寄信桃李待春回行癸未甲申乙酉　汀迎殊履客交然玉堂人丙戌丁亥運中夢入云山

庚子　己卯　甲申　丙寅

此八字日祿歸時沒官星劫青雲得路畧嫌年上煞制之其為人也身材磊落性急見快祖基祖業次非自奉自立經營壚畔海棠移入南堦還植比篤边芍藥我來東測之移西此則穩實之命妻賢過房之女形容短小言語無機子時日併衝憂妻傷子妻無克子有傷中年而別也二枝秋菊至老如譬運行南方生計辛勤甲申乙酉成家立計活業榮華　丙戌運中成中見敗此則子孫如草木枝條曲直不由根行戊子運中丙辰辛夢入無常之路若辛未時官煞昆雜喜木在春生處世安然必壽一生自有貴人欽財帛資囊還自足兒帰內助子嗣榮昌此則平穩之命運行庚辰辛巳之中海棠雨過花重艷岩桂風飄鬱鬱香　壬午癸未　陽回喬木氣襲華堂甲申乙酉運中風吹堤柳垂金線雪綴園梅墜玉丸丙戌運中夢入無常

庚子　己卯　己亥　甲戌

此八字天元己土配合甲木時上正官之論卯中乙木藏干庚金合然為貴值斯象者注人丰姿清秀為事多能愍不尅剥早立辛勤双親有倚鴒字群分生涯駢集衣冠雅商賈闠闠福祿臻此則時達之命妻兒帰年小百年夫婦齊眉鸞鏡分光正副盟山誓海子壹双秋桂班衣舞兩朵春蘭秀彩歡運行初風吹芍藥雨洒海棠行辛巳壬午運中氣轉乾坤生百福陽回宇宙納千祥癸未運中人情恍惚世事滄忙甲申乙酉運中老景不閑家業重餘清不做世情牽　丙戌運中黃花香曉節桂子散天香丁亥運中　西骨空埋芳草地銘碑旌旆夕陽門

子平遺書

庚子　己卯　辛亥　戊子

此八字六辛日時逢戊子六陰朝陽之格豈不升騰其為人也聰明特達志氣英豪溫恭礼兒德義可遵孝悌淵源書廣記声名高攀鳳池頭但嫌子卯相刑聞喜不喜遇而不遇幸負聰明淹留志氣此則溫飽之命妻兒怡和合相敬如賓子丹桂一枝飛黃奪桂運行初江山日麗行樂春風運行中家業定知弁日進交情还似旧時留財源滿用家業無憂運行暮人安業樂家緣好安享華堂任白頭丙戌丁亥運中衣冠正在風光処何幸無常不皆留

二七

子平遺書

庚子　己卯　甲辰　癸酉　丁卯仝

此八字如何答云是歲杀之格升擢之大異發多端白拳自立其為人也朴實無訛六親水炭財帛虛盈此是平常衣祿之命妻兒隨而無傷子息孝而有損運行庚辰辛巳花逢春日秋夜明蟾壬午運中丁火透露祖業飄蕩運行癸未金敗木消还在紡緯躑躅喜貴人提携兒不得風霜見過運行甲申乙酉始立生涯有慶德播人欽運行丙戌每招活鬼妬人往閑飛閑務丁亥運中異鄉作鬼

二八

庚子　己卯　戊申　乙卯

此八字天元戊土配合卯中一木正氣官星本乎貴顯譽熛、
子字刑壞其為人也丰姿敦厚性格志誠生於喬木長於名
門孝悃不深行藏特達錦綉冲懷何慮平生之道衡門集
慶行乎富饒之鄉財源益、名香揚、此則豊厚之命妻
死怫琴瑟諧和子嗣桂芳蘭秀運行初庚辰辛巳之中双
親膝下襲慶迎祥壬午癸未運中桃李花開春富貴琅
玕竹報日平安甲申乙酉運中春園雨過桃紅李白意芳
菲喬木風和福慶滔、多壯觀丙戌運中一聯美景光耀
丁亥運中莫道富家無了日一夢黃粱万事非

庚子　己卯　丁酉　庚戌

此八字丁酉日貴之格火克金為財之論其為人也平生信實
一世清高就藝業有機謀英才出類不期小信以成人志量操
持知有大材而成聚此則敦厚之命妻鸞膠且合兄方女死
帳年高白髮長桂子毋枝秀蘭花一朶香運行庚辰辛巳
之中双親膝下春院春山壬午癸未運中梅開瑞色飄深院竹
放新梢過短墻甲申乙酉運中雨過山重秀春田杏又香丙
戌運中梅開上苑傍風懸雨作春顛菊吐東籬結雪濃霜成鵬
信三魂杳七魄洋、

庚子　己卯　戊申　己未

此八字月上正官之格正官者貴氣之物也值此象者注人丰姿魁偉性格軒昂生於富室長於高堂椿府早帰泉路萱堂教子三迁鴈行聯字家業軒昂李問詩書遠声名播柳芳未開水府珠先現不掘豊城劍自光此則蔭官之命妻死幃帛駕两諧和子嗣桂蘭双挺秀運行初庚辰之中双親蔭下花柳春妍辛巳運中風送浮云帰古洞雨滋花萼發新粧壬午運中堂〻塵下幾千年落〻營中万皂煙癸未運中龍韜每助經綸業彩畧还施瀟殺威甲申乙酉運中重〻祿位承恩厚点〻甘泉一九天丙戌運中晚景業揄子孫之慶丁亥運中英雄堪嘆息精魂赴黃粮

庚子　庚辰　壬戌　辛亥

評此八字壬戌之日獨水三犯庚辛号曰休金之象月令雜氣財官時乃日祿帰時值此格者豈得不貴注人丰姿清秀智慧聰明椿萱晚翠棠棣春芳李問有成應近貴財源得意必須棠死幃帛水之情子嗣鳳雛之秀運行初辛巳壬午之中窓前貴发灯下觀文運行中

庚子　庚辰　癸亥　壬戌

評此八字癸水生辰月雜氣財官之格有成字衝開官庫豈得不貴注人丰姿穩厚標格青奇出言豪迈行事威儀伃看一日飛　冊詔金榜題名祿早帰　死幃而諧老桂子而芳菲双親脫翠　棠棣連枝此則清貴之命運行辛巳壬午之中端的雲開月皎萬里光輝癸未之中比肩分奪既清尤防於未濟甲申乙酉運中經霜松栢儼然秀月雪梅蘭分外奇丙戌運中好賦歸去未兮

庚子 庚辰 乙亥 癸未

此八字乙木配合庚金正官逮露其為人也双親有倚萱母先帰鴈字無傷翔翔獨超學問支吾機謀動貴此則守成之命妻死帰有妨置配离方之女子嗣無損多招蘭蕙芳菲行辛巳壬午運中淡淡梨花月翩翩楊柳風行癸未甲申一谷野花堆錦障籬軒壇菊簇推屏行乙酉運中財源進退活鬼始人丙戌丁亥運中愁從竹葉盃中去老向萎花鏡裏生戊子運中喜憂重翠翠禽啼不覺鶯花又是一番还

庚子 庚辰 甲戌 戊辰

此八字甲日戊辰時天財坐庫配合庚辰月令雜氣財官有戊字衝開官庫值此格者祖基無倚新立新成財帛有拘堆金積粟名揚閭里声播江湖死帰諧老子嗣璉瑚不貴則富之命運行初辛巳壬午之中春風桃李夏日蓮花双親蔭下其樂何如運行癸未甲申之中看尽好花春卧穩醉殘紅日夜吟清乙酉運中帰去不辞行路遠夢隨流水到南破

丁卯時乙亥時貴而險可作武職風憲之官看地方斷之巳

巳時金神之格丙寅時日祿帰時作特達之命斷之

庚子 庚辰 辛酉 辛卯

此八字天干庚辛金作黨地支子辰之水卯木相連值此格者論作傷官用財其為人也有剛紀無私曲易歡易喜無榮無辱小事不藏出言無毒毋有遠方君子喜敬長逢近処小人欺財源得失此則不富不貧之命妻死帰帶疾無傷羅帳清標必死子秋桂凋零宜開晚菊運行初遅日江山麗春風花草香運行中甲申乙酉斷橋春水漫去雁夕陽天丙戌丁亥運中詞源技葉三春尽大海波濤一夜乾

庚子　庚辰　己未　乙丑

此八字己未之日庚辛之金傷官帶財之格其為人也性格軒昂行藏慷慨李問聰明機謀出類財帛若浮雲聚散親情似敗葉蕭疎早知今日辛勤悔不當時李道此則幽遠清高之命妻死帷丑未相沖琴瑟鸞膠重續子秋桂不孤春蘭弄好運行辛巳壬午之運月升雲翳花放春寒々行癸未甲申乙酉一聯美景秋光好正是橙黃橘綠天丙戌運中印能破格一霄月春夢重酬酒滴黃泉若亞亥時、上正財格注人名標金榜足步丹墀作荣貴命推論

庚子　庚辰　庚申　戊寅

此八字井叉欄之格申子辰沖寅午戌之火為官星值此象者無不清貴注人丰姿濟楚性格悠揚李問淵源機謀倜儻龍門变化春浪鵬路逍遥万里天此則宦官之命妻琴瑟諧和魚水百年之樂桂蘭芳秀鵬程它日之迁運行辛巳金入長生露滋佳菊雨洒池運行壬午金敗之鄉科場耒得生計妻凉行癸未到甲申運中九原已作聞天鶴百里寧無止棘鸞已畫運中春沾新雨露路氣逢杏花天丙戌運中帰耒故里夢想黃粱

庚子　庚辰　丁巳　戊申

此八字丁火克金為財甲子辰為偏官酉是七杀帶財之論其為人也丰姿敦厚性若風雲壽不弥深偏冝帶疾双親雖則無傷还是生於萱地李問頗知機謀百輙此則平常之命妻死帷有克冝婚關茸之姫子女不孤合是先蘭後桂運行初年辛巳壬午癸未寒窗守硯雪案觀書甲申乙酉運中財帛豐餘丙戌運中如賦帰去来兮

庚子　庚辰　戊午　壬子

此八字戊午陽刃之日配合地支子辰之水為傷官用財之格值此格者注人丰姿敦厚性格軒昂椿萱有克鴈字孤行根基新卓立財帛旧悠揚李問見聰明英雄而倜儻此則平穩之命也妻死帷閨情遠羅帳綉閣鮮子螟蛉可継蘭萱一冝偏運行癸未如事多磨利名易失甲申乙酉運中傷官太重權高損福丙戌運中欝欝佳城閉翮、銘旌揚

庚子　庚辰　丙辰　癸巳

此八字日德剛之格又是日祿歸時華蓋重重辰巳隔角人生值此有詞斷云達人悟道好舞言笑指烟霞脫俗喧塵外一塵渾不染果中四果揔皆圓心灰刑目絕無想性定行藏付自然滴滴真宗君卽破祖師衣鉢見親傳此則出家之命

庚子　庚辰　丙辰　己亥

此八字日德魁罡之格雜氣財官之令注人丰姿安冲澹志慧悠揚双親晚翠棠棣兩行李問有成未到鳳凰池上英才特達还登芹泮齋堂此則平穩之命妻如何死帰柳絆梅粧子嗣蘭芳挂秀運行初辛巳壬午之中新月如鐮未許嬋娟之皎行癸未甲申之中困苍遇雨森木离鄉貴人提挈襲慶迎聲乙酉到丙戌運中夢返巫山

庚子　庚辰　庚申　壬午

此是大夫之命造化不合实子午字行至午運罷請失職喪妻失子大凡貴格不要破壞如玉問瑕有斷云磨穿鉄硯奮双拳氣貫虹霓更勉旃世業箕裘还再整家風從此始週全鴈飛此漢經秋水鶴正青松遇晚烟移得桂来栽月窟老梅花柳纜遊舡此則清高之命

庚子　庚辰　辛酉　戊子

此八字大辛日時逢戊子名曰六陰朝陽雖然子字重多亦作此格之斷其為人也丰姿磊落立性軒昂行藏志氣歷事異常李問通今古文才習汩章声名從此貴汩沒立朝班此則荣耀之命也妻死帰有克當重換新絃子嗣無成必是庶生偏出運行初南方之運竹軒明月橫陳影梅閣清風度暗香行西方之運象冠赫赫驚人膽鳥窩翩翩動室清行丁亥戊子運中莫恋思波重还思憂故鄉

庚子　庚辰　丙寅　丁酉

丙日丁酉之時死生丙死丙用辛為才酉上辛旺乃是就才棄命其為人行藏倉則為人凶狠無長思遠慮之智喜得子中癸水制之得父母力幼年幽鈍晚景榮華妻招有年長有疾無傷子酉運火神無氣才多欠遂丙戌運行亦許榮華敗多端丁亥運夢入南柯

庚子　庚辰　丁卯　辛亥

極品月

此四柱丁日生人時辛亥財官双美印長生若通月氣不通方名利輕值此格者丁火克庚辛金為財辰子之水為偏官根基少倚立業有成雖然未得身榮貴旦一得鄉間有善名無害人之心有慈悲之志此則平穩之命也妻金水相生死帰玉潤水清勢陽泉陰火桂子添丁進玉運行初入離方不貧不富無謟無驕運行中野芳發而幽香桂木秀而繁陰運行暮春夢重翠禽啼不覓水流花謝兩無情

庚子　庚辰　癸酉　丙辰

此八字癸酉金神之日金生水秀時上正財之論先印後財反成其福其為人也立性軒昂手姿執扑立事志誠行藏有義衣冠濟楚礼樂維新双親嚮應子聯芳群文學問通今古才源樂慶深此則温厚之命妻死帰若是無傷子嗣必然有損運行初和風淡蕩柳緑桃紅運行中貴人提挈財帛曲昌榮英雄惟增𡻕三尺豪傑相逢酒一樽運行暮歲寒松栢茂晚景子孫榮丁亥運中一夢黄粮重三盃酣酒深

庚子　庚辰　戊午　丙辰

此八字戊日降生時丙辰官藏才庫利輕身又傷無力何須遇禄馬優饒冨貴人其為人也椿萱早別萱毋二從手姿穩厚子性格聰明博覽群書熟窮通万卷精一朝騰達去身到鳳凰池此則清貴之命妻死怫有克不然病疾驅馳子春蘭孕朶秋桂遲、運行初辛巳之中風吹芍藥雨洒荼蘼壬午癸未運中螢業三冬足声名一舉馳駿前初脫白麻衣換錦衣甲申乙酉運中要知為政多因德看取庭前丹桂枝丙戌運中陽回宇宙氣轉華居丁亥運中一宵春夢重花落月沉西

庚子　庚辰　己卯　癸酉

此八字己卯之日配合庚辛之金子辰之水傷官用才之格其為人也本乎軒昂頭、角書云土臨卯位未中年便歆厌心註人性格軒昂行藏慷慨斈問聰明機謀出類財帛若浮雲聚散親情侶敗業蕭踈有君子之風無伏小人之智此則幽遠之孤高之命妻死怫卯酉相冲琴瑟鸞綢重續子秋桂不孤春蘭再好運行辛巳壬午之中月升雲翳花放春寒癸未運中雲散自然飄月朗春來依舊百花香甲申乙酉運中一聯美、景秋光好正是橙黃、橘綠時丙戌運中卯能破格花放風生丁亥運中一霄春夢重醉酒滴黃、泉

子平遺書

四三

庚子　庚辰　壬申　辛丑

四柱雜氣才官之格獨水三犯庚辛号曰体金之象其為人也聰明特達識古之今詞傾三峡水筆掃千人軍勤劳雪案經三載高折蟾宮第一枝此則錦衣之命先幃桃李争妍子嗣桂蘭競秀行戊寅炎暑盛寒俱守短藥之續丁丑丙子長安花夾逢争秀綠袍新乙亥甲戌錦騎朝騰隨金蓮夜賦詩癸酉運中携取旧書帰旧隱野花啼鳥伴孤墳

子平遺書

四四

庚子　庚辰　辛未　壬辰　庚寅時仝

評此八字辛金配合未中丁火為煞辰中壬水為傷官此則傷官帶煞之論其為人也立性軒昂行蔵特達知機者必謀求者多財權兼美高貴相携李問知今古詩書覽舊新此則中和之命妻先幃先克鬢添霜子嗣一双秋桂好運行辛巳螢窓之下李札門詩運行壬午癸未足食足衣心懷六藝觀光懶喬木高堂福自如甲申乙酉運中乾坤明媚家門從此風光宇宙風和世事于今零色丙戌丁亥運中海外故人泣天涯吊客來

庚子　庚辰　丁卯　丙午

此八字丁卯之日生於辰月雜氣財官之論配合丙午時日祿歸時沒官星号青雲得路値斯像者注人丰姿浩蕩志慧聰明行藏見快立事威風名揚利播豪貴相遵門外田疇千古意庭前花木四時春此則显耀之命妻死幃魚水百年歡樂子嗣龍蛇他日秀運行初辛巳襁褓風光壬午運中月色雲朦癸未運中春光明媚行樂精神甲申乙酉運中官显職高名利重風和日麗綉衣軽丙戌運中晚景清幽坐看彩衣之舞尤未佳趣遊衢化狀登瀛丁亥運中一宵春夢遶香魂赴幽冥

子平遺書

庚子　庚辰　甲子　乙亥

此八字天元甲木配合辰子之水為印綬之格子日亥時拱乾金貴其為人也双親少倚棠棣分枝祖基离異貴客提携德性純和而貴文章多孛少成財源温飽行樂辛勤此則平穩之命妻死幃和美求結鸞膠子女不孤終當反哺運行初辛巳之中淡淡梨花月扁扁楊柳風壬午癸未運中新月如鎌未有十分之色甲申乙酉運中一聯美景春看好正是春三二月天丙戌運中財源進退活鬼未欺丁亥運中白蘋紅蓼放秋色正相宜戊子運中書遇興莫登山路去只恐無常死不知

庚子　辛巳　丁亥　壬寅

評此造丁壬化木先才後印壬官透露庚辛金生之值此象者喜日貴之助無不貴显注人行藏明敏智慧操持詩書博覽今古皆知北海蛟橫嶄然而出頭角南山豹变必然閭里光輝此則顯達之命妻先帰正副牡丹芍藥春輝子嗣不多鸑鷟麟兒競秀運行壬午双親膝下行樂春輝癸未運中淹留志氣歷事躊躇甲申乙酉運中財盛生官風雲際會一苑杏桃紅錦繡滿山松栢翠屏帰丙戌運中雨沽春色園林茂月布秋光宇宙明丁亥運中梅月清癯子孫之慶戊子運中黄粱夢重帰去来兮

庚子　辛巳　庚子　甲申

此八字庚日甲申時會祿青雲得路見天財畧嫌巳中有火格局不清只作傷官之論其為人也椿萱有倚萱母先帰行藏慷慨歷事操持理窮古事兼今事識盡今非與昔非財源進益名利崎嶇此則特達之命妻先帰兩硬相宜子嗣春蘭勝桂運行初壬午癸未之中賞翫春帰觀灯遇兩双親膝下無損無虧甲申乙酉運中雲開月皎財帛撐持丙戌運中麗日烘開桃李和風拂破荼蘼丁亥運中財權秉羨戊子運中金流水底帰去来兮

庚子 辛巳 壬寅 戊申

此八字壬水配合戊申双偏官之格庚辛金為印綬值此格者貴在冲和斷日磨穿鉄硯奮双拳氣貫虹蜺更勉然祖業箕裘还再整家風名利始週全鴻鴈双飛秋水碧鶴立青松遇晚煙移得桂來栽月屈双、名利一齐迁注人双親有倚碍字聯飛財源不富不貧既濟尤防未齊高人見仰貴客扶持家業有成生涯樂意此則穩厚之命妻賢子孝財帛綿綿運行初离方財盛之鄉行藏進退運行西方甲申乙酉之中財權秉美福祿双全行比方戊子己丑運中早亦無常香魂帰去也

庚子 辛巳 庚寅 甲申

此八字庚辛金天干作党配合寅巳之火祿馬朝元亦作會祿之論值斯格者豈不美乎注人丰姿敦厚簡重寡默行藏特達歷事威儀学問有成詩礼之声名特達利名奇田園阡陌桑柘盈餘一苑杏桃紅錦綉滿山松栢翠屏帏此則顯達之命妻允帏玉潤冰清潔子嗣桂芳蘭發蕙運行初壬午之中双親膝下樂意琴書癸未運中一聯美景韶華好正是三春二月時甲申乙酉運中路入桃源花爛熳攀橫銀漢水漣漪丙戌運中声名耿耿家業光輝丁亥戊子之中雨過花重艷雲開月再輝己丑運中一夢不回泉下土甘向岩前作死灰

庚子 辛巳 戊戌 庚申

此八字戊日庚申時傷官之論時值長生傷官傷盡為奇值斯格者立性英豪行藏慷慨生於富室長於名門椿萱少倚骨肉無緣自成還自立肥馬錦衣還錦綉花開時富貴琅玕竹報日平安此則錦衣之命妻死帰重合產巳子嗣彩衣長運行初壬午癸未之中春色融和雅称尋芳格翠甲申運中不是惜花春起早多應愛月夜眠遲欲知無限傷心事盡在停盃不語時乙酉丙戌運中月滿海嶠清光爽花發園林瑞色輝錦騎朝隨獵金蓮夜賦詩丁亥運中威名遠播江湖振声譽高揚四海知戊子運中莫道只隨金馬貴也隨蝴蝶夢西帰

庚子 辛巳 乙卯 丁亥

此八字乙卯之日主剛強用庚為官用辛為殺本是官殺喜得丁巳去殺留官此則高貴之命妻死帰有克羅帳添香子嗣不孤蘭花再秀運行壬午癸未鶯花美景燕麦良辰運行甲申陽春布澤萬物光輝行乙酉運中煞官混雜多覆多蓄丙戌丁亥之中夢重翠翕啼不覺落花流水各西東

庚子 辛巳 乙酉 丙子

此八字陸乙鼠貴之格庚辛官透露不成其局却作殺官混雜丙火去官留殺之論其為人也丰姿羸弱性枯枯偏行藏進退動止迍邅財源進退多惆悵親戚無情再可傷此則平常之命妻死無克子嗣無拘運行壬午癸未生於溫飽之家長於名門之地甲申乙酉之中花逢驟丙月入雲宵善人越此丙戌丁亥之中市活當不醉春夢却無憑

庚子 辛巳 丁未 辛丑 戊申己酉時仝

此八字丁火克金為財格之論值此者根基祖業無纖分坦腹東床業可親機謀深遠早歷辛勤歷事聰明初年盤礡文學問不深姓名足記此則番癡之命妻死悼玉潤水清子嗣蘭芳桂秀運行壬午癸未花開雨阻柳發風摧甲申乙酉之中財多身弱外觀好看拈花樣內觀羔羊質虎皮丙戌丁亥運中老景桑榆黃花晚節戊子運中花落桃源春去早海逆蓬島信來稀

庚子 辛巳 丙午 戊子

此八字丙午日月之格子字相衝憂妻傷子注人行藏穩足動用心疑藏揚萬里財帛盈餘有詩斷曰月在中秋雲散時出人得意切須知利名消息徹成者骨肉因緣聚復稀雁陣一行中道失死夫兩隻並頭飛歲寒問我園林事節操凝霜一果枝此則特達之命運行初不富不貧非榮非貴運行中甲申乙酉生涯得意貴客扶特丙戌運中縱使看花并有月那堪無酒更無詩丁亥到戊子運中歸去来兮

庚子 辛巳 乙卯 丙戌

此八字乙用庚官辛為殺俱露殺官混雜本為下命丙字露出制其庚官独留其殺兼曰身強假煞為官此是去官留殺之貴值此格者名揚閭里德播鄉都文學聰明經書炙輠此則特達之命妻買廷樹边花未老綉帷閣下又添香子嗣不孤先难後得運行初入離方之運制伏太過南來北往越經吳運行中鶏唱未況函谷月人行猶踏霸陵霜運行暮戊子運中木敗之鄉名書片楮之中

庚子 辛巳 辛丑 戊戌

此四柱從金之格配合戊戌時上偏官注人多財藝飽腹文章根基少倚業計平常若比方土厚之人名標金榜声動岩廊此則東耀之命妻牡丹芍藥連芳子桂出香飄偏苑運行初萬紫千紅花及景爍風暹日正熙春運行中一枝梅影横窗月萬壑松声遶澗風運行暮愁從竹葉杯中去老向菱花鏡內生丁亥戊子金沉水底夢入桃源

庚子　辛巳　己酉　辛未

此八字巳土生金亦作傷官之論其格者立性聰明生於喬木長及公庭双親無克壹毋先行椿親榮耀声價功名雁字成行書信達家鄉瑞坐宅門荣挙問不能登翰院機謀还且動群英此則守成之命妻死帰双硬婦隨夫唱過平生子桂子双強桂有秀芳蘭有瑞運行初風和日麗樂意無憂運行中生涯遂意家門显活計怨弟宅榮運行暮産上買常滿樽前酒不空一夢翠禽啼不覓落花流水各西東

庚子　辛巳　戊申　甲寅　庚申時全

評貴造戊日甲寅傷官帶殺庚申時傷官之論其為人立性英豪行藏慷慨双親而無倚骨肉而早離自成还自立肥馬錦衣歸俚嫌時日併衝憂妻喪子此則顯達之命運行壬午癸未春色融和雅称尋芳拾翠行甲申乙酉不是惜花春起早多應愛月夜眠遲欲知無限勞心事尽在停杯不語時丙戌丁亥運中雨過山重秀雲開月再輝丁亥戊子運中借問此人何處去應在孤山淺水西

庚子　辛巳　丙午　戊子

此八字丙火克庚辛金為財子中癸水為官經云禄嫌沖破馬忌空亡但喜丙火生於四月日辰建旺丙戌食神值此格者丰姿磊落眼俊心伶不能藏事舉動人欽如孤雲出岫野鶴乘風吞虎未成君莫笑安排牙爪始驚人此則發達之命妻死帰有妨琴絃最續子嗣有慶蘭蕙先芳運行壬午癸未生於喬木未去尋芳行甲申乙酉一谷野花堆錦綉滿山溪水簇羅紋丙戌運中着猿過冰至戊子運中帰夢黃粱重三杯醉酒傾

庚子　辛巳　己酉　乙丑

此八字巳土生金為傷官之格其為人也傷官傷尽為奇双親無克雁字群飛有倜儻之才凌雲之志傲物氣高常謂特人不如己挙問超庭訓機謀出類頗此則特達之命妻死帰宂地及相親羅帳鸞膠宜双硬子先難後易桂子遲芳運行壬午癸未淡淡梨花月輕楊柳風行甲申乙酉傷官大重有疾纏身丙戌丁亥之中財權兼美風雨助其禎祥活計從容貴客龍衣其福慶戊子運中傷官失令好賦帰去来兮

庚子　辛巳　甲辰　戊辰

此八字甲木配合辛巳之月正氣官星喜逢戊辰之時財盛生官其格者注人行藏清秀穩重立性溫良文章問學登龍虎榜英才直到鳳凰池此則錦衣之命妻死怖有克四句之外續新弦子嗣不孤秋桂春蘭共秀運行初當窗文章史雁塔題名運行中月明雲翳散人發運時來運行暮花落水流春去了枕邊哭損海棠枝

庚子　辛巳　乙巳　辛巳

此八字乙木配合庚辛之金然旺身衰終身有損乃作群蛇出塢正當四月之天值此格者口甜心毒礼寡義輕有詩為証憂煩歷盡三千斛春後碧桃方始熟東西移換旧根苗骨肉之中多不足重金重紫貴人欽晚景升騰金滿屋免君富貴双如金只恐琵琶絃斷續此則顏子之命宜出家修道朝真奉斗延壽增福為佳也

庚子　辛巳　丙戌　己丑

此四柱財盛身强兩相和美值此格者根基少倚父母難親稟性聰明心懷磊落磨難重而多煩惱人情輕薄更嗟財源進退名利悠揚此則平穩之命妻死怖有克蘭蕙無傷運行壬午癸未揚柳無風終婀娜梨花有月更精神甲申乙酉之中東岸栽松西岈秀南園種竹北園陰丙戌丁亥之中一夢返黃梁歸去後人間又是一番新

庚子　辛巳　癸卯　丙辰

此八字天元癸水配合辛巳之金為印綬之格經云有官無印即非真官有印無官反成其福注人多智慧兼豐厚輕財重義礼儿過人文章問趣庭瑚璉器詞源筆底掃風雲此則清貴之命妻死怖上苑名花發羅帳双同綰帶心子秋桂五枝正應燕山竇氏棣堂連樹損虎合律由門運行壬午癸未當窗十年莫辭勞文章足三冬多冨異貴運行甲申到此始知文章好声名耿耀家邦運行乙酉肥馬輕裘錦繡高官運行丙戌樂極則悲秋風肅肅夜雨霏霏運行丁亥戊子若景弃榆猶徉宇富而且貴守靜乎福則慶余己丑運中花落桃源春去了海邊蓬島信來稀

庚子　辛巳　辛亥　丙申

此八字辛亥日坐時丙申月通金火轉精神化成真水逢生地聚福成為富貴人其為人也生於喬木長於窗庭立性聰明仁慈愛慕父母無妨雁行有字斈問知今古英才邁等倫花開苑囿枝、秀月掛林尖処処明此則清高之命妻死幃操持能語能、言多曉了子桂蘭挺秀聞詩聞礼足威儀運行壬午癸未之中春花向日秋月光輝甲申乙酉運中淡煙籠曉色輕霧罩春光財源驟長家業軒昂丙戌運行秾李正開春日融、之煖菊更將放最威凛、文寒、家成計立紫燕帰操丁亥運中桑榆日漸留光景松栢青、耐嵗寒戊子運中金沉水底帰夢瀟湘

又生春

庚子　辛巳　丁未　辛亥

此八字天元丁火克庚辛之金為財配合辛亥暗財官双美頗喜丁火生於四月日辰建旺能任其財其為人也堂上双親有倚庭前棠棣枝希斈問聰明機謀倜儻生涯有慶財源東進西来活業興隆名含南揚北播此則富実守成之命妻死幃佳配洞房允巽之親子嗣賢良秋桂春蘭一盛運行初壬午癸未之中趋庭負芨康市經營甲申運中生涯得意財源滾、而来活計如心名利孜、有慶行乙酉到丙戌運中微雨正滋秾李茂和風初拂杏梅新丁亥運中月明雲蔽賞翫春陰戊子運中財權秉美生計維新己丑運中、老景、游優無辱無榮庚寅運中一息不回都是夢江南二月

庚子　辛巳　庚戌　甲申

評此八字天干庚辛金作黨地支巳戌之火官祿朝元配合甲申時會祿之論本乎貴顯但嫌巳字透露不成其局只富不貴值斯象者注人丰姿敦厚簡重寡默行藏特達歷事威儀李問成章書少讀財源富足粟粮餘第長名園過旧竹花開上苑勝先枝此則特達之命妻先帰玉潤氷清潔子嗣桂芳蘭發枝運行壬午癸未之中一聯美景韶華好正是桃紅柳綠時甲申乙酉運中雨過山重秀雲開月正明財源滚〻家業〻〻丙戌丁亥運中春光明媚百花富貴長精神活計弁騰子立家成多称意戊子己丑之中金況水底紅塵擾〻世事匆〻訃音遠播哀悲無窮

庚子　辛巳　戊子　戊午

此八字土生金傷官用才之格其為人也丰姿敦厚性格操持根基少倚家業光輝椿萱敷晚翠棠棣喜連枝李門有成登虎榜声名無阻播冊墀此則清官之命妻時日併冲憂妻喪子先帰两敞两諧老子嗣先難晚佳施運行壬午癸未一聯美景秋光好正是閒詩閒礼詩甲申乙酉威確有布人欽伏財帛資囊貫粟余丙戌之中腰金衣紫名誉遅〻丁亥運中晚景桑榆戊子一夢難帰

庚子　辛巳　甲寅　壬申

評此八字甲寅之日配合辛巳之月正氣官星但嫌三刑在
命六親骨肉有如無朋友弟兄難尽善財帛無拘利名不
失注人清秀行藏穩重性格温良李問三冬足声名一旦揚
双親得倚棠棣孤揚對對彩旗臨上苑玉鞭敲馬出長安此
則显達之命妻兆幨魚水合桂子晚飄香運行初双親蔭
庇襲慶迎祥癸未運中春風苑李夏日荷蓮甲申運中
財源進退歷事盤桓只可螢窓苦志雪案辛勤乙酉運中
雲散自然飄月朗春来万舟長精神螢窓脫跡鴈塔題名
丙戌丁亥運中变世衣冠栄今望九天露雨沐新恩戊子運中
歸回故里己丑運中壽夢及雲山

庚子　壬午　丙子　癸巳

造化丙禄在巳壬癸水官亦昆雜午中己土制亦爲官作貴命論之
其為人也丰姿敦厚性格操持三場未赴案牘先推才源富足楼
閣光輝妻賢子孝桂秀蘭奇此則顯達之命　運行癸未甲申之
中双親蔭下堂棣春帰　乙酉運中衣冠各異行樂驅馳丙戌之
中行乎富飾挑紅柳緑之時丁亥之中　權高損福活鬼相欺戊子
之中黄花晚節衣錦光回己丑之中一霄春夢重厭聽杜鵑啼

庚子 壬午 丙辰 壬辰

評此八字丙日辰壬時偏官之格辰中有戊土制之從日人有偏官如抱虎而眠借其威攝伏群獸值此格者威儀凜凜志氣津津学問有成親案牘文章博覽赴丹墀長安人滿路爭看錦衣新此則榮貴之命運行初双親蔭下雁字群飛死婦佳配子嗣連枝運行中驛边驍行催行騎江上春風遂綉衣運行暮春光歸去了花落水流西

庚子 壬午 丁巳 壬寅

此八字丁日壬寅時有官有印 注人智慧聰明 行藏標致有詩斷曰陰德栽培賀祖宗清高性格利名重 桃花不問開多少竹外一枝清更紅 深喜伍行根本好 靈臺方寸自圓通 点水朱衣人助力運數優游三限中 此則榮貴之命 運行初双親晚翠 棠棣聯芳螢窗詩礼 筆掃千軍 運行中 三冬足用 一舉魁名萬里霜威金斧重 三秋風色綉衣輕 運行戊子之中 殺官混雜 憂返黃梁癸卯時辛丑甲辰乙巳時俱係抛離祖宗 接李移桃 重立重成 作平常之命

庚子 壬午 庚辰 丙戌

此八字庚辰乃是日德魁罡之格 丙戌時上偏官之格 其為人也丰姿濟楚 立性風雲 遇才人懷文抱德 偃武修文 見不善人心藏驕謟 尠礼志言 根基少倚 財帛綏成 此則清貴之命 妻死婦双敵 鸞膠重續重新 子嗣双強 早叶羆熊之夢 運行癸未甲申乙酉 一聯美景 萬里無雲 運行丙戌 花柳逢春 財源進益 計就家成 丁亥戊子之中金沉水底 蝴蝶夢中 音信遠 杜鵑枝上月來遲

庚子 壬午 辛巳 己亥

此八字辛金配合午中丁火為偏官子字冲之巳中丙火為正官亥字冲之 其為人也 未副劳心 日縱橫 勢萬般 如逢安樂地 猶自未能完 雁勢隨雲散 花枝遂雨寒 莫疑心不靜 名利又相關 此則平常之命 妻死婦重整 子嗣先难 運行癸未甲申乙酉 幸值清幽 処那堪世事縈 運行丙戌 生涯有倚 活計新添 丁亥運中楚基雲散 虞傳夢 漢苑香銷 不返魂

庚子　壬午　戊寅　甲寅

此八字戊日寅時時上一位貴格本身自旺時偏官為人性重剛执不屈
值此格者文學聰明文章拔萃龍虎榜中先取手鳳凰池上早標名此
則錦衣之命比幃琴瑟百年夫婦齊眉子女桂蘭它日賓鴻英下
運行初男兒欲遂平生志且留灯下十年心運行中重重祿位耿耿
声名風和日麗綉衣鮏官显職高名利重運行暮帰來故里
安守晚年莫思鱸菜家鄉好且熟黄粱夢早帰

庚子　壬午　己卯　丁卯

此八字己土配合卯中乙木為偏官之格其為人也双親有妨雁字
孤行根基有倚祖業無成文學聰明書義遠英才出類貴人欽
此則特達之命妻死爰情遠盟山海誓之深子嗣孝賢綵服班
衣之喜運行癸未煞重身輕終身有損行甲申乙酉制伏得位
名利双榮行丙戌丁亥蘭衰花殆白荷謝葉猶青戊子運中
木敗之鄉酒醉愁初散魂昇夢不醒

庚子　壬午　辛巳　辛卯

此八字用丙為正官用丁為偏官月支上午中丁字即偏官喜得年支
子中癸水制之月干透出壬字丁為壬合則為貴命妻琴瑟諧和芳樂
牡丹之秀子嗣榮耀春蘭秋桂之開運行初欲遂平生男子志且留灯下
十年心運行中螢窓新脫遊雁塔滿書名運行丁亥戊子錦衣白日还
家樂鶴髮高年拜壽榮

庚子　壬午　庚辰　甲申

此八字井又欄之格庚金生申子辰傷官之論金帛箱囊空有余
平生志氣意何如秋來果落枝枯槁春到花開長旧跡鴻雁失群
歸遠塞死央独隻戲江湖老來始覓虚名器回首那堪對月孤此
則升騰之命妻有克子不生運行初嬰孩之樂花放春天運行中
歷事早時多懊惱心偏僻地意迴遭功名萬古知何用不及山中一
老禪運行暮夜深明月皎春至老梅香丁亥戊子之中夢遂黄粱若
癸未時老僧道之命隔角孤辰是也

子平遺書

庚子　壬午　壬申　戊申

此八字是時上偏官之格其為人生於畎畝之中春耕夏耘秋收冬藏性格風騷行藏有意此則富庶之命妻水克火妻死幃双、同羅帳子秋桂三枝菊兩枝朔吹風生惡嗟刃枝運行癸未甲申家傳孝弟力襲忠良付乙酉丙戌營謀生計廣貫朽粟陳倉行丁亥戊子生計蕭條宛若風中柳絮行己丑庚寅歸去矣

庚子　壬午　癸酉　乙卯

此八字日貴之格運珠食神〻〻生旺勝財官值此格者丰姿敦厚立性軒昂生居溫飽堂永春萱雁字聯行翱翔独舞此則富貴之命妻死幃双、子女後園運行初礎祿衣鮮運行中桃李千谿錦注山一巒屏運行暮戊子之中梅帳清魂沉蝶夢桃源路隔斷人腸

子平遺書

庚子　壬午　壬午　辛丑

此八字六壬日生臨午位號曰祿馬同鄉尤喜金生水秀此則印綬之格其為人也祖基有分成無分雁字成群見失群志量剛強行藏倜儻此則平穩之命妻死幃年小花園零落欠祇迎鸞鏡諧和舉案齊眉當皓首子桂子芬菲蘭花艷冶運行癸未甲申双親膝下言高語大有声名乙酉運中故見生涯蹭蹬自去自來梁上燕相親相近水中鷗丙戌運中十載驅馳自成自立丁亥戊子運中庭前富貴履堂上子班衣己丑運中財帛守城利名不失庚寅運中水絕之鄉歸去南柯之野

庚子　壬午　癸未　甲寅

此八字癸日甲寅時刑巳中戊土作官星為刑合格論內中千字庚字刑不起官星作白丁之命斷之值此格者酉時生意好北鄙計螢長無蒂亦無辱淡中滋味長但嫌寅時驛馬相催鬧中生剝雅靜內有奔波妻賢而子孝財帛兩無虧運行初如魚在水運行丙戌事不如意丁亥戊子運中訃音遠播黃粱遠一夢鶯花又是新

庚子　壬午　壬戌　乙巳

此八字壬戌之日克子、戌之火為財格之論財者正官之意也財盛生官終冨貴本是頭角崢嶸官近戢大但嫌壬水生於伍月財多身弱难任厚福值斯象者丰姿敦厚性格縱横行蔵出類傲物氣高九載寒氊甘淡薄一朝身到鳳凰城再宜武戢旌旗隊、戈甲層、此則顯達之命妻死幃正副魚水之歡子嗣不孤鵬程浩大運行初癸未甲申之中双親蔭下未足為奇乙酉運中漸、精神爽看、氣象新丙戌運中貴人提挈名播鄉問丁亥運中一川風月舒酣思萬里溪山谿醉眉戊子己丑運中歲寒松栢壽暨京子孫奇庚寅運中要入黄泉帰哭重一声啼鳥叫墻西

庚子　壬午　戊寅　庚申

此八字戊日午月勿作刃看時嵗火多却為印綬戊日庚申時合禄之格本乎貴显但嫌寅申相冲破局事不十全其為人也丰姿濟楚性格慈祥双親有倚棠棣聯芳李問菲深知礼義財源温飽姓名揚此則穩厚之命妻死幃佳配同罗帳子秋桂芬芳朕脫秋運行初双親蔭下其楽何如甲申乙酉運中風和花瞻足日腴柳眠遅丙戌丁亥運中貴人提挈門户光輝一川風月舒甜思万里谿山谿醉眉戊子運中權高損福活計悽遅己丑到庚寅運中一息不来俱是夢水流花落任東西

庚子　壬午　壬申　壬寅

此八字天干壬水作黨身坐長生畧嫌冲刑破壞其為人也双親無倚雁字失行立性志誠行藏乖角遇貴扶持方是吉春来依旧百花香志量操持行藏快便此則平穩之命妻死帏年小花園零落欠抵迎鸞鏡諧和牽索齊眉當晧首子挂子芳菲蘭花艷冶運行初癸未之中移根換葉甲申乙酉運中弄萍戲躍魚鱗暖拂草低飛燕羽輕丙戌丁亥運中天地無私仰不愧兮墉不怍陰陽有感居之安而賢之深戊子運中活鬼妬人世情擾、己丑運中晚節桑、榆之美庚寅運中一宵春夢遠花落夜黃昏

庚子　壬午　己巳　乙丑

此八字己巳乙丑金神七殺之格乙庚合殺為貴其為人也双親少倚雁字分行祖基少倚祖業無成榮嶺栽松西嶺秀南園種柳北园陰李問聰明書義遠英才出類貴人欽一朝旦得風云便頭角崢嶸有利名此則特達之命妻死帏浮配名門女羅帳諧和過一生子秋桂叢、春园灼、運行初癸未之中父母之鄉無辱無榮甲申乙酉運中千里江山明昼景一川花柳送精神丙戌丁亥運中陽回大地琅玕竹報日平安氣轉華堂㐀李花開春富貴戊子運中蘭裏花好白荷謝葉猶青己丑運中醉酒愁初散魂升夢不醒

子平遺書

七五

庚子　壬午　丁丑　己酉

此八字月上正官之格火克金為財、盛生官終身有慶其為人也智慧聰明行藏標致有詩斷曰陰德栽培賀祖宗清高性格利名重桃花不問開多少竹外一枝清更紅深喜五行根本好灵甚方才自圓通点水朱衣人助力運數優游三限中此則特達之翁妻死怫和美蘭桂芬芳運中癸未之中官煞混雜月色朦朧甲申乙酉運中生涯遇貴財源東進西來活計逢思名耆南楊北播丙戌運中谷風布暖梅雨弄晴丁亥運中微風微雨乍暖乍寒戊子運中未是賞花天氣己丑運中十年者景君須記尤勝三春二月中庚寅運逢万事分以定浮生一夢中

子平遺書

七六

庚子　壬午　乙酉　壬午

此八字乙木配合壬午之時印綬享堂斷曰乙日生時壬午印綬生身才食足月道水木祿盈豐不通月氣平常取值斯象者注人德貴扶持生平樂矣無憂半途冲婚歷事猶佯高人見仰慕者相攜門外田疇千古意庭前桑拓四時粮不獨田園阡陌更兼商賈闤闠此則穩厚之命妻賢子孝桂秀蘭芳運行初双親蔭下行樂風光甲申乙酉運中漸看春昼永初見月鉤明才源还進退行樂未如心丙戌丁亥運中一聯美景從均賞正是春三二月天行戊子繰成白雪桑还綠割尽黃雲秋又青己丑之中花落水流春自老海逢蓬島信难憑

庚子　癸未　壬子　丁未

此八字壬子日丑之格值此格者双親在堂雁字孤单丰姿磊落志氣軒昂性剛果毅心少慈祥財源、富足生涯好貴、客提携浩計強平生作事憑恩陰德禍則消兮福壽長此則早榮之命妻处幃正副霜添鬓子嗣稀疎一子強運行初双親蔭下襁褓、風光乙酉到丙戌運中梅開瑞氣飄深院竹發新梢過短墻丙戌到丁亥運中密雪途中去騎夕陽江上發舟戊子己丑運中陽回大地琅玕竹報日暖安氣轉華居桃李花開春富貴庚寅、運中老當益壯菊蒲東籬辛卯運中月墜九霄星未曉霜飛半天夜夢鬼凶

庚子　癸未　丁酉　壬寅

此八字丁酉日貴之格生於未月雜氣財官其為人也丰姿冲淡性格異常双親晚年棠棣分行处幃和合婦隨夫唱過平生桂子升騰兄愛弟恭皆有慶春園雨過桃紅李白意芳菲喬木陽回福慶滔、多顯、觀此則特達之命運行初甲申乙酉之中春風桃李行樂鮮妍丙戌丁亥之中才帛正如新折柳人情还侶半開蓮戊子運中世情擾、塵务羣纏己丑運中溪边錦簇叢、秋光更好苑内金花灼、春色闌闌庚寅辛卯運中正宜安享華堂福何樂無常又促裝

庚子　癸未　己酉　乙丑

此八字是雜氣印綬亦曰傷官用財其為人也生於市廛之地出於名門盛族播聲無造賴祖父母以扶持雁字聯行終見失群之嘆此則名利中人也妻紅蓼灘边却被海東青驚散綠荷深処暗藏鸂鶒交歡子螟蛉可繼蘭蕙先招子宜晚有運行甲申乙酉傷官之地本乎偃蹇是喜除無妨運行丙戌不是鋒銛未快争知海濶浪遲散速未達和而不同行丁亥戊子桃李春光蓮荷夏景己丑運中衣冠各異礼樂維新出類金榜無名且喜梅軒之楽辛卯運中帰夢也

庚子　癸未　辛亥　癸巳

此八字辛金生於未月雜氣印綬逢癸巳時貴氣扶身值此格者活計如蛇添足生涯花落花開雁字西風別派碧桃天外重栽親戚如同水炭心無半点塵埃水木側边人遇事向無心得表鶴髮青松未晚斜陽一簇楼臺此孤独清高之命也妻死帰未得頭生雪羅帳琴絃又續新子秋桂不孤春蘭又勝運到丙寅運中訃音遠播歸夢黃梁

庚子　癸未　戊申　壬子

此八字戊土克子水為財格之論双親早失雁字群分根基無倚換旧更新立計孤高行藏始終治家勤儉歷事和平李分聰明仁且智衣冠濟楚祿源新此則温飽之命妻死帰及丑婦隨夫唱過平生子桂子單芳半假半真來結果運行初傷官之処幼年剥雜運行中花開春苑風光好月照江山萬里明運行庚寅之中百年人事老卌心一寸灰

庚子　癸未　丁未　乙巳

此八字丁火生於未月癸水偏官透隱本有倜儻之才利名高貴但嫌偏官無制失其道耳注人丰姿清好立性昏迷祖基無分靠貴提攜雁行有字成無字骨肉相知正不知趨庭詩礼無他分三番四覆立根基此則平常之命妻莫道春殘花不放貴人開眼便團圓子春蘭少吐秋桂遲芳運行甲申乙酉用神失令方事空虛丙戌丁亥運中春夏不愁衣共飯秋冬何嘆日沉西戊子庚寅運中一聯妙景萬里先輝活計未成君莫笑生涯卓立汝方知辛卯運中帰去莫愁去路遠夢入云霄化旅厌

庚子　癸未　庚戌　甲申

庚日甲申時會祿青雲得路見失財柱中更得無官祿富貴双全是福來值此格者生於喬木長於名門衣冠濟楚李分精勤早登龍虎榜終作紫衣人此則榮耀之命妻死悼牽欒洞房和樂之飽子嗣孤哉直待偏房庶出運行甲申乙酉花逢春色麗蟾遇夜光清行丙戌丁亥權高損福活鬼姑人戊子運中金沉水底月落灯昏

庚子　癸未　己酉　癸酉

此八字天元己土生酉中辛金為傷官克癸水為財此則為傷官用財之論其為人平生於市廛之地長於名門喬木双親無克賴祖父母以扶持雁字聯珠終見各群之嘆李分聰明英才群覽此此則利名中色妻紅蓼灘邊却被海東青驚散綠荷深处暗藏鶺鴒交歡子螟蛉早繼蘭蕙先招雁字群飛桂應晚發運行甲申乙酉傷官之福采薪之患亦癲何憂丙戌運中來去登科赴選且臨翰墨場中丁亥運中羨君自有拿云手奪卻藍袍帰故鄉運行戊子桃李韶新蓮荷夏景運行己丑衣冠濟楚礼樂維新固然金榜無名且喜梅窓守慶庚寅運中無限雲山成好夢也應精魄去遊仙

庚子　癸未　丙午　戊戌

此八字丙午日刃之格癸水官星透露去其刃則為福矣值此格者注人眼俊心伶機謀深遠行藏特達財源滾滾名利美美此則特達之命妻死悼有克子女螟蛉運行甲申乙酉丙克金財三級庭花揮麗日一林脩竹茂新秋丙戌丁亥之中無榮無辱樂意忘情戊子運中日刃逢冲鼓盆三嘆息羅帳一番新己丑運中黃梁幽夢遠人事嘆逡巡

庚子　癸未　乙巳　庚辰

此八字天元乙木配合未月雜氣財官之格其為人也丰姿敦厚性格清奇行藏執正動靜從心李問聰明英才拔萃但嫌華蓋孤辰可作老僧之命運行甲申乙酉桃李春妍運行丙戌丁亥傷官見官連走多顛登臨春又尽賞翫月又殘行戊子己丑生涯得意吾有路入桃源活計從容彭澤無心居柳巷庚寅辛卯之中一息不來都是夢香魂猶返九重天

庚子　癸未　甲寅　乙亥

此八字甲日乙亥胡財羊刃甲木亥上長生之地李業有旺值斯象者報基浮蕩祖業少成立性孤高利名遠播斷去自從離會日立終身我輩業中更不群只為五行妨害重至今凤事受酸辛六親面上孤神六祖業間閑抵自營但見貴人相拽処處梅枯木又逢春運行甲申乙酉官然之鄉竹窓無暑氣花砌有幽香丙戌丁亥運中財源得失相迎名利相牽相繫戊子運中雨驟花枝重己頓浪拍舟己丑運中財權秉美計就家成庚寅辛卯運中人生莫遣頭如雪揺使春風燦不消訃音一播魄寅辛卯運中散九宵

庚子　癸未　甲辰　甲戌

此八字天元甲木生於未月乃是雜氣財官之格喜辰戌鎖局以問之方言發福其為人也丰姿秀麗性格聰明行藏執正動靜從心椿親有克萱母多能基業相成雁行孤独出則平穩之命妻兒幃匹配娶方女求結鸞膠樂且耽英嫌春老花無色四時盃酒且相莚子秋桂枝氣達徐卿之子春蘭朶朶謀如謝韞之才運行甲申運中趋庭詩礼温存但頼才高播寰宇何須騰踏到天門乙酉運中世情擾擾活児妬人盛而不猛和而不同丙戌丁亥運中海矯無雲蟾皎潔籬边有雨菊分芳戊子運中木敗之鄉生涯蹭蹬財源東進又西傾立計謀謀名利先求而後退己丑運中生討再沾新雨露營謀重立旧家風庚寅辛卯運中帰去夕陽

庚子　癸未　乙卯　丙戌　癸未時同

此八字雜氣之格其為人也生近市廛之地出於名門喬木双親克母擔府扶持雁字聯行失群之嘆此則利名中人也妻紅蓼灘边却被海東青驚散禄倚深处晴蔵鷄鵡交歡子螟蛉可継蘭蕙宜招運行甲申乙酉早見衣冠各異且須翰墨堂中　行丙戌　丁亥不是鋒鈍未快争知海闊浪来遲戊子運中尽將一世英雄且作鄉閒閑話行己丑庚寅辛卯再立奇議衣冠濟楚礼樂維新雖然金榜無名且喜田園之樂壬辰運中帰去也

庚子　癸未　丙午　乙未

此八字正官之格双親無克祖業有兆其為人也性格猖狂機謀有变李問不成生涯輙覆此則良人之命妻死帰宜娶坎方女　斟倫挂畜福慶長子桂子芳菲蘭花馥郁運行甲申父母之鄉多驕多諂行丙戌丁亥之中貴人提携生涯財帛如泉禄馬朝元活計栄謀侶海　行戊子己丑權、得意步、如心　庚寅運中　好將規矩心機付与子孫之用

庚子　癸未　壬寅　辛亥

此八字壬寅之日生於未月雜氣財官之格配合辛亥之時日禄帰時之論没官星号書雲得路得斯格者註人立性清標行乎眘發半姿濟楚礼樂和睦双親栄耀雁字群稀樓基疊、重新整金帛貿囊豊粟餘李問有成声名遠播日麗風和便竟春光明媚錦衣肥馬始知文李高強此則顯達之命妻处帰玉潤氷清擧子嗣蘭芳桂又香運行初生於官室長於高堂乙酉運中簾捲春風生意好門迎車馬福栄新丙戌丁亥運中萬象光華沾沛澤四時佳趣樂升平戊子運中權高損福行藥辛勤己丑運中看尽好花春自穩醉残紅白夜冷清夜寅運中花將好色傳於子竹有清陰付与孫辛卯運中訃音莫遺行人問日落孤狸塚上行

庚子　癸未　庚寅　庚辰

貴造天干庚金作黨克寅未辰之木為財格生寅未申火旺經云財盛生官終身有慶豈不貴乎如應斯格稟性清虛為官清閑俊雅文華秀麗所作超群奉萱堂上春光美椿壽高中色慘慘官承蔭庇命足清奇此則將成之命妻如何此帰霞服贈子如何桂子受封恩運行甲申乙酉運中腰横金作帶符驗玉為鱗龍門变化三春浪鵬路道遥万里天丙戌丁亥運中重、祿位耿、声名戊子己丑運中一輪蟾魄運宵皎海沼秋波徹底清庚寅運中帰去不辞行路遠夢隨流水到南坡

庚子　癸未　己亥　乙亥

此八字天元己土配合乙亥之時偏官之格庚金制之淂及其為人也歷事操推雖是胎輕骨重賴其父愛母慈鴈行有字祖業縈迴學問知今古詞源納田新貴人提挈一旦升騰名揚利播行樂精神此則特達之命妻允帰魚水合子嗣喜聯芳運行甲申乙酉無辱無荣丙戌春光明媚丁亥揚風息韋沉月沉戊子己丑運中野芳發西幽香佳木秀而繁陰庚寅運中帰去莫辞行路遠野草閑花滿地愁

子平遺書

庚子　癸未　己亥　戊辰

此八字己土生於未月雜氣才官之格值此格者注人半姿數厚性格安詳生於喬木長於高堂椿親有倚萱寿先亡雁字聯芳翱翔飛舞門外田疇千古計庭前花木四時香財源冒足商賈闐闐此則穎厚之命妻兆帰兩敵可諧老子嗣先难晚桂香運行甲申月升雲蔽蔭下無妨乙酉運中海棠雨過花重艷岩桂風飄鬱香丙戌丁亥之中陽回大地春光媚氣轉華堂福慶長戊子己丑運中春園雨桃紅李白意芳菲香木陽回福慶滔滔多壮觀庚寅運中無限雲山成好夢也應精魄去遊仙

子平遺書

庚子　甲申　甲申　甲戌

此八字天干甲木作黨地支七煞交加戌中有火制伏不及如何斷之有詩斷曰徉俑撐綳未得休幾年天意識歸舟高人相約成差跌親友文遊恐不過三坂棧臺輝晩日一檐竹茂深秋冷厌厨爆均否更立金鰲下鈎舟此則番来霞去之命妻兆帰再續鸾膠子嗣还生悦桂運行初椿萱早别立事崎嶇運行中貴人扶助万里光輝舟泛長江風蕩漾馬行山徑雪謾迷運行暮風和花糕足日暖柳眠遲財源滾滾利帛孜孜辛卯運中市沽雖不醉春夢又相催

庚子　甲申　甲子　甲戌

此八字天干甲木作棠配合申中庚金月上偏官之格戌中有火制之其為人也双親少倚祖業無拘性格操持行藏進退斷曰世事化成基一局祖業根基無拘束施思幾度却成飛要好十分生不足風吹天外鴈行科月明夜半攔干出一声鶏叫兆回蟾満庭芳草浮雲屋此則倚貴平和之命妻兆悼無克宜招綏子嗣班衣面満春運行初乙酉之中東嶺梵松西嶺秀南園種朴北園陰丙戌運中遇貴扶持万是吉莫辞劳力与劳心丁亥運中漸〻精神爽看看氣象新戊子運中世情擾〻塵事紛〻己酉運中而過山重秀雲開月再明庚寅運中桑榆悅景老菊秋香辛卯運中黄操尤未熟一枕了平生

庚子　甲申　癸未　戊午

奇造癸未之日配合申金戊午之時財官刃成其為人也丰姿清楚移根换葉生涯性格聪明借境流芳治計此到遇貴之命兆悼和美洞房琴瑟之新子嗣賢良堂上班衣之好乙酉丙戌運中貴人扶助未得凭攔丁亥運中野芳薮而出香佳木秀而繁陰戊子己丑運中財源得意生計精神庚寅辛卯運中世情滚〻塵事紛〻壬辰運中市沽雖不醉春夢都無愚

子平遺書

庚子　甲申　壬午　丁未

許此八字丁壬化木生於未月上之就規矩經曰六壬日生臨午位号曰禄馬同郷值此格者丰姿穏重性格怡〻簡重寡默應事能施双親晚翠棠棣聯枝兆悼刃〻須生雪子嗣双〻菓満枝此到特達之命運行乙酉丙戌未遂平生志且觀灯下書運行丁亥戊子貴人提挈漸看丹桂争新枝己丑運中春光明媚行楽盈余庚寅辛卯運中早得一世功名化作南柯一夢

庚子　甲申　癸未　庚申

此命造癸未日配合庚申時合祿之格官生印旺其為人也丰姿清秀志氣軒昂行藏慷慨立性循祥李問頗知詩礼事財源富足業榮昌双親有倚鴈字聯芳此則平穩之命妻兒帷宜兩硬子二蘭桂自馨香運行初無榮無辱運行丙戌丁亥印綬逢財注人多招反覆飄蕩無成片雲掩月花柳春陰戊子己丑運中春至再沾新雨舊時未重整旧家風跨鳳驂鸞須近貴登山涉水莫天辞辛財源進益生意惟新庚寅運中月冷烟空流水岸邊愁鸞慘夕陽村一夢不回歸去了路山行人也斷塊

庚子　甲申　甲子　辛未

此八字甲木有庚辛金官星七殺交加何如斷之有詩斷曰世事化成棋一局鸞金叉手难拘束施恩威度却成非要好十分生不足風吹天外鴈行斜月明夜半闌干曲一声雞叫兔西墻二滴庭芳草浮金屋此聪明虚利虚名番來覆去之命也兒帷替入頭生雪子嗣斑衣西二滿春運行辰龍李維新運行中慶事紛二運行暮老菊秋香辛卯運中黄梁大未熟一枕了平生

庚子　甲申　乙丑　壬午

六乙日壬午印綬李堂為貴值此格者生於喬木椿萱榮耀鴈字軒昂双親有倚成無倚名利揚而又不揚李分聪明英才倜儻此平常之命兒帷無克泊家立計之勤子女見孤合是桂零蘭秀運行初風和日麗運行中雨愁雲惨運行暮愁竹葉杯中去老向菱花鏡内生庚寅運中帰哭难留

庚子　甲申　壬戌　乙巳

此八字壬戌乃魁罡之日甲己之金生之為印綬之格主人多智慧兼豐厚文情四海輕財重義父母磁基可守為行事業難同財帛有成利名不失此則英豪之命也惟和美願同連理之枝桂子風流可望斑衣綵舞運行乙酉丙戌成中見敗義也成非運行丁亥戊子水旺之鄉桃李千谿錦江山一盃屏己丑運中歲寒松栢茂人老菊花香、庚寅運中歸去也

庚子　甲申　癸亥　戊午

癸日建生時戊午化火特臨帝旺鄉雖是聚財食財地居官猶壽難長癸日用戊土為官戊癸化火落於午地正得其趣却癸亥自身旺不化甲亥無情拋離祖業別處立身不然金生水為印則六親欠分骨肉無情財源得失相迎亦是虛名虛利此則平常之命也妻也惟無克子女不傷運行丙寅死春山桃李夜秋園秋圃菊更香運行中世事崎嶇嘆我命薄如紙人情輾復文情宛若秋雲運行暮東方之運一生勞力不曾閒辛卯運中歸去也

庚子　甲申　庚申　戊寅

此八字庚日戊寅火生金絕月令從秋反成豪傑值新家者聰明特達堂上嚴親早去庭前為字孤飛李分解顛文章炙輝此平穩之命也惟性若風雷子嗣謀如霜雪運行初西方之運釀紅醞綠鶯花景輕煖輕寒遊麦天運行丁亥戊子金沉水底歷事盤桓財帛正如風里絮生涯渾似浪中船行己丑庚寅雨余春色美雲散月光娟辛卯運中座上賓常满樽前酒不空壬辰運中人生瞬息巫山夢馬鬣峯前作死灰

庚子　甲申　辛酉　壬辰

此八字辛金配合地支甲子辰為傷官之格論官無官論財、、絕若為僧有壬辰華蓋一塵渾不染萬法總成空暮景之年長者之戲也若為俗者身居田園之樂稼穡營生黃犢乘春放兒孫偃耕二月新絲熟春殘谷又生此則辛勤勞力之命運行己酉丙戌祖宗蔭下花柳春遊行丁亥戊子之中客到函關愁意切馬行雪嶺悶心縈運行己丑庚寅夜深方月皎春至始梅香辛卯運中歸世綿綿

庚子　甲申　丙子　戊子　壬辰時同

此命四柱有申子辰全在官局本是身弱喜生辰中自有乙木生應得水助之賴扶持幼年承祖蔭歷西方俱不濟事直至五旬外庚寅運方發丙木旺火生故也注人行藏穩厚事不露機妻賢而子孝孝兮而崇紆龙韞而助經綸業韜略徐施肅殺威此則貴達之命癸巳時丙祿在巳癸祿在子注人詩礼遇顏孟奕才壓陸朱身步玉階新袞繡手調金鼎旧鹽梅北幃玉潤冰清貴子嗣龙蛇虎豹兒此則宰輔之命

庚子　甲申　丁丑　辛丑

此八字丁火配合地支甲巳丑之金為財格丁火生於七月身弱無另却坐於巳上能任其才双親在堂厝守兆行半安沖澹立性雁甘孝兮一不保知價色財源不富竟心寬高人見仰親戚無緣此則平穩之命兆幃無克必姻連理之枝子嗣不孤須是先蘭後桂運行初乙酉丙戌春風桃李初開夜赫日荷連正放時運行中戊子己丑庚寅一聯美景秋光好正在燈黃橘綠時辛卯運中木能生火帰去來兮

庚子　甲申　戊午　庚申

此八字六戊日生人為主以庚申時合卯中乙木戊日得官星干有甲戊庚三奇透露值此格者衣冠濟楚礼樂維新生於喬木長及各門孝兮通今古文章覽正新寄食罷哀彈鋏士入関當効棄繻生此則榮貴之命兆幃琴瑟諧和羅帳鳳冠霧收子桂不開兮正苑蘭花正吐西園運行初傷官太重丙戌丁亥甲子運中三冬經史足一奉殿前宣庚寅運中帰回故里安享晚年莫道只朝陽帝主香槐猶去謁嚴君

庚子　甲申　己未　己巳

評此貴造己土生金為傷官之格傷官傷尽為奇值此格者注人丰姿沖澹性格風騷心無私曲性若風雷高人仰慕貴客提携莫嫌多少先見难無數威名留在後兆幃重合爸桂子而孤希此不富則貴之命運行初夭桃遇雨運行中丁亥戊子春苑春山紅又綠秋江秋水碧連漪運行己丑庚寅早知一夢黃粱去當得早入武陵溪乙亥時官藏殺現辛未時食神官貴庚午時日祿歸時丙寅時明官暗印值新象者注人孝兮三冬足詩書萬卷余金牓題名曰班衣換錦衣此則榮貴之命論之

庚子　甲申　乙酉　丙戌

此八字天元乙木配合申中庚寅正氣官星酉中辛金丙火合去子戌中有水土滋助乙木其為人也生於喬木長於名家丰姿清楚性格奢華一生遇貴扶持財帛丞當進退双親有倚萱母先帰鴈字聯行翱翔獨舞此則特達之命妻應而得合子孝而家成運行乙酉丙戌之中春花向晚秋夜明蟾丁亥運中風吹楊柳垂金線雪綴園梅墮玉九戊子運中微雨弄晴谷風布暖己丑運中片雲掩月行樂一番庚寅辛卯運中雨過萬重山有色雲閑千里月華寒壬辰運中一秋黃粱重三盃酹酒壚。

庚子　甲申　乙未　丁卯

此八字己土配合甲申之月為正官時中丁卯為偏官此則殺官混雜係庚金去官留殺之局其為人也丰姿冲淡性格操持心無私曲性若風雷高人仰慕貴客提携双親少倚鴈字分飛祖基祖業有成持才帛從容多積聚光見難無燕風光留在後此則平穏之命兆怫無克子嗣連枝運行初夭桃遇雨丁亥戊子之中春苑春山紅又綠秋江秋水碧連天己丑運中秀而不實樂処多憂庚寅辛卯運中端的月離海角清光皎宇宙無云万里明壬辰運中一宵春夢煙雨濃濃

庚子　甲申　丁卯　辛丑

此八字丁火配合地支申丑之金爲才之格丁火生於七月身弱無力却喜卯木滋助身旺能任其才其、爲人也双親在堂鴈字雖行半姿清白立性靡甘李問不深知價色財原不富却心寬高人見仰親戚無緣此則温厚之命死惜無克必姻連理之枝子嗣不孤須是先蘭後桂運行初乙酉丙戌之中春風桃李初開夜赫日荷蓮正放時運行中丁亥到、戊子之中隱、輕雷抽碧笋徵、細雨義揚枝己丑到庚寅運中一脉美景秋光好正是橙黄、橘綠時辛卯運中木能生火帰去来兮

庚子　甲申　丁酉　丙午

造化丁酉日貴之格配合丙午時日禄得帰時没官星兮赤雲得露亦作才格之論畧嫌午子相充富而不榮其、爲人也根基有倚家業榮田園千陌貫、相果陳双親有倚鴈字连行錦綉花前時富貴、琅玕竹排日平岛此則豊厚之命妻死惜兩意酬盟羅帳百年諧老子春蘭早放秋桂遲開運行乙酉之中双親簷下哀死哀山丙戌丁亥之中生涯替了青哀民活計依、禄竹長戊子己丑才源進益利播名揚庚寅之中操戍白雪桑之录割尽黄雲稻又香辛丑之中忙中生剥雜静里有憂生壬辰之中訃音一播兮消息水流花落各西行

庚子　甲申　乙丑　庚辰

此八字曡令之格乙木用庚為官官多作殺沒身勢無力耳其為人也生當富室長於喬木之家運到中年業計傾頹之毀此則平穩之命妻死帰廉而計巧子孝似家成行乙酉丙戌双親醃下尚有豐榮丁亥戊子之中雲翳相侵生涯多敗活計难成己丑運中朦朧向明淡淡梨花月飄颻楊柳風庚寅辛卯旧園桃李逢春　茂披苑松梅過臘新壬辰運中木回春意奇儀老景悠然帰去南柯一夢

庚子　甲申　壬申　辛丑

此八字天元壬水庚辛金生之為印綬之格有官無印即非真官有印無官反成其福為人多智慧兼豊厚孝悌聰明行藏穩実礼兒温恭官不忘發功年好似雲遮月春來依旧百花來此則平穩之命妻死帰本業齊眉子嗣桂蘭招晚運行到乙酉之中梅花未放柳眼先黃丙戌運中花開逢雨驟柳嫩被風顛丁亥戊子帝旺之鄉一般美景均須记正是春三二月天己丑到庚寅運中耐寒三友毒花雪夜月中圓天理五常子孝妻賢孫息勝辛卯運中一宵春夢重精魄去赴仙

庚子　乙酉　甲辰　戊辰

此四柱六甲日生時戊辰天財生庫會其神富商巨賈田園盛月帝辛金禄貴人甲用辛為官雖有庚金七杀乙与庚合但有辛金之貴戊土生之値此格者詩書廣覽參分通知名標金榜姓播鄉閭待看一日飛丹詔脫却麻衣換錦衣此則榮耀之命妃幃佳偶双双好蘭桂芬芳隊隊在運行如經癸酉梅運行中禁煙天氣運行暮解印辞帰東離黃菊晚園開直到壬辰運中方總沉辞若己巳時金神之格入於水鄉秀而不实西疇生計遺興三杯逕迎寅一傾衣炷原多進退安樂是便宜

庚子　乙巳　丙午　癸巳

此四柱丙午配合癸巳之時本是日祿帰時但嫌子字透露半丑逢冲則凶其為人也眼俊心怜不受挚觸傲物凌人椿萱無克鴈字無傷孝問聡明英才倜儻此則豪傑之命妃幃有克還當正副之妻子女不孤須是先蘭後桂運行丙戌丁亥春雨新時谷風布煖運行戊子鼓盆三漢運是丑庚寅辛卯攀高攧落盛而不猛壬辰運中夢重分衾帰不覓鶯花又是一番新

庚子　乙酉　甲寅　丙寅

正官格局註人聰明文章秀麗只嫌年上辛金杀星透露拱不成貴祖業久守奴親無望雁行隊隊分離其箕年廿身肥靠妻而通中過乎息紛紛先难後笑運行丙戌丁亥敗父毋資財戊子運離祖别親戚計己丑運中業計從容庚寅辛卯運中正得其道運行壬辰癸巳禄难拱矣夢入巫山

子平遺書

庚子　乙酉　丁亥　癸卯

此八字偏官格局但嫌無戊己土制之則寬猛不濟値此格者椿萱有倚根業輕虛立性温柔心懷蠱毒財源祿祿區區貧病多番多覆衣則平常之命也妻妃幃隔角宜婚緩子女蘭開膝桂無運行丙戌癸癸之朝煙丁亥運中早見恓惶戊子之中喪到正夏曲長莫廿夏來常慮水懨多己丑庚寅辛卯之中一睨美景計立家成操成白雪業退祿割盡黃雲稻正青壬辰運中雲雨茫茫帰去也三杯醉後最傷情

庚子　乙酉　甲寅　甲子

此八字本是拱祿之格被年庚金爲殺損其甲水喜得
乙與庚合柱又被酉中辛金奪貴只富不貴也妻琴瑟
偕和魚水百年之樂子桂蘭有感龍蛇定日之羞運行歸
双親膝下樂意忘憂運行申辛兑春山江又似秋江秋水
碧還青生涯得意虛利虛名運行暮花落水流春鳥
失蘭摧玉折恨無窮

庚子　乙酉　乙卯　丁丑

此四柱乙木配合酉中辛金爲月上偏官之格被卯字沖破
用丑中之金爲時上偏官之格上酉丁火制伏得馭再奇爲人
也椿萱榮耀鴈字比肩立性聪明行藏有智孝分頗知仁義
姊原隔失相逆此則英傑之命妻兇無克子女相親運行丙
戌丁亥之中威而不猛和而不同戊子己丑運中春風楊畔柳
夏到沼中蓮庚寅辛卯之中片雲掩映孤月朦朧自掉孤
舟爲花飄颻棄岩邊劝許由壬辰運中一夢黃粱歸去也
三杯酹酒送行舟

庚子　乙酉　癸巳　癸丑

此八字癸日坐向巳宮乃是財官双美配合歲干庚金地支巳酉丑
會成金局爲印綬之斷喜癸丑時福德秀氣值斯者注人丰安
穩重性格端方生於輻輳之地長於車馬闐闐之方双親有倚
棠棣孤單李問有成多显觀英才倜儻姓名揚此則時達之命
妻兇幃琴瑟諧和子嗣桂蘭馥郁運行由丙戌之中厄和花睡
足日暖柳眠遲丁亥運中烟籠芳草霧鎖美蕖戊子己丑運中
衣冠各異門户先輝月高海嶠光揚宇宙之內花放園林魚遍
塵寰之譌庚寅辛卯運中權高換絡辭印東𦋐壬辰運中
楚臺雲散空勞夢漢殿魚銷不返魂

庚子　乙酉　辛酉　己亥

此八字辛酉之日得德秀氣之格其為人也生於喬木長於名門父親嚴錄寫字群揚外幃冠正副桂子秋蘭桑梓業三冬足聲名兩度新錦衣驄馬還家樂鶴髮龜齡祝壽其此則騰踏之命運行丙戌丁亥椿萱之陰下無辱無榮戊子運中降帳黌中用意明倫堂上留心己丑運中得云際會榮然而呈文章庚寅運中添馬朝元重然庚申辛酉之年威而不猛依着甲子年來丁卯年南山豹變北海蛟橫辛卯運中到此始則文章好聲名歌々榮家鄉壬辰運中秋風起處野無正群黃粱夢覺苍落月殘

子平遺書

庚子　乙酉　庚寅　丙子

此八字天元庚金配合丙子時々上偏官之格子中有水制之偏官得權之德相扶其為人也祖基廿倚遇貴扶持李問頗聰明機謀多遠見歷事多後理白行藏較短量長財源進退名利盤桓此則平穩之命事北幃兩硬諧連理子丹桂馨香暢悅秋運行得移挑接李借境身成東嶺栽松西嶺秀南園種柳北園陰運行中得意家居財帛盛忘懷適興酒盃長庚寅辛卯運中亮紅李白花柳青妍壬辰運中黃菊秋香癸巳運中一夢黃粱遠三盃醇酒傳

子平遺書

庚子　乙酉　乙未　庚辰

此八字日元陰木配合酉月作偏官庚金透露官杀混雜乙字合去為得其為人也父親無克還無倚雁字成行見失行半姿清秀性格聰明莫嫌先見許多突出類超群還在後根基穩厚新期新增財帛有成堆金積粟此則溫飽之命事北幃得合最宜鳥坎之親子嗣有芳雅趣班衣之桂運行丙戌梅柳春還丁亥戊子運中才敗之鄉浮雲掩月陰下無妨己丑運中貴人提挈事々迎祥庚寅辛卯運中祿元增進何愁茅宅不風光活業興隆正是每年月度壬辰運中好將平日溝渠化作南柯一夢

庚子　乙酉　乙卯　戊寅　乙酉時同

此八字乙卯之水配合酉中辛金爲偏官之論其爲人也丰姿彥秀性格自能本是聲名宏遠但嫌子卯相刑不受拏觸行事昏沉庚金透露乙木合住官星聞喜不喜有情無情此則平穩之命妻兆情刃意綢繆羅帳百年和合子秋桂開時惟恐風狂撼折運行卯水倫堂上注史齋中衣冠濟楚聞課觀經運行中土雁高步梅柳春榮運行暮辛卯之中楚基雲散空勞夢兔散南柯淺水東

庚子　乙酉　壬子　戊申

此八字壬子日刃之格酉中之金爲印綬之論其爲人也丰姿乖角立性聰收行藏寒佛塵事沉吟双親有倚雁字成行楊下听鶯人在舫花边駐馬客路門此則商賈之命也妻兆情有克子宜小子嗣蘭芳桂又東運行丙戌丁亥之中花開雨露柳困泥顛戊子己丑運中貴人提挈家業精神詩興泥樓留棋声雪舫灯庚寅辛卯之中道途莫起思鄉夢軒前見當懷拾芥心壬辰運中風雨不侑千載悵鶯花又是一番新

庚子　乙酉　庚戌　乙酉

此八字金克木爲財禦金之論其爲人也拆其東情補西籬有益思量是損時準擬晚年成立穩則頭諸事尚乖離撲空去鴈分飛攔倚欄橋花雁嚴妻宿西山日將暮不堪回首夢魂飛此則平穩之命妻本無傷子还廿桂運到庚寅有但過此癸巳運中歸去也

若甲申時日祿歸時青雲得路名標金榜身到玉墀騎走遠騰飛鵬鷃程高奮九霄風此則榮貴之命也

若丙戌時偏官之論其爲人也丰姿敦厚性格軒昂田園富庶桑柘當生此則平穩之命也

庚子　乙酉　辛亥　戊戌

此八字作特土印綬論之值此格者註人和悅作事寬大衣帛豐厚双親有倚祖基業相生李問聰明多近高貴此則平穩之命妻死情孤独重婚偏宜刃硬子嗣無中始有再称遲生運行卯桃頭未吐柳眼先萌運行丁亥戊子金沉水底歷事難艱運行巳丑金庫之鄉者情爲柔含春淚無力蓄微卧曉粧庚寅辛卯運中財盛衣錦西疇生意好老景菊花香壬辰運中一夢黃粱

庚子　乙酉　丙辰　乙未

此八字丙火配酉中辛金為財乙木為印刃格交加何如斷之比如露殺截官之忌用乙木印綬之格斷之其為人也双親無克同氣連枝兮分無成祖基有倚根源寄跡他鄉宗祖生涯別处財源平穩世事歡怡此則守分之命東北幃究地之龍罗帳艮方諧老運行丙戌丁亥田园樂意桑榆如心戊子運中竹非笋長仍遇毋相樹枝頭已有孫己丑運中忙楊風隊肉挂山頭運行庚寅辛卯印授之鄉擋破肉藏含露子菊殘猶有散霜枝壬辰運中白玉樓甚澤窠黃昏時節正朦朧歸去也

庚子　乙酉　己酉　壬申

此八字天元己土配合酉中之金為傷官之格其為人也体貌猙獰身材磊落六親欠分父毋早妨傲物氣高多倜儻財帛傾囊亦在中年分廿成交憐四海此則平常之命萬家零落北幃小子嗣孤單異姓高運行丙戌丁亥初年孤獨戊子己丑之中雲開月皎花發春回運行庚寅世事疊如流水浪突危究似雨中灯辛卯運中莫人越此福壽無窮壬辰運中一夢黃粱歸去也三杯別恨送墳塋

庚子　乙酉　丁未　丙午

此八字丁巳丙午時歸日祿沒官星劝青雲得路但嫌子字相冲只富不貴也其為人也聰明特達立性軒昂行藏慨慷兮分淵源英才出類貫招衆陳言近高貴此則英傑之命妻北幃琴瑟諧和子嗣桂蘭馥郁運行丙戌丁亥生於良善之家長集詩書之礼運行戊子己丑之中生涯遇貴忽然平步上雲梯活計逢恩此是禍中生出福庚寅辛卯之中木生為印威而不猛和而不同人生不尽登臨興夢入南柯感慨深深

庚子　乙酉　戊申　乙未

此四柱戊土生合為傷官之格其為人也丰姿磊落体貌猙獰立性英豪行藏疾速双親早失鷹字飛揚彦間有成出言動貴財源得失時来福自闕闠名利亨盈運至自然壯觀此則名利之人也妻北幃無克子嗣仍难鸞鏡有妨桂蘭茂盛運行丙戌丁亥晴日未消千幛雪媛風光放一川花運行庚寅之中濃雲蔽日密霧漫空辛卯壬辰之中雨過山峦秀風和池沼青癸巳運中人生一万古知何用廿向君前作死灰

庚子　乙酉　乙卯　甲申

此八字一木配合酉中辛金為月上偏官之格被卯字沖破只取甲申時官星得位印其身其為人也椿萱有倚棠棣春榮立性聰明行藏有志參問知今古時源細旧新一朝身脫白名譽播神京北幃萬衆谐達程蘭桂龍蛇喜氣新此則英貴之命運行丙戌丁亥之中生於秀木詩礼趨庭戊子運中螢窗新脫跡鳳塔淡書名己丑運中恩沾沛澤喜滿門楣庚寅辛卯運中政引風霜成物色語回天地到揚和重々祿位壬辰運中自棹孤舟為范蠡葉瓢岩边効許由癸巳運中一夢黃粱歸去也三盃醇酒送行冊

庚子　乙酉　庚戌　戊寅

此八字金克木為財之盛生官終身有慶尤喜魁罡相助其為人也孝問聰明行藏特達言詞明敏事不藏機立事分清理白深能較短量長祖基祖業有兼声名財帛光輝門外田疇千古計庭前桑柘四特衣此則榮富之命身北幃有克再見兩敵之姬子嗣見孤不失斑衣彩舞運行丙戌丁亥之中双親瘞下先損無斷殘子己丑運中一谷杏桃堆錦傍滿山松柏聚屏幃庚寅運中月當海嶠層層雲蔽陽光花放园林慮々霜欺辛卯運中一般美景君須记正是橙黃橘綠天壬辰運中豊年田舍禾歸窖臘日山窗往南危癸巳運中正好華堂添壽依何異蝶夢又相催

庚子　乙酉　己卯　乙丑亥

評此八字逃木配合酉月傷官帶煞之格此象者注人心無諂曲性格風騷行藏慷慨處事英豪財源得意生涯好名利悠揚業計高双親欠靠鳳字亂隆北幃而接續子嗣而風騷此則溫飽之命運行丙戌丁亥之中重霧不開添榊弱餘寒木完擺花殘戊子運中鼓雲三嘆行不一番己丑到庚寅之中爆竹声催殘臘去折梅來到早春还辛卯到壬辰運中春光去了月落花殘

庚子　乙酉　癸卯　乙卯

此八字癸卯日貴之格傷官用印之論累嫌卯酉相冲祖基
祖業少倚六親骨肉無情丰姿乖角性格聰明東嶺栽
松西嶺秀南園種柳北園陰貴人提挈志氣一新此則平順
之命妻死悼两敵可諧老子嗣先難晚桂、運行初丙戌之
中賞翫春陰丁亥運中漸、精神爽看、氣象新戊子己丑
運中一聯美景韶華好正是尋芳拾翠天世情擾、塵務
牽纏庚寅辛卯運中月離海矯濤光爽花鋑園林鴉邑、
壬辰癸巳運中万事命以定浮生空自忙

庚子　丙戌　丙寅　戊子

奇造、丙日生時戊子財官坐旺遇食神身強月氣相扶貴身弱無依
未見昌喜寅、戊之火助其身壯能任財官得斯象者注人生於京
輦長於將門双親榮耀秉恩重叢棣聯芽獨出群丰姿濤楚
歷事恃能心熱豹貓知变化腰懸神劍識雌雄威揚萬里氣壓
三軍此則榮貴之命妻死悼同心双綰帶子桂蘭簇、显威風
運行初丁亥之中桃李初開便覓春光明媚戊子運中官星明朗霜
蹄千里駿風翻九霄鵬己丑運中威權有布人欽伏財帛興隆福
禄增庚寅辛卯運中禄、元增進何愁第宅不风光印綬無傷正是
桃紅并柳綠壬辰運中桑榆暮景堂前看子舞班衣暮菊秋、
離下邀賓斟美醞癸巳運中英雄堪嘆息一枕夢黃粱

庚子　丙戌　乙丑　庚辰

四柱乙木配合庚金正官之格雖有丙戌之火傷官九月金勝火衰值此格者注人平生穩重立性操持祖基祖業有倚李詩礼相知貴人愛恋家居盛福慶閒門業計齊此則敦厚之命夷〻驚悼無克百年水結鴛鴦子〻女不孤桂子蘭多美運行卯丁亥〻中如親膝下任光戊子運中總有蘇洪之志每招活鬼姤人己丑運中李雨春因秀秋任秋水淺庚寅辛卯運中十里任山水盈景一川花柳弄精光壬辰癸巳運中天地無私李滿眾樽壘有任客閩川甲午運中花落水流人去後江南風月慢傷懷

庚子　丙戌　乙酉　丁亥

此八字傷官用財其〻為人也丰姿敦厚性格軒昂出言慷慨礼皃端莊祖業祖基俱相靠賣買經商万種強李多不能登庸擒財源貫朽粟陳倉妻賢而子孝兄愛而弟恭此則守成之命運行丁亥戊子木敗之鄉欲速未達運行己丑庚寅野芳發而幽香佳木秀而繁陰辛卯運中好放漁舟歸洞口不須重問武陵源壬辰癸巳運中夢重猿声切黃梁歸與長

庚子　丙戌　己卯　戊辰

此八字己土配丙戌之火為印綬戊辰之水為偏財值此格者為人誠信作事老实勾陳得位不欺小信以誠人直〻武當權知有大才而成聚立性操持行藏進退一生多李少成万事有頭無尾此財平穩之命外悕勤儉治家立計之能子嗣無傷夏種春耕之徒運行初祖宗蔭下奇樂何憂庚寅辛卯之中惆悵西疇旱勞咨嗟比隴時荒閑中生剥雜靜里有愁心壬辰癸巳之中竹窓夜月橫陳影梅院春風度暗香甲午運中夢熟黃梁

庚子　丙戌　乙酉　丙子

此八字六乙鼠貴之格子字謂之聚貴也值此象者斷云生涯半失半成功名意狐疑孟嘗弓鶏犬利名难可望虎牛時節運纔通高飛去鷹群分遠紙放花枝一朵紅葉故就新人不省回頭珠淚洒西凡此則平穩之命妻年小子見孤運行初既濟尤防於未濟得經尤慮於失經運行中生涯得意浩計如心運行暮人生莫遣頭生雪秋得春凡亦不消

庚子　丙戌　乙酉　丙戌

此八字乙木配合丙戌之火傷官之格其為人也生於喬木之家長在名門之內性格剛強行藏慷慨奴親無克嚴父先行昆仲有妨雁行独自斋閂支吾財源進退妃幃佳偶兒方好子嗣宜招異姓強運行丁亥戊子印綬之鄉楊柳無風終婀娜梅花得月更精神已卯運中飛李千騎錦江山一座屏庚寅運中不愁飛李無奈色只恐東君歸去忙

庚子　丙戌　癸未　辛酉

此八字癸水配合丙戌為財庚辛金為印先財後印反成其辱值此格者立性奸険作事躊躇根基有倚世事崎嶇親戚總是笑中刀父母如同凡果燭此則自成自立之命妃幃有克宜招閫葺之妻子嗣少生雖称螟蛉廷子運行初未見榮枯運行庚寅辛卯攏摧到底厘底宲業計由來散復新壬辰癸巳之中樽壘有酒延佳客蘭室藏書数子孫繼續不知壽夢重乾坤又是一番人

庚子　丙戌　甲申　甲戌

此八字甲木配合地支申金丙戌之火傷官帶煞之格其為人也有機謀多忠氣立性操持常笑時人不如己骨肉情若寒氷親眷義如秋水行藏多進退本用足躊躇財源得失相迎亦是虚名虚利蝸角平常之命妻妃幃情況好子嗣桂枝子運行丁亥戊子木敗之鄉未有尋芳之賞己丑運行如過深淵庚寅辛卯運中成敗成端壬辰癸巳運中黃粱猶未熟枕了平生

庚子　丙戌　辛巳　庚寅　乙未時仝

此八字辛金配合丙戌之月正官綠馬朝元值此格者不貴者則富奇為人也平婆穩重立性端方行藏遇貴詩礼兼親此則字成之命妻死憐有兄最喜合巹之杯子嗣無傷雅有桂蘭之秀運行丁亥戊子複財不壞還當晦厄重重己丑庚寅辛卯之中有官有印當有貴人提挈財帛津津壬辰運中豈甚雲漢塵傳夢漢駁魚鮹不返況

庚子　丙戌　壬午　戊申　壬寅時　庚戌時仝

此八字六壬日生臨午位号曰祿為日卿克丙戌之火為財格之論乃綠財多身弱正為富室貧人以然亿權終是寒門貴客值此影者變度經業幾度慈一生名利未全休新鳴影落寒江冷猿未逢春不自由氣宇軒高双旧識一歡提方喜足機謀定筆若遇風雲際貴客相携到鳳樓死帰奴々子嗣陶々運行初生於秦太歲以何真變運行中々庚寅々辛卯重立々重戌運行癸巳甲午㞢夢入南柯

庚子　丙戌　己卯　己巳　庚午庚寅時貴

此八字己土配合己巳金神之格入火鄉為勝庚午日祿歸財值此象者豈得不貴註人有剛斷之才明敏之志雖字孤鳴双親少倚少年騰踏飛黃騘馬紫衣名利死悌而有克羅帳双方宜子嗣而有芳桂蘭而可美運行初既齐尤防於未濟運行中名利杲騰財源兼美運行壬辰之中巫山雲斂好賦帰来兮

戊辰時只富不貴丙寅時賭官明卯名利致々已上亦作高命論

庚子　丙戌　庚辰　辛巳

此八字天元庚金配合丙戌之火為月上偏官之格其為人也家南家北成身処業計年来漸成逍跡逍遙心計遠安居福処喜飛鞋天寒々雁字飛空濶雨湿花枝見墜零待得脱了終樂意閑中立業有奇声此乃平穩之命妻無傷子無克運行初月離雲漢苑放寿寒々運行中多盤多猎自立自成運行暮嶺栢山松愁從竹葉樹中出老向菱花鏡内生壬辰癸巳運中月墜九霄星斗精霜飛半夜棟樑摧

庚子　丙戌　戊寅　乙卯

此八字有官有印無破作廊廟之材值此格者生於喬木長及名門堂上椿萱早失庭前雁字孤群奇聞奇才英雄棧華功名談笑取唾手領壽因此則榮貴之命妻外帏正副海棠芍藥競壽研子嗣芬芳秋桂壽蘭爭榮秀運行丁亥戊子螢窗負笈寄足三冬運行己丑庚寅始人活兒幾番登嶺幾番愁辛卯運中日麗風和頤養壽光明媚壬辰癸巳運中銀馬祿袍霜滿路烏臺明鏡月當空甲午運中重々祿位耿々声名乙未丙申運中錦衣白日还家樂一壺黃粱歸去休

子平遺書

庚子　丙戌　庚辰　辛巳

此八字天元庚金配合丙戌之火為月上偏官之格其為人也家南彩比成身処業計年来漸々成遁迹逍遙心計遠安居福処喜非輕天寒雁侶飛空潤雨濕花枝見墜零待得晚子方樂意閑中立業有奇声此則平穩之命妻無克子無傷運行初月離雲漢花放春寒運行中多盤多帽自立自成運行暮嶺栖山松愁送竹葉杯中去老向菱花鏡內生壬辰交癸巳運中月墮九霄星斗暗霜飛半夜棟樑摧

子平遺書

庚子　丙戌　辛巳　庚寅

此八字丙火克庚金為財子中癸水為官財主官旺值此格者好似芝蘭出草萊一莖只放一花開此中滋味誰能比疑是移將仙種來不幸此身多寡弱偏教初限未成財自來地發三十到已有功名不可猜此則晚榮之命妻死怖有克宜招帝疾之妻子嗣不招合養春蘭之女運行初送漫考雨桃顋未放柳眼光輝運行中一苑杏花紅錦繡冰山松竹綠怖摩生涯遇貴財帛如津運行暮客未旋喪新葡酒賓至初熏早摘茶壬辰運中醉軒凡月千秋恨蝸重樽壘一夢空

百二七

子平遺書

庚子　丙戌　丁亥　壬寅

此八字丁亥日貴之配合壬寅之時官印两全其為人也双親有靠雁字無傷羊姿濟楚性格安詳一生行事多誠信且喜生涯活計長財源穩厚家業榮昌此則平穩之命妻死怖必娶震方女夫婦諧和過百年子三枝秋桂茂双朵菊蘭香運行初丁亥之中双親膝下月被雲迷運行戊子到己丑運中乍雨乍晴為客景不寒不煖困人時庚寅辛卯運中生涯有變活計光輝壬辰癸巳運盛暑荷蓮逢夏到隆冬堯李得壽甲午運中一夢不回泉下鬼甘向林前作死灰

百二八

庚子　丙戌　戊寅　乙卯

此八字有官有印無破作廊廟之財值此格者生於富貴長於名門堂上椿萱早失庭前雁字孤群李門高才英雄拔萃功名談笑取唾手領春回此則榮貴之命妻北幃正副海棠為乘競春研子嗣秋桂芬芳爭業秀運行丁亥戊子螢窗負笈李足三冬運行己丑庚寅活鬼姑人幾番登嶺幾番愁辛卯運中日麗風和頭露春光明媚壬辰癸巳之中銀馬綠袍霜蹄路烏臺明鏡月當空甲午運中重重祿位耿耿声名乙未運到丙申錦衣白日还家樂一夢黃梁歸去休

庚子　丙戌　己卯　己巳　庚午時貴

此八字己土配合己巳金神之格入火鄉為勝庚午日祿歸時值此象者豈得不貴註人有剛斷之才明敏之志雁字孤鳴奴親女倚女子騰踏飛黃驄馬紫衣名利北幃而有克雁帳及方宜子嗣而有芳桂芳而可羡運行初既濟尤防於未濟運行中名利鼎騰財權兩美運行壬辰之中巫山雲斂好賦歸去來兮

戊辰財只富不貴丙寅時暗官明印名利双双也上作高命論也

庚子　丙戌　戊子　癸丑

此八字是雜氣財官之格月令干上透出丙火為印綬只、不合日時下有癸水為財行亥子子丑運不如意行到庚寅辛卯火旺之処用神得令發數千緡入壬辰運中六年不遂後四年流年遇水萬事勞心此貪財壞印之論此有名無实之命妻北帳諧和子嗣異姓運行癸巳夢入巫雲

庚子　丙戌　丙子　庚寅

此八字丙火克庚金為財子中癸水為官財生官旺值此格者好似芝蘭出草莱一莖只放一花開此中無味誰能比疑是移將先種來不幸此身多寡弱偏文初限未成財自來地發三年到巳有功名不可猜此則饒榮之命妻北幃有克宜招帝疾之妻子嗣不招合養春蘭之女運行初迷漫春雨桃題未吐柳眼先魁運行中一苑杏桃紅錦綉半山松竹綠幃屏朱雁遇貴財帛如津運行暮客未旋煮彩蒻酒賓至初烹早摘茶壬辰運行醉軒風月千秋恨鍋室樽壘一夢長

庚子　丙戌　乙丑　丁亥

此八字歲官之格傷官之論此則傷官不盡一生穩重行藏者實得性清貴亦是生居富實此則溫厚執朴之命喜兆偉早失內有眺氣髮白始分子嗣中秋桂異常多俊俏一生成敗萬千端運行甲午庚申年早亦無常

庚子　丙戌　丁巳　庚子

此八字丁火克其庚金子中癸水為偏官用財之格其為人也根基少倚父母难親如芝蘭生於深谷松栢秀於山林此則幽深孤高蒂無結實立性聰明機謀百变藝動君子言壓才人財源一進一成歷事重番重損此則平常之命晏兆幃和睦宜招帶疾之妻子嗣不孤雅称心高之桂運行丁亥戊子貴人提挈別鏡生涯己丑運中多安多樂庚寅辛卯之中貫履登山春雨犒尋朋賞月夜雲濃壬辰癸巳之中爛熳不知春夢短壽閑又是一番人

子平遺書

庚子　丙戌　乙亥　丁亥

乙木雖在長生之地見丙丁火眺氣火炎雖是乙丙丁三奇官透露此人有癖凡之病書云一木疊逢火位名為氣散之文是也父母恩源何日報桃边義重幾財親己丑運中歸去後禁煙時節听哀声此短壽之命也

庚子　丙戌　甲戌　甲戌

此八字甲木配合丙戌之大傷官之格值此者背祿逐馬之論交明厭冷多四轍妻校生難不下機長有貴人親下顧不須積粟用倉廚此則貧賤之命義情凡岂伴明月為鄰運行己丑遇貴扶持運行癸巳帰去来兮

庚子　丙戌　壬戌　庚子

此八字壬戌日德之辰配合二戌二子衝合辰中戊土壬日得官星抑且克丙戌之火為才盛生官終身有慶值斯象者佳人堂上椿萱壽庭前棠棣芳丰姿清楚性格軒昂凡吹塤柳垂金線雪綴園梅垂玉丸声名耿々財帛鏘々此則顯達之命為兆幃正副海棠為菜牡丹子嗣賢良鸞鳳麟兒秋桂秀運行丁亥之中猶芳叢而幽逸佳木秀而繁陰戊子己丑運中貴人提挈行樂精神閑物有情春雨烟催花之笑語曉煙輕庚寅辛卯運中萬象光輝沾沛澤而怡佳趣来外千行壬辰運中春園雨過桃紅李白意若前喬木陽和承過財添多吉慶癸巳運中花落水流馳馬失蘭摧玉折恨無窮

庚子　丁亥　乙卯　丁丑

此八字乙卯日生時丁丑食神滋助養才官月通金局化為福不足尊常之命看生於亥月身旺辛金有制其為人也双親有倚雁字聯芳丰姿敦厚性格軒昂芳菜花園圃槿花萬朵滿平堤水滿池莫思仕路登雲遠且喜生涯慶有餘春山紅又綠秋水碧蓮漪此則特達之命為兆幃得合諧連理羅帳双强到白首于秋桂枝々秀春蘭朵々奇運行丙戌子己丑之中双親蔭下行樂光輝庚寅辛卯運中隱々輕雷抽碧筍微々細雨潤楊枝財源滿用家業光輝壬辰癸巳運中豐々年田舍禾歸窖臘日山窗後滿酒生上賓常々滿樽中後不虧甲午運中悦景桑榆乙未運中寒折枝人泣江南吊客回

庚子　丁亥　丁亥　庚戌

此八字天元丁火配合亥中壬水正官之格克庚金為財此則指
祿逐馬之論其為人也丰姿平淡性格和怡樣樣有條歷事
操持一生自有貴人欽半世耽情乃意然不富不貧無業無
辱此則平穩之命妻兒情和美夫唱婦隨子嗣無傷桂芳蘭
秀運行卯戊子己丑運中火伸有氣財盛生官朱門綺席
常逢容喬木高堂称待賓辛卯運中生涯有慶活計維谷
壬辰癸巳之中自成自立新荊門庭外觀綴葉招花秀內觀
闌倉剩廩虛秀而不實甲午運中老當益壯乙未運中計
音遠播月落西廂此則平之斷也

百三五

子平遺書

庚子　丁亥　丁酉　辛亥　丁未時間

此八字天元壬木配合庚辛之金為印綬之格書云有官無印即非
真官有印無官反成其格大抵人生位此格者生於富母之基立
性剛強行事操持以親無克鴈字孤飛季悶知前後聲名播
里閭此則平穩之命兒情和泰同居再要添香子女不孤扶
桂秀蘭偕意運行抛玉石不分有頭無尾運行中春風
桃李門迎車馬客座上綺羅賓生涯多遂意活計無如心
運行暮菊老金英夜深秋月現春盡曉桃新甲午運中
歸去也

百三六

庚子　丁亥　戊戌　己未

此八字天元戊土配合己土比肩羊刃亥未之木偏官其為人也性急無謀背暴剛恨不受擊觸多招是非早共父母寫字紙飛根基蕃震財帛盈手此平常命也兆婦無克婦道夫唱一生勤樸子先难蘭早梅運因景发運行戊子己丑月皎星稀庚寅辛卯之中煙波深処生涯雲嶺險中活計壬辰癸巳之中葉寒松栢茂人老菊萎矣甲午乙未之中江山不尽登臨只一夢黃粱方事休

庚子　丁亥　己亥　庚午

此八字天元陰土配合午丁之火印綬之格多智慧兼豐厚一生少病能飲食善斟酌有剛斷之才分淺之志少年登庠榜早步蟾墀地寒生栢府风霜向清娛梅花一片心此則榮貴之命妻兆婦能言能語羅婦淑德淑真子秋桂開来不舞斑衣之老春蘭放処述當陽業親寄運行節风吹柳粘轻々翠露浥花心淡淡江運行中特膽天表日近淩光運行暮不惡是波浴頻思一夢長

庚子　丁亥　丙申　癸巳

此四柱丙臨申位癸水為官其於人也祖基少倚無因拋離東嶺栽松西嶺秀南園種竹北園陰早年万苦千辛晚景常安常樂此則先苦後甜之命兆婦佳偶兩情心事綢繆桂子榮華得意有襟酒落運行戊子花木專研行己丑江山日麗行庚寅辛卯未能生失兆說专帰去也提壺日有醉兮壬辰癸巳之中正是万疊青山雲乍歛一輪明月雨初收老當益壯甲午運中花亂池舘應专悦人倚蘭干欲暮時帰去也

庚子　丁亥　辛丑　丙申　戊戌姑仝

此奇造天元辛金配合丁火亥子之水為傷官帶煞之格其為人也丰姿俊俏言語軒昂椿萱無克雁字[illegible]行牽分支吾財源很當發之商賈財源厚烟々声名利祿显兵則穩實之命兆婦和合兩硬無偏子嗣賢良双枝有秀運行戊子行藏有始無終應事多頭少尾己丑運中园梅有雪堤柳無風庚寅運中月明雲蔽花放風顛木有崎嶇之險蔭下無防辛卯壬辰之中对帛正好新折柳人情还是半開雲癸巳運中花將好已傳於子竹有清陰付与孫甲午運中黃粱一夢酣[illegible]三中

子平遺書

庚子　丁亥　甲午　丁卯

此八字甲木配合丁火為傷官之格值此格者注人性格猖狂不
柰事機謀輒復双親有妨根基香霞財源進退虛利虛名
此平常之命兆愽有克子嗣不生蘭出以因時當秋令運行
戊子己丑一谷野花堆錦綉滿溪流水漾琉璃行庚寅辛卯生
涯盤礴立計驅馳壬辰癸巳之中雨余春色好風順客帆輕
甲午運中百事遣綣成何用花落人休總是空

百三九

子平遺書

庚子　丁亥　癸巳　甲寅

此八字六癸日生人為主用甲寅時刑巳中戊土癸日得官星名曰
刑合格值此格者乃飛天祿馬全注人聰明秀氣識達古今本乎官
高職厚緣庚子刑不起官星只作敦厚穩實命兆愽有克
宜招母敵之人子嗣稀疎可挫嶙嶙之性運行戊子己丑風和
日暖行庚寅辛卯傷官印綬之鄉月明雲蔽花放春寒壬
辰癸巳之中填實之鄉權高損福成敗不常清高已作登
雲客夢入黃粱感慨深
若癸亥之時衝巳中丙戊作財官名曰飛天祿馬之格注人中安
清秀志慧軒昂孝悌有成叢什齋中勤着意功名無滯明倫
堂上用心攢此則清貴之命兆愽隊了子嗣奴了運行仰春邑
未猜多料悄忘情未貴且逃遁運行中貴人提挈路入桃源運
行癸巳填實之鄉黃粱猶未熟一枕了平生

百四十

庚子　丁亥　壬辰　辛丑

此八字壬水配合庚辛之金為印綬值此局者旧家門館見荒無新路行特莫慮虛鷄兔限中身衛泰猴羊宮屋里事堪笛鴈飛鶯度声々遠花綻双枝朵々榮晚歲佳声何顯似高居雲外却無雲此則平穩之命甲午乙未運中夢入黃粱

庚子　丁亥　乙未　庚辰

此八字乙庚化金生於十月印綬之論值此局者官星正印四柱中和其為人也丰姿敦厚性格遺渠根基穩实業計差戕孝分聰明多倜儻英才出類貴人欽此則平穩之命也兆幃琴瑟百年魚水之歡子嗣不孤它日鵬程之遠運行戊子己丑梅雨初晴谷已布煖庚寅辛卯之中万縷绵垂楊柳兩一枝紅破海棠花壬辰癸巳之中陽回大地氣轉華堂甲午運中黃粱尤未熟一枕了平生

庚子　丁亥　庚寅　丙子

此八字天元庚金生水為傷官之格丙丁火透露官殺混雜俱各坐於水鄉無力無用其為人也丰姿羸弱性格遺渠行藏畏縮財帛初年貧賤此則平常之命兆幃動倫子嗣蘭枝運行戊子己丑月出雲衢行庚寅辛卯貴人提挈壬辰癸巳之中世事崎嶇生涯進退甲午運中西晴未了歸去來兮

庚子　丁亥　辛卯　乙未

此八字天元辛金配合地支亥卯未木為財格之論其為人也双親無克室母先亡擒府撐持根基未定交情易喜易嗔世事多審多復財源得失虛利虛名此則先充後吉之命兆幃綢密百年夫婦齊眉子嗣不孤它日鵬程飛遠運行戊子己丑春寒花未放雲壓月外遲庚寅辛卯之中生涯輻輳活計從容壬辰癸巳運中金生之地已吹花菓雨洒海棠甲午運中江山不盡登臨意帰夢南柯感慨深

子平遺書

庚子　丁亥　己丑　乙亥

此八字天元己土配合乙亥財上一位貴格丑中有金制之值此格者双親在堂根基相生祖基有倚祖業艰難立性聪明多执直無向闕中卷偶缺財源進益孝子分喇除此則虚利虚名之命也夷兆幃两敵相宜子嗣桂蘭秀氣運行戊子己丑梅雨新情鶯声睍睆庚寅運中活兇奶人揚帆海島辛卯運中陽回大地家榮盛氣鍾乾坤世業昌行壬辰癸巳老景優游未許安閑往來人情搖優我曾休下共僧言甲午運中清宵有夢思帰切愧住巫山竟不还

百四三

子平遺書

庚子　丁亥　戊子　壬戌　丁巳仝

此八字戊土克壬癸之水生庚金乃是傷官戒財之格其為人也若生秋令土氣堅厚財帛豐隆生於冬則壬水火旺土氣不能制伏見財不聚立性無定椿萱無倚雁字孤行此則平常之命妻北幃蕙悵情深羅幔鸞膠最續子秋桂不開春蘭不出此運行戊子己丑再宜為僧為道經卷朱炉為活計數钵中鉢是生涯行庚寅辛卯遇貴扶持過得重陽陶令節此时黄菊正馨朱壬辰運中客夢悠揚歷避行裝癸巳運中系魂何处看必入武陵源

百四四

庚子　丁亥　戊午　丙辰

此八字天元戊土配合丙辰時官藏財庚克子亥之水為財、盛生官終身有慶其為人也丰姿敦厚性格志誠學問聰明英才深遠听陽関之三疊逢天府之九重時沾雨露日近清光先幃諧老子嗣孝廉此則显耀之命運行初春寒花溢放几意去舟遲己丑運中引灯鑿壁下驅馳庚寅運中螢窓渐脱跡雁塔淡名題辛卯運中万里鵬程當際會十年行樂在春几壬辰癸巳之中重逢祿位耿、声名甲午運中巫山六欽空芳曼漢苑乐、銷不迓覘

子平遺書

庚子　丁亥　庚子　乙酉

此八字庚生水傷官之格丁火透露傷之不尽云金水傷官要見官其為人也丰姿清楚立性温恭行藏慷慨傲物氣高椿萱有倚棠棣行多學問有成詩礼並功名无阻利名楊此則清貴之命妻先幃廉潔兩脊眉子嗣賢良双彩舞運行初戊子之中灾晦多磨己丑金庫之鄉江山日麗留、笈趋庭庚寅運中螢窓渐脱迹鴈塔淡名書辛卯為壬辰運中声名富貴、人中傑和氣怡、磨上称癸巳運中才帆滚、祿位重、甲午運中盃函喜氣春云牧秋光夜月明乙未運中不愁熱夢无顏色只恐東均歸去忙

庚子　丁亥　壬子　庚戌

此八字壬子日刃之格配合庚金為印綬值此格者佳人丰姿敦厚智慧聰明歷事操持行藏持達每有貴人相顧貧無爵士貴金双親雖有倚傌字兩群分桃李一川紅錦綉江山千里盈圖新此則敦厚之命妻外愽和麗洞房好要添丞子女不孤秋桂春蘭倍勝運行初玉石不分有頭無尾庚寅辛卯運中花放春光到雲開月正明生涯多遂意活計每如心壬辰癸巳運中雨過春山秀風和秋水澄甲午運中夜深秋月現春尽燒桃新乙未運中歸異难留夢返消墻之景

庚子　丁亥　庚子　甲申

此八字庚金配合丁火為官星方作白鹿歸特之論其為人也椿萱早別萱母扶持手姿穩重性格操持行藏慷慨礼皃謙恭新笋長成遇旧竹花開上苑勝先春此則平穩之命妻外愽賢晚宜招纔子嗣無傷亦見遲運行戊子之中金沉水底行樂驅馳己丑金庫之郷正是融和天氣庚寅運中生涯遂意家業光輝辛卯運中不是惜花春起早多應愛月夜眠遲壬辰癸巳運中盃御喜氣春雲披簾捲秋光夜月明甲午運中柔榆晚節乙未運中歸去未兮

子平遺書

庚子　丁亥　壬子　辛亥

此八字壬子日刃之日配合辛亥特日祿歸特沒官星号青雲得露水居冬非生平樂意忘憂值此格者佳人双親有倚傌字燃芳丰姿飽滿慷格異常衣冠濟楚礼樂鏗鏘名問聡明听陽関之三疊英才特達奮鵬路之三千長安人滿路争看綉衣还此則榮貴之命妻外幃有贈子嗣榮昌運行初戊子之中微雨弄精谷乃布腹己丑運中螢窓守硯雪業辛懃庚寅運中好十年窓下老玉堂高步定争先辛卯運中傷官之地敢上青雲路青雲路亦高已番盤擢事方始遇英雄寮壬辰運中万里非騰從此始一家榮寵復何疑甲午運中皇恩已許懸車轉故里争看依錦回乙未運中江山不尽登臨異一入南柯夢里看

庚子　丁亥　戊戌　癸亥

奇造戊日生人時癸亥化火無成戰水鄉若有乙庚丁有氣却為官星異尋常其格財格之論其為人也丰姿清楚性格異常根基無倚祖業雖招貴人提挈行樂淘淘斷曰婦侶之蘭出華來一莖只放一花開此中滋味誰能比疑是移將仙種來不幸此身多寡弱偏交初限赤成才若交龍虎相逢日巳有功名不可猶此則孤高之命運行初拜別父母早赴林泉片雲捲月行樂迷遭己丑到庚寅運中雲散自然觀月明春來依旧百花々々辛卯壬辰運中花飛淨界々々成雨金布祇園福有田壬辰癸巳運中乾坤清氣歸詩句江海青雲上納衣甲午運中一塵不染方法總成空乙未運中一夢入涅槃

庚子　丁亥　庚子　庚辰

此八字金生水為傷官之格丁火透露傷之不尽云金水傷官要見官其為人也丰姿清楚立性溫恭行莊愷悌礼兒瀟和春蓋有倚棠棣行多學問少成詩礼量功名無阻利名揚此則量進之命妻死悼廉潔兩齊眉子嗣賢良双采舞運中戊子災晦多磨己丑金庫之鄉江山日麗負笈趣庭庚寅運中木赴科場選權為辟歷人辛卯到壬辰運中生涯富貴人中傑和氣怡愉席上珍癸巳運中聲名耿耿祿位重重甲午運盃御喜氣春之嫠簾駐秋光夜月明乙未不愁桃李無顏色只恐東君歸去忙

庚子　丁亥　甲寅　乙丑

此八字甲寅之日身下坐祿配合子亥之水為印綬乙丑貴人之特值斯格者注人丰姿穩厚智慧操持不獨田園阡陌尚祈商賈闤闠門外田疇千古樂庭前花木四時々此則穩厚之命妻死悼宜正副子嗣舞斑斕運行初双親膝下行樂凡光己丑運中生涯駢集衣冠雅活計從容家業昌庚寅運中一聯美景花柳鮮妍辛卯運中凡光行處好雲物望中新壬辰癸巳運中繰成白雪桑还綠割尽黃雲稻天々甲午運中不愁玉笛吹殘月只恐東均歸去忙

庚子　戊子　辛未　辛卯

評此八字辛未日配合辛卯時庚辛金作黨克卯未之木為財格又喜官印俱全其為人也丰姿清秀言語輕清堂上椿萱早失庭前鴈字聯芳學問清奇美妙拔萃少年騰達飛黃驄馬紫衣名利皆則清貴之命妻如何兆悼有克必當重續新絃子如何秋桂馨香須長旺門之子運行泊淡〻梨花月朗〻楊柳風庚寅運中螢窗苦志雪案辛勤辛卯壬辰運中學問有成應近貴人昧原澤意必須荣踏的雲閱月皎萬里光輝癸巳運中輕裘肥馬錦繡高車甲午乙未之中一石踏花堆錦繡滿川溪水綻羅紋丙申運中花落水流春去了枕邊哭損海棠枝

庚子　戊子　戊寅　甲寅

此八字是偏官之格人有偏官如抱虎而眠借其威攝伏群欲其為人性执無謀常有傲人之氣椿萱基業深無靠孔雀屏開一眾凰做成基業奴自感慶樓就富風兩淚流此則先苦後甜之命妻家活計叢〻茂風雨無歸故墜枝子秋桂殘承沛澤麻衣換却錦衣歸運行戊子己丑移花接李改旧更新庚寅運中勞心勞力費盡精神辛卯中生涯多〻稱意置脫兩憂心壬辰癸巳運中喜蛙雨退羅紈藏夏脫風來餅餌去甲午運中墨成堆白雪麦秀卧黃雲巳未運中勸君莫作子孫謀一夢歸來城郭新

庚子　戊子　丙申　庚寅

此八字丙臨申位逢陽木難獲延年本是赤心之日蘭摧玉折但喜寅時甲木相生於官星之論官多作煞反受其殃註人平生愛泛貪花倦眠巡上雲庵裏歡辞佳人錦瑟傍衣冠濟楚財帛泛雲此則平常之命外情分盟山海誓成虛子嗣思輕駐馬望雲之想運行己丑庚寅寅辛卯楊柳舞泛終婀娜梅花冒雪之精神壬辰運中泛山未得登臨尽枕边哭損海棠枝

子平遺書

庚子　戊子　壬寅　辛亥

此八字壬寅之日寅亥相合男合則貴其為人也丰姿清白志慧聰明政親無傍雁字孤行靠貴人洗盡傾罍甚高但孝則厌清大忝此則先苦後甜之命雖錦緞娶歸隨夫唱道辛生子嗣不孤直待老來方始有遠行節如魚入淵似鳥投林運行中貴人提挈襲慶逍祥運行暮甲午之中夢返黃粱

庚子　戊子　癸卯　丁巳

此八字時上丁火年支上有午中丁火陽何母見不凶而得廿師之名答云又是日貴之格其為人也形容魁偉体兒精神腹隱黃公之略心懷呂望之文日表挺三策凌煙塑一身此則烈士之命妻兒玉潤冰清子嗣桂芳蘭秀運行節行官方之運手握重兵行壬辰癸巳之中片雲掩月和而不同行丙之運錦繡花開特富貴瑕玕竹報日平安丙申運中月冷煙空流水峭巖慈鳥捿夕陽村

庚子 戊子 丙戌 己亥

此八字丙火配合子中癸水為官星之格喜之無刑冲破害双親
無克根基難親立性操持刑容無瀰弱東岸栽松西山岸步
南園桂花北園除季問不知他日登高遇貴財源有分向子
閭里揚名此明特達之命萬兆幃恫娜宜招有敵之親子
女榮華須是南庭月闌桂運行己丑庚寅辛卯月逢雲
翳常機滅却精神花遇春錦青帝漸增顏色壬辰癸巳運
中財源發進一番家業又番新名利廣增湖海傳揚諸
此恐甲午運中老景桑榆乙未運中落花流水門空閑冷
寂寞歸本更遲

庚子 戊子 丁亥 癸卯

此八字丁火配合地支子中癸水為偏官之格其為人也偏官註人
多智慧有權勢傲物元亡高祖基有倚祖業之無手季問
聰明英雄出類此特達之命兆幃玉眉冰鑑羅帳百年偕
老子孫蘭桂培秋桂運芳運行己丑庚寅辛卯印綬之鄉
家声雖衰之業計漸濃之運行壬辰癸巳山水田園春障閣
榮麻方須雲梯甲午運中老景桑榆乙未運中吉
路不辞春夢難無憑訃音遠播鶴入黃梁

庚子 戊子 甲子 己卯

此八字天元甲木配合子平癸水為印綬之格其格者註人多思慮
兼豐厚平安清秀美兒精神只嫌水泛木浮當見退財見
毀不遂移根換葉風流季問聰明英才倜儻未赴科場牽
先將萬事施則是特達之命兆幃早將百年夫婦齊眉子
嗣見孤必是先蘭後桂運行身弱双親蔭下其業何如榮盛基業
今古皆然運行中貴人提挈登天府也隨金榜掛名時運
行暮歸來數畝田园之美甲午運中西山雲雨喜人越此丙
申運中一夢不回

庚子 戊子 癸亥 癸亥

此八字丑遙巳子字絆住不成音格癸水合戊字為正官之論生
於帝旺之間值此格者無不光彩註人双親有倚鴈字無傷手
足濟楚立性多詳營窓詩礼動筆成章金雁未成君莫
嘆安排家成始驚人此則清貴之命妻兆幃真潔丹諧和
牽業夯圖相於百歲子秋桂聲遠運行身春園桃李夏日
荷蓮運行中貴人提挈家道榮昌雨余春苑媚凡順容
枕長運行身春乙未運中月落西廂

庚子　戊子　壬申　乙巳

此八字庚辛之金生水為印綬之格日坐華蓋其為人也丰姿圓相体兒端方早離父母拜別宗親入寺投師業皈依礼佛僧五蘊皆空真陀性言乘奧義空楞伽此出家之命運行卯一鹿俾茶柴方法總成空運行中經卷竹炉為活計素鉢金鉢是生涯運行暮氣添潤水盛將月明掛松枝惹得雲甲午丁酉運中夢入捏槃歸去也

若丙午時水克火為財非道非僧根基浮蕩江湖上手須名利逐時新田园活計巧藝隨身此則清高之命

庚子　戊子　癸酉　丙辰

此八字癸日坐向巳宮本是財官双美時上逢財双親有倚雁字双飛祖基有靠体兒卑微出言吞論志量溝渠参詢頗知塵世事財原中限見光輝此平常之命兄憐年小印子侃儸不和諧雁帳情多直待中年方合意雅子枝枝春蘭葉葉運行己丑双親蔭下可承恩然庚寅辛卯運中財帛往来將見共行藏進退不過光壬辰癸巳之中每沾新雨露重立旧門凡甲午運中生涯遂意西疇好活計奶心棄秘業乙未運中歸矣难留夢返瀟湘去矣

庚子　戊子　戊辰　丁丑

此八字被丑字絆住子為丑合貪合不衝祿矣貪下之命此亦子多不失之格亦是平常衣食之命飛天祿馬之格雁障空飛歸塞外兆央独隻又戲江湖家鄉本住瀟湘外重山對眉孤

庚子　戊子　乙丑　辛巳

此八字乙木配合子水丑辛之金為煞煞重身輕終有損注人立性風騷行藏有慶家南家北成身外業計年来漸漸成遁逆逍遥心計遠安居將此喜若非輕天寒雁侶飛空潤雨湿花枝見墜零恬然一箇无心客意次多端志不寧此則半常壽促之命運行庚寅辛卯壬辰水生之地常阻成家未有尋姜之約倚闌嘆息且無贊戲之心癸巳之中俄然一度雲鎖重門又母患深何日振枕邊兆侶斷清塊鏡鸞分影雲雁尋行

庚子 戊子 庚子 己卯

此乃是宋太尉之命有傷官之患何貴哉云子字多虛冲午中丁火為官印所以貴也名曰飛天祿馬之格夷光佳偶西施為妻向來孔子嗣見孤吉夢不木鸞帳遠運行丙去々雕鞍遠發々蟾桂丹運行申三年鸞棘子山遠万里鵬程一舉間運行舂甲午運中醉擅虎珀杯中浅夢裳珊瑚枕畫手

庚子 戊子 甲子 戊辰

此八字木從水養水盛而木則漂流財賴土生土厚而身握重值此格者遙合巳申戊土戊來動丙々來合酉申辛生甲木為財官名曰子遙巳格註人丰姿清秀性格操奇季々聰明英才出類初向月中攀桂轉更從天上領春回此北方官宦之命若南方亦主聰明行藏特達早離父母入寺持經對佛三宣疏開黃一卷經此者僧之命若巳巳時生坤之格八字中無火財源進退名利亏憂祖基無靠自立自成庭々田畴千古計園西蘇拓四時陰此則平常之命也

庚子 戊子 戊午 丙辰

此八字戊午日丑之格克子中癸水為才々盛自生官旺其為金丰姿穩厚性格志誠日丑逢冲双親有倚成亏倚折立新成怡見棠李間有成應近貴々一朝名譽播神京此則清貴之命北幃得合昏々灯火話平生子嗣見孤彩舞班衣燦晚日運行沛淡々天边明棱々漠外乃運行中驥足遠騰千里路鵬程高奮九霄乃癸巳運中重々祿位耿々声名庚午運中罷戰居來樂桑榆之暮辛未

庚子　戊子　丁卯　戊申

此八字丁火配合癸水為偏官戊癸合殺為貴其為人也丰姿穩厚性格寬和根基有倚立性志誠門外田疇千古計廷前生意四時榮累儀子卯相刑雙親若是無傷根葉須當自立弟長名園過旧竹花開上苑勝先春此則溫飽之命妻死幃得合香、灯火話平生子嗣初难柔、班衣輝晚日運行己丑之中日麗風和春光明媚庚寅辛卯運中芝蘭遠於岩谷松柏秀於岫峯壬辰癸巳之中一川風月舒酣思万里溪山豁眉眸甲午運中歲寒松柏茂晚景子孫榮乙未運中花落水沉春去也夢隨明月下滄州

子平遺書

庚子　戊子　戊寅　癸丑

此八字天元戊土克子中癸水為才之格才盛生官終身有慶其為人也丰姿穩厚性格操持雙親虽有倚雅字而分枝彦問聰明英才出類春風拂、滿園桃李芳菲夏日園林盈沼芰荷馥郁死幃諧老雙、鬢白如糸子嗣有成對、彩衣之舞此則特達之命運行初榮謀遂意一處安身兩處榮活計如心已番宴罷多番醉運行中貴人提挈才帛盈餘隱、鞋雷抽碧笋微、细雨斧揚枝運行暮微雨催花紅又歛和風拂柳眉舒眉丙申運中花怕逢生百年世事如春夢平日英雄作死灰

庚子　戊子　癸未　癸丑

此八字天元癸水配合戊土正官之格丑中之金為印綬有官有印其為
人也丰姿磊落休見精神生當穩厚長見豪業祖基有倚產斯豐
才帛資囊自琢成不在滂沱不掃繞也歷鄉里官黎民財源進益
名登英々此則特達之命妻兆憐雨敵可謂老子蘭芳桂吐英
運行初己丑之中双親蔭下月入雲屏庚寅、辛卯運中漸々精神爽
看々氣象新壬辰癸巳之中生涯有慶才源東進西来活計如心声
登南揚北擢甲午乙未運中豐年田舍禾歸窖臘日山家酒
丙橋丙申運中三盃別酒一夢难醒

庚子　寅月　戊子　庚戌　甲申

此造化天元庚金配合子月為傷官之格甲戌庚々奇逆露況庚日
甲申時浸官星動青云得露值此格者生无不高貴注人平生穩厚
立性溫和有君子之風鑑學問每從勤裏得声名还向靜中求雁
行孤翅双親有妨此則英達之命妻兆憐震地牡丹秀示之新子秋
桂难芳須奔金瓦之後運行庚寅本有劫才之耗幸其祖庇无妨
運行辛卯未赴溫地之選且將筆刀策身行壬辰運中驥足三千
里鵬程達九重癸巳運中金生之地莫嫌金榜小應是紫微郎行
甲午運中休恋恩波達頻思鄭菜專運行乙未一夢返青雲歸
古里鶯啼又是一番新

庚子　戊子　壬申　丁未

此八字壬日建生特丁未化木成明格局奇若更月中通曲直格才
斧福兩相宜偏官用印之論其為人也双親有倚棠棣連枝丰姿
濟楚性格操持學問雖則不深行藏还是倜儻南貫闤闠行色順
財源進益沼家齐一苑杏桃鋪錦繡滿庭松柏擁屏幃此則平穩
之命妻兆憐兩意情懷好子嗣双成蘭桂々運行己丑未見奇儀
庚寅辛卯運中第長名園過旧竹花開上犯勝光枝生涯有慶財
帛充盈壬辰癸巳運中未曾竹院逢僧話那得浮生半日余甲午
乙未運中鬓逃鬓々鬓脩々白江上行装癸々宜丙申運中三一夢別
酒一夢西歸

庚子　戊子　甲戌　庚午

此八字天元甲木配合子中癸水為印綬庚金為煞午戌火制之印綬帶殺即不為凶喜三奇透露值斯格者注人多思慮惠豐厚丰姿清秀美貌精神双親榮耀雁序群分李問多能英才倜儻雖然時下雲遮月終久清光照太虛此則星違之命妻鸞悼早聘百年夫婦齊眉子嗣見孤必是先蘭後桂運行卯双親膝下其乐何如庚寅二辛卯運中一得一失未見盈于壬辰運中桃李芬褰未有寻芳之約癸巳運中仍馬胡先撥開雲翳觀星月散却憂愁得利名甲午乙未運中春苑春山相如仍秋復秋水碧澄清丙申運中歸去也

庚子　戊子　甲申　庚午

此八字天元甲木配合甲子之水為印綬庚金為殺書云印綬帶殺即不為凶喜三奇透露值斯格者注人多思慮惠豐厚丰姿清秀美兒精神双親有倚雁序群分李問亦然行藏倜儻雖然時下雲遮月終久清光照大空此則星厚之命妻先悼得合百年夫婦齊眉子嗣無傷必是先蘭後桂運行卯双親膝下其乐何如庚寅二辛卯運中商賈闤闠行止順財源進益利名于壬辰癸巳運中貴人提挈家業光輝花日烘開桃李秋風拂破茶蘼甲午運中暫掩素志權守屏幃乙未運中弄情柳影風無定駐景光陰午未移丙申運中黃粱夢至歸去來兮

庚子　戊子　乙亥　丁亥

奇造天元乙木配合歲干庚金為官星子亥之水印之助書云印綬多根格亦不足多志患有採持双親有依雁序連枝手如濟楚性格和怡當長為困過旧竹花開上苑勝先枝此則平穩之命妻兆悼得合子嗣連枝運行卯巳丑之中双親膝下花柳芳華庚寅運中未見興衰須守方時未門戶有光輝辛卯運中雨過方重山有色雲開千里月華明壬辰癸巳運中貴人提挈事事相宜未曾竹院逢僧語那得平生一日餘甲午之中桑榆光景乙未運中歸去來兮

庚子 戊子 丁亥 庚子

此八字丁亥日貴之格配合子中癸水偏官之格局擴枝重男輊其為人也根基無倚祖業雅視六親分薄骨肉少情一生自有貴人欽才帛豐囊延白足平安而角性格持能此則平穩之命妻北幃得合昏々灯火話平生子嗣桂蘭彩々斑衣輝悅日運行好己丑之中移根換葉花放前途庚寅辛卯運中斷々精神炎前々氣影移壬辰癸巳之中官煞之偏不暖亦寒天氣好無榮無辱太平幾甲午乙未之中家成什立行岸幾泛丙申運中花落桃源幾去早海邊逢烏信难通

庚子 己丑 癸巳 癸亥

此八字癸日生向巳宮迺是財官双美並生水為綫之論值斯格者注人多智慧兼豐厚双親有倚偶字配行半安清是財帛鏗鏘不独田园仟陌更兼高實闌闠桃李花開春日融々之暖萬春將放嚴威凜々之寒此則高貴之命妻妾北幃已配名园女濯悵延當得意観子扶桂枝々香春々關桑々新運行年生當穩厚侍礼相親辛卯運中不富不貧醉入巫山夢裏雲無謫無驕歌殘翡翠樓頭月壬辰運中綠成白雪染延綠割盡黃雲稲又青癸巳運中正好倚欄樓上座無諦猶彼黑雲遮甲午運中日暮泛和春光明媚乙未到丙申運中春𡇶雨過桃紅李白々惡芳菲喬林滿田綠進財添多喜慶丁酉運中黄樑一夢酩酒三鍾

庚子　己丑　辛亥　戊戌

此八字辛亥日生時戊戌卯綬生身生禄堂有扶為人雖當但不
通月氣是平常喜生金庫之月值斯象者佳人以親有倚棠
承連芳衣冠倚楚行業廉甘孝悌順聪明財源多集慶機謀
百变性滑心奸鶯啼艷影東方蝶戀情生日正長此則厚実
之命蒸鴛惜柳絆梅蕊子嗣二蘭芳桂秀運行初庚寅辛卯之
中堤柳合新綠園梅吐黑枝壬辰癸巳運中金到長生財源進益
多豐厚偕計盈余姓字揚甲午乙未之中不為不貧無業無厚
芳菲花木日麗經山丙申運中行藏多函落動止有歡欣丁酉
運中文情契合戊三奠莫厭偶多歸入腸

庚子　己丑　丙午　戊戌

此八字丙午日丑之格生於丑月雜氣財官戊戌時大庫之鄉食神生旺
生於温飽之家出在名門之內生涯有度智慧操持根基有倚
財帛光輝妻賢而子女歷勇而能為此則成厚之命運行初
庚寅辛卯之中以親蔭下花柳鶯時壬辰運中亦杏桃紅
錦繡滿山中松柏家屏幃癸巳運中財成計立名誉光
輝甲午運中胭波深謀為雲顧險中待計乙未運中
十年光景家門頓覺光輝一運興隆閭里名揚利播丙
申運中一息不回鄉是音歸花流水各東西

庚子　己丑　丙午　癸巳

此八字丙午日丙之格癸水官星遠露去刃為福亦作日祿歸時沒官
星号青雲得露其為人也丰姿穩厚性格操持双親少倚棠
棣分枝東山領秀粉西嶺秀南園種柳北園垂貴人提挈名
誉光輝此則平穩之命萬北帷中水合子蘭桂運芳菲運
行初以親早别遇貴扶持辛卯運中月外雲散花放春運
壬辰運中外觀撥業拈花茂內觀虛華貨虎皮癸巳運中撥
雲見月行來光輝菊杏桃紅錦繡滿山松柏家屏幃甲午乙
未運中一路美景從均黃正芒橙萬摘祿財丙申運中病疾
羸垂行丁酉運中前音莫遣行人問三嘆美雁淚湿衣

庚子　己丑　乙未　癸未

此八字乙木配合丑月雖氣財官未字闢其官庫注人丰姿沖淡
性格異常財源滔滔之生計闊闊莫思仕路生涯遠自喜田園業
計長生積秉春放光輝侯旋明兆偕和美婦隨夫唱隨年生子
嗣孝廬桂香蘭茂於晚景運行卯三林美德人杕黃梁運行中
梅閣日影甄疏屋竹放新梢過短墻貴人提挈裏慶迎祥
運行丙申人生萬古知何用夢返無常一往聞
丙子特庚辰甲申特但係中年貴格之論其為人也之性挽朴
智慧悠揚名高孫重子孝萬賢作好命論之

子平遺書

庚子　己丑　辛丑　辛卯

此八字辛金配合丑月雖氣財官若生北方土厚之地句陳得位
注人丰姿敦厚性格奢華機謀深遠立志交加貴人提挈四海
名揚此則特達之命兆律正副子嗣繁花運行初癸亥錦繡
行者謠諱運行中癸巳甲午之中鰲魚逐出蟾攀桂上太平宮
姊帥娛衣運行暮乙未丙申之中光陰悩息底現教夢入正
山然士家

子平遺書

庚子　己丑　丙申　庚寅　癸巳時貴

此八字丙火克金為財格喜值庚寅時入虎鄉之鄉若癸巳時帰
祿之格注人丰姿清秀禮樂通衣双親有倚生於喬木名利
齊開有成書播玉堂端本兆幃無克子嗣賢良運行卯雲
閣月皎万里光明運行中壬辰癸巳之中万紫光陰似沛
澤堂聯風彩宗外平甲午乙未運中驄馬不如牛皆穩闌
甚身松罩門清帰回故里夢返黃梁
辛卯時己丑甲午乙未財但無財官註人行藏平淡智慧
終未長跡之園圃矮矮低墻萬貫而無兒子孝而無文此則平
常之命

子平遺書

庚子　己丑　丁酉　辛亥　壬寅時再貴

此字丁酉日貴之格配合亥支偏官子水丑字合之獨留亥中
壬水財官双美其為人也行藏將達智慧操持遮由黃
綬人皆嘆心在青云世莫知行看金榜題名日脫却班衣
換祿衣繼幃諧老百年期子嗣賢良它日異運行庚寅
辛卯印綬之鄉双親之膝下梅柳春帰壬辰癸巳之中乾坤
清氣居詩句江海春雲逐客夜甲午乙未運中帰回故
里鄭魚正肥丙申運中光陰悩息好賦帰去也
庚戌癸卯庚庚子辛丑乙巳時俱係財官淡薄作平常斷之壬
寅時有官有貴田辰財官神得位丙午日祿帰時己酉孝堂
遍貴此則清貴之命

庚子　乙丑　丙辰　庚寅　己亥

此八字丙用子中癸水為官祿之耀有寅中甲木而生經云有官
有印無破作廊廟之才音為人也丰姿潤秀學問淵源早年
登龍虎榜快到鳳凰場此則榮貴之命妻琴瑟諧和魚
水百年之樂子嗣孝悌鵬程万里之歡運行如螢窗負笈
不辭寒暑攻書雁塔題名方顯男兒之志運行中得志
不喜題桂士承
恩當効忠業儒生運行暮竹軒夜月横疎影梅館春風度
暗香丙申運中昨夜少微星降下今日黄粱一夢長

庚子　己丑　丁巳　辛丑

此八字丁火配合子中之水作偏官之論己土制之喜值辛丑之
時財格之妙值此格者丰姿沖淡性格操持心無私曲作事無
私各標金榜姓播丹墀千尺冰潭清見底一輪明相曉照一無
私允悌魚水百年期子嗣桂芳它日秀此則清貴之命
運行如春寒桃李運行中年看錦衣歸運行乙未光陰驚恩
春夢難拘
壬辰脩身去從官榮位顯戊申傷官傷盡為奇
丙午時日祿歸財子字沖破巳上財辰亦作高命歸妻無
克子無傷名利盈餘

庚子　己丑　甲寅　癸酉

此八字雜氣財官之格時上官星再重值此格者歲殺之論椿
萱在堂雁字聯行衣冠濟楚事業鏗鏘三場未奪刀
筆先施此則吏人之命妻兒帰了共同連理之枝桂子双
雙可作斑衣之舞運行如新月朧朧光輝未皎壬辰癸巳運
中万疊好山雲乍斂一輪明月兩如情甲午運中活罷奴
人沉沉春盡乙未丙申運中百年繾綣成何用花落人休
極樂盧

庚子　己丑　乙卯　壬午

此八字雜氣財官之格煞旺官衰午火制伏值此格者身登
仕路姓播皇都斑陪玉筍趨朝闕緋賜金蓮直夜还此
則錦衣之命兒悌孝殷恨鸞鏡雲鬟子嗣稀疎春蘭佳色
偏房庶出運行庚寅辛卯桃蕚未開梅花尚吐螢窗
之下孝是三冬壬辰癸巳之中衣紫腰金飛黄騰踏甲午
乙未之中傷官生火權高損傷丙申運中四野霧凝空亦
莫寫懷猶記白頭吟黄粱猶未熟一枕了平生

庚子　己丑　戊申　庚申

戊日庚申時上安卯中時合暗財官旺〻甲丙兼寅卯肥
馬輕裘貴不雖此則合祿之格值斯象者名標金榜日近
天顏此則榮耀之命妻兆偉有克羅幌重挑新子女却抵桂蘭
異姓不然偏房庶出寒菊晚榮運行卯挑顯未吐柳眠
先開運行中英雄麾下三十年志氣青中百万兵運行
暮乃悠鼓角榆開暮日樓旌旗溯草魚過此丙申運
中歸黑難留

庚子

此八字己土配合丑酉之金一為傷官之格其為人也有剛斷明
敏之才傲物氣高之志根基有倚世業榮華至退耗神祝
主財不遂事不来双親有克椿府先行雁字比肩翺翔
独自此則懷高之命万兆偉不克子詞雖寿薦續新絃
有收運行庚寅辛卯官煞之鄉煙波深處生涯雲夜
險中活計於鄉蹭蹬万事朦朧壬辰癸巳之中隆冬 壺
李春回轉倒池蓮一夏至甲午運中尚有崎嶇乙未運中浮
雲蔽月貴客扶持丙申運中老景桑榆丁酉戊戌運中
梨花烟雨黄昏後此是出人入空時

庚子　己丑　壬寅　辛丑　壬寅時同貴

此八字壬水配合丑月雜氣印綬之論值此格者樣壹有倚雁字
高飛立性聰明英才出類文学閉登金榜声名播鳳池此明則利之
人也妻兆有克宜招正副之妻子嗣遲傷可有桂蘭之青運行
庚寅上五年輕突薄臨り辛卯壬辰癸巳之中春堤弱柳依
〻發臘花寒梅的〻開甲午運中行藏蹭蹬生計憂愁乙未運
中黄粱未熟一枕了平生

庚子　己丑　癸卯　丁巳

此八字[illegible]貴之格雜氣則官之論值此格者斷云良夜月華清出
人意衡平利名危然立身势重還輕有雁飛雲再逢花别徐情
安危須斷有白首根家声此則溫飽之命妻兆偉已是名園如
羅帳還寄得意觀子秋桂還開少年蘭亦徐情運行庚寅辛卯
祖計凋零壬辰癸巳運中青山嶺上迎霜秀黄菊籬邊帶雨新
從此生涯好于今活計榮甲午乙未之中萬流湯退萬事榮
心丙申運中歸去也

庚子 己丑 癸丑 癸丑

此八字丑遥巳格其為人也聰明秀氣祖基祖業有富貴門第貴從容合乎名登金榜尤怪子字絆住此則富貴財王之命矣男兒悻正寡居園菊鳶振步房小兆花子狀桂不孤承好夢若蘭妖艷壯龍躍運行庚寅辛卯傷官之格財權兼美壬辰運中一枝梅影橫窗月下聲粘戶送潤色癸巳運中填実不如前運隨提柳遇金風戲謁荷閣玉露遇甲申午乙未運中一則以喜一則以警丙戌運中春燕合歡丸自艷夜深閑目向誰親重陽未得登高避一夢南柯感慨深

子平遺書

百七七

庚子 己丑 壬子 戊申

此八字壬子日刃之格生於丑月雜氣之令值戊申偏官之格其為人也立性從騷小藏慷慨善決善斷能言能語双親有倚田園樂矛秀蘭芳兆帳奇但願有客留客醉何須騎馬走街衢此則守業之命運行庚寅辛卯竹籬茅舍遠鳩村居業無附梅麦秀兩岐運行中好落不来苔滿地一春空過草無情運行暮紛紛花落門空閑此是幽人入空之時壬寅時甲辰時丙午丁未時辛亥時已上頗有貴氣無奇尉保之對亦佯紫衣之貴兆障正副子嗣蘭梅更春地方斷之

庚子 己丑 乙酉 丙戌

此八字雜氣財官之格其為人也平安清秀性格志誠孝悌聰明身班石破落祖基祖業成春夢異里田園自立成此平穩之命也乙木克土為妻兆悍丑虞酒房琴瑟再添孩子嗣不孤桂子參差主改易行庚寅辛卯之中早拋骨肉貴人携手過東軒立許生涯壽若千辛多撲樓臺晨癸巳運中不能衣食消疎多根常衣昨食甲午乙未運中芳草活計的心外觀綴葉拈花茂內觀烟塞春心行丙申丁酉煉原得失相逢諦的是功名双羅戊戌運中刑剋重逢夢歸清泰計音遠播醉酒交斟歸去也

子平遺書

百七八

庚子 乙丑 甲午 戊辰

此四柱甲木生於丑月雜氣財官之論值戊辰之時天財坐庫其為人也商旅發財田園富厚根基久倚多因水泛木浮財帛有成皆善敬相繼眼中花柳紛紛落眼底關山處處家此則穩实財源之命也兆悻詩女數晚暮子嗣孤蘭房桂秀運行庚寅辛卯跡雨入簾收薄君雖腮殘月偏徹明壬辰癸巳之中生涯活計如心甲午乙未運中冷氣遠夢帝千里過雁連愁月四更黃果尤未熟一枕了平生

庚子 己丑 戊戌 癸亥

此八字時上偏才之格生於田野長在九流為人丰姿磊落性格無諸一生之內千辛万苦少經營百歲之中東去西來成浪蕩此平常衣祿妻犯花妖艷後夢麟垂子三枝秋橋無生意三朵春欄女笛由庭作庚寅辛卯未見救枯壬辰癸巳父母俱底活計虽辛新甲午乙未貴人提挈行丙申丁酉勞力辛勤幾番風雨摧花性紅度秋中參夢心戊戌運中辛亥年來夢熊當[illegible]

庚子 己丑 己亥 甲戌

此八字甲己化土正作雜氣印綬之論官星透露喜不外騰佳人丰姿敦厚立性從容衣冠濟楚孔樂維新本是名標金榜但嫌庚字無情奴親已是劫殘雪兄弟如同陌路人自拳自立財源称意此則先苦後甜之命兆憚枕畔盟山誓海之保桂子庭前綵服班衣之舞運行卯殺官渾推万事奇逢運行中万疊浮雲藏破鳴一輪明月透天心運行暮愁從竹葉杯中去老向菱花鏡內生因运竹悅逢傳話繞得偷閑半日閑乙未運中歸去也

庚子年 戊寅月 辛未日 丁酉時

此八字辛未日元相配柱中未火財殺之格人生得此生於右族長於名門木火椿萱榮晚茂天邊鴻雁各行鳴其為人也丰姿清秀天性聰明知高識下理白分清機謀輒服衆用人欽過火重長價離雲皎月倍清明祖基重整事業鼎新琴樽風月閑生計金玉松筠奪歲寒朝中標姓字閭里有聲名雖不建侯封爵囊中積寶家榮此則旺足之命驚憚運理須年少子嗣生成貴顯人運行初己卯上人庇下災臨未伸庚辰運中隱隱輕雷抽嫩筍微微細雨潤紅英辛巳運中爆竹聲催殘臘去折梅香引早春還壬午運中財如春水滔滔長福似秋蟾皎皎明癸未運中西風吹過天邊雪江水滔滔福祿增甲申運中三百園基消永日七千美酒賞芳辰乙酉運中晚年閑快樂會友以開樽丙戌運中夕陽有限春夢無憑

庚子年　戊寅月　己巳日　壬申時

此八字己巳日元相配柱中木火官印之格刑冲大重得令為奇主人生於文望長於高門同屬椿萱榮睨贈天邊鴻鴈各行鳴其為人也手姿清秀天性聰明胸羅星斗學貫古今袖裡虹蜺冲霄色筆端風雨駕雲程終是功名客豈為田舍翁禹門變化三春鵬路逍遥萬里程一從揚姓字秉笏拜金門此則榮繼之命鴛幃連珠須配小子嗣生成貴顯人幼年之下花放風生過此巳卯運中書窓雖萬志人事尚虧盈庚辰運中十年窓下業時至便飛騰辛巳運中躍過三層浪翱翔萬里壬午運中郎署官丞何足羨大夫金紫又加陞梨花舞雪雨過山青癸未運中佇看官封三級酌然祿享千鍾甲申運中權高損福慎則無驚乙酉運中夕陽有限春夢無憑

庚子年　戊寅月　壬辰日　庚戌時

此八字壬辰魁罡之日相配柱中木土食神制杀之格人生得此生於武族長於名門全侖椿萱連珠屬天边鴻鴈各行鳴其為人也丰姿清秀天性乖能知高識卞理白分清行藏竟消洒笑傲任枯荣黄金過火重增價白雲離座色更明雖不成名利生平近貴人花無桃李非春色人有笙歌是太平但頗才源富足何須天府求荣此則穩厚之侖死幃全凤須年小子嗣森枝有挺荣運行巳卯上人庇下天冷雲还凍江寬凤尚生庚辰運中未覌桃李紅紅色且喜湖光淡淡晴辛巳運中欲速不達揚帆待凤壬午運中三陽回宇宙一氣轉鴻鈞癸未運中月掛碧天多皎潔名揚湖海有光荣甲申運中簾捲香凤生百福軒開化日祿元增乙酉運中無思無慮丙戌運中一枕佳城

庚午年　戊寅月　辛亥日　壬辰時

此八字辛亥日元相配柱中木火才官之格女人得此生於右族長於高門椿萱雖並鸞鳳鴈各行鳴其為人也姿容清秀天性賢能有針綴之巧五業之勤雲收華岳千山秀水斂湘江一樣清萬里無雲天一色三秋好景月長明每懷丈膽意時抱撣憐心雖觸難祀易善易嗔錦綉花開春富貴琅玕竹報日平安此則旺益之命良人配偕榮身客子嗣生成貴顯人運行初了丑上人庇下餘秀閨門丙子運中契合翠鸞成好夢僉緣紅葉是良姻須史風雨雨過山青乙亥運中雖則是門多有慶幾多人事尚虧盈甲戌運中雨過園林簇錦鳳生柳岸握金癸酉運中夫唱婦隨多快樂還愁人事尚虧盈壬申運中樂享升平辛未運中花枝風生

庚午運中一朝春夢斷萬事總成空

庚子年　戊寅月　庚申日　戊寅時

此八字庚申專祿之日相配柱中木火才殺之格刑冲太重減我功名主人生於右族長於高門椿萱雖晚茂鴻鴈各行鳴其為人也平姿清秀天性聰明知高下識重輕有近貴親賢之德應上和下之能水光浮座盃盤瑩花氣侵人笑語馨不以功名為念豈將冠冕磨礱世事每從忙裏就才源自向遠方生花無桃李非春色人有笙歌是太平英雄惟贈劍三尺豪傑相逢酒一鍾財源富足平生好何必天邊沐寵榮此則穩享之命鴛幃有兆須年小子嗣全風孝且忠運行初己卯上人庇下淡淡春風庚辰運中爆竹声催殘臘盡折梅香引早春逢辛巳運中得中有失悔後還明壬午運中漸覺夜涼池雨過信知花放曉風輕當此之際素耗還生癸未運中山前山後皆明月江北江南總是春未字之中雲月朦朧甲申運中軒開化日千祥集簾捲香風百福增乙酉運中陽刃之地一枕難醒

庚子年　戊寅月　丙申日　戊子時

此八字丙申日元相配柱中水太殺生印綬之格殺印相生功名顯達氣數稟乎輕情宜乎得祿得名主人生於右族長於高門椿萱有倚双椎耄天邊鴻雁各行鳴其為人也手姿清秀天性聰明筆底詞源三峽遠胸中崇潔一天星太山北斗千年在何氣春風四座傾終是功名之客豈為田舍之翁雲程塔塔登天去李足悠悠名利成一朝騰踏飛黃去九天雨露沐皇恩此則榮貴之命篤𢢲有犯須招副子嗣生成貴顯人運行初已卯上人庇下未斷平生庚辰運中欵遂平生志嚮心對一輕辛巳運中執卷幾回空探月時來機會始升騰壬午運中列此始知李好長安道上馬蹄輕須吏風雪雨過山青癸未運中江山近五馬花御佛双旌甲申運中正宜加爵祿何事便猝崇乙酉運中春光去也一枕清風

庚子年　戊寅月　庚午日　丁丑時

此八字庚金配乎寅午之大財官之格財盛生官終身有慶椿萱歸去早鴻雁各分群以往知進退動用識重輕祖業須磨琢資囊再葺成常將好意者成惡安把真心換得嗔但願有醪拈容飲不思干祿而求名此則穩足之命篤𢢲土命須年少桂子花前果後戌運行初已卯風清明白槲綠花紅庚辰運中一枝梅破臘萬象漸回春辛巳運中幾多叢雜事依旧樂安寧壬午運中但宜守分方為吉妄有求謀未遂亨癸未運中財源漸進福祿稍增甲申運中如松含晚翠似菊綻秋英乙酉運中優游快樂丙戌運中一道訃音

庚子年　戊寅月　乙丑日　己卯時

此八乙丑相配柱中金火傷官助財之格人生得此生於右族長於仁門椿萱有倍雖雙老天邊鴻雁各行鳴其為人也丰姿清秀天性聰明高謀遠見機關別悅恍情懷學識深碧月好為天下白高材俊似海來青終是功名之客肯為田舍之翁嘉谷不早實名利晚當成文章別有凌雲志德業起無觀國賓佇看頭角聳德澤惠黎民此則崇貴之命鸞幃有配須招副子嗣生成貴顯人運行己卯上人庇下未斷升沉庚辰運中歆逐平生志潛心對短檠辛巳運中執卷幾回空探月時來機會上神京壬午寄跡橋門幾載生徒濟濟相親癸未運中皇恩有感重崇頗讚政琴堂德望新當此之際進退因循甲申運中此運見陞還見退悠悠寵下樂高情乙酉運中酒解平生恨衣沾上國塵丙戌運中歸去也

庚子年　戊寅月　戊子日　壬子時

此八字戊子日元相配柱中水木才殺之格才多身弱事不十全主人生於右族長於仁門椿萱雙晚茂棣雁各行焉其為人也丰姿清秀天性聰明頗知禮義稍識右今過火黃金重長價雛雲皎月倍清明第長名闈過舊竹花開上苑勝先春不必大珠未水府何須求緲到豐城特至才源富足運來福祿無窮福元成岳瀆威勢壓鄉民此則豐盛之命鸞幃宜有贈子嗣晚光榮運行初己卯上人庇下花放風生壬辰運中雲開山聳翠雨外竹重青辛巳運中漸覺夜涼池雨過信知花放曉風輕壬午運中到此始知時運好萬物光華百事通癸未運中才源富足家居好風雪飛來尚惱甲申運中延賓玩物會文關擲乙酉運中花落水流春已失蘭摧玉折何明

子平遺書

十

庚子年　戊寅月　乙丑日　戊寅時

此八字乙木相配柱中火土傷官助才之格木在春生處世安然必然壽人生得此生於茂族長於仁門椿萱有爵分中道棠棣庭前各挺棠行藏竟瀟洒笑傲任枯榮不負十年苦孝足交九載成名此則微貴之命鴛幃金玉閨子嗣桂秋馨運行初己卯上人庇下未斷卅沉庚辰運中貴人相指引祿馬旺前程辛巳運中勞刑案牘多光霽尚有愁阻未順情壬午運中皇恩有感光耀門庭癸未運中紅蓮暮下清如水一番踐踏始加陞甲申運中仁風遠近德洽民心乙酉運中天邊無沛澤離下樂高情丙戌運中夕陽有恨春夢無憑

子平遺書

十一

庚子年　戊寅月　庚申日　甲申時

此八字庚申專祿之日財官之格人生得此生於茂族長於高居萱母先帰椿耐晚天邊鴻鴈有高飛其為人也丰姿磊落天性操持行藏果斷作事三思遊山翫水携詩卷對月觀花把酒危財源旺足富祿崔嵬花盈上苑果盈圃稻滿平疇水滿池一日貴人相指引嶄然頭角與人殊此則富盛之命鴛幃金玉潤子嗣秀秋枝運行初己卯上人庇下有何是非庚辰運中不為惜花春起早多應愛月夜眠遲辛巳運中天上三陽泰人間五福齊壬午運中遠望漁舟深入沼不須重問武陵溪癸未運中一番風雪過依旧月楊輝甲申運中桑榆暮景乙酉運中帰去来兮

庚子年　戊寅月　戊午日　丁巳時

此八字戊午日刃之辰月上偏官之格喜逢食祿以歸時遇斯命者生於右族長於高門萱親遲遲晚節行椿父不逮恩榮別天邊鴻鴈不同鳴其為人也丰姿清秀天性聰明學問有成筆底詞源三峽水英才卓冠胸中明瑩一天星鵬路高棲知健翼龍門渫躍見脩鱗一從揚姓字秉笏拜明君佇看官封三級灼然祿享千鍾此則榮貴之命鴛幃鼓盆三嘆重整新声子嗣森枝一顯尚有盈虧運行初己卯上人庇下未斷平生庚辰運中執卷戰回空探月時來折桂步蟾宮辛巳運中禹御三醫都躍過驄班戢署姓名香當此之際風雪慘情壬午運中雪晴閭里開黃道祿位榮看次第陞庚未運中皇恩重有感五品大夫榮酷吏皆潛伏潛令兕牕鷩虬浪怒虎風生甲申運中重金重紫戢掌兵刑乙酉運解組歸田里丙戌運中春歸鳥倦鳴

庚子年　戊寅月　癸未日　壬子時

此八字癸未日辰相配柱中木火傷官助才之格戊癸作合有功人生得此生於文望長於名門萱母續絃椿貴早天邊鴻鴈有飛騰其為人也精神烱烱智慧明明五車書富三冬足兩石弓當萬騎冲不特魏珠能照乘還誇趙璧擬連城終是儒冠之客豈如田舍之翁折貴場中誇妙手標名鴈塔振嘉聲瑤池鞭靜朝南極五夜鐘傳拱北辰此則榮貴之命鴛幃連珠須配小子嗣森枝有繼榮運行初己卯上人庇下花放風生庚辰運中讀殘第店月囊聚螢頭螢辛巳運中時來風送騰王閣頃刻聲搏萬里城壬午運中躍過禹門三汲浪濟濟衣冠拜九重癸未運中三度君恩金紫賁兩番風木使人驚甲辰運中赤心扶日月素志展經綸申字運中須效淵明乙酉運中人生從此別無復見儀形

庚子年　戊寅月　甲午日　乙丑時

此八字甲午日主相配柱中金火傷官印綬之格陽刃合殺人生得此生於右族長於名門金水椿萱榮晚贈天邊鴻鴈各行鳴其為人也丰姿清秀天性聰明胸藏星斗李貫古今袖裡虹霓沖霄色筆端風雨駕雲程終是功名之貴豈為田舍之翁傳家能繼通靈貴立志窮經補聖明瑤池鞭動歸南極五夜鐘停拱北辰此則榮貴之命鴛幃還碍須相配子嗣秋來有挺榮運行初己卯上人庇下未斷平生庚辰運中歎五苦志未遂用心辛巳運中時來風送滕王閣頃刻文精萬里程壬午運中身沐天邊寵朝穿衣錦霞癸未運中位列朝中沾雨露山河社稷更咸熙甲申運中梨花飄雪雨乙酉運中自歎于今歸故里朝廷未過兩蹤心丙戌運中孫賢子貴丁亥運中一枕入巫峰

庚子年　戊寅月　戊午日　丁巳時

此八字戊午日刃之辰月支偏官之格喜得印綬生身值斯命者丰姿濟濟文質彬彬榮紆春引行行健履曲鈞字字真詞鋒穎利疑無敵淡　風流似有神鵬路高搏知健翼龍門深躍見脩鱗佇看居宰輔霖雨降黎民此則顯耀之命鴛幃有魁壯丹兆李乾争春子嗣有成鸞鶯鱗鳳斉發秀運行初己卯只宜庇下未顯平生庚辰運中雲路難逢馳驟馬男兒有志必能伸辛巳運中姓標黃甲声名看旌政中臺德望新壬午運中絃声咽瀘曾愁嘆恩澤榮加樂莫勝癸未運中凜冽芳名播風波未必驚甲申運中掌四方之政事秉萬里之權衡乙酉運中松筠三徑足軒冕一毫輕丙戌運中夕陽有限春夢無憑

庚子年　戊寅月　丙辰日　乙未時

此八字丙辰之日相配柱中水木官印之格人生得此生於右族長於名門椿父先帰萱後别天邊鴻鴈各行鳴其為人也丰姿清秀天性聰明般般稍覧件件不精有近貴親賢之徳應上和下之能終是功名之客豈為田舍之翁不費十年苦學定應九載成名嘉谷不早實名利當晚成佇看頭角聳光耀舊門庭此則榮貴之命鴛幃有犯須招硬子嗣秋來有挺榮運行初巳卯上人庇下未斷平生庚辰運中貴人相指引揮筆助公廳辛巳運中

雨睛跨馬登天去始知冠冕可榮身壬午運中雖則崢嶸頭角依然困守家門癸未運中皇恩有感声名显百萬粮儲日用心須叟風雨活鬼弄人甲申運中除奸捉悪声名显佐政琴堂徳望新乙酉運中天邊無沛澤難下樂髙情丙戌運中春光如過隙一枕了平生

庚子年　戊寅月　丁卯日　甲辰時

此八字丁卯日元相配柱中水木殺生印綬之格女人得此生於右族長配名門椿萱先别毋鴻鴈各行鳴其為人也姿容清秀髮貌精神雖是女流之輩過如男子材能每懐丸膽意時抱擇鄰心萬里無雲天一色三秋好景月長明克勤而克儉易喜而易嗔錦綉花開家富貴琅玕竹報日升平佇看夫榮子秀也應福禄無窮此則榮益之命良人連珠榮貴容子嗣枝枝孝義深運行初丁丑上人庇下毓秀閨門丙子運中契合翠鸞成好夢夤緣

紅葉是良姻乙亥運中淡烟楊柳岸薄霧杏花村甲戌運中雖則夫門多快樂須叟風雨尚愁人癸酉運中光華疊疊沛澤紛紛當是時也風雪还生壬申運中夫榮子秀多如意尚恐花開風又生辛未運中晚年享福庚午運中一枕清風

庚子年　戊寅月　辛未日　己亥時

此八字財旺生官之格財盛生官終身有慶人生得此椿萱先別父鴻鴈不聯群手姿標致性格聰明高謀遠見幾閱別慷慨情懷一妙人祖業增華麗才囊自積存恒招高仕敬特有貴人欽桑麻連野綠摟閣攀雲青雖然不青雲客也應鄉里長黎民此則富足之命駕幃配合須年少佳子秋來孝且忠運初己卯上人庇下花柳精神庚辰運中錦繡花開春富貴琅玕竹報日昇平辛巳運中幾欲思高驀遠奮成萌雪裁氷壬午運中雨過萬重山有色雲開千里月華明癸未運中庐特風浪頃刻波平甲申運中無處盡傳詩禮樂有朋來自遠方親乙酉運中桑榆暮景丙戌運中昚處無憑

庚子年　戊寅月　丁卯日　甲辰時

此八字丁卯日相配柱中水木殺生印綬之格殺印相生為福為壽主人生於右族長於名門椿父先歸萱後別天邊鴻鴈各行鳴其為人也行藏果斷作事老誠有近貴親貴之志應上和下之能祖業添新慶才源厚積存門外田疇千古勝庭前花木四時新朝中無姓字囊底是珎珠消閑棊一局遣興酒三鍾鄉民仰閭里推尊此則榮富之命駕幃氷命須年小子嗣生成孝義深運中初己卯上人庇下淡淡青雲庚辰運中青歸椰眼睛初変紅入桃花煖未旬辛巳運中正是梅青月白还愁微雨弄晴壬午運中得中有失晦後还明癸未運中才源雖旺足人事尚丐盈甲申運中不獨才源富足尚斯楼閣凌雲甲字中須史風雨乙酉運中晩多快樂丙戌運中一桃入巫峯

庚子年　戊寅月　甲寅日　己巳時

此八字甲寅專祿之日相配柱中金火傷官助財之格女人得此生於右族長配名門椿萱難並老鴻雁各行鳴其為人也丰姿清秀髮貌精神雖是女流之輩過如男子材能雲收華岳千山秀水到湘江一樣清斷機每効軻親訓剪髮能傳侃母心深明閨壼理洞識古今情夏榻自能辞肉味素琴應解辨弦聲克勤而克儉易喜而易嗔晚年子貴多光顯也應福祿享無窮此則發福之命鸞幃連珠低一載子嗣生成貴顯人運行初丁丑上人花

下脈秀閨門丙子運中契合翠鸞成好梦赤縄紅葉是良姻乙亥運中一抹晚烟迷芍藥半泓秋水浸芙蓉甲戌運中須吏雲掩月頃刻月離雲癸酉運中雖則夫門多快樂幾番微雨幾番晴壬申運中一片愁心對蒼雪沙禽尤解辨弦聲辛未運中子貴沾恩遲庚午運中一梦入佳城

庚子年　戊寅月　丁酉日　乙巳時

此八字丁酉日貴之辰相配柱中水木殺生印綬之格殺印相生功名顯達主人生於右族長於高門椿萱帶疾双有晚天边鴻雁各行鳴其為人也丰姿清秀天性聰明世事頗能將就般般學欠精通過火黃金重長價離雲皎月倍清明祖業添新慶根基勝舊風福布江山外名聞湖海中花無桃李非春色人有筆歌是太平才源富足平生好何須天府沐皇恩此則穩享之命鸞幃連珠頂配小子嗣生成貴顯人運行初已卯上人花下花放風

生庚辰運中隱隱輕雷抽碧笋微微細雨潤紅英辛巳運中頗覺夜涼池雨過信知花放始風輕壬午運中天上三陽泰人間五福增癸未運中才源富足家居好風雪飛來尚惱人甲申運中如松含晚翠似菊吐金英乙酉運中晚年閑快樂丙戌運中花落鳥無声

庚子年　戊寅月　乙丑日　甲寅時

此八字乙木相配柱中金水傷官助才之格人生得此生於右族長於高居丰姿清秀天性操持窮今古覽詩書定擬名成利就豈向田里耕鋤榮會風雲應有日雷取麻衣換綠衣此則榮顯之命鶯啼宜有贈子蘭桂麗奇運行初已卯上人庇下有何是非庚辰運中欲逆平生志潜心下養惟辛巳運中幾欲攀龍付鳳依然困守門閭壬午運中機會未時難雪案未應天府前榮除癸未運中皇恩重有感千里姓名馳田申運中正宜褰筯未許懸車乙酉運中千歸千里驛閑釣五溪魚丁亥運中歸去來兮

庚子年　戊寅月　戊辰日　丁巳時

此八字戊辰日德之辰相配柱中水木才殺之格人生得此生於宦族長於名門椿萱榮曉贈鴻雁各行鳴其為人也丰資清秀天性聰明千古文章運榮耀一天星斗貫心曾驪珠鯤光難掩雷翻生風氣自充終是傳方之客豈為舍宅之翁鵬路高搏知健翼龍門深躍見修鱗一從揚姓字東筍拜金門此則榮顯之命鶯悼金玉潤手嗣有光榮運初已卯上人庇下实晦未伸過乙巳卯運中十年窓下業黃卷與青灯庚辰運中不負寸陰惜豈真題柱功辛巳運中躍過禹門三汲浪滾滾衣冠拜九重當此之際風雪滿壬午運中十里霜威金斧重三秋風色綉衣輕癸未運中西風吹過天邊雪金紫煌煌雨露新甲申佇看官封三級酌然祿享千鍾乙酉運中生來從此別無復見儀形

庚子年　戊寅月　壬午日　辛亥時

此八字壬午日元相配柱中傷官制杀之格人生得此生於右族長於名門椿父先帰萱後别天边鴻雁各行鳴其為人也丰姿清秀天性聡明胸羅今古事李識聖賢心衣冠雅麗趨吉避凶終是功名之客豈為田舍之翁雲程坦坦登天去奉足悠悠名利或莫言金榜無名姓也應天府沐皇恩晚年光零景或任量加陞此則清顕之命鴛幃有祀須重續子嗣枝頭旺宅門運行初己卯上人庇下謝保平生庚寅運中讀書映雪觀史引灯辛巳運中踏破泮橋霜幾板讀残茅店月三更壬寅運中挑卷幾回空採月將来頃刻入雲津癸未運中仁風開墉悵德化啓儒生甲申運中儒堂不過三名皇恩也許加陞申字之中進退回循乙酉運中莫恋恩波險宜思故里草丙戌運中桃源春去也逢鳥信難通

庚子年　戊寅月　庚辰日　丙子時

此八字庚辰日元相配柱中木火才煞之格傷官制煞有功生於右俗長於華宗春萱不逮洪養洪雁有不同群其為人也丰姿清秀天性聡明断高理直處事公平通今古覧書文行藏覺消洒吠傲順姑宗終是功名客豈為田舍翁嘉谷不早室名利當晚成雖不三登科甲自然禄位光營此則宗署之命鴛幃金命須年小子則双双有健宗運行己卯上人庇下未断公平庚辰運中欲遂平生志前心對短欲辛己運中幾欲思高慕遠番成剪虀截氷庚午運中機會来特離泮水橋門还用守亨癸未運中太學幾年多困苦天边一但沐黄恩甲申運中佐政琴堂名望重粮儲日夜尚労心乙酉運中子貴雲沾新寵渥悠悠羅下樂高情丙戌運中威儀荣贈丁亥運中一但巫蓬

庚子年　戊寅月　壬申日　壬寅時

此八字壬申長生之日相配柱中木火食神印煞之格人生得此生於右族長於名門金土椿萱雙晚茂天邊鴻鴈各行鳴其為人也丰姿清秀天性聰明頗知禮義稍識古今有近貴親賢之德應上和下之能過火黃金重長價雖雲皎月倍清明祖業添新慶根源勝舊風福布江山外名聞湖海中花無桃李非春色人有笙歌是泰平雖不徙侯封爵自然潤屋潤身此則穩厚之命篤情連理低一載子嗣秋來朵朵榮幼年之下花放風生己卯運中青帰柳葉睛初度紅入桃花燦未匀庚辰運中隱隱春雷抽壁戶微微細雨潤紅英辛巳運中才源富足家居好風雪閑非尚惱人壬午運中不独才源富足尚祈福祿泰洪癸未運中天上三陽太人間五福增甲申運中安閑晚景乙酉運中一桃难醒

庚子年　戊寅月　乙卯日　丁亥時

此八字乙卯專祿之日相配柱中金火傷官助才之格女人得此生於右族長於高門椿萱棠棣霜晞日妯娌翁姑尚寡情有針黹之功立業之勤一苑杏桃鋪錦繡滿山松柏映情屏勝丈夫之氣槩有男子之材能每懷丸膽意時拖擇濟心难觸难犯易喜易嗔錦繡花開春富貴琅玕竹報日平安此則蔭旺之命良人有配須年致子嗣秋來假當真運行初丁丑上人庇下歛苦閨門丙子運中娟娟雲裏月灼灼葉中英乙亥運中路入桃源紅似錦須臾風雨又黃昏甲戌運中雖則夫門才業旺旺中尚有事虧盈癸酉運中幾度樂中有悶歎番靜裏憂生壬申運中到此豈知多快樂夫賢子秀樂無窮辛未運中無思無慮不為不榮庚午運中斷橋人去也鏡掩息明

庚子年　戊寅月　癸酉日　己未時

此八字癸水相配拄中土木傷官助財之格官殺混雜棫我功名主人生於良族長於名門搢親時首萱先别天邊鴻鴈不同群其為人也丰姿清秀天性聰明頗知礼義稍識古今自有傾天之慶豈無福地之深德布江山外名聞湖海中高人起敬布德成真祖業添新慶財囊晚積存雖不青雲得路自然湖海光榮此則摄旺之命鴛幃鼓盆三嘆子嗣晚節秀馨運行初己卯上人庇下未斷平生庚辰運中登臨恒雨賞翫

却陰辛巳運中雖則行蔵有慶近防人事虧盈壬午運中人生得遇風光趣只恐閑非耗生癸未運中得失相半憂喜並行甲申運中正是梅青并月白何愁人事有邊此乙酉運中子賢孫秀暮景升平丙戌運中春光如過隙一扰了平生

庚子年　戊寅月　庚申日　丙子時

此八字庚子之月相配柱中火木才殺之格人生得地生於名族長於名門搢薑有倚先亡父天边鴻鴈各行鳴此則其為人也丰姿秀古天性聰明胸中今古事事識聖賢書太山北斗千年在和氣春風四座傾終世功名之客宦為田舍翁雖不三登科甲時來九載職身晚年光悉景得擇惠黎民此則榮貴之命鴛幃有犯須年敲子嗣枝枝晚節忻忻運行初己卯上人庇下未斷平生庚辰運中欲遂平生志雖加董子功辛巳運中幾欲思高著遠蕃成萬雪栽冰壬午運中听陽関之三疊踏天

闕之九重癸未運中困守淹留幾載幾多人事亏盈甲申運中皇恩有咸聲名顯紛紛得擇惠黎民乙酉運中天边少息擇離下落高情丙戌運中春光去也一枕清風

庚子年　庚辰月　庚寅日　甲申時

此八字庚寅之日相配柱中水木傷官助財之格享福五行歸祿主人生於右族長於高門椿萱有倚成無倚鴻鴈聯群又斷群其為人也姿容清秀德茂行真有針緻之巧得立業之勤一苑杏桃紅錦點半溪山水綠羅新深明閨壼理洞識古今情春入水光成嫩綠日匀花萼發新紅滔滔無阻滯步步發夫門難觸難犯易喜易嗔雖不鳳冠披服自然金谷豐盈此則旺益之命良人得配豪華客子嗣生成貴顯人幼年之下花放風生運行初己

卯香閨之內姆訓鄰蓮戊寅運中契合翠鸞成好負緣紅葉是良姻丁丑運中萬疊好山雲乍歛一輪明月雨初晴丙子運中天上三陽泰人間五福增乙亥運中羅綺千般色裙釵化日明甲戌運中夫賢子貴樂意忘情癸酉運中陽刃之地一枕清風

庚子年　庚辰月　戊子日　庚申時

此八字戊子日元相配柱中金水傷官肋才之格亦有合祿之意主人生於右族配於名門椿萱双晚貴夫邊鴻鴈各行鳴其為人也姿容清秀髮皃超群有針緻之巧立業之勤一苑杏花鋪錦綉滿山松栢映幃屏相夫應有道訓子始成群揚抑無風技婀娜梅花有月是精神憂禍自能辞肉味愛琴應解辨絃声难觸难犯易喜易嗔停看夫榮子貴也應福祿無窮此則旺益之命良人得配榮華容子嗣生成貴顯人運行初己卯上人庇下毓秀

閨門戊寅運中路入桃源花爛熳橋橫銀漢水澄清丁丑運中正是梅青月白還愁人事虧盈丙子運中萬疊好山雲乍歛一楼明月雨初晴乙亥運中紅日照穿湘水碧白雲堆破楚山青甲戌運中子貴夫榮贈何愁白髮生癸酉運中安閑晚景壬申運中花落月沉

庚子年　庚辰月　戊寅日　癸丑時

此八字戊寅專權之日食神制殺之格人生得此生於右族長於高門椿萱難並耄棠棣各數榮其為人也丰姿磊落天性老誠高謀遠見頗間別慷慨春風一妙人頗知禮義頗識古今萬里春風行樂頌四時佳趣瑞祥生雖不成名利生平近貴人遊山翫水攜詩卷對月歡花把酒斟湖海有名聞富貴琴樽風月樂怡情辛巳上人庇下月白風清壬午運中未歡桃李紅紅色且喜湖光淡淡晴癸未運中須臾雲掩月頃刻月誰雲甲申運中狼虎窠中得食制棘叢裏交身乙酉運中乍雨乍晴留客景或寒或煖困人春丙戌運中冲擊之鄉還發福才權秉美樂無窮丁亥運中桑榆暮景子顯孫榮戊子運中歸去也

庚子年　庚辰月　己丑日　戊辰時

此八字己丑日元相配柱中金水傷官助才之格人生得此生於西室長於名椿親多茂萱帰副天邊鴻雁各同鳴其為人也手姿青秀天性聡明世事頗能將就般般孝欠精通遇火黃金重長價離雲些月倍清明祖基宜再整事業必重增花無桃李非春色人有笙歌是太平門外生涯千古計庭前花木四時春財源富足平生好何須東勞去朝君此則豐盛之命篤怖得配連珠女子嗣生成貴顯人運行初辛巳上人庇下春風駘蕩夏日炎熱壬午運中如花向日似月離雲癸未運中西風吹過天邊雲從此才源倍有增甲申運中到此始知時運好萬物光華百事通乙酉運中才源富足弟宅增新當是時也風雪满庭丙戌運中庭前竹報平安日檻外花開富貴春丁亥運中無思無慮戊子運中春夏無憑

庚子年　庚辰月　丙辰日　己丑時

此八字丙辰日德之辰傷官助才之格人生得此生於盛族長於仁門椿萱皓首先虧父天邊鴻雁不聯群丰姿清秀天性乖能斷高理直處事中平件件將就曉般般學不精雖無名利客且喜近高人初運中甲午年曾駁雜晚年籬菊吐金英此則平穩之命鸞幃年長配子嗣有虧盈運行初辛巳上人庇下不辱不榮壬午運中盈水無聲空有浪綉花雖艷不聞香癸未運中雖則行藏有度還愁人事迍迍甲申運中一番風雪過依旧瑞祥生乙酉運中豐年田舍禾盈疊臈日山家酒滿斟丙戌運中松尚茂栢尤青丁亥運中暮年安逸戊子運中一夢佳城

庚子年　庚辰月　甲子日　乙亥時

此八字甲木相配柱中金水雜氣印綬之格乙庚作合有功生生得此生於右族長於高門椿父先歸萱後別西風鴻雁各飛鳴其為人也丰姿清秀天性聰明世事頗能將就般般學欠精通謀動君子威伏小人行藏竟瀟洒笑傲任枯榮水光浮座盃盤螢花氣侵人笑語聲祖業須重立根源再整新花無夜李非春色人有星歌是太平田園桑柘茂畝畆稻粱馨得意江山詩句絕忘情日月酒盃深拙於自已巧語他人雖然不是青驄客也應鄉黨衆推尊此則特達之命鸞幃連珠依一載子嗣森森一果榮運行初辛巳上人庇下霽月光風壬午運中椿萱相繼別行樂尚逍遥癸未運中英雄惟贈劍三尺豪傑相逢酒一鍾當此之際尚有虧盈甲申運中著意種花花不發無心插柳柳成陰乙酉運中才權雖秉美人事尚困循丙戌運中子貴夫賢多快樂也應車馬旺門庭旺中曾見風翻浪喜然不損旧威枝丁亥運中安閑晚景會交開樽戊子運中春光去也花落月沉

庚子年　庚辰月　癸亥日　壬戌時

此八字癸亥日元相配柱中火土祿氣財官之格女人得此生於右族長配宦門椿萱難並老棠棣各敷榮其為人也姿容清秀髮貌精神勝丈夫氣象有男子才能翁姑榮倚翁先別妯娌行中分尚輕衣冠濟濟三從備家業昂昂四德新喜則春陽和煦怒則雷掣雷轟錦綉花開家富貴琅玕竹報日平安佇看夫榮子秀滔滔享福无窮此則榮貴之命外幃火命逢榮客子嗣枝枝有顯榮運行己卯上人庇下未斷非沉戊寅運中契合翠鸞成好夢黃紅葉是良姻丁丑運中一抹曉烟迷芍藥萬泓秋水浸芙蓉丙子運中春風淡蕩微雨弄晴乙亥運中須臾雲掩月須刻月離雲甲戌運中沖擊之所如月入雲癸酉運中晚年閑快樂壬申運中一枕入蓬瀛

庚子年　庚辰月　壬午日　壬寅時

此八字六壬生臨午位號曰祿馬同鄉祿氣殺印之格殺印相生功名顯達主人生於右族長於名門椿萱連珠萱耐歲天邊鴻鴈各行鳴其為人也丰姿清秀天性聰明千古文章逞榮耀一天星斗煥心胷衣冠濟濟人中傑和氣怡怡座上珎終是功名之客豈為田舍之翁鵬路高摶知健翼龍門深躍見脩鱗一從姓字傳揚後九五天門沐寵榮此則榮貴之命鴛幃燭夜添新爸子嗣秋來朵朵榮運行初年己上人庇下花放風生壬午運中欲遂平生志潛心對一經癸未運中雪案須留苦志天階未許榮登甲申運中躍過禹門三級浪秉笏趨朝拜聖明乙酉運中三度君恩寵兩番風木驚丙戌運中佇看官封三級酌然祿享千鍾丁亥運中子貴重榮贈戊子運中胡為夢不醒

庚子年　庚辰月　乙亥日　甲申時

此八字乙亥日元相配柱中金水官印之格有官有印無破作廊廟之材主人生於右族長於名門金水椿萱双茂長天邊鴻鴈名行鳴其為人也半姿清秀天性聰明千古文章逞榮耀一天星斗煥心腑終是功名之客豈為田舍之翁龍門變化三春浪鵬路逍遥萬里程一從姓字傳揚後榮華富貴莫談論此則榮貴之命鶯幃有犯須年長子嗣秋來貴顯門運行辛巳天淵雲迷净江寬風岸生壬午運中欲尚雲中牽足須從灯下留心癸未運中將來風送騰黄閣頃刻声名轉轉增甲申運中躍過禹門三級浪秉笏金鑾拜聖君乙酉運中既迁金紫貴風雪不為驚丙戌運中仍看官封三級方知祿重千鍾丁亥運中榮歸去里會友闢樽戊子運中歸去也

庚子年　庚辰月　癸巳日　庚申時

此八字癸巳貴人之日相配柱中木土禄氣才官之格喜逢印綬生身有官有印無破作廊廟之材主人生於右族長於名門金水椿萱嵗長天邊鴻鴈有行鳴其為人也丰姿清秀天性聰明胸羅星斗學貫古今衣冠濟濟人中傑和氣怡怡席上珍終是功名客豈為田舍翁鵬路高搏知健翼龍門变足脩鱗一從揚姓字秉笏拜金門此則榮貴之命鴦幃連珠須配長子嗣生成貴顯人運行初辛巳幼年之下花夜風生壬午運中欲向雲中牽足須從灯下留心癸未運中雪映須留苦志天階未許榮登甲申運中到此始知奪爵好長道道上馬蹄輕乙酉運中彩署郎官才福祿大夫耽位貴重封梨花舞雪雨過山青丙戌運中重金重紫施德施仁丁亥運中正宜加壽祿何事便生身戊子運中夕陽有限春夢無憑

庚子年　庚辰月　乙卯日　壬午時
此八字乙卯專祿之日相配柱中金土殺氣才官
之格喜逢印綬生身主人生於右族長於高堂椿
萱有倚雅耄天边鴻雁各翱翔其為人也丰姿清
秀天性果剛聰明書義遠倜儻世情常般般稍覧
件件平常驪珠照魏光難掩雷劍生豐氣莫藏終
是功名客豈為田舍郎橋門自有榮身日書劍空
攜到試場晚年光霽景光耀旧門墻此則榮貴之
命兇悑有犯須招副子嗣生成貴顯即運行初辛
巳上人庇下未斷灾祥壬午運中味道心千古披
文目五行癸未運中鏖戰場中休進步時來機會
入朝堂甲申運中太岁淹留幾載寒毡陰硯凄涼
乙酉運中皇恩有感声名显紛紛黎庶争称揚丙
戌運中此運見陞还見退且宜籬下樂壺觴丁亥
運中晚年快樂快樂戊子運一枕入巫峯

庚子年　庚辰月　己卯日　丁卯時
此八字傷官制殺之格財印混雜減我功名主人
生於盛族長於高門椿萱先別父鴻雁各飛鳴其
為人也丰姿清爽天性乖能高謀遠見機関別慷
慨情懷學識深恒招君子敬時有貴人欽門外生
涯廣江湖活計新手足生微疾無刑却有刑雖不
輕裘肥馬自然財祿豐盈此則饒裕之命鴛帳連
珠須配小桂蘭晚節有光榮運行初辛巳上人庇
下未斷平生壬午運中雨晴山聳翠雲散月當空
癸未運中繡花看有色畫水聽無聲甲申運中滾
滾財源來正旺旺中尚有事虧盈乙酉運中貨物
交通千里外片時風雨不為驚丙戌運中冲擊之
鄉還發福才權秉義樂無窮當此之際晦耗還生
丁亥運中孫賢子秀會友延賓戊子運中春光去
也一枕清風

子平遺書

庚子年　庚辰月　癸未日　癸亥時

此八字癸未日元相柱中火土祿氣才官之格人生得此生於右族長於名門椿萱雖並耄鴻雁各行飛其為人也丰姿清秀天性操持行藏果斷作事躊躕高人起敬貴客相携祖業添新慶根源異昔時羅綺飄香風蕩蕩壺觴別座享妻姜有丹青之妙手播名德提當時耿耿声名諸境布紛紛財祿旺門閭此則藝傑之命鴛幃有犯須重續子嗣生成蹊灶兒運行初辛巳上人庇下未斷是非壬午運中未伸男子志學愈聖賢書癸未運中思退不後進不奔馳甲申運中不獨士夫而足羨尚祈黎庶仰威儀須臾風雨頃刻超想乙酉運中妙藝業精微才祿旺声名遍市皆來推當此之際片時素耗丙戌運中財權秉美多光彩尚有須臾晦耗嘆丁亥運中世利浮生皆此不如享福逍閑時戊子運中春光去也一枕雲衢

十三

子平遺書

庚子年　庚辰月　壬午日　壬寅時

此八字六壬生臨午位號曰祿馬同鄉雜氣殺印之格殺印相生功名顯達主人生於右族長於名門椿親真倜儻萱母不須論其為人也丰姿清秀天性聰明胸羅今古事學識聖賢心麗句妙為天下白高才俊似海東青終是利名之客豈為田舍之翁萬里扶搖驚騕褭一聲霹靂起潛龍瑤池鞭靜朝南極五夜鐘聲拱北宸此則榮貴之命死幃宜有贈子嗣晚光榮運行初辛巳天冷雲還凍江寬風自生壬午運中欲遂平生志須加董子功癸未運中時來風送滕王閣頃刻高搏萬里程甲申運中躍過禹門三級浪乘筍天門拜聖明乙酉運中職遷金紫貴風雪尚愁人丙戌運中佇看官封三級酌然祿享千鍾丁亥運中晚年歸故里會友以閑樽戊子運中夕陽有限春夢無憑

十四

庚子年　庚辰月　丙子日　己亥時

此八字丙子日元相配桂中水土食神制殺之格從殺之論主人生於文望長於輮門木命嚴慈榮晚贈天邊鴻鴈各行鳴其為人也丰姿瀟洒禮義縱橫五車書富三冬足兩石弓當萬騏冲衣冠濟濟人中樂和氣怡怡席上珎終是文場攀桂客豈為田舍鑿耕人龍門變化三層浪鵬路迢迢萬里程一從揚姓字戢位秉權衡此則榮貴之命鴛幃連珠須配長子嗣生成孝義人運行初辛巳上人庇下天冷雲還凍江寬風自生過此壬午運中篤學十年窓下時未一舉成名癸未運中到此始知文學好融融浪躍三層甲申運中已報嚴威催酷吏更將仁政識黎民乙酉運中職迁金紫貴風雲潸門庭丙戌運中白頭未許還家樂紫詔須由慰老臣丁亥運中安閑晚景戊子運中春夢無憑

庚子年　庚辰月　己巳日　壬申時

此八字己土相配桂中金水傷官助財之格人生得此生於良族長於高門擠親先別萱存晚天邊鴻鴈不同群其為人也丰姿清奕天性志誠謀動君子威伏小人門外田疇千古計庭前花木四時春所交者上客所會者高人世事每從忙裏就財源自向閑中存雖然青雲得路也應潤屋潤身此則旺足之命鴛幃有犯須招贈子嗣狀成貴顯人運行初辛巳上人庇下未斷平生壬午運中驚雷抽碧笋微雨潤紅葉癸未運中雖則行藏有慶還愁人事虧盈甲申運中大造正在風光處只恐閑非奈耗生乙酉運中天寒有日雲初凍江闊無風浪自生丙戌運中財源旺足爭宅增新丁亥運中享兒孫之福慶戊子運中一枕杳佳城

庚子年　庚辰月　丁酉日　庚戌時

此八字丁酉日貴之辰相配柱中金水襍氣才余之格傷官刪余有功人生得此生於右族長於名門椿萱榮甡贈鴻鴈有行聯其為人也手姿清秀天性機閑英材而出類拳閭以淵源揚清激濁裕悪際奸清名已在雲宵上秀氣还充宇宙間名登虎榜身速鵷班緋依日煖趨金闕宝殿雲閣識聖顏此則榮貴之命外幃連珠全正副子嗣秋來显桂蘭運行辛巳上人底下花放凮生壬午運中書窓勤十載雪案覽千扁癸未運中騰飛起鳳攀桂步蟾甲申運中躍過三層浪秉笏侍金鑾乙酉運中皇恩重有感金帶繫腰懸當此之際柳飄繹丙戌運中日造金門下行聯鵷鷺班丁亥運中三度錦衣帰故里兩扶日月上青天戊子運中佳城欝欝名播翩翩

庚子年　庚辰月　戊寅日　壬子時

此八字戊寅壽攉之日相配柱中金水傷官耶才之格殺星存日減我功名主人生於右族長於高門金土蔽蔭萱嵗長天邊鴻鴈有飛鳴其爲人也丰姿清秀天性乖能斷高理直知重識輕過火黄金重長價離雲皎月倍清明不必覓珠来水府何須求劍到豊城江湖有意公卿小廊廟無心宇宙輕才源富足家居好何必天邊沐寵榮此則穏盛之命鴛幃有犯須年長子嗣森枝脱後成運行初辛巳天冷雲還凍江空風尚生壬午運中隱隱輕雷抽碧笋微微細雨潤紅英癸未運中小池雨過添新綠深谷春来發香甲申運中到此始知時運好萬物光華百事通乙酉運中有名宜富貴風雪又還生丙戌運中心事敎莖之白髮生源一片之閑情丁亥運中春光去花落月沉

庚子年　庚辰月　甲子日　辛未特

此八字甲木相配柱中金水来生印綬之格人生得此名显中途注人萱毋先帰椿酎晩天边鴻雁不同群其為人也丰姿清秀天性聡明孝問頗知今古筆端稍有威稜終是功名之客豈為田舍之人幾載辛勤甘自守一朝献策沐皇恩頭角巍然聳衣冠濟楚新此則榮貴之命鴛有幃須添寵子嗣秋来有顯榮運行初辛巳上人底下未断浮沉壬午運中貴人相指引禄馬旺前程癸未運中三疊陽関斟別酒九重天上沐恩光甲申運中世事

有沓有僕人情或淡或濃乙酉運中錢畜生進退從此福之豊斥時風雪人事亏盈丙戌運中才權秉美職位光榮丁亥運中悠々雜下戊子運中春去無憑

庚子　庚辰、戊子　己未

此八字戊子日元相配柱中金水傷官助才之格傷官者刚毅之物也主人生於右族長於名門堂上椿萱連理處天边鴻雁各飛鳴其為人也丰姿清洒主性刚忠断事理直處事公平五車書富三冬足十載功勤萬巻文終是文場折桂客豈為田舍鑿耕人龍門安化三層浪鵬路清遥万里程此則榮貴之命紀幃春色麗子嗣有光榮運行初辛已上人庇下未断平生壬辰運中欲遂平生志當加百倍功癸卯運中十年窓下留心志時来一旦

步蟾宮甲寅運中躍過禹門三級浪聯班粉署姓名香丁酉運中腰掛金箱帶寃横白王簪當此之際風雪滿空丙戌運中重榮重禄當思退十郡山河仰威權丁亥運中子貫重封閣故里何期一夢入巫峯

庚子年　庚辰月　丙子日　庚寅時

此八字丙火相配柱中金土傷官助財之格人生得此生於清白之族長於遷變之門椿父先歸萱後别天邊鴻鴈不同群丰姿清秀天性老成謀動君子威服小人祖業須重立財源自茸成水光浮座盃盤瑩花氣侵人笑語聲鬧處奔走冷處不行初運安和終駁雜晚年正值太平春此則嵛窮之命鴛幃兩敵方偕老子嗣秋來有挺榮運行初辛巳上人庇下未斷平生壬午運中輕雷抽碧笋微雨潤紅英癸未運中雖則行藏有慶還愁人事虧盈甲申運中天寒有日雲欲凍江淵無風浪自生乙酉運中精神又憔悴憔悴又精神丙戌運中崎嶇都歷過方覺瑞祥生丁亥運中梅巳綻竹猶青戊子運中春去也鳥無聲

庚子年　壬辰月　癸亥日　壬戌時

此八字癸亥之日相配柱中火土雜氣才官之格時臺庫冲開主人生於西室長於名門椿父先歸萱耐晚天邊鴻鴈各飛騰其為人也丰姿清秀天性聰明腦羅今古事學識聖賢心大山比斗千年在和氣春風四坐欽驪珠照貌光难掩雷動生豐氣自充終是功名之客豈為田舍之翁三汲浪中龍変化九霄雲外鳳飛騰一朝礼樂薰陶後九五天門拜聖容此則榮貴之命鴛幃有副子嗣不孤運行初癸巳上人庇下詩礼趣庭甲午運中十年窓下業黃卷與青燈乙未運中禹浪三層都躍過縉紳金闕拜明君丙申運中三度君恩重一番風雪驚丁酉運中重金重紫播德施仁戊戌運中自嘆引笨歸故里朝廷未遂雨恩情己亥運中晚年籬下樂甲子運中一枕了平生

庚子年　庚辰月　庚午日　壬午時

此八字庚子日貴人之日相配柱中水火傷官若帶官不為刑主人生於右族長於明門椿萱晚榮贈榮祿後富榮其為人也平安清秀天性聰明千古文章還榮耀一天星斗煥心胸过火黄金重長價鶴雲岫月倍光明終是功名客豈為田舍翁鵬路高博知健翼龍門深躍見脩鱗一從姓字傳臚後九五天門拜聖君此榮貴之命鸞幃重合瓷子嗣晚光榮初年庇下花放風生辛巳運中十年窓下事黃卷與青灯壬辰運中不負寸陰之惜豈奉題柱之名癸未運中躍过禹門一級浪乘多趣朝拜聖君令正奸邪伏畏嚴見膳驚腰廷金紫風雪尚愁乙酉運中金紫重又當顯樂还愁權重易生凶丙戌運中有才應大用何用便辞榮丁亥運中人生從此別無復見儀形

庚子年　庚辰月　癸未日　辛酉時

此八字癸未日元相配柱中金土祿氣煞印之格人生得此生於右族長於名門水命椿萱耐晚天邊鴻鵰飛騰其為人也平安清秀天性聰明高謀遠見機關别操慨情懷學識深遇火黄金顯十分之貴色離雲皎月布萬里之清明田園桑拓畝畝稻粱馨英雄惟贈劍三尺豪傑相逢酒一鍾才源富足樓閣凌雲福元成岳瀆威勢壓鄉民此則穩富之命鸞幃連珠須配小子嗣秋来旺宅門運行初辛巳上人庇下花放風生壬午運中来觀桃李紅紅色且喜湖光淡淡晴癸未運中漸覺夜涼池雨過信知花放曉風輕甲申運中桃李千溪錦江山一畫屏乙酉運中季倫錦帳何為貴秦帝阿房未足称梨花舞雪雨過山青丙戌運中歲寒松尚茂秋老菊花馨丁亥運中子貴晚年家業旺戊子運中春歸花落鳥無聲

庚子年　庚辰月　癸酉日　壬戌時

此八字癸酉日相配柱中金土雜氣官印之格人生得此富貴两全椿萱荣鈂難全奉鴻鴈西風各一方手姿洒落天性柔剛心明韜畧法頗識聖賢章可向天山劳汗馬誤教湖海歷風霜伫看晚年光霽景英雄車馬擁門墻此則豪荣之命妣怖有碍須偏正桂子金風發異香運行初辛巳上人庇下未論炎京壬午運中詩書雖有志賢得入文場癸未運中不獨金珠滿目順財源滾滾勢昂昂甲申運中英雄惟則劍三尺豪傑相逢酒一觴乙酉運中萬象光行樂順尚祈僕馬喧爭丙戌運中孫賢子秀光霽何當丁亥運中悠悠處樂戊子運中夢入仙鄉

庚子年　庚辰月　辛酉日　戊子時

此八字辛酉專禄之日傷官帶印之格亦有朝陽之意女人得此生於右族配於衣纓姿容閨朗髮皃精神有針綫之巧立業之勤一苑杏花鋪錦綉滿山松柏映幃屏深明閨壼理洞識古今情伫看夫荣子秀輝輝羅綺千層此則荣旺之命良人年長功名客子嗣秋来有挺荣運行初己卯閑幽綉閣毓秀閨門戊寅運中孔雀屏開花爛熳芙蓉帳煖氣氤氳丁丑運中雖則行藏有慶还愁微雨弄精丙子運中須臾風浪擁頃刻又波平乙亥運中萬象光華沛澤沾四時佳趣瑞祥生甲戌運中絲中加絲色紅上增紅英癸酉運中安閑晚景壬申運中一枕清風

庚子年　庚辰月　丙子日　己丑時

此八字丙子日主相配柱中水土傷官制殺之格人生得此生於盛族長於名門椿親磊落萱母慎秀鴈字聯行棠棣有分其為人也丰姿清雅賦性果剛明書達理倜儻有能行藏有斷作事商量不諂不驕人所愛能方能直己無偏無慮盡傳詩禮樂有朋來自遠方親福著江山外名揚湖海間才源高邁祿食豐腴此則發達之命鴛幃合琶如魚子嗣敷榮似葛蘿運行初丁巳上人庇下尖悔一塲壬辰運中宛如柢向日真似筍穿泥癸未運中雨過園林花簇錦日晴晴苑園鳥鳴黃戊寅運中財源滂滂春潮水人事雍雍風雪天己酉運中遲日江山麗春風花草香丙戌運中門迎珠履三千客戶列金釵十二行丁亥運中登樓欲望中秋月頃刻風雲暗宴人

庚子年　庚辰月　戊寅日　壬子時

此八字戊寅專權之日食神助才之格主人生潭潭相府長於岳岳侯門椿萱有倚難双耄鴻鴈天邊不共群丰姿魁偉天性忠誠頗窺黃石略稍識聖賢經七擒諸葛亮六計壓陳平番翥筆下三千卒落落皆中十萬兵山河坐鎮三千里節鉞相傳數百春此則安邦定國之命鴛幃正副方偕老子副秋來孝義深運行初辛巳上人庇下天朗氣清壬午運中受圖黃石老李劍白猿公癸未運中光華疊疊沛澤紛紛甲申運中山河誓裏恩光遠鼓角声中霸氣雄乙酉運中皇恩重有感金紫賊加封丙戌運中臂徒尚嫌弓力軟眼暉尤識陣雲輕丁亥運中花將好艷傳為子竹有清香付與孫戊子運中英雄都盡也高塚卧麒麟

庚子年　癸未月　丁卯日　丁未時

此八字日元相配柱中水木褥氣水印之格偏官若
用印官杀不爲刑主人生於右族長於名門金水椿
萱双晚茂天邉鴻鴈各行鳴其爲人也丰姿清秀天
性聰明千古文章逞栄耀一天星斗燁心胷麗句妙
爲天下白高材勝似海青春終是功名之客豈爲田
舍之翁鵬路高搏知健翼禮門深躍見潛鱗瑶池
鞭彩朝南極五夜輪停拱北宸此則榮華之命鴛
幃遇硬須配小子嗣秋来朵朵栄運行初甲申春
容料悄花發風生乙酉運中詩書從嗣訓灾淡未
能伸丙戌運中時来風送滕王閣頃刻龍搏萬
里程丁亥運中躍過禹門三級浪濟濟衣冠列九重
梨花帯雨雨過山青戊子運中、耴廷金紫貴權任棟
梁洪己丑運中自咲引君帰故里朝未過雨疏心庚辰
運中荣歸故里子貴孫荣家業旺辛卯運中花落
水流春已去蘭摧花折恨何明

庚子年　癸未月　己酉日　甲子時

此八字己酉日元相配柱中水木褋氣才官之格人生得此
生於右族長於名門椿萱晚栄贈鴻鴈有行鳴其為人也
丰姿清秀天性聰明胸蔵萬古英雄事志抱三塲錦綉文
驪珠照魁魏光难掩雷劍生豊氣自充終是功名客豈為
田舍翁一從姓字登荣甲九天金紫耽階陞此則荣貴之命
鴛幃有犯須年長子嗣風光朶朶栄運行初甲申天冷
雪還氷江寛風尚生乙酉運中焚膏晨卷東烛觀文丙
戌運中躍過禹門三級浪東蜀趨朝拜聖明丁亥運中威
風凜凜金紫加陞戊子運中禄位崍陞臺雀顕西風吹
雪滿門庭己丑運中朝親聖主日近明君庚寅運中大
抵功名豈如此不如福禄向籬東辛卯運中帰去也

庚子年　癸未月　辛亥日　戊子時

此八字辛亥日元相配柱中水火傷官制殺之格喜逢印綬生身遇斯命者生於右族長於高門椿父先歸萱後別天邊鴻鴈各行鳴其為人也手姿清秀天性老誠不窮書史豈慕功名有抵雪欺霜之智裁長補短之能雖不成名利生平近貴人祖業移南就北根源華古鼎新是非莫雪門前客得失須憑塞上翁好悪番成悪真心換得嗔但願才源富足何須天府求榮此則穩足之命鴛幃有犯須正副子嗣秋来發舊根運行初甲申上人庇下淡淡春雲乙酉運中娟娟雲裏月灼灼葉中英丙戌運中盈水無声空有浪綉花雖艶不聞馨丁亥運中着意之中曾得意用心之處不如心戊子運中正是太平光霽景幾番驟雨幾番晴己丑運中才權雖重美風雨向愁人庚寅運中桑榆暮景福禄無窮當此之際風雪還生辛卯運中正享堂前福胡為夢不醒

庚子年　癸未月　丙寅日　庚寅時

此八字丙辰之日相配柱中金土襍氣才官之格傷官帶印之論主人生於右族長於名門萱母續絃椿爵落天邊鴻鴈有飛騰其為人也手姿清秀天性聰明般般稍覽件件不精風月処交消洒客情過火黃金盈十分之貴色離雲皎月布萬里之清明祖業添新塵根源勝旧風福布江山生秀麗明揚湖海有光榮時至才源富足運来福禄駢臻雖仁布德閭里推尊此則穩厚之命鴛幃連珠須配小子嗣秋来桑桑榮運行初甲申上人庇下安臨未伸乙酉運中隱隱輕雷抽碧筍微微細雨潤紅英丙戌運中漸覓夜凉池雨過信知衣禄既風輕丁亥運中一枝梅破臘禹最便回春戊子運中才源富足家居好風雪閑非尚惱人己丑運中富之以潤其屋德之以潤其身庚寅運中晚年關快樂會友以閒搏己卯運中夕陽有限春夢無憑

庚子年　癸未月　癸巳日　壬戌時

此八字癸巳貴人之日雜氣財官之格女人得此生於右族配於仁門姿容閨朗天性聰明勝丈夫之氣槩有男子之材能萬里無雲天一色三秋好景月長明深明閨壼理洞識古今情一苑杏桃鋪錦綉滿山松栢映幃屏性急便如風捲浪片時言起片時停玉產崑崗藏耀色蘭生楚澤散清香雖不鳳冠帔服一生福祿無窮此則旺足之命良人水命須年長子嗣枝頭結不成運行初壬午上人庇下毓秀閨門辛巳運中春歸郴葉晴初変紅入桃花暖未匀庚辰運中雖則夫門財祿旺旺中尚有事虧盈己卯運中乍雨乍晴留客景或寒或暖困人春戊寅運中紅日点穿湘水碧白雲堆破楚山青得中有失晦後還明丁丑運中旺中尚有盈頭雪雪霽依然福祿增丙子運中桑榆暮景乙亥運中花落月沉

庚子年　癸未月　丙午日　乙未時

此八字丙午日刃之辰相配柱中才官印三奇之格女人得此生於右族配於高門椿萱雖並鸞鳴鳳各騰空其為人也姿容清秀雙貌超群雖是女流之輩過如男子才能春入水光成嫩綠日匀花萼發新紅每懷凡膽意時抱撑隣心憂禍自能辟內味素琴應解辨弦聲難觸難犯步喜步嗔錦繡花開家富貴琅玕竹報月平安雖不鳳冠帔服自然福祿無窮此則豐潤之命良人有配難偕老子嗣生成孝感人運行初壬午上人庇下毓秀閨門辛巳運中契合翠鸞成好夢黃緣紅葉是良姻庚辰運中雖則夫門多快樂幾多人事尚虧盈己卯運中幾度樂中有悶數番靜裏憂生戊寅運中精神又憔悴憔悴又精神丁丑運中一抹燒烟迷芍藥半湖秋水浸芙蓉丑字之中如履薄冰過此丙子運中晚年快樂乙亥運中一枕清風

庚子年　癸未月　丙戌日　壬辰時

此八字丙戌之日相配柱中水土傷官制殺之格主
人生於宦族長於衣纓播樹高榮冗耐壽厲行天際
各搏風其為人也丰姿清秀天性聰明學問知先覺
群書貫一經終是功名之客豈為田舍之翁瓊林錐
不忝高宴自有仁風遠近清嘉穀不早實利祿當晚
成一朝但得風雲便峥嵘頭角沐渥恩此則榮暮之
命驚惕有礙須招贈子嗣金風有捷榮運行初甲申
上人榮庇未斷平生乙酉運中踏破泮橋霜幾扳讀
殘茅店月三更丙戌運中執卷幾田空探月依然困
守讀書燈丁亥運中機會来特離雪案橋門未許沐
皇恩戊子運中到此始知文學好黄堂佐政悅民心
當此之際風雲盈庭乙丑運中祿位再赴金紫貴一
揚一抑動淵明庚寅運中英雄都盡也高塚卧麒麟

庚子年　癸未月　辛丑日　乙未時

此八字辛丑日元相配柱中火土雜氣梟印之格
人生得此生於右族長於名門嚴慈双晚茂鴻鴈
有行鴻其為人也丰姿清秀天性聰明千古文章
逞崇耀一天星斗換心胞驪珠照魏光難掩雷劍
生豐氣自克終是功名之客豈為田舍之翁雲程
坦坦登天去峯足悠悠名利成一朝騰達飛黃去
九天雨露沐皇恩此則崇貴之命驚惕燭夜添新
慶子嗣秋来有挺崇運行初幼年之下花放風生
甲申運中十年窗下業黄卷與青灯乙酉運中莫
愁雪阻藍關道運来頃刻躍潛鱗丙戌運中躍過
三層浪朝朝識聖明丁亥運中寒拂紫衣催駟騎
光生玉節下雲層戊子運中職近金紫貴風雪尚
愁人己丑運中正宜侍明主何事使歸崇庚寅運
中春光去也一枕難醒

庚子年　癸未月　甲辰日　丁卯時

此八字甲辰日元相配柱中金土褋氣才殺之格陽刃合殺印綬生身人生得此生於右族長於名門椿萱双晚茂鴻雁各行鳴其為人也丰姿清秀天性聰明千古文章遅榮耀一天星斗煥心胸驪珠照魏光難掩雲劍生風氣自充豈是池中物尤來席上珎一朝騰達飛黃去此際不羞蛇化龍此則榮貴之命鴛幃藹藹子嗣叢叢運行初甲申上人庇下突關已過詩禮趋庭乙酉運中不負寸陰之惜豈辜題柱之功丙戌運中到此始知文字好長安道上馬蹄輕丁亥運中百里豈能淹驥足九霄終是別鷄群戊子運中綉衣耀日鉄面生風戢還金紫風雪滿空己丑運中施恩布德掛紫穿金庚寅運中一番春夢斷萬事揔成空

庚子年　癸未月　辛卯日　壬辰時

此八字辛卯日元相配柱中木火雜氣財殺之格傷官若用印官殺不為刑主人生於右族長於名堂母先歸椿後別天邊鴻雁各行鳴其為人也丰姿清秀天性剛忠機謀輒肰舉用人欽不以貽胎中節亦不明明隨行祖業添新慶財源厚積存萬象光華沾沛澤四時佳趣瑞祥生逢危有救遇难無凶豐年田舍禾盈壟膳日山家酒滿斟好意皆成悉真心煥得嗔但願一生多發福何須天府沐皇恩此則穩厚之命鴛幃木命須年長子嗣枝枝孝義深運行初甲申幼年之下月白風清乙酉運中梨花院落溶溶月柳絮池塘淡淡風丙戌運中財源旺足家居好片時風雨片時驚丁亥運中不意之中常得意用心之處不如心戊子運中浮生守舊常為福妄想貪饕禍必生己丑運中琴樽風月閑生計金玉松筠舊歲春當此之際如履薄氷庚寅運中百年繼綣成何用一日無常萬事空

庚子年　癸未月　壬辰日　戊申時

此八字壬辰魁罡之日羊刃合杀之格人生得此多智慧善操持般般稍覽件件粗知椿萱有倚先虧父鴻雁天邊不共飛祖業有倚難重立才帛資囊晚積餘學問稍知今古事心術靈靈造化機初運安和中不順就羊子顯耀門閭此則脫榮之命鴛幃年長方無魁桂子生成奪錦兒運行初甲申上人庇下安樂何知乙酉運中如花向日似箏穿離丙戌運中行藏雖有慶行樂尚趑趄丁亥運中幾度樂中有悶數番爭裏憂疑戊子運中嚴霜積雪都經過次第春風到故盧己丑運中榮沾新雨露光耀舊門楣庚寅運中人生從此別無復見形儀

庚午年　癸未月　辛未日　壬辰時

此八字辛未日元相配柱中火土雜氣殺印之格傷官帶印官殺不為刑主人生於右族長於名門萱母先歸椿耐晚鴈行天際各凌雲其為人也丰姿清秀天性聰明世事頗能將就般般學藝精通萬里春風行樂誦四時佳趣瑞祥生重成新事業再整舊門庭福布江山外名聞湖海中花無桃李非春色人有室歌是太平但願財源富足任他身外無名此則饒裕之命鴛幃有汜須年敵子嗣秋來旺宅門運行初甲申上人庇下未斷平生乙酉運中雪晴天未煖行樂未如心丙戌運中月明雲靜花放風生丁亥運中漸覺夜涼池雨過信知花放晚風輕戊子運中福而泉源湧才如春氣生當此之際素耗還生己丑運中樽罍有酒延佳客蘭室存書教子孫庚寅運中夕陽有限春夢無憑

子平遺書

庚子年　癸未月　辛卯日　丙申時
此八字辛卯之日相配柱中木火襍氣才官之格人生得
此生於良族長於仁門椿萱老別先亡父天邊鴻鴈
各行鳴其為人也丰姿清秀天性剛忠有近貴親賢
之德截長補短之能重成新事業再整旧門庭雖不
建侯封爵貴也交鄉里晉人民此則穩厚之命鶯
帽金命須年敵子嗣秋來尚有榮運行初甲申上人
庇下未斷平生乙酉運中世事宛如春夢人情薄似
雲丙戌運中雖則行藏有慶還愁心人事虧盈丁亥
運中才源滾滾風雪飛來戊子運中才帛興隆
乙丑運中樂享平安日門迎富貴春庚寅運中曰
富曰榮辛卯運中春去也鳥無声

十三

子平遺書

庚子年　癸未月　乙未日　甲申時
此八字乙未日元相配柱中金土雜氣才官之格
人生得此生於右族長於良門椿父先歸萱後別
天邊鴻鴈陣行分其為人也丰姿清雅天性克誠
有微微之計較淡淡之聰明行藏果斷作事老成
有心於貨利無意慕功名祖基祖業添新慶根原
財囊自積成水光浮座盃盤堂和氣侵人咲語馨
是非莫書門前客得失須憑塞上翁好意番成惡
真心換得嗔初運榮華中不順晚年子貴祿元增
此則穩厚之命鴛幃火命須年長子嗣秋來孝義
深運行初甲辰上人庇下化日陽春乙酉運中春
歸柳葉晴初麦紅入桃花燦未分丙戌運中雖則
行藏有慶幾多人事虧盈丁亥運中得中有失暗
後還明戊子運中乍雨乍晴留客景或寒或燦目
人春己丑運中子貴榮門增益旺還愁花放尚風
生過此庚寅運中晚年快樂一枕雞醒

十四

庚子年　癸未月　己丑日　癸酉時

此八字己丑日元相配柱中水木雜氣才殺之格主人生於右族長於名門椿父先歸萱後別天邊鴻雁各行鳴其為人也丰姿清秀天性聰明高謀遠見機關別慷慨春風一妙人重成新事業再整舊門墻自有順天之慶豈無福地之深萬里春風行樂頌四時佳趣瑞祥生不以功名為念豈於軒冕磨礱但顧才源富足任他身外無名此則穩厚之命鴛幃正副方偕配子嗣秋來尚廢興運行初甲申上人花下未斷平生乙酉運中如花向日似月離雲丙戌運中梅須遜雪三分白雪亦輸梅一段馨丁亥運中得中有失睹後還明戊子運中莫言此運多光霽尚有須臾素耗生己丑運中門楣壯觀第宅增新庚寅運中延賓玩物會友開樽辛卯運中春光去也一枕清風

庚子年　癸未月　甲寅日　庚午時

此八字甲寅專祿之日相配柱中金火傷官制殺之格祿氣殺印之論主人生於右族長於名門椿萱榮倚难双耄天邊鴻雁各行鳴其為人也丰姿敦篤天性聰明胸羅星斗孝貫古今無一毫之私曲有千古之赤心當仁不讓見善則欽終是功名之客豈為田舍之翁三級浪中龍变化九霄雲外鳳飛騰一從姓字傳楊後金紫榮看次第陞此則榮貴之命鴛幃有碍須招贈子嗣枝枝有挺榮運行甲申上人花下證保平生乙酉運中十年窓下業黃卷與青灯丙戌運中不負寸陰之惜豈喜題柱之功丁亥運中躍過禹門三級浪濟濟衣冠拜九重戊子運中郎署官函何足羡大夫金紫又重陞己丑運中黄堂声價重進退又还陞庚寅運中皇恩有感声名显省堂佐政德民心辛卯運中此運見陞还見退子榮又且樂籬東戊辰運中春光去也一枕清風

庚子年　癸未月　丙辰日　甲午時

此八字丙辰日德之辰相配柱中水土傷官助才之格人生得此生於右族長於名門金木椿萱萱歲長天邊鴻鴈不同鳥其為人也手姿清秀天性聰潁錦綉胸藏賢聖學珠璣口吐武文風衣冠濟濟人中傑和氣怡怡席上珍豈是池中之物尤來席上之珍鵬路高搏知健翼龍門深躍見脩鱗一從揚姓字秉笏拜明君此則榮貴之命篤悼運珠須配長子嗣森枝朶朶成運行初甲申天冷雲還凍江寬風尚生乙酉運中焚膏展卷秉燭觀文丙戌運中雪案螢窗苦志天階未許學登丁亥運中躍過禹門三級浪濟濟衣冠拜九重戊子運中寒拂紫衣催驛騎先生玉節下雲層職遷金紫貴風雪尚愁人己丑運中皇恩有感重加祿金鱗光照紫薇堂庚寅運中榮田故里辛卯運中春夢無憑

庚子年　癸未月　己丑日　乙亥時

此八字己土相配柱中水木樸氣才殺之格乙庚作合有功女人得此姿容雅麗天性聰明有針綴之巧刺綉能處事無偏無黨治家克儉克勤楊柳無風枝婀娜梅花有月蕊精神信看夫榮子秀滿門佳氣氤氳此則旺益之命良人年少簪纓客子嗣秋來有梃柴運行初壬午香閨之内母訓輒遵辛巳運中帳前初綰鴛鴦帶堂上新開孔雀屏庚辰運中一株晚烟迷弱柳半泓秋水浸芙蓉己卯運中雖則夫門才業旺旺中尚有事遊逃戊寅運中青歸柳葉晴初變紅入桃花熳未匀丁丑運中食則珍羞百味衣則羅綺千層丙子運中暮年安享乙亥運中鏡掩晨明

庚子年　癸未月　庚戌日　丁亥時

此八字庚戌魁罡之日裸氣才官之格傷官在柱減我功名遇斯命者生於盛族長於仁門椿萱先別毋棠棣不聯英半姿磊落天性聰明般般好斈件件不精祖業添新慶才囊自藉成田園桑柘茂畝畝稲粱馨無慮尽傳詩礼樂有朋來自遠方親行晉來晚才旺福興隆此則旺足之命鴛幃疊須招副子先虧後有盈運行初甲申上人庇下化日陽春乙酉運中世事究如春夢人情薄似秋雲丙戌運中雖則行藏有變还愁素耗相侵丁亥運中雪消雲散天如洗從此滔滔福禄增戊子運中片雲能發千山雨雨過千山依舊晴己丑運中雨晴山聳翠雲散月頭頭當此之際晦耗還生庚寅運中安閑晚景辛卯運中一枕难醒

庚子年　癸未月　甲辰日　丙寅時

此八字甲辰日元相配柱中金火傷官制殺之格喜逢天月德扶身遇斯命者生於右族長於高門萱毋先歸椿後別天邊鴻雁憧行分其為人也半姿磊落天性豪洪謀動君子威伏小人般般稍覽件件不精遊山翫水携詩卷對月觀花把酒斟雖不成名利生未近貴人朝中無姓字囊底足珠珎雖不建侯封爵自然人伏人欽此則裕傑之命鴛幃有犯難諧老子嗣枝頭孝義深運行初甲申上人庇下未斷平生乙酉運中娟娟梅月白淡淡柳風清丙戌運中蓋水無聲空有浪綉花雖艷不聞聲丁亥運中財源雖旺足人事尚虧盈戊子運中簾捲香風生百福軒開化日禄元增己丑運中冲擊之所如履薄水過此庚寅運中一霄春夢斷萬事總成空

庚子年　癸未月　壬辰日　辛亥時

此八字壬辰魁罡之日相配柱中火土雜氣才官之格人生得此生於右族長於名門椿萱有犯難双老天邊鴻鴈各行騰其為人也丰姿清秀天性聰明世事頗能將就般般孛欠精通遊山翫景携詩卷對月觀花把酒斟笋長名園過雋竹花開上苑勝先春欲為商賈思慕功名嘉谷不早實名利當晚成晚年光景光耀滿門庭此則特達之命鴛幃有犯宜年小子嗣秋来有晚業運行初甲申上人庇下淡淡春雲乙酉運中世事宛如春夢人情薄似秋雲丙戌運中幾欲思高慕遠番成剪雪裁氷丁亥運中欲速不達揚帆待風戊子運中世情濃又淡淡處又还濃己丑運中成權布瑞聲名重祿進才高雨露均須臾風雨雨過山青庚寅運中享子孫之福慶辛卯運中壽香香之佳城

庚子年　癸未月　乙卯日　壬午時

此八字乙卯專祿之日雜氣才官之格主人生於溫潤之族長於清白之門萱毋先㷂椿後須天边鴻鴈各行鳴其為人也丰姿蒼古天性老成斷高理直处事公平自有順天之慶豈無福地之深李識粗知礼義文章一竅不通祖業須重立才源自琢成花無桃李非春色人沒荣枯是太平滿世功名身外事五湖風月樂怡情此則穩足之命鴛帳皷盆三歎子嗣晚節方成運行初甲申上人庇下襁褓平生乙酉運中世事宛如新折柳人情渾似半開英丙戌運中世情濃又淡淡处又还濃丁亥運中風帶雪来應覔冷鳥啼花落始知春戊子運中才源進益家居好斷弦破耗尚愁人己丑運中莫道枯枝难結果東君留意更殷勤當此之際晦耗还生庚寅運中　妥閑晚景辛卯運中春梦無憑

庚子年　癸未月　庚戌日　戊寅時

此八字庚戌魁罡之日相配柱中木火襍氣才官之格人生得此生於右族長於名門椿父先歸萱耐晚隨鳴鴻鴈各飛騰其為人也丰姿清秀天性聰明頗知禮義稍識古今高人起敬貴客相欽行藏覓消洒咲傲任枯榮笋長名園過舊竹花開上苑勝先春終是功名之客豈為田舍之翁不貴十年苦辛定應九載成名仰看頭角借德澤惠黎民晚年光霽景疊疊禄元陞此則榮貴之命鴛幃有犯須格硬子嗣榮門孝且忠運行初甲申上人庇下化日陽春乙酉運中欲速不達揚帆待風丙戌運中貴人相指引揮筆入公門丁亥運中去除巾幘簪烏帽榮沾雨露耀門庭戊子運中皇恩有感聲名顯佐政琴堂德望新己丑運中紫綬銀章當斯際須臾風雨不為驚庚寅運中子貴重沾沛澤悠悠樂享籬東辛卯運中春光去也一枕清風

庚子年　癸未月　己卯日　壬申時

此八字己卯專雄之日相配柱中水木襍氣才殺之格傷官制殺為奇主人生於戈矛之族長於詩礼之庭椿萱有倚难雙鸞天邊鴻鴈各行鳴其為人也手姿清秀天性聰明高謀遠見機關別懷慨情懷學識深高人起敬貴客相欽月離海嶠山山秀春入園林處處美無慮尽傳詩礼樂有朋來自遠方親終是功名之客豈為田舍之翁晚年有子登黃甲白髮為紗袁贈封此則晚貴之命鴛幃得配名門女子嗣生成貴顯人運行初甲申工人衣下未斷平生乙酉運中

庚子年　癸未月　甲寅日　癸酉時

此八字甲寅專祿之日相配柱中金木雜氣財殺之格喜逢時值金神人生得此生於右族長於高門火土椿萱一期壽夭邊鴻雁各行鳴其為人也半姿清秀天性剛忠知高識下理白分清遇火黃金重長價離雲皎月倍清明水光浮座盃盤瑩花氣侵人笑語聲五湖生計好四海福元增得意江山詩句健忘情日月酒盃深雖不建侯封爵貴囊中積寶富豪翁此則豈足之命鴛幃連珠須配硬子嗣金風孝且忠運行初甲申上人庇下安晦之

中過此乙酉運中雲開山聳翠雨過竹重青丙戌運中漸覺夜凉池雨過信知花放曉風輕丁亥運中近水樓臺先得月向陽草木早逢春戊子運中堤柳已敷新幹綠園梅不改舊時馨梨花舞雪雨過山青己丑運中引鶴徐行三徑曉約梅同醉一壺春庚寅運中有茶留客有酒盈樽辛卯運中歸去也

庚子年　癸未月　壬子日　己酉時

此八字壬子日刃之辰相配柱中火土雜氣財官女人得此生於右族長於名門椿萱難並耄鴻雁各行鳴其為人也姿容闊朗鬢貌精神勝丈夫之氣槩有男子之材能一苑杏桃鋪錦綉滿山松栢映幃屏滔滔無阻滯步步旺夫門磨穿鐵硯非吾事綉折金針却有功性急如懸峯飛浪心安似月秋雲錦綉花開家富貴琅玕竹報日平安雖不鳳冠帔服自然福祿無窮此則益旺之命良人火命須年長子嗣秋來朶朶榮運行初壬午幼年之

下毋訓是遵辛巳運中紅葉溝中傳密意赤繩月下結良姻庚辰運中淡烟楊柳岸薄霧杏花村己卯運中雖則夫門財業旺旺中尚有事虧盈戊寅運中裙釵濟濟家居好須史雲月尚朦朧丁丑運中愈老黃花香復郁歲寒松栢耐長青

庚子年 癸未月 己丑日 己巳時

此八字己丑之日相配柱中水木襍氣才殺之格人生得此生於右族長於名門椿萱双晚茂鴻鴈各行鳴其為人也丰姿清秀天性聡明般般稍覽件件不精胷長名團過旧竹花開上苑勝先春水光浮座盃盤瑩花氣侵人唉語馨終是功名之客豈為田舍之翁騰身何必登科試時来九載也成名不費區區力終為隱跡人此則擊石生烟之命鴛幃有犯須招副子嗣生成貴显人運行初甲申上人庇下来断平生乙酉運中雖則劣書覽史功名 浮雲丙戌運中倘逢貴客相提挈也應祿馬旺前程丁亥運中跨馬起程登上国始知冠冕可荣身戊子運中一番風雲過重沐帝王恩己丑運中政化東西洽仁風四境清庚寅運中晚年閑快樂辛卯運中一枕入巫峯

庚子年 癸未月 庚寅日 庚辰時

此八字庚寅日相配柱中火土雜氣官印之格傷官助才豈不為奇主人生於相府長於侯門椿親显殁萱歸晚天边鳴鴈占先飛其為人也手姿清秀天性能為詩礼古今踈習玩鎗刀弓馬慢操持終是金章之客豈教南畝耕鋤誠非戰勝負亦不步蟾除百年謀畧存三顧一日承荣蓋九區遺蔭功名何足羡晚年还有貴人携障雨蛮烟驚鼓角朔風边雪満旌旗幾番生進退幸不損名威此則金紫武威之命鴛鴦年長方偕老子嗣枝枝有出奇運行甲申上人庇下有何是非乙酉運中不當窓下功書史自有天边雨露濡丙戌運中空向天山施猛勇金章紫綬一時靈才遇利名生進退禍因酒色致灾危丁亥運中皇恩有感声名振重向轅門性自馳須史風雨幸不趑趄戊子運中此運不際还見退悠悠難下樂璸厄己丑運中遣興三鐘酒消閑一局棊庚寅運中春光去也花落月西

寅年　乙酉

此八字甲寅專祿

之格女人主

後別天

之氣聚

子平遺書

一

幾慶

賢家業聚

也

庚子年　乙酉月　乙

此八字乙未陰刃之日相

之格乙庚作合留官主

薑金火双存晚天邊鴻鴈

清秀天性聰明窮

壽色豐常

怡

子平遺書

二

山始

片言

空年卯運中

運中榮回故里子貴重

夢無憑

庚子年　乙酉月　己丑日

此八字己土相配柱中金木

官印有時遇斯命者雖不

於良族長於仁門椿父早

同群其為人也丰姿青佳

伏小人祖業

庭前白十

綠增華

花落水無声

庚子年　乙酉月　癸丑日　丁巳特

此八字癸水相配柱中金、土官印之格喜逢特值貴人

遇斯命者生於石族長於名門椿父先歸萱耐晚西風

鴻雁不同群其為人也丰姿清秀天性聰明頗知礼義

識古今高人起敬貴客相欽梅　望鳳東閣皆出新

稍過北庭終是功名之客豈

功名須籍

命

庇下未

雨

雨

無憑

庚十年　乙酉月　庚午日　癸未時

此八字庚午貴人之日相配柱中木火財官之

陽刃持令喊戕功名主人生於右族長於高門椿

親萱居副鴻鴈各行群其為人也丰姿清秀天生

豪俠行藏竟消洒笑傲任枯

花開工苑勝先春

更兵旦

命

日雲

紅工

得

叢

光

閑富貴春

情癸巳運中歸吉也

庚子年　丁酉月　辛丑日　辛卯時

此八字辛丑日元相配柱中乙木傷祿逢才之格

女人得此生於右族長於名門椿萱難並鴻鴈

各行鳴其為人也姿容清秀髮皃精神勝文

氣槩有男子之材能雲收華

一樣清每懷丸膽意時匏

綠日旬花萼淡

運中冲擊之中

中享子孫之福慶丁酉運

庚子年　乙酉月　壬子日　甲辰時

此八字壬子日刃之辰相配柱中金土杀生印綬之格人生得此生於右族長於名門堂上椿萱同納福天边鴻鴈各行鳴其為人也丰姿清秀天性聰明有博古通今之志裁[illegible]慶根源勝旧風笋[illegible]春終是功名

[illegible]

子[illegible]

子平遺書　七

到

[illegible]

便[illegible]茱壬寅[illegible]

平生

庚子年　乙酉月　庚戌日　丁亥時

此八字庚戌魁罡之日相配柱中木火才官之格傷官在柱陽刃専權主人生於右族長於名門火土椿萱雙脫羌天邊鴻鴈後行鳴其為人也丰姿清秀天性乖能知高識下理[illegible]之智裁長補短之能過火[illegible]倍清明五湖[illegible]

[illegible]人[illegible]

春[illegible]

子平遺書　八

[illegible]

[illegible]秋

風雪[illegible]非生[illegible]

辛卯運中富之以[illegible]其屋[illegible]

中春光如撚指花落鳥[illegible]

庚子年　乙酉月　戊戌日　乙卯時

此八字戊戌魁罡之日相配柱中金木傷官助才之格女人得此生於右族長配高門姿容闓朗德性行真有旰食宵衣之懊惱治家立業之材能雲收華岳千山秀水列湘江一樣清性[illegible]心安似古井氷平生才祿無虧貧驅奴使婢享福[illegible]崇[illegible]体配殘婚此則旺益枝頭終不成運[illegible]

[illegible]運中[illegible]中契合琴瑟成雖則夫門才業旺[illegible]擎之所如月入雲[illegible]

丁丑運中春殘花落盡春

庚子年　乙酉月　丙午日　己丑時

此八字丙午日刃之辰相配柱中金水財官之格財盛生官終身有慶遇斯命者生於右族長於仁門金木椿萱雙長茂天邊鴻鴈後隨鳴其為人也丰姿清秀天性聰明頗知禮義[illegible]哉[illegible]親賢之德應上和下之能[illegible]皎月倍清明五湖生[illegible]皆喬木蒼舊風氣[illegible]天邊沐寵榮此則[illegible]嗣生成貴顯[illegible]

丁亥運中[illegible]子運中花嬌復[illegible]到此始知時運好[illegible]柳已數新幹綠園梅[illegible]

庭辛卯運中延賓玩物會[illegible]餘香隔年夢斜風吹落楚山雲

庚子年　乙酉月　甲辰日　甲戌時

此八字甲辰日元相配柱中水金露殺藏官之格喜逢印綬生身值斯命者生於右族長於名門椿親尉晚萱先別天邊鴻鴈各行鳴其為人也丰姿清秀天性聰明知高下識重輕有近之親賢之德應上和下之能祖業添新慶根源將旨右天多皎皦名揚湖海有光營將寇冕磨礲好意翊當足河頁尺之須招大朗

勾戌次[illegible]燦未
運中得中有失勝己丑
居好還有閑非素耗生享大家
際何愁心事有鬱盈壬辰運中予妻此
運中春帰鳥不吟已

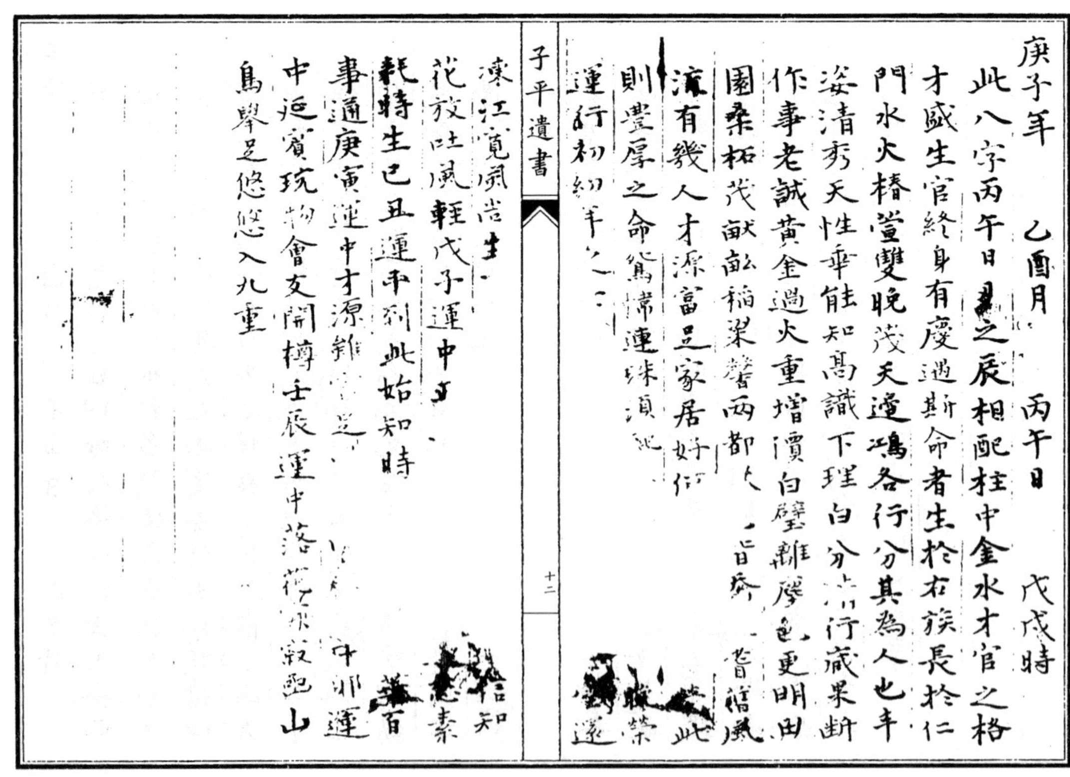

庚子年　乙酉月　丙午日　戊戌時

此八字丙午日[illegible]之辰相配柱中金水才官之格才盛生官終身有慶過斯命者生於右族長於仁門水火椿萱雙晚茂天邊鴻各行分其為人也丰姿清秀天性乖能知高識下理白分六行藏果斷作事老誠黃金過火重增價白璧雖磨色更明由園桑柘茂畝畝稻粱馨兩都人一旨齊一皆[illegible]流有幾人才源富足家居好行此則豐厚之命駕帶連珠須[illegible]榮運行初紉年之[illegible]還

凍江寬風尚生知
花放吐風輕戊子運中[illegible]素
耗特生己丑運中到此始知時百
事通庚寅運中才源難足[illegible]運
中逅賓玩物會友開樽壬辰運中落花[illegible]山
鳥舉足悠悠入九重

庚子年　乙酉月　己丑日　戊辰時

此八字己土日元相配柱中金木傷官制糸之格人生得此生於良族長於高門椿萱棠倚雅双耄天邊鴻雁各行群其為人也手姿清秀天性聰明季問三冬足群書萬卷程敘是功名之客豈為避世之灵雖不名登金榜也

恩初從教鐸揚名姓縣郎

賽景戢位秉權衡

抬副子嗣

神京己

泮宮庚寅運中黄

腰銀辛卯運中褒德封侯壹

明君壬辰運中悠悠籬下癸酉運中

永　光　淑　下　峯

計上　足集　尘　近　風

庚子年　乙酉月　戊申日　丁巳時

此八字戊申長生之日相配柱中金木傷官助才之格喜逢日祿以歸時遇斯命者生於右族長於名門椿萱有倚雅双耄天边鴻雁各行鳴其為人也丰姿清秀天性聰明窮書覽史孝是三冬兩句妙為天下白高才俊似海東青豈無高士敬重

欽雖不建侯封爵自然閏屋閣

犯帑有伍須編正千

人庇下来

子量

運

源衣象家　帅

以振平安日檻外花附

辰運中子貴孫賢家業旺何祉

運中春光者也一道訃音

格之命　丙戌上　文戊　己丑

運中才　未庭前　風雨壬　壬癸巳

庚子年　乙酉月　乙巳日　丁丑時
此八字乙巳日相配柱中旺金殺生印綬之格殺重
身輕幼歲災閡主人生於右族長於名門萱堂續招
椿伺倘天邊鴻鴈各行鳴其為人也丰姿清秀天性
聰敏知高識下知重知輕過火黃金更長價離雲皎
月倍清明節長名園過雨竹花開上苑勝炎〻春田園
桑梧茂獻人稱梁馨時至才源富之極〻無窮
根元成岳瀆威勢壓公卿　連珠
須配八子嗣金風生　下花
放風生〻、　月光
明己酉運中〻　羡戌
戊運中天上三陽泰　心濤乱
小脉驟雨瞳未容當是時　中一
桃餘香滿宵夢斜風吹散楚山雲

庚子年　乙酉月　乙巳日　丙子時
此八字乙木日元相配柱中金水偏官助印之格
人生得此生於盛族長於高門椿萱先别母鴻鴈
陣行分其為人也丰姿清爽天性聰明世事頗能
将就般般學欠精通君子敬貴人欽重成新事業
再整舊庭萬象光華沾沛澤〻〻佳趣瑞祥生福
布江山生秀麗名聞湖海有〻、〻為念
豈将冠冕磨礱是非莫雷　〻塞上
翁田園有意公卿小邻　〻於自己
巧於他人雖〻　〻則發
福之剑黨悰〻　〻運行
初丙戌上人庇下霄日　歸柳葉
精初变紅入桃花燦来匀　〻藏有
慶也愁人事虧盈已丑運中　晷好旺
中尚有事因循庚寅運中不意之中曾得意用心
之處未如心辛卯運中歲寒松尚茂秋老菊尤馨
壬辰運中子貴沾恩寵何愁白髮生癸巳運中春
光歸去也花落水流東

庚子年　乙酉月　庚寅日　壬午時

此八字庚金相配柱中木火才官之格羊刃特令
𢧐我功名主人生於温潤之族長於穩厚之門椿
萱有倚先亡母天边鴻雁不聯群丰姿清秀天性
手能祖基宜革古事業必添新市[illegible]有生意湖海
祿元豊時至運道成事業地[illegible]人傑[illegible]白此則
旺足之命鴛幃土合須年敵子[illegible]義深運
行初丙戌上人庇下雲淡風[illegible]世事究
如春夢人情薄似秋雲[illegible]遍添新
綠深谷春來[illegible]光処
只恐閑非素[illegible]錦江
山一座屏辛卯運中桑榆[illegible]一枕難
醒

庚子年　乙酉月　庚戌日　戊寅時

此八字庚辰日元相配柱中木火才杀之格人生
得此生於右族長於名門椿父先帰萱後别天邉
鴻鴈各行鳴其為人也丰姿清秀天性聰明頗知
礼義稍識古今豈無高士敬時有貴人欽終是功
名客豈為田舍翁雖不三登料[illegible]自[illegible]載成名
但看頭角聳光耀舊門庭此[illegible]之命鴛幃有
碍須年敵子嗣秋来朶朶[illegible]丙戌上人庇
下未断平生丁亥運中春[illegible]来生英
戊子運中[illegible]欲[illegible]一丑運
中跨馬起程登[illegible]如大[illegible]運中
幾年困守家門内一但天[illegible]運中紅
蓮葉下清如水尚有超越[illegible]辰運中晚年
閑快楽癸巳運中一枕了平生

子平遺書

庚子年　乙酉月　己未日　乙亥時
此八字己未日元相配柱中金木傷官制殺之格才神在
柱減我功名主人生於右族長於西房椿親磊落萱
歸副天邊鴻雁各分行其爲人也丰姿清秀天性果
剛聰明書藝達倜儻世情長學問不親顏孟孟業生
来常得貴人卿祖業添新慶才源享積蔵過火黃金
重長價離雲皎月倍清光消閑世[illegible]逍遥興酒三觴
才源旺足家居好何須重笏上[illegible]則穩旺之命鴛
幃有犯須偏正子嗣秋来有　戊上人庇
下灾晦之驚丁亥運中如[illegible]　穿泥
節節長戊子運中鉄[illegible]行[illegible]　[illegible]塲已
丑運中天上三陽泰人間五　[illegible]水楼
萱先得月向陽花木早芬芳辛　蔭子筍
万積乃倉壬辰運中晚年閑快　[illegible]以傳觴癸
已運中春光去也一枕黃梁

十九

子平遺書

庚子年　乙酉月　甲辰日　乙亥時
此八字甲辰日元相配柱中金水殺印之格陽刃
合殺有功人生得此生於右族長於名門水命椿
萱双晚贈天邊鴻雁有行鳴其為人也丰姿清秀
天性聰明源流三峽誰能及筆掃千軍就与論不
特魏珠能煞乘还應趙璧擬連城定向月中攀桂
子便從天上領陽春一從宴錫瓊[illegible]浚直上金鑾
輔聖明此則榮貴之命外幃連珠[illegible]酖硬子嗣全
風有挺榮運行初丙戌灾罰[illegible]討礼殺勤丁亥
運中十年窓下業待至更[illegible]子運中[illegible]過禹
門三級浪風生鉄面界不[illegible]運中職遷金紫
声名显六出花飛不損身丑宮[illegible]中一番風雨庚
寅運中藩景階陞超二品九天恩[illegible]加陞辛卯運
中權高損福歸効淵明壬辰運中[illegible]孫榮閑快
樂癸巳運中春歸花落鳥無声

二十

庚子年　乙酉月　丁巳日　庚子時
此八字丁巳日貴之辰相配柱中金水才殺之格
人生得此生於溫潤之族長於善念之門堂上椿
萱連珠屬天邊鴻鴈有行鳴其為人也丰姿清秀
天性聰明窮書覧史學足三冬袖裡虹霓冲霄色
筆端風雨駕雲程豈是池中物乞廷席上珎一朝
但得風雲便九天雨露沐深恩 枝難結菓
東君留意更慇勤此則榮貴之 正副子
嗣晚光榮運行初丙戌天冷 風尚生
丁亥運中焚膏展卷勇 暑終
無問何愁不顯名己丑 好長
安道上馬蹄輕庚寅運中承 世再整
衣冠拜九重辛卯運中錦衣肥 天上恩
波浩浩新壬辰運中榮回故里 携癸巳運
中黃粱未熟清夢先成

庚子年　乙酉月　丁巳日　辛丑時
此八字丁巳日之相配柱中金水才殺之格人
生得此生於右族長於名門椿親榮晚贈鴻鴈
各行鳴其為人也丰姿清秀天性聰明伶終顛
利疑無敵爭力從拱若有祥遇火 共金重長價
離雲皎月倚清風豈是池中物 坐上珎北
海文從頭角謹南山福亨爪牙 從姓字名
題後九五天門沐寵榮此則世 之命兆幃連
珠添配小女晚成榮貴显 花下
花放風生丁亥運 新雪
榮分戊子運中新遷 得綺
浮輕己丑運中雖則良官民訟 金木每
加除當此之際風雪滿庭庚寅 佇看官封
三級果然福祿千祥己卯運中 大用未許
停身壬辰運中晚節閑時基局 風有處復
鮮曾癸巳運中帰去也

庚子年　乙酉月　壬戌日　辛丑時

此八字壬戌日德之辰相配柱中金火來生印綬
之格女人得此生族豈族長配名門椿萱榮晚茂
鴻鴈各行分其為人也丰姿清雅處事克勤女工
機巧四德三從春入水光成嫩綠日勻花蕊發新
磨穿鐵硯非吾事繡折金針却有功一苑杏桃紅
錫錦半溪山水緣罗新喜則淋 怒則遙懷
秉星夫榮子貴萬事如心此則 山之命良人蓮
珠須配長子嗣生成灣灶人運 上人庇
下花放風生癸未 為驚

壬午運中片雲能 晴辛
巳運中一輪明月當秋夜無限 春庚辰
運中食則珍羞百味衣則罗綺千 巳卯運中子
貴重榮贈何愁風雨侵戊寅運中 不閑快樂丁
丑運中一枕梦难醒

庚子年　乙酉月　辛卯日　乙未時

此八字辛金相配柱中水木食神助財之格喜逢建
祿身強值斯象者生於文望之族長於詩禮之庭丰
姿瀟洒智慧聰明胸羅今古事學識聖賢心禮樂縱
橫字詩書典雅文馬蹄塵土三千里鵬翼風雲九萬
程一從字姓登黃甲金紫榮肴次第攀此則宰輔之
命篤幃配合須年長桂子秋來右 史 府初丙戊
上人庇下負笈趨庭丁亥運中 梳露螢板讀
殘茅店月三更戊子運中執 特來方
許躍潜鱗已巳運中 風四

海清庚寅運中腰掛 運中
儀容四海功光着機軸隨旋 運中奪鱗
味美

庚子年　乙酉月　壬寅日　壬寅時

此八字壬寅趨艮之日相配柱中旺金印綬之格
女人得此生於右族長配高堂姿容閨朗髮貌異
常翁姑姑別早妯娌各翺翔勝丈夫之氣槩有男
子之材能風送浮雲歸古洞日匀花蕚蔟新莊心
靜似月明雲漢性急如風捲滄浪錦繡抱開家富
貴琅玕竹報日安康雖不鳳冠帔[illegible]然金穀盈
囊此則益旺之命良人木命須年[illegible]花蘭果
異香運行初甲申上人庇下[illegible]來運中
竹恋花蝴蝶花貪々[illegible]丈門財

業旺旺中尚有事悠[illegible]癸千山
雨雨過千山似錦粧庚辰運[illegible]相悶數
番靜裏憂生己卯運中到此始[illegible]珠蓋百
味勝於常卯字之中一番風雨七[illegible]運中安閑悅
景丁丑運中一枕黃粱

庚子年　乙酉月　壬寅日　丙午時

此八字壬寅趨艮之日印綬之格印綬者上格也
女人得此生於右族配於名門椿萱棠棣霜朝日
妯娌翁姑分上輕其為人也姿容清秀髮貌精神
勝丈夫之氣槩有男子之材能雲收華嶽千山秀
水到湖江一樣清深明閒壺理舊識古今情磨穿
鐵硯非吞事綉折金針却有功玉壓六花两藏韞色
蘭生楚澤散清馨克勤而克儉[illegible]粉填錦綉
花開家富貴琅玕竹報日昇[illegible]顯同沐
帝王恩此則晚福之[illegible]丁嗣秋

來朵朵榮運行初甲[illegible]春癸未
運中紅葉清中傳容意赤[illegible]戊壬午運
中雖則夫門才業旺旺中尚有書[illegible]辛巳運中
滾滾裙釵約日輝輝羅綺臨門梨花飄雪而遍山
青庚辰運中長江小艇歸何速鴛散鴛鴦两處分
己卯運中子榮孌樂春如意尚樂須史哭悔生戊
寅運中晚年多享福丁丑運中一枕入巫峯

庚子年　乙酉月　丙辰日　戊子時

此八字丙辰日之相配柱中金水才官傷才盛武印綬之格主人生於武胄之後長於豐潤之門椿父先歸萱後別天邊鴻鴈各行鳴其為人也丰姿清秀天性機関言不妄發事不胡行精通三界頗曉玄經行儀果斷處事無配謀過君子威壓小人終是功名之客豈為田舍之翁時来自有淵淵　還教路上通一朝但得風雲便九天雨露　不腰金紫也降千萬兵此則武貴　嗣生成近貴人運了了

世事晚行歲右

剪雪裁冰巳丑運中上　辛

之中勝德化捻兵麾下顯威風　千家沾德

化人事尚虧盈辛卯運中天邊沾　不足為能

壬辰運中如魚得水癸巳運中春歸花落一夢南柯

庚子年　乙酉月　甲寅日　己巳時

此八字甲寅專祿之日相配柱中旺金合殺留官之格喜逢時帶食神傷官在柱減吾金紫之榮主人生於右族長於名門椿父先歸萱後別天邊鴻鴈各行群其為人也丰姿清秀天性聰明般般稍覺件件不精謀動君子威伏小人有近貴親賢之德應上和下之能笙歌沸處曾　裔叢中幾醉醒終是功名之客豈為田舍　吏非儒非漢馬有金有粟也　仕字閑此則富榮之命

戌運行初丙戌

日初出似月始升　慶幾多

人事虧盈己丑運中富貴榮華　須吏風雨

辛何驚庚寅運中富之以閏其　以顯其身

當此之際素耗還生辛卯運中庭前竹報平安日檻外花開富貴春壬辰運中子貴孫賢家業旺癸巳運中訃音一播衆傷情

庚子年　乙酉月　乙巳日　乙酉時

此八字乙木相配柱中旺金才官之格惜乎又見
正官減吾正氣主人生於平淡之族長於華麗之
門椿萱有倚成無倚鳰鳫聯群又斷群羊姿魁偉
天性忠誠祖業須重立財源遂貴生遊山翫水携
琴綰觀月栽花把酒斟壓地樓臺春富貴應天歌
曲落風壓花無桃李非春色人有笙歌是太平此
則風月之命鴛幃有祥須偏正　秀且馨
運行初丙戌上人庇　乍寒
乍煖不辱不然
鎖烟凝己丑
裏春庚寅運中財源　運中
延賓從酒會友開尊壬辰運中　尤泥

庚子年　乙酉月　庚戌日　戊寅時

此八字庚辰日元相配柱中木火才殺之格
陽刃持令減吾金子之榮主人生於右族長於
仁門椿父先歸萱後別鳫行天際各摶風其
為人也丰姿清秀天性聰明頗知禮義稍識古
今有抵雪欺霜之志裁長補短之能終是功名
之客豈為田舍之翁雖不三登十卯自然須日
增榮晚年光際景德澤惠
命鴛幃有犯須年乙
丙戌上人庇
路須用對商
剪雪裁冰乙丑運
冕可榮身庚寅運中
邀沐寵榮辛卯運中黎民
空壬辰運中晚年開故里樽酒樂怡情癸巳
運中子貴多快樂胡為蒙不醒

庚子年　丙戌月　辛未日　壬辰時

此八字辛未日元相配柱中火土雜氣官印之格有印有官無官作廊廟之相只嫌傷官在柱别有功夫主人生於右族長於名門椿萱有倚先歸母天邊鴻鴈各行分其為人也丰姿清秀天性聰明立仁豈義多見聞豈無高仕敎自有貴人欽祖業添新慶根源勝旧風布江山外名聞湖海中花無桃李飛春色人有笙歌是太平琴樽風月多生計嶺生松栢歲寒青好意番成惡真心喚得嗔心喚得嗔四海功名身外事五湖風月樂怡情此則饒祐之命鶯幃有犯重招副子嗣

秋来有昷成蹇行初丁亥上人庇下未断平生戊子運中雲開山聳翠雨過重青己丑運中隱隱輕雷抽碧笋微微細雨潤紅英庚寅運中才源旺足家居好須臾素耗不為驚辛卯運中山前山後皆明月江北江南揔是春片時風雨雨過山青壬辰運中才源無進退依舊福才增須臾風雨頃刻變迯癸巳運中春殘花尚茂秋老菊尤馨巳字之中如履薄氷甲午運中子貴家居樂乙未運中帰去也

庚子年　丙戌月　丙戌日　乙未時

此八字丙戌日元相配柱中水土傷官煞印之格土重金埋減其福力主人生於右族長於名門椿父先歸萱後别天邊鴻鴈各行鳴其為人也丰姿清秀天性老誠通今博古覧史觀文袖裡虹電冲霧色華端風雨駕雲程終是功名之客豈為田舍之翁龍門変化三春浪鵬路逍遥萬里程瑶池鞭靜朝南極五夜鐘停拱北宸此則榮貴之命鶯幃春藹子嗣晚榮運行初乙卯上人庇下雲月朦朧丙辰運中欲遂平生投筆志須梭董子下

帷功丁巳運中騰身離雪宴折桂步蟾宮戊午運中驛中晴日催行站江上春風促去程己未運中三度君恩喜兩番風木驚庚申運中権重一番進退且宜籬下樂高情辛酉運中夕陽有限春夢無憑

庚子年　丁亥月　庚子日　丙戌時

此八字庚金相配柱中水火傷官制殺之格正謂金水傷官喜見官遇斯命者生於仁厚之族長於溫潤之門椿萱先別父鴻鴈各行群其為人也多智慧稍聰明行藏豪瀟洒咲傲任枯榮有理白分清之智應上和下之能梅開白雪飄東閣筍出新梢過北庭門損壯觀樓閣凌雲是非莫當門前客得失須憑塞上翁有心於貨利莫意慕功名福有江山外名聞湖海中無慮盡傳詩礼樂有朋自遠方來親但願才源富足何須身入青雲此則穩厚之命鸞幃尅後須重配子嗣秋來孝且忠運行初戊子上人庇下春日融融己丑運中天邊初出月兆上始開英庚寅運中爆竹声催殘臘折梅香引早春逢辛卯運中正是梅青月白也應人事彪盈壬辰世事有增有減財源式廢式興癸卯運中愈老黃花香馥御歲寒松柏耐長青須臾風雨頃刻逡巡甲申運中門損壯觀樓閣凌雲乙未運中鳥啼花落逝水無声

庚子年　丙戌月　壬午日　甲辰時

此八字六壬生臨午位號曰祿馬同鄉雜氣財官之格女人得此生於右族長於高門椿父先歸萱晚別天邊鴻鴈各行鳴其為人也丰姿清秀天性聰明有旰食宵衣之懊惱治家立業之材能雲歸華嶽千山秀水到湘江一樣清萬雲散盡千里長空一色孤月澄清三秋好景長明滔滔無阻滯步步助夫門克勤而克儉易喜而易嗔雖不鳳冠帔服自然財祿餘盈此則發福之命良人水命須年小子嗣生成孝義深運行初乙酉上人庇下淡淡春雲甲申運中孔雀屏開花爛熳橋横銀漢水澄清癸未運中一抹曉烟迷翡翠半泓秋水浸芙蓉壬午運中幾度樂中有悶数番靜裏憂生辛巳運中雖則夫門才業旺還愁素耗未如心庚辰運中無思無慮不辱不榮辰字之中花放風生過此己卯運中春光去也鏡掩晨明

庚子年　丙戌月　丙寅日　戊子時

此八字丙寅之日身生長生乘氣才官之格人生得此手姿魁偉天性剛忠生於華麗之堂長於詩礼之家椿萱榮悅景鴻鴈有凌風學問有識一斧有冲天之氣志英才特達片言有折獄之威雖一從富賜瓊林後人似神仙為此尨此則英貴之命允帷全正副桂子有登榮運行初丁亥上人底下雪案加功戊子運中騰身離雪案峯足步蟾宮己丑運中宴賜瓊林後威飛郡縣驚忙庚寅運中猛虎渡河民快樂飛蝗過境永豐隆辛卯運中山河開拾郡金紫兩加封壬辰運中身應瑚璉器推棟梁洪癸巳運中榮回故里梦入巫峯

庚子年　丙戌月　己丑日　甲子時

此八字己丑日元相配柱中木火襍氣官印之格喜逢天月德相扶人生得此生於大廈長於高堂椿萱双晚茂鴻鴈各分行其為人也手姿清俊天性明良口吐珠璣言語胸藏錦綉文章終是功名客豈為田舍郎一朝馬上衣冠別此是男兒當自強晚年光際景金紫戩加昌此則榮貴之命鸞幃春色麗子嗣晚班藍運行初丁亥上人底下花放風狂戊子運中朝覲孔孟入室升堂己丑運中雖有凌雲志未許顯名揚庚寅運中躍過三層浪衣冠拜家童辛卯運中郎署官啣何足羨大夫金紫播黄堂壬辰運中藩階陞當此際何愁風雪滿門墻癸巳運中正宜侍明主何事返家鄉甲午運中子貴重榮贈東籬菊散香午字之中歸去也

庚子年　丙戌月　壬申日　庚戌時

此八字壬申長生之日相配柱中火土雜氣才殺之格喜逢陽刃相幫主人生於右族長於名門椿萱同慶鴻鴈行鳴其爲人也手姿清秀天性聰明世事頗能將就施爲畧欠精通過火黃金重長價離雲皎月倍清明祖業添新慶根原勝舊風田園棗栢茂畎畝稻粱馨花無桃李非春色人有笙歌是太平福元戌岳瀆威勢壓鄉民此則穩厚之命鴛幃聯珠須配小子嗣秋來朶朶成運行初上人庭下花放風生丁亥運中娟娟雲裏月灼灼葉中英戊子運中隱隱輕雷抽碧笋微微細雨潤紅英己丑運中漸覺夜涼池雨過信知花放晚風輕庚寅運中財源旺處家居好風雪飛來尚惱人辛卯運中豐年田舍禾盈噐落日山家酒滿斟壬寅運中富潤其屋德潤其身癸卯運中人生從此別無復見儀刑

庚子年　丙戌月　己丑日　丁卯時

此八字己丑日之相配柱中火木雜氣殺印之格殺印相生功名顯迹主人生於右族長於名門萱毋續絃椿貴顯天邊鴻鴈各搏風其爲人也丰姿清秀天性聰明筆底詞源三峽遠胸中瑩潔一天星驪珠光照照彩彩雲劍豈藏書終是登庸之客豈爲田舍之翁龍門变化三春浪鵬踏逍遥萬里程瑤池鞭佇鸞南極五夜輪停拱北宸此則榮貴之命鴛幃連理低一載子嗣森枝有挺崇運行初丁亥上人庇下月明雲翳花放風生戊子運中埋頭篤慱李明經己丑運中雲程還萬里來許奮鵬程庚寅運中騰踏飛黃當此際馳春浪躍三層辛卯運中處事伊憑三尺法理刑渾似一團春戢廷金紫風雪滿空壬辰運中推高擅福慎則無驚癸巳運中一枕俞香隔年夢斜風吹落楚山雲

庚子年　丙戌月　癸未日　壬戌時

此八字癸未日主相配柱中火土雜氣財官之格女人得此生於良族配於名門萱母先歸椿晚別天边鴻雁各行鳴其為人也丰姿清秀天性聰明勝丈夫之処置有男子之材能雲収途島千山秀水到湘江一樣清箕帚蘋蘩有礼節相夫教子克多能克敬而克信易喜而易嗔才源旺足家業豐盈晚年子貴多寬樂何必天边受贈封此則穩厚之命良人有犯难偕老子嗣花多一果馨運行初乙酉上人庇下未断升況甲申運中孔雀屏開花爛熳橋横銀漢水澄清癸未運中雖則夫門多快樂幾番人事尚虧盈壬午運中幾度閑中有悶数番静裏愁生辛巳運中紗窓夜雨曾愁听依旧春同草木共庚辰運中晚年閑快樂己卯運中一枕入巫峯

庚子年　丙戌月　乙丑日　壬午時

此八字乙丑日元相配柱中金土傷官助財之格人生得此生於右族長於名門椿萱有倚先虧父天邊鴻鴈各行鳴其為人也丰姿清秀天性聰明胸羅今古事學識聖賢心太山北斗千年在和氣春風四座傾學問有成曾取秋闈深得意英才敏捷誰知春榜不馳聲佇看頭角偉德澤惠黎民此則榮貴之命鴛幃有犯須重續子嗣秋来有挺榮運行初丁亥上人庇下未斷平生戊子運中欲遂平生志須加董子功己丑運中騰身離泮水攀桂入神京庚寅運中寄跡橋門十載時来天府沾恩辛卯運中佐政黄堂民悅服何期解組向離東當此之際斷絃赴嗣行樂遨巡壬辰運中大抵功名只如此晚年會友以開樽癸巳運中心事數莖之白髮生涯一片之閑情甲午運中春光去也一道訃音

一庚子年　丙戌月　己丑日　甲子時

此八字己丑日元相配柱中木火㩗氣官印之格人生得此生於右族長於名門椿萱双脱別鴻鴈各搏風其為人也丰姿清秀天性聡明筆落驚風雨詩成泣鬼神不特䰠珠能照乘还應趙壁擬連城終是功名之客豈為田舍之翁雲程坦坦登天去奎足悠悠名利成一旦奮身登甲第九天雨露沐皇恩此則榮貴之命鶯幃冝有贈子嗣脱光榮運行初丁亥幼年之下史䮠之中戊子運中欲遂平生志須加董子功己丑運中雪案須留苦志天堦未許榮登庚午運中到此始知文李好長安道上馬蹄輕辛未運中三度恩喜兩番風木驚壬辰運中正冝輔国何事辞萗癸巳運中無憂盡傳詩禮樂有朋来自遠方親甲午運中夕陽有限春夢無憑

子平遺書　十一

庚子年　丙戌月　庚午日　庚辰時

此八字庚午貴食之日相配柱中火土㩗氣殺印之格人生得此生於右族長於仁門萱文先帰椿後別天邊鴻鴈各飛鳴其為人也姿容清雅体態豊腴有旰食宵衣之勤勉治家立業之操持過如男子勝如丈夫雖同心於妯娌不惡憲於翁姑一苑杏桃鋪錦綉滿山松栢映幃屏楊柳無風枝㛦㛦桂花有月萼光輝克勤克儉雞犯雞欺雖不鳳冠霞服一生才禄盈餘晩年子貴顯福禄勝常時此則旺益之命良人連珠低一載子嗣森枝有五奇運行初乙酉上人庇下未斷弁沉甲申運中春帰柳葉晴初变紅入桃花煖未匀癸未運中一樹晩烟迷弱柳半湖秋水浸芙蓉壬午運中雖則夫門才業旺旺中尚有事虧盈辛巳運中才源旺足家居好尚有憂愁素耗生庚辰運中夫賢子秀樂意忘情當此之際花放風生己卯運中子貴孫賢家業旺戊寅運中春光帰去鳥無声

子平遺書　十二

庚子年　丙戌月　庚子日　壬午時

此八字庚子日元相配柱中火土棵氣殺印之格殺印相生功名顯達主人生於試室長於文祥土木椿萱雙脫贈天遐鴻鳫各聯行其為人也丰姿清秀天性明良口吐珠璣言語肖藏錦綉文章東海驪珠斛幾見豐城雷劍不終藏終是功名客豈為田舍郎咲顏登試院唾手赴科場一從宴飲瓊林後九重雨露沐恩光此則榮貴之命鴛幃連珠須配小子嗣生成継顯郎運行丁亥上人庇下花放風狂戊子運中味道心千古披文目五行已丑運中霹靂一聲雲霧合崢嶸頭角現天堂庚寅運中敭事但憑三尺法理刑渾似九秋霜辛卯運中南陽郎壮名高著西漢龔黄令大行梨花舞雪佐政省堂壬辰運中佇看官陞翹二品果然聲價播朝堂癸巳運中職居宰輔位列廟廊甲午運中解組回田里清風引夢長

子平遺書　十三

庚子年　丙戌月　壬申日　甲辰時

此八字壬申長生之日相配柱中金土雜氣財官之格杀印相生功名显達主人生於大厦長於名門椿萱雙脫茂鴻鳫各行鳴其為人也丰姿清秀立性聰明千古文章逞榮耀一天星斗煥心胸衣冠濟濟人中傑和氣怡怡座上珍終是功名之客豈為田舍之翁龍門变化三春浪鵬鷲逍遥萬里程一從姓字傳臚後直上金鑾輔

聖明此則榮貴之命允幃連珠須配小子嗣生成貴显人運行初丁亥上人庇下花放風生戊子運中十年窓下業黄卷与青灯己丑運中霹靂一声雲露合禹門躍過浪三層庚寅運中綉衣耀日金紫重陞梨花舞雪雨過山青辛卯運中藩臬階陞超二品

九天

恩詔又重陞壬辰運中赤心扶

日月素志展經綸癸巳運中解官回故里子貴又重封甲午運中訃音一播酹酒三鐘

子平遺書　十四

庚子年　丙戌月　甲子日　甲子時

此八字甲木相配柱中金土才殺之格食神制殺有功遇斯命者椿萱先别父鴻鴈不聯群丰姿清秀天性雍容有理白分清之志應上和下之能名聞湖海声振卿村每事恩中成怨多應笑裏成嗔處世無榮辱平生不富貧此則穩實之命鴛幃有碍須添寵桂子秋来朶朶馨運行初丁亥上人庇下天朗氣清戊子運中戰則有功攻必勝方知擊石始烟生己丑運中旺中曾駁雜依舊旺才名庚寅運中淡烟楊柳岸薄霧杏花村辛卯運中滚滚財源来正旺旺中尚有事迭巡壬辰運中如松之茂似栢之馨癸巳運中安閑晚景甲午運中一枕清風

庚子年　丙戌月　癸酉日　乙卯時

此八字癸酉之日相配柱中火土才氣才官之格喜逢時值貴人生於武族長於名門萱母先歸椿顕發天邊鴻鴈各行鳴其為人也丰姿清秀天性聰明有理白分清之智識長補短之能祖業須重立根源勝舊風頗知黃石略猜識聖賢經終是功名之客豈為田舍之翁三跳御溝沾寵渥百年灯火獨為尊晚年光霽景才祿足豐盈此則晚福光武榮貴之命鴛幃火命須年小子嗣枝頭一果榮運行初丁亥上人庇下月白風清戊子運中青歸柳葉晴初變紅入桃花嬡未匀己丑運中不勞窓下攻書史益喜天邊雨露恩庚寅運中雖則光榮多快樂也愁人事有虧盈辛卯運中榮中尚有風翻浪依舊身心幸不驚壬辰運中百卒軍中瞻獨步時来遇貴再加榮癸巳運中英雄傳令器籬下樂高情甲午運中春光去也夢入巫峰

庚子年　丙戌月　甲申日　癸酉時

此八字甲申專權之日相配柱中金火食神制殺
之格人生得此生於右族長於名門椿父先歸萱
後別天邊鴻雁不同鳴其為人也半姿清爽性格
精神立仁立義多見多聞學問三冬足群書萬卷
通許鋒穎利疑無敵筆力縱橫若有神終是文場
榮貴客豈為田舍鑿耕人瓊林雖不忝高宴自有
仁風四境清嘉谷不早實名利當晚成舒長化日
桑麻茂駘蕩仁風雨露生此則榮貴之命鴛幃有
犯須抬贈子嗣榮門晚節馨香行初丁亥上人庇
下来斷平生戊子運中欲遂平生志潛心對短檠
己丑運中何事不能令日足時来頃刻便升騰庚
寅運中寄跡橋門十載寒氈鐵硯辛勤辛卯運中
皇恩有感百里馳名壬辰運中正欲聯班遷金紫何
須進退因循莫言此際多顛躓幸有天恩再寵榮
癸巳運中有名閑富貴離下樂高情甲寅運中歸
去也

庚子年　丙戌月　辛酉日　丙申時

此八字辛酉專祿之日相配柱中火土雜氣官印
之格人生得此生於右族長於名門椿父先歸萱
後別天邊鴻雁各行群其為人也半姿清秀天性
聰明斷高理直處事公平知高下識重輕過火黄
金重長價離雲皎月倍清明祖業添新慶根原勝
舊風終是功名客豈為田舍人時來逢貴助三載
便成名晚年祿位滔滔振便將德澤惠黎民此則
榮貴之命鴛幃連珠低一載子嗣森枝一秀榮運
行初丁亥上人庇下化日陽春戊子運中天邊初
出月花工始開塞己丑運中幾欲思高慕遠依然困
守門庭庚寅運中三載勤勞甘苦守皇恩有感祿
光榮迎來送去人事匆匆辛卯運中驛站豈能長
久任皇恩有感職加陞百萬粮儲吾職掌須吏風
雪不為驚壬辰運中祿位再沾新雨露除奸極惡
執權衡當此之際琴堂佐政黎庶寬心癸巳運中
解組回田里子貴再沾恩甲午運中春光去也花
落月沉

子平遺書　十九

庚子年　丙戌月　壬午日　辛亥時

此八字六壬生臨午位號曰祿馬同鄉襍氣才官之格人生得此生於右族長於高居椿萱不逮祿養鳴鳫有不聯飛其於人也丰姿清秀天性操持窮今古覽詩書善決善斷多見多知見善則持於己當仁不讓爲斯終是功名之客豈敎田里耕鋤不登金榜难折桂枝嘉谷不早實名利晚方奇一朝但得風雲便跨馬天門沐寵帰舒長化日多麻茂融落仁風雨露濡此則晚榮之命鴛幃有犯須招副子嗣榮門有出奇運行初丁亥上人庇下未斷高低戊子運中端簡留神久青藜照誦初己丑運中雖有凌雲志緣無棲漢梯庚寅運中時来機會好跨馬入京畿辛卯運中橋門寄跡藏器待時壬辰運中皇恩有感声名顯千里仁風四境馳癸巳運中正叙天邊加壽祿何事蕁盤有所思甲午運中延賓玩物會友圍棊乙未運中帰去也

子平遺書　二十

庚子年　丙戌月　辛巳月　己丑時

此八字辛巳之日相配柱中火土雜氣官印之格人生得此生於右族長於名門土火椿萱先別父天邊鴻鴈後二鳴其爲人也手姿清秀性取剛忠諆動君子威伏小人水尤浮座盃盤瑩花氣侵人咲語馨樓臺疊疊生涯好財帛豐盈福祿增田園桑柘茂畝畝稻梁馨月掛碧天多皎潔名揚湖海有光榮消閑棊一局遣興酒三鍾常將好意番成悪每把真心換得嗔雖不青雲得路也應鄉里推尊此則穩享之命鴛幃永命須年少子嗣秋成貴顯榮運行初丁亥上人庇下椿樹凋零戊子運中世事宛如新折柳人情薄侶半開英己丑運中世情濃又淡淡憂又還濃庚寅運中人生正在風光處只恐災非晦耗生辛卯運中財源雖旺足人事尚因循壬辰運中威權有布人欽服財帛興隆弟宅新當此之際風雪滿庭癸巳運中無慮盡傳詩礼樂有朋來自遠方覩甲午運中子榮孫秀梅白風清乙未運中楚臺雲散空留梦漢苑香消不返寃

庚子年　丙戌月　戊寅日　乙卯時

此八字戊寅專權之日相配柱中木火穰氣殺印之格人生得此生於右族長於高門金命椿萱連珠合璧天邊鴻鴈各行鳴其為人也手姿清秀天性聰明知高識下理白分清有近貴親賢之德應上和下之能過火黃金重長價離雲皎月倍清明不必覓珠來水府何須求翻到豐城五湖生計好四海福源增得意江山詩句絕忘情日月酒盃深財源富足家居好何須天府沐皇恩此則豐厚之命鴛幃連珠須配小子嗣生成孝義人運行初丁亥上人庇下花放風生戊子運中如花向日似月離雲己丑運中隱隱輕雷抽碧笋微微細雨潤紅英庚寅運中天上三陽泰人間增辛卯運中不獨財源富足尚祈聲勢豪洪梨花舞雪雨過山青壬辰運中富足以潤其屋德足以潤其身癸巳運中晚年多快樂一枕了平生

庚子年　丙戌月　乙亥日　甲申時

此八字乙亥之日相配柱中金火傷官帶印之格人生得此喜逢時值貴人天月二德相扶為人豈不發祿主人生於右族長於仁氏椿父早歸堂後別鴈行天際各凌雲其為人也手姿清淡天性聰明窮今晚古學足三冬麗句好為天下白高材俊似海東青終是功名客豈為田舍翁嘉穀不早實大器當晚成雖不三登科甲自然祿位光榮此則榮暮之命鴛幃有慰重然火子嗣森枝有晚榮運行初丁亥上人庇下化日陽春戊子運中十年窓下業黃卷與青灯己丑運中幾啟恩高慕遠番成薄雪栽氷庚寅運中執卷幾回空嘆月依然固守讀書灯辛卯運中機會或從天上降鸋鳫天邊沐寵榮皇恩重有感德化啓儒生雪晴雲散雨過山青壬辰運中教鐸豈能留得位皇恩有感戩加陞癸巳運中榮歸故里樂子貴再加封甲午運中桃源春去也蓬島信難通

庚午年　丙戌月　壬子日　庚戌時

此八字壬子日刃之格相配柱中火土雜氣才官之格女人得此生於右族長於名門椿萱有倚為耄天邊鴻鴈各行鳴其為人也姿容清秀髮皃精神有針綫之巧立業之勤雲收華嶽千山秀水到湘江一樣清每懷九騰意時抱擇隣心春入水光成嫩綠日為花萼發新紅克勤而克儉易喜而易嗔才源富足家業豐盈若非二次行花烛天定生来配旧婚此則穩旺之命良人配得須年長子嗣秋来孕、戌運行初乙酉幼年之下未断平生甲申運中春園雖雨過桃李未生英癸未雖則夫門多快樂幾番人事尚丐盈壬午運中梅白竹青當此之際还愁風雨暗相侵辛巳運中軒開化日千祥集簾捲香風百福增片時風雨頃刻遂巡庚辰運中夫荣子秀樂意忘憂辛卯運中悦年快樂戊寅運中百鳥無声

庚子年　丙戌月　丁卯日　庚戌時

此八字丁卯日元相配柱中水土傷官助才格人生得此生於右族長於名門椿父早歸萱晚別天邊鴻鴈各行鳴其為人也丰姿清爽天性老誠斷高理直處事公平世事頗能将就般般學又精通自有順天之慶豈無地之深重成新事業難守舊門庭田園桑柘茂畝畝稻粱馨花無桃李非春色人有笙歌是太平施恩惹怨布德成嗔雖不建侯封爵自然鄉黨推尊此則豐潤之命外幃老别尤重續子嗣枝枝一果馨運行丁亥上人庇下風雪初晴戊子運中綉花看有艷畫水听無声已丑運中着意種花花不發無心插柳柳成陰庚寅運中雖則行藏有慶還愁人事虧盈辛卯運中才源雖旺足風雨片時生壬辰運中絲斷傷心何足慮還忌閑非晦耗侵過此癸巳運中老来思樂閒中事三径荒凉有竹松甲午運中晩年閑快樂一枕子平生

庚子年　丙戌月　辛未日　丙申時

此八字辛金相配柱中火土殺氣才官之格人生得此生於右族長於高門椿萱不並鸞鳳鴻鴈各飛鳴半姿清古天性聰明學問稍知今古筆鋒稍近賢英終是功名之客豈為田舍之人律法久誇勞案牘功名須藉筆刀成佇看頭角聳光耀舊門庭此則微貴之命鴛幃正副方偕老子嗣秋來有挺榮運行初丁亥上人庇下未斷弁沉戊子運中欲速不達揚帆待風己丑運中貴人相指引祿馬旺前程庚寅運中去除巾幘簪烏帽未許天邊沭寵榮辛卯運中威權有布人欽伏須更遷職又加陞壬辰運中除奸絕惡政化西東癸巳運中解組歸田里甲午無常又促程

子平遺書　二五

庚子年　丙戌月　庚辰日　己卯時

此八字庚辰日德之辰偏官助才之格遇斯命者生於相府長於侯門椿萱難並奉棠棣獨光榮半姿磊落天性聰明頗窮黃石畧稍識聖賢經享見成爵祿承祖蔭之功名旗穿曉日雲霞襍山倚秋空劍戟明心源落落堪為將膽氣膛膛合用兵腰橫金作帶符剖玉為鱗佇看晚年光霽景定居帥府壻邊戎此則武候之命鴛幃正副方偕老子嗣榮門孝義深運行初丁亥上人庇下化日陽春戊子運中金距鬪鷄三市比玉鞭誇馬上陵來己丑運中雖則恩叨爵祿還愁微雨弄情庚寅運中萬馬不嘶听號令諸藩無事樂耕耘辛卯運中皇恩重有感祿位廷來壬辰運中天子旌旗分一半未應解組向籬東癸巳運中英雄傳與子甲午運中春殘鳥不鳴

子平遺書　二六

庚子年　丙戌月　甲申日　丙寅時

此八字甲申專祿之日配相柱中金火傷官制煞之格人生得此生於右族長於名門木火椿萱双晚贈天邊鴻鴈各翱翔其為人也丰姿清秀天性果刚口吐珠璣言語胞中錦綉文章東海驪珠能幾見豐城雷劍不終藏終是功名之客豈為田舍之郎純學科場明試浣英材翰苑沐恩光清映梅窓蕉玉雪寒生柏府凛秋霜此則榮貴之命鸞幃得配年庚女子嗣生成貴顯郎運行初丁亥上人庇下風捲滄浪戊子運中味道心千古持文目五

行己丑運中騰身離泮水名顯上朝堂庚寅運中鴈塔題名後朝朝識聖王辛卯運中皇恩有感重加祿金紫煌煌照省堂黎花舞雪幸不成傷辛字之中重金重紫貴臺省秉權衡壬辰運中有材應大用何事便還鄉癸巳運中春光歸去也一枕入黃粱

庚子年　丙戌月　庚辰日　庚辰時

此八字庚辰日德之辰相配柱中火土雜氣煞印之格煞印相生功名顯達主人生於右族長於名門同屬椿萱一勘贈天边鴻鴈各行鳴其為人也丰姿清秀天性聰明千古文章運榮耀一天星斗煥心胸麗句妙為天下白高材俊似海東青終是功名之客豈為田舍之翁雲程坦坦登天去李門悠悠名利成一旦風雲相際會九天雨露沐皇恩此則榮貴之命鸞幃連理須招小子嗣秋來有極榮運行丁亥天冷雪迷凍江寬風尚生戊子運中

聞詩學礼秉烛論文己丑運中到此始知文學好融融春浪躍三層庚寅運中寒拂紫衣催驟去光生玉節下雲層時未從此貴風雪尚愁人辛卯運中活景階陛當斯際皇恩有感再加封壬寅運中有才應大用何事便辭榮癸巳運春光去也一枕清風

庚子年　丙戌月　辛巳日　戊子時

此八字辛巳之日相配柱中火土雜氣才官之格丙金喜鎮掌威權之助人生得此生於右族長於名門水土椿萱双晚茂天邊鴻鴈各行鳴其為人也丰姿清秀天性聰明源流三峽誰能及筆掃千軍孰與倫過火黃金重長價離雲皎月倍清明終是功名之客豈為田舍之翁一從姓字傳臚後金紫榮看次第陞此則榮顯之命鴛幃連珠須配少子嗣生來貴顯人運行初丙戌天冷雲還凍江寒風尚生丁亥運中聞詩學禮負笈趨庭戊子運中欲遂平生志須加董子功己丑運中躍過三層浪頭角便精神庚寅運中貯看片時飛詔至九重金紫再加陞辛卯運中風雪初晴天已曉皇恩有感再加榮壬辰運中赤心扶日月素志轉經綸癸巳運中青春歸去也一枕入巫峯

庚子年　丙戌月　乙未日　丁亥時

此八字乙未日元相配柱中金火傷官助才之格人生得此生於右族長於西旁椿親有倚萱先別天邊鴻鴈各聯行其為人也丰姿清秀天性果斷般般少覽件件平常過火黃金重長價離雲皓月陪清光祖業添新慶才源厚積藏英雄推增録三尺豪傑相逢酒一觴時來才祿旺運至福元昌但願一生湖海樂何必思登天子堂此則穩厚之命鴛幃有伲須配小子嗣秋來有顯揚運行丁亥上入庇下花放風狂戊子運中隱隱春雷碧筍微微細雨潤垂楊己丑運中水向石边流出冷風從花裏過來香庚寅運中才源富足家居好風雪飛來幸不妨辛卯運中門迎珠履三千客屏列金釵十二行黎花映雪素耗何傷壬辰運中手箓手笏乃積乃倉癸巳運中延賓玩物會友流觴甲午運中春光去也一枕黃梁、

庚子年　丙戌月　甲子日　壬申時

此八字甲木日元相配柱中金火食神制殺之格
喜逢印綬生身人生得此生於右族長於高門椿
萱先別父鴻鴈各飛騰其為人也丰姿磊落性格
聰明般般好學件件不精頗知玄妙術稍識聖賢
經笋長名園過舊竹花開上苑勝先春親賢近貴
自足自能終是功名客豈為田舍翁不費十年苦
學定應九載成名一朝頭角崢光耀舊門庭晚年
光霽景疊疊祿元陞此則榮貴之命鴛幃金命須
年小子副森枝有挺榮運行初丁亥上人庇下月
白風清戊子運中時來逢貴助祿馬旺前程己丑
運中劍筆高揮多壯觀雨晴天路馬啼輕榮沾新澤
雨露再整菩家門庚寅運中百萬糧儲吾貶長史
風雨不為驚辛卯運中除奸提恩矛名顯皇恩有
感再加陞佐政琴堂名望重何慈人事有虧盈壬
辰運中正宜蒞政未許辭榮銀章紫綬政化西東
癸巳運中子貴重沾恩澤甲午運中訃音一播清
風

庚子年　丙戌月　乙亥日　己卯時

此八字乙亥日元相配柱中金火傷官助財之格
喜逢日旺以配時遇斯命者生於右族長於名門
金土傷官椿萱榮晚節天邊鴻鴈各行鳴其為人
也丰姿清秀立性聰明源流三峽誰能及筆掃千
軍孰與論衣冠濟濟人中傑和氣怡怡座上珍終
為名利之客豈是田舍之翁鵬路高搏知健翼龍
門深躍見脩鱗一從姓字傳揚後九重雨露沐皇
恩此則榮貴之命鴛幃有犯須招副子嗣秋來有
挺榮柳舒青眼花放風生運行初丁亥上人蔭庇
詩礼起居戊子運中踏破泮橋霜幾曉讀殘茅店
月三更己丑運中三月一聲雷動地禹門躍過浪
三層庚寅運中粉署聯班才獨稱皇恩有感大夫
榮辛卯運中職近金紫貫風雪又愁侵壬辰運中
佇看官贈三級酌然祿享千鍾癸巳運中子貴家
榮旺甲午運中青夢遶佳城

庚子年　丙戌月　丁丑日　甲辰時

此八字丁丑日之相配柱中金土傷官制敎之命人生得此生於良族長於仁門同属椿萱双挽别鴈行天際有飛騰其為人也丰姿清秀天性豪洪有抵雪欺霜之志截長補短之能祖業添新慶根原勝舊不以功名為念豈將冠冕磨鬢得意江山詩句健客情日月酒盃深時至自招才禄旺何須跨馬入青雲此則豊盈之命鴛幃同属方偕老子嗣金風孝義深幼年之限花放風生丁亥運中驚濤乱水脉驟雨觜峯紋戊子運中隱隱輕雷抽碧

笋微微細雨潤紅英己丑運中月掛碧天明皎潔名揚湖海有光榮庚寅運中禄若泉源湧才如春氣生當此之際風雪滿空辛卯運中一旦秋風乍起須史四海波平壬辰運中庭前竹報平安日欖外花開富貴春癸巳運中春光去也一枕清風

庚子年　丙戌月　癸酉日　丁巳時

此八字癸酉日貴之辰相配柱中火土才官之格喜逢印綬生身人生得此生於石族長於高門土木双親榮晩賜天邉鴻鴈各竹鳴其為人也精神烱烱知慧明明辭鋒影疑無敵筆掃千軍誰與論衣冠濟濟人中傑和氣怡怡席上珎終是功名客豈為田舍翁龍門變化三層浪鵬路迢遥萬里程一從揚姓字金紫戢階陞此則榮貴之命鴛幃連珠須配小子嗣生成貴顯人丁亥運中上人庇下花放風生戊子運中欲遂班超投筆志須精董子

下帷功己丑運中振道是龍還不信果然奪得錦標榮庚寅運中獄折片言民訟息九天雨露又加陞辛卯運中西風吹過天邊雪從此陞陞方面尊壬辰運中赤心扶日月素志展經綸癸巳運中安閑晩景甲午運中春夢無憑

庚子年　丙戌月　乙亥日　丙子時

此八字乙亥之日相配柱中火土傷官助才之格女人得此生於右族長於名門椿父先歸萱得列天邊鴻鴈各行鳴其為人也手姿清秀天性精神勝丈夫之氣厚有男子之才能曰祿曰榮自有順天之慶常安常樂豈無福祉之深遇火黃金重長價離雲皓月倍情明羅綺飄香風藹藹壺觴列席草萋萋五湖生計好四海祿元齊此則榮貴之命良人連珠並珠子榮門有歷丟乙酉上人庇下來断平生甲申運中須史雲樓月頃刻月離雲癸未運中須則夫門才業旺旺中尚有四旁虧壬午運中乍雨乍晴留客景或寒或煖困人春辛巳運中夫榮子秀無沛澤樂高情庚辰運中天上三陽泰人家五福增乙卯運中晚年快樂子貴榮封氏富運中歸去也

庚子年　丙戌月　己丑日　戊辰時

此八字己丑日元相配柱中全火傷官助才之格喜逢天月德相扶只嫌身旺才輕減吾貴氣主人生於右族長於高門土命椿萱並耄天边鴻鴈有行鳴其為人也丰姿清秀天性乖能有舦舦之計較淡淡之聰明過火黃金重長價離雲皓月倍清明江湖播姓字閭里有声名英雄惟贈劍三尺豪傑相逢酒一鍾才源富足平生好何須跨馬入青雲此則穩旺之命死幃連珠須配小子嗣金凤孝且忠運行初丁亥上人庇下灾晦之中戊子運中春凤播奐微雨弄晴己丑運中乍雨乍晴留客景或寒或煖困人春庚寅運中才源從此振事業愈添新當是時也素耗还生辛卯運中錦囊玉軸盈余積凤雪还應一度侵壬辰運中延賓玩物會友開樽癸巳運中老来且樂閑中事三徑荒凉有竹松甲午運中帰去也

庚子年　丁亥月　庚子日　丁亥時

此八字金生水傷官之格傷官者剛銳之物也正人性格機謀動為倜儻庸人常不足貴容自相欽椿萱昌遂双、雀鴻鴈奚能對、翔祖業終須早熬頓資囊漸覓晚榮昌但無寵辱心常足何必思登白玉堂佇看子孫戚大用果然光彩謁門墻此則饒潤之命死怖全正副子嗣散烁香運行戊子向陽花蕋艷出土笋簪長己丑運中報道春光好焉能到洛陽庚寅運中人情好濃淡人事尚悠揚辛卯運任他幾度闲愁履雪經癸巳運中賓朋滿酒盈觴甲午運安享晚年乙未運夢入泉鄉

子平遺書　一

庚子年　丁亥月　甲午日　丙寅時

此八字甲木相配格中金水傷官帶印之格人生得此本显功名運行財地臧我光榮其為人也丰姿磊落天性亦能一對椿萱双皓首天邊鴻鴈少聯群立仁立義多見多聞李門曾遊泮水利名八薄無心江湖播字閙里有聲名遊山戲水携詩卷對月觀花把酒斟但須回方風味好何該野馬上神京此則商賈之命鴛幃有碍須相舩桂子秋来有挺榮運行初戍子上人庇下負笈趋遙己丑運中不穷書吏事好路春庚寅運中二五閡山可惜念一番風雨一番驚辛卯運中遨遊湖海高風味尚有趣趄未順情壬辰運中一番風雪初晴後財源滾滾旺門庭癸巳運中英雄惟贈劍三尺豪傑相逢酒一樽甲午運中華貴享福乙未運中花落月沉

子平遺書　二

庚子　丁亥　辛亥　己丑

此八字辛亥日相配桂中之水傷官用印之格人生得此仕路声揚椿萱不逮双榮贈鴻鴈天邊各奮翔丰姿洒落天性明良理貫古今之學心明賢聖之章一從姓字飛揚後榮沐恩波出帝鄉此則顕榮之命鴛幃有碍須偏正桂子秋来吐異香運行初戊子上人庇下何論炎凉己丑運中尋章摘句入室升堂庚寅運中志欲登天步月時来方許名揚辛卯運中到此風雲際會果然騰踏飛黃壬辰運中榮沾寵渥光家世化日融融照一方癸巳運中再加禄位未擬還鄉甲午運中榮回故里乙未運中夢入仙鄉

庚子　丁亥　癸巳　甲寅

此八字癸巳日相配桂中木火傷官助才之格人生得此行藏洒落性格仁慈椿文先歸萱耐脫鴈行天際有分飛學識穷今博智謀辯是非祖業重新變才囊自積齊江湖財帛旺市井貨財肥佇看来脫節車馬集門閭此則富旺之命鴛幃諧白首桂子有秋枝運行初戊子幼年之景快樂怡怡己丑運中一番風雨過紅紫映門楣庚寅運中但覺行藏百變不妨人事蹉跎辛卯運中風狂椿樹折才帛勝常時壬辰運中英雄交敬後樂處又生悲癸巳運中金珠滿目壯觀門閭甲午運中孫賢子秀乙未運中歸去来兮

子平遺書

庚子年　丁亥月　己丑日　甲子時

此八字己丑日相配柱中之水財旺生官之格正竭才盛生官終身有慶值斯象者丰姿慷慨天性公平椿萱不待雙榮養鴻鳫天邊各奮鳴學問三冬足詩書萬卷精瓊林雖不登高宴晚節尤能金紫榮此則榮顯之命鶯幃有祀須偏正桂子尤難後發榮運行初戊子上人福庇黃卷青燈己丑運中志欲登天步月身還剪雪裁冰庚寅運中三疊陽飛釀足未應氣醲便奔騰己卯運中寵渥榮沾後輝、此日明壬辰運中祿元重顯擢職列大夫陞癸巳運中重金重紫未鮮簪纓甲午運中黃花綠酒乙未運中夢入蓬瀛

五

子平遺書

庚子年　丁亥月　乙未日　丙子時

此八字乙未日相配柱中之水印綬之格局印綬者上格也人生得此本显功名只嫌水泛木浮不貴而富椿父先帰萱後別鳫行天際不交鳴丰姿磊落天性公平有濟人之德無救宫之聲十斷九連成大業三番四覆旺財名佇看来晚節財旺福峥嵘此則穩富之命鶯幃金命須年少桂子森枝一挺榮運行初戊子幼承上庇不辱不榮己丑運中辣、風雪滾、貸財生庚寅運中樂中曾有悶悶過旺才名辛卯運中家業重成行樂順名馳湖海勢英、壬辰運中到此時通運泰財源廣、生成癸巳運中晚年重發旺金玉積盈、甲午運中孫賢子孝乙未運中夢入蓬瀛

六

庚子年　丁亥月　癸卯日　庚申時

此八字癸卯日相配柱中金木傷官用印之格女人得此福足以栄椿萱棠棣難依耄妯娌翁姑半有情儀容秀爽天性良能箕帚蘋蘩可托相夫教子多能錦綉花開富貴琅玕竹報安寧佇看耒眂節錦綉酌震明此則栄夫顯子之命良人配豪貴子嗣胥賢美運行初丙戌幼年之景月浪天清乙酉運中帳館鴛鴦帶花開孔雀屏甲申運中裙釵雖壯麗人事有悲生癸未運中踈踈風浪過日日旺門庭壬午運中囊空休嘆息風雪不傷情辛巳運中夫栄身處樂羅錦色鮮明庚辰運中華瑩安享己卯運中機柳無聲

庚子年　丁亥月　丙午日　乙未時

此八字丙午日刃之辰配合提綱亥水偏官之格結成助局以扶身女人得此足以起宗立業生於善族配于仁門丰姿穩厚標格精神有助勤九膽之賢能遺訓斷機之秀無偏無黨克儉克勤姑親可倚妯娌緣輕早年自有優游福晚景還加冠帔榮此則起家之命良人百歲以齊眉桂子紛紛多壯觀運行初丙戌和風暖日毓秀閨庭乙酉運中乘鸞匹配同氣同聲甲申運中簾捲香風生意廣軒闊化日祿元增癸未運中正欲尋芳而賞翫一番梨雪又交傾壬午運中雲開月皎雨過山青辛巳運中子貴夫榮吾快足滿庭佳氣瑞祥生當此之際踈踈細雨庚辰運中上五年桑榆晚翠下五年春夢無憑

庚子　丁亥　庚寅　丙子

此八字庚寅日相配柱中水火傷官制殺之格人生得此丰姿磊落志氣英豪堂上椿萱難並奉天邊鴻鴈各飛遥筆底詞源三峽遠胸中學業五車高早登蟾窟攀丹桂快向龍門奪錦標此則風憲之命鴛幃全正副桂子長秋梢運行初戊子上人庇下詩禮吟嘲辛丑運中雖則雲程有路未應去踏足鰲壬寅運中虎風鷩郡縣落日到山椒踰此重金重貴福厚壽高

庚子　丁亥　壬子　庚戌

此八字壬子日刃之辰時上偏官之格喜得印綬生身稟乎中和之道值此象者椿父後歸萱早別鴈行聯字獨呈業其為人也丰姿磊落性格英賢見善有不欺之德當仁存不讓之心每攻叡戟鮮習書文何必登場科舉自然营苑馳名此則武職之命鴛幃得合宜招贈子嗣秋深有發馨運行初戊子只宜褪褓何應生平巳丑運中漸漸精神爽看看氣象新庚寅運中報道春光好果然雨露新辛卯運中士卒聞風心懼高人提挈精神壬辰運中幾度區區都歷過總裁麾下勢豪生癸巳運中祿位榮加名德顯未應辭組樂閑身甲午運中有子承遺澤乙未運中黄粮夢不醒

庚子年　丁亥月　壬辰日　壬寅時

此八字壬辰日配乎柱中木火傷官助財之格人生得此年姿英雅性格明良椿樹早凋萱耐脫天邊鴻鴈半分翔稍有賢良之志粗知礼義之方十斷九連成事業三翻四覆旺財囊佇看脫節時通達也有聲華蓋一鄉此則自旺之命篤惏有碍須招副桂子雖生欠挺芳運行初戊子幼年之景冬暖夏涼已丑運中有生心貸利無志讀文章庚寅運中財帛來興旺風霜怙一場辛卯運中世事多番覆聲名有抑揚壬辰運中幾多蒙悶過依舊旺門墻癸巳運中老當益壯勢壓鄉邦甲午運中稟陳貫朽乙未運中夢入仙鄉

庚子年　丁亥月　壬子日　庚戌時

此八字壬子日月之辰水歸身旺時墓之格其爲人也秉賦良能行藏節儉有覩之秀氣和衆之機閱祖基祖業革故昇新鴈字鴻行分形散影初運躊躇待到中年頗順中年既順不如晚翠光鮮此則晚榮之命鴛鸞有紀須年小桂子金風發秀妍運行初戊子柳鎖愁雨重花瘦怯春寒已丑運中日升暘谷月效中天庚寅運中時運不來宜守旧深思遠慮總徒然辛卯運中世事恰如新長柳人情還似半明蟾壬辰運中崎嶇都歷盡一旦姓名傳癸巳運中不但足才足祿尚術多勢多雄甲午運中莫道晚年無發福紛紛沛澤設撥元乙未運中春殘花落一枕難還

庚子年　丁亥月　壬子日　庚戌時
此八字壬子日丹之辰相配柱中金土時壯一位
貴格喜逢印綬扶身人生得此丰姿磊落天性聰
明高謀遠見機關別懷慨情懷學識深其為人也
生於名族長於豈庭奴恩別後恩何報天遙鴻雁
我飛鳴祖業宜添甃花木又香馨學問不能登虎
榜業曠榮身播閫鄉筆底龍蛇能变代腹中枉直
理分明初限中年官灾耗晚年禄旺治人民此則
吏官之命鴛幃有犯宜添贈子女初傷晚有奇運
行初戊子上人之下無慮無恩巳丑運中讀書雖
努力憂悔未成名庚寅運中貴人指引鄉卯徽進
退憂非不順情辛卯運中公堂雖顯耀素破辛無
侵壬辰運中片帆穩穩朝京闕官灾破素未離身
癸巳運中威名雖有布危險服非侵甲午運中名
揚四境外業圓聚宝珎乙未運中黄花晚節老健
康寧丙申運中花已落月尤沉

庚子年　丁亥月　壬辰日　庚子時
此八字壬騎龍背之日配合柱中庚金旺水飛天
禄馬之格水居冬旺生平樂自無憂值斯豪者丰
姿魁偉天性老成克已克恭人仰敬施仁施德遠
馳名其為人也生於旧族長於豈門椿親早別萱
後謝鴻雁行中壽倍增祖業宜添甃花木四時新
學問博知今古事行蔵四海盡馳名非獨積玉堆
金富權名耿耿不非輕初限中年官灾破暮年子
顯必腰金此則壽顯之命鴛幃有剋宜重續桂子
生來奪錦人運行初戊子庇居之下也習書經已
丑運中意欲思高并慕遠進退憂非不損身庚寅
運中便有声名揚外境幾番危險耗憂驚辛卯運
中家門富足声名遠官灾破素辛無侵壬辰運中
四遠馳名人仰德憂險非灾破又臨癸巳運中切
見崎嶇非憂耗耗過康寧進宝珎甲午運中得子
朝帝闕官誥贈封身乙未運中花已落月尤沉

庚子年　丁亥月　壬子日　丙午時

此八字壬子日丹之辰相配柱中之火時上偏才
之格人生得此行藏倜儻處用高機椿樹晚棠萱
別早鴻雁三四有高飛般般都好學件件只粗知
進山翫水携詩軸交貴親賢樂酒盃不獨栗陳貫
朽尚所勢壓鄉閭此則豪傑之命鶯帽有碍須相
觝桂子花開果後奇運行初戊子春陽和暖堯李
成豁己丑運中志欲登天蟾月身還困守鄉閭庚
寅運中行藏逢貴助財旺勢輝輝辛卯運中蓋產
樂中有悶依然才帛盈餘壬辰運中到此雖然享
達財名旺処趁趁癸巳運中一番風雪過車馬集
門閭甲午運中依然發旺乙未運中歸去来兮

子平遺書　十五

庚子年　丁亥月　甲午日　壬申時

此八字甲木相配柱中金水殺印兼全之格人生
得此注人丰姿穩重天性剛明上和下睦之德藏
長補短之能其為人也生於仁族長於良庭椿萱
前後歸泉世天邊鴻雁我鳴清祖業宜添整才帛
有積成李問頗知今古事生平自有達賢欽花無
桃李非春色人有笙歌是太平錦綉花開春富貴
琅玕竹根日康寧惟嫌吾身尤帶疾何恨手足有
傷侵初景中年多灾險晉交子顯老身榮但願有
醪邀上客勝如為官食祿人此則安家立業之命
北惰有尅重還續桂子生未発発英運行初戊子
上人之下也習書經己丑運中既濟尤防於未濟
得經尤慮於失經庚寅運中然則成家而立業其
中睢滯未離身壬辰運中才如春水未愈旺旺中
官破素灾迍宜當保佑家下不寧癸巳運中直躕
門樓增產業還有非憂不損驚甲午運中得子馳
名堆金玉何期夢返日西沉

子平遺書　十六

庚子年　丁亥月　丁巳日　庚子時

此八字丁巳孤鸞之日相配柱中金水財殺之格女人得此生於右族長於仁門椿萱棠棣霏晞日妯娌翁姑分尚輕其爲人也姿顔清致髮兒趨群有針線之巧立業之勤雲收華岳千峰秀水到湘江一樣清萬里無雲天一色三秋好景月長明憂禍自能辟肉味素琴應解辨絃声克勤而克儉易喜而易嗔雖不鳳冠帔服自然福祿駢臻此則穩厚之命良人有配难諧老子嗣秋來有假真運行初丙戌上人庇下未斷升沉乙酉運中雖則夫門多快樂幾番微雨幾番晴甲申運中一抹晴烟迷芍藥半泓秋水浸芙蓉癸未運中正是松青月白还愁綉閣悲風壬午運中幾度樂中有悶数番歡裏憂生辛巳運中冲擊之際如履薄氷庚辰運中晚年閑快樂一枕入巫峯

庚子年　丁亥月　戊申日　甲寅時

此八字戊申長生之日相配柱中甲木時上偏官之格食神制伏爲良只嫌才神在柱減吾科第成名主人生於右族長於仁門椿萱有倚難雙耄天邊鴻鴈奮長空其爲人也丰姿清秀天性剛忠窮書覧史學足三冬笋長名園過舊竹花開上苑勝先春終是功名之客豈爲田舍之翁嘉谷不早實名利當晚成雖不三登科甲自然祿位光榮一自天官奏最紛紛澤及黎民此則榮貴之命鴛幃連珠低一載子森枝水火榮運行初戊子上人庇下椎祿平生己丑運中欲遂平生志潛心對短檠庚寅運中雖有凌雲志焉能顯姓名辛卯運中有志未伸休嘆息時來寄跡入橋門壬辰運中皇恩有感聲名顯佐政琴堂德望新癸巳運中黎民頌德多光顯須曳風雨尚困循甲午運中此運見陞還見退子榮重又顯門庭乙未運中晚年多快樂丙申運中一枕入巫峯

庚子年　丁亥月　己亥日　乙丑時

此八字時上偏官之格只緣日主太柔遂吾貴氣萱親先別椿父後歸有微微之計操淡淡之操持惡不避善不欺重成新事業再整舊根基花盈上苑果盈園稻滿平堤水滿池雖然不是金章客閨里人民自向敬此則穩闔之命鴛幃金命須年長桂子森枝一果奇運行初戊子不帶不厚無是無非己丑運中登臨值跡兩未是稱心時庚寅運中古來貧富皆由命何必僂儸用盡機辛卯運中幾度運中駁雜依然遇險光輝壬辰運中但遇良朋指引看看步入亨衢癸巳運中遠望漁舟深入沼不須重問武陵溪甲午運中兒孫盛甦樂自如乙未運中春已去子規啼

庚子年　丁亥月　丁未日　壬寅時

此八字丁未陰刃之日相配柱中水木官印之格正謂有官有印無破作廊廟之材惜乎女命佔之主人姿容清秀天性聰明生於豈盈之室配於詩礼之庭椿萱难並奉妯娌尚無情初運安和中末順晚年福慶愈加增此則掌家女命良人配合須年長桂子花蕤巢少成運行初丙戌不帶不辱安享和平乙酉運中春至花争發秋來月自明甲申運中裙釵濟濟家門旺旺處風霜一度輕癸未運中片雲能發千山雨雨過千山色愈青壬午運中有田皆種玉無樹不生英當此之際柳絮風清辛巳運中暮年自得優游樂折散鴛鴦兩淚零庚辰運中鏡鸞羞自舞掩棄恨何勝

庚子年　丁亥月　丙寅日　辛卯時

此八字丙寅日配柱中水中殺印之格人生得此利厚家肥椿父早歸萱又別鴈行天際少交飛年姿灑落操幹能為學識粗通今古筆鋒能理究危稅地栽花艷麗移桃接杏芳菲貴人薦引湖湖海債利交通德望彌此則離祖成家之命篤幃全副桂子舞斑衣運行初戊子雙親無倚雲逐風飛己丑運中有心生貨利無志讀詩書庚寅運中才帛來多旺風霜不致悲辛卯運中交四方豪傑整一族門閭壬辰運中世事光華行樂順英雄車馬自交馳癸巳運中粟陳貫朽人事光輝甲午到乙未運中歸去也

庚午年　丁亥月　己卯日　壬申時

此八字己卯專權之日相配柱中水木才殺之格女人得此生於右族長配名門椿萱雖並耄鴻鴈各行鳴其為人也姿容清秀髮兒精神有針緻之巧立業之勤衣冠濟濟三從備家業昂昂四德新深明閨壼礼洞識古今情楊柳無風枝婀娜梅花有月萼精神克勤而克儉易喜而易嗔雖不鳳冠帔服自然福祿無窮此則旺足之命良人火命須年長子嗣森枝晚節榮運行初丙戌幼年之下毋訓輒遵乙酉運中紅葉溝中傳密意赤繩月下結良烟甲申運中雖則夫門多快樂还愁花放又風生癸未運中正是梅青月白幾番微雨弄晴壬午運中精神又憔悴憔悴又精神辛巳運中裙釵濟濟家業餘盈庚辰運中晚年多快樂一枕入巫峯

庚午年　丁亥月　丙戌日　丁酉時
此八字丙戌日元相配柱中旺水偏官之格人
生得此生於右族長於名門椿父先帰萱耐晚
天邊鴻雁各搏風其為人也丰姿清秀天性聰
明胸羅今古事學識聖賢心麗句妙為天下白
高材俊似海東青終是功名之客豈為田舍之
翁龍門變化三春浪鵬路逍遥萬里程一從姓
字傳揚後直上金鑾輔聖明此則榮貴之命篤
幃春麗須拍贈子嗣榮門孝且忠運行初戊子
上人庇下未斷平生已丑運中欲遂平生志潛

子平遺書　二三

心對一經庚寅運中莫愁雪阻藍關道時来有
日便升騰辛卯運中禹浪三層都躍過秉笏天
門面聖客壬辰運中戟迁金紫声名顯風雪飛
来尚恼人癸巳運中有材應大用未許便辞榮
甲午運中無慮尽傳詩礼樂有朋来自遠方親
乙未運中春光去也一道訃音

庚午年　丁亥月　丙戌日　乙未時
此八字丙戌日相配柱中之水偏官之格人生得
此丰姿穩厚天性明良椿萱有倚或有倚鴻雁聯
行有出行耕地栽花多艷庶移桃接杏濟芬芳下
獨市屢生計廣尚祈湖海有名揚佇看来晚節財
旺詹門墙此則離祖成家之命篤幃年少双諧老
桂子秋来吐異香運行初戊子幼承上庇如馬離
行已丑運中生財應有道日日旺財豐庚寅運中
喜從天上降事業愈豐昌辛卯運中一番行樂令
人悶悶過徐徐福慶長壬辰運中市上生涯益旺

子平遺書　二四

庭前花木馨香癸巳運中晚年發秀甲午運中猿
斷人腸

庚午年　丁亥月　丁丑日　庚子時

此八字正官之格正官者貴氣之物也本有利名之分只嫌雜氣混殺福力有虧其為人也丰姿平穩標格精神行藏特達學問略沾氣味相生近貴之人椿萱有倚鳫字聯輩萬里韶華運至自然壯觀一聯美景時來福慶駢臻此則守成之命鶺律炪夜添新慶桂子春風綵舞新運行初戊子上人庇下春苑春林己丑運中漸覺惕和田宇宙始知氣象轉鴻鈞庚寅運中雨過園桃簇錦風和堤柳拖金辛卯運中雖則行藏有慶也曾一度迍邅壬

辰運中雨過自然孤月朗春來依旧百花馨當此之時竦竦細雨癸巳運中英雄性贈劍三尺豪傑相逢酒一鐘甲午運中正好倚闌觀景豈知一夢恨難伸

庚午年　丁亥月　壬辰日　乙巳時

此八字壬辰之日號魁罡喜誕初冬身位強時值孤神與刑殺平生骨肉若參商棄却塵埃樂清凉不必龍門求其道且居梵剎禮慈王炯椰依依遮北斗雲槐疊疊隱南崗檀那恭敬生涯好善信皈依活計長此則出家之命運行初戊子或晴或雨不暖不凉己丑運中離塵投善地拜父沐慈光庚寅運中四衆欽仰十方贊褒辛卯運中但得高人相指

引名山主席有誰爭壬辰運中莫道闍僧多快樂也知日出事還生癸巳運中梅已白菊尤黃甲午運中老僧自有安身法八苦交煎總不妨乙未運中大數已盡請赴無常

庚午年　丁亥月　壬申日　丁未時

此八字壬申之日身坐長生配合柱中木火傷官生財之格傷官者氣高傲物性不伏人生於良族長於仁門丰姿清秀作事老誠堂上息親雖白綾天邊雁字各行鳴三場舉業並無分執筆生涯可用心根基重要添新整才帛充盈畜復成孝問然雖不敢捷行藏展轉貴人欽佇看一日風雲會那時強文勝宗親此則擊石生烟之命鴛幃有犯須年敵子嗣生未旺宅門運行初戊子乍雨乍晴不寒不煖己丑運中縱使機謀多擺布未能佳會反

突迍庚寅運中時來風送滕王閣此景威權振作聲昂昂氣象慎已而行辛卯運中名香称蘭蕙價重足璠璵壬辰運中滄海月明珠有彩藍田日煖玉光生癸巳運中必子觀光揚閭里滿堂和氣藹門庭甲午運中晚年享福酌酒延賓乙未運中烏啼春已盡花落不聞聲

庚午年　丁亥月　甲戌日　丙寅時

此八字甲戌日配乎柱中之水印綬之格喜逢日祿以歸時人生得此丰姿英雅性格良賢堂上椿萱双壽庭前棠棣枝聯知古今之事略讀贒聖之簡編定擬揚名顯姓豈教鑿井畊田時来逢貴助業牘也登天此則榮身之命鴛幃年少須雖屬桂子前凋後發妍運行初戊子家門之内樂享自然己丑運中貨殖分心書史倦生財旺喜事縈牽庚寅運中時来逢貴助刀筆旺財源辛卯運中三疊陽關登上道九重都下興悠然壬辰運中寵渥榮沾後風霜一度纏癸巳運中政優民樂業祿位又加遷甲午運中悠悠慶樂乙未運中夢入九泉

庚午年　丁亥月　戊寅日　壬午時

此八字戊寅專權之日配合柱中水木財旺生官
之格才旺生官終身有慶女人得此姿顏清楚体
貌精神其為人也生於望室長配豊門主命翁姑
齊並壽妯娌行中下有簪楊柳無風枝嫋娜梅花
有月色光新三從有倫閨門玉四德無偏女內珎
享家有道立業勤能待夫有道訓子晚成初限中
年災憂險暮年相子助夫身此則助夫顯于女命
良人年小連珠客子嗣先難晚出英運行初丙戌
閨門之下諳李金針乙酉運中配合翠鸞成好夢
總見災憂喜不侵甲申運中正是盼夫立業地厄
雖危憂保己行癸未運中崎嶇憂耗過奴婢又隨
跟壬午運中簪金常帶玉雪雨洒門庭辛巳運中
出入必穿真錦綉四時珎寶又箱金庚辰運中上
五年子顯朝廷下五年一夢西沉

庚午年　丁亥月　丁丑日　甲辰時

此八字丁丑日相配柱中之水正官之格正官者
貴氣之宿也人生得此本是功名只嫌運入官鄉
不貴而富椿萱双皓首當棣有聯萘半姿瀟洒天
性從容學識粗通今古生涯壯觀英雄佇看來脫
節家業愈豊隆此則富實之命鴛幃金命須年少
桂子秋來朵朵紅運行初戊子上人庇下詩礼加
功己丑運中便有才名耿耿何須學足三冬庚寅
運中生計悠悠旺湖海英雄敬仰勢豪洪辛卯運
中行截人敬重風雪又漫空壬辰運中滚滚才源
來旺滔滔福慶雍容癸巳運中老當發旺金玉重
重甲午運中到乙未運中帰去也

庚午年　丁亥月　戊子日　乙卯時

此八字戊土相配柱中木水才盛生官之格才盛生官終身有慶人生得此注人丰姿秀氣天性聰明錦綉胞藏賢聖奇珠璣口吐武文風其爲人也生於宦俗長於名庭金命椿萱齊顯耀鴈行有序我飛騰奇問有成龍鰲動處千山振英材顯達冊桂開特萬里馨香羅藏星斗奇識聖人心緋衣日燰趋金闕宝殿雲開拜帝君停看天下馳名日重金重紫不非輕此則貴顯之命外㤪宜正副桂子又簪纓運行初戊子上命之下不足談論己丑運中讀書思仕路馬得有聲名究非憂悃謹己無驚庚寅運中禹門跳過三層浪人似神仙馬似龍破憂究非仔細而行辛卯運中皇恩有感身榮貴狼虎潛形郡縣欽壬辰運中腰横金作帶三載淡淋身癸巳運中重金重紫朝金闕戰居都憲一廉清甲午運中有才雖大用籬下且安寧乙未運中紅羅書姓字陰土益儀靈